KB252640

고규홍의
나무

고규홍의
나무

지은이   고규홍

이 땅의 나무들이 품고 있는 삶과 역사의 이야기를 찾아 기록하고 전하는 나무 칼럼니스트이자 나무 인문학자다.

인천에서 태어나 송도고등학교와 서강대학교를 졸업했다. 중앙일보에서 12년 동안 기자 생활을 했고, 1999년에 나무를 찾아 떠났다. 방방곡곡 누비며, 사람들의 곁을 묵묵히 지켜온 노거수와 특별한 나무들의 생애와 그 안에 깃든 인문학적 가치를 기록해 왔다.

고규홍의 나무 이야기는 식물학적 정보를 넘어, 나무를 심은 사람들의 뜻과 나무와 함께 살아온 이웃들의 이야기를 깊이 있게 담아낸다는 평가를 받는다. 그가 발굴하고 세상에 알린 의령 백곡리 감나무, 정선 봉양리 뽕나무, 영양 송하리 졸참나무와 당숲 등 여러 노거수는 천연기념물로 지정되기도 했다.

『이 땅의 큰 나무』(2003)를 시작으로 『나무가 말하였네』(1, 2권), 『고규홍의 한국의 나무 특강』, 『천리포수목원의 사계』(봄·여름편, 가을·겨울편), 『도시의 나무 산책기』, 『슈베르트와 나무』, 『나무를 심은 사람들』, 『나무 사진집 '동행'』 등 모두 37권의 책을 펴냈고, 한 해 동안 '나무'를 주제로 하여 100회 정도의 대중 강연 활동을 이어간다.

2000년 봄부터 '솔숲의 나무 편지'라는 사진 칼럼을 홈페이지 솔숲닷컴(www.solsup.com)을 통해 나무를 사랑하는 사람들과 나눈다. 천리포수목원 이사, 한림대학교 미디어스쿨 겸임교수이기도 하다.

경이로운 생명의
4억 년
빅 히스토리

고규홍 지음

고규홍의
나무

동아시아

동아시아 과학 책 지도

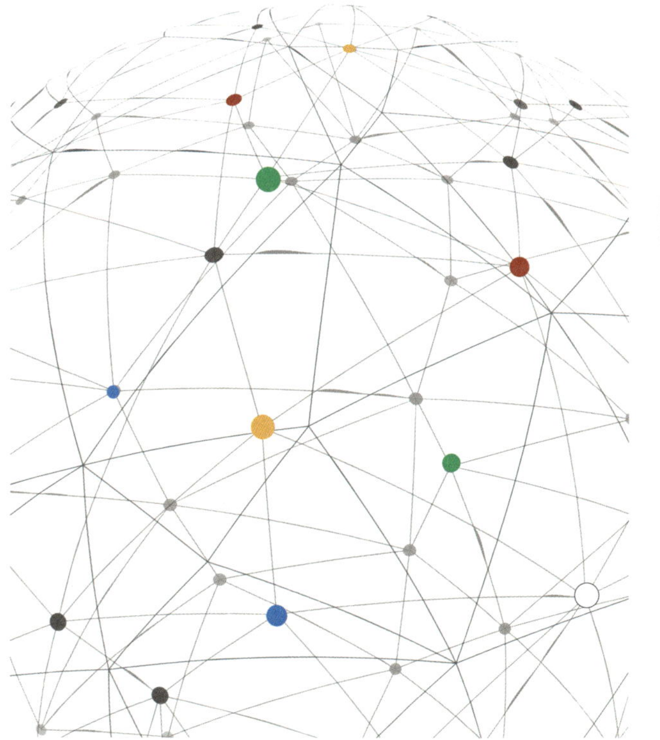

일어날 일은 일어난다
박권
양자역학의 역사
데이비드 카이저
카오스
제임스 글릭
세상물정의 물리학
김범준
떨림과 울림
김상욱
과학이 필요한 시간
궤도
우주를 만드는 16가지 방법
제프 엥겔스타인
파란하늘 빨간지구
조천호
왼손잡이 우주
최강신
전쟁과 약, 기나긴 악연의 역사
백승만
우리는 마약을 모른다
오후
텐 드럭스
토머스 헤이거

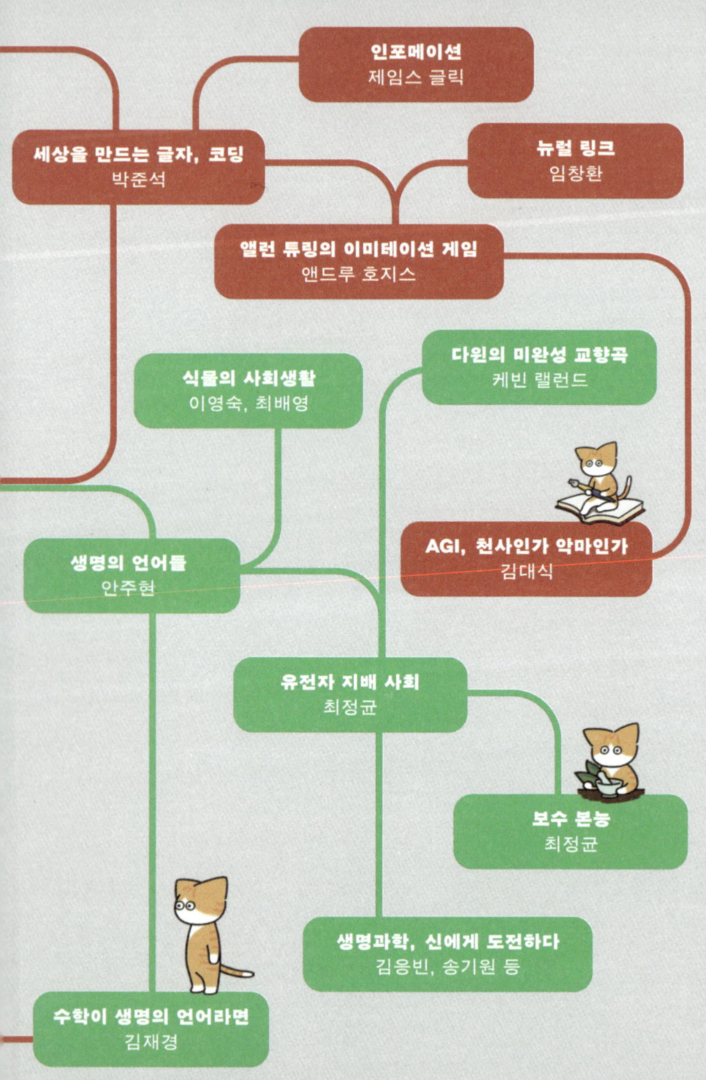

인포메이션
제임스 글릭
세상을 만드는 글자, 코딩
박준석
뉴럴 링크
임창환
앨런 튜링의 이미테이션 게임
앤드루 호지스
다윈의 미완성 교향곡
케빈 랠런드
식물의 사회생활
이영숙, 최배영
AGI, 천사인가 악마인가
김대식
생명의 언어들
안주현
유전자 지배 사회
최정균
보수 본능
최정균
생명과학, 신에게 도전하다
김응빈, 송기원 등
수학이 생명의 언어라면
김재경

- **생명의 언어들**: 물리, 화학, 지구과학 등으로 갈라진 교과 내용을 '생명'이라는 하나의 흐름으로 엮어낸 과학 교양서. 생명과학자이자 고교 교사인 저자가 교탁에서 다듬은 생활 밀착형 해설을 40편의 이야기로 풀어낸다.
- **식물의 사회생활**: 한곳에 뿌리 내린 식물이 다른 식물, 미생물, 동물, 인간과 맺는 친밀하거나 적대적인 모든 관계에 대한 이야기. 두 식물학자가 식물들이 쌓아 올리는 거대하고도 경이로운 네트워크를 그린다.
- **유전자 지배 사회**: KAIST 교수이자 인간유전체학자인 저자가 《네이처》, 《사이언스》, 《셀》 등 유수 학술지에 실린 연구들을 바탕으로 불평등한 경제, 혐오 정치, 착취 사회, 능력주의 문화를 진화의 관점에서 해부한다.
- **수학이 생명의 언어라면**: 수리생물학의 최전선에서 생명 현상을 탐구하는 KAIST 수리과학과 교수가 생체 리듬, 신약 개발, 수면 패턴에 관한 다양한 문제에 수학이 실제로 어떻게 활용되고 있는지를 친절하게 설명한다.
- **다윈의 미완성 교향곡**: 개미의 협동, 공작의 깃털을 설명하는 진화론이 지능과 언어를 설명할 수 있을까? 더 나아가, 예술과 기술, 과학과 종교도 설명할 수 있을까? 세계적인 진화심리학자가 그렇다고 답한다.
- **보수 본능**: KAIST 교수이자 유전학자인 저자가 사회심리학, 행동경제학, 뇌과학, 유전학, 진화론의 연구들을 종합해 인간의 정치 성향과 행동을 본질부터 파헤친다.
- **생명과학, 신에게 도전하다**: 유전자가위와 합성생물학은 우리 삶을 어떻게 바꿀까? 난치병 치료부터 맞춤아기까지, 엄청난 속도로 질주하는 생명과학의 현주소를 과학, 철학, 윤리 등 다양한 관점에서 조망한다.
- **세상을 만드는 글자, 코딩**: 컴퓨터뿐 아니라 뇌와 유전자, 우주마저 어떻게 컴퓨터과학으로 이해할 수 있는지를 기초적인 컴퓨터 원리를 바탕으로 설명한다. '최초의 컴퓨터 인문 교양서'.
- **인포메이션**: '정보'가 단지 편지에 담긴 메시지나 컴퓨터가 처리하는 데이터가 아니라 개인과 사회, 우주의 본질이라는 점을 정보의 역사와 이론을 들어 치밀하게 설명하는 '정보의 빅히스토리'.
- **앨런 튜링의 이미테이션 게임**: 영화 〈이미테이션 게임〉의 원작. 독일 에니그마 암호를 해독하여 제2차 세계대전을 승리로 이끈 천재 수학자 앨런 튜링의 파란만장한 삶을 생생히 재현한다.
- **뉴럴 링크**: 국내 최초로 뇌-컴퓨터 인터페이스를 연구하기 시작해 저명한 국제 학술지에만 200편 이상의 논문을 발표해 온 저자가 뇌-컴퓨터 인터페이스의 기본 원리부터 최신 현황, 가까운 미래 시나리오들을 제시한다.
- **AGI, 천사인가 악마인가**: AI 전문가이자 뇌과학자가 AGI로 나아가는 기술적 혁명과 이로써 야기될 철학적 충돌을 다각도로 분석하며, 인류가 맞닥뜨릴 새로운 윤리·정치·존재의 문제를 탐구한다. AGI 이후, 우리는 무엇이 되어야 하는가?

○ **과학이 필요한 시간**: 유튜브 채널 〈안될과학〉의 과학 커뮤니케이터가 인공지능·딥러닝·양자컴퓨터 같은 최신 기술부터, 상대성이론·양자역학 같은 핵심 이론, 꿈·기억·노화·죽음 같은 인생의 문제까지 과학으로 가장 쉽고 정확하고 빠르게 설명한다.

● **우주를 만드는 16가지 방법**: 핵융합, 원자 구조, 양자역학, 진화, 유전, 열역학 등 16가지 핵심 과학 개념을 엄선해 설탕과 소금, 우유와 쿠키, 버터와 달걀, 쿠키와 빵을 만들고 조리하는 과정에 빗대어 풀이해 준다.

● **떨림과 울림**: 〈알쓸별잡〉 김상욱 교수가 빛, 시공간, 원자부터 최소작용의 원리, 카오스, 양자역학까지 물리에서 다루는 핵심 개념들을 차분히 소개하면서 '물리'라는 새로운 언어를 통해 우리 존재와 삶, 타인과 세계를 과학의 시선으로 바라보게 돕는다.

● **세상물정의 물리학**: SNS, 주식 투자, 소비 트렌드, 인구 이동 등 흔히 마주하는 일상의 문제를 통계물리학의 렌즈로 들여다보며 복잡해 보이기만 하는 사람, 관계, 사회의 원리를 명쾌하게 정리한다.

● **왼손잡이 우주**: 외계인에게 '왼손'을 설명할 수 있을까? 겉보기와 달리 심오한 이 질문에 답하는 과정에서 전기와 자기, 표준 모형의 근간을 이루는 대칭과 현대 물리학을 만난다.

● **양자역학의 역사**: MIT 물리학자인 저자가 맨해튼 프로젝트, 냉전, 대형 강입자 충돌기의 설립과 가동 같은 역사적 사건들을 아인슈타인, 디랙, 파인먼, 휠러, 겔만, 힉스 등 여러 인물의 일화들과 한데 엮어 양자역학과 그 역사를 입체적으로 그려낸다.

● **카오스**: 카오스 이론과 복잡계 과학의 탄생과 발전을 담은 교양서로서, 단순한 규칙으로부터 어떻게 예측 불가능한 복잡한 패턴과 질서가 나타날 수 있는지를 기하학, 기상학, 생물학을 통해 생생하게 보여준다.

● **일어날 일은 일어난다**: 모든 것은 왜 원자로 이루어져 있을까? 원자를 밀고 당기는 힘은 또 무엇으로 이루어져 있을까? 우주의 운명은 정해져 있을까? 시간이란 도대체 무엇일까? 고등과학원의 이론물리학자가 이 모든 질문에 '양자역학'으로 답한다.

● **전쟁과 약, 기나긴 악연의 역사**: 1분 만에 수강 신청이 마감되는 인기 강의 교수이자 약학자가 아편부터, 펜타닐, 메스암페타민, PTSD 치료제까지, 약의 관점에서 역사의 그림자와 일상의 기원에 대해 서술한다.

● **우리는 마약을 모른다**: 유쾌하면서도 진지하게 마약을 이야기한다. '마약'으로 분류되어 금기되는 것은 무엇인지, 그럼에도 사람들이 왜 마약을 하는지, 방대한 자료와 촘촘한 분석을 바탕으로 마약과 그것을 둘러싼 사회를 해부한다.

● **텐 드럭스**: 인류의 운명을 뒤바꾼 10가지 약을 선정해, 이것들이 어떻게 개발되고 퍼져나가 우리의 일상을 바꾸었는지 흡입력 있는 문체로 그려낸다.

이 땅에
사람보다 먼저 자리 잡고 살아온
모든 나무의 경이로운 생명력에 바치는
노래가 될 수 있기를.

일러두기

1 한글 식물명은 국가식물목록위원회의 《국가표준식물목록》의 표기법을 따르되, 《국가표준식물목록》에 등록되지 않은 식물은 학명을 발음대로 표기했다.

2 학명 표기가 《국가표준식물목록》과 《The RHS Plant Finder》을 비롯한 다른 식물도감과 일치하지 않을 때에는 《국가표준식물목록》의 표기법을 우선하였으며, 여기에 없는 식물은 Royal Horticultural Society의 기준을 따랐다.

3 학명은 린네의 명명법에 따라 속명 종명 명명자를 나란히 표기했지만, 선발 품종의 경우, 특별한 경우가 아니라면 명명자를 표기하지 않았다. 학명은 특별한 경우가 아니라면 이 책에 처음 나올 때만 표기했다. 또 본문 맥락에 따라 학명이 필요하지 않은 경우에는 생략했다.

4 식물의 과를 표기할 때에 사이시옷을 붙이지 않았다. '우리말 형태 중심의 표기원칙'에 따르면, '~나무과'는 '~나뭇과'로 표기하게 된다. 이를테면 《표준국어대사전》에는 '소나무과'가 아니라 '소나뭇과'로 표기돼 있다. 그러나 대개의 식물도감은 식물의 개념을 더 명확히 하기 위해 사이시옷을 붙이지 않는다. 이 책에서도 사이시옷을 붙이지 않았다.

5 인물은 한자, 영문 등 원문과 생몰년을 표기하는 걸 원칙으로 했다. 외국인의 이름은 현지에서 쓰이는 형식으로 표기하되, 줄여 쓰는 경우에는 '성'에 해당하는 뒤의 이름, 이를테면 '찰스 다윈'의 경우, '다윈'으로 표기했다. 그러나 아버지와 아들을 함께 이야기해야 할 경우에는 혼동을 피하기 위해 전체 이름을 함께 표기했다.

제2부
나무의 생명력

제17장 농경의 시작과 품종 선발　　586

제3부
나무와 사람

제18장 치유의 나무　　618

제19장 도시의 나무　　651

제4부

공생의 생태계

제26장 생로병사 980

제27장 기후 변화 1052

Prologue — 나무의 역사, 사람의 역사

*

　프롤로그에서는 이 책의 내용 전반과 집필 방향을 소개한다. 이 책의 집필 목적은 첫째, 나무를 사람의 필요에 따른 실용적 수단이 아니라 공생의 동반자인 독립생명체로서 보자는 뜻을 최근의 사례를 통해 이야기하는 것에서 시작한다. 둘째, 사람보다 먼저 자리 잡고 사람보다 오래 살아가는 나무는 단순히 식물학적인 대상에 그치지 않고 인문학적 대상이라는 점에서 통합적 인식이 필요하다는 점을 강조한다. 셋째, 나무와 관련한 용어, 한 걸음 더 나아가면 식물학 용어와 일상어의 차이를 말하면서, 이 시대에 나무의 의미를 올바르게 인식하는 방향을 찾아보는 데에 있다.

　이 장에서는 학제 간 통합을 강조한 천문학자 칼 세이건, 독자의 가슴을 울리는 아름다운 문장을 구사하는 해양생태학자 레이철 카슨, 진화생물학을 중심으로 현대 과학의 대중적 확산에 큰 영향을 끼친 리처드 도킨스, 『곤충기』와 『식물기』를 중심으로 우리 곁의 생명에 대한 일상적 인식을 강조한 장앙리 파브르, 아마존 유역에서 특별한 사람살이를 이어간 원시부족의 문화를 담은 기행문 『슬픈 열대』로 세계 철학사의 패러다임을 바꾸어 놓은 인류학자 클로드 레비스트로스를 소개한다.

제1부 ─ 나무의 탄생

제1장 ─ 나무 이전의 세계

*

이 장에서는 나무는 물론이고, 육지의 생물이 탄생하기 전까지의 상황을 살펴본다. 지구상에서 단 한 번 벌어진 특별한 사건인 생명의 탄생 과정에서부터 미생물 화석으로 남은 스트로마톨라이트의 사정을 되짚는다. 국내의 스트로마톨라이트의 발굴 및 연구 성과를 영월, 소청도 등의 상황을 통해 들여다본다. 또 특별한 원핵생물인 시아노박테리아의 광합성 활동과 이를 통해 지구 대기권에 오존층이 형성되는 과정까지 함께 짚어본다. 여기에서는 생명의 원리이자 진화 과정의 중요한 계기인 공생의 발생과 그 발전 과정의 의미를 되새긴다. 이 장에서는 특히 시아노박테리아의 번성과 지구 생태계 형성에 미친 그 영향을 집중해 살펴본다.

이 장에서는 특히 세포내 공생설을 확립하기 위해 불굴의 의지를 보이고 마침내 공생이론을 확립한 린 마굴리스의 업적을 조명한다.

제2장 — 나무 이전의 육지 생명체

*

이 장에서는 바다를 벗어나 육지로 진출한 최초의 생명체를 이야기한다. 여태 그 실체가 온전히 밝혀지지 않은 지의류에 대해 현재까지 알려진 내용을 짚어보고, 이어서 땅속에서 균사체의 형태로 번식하는 균류를 이야기한다. 균류 가운데 담자균류와 자낭균류에서 나타나는 버섯의 생태를 짚어보며 균류에 대한 이해를 돕는다. 또 세상에서 가장 큰 생명체로 여겨지는 잣뽕나무버섯 종류의 존재를 살펴보며 생명이 보여주는 경이로운 신비를 이야기한다.

이 장에서는 특히 지의류 연구의 역사를 간단히 살펴보면서 '피터 래빗'이라는 토끼 캐릭터로 널리 알려진 동화작가 헬렌 베아트릭스 포터의 지의류 연구 과정에 대해서도 짚어본다. 헬렌 베아트릭스 포터는 애초에 지의류 연구에 몰입했던 생물학자였다. 그러나 그가 활동하던 때에 여자라는 이유로 그의 이론이 받아들여지지 않았던 남성 위주의 학계 풍토도 살펴본다.

제3장 — 나무 이전의 식물

*

나무가 탄생하기 전에 먼저 육지에 나타난 생명이 있었다. 모든 생명이 태어난 곳인 바다 깊은 곳 열수분출공에서 시작해 온 바다로 퍼진 생명체들이 드디어 또 하나의 다른 세계인 바다 바깥 세계, 육지로 발을 내디딘 것이다. 그 바탕을 앞의 제2장에서 지의류와 균류를 바탕으로 살펴보았다. 지의류와 균류는 그러나 바다 바깥인 땅으로 진출하는 발판을 마련하기는 했지만, 땅 위로 제 몸을 드러내지는 않았다. 땅 위에 생명체의 몸을 처음 드러낸 건 이끼로 부르는 선태식물과 고사리로 부르는 양치식물이었다. 선태식물과 양치식물에 대한 연구는 현재, 국내는 물론이고 세계적으로도 대중의 관심이나 학술적 연구 성과가 비교적 부족한 실정이다. 이 장에서는 그동안 정리된 선태식물과 양치식물의 연구 가운데 일반인들이 상식적으로 알아두어야 할 내용들을 정리했다. 특히 '고사리스파이크'처럼 양치식물과 선태식물의 뚜렷한 생태적 특징을 살피면서 지구의 역사를 짚어보는 데에 초점을 맞추었다.

이 장에서는 폴란드의 귀족 미카엘 제롬 수민스키 공작이 완성해 낸 이끼의 생활환 이야기를 간략히 덧붙였고, 작은 생명체에서 생명의 신비를 깨달아야 한다는 걸 서정적으로 일깨워 주는 미국의 식물학자 로빈 월 키머러의 이끼에 대한 이야기를 풀어냈다.

제4장 — 나무의 탄생

*

처음에 뭍 위로 올라온 생명들은 땅바닥을 기듯 자라난 이끼와 고사리 종류였다. 그러다가 생명들은 알아챘다. 자외선을 포함한 햇빛이 위협 요인이 되어 물 바깥으로 나올 수 없었던 생명이었지만, 오존층이 형성되자 이제 생명을 이어가는 데에 가장 필

요한 것이 햇빛이었다. 조금이라도 하늘 높이, 태양 가까이 다가
가는 게 생명을 이어가는 유리한 요소였다. 그래서 생명은 하늘
로 높이 오르고 싶었다. 그리고 발명해 낸 것이 리그닌이었다. 리
그닌이 발명되자 땅바닥을 기던 생명들은 조금씩 직립할 힘을 얻
었고, 하늘로 높이 올랐다. 드디어 하늘을 머리에 이고 선 나무
가 나타났다. 인류 최초의 신화에서 하늘과 땅을 갈라내고 하늘
을 머리에 이고 선 것을 나무로 본 것도 무리가 아니다. 이른바 우
주목 신화다. 이 장에서는 리그닌이 발명되면서 고대침엽수류를
비롯해 은행나무 소철 종류가 지구상에 나타난 과정을 살펴본다.
아울러 세상에서 가장 오래된 식물이라 할 수 있는 은행나무에
얽힌 갖가지 신비로운 비밀을 파헤친다.

이 장에서는 나무의 탄생 과정을 비유와 상징으로 이야기한
고대의 신화에 나타난 나무 이야기를 덧붙인다. 은행나무와 소철
의 신비로운 이야기는 처음으로 은행나무에서 정충을 발견한 일
본 도쿄대학교의 히라세 사쿠고로와 소철의 정충을 발견한 이케
노 세이이치로를 자세히 이야기한다.

제5장―숲의 형성

*

숲을 조성하고 이를 지키는 과정은 처음부터 정치적이었고,
지금도 마찬가지다. 가장 오래된 정치적 사례로 인류의 가장 오
래된 신화로 남은 **길가메시의 서사시를** 이야기한다. 문명을 이루
기 위해서 어쩌는 수 없이 숲을 훼손해야 했던 과정은 인류에게

남은 가장 오래된 신화인 이 신화에서부터 확인된다. 숲의 훼손은 문명 사회라 할 현대에도 끊임없이 이어진다. 목재를 얻기 위해, 종이를 얻기 위해 나무를 베어 내는 일은 이어진다. 게다가 때로는 탄소 흡수의 실용적 목적을 위해 나무를 심어야 하지만, 나무가 일정한 크기에 이르러 처음만큼의 탄소 흡수량이 줄어들 경우, 가차 없이 베어 내는 일도 한다. 그런 이유에서 우리 산림청이 나무를 베어 내는 일을 주도했다는 믿기 어려운 사실들을 살펴본다. 여기에서는 '우드 와이드 웹' 개념을 짚어본다. 특히 '우드 와이드 웹'이라는 용어에 담긴 뉘앙스가 빚어낼 수도 있는 오해를 지적한다. 이 장에서는 숲이 균류를 비롯한 미생물과 동식물이 다양하게 어우러진 복합 생태계임을 확인한다. 더불어 우리나라 산림청의 산림정책도 되짚는다.

이 장에서는 숲을 지키기 위한 운동에 적극적인 미국의 환경운동가 데릭 젠슨과 조지 드레펀의 공저인 『약탈자들』을 통해 이야기한 숲과 문명의 관계를 짚어본다. 또 숲의 연결망에 대한 과학적 증거를 밝힌 캐나다의 수전 시마드 교수의 흥미진진한 이야기는 그의 최근작 『어머니 나무를 찾아서』를 통해 소개한다.

제6장 — 사람의 마을

*

이 장에서 드디어 사람의 탄생을 이야기한다. 여러 신화들이 있지만, 북유럽 신화와 그 신화 속의 우주목 이그드라실 이야기는 사람의 마을이 탄생한 과정을 상징적으로 보여주는 대표적인 사례다. '이그드라실'이라는 이름의 물푸레나무는 북유럽 신화 속 최고의 신인 오딘이 지혜를 얻게 되는 나무이기도 하고, 나중에 오딘이 최초의 사람을 짓는 재료로 사용한 나무이기도 하다. 신화 속의 물푸레나무는 사람을 만들어 내는 재료로 쓰였지만, 사실 물푸레나무는 동서양 모두에서 매우 쓰임새가 많은 나무였다. 우리나라에서도 마찬가지였다. 결국 오래된 물푸레나무를 찾기 어려운 게 사실인데, 그나마 우리나라에서 가장 큰 물푸레나무로 기록된 것이 경기도의 **화성 전곡리 물푸레나무**다. 이 나무를 찾아내 천연기념물로 등재하기까지의 과정을 소개하고, 그 뒤 나무가 보여준 신비로운 사례까지 함께 소개한다. 북유럽 신화와 함께 그리스로마 신화에서도 사람의 마을을 이루는 매우 중요한 존재로 나무를 꼽는다. 여기에서는 아테네와 포세이돈의 경합 이야기가 흥미롭게 펼쳐진다. 결과는 올리브나무를 선택한 아테네가 인류 최초의 도시를 소유하게 된다. 이처럼 신화 속에서 나무가 중심이 되어 사람의 마을이 펼쳐지는 이야기를 소개하고, 실제로 나무의 광합성 부산물인 산소의 중요성을 살펴본다. 특히 산소의 다양한 측면을 짚어보면서 생명의 의미를 되새겨본다.

이 장에서는 생명의 호흡에 꼭 필요한 산소를 처음 발견한 조지프 프리스틀리, 산소의 이름을 처음 명명한 앙투안 라부아지에, 그리고 광합성을 발견한 얀 잉엔하우스 등 산소와 광합성에 관련한 연구 역사도 함께 살펴본다.

제7장 — 세상에서 가장 오래된 나무

*

이 장에서는 나무의 생명력을 상징하는 한 요소로 오래된 나무의 나무나이를 살펴본다. 우선 우리나라에서 가장 오래된 나무로 공식적으로 확인된, 1,400년의 나무나이를 가진 천연기념물 **정선 두위봉 주목**의 경우를 상세히 살펴보는 데에서 시작한다. 나무나이는 정밀하게 측정하기 어렵다는 점에서 전설과 신화로 전해오는 오래된 나무 이야기를 간과할 수 없다. 그래서 가까운 일본에서 7,200년 된 나무로 이야기하는 야쿠시마의 '조몬스기'의 경우를 살펴본다. 야쿠시마의 3,000미터 고지에 서 있는 이 삼나무는 전설 속에서 조몬시대부터 살아온 나무로 여겨지지만, 실제 과학적으로는 그 나무나이를 검증하기 어렵다. 그러나 미국 네바다주의 '브리슬콘소나무'는 4,800년 넘은 나무나이가 과학적으로 검증된 바 있다. 또 최근에는 같은 숲에서 더 오래된 나무가 발견되기도 했다. 사정이 조금 복잡하지만, 지구에서 가장 오래된 나무가 '브리슬콘소나무'로 밝혀지는 과정을 이 장에서 꼼꼼히 추적한다. 마찬가지로 칠레의 '알레르세'라는 이름으로 알려진 나무는 보다 철저한 검증 절차가 남아 있다고는 하지만, 5,500년의 나무나이를 인정하는 분위기다. 여기에 매우 독특한 경우로, 무려 8만 년의 나무나이를 인정해야 하는 '판도 사시나무숲'의 경우까지 짚어보지 않을 수 없다. 오래된 나무와 함께 이 장에서는 씨앗 상태로 700년을 살아온 함안 성산산성 아라홍련이 개화한 경우, 또 2,000년 전에 맺은 씨앗이 개화한 일본 도쿄대학교의 오가연꽃과 이스라엘의 유대대추야자, 그리고 3만 년 전에 맺은 씨앗인 시베리아 툰드라지대의 실레네 스테노필라가 개화한 놀라운 이야기를 통해 생명의 경이로움을 짚어본다.

이 장에서는 브리슬콘소나무를 처음 발견한 에드먼드 슐먼, 칠레의 알레르세를 발견 연구한 조녀선 바리치비치, 도쿄대학교 운동장에서 발굴한 연꽃 씨앗의 개화에 성공한 오가 이치로 박사를 만나게 된다.

제8장 — 꽃의 출현

*

드디어 세상에 꽃의 존재가 드러났다. 꽃은 진화의 역사를 체계적으로 정리한 찰스 다윈조차 '기괴하기 짝이 없는 사건'이라고 말한 바 있다. 꽃이 출현하기 전까지 지구의 땅 위를 푸르게 물들였던 녹색의 식물들은 모두 겉씨식물이었다. 식물학적으로 이야기하자면 꽃이라 할 수 없는 단순 생식기관만으로 혼사를 이루고 번식을 이어온 식물들이었다. 고대침엽수가 그랬고, 정충을 가진 은행나무와 소철이 그랬다. 그리고 1억 4,000만 년 전에 드디어 꽃이 나타났다. 꽃받침, 꽃잎, 수술, 암술의 네 기관을 가진 특수한 기관이다. 특히 암술에는 씨방이 있고 그 씨방 안에 든 밑씨가 성숙해 씨앗을 맺으며 씨방을 비롯한 꽃의 다른 기관들은 과육으로 발달하면서 씨앗을 안에 꼭꼭 숨겨두는, 이른바 '속씨식물'이 출현한 것이다. 꽃이 두드러지게 드러난다 해서 '현화식물' 혹은 '꽃식물'이라고도 부른다. 이들은 바람을 이용해 혼사를 이루는 겉씨식물들과 달리 적은 꽃가루만으로도 번식에 성공하는 경제적인 번식 전략을 구사한다. 스스로 자리를 옮겨 가지 못하는 식물이 다른 매개동물을 불러들여 혼사를 이루는 전략이다. 꽃은 바로 매개동물을 불러들이기 위한 기관이었다. 이 장에서는 속씨식물, 꽃식물로 처음 이 땅에 나타난 목련과 수련의 번식 과정을 짚어보고, 다양한 종류의 목련 이야기를 짚어본다.

이 장에서는 특히 '꽃잎 한 장이 지구의 표면을 바꾸었고, 이 땅을 우리가 살 수 있는 세상으로 바꾸었다'는 명구를 남긴 『광대한 여행』의 고고학자 로렌 아이슬리의 생각을 풀어보고, 식물의 모든 기관은 잎에서 변형된 것이라는 이론을 이야기한 독일의 대문호 볼프강 요한 폰 괴테를 이야기하면서 그가 말년에 저술 발표한 과학저술 『색채론』과 『식물변형론』을 소개한다.

제9장 ― 생명의 진화

*

생명이 진화하여 지구에 번성하는 과정에서 매우 중요한 원리로 작용한 공생 과정의 사례를 구체적으로 짚어보는 게 이 장의 과제다. 공생이론은 제1장에서 린 마굴리스의 업적으로 소개했다. 이 장에서는 찰스 다윈에게 특별한 공생 과정을 돌아보게 했던 하나의 꽃과 그 꽃과 더불어 살아온 곤충 이야기로 시작한다. 마다가스카르섬의 착생란 종류인 앙그레쿰 세스퀴페달레와 크산토판 박각시나방의 공생 과정이 그것이다. 이어서 무화과나무와 무화과좀벌이 1억 년에 걸쳐 단 한 번의 오차도 없이 지속해온 정교한 공생 과정의 신비를 풀어본다. 더불어 우리 곁에서 볼 수 있는 사례로 겨울에 피는 꽃들의 꽃가루받이에서 살펴볼 수 있는 공생 공진화 과정으로 납매와 팔손이 동백나무의 사례를 소개한다. 공생의 원리를 살펴보고 이해하는 것은 결국 하나의 생물종이 멸종할 경우, 그와 공생하는 다른 생명체가 잇달아 멸종하게 된다는 사실을 짚어본다.

이 장에서는 앙그레쿰 세스퀴페달레의 공진화 과정을 놓고 다양한 논리를 전개한 찰스 다윈과 앨프리드 러셀 월리스, 그리고 다윈이 죽고 난 뒤에 크산토판 박각시나방의 존재를 찾아낸 월터 로스차일드와 칼 조던의 이야기를 덧붙인다. 아울러 무화과나무의 공생 과정을 한 권의 책으로 세밀하면서도 흥미롭게 펼친 리처드 도킨스의 공생 공진화 이야기도 소개한다.

제2부 — 나무의 생명력

제10장 — 큰 나무

*

앞의 제7장에서는 '세상에서 가장 오래된 나무'를 우리나라에서 가장 오래된 나무와 함께 살펴봤다. 이 장에서는 나무나이와 무관하게 규모에서 세계적인 나무들을 살펴본다. 우선 '세상에서 가장 큰 나무'로 가장 널리 알려진 제너럴 셔먼 트리를 본다. 부피와 무게에서 가장 큰 나무인 이 나무가 '제너럴 셔먼 트리'라는 별명을 갖게 된 과정을 소개한다. 이어 지금은 쓰러진 나무이지만, 제너럴 셔먼 트리의 2배 규모였다고 알려진 린제이 크릭 세쿼이아의 존재에 대해서도 알아본다. 물론 제너럴 셔먼 트리보다 나무높이가 더 높은 나무로는 115미터의 '하이페리온'도 살펴볼 것이다. 이어서 세계 최대 유기체로는 제2장에서 보았던 뽕나무버섯 종류와, 단일 유기체로 여겨지는 판도 사시나무숲에 대해서도 다시 한번 짚어본다. 이어서 세상에서 가장 큰 꽃차례인 타이탄 아룸, 그리고 단일 꽃송이로는 최대 규모인 라플레시아까지 소개한다. 또 푸야 라이몬디라는 이름의 거대한 꽃차례를 가진 식물도 살펴본다. 잎의 규모에서 세계 최대인 대추야자와 빅토리아수련의 생태도 살펴본다.

이 장에서는 각각 최대 규모의 식물을 발견한 탐험가들의 이야기를 살펴본다. 우선 타이탄 아룸을 처음 기록한 오도아르도 베카리, 라플레시아를 처음으로 발견해 기록한 프랑스의 탐험가 루이 오귀스트 데샹, 라플레시아의 학명에 남은 스탬퍼드 래플스와 푸야 라이몬디를 등재한 안토니오 라이문디의 이야기를 소개한다. 또 빅토리아수련을 처음 발견한 보헤미아 과학자인 타데우스 하엔케를 비롯해 최근 새로운 빅토리아수련 종의 존재를 밝힌 영국 큐왕립식물원의 식물학자들도 함께 만나게 된다.

제11장 ― 사람과 나무

＊

이 장은 생명에 다가서는 법에 대한 이야기를 레이첼 카슨의 미완성 유고집 『센스 오브 원더』를 중심으로 펼친다. 작은 책이지만 깊은 울림이 있는 명저다. 이야기는 먼저 호미닌 종의 출현 과정을 이야기하되 사람과 나무가 어떤 상호작용을 이루며 살아가는지를 짚어본다. 호미닌은 무엇보다 주변 환경을 지혜롭게 활용하는 데에서 놀라운 특징을 발휘했다. 최초의 호미닌으로 여겨지는 호모 하빌리스에서부터 호모 에렉투스, 호모 사피엔스에 이르기까지 호미닌은 모두 이족보행을 하며 두 손을 자유롭게 활용하면서 도구를 활용했다. 결국 현생 인류인 호모 사피엔스는 생명이 존재할 수 있는 환경을 조성하는 데에 결정적인 역할을 했던 나무조차 도구로 활용하는 데에 이르렀다. 이 과정에서 그리스로마 신화의 거인 에리시크톤의 이야기를 소개한다. 모든 자연 대상을 실용적 도구, 수단으로 활용해 온 호모 사피엔스는 마침내 실용적 가치가 떨어지는 대상을 가차 없이 죽여 없애기도 했다. 그 사례 가운데 하나로 나무의 열매인 감을 얻기 위해 심어 키우던 나무가 감을 맺지 않자 베어버리려 했던 **의령 백곡리 감나무**의 사례를 소개한다.

이 장은 지난 세기 환경 관련 최고의 걸작으로 여겨지는 『침묵의 봄』을 저술한 레이철 카슨이 죽음을 앞둔 시기에 '생명에 다가서는 법'이라는 거시적인 주제를 바탕으로 집필에 임했으나 미처 완성하지 못하고 세상을 떠난 미완성 유고집 『센스 오브 원더』를 자세히 살펴본다. 뒤에서는 진화생물학자인 스티븐 제이 굴드의 자연에 대한 가장 올바른 태도 이야기도 덧붙인다.

제12장 — 나무 숭배

*

사람의 역사 속에서 나무는 어떤 존재였는가를 살펴보는 게 이 장의 과제다. 나무를 대하는 태도를 가장 극명하고 다양하게 살펴볼 수 있는 사례를 집대성한 제임스 조지 프레이저의 대작 『황금가지』를 그래서 이 장에서 보다 자세히 톺아본다. 인류학의 대표적 고전인 『황금가지』는 원시시대부터 현재까지 인류가 살아온 다양한 사례들을 무려 13권이라는 어마어마한 분량으로 집대성한 걸작으로, 옛사람들의 자연에 대한 태도 가운데에 가장 두드러진 대상이 나무였다는 것을 한눈에도 알 수 있게 하는 대작이다. 아예 '나무 숭배'라는 장을 따로 할애하고는 있지만, 굳이 그 장이 아니라 해도 많은 부분에서 사람과 나무가 어떻게 연관을 맺었는지를 보여준다. 『황금가지』는 사람과 나무의 관계를 이해하는 데에 필독서라 할 만한 걸작인데, 식물학계에서는 그다지 주목받지 못하는 듯하다. 이 장에서는 『황금가지』에 드러난 사례들을 우리 곁에서 볼 수 있는 구체적인 사례들과 연결시켜 살펴본다. 『황금가지』의 '나무 숭배' 장에 등장하는 '나무 그 자체를 신적인 대상으로 여기는 경우'를 살펴보면서 이와 유사한 우리의 경우로, 당산나무와 성황당나무의 경우를 소개하는 방식이다. 이어서 '나무를 선조의 상징으로 여기는 경우'를 살펴보면서 우리의 경우는 선조가 짚고 다니던 지팡이가 큰 나무로 자랐다는 이른바 '삽목 설화'를 짚어보되 특히 자장율사의 주장자가 자랐고, 그가 부활한 상징으로 남았다고 믿어온 **정선 정암사 주목**을 소개한다. 그 밖에 나무의 생태를 사람살이에 빗대는 경우, 나무를 향해 비를 내려달라는 소원이나 풍년이 들게 해 달라는 소원을 비는 경우, 또 나무를 신이 머무르는 곳으로 여긴 경우도 살펴본다. 끝으로 큰 나무에 아예 사람의 이름을 붙여 보호하는 특별한 나무 보호법까지 소개한다.

제13장 — 나무의 생명력

*

사람의 시간으로는 측량하기 어려운 긴 세월을 이 땅에 살아온 나무는 얼마나 강인한 혹은 얼마나 신비로운 생명력을 가졌을까를 살펴보는 게 이 장의 과제다. 이를 위해 앞의 제11장에서도 이야기했지만, 나무를 대하는 우리의 방식부터 돌아본다. 이를테면 사람의 감각 기관의 인지 방식을 바탕으로 나무를 바라보고 재단하는 방법, 즉 시각·청각·후각·미각·촉각이라는 다섯 가지 감각을 바탕으로 나무가 이 오감을 가지고 있느냐 없느냐를 재단하는 것부터가 결코 옳은 방법이 될 수 없다는 이야기부터 짚어본다. 즉 세상의 모든 생명체는 자기만의 인지 방식 혹은 감각 방식이 있다. 호모 사피엔스의 방식을 따르면 감각이 뛰어나고, 호모 사피엔스의 방식과 다르다면 감각이 떨어진다는 식의 재단은 결코 수긍할 수 없는 방식임을 지적하면서 시작한다. 여기에서 미모사의 외부 자극에 대한 반응 관련 실험을 소개한다. 미모사가 위장된 외부 자극에 꾸준히 반응하다가 나중에 위장된 자극이었음을 알아챈 뒤 전혀 반응하지 않았다는 놀라운 결과다. 이어 우리 곁에서 흔히 볼 수 있는 나무의 생명력 이야기로 나무와 나무 사이의 거리에 대한 이야기를 소개한다. 우선 나무와 나무 사이가 비좁아 경쟁이 극심해질 경우, 나무는 경쟁의 원리를 내려놓고, 협동의 원리를 선택한다. 그 결과로 나타나는 게 연리 현상이다. 같은 원리에 의해 나타나는 매우 신비로운 현상으로 '나뭇가지 기피 현상'도 함께 소개한다. 또 바위 틈이라는 최악의 생육조건에서 안간힘을 쓰며 자라난 나무의 경우도 상세히 소개한다. 이어 제 몸을 보호하기 위해 가시를 내며 자라나는 나무의 지혜로운 생존전략을 짚어본다. 또 하나의 신비로운 전략으로 가을 단풍에 담긴 생존의 지혜로운 비밀을 살펴본다. 또한 수국, 산딸나무처럼 꽃잎이 없는 나무들이 다른 기관을 꽃잎처럼 변모시키며 살아남는 과정도 함께 소개한다.

이 장에서는 스스로 '만다라'라는 이름으로 칭한 지름 1미터의 원 구역에서 나타나는 변화를 통해 생명의 신비를 짚어간 생물학자 데이비드 조지 해스컬과 식물의 생리에 대해 늘 놀랍고도 흥미로운 실험을 이어가는 이탈리아 피렌체대학교의 스테파노 만쿠소 교수도 만나게 된다.

제14장 — 생명의 느낌

*

이 장은 노벨생리의학상 수상자인 과학자 바버라 매클린토크를 이야기하기 위해서 마련했다. 바버라 매클린토크는 옥수수 연구를 통해 유전자 자리바꿈 현상을 밝혀낸 유전과학자로, 그의 나이 80세를 넘긴 말년에 여성 단독으로는 첫 노벨생리의학상을 수상했다. 하지만 그가 처음 유전자 자리바꿈 현상을 밝혀내던 때만 하더라도 그는 거의 '미친 여자' 취급을 받았다. 그때가 한창 DNA 구조가 밝혀지고 분자생물학이 발달하기 시작한 때였음에도 불구하고, 유전자 현상에서 매우 중요한 현상을 발견한 매클린토크의 연구 결과는 무시됐다. 단순히 여자라는 이유 때문만이라고 단언할 수는 없지만, 그때의 전반적인 분위기로는 우리가 제2장 '나무 이전의 육지 생명체'에서 살펴본 헬렌 베아트릭스 포터와 마찬가지로 여자의 과학연구 결과를 쉽게 받아들이지 않았던 게 사실이다. 이 장에서는 그의 유전자 연구 결과보다 그가 옥수수라는 하나의 생명에 다가가는 방법, 즉 생명의 느낌을 먼저 교감한다는 방식을 주로 이야기한다.

이 과정에서 매클린토크 평전이랄 수 있는 『생명의 느낌』을 펴낸 이블린 폭스 켈러는 물론이고, 나무를 온전히 하나의 생명으로 느끼기 위해 나무우듬지에 오른 특별한 과학자 마거릿 로먼, 그리고 로먼이 롤 모델로 삼은 노예해방운동가 해리엇 터브먼의 이끼에 얽힌 이야기를 통해 나무 안에 담긴 생명의 느낌을 느껴본다.

제15장 — 씨앗 저장

*

경상북도 봉화에 설립한 국립백두대간수목원의 시드볼트 이야기에서 시작한 이 장에서는 씨앗 저장이 가지는 의미를 이야기한다. 이를 위해 노르웨이의 스발바르 시드볼트의 설립 과정과 현재의 상황을 짚어본다. 이어 대규모의 씨앗 저장 작업과 별개로 민간에서 자발적으로 일어나는 씨앗 관리 상황으로 충청남도 홍성의 씨앗도서관 상황까지 짚어본다. 또 최근의 눈에 띄는 뉴스도 함께 소개한다. 스발바르 시드볼트의 중요성에서 발상한 국제 미생물 저장고 프로젝트 이야기다.

이 장에서는 스발바르 시드볼트 이전에 씨앗 수집과 보존의 중요성을 절감하고 인류 역사 최초로 '종자 은행'을 설립해 운영한 러시아의 과학자 니콜라이 이바노비치 바빌로프의 눈물겨운 씨앗 수집 과정을 소개한다. 여기에는 어쩔 수 없이 바빌로프의 경쟁자이자 나중에는 바빌로프를 정적으로 몰아 마침내 죽음에까지 몰아넣은 러시아의 '사이비 과학자' 트로핌 리센코의 이야기를 보아야 한다. '과학사 최대의 사기'로 여겨지는 리센코의 작업은 굳이 씨앗 저장과 무관하게 반드시 알아두어야 할 과학사 이야기다. 그러나 리센코의 이야기를 허수로이 넘어갈 수 없는 건 획득형질의 유전을 강조한 라마르크의 이론이다. 간단히나마 장 바티스트 라마르크의 진화 이론과 다윈의 자연선택 이론을 비교해 정리한다. 끝으로 미생물 저장고 프로젝트를 이끌어 가는 스위스의 미생물학자 아드리안 에글리 교수 이야기까지 첨부한다.

제16장 — 나무 활용

*

이 책의 처음부터 끝까지 일관되게 강조하려는 초점은 무엇보다 나무를 실용적 가치에 의한 수단이나 도구로가 아니라 공생의 대상인 독립적인 하나의 생명체로 보자는 것이다. 이 이야기는 나무를 실용적으로 이용하는 데에 반대하자는 이야기로 확장할 가능성이 있다. 그러나 프롤로그에서도 밝혔듯이 생태계에서 모든 생명체는 언제나 서로를 적당히 이용하며 살아간다. 그런 점에서 나무는 인류 문명사에서 매우 요긴하게 활용된 대상이 분명하다.

　이 장에서는 그래서 우선 전통적으로 나무를 약재로 쓴 중국의 전통적 명의 동봉의 살구나무에서 시작해, 전쟁 때에 무기의 재료를 확보하기 위해 심어 키운 벚나무, 일제강점기 때에 독립 운동의 도구로 활용한 느티나무와 회화나무를 이야기할 것이다. 더불어 교육 기관에서 학습 독려를 위해 북을 걸어두는 용도로 활용한 느티나무와 은행나무 사례도 소개한다. 또한 외적의 침입을 막기 위해 지은 토성이 무너지는 걸 방지하고, 성곽의 방어 역량을 강화하기 위해 심은 탱자나무까지 이야기하면서 우리 사람살이에 나무가 얼마나 요긴하게 활용되는지를 짚어본다. 그러나 나무가 항상 긍정적인 방향으로만 쓰인 건 아니다. 이를테면 서산 해미읍성에서는 회화나무를 교수대로 이용했다. 같은 경우로 평택 팽성읍의 향나무도 함께 소개한다.

제17장 — 농경의 시작과 품종 선발

*

　먹고사는 자원으로 나무를 이용하기 시작하면서 호모 사피엔스는 나무를 보다 적극적으로 활용했다. 수렵 생활을 하며 살아가던 호모 사피엔스는 그 와중에 나무의 열매에 눈길을 돌려야 했다. 두 발로 걸으며 손을 써서 도구를 이용할 수 있었으며, 그로 인해 주변 환경에 대한 지혜로운 전략을 쓸 수 있는 두뇌가 발달하면서 드디어 농경을 시작했다. 농경의 기원에 대해서는 여러 설이 있지만, 대략 1만 년 전인 신석기시대에 농경을 처음 시작한 것으로 짐작된다. 그러나 농경은 생태계의 파괴가 전제된 활동이었다. 사람들은 숲을 갈아엎고 농경을 시작했다. 그래서 농경이 시작된 뒤로 지구에서는 약 3조 그루의 나무가 사라졌다. 이전의 6조 그루에 비하면 절반 수준이다. 이 장에서는 농경이 시작된 과정을 짚어보는 데에서 시작하여 제15장 '씨앗 저장'에서 보았던 씨앗의 의미도 함께 고찰한다. 농경의 경험은 곧 나무의 품종도 새롭게 선발해 내기 시작했다. 그 가운데 인류의 곁에 존재한 모든 생물을 통틀어 가장 많은 품종이 선발된 나무의 경우를 살펴본다. 품종 선발 과정은 나무 안에 인류의 문화적 흔적을 고스란히 남기는 과정이었다. 그런 사례로 현대 자본주의의 한 측면을 고스란히 보여주는 튤립 투기의 사례도 본다. 그리고 GMO로 불리는 유전자 변형 작물은 이 장의 뒷부분에서 다룬다. 유전자 변형 작물에 대해서는 여전히 논란이 많은 상태이지만, 이 장에서는 유해성 유무와 별개로 유전자 변형 식물이 출현하게 된 계기를 알아보고 그 영향을 짚어본다.

이 장에서는 농경의 발생 과정에서 특별한 주장을 펼치는 콜린 터지의 이론을 살펴보면서 농경의 미래에 대해 생각한다. 이어서 자연과 더불어 살아가는 삶에 대하여 '세컨드 네이처'의 형태로 이야기한 미국의 생태칼럼니스트 마이클 폴란의 주장을 짚어본다. 더불어 GMO 선발을 주도하는 기업 몬산토의 사업 전략을 살펴보면서 자연스레 이어지는 제초제와 살충제 이야기, 그리고 그와 치열하게 싸웠던 레이철 카슨의 이야기까지 돌아본다.

제3부 — 나무와 사람

제18장 — 치유의 나무

*

사람은 드디어 자연과 자연 대상물을 사람살이에 맞춰 변화시켜 나가는 데에 성공했고, 이를 바탕으로 지구라는 행성의 표면을 획기적으로 변화시켰다. 이는 눈앞의 모든 것을 창조적으로 변화시킬 생각의 바탕인 두뇌와 이를 실현하기 위해 도구를 사용할 수 있는 두 손을 가진 호모 사피엔스만의 특별한 능력이었다. 그러나 제17장에서 콜린 터지의 이론으로 살펴보았듯이 농경은 오히려 사람들을 피곤하게 만들었고, 끝없이 이어지는 노동에 따른 피로와 질병에 시달리게 했다. 사람들에게 다시 찾아온 가장 절실한 필요는 치유였다. 특히 자연을 망가뜨리면서 이룩한 현대 사회에 살아가는 모든 현대인에게 치유는 자연의 회복, 혹은 자연과의 조우를 통해 이뤄진다.

이 장에서는 나무와 숲을 치유의 수단으로 활용한 경우를 살펴본다. 특히 절대 고독과 절대 소외 속에서 살아야 했던 한센인들의 경우를 먼저 살펴본다. 한센인들이 집단을 이뤄 살아가는 전남 고흥의 소록도에는 특별한 나무 한 그루가 있다. 보호수로 지정해 보호 중인 **고흥 소록도 중앙공원 솔송나무**다. 이 한 그루의 나무가 어떻게 한센인들에게 치유의 상징으로 남아 있는지를 살펴보면서 나무와 사람의 관계를 돌아본다. 이어 우리나라의 대표적인 치유의 숲으로 여겨지는 전남 지역의 **장성 축령산 편백숲**을 돌아본다. 이 숲은 임종국 선생이 평생을 바쳐 일군 인공림으로, 숲 조성에서부터 이를 안간힘을 다해 지켜낸 사례를 소개한다. 이 장의 끝부분에서는 '국립산림치유원'의 사례와 국내 곳곳에서 현재 운영 중인 '치유의 숲' 이야기를 보탠다.

제19장 — 도시의 나무

*

제19장에서는 도시의 사정을 살펴본다. 그건 사람과 나무가 더불어 산다는 것의 결정적 국면을 살펴보는 것과 다르지 않다. 도시는 현대의 사람살이가 집약적으로 이루어지는 곳이며, 도시에서 나무와 어떻게 더불어 살아갈 것인가의 문제는 현대의 온갖 문제들을 종합적으로 해결할 수 있는 실마리를 찾아주는 해결책이 될 것이다. 사실 도시는 생각보다 나무가 많은 곳이다. 도시 사람들은 누구보다 많은 나무를 심는다. 아파트를 비롯한 모든 건물의 조경을 위해서도 나무를 심고, 미세먼지 황사를 흡수하기 위해서도 나무를 심으며, 도시 미관을 아름답게 꾸미기 위해서도 나무를 심는다. 그러나 이 책에서 줄곧 강조한 것처럼 나무를 심는다는 것이 하나의 공생 대상으로서의 생명체로 여긴 결과는 아

니기 십상이다. 물론 그렇게라도 안 심는 것보다는 많이 심는 게 충분히 좋은 일이다. 다른 어느 곳보다 다양한 나무를 심는 도시는 그 자체로 하나의 '거대한 수목원'이라 이야기해도 될 정도다. 그러나 실용적 쓰임새만을 위해 심은 나무는 그 용도가 달라졌을 때에 가차 없이 베어 내 죽일 수 있다는 게 문제다. 이 장에서는 조경수, 가로수 그리고 유실수까지 사람들이 도시에 나무를 심는 행태를 관찰하는 데에 초점을 맞춘다. 이 과정에서 도시의 나무를 대하는 도시인들의 행태를 여러 사례를 통해 살펴본다.

이 장에서는 '인류세'로 이야기되는 현대의 문제들도 함께 짚어본다. 이 과정에서 사람과 나무가 어떻게 더불어 살아가야 할지의 한 실마리를 보여주는 『향모를 땋으며』의 로빈 월 키머러의 이야기를 들어볼 것이다. 아울러 도시와 시골 등으로 나누는 사람의 경계와 달리 이뤄지는 자연 생명체의 사정들을 짚어볼 것이다.

제20장 ─ 숲 지키기

*

나무는 사람과 더불어 살기 전부터 이미 같은 종류, 혹은 비슷한 종류의 나무들끼리 어울려 숲을 이루었다. 그리고 그 숲에 다양한 생명을 품었다. 그 안에서 매우 특별한 생물종 호모 사피엔스가 태어났다. 그런데 호모 사피엔스는 대개의 경우, 자신의 살림살이를 위해 나무와 숲을 비롯한 자연 대상물을 변화시키는 데에 더 앞장섰다. 당연히 나무와 숲은 피해를 보아야 했던 걸 인류의 역사를 통틀어 살펴볼 수 있다. 지금 이 순간에도 도시에서는 나무 파괴 혹은 살해 과정이 이어지고 있다. 그러나 꼭 그랬던 것만은 아니다. 사람들은 이미 알고 있다. 사람은 숲에서 태어난 생명이고, 숲을 떠나서는 살 수 없다는 명백한 사실을 은연 중에 혹은 잠재적 집단 무의식 상태로 잘 알고 있었다. 그래서 한쪽에서는 끊임없이 나무를 베어 내는 한편 다른 쪽에서는 꾸준히 나무를 심어 키웠고, 또 이미 잘 자란 나무들이 무성하게 이룬 숲을 지키는 데에도 놀라울 정도로 힘을 다했다.

이 장에서는 구체적으로 사람이 숲을 지키기 위해 애써온 사례들을 짚어본다. 우선 나라 밖의 사정 가운데에 가슴을 찡하게 하는 사례부터 본다. 일본 도쿄 외곽에는 그저 그런 별것 아닌 숲이 있다. 이 숲은 일본의 대표적인 애니메이션 가운데 하나인 〈이웃집 토토로〉의 배경, 즉 토토로가 사는 숲이다. 그런데 도시 개발 계획의 일환으로 이 숲이 파괴될 위기에 처했을 때, 이 숲을 지킨 일본 어린이들, 그리고 어린이들의 움직임에 감동한 일본 국민 전체로 확산된 숲 지키기 운동의 감동적인 과정을 살펴본다. 이어 우리나라에서 옛사람들부터 안간힘을 다해 지켜온 숲, 민간에서 혹은 국가적으로 지켜온 숲으로 **제주 평대리 비자나무숲**과 **울진 소광리 금강소나무숲** 등 우리 곁의 크고 아름다운 숲의 사례를 꼼꼼히 살펴본다.

제21장 — 나무 지키기

40미터 높이의 레드우드 나무 꼭대기에서 738일 동안 살았던 한 여자 이야기로 이 장을 시작한다. 짐작할 수 있듯이 줄리아 버터플라이 힐이라는 이름으로 널리 알려진 그의 결정과 과업은 모두 하나의 오래된 숲을 지키기 위한 작업이었다. 숲을 지키기 위한 인간의 안간힘을 소개한 제20장에 이어 이번에는 나무를 지켜온 사람들의 이야기로 이어간다. 한 그루의 나무에 매달린 작업이기는 하지만 이 작업 역시 숲을 지키고 우리의 자연을 지키기 위한 작업이다. 줄리아 버터플라이 힐 이야기에 이어갈 그랜트 해드윈이라는 특별한 남자 이야기에도 적잖은 감동이 있을 것이다. 벌목 기술자인 그는 줄리아의 작업과 정반대로 매우 희귀한 나무를 베어 낸 것으로 유명한 인물이다. 목재회사의 벌목 과정에 항의한 극단적인 행태였고, 이 과정에서 실종된 그의 근황은 알 수 없는 상태다. 그랜트 해드윈의 작업은 〈해드윈의 심판〉이라는 다큐멘터리 영화로 제작되어 국내에서도 상영된 바 있다.

이어서 다른 장에서 그랬던 것처럼 이제 우리의 경우를 살펴본다. 옛사람들이 전설을 지어내면서까지 나무를 지켜낸 사례는 우리 주변에서 흔하게 살펴볼 수 있다. 그 가운데 가장 지혜로운 전설의 하나로 여겨지는 상주 상현리 반송의 이야기를 비롯해 민간에서 나무를 지키기 위해 애쓴 감동적인 이야기를 품은 **상주 용포리 느티나무**를 소개한다. 또한 국가적 사업에 맞물려 죽음의 위기를 겪은 나무를 국가적 사업으로 살려낸 **안동 용계리 은행나무**

를 소개하고, 또 시민단체에서 적극적으로 보호하여 살려낸 **서산 해미읍성 회화나무**의 경우, **대전 중촌동 평화공원 왕버들**의 경우도 함께 돌아본다. 이 장의 뒤에서는 나무를 보호하는 여러 방식들을 함께 소개한다.

제22장 ― 종교와 나무

*

이 장에서는 종교의 이미지를 안고 사람들이 지켜온 나무들을 소개한다. 나무가 종교의 이미지를 가지게 된 건 단순히 문화적 자취를 지닌 나무와 그 정도가 다르다. 이를테면 기독교의 경우, 예수 그리스도를 상징한다는 이미지를 갖추게 되면 그 나무는 신성성을 품고 크리스천의 엄중한 보호를 받는다. 이는 아마도 나무를 지킬 수 있는 가장 강력한 방법으로 여겨진다. 세계적으로 각 종교들은 나름대로 종교의 상징을 자연물에서 찾아 그 이미지를 입혀왔다. 자연 대상물이 가지는 신비로움은 종교적 신비와 닮았다는 데에 착안한 것이라고 볼 수 있다.

여기에서는 대표적인 몇 가지 경우를 살펴본다. 우선 기독교의 경우 십자가꽃 혹은 십자가나무로 불리는 산딸나무를 시작으로 성탄절 장식으로 많이 쓰이는 호랑가시나무의 사례를 살펴본다. 이어서 불교에서 석가모니 부처가 열반에 이를 때에 머물렀던 그늘을 드리운 나무인 보리수나무, 그 나무가 우리나라에서 어떻게 변용되었는지도 짚어본다. 또 조선시대의 대표적인 학문이자 종교로 여겨왔던 유교의 경우 어떤 나무에 종교의 상징적

이미지를 얻었는지 본다. 더불어 우리나라에 들어온 외래 종교들이 토착 신앙과의 조화를 이루기 위해 나무의 상징을 어떻게 이용했는지를 살펴보는 것으로 이 장을 마무리한다.

제23장 ― 문화와 나무

*

앞의 제22장에서 종교의 이미지를 입어 종교인들이 신성한 대상으로 여기며 지켜온 나무들을 이야기했다. 나무를 지켜온 과정 가운데에 가장 극단적인 사례라고 할 수 있다. 종교로서가 아니라 해도 한 민족 혹은 부족 집단의 문화를 상징하는 나무는 헤아릴 수 없이 많다. 이 장에서는 그래서 종교를 넘어 한 지역의 문화와 관련 있는 나무들을 짚어본다. 문화의 상징으로 지켜온 나무는 세계적으로 헤아릴 수 없이 많이 살펴볼 수 있다. 앞에서 이미 살펴보았듯이 나무는 사람의 마을에서 가장 크고 오래된 생명으로 살아남는 존재여서, 이미 마을 살림살이를 주관하는 대상, 혹은 사람들이 사람살이의 평안을 기대는 대상으로 삼고 살아온 때문이다.

우리나라에서 문화의 상징으로 여겨온 나무는 그 사례가 매우 많은 편이다. 그 가운데 먼저 선비 문화의 상징으로 여겨온 회화나무를 살펴본다. 또 선비들이 나무를 대하는 입장의 하나로 상징할 수 있는 '문향聞香'의 의미도 알아보고, 이동이 편하지 않았던 시절에 선비들에게 '분재盆栽'는 어떤 의미였을지도 짚어본다. 선비들에게 '문향'의 의미와 달리 민간 예술가들 사이에서 유행한 '매화음梅花飮'의 의미도 함께 짚어본다. 또 같은 종류의 나무를 놓고도 지역과 문화의 차이에 따라 대하는 태도가 정반대인 경우도 소개한다. 이어서 국가를 상징하는 국화國花의 의미, 그리고 문화에 따라 나무를 대하는 방식에 차이가 나타나는 사례로 목련과 동백의 경우를 짚어본다. 또 우리 문화를 '소나무 문화'라고 이야기할 수 있는 대표적인 사례, 특히 우리나라의 대표적인 소나무인 정이품송의 혼례 프로젝트를 소개한다. 덧붙여 선비를 상징하는 소나무와 달리 민간에서 가장 편안하게 여겼던 '당산나무', '정자나무'에 얽힌 이야기까지 짚어본다.

제24장 ― 나무 심기

*

농경문화민족인 우리 선조들은 나무와 더불어 살아왔지만, 나무와 관련한 기록은 그리 많지 않다. 특히 누가 언제 나무를 심고 어떻게 키웠는지에 대한 기록은 거의 없다. 나무를 심는다는 일을 특별한 일로 여기지 않았기에 굳이 기록으로 남길 필요를 느끼지 않은 것이다. 그러나 아주 특별하게도 나무를 심고 키운 기록이 남아 있는 경우가 있어서 이 장에서 살펴본다. 조선시대의 기록에서부터 현대의 김구와 심훈 등에 얽힌 기록과 구전에 남아 있는 나무들을 소개한다. 기록으로는 남겨지지 않았지만, 사람들의 입에서 입으로 전해오는 이야기들 속에서 나무와 관련한 이야기를 찾을 수 있는 경우는 적지 않다. 이 가운데 대표적인 사례 몇 가지를 소개한다. '삽목 설화'가 그 대표적인 경우다. 워낙 많은 나무에 삽목 설화가 전하지만, 이 장에서는 몇 그루의 특별한 나무들만 골라서 소개한다.

현대로 넘어오면 이른바 '기념 식수'라는 게 돋보이지만 나무를 심는 일을 일상적으로 진행해 왔던 옛사람들도 무언가 기념할 일이 있을 때에 나무를 심었다. 그 흔적으로 남은 나무 몇 그루를 이 장에서 함께 소개한다. 현대의 기념식수로 특별한 나무가 없는 건 아니어서, 이 장의 원고를 쓰는 동안 관심을 내려놓지 않았지만, 일정한 시간이 지난 뒤에 세상에 알려진다 해도 괜찮으리라는 생각에서 현대의 기념 식수로 남은 나무들은 제외했다.

제4부 — 공생의 생태계

제25장 — 인공의 숲

*

근대화 산업화를 이루는 과정에서 나무를 심는 일은 일상에서부터 멀어졌다. 나무를 심는 일은 하나의 의식이나 행사처럼 바뀌었다. 또 도시화 과정에서 나무를 베어 내고 도시를 형성했지만, 나무와 더불어 살아야 하는 현실을 반영하여 조경수, 가로수 등 많은 나무를 심어 키우는 게 사실이다. 사실 나무를 일부러 심어 키운 건 굳이 근대에 이르러서만은 아니다. 예전에도 사람들은 여러 실용적 이유를 충족시키기 위해 나무를 심어 키웠다. 이른바 인공림을 조성한 건 오래전부터의 일이다.

이 장은 세계 유수의 수목원 식물원의 현황을 살펴보는 데에서 시작한다. 세계적으로 명성이 높은 영국의 큐왕립식물원과 위슬리가든을 비롯해 가까운 일본에서 가장 오래된 식물원인 도쿄대학교 부속 고이시카와식물원, 일본의 가장 큰 식물원인 진다이식물원, 그리고 아메리카 쪽에서는 미국의 뉴욕식물원과 롱우드가든 등 세계적으로 널리 알려진 수목원의 현황을 먼저 살펴본 뒤에 우리나라의 수목원 식물원의 현황을 살펴본다. 우리의 인공림을 이야기하려면 먼저 우리나라에서 가장 오래된 숲인 800년 된 **제주 평대리 비자나무숲**과 500년 된 **울진 소광리 금강소나무숲**을 반드시 거쳐 가야 하겠지만, 이 두 숲에 대해서는 이미 제20장 '숲 지키기'에서 넉넉히 짚어보았다. 수목원 식물원에 초점을 맞춘 이 장에서는 그 두 숲을 제외하고 우리나라의 대표적인 왕릉 숲이며 나중에 '국립수목원'으로 운영되는 '광릉 국립수목원'을 간단히 소개한다. 또 우리나라에서 가장 오래된 수목원으로는 '천리포수목원'을 살펴본다. 아울러 최근 새로 문을 연 경북 봉화의 '국립백두대간수목원'과 세종시의 '국립세종수목원'의 사례도 소개한다.

제26장 — 생로병사

*

나무도 살아 있는 생명인 이상, 생로병사의 굴레로부터 자유로울 수 없다. 더구나 벌판에 우뚝 서서 자연의 위협을 온몸으로 이겨내야 하는 나무가 겪어야 할 생로병사의 과정은 험난하기만 하다. 나무에게 가장 큰 위협은 태풍과 벼락이다. 나무는 태풍을 막을 도리가 없다. 그냥 맞서 싸우는 수밖에 없다. 결국 오래된 큰 나무들도 큰 태풍의 습격에는 맥없이 쓰러지는 게 허다한 일이다. 벼락도 마찬가지다. 물론 천연기념물급의 큰 나무 곁에 피뢰침을 세워 벼락 피해를 방지하고는 있지만, 그것도 한계가 있다. 결국 태풍과 벼락은 어쩔 수 없이 나무가 겪어야 하는 운명적 위협이라 할 수 있다.

이 장에서는 태풍의 피해로 쓰러진 안타까운 나무들을 차례대로 소개한다. 먼저 '왕소나무'로 불리던 **괴산 삼송리 소나무**의 경우부터 짚어본다. 이 경우는 나무를 더 잘 보살피려던 게 시기를 잘못 만나 쓰러진 경우로 볼 수 있다. 그 밖에 애당초 쓰러질 수밖에 없도록 방치하다시피한 **청송 부곡동 왕버들**도 소개한다. 태풍으로 쓰러져간 안타까운 나무로 **포항 보경사 탱자나무, 여수 율림리 동백나무** 등을 덧붙인다. 벼락을 맞고 쓰러진 나무도 함께 소개하는데, 여기에는 **익산 신작리 곰솔과 서천 신송리 곰솔**을 소개할 것이다. 벼락과 태풍 외에도 긴 장맛비가 내리는 동안 제 몸에 머금고 있던 물의 무게를 못 이겨 쓰러진 나무로 프롤로그에 소개했던 **횡성 두원리 느릅나무**도 다시 한번 짚어보고, 같은 사례로 **수원 영통동 느티나무**의 경우도 살펴본다.

여기에 사람들이 너무나 지극 정성으로 보살피는 바람에 죽음에 든 나무도 소개한다. '복토'에 의해 죽어간 경우다. 몇 그루의 경우를 살펴보고 바람직한 나무 보호법을 찾아본다.

제27장 — 기후 변화

*

이팝나무가 중부지방에서 잘 살아가는 건 그리 오래된 일이 아니다. 20여 년 전의 식물학 교과서에는 이팝나무가 가로수로서 벚나무보다 우수한 형질을 가지는 우리 토종나무임에도 불구하고 중부지방에서는 자라기 어려운 남부지방의 나무라는 게 안타깝다고 돼 있었다. 그러나 이제는 수도권을 비롯한 중부지방에서도 이팝나무를 가로수로 흔히 심어 키우는 상황이다. 이팝나무만 그런 건 아니다. 배롱나무 역시 중부지방에서는 자라기 어려웠던 나무다. 그러나 이제 그것도 과거 이야기일 뿐이다. 서울을 비롯한 중부지방에서도 배롱나무를 조경수로 심어 키우는 곳이 적지 않다. 중부지방에서 키우는 배롱나무는 겨울을 잘 견디고, 여름이면 붉은 꽃을 화사하게 잘 피운다. 모두 기후 변화가 우리에게 보내주는 중요한 시그널이다.

이 장에서는 기후 변화에 따라 달라지는 나무의 생태를 살펴본다. 천연기념물로 지정한 식물 자연유산 가운데에는 그 식물이 자생할 수 있는 북한계지라는 이유로 지정한 나무가 적지 않다. 이를테면 비자나무의 북한계지인 **장성 백양사 비자나무숲**이라든가, 탱자나무가 자랄 수 있는 북한계지라는 이유에서 천연기념물로 지정한 **강화 사기리 탱자나무**와 **강화 갑곶리 탱자나무**가 그들이다. 이 장에서는 기후 변화에 따른 나무의 식생 변화 사례를 살펴본다.

덧붙여 최근의 기후 변화에 따라 나타나는 특별한 이상 현상으로 '초록 낙엽'이라든가 초록 잎 위의 폭설 등의 상황에 나타나는 문제점을 톺아본다.

제28장 — 멸종

*

　제1장에서부터 제27장까지 우리는 우리가 사는 땅의 생명체들이 어떻게 서로 연결되어 살아왔는지, 나무를 중심으로 살펴보았다. 생명이 처음 태어난 35억 년 전부터, 나무가 처음 땅 위에 모습을 드러낸 4억 년 전을 거쳐 지금의 이 아름다운 별 지구의 생태계가 이루어진 과정은 한마디로 경이로움 그 자체였다. 그러나 경이로운 아름다움이 이루어지는 과정에는 적잖은 시련이 있었다. 이른바 멸종의 위기였다. 지구상의 숱하게 많은 생명체들은 지금 이 순간에도 어떤 이유에서든 멸종의 위기를 겪고 있으며, 그 가운데 어떤 생명은 위기를 이겨내고 살아남아 지구의 생태계를 지켜가고 있다. 그러나 멸종의 위기는 그치지 않았다. 제27장에서 보았던 기후 변화 역시 그 위기의 한 축이다.

　이 장에서는 나무를 중심으로 한 멸종위기와 멸종위기를 이겨내고 살아남은 나무들의 사정을 살펴본다. 특히 제26장에서 보았던 나무의 생로병사와 별개로 멸종의 위기를 못 이기고 쓰러져가는 나무들의 사례가 그것이다. 우리 안에 멸종위기 위험종으로 지정된 가시연꽃, 매화마름에 이어 구상나무의 경우를 상세히 짚어본다. 또 세계자연보전연맹이 멸종위기 위험종으로 지정한 은행나무의 경우도 함께 본다. 더불어 아직은 큰 위기라고 할 수 없지만 장기적으로 멸종위기에 처할 수도 있는 소나무의 문제도 짚어본다.

이 장에서는 먼저 진화생물학자인 마크 데이비드 힐리스 교수의 '힐리스 계통수'를 살펴보면서 지구상의 생명체들이 어떤 관계로 계통을 이루었는지의 의미를 짚어본다. 이어서 또 멸종위기종으로 지정된 구상나무의 경우를 상세히 짚어보고 구상나무를 처음 발견하게 된 과정도 소개한다. 나카이 다케노신이 처음 발견하기는 했지만 구상나무의 특이점을 찾아내지 못한 반면, 프랑스 파리 외방전교회 소속 에밀 조제프 타케 신부와 위르뱅 장 포리 신부의 관찰과 하버드대학교 식물학자 어니스트 윌슨의 활약에 의해 한국 특산종으로 등록되는 이야기다.

제29장 — 포스트팬데믹

*

이 책의 마무리에 이르렀다. 여기에서는 지금의 우리 상황을 돌아보는 데에 집중한다. 코로나 팬데믹 사태를 겪으며 우리는 생태 환경과 사람살이의 관계를 심각하게 다시 돌아보게 됐다. 팬데믹 사태는 아직 끝나지 않았다. 앞으로 또 다른 팬데믹 사태는 나타날 수 있다. 그래서 생태계를 바라보는 우리의 인식을 크게 전환할 필요가 있다. 사실 우리의 생태계에 대한 관심은 지난 20, 30년 동안 크게 바뀌었다. 우리나라에서는 10여 년 전 이른바 '사대강 사업'을 통해 자연을 인위적으로 변화시킨다는 게 대관절 어떤 의미인지를 짚어보는 게 일상적으로 이루어졌다. 강을 인간의 뜻대로 정비하는 결과가 오히려 사람살이를 극단적인 위험에 빠뜨릴 가능성에 대한 일상적 경고가 사람들 사이에 회자하기 시작한 것이다. 이제 우리는 세계적인 팬데믹 사태 뒤 망가진 우리 생태계를 어떻게 복원 보존해야 할지를 진지하게 궁리해야 할 때다.

이 장에서는 나무를 중심으로 한 우리 생태계를 바라보는 관점에 대해 짚어보는 시간을 갖는다. 먼저 숲의 자연스러운 천이 과정을 살펴보면서, 그 안에서 하나의 생태계가 사람살이와 어떤 관계를 맺는지 짚어본다. 또 코로나19 바이러스에 의한 코로나 팬데믹 사태를 이해하기 위해 바이러스와 생태계의 관계를 알아본다. 특히 여기에서는 바이러스를 생명으로 분류할 것인지에 대한 최근의 논의들을 소개한다. 여기에서는 최근의 논의를 효과적으로 정리한 칼 짐머의 저술을 바탕으로 생명의 경계에 대한 논의를 함께 생각해 본다. 아울러 지금 이 상황을 개선할 수 있는 건 오로지 호모 사피엔스밖에 없다고 강조한 제임스 러블록의 가이아 이론도 소개하면서 마무리한다.

보태어 채움: 식물 분류

*

경이로운 생명, 나무 이야기를 마무리하면서 빼놓을 수 없는 이야기가 남았다. 식물 분류에 대한 이야기다. 이 장은 전체적인 흐름에서 벗어나는 독립 장이 된다. 그래서 이 장의 제목 앞에는 '보태어 채움'이라는 머릿글을 달았다. 예전 방식대로라면 '보유補遺'라고 하는 게 맞을 테다. 그러나 프롤로그에서 명시했듯이 할 수 있는 한 우리 일상어에 가까운 용어를 쓰기 위해서 비교적 생경하지만 뜻만큼은 명쾌한 '보태어 채움'이라는 우리말을 머리글로 삼았다.

이 장에서는 먼저 칼 폰 린네를 이야기하지 않을 수 없다. 근대 식물분류학의 체계를 정리한 위대한 과학자인 때문이다. 그러나 사실 식물 분류는 린네 이전에도 있었다. 그 기원은 아리스토텔레스에게까지 올라갈 수 있다. 그도 이미 식물을 이름 지었다. 그건 당시 식물을 사람살이에 어떻게 이용할 것인지에 대한 실용적 가치를 기준으로 식물을 이해하기 위한 것이었다. 그의 식물 분류는 제자인 테오프라스토스에게로 이어졌지만, 그 방향은 달라져 사실상 명맥이 끊겼다. 하지만 사람들은 끊임없이 나무에 이름을 붙였다. 우리나라에서도 마찬가지였다. 근대 식물분류학이 도입되기 이전에 우리 선조들도 식물을 분류했다. 『임원경제지林園經濟志』를 남긴 서유구徐有榘는 그 안에서 식물을 분류했다. 그 밖에도 『시명다식詩名多識』이라는 저술을 남긴 정학유丁學游 역시 식물 이름에 주목했다. 대개는 식물의 실용적 가치를 이해하기 위해 분류한 것이다. 그때에는 그럴 필요가 매우 컸다. 이 장에서는 이들이 남긴 식물 분류 내용을 살펴보고 현대의 식물분류가 던져 오는 의미를 짚어본다.

Epilogue: "나무는 살아 있다"

*

최종 마무리 부분이다. 다시 이 책의 중심 화두이자 내 평생

의 화두를 들어 올린다. '나무와 더불어 산다는 것'이다. 이 책의
원고를 마무리할 즈음에 경험한 짧은 에피소드를 소개한다. 매
우 무덥던 어느 여름 연꽃 답사를 떠나던 그 아침에 맞이한 고속
도로에서의 풍경이다. 우리의 고속도로, 특히 수도권 구간은 언제
나 정체 상황을 피하기 어렵지만, 그날은 뜻밖의 구간에서 정체
상황을 맞이했다. '풀 베기 작업' 때문이었다. 그때 떠올린 한 편
의 시가 있었다. 시인 손택수의 절창이었다. 나무와 사람이 어떤
관계를 맺고 살아가는지를 돌아보게 하는 장엄한 노래다. 그리고
답사를 마친 그날 밤, 우연히 유튜브에서 보게 된 한 강연 영상.
'가든 디자이너'라는 이름으로 나무와 풀꽃을 이야기하는 이른바
'명사'의 영상이었다. 시인 손택수가 던져준 생명과 생명의 관계
와는 전혀 다른 생각이 그 강연 영상에 노골적으로 드러나 있었
다. 그 둘 사이의 거리를 생각한 이야기를 자세히 풀어낸다.

　　보통의 경우라면 에필로그에 이르러서는 대개 감사 인사로
맺어야 하리라. 그러나 나무를 찾아 헤맨 지난 27년의 풍찬노숙
동안에 도움 주신 그 많은 분들의 이야기를 늘어놓는 일은 사실
상 불가능하다. 기회만 된다면 그 고마운 분들의 이야기는 또 하
나의 책으로 엮어 더 많은 분들과 함께 그 고마움을 공유하고 싶
다. 그분들의 성함만 늘어놓는 건 오히려 그 큰 고마움에 대해 무
례를 저지르는 짓이 될 수도 있다는 생각에서 그렇게 하지 않는
다. 다만 이 책을 쓰는 4년여의 긴 시간 동안 무시로 떠올렸던 한
분만큼은 소개할 것이다. 방송과 신문에서도 소개한 적이 있었던
'이팝나무 꽃 소식을 전해주는 남도의 늙은 농부'가 그분이다. 짧
은 만남이었지만 사람과 나무, 혹은 사람과 사람의 관계를 돌아

보는 데에 큰 깨우침을 주신 분이다. 이 책의 마무리에 이 늙은 농부의 고마움을 담는 건 내게 큰 기쁨이다.

이제 마무리다. 생명의 역사 가운데에 나무만을 중심으로 해도 4억 년이 걸린다. 여느 생명체들과 달리 긴 수명의 나무들은 어쩔 수 없이 무척 많은 이야기를 품고 살아가는 생명체다. 굳이 표현하자면 '말하지 않으면서 가장 많은 말을 하는 생명체'다. 아무리 방대한 분량으로라도 한 권의 책 안에 담지 못한 나무의 경이로운 이야기는 아직 많이 남았을 것이다. 내가 채 알지 못한 사실도 적지 않을 것이고, 이 책의 맥락 안에 담기 어려워 생략한 이야기도 많다. 이 책은 이 땅에서 가장 경이로운 생명력을 보여주는 나무와 동행하며 쌓아온 스물일곱 해의 기록을 갈무리한 결과다. 이 책의 처음부터 줄곧 견인해 온 화두는 되풀이해 이야기하건대 '나무와 더불어 산다는 것'이다. 나무를 실용적 가치로만 여기며 지내온 우리 인식을 전환해 나무를 공생의 대상으로서 하나의 독립적 생명체로 인식하기 위한 대전환의 계기가 되기를 바란다.

나무의 역사,
사람의 역사

나무의 역사, 사람의 역사

과학은 존재를 구성 요소로 환원하는
분리의 언어이자 대상의 언어다.
과학자가 말하는 언어는 아무리 정확하더라도
심각한 문법 오류가 바탕에 깔려 있다.
그 누락은 이 호숫가 토박이말들을 번역할 때 중대한 손실을 낳는다.

– 로빈 월 키머러*Robin Wall Kimmerer,*
『향모를 땋으며*Braiding Sweetgrass: Indigenous Wisdom, Scientific Knowledge
and the Teachings of Plants*』에서

나무와 관련해 눈길 끄는 뉴스가 있었다. 2023년 5월, 장마철도 아니었지만, 며칠 동안 내리 쏟아진 비에 쓰러진 한 그루의 큰 나무와 관련한 뉴스였다. 큰비를 맞아 제 몸 안에 머금어야 했던 물의 무게를 이겨내지 못하고 맥없이 쓰러진 **횡성 두원리 느릅나무** 소식이었다. **횡성 두원리 느릅나무**를 생각하면 느릅나무 가운데에 국가자연유산의 천연기념물이나 지방기념물로 지정한 나무가 한 그루도 없다는 사실이 먼저 떠오른다. 산림청의 보호수로 지정된 나무도 매우 적다. 가장 최근의 조사인 2023년 12월 통계에 따르면 산림청 지정 보호수 총 1만 3,870건 가운데 느티나무가

7,237건인 데 비해 느릅나무는 고작 98건, 129그루에 불과하다. 느릅나무는 느티나무가 속한 느릅나무과를 대표하는 나무이며, 오래전부터 우리 땅에서 우리와 함께 살아왔다. 그러나 그가 살아 있는 지역이 느티나무처럼 전국적이지 않고 강원도·충청북도·경상북도 지역에 집중돼 있으며, 그나마 그루 수도 그리 많지 않다는 점이 이유다. 이 같은 상황에서 **횡성 두원리 느릅나무**는 우리나라의 모든 느릅나무를 통틀어 규모나 연륜에서 최고급에 속하여 보존 가치가 매우 높은 느릅나무였다.

들녘에 홀로 우뚝 서서 비바람 눈보라에 온전히 몸을 내맡긴 나무가 비바람에 쓰러지는 일은 어쩔 도리 없다. 아쉬움에 당황하고 있던 며칠 뒤에 이 나무에 대한 후일담이 지방신문에 다시 보도됐다. 두원리 마을 사람들이 그동안 마을 사람살이의 안녕과 평화를 지켜준 고마운 나무가 돌아가셨다는 사실을 안타까워하며, 제례를 치렀다는 뉴스였다. 제례의 이름도 특별했다. '꽃잠식'이었다. 그동안의 모든 수고를 내려놓고 이제 편안하게 '꽃잠'에 들기 바라는 마을 사람들의 마음이 담긴 예식의 이름이었다. '꽃잠'이라는 아름다운 단어에 담긴 고운 뜻도 눈에 띄었지만, 그보다는 죽은 나무를 한 번 더 돌아보겠다는 마을 사람들의 순수한 마음에 가슴이 찡해 오는 뉴스였다.

우리는 우리 땅에서 살아가는 의미 있는 나무를 천연기념물 혹은 지방기념물로 지정해 보호한다. 특히 천연기념물은 '국가가 살아 있는 생명체에게 부여하는 최고의 지위'인 까닭에 한 그루의 나무를 천연기념물로 지정했다는 사실은 기념할 만한 일이다. 새로 천연기념물을 지정하면, 지정 주체인 국가유산청[1]과 지자체가 협력하여 나무 앞에 모여 '천연기념물 지정 기념식'을 거창하게 치르는 게 당연한 순서다. 기념식에 쓰이는 비용도 적지 않은 것으로 짐작된다. 지역의 공연 단체들이 동원되는 이 행사는 생각보다 거창하게 치러진다. 비용도 그만큼 클 것이다. 이 행사에는 지자체장과 국회의원 시의원을 비롯한 지역 유지들이 참여해 나무에 대한 자랑을 늘어놓으며 천연기념물 지정을 축하한다. 차례대로 나서서 축사를 읊는 정치인을 비롯한 지역 유지들은 대개 지역민들과 함께 이 나무를 소중히 지켜온 과정을 특별히 내세우며, 앞으로도 이 나무를 잘 지키자고 역설한다. 가끔은 그 나무에 얽힌 몇 가지 추억을 끄집어내며 나무와 각별했던 개인적 관계를 강조하는 경우도 볼 수 있다. 그러나 정말 그들이 그만큼 평소에 그 나무를 사랑했으며 아껴 보살폈는지에 대해서는 의문을 가지게 된다. 이를테면 **횡성 두원리 느릅나무**만 하더라도 천연기념물 지정 가능성이 잠재된 나무임에 틀림없다. 그럼에도 불구하고 과연 그 지역의 정치인과 유지들이 나무에 얼마나 관심을 가졌는지 질문하게 된다.

어쨌든 천연기념물로 지정되는 순간부터 나무는 국가적인 보호 대상이 된다. 이는 나무를 보호하기 위해 적지 않은 국가 예산이 투자된다는 이야기다. 그러나 천연기념물로 지정해서 국가적으로 큰 비용을 들여 보호한다 해도 살아 있는 생명체인 나무는 생명의 굴레를 피해 가지 못한다. 천연기념물로 지정한 나무도 언젠가는 쓰러진다. 자연재해가 됐든, 자연스러운 노화에 의

1 　2024년 5월 17일, **자연유산의 보존 및 활용에 관한 법률(약칭: 자연유산법)**이 시행되었다. 동시에, 이전의 '문화재청'이 '국가유산청'으로 이름을 바꾸었다.

해서든 영원한 생명은 없다. 살아 있는 생명체만을 대상으로 하는 '천연기념물'이고 보면 죽은 나무에 대해서는 자연스레 천연기념물에서 해제하게 된다. 그즈음에는 그토록 나무에 대해 자랑을 늘어놓던 어느 누구도 죽은 나무에 대해 큰 관심을 보이지 않는다. 심지어 그리도 자랑스러워하던 나무가 천연기념물에서 해제된 사실조차 모르고 지나가는 경우가 허다하다. 정치인과 지역 유지들의 이율배반이 느껴지는 대목이다. 나무를 정말 아끼고 하나의 생명체로 인정한다면, 지정 기념식 못지않게 '해제 기념식'도 해야 하는 게 당연한 이치 아닐까 싶다. 하지만 해제에 대한 어떤 후속조치를 찾아보는 건 쉽지 않다. 특히 적지 않은 자금으로 '지정기념식'을 주관하는 정부 기관에 의해 진행되는 행사는 여

02 **횡성 두원리 느릅나무**의 꽃잠식.

태껏 찾아볼 수 없었다.

그런 와중에 **횡성 두원리 느릅나무**의 '꽃잠식'은 눈에 띄지 않을 수 없다. 마을 사람들이 자발적으로 벌였다는 예식이다. 지방 신문에 조그맣게 올라온 사진으로 보아서는 꽃잠식에 든 비용이라야 얼마 되지 않아 보인다. 온 지자체의 자원이 동원되는 천연기념물 지정 기념식에 드는 비용에 비하면 '새 발의 피'에 불과할 것이다. **횡성 두원리 느릅나무** '꽃잠식'은 소박하게 치러졌지만, 오랫동안 나무와 더불어 살아온 사람들의 진정성이 담긴 예식이었다. 아마도 나무를 향한 사람들의 진정성을 드러낸 세상에서 가장 아름다운 '나무 장례' 절차라고 해도 될 듯하다. 마을 사람들은 한 그루의 나무를 하나의 독립적 생명체, 그것도 마치 옛 조상처럼 오랫동안 정신적 지주가 되어준 '큰 어른'으로, 또 어쩌면 마을의 수호자인 신神적 존재로 여겨왔다는 확실한 증거다.

돌아보면 우리는 나무를 무척 좋아할 뿐 아니라 수시로 많이 심기도 한다. 지자체들마다 '천만 그루 심기'와 같은 그럴듯한 캠페인을 벌인다. 가만히 보면 대관절 그 많은 나무를 심을 땅이 있기나 한 건지 의문스러울 때가 많다. 때로는 나무를 심을 땅을 확보하지 못한 지자체에서 '천만 그루'와 같은 숫자 위주의 성과에 집착하여 잘 자라던 나무를 뽑아내고 그 자리에 어린 나무를 새로 심는다는 뉴스도 잇따른다. 그러나저러나 사람들은 믿기 힘들 만큼 많은 나무를 심어 키운다. 현대인, 특히 도시인들이 나무를 좋아한다는 점만큼은 분명해 보인다.

그런데 여기에서 잠깐, 이즈음의 사람들은 무슨 까닭에 나무를 좋아하고 또 뭣 하러 그리 많은 나무를 심는가를 돌아볼 필요가 있다. 그래서 다시 또 같은 시기에 등장한 하나의 뉴스가 눈에 들어왔다. 축산농가에서 풍겨 나오는 냄새를 방지하기 위해 숲을 형성한다는 뉴스다. 보도자료에 등장한 표현이겠지만, 뉴스에는 '방취림防臭林'이라는 낯선 용어까지 등장했다. 나무를 찾아다니고 공부해 온 세월 동안 여러 낯선 용어들을 만나고 이용했지만, '방취림'은 처음 만난 용어다. 물론 식물학 교과서나 도감에 나올 리 없는 신조어다. 말 그대로 '냄새를 막는 숲'이라는 뜻이겠다. 축산 시설 근처에서 풍겨 나오는 악취를 막기 위해 조성한 숲을 담당자들은 '방취림'이라는 낯선 용어로 근사하게 포장했다. 그래서 다시 나무를 많이 심게 됐다. 늘 그랬던 것 아닌가 싶다. 방풍림, 비보림, 방재림, 방조어부림 등 우리 숲에 붙은 이름들이 죄다 그렇다. 바람을 막기 위해, 마을의 풍수가 허약한 것을 보완하기 위해, 혹은 화재를 막기 위해, 바람을 막고 물가를 따뜻하게 해 물고기를 낚기 위해 나무를 심는 등, 그 배경에는 언제나 뚜렷한 목적이 있었다. 그건 모두가 사람의 필요를 우선한 목적이다.

나무를 좋아하는 것도 크게 다르지 않다. 이를테면 사람들은 조경수를 무척 좋아한다. 다시 한번 짚어보자. '조경造景'이라 함은 분명 좋은 나무를 사람살이 주변에 아름답게 심어 키우는 방법을 가리킨다. 물론 최근 들어 조경의 개념도 현대적으로 변화하면서 보다 생태적으로 사람과 나무가 어울리는 풍광을 지향하는 생태 조경의 경향은 뚜렷하다. 그러나 분명한 것은 사람살이를 더 아름답게 하기 위해 나무를 이용하는 게 조경의 근본 목적인 건 부인할 수 없다. 역시 사람의 필요가 우선된 목적이라는 점에서는 앞의 예와 다를 바 없다. 생태 조경이라 하더라도 분명히 조경은 나무를 독립적인 생명체로 여기고, 그에게 어떤 간섭도 없이 살아갈 수 있도록 배려하기보다는 사람살이를 더 아름답게 꾸미기 위한다는 데에 궁극적인 목적이 있다. 물론 여기에서 말하는 아름다움이 단지 미적 가치만을 이야기했던 전통 조경과 달리 나무라는 생명을 존중하는 생태 미학으로 달라진 건 분명하다. 그럼에도 조경에서 활용하는 나무는 자연 상태의 생태 숲에서 저절로 자라는 나무와는 그 바탕부터 서로 다르다.

나무를 심어 키우는 까닭은 분명 사람살이를 아름답게, 혹은 이롭게 하기 위한 수단에 불과했다. 모두가 사람을 기준으로 하여 사람의 실용적 가치를 실현할 수단으로 나무를 이용하는 것에 불과하다. 물론 그렇게라도 나무를 많이 심어 키우는 걸 나쁘다고 닮아세울 수 없다. 하지만 문제는 그다음이다. 순전히 실용적 가치를 위해 심어 키우는 나무라면 실용적 가치가 훼손되거나 상실할 경우 나무를 심은 뜻과 목적은 자동적으로 사라진다. 다음 순서는 나무를 베어 내는 일이다. 당연한 순서다. 조경이든, 방풍림이든, 방취림이든, 약재藥材든 마찬가지다. 그때가 되면 나무를 베어 내거나 죽여 없애는 데에 아무런 거리낌도 머뭇거림도 의미가 없다. 가차 없이 베어 내고 죽여 없애면 그만이다.

　　미세먼지와 황사를 흡수하고 도시 공기를 정화하기 위해 도로변에 나무를 심어 키웠다고 하자. 실제로 우리 도시에 심어 키우는 나무의 대부분은 이처럼 실용적 용도에 의해 심어 키워지는 게 사실이다. 그런데 이 나무가 울창하게 잘 자라면 교통 표지판과 신호등을 가리면서 사람살이를 불편하게 한다. 처음부터 그걸 모르고 심어 키운 건 아니었을 것이다. 그러나 도시의 나무는 분명 애초에 실용적 가치를 기준으로 심어 키웠기 때문에 실용적 가치를 훼손한다면 당연히 베어 내야 한다. 가로수 가지를 닭발 모양으로 잘라 내면서도 신호등이 드러나고 교통 표지판이 제대로 보이게 된다면 거리낌이 없다. 새로 등장한 '방취림'도 마찬가지다. 어떤 연유에서든 고약한 냄새를 풍기는 축사가 사라진다고 치자. 그러면 그동안 축사 곁에서 악취를 빨아들이며 치욕스럽게 살았던 나무를 그대로 살게 놔둘 가능성은 전혀 없다. 이미 '냄새를 막는다'는 '방취림'의 효용이 사라진 나무는 베어 내고 다시 그 자리에는 사람의 필요에 의해 새로운 시설물이 등장할 게 불 보듯 뻔한 일이다. 앞에 이야기했던 방풍림, 비보림, 방재림 같은 실용적 목적으로 심어 키우던 숲의 나무들도 똑같은 운명이다.

나무를 독립한 생명체로 바라본 적이 있는가 돌아보아야 할 때다. 기후 변화니 지구의 몸살이니 호들갑을 떨기 전에 생명의 역사를 돌아보고 사람보다 먼저 이 땅에 자리 잡고 살아온 나무를 하나의 생명체로 바라보아야 하지 않을까 싶다. 우리 사는 지구 생태계에서 사람은 대관절 어떤 자리에 어떤 의미를 가지고 있으며 지금 우리의 주제인 나무는 어떤 위치이며 사람과 어떤 관계를 맺고 있는지를 살펴보아야 하지 않겠느냐 하는 생각에서다. 25만 년 전에 지구상에 처음 나타난 호모 사피엔스는 사실상 지구 생태계에 지금 살아가는 모든 생명체의 막내에 불과하다. 막내인 호모 사피엔스가 나타난 것은 분명 45억 년에 걸친 지구의 역사, 조금 생각을 좁히자면 35억 년 전에 처음 발생한 생명이 지금까지 이어온 지구 생태계 역사가 이뤄온 여러 결과 가운데 하나일 뿐이다. 호모 사피엔스가 태어난 것은 분명히 생명이 탄생하고 숱하게 많은 생명체가 진화와 분기를 거듭하며 지어 낸 헤아릴 수 없이 다양한 생명체들이 상호작용한 생명 역사의 결과다. 다른 어떤 생명체와 무관하게 독립적으로 어느 순간에 갑자기 태어난 게 아니다. 지구 생태계의 모든 생명들이 골고루 번성하며 살아온 과정에 호모 사피엔스가 태어난 것이 분명한 이상, 생명의 역사를 거슬러 올라가 우리의 위치와 나무의 관계를 되짚어 보는 것이야말로 생태 위기의 시대에 우리가 살아갈 지혜를 찾아내는 올바른 방향이지 싶다.

꽃이 피는 시기가 마구잡이로 바뀌고, 사계절이 뚜렷하던 한반도의 기후가 아열대 기후로 바뀌어가는 '기후 붕괴'의 시대인 이즈음이야말로 우리 곁의 모든 생명체들을 꼼꼼히 돌아보고 그

동안 우리가 지녔던 생태에 관한 인식을 전환해야 할 때다. 호모 사피엔스가 살아온 세월의 1,600배가 넘는 4억 년 전에 이 땅에 처음 나타난 나무라는 생명체를 독립한 하나의 생명체로 바라보고, 그가 공생의 대상으로 숲 안에서 호모 사피엔스를 잉태하고 키워냈던 것처럼 지금이라도 우리가 나무를 공생의 대상인 독립 생명체로 바라보아야 한다. 아직 늦지 않았다. 이 지구를 생명이 살 수 있는 아름다운 별로 만들 수 있는 건, 지금의 황폐한 환경을 지어 낸 호모 사피엔스만이 할 수 있는 일이다. 지금이야말로 나무에 대한 인식의 대전환이 필요한 시기다.

나무와 사람살이

불현듯 나무를 찾아다니기 시작했던 20세기 말의 어느 날이 떠오른 건 그래서다. 우리나라의 큰 나무들을 찾아다니며, 그 나무를 누가 왜 어떤 뜻으로 심었는지를 하나하나 살피던 때였다. 나무 종류별로 우리나라를 대표할 만한 큰 나무들을 찾았다. 한 그루 한 그루에 담긴 사람살이의 뜻을 찾아내 『이 땅의 큰 나무』라는 책으로 풀어 쓰던 때였다. 당연히 그 큰 나무들 가운데에는 우리 일상에서 먹을거리로 아주 요긴한 열매를 맺는 호두나무도 있었다.

"그는 반역자였고, 매국노였다." '호두나무' 이야기의 첫 문장이었다. 여기서 '그'는 호두나무를 우리나라에 처음 가져와 심어 키운 류청신(柳淸臣, 1257~1329)이다. 호두나무의 열매인 호두는

03 천안 광덕사 입구에 세워진 **호두전래사적비**.

맛이 좋고 영양이 풍부해 요긴하게 이용해 온 열매다. 일상에서 많이 이용하는 나무이지만, 우리나라에 심어 키운 건 그리 오래된 일이 아니다. 우리나라에 처음 들어온 호두나무는 바로 류청신이 가져와 자신의 고향 마을에 심었던 두 그루의 나무였다. 류청신은 몽골 지역(당시 원나라)에서 두 그루의 호두나무를 가져와 한 그루는 자신의 집 마당에 심고, 다른 한 그루는 자신이 다니던 절집인 천안 광덕사 전각 앞에 심었다. 두 그루 중에 **천안 광덕사 호두나무**는 지금까지 살아 있다. 우리나라에서 가장 오래된 호두나무인 **천안 광덕사 호두나무**는 천안 지역을 호두나무와 호두과자의 본향으로 일으키는 근원이 됐다. 호두과자가 이 지역의 특산물로 일정하게 경제적 성과를 올리고 사람살이를 이롭게 한다는 점에서 류청신은 이 지역 사람들에게 고마운 인물임에 틀림없다. 천안 광덕사 입구에 세워둔 '호두전래사적비'에도 류청신은 천안시의 위대한 인물로 칭송돼 있다. 호두나무의 유래를 꼼꼼히 찾아본 식물학 관련 자료와 국가유산청의 천연기념물 지정 관련 자료를 살펴보아도 류청신이라는 인물에 대한 별다른 내용은 없었다. 그래서 궁금했다. 류청신은 대관절 무엇 하던 사람인데 고려 시대에 멀리 원나라에서 어떤 경로로 호두나무를 가져오게 됐는지 알고 싶었다. 인터넷이 그리 활성화하지 않은 시절이어서 자료 검색이 수월하지는 않았으나, 여러 자료를 탐색하던 끝에 뜻밖에도 『고려사』의 〈간신전〉에서 그의 이름을 찾을 수 있었다.

그는 간신이었다. 류청신이라는 이름의 뒤의 글자인 '신하'라는 뜻의 '신臣'은 우리나라인 고려의 충신이라는 뜻이 아니었다. 그 이름은 몽골의 원나라 황제인 '쿠빌라이'가 그에게 손수 지어준 이름이었다. 고려 땅에서 태어난 그에게 그의 부모가 공들여 지어준 처음 이름은 '류비柳庇'였다. 하지만 그는 나중에 원나라를 드나들면서 원래의 이름을 버리고 원나라 황제가 지어준 이름으로 바꾸어 불리기를 원했고 그걸 자랑스러워했다. 심지어 그에 관한 거의 모든 기록은 '류청신'이라는 이름으로 돼 있다.

전남 장흥이 고향인 그의 집안은 대대로 천민 집단을 관리하던 지방 말단 관리인 아전衙前이었다. 고려의 계급 체계에 따르면 아전 출신으로서는 아무리 높아도 5품 이상 오를 수 없었다. 그러나 류청신에게는 남다른 특기가 있었다. 원나라 사람들과 통할 수 있는 외국어 소통 능력이었다. 이를 바탕으로 그는 원나라에 사신처럼 드나들었고, 원나라와의 관계에 적지 않은 공을 세운 그는 충렬왕의 총애를 받아 4품에 해당하는 낭장郞將이라는 벼슬에 올랐다. 특별 채용이라 할 일이었다. 하늘 높은 줄 모르고 치솟아 오른 그의 승승장구는 끝이 없었다. 낭장에 이어 대장군, 상

장군, 우승지를 거쳐 첨의정승僉議政丞에까지 올랐으니, 당대 그의 권력은 대단했다는 말 이상으로 표현하기 어려울 지경이었다. 원나라와의 관계를 허수로이 여길 수 없었던 그때의 고려 조정에서는 류청신의 힘을 무시하지 못했다.

끝 모르고 권력을 누리던 그는 마침내 원나라의 힘을 빌려 자신의 세력을 더 확대하려 도모했다. 제27대 충숙왕(忠肅王, 1294~1339, 재위 1313~1330, 1332~1339)[2] 재위 시절에 그는 원나라로 소환된 충숙왕을 따라가서 그곳의 고려인들과 함께 심왕瀋王을 고려의 왕으로 옹립하려는 모반을 획책했다. 심양왕瀋陽王이라고도 부르는 심왕은 원나라가 고려인들을 다스리기 위해 고려의 왕족에게 수여한 직위를 말하는 것이다. 그때 류청신이 충숙왕을 몰아내고 고려의 왕으로 세우려던 심왕은 충선왕의 조카인 왕고(王暠, ?~1345)라는 인물이었다. 갈등은 충숙왕이 원나라에 끌려가 있는 동안 충선왕이 고려의 왕위는 충숙왕에게, 심왕위는 왕고에게 넘기면서 비롯됐다. 갈등 끝에 고려의 왕인 충숙왕은 원에 억류당해 일정 기간 동안 왕위를 빼앗겼다. 이때 류청신은 오잠(吳潛, 1259~1336)이라는 또 한 명의 간신과 함께 고려를 원나라에 종속된 성省으로 합병하려는, 이른바 입성책동立省策動을 벌였다. 자신의 조국을 다스리던 왕인 충숙왕이 정사를 제대로 돌보지 못한다고 원나라에 무고하는 데에 이어 고려를 원나라가 직접 다스려달라고 원나라 황실에 청을 올린 것이다. 한마디로 자신의 조국인 고려를 원나라에 팔아먹고 자신의 권세를 유지하겠다는 간신

---

2   충숙왕은 원나라와의 정치적 갈등으로 1330년(충숙왕 17) 2월 왕위에서 물러났다가 1332년에 다시 복위하는 바람에 재위 기간이 둘로 나뉜다.

배의 발악이었다. 류청신의 모략에 원나라는 고려의 국호를 내동댕이치고, 원나라가 다스리는 행정구역의 하나인 일개 성省으로 개편하려 시도했다. 하지만 그때 원나라에 머무르던 이제현(李齊賢, 1287~1367)을 비롯한 고려 사신들이 그 부당함을 강력히 주장했고, 이제현과 뜻을 같이한 원나라 선비들의 반대에 부닥쳐 류청신의 입성책동은 실행되지 않고 공식적으로 철회됐다. 그 뒤 충숙왕이 고려에 돌아오게 되자, 지난날의 모반에 대한 처벌이 두려웠던 류청신은 고국에 돌아오지 못하고 원나라에서 9년쯤 더 살다가 비겁한 삶을 마무리했다. 원나라의 내정간섭 시기에 현명하게 대처한 공로가 인정되어야 한다는 등의 긍정적 평가가 없는 건 아니지만, 그는 입성책동과 심왕옹립운동, 그 밖의 크고 작은 무고 사건 등으로 『고려사』〈간신전〉에 '류청신'이라는 이름을 영원히 남겼다.

간식으로 즐기던 호두를 씹을 때 뒷맛으로 남는 텁텁하고 쓴맛의 정체가 그걸 처음 우리나라에 전해온 한 간신의 자취 때문이었던 듯하다는 생각에 씁쓸해진다. 그러나 간신배 류청신 이야기를 상세히 짚어낸 관련 문헌이나 자료는 찾기 어려웠다. 다 지난 일이니, 호두의 텁텁하고 쓴 맛을 그저 '쓴 약은 몸에 좋다'고만 생각하고 즐겨야 할 일인가. 그건 아니지 싶어 그때의 글에 류청신의 이야기를 앞에 이야기한 『이 땅의 큰 나무』라는 책에 상세히 적었다. 얼마 뒤 그리 많은 독자가 있지도 않은 이 책을 살펴본 고흥류씨 종친회로부터 항의 전화를 받았다. 그때의 어지러운 정치 상황을 고려하면 류청신으로서는 어쩔 수 없는 선택이었으며, 긍정적 평가도 함께 생각해 봐야 하지 않느냐며 당장 고치라

04 간신배의 손길을 타고 들어온 우리나라 최초의 호두나무인 **천안 광덕사 호두나무**.

는 항의였다. 물러설 기색을 보이지 않자, 법정에서 다퉈보겠다는 다소 협박조의 이야기까지 남겼다.

　　천안 광덕사 호두나무가 천연기념물로 지정된 것은 1998년이었고 천안시가 '호두나무'로 특화된 것은 그보다 훨씬 전이다. 그동안 왜 류청신의 실체에 대해 이야기한 글이 없었을까. 궁금했다. 식물학은 식물학이고, 고려사는 역사, 그러니까 역사학의 몫이었다. 식물학에서 호두나무는 하나의 식물로만 연구하면 그만이었다. 『고려사』〈간신전〉을 펼쳐보고 이를 분석하는 건 역사학자들의 몫일 뿐이었다. 식물학에서는 호두나무의 생육 특징이나 사람살이와 관련한 유용성을 살펴보는 데에 그쳤고, 역사학자들은 입성책동의 내용과 영향을 살펴보는 데에 그쳤다. 류청신의 주요 행적과 그 영향의 분명한 근거로 남은 **천안 광덕사 호두나무**에 대한 종합적 연구를 담당할 분야는 없었다. 굳이 말을 붙이자면 '학제 간 폐쇄성'이다. 역사학과 식물학이 서로 연구 성과를 공유하지 않은 결과이지 싶다.

그게 전부라 할 수도 없다. 나무라는 생명체가 살아가는 방식에 대해서도 생각해 보아야 한다. 나무는 그냥 나무가 아니다. 나무는 사람보다 먼저 이 땅에 자리 잡고 사람이 살 수 있는 터전의 조건을 성숙시켜 준다. 사람들은 나무가 지어 낸 환경에 들어와 먹고 살아간다. 그리고 또 사람이 떠난 자리에도 나무는 살아남는다. 나무는 자신과 더불어 살아온 숱하게 많은 사람살이의 역사를 고스란히 간직하고 살아간다. 결국 나무는 단지 생물학적 가치만 가지는 게 아니다. 그렇다면 한 그루의 나무를 온전히 알기 위해서는 나무와 더불어 살아온 사람들의 크고 작은 역사까지 함께 톺아보아야 한다는 이야기를 하지 않을 수 없다. '우리나라 최초의 호두나무는 원나라를 자유롭게 드나들던 류청신이 가져온 **천안 광덕사 호두나무**다'에서 그칠 것이 아니다. 한 걸음 더 나아가 류청신이 원나라를 자유롭게 드나들던 자취와 원래 이름인 류비를 버리고 원나라 황제가 지어준 이름을 자랑스럽게 사용한 과정도 빼놓지 말아야 했다. 그게 우리의 호두나무에 얽힌 종합적 인식이 되어야 한다. 그건 호두나무뿐 아니라 우리 곁에 살아 있는 모든 나무들에 대해서도 똑같이 적용되어야 할 인식 방법이다.

수억 명 시청자의 눈길을 사로잡고, 같은 이름으로 출간하여 역시 세계적 베스트셀러가 된 걸작 『코스모스(Cosmos, 1980)』를 남긴 칼 세이건(Carl Sagan, 1934~1996)을 떠올려 보자. 그는 어떻게 그리 효과적으로 대중에게 다가갔을까? 세이건은 천문학자이지만, 하나의 학문이 온전한 성과를 거두려면 다양한 분야의 학문을 하나로 통합해야 한다고 늘 강조했다. 특히 우주 탐험 과정에는 우주의 모든 법칙을 여러 학문 분야가 협조해 연구해야 한다는 데에 세이건은 확고했다. 그래서 그가 주도한 우주 탐사 연구 프로젝트에는 천문학자는 물론이고 물리학, 화학, 생물학 심지어 인문학에 이르기까지 다양한 분야의 전문가들이 포함되었다. 그 같은 생각은 대중에게 천문학의 연구 성과를 널리 알리는 일에도 이어졌다. 세이건은 대중매체에 한 편의 칼럼을 쓸 때에도 천문학자들끼리만 알아보는 전문 용어보다는 독자 대중이 쉽게 이해할 수 있는 용어를 사용했고, 복잡하고 어려운 천문학의 원리도 가능하면 평이한 서술로 풀어 썼다. 방송 출연에 그다지 우호적이지 않았던 아카데미즘의 생각과 달리 세이건은 텔레비전 프로그램에 출연하는 것도 꺼리지 않았다. 아카데미즘의 보수성을 깨뜨리는 대중 활동으로 인해, 그는 학계의 곱지 않은 시선을 받아야 했다. 그럼에도 불구하고 세이건은 대중 활동을 줄이지 않았다. 죽음을 앞둔 순간까지 그는 대중에게 우주의 원리를 널리 알리기 위해 대중적인 글[3]을 썼다. 세이건은 한때 교수직까지 박탈당하는 곡절을 겪었지만, 교수로서보다 천문학자로 혹은 위대한 과학자로 대중에게 널리 알려졌고, 그 덕분에 일반 대중의 우주에 대한 이해의 폭은 넓어지고 깊어졌다.

거슬러 올라가 찰스 다윈(Charles Robert Darwin, 1809~1882)의 경우도 생각할 수 있다. 다윈에 대한 이야기는 본문 중에서 자세

3　죽음을 앞둔 병상에서 쓴 그의 글은 『에필로그(Billions & Billions: Thoughts on Life and Death at the Brink of the Millennium, 1998)』라는 제목의 한글 번역서로 우리에게도 남아 있다.

히 하기로 하고 여기서는 『종의 기원(The Origin of Species, 1859)』 원고를 집필하던 시기에 있었던 유명한 에피소드만 살펴보기로 하자. 그때 다윈은 앨프리드 러셀 월리스(Alfred Russel Wallace, 1823~1913)라는 젊은 과학자로부터 편지 한 통을 받았다. 월리스가 보낸 편지에 담긴 자연에 대한 생각은 『종의 기원』을 집필하던 다윈의 생각과 상당 부분이 같았을 뿐 아니라 긴가민가하던 몇 가지 생각의 실마리를 풀어내는 데에 중요한 시사점을 던져주기까지 했다. 다윈은 월리스와 몇 차례의 편지를 나누며 서둘러 『종의 기원』을 완성했고 월리스와 함께 '자연선택에 관한 이론'을 발표했다. 과학의 역사에서 가장 충격적인 사건의 하나로 여겨지는 다윈의 진화론은 그렇게 완성됐고, 그 뒤로 사람들은 다윈을 마치 진화론의 다른 이름처럼 여기게 됐다. 월리스와 함께 발표했다는 명백한 사실이 있었음에도 불구하고 월리스의 이름은 늘 다윈의 그늘에 묻혔다.

최근 들어 월리스의 탐험 및 연구 성과도 알려지고는 있지만, 아직 일반 대중에게 월리스는 낯선 이름이다. 생물지리학적 경계선인 월리스선[4]은 알아도, 그 선을 발견하고 다윈과 함께 자연선택이론을 정립한 월리스는 대중에게 낯설기만 하다. 왜 그럴까. 월리스도 『종의 기원』 못지않은 역작을 여러 권 남겼다. 월리스선을 발견하게 된 과정을 풀어 쓴 『말레이제도(The Malay Archipelago, 1869)』와 자연선택 이론 관련 연구 결과를 정리한 10편의 논문을 엮은 『자연선택 이론에 기여(Contributions to the

---

[4]　인도네시아의 자바섬 동부에 위치한 발리섬과 롬복섬 사이의 롬복해협에서 이어지는 경계선.

Theory of Natural Selection, 1858)』라는 책은 최근에 한글로 번역되어 쉽게 접할 수 있다. 한글로 번역되지 않은 그의 저술은 더 많다. 다윈과 월리스의 책을 함께 볼 때, 분명히 느낄 수 있는 게 있다. 다윈의 책, 그 가운데에도『종의 기원』은 그 문학적 수사라든가 현란한 구성에 손을 뗄 수 없을 정도로 흥미롭다. 다윈의 저술 가운데에도 학술적으로 복잡하고 어려운 책이 없는 건 아니지만, 최소한 그의 대표 저작인『종의 기원』은 분명 그렇다. 대중의 이해 및 호응 여부와 무관하게 월리스의 저술 역시 훌륭하다. 그러나『종의 기원』은 자연선택 이론을 일반 대중 누구라도 알기 쉽고 흥미롭게 풀어냈다는 점에서 남다르다. 전공자가 아닌 일반인들이『종의 기원』을 통해 자연선택 이론을 쉽게 이해할 수 있는 건 당연한 결과다. 자연선택 이론을 이야기할 때, 다윈만 기억한다 해도 아무 문제 될 것이 없다. 다윈의 저술들은 일단 흥미롭다. 문장이 훌륭한 건 물론이고, 자연 탐사 과정에서부터 결론을 이끌어 내는 전체적인 구성도 빼어나다. 과학사 전체를 통틀어 가장 혁명적이라 할 수 있는 자연선택에 의한 진화 이론을 마치 추리소설 못지않은 흥미를 장착한 구성으로 화려하게 펼쳐낸다는 건 대단한 능력이다. 어쩌면 다윈은 위대한 과학자 이전에 훌륭한 작가였다고 말해도 되리라.

　　과학자에게 노벨문학상을 주어야 할 때가 왔다고 주장하는 사람이 있다.『이기적 유전자(The Selfish Gene, 1976)』로 널리 알려진 영국의 진화생물학자 리처드 도킨스(Clinton Richard Dawkins, 1941~)가 그다. 다윈의 글이 문학적으로 보아도 손색이 없을 만큼 훌륭하고 아름답다고 이야기하는 동안 저절로 떠오른 현대의 과학자다. 『이기적 유전자』에서부터 최근작 『마법의 비행(Flights of Fancy: Defying Gravity by Design and Evolution, 2022)』까지 도킨스의 글은 웬만한 소설책만큼 흥미롭고, 어떤 시집 못지않게 아름답다. 저술들 안에서 풀어내는 심오한 생명과학 이야기를 온전히 이해하지 못하는 경우가 있다 하더라도 자기의 주장을 논리적으로 풀어가는 글 솜씨만큼은 그야말로 노벨문학상 감이다. 그가 과학자에게 노벨문학상을 주어야 할 때가 왔다고 주장하는 게 마치 자신의 글솜씨에 대한 자만감의 결과인 듯 보여 얄밉게 느껴지는 것도 사실이다. 자신이 바로 노벨문학상 수상 후보라는 식으로 들리기 때문이다. 하지만 그럴 만도 하다는 생각이 드는 건 어쩔 수 없다. 하긴 대중가요 가수에게 노벨문학상이 수여되는 시대이고 보면, 노벨문학상의 경계도 풀릴 만큼 풀린 것 아닌가 싶기도 하다. 그래서 만약 지금 살아 활동하는 과학자 중에서 노벨문학상을 주어야 한다면 누가 그 대상이 될까를 생각해 보면 현재로서 후보로 꼽을 만한 과학자는 리처드 도킨스가 우선이지 않을까 싶다. 그래서 그 스스로가 이런 주장을 한다는 게 눈살을 찌푸리게 한다. 하지만 도킨스의 '밉살스러운 주장'에는 과학 분야의 글을 어떻게 써야 할지를 가르쳐 주는 분명한 지향점이 있다는 점에서 허투루 지나칠 수 없는 게 사실이다.

돌아가신 과학자 가운데 해양생태학자 레이철 카슨(Rachel Carson, 1907~1964)은 실제로 문학상을 받은 적이 있다. 『침묵의 봄(Silent Spring, 1962)』으로 널리 알려진 그는 1951년에 『우리 주변의 바다(The Sea Around Us, 1950)』를 발표하면서 세계적으로 그 문학적 성과를 인정받았다. 내셔널 북 어워드 논픽션 부문을 수상했고 존 버로스 메달, 뉴욕 동물학회의 골드 메달, 오드본 소사이어티 메달을 연달아 받았다. 심지어 그는 영국 왕립문학회 초빙 교수이기도 했다. 어쩌면 그가 남긴 책 가운데 문학성이 가장 떨어지는 책이 세상에 그를 가장 널리 알린 『침묵의 봄』일 게다. 그러나 『침묵의 봄』은 널리 알려졌고, '20세기 최고의 환경 관련 고전'으로 남았다. 살해의 위협을 받으며 『침묵의 봄』을 완성한 뒤에 그는 어느 연설에서 『침묵의 봄』을 쓰느라 탈진했지만, 정작 자신이 쓰고 싶은 글은 따로 있었다며, 그때부터 『센스 오브 원더(Sense of Wonder, 1965)』[5]라는 글을 쓰기 시작했다. 안타깝게도 그는 유방암으로 이 책의 일부만을 남긴 채 생을 달리했다. 『센스 오브 원더』는 짧은 분량만 남았지만 구구절절이 아름다운 글로 채워진 작지만 크고, 과학적이지만 문학적인 특별한 책이다. 이 책에 담은 카슨의 철학은 결코 한두 마디로 간단히 넘어갈 수 없을 만큼 깊은 내용들이어서, 본문에서 다시 살펴볼 것이다. 대학에 입학할 때에 카슨은 영문학과에서 문학을 공부한 문학도였다. 그가 해양 생태에 대한 글을 그토록 아름답게 쓴 데에는 원인이 있었던 것이다. 카슨의 경우에도 다윈이나 도킨스와 다름없이 '작가'라는 칭호를 붙여주어도 과하지 않다.

　　나무 공부를 처음 시작할 때에 사표로 삼은 책과 어른이 있다. 『곤충기(Souvenirs entomologiques, 1909)』로 널리 알려진 장앙리 파브르(Jean Henri Fabre, 1823~1915)다. 그의 책 가운데 『곤충기』만큼

5　　이 책은 2002년에 『자연 그 경이로움에 대하여』라는 제목으로 번역되었다가, 10년 뒤인 2012년에 같은 출판사에서 원제의 발음 그대로 『센스 오브 원더』라고 제목을 바꿔 다시 펴냈다.

알려지지 않은 『식물기』는 뒤늦게 식물 공부를 시작하는 내게 큰 깨우침을 주었다. 『곤충기』도 그렇지만 식물 이야기를 어떻게 쓰는 게 좋을지를 가늠하게 해 주는 매우 좋은 지침이었다.

이 책을 이야기하기에 앞서 독자들의 오해를 줄이기 위해 덧붙여야 할 사실이 있다. 『파브르 식물기』라는 제목으로 번역된 우리말 책이 두 종류가 있다. 1992년에 두레출판사에서 번역한 책과 지난 2023년에 휴머니스트에서 번역한 또 한 권의 책이다. 어느 쪽도 모두 참 좋은 책인 건 사실이다. 그러나 여기에서 내게 큰 가르침을 준 판은 두레판 『파브르 식물기』임을 밝힌다. 두 번역본은 제목도 기본 골격도 똑같지만, 서로 다르다. 두레판 『파브르 식물기』는 파브르가 1867년에 펴낸 『Histoire de la bûche: récits sur la vie des plantes』를 번역한 것이고, 휴머니스트판 『파브르 식물기』는 앞의 책을 펴내고 25년이 지난 1892년에 파브르가 『La plante: leçons à mon fils sur la botanique』라는 제목으로 펴낸 프랑스어 책을 1924년에 미국에서 영어로 번역해

『The wonder book of plant life』라는 제목으로 펴낸 책을 번역한 책이다. 애초에 제목도 다르고 내용에서도 차이가 크기 때문에 서로 다른 두 권의 책이라고 이야기할 수도 있지만, 식물을 설명하는 기본 골격이 똑같아서 우리말로 번역할 때에 같은 『식물기』라고 옮기는 게 합리적으로 보인다. 그러나 두 권 사이에는 큰 차이가 있다. 이른바 4판이라고 불리는 1892년판에는 1867년판에 없었던 '꽃' 이야기를 첨부했다. '꽃' 이야기를 아예 2부로 배열할 만큼 비중을 두었다. '꽃' 이야기가 좀 모자란 1867년판을 일부에서 '미완성작'으로 이야기하는 이유이기도 하다. 분량이 방대해지고, 처음 저술 때로부터 시간이 많이 흐르자 집필 의도 자체가 달라질 수밖에 없었다. 또 1867년에는 자신의 아이들을 위해 글을 쓸 생각이었지만, 1892년에는 그 아이들이 이미 어른이 된 상태였으니 파브르로서도 아이들을 위해 글을 쓴다는 의도를 내려놓아야 했다. 그 바람에 서술 방식이 상당 부분 바뀌었다. 아이들이 좋아할 만한 신화 이야기를 비롯해 일상에서의 사례 등을 대폭 축소 혹은 생략했고 식물 이야기의 완성도를 높였다. 주관적인 판단이지만, 어린아이들을 대상으로 한 1867년판의 서술 방식은 일반 성인도 쉽게 알아들을 수 있는 효과적인 방식 아닌가 하는 생각이다. 1892년판이 과학적인 완성도는 높다는 게 일반적 평가이지만, 서술 방식만큼은 1867년판에 비해 감칠 맛이 덜하다는 느낌이 드는 건 어쩔 수 없다. 식물 공부 그 자체보다는 식물을 대중에게 알리는 글쓰기 방식에 대해 고민하던 나로서는 특히 더 그랬다. 지금 이 글에서 이야기하는 『식물기』는 휴머니스트 판이 출판되기 20여 년 전 쯤에 내가 보았던 두레판 『식물기』,

06　파브르의 『식물기』로 아마존닷컴에서 검색되는 세 종류의 책. 1867년판인 왼쪽의 책은 1992년에 두레출판사에서 한글로 옮겼고, 가운데가 1892년판이며, 오른쪽은 1924년에 미국에서 처음으로 파브르의 책을 영문으로 옮긴 책이다. 이 책은 2023년에 휴머니스트에서 한글로 옮겨 펴냈다. 위의 표지 사진은 '아마존닷컴'에서 갈무리했다.

즉 1867년에 펴낸 『Histoire de la bûche: récits sur la vie des plantes』를 말하는 것이다. 어느 판이 됐든 『식물기』의 큰 강점은 책상 머리에 앉아 연구한 결과가 아니라 몸소 들녘에 나가서 몸소 식물을 관찰하고 그 결과에 대해 오랫 동안 생각에 생각을 거듭한 결과를 적어낸 글이라는 점이다.

　　파브르는 1867년판의 제10장 '관속식물'에서 "더욱 치명적인 것이 있다. 프랑스에서는 한 사람의 생애 가운데 근 10년 동안을, 그것도 인생의 가장 꽃다운 시기에 어린이들에게 그리스어와 라틴어를 배우게 하는 것이다. 너희들에게 전혀 이해할 수 없는 낱말을 억지로 외우게 하는 것이다. 더구나 너희들이 장래 그런 음절들을 실제로 사용하는 일은 거의 없는데도 말이다"[6]라고 썼다. 어린 시절의 중요한 시기에 쓸데없는 지식을 쌓느라 시간

을 허비하는 아이들에게 들녘에 넘쳐흐르는 식물의 생명력을 또
렷이 알려주겠다는 게 이 책을 쓰게 된 계기임을 분명하게 밝혔
다. 그뿐 아니라 식물의 작은 한 부분을 설명하는 대목에는 아이
에 대한 아비의 살가운 사랑이 가득 담겨 있고, 식물 관찰 과정은
아이들이 공감할 수 있도록 세밀하게 묘사했다. 게다가 아이들이
흥미롭게 받아들일 수 있는 이야기와 연관시키면서 삶의 지혜를
솜씨 있게 풀어낸 점도 눈에 띈다. 이 책의 첫 장인 히드라 이야
기에서도 파브르는 아이들이 관심을 가질 만한 그리스 신화에 나
오는 영웅인 헤라클레스의 무용담으로 시작했다. 헤라클레스가
괴물을 물리치는 과정과 히드라의 몸뚱이가 나뉘면서도 살아가
는 과정을 비교해 설명하는 방식이다. 어린이든 어른이든 이처럼
독자가 흥미롭게 눈을 뜨고 귀 기울일 수 있는 소재로부터 식물
이야기를 풀어내는 솜씨는 여간한 게 아니다. 휴머니스트 번역에
서 저본으로 삼은 1892년판 『La plante: leçons à mon fils sur
la botanique』에는 이런 내용도 빠졌다.

또 식물의 겨울눈을 제대로 알려주기 위해서 파브르는 아이
들과 함께 여행 가방 싸는 상황을 끄집어낸다. 아이들 앞에서 먼
저 자신이 여행 짐을 꾸린다. 단단히 조리 있게 잘 싸인 여행 가방
을 보여준 뒤에는 다시 가방 안의 짐을 풀어내고 아이들에게 가
방을 꾸려보라고 한다. 아이들은 아버지만큼 짐 싸는 재주가 없
어 당황한다. 그러자 파브르가 이야기한다. "아버지가 짐 싸는 데
에 천재적인 재주가 있는 것으로 보이지. 그러나 진짜 짐 싸는 데

6   두레판 『파브르 식물기』(1992) 144쪽. 이 내용은 휴머니스트판에서 원본으로 한
     1892년판에는 나오지 않는다.

에 놀라운 재주를 가진 건 식물이야"라며 겨울눈 안에 든 식물의 조직들을 하나하나 설명한다. 이해가 쉽다. 누구라도 재미를 잃지 않고 이해할 수 있다. 아이의 언어이지만, 어른의 입장에서 보아도 충분히 재미있다. 짐 싸는 상황의 예 또한 1892년판에는 빠졌다. 독자를 세심하게 배려하는 파브르의 철학과 설명 방식은 이 책을 걸작으로 남게 한 중요한 이유 가운데 하나라 할 수 있다. 파브르는 식물의 생리를 이야기하되, 어린아이들이 쉽게 읽고 이해할 수 있도록 세상에 널리 회자하는 여러 이야기들을 통합해 들려준다. 그리 흥미롭다고만 할 수 없는 식물 이야기, 나무 이야기를 어떤 언어, 어떤 방식으로 풀어 써야 할지에 대한 실마리를 제공하는 책이었다. 자연스레 나무를 이야기할 언어와 그 서술 방식에 대해 고민하던 내게는 좋은 귀감이 됐다.

나무와 언어

대학 시절에 철학을 부전공하는 바람에 철학개론 수업을 들어야 했다. 세세한 내용까지야 생각나지 않지만 그 수업은 재미있었다. 수업 초반에 선생님은 "철학이라고 하면 어렵게 들리지요?"라는 질문을 던졌다. 그리고 우리가 철학을 어렵게 생각하는 이유를 설명했다. 철학에서 이용하는 용어가 우리 삶에서 벗어나 있기 때문이라는 게 철학을 어렵게 여기는 큰 이유라고 선생님은 이야기했다. 철학은 '사는 것은 무엇인가'를 탐구하는 학문이어서 우리 삶 그 자체를 돌아보는 데에서 시작해야 하는데, 그걸 설명하는 용어가 우리 삶과 동떨어져 있어서 개념을 이해하기 어려운 것이라고 선생님은 분명히 말했다. 그는 예를 들어 설명했다. 철학에서 가장 많이 쓰이는 용어로 '존재', '사유' 등이 있다. 우리말 '존재'로 번역되는 말은 영미문화권에서는 일상에서 쉽게 쓰이는 단어인 'being'이다. '사유'도 마찬가지다. 영미문화권에서 흔히 쓰는 'thought'다. 평상시에 쓰는 단어이기 때문에 철학서의 글들을 이해하기가 쉽고 거리감이 없다는 이야기다. 그러나 우리의 경우, 평소에는 '생각'이라고 하다가 철학을 이야기하려면 갑자기 '사유'라는 단어로 바꾸어 이야기해야 한다. 내용에 들어가기 전에 용어 자체에서 벌써 거리감이 들고 어렵게 느껴진다. '있음'이 아니라 '존재'라고 하는 경우도 마찬가지다.

식물학에서는 어떤가. 일일이 짚어보자면 한이 없겠지만, 일단 나무에 관해 자주 쓰이는 용어부터 보자. 수고, 흉고, 직경, 수관, 수령, 수간. 한눈에 들어오는가. 이 용어들을 식물 관련 전문 용어로 받아들이는 학계 풍토에 속해 있는 사람이라면 너무너무 편하게 이해되는 용어일 게다. 또 오랫동안 식물학 관련 도서나 자료에 이 같은 용어를 쓰고 있어서 숲에 관해 공부하는 사람들에게도 모두 익숙한 용어다. '엽액', '초아', '단지'는 어떤가. 예를 들자면 한이 없다. 우리가 식물학을 공부하는 게 일반인들에게 낯선 용어들을 익숙하게 쓸 만큼 공부가 내 안에 쌓였다는 걸 자랑삼기 위한 건 아니지 않은가. 다윈, 카슨, 도킨스, 세이건, 어느 누구도 자신만이 혹은 자신과 같은 전문가들만이 알아들을 수 있는 용어를 대중들에게 강요하지 않았다. 전문 용어를 이해하기 위해 용어 사전을 펼쳐보는 수고를 해야 한다고 강요하지 않았다. 그들은 더 낮은 자세로 대중이 가장 편안하게 알아들을 수 있는 용어를 썼다. 중요한 건 용어가 아니고 내용이다. 파브르처럼 생명의 약동을 느낄 수 있게 하는 게 목적이어야 한다.

식물을 공부하고 숲 해설가 자격 공부를 하는 것 역시 마찬가지다. 숲을 찾는 관람객들 앞에서 식물과 관련한 용어를 자유자재로 구사할 수 있고, 일반인들이 잘 알지 못하는 나무 이름 하나 더 아는 걸 과시하는 게 숲 해설의 목적이 될 수는 없다. 말로는 지구 생태계의 위기를 구하기 위해 나무에 관심을 가져야 한다는 말을 앞세우면서도 실제 말과 글에서는 대중을 식물로부터 멀어지게 하는 건 아닌지 돌아볼 일이다. 철학을 어렵게 느껴서 가까이 다가서지 못했던 것처럼 어쩌면 식물학에서도 똑같은 오류를 범하는 것 아닌가 곰곰 돌아보아야 할 일이다.

정부 기관에 노거수老巨樹와 관련한 보고서를 제출하면서 당황스러웠던 적이 있었다. 600쪽이 넘는 보고서를 제출할 때였다. '수고'는 '나무높이'로, '수령'은 '나무나이'로, '흉고'는 '가슴높이'로, '직경'은 '지름'으로, '수관'은 '나뭇가지펼침'으로 '수간'은 '줄기' 혹은 '굵은줄기'로 썼지만, 정부 기관에서는 그걸 허용하지 않았다. 절대로! 더구나 그 보고서는 기관의 담당자와 학계의 전문가들만 보는 게 아니었다. 그 기관의 홈페이지에 e-Book 형태로 게시해 일반 독자 대중 누구라도 편안하게 볼 수 있도록 하는 대중용 보고서였음에도 그랬다. 하릴없이 몇 차례의 수정을 거쳐 '수고', '흉고', '수관'과 같은 아리송한 일본어식 한자 용어로 되돌려 놓아야 했다.

심지어 정부 기관에서는 아예 한글은 쓰지 않기로 작정한 모양이다. 중앙 정부는 물론이고, 지자체 역시 마찬가지다. 수시로 내보내는 모든 자료에서 나무의 단위를 표시할 때에 '그루'라는 분명한 우리말, 우리 용어를 사용한 자료는 눈을 씻고 톺아봐도 찾을 수 없다. 그루 대신 '주株' 심지어 지금은 잘 쓰지 않는 '본本'을 쓰는 게 관례로 굳어졌다. 언어의 경제성을 고려해 한 글자를 더 줄여 종이와 인쇄 잉크를 줄이고, 마침내 나무를 아끼려는 '눈물겨운' 노력으로 봐주기에는 가당치 않은 일이다. 물론 우리 국어사전에 '주'와 '본'이 "초목 따위를 세는 의존명사"로 풀이돼 있으니 틀렸다고 할 수는 없다. 그러나 꼭 일제강점기에 쓰던 일본어식 한자 용어를 그대로 써야 하는지 답답하기 그지없다.

대관절 이 같은 용어는 어디에서 왔을까. 우리의 식물학은 일본인 학자에 의해 정립됐다. 일제강점기 때의 일이다. 그때 나카이 다케노신(中井猛之進, 1882~1952)이라는 식물학자가 우리나라에 들어와 한반도의 식생을 철저하게 조사했다. 그는 당시의 우리에게 낯설었던 근대 식물분류학 체계에 따라 한반도 식물을 분류했다. 우리나라에서 근대 식물학이 시작된 계기라 할 수 있다. 그때 우리는 일본에 나라를 빼앗겼고 우리말까지 빼앗긴 상태였다. 일본인 식물학자가 우리 땅의 식물을 소재로 한 식물학 체계를 정립하면서 자신들이 강점한 식민지 '조선'과 '조선의 말'을 염두에 두기를 기대할 수는 없다. 당연히 한반도를 '일본'의 한 부분으로 여겼던 나카이는 한반도의 식물을 이야기하면서 자신의 조국인 일본에 의해 말살되어 가는 한글을 이용하지 않았다. 그때의 정치적 현실에 그리 민감하지 않았던 나카이에게는 그럴 수밖에 없었던 일이지 싶다. 결국 나카이 다케노신에 의해 정립된 우리 근대 식물학의 용어는 죄다 일본어로 이루어질 수밖에 없었다. 앞에서 예를 든 '수고', '수령', '흉고', '수관', '엽액', '단지' 등은 우리가 옛부터 써왔던 한자어가 아니다. 우리나라의 근대 식물학 체계를 정립한 초기 학자인 일본인에 의해 명명된 일본어식 한자라는 이야기다. 당연히 우리에게 낯선 언어다. 사실 한자에서 기원한 용어의 뜻을 온전히 전달하기 위해서라면 한글 표기 뒤에 한자를 병기해서, 이를테면 '수고'는 '수고樹高' '수령'은 '수령樹齡' '흉고'는 '흉고胸高' '수관'은 '수관樹冠' '엽액'은 '엽액葉腋' '단지'는 '단지短枝'로 표기하면 조금 나을 수 있다. 그러나 한자를 병기한다 해서 한자를 거의 쓰지 않는 요즘 젊은 한글 세대들이 이해할 수 있을지는 여전히 의문이다. 다행스러운 것은 식물학계 안에서도 최근 들어 어려운 식물 관련 용어들을 한글화하자는 움직임이 있다는 사실이다. 앞으로 이 흐름이 보다 강화되기를 기대한다.

이 책에서는 '수고樹高' '수령樹齡' '흉고胸高' '수관樹冠' '엽액葉腋' '단지短枝' 등의 표현을 쓰지 않는다. '수고'는 '나무높이', '수령'은 '나무나이', '흉고'는 '가슴높이', '수관'은 '나뭇가지펼침[7]', '엽액'은 '잎겨드랑이', '단지'는 '짧은가지'로 쓴다. 그 밖에도 일본어식 한자로 지어진 용어들은 쓰지 않고 아직 익숙하지 않더라도 한글로 옮겨 쓴다.

과학적 사실에 대하여 이야기할 때에 우리 일상생활에 밀

7 　수관을 한글로 옮겨 쓰는 과정에서 일부에서는 이를 한자의 훈 그대로 번역해 '나무갓'이라고 쓰는 경우도 있는데, 이는 오히려 더 개념을 더 혼란시키는 듯해, 더 쉬운 표현으로 '나뭇가지펼침'이라 쓴다.

착한 용어를 이용하자고 했지만, 사실 과학 지식을 일상 용어만
으로 풀어 쓴다는 건 가능하지 않다. 디옥시리보핵산, DNA 혹은
RNA를 어떻게 일상 용어로 표현한단 말인가. 어거지로 한글로
옮긴다거나 일상에 맞춤한 용어만 사용한다면 과학의 본래 개념
이 깨질 가능성도 높다. 어차피 과학은 낯선 용어로 이루어진 학
문이다. 하릴없다. 특히 분자생물학이 날로 발전하면서 하루가 다
르게 새로운 연구 및 관찰 결과를 내놓는 이 시대에 모든 식물 용
어들을 한글과 일상어로 바꾼다는 건 엄두도 낼 수 없다. 그러나
나무 이야기라면 사정은 달라진다. 앞에서 류청신의 호두나무를
이야기한 것처럼 나무는 오로지 과학으로만 풀어갈 수 있는 지
식이 아니다. 게다가 지금 우리가 나무 이야기를 하면서 활용하
는 용어의 상당 부분은 일본어식 한자라는 점을 생각하면, 원래
의 개념을 흐트러뜨리지 않는 한 우리 일상어 혹은 쉬운 우리말
로 바꾸어 쓰는 방향으로 가야 하는 게 옳은 일이라는 생각이다.
더구나 나무 이야기는 과학자들만이 알아야 할 전문 지식일 수
없다. 비전문가들도 나무를 온전히 알고, 나무에 담긴 생명의 경
이로움을 체험한다는 것은 이즈음 우리 현실에서 무척 필요한 일
이다. 낯선 용어로 풀어낸 나무에는 관심을 가지기도 어렵고 사
랑할 수도 없다. 불가능한 일이다. 낯선 것은 사랑할 수 없다. 심
지어 평소에 나무를 좋아하고 사랑하던 사람들조차 나무 이야기
가 복잡하고 어렵게 이어지는 걸 보면 지레 질려서 그동안 가졌
던 알량한 애정마저 내려놓고 말 것이다.

끝으로 한 사례를 덧붙인다. 클로드 레비스트로스(Claude
Lévi-Strauss, 1908~2009) 이야기다. 그는 인류학 조사를 위해 식인

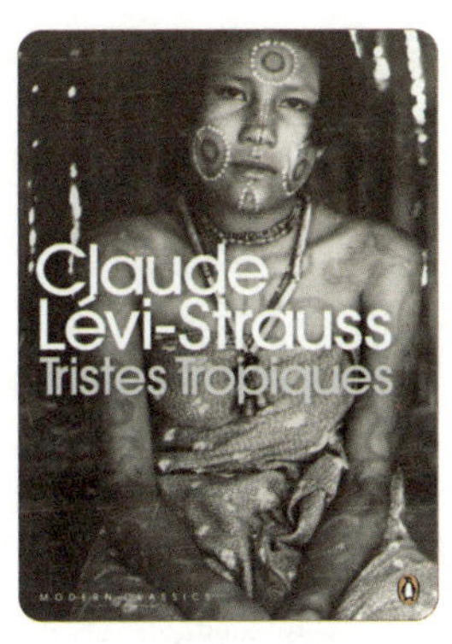

07 『슬픈 열대』 원본 표지.

食人 풍습의 자취가 남아 있는 아마존 유역의 원주민 부족 세계에 들어가 꼬박 2년을 살았다. 돌아오면서 그는 유명한 기행문을 남겼다. 『슬픈 열대(Tristes Tropiques, 1955)』다. 이 책은 그의 고국인 프랑스에서 이른바 '모닝빵 팔리듯 팔렸다'고 한다. 프랑스 전국의 인류학 관계자들이 모두 이 책을 봤다 해봐야 '모닝빵 팔리듯' 팔릴 수는 없다. 정확한 판매 통계까지는 알 수 없지만, 아마도 당시 프랑스 국민 대부분이 이 책에 열광했다는 걸 과장한 표현일 것이다. 『슬픈 열대』를 읽은 사람은 안다. 이 책이 얼마나 흥미로운지. 인류학에 문외한이어도 충분히 흥미롭게 읽을 만한 책이다. 2년 동안 식인 풍습의 부족 사회에서 보고 듣고 느낀 것을 그야말로 본 대로, 느낀 대로, 붓가는 대로 편안하게 쓴 기행문이다. 잘 쓰인 수필이라는 이야기다. 중학생 정도의 지적 능력이 있다면 충분히 읽을 수 있는 글이다. 분량이 좀 돼서 중학생의 인내심으로는 읽어내기가 쉽지 않겠지만, 고등학생이라면 충분히 읽을 수 있다. 실제로 『슬픈 열대』는 한때 대학입학 논술고사의 논제로

자주 출제되던 책이기도 했다. 이미 읽은 사람은 잘 알겠지만 이 책에는 특별히 어렵거나 낯선 인류학 전문 용어가 남발되어 있지 않다. 그냥 원시 부족의 사람살이를 있는 그대로 보여줄 뿐이다. 쉽게 쓰인 책이지만, 반향은 놀라웠다. 이 책이 발표된 1955년만 해도 세계 철학계는 독일 철학이 주도하던 시절이었다. 칸트(Immanuel Kant, 1724~1804)를 비롯해, 헤겔(Georg Wilhelm Friedrich Hegel, 1770~1831) 쇼펜하우어(Arthur Schopenhauer, 1788~1860) 마르크스(Karl Heinrich Marx, 1818~1883) 니체(Friedrich Wilhelm Nietzsche, 1844~1900) 등 세계 철학사를 주도한 철학자는 거의 독일인이었다. 그러나 『슬픈 열대』가 발표되자 그즈음 언어학자 소쉬르(Ferdinand de Saussure, 1857~1913)에 의해 일어나던 새로운 조짐이 비로소 활기를 띠고 살아났다. 드디어 세계 철학사에는 새로운 흐름이 일어났다. 『슬픈 열대』에서 레비스트로스는 역사 발전 과정의 중요한 동인으로 각 사회마다 독특하게 형성된 특징을 찾아냈다. 2년에 걸쳐 직접 겪었던 원시 부족 사회의 구조를 보고 그가 내린 결론이었다. 관찰과 직접 경험을 바탕으로 한 이 기행문에서 레비스트로스는 어떤 민족, 어떤 문화든 자신들만의 고유한 발전 방식이 있다고 강조했다. 그 고유의 방식을 그는 '구조'라고 표현했다. 『슬픈 열대』를 통해 튀어나온 레비스트로스의 '구조'라는 개념은 금세 프랑스 지식인들 사이를 파고들었다. 곧이어 '구조'라는 개념을 바탕으로 철학 개념을 재정립하려는 프랑스의 젊은 철학자들이 나타났다. 그때 급부상한 '구조주의 철학'의 흐름이 그것이다. 마침내 독일 중심의 세계 철학사는 프랑스 쪽으로 중심을 이동하는 놀라운 결과를 가져왔다. 한 권의 유려한 기행문이 세계 철학사의 흐름을 바꾸는 결정적 계기가 된 것이다.

위대한 저술은 전문가들만 겨우 이해할 수 있는 어려운 전문 용어와 난해한 이론으로 이루어지는 게 아니다. 앞에서 어지럽게 살펴본 위대한 저술들은 어느 하나도 그런 길을 가지 않았다. 다윈의 『종의 기원』, 레이철 카슨의 『우리 주변의 바다』와 『센스 오브 원더』, 리처드 도킨스의 『이기적 유전자』, 칼 세이건의 『코스모스』, 파브르의 『식물기』, 레비스트로스의 『슬픈 열대』에 이르기까지.

이쯤 되면 지금 숲을 걷는 우리가 가야 할 길은 명확해진다. 나무의 역사를 이야기해야 하는 우리의 목적은 자기과시나 자기만족에 있지 않다. 세상의 더 많은 사람들이 나무를 더 익숙하게 바라보고, 더 사랑하고 오래 보호해서, 궁극적으로는 우리와 우리의 후손들이 더 평화롭게 살아가는 아름다운 지구 생태계를 만들어 가는 게 우리의 최종 목적이어야 한다. 우리 생태계의 아름다운 바탕이 되는 나무와 숲을 이야기함에 있어서는 더 그렇다. 이제 우리의 언어를 한가득 몸에 담고 함께 걸어가야 할 때다. 우리 앞에 서 있는 한 그루의 나무에 담긴 생명의 원대한 역사를 찾아서.

제1부

나무의
탄생

나무 이전의 세계

다원은 적응이나 조화를 중시했다.
그 이유는 자연선택이
진화의 여러 힘 중에서 가장 우월하다고 생각했기 때문이다.
그러나 진화에는 자연선택 말고 다른 과정도 함께 작용한다.
그리고 생물들은 적응의 결과가 아니고
생존에 직접 도움을 주지도 않는 특성들도 얼마든지 가지고 있다.

– 스티븐 제이 굴드*Stephen Jay Gould*,
『판다의 엄지*The Panda's Thumb: More Reflections in Natural History*』에서

이 책의 제1장부터 제3장까지에 대하여

이 책은 '나무'를 이야기하는 책이고, 독자 역시 '나무'에 대한 정보를 얻기 위해 이 책을 펼쳤을 것이다. 물론 이 책의 중심 주제는 '나무'다. 나무라는 생명체를 보다 온전히 이해하기 위해서는 대관절 어떤 생명으로부터 나무가 태어날 기미를 보였는지 그 시작부터 살펴보는 것이 마땅한 일이다. 그래서 이 책의 제1장부터 제3장까지는 나무가 이 땅에 나타나기 전의 역사를 개괄적

으로 살펴본다. 나무가 태어나기까지 어떤 일이 있었는가를 파악하기 위해 나무라는 생명체의 조상과 그 근원을 이해하고자 함이다. 이 부분에 대해서 이 책에서는 깊이 있는 학술적 서술보다는 상식 수준의 일반적인 내용을 다루는 데에서 그치고자 한다. 그럼에도 불구하고 이 부분은 '나무'에 집중한 독자에게 지루할 수 있다. 대개의 나무가 눈에 뚜렷하게 들어오는 크고 아름다운 생명체이건만, 나무 이전의 생명들은 눈에 보이지 않거나 기껏 눈에 보인다 해봤자 지독할 정도로 미소한 대상이어서, 자연스레 흥미는 떨어지고 지루하게 느껴질 수 있다. 더구나 나무 이전의 생명들은 기껏해야 화석 자료를 통해서 알 수 있는 내용을 짚어보는 것이어서 실제 현장에서 체감할 수 있는 내용이 아니라는 점이 이 장의 내용을 더 재미없게 만드는 건 사실이다. 만일 나무 이전의 역사보다는 본격적으로 나무의 탄생에서부터 짚어볼 요량이라면 제3장까지를 건너뛰고 제4장 '나무의 탄생'부터 읽어도 무방하다.

그러나 가능하다면 짬을 내서 나무가 탄생하기 전에 펼쳐진 생명 세계의 오묘한 사정을 짚어보기 권한다. 이 책에서는 나무 이전의 세계에 대한 깊이 있는 학술적 논의를 진행하지 않는다. 그야말로 '나무'를 더 잘 이해하기 위해 필요한 상식 수준의 이야기를 가볍게 짚고 넘어가려 하니, 약간의 인내심을 부탁드린다. 나무의 탄생이 대관절 세상을 어떻게 바꾸었는지를 알기 위해서는 바뀌기 이전의 세상과 그 세상의 생명들에 대한 최소한의 이해가 필수적이다. 잠깐의 인내심은 마침내 나무에 대한 더 깊은 이해를 가져다주리라 확신한다.

　　대개의 경우 처음에는 나무의 이름을 알고 싶어 한다. 여러 방법을 통해 나무의 이름을 알게 되고, 이름에 익숙해진 뒤에는 나무가 도대체 어떻게 살아가는가 궁금해진다. 나무도 분명히 살아 있는 생명체이거늘 그 생명을 이어가는 신비로움, 경이로움에 대한 호기심은 늘어난다. 이윽고 나무라는 생명에 대한 관심은 나무 위에서 혹은 나무 곁에서 더불어 살아가는 수많은 생명체에 대한 관심으로 확장된다. 그리고 마침내 나무에 대한 관심을 키우고 있는 우리들, 즉 호모 사피엔스와 나무와의 관계에 대한 질문을 던지는 게 자연스러운 호기심의 확장 순서라 하겠다.

　　질문이 이쯤에 이르면 드디어 나무를 포함한 사람과 동물, 그리고 미생물까지의 온갖 생명체들이 어울려 살아가는 우리 행성 지구에 대한 관심이 떠오른다. 지구는 어떻게 태어나 어떤 역사를 거쳐온 행성인지 알고 싶어지고, 지구에서 태양계, 태양계에서 은하계, 그리고 마침내 우주에 대한 관심으로 이어지는 건 자연스러운 순서다. 물론 빅뱅이라 부르는 우주 탄생에서부터 지구 형성에 이르는 과정까지에 대한 호기심은 이 책에서 해결할 수 없다. 이는 우주 천문학과 같은 다른 분야에 맡기고, 이 책에서는 나무 탄생 전후에서부터 이야기를 시작한다. 그러나 나무가 나타나면서 무엇이, 어떻게, 왜 바뀌었는지를 더 풍부하게 알려면 바뀌기 전의 세상 사정을 짚어보는 게 훨씬 효율적이리라. 그래서 이 책에서 나무의 탄생에서부터 가장 가까운, 그러나 나무와 연관해 짚어갈 수 있는 가장 먼 곳이라 할 수 있는 지구 탄생의 순간을 시점으로 잡았다. 물론 지구 탄생과 관련한 지질학적 이야기 역시, 이 책에서 풀어내는 건 불가능하다. 이는 역시 다른 분야에 맡긴다.

칼 세이건의 우주력과 인간 탄생

우주 천문학자 칼 세이건은 1977년에 펴낸 『에덴의 용: 인간 지성의 기원을 찾아서(The Dragons of Eden: Speculations on the Evolution of Human Intelligence)』에서 흥미로운 작업을 선보였다. 이른바 '우주력宇宙曆'이다. 그를 세계적으로 널리 알린 TV 다큐멘터리 〈코스모스〉에서도 우주력은 제1부에서 흥미롭게 이야기했다. 하지만 이전에 펴낸 책, 『에덴의 용』에서 자세히 이야기한 때문인지, TV 프로그램에서는 비중 있게 소개했으면서도 같은 이름으로 펴낸 책, 『코스모스』에는 우주력 이야기를 넣지 않았다.

세이건이 활동하던 50년 전에는 빅뱅이 발생한 연대를 150억 년 전으로 추정했다. 빅뱅 발생과 그 연대에 대한 연구가 더 깊어지면서 지금은 빅뱅 발생의 시점을 150억 년이 아니라 137억 5,000만 년 전으로 보는 게 학계의 정설이다. 그러나 정확히 알기 어려운 이 연대에 대해서는 여전히 설왕설래가 있다. 무려 12억 5,000만 년의 차이가 있지만 우주와 지구의 형성에서 나무가 태어나고 인간이 탄생하는 과정으로 이어지는 흐름에는 큰 차이가 없다. 세이건은 당시의 연구 성과를 바탕으로 우주 탄생의 순간부터 현재까지 우리가 기억해야 할 중요한 순간들을 1년

치 달력 위에 표시하고 이를 우주력이라고 했다. 세이건의 우주력은 우주의 역사에서 인간이 차지하는 위치를 보다 실감 있게 이해할 수 있는 흥미로운 방식이었다.

세이건은 당시 추정치에 따라 빅뱅의 시작, 즉 150억 년 전인 우주의 탄생 시간을 1월 1일 0시로, 세이건이 이 이야기를 하고 있는 현재를 12월 31일 24시로 가정했다. 세이건의 우주력에 따르면 5월까지는 은하계가 아직 생기지 않았고, 태양계는 9월 중순에 태어난다. 그리고 인류가 태어난 것은 12월 31일의 마지막 10분 전, 그러니까 12월 31일 오후 11시 50분쯤에 해당한다. 우주력에서 한 달은 10억 년 정도이고, 하루는 약 4,000만 년, 1분은 약 3만 년, 1초는 약 500년이다. 열두 달로 이루어진 우주력을 펼쳐놓은 전체 넓이를 축구장으로 친다면 우리 인간의 역사에 해당하는 구역은 사람의 손바닥 하나 크기에 지나지 않는다. TV 다큐멘터리 〈코스모스〉에서는 이 상황을 12장의 달력을 배경으로 하고, 그 맨 끝에 인간의 탄생 이후의 시간을 반짝거리게 표시했는

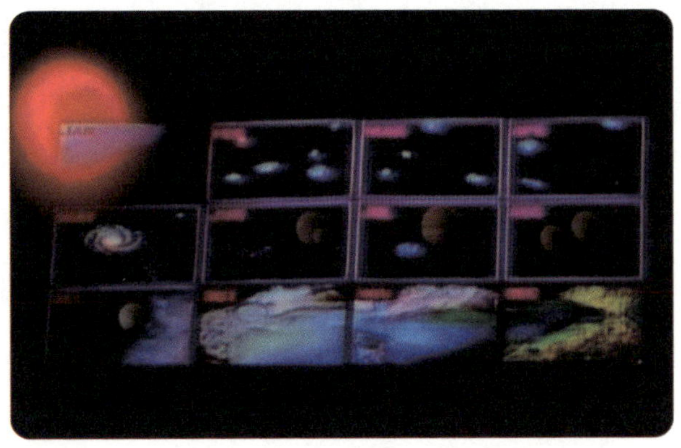

데, 이는 인간의 역사가 우주의 역사에 비해 얼마나 미미한지를 보여주는 인상적인 장면으로 남았다. 세이건은 호모 사피엔스가 출현한 10분 중에서도 최후의 약 10초 동안이 바로 인간에 의해 기록이 남겨진 부분이고, 이 시기를 어떻게 넘기느냐에 따라 다음 달력의 첫날을 어떻게 맞이할지가 달려 있다고 했다.

세이건의 우주력 방식을 다시 최근에 더 정교하게 밝힌 빅뱅 발생 연대, 즉 137억 5,000만 년 전이라는 사실에 대입하여 살펴보아도 달라질 건 없다. 날짜와 시간을 보다 정밀하게 표시하자면, 지구는 9월 2일 낮 12시 12분에 나타난다. 생명은 9월 30일 0시 59분에 탄생했으며, 처음으로 나무가 나타난 건 그로부터 석 달 가까이 지난 12월 20일 오전 6시 25분이다. 마침내 현생 인류인 호모 사피엔스가 출현한 건, 세이건의 150억 년으로 환산했을 때와 크게 다르지 않은 12월 31일 오후 11시 51분이다. 인간은 1년 365일 가운데 고작 맨 끝의 10분도 차지하지 못한다. 어쩌는 수

제1장
나무 이전의 세계

없이 인간은 지구 모든 생명체의 막내 격이라 하지 않을 수 없다.

호모 사피엔스를 이해하기 위해서는 그가 처음 나타난 배경인 나무와 숲을 이해하는 데에서 시작해야 한다. 세이건이 『코스모스』에서 강조했던 것처럼 호모 사피엔스는 분명히 나무 아래에서 태어났다. 다른 배경도 있었을텐데, 하필이면 나무 아래에서 태어난 까닭은 무엇인가. 나무는 무엇이기에 호모 사피엔스가 태어날 배경이 될 수 있었는가. 그 모든 질문은 바로 '나는 누구인가', '인간은 누구인가'에 대한 관심의 확장이다. 조금 번거로워도 시간을 거슬러 올라가 지구 탄생의 사정을 살펴보려는 건 그런 이유에서다.

우주, 지구 그리고 생명의 탄생

그저 '옛날 옛적'이라고 말할 137억 5,000만 년 전, 빅뱅이 발생해 매우 빠른 속도, 상상을 초월하는 엄청난 크기로 팽창을 시작했다. 지금도 계속 이어지고 있는 이 팽창 과정에 대해서 우리 책에서 상세히 설명하는 건 불필요하다. 다만 우주 탄생 과정은 현대 과학을 통해 상당한 증거가 확보되었으며, 현재 가장 널리 받아들여지는 과학 이론이라는 점만 짚고 넘어가려 한다. 물론 아직 해결하지 못한 사정은 하고하다. 특히 빅뱅 이전에 대한 의문은 자연스레 이어지지만 현재까지의 탐구 성과만으로는 풀어낼 도리가 없다. 또 빅뱅 이후 팽창한 우주는 하나의 구획 안에 들어 있는 것이 될 텐데, 그렇다면 필경 그 공간 바깥이 존재할 것이고, 그곳은 어떤 형태일 것인가에 대한 의문도 남는다. 시간과 공간에 대한 질문들이다. 미스터리로 남아 있는 질문이다. 다만 최근까지의 추정에 따르면 빅뱅 이전에 존재했던 하나의 우주가 차츰 쪼그라들었다가 지금 우리가 이야기하는 빅뱅의 순간에 다시 폭발하면서 현재의 우주를 이루었다고 보기도 한다. 이 추정도 순전히 짐작일 뿐 근거는 찾기 어렵다. 또 다른 추정도 있다. 우리 우주 바깥에도 다차원의 멀티버스multiverse가 존재하고 그 안에서 각각의 고유한 특징을 지닌 우주들이 끊임없이 출현한다는 것, 즉 우리의 우주는 그 숱하게 많은 우주 가운데 하나라는 추정이다.

나무를 탐구하려는 지금의 우리로서는 질문으로 남겨두는 게 좋을 듯하다. 이는 천문학, 우주물리학 등 현대 첨단과학의 영역을 뛰어넘는 질문이고, 앞으로의 과학 발전에 따라 부분적으로 수정될 수도 있고, 어쩌면 놀라운 발견이 나올 수도 있으며, 또는 영원히 풀지 못할 수수께끼로 남을 수도 있다. 게다가 물리학 천문학은 둘째 치고, 나무에 집중하려고 시작한 우리의 작업 영역에서 벗어나도 한참 벗어난 이야기다. 앞에서 세이건의 '우주력'을 이야기한 것처럼 장구한 우주 역사의 내력을 이해하는 데에서 그치는 게 심신의 안정에 좋으리라.

끝없이 팽창해 왔고, 지금도 팽창하는 우주에는 잇달아 숱하게 많은 은하계가 형성되었으며, 그중에는 우리가 속한 우리은하Milky Way galaxy도 포함된다. 그리고 드디어 지금으로부터 46억~45억 년 전쯤 우리은하 안에서 우리 지구가 속한 태양계가 형성됐다. 여러 행성들로 이루어진 태양계 안에 지구라는 별이 또렷하게 만들어진 건 45억 년 전이었다.

　처음 형성된 지구는 지금처럼 '아름다운 별'이 아니었다. 생명이 자리 잡기에는 경악스러울 정도로 위험했고 더럽기까지 한 황폐한 별이었다. 우주 공간에서 수시로 별들이 쏟아져 내려와 부딪히며 흩뿌리는 우주 먼지로 자욱했으며, 성운星雲의 잔해들이 쉴 새 없이 맹렬하게 충돌했다. 또 지구 깊은 내부에 존재하는 방사성 물질은 끊임없이 붕괴했고, 중력에 의한 압력은 지구 전체를 불덩이처럼 뜨겁게 데웠다. 태양으로부터 내리쬐는 자외선도 치명적이었다. 어떤 생명도 살 수 있는 환경이 아니었다.

　그리고 40억 년 전쯤, 비로소 지구의 껍데기라 할 수 있는 지각이 형성되면서 차츰 불안정한 형태를 벗어나기 시작했다. 이때 대기의 대부분은 이산화탄소가 차지하고 있었을 것이다. 하늘은 지금처럼 아름다운 파란색이 아니었고, 음울한 붉은 빛깔을 띠고 있었으리라. 먼 하늘의 태양은 흐릿하게 보였을 테고, 달은 지금보다 훨씬 가까이에 있었을 것으로 추측된다. 그때에도 여전히 새빨간 하늘에서는 유성과 소행성이 계속 떨어지고 있었다. 지구의 자전 속도는 매우 빨라서 하루는 고작 15시간 정도였다. 이산화탄소로 덮인 지구는 '온실효과'가 심각해 지구를 뜨겁게 했으며, 지구의 온도를 식혀줄 물과 바다는 존재하지 않았다. 땅은 물컹물컹했으며, 화산도 자주 폭발했다. 그렇게 10억 년이라는 긴 세월이 흐르면서 유성 충돌이 줄어들고 화산 폭발과 같은 치명적 사태의 빈도가 낮아지면서 차츰 지구의 온도가 식어가자 대기 중에 형성되었던 구름이 비가 되어 쏟아졌다. 엄청난 양으로 쏟아진 비는 드디어 지표면에 고여 최초의 바다를 형성했다. 바다를 이룬 물이 지구를 데웠던 열로부터 나온 것으로 보는 게 일반적이지만, 최근에 이 많은 물은 원시 지구 초기에 지구로 떨어진 혜성이 가져왔을 것으로 보는 추론도 있다. 두 가지 이론은 서로 다르지만 어느 쪽도 확증이 있는 건 아니다. 그 긴 시간 동안 지구는 천천히 열을 떨어뜨렸고, 지구에 떨어진 대형 천체들은 지구의 지각에 균열을 만들었다. 그리고 균열이 깊은 곳에 물이 모였다. 지구에는 드디어 땅과 바다가 나누어졌다. 그리고 바다는 특별한 사건 발생의 결정적 바탕이 됐다. 물 그리고 물이 모여 있는 바다는 지구에 큰 축복이었다.

그리고 35억 년 전, 바로 이 물, 즉 바다 깊은 곳에서 놀라운 사건이 벌어졌다. 새로 태어난 지구라는 별에 적막강산의 상태로 흐른 10억 년의 세월이 쌓인 시점이다. 10억 년은 헤아릴 수 없이 긴 시간이다. 사람을 기준으로 하여 30년을 한 세대라고 할 때, 3,300만 세대가 지난 것이다. 3,300세대가 아니라 3,300만 세대다. 호모 사피엔스가 지구상에 나타나 살아온 지난 25만 년의 4,000배쯤 되는 긴 세월이다. 바로 그때 아직까지 다른 어떤 별에서도 확인되지 않은 특별한 사건이 벌어졌다. 온 우주를 통틀어 '단 한 번'밖에 없는 사건이다. 물론 '아직까지는'이다. 앞으로 어떤 우주, 어떤 행성에서 또 다른 생명이 발견될 가능성을 여기서 부정할 수는 없다. 바로 35억 년 전, 아직까지 우리가 아는 단 한 번의 사건, 즉 '생명의 탄생'이 이뤄졌다. '단 한 번'임을 강조한 것은 지금 이 땅의 모든 생명이 바로 거기에서 비롯했다는 이야기이고, 달리 표현하자면 모든 생명의 조상이 처음 나타났다는 이야기다. 생명의 조상인 최초의 생명은 지구가 우주로부터 쏟아진 천체 충돌로부터 받은 축복인 '바다'가 아니었다면 불가능했을 것이다. 물론 최초의 생명이 출현한 과정도 추측일 뿐, 명백한 근거는 없다. 미생물 화석 등으로 몇 가지 추측할 근거가 없는 건 아니지만, 여기에 대해서도 이견이 있는 상황이어서 확증은 어렵다.

아직 지구의 육지에는 태양으로부터 쏟아지는 자외선과 우주 먼지로 생명이 살아갈 수 있는 환경이 아니었다. 생명을 지닌 어떤 것도 살아갈 환경에 가까운 곳은 바다 깊은 곳밖에 없었다. 바다와 육지는 높이에서 차이가 있지만 근본적으로는 지구의 껍데기를 이룬다는 점에서 다를 바 없다. 지금의 상황을 바탕으로 이야기하자면 육지에 산맥이 있고, 계곡이 있듯이, 바다 깊은 곳 바닥에도 산맥이 있고 계곡이 있다. 육지에서의 산맥을 바다 깊은 곳에서는 해령海嶺, 해저산맥이라고 부른다. 육지의 산맥 가운데에는 화산이 있는데, 바다 깊은 곳에도 육지의 화산처럼 지구 깊은 곳으로부터 매우 뜨거운 것이 분출되는 곳이 있다. 육지에서는 뜨거운 것이 일정한 자리에 구멍을 뚫고 솟구쳐 나오면서 대기 중의 산소를 만나 불을 형성한다. 사람들은 눈에 보이는 대로 이를 화산火山이라고 부른다. 물로 채워진 바다 깊은 곳의 해저산맥, 해령 가운데에도 육지의 화산처럼 지구 깊은 곳에서 뜨거운 것이 솟구쳐 오르는 부분이 있다. 그러나 바닷속에서는 아무리 뜨거운 것이 올라온다 해도 불을 형성할 수 없기에 화산이라 부를 수는 없다. 지구 깊은 곳에서 솟구친 뜨거운 그 무엇은 바닷물을 매우 뜨거운 물로 바꾼다. 그 뜨거운 물을 용어로 표현하자면 열수熱水라고 할 만하다. 그리고 열수가 솟구쳐 나오는 구멍은

육지에서 '화산'이라고 부르는 것과 달리 '열수분출공孔' 혹은 '열수분출구口'라고 부른다.

처음으로 생명이 태어난 곳이 바로 그 열수분출구 주변이었다. 처음 생명이 어떻게 태어났는지는 여전히 정확히 풀 수 없는 미스터리다. 당연히 기록도 없고, 증거도 찾기 어렵다. 그러나 그때 처음 나타난 생명이 박테리아 형태였다는 사실만은 분명하다. 주변의 물과 달리 지독할 정도로 뜨거웠던 열수분출구에서 솟아오른 뜨거운 물 주변에는 무기물질이 풍부했고, 갖가지 무기물들이 서로 부딪히면서 마침내 미생물을 탄생시킨 것이다. 우리 과학계에서는 그때의 상황을 재현하기 위해 이러저러한 실험을 진행해 왔다. 성과가 아주 없었다고 할 수도 없지만, 그렇다고 해서 생명 탄생의 비밀을 온전히 밝혀낸 것도 아니다. 생명에 관한 궁금증을 화두로 들 때마다 가장 궁금한 부분이 바로 이때의 사정이지만, 아직까지는 짐작 이상으로 더 알 도리가 없는 상황이다.

최초의 생명 세계가 지금처럼 다양하지는 않았겠지만, 처음 나타난 생명인 박테리아 역시 나름대로의 번식을 이루고, 돌연변이를 통해 분화와 분기를 거치며 여러 종류로 나누어졌다. 여러 종류의 박테리아가 탄생하며 생명 시대를 연 것이다. 앞에서 '단 한 번'밖에 없는 사건임을 강조한 것은 지금 우리 사는 세상의 다양한 모든 생명체들은 바로 이 박테리아를 조상으로 한다는 사실을 인식해야 한다는 데에 있다. 박테리아는 박테리아대로 진화하고, 사람과 같은 고등동물은 박테리아와 무관하게 따로 태어난 게 아니다. 모든 생명은 단 하나의 생명으로부터 기원한다.

　찰스 다윈이 『종의 기원』을 발표했을 때, 그는 바로 하나의 생명이 길고 긴 진화 과정을 거쳐 지금처럼 다양한 생명 세계를 이루었다는 것을 강조하고 이를 과학적으로 증명해 냈다. 그러나 그때 다윈을 비난하던 축은 "진화론이 맞다면 사람은 원숭이의 후손이냐"라고 되물었으며 온갖 매스미디어에서는 원숭이의 몸에 다윈의 얼굴을 한 캐리커처를 그려서 다윈을 비난했다. "사람이 원숭이의 후손이냐"라는 질문은 다윈의 진화 이론을 잘못 이해해도 한참 잘못 이해한 것이다. 다윈은 사람을 원숭이의 후손이라고 이야기하지 않았다. 다만 원숭이와 공통 조상을 공유한다는 엄연한 사실을 밝혔을 뿐이다. 그 공통 조상을 또다시 거슬러 올라가면 또 하나의 분기점을 만나게 되고, 거기에서 분기점 반대편에 놓인 또 다른 생명체와는 또 그 위의 공통 조상을 만나게 된다. 생명의 탄생이 단 한 번밖에 없는 사건이라는 이야기는 결국 그렇게 공통 조상을 끝까지 거슬러 올라간다면 맨 꼭대기에서 만나게 되는 게 바로 35억 년 전 바다 깊은 곳에서 만들어진 박테리아였다는 것이다.

최초의 생명체, 박테리아

그리하여 35억 년 전에 태어난 박테리아라는 생명체는 차츰 바다 깊은 곳에서 번식하고 분기하며 박테리아의 세상을 일구어 갔다. 이른바 박테리아의 세상이 수십억 년 이어졌다. 다양한 박테리아 가운데 시아노박테리아cyanobacteria라는 특별한 생명이 있었다. 우리말로 옮기면 남세균藍細菌이다. 박테리아bacteria를 '세균'으로, 청록색 혹은 남색을 뜻하는 cyan을 '남'으로 번역한 것이다. 한때 남조류藍藻類, blue-green algae라고 번역한 적도 있었다. 하지만 조류는 핵을 비롯한 여러 세포소기관을 가진 진핵생물이고, 시아노박테리아는 핵을 둘러싼 막이 없는 단세포 원핵생물이라는 점에서 조류와 전혀 다른 생명체다. 우리말로 옮겨 쓰는 게 더 편할 수도 있지만, 남세균, 남조류 등으로 헷갈리기보다는 학명인 '시아노박테리아'로 부르는 게 오히려 혼란을 피하는 방법 아닌가 싶다. 처음에 남세균이라고 번역하던 예전에는 '박테리아'라는 용어의 생경함을 피하려는 생각에서 옮긴 표현이었을 것이다. 하지만 이제 박테리아뿐 아니라 바이러스까지도 혹독하게 경험한 우리로서는 박테리아라는 용어가 이를 우리말로 옮긴 '세균'보다 익숙하다. 오히려 '남세균'보다 시아노박테리아가 더 알기 쉽게 받아들일 수 있는 상황이다.

시아노박테리아는 35억 년 전에 처음 만들어져 번성한 여러 종류의 박테리아 가운데 하나다. 처음 탄생한 박테리아 가운데에 시아노박테리아를 콕 짚어서 이야기하는 것은 그 흔적으로서의 화석을 확인할 수 있는 까닭이다. 바로 스트로마톨라이트

stromatolite라는 이름의 화석이다. 스트로마톨라이트는 시아노박테리아가 바위와 합쳐서 퇴적하면서 이루어진 화석이며 석회암의 일종으로, 생명 탄생 초기인 35억 년 전부터 지금까지의 전 시대에 걸쳐 나타난다. 스트로마톨라이트는 고생대 이전인 선캄브리아누대Precambrian Eon의 원시 환경을 비롯해 생명의 기원을 이해하는 데 중요한 가치를 갖는다. 무려 35억 년 전 생명의 흔적이 남아 있는 화석이다.

생명 초기에서부터 지금까지의 전 시대의 흔적으로 남은 스트로마톨라이트는 우리나라 안에서도 찾아볼 수 있다. 우리나라에서 스트로마톨라이트를 본격적으로 조사한 것은 그리 오래된 일이 아니다. 대략 10년, 길게 잡아봐야 30여 년 전부터 스트로마톨라이트의 중요성을 인식하기 시작했으며 곳곳에서 스트로마톨라이트가 보고된 것도 그 정도의 기간에 이루어졌다. 일테면 대구, 군위, 의성, 진주 등의 지역에서 다량의 스트로마톨라이트가 조사 보고된 것도 그 무렵이다. 그뿐만 아니라 영월 문곡리, 인천

소청도, 대구 경산 가톨릭대학교 등에서는 보존 가치가 높은 스트로마톨라이트를 발견해 국가자연유산인 천연기념물로 지정한 것도 그렇다. 그 가운데 20만 5,091제곱미터 규모의 지층으로 형성된 '영월 문곡리 건열 구조 및 스트로마톨라이트'는 2000년 3월에 스트로마톨라이트 지역으로서는 처음으로 국가자연유산에 지정했으며, 대략 4억~5억 년 전에 형성된 지층구조다. 영월에 이어 인천의 옹진군 소청도에서 스트로마톨라이트를 발견하고 이를 천연기념물에 지정한 것은 고작 10여 년 전인 2009년 11월이다. '옹진 소청도 선캄브리아 스트로마톨라이트와 분바위'라는 이름의 이 자연유산은 2만 9,686제곱미터 규모이며, 인천 옹진군 대청면 소청리 산55-3번지 일대에 위치한 명승이다. 이 지역의 스트로마톨라이트는 우리나라에서 가장 오래된 것으로 평가되는 박테리아 화석으로 원생대 후기인 6억~10억 년 전에 형성된 것으로 여겨진다. 비슷한 시기에 백악기인 1억 년 전에 형성된 것으로 추정되는 스트로마톨라이트가 경산 대구가톨릭대학교에

제 1 장
나무 이전의 세계

서 발견되어 '경산 대구가톨릭대학교 백악기 스트로마톨라이트'
라는 이름으로 역시 국가자연유산에 지정하기도 했다. 이 스트로
마톨라이트는 762제곱미터 규모로, 영월이나 인천에 비해 규모는
작지만, 보존 상태가 우수한 것으로 알려졌다. 특히 박테리아 화
석 함유 정도와 화석의 보존성 및 형태의 다양성에 있어서 높은
가치가 있는 것으로 평가된다.

심해의 열수분출구에서 형성된 박테리아는 꾸준히 자신의
생존 영역을 넓혀갔다. 박테리아들 사이에서도 약육강식의 생존
원리는 존재했다. 즉 크고 강한 박테리아가 자기보다 작고 약한
박테리아를 양분으로 취하는 일은 생명 초기부터 나타났다. 그러
던 중에 시아노박테리아가 다른 박테리아에게 먹히는 일이 벌어
졌다. 그걸 대략 10억 년 전에 벌어진 일이라고 추정하기도 하지
만, 시기는 정확히 알 수 없다. 역시 짐작일 뿐이다. 하나의 생명
이 다른 생명과의 생존 투쟁 과정에서 먹고 먹히는 일은 어쩔 수
없는 일이다. 강한 생명에게 잡아먹힌 약한 생명은 강한 생명의
몸 안에서 분해되고 배설되는 게 생명 작용의 기본 원리다. 이를
우리는 소화라고 부른다. 그런데 시아노박테리아를 잡아먹고 소
화시키려던 생명체는 시아노박테리아가 가진 놀라운 능력을 알
게 됐다.

공생의 시작

세상의 다른 생명체로서는 흉내 낼 수 없는 놀라운 능력이었

다. 시아노박테리아가 스스로 영양분을 만들어 내고 있다는 사실이었다. 시아노박테리아를 잡아먹은 다른 박테리아는 생존에 유리한 방법을 선택했다. 그러니까 스스로 양분을 만들어 내는 시아노박테리아를 분해해 배설하는 것, 즉 소화시켜 없애는 것보다는 제 몸 안에 그대로 살게 하면서, 그가 스스로 지어 내는 양분을 적당히 취한다면 먹이를 구하기 위해 해야 할 노동의 수고를 줄일 수 있다는 것을 알게 됐다. 자연은 이를 선택했다. '자연선택'의 위대함이다.

이전까지 없던 놀라운 일이었다. 한 생명체의 몸 안에 다른 생명체가 층위를 달리하며 살아가는 것, 이른바 공생共生이다. 바로 이 공생이 이 땅에서 생명이 다양한 생태계를 이루며 번성할 수 있는 기반이 됐다. 이 시기는 대략 25억 년 전에서 5억 4,200만 년 전까지를 가리키는 원생대인데, 이즈음에는 균류, 즉 곰팡이가 번성한 시기로도 특징지워진다. 균류에 대해서는 다음 장에서 더 자세히 이야기하겠지만, 균류의 생태 역시 시아노박테리아를 잡아먹고 그를 제 몸 안에서 살게 하는 방식과 거의 비슷한 방식의 공생을 이어가는 생명체라는 점에서 주목할 수 있다. 물론 균류의 출현 시기에 대해서는 정확히 알 수 없는 사실이 많이 있지만, 균류 전성시대와 시아노박테리아의 공생이 거의 비슷한 시기에 번성했다는 사실만큼은 짚고 넘어가는 게 좋겠다.

이 시기의 공생 과정에 대해 많은 학자들이 이야기했으나, 학계에서는 선선히 받아들여지지 않았다. 결국 '가설'의 형태로 오랫동안 설왕설래가 이어졌다. 그러던 중에 남달리 당돌한 성격의 소유자로 알려진 미국의 진화생물학자 린 마굴리스(Lynn

Margulis, 1938~2011)가 혜성처럼 나타났다. 마굴리스는 그동안 긴 가민가하며 오락가락하던 공생가설에 힘을 불어넣었다.

마굴리스는 생명체의 초기 진화 과정에서 공생의 역할을 강력히 주장했다. 서로 다른 둘 이상의 생명체가 합쳐지고, 그를 유지하는 게 생명 진화의 결정적 순간이라고 본 것이다. 이를테면 단세포 생명체에 먹힌 박테리아가 그 안에서 소화되어 죽지 않고 삶을 유지하는 공생을 시작한 상황을 강조한 것이다. 지금도 생명체에서 그 흔적을 볼 수 있는 게 바로 미토콘드리아인데, 미토콘드리아는 원래 독립해 생존하던 또 하나의 미생물이었다는 이야기다. 지금 이 순간 우리 곁의 나무에 달린 잎에서 활발하게 광합성을 해서 지상의 양식을 지어 내는 엽록체 역시 초기 진핵세포가 삼킨 광합성 박테리아의 후예라는 이야기다. 이른바 '세포 내 공생이론' 혹은 '내부공생이론'이 바로 마굴리스의 주장이다.

마굴리스의 세포 내 공생이론은 원시 미생물의 내부에서 공생하며 광합성으로 유기물을 합성하던 미생물은 엽록체가 되었고, 유기물을 분해해서 에너지를 만들던 미생물은 미토콘드리아가 되었다는 주장을 체계적으로 정리한 이론이다. 이는 21세기 생물학 이론의 발전 과정에서 이룬 가장 극적인 변화 가운데 하나다. 진화생물학자 리처드 도킨스는 공생이론의 성립 과정을 놓고, '비정통에서 정통이 될 때까지 포기하지 않고 고수'한 마굴리스에게 찬사를 보냈다. "내부공생설은 21세기 진화생물학에서 가장 위대한 업적이며, 나는 린 마굴리스의 흔들림 없는 용기와 열정에 큰 감명을 받았다"라고 했다. 또 철학자 대니얼 데닛(Daniel Clement Dennett III, 1942~2024)도 마굴리스의 세포 내 공생이론을 "지금까지 내가 만난 가장 아름다운 아이디어였다"라면서 마굴리스를 '21세기 생물학의 영웅'으로 칭송했다.

그러나 린 마굴리스의 세포 내 공생이론이 학계의 인정을 받아내기까지는 곡절이 컸다. 린 마굴리스는 공생이론을 정리한 자신의 논문을 여러 과학 저널에 게재하고자 했지만, 번번이 실패했다. 받아들여지지 않았다. 무려 열다섯 번의 퇴짜를 맞았다. 하지만 그는 포기하지 않았다. 마침내 열여섯 번째의 도전 끝에 과학 저널의 문을 열 수 있었으며, 그로부터 드디어 지난 세기 최고의 혁명적 변화를 이끌어 냈다. 린 마굴리스의 세포 내 공생이론이 학계의 인정을 받게 되는 과정에는 당시 급속한 발전을 이룬 분자생물학의 발전이 힘을 보탰다. 진핵세포의 진화를 '박테리아의 공생 통합의 결과'라고 제안한 그의 이론은 세포 안에서 발견되는 세포 소기관인 미토콘드리아와 엽록체가 독립적으로 활동하던 박테리아였다는 주장인데, 이에 대한 증거가 바로 분자생물학에 의해 밝혀진 것이다. 이는 1978년에 마거릿 데이호프(Margaret Belle Dayhoff, 1925~1983)에 의해 실험적 증거가 확보되었고, 마침내 1980년대에 이르러서는 세포 안에 들어 있는 미토콘드리아와 엽록체의 DNA가 세포핵의 DNA와 다르다는 것을 발견하면서 세포 내 공생이론과 관련한 논란에 종지부를 찍었다. 공생이론은 우리가 당연하게 받아들였던 약육강식 혹은 경쟁 위주의 진화론에 대해서 생물종 간의 협동 관계를 중요하게 돌아볼 수 있는 실마리를 마련했다는 점에서 생물학의 역사에서 매우 중요한 의미를 지닌다.

린 마굴리스의 혁혁한 업적으로 공생은 생명의 기본 원리라는 게 밝혀지고 학계에서 인정되며, 결국 공생가설은 '공생이론'이 되어 진화생물학의 기본 원리로 받아들여지게 됐다. 갈팡질팡하던 학계에서 증거를 찾아낸 린 마굴리스는 공생이론을 완성한 진화생물학의 거인이라고 할 만하다. 공생이론은 제2장 '나무 이전의 육지 생명체'를 이야기할 때에 다시 이야기해야 하니, 여기서는 그의 이름만 익히고 넘어간다. 나무에 집중한 공부 과정에서 마굴리스의 공생이론까지 온전히 이해하는 일은 적잖이 난해하게 여겨질 수 있다. 한글로 번역된 그의 위대한 저술들이 여럿 있지만, 진화생물학에 대한 사전 지식 없이 이해하기는 쉽지 않다. 그의 저술 가운데에 한글로 번역된 『공생자 행성(Symbiotic Planet: A New Look at Evolution, 1998)』이 그나마 편안하게 읽을 수 있는 책이다. 마굴리스는 이 책에서 공생이론의 내용과 그 연구 과정을 일반인의 관점으로 풀어 소개했다. 심지어 대학 시절에 칼 세이건과 어떻게 만났는지에 대한 사적인 이야기까지 흥미롭게 풀어냈다. 이 책을 통해 그의 이론 모두를 파악할 수야 없겠지만, 공생이론의 실마리와 윤곽을 파악할 수는 있지 싶다.

독자적인 살림살이는 물론이고, 다른 생명체와 공생하면서 세를 불려간 시아노박테리아는 질기게 살아남았고, 그때의 여느 생명체와는 비교하기 어려울 만큼 널리 번성했다. 그가 스스로 생명의 양분을 지어 내는 건 광합성이었다. 광합성은 잘 아는 것처럼 햇빛과 이산화탄소와 물을 이용해 당을 지어 내는 일이다. 당을 지어 내는 데에 성공한 시아노박테리아는 광합성의 부산물로 산소를 배출한다. 그러니까 산소는 광합성의 찌꺼기인 셈이다. 시아노박테리아가 번성하자, 자연히 지구에는 광합성 결과의 총량이 늘어났고, 광합성의 찌꺼기인 산소도 늘어났다. 바다 깊은 곳에서 지어진 산소는 그 양이 늘어나면서 물 바깥으로 빠져나왔다. 대기에 산소가 늘어나자 산소의 중요한 작용 가운데 하나인 공기 정화 작용이 활발히 이루어졌다. 원시 지구를 위협하던 먼지투성이의 대기는 차츰 시아노박테리아가 뿜어내는 산소에 의해 말끔하게 정화되었다. 더불어 풍부해진 산소는 지구 대기 상층부로 올라가 성층권에서 '오존층'을 형성했다. 오존층은 그때까지 태양에서 직접 내리쬐이던 자외선을 막아주는 근사한 일산 日傘을 이뤘다. 불덩이였던 대기의 온도는 서서히 내려가고 우주 자외선의 치명적 공격은 오존층이라는 일산이 효과적으로 막아주었다. 뿌옇고 먼지투성이였던 지구의 대기는 말갛게 씻어졌고, 붉은 하늘은 차츰 파랗게 열렸다. 지금 우리가 아름다운 파란 하늘이라고 이야기하는 건 그렇게 시아노박테리아에 의해 이뤄진 것이다. 영국의 생화학자인 닉 레인(Nick Lane, 1967~)은 진화의 열 가지 계기를 짚어본 아름다운 책 『생명의 도약: 진화의 10대 발명 (Life Ascending: Ten Great Inventions of Evolution, 2009)』에서 나열한 10가지 중요한 계기 가운데에 광합성을 빼놓지 않았다. 그는 하늘의 파란색이 이루어진 건 명백히 광합성 덕분이라고 강조했다.

푸른 하늘을 지어 내는 데에 결정적 역할을 한 시아노박테리아는 끊임없이 번성했다. 그리고 시아노박테리아는 식물체 안으로 스며들어 광합성을 통해 얻은 에너지를 제공하고, 식물로부터 안정적인 환경을 보장받기에 이르렀다. 마침내 나뭇잎의 엽록체라는 새로운 존재로 자리 잡은 시아노박테리아는 옛날 그 모습 그대로 광합성을 하면서 지구상의 모든 생명을 키우는 양식 제조 공장으로 살아남았다. 광합성에 대해서는 이 책의 제6장에서 보다 자세히 이야기할 것이다.

드디어 박테리아들이 먹고 먹히면서 지어 낸 아름다운 세상에서 온갖 생명이 생명으로 살아갈 수 있는 길이 열렸다. 그리고 파란 하늘 아래 맑은 공기가 찰랑이는 물 바깥으로 생명이 뛰어오르게 됐다. 그때가 4억 년 전이다. 고생대 실루리아기로 일컬어지는 4억 4,400만~4억 1,600만 년 전의 시기다. 이제 뭍에서의 생명을 이야기할 때가 다가왔다.

나무 이전의 육지 생명체

식물의 구조와 조직 그리고 열매에서,
당시 내게는 그 체계가 완전히 새롭던 생식기관의
여러 부분들의 역할을 관찰할 때마다 느꼈던
황홀과 도취보다 더 특별한 것은 없다.

- 장 자크 루소*Jean Jacques Rousseau*,
『고독한 산책자의 몽상*Les Rêveries du promeneur solitaire*』에서

뭍에 가장 먼저 닿은 생명체는 땅 위로 제 모습을 드러내지 않았다. 물을 떠나서 혹은 물과 땅 깊은 곳을 오가며 살아간 생명체였다. 물 바깥으로 빠져나와 땅 위로 올라오기에는 아직 두려움이 컸던 시절, 땅 아래에 숨어서 살아가는 생명이었다. 새 세상으로 나온 생명의 첫걸음은 조심스러웠다. 아직은 물 밖의 공기가 어떤 상태인지 채 알지 못해서였다. 바닷속과 전혀 다른 물 밖의 사정을 알지 못했고, 그곳에 다른 생명체가 있을지, 있다면 그들은 도움이 될지, 혹은 철천지 원수가 될지 아무것도 알 수 없었다. 마치 우리가 다른 외계에 첫발을 내디딜 때와 같은 설렘과 두려움이 가득한 첫걸음이었다.

아슬아슬하게 땅에 도착한 생명은 균Fungi이다. 균 종류의 몸체 일부는 눈으로 흔히 볼 수 있으며 좋은 식재료로 쓰이기도 한다. 어쩌면 독자들은 오늘 저녁 식사에 균류의 생식기관으로 지은 요리를 맛나게 먹게 될지도 모른다. 바로 '버섯'이다. 버섯은 균류의 한 조직인 생식기관이다. 주로 땅속에서 일생을 보내는 균류는 번식을 위해서 짧은 시간 동안 땅 위에 솟아오를 때가 있다. 그때 땅 위에 나타나는 부분이 생식기관이고 이를 '버섯'이라고 부른다. 모든 균류가 버섯을 피우는 건 아니다. 버섯은 균류 가운데 일부만 피운다. 다양한 균류 가운데에 가장 진화한 종류인 담자균이 그렇고, 트러플버섯[1]으로 유명한 자낭균에 속하는 종류의 일부만 버섯을 피운다. 이들은 번식을 위해 땅 위로 특별한 구조체인 버섯을 내민다. 대개의 담자균이 버섯을 피워 올리는 것과 달리 자낭균은 극히 일부 종류만 버섯을 피우고, 대개의 자낭균은 버섯을 피우지 않는다. 자낭균 종류로, 땅 위로 번식을 위한 구조체를 끌어 올리는 대표적인 종류가 고급 식재료로 널리 애용되는 트러플버섯이다. 다양한 균류 가운데에 대부분의 담자균 종류와 자낭균류의 일부는 버섯이라는 특별한 구조체를 드러내고, 또 우리에게 좋은 음식으로 쓰이는 친밀한 생명체라는 이야기다.

버섯을 우리는 식물의 하나처럼 여기기도 하지만, 버섯은 식

---

1 '송로(松露)'는 소나무와 공생하는 우리나라의 '알버섯(Rhizopogon rubescens)'을 가리키는 말이었다. 그런데 일본에서 유럽의 음식 재료로 쓰이는 트러플버섯을 들여오면서 송로를 닮았다 해서 '서양송로'라 부른 영향으로 우리도 '송로버섯'이라고 더 많이 부르게 됐다. 송로, 즉 알버섯은 '담자균류'에 속하고, 여기서 말하는 버섯을 맺는 '자낭균류'의 균은 '트러플버섯'이라고 불러야 한다. (신현동, 『곰팡이 즉 문즉설』, 237~238쪽 참고)

15 로버트 하딩 휘태커.

물과 전혀 다른 미스터리의 생명체다. 식물에 포함시켜서는 안 되는데, 한때 식물로 분류한 적이 있었다. 생명계를 꼼꼼히 분류한 칼 폰 린네(Carl von Linné, 1707~1778)조차 그랬다. 린네 때만 해도 지구상의 생물계에 대한 이해가 거의 초보 상태였다고 봐도 될 수준이니 그럴 수 있다. 지금은 다세포 생물을 크게 식물계와 동물계, 그리고 균계로 나눌 만큼 균류가 생명계에서 차지하는 위치가 독립적이다. 균류를 생물계에서 독립된 계界로 처음 분류한 사람은 미국의 생태학자 로버트 하딩 휘태커(Robert Harding Whittaker, 1920~1980)였다. 휘태커는 생물을 동물계Animalia, 식물계Plantae, 균계Fungi, 원생생물계Protista, 박테리아와 고세균이 포함된 원핵생물계Monera의 5계로 나누었다. 균류를 분명 식물과 전혀 다른 독립 생물계로 분류한 것이다. 그리 오래지 않은 1969년의 일이다.

균류의 생태는 식물보다 동물에 가깝다. 식물은 광합성을 통해서 스스로 양분을 생산하고, 동물은 다른 생물을 취해서 양분을 얻는다는 점에서 그렇다. 광합성을 하지 않는 균류는 다른 생명체에 기생하여 영양물질을 얻는 방식으로 살아간다. 다른 생명을 먹어서 영양을 취하는 동물에 가까운 방식을 가진 생명체라고 해야 한다. 그러나 이 방식에 약간의 차이는 있다. 동물은 자기 몸 속으로 먹이를 집어넣는 방식으로 에너지를 확보하지만, 균류는 먹이를 찾아가서 자기 몸을 먹이 속으로 들이밀어 그 안의 영양분을 빨아 먹는다. 이는 간단히 우리 주변에서 흔히 볼 수 있는 균류인 갖가지 곰팡이로 확인할 수 있다. 곰팡이가 번지기 시작한 빵을 보면 빵 조직 안쪽으로 곰팡이가 파고드는 걸 확인할 수 있다. 균류인 곰팡이가 빵을 먹는 게 아니라 빵 안쪽으로 파고 들어가는 방식이라는 사실이다.

균류란 ··· 개념, 역사, 종류, 분류

처음에 균류는 땅 위로 오르지 않았고 땅 위로 모습을 드러내는 버섯을 피우지도 않았지만, 땅 위에서 살아갈 다른 생명의 기반을 만들어 내는 중요한 역할을 했다. 특히 나무와의 관계에서 균류의 역할은 중요했다. 땅속에 살면서 균류는 다른 생물, 특히 식물이 살아갈 기반을 마련했다는 점에서 바다에서 육지로 올라온 중간 단계의 생명체라 할 수 있다.

균의 종류도 헤아릴 수 없을 정도로 다양하다. 20세기 후반에는 식물과의 관계를 바탕으로 살아간다는 전제로 식물 1종에 곰팡이 6종이 존재할 것이라는 추정으로 약 150만 종이 존재하리라 추산한 바 있었다. 그러나 분자생물학의 기법이 발달하면서 균류의 종류는 더 확장됐다. 균류의 유전자가 펼쳐낸 다양성을 연구한 결과 현재 존재하는 균류의 종류는 무려 510만 종에 이른다는 학설이 나왔고, 전문가들은 이를 정설로 지지하는 실정이다. 그 가운데 현재까지 분류되고 기록된 곰팡이는 고작 9만 9,000종, 존재하는 균류의 2%도 채 안 된다. 또 이 가운데 버섯을 피우는 균류는 세계적으로 약 15만 종이 존재할 것으로 추정하지만 이 가운데 학명이 정해지고 기록된 것은 고작 그 10분의 1인 1만 5,000종밖에 안 된다. 참고로 우리나라에 존재하는 버섯은 현재 약 1,500종이라고 한다. 균류가 땅 밑에 자리 잡은 것은 10억 년 전쯤으로 추정되는데, 이 역시 온전히 확인하기 어려운 일이다. 다만 10억 년 전쯤에 원시 바다에서 발생해 번식하다가 대략 5억 년 전쯤에 육지에 나타난 것 아닌가 짐작할 뿐이다.

아직까지 균류에 대해 알려진 것은 그리 많지 않다. 이유가 있다. 균류는 실과 같은 균사菌絲를 뻗으며 살아가고, 앞에서 이야기한 것처럼 균류의 일부는 번식을 위한 생식기관으로 버섯을 만든다. 그런데 아주 짧은 시간 동안 번식을 이룬 뒤에 버섯은 저절로 사라진다. 마치 잠깐 피어 꽃가루받이를 이루고는 곧바로 시들어 떨어지는 꽃과 같은 방식이다. 또 번식을 완성하지 못했다 하더라도 일정한 시간이 지나면 저절로 녹아 없어진다. 그것도 짧은 시간일 뿐이다. 역시 꽃과 비슷한 생태다. 결국 몸체를 유지하는 건 땅속에서 뻗어가는 균사인데, 균사는 굵기가 100분의 1밀리미터밖에 안 되는 매우 가느다란 조직이어서 화석으로 흔적을 남기는 게 불가능하다. 화석의 존재로 과거 생명 진화의 역사를 살피는 방법으로는 균류의 존재 여부를 확인하는 일이 어려울

16 균류의 자실체
인 **버섯**.

수밖에 없다.

　10억 년 전에 균류가 존재했다는 생명의 역사를 다시 쓰게
된 것은 얼마 되지 않은 최근의 일이다. 균사의 존재를 확인할 공
학적 기술이 비약적으로 발전했고 분자시계를 통해 생명체의 역
사를 살펴볼 수 있는 분자생물학의 발전이 있었기 때문이다.

　애당초 균류는 공생을 위해 태어난 것이라고 해도 과언이 아
니다. 10억 년 전에 땅 아래 자리 잡은 균류는 땅 위로 올라올 다
른 생명을 기다렸다. '기다렸다'는 표현에는 의미가 있다. 균류
는 독립적으로 번성할 힘이 적기 때문이다. 스스로 광합성을 할
수 없는 균류는 땅속에서 무기물질을 취하며 간신히 살기는 했지
만, 번성할 수 있는 조건을 갖추기에는 아직 일렀다. 균류가 번성
하기 위해서는 다른 생명체의 도움이 필요했다. 특히 스스로 양
분을 지어 내 자신의 생육을 유지하는 생명체여야 했다. 균류는
그 생명체로부터 양분을 나눠 가지기 위해 다른 생명체의 출현을
'기다렸던' 것이다. 균류는 땅 위에서 살아갈 생명체들이 살 수 있
는 기초 환경을 조성해 놓고, 광합성 생명체인 식물의 출현을 '기

다린' 셈이다. 그리고 드디어 땅 위에 나타난 최초의 생명체인 식물은 균류가 오랫동안 닦아놓은 생명의 기반 위에서 균류의 도움을 받으며 살게 됐다. 이는 화석으로도 입증할 수 있는 이야기다. 스코틀랜드의 라이니 지방에서 발견된 4억 년 전 화석이 그것이다. 이 화석에는 식물의 뿌리에 균류인 곰팡이가 공생한 흔적이 뚜렷이 남아 있다고 한다.

식물도 동물도 살기 어려운 황폐한 환경에 먼저 균류가 자리 잡고 다른 생명의 터전을 닦았다는 건 다른 화석 증거를 통해서도 알 수 있다. 지구상에 나타났던 대멸종과 같은 위기의 시기가 그런 때다. 6,500만 년 전 백악기 후기, 공룡이 멸종한 대멸종 직후에 화석을 통해 나타난 당시 생명체의 사정을 살펴보면 그를 명확하게 알 수 있다. 연구자들이 대멸종 뒤의 시기에 나타나는 화석을 조사했는데, 대멸종 직후부터 일정 시기 동안 다른 생명체의 화석은 전혀 나타나지 않았다. 생명체가 자리 잡고 살아가기 험악한 환경이었다는 증거다. 그런데 황폐화한 환경에서도 균류가 살아남았다는 증거가 있다. 다른 어떤 생명도 발견되지 않는 그 시기의 퇴적층에서 균류의 포자와 균사의 흔적이 여럿 발견되었다. 다른 생명체의 화석은 전혀 없고 오로지 균류의 포자와 균사만이 발견됐다. 대멸종이라는 위기를 겪은 뒤에 균류가 지상의 환경을 생명이 살 수 있는 상황으로 서서히 일궈내고, 그 자리에 식물이 들어와 살면서 새로운 생태계를 이루었다는 증거다.

균류는 구조상 화석으로 흔적을 남기기 어려워 언제 처음 나타났는지, 어떤 생명의 역사를 이어왔는지를 정확히 살펴보는 게 불가능하다. 그 와중에 2019년 5월 《네이처Nature》에는 세상에서 가장 오래된 곰팡이 화석에 대한 논문이 발표됐다. 논문에 담긴 연구는 그로부터 5년 전인 2014년에 캐나다 지질조사국의 연구원이 퇴적암에서 검은 얼룩을 발견한 데에서 비롯됐다. 지질조사국은 벨기에의 리에주대학교에 이 얼룩의 분석을 의뢰해 그것이 단세포 생물의 화석임을 확인했다. 그로부터 다시 3년 뒤인 2017년에 연구원들은 현장에서 화석을 찾아내 분석하여 그 단세포 생물이 바로 9억~10억 년 전에 존재했던 균류였음을 확인했다는 내용이었다. 그때까지 알려진 곰팡이 화석은 4억 6,000만 년 전의 것으로 여겨졌는데, 그 시기를 10억 년 전으로 끌어올린 놀라운 발견이었다.

그로부터 균류의 역사는 대략 10억 년 전에 처음 발생한 것으로 추정하게 된 것이다. 그 시점도 흥미롭다. 바닷속에서 시아노박테리아가 다른 생명체의 먹이가 된 뒤에 그의 몸속에서 소화되어 배설되지 않고 살아남아, 숙주에게 영양을 제공하는 식으로 공생을 시작한 시기와 맞물린다. 결국 10억 년 전이라는 시점은 바닷속에서 공생이 시작된 시기이고, 이와 함께 땅에서도 바다에서의 공생을 닮은 공생을 채비하는 시기였다. 절묘하게 일치한다. 물론 앞에서 이야기한 것처럼 이 시기에 대한 확인은 앞으로 더 많은 발견과 연구를 통해 충분히 달라질 수도 있다. 그러나 분명한 것은 생명체 발생 초기에서부터 공생은 생명의 기본 원리였다는 엄연한 사실이다.

균류의 역할과 형태

　균류는 지구의 어느 곳에서라도 만날 수 있는 생명체다. 심지어 우리가 숨 한 번 들이마실 때마다 최소한 10개 이상의 균류 포자가 우리의 폐 안으로 들어온다고 한다. 숨 한 번에 그 정도라면 성인 평균 1분에 15회 정도의 숨을 들이쉰다고 치고, 하루 1,440분 동안 21만 6,000개의 포자가 우리 폐 안으로 들어오는 셈이다. 사람의 눈으로 볼 수 없는 미세한 크기의 균류 포자는 공기 중에 늘 떠다닌다는 이야기다. 우리 몸 바깥에 떠다니다가 폐 안에 들어가는 균류뿐 아니라 애당초 우리 몸 안의 다른 장기에 터 잡고 살아가는 균류도 있다. 균류를 사람은 물론이고, 지구상의 모든 생명체 구성의 필수 존재라고 이야기해도 지나치지 않다.

　균류의 역할은 크게 세 가지로 이야기할 수 있다. 분해, 기생, 공생이다. 균류는 죽은 생명체에 들러붙어서 이를 분해하는 데에 탁월한 능력을 가진다. 동물뿐 아니라 식물에게도 마찬가지다. 균류를 자연계의 중요한 청소부라고 말해도 되는 까닭이다. 균류의 분해 과정을 통해 자연계에서는 유기물에서 무기물로의 거대한 순환 과정이 이루어진다. 균류의 분해 활동이 제대로 이루어지지 않으면 지구상의 죽은 생명체들은 그대로 화석으로 쌓일 수밖에 없다. 석탄이 그중 하나다. 석탄기라고 불리는 시기에는 죽어서 쓰러진 나무를 온전히 분해할 균류가 나타나기 전이었다. 그 까닭에 죽은 나무들은 분해되지 않은 채 겹겹이 쌓이고 묻혀 석탄이 되었다. 그게 지금 현대 문명의 기초가 된 '화석연료'다. 균류

제 2 장
나무 이전의 육지 생명체

의 두 번째 역할은 기생이다. 말 그대로 다른 생명체에 들러붙어서 먹고사는 것이다. 생명력이 질긴 균류가 들러붙은 숙주는 균류의 기생에 의해 생명을 위협당하기도 한다. 실제로 식물이 앓는 질병의 80%는 균류에 의한 것이다. 이 가운데 일부는 세계적인 팬데믹 사태를 가져올 정도로 치명적인 경우도 있다. 기생의 반대되는 측면에 균류의 세 번째 역할이 있다. 공생이다. 공생은 다른 생명체와 함께 살아가는 과정에서 나타나는 현상이다. 균류는 스스로 광합성을 할 수 없기 때문에 식물로부터 당을 얻어 내고, 식물은 자신이 할 수 없는 무기물 흡수 능력을 균류에게 부탁하여 서로 '윈윈'하며 살아간다. 균류는 분해 기생 공생의 세 기능을 충실히 발휘하면서 지구상의 생태계를 원활히 돌아가게 하는 바탕이 됐다.

균류의 형태를 이루는 구조는 세 부분으로 나타난다. 균사, 포자, 자실체가 그것이다. 균류의 가장 기본이 되는 구조는 균사다. 모든 균류는 실처럼 가는 균사로 생명을 이어간다. 번식은 포자를 통해 이어가는데, 그 포자를 생산하는 부분이 자실체다. 균류는 바람을 이용해 포자를 퍼뜨리는데, 자실체가 땅에서 그리 높이 올라가지 않는 버섯의 형태이거나, 아예 버섯도 없이 포자를 퍼뜨리기 때문에 멀리 퍼져나가지는 못한다. 대개는 자실체로부터 몇 센티미터 이내에서 균사가 퍼지기 시작한다. 물론 그렇게 시작한 미세한 균사가 산 하나의 땅속을 헤집을 정도로 방대한 경우도 있다.

균류는 포자를 퍼뜨려 번식하는 생명체로, 일부 자실체는 비나 동물의 접촉 같은 물리적 자극에 반응하여 포자를 방출하기도 한다. 폭발하듯 터지며 퍼뜨리는 포자의 생산 규모는 상상을 초월할 정도다. 이를테면 그물버섯이라는 종류가 2주간에 걸쳐 생산하는 포자의 수는 무려 100억 개가 넘는다고 한다. 또 잔나비불로초라는 버섯은 3월부터 9월까지 계속해서 단 하루 만에 300억 개의 포자를 생성한다. 모두 합치면 하나의 버섯이 지어내는 포자가 무려 4조 5,000억 개에 이른다.

그러나 무엇보다 가장 미스터리한 부분은 균사다. 균사는 고정된 형태가 없다. 상황에 따라서 자기 마음대로 뻗어 나간다. 그야말로 엿장수 마음대로다. 마치 인간의 경우, 혈관과 신경계가 인체 곳곳으로 퍼져서 생명을 이어가는 것처럼 균사는 온 세상에 널리 퍼져서 생태계의 모든 것을 연결한다. 죽은 식물이나 동물의 몸에도, 혹은 살아 움직이는 식물과 동물의 몸, 쓰레기, 책 등 균사가 퍼지지 않은 곳은 없다. 그 규모 또한 엄청나다. 1그램의 흙 속에서 뽑아낸 균사를 한 줄로 이으면 무려 10킬로미터에 이를 수도 있다고 하니, 가히 짐작할 수 없는 수준이다. 한 걸음 더 나아가면 흙 1제곱미터 안에는 대략 2만 킬로미터, 지구 둘레의 절반을 휘감을 수 있는 길이의 균사가 존재한다. 복잡한 네트워크를 구축하며 빠르게 자라는 균사는 고작 세포 하나 굵기만큼 가늘다. 한 올의 지름은 2~10마이크로미터로 사람 머리카락 평균 굵기의 10분의 1 정도에 불과하다. 그토록 상상을 초월할 정도의 미세한 생명체이다 보니, 이처럼 엄청난 길이로 퍼져나가는 것 역시 상상을 초월한다.

이해하기 어려운 것 중 하나는 균사체의 통제 센터 부분이다. 동물은 생명을 관장하는 통제 센터로, 심장이라든가 머리가 있다. 생명의 통제 센터인 심장이나 뇌가 활동을 중지하면 동물의 생명은 멈추게 돼 있다. 그러나 균류의 경우, 그의 생명을 통제하는 센터, 즉 동물의 머리나 심장에 해당하는 중앙 통제 기관이 없다. 통제 기능이 균사체 전체로 분산되어 있어서 모든 곳에서 동시에 자기 생명을 통제한다. 그러다 보니, 균사체를 조각조각 나누어도 죽지 않고 생명을 이어갈 수 있다. 그래서 어떤 학자는 말한다. "하나의 개별 균사체는, 감히 말하건대 거의 불멸이다."[2]

균류의 활동에 대해서는 이 책 제5장인 '숲의 형성'에서 한 번 더 짚어보아야 한다. 숲의 형성 과정과 그 유지를 위한 숲 생태의 특징을 짚어보는 과정에서 균류의 역할이 얼마나 중요한지를 알아볼 것이다. 기대해도 좋을 만한 이야기들이 펼쳐진다.

균류의 생태를 이야기하면서 빼놓을 수 없는 부분이 번식 과정이다. 균류의 번식에는 동물, 식물을 중심으로 생각할 때에 이해하기 어려운 특별한 방식이 있다. 균류는 어떤 만남도 없는 상태에서 독립적으로 후손을 발생시키는, 이른바 '무성생식'에 의한 번식 방법을 선택한 종류도 있지만, 하나의 균류가 다른 균류와의 만남을 통해 유전자를 교환하는 형식의 '유성생식'을 통해 번식을 이루는 종류도 있다. 다른 생명체에서 볼 수 없는 특별함은 유성생식에 있다. 일반적으로 번식을 위해서는 '암'과 '수'의 만남을 통해서 자신의 유전자 절반과 상대가 가진 유전자의 절반을 접합시키는 방식으로 새로운 유전자의 후대 생명체를 생산하는 방식이 먼저 떠오르게 마련이다. 동식물의 세계가 그렇다. 그

---

2 멀린 셸드레이크 지음, 김은영 옮김, 『작은 것들이 만든 거대한 세계(Entangled Life: How Fungi Make Our Worlds, Change Our Minds and Shape Our Futures)』 99쪽.

러나 균류에는 암수가 따로 없다. 그럼에도 불구하고 균류는 또 다른 유전자를 가진 상대를 만나 유전자를 섞어 후손을 생성한다. 다양한 유전자를 가진 후손을 생성하는 과정에서 만나는 맞상대를 '교배형mating type'이라고 하는데, 균류에게는 교배형이 암수라는 '성性, sex'으로 단일화되어 있지 않다. 복잡한 이야기를 단순화해서 말하자면 하나의 균류가 후손을 생산하기 위해 유전자를 나눌 수 있는 상대가 단 하나가 아니라는 것이다. 하나의 균류가 '혼인'을 위해 만날 수 있는 짝은 수천 가지가 넘는다. 심지어 어떤 균류는 무려 2만 3,000개가 넘는 교배형을 가진다. 여자는 남자를, 수컷은 암컷을, 수꽃은 암꽃을, 암술은 수술을, 즉 한 가지 종류의 상대를 만나야 하는 동식물의 세계와 달리, 하나의 균류가 만날 수 있는 상대의 종류가 이토록 다양하다는 건 선뜻 이해하기 힘든 방식이다.

특별한 생존 방식으로 생명을 이어가는 균류의 특징적인 능력은 아무래도 탐색을 먼저 꼽아야 한다. 땅속의 상황을 살펴보고 균사를 넓게 펼치며 네트워크를 형성하는 능력이다. 이 과정에서 균사는 땅속에서 무기물질의 양분을 찾아내 빨아들인다. 양분을 찾아내 빨아들이는 일은 평생 땅에 뿌리 내리고 살아가는 식물이 잘할 수 있으리라 생각하기 쉽다. 그러나 뜻밖에도 식물은 그 능력을 갖추지 못했다. 균류가 이 사실을 일찌감치 알아챘다. 균류는 자신이 찾아낸 땅속 무기물질을 식물에게 전해주고 그 반대급부로 자신이 할 수 없는 능력을 식물로부터 도움받으며 서로 보완해 살기로 한 것이다. 균류는 광합성을 하지 못하기 때문에 생명 유지에 필요한 에너지를 확보하는 게 어렵다. 곤란한

제 2 장
나무 이전의 육지 생명체

처지에 놓인 균류는 자신이 개간한 땅에 뿌리 내리는 식물이 광합성을 통해 탄수화물을 지어 낸다는 사실을 잘 알고 있었던 것이다. 식물이 지어 낸 탄수화물을 비롯한 에너지를 나누어 얻으면 살 수 있다는 사실을 터득하고 식물의 뿌리에 파고드는 지혜로운 공생 방법을 선택했다.

식물과 공생하며 식물이 지어 낸 양분을 나누기 위해서 균류에게는 특별한 조직이 필요했다. 생존을 위해 절박한 필요로 지어 낸 조직이 바로 '균근菌根, mycorrhiza'이다. 균근은 프로이센의 식물학자, 알베르트 베른하르트 프랑크(Albert Bernhard Frank, 1839~1900)가 처음 지어낸 용어다. 프랑크는 버섯을 연구하던 중에 식물의 뿌리 부분에서 새로운 조직을 발견했는데, 이는 식물이라 할 수도 없고, 균류의 일부라고 하기도 어려웠다. 그는 이 조직을 둘이 혼합해 생성한 새로운 조직이라고 판단했다. 그러고는 균류를 뜻하는 'myco'와 뿌리를 뜻하는 'rhiza'를 합쳐 'mycorrhiza'라고 했다.

균근을 지어 내는 과정은 일방적이지 않다. 서로가 서로를 얼마나 절실하게 필요로 하는지는 생성 과정을 통해 확인할 수 있다. 균류는 먼저 식물의 성장을 유도하는 호르몬의 일종인 지베렐린gibberellin을 분비한다. 식물의 뿌리는 성장 과정에서 균류가 내뿜은 지베렐린의 유혹을 뿌리치지 못하고 균류에 다가간다. 여기까지는 균류의 일방적인 유혹이라고 볼 수 있다. 그러나 이게 끝이 아니다. 식물도 균류를 절실하게 필요로 한다는 사실을 보여주는 증거도 있다. 즉 뿌리가 균류의 유혹에 이끌려 뻗어가는 동안, 식물은 뿌리 껍질의 세포 조직을 바꾼다. 균사가 세포 안으로 쉽게 파고들 수 있도록 균류를 배려하는 것이다. 정리하자면 균사는 식물에게 자신의 존재를 알리기 위해 지베렐린을 내뿜고, 식물은 균사가 자신의 몸과 접합할 수 있도록 세포 조직을 변화시킴으로서 균류가 뻗어 내는 균사와 뿌리가 만날 수 있는 통로를 조성하는 것이다. 균류의 일방적 강제에 의한 것이 아니라 식물과 균류의 쌍방 합의에 의한 과정이다. 이를 통해 마침내 새로운 조직, 균근이 형성된다.

적당한 균류를 찾아내 균근을 형성하지 못한 식물은 살아남기 어렵다. 식물은 광합성으로 탄수화물을 만들어 내며 살아간다지만, 탄수화물만으로는 생명을 유지할 수 없다. 식물은 흙에 포함된 물과 미네랄을 취해야 하는데, 앞에서 이야기한 것처럼 그걸 끌어 올릴 능력이 없다. 그래서 식물은 자신이 할 수 없는 일을 균류가 잘한다는 걸 알고, 균류를 끌어들여 뿌리 안에서 한 몸처럼 살게 함으로써 균류가 끌어 올리는 땅속 영양분을 취하는 것이다.

우리 곁에 존재하는 식물의 90%가 넘는 종류는 균근에 의지해 생명을 이어간다고 보아야 한다. 균근은 특별한 식물의 뿌리에서만 나타나는 특별한 조직이 아니라 식물의 생존에 필수적인 기본 조직이다. 따지고 보면 식물이 자랄 수 있는 공간을 결정하는 건 균류, 즉 곰팡이라 해도 지나친 이야기가 아닌 셈이다.

이는 식물이 처음 지상에 나타났을 때부터 있었고, 지금까지도 식물이 서 있는 땅 아래에서 치밀하게 진행되는 생명 현상이다. 실제로 초기 식물인 소철의 화석에서도 균근이 발견됐으며 세쿼이아 종류의 오래된 화석에서도 균근은 발견되었다. 이는 분명히 식물이 출현하던 처음부터 균근이야말로 식물이 살아가는 기반이었다는 증거다.

특이한 균류

　버섯, 즉 균류를 이야기할 때에 널리 알려진 이야기 하나를 빼놓을 수 없다. 세상에서 가장 큰 생명체를 이야기할 때마다 나오는 이야기다. 학명이 *Armillaria ostoyae* (Romagn.) Herink이고, 일반 이름으로는 honey mushroom 혹은 humongous fungus라고 부르는 버섯이다. 대개의 경우, 길이가 5~10센티미터 정도인 이 버섯은 뽕나무버섯 속에 속한 '잣뽕나무버섯[3]'이다. 잣뽕나무버섯 가운데에는 미국 서북부에 위치한 오리건주의 멀루어 국립공원The Malheur National Forest에서 자라는 매우 특별한 균류가 있다. 멀루어 국립공원의 이 잣뽕나무버섯은 지금까지 알려진 모든 생명체를 통틀어 규모가 가장 큰 생명체로 알려져 있다. 이 생명체의 규모를 확인한 건 어쩌면 우연이었다. 한때 이 공원의 나무들이 시들어 가는 원인을 조사하던 중에 버섯의 균사체가 나무의 고사枯死와 관계있는 것을 알게 된 연구원들이 이 균사체의 실체를 조사했다. 이때 연구자들이 공원 일대의 나무들에 얽히고설킨 균사체의 유전자를 조사한 결과, 방대한 규모로 뻗어

3　우리나라에 자생하는 생물이 아닌 탓에 우리말 이름이 따로 없는 이 종류에 대한 이름은 번역자마다 서로 다르게 표기한다. 그 가운데 '잣뽕나무버섯'과 '조개뽕나무버섯'이 가장 많이 쓰이는데, 여기서는 '잣뽕나무버섯'으로 쓴다.

나간 모든 잣뽕나무버섯의 균사체들이 하나의 생명체였음을 확인했다. 그 단 하나의 생명체가 펼친 넓이는 무려 2,385에이커, 미터 단위로 고치면 9.65제곱킬로미터에 해당한다. 우리 옛날 단위인 '평'으로 환산하면 2,91만 9,655평이나 된다. 거의 300만 평이다. 폭 125미터, 길이 85미터의 축구장과 비교하면 약 908개의 축구장에 해당하는 어마어마한 넓이다. 하나의 생명체가 이토록 넓은 면적으로 퍼져나간 것이다. 이 잣뽕나무버섯이 뻗어 낸 균사체의 무게는 정확히 가늠하기 어렵지만, 최소 7,567톤에서 최대 3만 5,000톤으로 예측됐다. 참고로 덧붙이자면 나무높이 84미터, 가슴높이줄기둘레 31미터로 현재 세상에서 가장 큰 나무인 미국 세쿼이아 국립공원의 '제너럴 셔먼 트리'의 무게가 1,910톤으로 측정돼 있는데,[4] 멀루어 국립공원의 균 하나가 무려 그의 18배의 무게에 이른다는 이야기다. 그 규모를 상상하기 어렵다. 더구

4   제너럴 셔먼 트리 이야기는 이 책의 제10장에서 상세히 이어간다.

제 2 장
나무 이전의 육지 생명체

나 눈으로 그 실체를 확인하는 게 불가능한 상황이어서, 그저 경이롭다고밖에 더 덧붙일 말이 없다.

멀루어 국립공원의 잣뽕나무버섯 균사체는 대관절 언제 처음 생명을 시작했는지에 대해서도 알기 어렵다. 다른 측면으로 이야기하자면 이 균류가 처음 생명을 시작한 건 여느 균류처럼 균사체다. 그러나 대관절 어느 부분이 이 균사체의 처음 시작 부분인지를 확인하는 건 현재의 과학기술 수준에서 언감생심이다. 학자들에 따라 이 균사체는 대략 2,000년 정도 살아온 것으로 추정하기도 하고, 8,000년이 넘은 것으로 보는 견해도 있다. 하지만 어느 쪽도 확실한 근거는 없다. 잣뽕나무버섯의 균사체가 해마다 30센티미터 정도 늘어난다는 일반적인 상황을 전제로 한 계산일 뿐이다. 추측이 맞는다면 현재까지 세상에서 가장 오래된 생명으로 여겨지는 미국 서부 네바다주의 슐먼 기념숲에 살아 있는 브리슬콘소나무[5]의 2배 가까이 되는 긴 세월을 살아온 셈이다. 이토록 크게 자라는 생명체가 우리 눈에 뜨이지 않아 그동안 정확히 그 실체를 알지 못했던 것이다. 가만히 생각해 보면, 아직 우리가 발견하지 못한 더 크고 더 오래된 균류가 존재할 가능성은 충분히 있다는 추측도 가능하다.

균류의 생명력이 놀라울 정도로 질기다는 것도 또 하나의 경이로움이다. 일테면 1945년 원자폭탄이 떨어져 폐허가 된 일본의 히로시마의 피폭 지역에서도 균류가 살아남았다는 보고가 있었

5　　브리슬콘소나무 이야기는 이 책의 제7장에서 자세히 이어간다. 특히 그동안 널리 알려진 나무나이 4,600년의 '므두셀라'에 이어 5,000년이 넘은 걸로 밝혀진 브리슬콘소나무 이야기도 함께 살펴볼 예정이다.

으며, 1986년 체르노빌 원자력발전소 사고를 당한 땅에서도 균류
는 살아남았다는 보고가 있다. 이처럼 강인한 생명력을 가진 균
류에 대한 연구는 속속 이어지는 상황이고, 현대 과학에서는 균
류의 강한 생명력을 활용한 다양한 쓰임새를 찾으려 애쓰고 있으
며 이미 다양한 분야에서 일정하게 활용하고 있는 실정이다.

균류를 사람살이에 활용한 역사는 오래됐다. 이를테면 효모
가 그것이다. 효모 역시 균류의 일종으로, 호모 사피엔스가 유목
문화에서 농경문화로 옮겨가던 1만 2,000년 전의 신석기 혁명기
에 효모의 역할은 지대했다. 바로 효모를 활용해 빵과 술을 지어
내면서 정착 생활이 시작된 것이다. 그뿐만 아니라 스페인 북부
에서 발견된 5만 년 전의 화석에서는 네안데르탈인이 버섯을 먹
은 흔적이 발견됐으며, 페니실린의 원료인 푸른곰팡이를 지니고
있었다는 사실도 확인할 수 있었다.

현대에 이르러서 균류를 가장 환영하는 산업은 이른바 '녹색
화학green chemistry'이라 불리는 분야다. 균류의 가장 기본적인
생존 능력 가운데 하나인 분해자로서의 능력을 활용해 산업 폐기
물을 제거하고 환경을 정화하는 기술을 개발하는 데에 주력하는
것이다.

균, 그러니까 버섯이라는 자실체를 만들어 내는 담자균을 비
롯한 균류가 펼치는 신비로운 생명 세계 이야기에는 아직 밝혀지
지 않은 비밀이 많은 게 사실이다. 물론 지금까지 밝혀진 것만으
로도 더 살펴야 할 균류의 생태는 신비롭기만 한 실정이다. 특히
숲 형성 과정에서 나타나는 균류의 역할에 대해서는 그렇다. 그
렇다 보니 지나친 과장이나 균류의 생명 활동을 사람의 활동에

빗대는 바람에 오해를 유발하는 경우가 적지 않다. 이 부분에 대해서는 뒤에서 더 자세히 살펴본다.

균류와 함께 이야기할 또 하나의 생명체

식물 이전에 나타난 생명으로 더 이야기해야 할 생명체가 하나 더 있다. 얄궂을 정도로 복잡한 데다 어렵기까지 한 생명이지만, 알면 알수록 신비로운 생명, 지의류地衣類, lichen가 그것이다. 장담하건대 조금씩 알게 되면 아마 누구라도 깊이 빠져들 매력적이고 신비로운 생명체인 게 분명하다.

'방랑식객'이라는 별명을 가진 요리사로 2021년에 갑자기 운명을 달리한 임지호(1956~2021)라는 특별한 인물이 있었다. 한 끼의 식사를 위한 요리에도 특별한 스토리텔링을 담아내는 그의 요리를 바라보노라면 저절로 가슴이 뜨끈해지는 경험을 할 수 있었다. 그의 요리에 담긴 특징 가운데 하나는 식재료를 가까이에서 찾는다는 것이었다. 도무지 식재료로 쓰일 듯하지 않는 것도 그의 눈에만 들어오면 어느 틈에 훌륭한 식재료로 바뀐다. 그중에서 방송 다큐 프로그램 촬영 중에 그의 눈에 띈 요리 재료가 있었다. 전국을 떠돌던 중에 임지호가 바닷가의 해녀 마을에 닿아서 물질에 지친 해녀 할머니를 위한 요리에 나선 때였다. 식재료를 찾아 나선 임지호의 눈에 들어온 건 바닷가 바위 위에 돋아난 '무엇'이었다. 우리는 그저 짓밟고 지나가거나 혹은 눈길 한 번 주지 않았을 자잘한 그 무엇을 그는 정성껏 칼로 뜯어내어 요리 재료로 이용했다. 방송 진행자도, 요리사 임지호도 그때, 그것을 '돌이끼'라고 표현했다. 그러나 그건 이끼가 아니다. 이끼와는 전혀 다른 생명이다. 아직 이끼라는 생명이 나타나기 전에 세상에 출현한 생명체, 바로 '지의류地衣類'라는 특별한 생명이다.

지의류를 이해하기 위해서는 앞에서 이야기한 균류의 생태를 다시 짚어볼 필요가 있다. 균류는 광합성을 하지 못한다고 했다. 그래서 균류는 생존에 필요한 탄수화물을 얻기 위해 광합성을 수행하며 살아가는 다른 생명을 찾아야 했다. 그 대표적인 생명이 식물이지만, 본격적으로 육상 식물이 나타나기 전에 균류는 바닷속에서 살아가는 미생물이나 다른 생물을 찾아 그들의 양분 생산 능력에 기대야 했다. 시아노박테리아가 찾은 첫 번째 공생의 대상은 균류였고, 다음은 바닷속의 조류藻類, algae였다. 광합성 생명체를 만난 균류는 식물을 만난 균류가 균근이라는 새로운 조직을 형성하며 살아가는 것과 마찬가지 방식으로 다른 생명체와 공생하며 자신의 본질을 변화시키며 새로운 생명체로 나타났다. 균도 박테리아도 조류도 아닌 제3의 또 다른 생명체, 그게 지금 우리가 말하는 '지의류'다. 지의류는 균류와 함께 육지에서 발견할 수 있는 생명체 가운데에서 가장 오래된 생명체다. 워낙 미세한 생명체여서 화석으로 그 흔적을 남기기 어렵지만, 현재 화석으로 발견된 가장 오래된 지의류로는 스코틀랜드 지역에서 발견된 약 4억 년 전, 데본기 초기의 화석이 있다. 이 화석만으로도 지의류는 이미 그보다 훨씬 전에 육지에 터 잡은 것으로 추정할 수 있다.

앞에서 요리사 임지호가 바위 위에서 정성껏 긁어내던 '돌이끼'라고 부르던 것도 지의류였는데, 그처럼 지의류를 아예 '이 끼'라고 부르는 경우가 적지 않다. 심지어 아예 버섯으로 불리는 지의류까지 있다. 우리가 식용으로 활용하는 '석이버섯' 역시 버섯, 즉 곰팡이 종류인 균류가 아니라 지의류다. 심지어 어떤 백과사전에는 지의류를 "지의류란 자낭균子囊菌의 균사(菌絲, 곰팡이실)가 녹조식물(綠藻植物, 파랑말)을 둘러싼 복합식물"로 풀이하며 식물로 규정했다. 이는 지의류를 식물로 본 것뿐만 아니라 균류와 조류의 관계를 단순한 '둘러쌈'으로 표현하여, 두 생명체가 완전히 새로운 조직을 형성하는 복합적인 '공생'의 의미를 제대로 담아내지 못했다는 한계도 있다. 그러나 지의류는 식물이나 균류와 전혀 다른 생명체다. 이 특별한 생명인 지의류는 현재까지 알려진 과학적 사실만으로 보아 단일 생물이 아니다. 생태적으로나 생리 화학적으로 균류에 나타나는 특징도, 혹은 조류에서 찾아볼 수 있는 생명체의 특징도 가지지 않았다. 완전히 독자적인 특징을 가진 생명체다. 계통적으로 다른 조류와 균류가 한 몸에서 공생하는 특별한 공생체다. 단순히 여러 생명체가 일시적으로 혼합을 이룬 형태가 아니라 완전히 다른 생명체라는 데에 지의류의 결정적인 특징이 있다. 하나의 독립된 생명체인 것은 맞으나 서로 다른 생명체가 한데 모여 이룬 독립 생명체라는 게 조금은 아리송하게 들릴 수 있다. 그래서 이를 조금이라도 명확히 하기 위해 1982년에 국제지의학회International Association for Lichenology에서는 지의류를 "안정된 지의체라는 구체적인 구조를 이루고 있는 균류와 광합성 공생체의 결합"이라고 규정했다.

　　지의류는 광합성이 가능한 미생물과 곰팡이가 함께 생활하는 공생체다. 주로 시아노박테리아나 조류가 곰팡이와 하나의 몸을 이루어 살아가는 특별한 생명체다. 특이한 그 변성 과정을 가장 잘 보여주는 균류가 자낭균이다. 균류에서 지의류로 변화하는 과정을 '지의화地衣化'라고 이야기하는데, 자낭균으로 분류되는 종류에서 지의화한 경우가 많다. 현재 존재하는 약 2만 8,000종의 자낭균 가운데 절반 정도가 지의화한 것으로 본다. 자낭균류의 대부분이 그러하다는 것을 이야기한 것처럼 균류의 상당 부분이 다른 생명체, 이를테면 시아노박테리아를 만나 공생하면서 차츰 지의류로 바뀌어 간다. 이 땅에 존재하는 균류의 약 21%가 지의화를 진행하는 것으로 알려져 있고, 전체 지의류의 99.6%가 자낭균에서 바뀐 것으로 알려졌다. 특히 자낭균에서 변화한 지의류를 따로 '자낭지의류'라고 부른다. 이를 자낭균 쪽에서 바꾸어 바라보면 현재까지 알려진 자낭균류의 약 43%는 지의화하여 지의류를 이루었다고 볼 수 있다. 일단 새로운 형태로 바뀐 지의류, 즉 지의화한 새 생명체는 다시 공생 이전의 생명체로 돌아가지 않는다. 앞에서 이야기한 것처럼 지의화는 일시적 현상이 아니라 아예 새로운 생명체로 변성한 것이다. 지속적으로 자신의 생태를 유지하면서 번식을 통해 후손에게 지의류로서의 생태적 특성을 꾸준히 물려준다. 지의류가 일시적인 공생 혹은 기생을 거쳐가는 임시 생명체가 아니라 완전히 독립적인 생물 종류라는 이야기다.

제 2 장
나무 이전의 육지 생명체

　　지의류는 지구상의 거의 모든 곳에서 발견할 수 있다. 다만 그 생태가 아직 온전히 알려지지 않은 데다 워낙 미세한 생명체이며 정형화한 형태가 없기 때문에 일상적으로 사람이 알아채지 못할 뿐이다. 일테면 바닷가 바위 위에 회녹색으로 얼룩진 반점은 대부분 지의류이고, 나무줄기의 껍질에서도 분명한 형태를 가진 이끼를 젖혀둔다면 희미한 얼룩처럼 번져 나오는 무늬는 모두 지의류다. 바위, 흙, 나무, 나뭇잎 등 지의류는 장소를 불문하고 살아간다. 지의류가 사는 곳을 찾기보다 지의류가 살지 않는 곳을 찾는 게 더 쉽다고 하는 것도 지나치지 않은 이야기가 된다. 남극에서 북극까지 해안의 낮은 바위에서 높은 산꼭대기까지 지구상의 모든 지역에 지의류는 살고 있다. 다만 깊은 바닷속에는 지의류가 존재하지 않는다. '지의地衣'라는 말 그대로 땅 위에서 사는 걸 기본으로 하고, 땅에서 가까운 얕은 바다에서는 살지만, 땅에서 멀리 떨어진 깊은 바다에는 살지 못한다. 생존의 한계가 분명함에도 불구하고 현재까지 알려진 지의류는 지구 표면적의 8%에 해당하는 넓은 지역을 점령했다고 본다.

　　생명력이 강한 지의류는 숲의 천이 과정에서 가장 먼저 들어와 자리 잡는 선구 생명체다. 그러니까 지의류가 먼저 들어와 식물을 비롯한 다른 생명이 살 수 있는 환경을 조성하고, 그 뒤에 이끼류를 비롯한 다른 식물들이 들어와 숲을 이룬다는 것이다. 상황에 따라서 지의류보다 이끼가 먼저 자라는 경우가 없는 것도 아니지만, 황폐한 숲에 가장 먼저 들어와 비옥한 땅을 일구는 여

18 **지의류**는 균류와 마찬가지로 정형화한 형태가 없다.

러 선구 생명체 가운데에서 가장 대표적인 생명은 지의류다. 뭍에서 생명이 시작되는 과정에서 지의류의 역할은 그래서 맨 앞자리에 놓인다. 지의류는 아직 육지에 생명체가 등장하기 전에 지구의 토양을 비옥하게 가꾸는 중요한 역할을 했다. 토양을 가꾸었다는 건 다른 생명, 특히 식물이 뿌리를 내리고 살 수 있는 기반을 만들었다는 이야기다. 구체적으로 지의류는 바위를 쪼개고 부수는 물리학적 변화를 가져올 뿐 아니라 화학적인 변화까지 일으켜 자연 토양을 형성한다. 지의류의 선구적인 활동이 없다면, 아무리 강인한 생명력을 가진 식물이라 해도 바위 위에 연약한 뿌리를 내리지 못한다. 겨우 뿌리를 내렸다 하더라도 땅에서 무기물을 취하는 가장 기초적인 생명 활동을 할 수 없다.

지의류는 1밀리미터 정도로 아주 작은 것에서부터 때로는 몇 미터 넘게까지 발달하는 종류도 있다. 색깔도 다양하다. 회색에서 노란색, 밝은 붉은색까지 한두 가지 빛깔로 이야기하기 어려운 데다, 대개는 상록성 식물처럼 가을 지나 겨울에도 제 빛깔을 유지한다. 아주 천천히 자란다는 것도 지의류의 특징이다. 대개의 지의류는 한 해 동안 잘 자라봐야 2밀리미터밖에 못 자란다. 그러나 생명력은 대단히 뛰어나다. 이를테면 영하 196도의 액체 질소에 담갔다 꺼내는 실험에서도 지의류는 죽지 않고 빠른 시간 안에 되살아나는 신비를 보여준다. 이처럼 강인한 생명력을 갖춘 지의류는 수명이 남달리 길다는 것도 특별하다. 스웨덴령인 라플란드에서 발견된 어떤 지의류는 9,000년 넘게 살아왔고, 현재까지도 잘 살아 있는 것으로 확인되기도 했다.

지의류의 생명력에 대해서는 우주선에 태워 보냈던 지의류 이야기를 빼놓을 수 없다. 우주선을 쏘아 올리면서 그 안에 여러 생물을 함께 태워 지구 밖으로 내보내는 실험을 한 적이 있다. 원숭이와 개처럼 덩치 큰 생물을 비롯해 식물, 곤충, 미생물 등을 포함한 실험이었는데, 그때 가장 신기했던 것으로 널리 알려진 생명체는 물곰tardigrade이라고 불리는 미생물이었다. 이 실험에서는 물곰을 열흘 동안 우주 공간의 극한 조건에 노출시킨 뒤 다시 지구로 데려왔다. 이미 죽은 줄 알았던 물곰은 물을 공급해 주자 놀랍게도 다시 살아났다는 사실이 널리 알려져 있다. 같은 실험에 지의류가 포함돼 있었던 건 비교적 덜 알려진 사실이다. 그때 실험 대상이 된 지의류는 우주정거장으로 보내 18개월을 지내게 했다. 아무런 보호 장치 없이 실험 대상 생명체들은 지구 지표면과 비교해 1,000배가 넘는 태양 광선을 고스란히 쬐었고, 극한의 온도 차이도 겪었다. 이때 실험 대상들이 견딘 방사선은 사람이 버틸 수 있는 규모의 1만 2,000배나 강한 것이었다고 한다. 극한의 실험 끝에 지구에 돌아온 모든 생명체 가운데 가장 오래 살아남은 건 지의류였다. 상상을 초월하는 극단적인 한계 상황에서도 살아남는 생존력을 가지고 있기에 지의류를 '다중극한생물 polyextremophile'로 부르기까지 한다.

생명력이 강력하기 때문에 지의류에 대한 몇 가지 오해도 나온다. 지의류가 나무줄기에 나타난다면, 나무가 살 수 없다는 생각이 그 대표적인 예다. 그러나 지의류에서 뻗어 나오는 균사는 나무줄기에 깊이 파고들지 않는다. 그저 나무줄기에 고정하겠다는 의도 이상은 없다. 달리 말하자면 줄기 깊숙이 파고들어 나무의 양분을 빼앗지 않는다는 이야기다. 그러나 얼핏 보아서는 지의류가 줄기 껍질에 많이 발생하면 나무가 죽어가는 것처럼 보인다. 이 상황을 놓고 사람들은 나무줄기에 지의류가 발생한 바람에 나무가 죽어가는 것 아니냐고 의심한다. 그러나 순서가 바뀌었다. 나무가 시들어 가느다란 가지나 잎이 떨어져 생육 활동이 약해진 자리는 지의류가 살기 좋은 환경이다. 자연스레 생명의 터전을 찾던 지의류가 허약해진 나무줄기 위에 발생하는 것이다. 지의류가 나무를 죽인 것이 아니라 나무가 죽어서 지의류가 생긴 것이다.

최근의 연구에 따르면 지의류가 풍부하게 자라는 숲은 지의류가 적거나 없는 숲에 비해 토양의 영양이 풍부하다고 한다. 결국 지의류는 나무를 시들어 죽게 하지 않고 처음부터 땅을 개간해 비옥하게 만드는 근본적인 생육 특징 그대로 숲에서 다른 생명이 더 잘 살 수 있는 환경을 만들어 준다는 이야기다. 같은 맥락에서 지의류는 오래된 건축 문화재의 표면에서도 발견할 수 있는데, 이때에도 그다지 큰 피해를 일으키지 않는다는 게 과학적으로 밝혀진 결과다. 오래된 묘지에 돌로 지어 세운 묘비라든가 석조 문화재의 대부분에는 지의류가 저절로 발생하는데, 그들이 석조물을 파괴하는 게 아니다. 오히려 문화재의 역사와 색감을 다양하고 깊이 있게 하는 긍정적 생태 요인이라고 보는 게 맞지 싶다.

지의류의 분포와 종류

지의류의 발생 과정을 밝히는 건 균류가 그랬던 것처럼 사실상 불가능하다. 지의류는 세계적으로는 약 2만 종이 보고되어 있으며, 우리나라에서 찾아지는 것만도 약 700종이나 된다. 아직 밝혀지지 않은 것까지 포함하면 대략 3만 종이 넘을 것으로 학계에서는 추산한다. 그러나 실제로 얼마나 많은 종류의 지의류가 존재하는지 알 수 없다. 아직까지는 지의류에 대한 목록이 없다. 게다가 연구가 부족하다는 현실을 반영하듯 해마다 보고되는 신종 지의류는 갈수록 늘어나고 있다.

지의류가 공생하는 두 생명체가 만나서 형성한 새로운 생명체임을 처음 밝힌 것은 1869년 스위스의 식물학자 지몬 슈벤데너(Simon Schwendener, 1829~1919)였다. 이른바 '지의류 2생명체 가설'이었다. 논문을 통해 그는 지의류를 독립한 하나의 생명체가 아니라고 했다. 지의류는 곧 서로 다른 두 유기체가 만나 공생하며 이룬 새로운 생명체라는 주장을 펼쳤다. 균류와 조류의 공생이었다. 당시로서는 놀라운 주장이었다. 지의류라는 존재 자체도 생경했지만, 균류와 조류가 만나 하나의 생명체를 이뤘다는 사실은

19 **지의류**는 알아보기 어려울 뿐, 지구상의 거의 모든 곳, 대략 8%의 지표면을 점령했다.

과학계에서 선뜻 받아들일 수 없는 혁명적 주장이었다. 슈벤데너의 주장은 일반적으로 받아들여지지 않았고 심지어 대부분의 주류 과학자들로부터 일쑤 멸시받는 데에 그쳤다.

물론 그 뒤 지금까지도 지의류에 대한 연구는 여전히 충분하다고 할 수준까지는 아니라 해도 괄목할 만한 발전을 이루고 있다. 분명 지의류는 '공생'으로부터 발생한 복잡한 다세포 유기체임을 부인하지 못하는 상황이다. 지의류에 대한 신비로운 사실들은 슈벤데너 이후 더 밝혀졌다. 흥미로운 건 하나의 지의류가 두 개의 생명체의 공생에 의해 이루어진 것이라는 슈벤데너의 주장을 넘어선 연구 결과가 나왔다는 것이다. 즉 지의류는 둘이 아니라 셋 혹은 넷 이상이나 되는 여러 생명체의 공생에 의해 이뤄진 생명체라는 것까지 알게 됐다. 굳이 정리하자면 '두 생명체'가 아니라 '둘 이상의 여러 생명체가 만나 이룬 복합 공생체'라는 데에 동의하는 상황이다. 이를테면 2016년에는 세계 곳곳에서 지의류에 존재하는 제3의 공생자를 찾아내는 연구 결과가 발표되기도

제 2 장
나무 이전의 육지 생명체

143

했다. 이처럼 다양한 생명체들의 공생에 의해 지의류는 모양과 색깔을 결정한다.

공생은 하나의 생명체가 지구의 환경에 홀로 적응하기 어려운 경우, 다른 생명의 도움을 받으며 서로에게 모자란 부분을 보완하며 살아가는 성공적인 경우다. 앞에서는 균류가 식물을 기다려서 마침내 균근을 형성하며 지혜롭게 공생을 실현해 가는 상황을 짚어봤다. '공생'이라는 용어가 체계화한 것도 지의류 연구를 통해서였다. '공생'이라는 용어는 1877년에 독일의 식물학자 알베르트 프랑크(Albert Bernhard Frank, 1839~1900)가 균류와 식물 뿌리의 결합인 균근mycorrhiza을 연구하며 처음 썼다. 바로 'symbiose'다. 얼마 뒤 독일의 균류학자인 하인리히 안톤 데 바리(Heinrich Anton de Bary, 1831~1888)는 지의류의 생태를 설명하는 과정에서 '공생Symbiosis'이라는 개념을 다양한 생물 관계를 포괄하는 학술 용어로 체계화했다. '공생'의 의미를 가장 극명하게 실현하는 게 지의류다. 지의류 연구가 곧 공생의 원리를 이해하는 통로가 됐다는 이야기다. 공생이론을 확립한 린 마굴리스도 자신의 '세포 내 공생이론'을 강조하기 위해 지의류를 사례로 제시할 정도로 지의류는 공생의 상징이었고 마굴리스 연구에서는 빼놓을 수 없는 중요한 연구 대상이었다. 마굴리스는 지의류를 서로 다른 생명체가 만나서 얻을 수 있는 시너지 효과를 혁명적으로 키운 경우라고 강조했다.

마굴리스의 뒤를 이어 지의류에 대한 연구는 지속적으로 이어졌지만 여전히 난해한 수수께끼에 파묻힌 내용이 대부분이다. 지의류 연구의 역사를 이야기하자면 떠올리게 되는 한 동화작가

가 있다. '피터 래빗'이라는 토끼를 주요 캐릭터로 한 동화를 창작한 영국의 그림책 작가 헬렌 베아트릭스 포터(Helen Beatrix Potter, 1866~1943)가 그다. 포터는 '피터 래빗'이라는 토끼 주인공으로 그림책 작가의 명성을 높였지만, 작가 이전에 그는 과학자의 길을 걷고자 했다. 중상류층 가정에서 태어난 포터는 가정교사들로부터 교육을 받았고 다른 아이들과 격리되어 자랐다. 그는 많은 애완동물을 기르고 스코틀랜드와 호수 지역에서 휴가를 보내며 풍경, 식물, 동물에 대한 애정을 키웠고, 이 모든 것을 면밀히 관찰했다. 포터는 자연과학의 모든 분야에 관심이 있었다. 태생적으로 과학자가 될 본성을 가졌던 것이다. 게다가 그가 살던 빅토리아 시대에 식물은 대부분의 영국인들에게 열정적인 관심의 대상이었고, 더불어 자연에 대한 연구 또한 대중의 열광적인 지지를 받은 분야였다. 천생 과학자였던 포터는 이 같은 시대적 배경에서 스스로 화석을 수집했으며, 나아가 다른 발굴 작업에서 나온 고고학적 유물들을 찾아다니며 관찰하고 연구하는 데에 몰입했다.

특히 20대 후반에 이른 1890년대에 그의 과학적 관심은 균류에 집중되어 있었다. 1892년 퍼스서 던켈드에서 여름 휴가 동안 존경받는 박물학자이자 아마추어 균학자인 찰스 매킨토시(Charles Macintosh, 1839~1922)를 만난 뒤로 포터의 균류에 대한 관심은 더 깊어졌다. 곰팡이가 어떻게 번식하는지 궁금했던 포터는 곰팡이 포자를 현미경으로 관찰했고 1895년에 발아 이론을 개발하기까지 했다. 화학자이자 런던대학교의 부총장인 그의 삼촌 헨리 엔필드 로스코(Henry Enfield Roscoe, 1833~1915) 경의 인연을 통해, 그는 큐왕립식물원의 식물학자들과 상의하여 자신의 잡종 이론을 설득하려 나서기도 했다. 그는 이전에 생각했던 것처럼 독일의 균학자 사이먼 슈벤데너에 의해 제안된 공생이론을 믿지 않았다. 대신 그는 보다 독립적인 번식 과정을 제안한 적도 있다. 그러나 당시 과학계에 만연했던 여성 차별 분위기는 포터의 이론에 호의적이지 않았다. 일상적 여성 차별이 심각했지만, 학계와 예술계에서의 차별은 그야말로 말도 되지 않을 정도로 극심했다. 아무리 훌륭한 이론을 발표한다 해도 그 이론의 제안자가 여성이라면 무조건 무시하고 드는 식이었다. 포터도 그 상황을 피해 갈 수 없었다. 일테면 포터는 당시 큐왕립식물원의 이사였던 윌리엄 터너 시슬턴다이어(William Turner Thiselton-Dyer, 1843~1928)에게 새로운 잡종 이론을 제안했지만 거절당한 일도 있었다. 그때 거절당한 이론에는 균류의 포자가 생성되는 과정에 대한 세밀한 관찰이 담겨 있었다고 전한다. 포터는 결국 1897년에 〈아가리신과의 포자의 발아에 대하여〉라는 논문을 린네협회에 제출하는 것으로 만족해야 했다. 물론 반향은 미미했다.

그는 또 공생에 관련해 지의류를 주제로 연구한 논문을 발표한 적이 있었다. 하지만 그 논문은 자신의 이름으로 발표할 수 없었다. 포터는 어쩌는 수 없이 당시 학계에서 활동하던 삼촌의 이름으로 논문을 발표했다. 애써 논문을 펴내기는 했지만 학계에서는 포터의 논문의 내용에 대한 논의는 젖혀놓고, 우선 "여자가 떠들어 대는 헛소리에 불과하다"라는 식의 무조건적인 비난만 내던지고 말았다. 학계의 야만적 분위기가 마침내 지의류에 대한 연구의 큰 걸음을 막은 아쉬운 결과를 남긴 셈이다. 결국 여성 과학자로서의 길을 포기한 포터는 균류, 지의류 등에 대한 선구적 연구를 접고, 동화책 작가로의 길을 선택했다. 포터의 이론을 외면했던 린네협회는 포터가 죽은 뒤 50년이 지난 1997년에 이 모든 과정에 대한 공식 사과문을 냈다. 포터의 주요 관심사는 우리의 요리사 임지호가 정성껏 긁어내 요리의 재료로 삼던 지의류였다. 일찌감치 지의류의 생태에 관심을 갖고 수굿이 연구하려 했던 한 여성 과학자의 삶이 남녀 차별의 사회 분위기 속에서 처참하게 무너앉았고, 그로 인해 지의류에 대한 연구 속도가 한층 늦어진 일은 유감이 아닐 수 없다.

지의류의 활용

지의류가 지구 전체 지표면의 8%를 점유할 정도로 넓게 펴져 있다는 건 생태계에 그들의 작용이 중요하다는 반증이다. 이 정도라면 우리 생태계의 갖가지 상태를 측정하는 지표로 삼을 만한 가능성이 높다. 따라서 우리 일상에서의 활용도 또한 적지 않다고 볼 수 있다. 이를 증거하는 게 바로 현재 일상에서의 지의류 활용 상황이다. 이미 지의류는 우리 생활의 곳곳에 활용되고 있다. 이를테면 과학 실험에서 산성도를 측정할 때 이용하는 리트머스 시험지는 지의류에서 추출한 화학 성분을 이용해 만든다. 여기에서 말하는 리트머스litmus는 다양한 염료로 이루어진 혼합물인데, 주로 재료의 산성도를 측정하는 용도로 사용된다. 이 리트머스 시험지에 쓰이는 염료는 주로 지의류에서 추출한다. 주로 로셀라Roccella 속에 속하는 *Roccella tinctoria, Roccella fuciformis* 등이 쓰이는데, 이들은 지의화가 잘 이루어지는 자낭균의 일종이다. 리트머스 시험지가 산성도를 살펴보기 위해 활용되는 것처럼 대기의 오염 상태를 측정하는 데에도 지의류는 광범위하게 활용된다. 이를테면 미세먼지의 양을 측정하거나 방사능 오염 정도를 확인하는 데에 요긴하게 활용된다. 이미 지난 30여 년 동안 지의류를 지표생물로 활용하여 환경 상태를 모니터링한 사례는 적지 않으며, 관련한 논문도 해마다 수천 편씩 쏟아지고 있는 상황이다.

　우주의 극한 환경에서도 살아남을 만큼 강인한 생명력을 가진 지의류에게 가장 취약한 것은 대기 오염이다. 대기 오염이 심한 곳에서 지의류는 여지없이 사라진다. 이미 우리 곁에서 확인할 수 있는 지의류의 측정 방식을 살펴볼 수 있는 경우도 있다. 즉 오래된 묘지라면 어김없이 비석을 신비로운 빛깔로 덮었던 지의류가 완전히 자취를 감춘 걸 바탕으로 우리가 사는 지구의 대기 상태를 측정할 수 있다는 이야기다. 지의류가 사라졌다는 것은 우리가 사는 지구의 공기 상태를 알게 하는 중요한 신호다.

이 밖에도 지의류를 활용할 분야는 더 늘어날 것이다. 지의류 연구가 더 발전한다면 갖가지 질병 치료에 필요한 약용 성분을 찾아낼 수도 있다는 게 관련 학계의 전망이다. 지의류의 대사 산물에서 발견되는 성분들이 암을 억제하고, 비만·당뇨·치매 등을 막는 데에 쓰일 가능성이 있어서 학계의 지의류 연구는 기대할 만하다. 또 이미 화장품의 향수 재료로 쓰이는 경우도 적지 않은 상황이어서, 앞으로의 활용 가능성은 점점 더 확대될 것이 분명한 상황이다.

지의류라는 생명은 수수께끼투성이다. 앞으로 밝혀질 지의류의 비밀을 더 기대하게 되는 건, 지의류 자체가 공생이라는 생명의 기본 원리를 가장 성실하게 이행하는 생명체라는 점에 있다.

제 2 장
나무 이전의 육지 생명체

나무 이전의 식물

바이올렛이 지고 장미꽃이 필 무렵이면 어김없이,
봄이 나와 함께 있는 동안 하늘이 준 선물을
충분히 소중하게 여기지 못한 게 아닐까 하는 두려움이 들곤 했다.
초원에서 보낼 수 있었을 시간에
나는 책 속에 파묻혀 오랜 시간을 보내곤 했다.
양쪽에서 얻어지는 이득이 맞먹을 수 있을까?
나는 정신이 항변하는 말에 미심쩍고 소심하게 귀를 기울인다.

- 조지 기싱*George Robert Gissing,*
『헨리 라이크로프트 수상록*The Private Papers of Henry Ryecroft*』에서

이제 땅 위에 모습을 드러낸 식물을 이야기할 차례다. 앞서 이야기한 균류와 지의류는 식물로 분류할 수 없다. 물론 균류와 지의류에 대해 정확히 알려지기 전에 이들을 식물로 분류한 적이 있었지만, 이제는 식물계에 속하지 않는 것으로 밝혀졌다. 이제 식물로서 땅 위에 올라온 것을 짚어볼 차례다. 그 첫 번째는 이끼 종류다.

　　균류가 땅속에서 서서히 제 살림 영역을 넓혀가는 동안에도 땅 위에서는 아무런 움직임이 나타나지 않았다. 10억 년 전부터 4억 년 전까지 6억 년 동안, 지구의 뭍 바같은 그저 한없이 적막한 세상이었다. 6억 년의 적막을 깨고 땅 위에 처음 올라온 것은 이끼였다.

　　식물학에서 선태식물이라고 부르는 종류다. 선鮮과 태苔 모두 '이끼'를 뜻하는 한자다. 이 분류군에 속하는 식물이 워낙 많아서 다시 세분화할 필요가 있다. 선태식물 안에는 1만 2,000여 종의 선류鮮類식물문*Bryophyta*과 6,000~8,000종이 포함되는 태류苔類식물문*Marchantiophyta*, 아직 종 수가 제대로 밝혀지지 않은 각태류角苔類식물문*Anthocerotophyta*이 있다. 이 가운데 선류는 영어로 mosses라고 부르는데, 이를 한글로 하면 '이끼'다. 그러나 영문 liverworts로 표기하는 태류는 우리말로 옮길 경우 대개 '우산이끼류'로 표현하며, 각태류의 hornworts는 '뿔이끼류'로 번역한다. 이 가운데 선류를 이끼라고 부르기는 하지만, 선태식물 전체를 뭉뚱그려 '이끼'라고 해도 무방하다. 하위 분류 체계를 아우르는 우리말 표현이 완벽하게 정리된 상태는 아니어서 약간의 혼동은 불가피하다.

　　이끼는 바다에서 시작한 생명이 뭍으로 올라오는 진화 과정의 첫 단계라고 볼 수 있다. 그동안 바닷속에서는 조류藻類, algae가 꿈틀거렸고, 바닷가 땅 아래에는 균류가 태동하고 있었다. 드디어 긴 적막의 세월을 뚫고 뭍에 처음 나온 초록 생명이 바로 선태식물, 즉 이끼 종류였다.

　이끼의 생태는 지의류와 닮은 점이 상당히 많다. 실제로 이끼와 균류, 지의류는 전문가들이 아니라면 헷갈리는 경우가 많다. 지의류가 지구의 어느 곳에서라도 살아가는 것처럼 이끼도 극지방에서부터 열대지방에 이르기까지 지구상의 어느 곳에라도 존재한다. 그러나 이끼가 생명을 이어가기 위해서는 필수 조건이 있다. 일정 정도의 습기다. 지나쳐서도 모자라서도 안 되는 습기다. 이를테면 아예 물속에 잠긴 상태에서는 습기가 지나쳐서 살 수 없고, 사막과 같은 건조지대에서는 지나치게 모자라 살 수 없다. 그처럼 극단적 상태가 아니라면 이 땅의 거의 모든 지역에서 이끼는 발견된다.

　이끼 종류에 대해서는 아직 비전문가에게도 알기 쉽게 설명할 만큼 체계가 쌓인 편이 아니다. 이끼 종류가 어떤 생활 방식을 가지고 어디에서 어떻게 살아가는지는 대략 알려졌지만, 이를 일반에게 설명하는 방식이라기보다는 전문적인 설명으로 이어가는 정도여서 깊이 있는 이끼의 생태에 대한 이해는 아직 쉽지 않은 게 사실이다. 이끼 연구와 관련한 갖가지 성과들이 아직 학계에서 널리 활용되지 못하는 데에 원인이 있겠지만, 그와 함께 일상 생활에서 우리가 느끼는 이끼와의 거리감 때문이라는 원인도 크지 싶다. 이끼는 눈에 띄지 않을 정도로 작은 생명체라는 점에서 사람들의 주요 관심사가 되기 어렵다. 또한 쓰임새 위주로 대상을 분류하고 생각하기 십상인 사람의 세상에서 이끼에 관한 깊이 있는 탐구로 이어지지 못하는 경향이 있다. 이끼 연구의 중요성은 높다 하지만, 일반인의 관심이 높아지지 않는 현재의 상황

은 앞으로도 크게 바뀌지 않을 듯하다.

　작아서 더 아름다운 생명체라고 이야기해도 될 법한 이끼는 작은 몸체를 바닥에 바짝 붙이고 살아간다. 바위 표면을 비롯해 나무줄기 껍질에서도 바닥에 바짝 붙어 있는 게 이끼다. 이끼가 살아가는 부분을 공기와 땅이 맞닿은 층, '경계층boundary layer'이라고 한다. 이끼가 생존하는 데에 습기가 필수 조건이라 했는데, 경계층은 습기를 머금은 환경이 갖춰진 곳이어서 이끼가 살기 좋은 생태계다. 바위나 나무줄기의 표면에서 발산하는 열과 수증기는 경계층에 갇히게 되고, 이 수증기가 바로 이끼의 생존 필수 환경을 만들어 준다. 이 경계층의 두께가 이끼의 크기를 결정한다. 이끼가 경계층 위로 제 몸을 키운다면 습기를 빨아들이지 못해 시들어 죽을 수 있기 때문에 경계층 너머로 튀어 오르지 못한다. 그렇다 보니, 경계층이 비교적 두껍게 형성되는 곳에서 자라는 이끼는 몸체가 크게 오를 수 있지만, 경계층이 얇을 경우에는 어쩌는 수 없이 이끼의 몸체도 그에 비례해 작아지게 마련이다. 이끼 종류에는 몸체의 높이가 고작 1밀리미터밖에 안 되는 게 있는

가 하면 10센티미터 이상의 높이로 솟아오르는 이끼도 있다. 모두가 일정 양의 습기를 획득할 수 있는 경계층의 환경에 적응한 결과다.

　　이끼는 땅속 혹은 나무줄기 아래에서 습기를 빨아들이지만 식물처럼 뿌리라는 기관을 뻗쳐서 그로부터 습기를 빨아들이는 게 아니다. 꽃도 열매도 씨앗도 없지만, 이끼에는 뿌리도 없다. 그저 흙, 바위, 나무줄기 위에서 이리저리 쓸려 나가지 않도록 주저앉은 그 자리의 바닥 부분을 붙들어 안을 뿐이다. 이끼가 자리 잡은 곳에 내린 뿌리처럼 보이는 조직은 그러니까 식물을 이야기할 때의 '뿌리'와는 전혀 다른 기관이다. 그래서 이를 흔히 '헛뿌리 rhizoid'라고 부른다. 관련 용어를 한자로 표기하던 시절에는 '가근假根'이라고 불렀다. 또 이끼에는 몸체 안에 물과 양분을 운반하는 관다발계, 즉 물관과 체관이 없다. 쉽게 말하자면 뿌리가 없기도 하지만 혹시 뿌리가 있어서 물을 빨아들인다 해도 그 물을 몸체 전체로 나를 관이 없다는 이야기다. 온전히 비, 안개, 폭포수처럼 공중에서 내려오는 습기 혹은 경계층에 갇힌 습기를 빨아들이면서 살아야 한다. 반드시 습한 곳에서만 자라는 건 그런 이유에서다. 그런데 이끼가 살아가는 경계층의 습도는 항상 똑같이 유지되지 않는다. 기후에 따라 습도는 변하게 돼 있다. 결국 경계층의 습도 변화에 적응해야 하는 이끼의 성장 속도는 매우 느려진다. 습기가 풍부할 때에는 광합성을 통해 양분을 확보하여 몸집을 키울 수 있지만, 조금만 건조해지면 광합성을 할 수 없어 성장을 멈춘다. 줄곧 성장하지 않고, 상황에 따라 성장과 정체를 되풀이하면서 자라다 보니 생애 전 기간을 통해 보면 성장 속도가 대단히 느린 편이다.

이끼를 키우다 보면 재미있는 사실을 알 수 있다. 최근 들어 '이끼 테라리움'이라는 형태로 가정에서 이끼를 키우는 애호가들도 늘어나고 있는데, 이끼는 종류에 따라서 긴 시간 동안 물을 주지 않아도 죽지 않는다. 그런데 한동안 물을 주지 않으면 자디잔 이끼 몸체의 빛깔이 달라지고 말라 비틀어진 듯한 모습을 보인다. 죽은 것처럼 보인다. 이때 분무기로 물을 분사해 주면 이끼는 곧바로 초록으로 빛을 바꾸고 생기를 띠며 바짝 일어난다. 일반적인 나무에게 하듯 화분에 넉넉히 붓는 방식으로 물을 공급하면 안 된다. 분무기로 이끼 주변의 공중에 습기를 분사해 주어야 한다. 이끼가 놓인 흙이나 나뭇가지에 물을 부어주어 봐야 물관이 없는 이끼는 바닥으로부터 물을 끌어 올릴 방법을 모른다. 습기가 이끼 몸체 전체에 직접 닿게 물을 분사해야 한다. 그게 이끼의 방식이다. 아주 빠른 시간, 거의 순간적으로 죽은 듯이 보였던 이끼가 다시 초록으로 빛깔을 바꾸며 되살아나는 경이로운 순간을 확인할 수 있다. 축 늘어졌던 이끼의 몸체가 순간적으로 바짝 고개를 쳐들며 되살아난다. 생명의 신비를 느낄 수 있는 경이로운 순간이다. 대부분의 이끼가 그렇다. 잠시 건조하다고 해서 죽는 건 아니다. 습기가 없어 광합성을 할 수 없는 상황이 되면 일시적으로 생명 활동을 중단할 뿐이다. 심지어 이끼는 몸속 수분 중 98%를 잃더라도 다시 물을 공급해 주면 되살아난다. 죽은 것처럼 보인다고 이야기했지만, 실제로 죽은 건 아니다. 습기가 모자란 상태를 표시하며 죽은 체하는 것이다. 이른바 '가사동결假死凍結' 상태다. 식물학에서는 극한 건조 환경에서도 생명을 잃지 않

제 3 장
나무 이전의 식물

는 이끼의 특성을 '건조휴면Anhydrobiosis'이라 정의한다.

　개인적인 경험을 이야기하자면 여기에 조심할 사정도 있다. 특히 습기가 모자란 살림집의 실내에서 이끼 화분 혹은 테라리움을 만들어 키우는 경우에 겪을 만한 실수다. 도시의 아파트를 비롯한 대개의 살림집 실내는 이끼가 살아가기에 건조한 편이다. 앞에서 이야기한 경계층이 형성되지 않는 조건인 게 대부분이다. 내가 사는 아파트 거실에서 이끼 화분을 마련해 키운 적이 있다. 바짝 마르며 죽은 체했다가 분무기로 습기를 뿌려주자마자 곧바로 되살아나는 모습이 신기하고 재미있었다. 습기를 얻어 초록으로 살아나기는 했지만, 경계층이 형성되지 않아 분무기로 분사한 습기를 오래 머금을 수 없는 이끼는 다시 얼마 지나지 않아 죽은 체를 시작한다. 초록이 갈색으로 바뀌고 곧추섰던 이끼는 늘어진다. 다시 습기를 뿌려주면 앞에서처럼 신기하게 살아나고 다시 죽은 체하고…. 이끼는 이걸 한없이 되풀이한다. 그게 재미있어서 이끼 화분이 눈에 띌 때마다 물을 자꾸 분사해 주었다. 이끼도 사람의 장난을 재미있어한다는 듯 죽음과 삶을 오가는 신공을 계속 보여주었다. 그러나 문제는 화분이었다. '이끼 테라리움'이라고도 부르는 대개의 이끼 화분은 굳이 식물 화분처럼 물을 배출할 배려를 하지 않는다. 조금씩 뿌려주는 습기이지만 물이 제대로 배출되지 않는 화분 아래에는 물이 잔뜩 고이게 되어 결국은 이끼 아래쪽의 흙이 썩기 시작하고, 연달아 이끼까지 썩어버리게 된다. 삶과 죽음을 오가며 보여주는 이끼의 신비로움을 장난삼아 즐기다가, 아예 이끼의 생명을 학살하고 만 상황이었다.

　그 밖에도 실내에서 장식용으로 이끼를 키울 때에는 조심

해야 할 일이 적지 않다. 무엇보다 이끼에는 굉장히 많은 생명체가 함께 살아간다는 걸 명심해야 한다. 한 연구에 따르면 자연 상태의 숲에서 채취한 이끼 1그램 정도 안에는 일반적으로 원생동물 15만 마리, 완보동물 13만 2,000마리, 톡토기 3,000마리, 담륜충 800마리, 선충 500마리, 진드기 400마리, 파리 유충 200마리가 서식한다고 한다. 건조 상태의 이끼 1그램이라고 하면 어른 한 주먹 크기도 안 되는 작은 크기다. 그런데 그 한 줌의 이끼에 얼마나 많은 생명이 깃들어 살아가는지 놀라게 된다. 가정에서 이끼를 키운다는 건 이 많은 생명체를 실내에서 함께 키우는 것과 다르지 않다. 그래서 가정에서 키우려면 이끼의 상태를 전문적으로 검증할 능력을 갖춘 이끼 전문가에 의해 조성된 화분이나 테라리움을 구해 키워야 한다.

이끼는 꽃도 열매도 뿌리도 없는 단순한 구조의 생명체이지만, 현재 전 세계에서 2만 3,000종이 보고돼 있다. 지극히 단순한 구조이면서도 다양하게 분기 진화한 것이다. 이끼 종류의 분류에는 아직 학계에서도 정설로 확립된 바가 적다. 이를테면 위키백과를 비롯한 여러 백과사전에는 이끼 종류가 세계적으로 2만

2,000~2만 3,000종이 존재한다고 돼 있는데, 우리나라의 국립 생물자원관에서 2014년에 출간한 『선태식물 관찰도감』에는 1만 4,000~1만 6,000종이 분포한다고 돼 있다. 분류 방식의 차이라고 하기에는 너무나 큰 차이다.

이끼의 쓰임새

이끼 종류는 나무보다 먼저 이 세상에 나와 세상 어디라도 없는 곳이 없다 할 만큼 널리 퍼져 있다고 했다. 그렇다면 분명 옛 사람들은 일상생활에서 이끼를 활용했을 것이다. 과연 어디에 어떻게 이용했을까 하는 의문이 이어진다. 꼼꼼히 돌아보면 오래전부터 이끼는 실생활에 다양하게 활용해 왔음을 알 수 있다. 자연에 대한 치밀한 관찰과 서정적인 문체로 이끼 이야기를 풀어 쓴 북아메리카 원주민 출신의 뉴욕주립대학교 전통식물학과 교수인 로빈 월 키머러(Robin Wall Kimmerer, 1953~)는 시처럼 서정적인 책 『이끼와 함께(Gathering Moss: A Natural and Cultural History of Mosses, 2003)』에서 그의 출신 부족인 포타와토미 부족이 오래전부터 이끼를 기저귀와 생리대로 이용했다는 이야기를 소개했다. 키머러에 의하면 예전에 기저귀로 쓰던 물이끼Sphagnum moss는 자기 무게의 40배에 해당하는 양의 물을 빨아들인다고 한다. 기저귀로 더없이 좋은 재료가 될 수밖에. 또 예전에 추운 지방에서는 겨울에 신는 장화와 벙어리장갑의 끝부분 테두리를 부드러운 이끼로 감싸서 방한 효과를 높였다고도 한다. 세월이 흐르면서 이

끼보다 더 손쉽고 풍성한 재료, 그리고 이를 가공할 기술이 눈앞에 들어왔기 때문이지, 오래전에는 이끼도 우리 생활 가까이에서 쓰였다는 이야기다.

하지만 땅 낮은 곳에서 고작해야 대략 1센티미터 높이로 자라는 자디잔 생명에 눈길을 주는 건 쉽지 않다. 심지어 이끼에 대한 몰이해 때문에 이끼를 어떻게 제거해야 할지를 더 많이 궁리하는 게 사실이다. 로빈 월 키머러는 앞의 책에서 일반인의 상담을 예로 들었다. 어떤 부인이 잔디밭에 이끼가 많이 살면서, 잔디가 죽어가니 이끼를 처분하는 방법을 문의했다고 했다. 이는 어쩌면 많은 사람들이 공감할 만한 이야기다. 그러나 이 문의에 대한 로빈 월 키머러의 대응은 확고했다. 단언컨대 이끼가 잔디를 죽일 수 없다는 것이다. 이끼가 잔디를 죽이는 것이 아니라 잔디밭으로 조성한 자리는 애당초 잔디보다 이끼가 더 잘 살 수 있는 조건을 갖춘 곳이라는 이야기다. 이는 앞 장에서 살펴본 지의류의 경우와 같은 이치다. 이끼가 잘 살 수 있는 조건, 즉 잔디가 죽어가는 상황이 발생하자 이끼가 나타난 것이지, 이끼가 나타나 잔디를 죽인 게 아니라는 설명이다. 키머러는 이끼를 죽이려 하지 말고 오히려 잔디밭을 포기하고 그보다 더 아름다울 수 있는 이끼 정원을 조성하는 게 더 좋지 않겠느냐고 조언한다고 했다.

이끼와 같은 작은 생명체를 감동적으로 묘사하는 키머러의 자연주의 철학은 볼수록 감동적이다. 키머러의 생명에 대한 태도가 어떠한지를 알아볼 수 있는 에피소드 하나를 소개한다. 『이끼와 함께』보다 먼저 국내에 소개된 감동적인 명저 『향모를 땋으며』에서 키머러는 북아메리카 원주민 부족 사회에서 사라져 가는 언어에 자연을 대하는 그들의 태도가 담겨 있다면서 특별한 낱말을 하나 제시했다. '퍼퍼위'라는 낯선 낱말이다. 이 낱말은 한밤중에 버섯이 땅을 뚫고 솟아오를 때 나는 소리라고 한다. '퍼퍼위'는 단순한 의성어나 의태어가 아니다. 살아 있는 생명의 분명한 동작이라는 뜻에서 그들은 이 낱말을 동사로 취급한다. 버섯이라는 하나의 생명체를 사람처럼 살아 움직이는 생명으로 인식한다는 이야기이기도 하다. 밤에 사람이 보지 않는 상황에서도 하나의 생명이 살아 움직이며 내는 소리에 대한 낱말을 가지고 있다는 것만으로도 그들의 자연에 대한 태도를 알 수 있다.

이끼는 작은 생명체이고, 질긴 생명력을 가진 생명체다. 대개의 이끼는 뭍에서 살되, 썩은 나무나 오래된 나무의 줄기와 같이 비교적 습한 곳에서 많이 번성하는데, 바위 표면에서 번식하는 이끼 종류도 있으며 나뭇잎에서 자라는 이끼도 있다. 다른 식물들과의 결정적인 차이는 거의 모든 식물이 햇살을 찾아 나서지만, 이끼 종류는 거꾸로 햇살을 피한다는 데에 있다. 햇빛을 싫어한다기보다는 제 몸 안에 든 수분을 잃지 않기 위해서 그늘 진 자리를 찾아가는 것이다.

　　초록의 원시 식물, 이끼는 그 자체로 미묘한 아름다움을 갖추었다는 이유로 최근 식물 애호가들의 관심이 크게 늘고 있다. 이끼 테라리움이 널리 유통되는가 하면 곳곳의 식물원, 수목원 혹은 도시 공원 등지에서 이끼원을 조성한다는 뉴스가 이어진다. 경기도 가평의 사설수목원인 '제이드가든'의 이끼원은 이미 많은 애호가들에게 널리 알려졌으며, 최근 들어서는 인천광역시립 수목원인 인천 장수동의 인천수목원에 이끼원을 따로 조성했는가 하면, 경남 진주의 금원산 생태수목원에서도 주제원의 하나로 '선태식물원'을 조성했다는 뉴스가 전해졌다. 그 밖에도 경상남도의 대표적인 오래된 숲 '함양 상림'의 입구에도 이끼원을 조성해 애호가들의 관심을 끌고 있다. 알게 모르게 여러 식물원들이 이끼원을 늘려가는 추세는 뚜렷하다. 대개의 이끼원은 주변의 큰 바위와 오래된 나무 혹은 죽은 나무줄기 등을 보기 좋게 배치하는데, 이는 관람객의 눈을 즐겁게 하는 조경 요소이기도 하지만 이끼가 강한 햇살을 피해 습기를 잃지 않을 수 있는 그늘을 조성한다는 점에서도 필요한 방식이다. 이끼원은 우리가 지금 살펴보는 것처럼 이 땅에 처음 초록빛으로 살아난 원시의 초록을 보여

제 3 장
나무 이전의 식물

161

주는 곳이다. 앞서 키머러가 잔디 정원 대신 이끼 정원을 조성하는 게 어떻겠느냐 했던 조언이 우리 안에서도 분명하게 실현되는 것 아닌가 싶다.

이끼보다는 한 뼘 더 높게 … 고사리

이끼가 번성하던 시기에 다른 또 하나의 생물체가 이끼보다 한 뼘 더 높이 올라왔다. 고사리 종류다. 식물학 용어로는 양치식물이라고 부른다. 양치식물은 포자로 번식한다는 점에서 원시적이지만, 이끼와는 결정적 차이를 보인다. 잎과 뿌리가 뚜렷하게 분화하고, 이들을 잇는 관다발을 갖췄다는 특징이 그것이다. 즉 이끼에는 없는 물관과 체관 같은 통도조직이 발달했다는 의미다. 잎 모양이 양의 치아를 닮았다 해서 양치羊齒식물이라고 부르게 된 식물이다. 양치식물은 물관, 체관 그리고 뚜렷하게 구별되는 뿌리를 가졌다는 점에서 뒤이어 나타날 씨앗을 가진 식물에 더 가까이 다가섰다. 그러나 씨앗식물[6]이 꽃을 피워 씨앗을 맺고 번식하는 방식과 달리 양치식물은 포자로 번식한다. 씨앗식물에 다가서기는 했으나 아직 못 미쳤다. 양치식물, 즉 고사리 종류는 잎 아래쪽에 포자를 담는 주머니인 포자주머니[7]를 형성한 뒤, 때

---

6 한자 용어로 '종자(種子)식물'이라고 더 많이 부르지만 이 책에서는 우리말 용어인 '씨앗식물'로 쓴다.

7 흔히 '포자낭(囊)'이라고 쓰지만, 이 책에서는 익숙한 표현인 '주머니'를 이용해 '포자주머니'라고 쓴다.

가 되면 이 주머니를 터뜨려 번식한다. 포자를 통한 번식에서 씨앗을 통한 번식 과정으로의 변화 과정은 식물의 진화 과정을 살펴보는 데에 중요한 시사점이 된다.

열대지방에 많이 분포하는 양치식물은 전 세계에 1만 2,000여 종이 있는 것으로 알려져 있다. 양치식물 종류가 기본적으로 따뜻하고 습기가 풍부한 지방에서 잘 자란다는 점을 감안하면, 적도 쪽으로 갈수록 양치식물의 종이 다양하게 살아 있을 것이고, 반대로 춥고 건조한 극지방에는 상대적으로 종류는 물론이고 개체 수 역시 적어진다. 현재까지 알려진 양치식물 가운데 80%는 열대지방에서 자란다. 이를 좀 더 자세히 나누면 이 가운데 40%가 아열대지방의 숲에서 자라고, 40%는 열대지방에서 자라며, 나머지 20% 정도가 온대지방에서 자란다. 세계적으로는 남아메리카의 안데스산맥의 숲에 가장 많은 종류가 분포돼 있다고 한다.

습도가 충분하고 적당한 온도가 이어지는 곳에서 퍼져나가는 게 기본적이기는 하지만, 더러는 사막이라든가 도시의 시멘트 지역처럼 매우 건조한 환경에서도 자란다. 바다에서 처음 올라온 이끼 종류로서는 불가능했던 생육 환경이었지만, 고사리 종류의 식물은 이를 극복하며 더 넓은 생육 공간을 확보한 셈이다. 또 물속에서 자라는 종류도 있는 걸 보면, 지나치게 습기가 높거나 지나치게 낮은 곳에서 자라지 못하는 이끼 종류의 생존 한계를 극복한 것으로 한 걸음 더 진화한 것으로 볼 수 있다.

고사리 종류의 번식 과정이 밝혀지기 전까지 사람들은 고사리가 씨앗으로 번식한다고 생각했다. 식물과 마찬가지로 본 것이

다. 그러나 도무지 고사리의 씨앗을 찾을 수 없었다. 그래서 고사리의 번식에 관해 신비로운 이야기를 지어내기도 했다. 뉴욕식물원의 양치식물 전담 큐레이터인 로빈 C. 모런(Robbin C. Moran, 1956~)이 펴낸『양치식물의 자연사(A Natural History of Ferns, 2004)』에는 옛사람들의 재미있는 이야기가 들어 있다. 고사리 종류는 "밤이 가장 짧은 성요한축일(midsummer's day, 6월24일) 전날 밤에만 씨앗을 떨어뜨린다. 이때 고사리 잎 아래에 백랍으로 만든 접시 열두 장을 층층이 쌓아두면 고사리의 씨앗이 11개의 접시를 통과해서 마지막 열두 번째 접시 위에 멈춘다는 것이다. 하지만 이렇게 했음에도 고사리의 씨앗을 얻지 못하는 이유는, 1년 중 그날 하룻밤만 자유롭게 나다니는 짓궂은 요정들과 도깨비들이 씨앗이 떨어지는 순간 그것을 허공에서 가로채기 때문이다"[8]라는 것이다.

신비에 휩싸여 있던 고사리의 번식 방법이 처음 밝혀진 것은 1794년, 자메이카에서 활동한 영국인 외과의사 존 린제이(John

---

8   로빈 C. 모런 지음, 김태영 옮김, 『양치식물의 자연사(A Natural History of Ferns, 2004)』, 지오북(2010) 35쪽.

26 고사리의 생활환을 완성한 폴란드의 **수민스키 공작**.

Lindsay, ?~1830)에 의해서였다. 그는 고사리가 씨앗이 아닌 잎에서 퍼져 나오는 먼짓가루에 의해 번식한다고 했다. 포자까지는 아니었지만, 고사리가 씨앗이 아닌 다른 방식으로 번식한다는 걸 처음 밝힌 것이다. 씨앗과 다른 그것을 린제이는 먼짓가루라고 했다. 그는 비 온 뒤 뒤집힌 새 흙 위에 어린 고사리가 수북하게 돋아나는 것을 보면서 그 번식 과정을 살피고, 거듭된 실험 끝에 결국은 고사리가 바로 먼짓가루에 의해 번식한다고 했다. '포자에 의한 번식' 과정이 밝혀진 지금으로서는 어설프게 들리는 이야기이지만, "도깨비나 요정이 허공에서 가로채는 씨앗"에 의해 번식한다고 믿었던 당시로서는 고사리의 번식 과정에 대한 대단한 발견이었다.

그 뒤 1848년에는 식물학 분야에서 박식한 소양을 갖추고 있던 폴란드의 귀족 수민스키 공작(Michael Jerome Leszczyc-Suminski, 1820~1898)이 드디어 고사리의 생애 주기에 관한 비밀을 풀어냈다. 역시 완벽한 분석이랄 수는 없지만, 그는 양치식물이 정자와 난자의 만남에 의해 번식을 이룬다는 원리를 정확하게 간파했다. 그가 완성한 '고사리의 생활환環'은 지금까지도 유효

하다.

　포자로 번식한다는 게 고사리 종류, 즉 양치식물의 가장 큰 특징인데, 포자의 숫자가 헤아릴 수 없을 정도로 많다는 사실은 그 신비로움을 더해준다. 예를 들어 '가시나무고사리'라는 종류의 경우, 잎 한 장에서 7,134개의 포자주머니 무리(포자낭군)가 발견된다. 이 포자주머니 무리마다 포자주머니는 평균 16개가 있다. 그렇다면 전체 포자주머니의 개수가 11만 4,144(=7,134×16)개나 된다는 이야기다. 그리고 각각의 포자주머니에는 64개의 포자가 들어 있다. 전체 포자주머니 수인 11만 4,144개에 제가끔 64개의 포자가 있으니, 결국 잎 한 장에서 생성되는 포자는 무려 730만 5,216(=114,144×64)개라는 어마어마한 숫자가 나온다. 수식으로 표시하면 7,134×16×64=7,305,216이 된다. 길이가 겨우 60센티미터에 지나지 않는 잎 한 장에 달리는 포자가 700만 개가 넘는다는 이야기다. 잎 한 장에 이 정도면 하나의 개체가 평생 생산하는 포자의 수는 계산이 불가능하다. 한 걸음 더 나아가 대개의 경우 무리를 지어 자라는 고사리 군락지에서 자라는 고사리들이 한꺼번에 풀어내는 포자의 숫자는 가히 상상조차 불가능한 어마어마한 양이다.

　엄청난 양의 포자를 생산할 만큼 번식력이 왕성하고 건조 지대에서도 자랄 만큼 생육 능력이 강인한 고사리 종류의 생명력을 증명할 만한 이야기가 있다. '고사리 스파이크fern spike'라는 게 그것이다. 백악기와 팔레오기 경계면의 암석에서 꽃가루[9]를 분석하면서 발견한 놀랄 만한 변화다. 백악기 후기의 암석에 함유된 전체 꽃가루와 포자 화석 중에서 고사리류 포자의 화석은 전체의

15~30% 정도이고 나머지는 씨앗식물의 꽃가루였다. 그런데 흥미로운 건 그다음이다. 경계층 바로 위쪽 팔레오기 초기의 암석들을 살펴보니, 고사리 종류의 포자 화석이 차지하는 비중이 갑자기 무려 99%에 이를 정도로 급증한다. 이를 그래프로 그리면 뾰족한 브이자를 그리게 돼서 이를 '고사리 스파이크'라고 부르게 된 것이다. 당시에 고사리류가 급증한 것은 헐벗은 분화구나 산불로 소실된 숲과 같은 황폐화한 생태 환경에도 고사리류는 먼저 정착할 수 있었다는 사실을 보여주는 것이다. 즉 이같이 황폐한 환경에는 어떤 생명도 발붙일 수 없었지만 고사리 종류는 그 안에서 질기게 살아남은 것이다. 이는 지의류와 함께 고사리 종류 역시 황폐한 생태에 처음으로 자리 잡는 선구 생명체임을 보여주는 증거다. 고사리 종류는 바람을 이용해 수십억 개의 포자를 날림으로써 신속하게 군락을 이루고 번식할 수 있다. 운석 충돌 후 황폐한 모습으로 남아 있던 지표면에서 고사리 종류는 척박한 땅을 개척하여 다른 식물이 살 토대를 마련하는 전위대 역할을 수행한 것이다. 이는 육상에서 생물이 정착하던 초기 과정에서도 비슷하게 일어났으리라 짐작할 수 있는 사실이다.

고사리 종류의 식물은 육상 생명 초기에 번성했던 식물이다. 현재까지 발견된 가장 오래된 고사리류의 화석은 약 3억 4,500만

---

9   꽃가루는 화석에서 자주 발견되어, 화석 시대의 식물상을 살펴보는 중요한 자료로 활용된다. 꽃가루의 보존성이 높은 때문인데, 이를 활용해 현대에는 첨단과학 수사 분야에서 꽃가루를 적극 활용한다. 꽃가루를 첨단과학 수사에 활용한 흥미진진한 이야기로는 영국의 법의학생태학자인 퍼트리샤 월트셔(Patricia Wiltshire, 1942~)가 짓고, 김아림이 우리말로 옮긴 『꽃은 알고 있다: 꽃가루로 진실을 밝히는 여성 식물학자의 사건 일지(The Nature of Life and Death, 2019)』(웅진지식하우스, 2019)가 있다. 꽃가루의 보존성을 이해하기 위해서라면 일독을 권한다.

제 3 장
나무 이전의 식물

167

년 전인 석탄기 초기의 것이다. 지금 우리 곁에 살아 있는 고사리 종류의 식물에서도 여전히 원시 식물로서의 특징을 살펴볼 수 있는 건 사실이지만, 현재 존재하는 고사리 종류들은 대부분 그리 오래되지 않은 종류들이다. 예전의 고사리 종류는 모두 멸종의 길에 들어섰고, 지금의 고사리 종류들은 그때의 고사리 종류들로부터 분기 진화하며 나온 새로운 종류들이다. 정리하자면 고사리 종류의 식물은 분명히 이끼 종류의 식물과 함께 나무 이전에 육지에 나타난 식물이지만, 그때에 지구의 육지에 나타났던 양치식물은 모두 멸종하고 지금의 고사리 종류는 나중에 나타난 것이다. 지금 우리 곁에 살아 있는 고사리의 공통 조상이 필경 지구에서 가장 오래된 식물 가운데 하나인 건 분명하지만, 그렇다고 지금 살아 있는 고사리가 가장 오래된 식물이라고 할 수는 없다는 이야기다.

나무고사리와 고대 양치식물인 인목

식물원이나 수목원의 열대온실에서는 가끔씩 '나무고사리'라는 식물을 만나게 된다. 고사리인 듯 아닌 듯, 아리송한 식물이다. 물론 우리나라에서 자라는 식물은 아니고 대개는 열대지방에서 자라는 식물이다. 잎은 분명 우리가 잘 아는 고사리 종류와 똑 닮았지만, 줄기가 이른바 '교목형'으로 곧게 발달하여 큰 키로 자란 것이 마치 일반적인 나무와 다를 바 없다. 고사리라고 붙인 이름을 이해하기 어려울 수도 있다. 이들은 겉으로 보아 교목형 나무처럼 보이지만, 줄기는 나무와 전혀 다른 구조를 가졌다. 나무들과는 본질적으로 다른 고사리 종류인 양치식물의 구조다. 고사리 종류는 나무처럼 줄기가 굵어질 수 있는 목질을 생성하지 않는다. 시간이 지나면서 줄기가 굵어지고 그 줄기 안쪽에 나이테를 켜켜이 쌓아나가는 나무와 다르다. 나무처럼 곧추선 나무고사리에는 '후벽조직厚壁組織, sclerenchyma'이라고 부르는 세포 조직이 있는데, 시간이 지나면서 나무고사리는 이 후벽조직을 단단하게 키워나간다. 이 조직에는 뿌리에서 줄기까지 양분과 수분을 이동시키는 관이 들어 있다. 앞에서 고사리 종류는 물관과 체관이 발달해 있다고 했는데, 바로 그 관이 들어 있다는 것이다. 나무고사리는 이를 줄기 주변부를 따라 세로 방향으로 길게 발달시킨다. 식물의 도관과 비슷한 구조이지만, 분명히 서로 다르다. 나무고사리는 줄기 안쪽을 단단하게 키우는 나무와 달리 줄기둘레를 따라서 바깥쪽을 단단하게 키운다. 마치 건축물에 바깥 기둥을 세운 것처럼 발달한다는 이야기다. 이 조직이 나무줄기를 닮기는 했지만, 식물학적으로 목부木部라고 할 수 없다. 말 그대로 '두꺼운 벽', 후벽조직이다.

　　나무고사리의 후벽조직은 매우 단단해서, 열대지방에서는 나무고사리를 건축 자재로도 활용한다고 한다. 또 나무고사리가 자라는 지역에서는 특이한 광경을 종종 볼 수 있다고 한다. 나무를 모조리 베어 낸 목초지에 생뚱맞게 나무고사리 둥치가 듬성듬성 남아 있는 독특한 풍경이다. 이는 나무고사리의 후벽조직이 톱날을 부러뜨리거나 무디게 할 정도로 강하기 때문에 잘라 내지 않고 그냥 놔두는 것이라고 한다. 도끼나 톱은 물론이고 기계톱

도 마찬가지다. 특히 기계톱으로 나무고사리를 베어 내려 할 때
에는 자칫 기계톱의 체인이 끊어지면서 톱날이 튕겨 나가 사람을
다치게 할 수도 있다고 한다. 그만큼 강하게 발달하는 후벽조직
덕에 나무고사리는 여느 고사리 종류의 식물과 달리 교목형으로
곧게 설 수 있는 것이다.

나무고사리보다 이른 시기에 나무고사리보다 훨씬 큰 키로
솟아올랐던 거대한 식물이 있었다. 지금은 모두 멸종했지만 초기
양치식물과 함께 번성했던 석송류의 일종인 '인목鱗木'이라고 부
르는 종류였다. 이들은 지금의 나무고사리처럼 높이 솟아오르는
교목형으로 자랐다. 인목 가운데 어떤 종류는 높이가 55미터에 이
르고 줄기의 지름이 2미터를 넘는 것도 있었다고 한다. 그 정도면
지금의 사정으로 보아도 매우 큰 나무에 속할 만큼 거대한 식물
이다. 그러나 이는 줄기 껍질의 바깥쪽에 형성된 후벽조직이 발

달한 결과다. 인목은 석탄기 후기의 4,000만 년이라는 긴 세월에 걸쳐 주로 북아메리카와 유럽의 늪지에서 번성했던 고대 양치식물 종류다. 크게 봐서는 나무고사리와 가까운 친척 관계이지만, 나무고사리와는 사뭇 다른 식물이다. 인목은 거대한 크기로 자라나 육지를 뒤덮었던 식물이었지만, 당시 지구를 덮친 빙하기의 영향으로 지금으로부터 2억 5,000만 년 전인 페름기 말에 모두 멸종했다. 그러나 쓰러진 인목은 땅 깊숙이 파묻혀 압축된 뒤 마침내 석탄의 주요 성분이 되어 현대사회 발전의 원동력이 됐다.

양치식물의 쓰임새

인목은 결국 현대사회를 현대사회답게 만들어 주는 중요한 쓰임새로 활용되고 있다. 그러나 인목과 같은 시기에 번성했던 고사리 종류도 오래전부터 적잖은 쓰임새를 가지고 있었다. 그 첫 번째 쓰임새는 무엇보다 먹을거리로의 쓰임새다. 특히 우리 문화권에서는 오래전부터 고사리를 매우 유용한 식재료로 활용해 왔다. 그러나 고사리에는 일정 양의 독성물질이 들어 있다. 대개의 식물을 비롯한 생물들이 독을 품는 이유는 무엇보다 천적을 피하기 위해서다. 고사리가 독을 품은 이유도 마찬가지다. 고사리의 천적으로 첫손에 꼽는 건 곤충이다. 세계적으로 100종 넘는 곤충이 고사리를 먹이로 삼는다. 고사리는 그 많은 곤충들로부터 스스로를 방어하기 위해서 독성물질을 품은 것이다. 고사리가 천적의 습격에 맞서기 위해 제 몸체에 품은 대표적 독성물질은 우선 탄닌이다. 쓴맛을 내는 탄닌은 곤충으로부터 스스로를 보호하기 위해 지어 낸 일종의 방어 물질이다. 탄닌은 잘 알려진 것처럼 떫고 쓴 맛을 가졌는데, 많은 양을 먹을 경우 생명에 위협적일 수도 있다고 한다. 그래서 고사리를 음식물로 지어 낼 때에는 적당히 삶아 내 조리해야 한다. 이 과정에서 탄닌을 비롯한 대부분의 독성물질은 제거되지만 아무래도 지나치게 많이 먹는 건 좋지 않다. 심지어 동물 실험을 통해서도 고사리 종류에는 발암성 물질이 들어 있음을 확인한 적도 있다.

최근 들어 고사리 종류는 식용으로의 쓰임새 외에 원예용 장식용으로 각광받고 있다. 무엇보다 초록의 잎이 화려하고 아름답다는 점을 활용해 실내장식에 많이 쓰이는 추세다. 화려한 빛깔과 모양의 꽃은 없지만, 초록의 잎만으로도 충분히 사랑받을 만한 생김새를 갖춘 걸 사람들이 알아보기 시작한 것이다. 이 같은 추세에 맞춰 원예용으로 쓰이는 고사리 품종도 다양하게 선발되어 널리 유통되는 실정이다. 첨단 과학 시대를 살아가는 현대인들의 사람살이에 원시시대의 식물이 어우러진 풍경임을 생각하면 더 흥미로운 상황이다.

나무의 탄생

『주역』에는 '대대待對'라는 개념이 나옵니다.
『주역』의 아주 중요한 생명 개념입니다.
세상의 모든 것들이
'상대를 마주 바라보아야 한다'는 이야기 아니던가요?
음양의 조화를 이야기하는 중요한 개념일 겁니다.
나무가 오래도록 우리 사는 세상을 더 살 만한 곳으로
이뤄주게 하려면 그의 본능을 지켜주어야 합니다.

- 솔숲닷컴, 《고규홍의 나무편지》에서

세상을 처음 연 건 나무였다. 드디어 하늘과 맞닿은 땅 깊은 곳에서 한 톨의 씨앗이 기지개를 켜고 하늘을 머리에 이고 도담도담 자라나 마침내 세상을 열었다. 한 그루의 나무가 하늘을 떠받치면서 세상이 열렸다는 신화는 헤아릴 수 없이 많다. 이른바 '우주목 신화'라는 범주의 세계 신화다. 세상 모든 것의 시작이 나무에서 비롯됐다는 이야기다.

한 톨의 씨앗에서 비롯한 나무는 광합성으로 먹이를 지으며 제가끔 수천 킬로그램에서 수백 톤에 이르는 규모로 자란다. 또 인간의 시간으로는 상상하기 어려운 긴 시간 동안 사람의 마을에 살아남는다. 긴 세월에 걸쳐 나무는 새들은 물론이고 들쥐와 다람쥐의 집이 되고, 나뭇잎과 줄기 사이의 작은 틈에 헤아릴 수 없이 많은 곤충을 들이고 그 안에서 키운다. 살아 있는 나무는 모든 생물에게 먹이를 내어주며 보금자리까지 마련하는 기적의 생명체다.

광합성으로 지어 내는 당은 시작에 불과하다. 나무는 숱하게 많은 치료약의 원료를 품고 있다. 나무가 없다면 사람이 앓는 갖가지 질병을 치료할 방법도 찾지 못할 것이다. 탄닌, 스테롤, 카로티노이드. 안토시아닌, 수지산, 플라보노이드, 테르펜. 알칼로이드, 페놀, 코르크, 게다가 아스피린에서부터 암세포를 죽이는 택솔과 슈퍼 항생제, HIV차단제에 이르기까지. 대관절 얼마나 많은 약효 성분이 나뭇잎과 나뭇가지와 나무줄기와 뿌리에 들어 있는지 현대 과학은 아직 알지 못한다. 알려진 종류의 나무만으로도 그러할진데, 심지어 여태 알려지지 않은 나무 종류도 많은 걸 생각하면 앞으로 밝혀질 나무의 유효 성분은 상상을 초월한다. 지금 우리 곁의 크고 작은 나무들을 더 온전히 지켜야 하는 이유다. 그럼에도 우리는 나무의 생명을 느끼기보다는 그저 쓰임새에 맞추어 열매와 목재로만 바라보는 게 사실이다. 때로 나무는 현대인들에게 장애물로 여겨지기 십상이다. 도시의 큰 도로에서는 교통의 장애물로, 스키장과 골프장에서도 사람들의 여흥을 방해하는 장애물로 여긴다. 베어 내 제거해야 할 대상으로만 보는 것이다.

나무가 세상을 처음 열었다는 신화는 꼼꼼히 따져보면 과학적 사실에 어긋나는 이야기가 아니다. 신화에서 이야기하는 세상이란 사람이 사는 세상을 이야기하는 것일 테니 그렇다. 더구나 미생물까지 바라볼 능력이 없던 신화 시대에 사람들은 나무 이전의 생명체인 양치류나 선태류, 그리고 지의류와 균류의 생태계가 눈에 들어오지 않았고, 그를 '세상'으로 여기지 않았을 것이다. 사람 이전에 세상을 가득 채운 건 오로지 나무로만 보였을 것이다. 바다 깊은 곳에서 눈에 보이지 않는 미세하게 작은 생명체로 생명의 시작을 알리고 생명의 양식을 지어 낸 박테리아와 같은 미생물의 세계는 더 그랬을 것이다.

리그닌의 발명

세상을 연 나무가 이 땅에 태어나게 된 가장 결정적인 계기는 '리그닌'의 발명이었다. 리그닌lignin이라는 질긴 중합체의 발명은 생명 세계에서 놀라운 혁신이었다. 리그닌은 땅바닥에 퍼진 생명체가 하늘 향해 곧추설 수 있게 했으며, 나무 끝자락의 나뭇잎까지 물을 끌어 올릴 수 있는 도관導管의 재료가 됐다. 비로소 나무가 출현했다. 나무는 솟아올라 햇빛에 가까이 다가가 광합성 효율을 높였고, 곁의 나무들과 나뭇가지를 이어가며 임관林冠, 즉 숲을 이뤘다. 고대 식물로 이루어진 최초의 숲은 그렇게 형성됐다. 3억 8,500만 년 전의 일이다.

생명의 역사에는 5억 4,200만~4억 8,800만 년 전의 시기인 '캄브리아기 대폭발'이라는 전기가 있다. 이 시기는 생명의 역사를 통틀어 다양한 생물이 폭발적으로 나타났던 시기다. 이때부

터 바닷속에서는 지금까지도 매우 인기 있는 화석인 삼엽충의 세
상이 펼쳐진다. 그리고 삼엽충 종류는 지구상에 존재했던 생물의
절반 이상이 멸종한 4억 4,500만 년 전의 '오르도비스기 대멸종'
사태에서 살아남지 못해 화석으로만 남았다. 그리고 멸종의 폐허
를 회복하면서 지구의 기온은 무려 섭씨 45도를 넘는 뜨거운 상
황을 보였다. 4억 4,000만년 전부터 4억 1,000만 년 전까지의 이
시기를 우리는 실루리아기라고 부른다. 그리고 드디어 나무가 나
타날 시기가 도래했다. 데본기다. 지구에 다양한 척추동물, 특히
어류가 다양하게 확산하여 '어류의 시대'라고도 부르는 시기다.
이때 드디어 나무라는 새로운 생명체가 직립하여 우뚝 솟아올
랐다.

　　나무가 탄생하는 데에 결정적 역할을 한 리그닌이라는 성분
은 식물의 조직을 지지하는 구조 물질 형성의 중요한 요소다. 일
반적으로 식물의 2차 세포벽을 구성하는 물질이다. 셀룰로오스
및 다른 다당류들과 함께 공유 결합을 형성하는 리그닌은 쉽게
썩지 않고, 단단하기 때문에 나무줄기를 형성하고 세포벽을 단
단히 결합해서 병해충과 같은 외부의 공격으로부터 나무를 보호
하는 중요한 역할을 한다. 또 줄기 안쪽에서 수분과 양분을 이동
시키는 물관과 체관, 즉 관다발조직을 형성하는 데에도 결정적
인 역할을 한다. 단순화하자면 나무는 리그닌의 발명에 의해 이
루어진 생명이라고 말할 수 있다. 리그닌은 나무라는 생명의 형
성에 결정적인 역할을 했다. 리그닌은 1813년에 스위스의 식물
학자인 오귀스트 피라무스 드 캉돌(Augustin Pyramus de Candolle,
1778~1841)이 처음 이름 지었는데, 이때 그는 '나무'를 뜻하는 라틴

어인 'lignum'을 이용해 리그닌이라고 했다. 처음부터 리그닌은 나무와 동의어였다.

나무가 만들어지기 전에 나타난 식물인 이끼와 고사리 종류에는 리그닌이 없었다. 그 까닭에 고사리와 이끼 종류는 나무처럼 높이 서지 못하고, 낮은 땅을 기어야 했다. 리그닌은 대기 중의 탄소를 고정해 여러해살이 식물의 조직에 저장하는 중요한 역할까지 담당했다. 리그닌은 식물이 함유하고 있는 성분들 중 죽어서 가장 천천히 분해되는 성분이며, 분해 뒤에는 토양의 부식질 humus을 형성하고, 다른 식물들이 죽어 쓰러진 뒤에 그들의 부식 과정에도 기여한다. 이렇게 얻어진 토양 부식질은 일반적으로 그 표면에 영양분을 많이 포함하고, 양이온 치환 용량을 증가시키거나 날이 가물 때에는 보습력을 높여 토양의 생산성을 향상시킨다. 리그닌이 곧 썩어서 다시 리그닌을 키우는 양분이 된다는 이야기다.

겉씨식물의 출현

드디어 '나무'라는 이름을 얻은 식물이 하늘을 향해 곧추 솟아올랐고, 무리를 이뤄 숲을 이루었다. 처음에 나무라는 형태로 이루어진 생명은 겉씨식물[10]이었다. 흔히 이를 침엽수라고 부르기도 하지만, 이는 이때 나타난 겉씨식물의 대부분이 바늘 모양

---

10 한자 용어로는 '나자(裸子)식물'이라고 쓰는데, 이 책에서는 우리말 용어인 '겉씨식물'로만 쓴다.

의 가늘고 기다란 잎을 가졌기 때문이지만, 이것만으로는 이 나무들의 식물학적 특징을 표현할 수 없다. 가장 중요한 특징은 이들이 말 그대로 씨앗을 겉으로 드러낸다는 사실이다.

가늘고 기다란 잎을 가진 겉씨식물의 대부분은 상록성 식물이지만, 낙엽성인 나무도 더러 있다. 낙우송이나 메타세쿼이아가 겉씨식물이면서 낙엽성 나무인 대표적 경우다. 잎이 가늘고 씨앗이 겉으로 드러나는 겉씨식물에 속하는 나무는 소나무, 전나무, 가문비나무 등을 들 수 있다. 이들은 대개 건조하고 추운 기후에 강한 나무여서, 높은 산에서부터 북극 가까이의 타이가 지역까지 잘 자란다. 물론 지금 우리 곁에 있는 겉씨식물은 처음 지구상에 나타난 겉씨식물들과 다르다. 그때의 겉씨식물 대부분은 멸종하고, 지금까지 살아남은 식물이 없다.

육지에 처음 모습을 드러낸 식물은 크게 네 종류로 나누어 이야기할 수 있다. 우선 앞에서 이야기한 침엽수 종류들인데 이때에 나타났던 나무는 이미 멸종했기 때문에 지금은 볼 수 없다. 그래서 지금의 침엽수들과 구분하기 위해 '고대'라는 관형어를 붙여 '고대침엽수'라고 부르는 게 온당한 표현이다. 다음으로는 소철 종류가 있다. 처음 나타난 소철은 지금의 소철과 크게 다르지 않은 종류로, 지금까지 살아남은 원시 식물이라 할 수 있다. 세 번째는 은행나무 종류다. 역시 소철과 마찬가지로 나무가 처음 지구상에 나타났을 때의 그 은행나무 종류 가운데 하나다. 은행나무와 소철은 그 시절부터 지금까지 우리 곁을 지켜온 원시 식물이다. 네 번째로 '마황'이라 불리는 식물 종류가 있는데 주로 건조지대인 열대의 사막지대에서 자라는 식물이어서, 우리에게는 낯설다.

겉씨식물은 씨앗을 맺는 최초의 식물이다. 씨앗을 맺는다는 건 식물의 진화 과정에서 매우 중요한 일이다. 앞 장에서까지 이 야기한 나무 이전의 어떤 생명체에게도 씨앗이라는 기관은 없었다. 씨앗처럼 후손에게 유전자를 물려주는 기관으로는 포자가 있었을 뿐이다. 고사리 종류와 이끼 종류가 그랬다. 포자와 씨앗이 다른 특징은 단단한 껍질을 갖추었느냐 아니냐 하는 점이다. 이는 물속에서 살아왔던 생명체가 물 바깥에서 살아갈 수 있는 아주 중요한 기본 조건이다. 단단한 껍질 안쪽은 물속에서와 같은 환경을 유지할 수 있는 공간이 됐다. 더구나 껍데기로 무장한 씨앗은 자신을 오래 보호할 수 있고, 싹 틔울 시기를 스스로 결정하여, 마땅한 시기가 올 때까지 스스로를 보호할 수 있었다. 바다가 아닌 육지에서 살아갈 수 있는 조건이 마련된 것이다.

겉씨식물은 씨앗을 맺기 위해 바람을 이용했다. 이는 바닷속의 생명체들이 이어왔던 방식과 크게 다르지 않았다. 바닷속의 물결을 이용해 짝을 만나 생식 과정을 완성하는 것과 마찬가지로 대기에 노출된 겉씨식물은 대기의 자연스러운 흐름인 바람결을 이용해 짝을 만났다. 씨앗을 맺기 위해 꽃가루를 바람에 날려 암꽃을 찾아간다.

여기에서 겉씨식물의 번식과정을 이야기할 때마다 헷갈리는 용어의 혼란을 정리하고 넘어가야 하겠다. 앞에서 '암꽃', '꽃가루' 등의 표현을 사용하기는 했지만, 겉씨식물은 꽃이 없는 식물이라는 점을 생각한다면, 이는 잘못된 표현이다. 뒤에 이야기하겠지만, 꽃이 피는 식물은 겉씨식물이 세상에 나오고 다시 2억

6,000만 년이 더 흐른, 지금으로부터 1억 4,000만 년 전에 지구 상에 출현한다. 이를 '꽃식물' 혹은 '현화顯花식물', 겉씨식물에 대해서 '속씨식물'이라고도 부른다. '꽃식물', '현화식물', '속씨식물' 모두 같은 식물을 가리키는 다른 표현으로 이는 뒤에 이어지는 제8장 '꽃의 출현'에서 더 꼼꼼히 짚어볼 것이다. 속씨식물이나 겉씨식물 모두 씨앗을 맺는다는 점에서 두 종류를 합쳐서 '씨앗식물', '종자식물'이라고 부른다. 선태식물, 양치식물이 포자로 번식을 이뤄간 것과의 뚜렷한 차이가 씨앗을 통한 번식이라는 점을 강조해, 씨앗을 통해 번식을 이루는 특징을 가진 식물이라는 표현이다. 겉씨식물은 앞에서 이야기한 것처럼 번식을 위해 가루 형태의 수배우체를 형성한다. 그런데 이 가루를 식물학 체계를 먼저 정립한 영미문화권의 언어로는 폴렌pollen이라고 쓴다. 폴렌은 1520년대부터 쓰인 라틴어로 그 뜻은 '미세한 가루'다. 이걸 식물에 적용해 처음 쓴 건 1751년의 칼 린나이우스였다. 그때에 쓰인 폴렌의 정확한 의미는 씨앗을 맺기 위해 식물이 형성한 가루를 가리킨다. 이 가루의 최종 결과는 씨앗이다. 그러니까, 겉씨식물이든 속씨식물이든 씨앗을 맺는 식물이 번식을 위해 최초로 형성하는 조직이 폴렌이다. 그런데 영미문화권에서 정착한 식물학 용어인 폴렌을 우리말로 번역하는 과정에서 문제가 생겼다. 폴렌을 그냥 '미세한 가루'라고만 표현할 수 없었다. '가루'에 포함되는 다른 것들과 구별할 수 없었다. 결국 식물의 번식에 일반적으로 활용되는 '꽃'을 빌려 '꽃가루'라는 용어를 쓰게 됐다. 문제가 거기서 나왔다. 꽃이 피지 않는 식물임에도 '꽃가루'가 있다는 모순이 발생했지만, 이를 대체할 마땅한 용어가 없었다. 그건 동양

문화권에서 모두 마찬가지다. 식물학 분야에서 우리보다 앞선 일본 식물학에서도 폴렌을 여전히 '가훈かふん, 花粉'으로 옮겨 쓰고 있으며, 중국에서도 '화펀花粉'이라고 쓴다. 꽃가루 외에 더 알맞은 표현을 찾을 수 없기 때문이다. 그래서 겉씨식물의 폴렌은 '꽃가루'가 아니라 '소포자'로 써야 한다고 주장하는 축도 있다. 특히 일본의 식물학계가 그런 식이다. 하지만 그것도 선뜻 받아들여지지 않는 점이 있다. 겉씨식물의 폴렌이 구조학적으로 양치식물과 선태식물의 포자에 가까운 건 인정할 수 있지만, '포자'는 '씨앗'이 아니다. 포자가 아닌 씨앗을 맺는다는 게 씨앗식물의 결정적 특징이거늘 다시 그 특징을 상실하는 결과가 된다. 헷갈리기는 마찬가지다. 더 좋은 결론이 아직 없다. 어쩌는 수 없이 '꽃가루'라고 쓸 수밖에 없다. 앞에서 이용했던 '암꽃'이라는 표현 역시 잘못된 표현이기는 마찬가지다. 꽃이 피지 않는 겉씨식물의 암배우체를 '암꽃'이라고 표현할 수 없다. 영문으로는 겉씨식물의 암배우체를 cone, 수배우체를 pollen으로 표기하거나 스트로빌루스strobilus를 이용해 암배우체를 암스트로빌루스female strobilus, 수배우체는 수스트로빌루스male strobilus라고 표현한다. 스트로빌루스는 우리말로 흔히 구과毬果 혹은 솔방울로 옮겨 쓰곤 하지만, 역시 완벽한 번역이라고 할 수 없다. 특히 구과의 과果는 열매를 가리키는 한자인데, 겉씨식물은 열매를 맺지 않기 때문이다. 결국 폴렌을 번역하는 알맞은 용어가 없는 것처럼 겉씨식물의 암배우체와 수배우체를 표현할 더 맞춤한 표현이 우리에게 없는 건 어쩔 수 없는 현실이다.

자, 용어의 혼란에 대한 아쉬운 사정을 간단히 정리하고, 바람을 이용해 번식을 이뤄가는 겉씨식물 이야기를 이어간다. 바람은 늘 나무가 원하는 대로 불어오지 않는다. 하릴없이 나무는 엄청나게 많은 양의 꽃가루를 생산해 바람에 날렸다. 실제로 혼사에 성공한 꽃가루에 비해 바람에 날려 떨어지고마는 꽃가루는 너무 많았다. 번식을 위해 소모해야 하는 에너지가 지나칠 정도로 많다는 이야기다. 그건 지금도 바람을 이용해 번식을 이뤄가는 풍매화 계통의 식물에게 여전한 일이다. 분명한 낭비다. 그러나 다른 방법이 없었다. 그래도 바람은 늘 불어왔고, 나무들은 애면 글면 번식에 성공하여 지구를 초록으로 물들이기 시작했다.

원시 식물로서의 겉씨식물 가운데에 지금 우리에게 무척 익숙한 은행나무*Ginkgo biloba* L.를 통해 원시 식물의 특징을 살펴본다. 앞에서 침엽수와 겉씨식물의 관계를 이야기한 것처럼 가끔 "은행나무가 침엽수나 활엽수냐" 하는 엉뚱한 질문을 받을 수 있다. 질문자는 "은행나무가 활엽수가 아니다"라는 답을 가지고 던진 질문이다. 아마도 당연히 '활엽수'라는 답을 내놓을 것을 기대하는 얄궂은 심사의 질문이다. 그러나 질문 자체가 잘못됐다. 앞에서 이야기한 것처럼 침엽수나 활엽수의 구분은 잎 모양으로 나눈 것이어서, 당연히 은행나무는 활엽수에 속한다. 때로는 은행나무의 잎이 넓기는 하지만, 잎맥이 세로로만 나 있다고 해서 침엽수에서 변한 것이라는 야릇한 이야기를 하기도 한다. 그러나 잎맥이 세로로만 나 있는 나뭇잎은 은행나무 외에도 적지 않게 발견된다. 분명한 것은 은행나무는 여느 침엽수들의 대부분이 그렇듯이 겉씨식물이라는 사실이다. 쉽게 이야기하자면 '은행'이라고 부르는 은행나무의 씨앗에는 과육이 없다. 씨앗은 고스란히 겉으로 드러나 있다. 이때 의문이 생긴다. 은행이 땅에 떨어지면 안쪽의 딱딱한 껍질에 둘러싸인 부분은 그대로 남고, 딱딱한 껍질 바깥에 고약한 냄새를 풍기며 뭉크러지는 부분이 있다. 딱딱한 껍질이 안쪽에 있으니 이 부분을 과육으로 보아야 하지 않느냐는 것이다. 그러나 이는 씨앗의 겉껍질일 뿐, 과육이 아니다. 은행나무의 씨앗은 안쪽의 딱딱한 속껍질과 바깥의 두꺼운 겉껍질로 이루어져 있을 뿐이다. 껍질은 있지만 과육은 없이 씨앗이 겉으로 고스란히 드러나는 겉씨식물이다. 씨앗이 겉으로 드러난다는 특징이 여느 침엽수와 같다 해서 은행나무를 침엽수로 분류해야 한다는 식의 난센스 퀴즈였던 것이다. 그러나 겉씨식물을 모두 침엽수라고 이야기하는 건 틀렸다. 침엽수는 말 그대로 바늘 모양의 잎을 가진 나무를 말하는 것이고, 활엽수는 넓은 잎을 가진 나무를 가리킨다. 그 밖의 다른 기준을 적용한 용어가 아니라는 점을 명확히 해야 한다. 그러니까 은행나무는 겉씨식물인 고대침엽수 종류가 번성하던 시기에 번성한 활엽수이지만, 고대침엽수 종류, 소철, 마황 등과 마찬가지인 겉씨식물이다. 공연한 난센스 퀴즈에 당황하지 않으시기 바란다.

은행나무 번식에 얽힌 비밀

은행나무도 다른 겉씨식물들과 마찬가지로 수꽃의 꽃가루를 바람에 날리는 방식으로 번식을 이뤄갔다. 은행나무는 특히 암나무와 수나무가 따로 있어서 암나무에 꽃가루가 날아가 번식에 성

28　은행나무에서 정자를 발견한 **히라세 사쿠고로**.

공하는 혼인률이 높지 않았다.

　이 과정에서 흥미로운 발견이 있었다. 1896년에 일본의 도쿄대학교 이과부 식물학 교실에 근무하던 히라세 사쿠고로(平瀬作五郎, 1856~1925)의 은행나무 관찰 결과다. 처음에 그림 공부를 시작한 히라세는 1888년부터 도쿄대학교 식물학과에서 화가로 재직하며 식물의 그림을 그렸지만, 바로 이 은행나무의 번식 과정에 흥미를 느끼면서 1893년부터 본격적인 식물학자의 길에 들어섰다. 당연히 그는 은행나무의 번식 과정을 세밀하게 관찰 연구했다. 이 과정에서 히라세는 놀랍게도 은행나무 꽃가루에 꼬리가 달려 있다는 사실을 확인했다. 히라세는 처음에 이걸 은행나무에 기생하는 기생충으로 생각했다. 그리고 이 상황을 당시 도쿄대학교 식물학과의 조교수였던 이케노 세이이치로(池野成一郎, 1866~1943)에게 보여주었고, 이케노는 꼬리를 가진 그것을 기생충이 아닌 은행나무의 꽃가루에 달린 기관으로 생각했다. 히라세의 은행나무 연구는 이어졌다. 이 꼬리는 대관절 무슨 소용인가. 꼬리는 분명 방향을 잡고 스스로 헤엄쳐 나가기 위한 것인데, 은행

29 히라세 사쿠고로의 은행나무 정충 발견 과정을
지지하고 나중에 소철의 꽃가루에서 정충을 발견한
이케노 세이이치로.

나무 꽃가루는 바람 부는 대로, 달리 이야기하면 수동적으로 날아가게 마련이다. 능동적으로 헤엄치기 위한 도구인 꼬리라면 은행나무 꽃가루에게는 아무짝에도 소용이 없는 조직이다. 그런데도 분명히 꼬리가 있었다. 은행나무 꽃가루의 꼬리는 일반적인 동물의 정자에서 볼 수 있는 꼬리와는 다소 달랐다. 동물 정자의 꼬리는 하나로 뻗어 있지만, 은행나무 꽃가루의 꼬리는 여러 개였다. 히라세는 마침내 은행나무의 꽃가루를 '정충精蟲' 혹은 '정자精子'라 불러야 한다고 생각하고 1896년 10월에 〈은행나무 정자에 대하여いてふノ精虫に就テ〉라는 논문을 발표했다. 은행나무 꽃가루의 역할이나 동물의 정자가 지닌 역할이 같다고 생각한 결론이다. 나무의 꽃가루를 정충이라고 부르는 건 아무래도 생경하지만 기능의 유사점을 놓고 히라세는 은행나무 꽃가루를 정충으로 불러야 한다고 했다. 이는 놀라운 발견이었다. 식물의 생식기관에서 아무도 예상하지 못했던 꼬리를 확인한 것이다. 더구나 식물학을 전공한 학자가 아닌 식물화가로서 이룬 대단한 결과였다.

히라세의 은행나무 정충 발견 뒤로 이케노 세이이치로의 연

30 일본 도쿄대학교 식물원의 **정충 발견 은행나무**.

구도 이어졌다. 히라세의 은행나무 정충 발견에 대한 의견을 적극 지지했던 이케노는 은행나무 못지않게 오래된 식물인 소철 *Cycas revoluta* Thunb.의 꽃가루 관찰에 집중했다. 그리고 은행나무의 꽃가루에서처럼 소철의 꽃가루에서도 꼬리를 가진 정충을 발견했다. 이 발견으로 두 식물학자는 1912년에 당시 일본 최고 권위의 학술상인 '제국학사원은사상帝国学士院恩賜賞'을 받았다. 그들의 수상 과정에도 야릇한 사정이 있었다. 처음에는 도쿄대학교 식물학과 교수인 이케노에게만 상을 주기로 되어 있었다. 식물학 전공 경력이 없는 히라세는 최초 수상자 명단에 없었다. 그러나 이케노는 은행나무 정충을 먼저 발견한 히라세의 공을 가로챌 수 없다며 공동수상을 강력히 요청했다. 결국 수상 심사 측에서는 이케노의 뜻을 받아들여 두 사람의 공동 수상을 결정했다. 식물에 '정충'이라는 개념을 도입할 계기를 처음 마련한 게 히라세이고 보면 이케노의 배려는 당연한 것이지만, 학력을 중시하는 당

시 과학계의 풍토로 이케노의 배려는 남다른 것이었다. 은행나무와 소철의 꽃가루에 정충 혹은 정자의 흔적이 남아 있다는 발견은 이 땅의 모든 생명이 바다에서 뭍으로 올라왔다는 중요한 증거다. 바닷속에서 헤엄치던 정자의 형태를 그대로 유지하고 있는 식물의 비밀을 두 식물학자가 밝혀낸 것이다.

일본 도쿄에는 도쿄대학교 식물원이 있다. 이 식물원은 처음에 고이시카와 약초원으로 시작했던 것을 나중에 식물원으로 고쳐서 현재까지 이어오고 있는 유서 깊은 식물원인데, 처음 시작한 것이 300년 전이라고 한다. 이 식물원은 일본에서 가장 오래된 식물원이다. 고이시카와 식물원에 대한 자세한 이야기는 뒤의 제25장 '인공의 숲'에서 더 살펴볼 것이다. 이 식물원의 정문 곁에는 히라세 사쿠고로가 은행나무 정충을 발견한 나무가 아직도 남아 있다. 나무 앞에는 은행나무 정충을 발견한 과정에 대한 상세한 소개의 안내판과 함께 1956년에 세운 '은행나무 정충 발견 60주년' 기념비가 큼지막하게 놓여 있다. 또 같은 식물원의 후문 쪽에는 이케노 세이이치로가 정충을 발견한 소철이 있고, 역시

‘정충 발견 소철’이라는 안내판이 세워져 있다. 두 식물학자의 발견을 오래 기억할 수 있는 의미 있는 나무들이다.

은행나무에 속한 나무 종류

은행나무 속에 속하는 나무가 은행나무 단 한 종류라는 것도 특별한 사실이다. 친연관계를 가지는 식물이 전혀 없다는 이야기다. 그것도 지금 우리 곁에 살아 있는 은행나무가 얼마나 강인한 생명력의 생명체인지를 보여주는 증거가 될 것이다. 원래 은행나무는 다양한 종류가 있었다. 화석 자료에 그 증거가 충분히 남아 있다. 은행나무 종류에 속하는 몇 가지 식물들의 나뭇잎 화석이 존재한다. 현재 화석으로 발견된 은행나무 종류만도 17종류가 있다. 화석으로 남기 어려운 식물의 특성을 감안하면 그보다 훨씬 많은 종류의 은행나무가 있었으리라 추측하는 건 어렵지 않다. 이처럼 처음에는 은행나무도 많은 종류가 있었다. 가장 오래된 화석으로는 3억 5,000만 년 전인 고생대 석탄기 초에 번성했던 은행나무 종류의 화석이 있다. 바다에서 뭍으로 올라온 초기 생명체임이 분명하다. 은행나무 종류가 가장 번성한 시기는 중생대 쥐라기 때로 볼 수 있다. 공룡이 주인공이던 시절이다. 그때의 은행나무가 화석으로 확인할 수 있는 ‘바이에라 은행나무 *Ginkgo baiera*’ 종류였다. 바이에라 은행나무는 은행나무 종류이기는 하지만 그 잎은 지금의 은행나무 잎과 많이 다르다. 잎이 가늘게 많이 갈라진 모양을 했고 길이가 15센티미터 정도 된다. 바이

에라 은행나무는 트라이아스기부터 쥐라기에 번성했던 은행나무 종류다. 그 외에도 은행나무 잎과 비슷하지만 아직은 그 유연 관계를 밝히기 어려운 화석도 발견됐다. 프시그모필룸 물티파르티툼*Psygmophyllum multipartitum*이라는 학명의 나무인데, 10센티미터 정도 되는 화석의 이 잎은 지금의 은행나무 잎과 닮았다. 페름기에 번성한 식물로 짐작되는 이 나무는 그러나 지금 우리 곁의 은행나무와 어떤 관계인지 정확히 밝히지 못한 상태다. 그리고 드디어 트라이아스 후기인 2억 3,000만 년 전에 살았던 지금의 은행나무가 화석으로 발견되었고, 중생대 말 백악기에 이르러서는 은행나무가 번성한 것으로 드러난다. 지금 우리 곁의 은행나무는 그러니까 무려 2억 3,000만 년이 넘는 긴 세월 동안 우리 곁을 지켜온 놀라운 생명이다. 은행나무가 애초부터 여러 종류의 나무와 친연관계를 갖고 다른 생물들처럼 분기하고 진화하면서 지금에 이른 것이다. 그 가운데 은행나무에 속하는 다른 종류의 식물은 모두 멸종하고 지금의 은행나무만 남은 것이다.

　　지금의 은행나무도 다른 종류들과 함께 멸종된 것으로 여겼던 나무다. 나무의 역사를 돌아보면 은행나무처럼 멸종한 것으로

제 4 장
나무의 탄생

알려져 화석으로만 확인되던 식물의 생존이 확인된 경우는 또 있다. 뒤에 다시 이야기하겠지만, 널리 알려진 메타세쿼이아가 그렇고, 비교적 덜 알려진 울레미소나무도 그런 나무다. 이처럼 멸종된 것으로 알려졌다가 나중에 생존이 확인되는 종류들을 생물학에서는 '나자로 분류군Lazarus taxon'이라고 부른다. 성서의 예수가 죽은 사람들 가운데에서 살린 인물이 '나사로'였다는 데에 빗대어 지은 이 용어는 1983년에 미국의 애리조나대학교 보존생물학과 교수인 칼 플레사Karl W. Flessa와 시카고대학교 지구물리학과 교수인 데이비드 야블론스키David Jablonski가 처음 쓴 표현이다. 지금의 은행나무도 다른 은행나무 종류와 함께 멸종된 것으로만 알았는데, 중국 양쯔강 하류 저장성과 안후이성의 경계를 이루는 톈무산맥의 해발 약 2,000미터 지점에서 자연 상태로 번식하며 이룬 숲에서 그 존재를 발견한, 이른바 '나자로 분류군'의 하나다.

　　참 오랜 세월을 우리 곁에서 살아온 것이다. 오랜 세월에 걸쳐 우리가 살 수 있는 아름다운 세상을 만드는 바탕을 이룬 생명이라고 해도 되리라. 살아온 시기를 돌아보면 은행나무는 빙하기를 비롯한 대멸종기를 여러 차례 겪었다. 대개의 은행나무 종류들이 생존의 위기를 견디지 못하고 멸종한 게 그런 위기 때였다. 지금까지의 긴 세월을 살아남기는 했지만, 얄궂은 일이 생겼다. 대개의 생물들은 멸종과 같은 생존에 치명적인 위기를 겪게 되면 자신의 본성 가운데 하나를 잃어간다고 한다. 나무의 입장에서 보자면 생존의 위기를 이겨내기 위해 자신의 본능 가운데 일부를 내려놓는 것이다. 은행나무도 멸종의 위기를 이겨내기 위해 본성의 일부를 내려놓아야 했다. 그가 내려놓은 생명 본능 가운데 하나가 스스로 번식하는 능력이었다. 흔하게 볼 수는 있어도 자생하는 은행나무를 찾을 수는 없었던 건 그런 이유에서였다. 깊은 숲에서 저절로 자란 은행나무를 찾을 수 없는 것도 마찬가지 이유다. 달리 이야기하자면 자연 상태의 은행나무숲이 없다는 것도 은행나무가 스스로 번식하지 않는다는 사실을 확인시켜주는 현상이다. 그 같은 이유에서 은행나무는 지금 세계자연보전연맹IUCN, International Union for Conservation of Nature and Natural Resources이 지정한 멸종위기 동식물의 '위험'종으로 분류돼 있다. 물론 IUCN과 멸종위기에 대한 기준에서 다소 차이가 있는 우리나라 환경부의 멸종위기 식물에는 은행나무가 들어 있지 않다. 멸종위기 식물에 대한 더 자세한 이야기는 이 책의 제28장 '멸종'에서 이어갈 것이다.

사람 없는 산에 홀로 서 있는 '삼척 늑구리 은행나무'의 경우

번식 능력을 잃었다는 이야기를 바탕으로 하면, 사람살이의 흔적이 없는 깊은 산속에 홀로 서 있는 은행나무는 있을 수 없다. 지금은 곁에 사람의 흔적이 전혀 없다 해도 오래전의 언젠가에 누군가 이 나무를 심어 키웠다는 반증이다. 세월의 풍진으로 사람의 자취가 사라진 것이지, 처음부터 사람이 없었다고 볼 수는 없다. 사람이 없었다면 은행나무는 번식 자체가 불가능한 때문이다.

그 한 가지 사례를 우리의 강원도 삼척시 도계읍 늑구리라는 마을 뒷산 정상 부분에서 볼 수 있다. **삼척 늑구리 은행나무**다. 전하는 이야기로 나무의 나이는 1,500년이다. 그게 맞는다면 우리나라에서 가장 오래된 은행나무다. 그러나 비슷한 연륜의 다른 은행나무에 비해 전체적인 나무의 규모는 크지 않다. 가장 높이 올라갔어야 할 중심의 줄기가 오래전에 썩어 문드러져 사라진 때문이다. 죽은 줄기 곁에서 촘촘히 돋아난 여러 개의 맹아지萌芽枝가 수백 년을 자라서 새로운 모습으로 20미터의 높이까지 올랐다. 새로 태어난 삶이 죽음을 에워싸고 하늘을 우러러 큰 생명을 이룬 것이다.

맹아지는 줄기나 가지에서 불규칙하게 솟아나는 새 가지로 은행나무, 비자나무 등 여러 종류의 나무에서 볼 수 있는 현상이다. 그러나 유독 은행나무의 맹아지는 기존의 줄기와 가지 못지않게 큰 규모로 오래도록 발달하는 특징을 가졌다.

삼척 늑구리 은행나무는 그 중심이었던 줄기가 이미 사라지고, 지금은 맹아지만 살아남았다. 맹아지만으로 이토록 큰 형체를 이뤘다는 게 신기하다. 죽은 줄기는 형체조차 사라지고 지금은 나무의 한가운데가 공허하게 텅 빈 공간으로 남았다. 그리고 줄기가 있던 자리 곁에서 새로 10여 개의 크고 작은 맹아지가 돋아나 우람하게 자라며 전체 생김새를 이루었다. 수백 년은 족히 넘어 보이는 굵은 맹아지에서부터 고작해야 10년쯤 돼 보이는 가늣한 맹아지까지 다양한 연륜과 크기의 맹아지가 어울렸다. 이처럼 다양한 맹아지들이 하나의 뿌리에서 돋아났다는 것도 믿기 어려울 정도다.

33   삼척 늑구리 은행나무.

　　이 오래된 나무가 사람의 마을에서 멀리 떨어진 산 위에 외따로 서 있다는 것도 이 나무의 특이한 점이다. 은행나무는 저절로 번식하지 않는다고 했으니 말이다. 분명 **삼척 늑구리 은행나무** 곁에서 오래된 사람살이의 자취는 찾을 수 없다. 고작해야 낮은 지붕의 살림채가 하나 있을 뿐이다. 그나마 이 집은 고작해야 30년 전쯤에 이곳에 들어온 노부부가 나무 앞쪽으로 텃밭을 일구고 살아가는 집이다. 나무의 정체가 궁금해진다.

　　지금의 나무 주변 환경만으로는 나무의 정체를 알 도리가 없다. 나무의 정체와 유래는 뜻밖에도 나무에 얽혀 전해오는 전설과 마을 사람들의 이야기를 통해 실마리를 찾을 수 있다. 우선 입에서 입으로 전해오는 전설이 있다. 예전에 한 동자승이 이 나무 줄기에 기어오르기를 좋아했다. 어린 동자승은 줄기에 기어오르다 떨어져 다치는 일이 잦았다. 동자승을 돌보던 큰 스님은 동자

제 4 장
나무의 탄생

승을 타일러 말렸지만, 어린 동자승은 큰 스님의 말을 듣지 않았다. 그러자 스님은 동자승이 아예 나무에 기어오르지 못하도록 나무줄기를 반들반들하게 깎아 내려 했다. 스님이 나무의 몸집에 날카로운 칼을 밀어넣는 순간, 갑자기 맑은 하늘에서 천둥번개가 내리치고 줄기에서는 검붉은 피가 좔좔 쏟아졌다. 놀란 스님은 법당으로 뛰어들어가 부처님께 용서를 빌었다. 그때 불상에서 "나무에서 흐르는 피를 받아 마시거라" 하는 소리가 흘러나왔고, 스님은 뛰어나와 나무에서 쏟아지는 피를 받아마셨다. 그러자 스님은 창졸간에 커다란 구렁이로 변해서 나무줄기 가운데에 또아리를 틀고 나무를 지키는 지킴이가 됐다는 흥미로운 전설이다. 우리나라의 오래된 나무 가운데에 중심 줄기가 부러진 채 오래 살아남은 나무들을 종종 볼 수 있는데, 그런 나무들은 대개 가운데가 텅 비어 있게 마련이다. 마치 그 안에 거대한 덩치의 괴물이 살아 있을 듯한 느낌을 주기도 한다. 그런 나무들에게는 거의 어김없이 나무 안에 천년 묵은 이무기라든가 큰 뱀이 또아리를 틀고 나무를 지킨다는 전설이 전해온다. 줄기가 썩어 뭉그러져 가운데가 텅 빈 나무의 생김새에 맞춤하게 지어 낸 사람들의 이야기다.

삼척 늑구리 은행나무에 전해오는 전설도 나무의 생김새에서 받는 느낌을 바탕으로 나무를 잘 지키려는 의도에서 지어낸 이야기가 틀림없지만, 이야기에 굳이 스님과 동자승을 등장시킨 건 아무래도 이 나무가 절집과 관계있는 나무임을 보여주는 증거다. 지금은 절집의 흔적을 찾을 수 없지만, 나무는 필경 절집의 나무였던 것이다. 은행나무는 저절로 자연 상태로 자라지 않는다는 하나의 증거다. 게다가 마을 사람들은 이 나무가 서 있는 자리를 '절골'이라고 부르고, 나무를 '은행정'이라고 부른다는 사실도 이 지역에 절집이 있었다는 사실을 가리킨다.

도시 가로수로서의 은행나무

본성의 일부를 내려놓으면서까지 멸종의 위기를 몇 차례씩 이겨내고 살아남은 은행나무는 생명력이 강인한 나무여서 도시의 가로수로도 더없이 좋은 나무다. 수명이 길고 공기 정화 능력도 뛰어난 때문이다. 게다가 지나치게 넓게 가지를 펼치지 않아서 가지치기에 따로 신경 쓰지 않아도 되며, 뿌리가 땅속 깊이 내리는 '심근성深根性' 나무여서 도로 상태를 망가뜨리지도 않는다. 가로수로서 더할 나위 없이 좋다.

실제로 은행나무는 우리나라 가로수 가운데에 가장 많은 종류의 나무 가운데 하나다. 우리나라 산림청이 발표한 2022년 5월 통계 자료에 따르면 전국의 가로수 1,097만 9,512그루 가운데 벚나무 종류가 113만 6,340그루로 가장 많다. 은행나무는 그다음으로 102만 8,938그루가 심어져 있다. 은행나무 다음으로 많은 가로수는 은행나무의 절반이 채 못 되는 75만 8,047그루의 이팝나무다. 은행나무가 얼마나 많은지 알 수 있는 수치다. 게다가 이팝나무는 최근에 급격하게 늘어난 가로수임을 감안하면 은행나무가 도시 가로수에서 차지하는 비중이 얼마나 큰지 알 수 있다. 2021년과 비교하면 벚나무는 1만 6,766그루 늘었으며, 은행나무는 6,920그루 줄었다. 가로수도 기후 변화에 따라 세대를 교체하는 현상이 뚜렷이 나타나고는 있지만, 여전히 은행나무는 가로수의 대세 가운데 하나다.

이토록 많은 은행나무가 가을이면 노란 단풍으로 도시를 환하게 밝히는 가을의 상징인 것은 분명한데, 씨앗의 고약한 냄새가 골칫거리다. 고약한 냄새는 씨앗의 겉껍질에서 나온다. 겉껍질에 함유된 '빌로볼bilobol'과 '은행산ginkgoic acid'에서 뿜어 나오는 냄새다. 여기에는 약간의 독도 들어 있어서 맨손으로 오래 만지면 피부에 손상이 생긴다. 이를 옛 어른들은 "은행 옷이 오른다"라고 표현했다. 이 씨앗을 맺는 은행나무는 따로 있다. 암수가 나누어 자라는 은행나무이다 보니 암나무에서만 씨앗을 맺는다.

씨앗은 암나무에만 열리지만, 어린 나무를 심을 때에는 암수를 구별하기 어렵다. 은행나무를 예로부터 '공손수公孫樹'라 불렀던 것도 그래서였다. 할아버지가 심은 은행나무의 씨앗은 그의 손자 대에서나 겨우 얻을 수 있다는 뜻이다. 실제로 은행나무는 적어도 20년 정도 자라야 꽃을 피우고 씨앗을 맺는데, 이때에야 비로소 암수를 구별할 수 있다. 현재로서 은행나무를 도시의 가로수로 심을 때 고약한 냄새를 풍기는 암나무가 포함될 수밖에 없는 실정이다. 은행나무가 우리 도시에서 사람과 더불어 살기 어려운 점이다. 물론 대개의 다른 나무들도 나무를 심고 일정 기간이 지나야 꽃 피고 씨앗과 열매를 맺는 게 일반적이다. 특히 유실수들이 그렇다. 그러나 다른 종류의 나무들이 뒤늦게 열매를 맺는다고 해서 특별히 일반 대중에게 크게 문제될 건 없다. 유독 도시의 은행나무만 씨앗의 고약한 냄새 때문에 문제 삼는 것이

34 1,000년이 넘게 살아온 **양평 용문사 은행나무에서**
여전히 맺어 올리는 **은행나무 씨앗.**

다. 더구나 씨앗을 맺는 암나무가 따로 있다는 사실이 잘 알려져
있으니, 은행의 고약한 냄새를 피할 방법이 있지 않겠느냐는 의
견이 지속적으로 제기되는 것이다.

결국 도시인들의 끊임없는 민원을 해결하기 위해 갖가지 방
법이 개발되는 중이다. 전국의 지자체들도 은행의 냄새를 차단하
기 위해 갖가지 묘안을 내놓고 있다. 일부 지자체에서는 엄청난
예산을 들여 암나무를 모두 뽑아내고 수나무로 교체하는 작업을
진행하기도 한다. 암나무 한 그루를 뽑아내고 수나무로 교체하는
데에 드는 비용은 2023년 기준으로 대략 400만원 정도 소요된다
고 한다. 이 비용도 사실은 시민들이 납부하는 세금에서 빠져나
가는 것이지만, 나도 모르게 빠져나가는 비용에 대한 생각보다는
고약한 냄새를 처치한다는 생각을 먼저 하는 모양이다. 은행나무
씨앗의 냄새에 대한 대책은 실로 다양하게 펼쳐진다. 아예 암은
행나무가 꽃을 피울 즈음에 먼저 나무를 세게 흔들어 꽃을 떨어

뜨리는 방법이 있는가 하면, 가을에 은행나무 씨앗이 여물 즈음에 줄기 아래쪽에 그물을 쳐서 씨앗이 땅에 떨어지지 않도록 막기도 한다. 또 씨앗이 바닥에 떨어져 냄새를 풍기기 전에 나뭇가지를 냅다 흔들어 털어 내고 곧바로 수거하는 방식도 흔히 쓰이는 방식이다. 도시의 길 위에서 포크레인과 같은 중장비가 은행나무줄기를 움켜쥐고 강하게 흔들어 대는 모습은 그야말로 살풍경하다. 저렇게 흔들어 대도 나무의 생명에 아무런 지장이 없을까 하는 안타까운 생각이 드는 풍경이다. 또 최근에는 은행나무의 DNA를 분석하여 암수를 구별하는 감별법도 개발됐다. 2011년 6월, 국립산림과학원은 은행나무의 잎에서 수나무에만 존재하는 DNA 부위를 검색할 수 있는 'SCAR-GBM 표지'를 찾아냈다고 발표했다. 이 표지를 이용하면 도시에서 가로수를 심기 전에 먼저 수나무만 골라낼 수 있게 됐다는 연구 결과다.

　　가로수로의 쓰임새를 생각하면, 은행나무를 포기할 수 없지만 가을에 잠깐 풍기는 고약한 냄새의 불편함은 도무지 참을 수 없는 도시인들의 성마름은 마침내 도시의 모든 은행나무를 수나무만으로 바꾸게 될 날이 올지도 모른다는 불길한 예감이다. 씨앗을 무성하게 맺고, 천적을 피하기 위해 냄새를 고약하게 풍기는 암나무라고 해봤자 스스로 번식하지 못하는 암나무다. 하지만 은행나무는 호모 사피엔스로서는 상상하기도 힘든 강인한 생명력으로 멸종의 위기를 버텨내고 우리 곁에 살아남은 생명체다. 어쩌면 흔적으로만 남은 은행나무의 생존 본능을 완전히 말살시키고야 말 도시 호모 사피엔스의 생존 전략이 살벌하다는 생각을 하지 않을 수 없다.

　　지구 위에 가장 먼저 자리 잡고 가장 오래 살아남은 식물인 은행나무는 사람의 마을에서 사람과 더불어 살아왔다. 긴 세월 동안 나무는 숱하게 많은 생명들이 멸종한 빙하기와 같은 위기의 시기도 이겨냈다. 친연관계를 가진 모든 나무들이 멸종에 든 엄혹한 자리에서 우리의 은행나무는 마침내 사람과 손을 잡고 끊임없이 자손을 배출하고 키워내며 사람의 마을을 지켜왔다. 심지어 은행나무는 1945년에 원자폭탄이 떨어진 일본의 히로시마에서도 살아남았다. 당시 피폭 지역에서는 모든 생명이 전멸했지만, 이듬해 봄에 시커멓게 타들어 간 은행나무에서 초록의 새잎이 솟아나왔다. 원자폭탄을 이겨낸 생명이었다. 일본 사람들은 이 은행나무를 비롯해 원자폭탄이 떨어졌던 자리에서 살아난 나무들을 한데 묶어 피폭수목被曝樹木, ひばくじゅもく이라고 부른다. 피폭 과정을 돌아보도록 조성한 일본 히로시마의 평화공원과 그 주변에는

제 4 장
나무의 탄생

원자폭탄의 폭격 속에서도 살아남은 은행나무가 여전히 사람 곁에서 살아가고 있다.

지금은 그 본능을 잃었다 하더라도 은행나무는 암수의 조화를 이루며 우리 곁에 살아남았다. 씨앗의 고약한 냄새는 은행나무가 애면글면 자신의 자손을 지키기 위해 지어 낸 고유의 안간힘이었다. 우리와 다른 생명이지만, 생명의 본능이 지어 내는 냄새 때문에 은행나무 암그루를 퇴출한다는 소식이 들려올 때마다 이제는 고작 흔적으로만 남은 은행나무의 생식 본능까지 완전히 차단해야만 직성이 풀리는 사람의 성마름이 안타깝기만 하다. 자칫 도시의 모든 은행나무들이 생식 기능이 마비되어 스스로 번식하지 못하는 무생물과 다름없는 하나의 비생명 물질로 전락하는 건 아닌가 하는 부질없는 생각이 앞선다.

더불어 산다는 건, 다른 생명의 원초적 본능을 지켜주는 데에서 시작해야 한다. 다른 생명의 본능을 망가뜨리면서 나의 본능을 고집하는 건, 더불어 사는 방식이 아니다.

원자폭탄의 위협까지 이겨내며 끝끝내 지켜온 은행나무의 생명 본능인 씨앗의 고약한 냄새가 사라진 도시는 어쩌면 원자폭탄의 피폭보다 더 위험한 환경으로 진입하는 조짐은 아닌가 하는 부질없는 걱정도 어쩔 수 없다. 우리 사는 이 땅을 다른 생명들과 더불어 사는 건강한 땅으로 이어가기 위해서는 가을 초입 잠깐 동안 풍기는 고약한 냄새쯤은 받아들여야 하지 않을까 싶다. 주변의 모든 것을 사람을 기준으로 판단하고 재단하는 건 호모 사피엔스의 유별난 특징이다. 그러나 뭇 생명이 어울려 살아가는 생태계에서 호모 사피엔스만 남기고 다른 모든 생명을 퇴출시키

는 일은 결코 가능하지 않다. 이는 결국 인류 최악의 재앙을 불러
올 것이다. 다른 생명과 더불어 살아가야 할 사람의 피할 수 없는
소명이다.

겉씨식물 가운데에 가장 오래된 나무로 은행나무 이야기를
짚어보았지만, 은행나무보다 더 많은 종류의 겉씨식물들이 지구
를 지배했던 때가 초기 식물 시대다. 그 푸른 식물들이 세상을 초
록으로 물들였다.

제 4 장
나무의 탄생

숲의 형성

저지대에도 1미터 안팎의 깊이로 빗물이 들어찼으며,
물은 오랫동안 그대로 고여 있었다.
물에 잠긴 들판에는 부레옥잠이 무성했다.
떠다니는 물풀은 어기차게 자랐다.
이파리로 뒤덮인 탓에 수면은 굳은 땅처럼 보였다.
들판의 초록빛이 하늘의 파란빛과 대조를 이루었다.

– 줌파 라히리*Jhumpa Lahiri*, 『저지대*The Lowland*』에서

"광활한 땅 위에 있는 모든 지혜의 정수精髓를 본 자가 있었다. 모든 것을 알고 있었고, 모든 것을 경험했으므로, 모든 것에 능통했던 자가 있었다."[11] 인류의 가장 오래된 기록으로 남은 신화는 이렇게 시작한다. 4,600년 전에 기록된 『길가메시 서사시』의 첫머리에서 풀어 쓴 위대한 영웅 '길가메시'의 찬양이다.

"모든 왕들을 압도할 정도로 거대한 풍모를 지닌 그는 우르

11 　『길가메시 서사시』의 인용은 모두 2020년 6월에 휴머니스트출판사에서 출간한 『최초의 신화 길가메쉬 서사시』(국내 최초 수메르어·악카드어 원전 통합 번역, 김산해 지음)를 바탕으로 했다.

크의 영웅이며 사납게 머리 뿔로 받아버리는 황소로 앞쪽에서는 선봉장이며 뒤쪽에서는 동료들을 도와주며 행군한 자다. 강력한 방패막이로 병사들의 보호자다. 홍수가 몰고 오는 격렬한 파도여서 바위로 된 벽조차도 파괴한 존재다.” 수메르 신화 속의 주인공인 길가메시에 대한 칭송은 계속 이어진다. “3분의 2는 신이었고, 3분의 1은 인간이었다. 그를 고안해 낸 건 위대한 여신 아루루였고, 그를 완성시킨 건 창조자 누딤무드였다.” 신화 속의 ‘길가메시’라는 이름은 ‘늙은이 조상’이라는 뜻의 ‘길가’와 ‘젊은이 영웅’이라는 뜻의 ‘메시’로 연결된 것인데, 신화 속에서 그가 영생永生을 얻으려 했지만 ‘늙은이에서 젊은이로’ 되지 못하고, 마침내 ‘젊은이에서 늙은이로’ 죽어야 했던 그의 생애를 반영한다. 그의 신체적 특징도 신화는 세세히 묘사했다. 키는 약 550센티미터, 가슴둘레는 약 450센티미터, 발은 약 150센티미터, 다리는 약 350센티미터, 한 걸음의 폭은 약 300센티미터, 상상하기 어려울 만큼 큰 거인이다.

숲에서 태어나 숲을 파괴한 거인

대적할 수 없는 힘과 지혜를 가진 길가메시는 자신의 특징을 이용해 차츰 포악해졌다. 길가메시를 처음에 고안해 냈던 아루루 여신은 길가메시를 처치해야 했다. 여신은 결국 길가메시 못지않은 능력을 가진 엔키두를 창조했다. 길가메시에 대적할 힘을 가진 또 하나의 거인이었다. 엔키두는 “땅에서는 가장 세고 진짜 대단하며" "천상의 지배자처럼 강력한" 힘을 가졌다. 또 그는 스스로 "숲속에서 태어난 사람 가운데 가장 강력한 사람"이라고 단언했다. 엔키두는 길가메시의 폭정 이야기를 듣고 분노하여 길가메시를 징벌하러 떠나 거리에서 그를 만났다. 그리고 두 거인은 젊은 황소처럼 겨루었다. 그러나 싸움은 끝나지 않았고, 얄궂게 엔키두와 길가메시는 친구 관계를 맺었다.

세상에서 가장 강력한 힘과 지혜를 가진 두 거인, 엔키두와 길가메시는 한통속이 되었다. 길가메시는 신神의 산山으로 여겨지는 삼목산 숲속에 살고 있는 악의 상징 훔바바를 처단하고 자신이 진정한 영웅으로 영원히 남고 싶었지만, 훔바바가 살고 있는 삼목산으로 가는 방법을 모른다는 이야기를 엔키두에게 털어놓았다. 엔키두는 마침 숲속에서 야수들과 돌아다니는 동안 그 숲을 본 적이 있었지만, 훔바바는 워낙 무시무시한 존재여서 싸워 이길 수 없다고 길가메시를 말렸다. 하지만 길가메시의 욕망은 끝이 없었다. "나는 삼목산으로 올라가겠네. 그 숲속에서 삼나무를 베어야 하지. 삼나무 정도라면 쓰러지면서 돌개바람을 얼마든지 일으킬 수 있을 테니까"라면서 나무를 베는 힘으로 훔바바를 물리치겠다는 의도를 밝혔다. 엔키두는 다시 그를 말렸다. "삼나무숲을 지키게 하려고 신이 사람들에게 두려움을 일으키려고 훔바바라는 무시무시한 존재를 산지기로 세웠다"라며, 훔바바는 "숲을 지키는 자"라고 강조했다. 길가메시는 굴하지 않았다. 자신의 이름을 널리 알리기 위해 숲의 삼나무를 모두 베어 내겠다고 강하게 주장했다. 한참 뒤에 결국 길가메시의 고집에 넘어간 엔키두는 길가메시를 따라 더 강력한 도끼와 칼과 화살을 새로 만

36 길가메시.

들어 챙겨서 숲으로 떠났다.

무사 귀환을 바라는 우루크 성 사람들의 배웅을 받으며 길가메시와 엔키두는 삼목산 숲으로 떠났다. 숲에서 태어난 엔키두와 길가메시가 삼목산 숲에 이르자 숲을 지키는 자 훔바바는 엄청나게 큰 고함과 비명을 지르며 그들을 압박했다. 그러나 두 거인의 진격은 끝나지 않았다. 마침내 훔바바는 두 거인의 진격에 무릎을 꿇고 목숨을 구걸했다. 숲을 지키는 자였던 훔바바는 목숨을 지키기 위해 길가메시에게 "당신의 명령이라면 나무를 다 베어내겠다"라고까지 했다. 그리고 길가메시의 궁궐을 짓기 위해 유익한 나무인 '도금양'은 지키겠다고 했다. 이때 숲에서 태어난 엔키두는 오히려 더 강력하게 숲을 지키는 자 훔바바를 처단해 완전히 사라지게 해야 한다고 강조했다. 길가메시는 결국 엔키두의 요청을 받아들여 훔바바의 목을 내리치고 오장육부를 해체했으며 혀를 비롯해 허파까지 몸속의 모든 것을 파낸 뒤, 그의 머리를 가마솥에 집어넣었다. 그리고 길가메시는 숲을 지키는 자가 사라진 삼목산 숲에서 천천히 모든 나무를 베어 냈다. 엔키두는 그 곁에서 나무의 뿌리를 샅샅이 찾아내 뽑아냈다.

길가메시의 세상이 열린 것이다. 길가메시는 숲을 아름답고 소중한 공간으로 여기면서도 보금자리를 위해 숲의 나무를 베어 내는 데에 머뭇거리지 않았다. 숲을 '산림자원'으로 간주하고 이를 '효율'이라는 미명으로 관리한 인류 최초의 사례다.

숲에 대한 시각의 차이는 근본적으로 정치적이다. 숲의 역사를 이야기할 때마다 되뇌게 하는 인류 최초의 신화『길가메시 서사시』에서부터 그랬다. 또 다른 신화인 북유럽 신화에서도 마찬가지다. 북유럽 신화에서 세상을 연 나무는 이그드라실Yggdrasil 이라는 이름의 물푸레나무였다. 세상을 열고 사람을 만든 재료로, 인간 생명의 근원이 된 건 물푸레나무였다. 물푸레나무로부터 태어난 사람은 그러나 물푸레나무를 베어 내는 데에 몰두했다. 목질이 단단하고 질긴 때문에 물푸레나무는 여느 나무에 비해 사람의 도구로 쓰기에 매우 좋은 재료였다. 물푸레나무는 그래서 온갖 살림살이 도구에 쓰였으며, 심지어 전쟁터에서는 병사의 방패 안쪽 손잡이 재료로도 쓰였다. 물푸레나무는 심어 키우는 나무라기보다는 자연에 존재하는 나무를 베어 내 쓰기 위해 열심히 찾아다니던 나무였던 게 분명하다.

땅에서 최초로 생명의 꿈틀거림이 이뤄진 건 6억 년 전이다.

균류와 조류가 공생하는 지의류가 시작이었다. 4억 5,000만 년 전쯤 되어서야 비로소 선태식물이 나타나 널리 퍼졌다. 그러나 그들은 땅을 기어다니며 황폐한 지구의 바닥을 더듬을 뿐이었다. 땅은 푸르게 바뀌었지만 하늘로 높이 치솟아 오른 나무는 없었고, 더구나 그들이 모여 이룬 숲이라 할 곳은 아직 없었다.

4억 년 전에 드디어 나무가 나타나고 차츰 나무가 더불어 살아가며 숲을 이루었다. 지구를 초록으로 덮은 숲에는 나무들이 지어 내는 다양한 양분을 바탕으로 곤충이 깃들었고, 곤충을 먹이로 하는 새들과 짐승들이 찾아왔다. 숲은 이 땅에서 숨 쉬고 살아가는 모든 생명의 보금자리가 됐다. 호모 사피엔스의 조상인 호미닌도 그 숲에 나타났다. 나무를 보금자리로 하던 호미닌 역시 여느 생명들처럼 숲에서 양식을 얻었다. 그리고 호미닌은 다른 짐승의 공격을 피해 밤이 되면 나무에서 내려왔다. 모자란 양식을 얻기 위해 나무 열매를 찾으며 이족보행의 혁명을 이뤘다. 인류의 문명이 그렇게 숲에서 시작됐다.

나무가 숲을 이룬 세상에서 모든 짐승이 네발로 땅바닥을 기던 때에 호모 사피엔스는 두 발로 일어서서 서투른 걸음을 내디뎠다. 그때 그의 앞을 막아 세운 직립의 생명체가 있었다. 나무였다. 멈춰 선 호모 사피엔스의 뇌가 움찔거렸다. 사유가 꿈틀거린 것이다. 프랑스의 철학자 로베르 뒤마Robert Dumas가 『나무의 철학(Traité de l'arbre)』에서 "나무 앞에 멈춰 선 순간, 인간의 사유가 시작됐다"라고 한 것도 그런 이유다. 나무 앞에 서면서 사유를 시작하게 된 인간은 나무를 베어 보금자리를 지으며 문명을 이뤘다. 인간의 무리가 형성되자, 서열과 계급이 지어지고 무리를 지

37 일본의 이세신궁(伊勢神宮)의 건축재료를 확보하기 위해 지켜온
일본의 **아카사와 자연휴양림**.

배하는 권력자가 나타났으며, 최고 권력자는 권력의 상징으로 자신의 거처를 더 크게 지었다. 궁궐과 같은 초기 대형 건축물 축조의 근거다. 동서양을 막론하고 초기 건축물은 나무로 지었다. 막강한 권력의 더 큰 건축물을 위해 숲의 나무는 베어졌다.

일본의 오래된 큰 숲 가운데 하나인 **아카사와**赤澤 **자연휴양림**도 그런 숲이다. **아카사와 자연휴양림**은 일본의 '이세신궁伊勢神宮' 건축에 공급할 목재를 확보하기 위해 보호림으로 지정하고, '나뭇가지 하나에 팔 하나, 나무 한 그루에 머리 하나'를 바꾼다는 엄격한 규칙으로 나무를 지켰다. 우리나라도 마찬가지다. 조선 왕실에서는 황장봉산을 지정하고, 그 숲에서 소나무를 훼손하면 '장 100도'를 치는 '송목금벌지법松木禁伐之法'으로 나무를 보호했다. 나무 보호법이었지만 결국은 나무의 쓰임새를 높이기 위해 일정

기간 동안 나무를 보호하자는 생각이었고, 더구나 권력자의 거처를 건축하기 위해 좋은 건축 재료를 확보하기 위한 조치였다. 분명 나무를 보호하기 위한 조치로 보이지만, 길게 보면 나무와 숲을 보호한 목적은 분명하다. 결국은 언젠가 사람살이에 더 맞춤한 나무를 얻기 위해, 달리 이야기하면 나무를 잘 베어 내기 위한 조치와 다름없다.

문명의 탄생과 숲의 파괴

고대로부터 나무 확보는 문명 발전의 필수 조건이었다. 나무를 바탕으로 피워낸 문명이 다 그랬다. 자기 지역의 나무를 베어 낸 뒤에는 다른 곳에서 나무를 확보하기 위해 전쟁도 불사했다. 전쟁에 승리하기 위해서도 나무를 베었다. 더 효과적인 살상 무기와 출정할 배를 짓기 위해서였다. 전쟁에서 이긴 쪽은 패전 지역의 나무를 요구했다. 조공이었다. 우리나라에서 가장 오래된 숲인 **제주 평대리 비자나무숲**도 원나라에 목재를 조공으로 바치기 위해 지킨 숲이었다.

문명은 발달했지만 나무의 쓰임새는 줄어들지 않았다. 문명이 발달하려면 언제나 그 바탕에 나무가 쓰여야 했기 때문이다. 나무를 도구로 사용하던 시절을 지나 청동과 철을 도구로 이용하게 된 보다 발달된 문명에서도 나무의 수요는 이어졌다. 오히려 더 많은 나무가 소모됐다. 청동과 철을 얻으려면 열이 필요했고, 열은 나무를 태워 얻어야 했던 때문이다. 불을 처음 얻은 게 나무

38 원나라에 조공을 재료를 확보하기 위해 지킨 **제주 평대리 비자나무숲**.

에서였듯 청동과 철이라는 새로운 재료를 얻기 위해 꼭 필요한 불도 나무에서 나왔다. 나무를 베어 내야 청동기 문명도 지탱할 수 있었다. 문명이 존재하고 발달하는 한, 나무는 베어질 수밖에 없었다.

베어 내는 것과 반대로 나무를 신성의 상징으로 여긴 것도 사실이다. 사람보다 크고 놀랄 정도로 오래 살아가는 생명체인 나무에서 사람들은 위대함과 신비로움을 보았다. 나무에 조상의 영혼이 깃들어 있고, 나무가 우거진 숲에는 세상살이를 지배하는 정령이 산다고 여긴 것은 인류사를 통틀어 보편적이었다. 한편에서는 베어 내면서 다른 한편에서는 신적인 존재로 받들어 모신 것이다. 스코틀랜드의 민속학자 제임스 조지 프레이저(Sir James George Frazer, 1854~1941)는 그래서 그의 걸작 『황금가지(The Golden Bough, 1894)』에서 "인류 역사의 초창기부터 나무 숭배는 종교적

삶에 중요한 역할을 해왔다"라고 했다.

민간에서는 나무를 사람의 소원을 이뤄주는 대상으로 여겼다. 우리나라의 당산나무는 물론이고, 농사 풍흉의 모든 것을 하늘에 맡기고 살던 전 세계의 농경문화 민족이 죄다 그랬다. 하늘에 모든 소원을 빌던 농부들에게 하늘에 닿을 듯 높지거니 솟아 있는 나무는 사람의 뜻을 하늘에 전해줄 수 있는 유일한 영매로 보였을 것이다. 신과 인간의 소통을 이뤄주는 나무는 실질적으로 생명의 근원이다. 다른 생명을 취하며 살아가는 이 땅의 모든 생명이 살아갈 수 있는 유일한 바탕이다. 광합성이라는 화학공학의 기적이 그것이다. 빛과 공기와 물로 짓는 광합성의 결과를 지구상의 모든 생명들이 아무 대가 없이 이용하며 살아간다. 광합성 기적을 이루는 나무야말로 생명의 시작이자 모든 것이다.

문명 탄생의 자양분은 숲에 있었다. 숲의 나무는 불을 이용할 수 있는 소중한 재료였고, 청동기와 철기 시대를 가능하게 한 에너지원이었다. 더 나아가 건축 자재는 물론이고, 인간의 이동을 비롯한 모든 문명의 도구는 나무로 지어졌다. 나무는 문명 발전의 토대였다. 돌아보면 모든 문명은 숲이 우거진 곳에서 발달했다. 그러나 그 발달을 지속하기 위해서는 불가피하게 나무를 베어 내야 했다는 데에 딜레마가 있다. 문명 발달에 따라 숲은 망가졌다. 기원전 2세기 무렵 지중해 문명을 선도했던 크레타 문명의 흥망성쇠가 숲이 우거진 크노소스를 중심으로 이뤄진 것도 그래서다. 숲의 풍부한 자원을 바탕으로 크노소스는 크레타 문명의 중심지로 성장했지만, 숲을 자양으로 발달한 문명은 위기를 피할 수 없었다. 숲에서 번성한 문명이 숲의 훼손을 감당하고 살아남는 건 불가능한 일이다. 숲의 절멸은 곧 자원의 고갈이고, 자원의 고갈은 문명의 멸망으로 이어지는 비극의 순환이다. 숲 훼손과 함께 자원은 고갈되고, 문명은 절멸하는 순환은 인류 역사를 통해 지금까지 되풀이해 온 과정이다.

곡절 속에서도 지구상의 숲은 꾸준히 확대되어 6조 그루의 나무를 지구 곳곳에 퍼뜨리고 다른 생명이 태어날 터전을 확장했다. 호미닌의 막내 격인 호모 사피엔스가 태어난 것도 바로 그 숲에서였다. 숲에서 나무의 덕으로 태어난 호모 사피엔스는 그러나 나무에서 열매만 얻는 게 아니었다. 적극적으로 나무를 베어 내 문명 사회를 일궜으며, 더 나아가 지속적으로 양식을 얻기 위해 사람들은 열매 맺는 식물을 키우기 시작했다. 이른바 '농업 혁명'이다. 농사를 짓기 위해 다시 또 나무를 베어 냈다. 농업 혁명은 이 땅의 숲을 혁명적으로 축소시켰다. 1만 년 전에 이뤄진 농업 혁명 뒤에 세상의 나무는 절반이 사라져 3조 그루만 남았다.

지금 이 순간에도 숲의 훼손은 이어진다. 현대사회에서 숲훼손의 가장 큰 원인은 목재산업, 그 가운데에도 제지산업의 비중이 가장 크다. 종이에 대한 전 세계의 소비는 1910년 1,500만 톤에서 2000년대에 들어 3억 1,000만 톤으로 늘었다. 기하급수적인 증가다. 우리나라 또한 세계 20위 권에 오르내릴 정도로 많은 양의 종이를 소비하는 게 사실이다. 공공문서의 디지털화 등을 통해 종이 소비량을 감소시키려는 노력이 있기는 하지만, 눈에 띌 만큼의 감소량은 문명이 꿈틀거리는 곳에서라면 찾아볼 수 없다. 지난 코로나 팬데믹 상황에서 세계적으로 펼쳤던 페이퍼리스 정책의 영향이 종이 소비 감소에 큰 영향을 미치기는 했다. 사람의 경각심이 늘어가면서 앞으로 종이 소비는 꾸준히 감소할 가능성이 높다 하지만, 여전히 숲 훼손의 가장 큰 비중은 제지산업이 차지한다. 미국의 환경운동가 데릭 젠슨(Derrick Jensen, 1960~)과 조지 드레펀(George Draffan, 1954~)이 함께 펴낸 역저 『약탈자들(Strangely Like War: The Gobal Assault on Forests, 2005)』의 기록에 의하면 "북반구와 '아시아의 호랑이들'은 세계 인구의 16%에 지나지 않으면서도 종이의 4분의 3을 먹어치웠다. 미국, 일본, 독일의 4억 6,000만 사람들은 전 세계 종이의 반 가까이를 소비하였다. 미국만 보아도 일본, 중국, 독일, 영연방을 합친 것보다 더 많은 종이를 써댔다"[12]라고까지 했다.

목재업체들은 베어 내는 만큼 새로 심는다고 강변하지만 그건 온전한 의미에서 숲이라 할 수 없다. 한 종류만 빽빽이 심어 키우는 일종의 밭, 인공조림지일 뿐이다. 게다가 그곳의 나무들은 곧 베어 내 목재로 사라질 운명에 처한 슬픈 생명이기도 하다. 숲

---

[12]　데릭 젠슨·조지 드래펀 지음, 김시현 옮김, 『약탈자들: 숲을 향한 전방위적 공격(Strangely Like War: The Gobal Assault on Forests, 2005)』,(실천문학사, 2007) 174~175쪽.

제 5 장
숲의 형성

의 가장 중요한 가치는 인공조림지에서는 흉내조차 낼 수 없는 생명다양성에 있다. 처음에 한 그루의 나무가 뿌리를 내리면 반드시 그 나무를 먹이로 하는 다른 생명들이 찾아온다. 나무를 찾아드는 생명들은 일쑤 다른 생명의 씨앗을 품고 들어와 풀어놓는다. 이어서 그들을 먹이로 하는 또 다른 생명이 찾아오게 마련이다. 이 과정을 수백, 수천, 수만, 수억 번 거듭하면서 다양한 생명이 깃드는 곳이 숲이다. 다양한 생명들의 몸에 공생하는 미생물도 다양하다. 현대 과학으로도 미처 헤아릴 수 없는 다양성을 지닌 곳이 숲이다. 베어 내고 새로 심어 키운 나무 군락을 다양한 생명이 숨 쉬는 숲이라 할 수 없다. 그저 언젠가는 베어 내기 위한 '나무 농원' 혹은 '나무 밭'일 뿐이다.

숲이 온전히 유지되기 위해서는 수백만 가지의 순환 고리가 바르게 돌아가야 한다. 나무에서 자라는 지의류와 선태류는 물론이고, 나무와 나무를 땅속의 뿌리로 이어주는 균근은 필수다. 뿌리를 갉아 먹는 설치류도 필요하고, 설치류 가운데에 나무의 씨앗을 다른 곳으로 옮겨 새싹을 틔우게 하는 다람쥐 청설모도 필요하다. 나무줄기에 구멍을 뚫고 둥지를 트는 새들도, 꽃가루를 옮겨주는 곤충도 숲의 유지에 반드시 필요한 존재다. 이 모든 생명체의 어느 한 고리가 끊어져도 숲은 파괴된다. 서로에게 먹고 먹히는 먹이사슬 관계로, 때로는 치열한 경쟁 관계로, 그러나 궁극적으로는 더불어 살아가는 협력의 관계로 맺어진 거대 생태계가 곧 숲이라는 생명 공동체다. 심고 베고를 짧은 기간에 되풀이하는 인공조림지에서는 결코 나무가 모여 이룬 숲의 다양한 생태계를 이루는 게 불가능하다.

40 **타이가지대 풍경**.

　자연의 진화 과정에서 나무는 쓰러지기도 하고, 그 쓰러진 자리를 틈타 새로운 생명이 그걸 기회로 자라나기도 한다. 정작 우리가 '숲의 파괴'라고 말할 수 있는 건 인간에 의해 한꺼번에 숲의 나무를 베어 내는 일이다. 나무를 베어 내는 건 결코 한 그루의 나무만 죽이는 일이 아니다. 나무에 깃들어 살던 모든 생명체를 한꺼번에 사라지게 한다는 것을 의미한다. 열대림이든 온대림이든 북방의 타이가숲이든 모두 마찬가지다. 어디에서든 숲을 파괴하는 건 곧 더불어 살아가는 거대한 생명공동체, 하나의 우주를 파괴하는 일이다.

　숲은 언제나 위대한 생물다양성을 부양하는 인자한 서식지였다. 신성한 가치가 깃들고 미학적 아름다움을 갖춘 치유의 공간이었다. 하지만 마찬가지로 인류 역사 이래 경제적 가치를 가진 자원을 생산하는 곳이었다. '보존이냐 활용이냐'에 대한 끝없는 충돌은 결국 생물학적 질문에서 그치지 않는다. 마침내 정치적 어젠다가 될 것이고, 그 바탕은 우리 삶에 대한 철학적 성찰을

제 5 장
숲의 형성

통해 결정될 것이다. 생물다양성이 풍부하게 유지되는 곳, 그곳이
야말로 팬데믹 시대를 살아가는 우리에게 숲이 건네주는 가장 위
대한 가치다.

수전 시마드와 '우드 와이드 웹'

숲은 식물과 동물, 박테리아·균류·지의류 등 눈으로 확인하
기 어려운 미생물은 물론이고, 심지어 모든 생명의 보금자리가
되는 무생물까지 함께 구성된 독특하고 거대한 생명 공동체다.
생태계 전반이 그렇듯 숲의 생명체들은 단독적으로 사는 게 아니
라 서로 의지하고 묶여서 살아간다. 먹고 먹히는 관계를 이루기
도 하지만, 궁극적으로는 서로의 삶에 기대어 살아가는 공동체다.
숲에서 가장 먼저 눈에 띄는 나무도 그렇다. 각각이 모두 개별적
으로 살아가는 듯하지만, 실은 땅속에서 거대한 네트워크를 이루
고 살아간다. '우드 와이드 웹Wood-Wide Web'이라는 용어가 등장
한 것도 그래서다.

우드 와이드 웹이라는 용어는 처음에 캐나다 브리티시컬
럼비아대학교 산림보호과학부 교수인 생태학자 수전 시마드
(Suzanne Simard, 1960~)의 연구를 계기로, 그의 논문을 게재한《네
이처》의 편집 과정에서 만들어진 신조어다. 수전 시마드가《네이
처》에 논문을 기고한 건 1997년 8월이었다. 시마드는 이 논문에서
숲에서 살아가는 나무들의 뿌리는 균근을 형성하고, 균근은 균사
를 광대한 범위로 뻗어 내며 다른 나무의 균근으로 연결된다. 그

41 **수전 시마드**.

결과 나무들은 균사를 통해 탄소, 인과 같은 물질을 전송한다는 것을 실험 결과로 밝혀냈다. 하나의 나무에서 흡수한 탄소가 다른 나무로 이동되는 과정을 과학적으로 입증한 것이다. 눈물겨울 만큼 치밀하게 이어진 그의 연구 과정에서 그는 갖가지 곡절을 겪었으며 심지어 나중에는 이 실험의 영향으로 신체에 치명상을 입기까지 했다. 이 과정에서 특히 거대한 숲에는 중심이 되는 나무가 있고, 이 나무를 중심으로 여러 나무들이 연결된다는 것을 과학적으로 입증해 냈다. 이 중심이 되는 나무를 그는 '보다 친근한 언어로 표현'하려는 뜻에서 '어머니 나무mother tree'라고 했다.[13] 숲의 나무들은 제가끔의 필요에 의해 서로 돕는 관계를 형성한다는 것이다. 이를테면 때로는 해충의 습격에 따른 위험 신호를 곁에 있는 다른 나무와 연결된 균사를 통해 알려주기도 하

[13] 수전 시마드는 '우드 와이드 웹'이라 일컬어지는 숲의 생태 네트워크와 그 안의 '어머니 나무(mother tree)'의 역할에 대한 이야기를 『어머니 나무를 찾아서: 숲 속의 우드 와이드 웹(Finding the Mother Tree: Discovering the Wisdom of the Forest, 2021)』(김다히 옮김, 민음사, 2023)에서 소설처럼 흥미롭게 풀어 썼다.

제 5 장
숲의 형성

42　수전 시마드의 논문을 게재하며 '**우드 와이드 웹**'이라는 신조어를 처음 사용해 표지에 게시한《네이처》, 1997년 8월 호 표지.

고, 때로는 나무 그늘에 묻혀 광합성을 하기 어려워 영양분을 지어 내지 못하는 어린 나무들에게 영양분을 나눠 주기도 한다. 수전 시마드의 연구 결과가 담긴 논문을 게재하며《네이처》의 편집장과 논문 심사 평가자가 함께 만든 신조어가 바로 '우드 와이드 웹'이었다. 이 신조어는 연구를 진행한 시마드에 의해서가 아니라 이 논문을 게재하는 과정에서 일반 대중의 센세이셔널한 관심을 끌기 위해 지어낸 용어였음은 알아둘 필요가 있다.

　　이 용어에 오해의 소지가 있어서다. 우드 와이드 웹은 아무래도 www로 상징되는 월드 와이드 웹을 먼저 떠올리게 하기 때문이다. 시마드의 연구 논문을 게재하는 과정에서 편집자가 '우드 와이드 웹'이라는 용어를 사용한 의도는 다분히 '월드 와이드 웹'을 떠올린 때문이었을 것이다. 균근의 균사로 얽힌 나무들의 땅속 네트워크의 생김새는 월드 와이드 웹의 형태와 전혀 다를 게 없다. 하지만 작동 원리에는 결정적인 차이가 있다. 월드 와이드 웹으로 상징되는 인터넷의 세계에서 네트워크는 스스로가 작용하는 게 아니다. 달리 표현하자면 네트워크 자체에는 주체적인 활동이 전혀 없다. 단지 연결만 할 뿐이다. 수동적이라는 이야기다. 그러나 숲에서 나무를 서로 연결하는 네트워크의 중심을 이루는 균사는 살아 있는 생명체다. 월드 와이드 웹의 경우 수동적이지만, 숲속 네트워크는 스스로 살아 움직이는 생명체라는 결정적 차이가 있다. 이는 분명히 짚어두어야 한다. 자칫 월드 와이드 웹과 우드 와이드 웹이 같은 방식이라고 해석한다면 연결망을 이루는 균사의 생명력에 대해서 간과할 우려가 있는 때문이다. 실제로 시마드는 우드 와이드 웹이라는 용어를 그리 애용하지 않는 듯하다. 600쪽에 가까운 그의 책 『어머니 나무를 찾아서』 전체를 통해서도 '우드 와이드 웹'이라는 용어는 기껏해야 두 번, 스치듯 썼을 뿐이다. 우리가 과학을 이야기할 때에 경계하는 '의인화의 오류' 가운데 하나다. 과학의 알갱이를 대중에게 쉽게 알리기 위해 사람살이를 비유하는 것이다. 그러나 비슷한 현상이라 해도 중대한 차이가 있을 수 있고, 이 중대한 차이 때문에 사실상 가장 중요한 진리를 잃을 수도 있다.

숲에 존재하는 다양한 생명들은 모두 하나로 연결돼 있다. 땅 위에서는 서로 먹이사슬이라는 분명한 고리가 존재하고, 땅 아래에 눈으로 보이지 않는 지하 세계에서도 모든 생명은 서로 연결되어 있다. 사람에 비유하면 뇌를 중심으로 온 몸에 펼쳐진 시냅스처럼 연결된 망이 존재한다는 것이다. 연결의 주체는 균류다. 균류가 뻗어 내는 균사체에 의해 숲의 모든 나무들은 어떤 방식으로든 연결돼 있다. 여러 생명들이 서로를 의지하며 살아간다는 이야기인데, 이는 거꾸로 균사체라는 시냅스에 연결되어 살아

제 5 장
숲의 형성

219

가는 생명공동체의 일부를 파괴할 경우, 생명공동체 전체에는 심각한 균열이 일어나게 되고, 이 균열은 결국 공동체의 쇠퇴로 이어질 가능성이 높다는 점을 잊지 말아야 한다. 우드 와이드 웹이라는 용어는 일정한 한계는 있지만, 숲 공동체의 번성과 쇠퇴를 이야기할 때에 충분히 유용한 비유라 할 수 있다.

시마드의 연구는 끝나지 않았다. 여전히 현재진행형이다. 나무와 나무의 연결까지가 그동안 그의 연구였다면 아직은 초기 단계인 그의 현재 연구는 다른 생물종들 간의 연결로 확장해 진행하는 중이라고 한다. 이를테면 연어와 숲의 나무는 어떻게 연결되는가 하는 것이다. 초기 결과에 대해 그는 긍정적인 단서를 얻었다고 앞의 책의 말미에서 밝혔다. 숲 혹은 온 땅의 생명체들이 서로를 의지하고 살아가는 공동체 네트워크의 실태가 더 뚜렷하게 확인될 수 있기를 기대한다.

끝없이 이어지는 질문 "보존이냐 개발이냐"

숲이라는 공간은 하나의 제한된 지역에서 하나의 국가는 물론이고 전 세계 지구촌의 생태와 경제에 매우 중요한 의미를 가진다. 생명다양성을 지키는 공간으로서의 숲의 가치는 국가 경제와 밀접하게 연결되고, 마침내 한 국가의 정치 철학의 결과로 귀결된다. "보존이냐 개발이냐"가 언제나 정치 논쟁의 초점이 되는 이유다. 실제로 우리에게도 그런 일이 있었다. 논쟁은 간단없이 지속되지만, 특히 지난 2021년 식목일 즈음에 있었던 논쟁은 가장 극단적인 사례로 기억될 것이다. 우리나라의 산림청에서는 30년 넘은 나무의 탄소 흡수량이 줄어든다면서 30년 넘은 나무를 베어 내고 새로 나무를 심어야 한다는 황당무계한 논리를 대중에 공포하고, 여론의 향방과 무관하게 나무를 베어 내기 시작했다.

모든 생명이 그렇듯이 나무의 몸에는 헤아릴 수 없이 많은 미생물이 공생한다. 이는 '숲의 천이遷移' 과정을 간단히만 살펴봐도 짐작할 수 있는 사실이다. 자연적인 숲의 천이 과정에서 황폐화한 숲에 가장 먼저 들어오는 개척자 식물의 대표 격인 콩과 식물의 뿌리에는 '뿌리혹박테리아'라는 미생물이 있다. 뿌리혹박테리아는 공기 중의 질소를 흙에 고정시키는 특별한 역할을 하면서 황폐한 땅을 점차 비옥하게 한다. 이 땅에서 나무가 자라면 나무를 먹이로 하는 생명체가 찾아드는 건 자연스러운 이치다. 식물이 그랬던 것처럼 곤충과 새도 박테리아, 바이러스 등의 미생물과 공생한다. 또 곤충과 새들은 이동 경로에 따라 다양한 생명들을 데리고 온다. 뱃속에 다른 나무의 씨앗을 담고 들어오기도 하고, 허공에 떠돌던 다양한 식물의 씨앗을 품고 오기도 한다. 새와 곤충의 몸에서 떨어진 씨앗들은 다양한 나무를 키우고, 그 나무를 먹이 삼아 다른 생명들이 잇따라 찾아온다. 무한히 되풀이되는 숲의 자연스러운 천이 과정이다. 숲은 다양한 생명체들이 상호 의존하며 살아가는 복합적 생태계다. 가장 '맞춤한' 먹이와 환경을 찾아온 것이어서, 큰 갈등 없이 살아가며 생태적 안정성을 갖춘다.

숲이 이처럼 평안한 생태 환경을 갖추는 데에 걸리는 시간은 얼마나 될까. 얼핏 생각해 봐도 100년, 200년 정도의 짧은 시간에 완성되는 것이 아니라는 건 분명하다. 온갖 변수를 가지고 있는 자연의 변화 과정을 한마디로 단언할 수는 없다. 시간에 대한 예측 또한 그렇다. 그러나 대부분의 생태학자들은 숲이 자연스러운 천이 과정을 거치며 마침내 안정 상태의 극상림에 이르는 데까지는 대략 500년 정도 걸린다고 입을 모은다. 물론 절대적인 수치는 아니다. 생육 환경과 나무 종류에 따라 달라진다. 하지만 짧은 시간에 완성되지 않는다는 건 분명하다.

30년 넘으면 나무의 탄소 흡수량이 급격히 줄어든다는 걸 근거로, 우리 숲을 체계적으로 관리해야 한다는 그때 산림청의 주장에는 '숲의 체계적 관리'라는 포장을 씌웠지만, 사실은 '나무를 베자'는 주장에 다르지 않다. 애써 점잔을 빼며 이처럼 표현한 것일 뿐이다. 나무나이 30년이면, 1,000년을 살아가는 나무로서는 아직 유년기다. 평균 수명의 10분의 1도 채 안 된 어린 생명이다. 30년 된 숲의 나무들을 '노령목', 즉 '늙어빠진 나무'로, 그들이 이룬 숲을 '노령림'이라고 표현하는 건 대관절 무슨 근거에서인가. 100년도 채 살지 못하는 호모 사피엔스에게조차 30년이라는 시간이 '늙었다'고 이야기하기에 충분한 시간은 결코 아니다. 이즈음 대한민국의 사정을 살펴보면 서른 살의 나이라면 아직 결혼도 하지 않은 사람이 훨씬 많은 새파란 청년 세대에 불과하다. 서른 살 된 호모 사피엔스를 누구도 '노인'이라 부르지 않고, 그들이 모인 자리를 '노인대학'이라 부르지도 않는다. 설령 30년이 호모 사피엔스에게 긴 시간이라 해도 1,000년을 넘게 살아가는 나무에게는 매우 짧은 순간이다. 더구나 다양한 생명들이 복합적 생태계를 이루고 안정성을 갖춘 숲을 이루기에는 턱없이 짧은 기간이다.

　　30년 넘은 나무를 베어 내자는 건, 우리 생태계의 안정성을 깡그리 무너뜨리자는 반문명적 발상에서 나온 이야기와 다르지 않다. 적잖은 자연주의자들의 적극 항의가 있었음에도 산림청의 나무 베기는 이어졌다. 막무가내였다. 그러다가 논쟁이 정치적 쟁점으로 떠올랐다. 상황을 정치 이슈화하는 데에 늘 앞장서 왔던 어느 일간신문의 일면 톱 기사에 산림청의 모두베기 이후 헐벗은 산의 사진이 올라오면서부터였다. 그때 잠시 산림청의 도끼질은 멈칫했다. 안타깝게도 이미 많은 숲의 나무가 베어진 뒤였다. 그리고 마치 국가 전체의 이슈인 것처럼 산림청의 논의는 활발히 진행됐다. 정부 기관들 사이에서의 충돌도 벌어졌다. 논쟁에 환경부가 참여하며 산림청 주장의 허점을 과학적으로 지적하는 일이 벌어진 것이다. 결국 산림청이 한발 물러서면서 상황은 일차 마무리되었지만, 당시의 산림청장이 임기를 마치고 새로 취임한 산림청장의 취임 일성 역시 "산림의 효율적 관리"였다는 걸 생각하면 문제는 언제고 다시 도드라질 가능성이 있음을 잊지 말아야 하겠다. 이미 알게 모르게 국민의 세금을 털어서 은밀하게 숲의 나무를 베어 내는 작업은 지금 이 순간에도 차곡차곡 진행되고 있는 게 사실이다. 심지어 산림청에서는 최근 『우리는 왜 나무를 베는 걸까요Why Would Anyone Cut a Tree』라는 외국 서적을 번역해 전국적으로 적극 배포하는 중이다. 숲의 진정한 의미를 담은 숱하게 많은 책들 가운데에 굳이 '베는 데'에 초점을 맞춘 희귀한 책을 골라낸 노고(?)는 참으로 눈물겨울 지경이다. 더 좋은 책들

43 산림청에서 숲 파괴에 대한 합리성을 강조하기 위해 제작 배포 중인 홍보 도서의 표지.

을 뇌두고 우리 세금으로 이 희귀한 책을 번역 제작해 널리 배포하는 그들의 의도는 훤히 들여다보인다. 숲의 효율적 이용이라는 이름으로 자행되는 나무 베어 내기의 합리성을 온갖 방법으로 홍보하겠다는 의도와 다름 아니다.

결국 숲에 대한 입장은 앞에서 이야기한 것처럼, 길가메시 때부터 이미 정치적이었다는 이야기가 바로 우리 곁에서 벌어진 몇 가지 사정으로 확인할 수 있다. 본래 문명 발전은 숲 파괴의 역사와 궤를 같이해 왔다. 하지만 아이러니하게도 모든 문화에는 숲에 대한 공포심과 경외심이 공존한다. 문명 발전의 자원을 얻기 위해 숲의 나무를 베어 내기는 했지만, 모든 문명의 인간들은 숲을 두려워했고, 나무를 숭배했다. 나무 숭배의 역사는 숲 파괴의 역사만큼 길고도 오래됐다. 나무 숭배에 대한 논의는 이 책의 제12장 '나무 숭배'에서 한 걸음 더 깊이 들어갈 예정이다. 특히 인류학 분야의 교과서라 불리는 조지 프레이저의 『황금가지』

에서 찾아볼 수 있는 다양한 나무 숭배의 사례들까지 함께 짚어 본다.

숲의 의미와 가치를 짚어보면서 그나마 다행스러운 것은 날이 갈수록 숲의 생태적 가치를 경제적 가치 이상으로 높게 여기는 흐름이 뚜렷하게 발전하고 있다는 점이다. 비과학적으로 젖혀놓기 십상인 '나무 숭배'와 같은 이야기에 그치지 않고, 숲의 치유 효과를 비롯해 기후 조절, 홍수 통제, 토양 보호 등 생태 안정성의 가치를 본격적으로 드러내기 시작했다. 이를 바탕으로 숲을 지키려는 노력 또한 눈에 띄게 발전하고 있다. 그러나 과연 지금 일부에서 추진하는 노력만으로 만족할 수 있을지에 대해서 좀 더 생각해 보아야 한다.

사실 어느 일방적인 입장만으로 사람과 자연의 관계를 해석하는 건 불가능하다. 숲의 나무를 온전히 보존한다는 것이 언제나 옳은 것은 아니다. 숲의 생명체들이 서로 먹이사슬을 형성하여 먹고 먹히는 관계를 이루는 것처럼 사람과 자연의 관계도 언제나 어느 일방의 보존이나 훼손으로 결론지을 수 없다. 자연스레 떠오르는 건 뉴욕주립대학교 식물학과 교수인 로빈 월 키머러의 권고다. 키머러는 자연 속에서 자연과 더불어 살아가는 북아메리카 원주민의 삶을 이야기하면서 "주변의 생명을 존중하는 것과 먹고살기 위해 그 생명을 취하는 것 사이의 불가피한 긴장을 해소해야 하는 것은 우리 인간에게 삶의 조건"[14] 이라고 강조했다. 이는 끊어지지 않는 먹이사슬로 이루어진 생태계의 일부로 존재

---

14   로빈 월 키머러, 『향모를 땋으며』 262쪽.

하는 사람이 피할 수 없는 운명이다. 키머러는 그래서 생태학자 조애너 메이시(Joanna Macy, 1929~2025)의 "지구를 위해 슬퍼하기 전에는 지구를 사랑할 수 없다"라는 이야기를 덧붙인다. 이어서 그는 "슬퍼하는 것은 영적 건강의 징표다. 하지만 잃어버린 풍경을 생각하며 슬퍼하는 것만으로는 충분치 않다. 대지에 손을 얹고 우리 자신을 다시 한번 온전하게 만들어야 한다"[15]라고 했다. 숲에서 태어나 숲의 자원을 토대로 문명을 일으키고 살아가는 인간 세상에서 오래도록 곰곰 되새겨야 할 이야기다.

15   같은 책, 478쪽.

사람의 마을

자연의 침묵은 인간을 행복하게 한다.
왜냐하면 자연의 침묵은 말 이전에 있었고,
모든 것이 발생한 저 위대한 침묵을 예감하게 해 주기 때문이다.
그러나 동시에 자연의 침묵은 가혹하다.
왜냐하면 자연의 침묵은 인간을, 인간이 아직 말을 가지지 않았던,
인간이 아직 인간이 아니었던 저 태고의 상태에다
도로 가져다 놓기 때문이다.
그것은 말을 인간으로부터 빼앗아 도로
저 태고의 침묵 속으로 가져갈지도 모른다는 위협과 같다.

– 막스 피카르트*Max Picard*,『침묵의 세계*Die Welt des Schweigens*』에서

다시 최고의 신 오딘이 지배하던 세상 이야기로 전개되는 북유럽 신화를 들추어 본다. 북유럽 신화에서 세상을 처음 연 것은 나무라고 했다. 신화에 따르면 태초에 한 그루의 나무가 하늘을 버티고 섰다. 이그드라실이라는 이름의 물푸레나무였다. 하늘을 떠받친 나무여서 우주목이라고도 부른다. 이그드라실의 '이 그Yggr'는 "두려운 자 혹은 최고의 신 오딘"을 뜻하고, '드라실 drasill'은 "말馬"을 뜻한다. 오딘이 지혜를 얻기 위해 이 나무에 매달렸던 고행을 말에 올라탄 것으로 비유해 '오딘의 말'이라 한 것

이다. 이그드라실에는 셋으로 나누어진 세계가 있었다. 하나는 천상의 세계, 즉 신들이 살아가는 세상으로, 아스가르드라고 불린 세상이다. 그리고 그 아래 두 번째 세계는 인간이 살아가는 세상이다. 중간계라는 뜻에서 미드가르드라고 불렀다. 뿌리에 닿은 마지막 하나는 지하의 나라 또는 안개의 나라 니플헤임이라고 부른다. 각각의 뿌리 끝에는 아스가르드의 '우르드의 샘(운명의 샘)', 요툰헤임의 '미미르의 샘(지혜의 샘)' 그리고 생명과 파괴의 근원을 상징하는 니플헤임의 '흐베르겔미르'라는 세 개의 샘이 있다. 이그드라실은 신을 비롯해 신과 인간의 중간 단계인 거인과 사람, 그리고 짐승을 비롯한 모든 생명 창조물을 지원한다. 이른바 생명의 나무인 셈이다.

신화 속 이그드라실과 농경문화에서의 물푸레나무

오딘은 라그나로크 전쟁을 거친 뒤에 지혜를 얻을 요량으로 스스로 이그드라실에 밧줄로 제 몸을 묶어 아흐레 낮과 밤을 버틴다. 긴 인내 끝에 지혜를 얻은 오딘은 사람을 창조할 생각을 한다. 그리고 이그드라실의 나뭇가지를 꺾어 사람의 형상을 지은 뒤, 생명의 숨결을 불어 넣어 마침내 사람을 만든다. 최초의 인간, 남자였다. 그러니까 북유럽 신화를 바탕으로 하면 인류의 시원은 물푸레나무였던 것이다. 남자 홀로 살 수 없는 세상살이의 이치를 헤아려 오딘은 여자를 만들었다. 오딘은 곁에 있던 느릅나무가지를 꺾어 같은 방법으로 여자를 만들었다. 물푸레나무와 느릅

44 이그드라실.

나무로 빚어진 남자와 여자는 아름다운 미드가르드 동산에서 평화롭게 살았다. 그들의 먹이는 특별했다. 최초의 인간인 남자와 여자는 이른 아침에 장미 꽃잎 위에 맺히는 맑은 이슬방울을 식량으로 삼아 낭만적인 신화 속 삶을 살았다.

하필이면 세상을 연 우주목이 물푸레나무*Fraxinus rhynchophylla* Hance였다는 건 시사하는 바가 크다. 물푸레나무는 동서양을 막론하고 사람의 입장에서 보아 '좋은' 나무다. 베어 내 쓸 때에 아주 좋은 나무라는 이야기다. 물푸레나무는 특히 농경문화 민족에게 요긴한 나무다. 목재의 재질이 단단하면서도 탄력이 좋아, 농기구의 재료로 최상급이었다. 달구지의 바퀴를 비롯해 도리깨, 도끼 자루 등, 물푸레나무로 만든 농기구는 최고의 가치를 보증받았다. 최근에도 물푸레나무만큼 단단한 목재가 많지 않아, 야구 배트나 골프채의 머리 부분에 물푸레나무를 쓴다고 한다.

제 6 장
사람의 마을

활용 가치가 높다는 까닭은 물푸레나무의 수명을 단축시키는 이유이기도 하다. 쓰임새가 많아, 적당히 자란 나무는 목재로 베어 내 쓰기 때문이다. 좋은 나무는 일찌감치 사람의 손에 의해 잘려 나갔으니, '못생긴 나무가 산을 지킨다'는 말이 물푸레나무를 놓고 하는 말처럼 들릴 수도 있다. 실제로 우리 산과 들에서 물푸레나무는 어렵잖게 만날 수 있지만, 오래된 물푸레나무를 찾아보기는 쉽지 않다.

우리나라에 살아 있는 물푸레나무 가운데에 가장 크고 오래된 나무는 천연기념물인 **화성 전곡리 물푸레나무**다. 나무나이 350년, 나무높이 20미터, 가슴높이줄기둘레 6미터로, 남성적 근육질의 우람한 줄기에서부터 풍성한 나뭇가지펼침에 이르기까지 전체적으로 장엄한 분위기를 갖춘 나무다. 한국전쟁 전까지만 해도 당산제를 지내던 당산나무였지만, 전쟁 중에 마을이 소개된 뒤로 버려진 나무와 다름없이 사람들로부터 멀어졌다.

사람의 기억에서 잊혀가던 나무를 처음 찾은 건 2001년의 초가을이었다. 그때까지 우리나라에서 가장 큰 물푸레나무는 나무나이 150년 나무높이 15미터의 **파주 무건리 물푸레나무**라고 국가 기록에 등록돼 있었다. 그러나 **화성 전곡리 물푸레나무**는 규모나 나무나이에서 모두 **파주 무건리 물푸레나무**를 압도했다. 첫눈에도 그 장대함은 알아볼 수 있었다. 오래도록 보존해야 할 우리 나무라는 생각에서 국가유산청에 천연기념물로 지정해 달라고 신청한 건 2003년 가을이었다.

겨울을 보낸 이듬해 봄에 나무에는 놀라운 일이 벌어졌다. 처음에는 몰랐던 일인데, 그 놀라운 일이 벌어진 한참 뒤에 나무

곁에서 살아가는 80대 노인으로부터 들어 알게 된 일이다. 노인은 나무 곁에서 60년 넘게 살아오는 동안 이 나무에서 피어나는 꽃을 본 적이 없었는데, 2004년 봄에 하얀 꽃을 피웠다고 했다. 이를 놓고 마을 사람들과 함께 마을에 큰 경사가 생길 조짐 아니겠느냐고 했다는 이야기도 덧붙였다. 그게 끝이 아니었다. 한 해 걸러 이태 뒤인 2006년 봄에 나무는 다시 꽃을 피웠다. 그때는 국가유산청의 전문가들이 3년간의 정밀 조사 끝에 **화성 전곡리 물푸레나무**를 천연기념물로 지정하는 모든 절차를 마친 직후였다.

나무도 자신을 수긋이 바라보는 사람이 있었다는 것을 알았던 거다. 깊은 적막과 고독 속에서 긴 세월을 말없이 살던 나무가 드디어 사람의 내음을 알아챘다. 바라보는 이 없이 외로이 지내던 시절을 지나 누군가의 발걸음을 알아챈 나무는 안간힘을 다해 꽃을 피웠고, 마침내 '천연기념물'이라는 '살아 있는 생물로서의 최고의 지위'에 오르게 되자, 나무는 스스로를 자축하기 위해 꽃을 피웠다. 모진 세월을 살아온 나무가 비바람과 눈보라에 닳아 빠진 줄기에 남은 힘을 다해 꽃단장을 했다. 그게 아니라면 **화성 전곡리 물푸레나무**가 이뤄낸 두 차례의 개화를 해석할 도리가 없다. 나무가 자라는 힘 가운데에 바로 사람의 관심과 애정이 있다는 깨달음이 일어나게 하는 이야기다.

논밭의 곡식은 농부의 발소리를 듣고 자란다고 한다. 그게 꼭 곡식에만 해당하는 이야기는 아니다. 말없이, 아주 천천히 자라는 나무도 사람의 사랑을 받으며 자라는 게 틀림없다. 우리에게 꼭 필요한 양분을 지으며 사람과 더불어 살아가는 나무들의 삶을 향한 안간힘에 성의를 다한 애정과 눈길을 보내야 할 일이다.

최초의 도시, 아테네의 올리브나무

나무가 사람의 기원에 관계하는 신화는 또 있다. 북유럽 신화보다 우리에게는 더 널리 알려진 그리스로마 신화에 담긴 이야기다. 그리스 신화 속에서 최고의 신 제우스는 사람이라는 생명을 창조할 생각을 염두에 두고 그들이 살 땅을 먼저 만들었다. 그 땅은 아름다웠다. 그러자 이 땅을 탐내는 신들이 나타났다. 그중에서도 포악하기로 이름난 포세이돈과 아테네 여신이 이 땅을 차지하겠다고 아웅다웅했다. 싸움까지 벌였다. 그러나 두 신의 능력치는 서로 저울질하기 어려울 만큼 비슷했다. 싸움이 제때 결판

날 리가 없었다. 아테네와 포세이돈은 제우스를 찾아가, 자신들의 전쟁을 판정해 달라고 청을 넣기로 하고 다툼을 잠시 멈췄다. 제우스는 포악한 성격을 가진 두 신의 비위를 잘못 건드리면 큰일 날 것이라는 사실을 잘 알고 있었기에 심사숙고 끝에 특별한 경합을 제안했다. 일정한 시간 동안 세상을 돌아다니며 저 땅에서 살게 될 인간이라는 생명에게 가장 필요한 '무엇'을 한 가지씩만 가져오라고 했다. 그중에 어떤 것이 더 인간에게 요긴할지 판단해서, 더 요긴한 '무엇'을 가져온 신에게 저 땅을 맡기겠노라는 제안이었다.

약조한 시간이 지나고 아테네와 포세이돈은 온갖 궁리를 다해 아직 태어나지 않은, 그러나 앞으로 제우스가 지은 아름다운 땅에서 아름답게 살아갈 아름다운 생명, 인간에게 가장 필요한 것이 무엇일지 고민한 끝에 한 가지씩의 '무엇'을 가지고 의기양양하게 나타났다. 그들 앞에는 그리스 신화가 언제나 그렇듯이 심판관이 될 여러 신들이 함께 자리했다. 공정하고도 민주적인 판정을 내리기 위해서였다. 그때 포세이돈이 신들 앞에 내놓은 것은 '천마天馬'였다. 하늘을 나는 말, 그건 사람과 사람, 그리고 하늘과 사람을 연결하는 도구의 상징이었다. 현대적으로 이야기하자면 소통의 모든 것이다. 심지어 하늘과의 소통까지 보장하는 훌륭한 도구였다. 요즘 사람들이 한시도 떼어놓지 못하는 휴대전화 역시 천마가 상징하는 인간의 도구에 포함되는 것이다. 인간의 삶에서 가장 중요한 일을 '소통'으로 보았고, 소통을 위한 도구의 상징으로 '천마'를 선택한 포세이돈은 당당했다. 다음은 아테네 차례였다. 회심의 미소를 짓던 아테네 여신이 신들 앞에 내놓

제 6 장
사람의 마을

은 것은 한 그루의 나무였다. 정확하게는 지중해 지역에서 잘 자라는 올리브나무*Olea europaea* L.였다. 이제 판정이 남았다. 판정은 놀랍게도 아테네의 압승이었다. 거의 모든 심판관들은 올리브나무를 인간에게 가장 필요한 도구로 판정했다. 제우스가 지은 아름다운 땅은 아테네에게 돌아가게 됐고, 아테네는 그 땅을 자신의 이름을 따 '아테네'라고 지었다. 그리스 신화에서 이야기하는 인간 최초의 땅, 최초의 도시가 그렇게 나무로부터 결정되었다.

드디어 사람의 마을이 이루어졌다. 호미닌이라고 부르는 사람 종이 처음 등장한 300만 년 전은 그렇게 나무와 함께 시작됐다고 신화는 전한다. 물론 과학의 증거가 아니라 입에서 입으로 전해오는 신화 속 이야기다. 그러나 신화는 신화가 지어진 그때 그 시기의 사람살이에 가장 유용한 철학과 실용적 지식을 상징과 비유를 통해 담은 스토리텔링이다. 그러니까 아테네의 신화가 만들어지던 시대에 이미 사람들은 사람의 세상에서 가장 필요한 것이 나무였다는 것을 알고 있었다는 이야기다. 돌아보면 사람은 나무에서 태어났다고 해도 틀린 말이 아니다.

사람이 가지는 다른 동물과의 여러 차이 가운데 하나로 이족보행이 있다. 그렇다면 최초의 사람은 어떻게, 왜 이족보행을 감행했을까를 생각해 볼 필요가 있다. 이족보행은 사람에게 뭘 가져다주었는가. 이 부분은 사실 그리 쉽게 풀리는 문제가 아니다. 화석 증거들만으로 300만 년 전의 사정을 정확하게 짚어낼 수는 없는 일이다. 다만 추측할 뿐이고, 어떤 추측이 더 합리적인지를 짚어볼 뿐이다.

이족보행은 편안한 것이 아니었다. 그리고 이족보행 이전에 사람은 나뭇가지 위에서 살았다. 몸집이 사람보다 더 큰 다른 짐승을 피해 낮 동안에는 보다 안전하다고 생각되는 나뭇가지 위에 머물렀다. 하지만 식량이 문제였다. 땅으로 내려와야 했다. 밤을 도와 먹이를 찾기 위해서였다. 나뭇가지에서 내려온 사람은 천천히 한 발 한 발 아주 조심스럽게 내디뎠다. 직립 이족보행의 시작이다.

이족보행을 통해 사람이 처음 먹이를 얻은 곳 역시 나무였다. 사람의 몸집과 체력으로는 다른 짐승을 사냥할 엄두를 내지 못했다. 작물을 재배해 식량을 얻은 건 고작해야 1만 년 전이니 그건 생각할 일이 아니다. 또 사냥을 시작한 것은 사람이 모여 군집 생활을 하기 시작한 뒤였으니, 당연히 그때 사람의 먹이는 오로지 나무에서 얻어야 했다. 좀 더 넓히자면 식물 일반이라고 하는 게 맞으리라. 나무의 열매가 우선이었겠지만, 때로는 땅바닥에

47 　일본 시코쿠 올리브공원의 **천년올리브나무.**

서 자라는 풀을 뜯어 양식으로 삼았다.

　그리스 신화 속 신들의 재판정에 모였던 신들의 판정은 정확했다. 휴대폰 없이 사는 걸 꿈에도 생각지 못하는 지금 세상에서라면 혹시 포세이돈의 천마가 더 요긴한 도구 아니었을까 생각할 수 있겠지만, 휴대폰도 굶은 상태에서는 별무소용이다. 나무는 생존의 바탕이었다. 생존이 바탕되어야 천마를 이용한 소통이 필요해진다. 신화 속에서는 올리브나무로 돼 있지만, 올리브나무는 그리스 지역에서 잘 자라는 나무일 뿐, 나무 일반을 생각한다고 해서 문제 될 일은 하나도 없다. 게다가 그리스 사람들에게 올리브나무의 열매는 매우 귀중한 음식이었다. 이는 현대에까지 이어진다. 올리브는 세계인이 가장 즐겨 찾는 영양 음식 재료로 손꼽힌다. 그러니 그리스 신화에서 사람살이의 바탕으로 올리브나무를 첫손에 꼽은 게 전혀 이상하게 받아들여지지 않는다.

돌아보면 나무 없이 살 수 없다는 사실은 현대에 이르러서도 달라질 게 없다. 여전히 나무는 인간 생존의 바탕인 식량이 될 뿐 아니라 온갖 약재의 재료가 되어 병든 사람을 치료하는 데에 없어서는 안 되는 중요 재료다. 또 집을 짓고 배를 만드는 데에도 나무는 쓰인다. 미세먼지를 흡착해 공기를 정화하는 데에도 나무는 꼭 필요하고, 병든 이의 몸과 마음을 치유하는 피톤치드도 나무만이 내뿜는다. 천년만년 세상이 뒤바뀐다 해도 나무 없이 살 수 없다는 것만큼은 변함없이 이어질 사실이다.

사람들은 신화를 통해 사람의 마을에 가장 필요한 것이 무엇인지를 설파했고, 오래도록 사람들은 신화 속의 가르침을 받아들이며 살았다. 그러나 앞 장에서 보았던 길가메시가 그랬듯이 사람의 탐욕은 언제나 도를 넘었다. 꼭 필요한 식량만 채취한 것이 아니라 더 많은 것을 요구했다. 사람살이의 필요에 의해 심어진 나무들이 이제는 사람살이의 필요에 의해 죽임을 당하는 처지로까지 바뀌어 가고 있는 실정이다.

광합성 미생물의 출현과 산소의 증가

사람이 살아가는 데에 가장 필요한 것을 나무가 제공한다는 이야기를 할 때 우리는 '산소'를 빼놓지 않는다. 산소는 사람뿐 아니라 모든 생명의 호흡에 절대적으로 필요하다. 그런데 이 산소를 지어 내는 게 나무밖에 없다.

오래전 이야기여서 젊은 독자들이라면 알 수 없겠지만, 한

때 '산소 같은 여자'라는 카피로 인기를 끌었던 화장품 광고가 있었다. 또 1970년대 초반에 왕성하게 활동했던 스위트라는 영국의 록밴드가 불러 널리 알려진 〈사랑은 산소와 같아Love is like Oxygen〉라는 제목의 노래도 있었다. 최근에도 산소를 가사에 넣은 노래가 있다. 2008년 여름에 우리나라의 5인조 밴드 샤이니가 발표해 선풍적인 인기를 끌었던 〈산소 같은 너〉라는 노래가 그것이다. 광고에서나 노래에서 의도한 '산소'의 상징에 다소 차이가 있지만, 대개는 신선하고 상쾌함, 혹은 생명의 기본 조건이라는 의미가 담겨 있다는 건 공통적이다.

산소가 생명에 반드시 필요한 요소이다 보니 이러저러하게 상징으로 쓰이지만, 전혀 다른 의미로 쓰이는 경우도 있다. '항산화제'라는 말은 많이 들어보았을 것이다. '항산화'를 돕는 영양제를 뜻하는 말이다. 여기에서 항산화抗酸化 antioxidation란 말 그대로 산화를 방지하는 것이다. 다른 표현으로 산화방지酸化防止라고도 하지만, 항산화라는 표현이 일반적이다. 산소화하는 과정을 막는다는 이야기다. 활성산소가 몸에 나쁜 영향, 특히 노화老化에 치명적이어서 젊음을 유지하기 위해 산소의 작용을 막을 수 있는 영양제를 항산화제라고 한다. 그러고 보면 '산소 같은 여자' 혹은 '산소 같은 너'는 앞에서 이야기한 것처럼 신선함과 상쾌함의 상징이기도 하지만, 늙고 죽음에 이르는 지름길의 상징일 수도 있다는 점에서 아이러니하다. 분명 생명을 유지하는 데에 반드시 필요한 요소이기는 하지만, 다른 측면에서 보면 산소는 삶을 죽음으로 이끌어가는 독소毒素다. 산소는 그런 존재다.

산소가 독毒으로 작용하는 경우로 '로레인 스미스 효과

'Lorrain Smith effect' 혹은 '폴 베르 효과Paul Bert effect'라는 신체 증세가 있다. 산소를 들이마실 때 나타나는 중독 증세를 일컫는 것으로 달리 '산소 중독증'이라고도 이야기한다. 이 상태를 처음 발견한 건 1878년 프랑스의 생리학자인 폴 베르(Paul Bert, 1833~1886)에 의해서였다. 법학을 전공하여 박사학위까지 취득했지만, 나중에 생리학자로 변신한 그는 파리코뮌 뒤에 정치가로도 활동한 적이 있다. 다양하게 활동 범위를 넓혀간 인물이지만, 그가 뒤에까지 가장 널리 알려진 건 생리학자로서였다. 특히 곤충, 거미 종류, 지렁이, 균류, 새를 비롯한 여러 동물에게 산소가 치명적인 독성을 가진다는 것을 처음 밝힌 것으로 유명하다. 산소의 독성에 대한 폴 베르의 연구는 차츰 확장됐고, 1899년에는 그의 연구를 이어받은 로레인 스미스(James Lorrain Smith, 1862~1931)의 추가 연구 결과로 산소의 독성이 더 확실하게 밝혀졌다. 로레인 스미스는 쥐와 새를 대상으로 한 실험에서 산소가 생물에게 미치는 독성을 확인했다.

제 6 장
사람의 마을

고농도의 순수 산소를 들이마시는 건 위험한 일이다. 하루 이틀 정도는 큰 문제가 없다고 하지만, 그보다 더 길어지면 폐에 치명상을 입힌다. 비슷한 결과는 특히 압축 공기를 이용하는 초기 스쿠버 다이버들에게서 발작과 허파 손상으로 나타났다. 지금도 스쿠버 다이버들이 일상적인 골칫거리로 여기는 증세다. 2기압 이상의 순수 산소는 죽음에 이르는 길이기도 하다. 우리가 산소를 들이마신다는 건, 산소뿐 아니라 산소를 포함한 대기를 들이마시는 것이다. 잘 알려진 것처럼 우리가 들이마시는 대기에 산소가 없어서는 안 되지만, 그래봐야 대기에 포함된 산소의 양은 20% 정도다. 20% 이상의 산소를 들이마시는 게 생명에 치명적이라는 이야기다. 식물에게도 마찬가지다. 산소 농도가 높아지면, 산소의 독성은 식물의 성장을 가로막는다. 또 대기 중의 산소가 25%를 넘으면 늘 축축하게 젖어 있는 열대우림에서도 산불이 일어날 가능성이 높아진다. 반대로 산소 농도가 15% 아래로 떨어지면 바짝 마른 나뭇가지조차 불에 타지 않게 되는데, 이때는 사람을 비롯한 동물들은 숨이 막히는 질식 상태에 이르게 된다.

공기 중의 산소 농도가 20%라는 건, 지구상의 생명을 가능하게 하는 황금비율인 것이다. 이 황금비율은 언제부터 만들어졌을까. 45억 년 전의 원시 지구에는 아예 산소가 없었다. 산소 발생의 결정적 역할을 한 것은 가장 오래된 생명체 가운데 하나인 시아노박테리아였다. 시아노박테리아가 산소를 생산한 최초의 생명체였다는 건 앞 장에서도 이미 짚어봤다. 35억 년 전에 바닷속에서 태어난 시아노박테리아는 서서히 광합성을 했고, 그 부산물로 산소를 내뿜었다. 그 뒤 지금으로부터 27억 년쯤 전에 산소 농도가 조금 증가하고, 다시 24억 년 전쯤에는 더 크게 증가했다. 이 시기는 앞에서 우리가 나무 이전의 생명체와 그 환경을 짚어본 것처럼 원핵생물 외의 다세포 생물은 존재하지 않던 시절이다. 전반적으로 박테리아가 지구를 지배하던 시기라 할 수 있다. 그리고 22억~20억 년 전 사이에는 대기 중 산소 농도가 뚜렷이 증가했다. 이는 바다 퇴적물 속 철의 산화 상태를 통해 추정되는데, 당시 산소 농도는 현재와 비교해 최대 10% 안팎에 이르렀을 가능성이 있다고 추정한다. 그러다가 캄브리아기 폭발이 시작된 약 5억 3,000만 년 전 무렵, 대기 중 산소 농도는 현재의 약 10~15% 수준에 이르렀던 것으로 보인다. 이후 상승과 하락을 거쳐 후기 석탄기에서 페름기 초 무렵에는 30%를 넘는 최고치에 도달했으며, 다시 감소하여 트라이아스기 초기인 약 2억 1,000만 년 전에는 10%대 초반까지 낮아졌을 가능성이 있다. 이후 다시 조금씩 산소 농도가 높아지면서 마침내 지금의 21% 수준에서 안정을 찾았다. 대기 중 21%의 농도를 갖는 산소는 지금 모든 생명체가 에너지를 얻는 필수적인 요소다. 그야말로 생명이 살아갈 수 있는 황금비율이었던 것이다.

산소의 존재를 확인한 건 18세기 후반에 이르러서였다. 산소를 누가 가장 먼저 발견했느냐를 두고도 여러 설이 있다. 대략 세 명의 과학자를 이야기하는 게 일반적이다. 영국의 신학자이자 화학자인 조지프 프리스틀리(Joseph Priestley, 1733~1804)와 스웨덴의 화학자이자 약사인 카를 빌헬름 셸레(Carl Wilhelm Scheele, 1742~1786), 프랑스의 세금 징수원이자 현대 화학의 아버지로 불리는 앙투안로랑 드 라부아지에(Antoine-Laurent de Lavoisier,

1743~1794)가 그들이다. 이 가운데 산소를 가장 먼저 발견한 사람으로 많이 알려진 인물은 프리스틀리다. 그러나 프리스틀리보다 먼저 대기 안에 산소라는 요소가 존재한다는 사실을 발견한 사람은 셸레였다. 그러나 셸레는 어떤 이유에서인지 자신이 산소를 발견했다고 발표하지 않았다.

그사이에 세월 흐르며 셸레는 과학사에서 잊힌 존재가 되었고, 산소 발견의 영예는 프리스틀리에게 돌아갔다. 프리스틀리는 1774년에 볼록렌즈로 햇빛을 모아 수은 산화물을 가열하던 중에 새로운 기체를 발견했다. 그 기체가 불을 더 잘 타게 한다는 사실까지 알아냈지만 그 이상의 의미는 파악하지 못했다. 프리스틀리는 플로지스톤이라는 보이지 않는 물질이 공기 중으로 빠져나간다고 생각하고 새로 발견한 기체를 '탈플로지스톤 공기'라고 불렀다. 프리스틀리는 새로운 기체에 대한 연구를 이어갔는데, 이듬해인 1775년에는 자신이 직접 '탈플로지스톤 공기'라 부른 이 기체를 들이마시고는, 이 기체가 촛불을 빨리 타게 하는 것처럼 사람에게도 삶의 속도를 지나치게 빠르게 한다고 했다. 하지만 아직 프리스틀리는 이 공기에 '산소'라는 이름을 붙이지 않았다. '산소'라는 용어를 처음 쓴 사람은 앞에서 이야기한 세 사람 가운데에서 프랑스의 화학자 라부아지에였다. 라부아지에는 녹슨 수은이 연소하면서 공기 중에 무언가를 내놓는다는 것을 확인하고 이 기체에 '산소'라는 이름을 붙였다. 결국 셸레, 프리스틀리, 라부아지에 세 사람 모두가 산소를 발견하고, 지금의 '산소'라는 이름을 붙이는 과정에서 일정한 자기 몫을 가진 셈이다.

'광합성'이라는 생명의 원리

라부아지에가 산소로 이름한 기체는 원시지구에 없었다. 광합성이라는 특별한 화학적 과정을 통해서 비로소 산소가 나타났다. 최초로 광합성을 수행한 유기체는 앞서 이야기한 시아노박테리아였다. 광합성을 통해 시아노박테리아는 햇빛의 에너지를 이용해 물을 쪼개어 산소를 노폐물로 방출한다. 그러니까 지구상에서 최초로 산소가 만들어진 과정은 '광합성'이라는 특별한 생리현상을 통해서 이루어진 것이라는 이야기다. 모든 생물이 이 땅에서 생명을 이어갈 수 있는 요소인 산소는 광합성에 의해 만들어졌고, 광합성은 바로 최초의 생명체인 박테리아 가운데에 시아노박테리아에 의해 시작되었다.

광합성 과정을 처음으로 확인한 과학자는 네덜란드의 의사이자 생물학자인 안 잉엔하우스(Jan Ingenhousz, 1730~1799)였다. 잉

50 얀 잉엔하우스.

엔하우스는 1779년에 식물의 특성을 밝히는 실험을 차곡차곡 진행하고 있었다. 철저히 계획된 것처럼 보이는 여러 실험에서 그는 식물이 공기를 새롭게 바꾸어 가는 과정을 확인했다. 여기에서 더 흥미로운 것은 식물이 공기를 개선하는 활동은 오직 낮, 즉 태양이 비칠 때에만 이뤄진다는 특별한 사실이었다. 잉엔하우스는 이 과정에서 식물이 이용하는 게 태양의 빛인지, 열인지를 확인하기 위해 따뜻하지만 응달진 곳, 차갑지만 빛이 환하게 비치는 물에 식물의 잎을 집어넣어 실험했다. 여러 차례의 실험을 통해 그는 잎과 줄기의 초록빛 부분에서 태양의 빛을 이용해서 공기를 바꾸는 작용이 일어난다는 걸 확인했다. 또 어린 잎이 늙은 잎보다 강력하지 않다는 것도 알아냈다. 그것이 바로 산소를 부산물로 지어 내는 광합성이고, 광합성이 일어나는 자리는 식물의 엽록소다.

잉엔하우스에 의해 식물이 햇빛을 받아 공기를 바꾸어 나가는 과정, 즉 산소를 지어 내는 광합성 작용에 대한 연구는 식물학 발전에 큰 획을 그었다. 잉엔하우스가 광합성의 신비를 밝히

기 전까지 사람들은 식물이 흙을 먹고 자란다고 생각했다. 지금의 지식으로는 이해하기 어려울 정도로 어리석은 생각이었다. 따뜻한 햇빛 아래에서 식물을 키우는 농사를 지으면서도 웬일인지 사람들은 햇빛의 중요성을 알지 못했다. 햇빛보다는 식물이 뿌리 내리고 있는 땅의 흙에서 양분을 얻는다고 봤다. 어찌 보면 그때의 과학 수준에서는 그럴 수 있었겠다는 짐작도 든다.

과연 식물이 흙에서 얻는 양분은 얼마나 되는지 실험에 나선 인물이 있었다. 17세기 벨기에 지역에서 활동하던 의사이자 생리학자인 얀바티스트 판 헬몬트(Jan-Baptiste van Helmont, 1579~1644)였다. 그는 '가스gas'라는 용어를 과학 분야에 처음 도입한 인물로 알려져 있다. 그러나 무엇보다 1620년 즈음에 시도한 그의 '버드나무 실험'은 생물학 분야에서 이전의 관념을 뒤집는 중요한 실험이었다. 잉엔하우스가 광합성의 원리를 밝혀내기 약 150년 전의 일이다. 판 헬몬트는 그때까지 대개의 사람들이 나무가 자라기 위해 필요한 양분이라고 믿어온 흙 200파운드(약 91킬로그램)를 커다란 화분에 담고, 버드나무willow tree[16] 묘목 한 그루를 심어 키우며 상태를 관찰했다. 5년이 지나 나무가 크게 자라자 나무를 뿌리째 뽑아내 무게를 재보았다. 나무가 자란 만큼 흙으로부터 영양을 빨아들였는지를 정확히 측정하려는 의도였다. 나무의 무게는 처음에 비해 164파운드(약 74킬로그램)가 더 늘어났는데, 흙은 고작 2온스(약 57그램)만 줄었다. 화분에서 줄어든 흙의 양은 5년 동안 고작 0.06%에 불과했다. 흙이 줄어든 다른 요인도 있을 개연성을 감안하면, 전혀 줄어든 게 아니라고 이야기해도 될 수준이다. 5년에 걸친 실험 결과를 놓고 판 헬몬트는 식물이 양분을 취하는 건 흙이 아니라 물이라고 결론지었다. 5년 동안 흙은 그대로였지만, 물은 지속적으로 공급했던 때문이라고 생각한 것이다. 그의 실험 결과는 그러나 곧바로 발표되지 않았고, 그가 세상을 떠난 후 5년 뒤인 1648년에 발표됐다. 현대 과학의 지식으로 보아 만족할 만한 결론은 아니지만, 당시로서는 혁명적인 연구 결과였다. 1779년에 잉엔하우스가 광합성의 원리를 온전히 밝혀내기까지는 그로부터 다시 130년이라는 긴 세월이 더 필요했다.

그러나 아직 '광합성photosynthesis'라는 용어는 만들어지지 않았다. 광합성의 원리도 전체가 제대로 밝혀진 것은 아니었다. 그로부터 여러 과학자들이 식물 성장에는 물과 빛과 이산화탄소가 필요하다는 것을 차츰 밝혀냈고, 마침내 잉엔하우스의 발견으

---

16 willow tree는 버드나무 종류를 가리키는 영문 일반명으로, 버드나무 종류에는 앞에 일정한 수식어가 따라붙는다. 이를테면 우리나라의 버드나무는 영문으로 'korea willow'라고 한다. 판 헬몬트의 실험에 쓰인 나무는 우리나라의 버드나무는 아니고, 벨기에 지역에 자생하는 버드나무 종류로 보아야 하는데, 정확한 학명이 알려지지 않아, 여기서는 그냥 '버드나무'로 옮겼다.

52 광합성 반응식을 완성한 **장바티스트 부생고**.

로부터 85년, 판 헬몬트로부터 216년이 지난 뒤인 1864년에 비로소 다음과 같은 광합성의 화학반응식이 완성됐다.

$$6CO_2 + 12H_2O \rightarrow C_6H_{12}O_6 + 6O_2 + 6H_2O$$

광합성 반응식을 완성한 건 독특한 경력의 프랑스 화학자 장바티스트 부생고(Jean-Baptiste Boussingault, 1801~1887)였다. 농업과학자이기도 한 그는 광산학교에서의 공부를 바탕으로 광산에서 일한 적도 있고, 나중에는 교수와 프랑스의회의 의원으로도 활동한 이색 경력의 소유자이기도 하다.

광합성의 세밀한 원리가 완전히 밝혀지면서 식물의 성장 과정에 대한 비밀도 차례차례 풀려나왔다. 식물의 잎에 든 엽록체에 햇빛을 쪼이면 뿌리로부터 끌어 올린 물과 공기 중에서 빨아들인 이산화탄소를 결합해 당을 만들고 그 부산물로 산소를 배

출한다는 것이다. 이를 놓고 미국 시카고대학교의 식물학과 교
수였던 찰스 리드 반스(Charles Reid Barnes, 1858~1910)는 그때까
지 쓰이던 '탄소동화작용'이라는 용어는 식물의 성장 과정에 탄
소만 강조한 표현이라고 지적하고 빛을 강조하는 용어로 '광합성
photosynthesis(photo: 빛 + synthesis: 합성)'이라는 용어를 제안했다.
그 뒤로 지금까지 그의 용어가 일반적으로 쓰이게 됐다. 그때가
1893년이다. 식물이 흙을 먹고 자란다고 믿었던 생각을 깨뜨린
판 헬몬트의 실험으로부터 거의 250년이 지난 뒤에 얻은 결과다.

그러나 가만히 생각해 보면 반스의 '광합성'이라는 용어도
완벽하다고 하기는 어렵지 않나 싶다. 광합성이라는 용어를 글
자 그대로 해석하면 빛을 이용하는 과정이다. 탄소동화작용이라
는 용어에서 강조했던 탄소가 빠졌다. 물과 탄소보다 빛이 더 중
요하다는 입장에서 반스가 빛을 뜻하는 그리스어를 어원으로 하
는 photo를 앞세운 건 이해할 수 있지만, 이 용어에는 다시 물과
이산화탄소가 빠지게 됐다. 빛과 물과 이산화탄소를 모두 포함할

수 있는 좋은 용어가 없을까 하는 생각은 그래서 머릿속을 떠나지 않는다. 그럼에도 현재로서는 이 신비로운 과정을 표현할 단어로 '광합성' 외에 따로 없는 게 사실이다. 반스 뒤로 광합성에 대한 연구는 지속적으로 이루어지면서, 식물 생장에 대한 세밀한 원리가 더 밝혀졌고, 심지어는 빛이 없는 곳에서도 광합성을 이뤄가는 생물의 생존 전략이 알려지기도 했다. 지구에 존재하는 모든 생명의 양식을 지어 내는 근원인 광합성에 얽힌 지극히 단순하면서도 극도로 복잡다단한 원리는 그렇게 우리 생태계를 지탱하는 기본 원리가 됐다.

나뭇잎 안의 박테리아

초록색을 품은 엽록소는 식물이 태양에너지를 화학에너지로 바꾸는 놀라운 존재다. 나뭇잎이 초록색인 건 엽록소가 초록빛을 띤 것이 아니라 빛의 파장 가운데 초록빛을 반사하기에 그렇게 보이는 것이다. 엽록소는 곧 지구상의 모든 에너지를 이루는 근원이며, 지금 이 순간에도 우리가 이 땅에 살 수 있는 바탕이다. 세상의 모든 생명체 가운데 스스로 양분을 만들어 내는 건 식물밖에 없다. 광합성 작용에 의해서다. 앞에서 광합성이라는 원리가 밝혀진 과정을 짚어보았지만, 이를 꼼꼼히 이야기하자면 한없이 복잡하다. 또 빛에너지를 화학에너지로 변화시키는 광합성 과정은 화학에 대한 기본 상식이 있어야 이해할 수 있다. 그러나 우리는 광합성을 아주 단순하게 이야기할 수 있다. 즉 '햇빛과 이산

화탄소와 물을 합성해 당이라는 에너지 요소를 지어 내는 과정'
이다.

　광합성은 생명의 진화 과정에서 결정적인 역할을 한 몇 가
지 요인 가운데 하나다. 시아노박테리아의 공생 과정을 풀어본
제1장 '나무 이전의 세계'에서 이야기했던 영국의 생화학자이며
과학저술가인 닉 레인은 『생명의 도약』에서 광합성을 곧 "물과
반짝이는 햇살만으로 살아가는 방법"이라고 했다. "광합성이 없
다면 세상은 어떠할까?"라는 질문으로 시작한 그 책의 제3장에
서는 우선 초록빛이 사라지는 게 광합성이 없는 세상의 첫 번째
결과라고 했다. 즉 광합성을 담당하는 기관인 엽록체가 초록색
을 띠고 있는데, 광합성이 없다는 건 엽록체가 없다는 것이고, 그
러면 지구에서 초록색은 사라진다는 이야기다. 엽록소는 광합성
을 하는 부분이고, 이는 곧 모든 생명의 원동력이다. 제1장에서도
이야기한 것처럼 닉 레인은 파란빛도 사라진다고 했다. 하늘빛이
파랗게 되려면 대기가 깨끗해야 하는데, 대기를 깨끗하게 하는
정화 능력은 엽록소가 광합성을 진행하며 배출하는 부산물인 산
소만이 할 수 있는 특징적인 작용이라는 이야기다. 결국 광합성
은 생명의 원동력일 뿐 아니라 지금의 지구를 가장 아름답게 만
들어 낸 비법이라는 것이다. 지금 우리 주제의 초점에 맞추어 다
시 이야기하자면 이 땅에 '사람의 마을'을 가능하게 한 것은 '광
합성'이었다. 햇빛과 이산화탄소와 물을 이용해 당을 만들어 내
는 광합성 작용은 산소를 노폐물로 배출한다. 결과적으로 나무가
많으면, 광합성으로 지어 내는 양분이 늘어나고, 그에 따라 그 노
폐물인 산소가 풍부해진다. 나무가 많을수록 사람의 마을이 더

아름답고 평온해지는 이유다.

광합성을 이야기할 때에 함께 이야기해야 하는 건 호흡이다. 광합성은 햇빛을 받아서 이산화탄소와 물을 합성하는 작용이라고 했다. 그렇다면 햇빛이 없는 밤이라면 광합성은 멈추는가. 그렇다. 햇빛이 없으면 식물은 광합성을 멈춘다. 하지만 모든 식물이 그런 건 아니다. 이를테면 건조지대에서 한낮에 극단적으로 뜨거운 햇살을 받으며 살아가는 식물들은 거꾸로 해가 진 밤에 광합성을 한다. 이런 식물은 예외로 하고 일단 온대지방인 우리 곁에 자라는 식물들만을 기준으로 하자면 분명히 햇빛 없는 밤에는 광합성을 멈춘다. 밤에만 그런 게 아니다. 햇살이 들지 않는 그늘에서도 광합성은 이뤄지지 않는다. 햇빛이 전혀 들지 않는 깊은 숲의 그늘에서라면 대개의 침엽수들은 아예 잎을 떨어뜨리기까지 한다. 이 과정은 뒤에 이어지는 제13장 '나무의 생명력' 부분에서 더 이어간다. 광합성을 할 수 없는 그늘이나 밤이라면 나무는 호흡을 한다. 호흡은 광합성의 정반대 방향으로 흐르는 작용이다. 광합성은 이산화탄소를 받아들여서 작용을 마친 뒤에 산소를 노폐물로 배출하지만, 호흡은 거꾸로 산소를 들이마시고 이산화탄소를 내뱉는다. 광합성을 통해 담아냈던 빛에너지가 호흡 과정으로 다시 풀려나는 것이다. 광합성과 호흡은 이처럼 반대 방향으로 흐르며 영원한 균형을 이룬다. 닉 레인은 이를 "죽음의 입맞춤"이라고 우아하게 표현했다.

광합성이 이뤄지는 장소가 바로 엽록체다. 엽록체라는 이름은 나뭇잎을 뜻하는 엽葉에 초록색을 뜻하는 록綠을 합친 것이다. 엽록체는 나뭇잎 세포 안에 포함된 둥글거나 타원형 모양인 작은

제 6 장
사람의 마을

구조물을 이야기한다. 엽록체의 특별한 막 구조 안에 엽록소가 있는데, 이 엽록소가 당을 지어 내는 발전소 역할을 한다. 엽록체의 구조는 복잡한 발전소처럼 생겼는데, 기본적으로 수많은 원반이 차곡차곡 쌓여 있고, 그 원반들을 잇는 관이 복잡하게 연결되어 있다. 맨눈으로는 볼 수 없는 세계이지만, 수많은 관으로 연결된 원반들은 마치 박테리아를 닮았다. 이는 실제로 한때 독립생활을 하던 박테리아였다. 제1장에서 이미 살펴본 그대로 시아노박테리아다. 시아노박테리아는 광합성을 통해 물을 분해할 수 있는 박테리아로, 독립 생명체다. 10억 년 전쯤에 시아노박테리아가 어떤 과정으로든 숙주세포에게 잡아먹히며 공생이 시작됐다는 건 제1장에서 알아보았다. 물론 10억 년 전의 일을 정확히 파악하는 건 불가능하다. 여전히 미스터리 가운데 하나이지만, 시아노박테리아는 바닷속에서는 조류의 몸체 안에, 나중에는 고등식물의 잎 안에 들어가 엽록체라는 형태로 발전했다.

광합성을 통해 에너지를 얻는다는 건 놀랍고도 아름다운 일이다. 물만 있으면 모든 생명이 살아갈 수 있다는 사실이다. 태양으로부터 쏟아져 들어오는 빛에너지를 이용해 물을 산소와 수소로 분해하고, 그 두 요소를 다시 반응시켜 에너지를 얻고, 다시 물로 되돌리는 과정이다. 이 지극히 단순해 보이는 과정이 복잡하기 이를 데 없는 세상 모든 생명의 바탕인 양분을 지어 내는 작용이라는 건 생각할수록 신비롭다.

세상에서 가장 오래된 나무

자연이란 이곳으로 다가오는 것도 아니며,
또한 여기에서 다른 어떤 곳으로 멀어져 가는 것도 아니다.
다만 자연은 우리에게 보이거나 또는 보이지 않을 따름이다.
따라서 자연의 비밀스러운 근원을 탐지할 목적으로
자연을 뒤쫓아 가서는 안 된다.
자연이 갑자기 우리에게 그 빛을 환하게 비춰줄 때까지
조용히 기다릴지어다.

— 플로티노스*Plotinos*, 고대 그리스 철학자

하늘이 베푸는 만큼만 먹고살 수 있었던 농경문화 시절, 사람은 세상의 모든 소원을 하늘에 빌었다. 비를 내려달라고 빌었고, 햇볕을 더 따스하게 쬐어달라고 또 빌었다. 사람의 생살여탈권이 온전히 하늘에 달렸다고 믿었던 시절이다.

고개를 꺾어 하늘을 올려다보며 소원을 빌었지만, 저 높은 하늘까지 사람의 소원이 닿을 수 있을지 의문스러웠다. 넋을 놓고 하늘만 바라보던 그 순간 하늘을 머리에 이고 서 있는 큰 생명체가 눈에 들어왔다. 나무였다. 사람들은 나무에 다가서서 소원을 빌었다. 사람보다 먼저 이 땅에 자리 잡고 사람의 마을에 서 있는 한 그루의 큰 나무는 사람들의 모든 소원을 다 담고도 남을 듯한 몸피를 하고, 하늘에 닿을 듯 높이 솟아올랐다. 사람들은 나무를 향해 '하늘까지 우리의 소원을 전해달라'고 간곡히 부탁했다. 하늘 향한 소원이 그리 다를 게 없는 마을 사람들이 모두 모여 함께 예를 올리기로 했다. 나무 앞에 온 마을 사람들이 한데 모여 정성껏 소원을 빌었다. 해마다 빠짐없었다. 이 땅의 당산제는 그렇게 이어졌다. 사람의 소원을 하늘에 전달하는 이른바 영매 노릇을 하는 나무를 사람들은 '당산나무'라고 불렀다.

근대 산업화 과정에서 상당수가 사라졌지만, 여전히 옛 모습 그대로 당산제를 지내는 마을은 남아 있다. 이런저런 이유로 마을 사람들이 모여 올리는 당산제는 사라졌다 해도 마을 한가운데에 서 있는 당산나무는 여전히 마을의 중심이자 상징이다. 사람살이가 고단할 때마다 나무를 찾아가 옛날 우리의 어머니와 아버지들이 했던 것처럼 막걸리 한 사발을 올리고 소원을 비는 건 여전하다. 세월 지나며 나무에는 사람들의 한많은 삶이 고스란히 배어들었다.

이 땅의 큰 나무는 우리 삶의 역사다. 일쑤 스쳐 지났던 민초의 역사가 모두 나무에 담겨 있다. 권세가 중심으로 기록된 역사에선 찾아볼 수 없는 사람살이의 알갱이다. 나무가 사람의 언어로 이야기하지 않을 뿐이지, 나무 안에 담긴, 나무가 바라보고 함께 서러워하고, 사람의 소원을 하늘에 전하기 위해 애면글면했던 나무는 소중한 우리의 역사다. 격동기를 살아가는 지금 우리 삶의 역사가 온전히 담긴 이 땅의 오래된 큰 나무를 한 번 더 찾아보아야 할 까닭이다. 한 걸음 더 나아가면 사람보다 오래 사는 나무에는 필경 사람살이의 무늬와 향기가 아로새겨져 있을 것이다. 지금 우리가 세상에서 가장 오래된 나무를 찾아보는 건 사람살이의 역사에 담긴 신비를 찾으려는 이유에 닿아 있다.

나무의 수명 … 우리나라에서 제일 오래된 나무

세상에서 가장 오래된 나무는 얼마나 오래되었을까를 짚어보기 전에 먼저 나무의 수명부터 짚어보자. 나무의 수명은 예단할 수 없다. 어떤 종류의 나무는 몇 년을 살고, 다른 종류는 몇 년을 산다는 식으로 규정하는 건 불가능하다. 예를 들어 지금 1,000년 된 나무로 알려진 나무를 살펴보면 여전히 건강한 걸 확인할 수 있다. 앞으로 얼마를 더 살지 지금으로서는 알 수 없다. 또 지금 나무를 바라보는 사람들이 살아 있을 가능성이 있는 기간보다는 더 길게 살아남을 듯해 보이는 나무는 헤아릴 수 없이 많다. 사람은 나무보다 오래 살 수 없으니 한 그루의 생애 전체를 끝까지 관찰할 수 없고, 따라서 나무의 수명을 확정해 말하기는 어렵다.

그럼에도 불구하고 대략 나무 종류에 따라 일정한 경향이 있다는 사실만큼은 이야기할 수 있다. 이를테면 꽃을 크게 많이 피운다거나 열매를 많이 맺는 나무 종류는 전반적으로 수명이 짧은 편이다. 꽃 피우고 열매 맺는 일, 즉 생식에 관련된 일에 에너지가 많이 소모되는 까닭에 진작에 탈진해 오래 살지 못한다. 예를 들어 꽃을 많이 피우는 벚나무 가운데 우리나라에서 가장 오래된 나무로 알려진 건 370년밖에 안 됐다. 1,000년 넘은 은행나무나 소나무가 존재하는 사정에 비춰보면 지나칠 정도로 약소한 수명이다. 유실수도 마찬가지다. 사과나무나 돌배나무 가운데에서 오래된 나무라고 해봐야 고작 100년 남짓에 불과하다. 거꾸로 비교적 수명이 긴 나무들은 꽃이 채 눈에 뜨이지 않을 만큼 작은 나무들이다. 이를테면 소나무, 은행나무, 느티나무, 삼나무 등이 그런 나무들이다. 이런 종류의 나무 가운데에서는 1,000년을 넘은 나무를 찾아보는 게 어렵지 않다.

그렇다면 우리나라에서 가장 오래된 나무는 어떤 나무일까. 앞에서 짚어본 대로, 꽃이나 열매가 크고 화려한 나무 가운데에서는 그리 오래된 나무를 찾을 수 없다. 우리나라에 살아 있는 나무 가운데에서 가장 오래된 나무로 공식 인증된 나무는 **정선 두위봉 주목**이다. 물론 이건 국가 공식 기록을 바탕으로 할 경우이고, 우리 옛 마을에 살아 있는 나무 가운데에는 그보다 더 오래됐다고 마을 사람들이 입에서 입으로 전하는 나무들도 꽤 있다.

2002년에 천연기념물로 지정한 **정선 두위봉 주목**은 강원도 정선 사북읍과 영월 중동면에 걸쳐 있는 해발 1,466미터의 두위봉斗圍峰에 서 있는 노거수다. 두위봉은 태백산과 함백산의 기세에 눌려 '산山'으로 불리지 못하고 '봉峰'으로 불리지만 백두대간의 명산으로 꼽히는 큰 산이다. 두위봉 정상 부근의 북사면 1,340미터 고지에 서 있는 **정선 두위봉 주목**은 제가끔 30미터의 거리를 두고 세 그루가 모여 있다. 근처에 이뤄진 주목 군락지의 비조목鼻祖木이라 할 만한 이 나무가 살아온 세월은 무려 1,400년이다. 서기 600년 즈음, 태백산을 넘어 강원도 정선 지역에서 절터를 닦아가던 신라의 고승 자장율사의 발걸음 소리를 듣고 새싹을 내민 나무다. 신라의 장보고가 청해진을 설치해 해양 국방의 기틀을 강고히 하던 때에는 이미 200년을 넘은 큰 나무였으며, 고려의 멸망을 한탄하며 두위봉 고개를 넘던 선비들이 처음 지었다는 〈정선 아리랑〉이 산 위에 울려 퍼지던 조선 건국 즈음에는 이미 800년을 넘은 조선 최고의 노거수였다.

　　나무들이 서로 부대끼며 살아야 하는 숲에서는 오래된 나무를 찾기 어렵다. 한 그루의 나무가 가지를 넓게 뻗으며 자랄 수 있는 일정한 영역을 확보하기 어려운 까닭이다. 생존 영역이 비좁아, 나무는 스트레스를 받고 제풀에 꺾여 수명을 마치기 십상이다. 깊은 숲에서 자라는 나무의 평균 나무나이가 200년쯤인 건 그래서다. 그러나 자라는 속도가 더딘 주목은 이 같은 생육의 스트레스를 겪어내는 데에 유리하다. **정선 두위봉 주목** 세 그루가 최고령의 나무로 살아남을 수 있었던 특별한 조건이다.

　　묵묵히 세월을 견디며 살아온 **정선 두위봉 주목** 세 그루는 긴 세월 동안 사람의 눈에 띄지 않았다. 산길을 지나는 사람들의 눈에 띄었다 하더라도 더디게 자라는 주목의 특징을 가늠하지 못한 탓에 그 가치는 알려지지 않았다. 심지어 산림청의 보호수로도 지정되지 않았다. 그러다가 1990년 후반에 산림청 동부지방산림관리청에서 나무의 가치를 알아봤다. 산림청 임업연구원은 정밀 조사 끝에 주목 세 그루의 나이를 우리나라의 모든 나무를 통틀어 가장 오래된 나무로 결론지었다. 그리고 2002년 6월 29일에 국가유산청은 세 그루의 주목을 하나로 묶어 국가자연유산 천연기념물로 지정했다. 주목은 물론이고, 우리나라 나무의 역사를 다시 쓰게 한 쾌거였다.

　　여기서 보탤 말이 있다. 앞에도 적었지만 **정선 두위봉 주목**을 우리나라에서 가장 오래된 나무로 보는 건 국가 공식 인증 범위 안에서일 뿐이다. 일테면 이 책의 앞에서 은행나무의 출현과 그 특징을 이야기한 제4장 '나무의 탄생'에서 소개한 **삼척 늑구리 은행나무**를 기억할 것이다. 그 나무의 나무나이를 1,500년으로 소개했다. 그렇다면 1,400년의 **정선 두위봉 주목**보다 100년 정도 더 오래 살아온 나무 아닌가. 여기서는 '공식 인증'이라는 표현에 주목해야 한다. 산림청 보호수 목록에 1,000년 넘은 나무로 등록된 나무는 22그루다. 2,000년 이상 된 것으로 기록된 나무도 있다. 그 가운데에는 **삼척 늑구리 은행나무**는 들어 있지 않다. 또 1,300년 전 영월엄씨의 시조인 엄임의(嚴林義, 생몰년 미상)가 심은 것으로 전해지는 **영월 하송리 은행나무**도 없다. **삼척 늑구리 은행나무**는 강원도기념물로, **영월 하송리 은행나무**는 천연기념물로 지정되어 관리 주체가 산림청에서 국가유산청으로 바뀐 때문에 산림청 기록에서는 빠지게 된 것이다. 우리의 노거수 관리가 이처럼 나뉜 것도 적잖은 문제를 안고 있지만, 이는 다른 자리에서 이야기하기로 한다. 어쨌든 민간에서 입에서 입으로 전해오는 이야기를 바탕으로 하면 **정선 두위봉 주목** 못지않게 오래 살아온 나무가 꽤 있다. 그러나 이 오래된 노거수들의 나무나이를 과학적으로 검증한 사례는 많지 않다. 이유는 여러 가지가 있을 수 있다. 역시 이 자리에서 깊이 논의할 건 아니지만, 간단히 짚어보자면 민간에서 전하는 이야기에 의한 나무나이가 실제 나무의 규모에 비해 신뢰하기 어려운 경우가 대부분이다. 이를테면 이 책의 제24장 '나무 심기'에서 자세히 살펴볼 나무들 가운데에 옛사람들이 꽂아둔 지팡이가 자라났다는 큰 나무들이 적지 않다. 이 나무들에 얽힌 이야기를 과학적으로 신뢰한다면 나무나이가 1,000년 넘은 나무들이 줄줄이 나타난다. 그러나 전설과 설화 속에 나타나는 이야기를 과학에서 곧이곧대로 받아들일 수 없는 사정은 많고 많다. 그렇기 때문에 우리 과학계에서 공식적으로 인증한 나무만을 바탕으로 하면 **정선 두위봉 주목**이 가장 오래된 나무라고 본다는 이야기다.

공식적으로 나무나이 1,400년이 인증된 **정선 두위봉 주목** 이야기로 돌아간다. 세 그루의 주목 가운데 가장 오래된 나무는 가운데 서 있는 나무로, 1,400년을 살아왔다. 우리나라에서 가장 오래된 나무다. 가운데에 서 있는 최고령의 주목을 아래위에서 보위하며 서 있는 다른 두 그루의 주목도 얼핏 봐서는 나무나이에서나 크기에서 큰 차이가 없어 보인다. 그저 산꼭대기에 서 있는 엄청 큰 나무일 뿐이다. 그러나 자세히 보면 두 그루의 나무는 가운데 나무보다 조금 젊다는 건 알아볼 수 있다. 임업연구원은 아래쪽의 나무가 1,100년, 위쪽의 나무가 1,200년 정도 된 것이라고 했다. 미미한 차이로 느껴지지만, 무려 300년이나 되는 긴 시간의 차이다.

1,400년 된 주목의 줄기는 살짝 비틀리고 꼬이면서 하늘로 치솟아 올랐는데, 가운데 부분은 오래전에 썩어 커다란 공동이 생겨서 외과수술로 메운 충전재가 뚜렷하게 드러나 있다. 천년 묵은 구렁이라든가 이무기가 용이 되어 승천하는 형상이다. 세월의 풍진에 찢기고 뚫리면서 생명을 지탱해 온 줄기의 둘레는

4.36미터다. 주목 가운데에서는 매우 굵은 규모다. 줄기는 7미터 쯤 높이에서 둘로 갈라지고, 그중 하나는 얼마쯤 허공을 더듬어 오르다가 또다시 둘로 갈라져서 전체적으로 3개의 큰 가지가 뻗어 나와 넓게 퍼졌다. 나무는 17미터까지 솟아오르며 주목 특유의 아름다움을 다듬어 냈다. 산봉우리에서 거센 비바람과 눈보라를 다 이겨내며 마침내 이 땅에서 가장 아름답고 가장 건강한 주목 이 된 것이다.

그러면 '주목이라는 종류의 나무는 대략 1,400년을 수명으 로 볼 수 있지 않겠는가'라는 질문이 이어질 수 있다. 그러나 그런 예측은 옳지 않다. 1,400년을 살아온 **정선 두위봉 주목**은 간단히 이야기해서 특별히 외부의 충격이 있지 않다면 적어도 우리가 살 아 있는 동안은 죽지 않을 듯 현재도 매우 건강한 편이다. 물론 천 연기념물로 지정한 나무인 까닭에 국가에서 나무의 건강 상태를 수시로 점검하고, 나무의 건강에 문제가 있다면 그에 대한 치밀한 대책을 세우며 나무를 잘 보호한다는 변수가 덧붙여지기는 한다. 즉 인위적으로 나무의 수명을 연장하는 것이어서, 자연 상태에서의 수명이라고 이야기하기 어렵다는 사실은 분명히 존재한다. 그걸 인정한다 해도 앞에서 이야기한 것처럼 **정선 두위봉 주목**이 앞으로 얼마나 더 살지를 짐작하는 건 불가능하다.

7,200년 된 조몬삼나무와 5,000년 된 브리슬콘소나무

이제 나라 밖으로, 그러니까 세상에서 가장 오래된 나무를 찾아볼 순서다. 우선 가까운 일본에서 찾아볼 수 있는 오래된 나무가 있다. 일본 사람들이 무려 7,200년을 살았다고 이야기하는 큰 나무다. 일본의 선사시대를 가리키는 '조몬시대'부터 살아온 나무라 해서 일본인들이 '조몬스기縄文杉'라고 부른다. 조몬시대는 기원전 1만 3,000년부터 기원전 300년까지의 기간을 가리킨다. '조몬삼나무'는 미야자키 하야오의 애니메이션 〈모노노케 히메〉의 배경이기도 했던 아름다운 섬, 야쿠시마屋久島의 미야노우라宮之浦산 정상 부근에 신화처럼 서 있는 큰 나무다. 섬의 30% 가까운 지역이 세계자연유산으로 지정된 야쿠시마는 '물의 섬'이라고 부를 정도로 비가 많은 곳이다. 한 해 강수량이 1만 밀리미터[17]까지 되는 해도 있었다고 할 정도니까 비의 기세가 어느 정도인지 짐작할 수 있다. 일본의 여러 문인들이 남긴 야쿠시마에 관한 글에도 늘 비에 대한 이야기는 빠지지 않는다.

　워낙 오랫동안 일본인들이 신성하게 여겨온 이 나무는 철저한 보호 상태에서 여전히 아름다운 자태를 유지하고 있다. 나무를 보호하기 위해 둘러친 울타리 바깥에 세운 안내판에는 나무나이 7,200년, 나무높이 26미터, 가슴높이줄기둘레 16미터로 또렷하게 명시했다. 나무가 서 있는 자리가 해발 1,300미터에 이르는 고지여서 등반이 쉽지 않음에도 불구하고 나무를 직접 보기 위한 일본인을 비롯한 전 세계 관광객의 발길이 끊이지 않는다. 수고를 들여서라도 한 번은 보아야 할 아름다운 나무인 때문이다. 나무에 대한 애정이 지극한 이 책의 독자들 가운데에도 조몬삼나무를 직접 찾아본 사람이 많을 것이다.

　'조몬삼나무'의 규모는 나무나이에 비해 작은 편이다. 높이에 비해 둘레가 굵기는 하지만, 7,200개의 나이테를 품은 줄기로는 믿어지지 않는다. 이 정도 규모의 나무라면 우리나라에서도 얼마든지 만날 수 있다. 7,000년이 아니라 700년쯤 동안 30미터 넘게 자란 나무도 있다. 조몬삼나무의 나무나이에 대해서는 오랫동안 설왕설래가 있었다. 이 나무를 처음 발견한 1966년에는 규모로 보아 4,000년은 넘었을 것으로 추정했다. 그러다가 1976년 규슈대학교 연구팀에서는 다시 7,000년이 넘은 나무라고 추정했다. 현재 7,200년이라는 건 그때의 측정을 바탕으로 한 것이다. 그러나 후속 조사에서는 나무의 공동 안쪽의 오래된 조직을 방사성 탄소 측정법으로 측정한 결과 2,170년이라는 게 확인됐다. 물

17　우리나라 기상청 통계에 따르면 전국의 연간 강수량은 1,303.6밀리미터다. 야쿠시마의 강우량은 우리나라 전국 강수량의 8배에 가깝다.

론 공동 안쪽에 남아 있는 가장 오래된 조직의 연대일 뿐이고, 그 안쪽에서 오래전에 썩어 사라진 부분의 나이는 알 수 없는 상황이다. 더 이상의 정확한 수치는 발표하지 못했다. 식물학에서는 살아 있는 세포로 이루어진 줄기 바깥쪽의 '변재邊材'에 대응하여 줄기 안쪽을 '심재心材'라고 부른다. 나이테가 쌓이는 부분은 심재인데, 이 심재는 죽은 조직이어서, 썩어 문드러지게 마련이다. 오래된 나이테는 사라지기 십상이고 결국 정확한 나무나이는 확인할 수 없다는 이야기다. 그래서 생물학에서는 대략 400년 넘은 나무의 생물학적 나이는 의미가 없다고 이야기한다.

과학적 조사를 마친 과학계에서는 이제 조몬삼나무를 "7,200년 된 신화 속 나무"라고 부르지 않는다. "2,170년보다 더 살아온 나무"라고만 한다. 물론 2,170년보다 더 살아온 기간이 얼

56 미국 네바다주 브리슬콘소나무.

마인지는 누구도 알 수 없다. 끝내 정확한 나이는 알 수 없지만, 조몬삼나무는 필경 일본의 문화와 역사를 지탱해 온 신화 속의 한 상징으로 남았다. 일본인들에게는 세상에서 가장 아름다운 큰 나무인 건 사실이지만, 그렇다고 과학적으로 세상에서 가장 오래된 나무로 인정하기에는 모자란 점이 분명히 존재한다. 7,200년의 나무나이를 정확히 증명할 수 없기 때문이다. 앞에서 우리나라의 1,000년 넘은 나무들의 나무나이에 대한 불확실성과 비슷한 경우라고 말할 수 있다.

그러면 과학계에서 세계에서 가장 오래된 나무로 인정한 나무는 어떤 나무일까. 또 그 나무는 과학적으로 나무나이가 확증되었는지 궁금해지는 게 자연스러운 순서다. 현재까지 과학계에서 '세상에서 가장 오래된 나무'로 공식적으로 인정하는 나무는 미국 네바다주의 접경인 화이트산맥의 '슐먼 기념숲Schulman

고규홍의 나무

Grove'에 살아 있는 브리슬콘소나무를 꼽는다. 이 오래된 나무를 처음 발견한 건 1953년이었다. 천문학자이며 애리조나대학교의 교수로 일하던 연륜연대학dendrochronology 전공의 에드먼드 슐먼(Edmund P. Schulman, 1908~1958)이 오래된 나무에 담긴 연륜연대에 대해 연구하던 중이었다고 한다. 처음에 그는 오래된 나무의 표본을 얻기 위해 주로 세쿼이아 종류에 집중했다. 나무 안에 가장 오래된 세월의 흔적을 간직할 가능성이 가장 높은 나무로 여겼던 것이다. 그러다가 1953년 늦여름에 화이트산맥 답사 중에 브리슬콘소나무를 발견했다. 슐먼은 이 숲에서 오래된 나무로 판단되는 17그루의 나무를 핵심후보군으로 선정해 시료를 채취했다. 생육조건에 따라 나이테의 생성 여부에 차이가 있을 수도 있어서 슐먼은 '교차연대측정법'을 통해 그 17그루에서 채취한 시료의 나무 나이를 측정했다. 측정 결과 이 가운데 9그루가 4,000년이 넘었다고 판단해 이들을 '므두셀라 워크Methuselah Walk'라고 이름 지었다. 『구약성경』에서 '노아의 방주'를 지은 노아의 할아버지 '므두셀라'는 969세까지 살았다는 전설적 인물의 이름으로 '장수'의

제 7 장
세상에서 가장 오래된 나무

상징이다. 또 슐먼은 이 가운데 가장 오래된 나무가 4,600년은 넘었을 것이라고 추정했고,[18] 이를 《내셔널지오그래픽》에 기사로 보고했다.[19] 그런데 안타깝게도 슐먼은 기사가 게재되기 직전에 심장마비로 갑작스레 죽음에 들어 자신의 기사에 대중의 관심이 집중되는 상황을 보지 못했다. 나중에 이 브리슬콘소나무숲은 그의 이름을 따서 '슐먼 기념숲'이라고 이름 지어 오늘에 이른다. 사실 그때까지만 하더라도 학계에는 'BC 경계'라는 용어가 있었다고 한다. 나무가 아무리 오래 살아도 'Before Christ' 시대로 넘어가지 못한다는 생각이었다. 슐먼도 그 의견에 동의했다. 하지만 브리슬콘소나무의 나무나이를 확인하면서 그의 생각은 바뀌었다.

그러나 그게 끝이 아니다. 므두셀라보다 더 오래된 나무가 확인됐다. 우선 1964년의 일이다. 그때 미국의 지리학자 도널드 러스크 커리(Donald Rusk Currey, 1934~2004)는 슐먼 기념숲에서 140킬로미터쯤 떨어진 또 다른 숲에서 오래된 브리슬콘소나무를 발견해 나무나이를 측정하고자 했다. 그런데 시료 채취가 불가능해 현지 산림청에 연구 목적에 따른 벌목 허가를 요청해 허가를 얻어 나무를 베어 냈다. 베어 낸 나무의 나이테는 정확히 4,844개였다. 후속연구에 따르면 나무나이가 므두셀라보다 100년 더 오래된 4,900년으로 측정됐다. 지구 최장수 생명체가 한 연구원과 관리자의 실수로 사라진 것이다. 이미 죽은 나무가 됐지만 나무에는 '프로메테우스'라는 별명이 붙었다. 사후작명이었다. 아쉬운

---

18   이 시료는 재조사를 거쳐 최종적으로 4,789년으로 확정됐다.

19   EDMUND SCHULMAN, 'Bristlecone Pine, Oldest Known Living Thing', 《내셔널지오그래픽》 1958년 3월호.

이야기는 2012년으로 이어졌다. 그때 연륜연대학자인 토머스 할런(Thomas P. Harlan, 1935~2013)은 슐먼이 남긴 나무 시료들을 분석했다. 그러던 중에 한 시료에서 찾아낸 나이테가 무려 5,062개였음을 확인했다. 이는 므두셀라보다 260여 년, 프로메테우스보다 160여 년 더 오래된 나무였다. 그러나 이 시료를 채취한 나무가 어떤 나무인지는 알 수 없었다. 슐먼이 기록을 남기지 않았거나 사라진 것이다. 필경 슐먼 기념숲에는 세상에서 가장 오래된 나무인 5,100년 된 나무가 살아 있지만, 그게 어떤 나무인지 현재로서는 알 수 없다는 이야기다.

이들 브리슬콘소나무는 그리 큰 나무가 아니다. 대개는 고작해야 10미터 정도의 높이에 불과하다. 또 우리나라의 소나무와 달리 5개의 잎이 모여 난다. 이 나무들이 오래 살 수 있는 특별한 이유는 무엇보다 천천히 살아간다는 데에 있다. 그러나 뿌리는 깊다.

므두셀라 브리슬콘소나무보다 더 오래된 나무

여기에 2023년 5월에 미국의 과학잡지 《사이언티픽 아메리칸》에 보도된 이야기 하나를 추가해야 하겠다. 그 시간 기준으로 최종 확정된 것은 아니지만, 므두셀라 브리슬콘소나무보다 더 오래 살았던 것으로 추정되는 나무가 있다는 연구 발표다. 칠레 남부와 아르헨티나 안데스산맥 지역에서 자생하는 '파타고니안 사이프러스' 종류의 나무로, 현재 알레르세코스테로 국립공원의 명

물로 오래전부터 '오래된 나무'로 알려진 나무다. 알레르세 나무가 군락을 이룬 이 공원에서 가장 오래된 이 큰 나무는 '위대한 할아버지'라는 뜻의 스페인어 '그란 아부엘로Gran Abuelo'라는 애칭으로 불린다.

최근 칠레의 환경과학자 조너선 바리치비치(Jonathan Barichivich) 박사 연구팀이 나무의 줄기둘레가 4미터를 넘는 이 나무의 나무나이를 여러 측정법을 동원해 조사한 바에 따르면 5,000년이 넘었을 가능성이 80%에 이른다고 했다. 보도 당시 학계의 입증이 완성되기 전이어서 아직 학계의 기록을 갈아치울 단계는 아니지만, 연구팀의 조사대로라면 므두셀라 브리슬콘소나무보다 600년 정도 더 오래 살아온 나무로 대략 5,500년 정도로 보아야 한다. 이 나무는 1972년에 숲을 순찰하던 공원 관리인에게 처음 발견됐고, 이를 정밀하게 조사한 바리치비치 박사는 그 공원 관

리인 딸의 조카라고 한다. 칠레의 '알레르세'의 나무나이에 대한 학계의 검증이 어떤 결과로 이어질지는 아직 알 수 없다. 이 나무에 대한 연구 발표를 계기로 돌아보건대, 어쩌면 나무가 얼마나 오래 살아가는 생명체인지에 대해서는 앞으로도 새로운 결과가 더 나올 수 있지 않을까 생각하게 된다.

나무나이를 이야기할 때에는 특이한 사례 하나를 빼놓을 수 없다. 판도Pando라는 이름의 사시나무숲이다. 미국 유타주에 있는 피시레이크 국유림Fishlake National Forest에 있는 이 숲에는 약 4만 7,000그루의 사시나무가 모여 있는데, 이 나무들은 하나의 뿌리를 공유하는 것이 유전자 감별을 통해 확인됐다. 하나의 뿌리에서 곁뿌리를 확장하며 새로운 나무를 계속 틔워 올리는 이른바 무성생식을 통해 생명을 이어온 것으로, 4만 7,000그루의 나무는 각각 개별적인 나무가 아니다. 이들은 모두 하나의 뿌리에서 자란 하나의 생명, 하나의 유기체다. 이들의 수명은 8만 년이 넘었다고 여겨지며 앞으로도 100만 년은 너끈히 살아갈 것이라는 추정이 널리 받아들여지는 실정이다. 미시간대학교의 산림생

태학자인 버튼 V. 반스(Burton V. Barnes, 1930~2014)는 1960년대 후반에 이 사시나무 군락의 나무들이 모두 유전적으로 동일한 단일 개체일 가능성을 처음으로 제기했다. 반스는 가을이면 이 군락의 나무들이 동시에 노랗게 단풍 들고, 봄에도 거의 동시에 잎이 돋아나는 현상을 관찰하면서 이들이 하나의 유전자를 가진 단일 유기체 아닌가 생각했다. 그러나 DNA 분석 기술이 발달하지 않은 그 시기의 반스로서는 더 이상 확신할 근거를 찾지 못했다. 그로부터 20여 년이 지난 1990년대에 들어 유전학 기술이 발전하면서 반스의 주장은 과학적 검증을 거치게 됐다. 1992년, 콜로라도대학교 명예교수인 생태학자 마이클 그랜트(Michael C. Grant, 1944~)는 이 군락에서 자라는 나무의 유전자 분석을 실시했다. 연구팀은 군락 안의 여러 지점에서 채취한 나뭇잎 샘플의 DNA를 분석했는데, 반스의 주장대로 모든 나무가 유전적으로 완벽하게 동일하다는 사실을 확인했다. 이로써 피시레이크의 사시나무 군락은 여러 그루의 나무가 모여 자라는 게 아니라, 땅속에서 뻗은 하나의 뿌리에서 돋아난 클론Clone의 무리였음을 확인했다. '퍼진다'는 뜻의 라틴어 '판도pando'라는 이름을 붙인 건 그때였다. 판도에 대한 연구자들은 2008년에 단일 유전자를 가진 사시나무 군락이 펼친 넓이를 43.6헥타르[20]로 확인했으며, 2018년에는 종합 평가를 완료했다고 한다. 2000년에는 OECD의 보고서에도 판도의 존재를 밝혔으며, 2006년에는 미국 우정국에서 판도 기념 우표를 발행하며 '미국의 불가사의' 중 하나라고 했다. 판도는 하나의 생명체가 살아온 나이로도 최고에 속하지만 나무의 규모에 있어서도 세상에서 가장 큰 생명체로 이야기할 수 있기에 제10장 '큰 나무'편에서 더 짚어보기로 한다.

700년 전 고려시대에 맺은 씨앗이 살아나

사람을 생명을 가진 존재의 대표 격으로 생각하다 보면 다른 생명들의 신비로움은 도무지 이해하기 어려운 상황에 빠지게 된다. 눈으로 확인할 수 있는 특별한 생명체 외에도 식물의 생명력에 대해 이해하지 못할 일들은 이어진다. 수생식물 연꽃에도 그런 신비로움이 담겨 있다.

연꽃의 씨앗은 1,000년을 넘어서도 싹을 틔울 만큼 신비롭

---

[20] 평 단위로 환산하면 13만 1,890평이고, 이는 축구장 61개 규모의 어마어마한 넓이다.

다. 최근 놀라운 연꽃 개화 소식이 있었다. 고려시대인 700년 전의 연꽃 씨앗에서 꽃이 피어났다는 소식이다. 이 놀라운 사연은 2009년 4월 2일에 시작했다. 그날, 함안의 성산산성 발굴 작업 중에 발굴을 주도한 국립가야문화재연구소가 연꽃 씨앗 15개를 발견했다. 한 달 뒤인 5월 8일에는 함안박물관 측에서도 3개의 씨앗을 더 찾아내 오래된 연꽃 씨앗 18개를 찾아냈다. 그로부터 1년 뒤인 2010년 4월에 함안박물관은 이 씨앗이 대관절 언제 맺은 열매인지 알기 위해 씨앗 2개를 한국지질자원연구원에 보내 연대 측정을 의뢰했다. 한국지질자원연구원의 연대 측정 결과, 하나는 고려시대 중기인 760년 전, 다른 하나는 그보다 90년쯤 뒤인 650년 전으로 밝혀졌다. 남은 16개의 씨앗 가운데 2개는 국립농업과학원 농업유전자원센터에 전시 보관용으로 보내고, 함안박물관 냉동실에는 6개를 보관했다. 그리고 나머지 8개 가운데 5개는 농업기술센터, 3개는 함안박물관이 연꽃 씨앗이 뿌리를 내리고 잎을 틔울 조건을 맞춰 심었다. 700년이 넘은 씨앗을 싹 틔우겠다는 계획이었다. 먼저 싹을 틔운 건 농업기술센터에서 심은 5개 가운데 2개였다. 며칠 뒤 함안박물관이 실험한 3개 가운데 1개의 씨앗에서 싹이 올라왔다. 그리고 드디어 그해 한여름, 7월 7일 오전 10시! 700년 된 씨앗에서 자라난 연꽃에서 꽃이 피어났다. 한 톨의 작은 씨앗이 700년이라는 긴 세월을 뛰어넘어 살아난 것이다. 이 연꽃을 학계에서는 '아라홍련'이라고 따로 이름 붙였다. 이 지역이 예전에 '아라가야' 지역의 왕궁 터 근처이기에 지역을 상징하는 '아라'라는 이름에 붉은 꽃을 피우는 연꽃이어서 '홍련'을 붙인 이름이다.

처음 함안박물관의 발표에 따르면 아라홍련은 현대의 연꽃과는 색깔에서나 꽃잎의 모양에서 조금 다르다고 했다. 꽃잎이 요즘 흔히 볼 수 있는 연꽃보다 조금 더 길었으며 꽃잎 수도 다르다는 것이다. 꽃봉오리와 빛깔에서도 미세한 차이가 있었지만, 전체적인 분위기는 크게 다르지 않았다고 발표했고, 이 꽃의 사진을 보도자료로 알렸다. 현대의 연꽃 꽃잎은 품종에 따라 차이가 있지만, 대략 13장에서 30장까지인데, 아라홍련은 12장에 불과하다고 발표했다.

그저 700년 전인 고려시대에 선비들이 완상하던 연꽃이라는 점만으로도 놀라지 않을 수 없다. 뒤에 이야기를 이어가겠지만, 나라 밖에서는 이 같은 일이 이미 몇 차례 있었다. 함안에서 담대한 프로젝트를 실행한 것도 실은 나라 밖의 앞선 실험 결과에 대한 신뢰가 있었기 때문이었다. 아라홍련은 관련 전문가들에게 연꽃 계통이나 진화 과정을 연구하는 데에 큰 자료가 될 것이라는 기대를 안고 우리 곁에 세월의 비밀을 열어젖혔다.

함안군에서는 그 뒤, 아라홍련을 더 널리 알리기 위해 아라가야 지역의 습지를 테마공원으로 조성하는 작업에 착수했다. 연꽃은 여름의 관광 자원으로도 훌륭하게 활용할 수 있으니까 당연한 순서였다. 함안군에서는 아라가야 왕궁터 곁에 연꽃 단지를 조성하고 2013년에 '함안연꽃테마파크'라는 이름으로 개장했다. 함안연꽃테마파크에서는 함안군 법수면에서 오래전부터 살아온 토종 연꽃인 '법수홍련'과 국어학자이며 시조시인인 가람 이병기 선생이 심어 키우던 연꽃으로 알려진 '가람백련'을 비롯해 가시연꽃, 수련 등 수생식물을 전시하고 있지만 이 구역의 주인공은

역시 아라홍련이다. 세월의 무게를 장하게 이겨낸 아라홍련은 함안연꽃테마파크의 한가운데에 설치한 '선왕정先王亭'이라는 이름의 정자 바로 옆 동쪽 구역에서 무성하게 자라고 있다.

앞서 이야기했듯이 함안군은 처음에 아라홍련이 현대의 연꽃과 차이가 있다고 발표했다. 그러나 실제 함안연꽃테마파크에서 찾아본 아라홍련은 현대의 여느 연꽃의 꽃과 어떤 차이가 있는지 체감하기가 쉽지 않다. 꽃잎의 숫자에서도 큰 차이가 없다. 현재 우리 곁에서 자라는 연꽃의 꽃잎 수를 함안에서는 13장에서 30장으로 이야기했지만, 대개의 경우 12장 정도로 피어난다. 30장 정도로 피어나는 연꽃은 새로 선발한 품종에서나 볼 수 있는 정도다. 또 아라홍련의 꽃잎이 현대의 연꽃에 비해 길다고 했지만, 이는 일반적인 관찰로는 체감하기 어렵다. 함안군의 초기 발표가 정확하지 않았거나 전문적인 동정同定이 필요한 일이다. 아라홍련이 현대의 연꽃과 차이가 있든 없든 그건 둘째 치고, 700년 전에 맺은 씨앗이 썩지 않고 원형을 고스란히 보존하고 있다가, 세월의 무게를 이겨내고 뿌리를 내리고 싹을 틔워 꽃을 피웠다는 경이로운 사실에 놀라게 된다.

씨앗으로 2,000년을 살아온 연꽃의 신비

함안 성산산성의 아라홍련보다 더 오래 땅속에 묻혀 있다가 싹을 틔우고 꽃을 피운 경우도 있다. 그 가운데 가장 대표적인 게 일본의 '오가연꽃大賀蓮'이다. 이 연꽃의 별명은 '2,000년 연꽃'이다. 별명에서 짐작할 수 있듯이 오가연꽃은 2,000년 된 씨앗에서 싹을 틔운 연꽃이다. 오가연꽃은 1951년에 일본의 도쿄대학교 소속의 농장 지하 5.5미터 구역에서 발굴한 3개의 씨앗에서 싹을 틔운 연꽃이다. 이 연꽃 씨앗을 발견하고 싹을 틔우는 작업을 주관한 학자가 오가 이치로(大賀一郎, 1883~1965)였기에 이후 이 연꽃을 '오가연꽃'이라고 부른다.

거대한 실험의 시작은 1947년 7월 28일에 이루어졌다. 당시 지바千葉현 지바시의 도쿄대학교 게미가와 후생농장에서 초탄을 채굴하던 작업자들은 우연히 1척의 통나무 배와 6개의 노를 발굴했다. 그러자 추가 발굴 작업이 이어졌고, 1949년까지 다시 또 2척의 통나무 배와 연꽃 씨앗을 찾아냈다. 이때 간토가쿠인대학교 비상근 강사였던 식물학자 오가 이치로 박사가 1951년 3월 3일부터 현지 시민들과 함께 발굴 작업에 나섰다. 며칠 뒤인 3월 30일에 여자 중학생에 의해 지하 약 6미터의 이탄층에서 연꽃의 씨앗이 더 발견돼 모두 3개의 연꽃 씨앗을 확보했다. 오가 박사는 이 씨앗의 발아를 시도했다. 믿기 어려운 시도였다. 실험 과

정은 아슬아슬했다. 처음 2개의 씨앗은 실패했다. 그러나 3월 30
일 출토된 1개의 씨앗이 간신히 발아에 성공했으며, 이어서 이듬
해인 1952년 7월 18일에는 분홍색 꽃을 피웠다. 긴 세월을 뛰어넘
어 꽃을 피운 연꽃의 연대를 정확히 알고 싶었던 오가 박사는 이
씨앗이 발견된 지층 위쪽에서 발굴된 통나무배의 조각을 시카고
대학교의 핵물리학 연구소로 보내 연대 측정을 의뢰했다. 시카고
대학교는 방사성 탄소 연대 측정을 해서 최종적으로 연꽃 씨앗이
2,000년 전에 맺은 것으로 추정했다.[21]

지금도 해마다 7월 중순이면 오가연꽃의 씨앗을 발굴한 게
미가와 농장의 연꽃전시원에서는 '연꽃축제'를 연다. 더불어 오
가연꽃을 번식시켜 일본 여러 지역에서 오가연꽃 축제를 벌인다.
오가연꽃은 결국 지바현의 천연기념물로 지정됐으며, 지바시의

---

21 1951년에, 오가 이치로가 시험한 연꽃 씨앗은 약 1,040년 된 것으로 여겨졌다. 그
러나 나중에 이 씨앗과 함께 발굴된 재료가 3,000년 이상 된 것으로 추정되어
1,040년이라는 애초의 추정치에 의문이 제기됐고, 1952년 11월에 《라이프 매거진》
에 실린 자료에서는 2,000년 이상 된 씨앗이라고 최종 확정했다.

시화로도 선정됐다. 최근에는 우리나라에서도 오가연꽃을 볼 수 있는 기회가 만들어졌다. 일제강점기 때에 충청남도 공주시에서 태어난 일본인들이 '공주회'라는 이름으로 모인 향우회의 활동 덕분이다. 공주회는 고령에 접어든 공주회 회원들의 활동이 뜸해지자 2016년에 해산했는데, 이 단체의 회장인 노무라 교세이野村京生 회장의 주선으로 이뤄진 일이다. 노무라 회장은 공주시의 무령왕국제네트워크협의회와 함께 오가연꽃을 공주시에 옮겨 오는 작업을 주선했고, 2018년에 오가연꽃의 뿌리 10개를 가져왔다. 공주시 농업기술센터에서는 오가연꽃의 뿌리를 보존 번식하면서 2019년에는 '오가하스 무령왕 연꽃'이라는 새로운 이름을 부여했고, 2020년에 무령왕릉고분군 경내의 '백제연못'으로 옮겨 일반에 공개했다.

　세계적으로 널리 알려진 건 아니지만, 우리의 함안 성산산성에서의 실험에서 확인할 수 있었던 것처럼 오래된 연꽃 씨앗을 되살린 경우는 더 많이 있을 것이다. 이 실험은 어려운 일이 아니다. 간단히 일반인들도 해볼 수 있는 일이다. 대개의 씨앗들이 1년 또는 길어야 3년 이내에 발아하지 않으면 썩고 생명력을 잃게 마련이지만, 연꽃의 씨앗은 그보다 훨씬 오래간다. 그래서 연꽃 씨앗을 판매하는 경우, 봉투의 안내서에는 그 유효기간을 '무제한'으로 적어둔다. 그리고 그 씨앗을 집 안의 실온 상태에서 대략 10년 이상 묵혔더라도 물속에 넣어주면 뿌리를 내리고 잘 자라서 꽃을 피울 수 있다. 이때 연꽃 씨앗 내부가 상하지 않을 정도로 껍질을 줄칼로 살살 갈아 내서 심어야 한다. 이 단단한 껍질이

연꽃 씨앗이 오래 살아남을 수 있는 비결 가운데 하나다.[22] 궁금
하면 누구라도 시도해 보시고, 결과를 알려주시라.

2,000년 전 마사다의 기억을 간직한 항아리 속의 씨앗

비슷한 일은 중동 지방의 대추야자에서도 있었다. 이른바
'마사다 항전'으로 알려진 이스라엘 남부의 사막 동쪽에 자리 잡
은 마사다 요새에서 있었던 일이다. 서기 72년 겨울에 로마의 장
군 플라비우스 실바(Flavius Silva, 43~?)는 로마의 통치에 저항하
는 유대인을 장악하기 위해 마사다 요새에서 대전쟁을 벌였다.
처음에는 440미터 높이의 수직절벽 위에 자리 잡은 마사다 요새
가 워낙 견고해서 공격이 수월하지 않았다. 실바는 몇 달에 걸쳐
유대인 노예를 동원해 마사다 요새를 공격할 수 있는 경사로 설
치 작업을 했다. 경사로가 완공되자 드디어 성벽을 부수고 요새
를 공격할 수 있었다. 서기 73년 4월 16일, 그렇게 마사다 요새는
함락됐다. 그런데 그때 요새 안에서 적극적으로 저항하던 저항
군의 반응은 침묵이었다. 알고 보니, 결사 항전에 나섰던 960명
의 유대 저항군과 그 가족들은 포로가 되어 노예 생활을 하기보
다는 죽음을 선택하기로 결정하고, 집단자살을 택했던 것이다. 유
대 저항군은 가족을 죽인 뒤에 모여서 열 명이 한 조가 되어 아

---

22 연꽃 씨앗 껍질의 비밀은 처음으로 오가 이치로 박사가 1923년에 일본의 학술지
《The Botanical Magazine》에 발표한 논문 'On the Longevity of Seed of
Nelumbo nucifera'에서 상세히 풀어 썼다.

홉 명을 죽이는 방식으로 차례차례 죽음에 들었다. 마지막에 남은 한 사람은 성에 불을 지른 뒤 스스로 목숨을 버림으로써 저항의 의식을 마무리했다. 유대민족에게 저항과 희생의 상징으로 전해오는 '마사다 항전'의 간략한 내용이다. 죽음의 의식이 진행되는 동안 지하 동굴에 숨어 있던 다섯 명의 아이와 두 여인이 살아남아 당시의 참상을 고스란히 증언하여 지금까지 자세하게 전해오는 이야기다. 실바 장군의 마사다 침공 작전은 마침내 성공으로 마무리되었고, 마사다 요새는 그로부터 약 1,800년 동안 사람들의 기억에서 사라졌다. 마사다 요새가 다시 본격적으로 인구에 회자한 것은 초기 탐사 발굴이 시작된 1959년 즈음부터다. 그뒤, 1963년에서 1965년 사이에 이스라엘 고고학자인 이가엘 야딘(Yigael Yadin, 1917~1984)에 의해 광범위한 발굴이 시작되면서 사람들의 관심을 끌었다. 2001년에는 유네스코 세계문화유산으로 지정되고, 지금은 한 해에 약 75만 명이 방문하는 이스라엘 최대의 관광지로 알려진 곳이다.

제 7 장
세상에서 가장 오래된 나무

64 므두셀라 유대대추야자 앞에 자리 잡은
일레인 솔로웨이 박사(왼쪽)와 **세라 샐런** 박사(오른쪽).

초기 발굴 과정에서는 고대 유대인들의 주화가 많이 발견되었는데, 동전에는 유대대추야자 나뭇잎이 무늬로 새겨져 있었다. 그 무늬는 유대대추야자가 이 지역의 주식이자 주요 수출품이기도 했다는 사실을 보여주는 증거다. 이 나무는 현존하는 다른 지역의 대추야자 종류와 친연관계가 정확히 밝혀지지 않았지만, 유대 지역에서 자라던 대추야자는 마사다 항전 이후로 사라진 것으로 추정된다. 다른 곳의 대추야자와 구별하기 위해 여기에서는 '유대대추야자'로 표시한다.

발굴이 진행되면서 이 지역에 거대한 유대대추야자 과수원이 있었던 것까지 확인했으며 고대의 항아리에 보존되어 있는 유대대추야자의 씨앗도 발견했다. 씨앗은 오랜 세월 동안 항아리 속의 건조한 환경을 버티며 원형을 잘 유지하고 있었다. 이 씨앗을 취리히대학교의 연구팀이 방사성 탄소 연대 측정 방식으로 살펴본 결과 처음 씨앗을 맺은 시기는 기원전 155년에서 기원후 64년 사이로 확인됐다. 대략 2,000년이 넘은 오래전에 맺은 씨앗

이었지만 보존 상태는 양호했다. 발굴팀은 이 씨앗들을 라마트 간 Ramat Gan에 있는 바르일란대학교Bar-Ilan University에 보관하기로 했다. 그게 1960년대 초반의 일이다.

그로부터 40년쯤 지난 2000년대 초, 이스라엘 루이스 보릭 국립의학연구소의 세라 샐런(Sarah Sallon) 박사는 워낙 보존 상태가 좋았던 2,000년 전의 이 씨앗을 발아시킬 계획을 세웠다. 샐런 박사의 계획은 충분히 설득력이 있었다. 무엇보다 이미 50년 전인 1951년, 일본 도쿄대학교의 오가 이치로 박사에 의해 성공한 실험은 이미 식물학계에 널리 알려진 사실이었다. 마사다 유적지에서 발견한 유대대추야자의 씨앗도 오가 이치로의 연꽃 씨앗과 비슷한 시기에 맺은 게 밝혀진 상태였고, 더불어 보존 상태도 양호했다. 샐런 박사의 프로젝트가 거부될 아무 이유가 없었다. 샐런 박사는 예루살렘 히브리대학교의 고고학 보관소를 설득하여 씨앗의 활용을 허가받고, 이스라엘의 네게브 사막에 있는 키부츠의 아라바 환경 연구소 산하 지속 가능한 농업 센터연구소에서

농업 전문가로 활동하는 일레인 솔로웨이(Elaine Solowey, 1939~)
박사와 함께 2,000년 된 씨앗의 발아 프로젝트를 진행하기로
했다.

드디어 2005년 봄, 유대대추야자의 씨앗은 싹을 틔우고 살
아났다. 여기에서 가장 먼저 싹을 드러낸 유대대추야자에 솔로웨
이 박사와 살론 박사는 '므두셀라'라는 별명을 지어주었다. 이 별
명은 마침 앞에서 이야기한 미국 네바다주의 브리슬콘소나무의
별명과 같다. 장수의 상징으로 므두셀라만 한 상징이 없었던 때
문이다. 솔로웨이와 살론 박사의 므두셀라 대추야자는 도담도담
자라서 2011년 3월에는 꽃까지 피우는 데에 성공했다. 얄궂은 이
야기가 더 이어진다. 유대대추야자는 암나무와 수나무가 따로 있
는 종류인데, 므두셀라 유대대추야자는 수나무여서 수술이 풍성
하게 돋아난 수꽃만 피웠다. 그건 므두셀라 유대대추야자가 꽃을
피우기는 했지만, 후손을 번식할 수 없다는 이야기가 된다. 실험
은 이어졌고, 특히 암나무를 재생하는 데에도 주력했다. 그 뒤로
2024년 현재까지 모두 32개의 유대 대추야자를 발아시키는 데에
성공했고, 그 가운데 두 그루는 암그루로 확인되는 성과를 이루
었다. 이어 2021년에는 이 암나무에서 열매를 얻는 데까지 성공
했다고 발표했다. 더불어 2021년 5월에는《미국 국립과학원 회보
Proceedings of the National Academy of Sciences》에 고대의 유대대추
야자에서 맺은 열매의 게놈 염기서열이 발표되었다. 현재 이 므
두셀라 유대대추야자는 이스라엘의 키부츠인 케투라에서 보존
전시하고 있다.

그보다 더 놀라운 일은 비교적 최근인 2011년에 러시아에서 벌어졌다. 2011년 2월, 미국의 경제전문지 《블룸버그》에는 《미국 국립과학원 회보PNAS》 최신 호에 실린 러시아 세포생물물리학 연구소 연구팀의 주목할 만한 연구 결과를 보도했다. 보도에 따르면 매머드 화석 유적지인 시베리아 북동부 콜리마강Kolyma River 둑의 영구동토층이었던 지하 20~40미터 지층에서 동결 상태를 유지해 온 다람쥐 굴 70여 개를 발견했는데, 그 안에 저장된 석죽과 식물 실레네 스테노필라*Silene stenophylla* Ledeb.의 수많은 씨앗과 열매를 발견했다. 여기서 '석죽과'는 우리나라의 토종 식물 가운데 '패랭이꽃'이 포함된 과를 이야기한다. 패랭이의 한자 표현이 '석죽石竹'이기도 하다. 실레네 스테노필라는 우리나라에서 볼 수 없는 식물이어서, 여기에서는 학명으로 표기한다. 땅 깊은 곳에서 발견된 실레네 스테노필라는 지금도 극동 시베리아의 북극 툰드라지대와 일본 북부의 산악지대에서 자라는 식물이다. 지하에서 발견된 실레네 스테노필라의 씨앗을 방사선 연대측정 방식으로 측정해 보니, 씨앗을 처음 맺은 시기는 3만 2,000~2만 8,000년 전으로 확인됐다. 3만 년이라는 긴 시간 동안 씨앗이 썩지 않고 원형을 유지한 것이다. 열매가 발견된 지층은 매머드와 털코뿔소, 들소, 말, 사슴 등 대형 포유동물의 뼈들이 묻혀 있는 층 아래쪽에 위치해 있으며 축구공 크기의 굴들은 맨 밑에 마른 풀, 그 위엔 동물의 털 등이 깔려 있어 천연 저장고 역할을 한 것으로 짐작할 수 있었다. 연구팀이 이 씨앗에 적합한 생육 조건을

제 7 장
세상에서 가장 오래된 나무

283

맞추어 주자, 실레네 스테노필라는 3만 년의 긴 잠에서 깨어나 꽃
을 피웠다는 놀라운 이야기다.

실레네 스테노필라는 툰드라지대의 특수한 환경에서 살아남
았다는 특이점이 있기는 하다. 연평균 기온이 영하 4도 내외 구역
의 지하 40미터 깊이에 묻혀 있었다는 점은 어쩌면 잘 갖춘 씨앗
저장 시설에 보관한 것과 마찬가지이기는 하다. 이 책의 제15장
'씨앗 저장'에서 이야기하겠지만, 실레네 스테노필라의 씨앗은
인위적으로 조성한 씨앗영구저장시설인 시드볼트의 환경과 그리
다르지 않을 정도로 특별한 공간에 놓여 있었다는 것이다. 영구
동토지대 지하 40미터라는 특이 상황을 '자연 상태'라고 이야기
하는 데에는 분명히 무리가 있다. 하지만 어떤 조건에서든 3만 년
이라는 상상을 불허하는 긴 시간 동안 씨앗의 상태로 살아남았다
는 사실만큼은 부인할 수 없는 경이로움이다.

씨앗이 보여주는 경이로운 현상을 볼 때, 어쩌면 씨앗 상태
로 살아남을 수 있는 한계는 아직 알 수 없다고 이야기하는 게 맞

지 않을까 싶다. 지금 우리가 발견한 씨앗이 3만 년 전에 맺은 씨앗이어서 그렇지, 혹시 더 오래전에 맺은 씨앗을 발견하게 된다면 어떤 결과를 가져올지 그건 아직 단언할 수 없지 않을까 싶다.

'나무의 탄생'을 이야기한 앞의 제4장에서 포자에서 씨앗으로의 진화는 나무가 바다를 떠나 육지에서 살아갈 수 있는 중요한 바탕이 됐다고 했다. 씨앗은 이토록 강인한 생명력으로 우리 생태계의 기반이 되었던 것이다. 바다를 떠나온 나무가 씨앗을 만든 것은 나무가 그 뒤로 보여주는 모든 경이로움의 시작에 불과하지 싶다.

태풍에 쓰러진 우리나라에서 가장 오래된 향나무

오래된 나무 이야기를 하는 이 장의 앞에는 우리나라에서 가장 오래된 나무로 **정선 두위봉 주목**을 이야기했다. **정선 두위봉 주목**은 앞에서도 이야기한 것처럼 1,400년의 나무나이를 가진, 정말 오래된 나무다. 그리고 비공식적으로는 **삼척 늑구리 은행나무**를 비롯해 **영월 하송리 은행나무** 등 몇 그루의 더 오래된 나무도 있다고 이야기했다.

우리나라의 산림청 보호수 목록에는 이보다 더 오래된 나무가 한 그루 더 있다. 보호수 기록에 따르면 우리나라에서 가장 오래된 나무는 **울릉 도동리 향나무**다. 울릉도의 관문인 도동리 항구의 절벽 꼭대기에 아슬아슬하게 뿌리를 내리고 서 있는 나무로, 무려 2,000년이라는 믿기 어려울 만큼의 긴 세월을 살아온 것으

제 7 장
세상에서 가장 오래된 나무

67 살아 있던 때의 **울릉 도동리 향나무**의 신비로운 자태.

로 산림청 보호수 목록에 기록돼 있다. **울릉 도동리 향나무**의 나무나이에 대한 과학적 입증은 잠시 젖혀놓더라도, 분명 기록상 우리나라에서 가장 오래된 나무인 것만은 오랫동안 변함없는 사실이다. 그러나 지난 2022년 9월 초에 우리나라 포항 지역을 강타했던 태풍 '힌남노'는 우리의 최고령 나무를 가차 없이 공격했다. 세월의 풍진을 가까스로 견디며 살아남았던 **울릉 도동리 향나무**는 이때 뿌리째 뽑히고 말았다. 결국 우리나라 최고의 기록을 가졌던 나무는 다시 소생할 수 없는 상태가 되고 말았다. 그때 보도된 신문의 사진으로 보아서는 아무리 나무를 다시 일으켜 세우고 영양을 공급한다 해도 살아나는 건 불가능하리라 판단됐다. 크고 오래된 나무들 가운데 해마다 태풍의 습격을 견디지 못하고 쓰러지는 나무들은 많이 있지만, 우리나라 향나무는 물론이고 최고령 나무를 대표할 만한 나무가 쓰러졌다는 사실이 안타까웠다. 그러나 울릉도의 상징이기도 한 이 향나무가 얼마 뒤에 원래의 자리에 곧바로 섰다는 사실이 일부 관찰자들에 의해 확인됐다. 물론 태풍의 피해로 나뭇가지의 상당 부분이 부러져 보기에 애처로운 모습으로 남았긴 했지만, 살아 있다는 것만으로도 고마워해야 할 일이다.

태풍 피해로 쓰러져 가는 나무들 이야기는 이 책의 제4부 '공생의 생태계'의 제26장 '생로병사'에서 보다 자세하게 살펴보기로 하고, '오래된 나무'를 이야기하는 이 장에서는 2,000년이라는 이 나무의 나무나이에 대한 이야기만 간단히 정리하고 넘어간다.

산림청의 보호수 기록에 따르면 **울릉 도동리 향나무**의 나무나이는 무려 2,000년이 넘었다. 기록대로라면 우리나라의 모든 나무를 통틀어 가장 오래된 나무다. 한 걸음 더 나아가면 한반도에 살아 있는 모든 생명 가운데에서는 가장 오래 살아온 생명이라 해도 틀리지 않는다. 나무나이 2,000년이라는 기록은 일제강점기 때에 일본인들에 의해 조사된 나무나이인데 이를 그대로 이어 쓰는 것이다. 즉, 2,000년을 살아온 나무라면 우리나라에 살아 있는 모든 종류의 나무는 물론이고, 살아 있는 생명체 가운데에서는 가장 오래된 존재인 셈이다. 물론 이 정도의 긴 세월을 과학적으로 증명하는 건 사실 매우 어렵거나 불가능한 일이다. 앞에서 살펴본 일본의 조몬삼나무나 미국의 브리슬콘소나무의 경우처럼 말이다. 실제로 **울릉 도동리 향나무**는 그 규모로 보아 2,000년이라는 나무나이가 믿기지 않을 정도로 왜소하다. 그러나 향나무가 원래 그리 크게 자라는 나무가 아니라는 점과 함께 나무가서 있는 위치가 크게 자라기 어려운 자리인 절벽 꼭대기라는 점에 비추어 보면 그럴 수도 있으리라 생각할 수 있다. 어차피 나무나이는 정확히 알기 어려운 게 사실이다. 그렇다 보니 이 향나무의 나무나이에 대한 이견도 적지 않았다. 일테면 울릉군발전연구소에서 향나무의 나이를 5,000년이 넘은 것으로 추정했다. 그러나 산림청 보호수 기록을 비롯한 대개의 기록에는 2,000년으로 돼 있다.

물론 이처럼 오래된 노거수의 식물학적 나이는 측정이 무척 어렵다. 심지어 불가능한 경우가 더 많다. 나이테에 한해살이의 흔적을 정확히 새겨두는 나무이지만 문제는 나이테가 새겨지는 나무줄기의 안쪽인 심재 부분은 잘 썩는다는 것이다. 이런 경우에는 나무를 언제 누가 심었는지에 대한 기록이 있다면 이를 정확히 알 수 있겠지만, 2,000년 전에 이를 기록했을 리 없고, 또 있었다 하더라도 그 기록이 남아 있을 리 없다. 결국 같은 종류의 나무가 비슷한 생육 환경에서 어떻게 자라는지를 견주어 추측하는 방법밖에 없다. **울릉 도동리 향나무**의 경우에도 기록은 찾을 수 없다. 하릴없이 전해오는 이야기를 바탕으로 나이를 측량할 수밖에 없다. **울릉 도동리 향나무**의 나이를 놓고, 2,000년에서 5,000년까지 다양한 측정값이 나오는 건 그래서 어쩔 수 없는 일이다.

돌아보면 나무가 이 땅에 처음 자리 잡은 건 4억 년 전이다. 그리고 지금 지구의 지배자인 것처럼 살아가는 호모 사피엔스가 지구에 나타난 건 고작 25만 년 전에 불과하다. 지혜가 뛰어난 종이라는 특이점을 갖고 전 지구를 뒤엎으며 마치 '지구의 지배자'인 양 살아가는 호모 사피엔스이지만, 지구 위에서 우리와 더불어 살아가는 생명의 경이로움을 온전히 이해하는 데에는 아직 걸음마 수준에도 미치지 못했지 싶다.

제 8 장

꽃의 출현

이곳에서 곤란한 것은 빈대인데 어느 방이고 벽에 빈대가 우글우글합니다.
우리들은 밤이면 방 가장자리에다 빈대약으로 성을 쌓고 자고
아침에 일어나 보면 거짓말 좀 보태면 한 대접은 죽은 것을 발견할 수 있습니다.
그다음의 문제는 모기와 등에인데 이곳 모기는 모기장도 뚫고 들어오며
낮에도 산에 가면 모기가 달려들어 물기 때문에
모자 쓴 바로 밑의 머리가 퉁퉁 부풀게 됩니다.
그러므로 산에서 점심을 먹을 때도 불을 놓아 연기를 내고
그쪽으로 머리를 박고라야 식사를 할 수 있습니다.
그래서 할 수 없이 필자는 커단 자루를 져가지고 다니며
그 속에 들어가서 잤습니다. 또 하나 잠을 못 자게 하는 것은 바퀴지요.
물지는 않으나 어찌나 소란하게 구는지 잠을 이룰 수가 없댔습니다.

– 정태현, 『야책野冊을 메고 50년』에서

씨앗은 바다에서 육지로 생명이 진출하는 결정적 계기였다.
껍질로 보호된 씨앗은 다른 자리로 옮겨 가는 동안 바닷속과 달
리 건조한 상태의 육지에서도 잘 버틸 수 있었다. 더구나 싹 틔울
상황, 즉 맞춤한 생육 조건이 갖춰질 때까지 휴면할 수 있다는 것
도 큰 장점이었다. 앞 장에서 살펴본 연꽃과 대추야자가 2,000년
을 버텨낸 신비로운 상황이라든가, 툰드라지대에서 3만 년을 버
텨낸 실레네 스테노필라 등은 씨앗이라는 특별한 구조가 아니고

서는 도저히 가능하지 않은 일이다. 씨앗이 가지는 장점을 극대화한 경우다. 씨앗 이전에 포자 형태로 번식하던 양치식물이나 선태식물에 비해 생존 가능성은 높아졌고, 자신의 생존 영역을 더 광범위하게 확장할 수 있게 됐다.

씨앗이라는 강력한 무기를 갖춘 식물은 4억 년 전에 이미 바다를 떠나 건조한 바람 불어오는 땅 위에서 나무라는 형태로 하늘 향해 푸르게 솟아올랐다. 그들은 제4장 '나무의 탄생'에서 보았듯이 씨앗을 겉으로 드러낸 겉씨식물이었다. 바야흐로 나무는 또 한 번의 경이로운 변화를 일으킬 때가 됐다. 1억 4,000만 년 전의 일이다. 지질연대로 '백악기'가 시작되는 이 시기에는 지구 대기의 이산화탄소 농도가 높아 기온은 매우 높았으며, 바다 수면의 높이는 지금에 비해 대략 300미터가 높았다. 쥐라기 때에 땅 위를 지배하기 시작한 공룡이 진화의 최정점에 올랐으며 지구 역사를 통틀어 가장 번성했던 시기다. 벨로키랍토르와 데이노니쿠스와 같은 수각류 공룡이 새 종류로의 진화를 이루기 시작한 때이기도 하다. 그러나 백악기의 후기인 6,000만 년 전에 이르면 멕시코 유카탄반도의 칙술루브에 거대한 행성이 떨어진 충격으로 공룡이 멸종하는 운명에 처하기도 했다.

이즈음 식물 진화 과정에서의 가장 획기적인 변화는 무엇보다 꽃의 발명이다. 여기에서 우리는 조금 헷갈리게 된다. 소철, 은행나무, 소나무, 전나무와 같은 겉씨식물은 꽃이 안 핀다는 이야기인가 하는 혼동이다. 이는 우리말 용어의 부족에서 오는 혼란인데, 겉씨식물에서 피어나서, 우리가 흔히 꽃이라고 부르는 부분을 식물학에서는 꽃이라 부르지 않는다. 그냥 번식을 위한 생식

기관일 뿐이다. 이는 양치식물이나 선태식물에서 보았던 것처럼 단순한 포자와 같은 번식 수단에 불과하다.

식물학에서 꽃이라고 부르는 기관은 기본적으로 꽃받침, 꽃 잎, 수술, 암술[23]의 네 조직이 있어야 한다. 그러나 여기에서 또 헷 갈린다. 어떤 꽃은 꽃잎은 있지만 꽃받침이 없는 경우도 있고, 또 어떤 경우에는 수술은 있는데 암술이 없는 경우도 있다. 그래서 이 네 조직을 모두 갖춘 꽃을 '완전화'나 '갖춘꽃'이라고 부르고, 그중에서 한 가지라도 빠뜨린 꽃을 '불완전화'나 '안갖춘꽃'이라 고 나눠 부른다.

'꽃'의 발명과 속씨식물의 출현

제4장 '나무의 탄생'의 내용을 잠깐 되돌아보자. 균류, 지의 류를 거쳐 뭍에는 선태식물과 양치식물이 나타났다. 이들은 암수 의 성적 결합을 통해 씨앗을 맺는 방식으로 번식하지 않았다. 그 들은 '포자'라는 '씨앗' 이전의 번식 기관을 통해 번식을 이루었 다. 그리고 뒤이어 나타난 나무는 '포자'가 아닌 씨앗으로 번식하 기 시작했다. 그래서 이때부터 나타난 식물을 '종자식물'이라고 부른다. '종자種子'를 우리말로 옮겨 '씨앗식물'이라고도 한다. 씨 앗식물 중에서 먼저 나타난 건 씨앗을 보호하기 위한 대책이 그 리 많지 않았던 겉씨식물이었다. 씨앗이 겉으로 드러났다는 의

---

23   '씨방'이 더 중요하지만 이해를 돕기 위해 수술에 대응한 개념으로 암술이라 적 는다.

미다. 그러다가 지금으로부터 1억 4,000만 년 전에 이르러 겉씨
식물과는 전혀 다른 생태를 가진 식물이 나타났다. '겉씨식물'이
라는 이름에 대비해 '속씨식물'이라고 부르는 식물이다. 속씨식
물이라는 특별한 이름으로 부를 수 있게 된 건 씨앗이 속에 들어
있다는 이야기다. 씨앗 자체가 이미 껍질이라는 강력한 보호막
을 갖추고 있기는 했지만, 이제 등장하는 속씨식물은 그 보호막
을 이중, 삼중으로 둘러싼 특별한 조직을 지어 내는 데에 성공했
다. 그 시작은 씨방이고, 씨방의 발달을 뒷받침하는 기관이 곧 꽃
이다. 씨방 안에는 밑씨가 들어 있고, 밑씨가 씨앗으로 발달하는
동안 씨방은 씨앗을 보호하는 조직을 이룬다. 씨앗이 다른 조직
의 속에 들어 있기 때문에 속씨식물이라 부르는 것이다. 그 속씨
식물이 1억 4,000만 년 전에 처음 나타났다. 필경 속씨식물도 겉
씨식물과 공통 조상을 가지고 어느 시기엔가 분화되어 나타난 게
분명한데, 화석 자료에서는 이 공통조상을 찾을 수 없다. 아울러
겉씨식물과 속씨식물의 중간 단계도 발견되지 않는다. 이 때문에
지구상 모든 생물의 진화 과정을 정리한 찰스 다윈조차도 속씨식
물의 출현, 혹은 꽃의 출현을 '기겁할 만한 신비'라고 했다.

다윈이 당황하게 된 데에는 겉씨식물과 속씨식물의 차이가
그 중간 단계가 아니고서는 설명하기 어려울 정도로 컸기 때문이
다. 이를테면 겉씨식물은 수배우체의 가루[24]를 암배우체에 접합
시키기 위해 바람을 이용했다. 하지만 이 바람을 이용한 방식으
로는 암배우체라는 목적지를 정확하게 겨냥하기 어려웠다. 겉씨

24　은행나무와 소철에서는 정자 혹은 정충이라고 부르는 부분을 말한다.

식물들은 그래서 번식에 성공하기 위해 어마어마하게 많은 양의 수배우체의 가루를 생산해 바람에 날려야 했다. 그건 지나친 낭비이고 에너지 소모였다. 물론 은행나무와 소철을 제외한 고대침엽수를 비롯한 대부분의 초기 겉씨식물은 이미 멸종하여 지금 확인하기 어렵지만, 지금 우리 눈앞에 살아 있는 겉씨식물에서도 이를 확인할 수 있다. 가장 쉽게 확인할 수 있는 게 바로 소나무의 번식 과정이다. 소나무는 봄이면 '송화松花'로 부르는 수배우체 가루[25]를 피워 낸 뒤에 바람에 날린다. 이즈음이면 소나무숲에는 마치 노란 안개가 자욱히 날리는 것처럼, 혹은 황사가 습격한 것처럼 하늘 전체가 노랗게 바뀐다. 송화 바람이다. 그 많은 송홧가루 가운데에서 대관절 암배우체인 어린 솔방울에 수배우체가 들러붙을 수 있는 확률은 얼마나 될지 상상하면 된다. 지나친 낭비와 에너지 소모라는 말은 그래서 하는 말이다.

와중에 꽃이 나타났다. 속씨식물이 꽃을 피운 건 앞에서 이야기한 대로 씨앗을 보호하는 강력한 보호막을 이중, 삼중으로 갖추었다는 특장점도 있지만, 번식 과정에서도 에너지 낭비를 효율적으로 막는 기가 막힌 장치였다. 수배우체의 가루를 정확하게 목적지인 암배우체로 옮겨 가는 방법을 발명한 것이다. 바람으로서는 그렇게 할 수 없었다. 속씨식물이 노린 건 꽃이 나타날 즈음에 지구상에 번성한 곤충들이었다. 4억 년 전에 나타났던 대개의 곤충은 멸종한 탓에 지금의 곤충들과는 전혀 다른 모습을 했는데, 그 가운데 살아남은 곤충으로 바퀴벌레도 있다. 바퀴벌레는

[25] 송화를 우리말로 옮기면 '소나무꽃'이 되지만, 앞에서 이야기했듯이 소나무에서
     피어나는 '송화'를 식물학에서는 꽃으로 취급하지 않는다.

제 8 장
꽃의 출현

화석으로 확인이 가능한데 놀랍게도 4억 년 전의 화석 속에 나타
난 바퀴벌레의 모습은 현재의 바퀴벌레와 크게 다르지 않다. 즉
바퀴벌레는 이미 4억 년 전에 진화를 완성했다는 이야기다.

주로 딱정벌레 종류의 곤충이 번성하던 때에 드디어 식물이
곤충의 생태적 가치를 알아봤다. 곤충이야말로 불러들이고 길들
이기에 너무 쉬운 대상이라는 사실을 알았다. 식물은 곤충을 불
러들이기 위한 첫 전략으로 그들의 눈에 잘 뜨이는 대상인 꽃을
피우기로 작정했다. 덧붙여 곤충이 꽃을 외면하지 못하게 할 수
단도 알아냈다. 꿀이라고 부르는 넥타가 그것이다. 그래서 식물은
꽃송이 안에 넥타를 마련했다. 곤충을 불러들이고 길들이는 데에
이보다 더 좋은 수단은 없다. 무엇보다 꿀을 거부하는 동물은 없
다는 걸 식물이 정확히 알았던 것이다. 게다가 식물이 꿀을 만들
어 내는 일은 어렵지 않다. 광합성을 통해 얻어 내는 양분은 '당'
이고 이 당의 농도만 잘 조절하면 대개의 생물들이 좋아하는 꿀,
즉 넥타가 만들어진다. 말없이 살아가는 생명이지만 주변 환경을
이용하는 데에 식물만큼 훌륭한 생명체도 없다. 그건 식물이 한

번 뿌리를 내리면 그 자리에서 평생을 붙박여 살아가야 한다는 조건 때문일 것이다. 이 책의 후반부인 제17장 '농경의 시작과 품종 선발'에서도 다시 이야기하겠지만, 식물은 제 생존을 위해 만물의 영장임을 자처하는 호모 사피엔스까지 길들이는 데에도 서슴지 않는 놀라운 생명체다.

꽃은 그야말로 어마어마한 변화였다. 세상을 뒤집어엎은 혁명이었다. 고고학자 로렌 아이슬리(Loren Corey Eiseley, 1907~1977)는 에세이 『꽃들은 어떻게 세상을 변화시켰나』[26]에서 "꽃잎 하나의 무게가 세상의 표면을 변화시켰고, 세상을 우리의 것으로 만들어 주었다"라고 했다. 꽃이 나타나기 전까지 육지에 번성한 겉씨식물들은 모두 초록빛을 띠었다. 꽃 이전에 지구의 표면은 온통 초록색이었다. 꽃은 비로소 지구 표면의 초록빛들 사이에 온

---

[26]   이 에세이는 2005년에 강출판사에서 번역 출간한 『광대한 여행』에 수록돼 있다. 그러나 이 책은 오래지 않아 품절 상태가 됐다. 원제가 'The Immense Journey'인 이 책은 1957년에 출판된 것으로 알려져 있는데, 고고학자인 저자가 시적인 문체로 풀어내면서 학문적 깊이까지 겸비한 매우 아름다운 책이다.

제 8 장
꽃의 출현

갖 총천연색을 끼워 넣기 시작했고, 마침내 지금 우리 세상에서 볼 수 있는 빛깔의 세계를 만들었다. 로렌 아이슬리는 속씨식물의 씨방이 씨앗을 키우는 동안 발달시키는 씨앗 표면의 과육이야말로 우리가 이 땅에 살 수 있는 최선의 양식이 됐다는 이야기를 짚어가며 꽃이야말로 진화역사상 최고의 혁명적 변화라고 이야기했다. 로렌 아이슬리의 화두에 감동한 식물학자 윌리엄 버거(William Carl Burger, 1932~)는 아예『꽃은 어떻게 세상을 바꾸었을까(Flowers: How They Changed the World, 2019)』라는 책에서 꽃의 진화 과정과 생태를 풀어가기도 했다. 생명 진화 과정에서 꽃이 얼마나 큰 비중을 가지는지를 보여주는 사례다.

속씨식물이라고 했지만, 꽃이 두드러지게 나타나는 식물이어서 현화식물顯花植物, flowering plant이나 '꽃식물'이라고도 부른다. 처음에 나타난 속씨식물은 매자나무과Berberidaceae, 미나리아재비과Ranunculaceae, 범의귀과Saxifragaceae 등으로 분화했는데, 먼저 나무 종류가 우세했다가 나중에 풀 종류가 서서히 발달한 것으로 짐작하는 게 일반적인 추론이다. 그러나 풀 종류, 즉 초본성 속씨식물들은 생애 주기가 짧아 더 활발한 분화를 일으켰다. 지금은 수적으로나 양적으로 모두 육지 식물 가운데 초본성 속씨식물이 압도적으로 우세한 상황이다. 24만여 종으로 다양하게 나뉘진 속씨식물은 끊임없이 새로운 방향으로 진화를 이어가는 중이다. 이 가운데 가장 원시적인 종류로는 목련 종류를 이야기할 수 있고, 가장 많은 종류로 발달한 건 국화 종류를 말할 수 있다.

원시식물의 흔적이 담긴 목련과 수련의 꽃

　　초기 속씨식물의 형태와 특징을 살펴보기 위해서는 그 가운데에서 지금까지 우리 곁에 살아 있는 식물인 목련 종류의 꽃을 살펴보는 게 좋은 방법이다. 속씨식물 중 목련과의 나무와 수련과의 수생식물이 가장 오래된 식물이다. 목련과 수련은 꽃의 생김새가 비슷하기도 한데, 두 식물의 꽃에서는 모두 오래된 속씨식물의 흔적을 찾아볼 수 있다. 이들 꽃에 나타나는 공통적인 특징은 수술의 형태다. 꽃송이 안쪽에 돋아나는 수술의 생김새가 닮았다. 어린 시절 초등학교 자연 수업 시간에 그림으로 배우던 하늘거리고 가느다랗게 뻗어 나온 수술대 위에 까만 수술머리를 가진 전형적인 수술의 생김새와는 전혀 다르다. 간단히 말하자면 넓적하다. 이는 원래 넓은 잎의 양 가장자리에 꽃가루가 생성되었다가 세월이 흐르면서 꽃가루 자리가 바깥쪽으로 이동하고 넓었던 잎은 부피를 줄인 형태로 진화한 것으로 보면 된다. 잎 가장자리에 수배우체의 가루를 배치하는 고사리의 잎의 표면이 쪼그라들면서 차츰 가느다랗게 변형한 것으로 보면 되고, 고사리의 잎 가장자리에 배치됐던 포자가 꽃가루로 바뀌어 고사리의 잎에서와 같은 위치에 돋아난 것으로 생각하면 이해하기 쉽다.

　　목련과 수련은 번식 방법도 닮았다. 이들은 하나의 꽃송이 안에 암술과 수술이 동시에 들어 있어서 근친혼의 가능성이 높다. 그러나 식물은 유전적 다양성을 확보하고 자신의 종을 더 훌륭하게 보존하기 위해 본능적으로 근친혼을 피할 방법을 발명했다. 바로 암술이 발달하는 시기와 수술이 발달하는 시기를 달리

70 **목련의 꽃술**은 딱정벌레에 의한 수분에 최적화했다.

하는 것이다. 이를 식물학에서는 암술기, 수술기라고 한다. 그래서 꽃가루 중매를 위한 곤충이 찾아온 꽃은 어느 꽃이든 암술이나 수술 둘 중의 하나만 활동한다. 만일 아직 암술이 발달하지 않고 수술만 존재하는 수술기라면 곤충은 꽃가루를 온몸에 묻히고 다른 꽃으로 옮겨 간다. 옮겨 간 그 꽃도 수술만 활동하는 수술기일 수 있지만, 여러 꽃송이 가운데에는 암술만 활성화한 암술기의 꽃이 있을 것이다. 바로 그 꽃의 암술머리에 수술기의 꽃송이 안쪽에서 묻혀 온 꽃가루를 내려놓게 된다. 꽃가루 중매 역할을 하는 곤충은 딱정벌레 종류였다. 꽃가루 중매 역할을 하는 곤충으로 벌과 나비를 먼저 꼽게 되지만, 목련이 나타난 1억 4,000만 년 전에는 벌이나 나비가 아직 진화를 이루지 못한 때였고, 아직 식물이 여러 종류의 곤충을 길들이는 일에 익숙하기 전이었다. 목련 종류는 그로부터 1억 4,000만 년이 지난 지금도 여전히 딱정벌레가 찾아와 혼사를 이뤄준다.

목련과 마찬가지로 딱정벌레가 찾아와 혼사를 이뤄주는 수련의 경우는 더 흥미롭다. 수련은 연꽃과 달리 연못의 물 표면에 잎이 닿아 있고, 꽃송이도 물 표면에 거의 붙은 채 피어난다. 그래

71 수련 종류 가운데 가장 원시적 형태인 **아마조니카 빅토리아수련**의 둘째 날 꽃.

서 흔히 수련의 '수'를 물을 뜻하는 한자인 '수水'에서 온 것이 아 닐까 생각하기 쉽지만, 수련의 수는 잠잔다는 뜻의 '수睡'에서 왔 다. 수련 탓에 한자사전의 뜻풀이에는 '꽃 오므리는 모양'이라는 뜻이 덧붙여졌지만, 원래는 '잠잔다'는 뜻의 글자다. 대개의 수련 은 낮에 해가 떠오르면 꽃을 활짝 피웠다가 해 질 무렵이면 꽃잎 을 닫는다. 이게 마치 낮에 열심히 일하고 밤이 되면 잠을 자는 것 을 닮았다 해서 붙은 이름이다. 잠을 잔다는 것, 즉 꽃잎을 오므리 는 작용은 번식을 보다 완벽하게 이루려는 전략이다.

수련은 해 질 무렵이면 자신의 꽃잎을 오므려서 자신을 찾아 온 딱정벌레를 아예 꽃송이 안에 가둔다. 꽃송이 안에 갇힌 딱정 벌레는 밤새 꽃송이 안을 헤집고 돌아다니면서 온몸에 꽃가루를 묻히게 된다. 이때는 목련과 마찬가지로 수술기인 게 좋다. 그다 음 날 아침이 되어 꽃잎이 열리면 딱정벌레는 날아가 다른 꽃의 꿀을 찾게 된다. 이때 찾아가는 꽃이 마침 암술기의 꽃이라면 그 암술기의 꽃은 딱정벌레의 몸에 붙은 꽃가루를 취하게 된다. 더 확실한 혼사가 어디 있겠는가 싶을 정도로 확실한 첫날밤을 보내 는 것이다.

제 8 장
꽃의 출현

속씨식물 가운데 가장 원시적인 종류인 목련 종류는 대략 1,000여 가지가 있다고 알려져 있는데, 꽃이 아름답다는 이유로 끊임없이 재배품종을 선발하고 있는 상황이어서, 실제 분류군의 숫자를 정확히 헤아리는 건 불가능하다. 목련 가운데에서 우리나라에서 가장 흔히 볼 수 있는 종류는 중국에서 들어와 널리 퍼진 백목련과 자목련이 있다. 그리고 대개의 목련 종류는 흰색과 붉은색의 꽃을 피워서 '백목련 종류'와 '자목련 종류'로 부르는데, 특별히 노란 빛깔의 꽃잎으로 피어나는 '황목련 종류'도 있다. 또 꽃 한 송이에 12장에서부터 40장에 이르는 꽃잎으로 화려하게 꽃 피우는 '별목련 종류'도 있다. 또 아메리카 지역이 고향인 태산목이라는 이름의 목련 종류도 있으며, 심지어 여름에 피어나서 가을 지나 겨울까지 꽃 피우는 목련 종류도 있을 정도로 다양한 품종이 있다.

오래도록 살아남은 생명체이다 보니, 그 안에 담긴 생존 전략에는 별난 특징이 적지 않다. 여기서 몇 가지 목련 꽃의 별다른 특징을 짚어본다. 대부분의 목련 꽃송이들이 한쪽 방향으로 틀어져 있다는 것이다. 만일 꽃들이 틀어진 방향이 햇살 따뜻한 남쪽이라면 그걸 그리 대단한 특징이라 할 것도 아니다. 대개의 식물들이 해를 바라보며 자라는 건 본능이다. 목련을 비롯한 모든 생명체가 태양에서 에너지를 얻어야 하는 본성을 가지기 때문에 자연스레 해를 향해 자란다. 그걸 '향일성向日性'이라고 한다. 그러나 목련은 이상스럽게도 찬 바람 불어오는 북쪽을 바라보고 피어난다. 햇살 비치는 정반대 방향이다. 목련이 여러 별칭 가운데 북향화北向花라는 이름을 얻게 된 것도 그런 까닭에서다. 이유가 있다.

목련은 여느 식물과 달리 봄에 꽃봉오리를 맺어 이듬해 봄까지 키운다. 한 송이 아름다운 꽃을 피우기 위해 목련은 오랫동안 차 근차근 준비하는 것이다. 이처럼 꽃봉오리가 여무는 기간이 목련 처럼 거의 사계절 걸리는 식물도 찾아보기 어렵다. 여하튼 추위 를 이기기 위해 목련 꽃봉오리는 뽀얀 솜털을 가득 덮은 채 겨울 을 난다. 겨울잠을 자는 듯 고요하지만, 이미 맺힌 꽃봉오리는 조 금씩 자라난다. 작은 꽃봉오리이지만, 햇살 닿는 남쪽과 북쪽 꽃 잎의 자람은 미세할지언정 서로 달라진다. 자연스레 남쪽에서 햇 살을 바라보며 겨울을 보낸 꽃잎이 더 튼튼하고 잘 자라게 된다. 처음에는 매우 미세한 차이였겠지만, 사계절 동안 계속된 꽃봉오 리 속 꽃잎의 자람은 드디어 꽃봉오리가 열리는 4월에 이르면 뚜 렷한 차이를 보이게 된다. 꽃봉오리를 열 즈음이면 남쪽의 꽃잎 은 튼실하기 때문에 꼿꼿이 설 수 있지만, 북쪽의 꽃잎은 남쪽에 서 피어나는 꽃잎의 힘에 밀려 비스듬히 눕게 된다. 결국 목련 꽃 이 북쪽을 향해 피어나는 것이 아니라 남쪽의 꽃잎을 축으로 하 여 북쪽으로 기울어진 것이다.

목련의 또 다른 특징 가운데 하나는 향기가 좋다는 점이 다. 그러나 향기에 대한 선호도는 지역과 문화에 따라 차이가 있 다. 대부분의 지역에서는 목련 향기를 좋다고 표현하지만, 어떤 지역에서는 정반대로 그 향기를 매우 불길하게 여기기도 한다. 이를테면 아메리카 원주민들은 '목련이 있는 침실에서 잠이 들 면 죽음에 이른다'고까지 한다. 또 미국산 목련인 태산목*Magnolia grandiflora* L.에 꽃이 피면 그 그늘에서는 낮잠에 들어서도 안 된다 고 한다. 목련의 강한 향기가 사람의 혼을 빼앗아 간다는 생각에

서 비롯한 이야기다. 또한 일본의 홋카이도北海道 원주민들도 목련의 향기가 병을 불러온다면서 목련을 '방귀 뀌는 나무'라고 부르며 그 향기를 기피하는 경향이 있다. 향기 때문은 아니지만 인도에서도 목련에는 죽은 아이의 혼백이 들어 있다면서 불길하게 여기는 모양이다. 그러나 반대로 우리 조상들은 목련의 진한 향기를 참 좋아했다. 우리 조상들은 장마철에 목련 장작으로 불을 때워 습기도 없애고, 향기도 내면서, 집 안에 스며든 퀘퀘한 냄새를 쫓아냈다. 또 홋카이도 원주민들과 반대로 목련의 향기가 병을 쫓아낸다고 해서 집집마다 목련 장작을 준비해 두기도 했다. 같은 향기를 놓고도 받아들이는 입장이 정반대다.

　　식물을 바라보는 입장은 그처럼 지역마다 민족마다 혹은 그들의 문화에 따라 다양하다. 나무와 문화에 관한 다양한 차이는 이 책의 제23장 '나무와 문화'에서 보다 상세히 여러 종류의 나무들을 바탕으로 짚어볼 것이다.

우리에게 목련은 봄꽃의 상징으로 여겨지지만 한여름에 꽃 피우는 목련 종류도 있다. 앞에서 얼핏 이야기한 북아메리카 지역이 고향인 태산목이 그런 종류다. 태산목은 북아메리카 지역이 고향인데, 우리가 좋아하는 목련 종류와 달리 상록성 잎을 가졌다. 짙은 초록의 투툼하고 큼지막한 잎 사이에서 불쑥 솟아오르는 하얀 꽃은 여간 우아한 게 아니다. 북아메리카에 이주한 유럽인들은 그곳 원주민들과 달리 태산목을 무척 좋아했다. 미국 50개 주 가운데에 미시시피주와 루이지애나주가 똑같이 태산목을 주화州花로 지정했을 정도다. 태산목 꽃은 생김새나 크기가 모두 연꽃을 빼어 닮았다. '나무 위의 연꽃'이라는 뜻의 이름인 목련木蓮의 근원을 알 수 있게 한다.

우리나라에는 특별한 태산목 한 그루가 있다. 2014년에 미국의 오바마 대통령이 선물로 가져온 태산목이다. 그 나무를 가져온 오바마 일행은 나무를 태산목이라 부르지 않고 '잭슨 목련'이라 불렀다. 그러나 잭슨 목련은 특별한 품종이 아니다. 그냥 태산목이다. 하지만 미국 사람들이 태산목 가운데에서도 특별히 '잭슨 목련'이라고 부르는 나무다. 바로 백악관 풍경에 반드시 등장했던 나무다. 200년 동안 이 자리를 지키고 있었으나 지난 2017년에 고사해서 이제는 볼 수 없게 됐다.

평범한 태산목을 '잭슨 목련'이라 부르는 데에는 애틋한 사연이 담겨 있다. 이 나무는 1829년에 제7대 대통령으로 취임한 앤드루 잭슨(Andrew Jackson, 1767~1845)이 처음 심었다. 앤드루 잭슨

제 8 장
꽃의 출현

은 미국 서부 지역 출신으로서 그리고 서민 출신으로서도 처음으로 대통령 자리에 오른 인물이다. 그의 정치 활동을 한마디로 '잭슨 민주주의'라고 말할 정도로 미국의 정치사에서 민주주의를 정착시킨 대통령으로 알려져 있긴 하지만, 서부 개척 시대에 아메리카 원주민에 대한 잔혹한 폭압이라든가 노예제 옹호자였다는 점에서 부정적인 평가도 공존한다. 잭슨은 일생 동안 총 300명의 노예를 소유했고 노예 무역에도 일정하게 간여했다. 심지어 대통령에 취임하기 직전에도 95명의 노예를 부리고 있었으며 그들 중의 일부는 백악관에까지 데리고 들어간 것으로 알려졌다.

어린 시절에 정규 교육을 받을 기회를 갖지 못했던 잭슨은 미국 독립전쟁 뒤에 법학을 공부해 변호사가 됐다. 변호사로서 명성을 떨치던 그는 미국 상원의원에 선출된 적도 있지만, 이를 스스로 사임하고 고등법원 판사로 지냈다. 그러다가 1802년에는 테네시 민병대의 소장으로 선출되었고, 1812년에 영국과의 전쟁이 벌어졌을 때에는 지휘관으로 활동했다. 그는 특히 영국과 동맹을 맺고 남쪽 국경을 위협하던 원주민들과 싸웠는데, 여기에서 큰 승리를 거두며 영웅으로 칭송됐다. 그 뒤로도 잭슨은 여러 전투에서 승승장구하며 일반 시민들로부터 '전쟁 영웅'으로 일컬어졌다. 대중적 인기를 바탕으로 그는 결국 민주당의 대통령 후보로 지명되어 선거를 치르게 됐다. 1828년의 대통령선거는 마침내 그를 최종 당선자로 이끈 선거가 됐다. 그러나 그해의 선거는 미국 정치 역사상 최악의 마타도어로 얼룩진 선거로 기록됐다. 무엇보다 잭슨의 아내인 레이철 잭슨(Rachel Jackson, 1767~1828) 여사에 대한 흑색비방이었다. 레이철은 잭슨과 결혼할 30여 년 전에

전남편과 이혼한 상태였다. 잭슨과 재혼한 레이철은 평안하게 잘 살았는데, 알고 보니 결혼 당시에 전남편과의 이혼 절차가 법적으로 마무리되지 않은 상태였다는 것이다. 법원에서 이혼 신청은 받아들여졌지만, 법적인 절차가 남은 상태에서 두 사람의 부부 관계가 이루어졌다는 건데 이는 잭슨 부부도 채 깨닫지 못할 정도로 경미한 과실이었다. 이를 알게 된 상대 후보측에서는 잭슨과 그의 아내 레이철을 향해 지독한 비방을 끝없이 이어갔다. 선거운동이 격렬해지는 것만큼 비방의 정도 또한 극심해졌다. 그러던 끝에 레이철은 선거운동 중이던 그해 12월 22일에 급사했다. 잭슨은 그의 죽음에 대한 원인을 상대 측의 흑색 비방에 있다고 단언했다.

아내의 죽음이 애달팠던 잭슨은 그의 영원한 안식을 기원하는 뜻을 담아 한 그루의 나무를 심었다. 미국인들이 좋아하는 태산목이었다. 그리고 이 선거에서 보기 좋게 승리를 얻어낸 잭슨은 마침내 1829년에 백악관에 들어가게 됐다. 이때 잭슨은 아내의 평안한 안식과 부활을 기원하며 심었던 태산목을 집에서 뽑아

백악관 앞 화단으로 옮겨 심었다. 나무에 얽힌 사연을 알게 된 미국 사람들은 백악관의 랜드마크가 된 이 태산목을 '잭슨 목련'이라고 부르기 시작했고, 더불어 이 나무를 '죽은 이의 평안한 안식과 영원한 부활을 기원하는 나무'로 여기게 됐다. '잭슨 목련'의 잭슨을 이 나무의 품종명으로 생각하고 태산목의 학명 뒤에 품종명으로 'Jackson'을 붙이는 경우를 본 적 있다. 그러나 잭슨 목련은 태산목의 품종명이 아니라 잭슨 대통령의 특별한 사연을 가진 태산목에 미국인들이 붙인 별명이다.

2014년 4월에 우리나라를 찾아온 오바마 대통령의 손에 들렸던 나무가 바로 그 잭슨 목련, 태산목이었다. 그때가 바로 잊을 수 없는 참사로 우리 국민 모두가 슬픔에 빠져 있던 '세월호 희생자 추모기간'이었다. 오바마 대통령은 우리 국민들의 아픔을 추모한다는 입장에서 '세월호 희생자의 영원한 안식과 부활을 기원'하는 의미로 잭슨 목련의 묘목을 가져왔다. 오바마가 가져온 잭슨 목련의 묘목은 안산 단원고등학교 교정에 심어 잘 키우고 있다.

우리나라 토종 목련

목련 종류를 이야기하면서 반드시 짚어야 할 사실이 하나 있다. 바로 우리 토종 목련*Magnolia kobus* DC. 이야기다. 최근 들어 도시에서도 다양한 목련 종류를 심어 키우는 추세이기는 하지만, 오랫동안 우리가 많이 심어 키우던 목련 종류는 대부분 백목련

Magnolia denudata Desr.과 자목련*Magnolia liliiflora* Desr.이었다. 이들은 모두 중국에서 들어온 나무다. 하지만 우리나라에서 오랫동안 자라온 토종 목련도 있다. 목련을 무척 좋아하는 우리 문화권에서도 우리 토종 목련은 안타깝게도 그다지 알려지지 않았다. 심지어 토종 목련은 거의 멸종위기 수준이라 해도 될 만큼 개체 수가 적다. 우리의 토종 목련은 제주도의 한라산 기슭에서 자생하는 나무로, 중부지방에서는 키우기 어려워 우리 국민들에게 익숙해질 기회를 얻기 힘든 조건을 가졌다. 그러나 우리 목련의 개체 수가 줄어든 이유가 단순히 지리적 조건 때문만이 아니라 백목련과 자목련의 위세에 밀려난 탓이라는 데에 더 큰 아쉬움이 있다.

우리 목련도 흰 꽃을 피우지만, 중국산 백목련과는 차이가 있다. 가장 또렷한 차이는 꽃송이에 있다. 둘 다 꽃잎은 여섯 장인데, 중국산 백목련의 경우 꽃받침 석 장이 꽃잎과 똑같은 모양으로 변화해서 아홉 장의 하얀 꽃잎을 가진 것처럼 보인다. 그러나 우리 목련은 여섯 장의 꽃잎만으로 꽃을 피우는 데다 처음 꽃이 피어날 때부터 꽃잎을 활짝 펼친다. 풍성하면서도 다소곳하게 피어나는 백목련에 비해 우리 토종 목련의 조형미가 떨어지는 건 사실이다. 결국 꽃의 아름다움을 보기 위해 키우려는 사람들은 우리 목련을 제쳐놓고, 중국산 백목련을 선택하는 게 어쩔 수 없는 일이었다. 이 과정에서 우리 목련은 차츰 우리 관심에서 멀어져 가는 결과로 이어지고 말았다.

우리 목련 가운데에 오랜 세월을 살며 무척 아름다운 모습을 가졌던 나무가 한 그루 있었다. 전라남도 진도의 석교초등학교 교정에 서 있던 목련이다. 이 나무는 전라남도에서 2002년에 지방기념물로 지정해 보호해 왔다. 그런데 기념물로서의 이 나무의 공식적인 이름은 **진도 석교리 백목련**이었다. 석교초등학교 운동장 가장자리에 서 있는 이 목련은 꽃잎이 여섯 장인 우리 토종 목련이 틀림없는데도, 지역을 대표하는 기념물을 지정하는 과정에서조차 제 이름을 얻지 못했다. **진도 석교리 목련**[27]은 석교초등학교를 개교한 1920년에 심었다고 하니, 100년 정도 살아온 나무다. 목련으로서는 노거수 축에 속한다. 워낙 크게 자라는 태산목 종류를 제외하면 규모에 있어서도 우리나라 안의 모든 목련 종류를 통틀어 가장 큰 나무라 할 수 있다.

나무높이는 10미터를 넘으며, 사방으로 뻗은 나뭇가지의 폭은 11미터쯤 된다. 뿌리 부분에서부터 줄기가 여럿으로 나누어진 이 나무의 뿌리 둘레는 3미터 가까이 된다. 줄기가 땅에서부터 셋으로 갈라지면서 사방으로 고르게 펼친 나뭇가지는 주변의 다른 나무들을 압도하고도 남을 만큼 아름답다. 바로 옆에 팽나무와 굴참나무 등이 연이어 심어져 있어 작은 학교 숲을 이뤘는데, 목련 꽃이 피어나고, 다른 나무들에 연초록 잎이 돋아날 때의 풍경은 더없이 아름답다. 학교의 역사와 함께한 이 나무는 당연히 석교초등학교는 물론이고, 섬마을 진도의 대표적 상징이다. 학교 관계자들과 학생들은 물론이고, 마을 사람들까지도 온 정성을 다해 극진히 보호해 왔다. 우리 토종 목련의 대표급 나무인 **진도 석교리 목련**은 그토록 아름다운 자태로 해마다 우리의 봄을 화려하게 밝

27 이 나무는 죽을 때까지 '진도 석교리 백목련'이라는 이름으로 살았지만, 이 책에서는 그의 죽음을 추모하는 입장에서라도 그가 미처 갖지 못한 본래의 이름을 들어 '진도 석교리 목련'으로 적는다.

74 진도 석교리 **목련**의 활짝 피어난 꽃.

혔는데, 몇 해 전부터 시름시름 앓기 시작해서 마침내 고사 판정을 받았고, 지난 2020년 9월 10일에 전라남도기념물에서 해제되기에 이르렀다. 우리 토종 목련의 대표 나무가 중국산 나무의 이름인 '백목련'으로 살다가 '백목련'으로 죽었다. 살아서도 제 이름 '목련'으로 불리지 못하던 우리 토종 나무가 죽는 순간까지도 제 이름을 되찾지 못했다는 사실이 더없이 안타깝다. 이 나무의 죽음과 관련한 이야기는 뒤의 제26장 '생로병사'에서 이어간다.

겉씨식물의 초록에서 온갖 빛깔의 꽃을 피우는 속씨식물로의 진화를 거치면서 지구는 드디어 아름다운 별로 거듭났다. 로렌 아이슬리의 이야기대로 꽃 한 송이가 지구의 표면을 바꾼 것이다. 이처럼 어마어마한 일을 이뤄낸 꽃은 대관절 어디에서 온 것일까. 다윈이 '기겁을 할 만한 신비'라고 이야기한 것처럼 꽃의 탄생 과정에 대해서는 알 수 없는 신비가 많이 담겨 있지만, 여기에서 꽃에 대해 탁월한 식견을 제시한 18세기의 대문호이자 위대한 천재, 요한 볼프강 폰 괴테(Johann Wolfgang von Goethe, 1749~1832)의 놀라운 통찰력에서 그 실마리를 짚어볼 수 있다. 괴테의 『식

물변형론(Metamorphosis of Plants, 1790)』이 그 책이다. 괴테는 말년에 식물과 관련한 두 권의 역작을 냈다. 『색채론(Theory of Colours, 1810)』과 앞에서 이야기한 『식물변형론』이다. 문인으로만 더 많이 알려진 괴테의 자연에 대한 관찰과 그 과학적 분석과 이론의 깊이는 놀라운 수준이다. 두 권 가운데 『색채론』은 오래전에 우리나라의 한 출판사에서 **괴테전집**을 편집해 출판한 적이 있는데, 지금은 절판되어 도서관 구석에서나 찾아볼 수 있는 상황이어서 아쉽다. 『식물변형론』은 『색채론』보다 식물에 깊이 간여한 책인데, 최근에 한국전통문화대학교의 이선 교수의 번역에 의해 새로 출판됐다. 또 '괴테 할머니'로 많이 알려진 괴테 전문학자, 경기도 여주의 괴테마을 전영애 교수가 준비 중인 **괴테전집**에는 『식물변형론』과 함께 『색채론』도 포함된 것으로 알려졌으며, 2026년 현재 번역을 마쳤다고도 한다.

　『식물변형론』에서 괴테는 식물의 모든 부분이 잎에서 변형됐다는 특별한 이론을 제시했다. 당시만 하더라도 괴테의 주장은 받아들여지지 않았다. 그러나 괴테의 주장은 시대가 지나면서 여러 사실이 부합되는 것으로 확인되면서 다시 한번 괴테의 혜안에 놀라움을 금치 못하게 됐다. 괴테의 주장대로라면 꽃 역시 잎이 변형된 기관이라는 결론에 이른다. 그러니까 꽃이 출현하기 전에 지구에 번성하던 겉씨식물 가운데에서 비교적 넓은 잎을 가진 것으로 보이는 고사리 종류[28]가 곤충을 길들여 번식을 이루기 위한 수단으로 자신의 잎을 곤충의 눈에 잘 뜨이는 색깔로 바꾸고 그 안에 넥타를 저장하게 된 것이라는 주장이다. 아직 더 밝혀져야 할 사실이 적지 않다 해도 괴테의 『식물변형론』에 담긴 주장은 시사하는 바가 크다.

고작 25만 년을 살아온 호모 사피엔스로서는 상상조차 하기 힘든 1억 4,000만 년 전부터 이 땅의 봄을 수굿이 불러왔던 목련은 봄의 상징으로 혹은 부활의 상징으로 빠르게 들고 나는 사람살이의 한편을 지켜왔다. 한 그루의 나무에서 떨어져 오가는 사람들의 발길에 짓밟히며 사라져 가는 한 잎의 목련 꽃잎을 더 소중하게 바라보게 되는 이유다. 나무는 생명의 역사, 35억 년을 풍요롭게 지켜온 가장 경이로운 존재다.

현대 미국문학의 거장 리처드 파워스(Richard Powers, 1957~)는 2019년 퓰리처상 수상작 『오버스토리(The Overstory, 2018)』에서 "나무가 인간 세상에 끼어 사는 게 아니다. 나무의 세상에 인간이 막 도착한 것"이라고 했다. 나무 덕으로 나무와 더불어 살아가는 우리가 오래 되새겨야 할 현대의 잠언이다.

28　물론 이 종류가 속씨식물의 조상식물인지는 아직 확실하게 밝혀지지 않았다.

제 8 장
꽃의 출현

생명의 진화

낙원에도 규칙은 있어야 한다.
나는 그 규칙들이 신의 솜씨인지
아니면 우연의 산물인지 알지 못한다.
우연조차도 신의 뜻일지도 모르지만
내 생각으론 그 규칙들이 우연의 산물일 것 같다.
훌륭하지도 깔끔하지도 않기 때문이다.
그것들은 그저 현실적인 정도이며
비생명보다 생명을 추구하기에, 숭고하다.
모든 생명력은 그것의 존재를 장려하는 메커니즘을 지닌다.

– 메리 올리버*Mary Oliver*, 『완벽한 날들*Long Life*』에서

‘다윈난’이 피었다. 지구 반대편의 섬, 마다가스카르에서만 볼 수 있는 식물인 ‘다윈난’이 세종시의 국립세종수목원 열대온실에서 꽃을 피웠다. 그 별명에 진화론의 체계를 완성한 찰스 다윈의 이름이 들어 있음으로 짐작할 수 있듯이 진화생물학에 있어서 남다른 의미를 가지는 식물이다. 식물학에서 명명한 공식 학명은 앙그레쿰 세스퀴피달레*Angraecum sesquipedale* Thouars인데, 난초 종류의 하나여서 ‘다윈’ 뒤에 ‘난’을 붙여 부르게 된 것이다.

앙그레쿰 세스퀴피달레가 처음 발견된 건 1798년 프랑스의

식물학자 루이-마리 오베르 뒤 프티-투아르(Louis-Marie Aubert du Petit-Thouars, 1758~1831)에 의해서였다. 프랑스의 앙주 지역에 자리 잡은 귀족 가문에서 태어난 그는 프랑스 혁명 기간에 2년간 투옥되었다가 마다가스카르섬 등으로 유배된 적이 있다. 그때 그는 이 지역 섬들에서 10년을 지내면서 약 2,000종의 식물 표본을 수집해 돌아왔다. 이 수집 표본 가운데에 앙그레쿰 세스퀴피달레가 있었다. 이 난초의 학명 뒤에 붙은 명명자 'Thouars'가 바로 그의 이름이다. 그가 이 난초에 학명을 붙일 때에 가장 주목한 건 꽃송이 뒤쪽으로 길게 늘어진 부리였다. 그 길이가 무려 40센티미터를 넘었다. 프티-투아르는 이 식물의 가장 큰 특징을 학명에 넣었다. 학명의 종소명인 세스퀴피달레*sesquipedale*는 라틴어로 1.5피트를 뜻한다. 1.5피트는 45.72센티미터에 해당하는 길이다. 여느 식물의 꽃에서 찾아보기 어려운 특별함이어서 명명자는 학명에 그 특징을 부각시켰다. 이 특별한 난초를 프티-투아르는 마다가스카르섬의 동쪽 해안 근처의 저지대에 형성된 숲 가장자리에 있는 나무에서 착생란의 형태로 발견했다. 대개는 잎이 많지 않은 큰 나무와 습기가 많지 않은 줄기나 가지에 달라붙어 자라는 것으로 알려졌지만, 드물게는 바위 위에서도 자라는 착생란 종류다. 최근에는 영국을 비롯한 인근 유럽 지역에서도 이 난초를 심어 키우는데, 이 지역에서는 대개 12월 성탄절 즈음에 피어나기 때문에 '크리스마스난초'라고 부르기도 한다.

제 9 장
생명의 진화

찰스 다윈에게 생명 진화의 원리를 돌아보게 한 꽃

앙그레쿰 세스퀴피달레를 처음 발견한 18세기 후반만 해도 이 식물에 특별히 주목한 사람은 없었다. 그의 존재가 차츰 섬 바깥으로 알려지게 된 건 영국의 선교사인 윌리엄 엘리스(William Ellis, 1794~1872)가 선교를 목적으로 마다가스카르 지역을 찾았던 때에 이 특별한 식물을 발견해 자생지 외 지역, 즉 영국으로 처음 가지고 나온 게 계기였다. 그때가 영국의 호사가들 사이에서 난초 키우기 붐이 일던 1855년이었다. 그로부터 이태 뒤인 1857년에 자생지 외의 지역인 영국으로 먼 여행을 떠나온 이 난초 종류가 처음 꽃을 피웠지만 여전히 이 식물에 대한 더 이상의 관심은 늘어나지 않았다. 앙그레쿰 세스퀴피달레의 별난 생김새에 주목한 건 이즈음인 1859년에 『종의 기원』을 펴낸 찰스 다윈이었다. 다윈은 『종의 기원』을 출간한 직후에 스태퍼드셔의 은행가이며, 원예가이자 난초 수집가인 제임스 베이트먼(James Bateman, 1811~1897)으로부터 이 별다른 식물이 든 난초 한 상자를 선물로 받았다. 1862년 1월 25일의 일이었다. 꽃의 아름다운 모습에 몰입하는 원예가와 달리 생명의 원리를 파헤치는 데에 집중한 다윈은 앙그레쿰 세스퀴피달레 꽃의 특별한 생김새에 주목했다.

다윈이 주목한 건 꽃송이 뒤쪽에 달린 가늘고 긴 부리[29]였다. 다윈은 이 부리를 관찰한 끝에 가느다란 대롱 형태였고, 맨 아래의 4센티미터 부분에는 달콤한 꿀이 들어 있다는 걸 알아냈다. 다윈은 대관절 이 가느다란 대롱 끝에 저장된 꿀은 어떻게 쓰일 것이며, 또 이 식물의 꽃가루받이와 꿀주머니는 어떤 관계인가에 주목했다. 다윈은 이 식물의 꿀은 여느 식물들이 그러한 것처럼 누군가를 불러들이려는 필요에 의해 지어진 것이고, 그 꿀을 빨아 먹는 생물이 그의 꽃가루받이를 성사시켜 주리라 생각했다.

이 꽃에 대한 집요한 실험과 연구 끝에 다윈은 "마다가스카르에는 길게 뻗으면 그 길이가 25~30센티미터[30]에 달하는 주둥이를 가진 나방이 있는 것이 틀림없다! 이런 나의 믿음은 일부 곤충학자들의 비웃음을 샀다. 하지만 이제 우리는 프리츠 뮐러를 통해 브라질 남부에 거의 충분한 길이의 주둥이, 즉 건조한 상태일 때 25~30센티미터에 달하는 주둥이를 가진 박각시나방이 있다는 것을 안다. 뻗지 않았을 때 그 주둥이는 최소 20회 이상 감긴 소용돌이 형태를 하고 있다"[31]라고 『난초가 곤충에 의해 수정되는 데 관여하는 다양한 장치들』에 적었다.

다윈의 앙그레쿰 세스퀴페달레 연구 과정에는 자연선택에 의한 진화 과정을 다윈과 함께 이야기한 앨프리드 러셀 월리스(Alfred Russel Wallace, 1823~1913)도 함께했다. 월리스는 〈법칙의 창

---

29   다윈은 그의 책 『난초가 곤충에 의해 수정되는 데 관여하는 다양한 장치들(The various contrivances by which orchids are fertilised by insects)』에서 이 부리의 길이를 11.5인치로 적었다. 미터 단위로 환산하면 29.21센티미터다. 이는 다윈이 베이트먼으로부터 선물 받은 개체에서 보여준 부리를 다윈이 관찰한 길이였다. 다윈의 기록을 바탕으로 우리나라의 거의 모든 번역서에는 이 길이를 30센티미터로 표기했다. 그러나 이 식물 학명의 종소명인 *sesquipedale*는 1.5피트, 즉 45센티미터를 뜻한다. 원산지에서는 45센티미터 정도의 길이를 보여주는 것으로 보아야 한다. 다윈이 관찰한 앙그레쿰 세스퀴페달레는 자연 상태의 개체가 아니어서 짧았던 것이다. 그러나 식물의 생육 특징을 이야기할 때에는 자연 상태에서의 특징을 기본으로 해야 한다.

30   다윈의 관찰을 바탕으로 하면 이 수치가 맞겠지만, 자연 상태에서라면 역시 40센티미터 정도로 보는 게 맞을 것이다.

31   『다윈이 사랑한 식물(Darwin and the Art of Botany: Observations on the Curious World of Plants, 2023)』(다산북스) 66~67쪽 재인용.

제 9 장
생명의 진화

조Creation by Law〉라는 논문에서 앙그레쿰 세스퀴피달레와 매개곤충의 공진화 과정을 해석하고자 했다. 긴 연구 끝에 앙그레쿰 세스퀴피달레의 꽃가루받이 과정과 매개곤충과의 공진화 과정에 대해 다윈은 설명해 냈다. 만일 긴 부리를 가진 매개곤충이 있는데, 그 곤충의 부리가 앙그레쿰 세스퀴피달레에 매달린 꿀주머니의 대롱보다 길다면 곤충은 꿀을 얻는 데에 성공한다. 그러나 문제가 있다. 이때 곤충에게 꿀을 제공한 꽃은 아무것도 얻는 게 없다. 무엇보다 꽃가루받이를 위해 꿀을 가는 대롱 끝에 저장했지만, 곤충은 꽃가루에 닿지 않은 상황에서 꿀만 빨아 먹고 만다. 그러니까 꿀주머니 대롱과 매개곤충의 부리는 길이가 서로 맞아야 한다. 결국 앙그레쿰 세스퀴피달레가 살아 있는 숲에서 이 꽃과 매개곤충은 서로의 적합도를 맞춰가며 진화할 수밖에 없다는 게 다윈의 결론이다.

다윈은 이 과정을 설명하기 위해 손수 지름 0.2센티미터의 원통 대롱을 만들어 앙그레쿰 세스퀴피달레의 꿀샘 입구를 통해

77 **앙그레쿰 세스퀴피달레**의 꽃가루받이에 대한 월리스의 추측을 바탕으로 그린 삽화.

기다란 부리 속으로 들이밀어서 꿀에 닿게 하고, 그 과정에서 꽃가루가 어떻게 매개곤충에게 전달될지를 실험했다. 이 과정을 통해 다윈은 이 꽃이 꽃가루받이를 이루려면 반드시 그처럼 긴 주둥이를 가진 곤충이 있어야 한다고 주장했다. 그러나 진화 과정에서 꽃이 형성한 꿀주머니의 대롱 부분과 곤충의 부리가 무한정 길어질 수는 없다. 길어진 주둥이에는 위험성이 따른다. 성가실 정도로 길어진 부리는 곤충의 비행을 방해하기 십상이다. 게다가 다른 포식자의 먹잇감 표적이 될 수도 있다. 꽃의 입장에서도 마찬가지다. 대롱의 길이를 무한정 늘인다면 점점 더 생존에 위험성이 생기는 곤충을 불러들이기도 어려울 것이다. 결국 지금의 40센티미터 정도의 길이가 이들에게는 최선이었던 것이다.

다윈과 월리스는 결국 앙그레쿰 세스퀴피달레가 살아 있는 마다가스카르섬에는 40센티미터에 해당하는 대롱 끝까지 들이밀 수 있는 주둥이를 가진 매개생물이 존재할 것이라고 생각했다. 만약 그런 매개생물이 존재하지 않는다면 앙그레쿰 세스퀴피달레는 이미 멸종했을 것이라고 추론했다. 다윈은 자신의 생각을

78 찰스 다윈.

1862년 10월에 『난초가 곤충에 의해 수정되는 데 관여하는 다양한 장치들』에서 주장했다. 그러나 그때 대개의 생물학자들은 다윈의 주장을 지지하지 않았다. 심지어 다윈의 추론을 조롱하기까지 했다. 심지어 이 식물은 초자연적 존재에 의해 창조되었다는 주장까지 나왔지만, 다윈의 추측은 인정하지 않았다. 그래도 다윈은 앙그레쿰 세스퀴피달레의 독특한 생김새에 담긴 번식의 비밀이 결국은 모든 생명체가 진화해 다양성을 이루고, 온 생명이 더불어 살아가는 공진화의 원리를 설명하는 실마리가 될 것이라는 생각을 물리지 않았다. 하지만 안타깝게도 다윈은 살아 있는 동안 앙그레쿰 세스퀴피달레의 꽃가루받이를 이뤄주는 40센티미터 부리를 가진 매개생물을 발견하지 못하고 생을 마쳤다.

이 논쟁에는 더 이상의 진전 없이 긴 세월이 흘렀고, 다윈은 세상을 떠났다. 그리고 다윈이 앙그레쿰 세스퀴피달레를 통해 공진화의 실마리를 톺아본 훌륭한 논문을 발표한 지 41년이 지난 1903년에 영국의 은행가이자 동물학자인 월터 로스차일드(Walter Rothschild, 1868~1937)와 그의 학문적 동반자인 독일의 곤충

79 앙그레쿰 세스퀴피달레의 꽃가루받이에 최적화한 **크산토판 박각시나방**.

학자 카를 요르단(Heinrich Ernst Karl Jordan, 1861~1959)은 마다가스카르섬에서 놀라운 발견을 했다. 크산토판 박각시나방*Xanthopan morganii praedicta* Rothschild & Jordan이 그들이 발견한 특별한 종류의 나방이었다. 크산토판 박각시나방의 부리가 다윈의 생각처럼 40센티미터에 이르렀다. 다윈의 예측이 신비로울 정도로 정확했다는 증거다. 학명에 '예견하다'의 뜻이 담긴 라틴어 *praedicta*가 들어간 것은 다윈이 예견했던 그 곤충이라는 뜻에서였다. 다윈의 주장이 학계의 인정을 얻지 못한 채 20년의 세월이 흘러 다윈은 생을 마쳤고, 다시 21년이 지난 뒤에야 비로소 그의 예측이 옳았음이 밝혀진 것이다.

앙그레쿰 세스퀴피달레의 진화는 『종의 기원』을 통해 다윈이 밝히고자 한 생명 진화의 원리 가운데 하나인 '공진화共進化'의 대표 사례다. 세상의 모든 생명은 홀로 서지 않고, 다른 생명과 함께 손을 잡고 살아간다는 지엄한 사실이 한 송이 꽃을 통해 밝혀진 것이다.

앙그레쿰 세스퀴피달레와 크산토판 박각시나방과의 관계는 모든 생명에게 동일하게 적용된다. 그런데 문득, 벌과 나비가 활동하기에 차가운 날씨인 겨울에 피어나는 꽃들은 과연 누가 그의 꽃가루받이를 도와줄 것인가에 대한 궁금증이 생긴다. 사실 숲에서는 봄·여름·가을에만 꽃이 피어나는 게 아니다. 한겨울에도 꽃이 피어난다. 여느 계절만큼 꽃이 많은 건 아니지만, 대개의 생물들이 겨울잠에 든 한겨울에도 꽃은 피어난다.

납매*Chimonanthus praecox* (L.) Link라는 꽃이 그 가운데 하나다. 중국이 고향인 납매는 요즘 우리나라 곳곳에서도 쉽게 찾아볼 수 있는 겨울꽃의 대명사가 됐다. 납매는 12월에 꽃을 피운다. 12월을 뜻하는 섣달 납臘자와 매화를 뜻하는 매梅자를 쓴 이름도 그래서 붙여졌다. '섣달에 피어나는 매화'라는 뜻이다. 그러나 납매는 우리의 매실나무에서 피어나는 꽃인 매화와 식물학적으로 관련이 없다. 매화처럼 겨울에 피어나는 꽃이라는 데에 초점을 맞추어 민간에서 부르는 이름일 뿐이다.

납매의 꽃이 피어나는 때는 추운 겨울이다. 매운 바람을 견디기 위해서 납매의 노란 꽃잎은 작지만 도톰하게 무장했다. 거개의 봄꽃에서 볼 수 있는 가녀린 꽃잎과 달리 강인한 인상이다. 여느 꽃들처럼 화려하지 않은 대신에 납매 꽃은 강한 향기를 갖고 있다. 물론 모든 꽃의 향기가 그렇듯이 납매의 향기는 자신의 혼사를 이뤄줄 매개곤충을 불러들이기 위한 안간힘이다.

납매의 꽃을 찾아오는 매개곤충은 '등에' 종류다. 등에는 벌

이나 나비와 달리 겨울에도 활동하는 몇 안 되는 곤충이다. 등에
를 비롯한 파리목目에 속하는 대개의 곤충들은 겨울에도 활동한
다. 하지만 봄여름의 벌과 나비에 비해 개체 수도 적고, 추위가
깊어지면 활동성도 약해진다. 납매 꽃 향기가 유달리 강한 건 멀
리 떨어져 있는 등에에게 자신의 존재를 효과적으로 알리기 위해
서다.

그렇다고 납매가 꽃을 피우자마자 곧바로 등에가 찾아드는
건 아니다. 그래서 번식이라는 궁극의 목적을 이루기 위해 납매
꽃은 오래 살아남아야 한다. 등에가 찾아올 때까지. 결국 아무리
차고 매운 날씨에서라도 꽃을 떨구면 안 된다. 한번 피어나면 주
변 환경 조건에 따라 약간의 차이는 있지만, 대개 한 달 넘게 꽃을
떨구지 않는다. 찬 바람이 몰아쳐도 꽃송이는 싱그럽고, 하얀 눈
을 소복히 덮은 채로도 제 기색을 잃지 않는다. 번식을 이루기 위
해서 어떤 악조건도 모두 이겨내고 등에를 불러들여야 한다. 향
기는 더 강하게, 꽃잎은 더 싱그럽게 오래 유지해야 한다. 그건 곧
식물 존재의 궁극적 목적이다.

제 9 장
생명의 진화

납매는 중국에서 들어온 나무이지만, 오래전부터 우리 땅의 겨울에 피는 꽃도 있다. 동백나무*Camellia japonica* L.다. 사철 푸른 잎을 간직한다는 데에서 옛 선비들이 소나무와 함께 절개와 정절의 상징으로 여겨온 나무다. 동백나무 꽃은 겨울바람이 매울수록 더 아름답게 피어난다고 했다. 동백나무 꽃을 오래 바라보고 살아온 옛사람들의 경험에서 나온 이야기이지만, 따지고 보면 이는 과학적으로도 타당한 이야기다.

겨울 추위가 매우면 동백나무 꽃을 찾아와 꽃가루받이를 해주는 매개생물인 동박새의 활동성은 떨어지게 마련이다. 세상의 거의 모든 생명이 그렇다. 기온이 떨어지면 활동을 줄이는 게 당연한 이치다. 그럴수록 동백꽃은 동박새를 향한 사랑의 징표를 더 또렷하게 전해야 한다. 납매라면 향기를 더 강하게 더 멀리 퍼뜨리겠지만, 향기가 그리 강하지 않은 동백나무 꽃이 동박새에게 연모의 뜻을 전할 방법은 꽃송이의 붉은색뿐이다. 하릴없이 동백나무는 멀리 떨어진 동박새의 눈에 잘 뜨이기 위해 더 붉게, 더 크게, 더 아름답게 자신의 꽃을 치장해야 한다. 험한 세상일수록 사랑의 표현은 크고 뚜렷해야만 살아남을 수 있다.

사례를 들자면 한이 없다. 특별히 짝을 이루어 공진화 전략을 펼치는 나무는 매개곤충들의 활동이 활발한 봄여름보다 대개의 동물들의 활동이 미약해지는 늦가을이나 겨울에 뚜렷이 관찰할 수 있다. 그때에 활동하는 동물을 끌어들이기 위한 전략은 뚜렷해지기 때문이다.

81 겨울이 추울수록 더 아름답게 꽃 피우는 **동백나무**.

늦더위 지나고 바람 서늘해지는 가을 되어야 꽃 피기 시작하는 팔손이 *Fatsia japonica* (Thunb.) Decne. & Planch.도 그런 나무다. 팔손이는 파꽃 모양을 닮은 소박한 꽃을 피우는 나무이지만, 잎사귀가 넓어서 잘 키우면 전체적으로 삽상한 기운을 느끼게 하는 나무다. 뛰어난 생명력 탓에 생육 조건이 그리 까탈스럽지 않아 집에서도 키우기 편한 나무다. 물론 따뜻한 기후를 좋아하는 남부 지방의 나무여서 중부지방에서는 실외에서 월동하는 게 불가능하지만, 실내에서라면 충분히 키울 만하다.

'팔손이'는 커다란 잎이 여덟 갈래로 나뉘기 때문에 그런 이름이 붙었지만, 실제로는 일곱이나 아홉 갈래로 나뉜 잎이 더 많다. 잎이 크고 싱그러워서 자칫 외국에서 들여온 열대식물의 하나인 줄로 생각하기 쉽지만 팔손이는 엄연한 우리 토종 식물이다. 우리나라의 모든 나무를 통틀어 가장 큰 잎을 가진 나무 가운데 하나가 팔손이라 해도 될 것이다. 잎 한 장의 지름이 거의 40센티미터에 이른다. 게다가 이 넓은 잎이 겨울에도 떨어지지 않는 상록성이며, 잎자루가 30센티미터 정도로 뻗어 나와 한 그루만으로도 초록의 분위기를 풍성하게 연출한다. 잘 자라야 5미

터쯤 자라는 팔손이의 긴 잎자루에 매달린 넓은 잎사귀가 바람에 너풀거리는 모습은 언제 보아도 싱그럽다.

제주도를 여행하면서 자주 만나게 되는 나무 가운데 하나가 팔손이다. 제주의 따뜻한 기후에서 자라기 알맞은 나무인 까닭에 제주의 올레길이 이어지는 작은 숲에서는 물론이고, 심지어는 마을의 살림집 울타리에서도 쉽게 만날 수 있다. 왕성한 자람을 보여주는 제주의 팔손이는 키도 크고 잎사귀도 큼지막하게 키울 만큼 잘 자란다.

팔손이의 꽃은 다른 동물들의 활동이 뜸해지는 10월부터 피어난다. 이즈음에 피어나는 다른 꽃들과 마찬가지로 한번 피어난 꽃은 두어 달 이상 계속 나뭇가지에 매달려 있다. 꽃의 존재 이유인 꽃가루받이를 이룰 때까지 살아남아야 하는 까닭이다. 팔손이 꽃은 볼품이나 향기가 그리 뛰어나지 않아도, 가을 숲 관찰에서 놓칠 수 없는 꽃이다. 꽃가루받이를 이루어 줄 벌과 나비가 거의 사라질 즈음이어서, 오랫동안 꽃을 피운 상태에서 다문다문 찾아드는 곤충을 기다리는 것이다. 이때 팔손이의 꽃에는 파리가 찾아와 꽃가루받이를 이뤄준다. 팔손이는 어쩔 수 없이 파리에게 꽃가루받이를 호소해야 한다. 그리고 파리를 유혹할 수 있는 요인을 지어 내고 기다려야 한다. 팔손이 꽃이 파리가 좋아하는 '뒷간 냄새'를 풍긴다는 이야기가 널리 퍼진 건 그래서였을 게다. 실제로는 이 꽃에 가까이 코를 대어보아도 그런 냄새는 물론이고 별다른 향기가 느껴지지 않는다. 아주 옅게 단내가 나는 정도다. 파리를 불러들이는 팔손이의 전략에는 '시기'가 들어 있다. 다른 꽃들이 거의 없는 시기를 이용한다는 의미다. 대개의 곤충들은 사라졌지만 파리를 비롯한 꽃등에 종류는 여전히 활동 중이어서 양식인 꿀을 필요로 한다. 이때 꿀을 절실하게 필요로 하는 파리와 꽃등에를 불러들이는 데에는 최소한의 신호만이어도 괜찮다는 판단이 있었던 게다.[32]

벌이나 나비 대신 파리를 끌어들여야 하는 팔손이의 꽃은 여느 꽃처럼 화려하지 않다. 가지 끝에서 하얀 꽃이 지름 7센티미터 남짓의 공 모양으로 모여 피어나는데, 가만히 바라보면 단장하지 않은 수더분한 시골 선머슴을 연상하게 한다. 그래서인지 우리나라의 일부 지방에서는 팔손이를 '총각나무'라고 부르기도 한다. 자람이 까탈스럽지 않고 생명력이 왕성하다는 것도 팔손이를 환영하는 이유일 것이다. 특별히 돌봐주지 않아도 물만 마르지 않는다면 잘 자란다. 시골에서는 팔손이를 주로 울 곁에 심는데, 그

---

32 실제로 이전까지 나도 다른 책과 글에서 기존의 '설'들을 따라 팔손이 꽃에서는 '뒷간 냄새'가 난다고 썼다. 그러나 아무리 팔손이 꽃에 가까이 다가서도 그런 냄새를 확인할 수 없었다. 이 책을 쓰면서 다시 여러 자료를 확인한 결과, '뒷간 냄새' 이야기는 널리 퍼진 오해였음을 확인했다. 늦었지만, 여기에서 바로잡는다.

제 9 장
생명의 진화

럴 경우 한참 지나면 뿌리가 옆집으로 뻗어 새로 한 그루의 팔손이를 키워내기도 한다. 실내 공기 정화용으로 가정에서 키우는 경우도 많다. 팔손이는 대표적 공기정화식물인 산세베리아보다 음이온을 30배나 더 방출할 뿐 아니라 미세먼지를 흡수하고 새집 증후군의 원인인 포름알데히드를 제거하는 효과도 뛰어난 것으로 알려졌다.

1억 년을 이어온 생명의 약속

공진화 전략에서 빼놓을 수 없이 흥미로운 나무 가운데에 무화과나무*Ficus carica* L.가 있다. '꽃 없는 열매'라는 난데없는 이름을 가진 무화과나무다. 실제로 무화과나무에서는 당최 꽃을 찾아볼 수 없다. 그러나 세상의 어떤 식물도 꽃을 피우지 않고는 열매를 맺을 수 없다. 그건 생명의 원리에서 벗어나는 일이다.

꽃花 없이無 열매果를 맺는다는 뜻의 이름처럼 무화과나무는 정말 꽃송이를 보여주지 않고 열매를 성숙시킨다. 대관절 꽃 없이 열매를 맺는 게 가당키나 한 일인가. 무화과나무도 열매를 맺기 위해서는 꽃을 피워야 한다. 실제로 무화과나무도 여느 나무들이 앞다퉈 꽃을 피우는 봄에 꽃을 피운다. 다만 사람의 눈에 뜨이지 않을 뿐이다. 사람은 물론이고, 여느 짐승의 눈길에도 포착되지 않도록 숨어서 피어난다.

무화과나무의 꽃은 봄부터 여름에 걸쳐 피어난다. 꽃이라고는 했지만, 한눈에 꽃이라고 보기는 어려운 모양의 꽃이다. 봄이면 무화과나무의 잎겨드랑이에서는 구슬 모양의 초록빛 돌기가 올라온다. 이게 꽃 무더기다. 꽃은 이 돌기 안쪽에서 무성하게 피어난다. 그러니까, 결국 작은 돌기는 여러 송이의 꽃을 감싼 꽃주머니인 셈이다. 식물학에서는 이를 화탁花托이라고 부른다. 우리말로 꽃턱이라고 부르는 화탁花托은 속씨식물 꽃의 한 부분으로 꽃자루의 맨 끝, 즉 평범한 꽃을 기준으로 하면 꽃잎이 돋아나는 부분의 볼록한 부분을 가리킨다. 대개의 경우 이 꽃턱은 지름 1센티미터도 채 안 될 만큼 작다. 무화과나무의 꽃은 이 꽃턱 안에 숨어서 피어난다. 어린이용 식물도감에서는 '발달한 꽃턱'이라 하지 않고 종종 '꽃주머니'라고 표시한다. 꽃을 감싼 주머니라는 이 표현은 무화과나무의 경우 정확한 표현이라고 할 수 있다.

결국 정확히 이야기하자면 은화과隱花果, 즉 숨어서 핀 꽃으로 열매 맺는 나무라고 해야 한다. 무화과는 그래서 은화과라고도 부른다. 은화과의 은隱은 숨는다는 뜻으로 여기에 무화과나무 꽃의 비밀이 담겨 있다. 무화과가 '꽃이 없는 열매'라면 은화과는 '꽃이 숨어 피는 열매'다. 무화과나무의 특징을 보다 정확히 알려주는 표현이지 싶다. 즉 무화과나무에는 꽃이 없는無 게 아니라 숨어 피어나는 것이다. 사람의 눈에 뜨이지 않는 곳에 숨어서 피어날 뿐이지, 분명히 피어난다는 이야기다.

꽃은 꽃가루를 암술머리에 옮기는 혼사, 즉 꽃가루받이를 채비했다고 누군가에게 알리는 분명한 신호다. 그런데 누구의 '눈에 뜨일까' 꼭꼭 숨어서 피어난 무화과나무의 꽃은 어떻게 꽃가루받이를 이루어야 할까. 만일 꽃가루받이를 이루지 못했다면 번식에 성공할 수 없었을 것이고, 무화과나무는 진작에 멸종했을

것이다. 필경 누군가가 견고한 꽃주머니 안쪽의 꽃을 찾아간다는 이야기다.

무화과나무가 9,000만 년 쯤 전에 지구상에 나타나 지금까지 생명을 이어오도록 도운 것은 몸 길이 2밀리미터가 채 안 되는 매우 작은 말벌 종류인 무화과좀벌이다. 무화과나무의 꽃주머니가 돋을 즈음이면 무화과좀벌이 무화과나무를 찾아온다. 무화과나무가 지상에 처음 나타난 9,000만 년 전부터 선악과를 따 먹은 에덴동산의 아담이 부끄러움의 감정을 느끼고 벌거벗은 몸을 가리기 위해 잎을 떼어 낸 때를 지나오는 긴 세월 동안 단 한 번도 거르지 않은 생명의 약속이다.

무화과나무 열매를 가만히 살펴보면 꽃주머니 맨 끝부분에 아주 좁다란 구멍이 뚫려 있는 걸 볼 수 있다. 이 미세한 구멍으로 작디작은 무화과좀벌이 드나들며 꽃가루받이를 이루어 준다. 워낙 작은 구멍이지만, 무화과나무 꽃이 품은 풍성한 꿀을 따기 위해 무화과좀벌은 묘기 부리듯 꽃주머니 안쪽을 파고든다. 무화과좀벌은 무화과나무의 꽃이 꽃주머니에 갇힌 채 피어나 퍼뜨리는 향기를 알아채고, 무화과나무 꽃에 다가가 작은 구멍을 뚫고 꽃에 접근한다. 이 작은 구멍을 드나들 수 있다고는 하지만, 구멍은 너무너무 작다. 이 미세한 구멍을 찾아 안으로 틈입하는 동안 무화과좀벌의 날개는 찢겨 나가고, 몸통의 상당 부분은 일쑤 터져 버리고 만다. 하지만 무화과좀벌은 9,000만 년 동안 이어온 생명의 약속을 지키기 위해 기어이 꽃주머니 안쪽으로 파고든다. 마침내 다 해어진 몸뚱아리로 꽃주머니 안에 들어선 무화과좀벌은 꽃송이들을 헤집으며 꽃가루받이를 이뤄준다. 약속은 수행했지만, 그사이에 기진맥진한 무화과좀벌은 제 몸 안에 품었던 알을 꽃주머니 안에 내려놓고 짧았던 생을 마감한다.

세상 모든 생명들의 살림살이가 그렇듯 무화과나무와 무화과좀벌의 관계는 일방적이지 않다. 꽃가루받이를 이뤄주기 위해 처참한 몰골로 꽃주머니 안쪽을 파고든 무화과좀벌을 위해 무화과나무도 일정한 선물을 마련한다. 꽃주머니 안쪽에 피어난 여러 꽃들 가운데에는 암꽃, 수꽃 그리고 중성꽃이 있다.

사실 '중성꽃'이라는 건 없다. 다만 씨앗을 맺지 못한다는 의미로 '중성꽃'이라 한 것인데, 엄밀히 이야기하면 '단주화'라 불러야 한다. '단주화短柱花'란 암술의 길이를 기준으로 붙인 식물학 용어인데, 그 반대는 당연히 '장주화長柱花'가 된다. 암술 아래에 씨방이 놓이고, 그 씨방 안쪽의 밑씨가 여물어 씨앗이 되는 건데, 그 과정이 정확히 이루어지려면 암술이 일정한 길이로 발달해야 한다. 그래서 정상적으로 발달한 암술을 가진 꽃을 장주화라 하고, 그에 비해 유난히 암술의 길이가 짧아 마침내 씨앗을 맺지 못하는 꽃을 단주화라고 부른다.

그러니까 앞의 글을 다시 쓰자면 무화과나무 꽃주머니 안쪽에 무수히 피어난 꽃 가운데에는 수꽃이 있고, 암꽃 가운데에 장주화와 단주화가 있다고 이야기하면 될 것이다. 그러면 여기서 씨앗도 맺지 못하는 단주화는 무슨 까닭으로 피었는가. 그게 바로 무화과나무가 무화과좀벌을 위해 마련한 배려다. 단주화의 안쪽이 무화과좀벌이 알을 낳을 수 있는 보금자리였던 것이다. 무화과좀벌은 무화과나무가 정성껏 지어 낸 단주화 안에 알을 내려 놓는 것이다.

무화과나무 꽃을 찾아 날아다니는 무화과좀벌은 모두 암컷이다. 수컷은 암컷과 달리 날개도 없고, 몸집도 더 작다. 다시 꽃주머니 속의 시간이 적막하게 흐른 뒤 알은 부화한다. 새끼 무화과좀벌 가운데에는 날개가 없는 수컷도 있다. 수벌은 태어나자마자 암벌과의 교미를 마치고 죽기도 하고, 일부는 여리게 날갯짓하는 암벌이 꽃주머니를 벗어나 또 다른 꽃을 찾아가도록 꽃주머니의 구멍을 넓게 뚫고는 생을 마친다. 암벌은 수벌이 죽음을 앞두고 뚫어놓은 구멍을 통해 꽃주머니를 탈출해 비행을 시작하고, 암벌을 떠나보낸 수벌은 꽃주머니 안에 주검으로 남는다. '비건'이라고 부르는 채식주의자들이 무화과를 먹지 않는 이유가 여기에 있다. 그러나 사실 지금 우리가 식용하는 무화과는 무화과좀벌의 도움 없이 열매를 성숙시킬 수 있도록 새로 선발한 재배종이기 때문에 무화과좀벌의 시체를 먹어야 할 일은 없을 것이다.

무화과나무 꽃주머니를 빠져나온 무화과좀벌의 암컷은 새로운 무화과나무를 찾아 다시 꽃주머니의 작은 구멍을 비집고 들어가 그 꽃의 꽃가루받이를 이뤄주고 생을 마친다. 그렇게 꽃가루받이를 마치면 무화과나무의 꽃턱은 처음 모습보다 조금 큰 형태로 익어가면서 차츰 색깔을 바꾸어 간다. 꽃 상태일 때에 초록색이었던 꽃턱은 열매로 커지면서 차츰 검은 자주색이나 황록색으로 바뀐다. 그러나 모양에는 변화가 없다. 꽃턱일 때에 동그란 구슬 모양이었다면, 열매가 되면서 달걀을 거꾸로 세운 모양이 되는 정도의 차이를 보일 뿐이다. 그 바람에 꽃턱과 열매의 구조를 상세히 알지 못했던 옛사람들은 꽃턱이 곧 열매인 줄로만 알았던 것이다. 그래서 꽃은 피지도 않았는데 열매부터 맺는다고 생각해서 '무화과나무', 즉 '꽃 없이 열매 맺는 나무'라고 불렀던 것이다.

무화과나무처럼 분명히 피어나기는 하지만, 겉으로 드러내지 않고 숨은 채 피어나는 꽃을 피우는 '은화과' 형태로 열매를 맺는 나무 가운데에 우리나라에서 자라는 나무로는 천선과나무 *Ficus erecta* Thumb.와 모람*Ficus nipponica* Fr. et Sav.이 있다. 모람은 덩굴식물이고, 천선과나무는 교목성 나무인데, 꽃턱이 무화과나무보다 작아서 사람이 먹기에는 적당치 않다. 그래서 사람들은 이 꽃턱은 하늘의 선녀들만 먹는다고 해서 천선과天仙果라는 이름을 붙인 것이다.

『종의 기원』으로 생명 탄생과 진화의 비밀을 밝힌 찰스 다윈에게 생명의 비밀을 풀 실마리를 제공했던 앙그레쿰 세스퀴페달레. 다윈이 진화론을 통해 세상에 알린 것은 하나의 꽃, 하나의 생명이 살아남기 위해서는 반드시 다른 누군가의 도움이 필요하다는 것이다. 오늘날의 이토록 아름다운 생명 세계는 결국 모든 생명들의 간절한 사랑에 의한 결과라는 사실을 그는 생명 진화 과정을 통해 세상에 알렸다. 겨울에 피는 꽃들이 왜 그토록 강인하게 살아가는지, 추울수록 동백나무 꽃은 왜 그리 아름다운지를 돌아보게 된다. 이 땅의 봄을 맞이하려 꿈틀거리는 겨울나무의 새순과 어디에선가 새로 피어날 꽃들의 꽃가루받이를 위해 비행을 채비하는 작은 곤충들의 꼬무락거림은 결국 이 아름다운 생명 세계를 수억 년 동안 이어온 큰 울림이라는 증거다.

일편단심으로 변함없이 긴 세월 이어가는 항상성

앞에서 우리는 속씨식물에서 피어나는 꽃과 씨방이 성숙해 이뤄내는 열매가 번식을 위해 꽃가루 매개 동물, 혹은 씨앗 전파 동물을 유인하는 매우 혁명적인 장치라는 걸 살펴봤다. 속씨식물은 벌, 나비 등의 곤충을 중심으로 새 혹은 박쥐 등 다른 동물을 불러들이고 길들이는 데에 매우 효과적인 전략을 펼쳤다. 이 과정에서 더 놀라운 것은 나무는 자신의 꽃이 피어날 시기와 그 시기에 그 자리에서 활동이 활발한 동물을 정확하게 알아본다는 사실이다. 그리고는 바로 그들에게 꼭 필요한 넥타와 꽃밥을 지어내 유인한다. 이 같은 전략으로 속씨식물은 매우 선별적이고도 효과적인 생식 전략을 펼쳤다. 아울러 자가수분, 즉 근친혼의 위험을 막고 타가수분을 이뤄내 유전적 변이를 증가시키며 환경에 적응했고, 다양한 진화의 결과를 이뤄냈다. 이 모든 경이로운 생명살이의 핵심에 바로 '공진화'가 있다.

이 과정에서 나무가 번식을 이뤄주는 매개동물을 선택한다는 사실은 분명하다. 이른바 '꽃 항상성flower constancy' 혹은 '수분매개자 항상성'이다. 흔히 꽃이 피면 온갖 벌과 나비가 다 모여

든다고 이야기하지만, 그렇지 않다. 매개곤충을 끌어들이는 건 나무 쪽에서 능동적으로 이루는 일이다. 나무는 번식을 이루기 위해 온 힘을 다 모아 꽃을 피우고, 그 꽃으로 매개곤충을 유인한다. 그러려면 곤충이 좋아하는 향기를 피우든가, 곤충의 눈에 잘 띄는 모양으로 화려하게 피어야 한다. 또 그들이 성공적으로 꽃가루받이를 이루어 주었을 때에는 그에 대한 보답으로 꿀을 내주어야 한다. 꿀이 아니라면 무엇이 되더라도 매개동물을 위한 분명한 보상을 해야 한다.

그렇다고 해도 모든 곤충들이 다 좋아하는 향기, 눈에 잘 띄는 모양, 입맛에 맞는 꿀을 지어 내는 건 낭비다. 예를 들어 앞에서 이야기한 동백나무나 팔손이처럼 겨울에 피어나는 꽃이 온갖 벌과 나비를 모으기 위해 몸치장을 한다면 어떨까. 안타깝게도 그건 허망한 일이다. 그 시기에는 벌도 나비도 없다. 결국 나무들은 자신들이 꽃을 피웠을 때에 가장 활동이 활발한 매개동물을 선택해서, 그들의 눈에 잘 띄는 모양과 향기와 먹이를 지어 내는 게 경제적이다. 그래서 알고 보면 세상의 모든 꽃들에는 온갖 벌과 나비가 죄다 모이는 게 아니라 나무가 선택한 대상이 존재하는 것이다. 그걸 '꽃 항상성'이라고 이야기한다. 그걸 동물 입장에서 표현하면 '수분매개자 항상성'이 된다.

물론 대개의 자연현상이 그렇듯이 꽃 항상성에도 예외는 있다. 그동안의 관찰에 따르면 특히 가을에 피어나는 꽃 가운데에서 국화 종류의 꽃이 그랬다. 하나의 꽃에 모여드는 곤충의 종류가 헤아릴 수 없이 많다. 잠깐의 관찰만으로도 꿀벌이나 호박벌, 호랑나비를 비롯한 다양한 종류의 나비들, 심지어 사마귀, 풍뎅이, 등에, 파리 종류까지 정말 많은 종류의 곤충들이 날아들어 제 가끔 꿀을 빨고 꽃가루를 몸에 묻혀 날라준다. 때로는 하나의 꽃 송이에 벌과 나비와 풍뎅이가 동시에 모여드는 경우도 관찰할 수 있다. 국화 종류의 꽃이라면 '온갖 벌과 나비가 모여든다'고 해도 될 듯하다. 앞의 제8장 '꽃의 출현'에서 현재 가장 많은 종류로 진화한 식물을 '국화 종류'라고 이야기했는데, 이는 '꽃 항상성'이라는 특수화 전략을 넘어, 다양한 수분매개자를 포용하는 일반화 전략을 성공적으로 구사한 결과로 해석할 수 있다.

자연 현상은 언제나 그런 식이다. 완벽한 건 없다. 항상 예외가 존재하는데, 그것도 아주 흔하게 예외가 존재한다. 아직 우리가 아는 것보다 알지 못하는 것이 더 많은 식물의 경우 특히 더 그렇다. 그게 식물 공부에서 우리가 느낄 수 있는 경이로움이지 싶기도 하다. 많은 예외 중에서 일반적으로 존재하는 법칙과 원리를 찾아가는 게 자연과학의 길이 될 것이다.

공존 공생의 평화로운 세상을 위하여

생명 진화의 큰 원리는 지금 이 땅에 살아 있는 모든 생명들이 어떤 형태로든 관계를 맺고 있다는 사실이다. 다른 식으로 표현하자면 지금 살아 있는 어떤 생명 하나도 쓸모없는 존재가 없다. 필경 어떤 과정 어떤 형태로라도 분명 꼭 필요한 존재이기에 살아 있는 것이다. 어느 하나의 생명체가 사라진다는 건 그 모든 고리 중의 하나가 빠지는 것이다. 침팬지 연구가 제인 구달(Jane

Goodall, 1934~2025)은 지구 생태계를 태피스트리에 비유한 적이 있다. 씨줄과 날줄이 촘촘히 짜인 태피스트리처럼 지구의 생태계도 촘촘하게 짜여 있다는 것이다. 이를 조금 더 확장해서 나는 지구 생태계를 하나의 공球으로 표현하기도 한다. 제인 구달의 표현에 의하면 생태계 태피스트리의 어느 한쪽 실이 풀리거나 끊기는 일은 결국 전체 태피스트리가 망가지는 시작이다. 공으로 비유했을 때도 마찬가지다. 공의 어느 한 부분이 축소되거나 망가지면 다른 쪽의 공기가 그 모자란 쪽으로 밀려 들어가게 되고, 이 상황이 되풀이되면 마침내 공은 터지고 만다.

이 같은 생각을 극명하게 보여주는 상황이 최근의 뉴스에 자주 등장한다. 바로 '벌의 실종'이다. 벌의 개체 수가 눈에 띄게 줄어들면서 식물의 꽃가루받이 효율이 떨어지고, 장기적으로는 식물의 멸종이 불가피해질 것이며, 더불어 사람의 식량 생산량은 급감할 것이라는 불길한 예측이다. 벌과 식물의 관계를 이야기할 때마다 시작점이 어디인지가 헷갈린다. 이를테면 우리나라에서 최근에 벌어지는 상황을 살펴보자면, 아까시나무와 꿀벌의 관계도 그렇다. 꿀벌이 줄어든 게 먼저인지, 아까시나무 꽃이 제대로 피어나지 않아서 먹이를 잃은 꿀벌이 사라진 건지 갈피를 잡는 게 결코 쉬운 일이 아니다. 그러나 분명한 건 어느 하나가 사라지면 종국에는 연쇄 고리를 이루며 이 지구의 모든 생태계가 파괴된다는 사실이다.

벌의 실종뿐만이 아니다. 서울의 어느 한 지역에 괴이한 날벌레가 집단을 이뤄 발생했다는 뉴스가 있었다. 과연 이 날벌레들은 왜 한 지역에 집중해 나타났을까. 앞에서 나는 생태계를 공

84 지구 생태계를 '태피스트리'에 비유한 **제인 구달**.

에 비유했는데, 그 공의 어느 한쪽에 바람이 빠지기 시작한 것이다. 그러자 바람이 빠진 자리에 그 날벌레들이 몰려들기 쉬운 조건이 형성되었다고 볼 수 있다. 이때 사람들의 민원은 쏟아졌고, 관련 기관에서는 대대적으로 살충제를 살포했다. 그렇다면 이 날벌레들은 그대로 물러갔을까. 그건 아닐 것이다. 생명은 어디에서든 끝까지 살아남으려 안간힘 쓴다. 그게 생명의 가장 기본적인 원리다. 어디에선가 이들은 살아남기 위해 안간힘을 다해 버티게 된다. 잠시 우리 눈에 보이지 않는다고 사라진 것이 아니다. 그들은 우선 살충제의 폭격을 피해 어디론가 달아난다. 그뿐만 아니라 미처 달아날 곳을 찾지 못한 그들의 일부는 사람들이 살포한 살충제를 이겨낼 힘을 키우기 위해 안간힘을 다할 것이고, 그에 성공한 개체들은 새로 얻은 힘을 그들의 후손에게 대를 이어 물려준다. 한 해쯤 지나 그들의 어미로부터 이어받은 유전자를 품고 태어난 그들의 후손은 다시 또 이 생태계를 찾아올 것이다. 그때에는 전에 대대적으로 살포해 일정하게 효과를 보았던 살충제도 아무런 효과가 없어진다. 그러면 다시 폭증하는 민원을 해결하기 위해 더 강력한 살충제를 살포하게 된다. 또 똑같은 과정은 되풀이된다.

문제는 거기에서 그치지 않는다. 지자체에서 살포한 살충제는 과연 사람들에게 혐오감을 일으켰던 그 날벌레들만 몰아내지 않는다. 함께 살아 있던 다른 곤충들까지도 죽였을 것은 굳이 확인하지 않아도 된다. 한 가지 곤충만을 대상으로 하는 살충제는 존재하지 않는다. 이름 자체가 살충제 아닌가. '친환경 방제'를 이야기하고, '생태계에 최소한의 영향'을 전제로 한다지만, 살충제와 친환경은 결코 함께 쓸 수 없는 단어다. 생태계의 영향을 줄일 수야 있겠지만, 나쁜 영향이 전혀 없는 '친환경 방제'는 조합 자체가 불가능하다. 살충제의 살포에 따라 잠시 고개를 숙인 그들은 결국 다음 기회를 노릴 것이고, 살충제의 대량 살포로 인해 다시 망가지게 된 또 다른 생태계를 찾아갈 것이다. 혐오감을 일으킨다는 곤충의 습격은 그렇게 꼬리를 물고 계속 이어진다.

사정은 '멸종'이라는 어마어마한 사태로 이어진다. 멸종의 가장 큰 피해는 현재 곤충에서 두드러지게 나타나는데, 곤충 외에도 척추동물에 이르기까지 종을 가리지 않고 빠르게 진행되고 있는 상황이다. 멸종에 관한 이야기는 이 책의 뒷부분인 제28장 '멸종'에서 이어갈 것이다. 전 세계에 단 한 마리만 남아 있던 수컷은 이미 죽고, 이제는 딱 두 마리의 암컷만 남아 있는 북부흰코뿔소의 슬픈 사정과 함께 천천히, 그리고 우리가 지금 이 책에서 집중하고 있는 나무의 사정을 더 세심하게 지켜볼 수 있는 기회가 되면 좋겠다.

하나의 생명이 온전히 제 생명의 살림살이를 이어간다는 건 결국 혼자만의 힘으로가 아니라 더불어 살아가는 온갖 생명과의 상호 의존을 통해 이루어진다는 자연의 가르침이다. 홀로 아름다울 수 있을 것처럼 착각하고 살아가는 우매한 사람살이에 무화과나무와 2밀리미터도 안 되는 미소한 생명이 말없이 건네 오는 큰 울림을 오래 기억해야 할 일이다.

고규홍의 나무

나무의 생명력

큰 나무

너도밤나무 잎으로 뒤덮인 숲의 상층부는
생명의 이야기들이 가득 울려 퍼지고 있다.
그 아래의 나무딸기 덤불 속은
속임수와 역할 놀이로 붐빈다.
모든 나무의 갈라진 수피 안쪽에는
더욱 어두운 이야기들이 숨겨져 있다.

– 리차드 포티*Richard Fortey*,
『나무에서 숲을 보다*The Wood for the Trees: One Man's Long View of Nature*』에서

오래된 잡지 《내셔널 지오그래픽》에서 특별한 브로마이드 사진을 삽입해 발매한 적이 있었다. 일반적인 잡지 크기의 세로로 된 판형의 책인데, 브로마이드 사진은 그 책의 중간에 다섯 단으로 접은 긴 세로 사진이었다. '세상에서 가장 큰 나무'라는 표제로 발간한 2012년 12월 호의 사진으로 344쪽에 첨부한 사진(그림 85)이 그것이다.

미국 캘리포니아주 세쿼이아 국립공원에 서 있는 이 나무는 '프레지던트'라는 별명으로 불린다. 프레지전트 세쿼이아의 촬영 계획은 사진가 마이클 니콜스(Michael Nichols, 1952~)와 아보리스

트arborist(수목 전문가) 짐 캠벨 스피클러(Jim Campbell Spickler)가 제안해 이뤄졌다. 이들의 촬영 계획은 미국 훔볼트주립대학교 소속의 과학자인 스티븐 실렛(Stephen C. Sillett, 1968~) 박사 연구팀의 세쿼이아 조사에 이어진 후속 작업이기도 했다. 스티븐 실렛 연구진과 마이클 니콜스 등이 팀을 이루었고, 곧바로 내셔널 지오그래픽 협회의 지원을 얻어낼 수 있었다. 1996년부터 《내셔널 지오그래픽》의 사진가로 활동하다가 2008년 1월부터는 편집장으로 임명된 마이클 니콜스는 2014년에 〈소니 월드 포토그래피 어워드: 자연 부문Sony World Photography Awards: Nature & Wildlife, Professional Competition〉을 수상하기도 한 탁월한 능력을 갖춘 자연 분야 사진가로 손꼽힌다.

평범하지 않은 기상 조건 속에서 치밀한 계획을 세운 촬영팀은 마이클 니콜스의 주도로 17일 동안 매일 아침 눈 덮인 숲길을 45분씩 걸어서 힘겹게 나무에 다가갔다. 낮은 기온에서 배터리 소모량이 급격히 늘어나는 상황을 감안해 마련한 대용량 건전지를 포함한 촬영 장비는 무거웠다. 설피를 신은 촬영팀은 장비가 실린 썰매를 밀고 끌면서 걸어서 나무에 다가섰다. 워낙 큰 이 나무의 사진은 한 번에 찍을 수 없었다. 마이클 니콜스는 17일 동안 촬영한 수없이 많은 사진 가운데에서 126장을 추려내 하나로 붙여서 이 엄청난 사진을 완성했다. 나무의 맨 아래쪽에 빨간 작업복을 입은 사람이 있긴 하지만 얼핏 보아서는 가늠되지 않을 정도로 작다. 나무가 그만큼 크다는 이야기다. 나무높이가 73.4미터이고, 가슴높이줄기둘레가 28.3미터이며, 이 부분에서 잰 줄기의 지름은 9.0미터에 이르며, 전체 부피는 1,278.4세제곱미터로 측정된

프레지던트 세쿼이아.

어마어마하게 큰 나무다. 이 나무의 나무나이는 3,200년으로 추정되는데, 이는 현존하는 세쿼이아 종류의 나무 가운데에서는 가장 오래된 나무다. 그러나 프레지던트 세쿼이아가 지금까지 측정된 나무 가운데에서 제일 큰 나무가 아니다. 굳이 순위를 매기자면 세 번째로 큰 나무다.

세상에서 제일 큰 나무

세상에서 제일 큰 나무는 프레지던트 세쿼이아보다 훨씬 더 크다. 나무높이가 83.8미터로 프레지던트 나무보다 10미터나 더 크다. 땅 위로 솟아오른 자리에서 잰 줄기의 지름은 무려 10.0미터이며, 그 부분의 둘레는 31.3미터나 되는, 현재까지 측정한 나무로는 타의 추종을 허락지 않는 명불허전 세상에서 가장 큰 나무다. 우리가 흔히 나무 둘레를 이야기할 때 측정하는 것처럼 사람이 둘러서서 손을 잡으려면 20명으로 가능할지 말지 정도의 어마어마한 크기다. 첫 번째 큰 가지가 뻗은 위치는 39.6미터 높이이니 우리가 아는 대개의 큰 나무보다 높은 위치에 이르러서야 비로소 굵은 가지가 처음 뻗어 나온 셈이다. 바로 '제너럴 셔먼 트리'라는 별명을 가진 346쪽에 담은 사진(그림 86)의 나무다.

사진으로 보아 나뭇가지의 펼침 폭이 높이에 비해 왜소해 보인다고 할 수 있겠지만, 그건 나무가 워낙 높이 자랐기 때문에 상대적으로 작아 보일 뿐이다. 워낙 큰 나무여서 성능 좋은 광각 렌즈로도 한 컷에 잡는 건 쉽지 않다. 겨우 한 프레임에 나무를 담아

제너럴 셔먼 트리.

고규홍의 나무

봐야 나무의 모습은 왜곡되어 나타난다. 실제 크기는 짐작이 불가능하다. 사진만으로는 앞의 프레지던트 세쿼이아보다 그리 커 보이지 않는다. 제너럴 셔먼 트리를 사진으로 정확히 표현하려면 나무 앞에서 멀리 떨어져 촬영할 수 있는 절대 공간이 반드시 필요하지만 여기서는 그것도 가능하지 않다. 하긴 카메라의 파인더로 이 나무의 전체 모습을 볼 수 있는 절대 공간이 허락된다 해도 그 규모를 온전히 느낄 만큼 표현하는 건 광학적으로 불가능하다. 나무의 생김새나 규모는 80미터가 넘는 높이를 온전히 표현하지 못한다. 왜곡될 수밖에 없다. 이 나무의 사진이 다양하게 등장하는 인터넷을 아무리 톺아보아도 온전한 모습을 보기는 어렵다. 그냥 '감'만 잡을 수 있을 뿐이다. 이 나무의 평균적인 나뭇가지펼침폭은 32.5미터에 이른다. 이 정도면 우리나라에서 볼 수 있는 여느 나무로는 비교조차 어려울 만큼 큰 나무다. 이 나무의 전체적인 부피는 1,486.9세제곱미터로 짐작하며, 나무가 품은 수분을 포함한 전체 무게는 1,910톤으로 짐작한다. 물론 높이나 나뭇가지펼침폭 등 측정 가능한 수치 외에 부피와 무게는 추정치에 지나지 않는다. 그보다 작을 수도 있지만, 훨씬 더 클 수도 있다. 여기에는 이 나무의 뿌리 부분이 포함되지 않았다. 뿌리는 도대체 얼마나 멀리 뻗어 나갔을지 짐작하기 어렵다. 실제 이 나무 한 개체의 생명이 가지는 무게와 부피는 정확히 알고자 하는 욕구 자체가 무리이지 싶다. 그저 겸허하게 바라보는 게 나무 앞에 선 사람이 할 수 있는 전부일 듯하다. 제너럴 셔먼 트리의 나무나이는 대략 2,200년에서 2,700년 정도로 본다.

　이 큰 나무를 부르는 별명인 제너럴 셔먼 트리의 '셔먼'은 윌리엄 테쿰세 셔먼 장군(William Tecumseh Sherman, 1820~1891)의 이름이다. 영국의 군사 이론가이자 역사가인 B. H. 리델하트의 말에 따르면 그는 "미국 남북 전쟁의 가장 독창적인 천재"이며 "최초의 현대식 군대의 장군"으로 미국의 역사에 중요한 군인으로 기록된 인물이다. 셔먼의 이름을 붙인 건 1879년 셔먼 장군의 부대에서 근무하던 제임스 울버턴이라는 사람이 처음이었다. 제임스 울버턴은 당시 셔먼 장군의 부대가 이 지역 원주민을 몰아내는 데에 세운 공로를 오래 기리기 위해 장군의 이름을 나무에 붙였다. 그 뒤로 별다른 논란 없이 이어온 것이라고 전한다. 원주민의 추방과 폭압 과정에 대해서는 결코 긍정적으로 볼 수 없지만, 미국의 초기 개척사에서는 공로가 큰 인물로 여겨지는 인물인 건 사실이다. 여하튼 동서양을 막론하고 나무에는 그 지역의 사람살이 이야기가 담기게 마련이다.

2021년 9월에 이 국립공원에서 발생한 산불로 화마의 위협이 있어, 전 세계가 주목하기도 했다. 그러나 국립공원 측의 성의 있는 대처 덕분에 제너럴 셔먼 트리는 별다른 피해를 당하지 않았다.

제너럴 셔먼 트리가 있는 자리는 세쿼이아 종류의 나무가 무리 지어 자라는 숲인데, 주변에 같은 종류의 나무들도 역시 매우 크게 잘 자라는 나무들이다. 그 많은 세쿼이아 나무들 가운데에서 이 나무가 세상에서 가장 큰 나무로 확인된 것은 1931년이었다. 주변의 여느 세쿼이아 종류의 나무들과 비교해서 따를 나무가 없을 만큼 압도적으로 큰 나무라는 걸 확인했다. 나무 앞에 서 보지 않고서는 그 나무의 실제 규모를 언급하는 게 불가능할 만큼 큰 나무다.

현재 살아 있는 나무 가운데에서 가장 큰 나무라는 데에는 이견이 없지만, 역사적으로 기록된 가장 큰 나무로는 제너럴 셔먼 트리의 2배에 가까운 나무가 있다. 캘리포니아주 최북단의 린제이 크릭 강가에 서 있던 나무라고 기록에 남은 어마어마한 규모의 나무다. 1905년에 불어온 큰 바람으로 쓰러졌을 때 이 나무를 조사한 바에 따르면 무게가 3,300톤이었고, 부피는 2,548세제곱미터나 됐다고 한다. 1,487세제곱미터의 제너럴 셔먼 트리에 비하면 두 배 가까운 무게와 부피를 가진 어마어마한 크기의 나무다. 쓰러진 이 나무 역시 세쿼이아였다고 기록은 전한다. 나무의 사진 자료가 남지 않아 실물을 확인하기 어렵지만, 생김새는 지금의 제너럴 셔먼 트리와 비슷하리라 짐작할 수 있다. 기록이 있으니 그대로 받아들여야 하겠지만, 도무지 그 규모는 믿어지지 않는다. 이 기록을 곧이곧대로 믿으려면 그만큼은 아니라 해도 비슷한 규모의 나무가 존재했다는 다른 근거가 뒷받침되어야 할 것이다. 또 100여 년 전인 1905년이라면 나무를 측정하는 방식도 신뢰하기 어려웠던 것 아닐까라는 생각도 하지 않을 수 없다. 그럼에도 불구하고 기록 외에 실체의 확인이 불가능한 지금으로서는 제너럴 셔먼 트리 못지않게 큰 나무가 분명히 존재했던 것으로 받아들이는 수밖에 없다.

이게 끝이 아니다. 나무높이에서는 제너럴 셔먼 트리보다 더 위에 놓아야 하는 나무가 있다. 2026년 2월 현재 위키백과 Wikipedia에 등록된 세상에서 가장 키가 큰 나무의 목록에는 제너럴 셔먼 트리의 83.8미터 높이보다 더 높이 치솟은 나무가 무려

18그루나 있다. 100미터를 넘는 나무도 3그루나 기록돼 있다. 그 가운데 가장 높이 솟은 나무는 '하이페리온'이라는 별명으로 불리는 세쿼이아 종류의 나무다. 공식적으로 기록된 하이페리온의 높이는 115.92미터다. 나무의 별명인 '하이페리온'은 그리스 신화에서 가이아와 우라노스 사이에서 태어난 열두 신 가운데 하나의 이름으로, '높은 자'라는 뜻이며 최초의 태양신으로 알려졌다. 나무의 위치 역시 제너럴 셔먼 트리가 서 있는 미국 로키산맥 서부의 캘리포니아주 레드우드 국립공원 지역이지만, 정확한 위치는 나무의 보호를 위해 비밀에 부치고 있다. 이 지역은 세쿼이아의 대표적인 자생 군락지다. 하이페리온을 처음 발견한 건 2006년으로, 나무나이는 600년에서 900년 정도로 추정한다. 그러면 레드우드 국립공원에 서 있는 같은 종류의 다른 나무들에 비해 굉장히 젊은 나무에 속한다고 볼 수 있다. 그건 앞으로 이 나무가 얼마나 더 높이까지 솟아오를지, 또 줄기는 얼마나 굵어져서 전체적인 규모가 얼마나 크게 자랄지 알 수 없다는 뜻이다. 단순 계산으로도 제너럴 셔먼 트리가 2,000년이 넘었고, 하이페리온의 나무나이를 최대 900년으로 본다면 앞으로 1,000년의 세월은 거뜬히 지낼 수 있다는 걸 짐작할 수 있고, 그때에 어떤 결과가 나올지는 알 수 없다. 하이페리온의 위치는 비밀에 부쳤지만 혹시 공개한다 해도 실제로 찾아보는 건 불가능하다. 숲 안에서 하이페리온 곁에 다가갔더라도 하이페리온은 같은 종류의 세쿼이아들과 함께 어울려 있으며, 그들도 대개 비슷비슷한 높이로 솟아오른 상태여서 실제로 공중에 올라가 나무높이를 엄밀하게 측정 비교하지 않는 한 하이페리온을 정확하게 특정하는 건 어려운 일이다.

　이처럼 높이 솟아오른 나무들은 모두가 햇빛 경쟁에서 탈락하지 않기 위해 해를 향해 높이 오른 결과다. 세쿼이아 종류의 나무들은 기본적으로 높이 자라는 나무인 데다가 여러 그루의 나무가 숲을 이루며 자라는 특징을 가지다 보니, 곁의 다른 나무들보다 한 뼘이라도 더 높이 올라가 햇빛을 차지해야만 한다. 그러나 딜레마가 있다. 햇빛 차지는 광합성을 위해서였다. 그런데 광합성에는 햇빛만이 아니라 물과 이산화탄소도 필요하다. 이산화탄소야 그렇다 치더라도 뿌리로부터 끌어 올려야 하는 물이 문제다. 나무줄기의 변재에 존재하는 가느다란 물관으로 100미터가 넘는 높이까지 물을 끌어 올린다는 건 사실상 불가능하거나 엄청난 에너지를 필요로 하는 일이다. 100미터의 높이를 도시의 아파트에 비유하면 대략 30층이 넘을텐데, 그 높이까지 양수기처럼 특수 장비도 없는 나무가 물을 끌어 올리는 게 과연 가능하겠는가. 혹시 나무로서 그게 가능하다 해도 소모해야 할 에너지는 엄청날 것이다. 스스로 살아갈 양분을 짓기 위해 광합성을 하려는 건데, 광합성 그 자체에 너무 많은 양분을 소모하게 되어 어쩌면 마이너스의 결과가 될지도 모른다. 효율이 떨어진다는 이야기다. 그래서 세쿼이아 종류의 나무들은 별다른 생존 전략을 마련했다. 물을 끌어 올리기 힘든 높은 나뭇가지 위에 돋아난 잎이 안개와 같은 공기 중의 습기를 빨아들여서 광합성에 필요한 물을 충당하는 방식의 전략을 선택한 것이다. 그럴 수밖에 없다. 여느 식물에서 보기 어려운 특별한 생존 전략이다.

　어마어마한 크기의 나무들이다. 대관절 하나의 생명체는 얼

제 10 장
큰 나무

마나 클 수 있는가. 나무 이전에 육지에 자리 잡은 생명체를 이야기한 이 책의 제2장에서는 세상에서 가장 큰 단일 유기체로 잣뽕나무버섯 이야기를 하기도 했다. 잣뽕나무버섯이 과학적으로는 현재까지 발견된 단일 생명체로서는 가장 큰 규모인 것은 여러 증거로 밝혀진 것이어서 더 말할 필요가 없다. 또 제7장에서는 판도 사시나무숲이 자기 복제 형식으로 생명을 이어온 대규모 단일 생명체라는 것도 밝혔다. 판도는 여러 차례에 걸쳐 화재를 겪으며, 땅 위로 솟아오른 부분이 무너진 적도 있었던 것으로 밝혀진 바 있다. 그러나 그때마다 뿌리 부분은 살아남아 재생하면서 지금에 이른, 세상에서 가장 큰 유기체다. 그러나 판도 사시나무숲이나 잣뽕나무버섯은 사실 눈으로 확인하기 어려운 부분까지 포함할 때의 규모에서 가장 큰 생명체여서 세쿼이아처럼 그 규모를 실감하기는 쉽지 않다. 설명을 듣고 상상력을 동원해야만 그 규모를 어림짐작할 수 있을 뿐이다. 게다가 아무리 과학적인 근거를 바탕으로 확인한 규모라 해도 정확하다고 하기 어렵다. 하지만 여기에서 이야기한 제너럴 셔먼 트리나 하이페리온 세쿼이아 등은 현장에서 바라본다면 금세 실감할 수 있는 거대한 생명체다.

세상에서 가장 큰 꽃

나무가 그만큼 크다면 나무의 생식기관인 꽃은 얼마나 클 수 있을까. 세상에서 가장 큰 꽃에 대한 궁금증으로 이어진다. 세상에서 가장 큰 꽃은 측정 방식에 따라 조금 다른 입장을 가질 수 있는 꽃들이다. 세상에서 가장 큰 꽃을 이야기할 때, 흔히 '라플레시아'라고 부르는 식물과 '타이탄 아룸'이라고 부르는 식물의 꽃이 가장 먼저 언급되는 주인공들이다.

'타이탄 아룸Titan Arum'이라는 이름으로 많이 알려진 아모르포팔루스 티타눔*Amorphophallus titanum* (Becc.) Becc. ex Arcang은 천남성과Araceae에 속하는 식물이다. 세계적으로 인도네시아 수마트라섬의 열대우림 지역에서만 자라는 식물이지만 이 꽃의 식물학적 중요성이 알려지면서 전 세계 식물원에서 심어 키우고 있는 상황이다. 오히려 현지에서는 개체 수가 급속히 줄어들어서 식물원에서 찾아보는 게 더 빠른 실정이다. 타이탄 아룸은 하나의 꽃차례가 3미터 높이까지 뻗어 오르는 놀라운 꽃이다. 이 꽃이 얼마나 큰지를 보여주기 위해 바로 옆에 사람이 서 있는 사진을 볼 수 있는데, 꽃 곁에 서 있는 사람은 꽃의 절반도 채 안 될 정도로 왜소해 보인다. 어마어마하게 큰 꽃이다. 이 식물의 학명인 *Amorphophallus titanum*은 '특정한 형태가 아니다'라는 뜻의 *amorphos*, '남자의 성기'를 뜻하는 *phallos*, '거대함'을 뜻하는 *titanum*을 합쳐서 만들어진 이름이다. 꽃의 생김새가 '남자의 거대한 성기' 모양인 데다 그 속에 어떤 형태를 갖추지 않고 텅 비어있다는 특징을 보여주는 학명이다. 학명보다 널리 알려진 '타이탄 아룸'이라는 이름은 영국의 방송인 데이비드 애튼버러(David Attenborough, 1926~)가 식물의 사생활을 주제로 한 BBC TV의 다큐멘터리를 진행하던 중에 지었다. 이 식물의 이름을 학명 그대로 부르기가 남우세스럽다는 생각에서 지어낸 이름이다. '아룸'

제 10 장
큰 나무

87 타이탄 아룸 꽃차례.

은 천남성과의 식물을 가리키는 말이다. '타이탄 아룸'이라는 새
이름을 지어낸 데이비드 애튼버러는 우리나라에도 『생명의 위대
한 역사(Life on Earth, 1979)』 등 몇 권의 번역서가 출간돼 널리 알
려졌다. 또 BBC에서 제작하는 거의 대부분의 자연다큐멘터리의
내레이션을 담당해서 얼굴과 목소리가 익숙한 영국의 자연사학
자다.

　타이탄 아룸의 꽃송이를 장식하는 거대한 꽃잎은 꽃잎이 아
니라 불염포佛焰苞, spathe라 해야 정확하다. 낯선 표현인 불염포는
천남성과 식물에서 많이 볼 수 있는 기관으로, 포가 변형된 큰 꽃
턱잎, 즉 넓은 잎 모양의 포라고 보면 된다. 굳이 비교하자면 장식
용으로 많이 활용하는 '칼라'라는 식물의 꽃차례 바깥을 둘러싸
고 있는 나팔처럼 생긴 부분을 들 수 있다. 타이탄 아룸의 꽃차례
바깥에 잔주름이 자르르하게 지어진 부분이 바로 불염포다. 간단
히 정리하자면 꽃잎은 아니지만, 어떻게든 매개곤충의 눈에 들어
야 하는 타이탄 아룸의 꽃이 자신을 더 돋보이게 하기 위해 꽃차

레 곁에서 피어나는 잎을 꽃잎이 있으리라 짐작할 만한 자리에 거대한 크기로 피어나게 했다는 이야기다. 이 불염포는 바깥쪽에는 짙은 녹색을 띠고, 꽃송이가 있는 안쪽으로는 자홍색을 보여 준다. 야생에서 타이탄 아룸의 꽃은 12피트, 우리에게 익숙한 단위로는 3.7미터까지 솟아오른다. 앞에서 이야기한 불염포 안쪽에서 곧게 솟아오른 부분의 안쪽은 텅 비어 있다.

이 꽃은 크기 못지않게 냄새로도 널리 알려졌다. 바로 타이탄 아룸의 꽃에서는 살코기 썩는 냄새, 시체 썩는 듯한 매우 불쾌한 냄새가 난다. 꽃이 피어나면서 꽃에서는 대개 섭씨 37도 정도까지 열이 오르는데, 이는 자신이 지어 내는 냄새를 휘발시켜 더 멀리 퍼뜨리기 위한 전략이다. 이 꽃을 관리하는 전문가들의 사진을 보면 꽃 곁에 다가서는 사람들은 거의 모두가 방독면이나 마스크를 착용하고 있는 것만 봐도 알 수 있는 장면이다. 이 특별한 냄새는 딱정벌레 종류와 살파리과의 곤충들이 좋아하는 냄새라고 한다. 타이탄 아룸이 자생하는 지역에서 활발히 활동하는 이들을 끌어들이기 위한 전략이다. 타이탄 아룸의 꽃은 대개 늦은 저녁에 피어나기 시작해 한밤중에 냄새는 극에 이르는데, 이때가 바로 딱정벌레와 살파리과 곤충이 주로 활동하는 시간이다. 그리고 아침으로 다가가면서부터 냄새는 차츰 사라진다. 워낙 냄새가 고약한 것으로 알려졌지만, 때로는 일반인 관람객들이 마스크도 쓰지 않고 이 꽃 곁에 서 있는 사진을 볼 수 있는데, 그건 아침이 되어 꽃의 냄새가 사라진 뒤에 찍은 사진으로 보면 된다. 이 고약한 냄새를 검사한 결과 사람의 배설물 냄새의 성분 가운데 하나인 디메틸삼황화물dimethyl trisulfide과 인돌indole을 비롯해,

제 10 장
큰 나무

마늘 냄새의 성분인 디메틸이황화물dimethyl disulfide, 썩은 생선 냄새의 트리메틸아민trimethylamine, 땀에 젖은 양말의 이소발레르산isovaleric acid 등 온갖 악취에 들어 있는 성분이 포함된 것이 확인됐다. 그야말로 세상의 모든 악취 성분이 모여 악취의 완결판이라 할 '시체 썩는 냄새'를 지어 낸 것이다.

모든 생명이 그렇듯이 타이탄 아룸 역시 자손을 번식하려는 욕구와 전략은 매우 절실하다. 지독한 냄새에 더해 앞에서 이야기한 불염포의 모습 또한 얼핏 보면 썩어 잘려 나간 살코기 조각처럼 보이게 하려는 전략으로 볼 수 있다. 이 거대한 꽃차례의 안쪽, 그러니까 거대한 불염포의 안쪽에는 자디잔 암꽃과 수꽃이 다닥다닥 피어난다. 불염포에 싸인 바게트 모양으로 곧게 솟아오른 중심 부분의 아래에 촘촘히 모여 피어난 이 꽃들은 거대한 꽃차례가 무색할 정도로 아주 작다. 꽃송이의 숫자는 헤아리기 어려울 만큼 많다.

하나의 꽃차례 안에서 암꽃은 바게트 모양의 기둥 아래쪽에서 붉은색으로 피어나고, 수꽃은 암꽃이 다닥다닥 피어난 자리의 위쪽에서 노랗게 피어난다. 암꽃과 수꽃이 가까이에 있어 근친혼의 가능성이 높지만 타이탄 아룸은 유전자의 다양성을 확보하기 위해 특별한 전략을 창조했다. 즉 첫째 날 암꽃이 먼저 피어나 열을 올리면서 냄새를 퍼뜨려 매개곤충들을 불러들인 뒤에 암꽃은 수명을 다한다. 암꽃이 수명을 다한 것을 확인한 뒤에야 수꽃이 피어난다. 암꽃과 수꽃의 개화시기를 조절한 것이다. 적지 않은 식물들이 자가수분을 피하려 하는데, 암술과 수술이 동시에 발달하는 상황을 피하기 위해 암술만 발달하는 암술기, 수술만 발달

하는 수술기를 따로 갖는 것과 같은 방식이다. 다만 타이탄 아룸
의 경우 암술기와 수술기가 아니라 굳이 말을 붙이자면 '암꽃기'
와 '수꽃기'가 따로 있는 셈이다. 이처럼 암꽃이 피는 시기와 수꽃
이 피는 시기가 나눠지는 식물은 또 있다. 타이탄 아룸과는 사뭇
다르게 하나의 꽃이 처음에는 암꽃이었다가 하루 뒤에 수꽃으로
성을 전환하는 경우인데, 이 경이로운 식물 이야기는 뒤에서 이
어진다. 타이탄 아룸의 경우 암꽃과 수꽃의 개화 시간은 대략 하
루 정도씩으로 알려져 있다. 그렇게 대개는 48시간 정도 동안 이
거대한 꽃을 보여준다. 워낙 꽃차례가 커서 타이탄 아룸은 하나
의 꽃차례를 피우는 데에 어마어마한 에너지를 쏟아야 한다. 막
대한 에너지를 소모한 까닭에 한번 꽃을 피운 뒤로 몇 해 동안은
다시 꽃을 피우지 못한다. 상황에 따라 다르지만 3년에서 7년 정
도 걸려야 다시 꽃을 피운다고 한다. 하지만 2016년에 뉴욕식물
원에서 피어난 타이탄 아룸은 80년 만에 꽃을 피우기도 했다. 꽃
이 피는 시기는 정확지 않아도 엄청난 양의 에너지가 필요한 것
만큼은 분명한 사실이다.

타이탄 아룸이 세상에 처음 알려진 것은 1878년 이탈리아의
식물학자 오도아르도 베카리(Odoardo Beccari, 1843~1920)에 의해서
였다. 보르네오섬을 비롯해 아프리카, 뉴기니 등에서 식물을 탐
사한 그는 타이탄 아룸과 같은 거대 식물들을 기록한 식물학자로
알려졌다. 그가 타이탄 아룸을 기록으로 남긴 같은 해의 식물 조
사 수첩에는 티스미아 넵투니스 *Thismia neptunis*라는 매우 특별한
식물도 그림으로 남아 있다. 1866년에 베카리가 말레이시아 정글
에서 발견해 기록한 티스미아 넵투니스는 그 생김새가 독특한 식

제 10 장
큰 나무

물이다. 잎이 없어 광합성을 하지 않고 평생 지하에서 균류에 기생하다가, 오직 번식을 위해 피우는 꽃만 땅 위로 드러낸다. 마치 균류의 일부 종류가 평생 땅속에 살다가 생식기관인 버섯을 땅 위로 올리는 것과 같은 방식이다. 게다가 티스미아 넵투니스는 생김새가 거미를 닮아서, 전문가가 아니고서는 식물로 동정하기 어려울 정도라고 한다. 티스미아 넵투니스는 베카리 뒤로 아무도 발견하지 못했는데, 2017년에 체코의 식물학자들이 발견하며 공식적으로 인정되기도 했다. 무려 151년 만에 한 식물학자의 수첩에서 되살아난 특별한 식물이다.

베카리가 처음 기록한 타이탄 아룸은 그 뒤 1889년에 영국의 큐왕립식물원에서 재배에 성공했으며, 1937년과 1939년에는 미국의 뉴욕식물원에서도 꽃을 피울 수 있었다. 야생 자연에서가 아닌 식물원 온실 구역에서 보호 관리되며 피운 타이탄 아룸의 꽃 가운데에서는 독일의 본식물원에서 2003년 5월에 3.2미터 높이까지 솟아오른 게 가장 큰 꽃으로 기록돼 있다. 꽃차례 하나를 측정한 무게 또한 엄청나다. 하나의 꽃차례는 대략 50킬로그램 정도 되는데, 기록으로 남은 것 가운데 최대 크기의 꽃차례는 영국에든버러왕립식물원에서 2010년부터 7년간 키운 타이탄 아룸이었고, 그 무게가 무려 153.9킬로그램에 이르렀다. 상상을 초월하는 경이로운 생명이다.

워낙 특별한 식물로 널리 알려진 바람에 영국의 큐왕립식물원이나 미국의 뉴욕식물원에서 애지중지 보존하고 있다. 덧붙여 자가수분까지 성공하여 자생지 외의 지역에서도 타이탄 아룸을 볼 수는 있게 됐지만, 자생지에서는 개체 수가 현저하게 줄어든 상태여서 세계자연보전연맹에서는 타이탄 아룸을 멸종위기 식물 위험종으로 지정했다.

'시체꽃'과 '안데스의 여왕'

타이탄 아룸과 함께 큰 꽃을 이야기할 수 있는 식물은 라플레시아 아르놀디*Rafflesia arnoldii* R.Br.다. 그냥 라플레시아라고 부른다. 라플레시아 역시 시체 썩는 냄새를 풍기는 꽃이어서 아예 '시체꽃'이라는 별명으로 부르기도 한다. 라플레시아속에 속하는 이 식물은 지구상에서 가장 큰 꽃을 생산하는 것으로 널리 알려졌다. 주로 수마트라섬에서 자라는데, 인근의 보르네오섬의 열대 우림에서도 자란다. 타이탄 아룸의 꽃은 하나의 꽃송이인 것처럼 보이지만, 그 안에는 암꽃과 수꽃 여러 송이가 함께 피어난다는 것을 앞에서 이야기했다. 그러니까, 전체적인 크기에 있어서는 타이탄 아룸보다 라플레시아가 작아 보이지만, 딱 한 송이의 꽃을 기준으로 하면 라플레시아가 가장 큰 꽃인 셈이다.

라플레시아는 인도네시아의 국화다. 인도네시아의 국화로 더 많이 알려진 게 재스민이지만, 인도네시아는 재스민 외에 라플레시아와 난초 종류인 팔라이놉시스 아마빌리스*Phalaenopsis amabilis* (L.) Blume[1]라는 식물을 국화로 더 지정했다. 특히 라플레시아는 1993년에 인도네시아 대통령령 제4호에서 국가적인 '희귀한 꽃'으로 지정하기까지 했다.

라플레시아를 발견한 최초의 유럽인은 프랑스 탐험가 루이 오귀스트 데샹(Louis-Auguste Deschamps, 1765~1842)이다. 그는 프랑스 과학 탐험대의 일원으로 아시아와 태평양을 여행했고, 네덜란드인들에 의해 자바섬에 3년간 억류된 적이 있었다. 1797년에 그곳에서 라플레시아를 발견하고, 식물학자의 본능에 따라 표본을 수집했다. 그런데 1798년에 돌아오는 동안, 프랑스와 전쟁 중이던 영국에 배를 빼앗겼고, 그의 모든 서류와 노트는 압수되며 그때 모든 것이 분실되었다. 그 뒤 1860년 즈음에 잃었던 자료들을 되찾기는 했지만, 영국 자연사 박물관으로 옮겨 가는 동안 다시 잃

---

[1]   팔라이놉시스 아마빌리스는 최근 국내의 난초 애호가들에게도 알려지며 '호접란'이라는 이름으로 많이 키우는 난초 종류다.

90 스탬퍼드 래플스.

고 말했다. 그리고 1954년 박물관에서 재발견될 때까지 햇빛을 보지 못했다. 여기에는 영국인들이 라플레시아를 처음 발견했다는 걸 강조하기 위해 프랑스 식물학자의 발견 사실을 감춘 것 아니냐는 합리적인 의혹이 제기되기도 한다. 그즈음에 영국인에 의해 라플레시아가 발견되고 이를 식물학계에 공식 등록한 일이 있기 때문에 제기할 수 있는 의혹이다.

영국 외과의사 조지프 아널드(Joseph Arnold, 1782~1818)가 그 영국인이다. 그는 루이 오귀스트 데샹의 라플레시아 표본이 '표류'하는 동안이었던 1818년에 영국의 식민지인 인도네시아의 벤쿨렌 부총독을 지낸 토머스 스탬퍼드 래플스(Thomas Stamford Bingley Raffles, 1781~1826)가 주도한 탐험 과정에서 라플레시아의 다른 종 표본을 수집했다. 그리고 마침내 영국의 식물 탐사가들은 1820년 6월에 린네학회에서 라플레시아 두 종을 소개하면서 그들의 학명에 스탬퍼드 래플스의 이름을 담아 라플레시아라고 했다. 결국 라플레시아를 처음 발견한 사람은 프랑스인 루이 오귀스트 데샹이었지만, 그 공로는 영국인에게 돌아갔고, 여

제 10 장
큰 나무

기에 학명을 붙인 영국의 식물학자 로버트 브라운(Robert Brown, 1773~1858)은 프랑스인이 아닌 영국인 조지프 아널드의 이름을 따서 *arnoldii* 라는 종소명을 붙였다. 과명, 종소명 모두 영국인의 이름이 들어간 학명이다.

라플레시아는 잎, 줄기, 심지어 뿌리도 없는 독특한 식물이다. 유일한 몸체는 꽃뿐이다. 달리 이야기하면 광합성을 할 수 있는 엽록소가 전혀 없는 식물이다. 주로 테트라스티그마*Tetrastigma* 속에 속하는 덩굴식물에 의존해 살아가는 기생식물이다. 이 덩굴식물이 무성하게 자라면서 짙은 그늘을 드리운 숲 깊은 곳에서 살아간다. 실제로 대개의 라플레시아는 숲의 가장 어두운 자리에서 발견됐다. 광합성을 하지 않으면서도 땅속에서 식물의 뿌리에서 양분을 취하며 살아가는 균류와 같은 생존 방식이다. 라플레시아의 꽃은 지름이 무려 1미터가 넘고 꽃 한 송이의 무게는 11킬로그램에 이르는 세상에서 가장 큰 꽃이다. 라플레시아의 꽃도 앞의 타이탄 아룸과 마찬가지로 꽃이 피어 있는 시기는 매우 짧다. 워낙 많은 에너지를 한꺼번에 쏟아부어야 하다 보니, 오래 버틸 수 있는 힘이 모자란 결과이겠다. 더구나 라플레시아는 스스로 양분을 지어 내는 광합성 작용을 할 수 있는 잎도 없이 오로지 단 하나의 꽃송이만으로 버텨야 하는 신세다. 오래 남아 있는 건 애당초 불가능한 상황이다.

세상에서 가장 큰 꽃을 이야기하려면 한 가지 꽃을 더 보아야 한다. '안데스의 여왕'이라는 별칭으로 더 많이 알려진 푸야 라이몬디*Puya raimondii* Harms로, 페루의 안데스산맥에서 자라는 멸종위기 식물 가운데 하나다. 푸야 라이몬디는 1830년 프랑

91 푸야 라이몬디.

스 과학자 알시드 도르비니(Alcide Charles Victor Marie Dessalines d'Orbigny, 1802~1857)가 볼리비아의 코차밤바 바카스 지역 해발 3,960미터 부근에서 처음 발견해 기록에 남겼다. 그러나 그때에는 푸야 라이몬디에 꽃이 피어나지 않은 상태여서, 알시드 도르비니는 이 식물을 정확히 분류할 수 없었다. 그 뒤 1874년에 이탈리아 출신의 페루 과학자인 안토니오 라이몬디(Antonio Raimondi, 1826~1890)가 다시 이 식물을 발견하여 처음에는 푸레티아 기간테아*Pourretia gigantea*라는 학명을 달아 소개했다. 얼마 뒤 라이몬디가 지은 학명이 이미 사용된 바 있는 게 확인[2]되어, 1928년에 독일의 식물학자 헤르만 하름스(Hermann Harms, 1870~1932)가 안토니오 라이몬디의 이름을 담아 '푸야 라이몬디'라는 현재의 이름으로 변경 등록해 지금에 이른다.

2   새로 지은 학명이 이전에 존재하던 식물의 학명과 일치할 경우, 나중에 지은 학명을 '후행이명'이라 하며 시기적으로 앞서 발표한 학명만 공식적으로 인정하는 게 원칙이다.

제 10 장
큰 나무

푸야 라이몬디의 거대함은 무려 5미터 높이까지 길쭉하게 발달하는 꽃차례에 있다. 꽃차례가 달리는 꽃자루까지 포함하면 그 높이는 무려 15미터에 이른다. 대개 100년에 한 번씩 꽃 피우는 푸야 라이몬디는 3개월에 걸쳐 적으면 8,000송이, 많으면 2만 송이까지 한꺼번에 피우는 어마어마한 생산력을 가졌다.

세상에 알려지지 않은 하나의 식물을 처음으로 발견하고, 이를 식물분류학의 기준으로 정리한 사람은 래플스, 라이몬디와 같이 평생 자신의 이름을 식물의 학명에 새겨둘 수 있다. 과명, 종소명이 아니라 해도 최소한 명명자로서 영원히 식물학에 기록을 남기게 된다. 학명은 한번 정하면 푸야 라이몬디처럼 특별한 경우가 아니라면 절대로 바꿀 수 없기 때문에 더 의미 있는 일이다. 분류학자들에게 미기록종을 찾는 일은 그래서 더없이 소중한 업적이 될 것이다. 식물을 분류하고 학명을 정하는 작업에 대해서는 이 책의 맨 뒤, '보태어 채움' 편에서 더 자세히 살펴볼 것이다.

전체적인 몸체에서 세상에서 가장 큰 나무, 그리고 생식기 관인 꽃으로서 가장 큰 식물을 살펴보았는데, 이번에는 세상에서 가장 큰 잎을 살펴볼 차례다. 이는 나의 다른 책 『나뭇잎 수업』에서 풀어 쓴 적이 있지만 여기에 보다 상세히 적는다.

세계 기네스북에 등록된 세상에서 가장 큰 잎을 가진 식물로는 라피아야자*Raphia farinifera* (Gaertn.) Hyl.와 아마존대나무야자*Raphia taedigera* (Mart.) Mart.가 등재돼 있다. 라피아야자는 인도양 마스카렌제도에서, 아마존대나무야자는 남아메리카와 아프리카에서 자라는 식물로 우리나라에서는 볼 수 없는 열대식물이다. 이들 식물의 잎은 길이가 무려 20미터나 되고, 잎자루만도 4미터나 되는 어마어마한 크기다. 잎자루와 잎을 합하면 24미터, 웬만한 나무 전체의 높이보다 큰 셈이다. 그런데 이들의 잎은 '겹잎(복엽)'이다. 하나의 잎자루에서 여러 장의 홑잎이 다닥다닥 붙어서 난다. 하나의 홑잎만으로 가장 큰 건 아니다.

여기서 잠깐, 이 책에서는 식물의 형태나 기능을 이야기하지 않지만 식물 잎의 크기를 이야기하기 위해 겹잎과 홑잎을 간단히 짚어본다. 한자로는 겹잎을 복엽複葉, 홑잎을 단엽單葉이라고 쓰는데, 겹잎이나 홑잎이나 모두 식물학에서는 하나의 단위로 본다. 잎은 나뭇가지 위에서 돋아나는데, 나뭇가지와 잎을 연결하는 부분이 있다. 바로 잎자루다. 잎자루는 뿌리에서부터 줄기를 거쳐 나뭇가지와 잎을 연결하는 통로 조직이어서, 모든 잎은 크든 작든 길든 짧든 잎자루를 가진다. 하나의 잎자루에서 여러 장의 잎

이 돋아나는 경우, 예를 들면 아까시나무라든가 회화나무처럼 여러 장의 잎이 다닥다닥 하나의 잎자루 위에 자리 잡은 경우라든가 칠엽수처럼 하나의 잎자루에서 일곱 장의 홑잎이 모여 나는 잎을 겹잎, 복엽이라고 부른다. 그와 달리 하나의 잎자루에는 단 한 장의 잎만 돋는 경우, 이를테면 목련, 단풍나무, 벚나무 등이 모두 홑잎, 단엽이다. 앞에서 이야기한 라피아야자와 아마존대나무야자의 잎은 겹잎이다. 겹잎도 하나의 단위로 여겨야 하니, 세상에서 가장 큰 한 개의 잎을 이야기하자면 세상에서 가장 큰 잎을 가진 게 된다. 식물구조학에서 말하는 잎의 특징을 감안하지 않으면 라피아야자의 잎이 세상에서 가장 큰 잎이라는 게 쉽게 수긍되지 않을 수 있다.

그렇다면 한 장의 홑잎만으로 구분했을 때 가장 큰 식물은 어떤 식물일까. 홑잎 한 장의 규모가 어마어마한 수생식물이 있다. 홑잎 한 장의 지름이 무려 3미터를 넘는, 타의 추종을 불허하는 식물이다. 우리나라에서 자라는 식물이 아니어서 얼마 전까지

94 빅토리아수련을 처음 발견한 보헤미아의 식물학자 **타데우스 하엔케**.

만 해도 사진으로만 보았던 식물인데, 최근에는 우리나라의 곳곳에서도 키우는 탓에 어렵지 않게 찾아 볼 수 있는 상황이다. 바로 빅토리아수련이다. 빅토리아수련의 잎이 지름 3미터를 넘고, 꽃송이가 지름 40센티미터에 이른다고 했는데, 이건 원산지에서의 상황이고, 요즘 우리나라에서 볼 수 있는 빅토리아수련은 대개 지름 2미터 남짓의 크기로 자라는 정도이며 꽃송이도 40센티미터에는 못 미친다. 우리나라의 기후는 아무래도 열대지방에서 오래 살아온 유전자를 가진 그들이 살아가기에 쉽지 않아서다.

빅토리아수련을 처음 발견한 사람은 보헤미아(현재의 체코공화국) 출신으로, 볼리비아에서 활동한 최초의 식물학자이자 체코 과학사에서 가장 인정받는 식물학자인 타데우스 하엔케(Thaddeus Peregrinus Haenke, 1761~1817)[3]였다. 25년 동안 볼리비아, 페루, 브라질 등 남아메리카 지역에서 식물 탐사를 계속한 하엔케에게 가장 기억에 남는 발견이 바로 빅토리아수련이었다. 그게 1801년이었다. 하엔케가 처음 발견한 빅토리아수련은 홑잎 한 장의 지름이

---

3   하엔케의 이름은 영어로는 Thaddeus Peregrinus Haenke로 표기하고, 체코어로는 Tadeáš Haenke, 스페인어로는 Tadeo Haenke로 표기한다.

제 10 장
큰 나무

95 빅토리아시대를 연 1837년에 즉위한 **빅토리아 여왕**.

2미터를 넘었다. 물론 이제는 그보다 훨씬 큰 잎이 여럿 발견됐지만, 그때의 하엔케에게는 놀라운 발견이었다. 경이로운 크기의 잎을 가진 빅토리아수련을 그는 상세히 묘사했지만, 아쉽게도 공식적인 분류와 등록을 완성하지 못한 채 55세의 나이에 하녀의 실수로 독약을 먹고 갑작스레 죽고 말았다. 그가 죽은 뒤에 발견된 그의 컬렉션에는 무려 1만 5,000개의 표본이 포함돼 있었다고 할 정도로 그의 식물 탐사는 열정적이었다.

하엔케의 발견에도 불구하고 아직 세상에 널리 알려지지 않은 빅토리아수련을 다시 발견하여 화제가 된 사건은 1837년에 일어났다. 그해는 영국의 거대한 확장으로 특징지어지는 빅토리아시대의 시작을 알리는 빅토리아 여왕(Alexandrina Victoria, 1819~1901)이 즉위한 때로, 영국의 역사에서는 기념비적인 시기다. 그해의 첫날인 1월 1일, 영국의 탐험가인 로버트 허먼 숌부르크(Robert Hermann Schomburgk, 1804~1865)는 남아메리카 북부 해안의 영국령 기아나[4]에서 빅토리아수련을 발견해 세상에 알렸다.

96 존 린들리.

그리고 얼마 뒤인 그해 10월 난초 종류의 분류에 관한 최고의 전문가인 영국의 식물학자 존 린들리(John Lindley, 1799~1865)는 숌부르크가 발견한 수생식물에 *Victoria regina*라는 학명을 붙여 발표했다. 린들리는 그해 6월에 즉위한 여왕을 기리기 위해 그의 이름인 Victoria에 여왕을 뜻하는 라틴어인 regina를 이용해 학명을 지었다. 이때 린들리는 식물명에 군주의 이름을 붙일 때에 명사형인 regina보다는 형용사인 regia를 붙이는 게 더 고전적이고 우아한 명명법이라고 판단하던 당시 학계의 풍토를 따라 n을 빼고 Victoria regia로 수정해 등록했다. 그리고 얼마 뒤인 1850년에는 영국 왕립 식물원협회를 설립한 식물학자 제임스 소어비(James De Carle Sowerby, 1787~1871)가 지금의 학명인 *Victoria*

---

4   수천 년 동안 토착부족이 살던 기아나(Guiana)는 네덜란드의 식민지를 거쳐, 1796년에 영국이 지배권을 장악했고, 1831년에는 영국령 기아나(British Guiana)가 됐다. 1966년에 영국으로부터 독립하면서 국명을 가이아나(Guyana)로 바꾸어 지금에 이른다. 지금까지 프랑스의 해외영토인 '프랑스령 기아나'와는 같은 '기아나 지역'에 속하지만 서로 다른 곳이다.

제 10 장
큰 나무

369

amazonica (Poepp.) J.C. Sowerby로 학명을 바꾸어 등록했지만, 린들리는 받아들이지 않았다. 따라서 그때에는 일반적으로 사용되지 않았다. 그리고 그로부터 한참 뒤인 20세기 들어서면서 차츰 *Victoria amazonica*라는 학명이 정식으로 쓰이게 됐다.

빅토리아수련은 이름에 '수련'임을 명시했듯이 우리나라에서 자라는 수련과 친연관계를 가지는 식물이라고 할 수 있다. 그래서 살아가는 과정에서 수련과 비슷한 점이 많다. 꽃 피고 지는 게 그렇다. 수련이 아침에 해를 바라보며 꽃을 피웠다가 해가 중천에 오르면 서서히 꽃잎을 닫기 시작해 저물녘에는 완전히 오므린다는 건 잘 알려진 사실이다. 그 반대로 해 떨어질 때 꽃잎을 열기 시작해서 밤새 꽃을 피우고는 이튿날 아침에 꽃송이를 닫는 종류도 있다. 이들을 '야간개화종'이라고 나누어 부른다. 야간개화종 가운데에는 어느 날 갑자기 꽃이 피어나서 고작해야 2~3시간 정도만 피었다가 곧 지는 종류가 있는가 하면, 해 저물면 피어나서 이른 아침까지 짙은 어둠 속에서 화려한 꽃을 보여주는 종류도 있다. 또 드물게는 정오쯤에 꽃봉오리를 열었다가 해 질 무렵에 닫는 종류도 있다. 그러나 시간이 어찌 됐든 꽃봉오리를 열고 닫기를 되풀이한다는 건 수련 종류의 공통적인 특징이다.

빅토리아수련은 야간개화종이다. 잎이 크다고 이야기했지만, 꽃송이도 지름이 무려 40센티미터까지 벌어질 만큼 큰 식물이어서, '수생식물의 여왕'이라는 별명으로도 불린다. 빅토리아수련의 거대한 잎은 마치 컴퍼스를 대고 그린 것처럼 정확한 원형을 이룬다. 특이한 것은 원형의 잎 가장자리가 수직으로 꺾여 올라간다는 것이다. 꽃꽂이할 때에 이용하는 수반을 닮았다. 그런데

97 한밤중에 피어난 **빅토리아 아마조니카**의 암꽃.

만약 단순한 수반 모양이라면 비가 올 때에 이 빗물이 고일 것이고, 고인 물이 오래 남아 있으면 잎이 썩을 수 있다. 그건 식물의 생존에 치명적 약점이 된다. 그래서 수반처럼 수직으로 꺾인 잎의 가장자리를 빙 둘러서 살펴보면 반드시 넓은 잎 양쪽에 영문 브이자와 같이 열린 부분이 있다. 잎 위에 물이 고이지 않게 하려는 전략이다. 참 치밀하다.

물속에 잠긴 잎의 아랫면을 비롯해 줄기와 꽃봉오리 껍질 부분에 날카로운 가시가 돋아나 있다. 징그러울 정도로 억세게 돋아 있다. 우리 땅에서 자라는 수생식물 가운데에 멸종위기 식물인 가시연꽃과 꼭 닮은 모습이어서, 얼핏 보고는 '가시연꽃'이라고 생각할 수도 있다. 그러나 가시연꽃은 잎 전체가 평면이고, 빅토리아수련은 가장자리가 수직으로 꺾여 올랐다는 게 결정적으로 다른 모양이다. 빅토리아수련의 가시는 거대한 잎 아래쪽에 촘촘히 돋아난다. 가시투성이의 이 거대한 잎은 처음에 긴 잎자루 끝에 럭비공 모양으로 둥글게 말린 채로 돋아난다. 가시는 길쭉한 공 모양의 바깥쪽에 돋아난다. 빅토리아수련의 가시에는 특별한 역할이 있다. 식물의 가시는 대개의 경우, 방어의 목적으로

제 10 장
큰 나무

돋아난다. 무엇보다 잎을 뜯어 먹으려 달려드는 초식동물로부터 스스로를 방어하기 위한 목적이다. 빅토리아수련의 가시에도 분명히 자기 방어의 목적은 있다. 잎을 물 위에 펼쳤을 때 물 아래에서 잎을 뜯어 먹으려 찾아오는 수생생물들의 공격으로부터 방어하는 목적이다. 그러나 더 큰 목적이 있다. 잎 한 장의 지름이 3미터까지 크는 빅토리아수련에게는 무엇보다 그 잎을 펼칠 수 있는 공간이 절실하게 필요하다. 마치 숲에서 햇빛 경쟁을 하기 위해 곁의 나무를 피하며 자기 공간을 확보하는 나무들과 같은 절실함이다. 그런데 만일 빅토리아수련이 잎을 펼쳐야 할 물 위에 다른 식물들이 먼저 자리를 차지한다면, 제 잎을 제대로 펼치지 못한다. 사정을 잘 아는 빅토리아수련은 먼저 가시로 무장한 잎으로 사방을 탐색한다. 길쭉한 잎자루는 중심 축이 되어 원형으로 빙글빙글 돌면서 제 잎이 날 자리를 먼저 차지한 다른 방해물들을 찾는다. 빅토리아수련은 그 방해물을 없애야 자신의 넓은 잎을 펼칠 수 있다. 그 영역 안에 든 대개의 방해물들을 빅토리아수련은 무자비하게 공격한다. 작은 생명의 잎자루와 줄기를 마구 찔러 생명줄을 끊어놓는다. 또 여러 장의 큰 잎들이 주변을 탐색하면서 날카로운 가시로 찌르고 옥죄어 먼저 자리 잡은 수생식물들을 몰아낸다. 그렇게 잎의 영역이 확보되면 서서히 둥글게 말았던 잎을 넓게 펼친다. 그러니까 빅토리아수련의 잎 아래쪽에 난 억센 가시는 여느 식물들처럼 방어의 목적을 넘어 공격의 목적까지 가지고 있다는 이야기다. BBC 다큐멘터리 프로그램에서 데이비드 애튼버러는 빅토리아수련이 잎의 가시로 주변의 수생식물들을 공격하는 상황을 보여주며 빅토리아수련을 '괴물monster'이라고 표현했다.

빅토리아수련의 개화 과정에는 이 식물의 경이로운 생존전략이 담겨 있다. 빅토리아수련은 사흘 동안 꽃이 피어나는데, 하루하루 꽃의 변화가 놀라울 정도로 뚜렷하다. 첫째 날은 한낮에 꽃봉오리 가장자리가 살짝 벌어지면서 개화의 기미를 보인다. 그리고 저물녘이면 새하얀 꽃잎의 꽃봉오리를 벌리기 시작한다. 이때부터 꽃잎 열리는 속도가 빨라서 가만히 지켜보면 꽃잎의 꼼지락거림을 확인할 수 있을 정도다. 그리고 자정에서 새벽 1시 정도에 완전히 벌어진다. 잘 발효된 파인애플 향기를 닮은 강한 향기도 이즈음에 절정을 이룬다. 반경 5~6미터쯤 떨어진 물가에서도 넉넉히 맡을 수 있다. 이때를 정점으로 서서히 꽃잎을 닫기 시작해서 이튿날 한낮이 되면 꽃송이가 완전히 오므라든다. 아침부터 서서히 꽃봉오리를 닫는 빅토리아수련의 흰 꽃은 암술이 발달한 암술기의 꽃이었다. 수술이 나타나지 않는 이 꽃은 암술기의 꽃을 넘어 아예 '암꽃'[5]이라고 불러야 한다. 암꽃이 꽃봉오리를 앙다문 상태로 보내는 낮 동안 암꽃의 안쪽에서는 서서히 안토시아닌이 분비되면서 꽃잎을 붉게 물들여 간다. 더불어 방금 전까지 활동하던 암술은 사라지고 수술이 나타난다. 암술이 사라지고 안토시아닌을 충분히 머금은 보랏빛의 꽃에는 수술이 촘촘히 돋아난다. 빛깔과 모양만이 아니라 성性까지 바꾼 것이다. 암꽃에서 수꽃으로의 성전환이다. 앞의 '꽃의 출현'을 이야기한 제8장에서 목

---

5   371쪽의 사진(그림 97)은 아마조니카 빅토리아수련의 첫째 날 밤에 피어난 암꽃이고, 둘째 날 피어나는 수꽃은 전혀 다른 모양인데, 이 책의 제8장 299쪽에 담은 사진(그림 71)이 그것이다.

제 10 장
큰 나무

련의 꽃가루받이 과정을 설명한 것처럼 암술과 수술이 동시에 발달하여 근친혼, 즉 자가수분을 피하기 위한 안간힘이다. 수꽃은 빛깔뿐 아니라 모양도 다르다. 첫째 날 피었던 암꽃은 꽃잎 끝부분을 안쪽으로 잔뜩 오므리고 피어났지만, 둘째 날 피어나는 수꽃은 꽃잎을 바깥쪽으로 한껏 젖히고 왕관형으로 피어난다. 암술기와 수술기가 서로 다른 식물은 여럿 있지만, 빅토리아수련처럼 아예 성을 전환하는 꽃은 찾아보기 어렵다. 성을 바꾸어 피어난 빅토리아수련의 붉은 수꽃은 암꽃처럼 자정 무렵에 절정을 이루고 둘째 날 밤을 보낸 뒤에 천천히 물속에 가라앉는다. 신비로운 '여왕의 삼일천하'는 그렇게 환상적으로 마무리된다.

빅토리아수련 관련 사진에 빼놓을 수 없는 게 있다. 바로 그 커다란 잎 위에 사람이 올라가는 장면이다. 2017년에는 우리나라 남쪽의 어느 절집에서 빅토리아수련의 잎 위에 어린아이 세 명을 앉혀놓고 찍은 사진이 화제가 되었던 적이 있다. 한 장의 잎이 널찍하니, 어린아이 세 명이 앉아도 여유가 있을 정도로 공간은 넉넉하다. 또 세 명의 아이들을 편안하게 잘 버티며 빅토리아수련의 잎이 물 위에 떠 있는 데에는 비밀이 있다. 잎에 촘촘히 뻗어 있는 잎맥 안쪽에는 넉넉한 양의 공기가 들어 있으며 잎맥을 이룬 조직이 물에 뜨는 성질의 스티로폼과 같다. 이 잎맥이 수영장에서 쓰는 튜브라든가, 물고기의 부레와 같은 역할을 하는 것이다. 사람이 올라타도 쉽게 가라앉지 않는 이유다. 게다가 빅토리아수련의 잎은 질긴 편이어서 일정한 정도의 무게에도 찢어지지 않는다. 빅토리아수련의 경우 한 장의 잎이 버틸 수 있는 무게가 대략 80킬로그램 정도 된다고 한다. 이 정도면 웬만한 성인 남자

98 **크루지아나 빅토리아수련**의 큰 잎 위에 올라가 앉은 세 명의 아이들. 이 사진은 강진군의 어느 절집에서 빅토리아수련의 잎이 얼마나 큰지를 보여주기 위해 연출하여 촬영하고 보도한 사진이다.

는 거뜬히 올라가 버틸 수 있다.

빅토리아수련에도 몇 종류가 있다. 최근까지만 해도 두 가지가 전부로 여겨졌다. 하나는 앞에서 먼저 이야기한 아마존 유역에서 자라는 아마조니카 빅토리아수련이고, 다른 하나는 파나마 지역에서 자라는 크루지아나 빅토리아수련*Victoria cruziana Orb.*이다. 두 종류는 어마어마하게 큰 잎이라든가 꽃 모양, 밤에 피는 야간개화종이라는 특성 등이 서로 닮았다. 물론 생김새에서는 약간의 차이가 있어서 구별할 수는 있다. 그런데 2022년 7월 빅토리아수련의 새로운 종류가 밝혀졌다. 오래전부터 이미 존재하던 종류이지만, 지난 177년 동안의 빅토리아수련 연구 과정에서 그 존재를 온전히 동정하지 못했던 사실을 밝힌 것이다.

새로 확인된 종류는 볼리비아나 빅토리아수련*Victoria boliviana Magdalena & L.T.Sm.*이다. 볼리비아나 빅토리아수련의 존재를 밝힌 건 학명에 명명자로 표시되었듯이 순전히 카를로스 막달레나(*Carlos Magdalena, 1972~*)에 의해서였다. 수생식물 전문가이며 영

제 10 장
큰 나무

375

국 큐왕립식물원의 선임연구원인 막달레나는 빅토리아수련을 오래 관찰하면서 볼리비아 지역에서 들여온 빅토리아수련이 이미 알려진 두 종류와 차이가 있으리라는 의심을 품기 시작했다. 꽃봉오리의 생김새에서부터 꽃송이의 모양까지 분명한 차이가 있다는 걸 알아챘다.

수생식물 전문가인 막달레나의 볼리비아나 빅토리아수련 연구의 시작은 그가 그동안 관찰해 왔던 빅토리아수련과 1845년에 볼리비아에서 수집한 표본 사이의 차이였다. 이어 그는 볼리비아의 수생식물 전문가들에게 문의했고, 2016년에는 볼리비아의 식물원으로부터 빅토리아수련의 씨앗을 기증받으며 연구의 속도를 올렸다. 막달레나는 기증받은 씨앗으로 발아한 종류와 다른 두 종류, 즉 아마조니카 빅토리아수련과 크루지아나 빅토리아수련을 함께 키우면서 세심하게 관찰을 진행한 끝에 볼리비아의 식물원에서 기증받은 씨앗으로부터 나온 종류에서 결정적인 몇 가지 뚜렷한 차이점을 확인했다. 이어 큐왕립식물원은 분자생물학의 발달된 방식으로 유전자를 분석하여 두 종류의 빅토리아수련과는 전혀 다른 종류였음을 밝혀냈다. 새롭게 알게 된 빅토리아

100 　세 종류의 **빅토리아수련**의 각 부위를 비교한 사진.

수련 종류는 대략 100만 년 전에 크루지아나 빅토리아수련으로
부터 갈라져 나온 것으로 확인됐다. 막달레나는 공동연구원 16명
의 이름으로 2022년 7월 4일,《Frontiers in Plant Science》에 연
구 결과를 발표했다. 위의 사진[6]은 이 논문에 삽입된 세 종류의 빅
토리아수련의 모양이다. 오른쪽의 사진이 새로 분류하여 새 이름
을 갖게 된 볼리비아나 빅토리아수련이다. 자세히 보면 세 종류
가 분명히 서로 다른 걸 알 수 있다. 특히 꽃봉오리의 모습에서 눈
에 띄는 차이가 있었고, 막달레나의 연구는 여기에서 시작됐다.

　마침내 볼리비아나 빅토리아수련은 새로운 종류로 인정됐

6　　Lucy T. Smith. Carlos Magdalena, Natalia A. S. Przelomska, Oscar A.
Prez-Escobar, Darío G. Melgar-Gómez, Stephan Beck, Raquel Negrão,
Sahr Mian, Ilia J. Leitch, Steven Dodsworth, Olivier Maurin, Gaston
Ribero-Guardia, César D. Salazar, Gloria Gutierrez-Sibauty, Alexandre
Antonelli, Alexandre K. Monro, *Revised Species Delimitation in the Giant
Water Lily Genus Victoria* (Nymphaeaceae) *Confirms a New Species and Has
Implications for Its Conservation* (Frontiers in Plant Science, 2022. 7. 4.)에 삽입된 빅
토리아수련 종류의 비교 그림.

제 10 장
큰 나무

으며, 더불어 '홑잎으로는 세상에서 가장 큰 잎'을 가진 식물로 기네스북에 오르기까지 했다. 확인된 결과에 따르면 볼리비아나 빅토리아수련의 잎 가운데 현재 가장 큰 잎으로 확인된 것은 지름이 3.2미터였고, 잎 테두리의 높이는 17센티미터였다. 이 테두리까지 평평하게 펼치면 무려 3.54미터나 되는 어마어마하게 큰 잎이다. 잎의 표면적은 총 7.55제곱미터나 된다. 이는 우리에게 익숙한 옛 단위인 '평'으로 환산하면 2.3평이다. 그야말로 상상을 불허하는 어마어마한 크기라 하지 않을 수 없다. 2012년 2월 3일에 측정한 결과다.

사람과 나무

자연을 '아는 것'은
자연을 '느끼는 것'의 절반만큼도 중요하지 않다.
다만 아름다움에 취하라. 놀라워하고 느껴라.
그대가 보는 모든 것들의
의미, 신비, 아름다움에 다만 놀라워하라.

– 레이철 카슨*Rachel Carson*,
『자연, 그 경이로움에 대하여*Sense of Wonder*』에서

드디어 이 땅에 풀과 나무가 자라났고, 갖가지 생명이 번성했다. 그리고 지금으로부터 300만 년 전쯤 두 발로 걷는 호미닌, 즉 사람 종이 출현했다. 사람 종으로는 처음으로 오스트랄로피테쿠스와 아르디가 나타났고, 그 뒤로 여러 변화를 거친 뒤에 현생 인류인 호모 사피엔스가 나타난 건 지금으로부터 25만 년 전이었다.

사람 종에는 여러 공통점이 있다. 눈에 두드러지는 가장 큰 특징은 이족보행이다. 두 발로 서서 걷는다는 것이다. 그러나 두 발로 서서 걷는다는 그 자체보다는 그로 인한 신체적 조건의 변

화가 더 중요하다. 즉 손을 자유로이 쓸 수 있었다는 점이 현생 사람 종을 이야기할 수 있는 가장 큰 특징이라 할 수 있다. 호모 하빌리스*Homo habilis*라는 인류의 조상을 이야기할 때의 하빌리스는 바로 '손을 쓸 수 있는 사람 종' 혹은 '도구를 사용하는 사람 종'이라는 뜻이다.

두 발로 걸으면서 사람 종은 손을 쓰기 시작했다. 자유로워진 손으로 도구를 쓰기 시작했다. 정교한 도구를 만들고 활용하는 능력은 사람 종의 최초 조상에서부터 지금까지 모든 사람 종에서 공통적이자 다른 생물과 구별되는 중요한 지점이다.

도구를 이용하는 사람 앞의 나무

그러면 처음 도구로 이용한 것은 무엇일까. 물론 돌도끼와 같은 석기의 이용을 이야기하는 게 일반적이다. 그러나 화석 형태로 증거할 수 없다뿐이지, 실제로 가장 먼저 이용한 도구는 나무였다. 나무는 사람 종이 처음 출현할 때부터 사람의 특징을 규정하는 수단이었다. 무엇보다 나무는 사람이 이용하기 가장 편리한 도구였다. 돌을 깨뜨려 도구로 이용하기보다는 주변에 부러진 나뭇가지라든가 쓰러진 나무줄기를 이용해 사람은 자신이 필요로 하는 일들을 보다 효과적으로 수행했다. 나무는 사람을 사람답게 만든 최초의 도구였다. 그건 지금까지도 이어진다. 나무의 쓰임새는 인간 사회에서 한 번도 중단됐던 적이 없다. 나무를 이용해 불을 일으켰고, 나무를 이용해 집을 지었으며, 나뭇잎으로

옷을 지어 입기도 했다.

현대사회에서도 나무에 대한 관심이나 나무를 화두로 한 갖가지 일들은 쉼 없이 이어진다. 그러나 가만히 살펴보면 일관되게 얄궂은 흐름을 찾을 수 있다. 이를테면 우리 사회에서 '나무를 심자'는 이야기를 가장 많이 할 때는 봄이다. 물론 봄이라는 계절이 나무를 심어야 하는 계절인 건 맞다. 식목일이 봄에 자리 잡은 것도 그래서다. 그러나 사람들이 이 시기에 나무 이야기를 하는 건 단지 나무를 심기 맞춤한 계절이기 때문만이 아니다. 봄이면 중국에서 건너오는 황사를 비롯한 미세먼지가 생활을 불가능하게 할 정도로 극심한 상황이다. 상황을 개선하는 데에 가장 효과적인 일은 무엇보다 나무를 심는 일이다. 그런 까닭에 미세먼지가 우리 한반도 하늘을 점령할 즈음이면 사람들은 나무를 생각한다. 매스컴도 그에 맞추어 나무를 심어야 한다고 점잖게 늘어놓는다. 역시 무언가를 이용해 자신의 삶을 개선하는 일, 즉 도구를 사용하여 세상을 변화시키는 일에 호모 사피엔스의 능력은 뛰어나다. 나무를 도구로 사용하여 미세먼지를 저감하자는 것이다.

미세먼지가 아니라 해도 나무의 효용성을 강조하며 들춰내는 게 '숲의 치유 효과'다. 도시 생활에 지친 사람들의 치유 효과를 누릴 수 있는 '치유의 숲' 담론은 도시화와 산업화가 진행될수록 더 절실하게 대두됐다. 곳곳에 치유를 화두로 한 식물원과 수목원이 조성되고, 국가적으로도 국립 '치유의 숲'을 조성해 운영한다. 심지어 국가 주도로 '국립산림치유원'이라는 기관을 설립하기까지 했다. 나무와 숲이 주는 치유 효과를 극대화하기 위한 조치다. 역시 치유라는 목적을 이루기 위해 나무를 도구 혹은 수단으로 활용하는 것이다. 나무는 필경 도구였고, 지금도 도구의 재료다.

거시적으로 보아도 마찬가지다. 지구 온난화에 따른 기후 붕괴의 중요 원인으로 꼽는 건 알다시피 탄소의 절제되지 않은 배출이다. 무분별한 탄소 배출은 마침내 지구 온난화를 가속시킬 것이고, 그에 따른 기후는 이제 단순한 변화의 수준을 넘어 그야말로 '기후 붕괴' 사태에 이르렀다. 이를 막기 위해서는 탄소 배출을 최소화해야 하고, 동시에 탄소를 흡수하기 위한 갖가지 장치를 마련해야 한다. 탄소 흡수에 가장 효과적인 대책 역시 나무를 심는 일이다. 나무만큼 탄소를 흡수하는 수단이 없다는 건 잘 알려진 사실이다. 이 경우 역시 탄소 흡수라는 목적을 이루기 위해 나무는 수단으로 활용될 뿐이다.

소극적인 측면에서 바라보아도 마찬가지다. 도시 경관을 아름답게 꾸미는 데에도 나무는 필수적이다. 도시인들의 시각적 즐거움을 위해서는 나무를 심어야 한다는 것이다. 봄에는 꽃으로 가을에는 단풍으로, 나무만큼 도시 경관을 다양하고 아름답게 하는 건 없다. 다시 또 나무는 소극적이나마 분명히 실용적인 수단에 불과하다.

이 같은 사람들의 생각은 도서관의 나무 주제 코너를 찾아보아도 마찬가지다. 나무에 대한 책은 적지 않게 꽂혀 있다. 심지어 날마다 늘어나는 추세인 건 분명해 보인다. 그러나 대부분은 역시 사람의 필요를 중심으로 한 책들이다. 이를테면 약용 식물을 주제로 한 책은 분명히 사람의 병을 치유하기 위한 수단으로서의 식물을 이야기한다. 가로수와 조경에 관련한 책은 더 분명하다. 사람이 사는 환경을 조성하기 위한 명백한 수단이다. 또 나무와 관련한 책 가운데에서 가장 많은 건 나무를 종류별로 늘어놓고 각각의 특징이나 그 나무 종류에 얽힌 신화와 전설 등 옛이야기를 풀어내는 식이다. 이때에도 사람들의 관심을 끌기 위한 요소는 대부분 나무의 쓰임새에 관한 내용이다. 빠짐없다. 돌아보면 20여 년 전에 내가 처음 책으로 펴낸 나무 이야기 책 역시 그랬다. 나무들이 제가끔 사람살이에 어떤 효능을 미치는지 살펴보는 게 대부분이다. 나무를 하나의 독립한 생명체로 여기고 나무를 공생의 대상으로 바라보기보다는 그 쓰임새를 꼼꼼히 살펴보려는 의도가 다분하다. 나무가 사람보다 먼저 이 땅에 자리 잡고, 사람이 살 수 있는 환경을 지어 낸 원시 생명체로서 장대하게 걸어온 4억 년 역사의 장엄한 발자취를 짚어본 책은 찾아보기 어렵다. 모두가 사람 세상을 더 이롭게 하기 위해 어떤 나무를 어느 자리에 어떤 방식으로 심고 키워야 하는지를 역설하는 책이 대부분이다.

과연 우리 곁의 생명체인 나무를 바라보는 시각이 여기에 머무르는 것으로 만족할 수 있을까. 이건 위험하다. 인간 중심의 실용적 가치만을 위해 심고 키워진다고 하면, 실용적 가치가 일정하게 줄어들 때 가차 없이 나무를 베어 낼 수도 뽑아 없앨 수도 있다. 나무를 처음 심을 때에 실용적 가치가 기준이었던 것처럼 베어 내거나 뽑아 죽일 때에도 실용적 가치를 기준으로 하면 충분히 그럴 수 있다. 예를 들면 도시 가로수가 그렇다. 처음 심을 때에는 공해와 매연을 저감한다는 실용적인 이유로 나무를 심어야 한다고 해서 심어 키웠을 것이다. 그러나 나무가 무성하게 자란 뒤에는 사정이 달라진다. 무성하게 펼친 나뭇가지가 도시의 교통신호판이나 상가의 간판을 가리게 되면 실용적 가치가 극단적으로 달라진다. 또 태풍과 같은 큰 바람에 부러질 수 있을 만큼 나무가 크게 자라고 나면 도로의 자동차에게 혹은 길을 걷는 사람들에게 치명적 위험 요인이 된다. 이쯤 되면 사람의 입장에서는 별다른 고민을 할 필요도 없고, 그런 고민으로 오래 머뭇거렸던 적도 없다. 가차 없이 베어 내야 한다. 어차피 실용적 가치 때문에 심은 나무이거늘, 그 실용적 가치가 사라지거나 약화했다면 베어 내고 죽이는 게 뭐 문제 되겠는가.

앞의 제5장에서는 우리나라의 산림청이 30년 넘은 나무와 숲을 '노령목', '노령림'이라고 규정하고 탄소 흡수량이 적다는 이유로 모두 베어 내야 한다고 주장했던 2021년 식목일 즈음의 사태를 언급한 바 있다. 역시 같은 경우다. 산림청은 오로지 '탄소 흡수'라는 실용적 측면 외의 다른 측면으로는 눈 감고 귀 닫았기 때문에 나무를 베어 내고 숲을 깡그리 깔아뭉개는 일에 머뭇거림이 없었다. 오로지 실용적 이유, 그리고 덧붙이자면 산림을 수익 모델로 보는 관점 외에 다른 어떤 생각도 없는 산림청 입장에서는 민간 단체의 반발과 항의에 끄떡도 하지 않는다. 한편에서 보호수로 지정한 몇 그루의 노거수를 보호하는 정책을 내놓는 것으로 숲과 나무 보호의 명분을 쌓으면서, 다른 한편에서는 여전히 호시탐탐 나무를 베어 낼 기회만 엿보는 중이다. 수시로 신문지면에 오르내리는 산림청 관계자들의 칼럼에는 여전히 30년 넘은 나무를 '탄소 흡수량이 적은 노령목'으로 규정하는 일을 중단하지 않는다. 정말 끊이지 않는다. 나무를 베어 내기 위한 노력에 대해서는 참으로 부지런하고 끈질기다. 보도자료 때문인지 매스 컴의 기사로도 그런 내용을 자주 만나게 된다. 1,000년 넘게 살아 가는 나무를 30년 넘었다고 늙은 나무, 즉 '노령목'으로 간주하는 건 도무지 이해할 수 없다. 순전히 산림청의 '나무 베어 내기'의 합리화를 위한 허울이라고 생각할 수밖에 없다.

열매를 맺지 않아 베어 내려 했던 최고의 감나무

지금은 천연기념물로 지정해 잘 보호하는 경상남도의 한적 한 농촌 마을 감나무*Diospyros kaki* Thunb.도 그랬다. **의령 백곡리 감 나무**의 경우다. 감나무에 감이 열리지 않자, 마을 사람들은 그 감 나무를 '아무짝에 쓸모없는 나무'라고 했다. '어서 베어버려야 하 는데, 너무 커서 베어 내기도 쉽지 않은 애물단지'라는 게 내가 처 음 이 큰 나무를 만났을 때 느낀 마을 사람들의 나무에 대한 생각 이었다. 나무 바로 곁에 설치된 축사畜舍의 지붕은 나뭇가지에 닿 을 듯 말 듯 나무의 생장을 방해하고 있었고, 심지어 나무줄기 곁 은 마을 살림집에서 나온 쓰레기를 모아두는 쓰레기장처럼 이용 되고 있었다. 400년을 넘게 살아온 이 나무는 감나무로서 매우 크고 오래된 나무였지만, 마을 사람들에게는 실용적 효용가치가 없는 쓸모없는 나무였다. 이만큼 오래된 감나무도 드물지만, 오래 된 나무나이에도 불구하고 여전히 건강한 생김새를 유지하는 나 무는 찾아보기 어려운 게 사실이다. 나무를 베어 낸다는 게 말도 안 될 만큼 어이없었다. 마을 사람들에게 이 나무가 우리나라에서 제일 큰 감나무이기에 잘 보호해야 한다고 말을 하기는 했지만, 그런 이야기에 귀를 기울이는 눈치는 아니었다. 나무를 만나고 온 뒤 이 나무를 세상에 알리려고 무던히 애를 썼다. 2003년에 펴내고 지금은 절판한 나의 다른 책 『이 땅의 큰 나무』에 이 감나무의 존재를 알리고, 그 중요성을 강조했다.

그러나 책을 통한 효과는 크지 않았다. 별다른 반응이 없었다. 나무의 가치를 알아본 건 뜻밖에도 프리랜서로 활동하는 다큐멘터리 독립PD 박봉남 님이었다. 그는 2009년에 세계 최고의 다큐멘터리 영화제인 '암스테르담 국제 다큐멘터리 영화제IDFA'에서 우리나라 다큐멘터리 사상 최초로 '중편 부문' 대상을 수상한 작품 〈철까마귀의 날들(영문 제목: Iron Crows)〉을 제작한 우리나라 다큐멘터리 제작 분야의 최고 제작자다. 그가 나의 책을 보았고, 그 책에 소개한 **의령 백곡리 감나무**에 주목했다. 박봉남 PD는 감나무라면 우리의 민중 문화를 그대로 담을 수 있는 대표적인 나무라는 생각으로 이 나무의 사계절을 영상으로 담겠다고 했다. 심지어 "감을 맺지 않는 나무"라는 내 이야기에 "감나무는 사람이 정성을 다하면 열매를 맺는 나무"라며 나무 촬영의 의지를 알려 왔다. 한 그루의 나무를 한 해 내내 촬영한다는 놀라운 기획이었다.

기획대로 그는 2004년 봄부터 의령 백곡리를 찾아 나무 촬영을 시작했다. 홀로 나무를 찾아가 이 감나무가 얼마나 중요한 가치를 가지는 나무인지를 아무리 강조해도 귓등으로만 듣던 마을 사람들의 생각은 그때부터 바뀌었다. 베어 내려 했던 나무를, 한 해 내내 아예 백곡리 작은 마을에 둥지를 틀고 머무르며 촬영

하는 박봉남 PD 팀의 촬영에 사람들은 놀라워했고, 나무에 대한 생각도 바뀌었다. 마을 사람들은 촬영을 위해 나무 주변의 쓰레기를 치우는 데에서부터 시작해 심지어 나무 앞에 표지석을 새로 세우기도 했다. 촬영 소식은 의령군청에까지 퍼졌고, 군청에서는 이 나무를 관광자원으로 활용하겠다는 생각을 했는지, 의령군 곳곳에 '의령 백곡리 감나무 가는 길'이라는 큼지막한 안내판을 곳곳에 세웠다. 그때까지만 해도 **의령 백곡리 감나무**를 찾아가는 길은 쉽지 않았다. 내비게이션도 없던 그 시절에 의령 백곡리는 주소만으로 찾기 어려웠다. 그러나 박봉남 PD의 촬영이 시작된 뒤로 **의령 백곡리 감나무**는 졸지에 이 작은 마을을 넘어 의령군 전체의 '자랑'이며 '보물'이 됐다. 마을 사람들은 제가끔 사람들 사이에서 희미하게 사라져 가는 이 감나무에 대한 기억의 편린을 끄집어내기 시작했다. 심지어 주민들의 조상 가운데에 누군가가 남긴 옛글에서 이 감나무 이야기를 찾아내는 데에까지 사람들의 성의는 확대됐다. '감을 맺지 않아 베어 내야 한다'고 했던 때의 생각과는 천양지차로 바뀐 마을 사람들의 성의였다.

마침내 긴 촬영 작업은 마무리됐고, 2006년에는 설날 특집으로 KBS TV 다큐 프로그램으로 편성되어 방영하기에 이르렀다. 〈감나무, 자서전을 쓰다〉라는 근사한 제목의 아름다운 프로그램이었다. 박봉남 PD의 영상에 담긴 **의령 백곡리 감나무**는 더없이 아름다웠다. 감나무를 중심으로 펼쳐진 우리 민족의 생활문화를 짚어볼 수 있는 훌륭한 다큐멘터리로 설날 아침 텔레비전으로 방송됐다. 이제 **의령 백곡리 감나무**는 명실상부하게 우리나라 최고의 감나무로 모두가 인정하는 큰 나무, 훌륭한 자연유산으로 인정받게 됐다. 그리고 의령군에서는 한 걸음 더 나아가 이 나무가 천연기념물에 지정되기를 원했고, 당시 천연기념물 지정을 주관한 국가유산청은 일정한 추가 조사[7]를 거쳐 마침내 2008년 3월에 천연기념물로 지정 완료했다. 나무 바로 곁에 있던 축사는 마을 앞 논 건너편으로 옮겨 갔고, 나무 주변에는 낮은 울타리로 나무 보호구역을 표시했다. 나무 앞에 펼쳐진 상전벽해다.

감나무는 시골집 뒤란 어느 집이라도 흔하게 심어 키우는, 우리 살림문화에서 매우 중요한 나무이지만 그동안 감나무 가운데 천연기념물은 한 그루도 없었다. **의령 백곡리 감나무**가 처음이자 2026년 현재까지는 유일하다. 나무를 그저 사람에게 쓸모가 있느냐 없느냐만을 기준으로 보는 정서적 관성 때문에 하마터면 매우 귀중한 우리의 자연유산이 덧없이 사라질 뻔한 것이다.

7　이 나무에 대한 사전 자료를 가지고 있는 내가 이 추가 조사의 상당 부분을 담당했다.

　4,000년 전쯤인 고대 그리스 때에도 사정은 다르지 않았다. 그리스로마 신화 속의 거인 에리시크톤 이야기에 그 흔적이 남아 있다. 쓰임새는 둘째 치고라도 그저 사람의 욕심에 맞지 않는다면 베어 내는 일에 결코 거침이 없었다는 증거를 보여주는 신화 속 이야기다. 도구를 사용할 수 있었던 사람이 도구를 이용하여 자기가 아닌 대상은 죄다 제거할 수 있었고, 그렇게 도구를 사용했다는 증거다. 신화는 사람들이 거대한 나무를 추앙하는 한 마을에 거인 에리시크톤이 살면서 시작된다. 에리시크톤은 마을 사람들이 자신을 숭배하지 않고 마을 한가운데 있는 나무를 추앙하는 게 못마땅했다. 에리시크톤이 보기에도 나무는 어마어마하게 컸다. 다음 쪽 그림(그림 102)에 에리시크톤의 에피소드를 표현한 그림을 삽입했지만, 이 그림에 표현된 나무의 크기는 신화 속 나무의 크기와 비교가 안 될 정도로 작다. 신화에서는 이 마을의 큰 나무를 "하늘을 뒤덮을 만큼 큰 나무"라고 했고, 이 어마어마하게 큰 나무를 참나무 종류인 '오크'[8]라고 표현했다. 에리시크톤은 어떻게 하면 사람들의 마음을 이 큰 나무로부터 자신에게로 돌릴까를 궁리하다가 급기야 이 거대한 나무의 존재를 말살하는 것밖에는 다른 도리가 없다고 결론을 내렸다. 에리시크톤은 자신

---

[8]　신화에서는 이 나무를 oak라고 표현했고, 대개의 한글 번역서에는 이 나무를 '떡갈나무'라고 했다. 떡갈나무도 oak, 즉 참나무 종류의 하나이니 틀린 건 아니지만, 우리나라의 떡갈나무와 서양의 oak는 서로 다른 종류다. 신화만으로 나무 종류를 정확히 동정하는 것은 불가능하여 여기서는 그냥 '오크'로 표기한다.

제 11 장
사람과 나무

102 마을 사람들의 추앙을 받는 거대한 나무에 도끼질을 하는 **에리시크톤**.

의 시종에게 거대한 도끼를 들려서 나무 앞에 다가갔다. 그러고
는 시종에게 나무를 베라고 명령했다. 그러나 시종은 신성한 나
무를 향해 도끼를 들어 올릴 수 없었다. 머뭇거리는 시종의 손에
서 도끼를 빼앗은 에리시크톤은 도끼로 그를 내리쳐 몸뚱아리를
둘로 갈라내 죽였다. 그러고는 손수 그 거대한 나무에 도끼질을
했다. 마침내 거대한 나무는 쓰러졌다. 이 나무는 농사를 관장하
는 여신인 데메테르를 보위하는 요정들의 보금자리였다. 졸지에
나무에 깃들어 살던 요정들은 보금자리를 잃었다. 요정들은 데메
테르 신에게 에리시크톤의 만행을 알렸고, 신들은 에리시크톤에
게 배고픔의 형벌을 내렸다. 먹어도 먹어도 허기가 사라지지 않
는 극한의 형벌이었다. 허기를 채우기 위해 에리시크톤은 닥치는
대로 먹어야 했다. 집 안의 먹을 것이란 먹을 것은 모두 먹어치웠
고, 심지어 자신의 딸을 팔아 먹을 것을 구할 자금을 마련하기까

지 했다. 나중에는 먹을 수 없는 것이라 해도 우적우적 씹어 먹어야 했을 정도로 허기는 그치지 않았다. 급기야 자신의 발에서부터 다리, 팔, 손을 거쳐 모든 몸뚱아리를 다 뜯어 먹고 이빨과 입술만 남긴 채 사라졌다.

신화 속에서 에리시크톤은 나무를 베어 내는 데에 머뭇거리지 않았다. 도끼라는 도구는 나무 살해에 전격적으로 활용됐다. 그러나 에리시크톤의 신화를 지어내고, 신화를 이야기하며 살아온 그때 그 사람들은 잘 알았다. 사람들이 나무를 베어 내는 일을 하고는 있지만, 그게 사람살이에 결코 이롭지 않다는 걸 말이다. 에리시크톤이 나무를 베어 낸 뒤에 받아야 했던 끔찍한 형벌을 이야기하며 나무를 잘 지켜내도록 경종을 울린 것이다. 에리시크톤의 신화를 기억하는 사람들은 어디에서라도 큰 나무를 만나게 되면 배고픔의 형벌을 기억하게 될 것이었다. 분명 큰 나무를 보면 어김없이 나무를 베어 내 어떻게든 실용적으로 이용하고 싶은 마음이 굴뚝같았지만, 신화를 믿었던 사람들은 감히 나무를 베어 내지 못했다. 사람살이의 가치를 담으려 애쓴 신화에는 그렇게 함부로 나무를 베어 내면 극한의 형벌을 받을 수 있다는 경고 메시지를 담고 있지만, 그 같은 일은 현대의 지금 이 순간에도 계속 벌어지고 있다. 더구나 신화가 사라진 이 시대에 나무를 베어 내면 끔찍한 형벌을 받을 수 있다는 경고조차 사라졌다. 전혀 거리낌이 없다는 증거다.

제 II 장
사람과 나무

'나무'라는 하나의 생명을 만나기 위하여

　　나무를 실용적 쓰임새라는 측면에서만 바라보았던 사람들의 생각과 입장이 이제는 바뀌어야 한다. 나무는 분명 하나의 독립적 생명체다. 이 책의 제10장까지를 찬찬히 본 독자들은 이미 알고 있다. 하나의 나무가 땅 위에서 살아가기 위해 얼마나 많은 시련을 겪고, 마침내 육지에 오르기까지 숱한 모험과 고난을 겪으며 그들이 보여준 경이로움은 사람이 모두 이해하기 어려울 정도로 대단한 과정이었다. 그 같은 모험이 성공적인 결과를 이뤘기에 이 땅에 사람이 태어나 살 수 있게 됐다.

　　반려동물을 하나의 생명으로 바라보는 데에는 어느 정도 익숙해진 듯하다. 이를테면 반려견을 한 가족처럼 여기며 견주 스스로를 반려견에 대해 '엄마', '아빠'로 호칭하는 건 예사고, 반려견의 스트레스를 줄여주기 위해 밤늦게 퇴근한 직장인들은 자신의 피로를 뒤로한 채 반려견과 함께 집 밖으로 산책에 나서는 일을 마다하지 않는다. 또 대략 15년 정도인 반려견의 수명을 사람에 빗대어, 10년쯤 된 반려견을 '사람으로 치면 환갑이 넘은 개'라고 비유하기도 한다. 개와 사람의 처지를 완전히 동일시하는 분위기인 게 사실이다. 반려견을 동반할 수 있는 카페가 등장하는가 하면 반려견을 일정 기간 동안 맡겨둘 수 있는 '반려견 호텔'도 성업 중이라 한다. 심지어 반려견이 죽으면 그와의 추억을 돌아보며 장례를 치를 수 있는 '반려견 영결식장'까지 만들어진 걸 보면 반려견에 대해서만큼은 이미 사람과 더불어 살아가는 하나의 독립한 생명으로 여기는 데에 익숙해진 것이지 싶다. 반려견과 함께 '반려묘'라는 이름으로 불리는 고양이도 마찬가지다.

하지만 나무에 대해서는 그런 사례를 찾아보기 힘들다. 1,000년을 넘게 사는 나무를 사람의 나이에 비유한 적도 없다. 1,000년을 사는 나무에게 30년 된 나무는 사람으로 치면 몇 살이나 되겠는가. 그걸 한 번이라도 계산해 본 적이 있다면 30년 된 나무를 '노령목'이라고 부르는 무지몽매가 가능하기나 하겠는가. 대관절 나무를 하나의 생명체로 바라보는 게 가능하기나 할 것인가 싶을 만큼 나무는 사람에게 처음부터 지금까지 오로지 수단이자 도구일 뿐이다.

최근에 등장한 말이지만 '반려동물'에 빗댈 수 있는 '반려식물'이라는 용어가 있긴 하다. 반려동물처럼 가까이에서 반려 삼아 키우는 식물을 가리키는 말이지만, 아직은 반려동물만큼 그야말로 '반려'의 의미를 가지려면 멀어도 한참 멀었다. 반려동물을 대하는 것처럼 식물을 하나의 생명으로 여기는 수준에 이르려면 시간이 더 걸릴 듯하다. 아무래도 개나 고양이와 같은 동물에 비해 움직임이 적은 까닭에 식물과 느낌을 교환하는 일은 쉽지 않다. 하지만 차츰 반려로서의 식물에 대한 인식이 달라지고 있다는 점은 비교적 희망적이다.

그래서 떠올릴 수밖에 없는 사람이 미국의 해양생태학자 레이철 카슨(Rachel Carson, 1907~1964)이다. 제초제와 살충제의 폐해를 목숨 걸고 세상에 알린 책 『침묵의 봄』으로 널리 알려진 해양생태학자다.

제11장
사람과 나무

　　레이첼 카슨의 책 가운데에서 널리 알려진 책으로는 『침묵의 봄』을 가장 먼저 꼽는다. 지난 세기에 환경 생태와 관련하여 매우 큰 영향력을 미친 책이다. 제초제와 살충제의 남용으로 인한 자연 파괴의 실상을 적나라하게 파헤친 『침묵의 봄』은 1962년 9월 출간하기에 앞서 《뉴요커》에 연재하면서부터 큰 관심을 모았다. 특히 관련 업계의 지독한 방해 공작은 카슨 여사가 살해 협박에 버금가는 압박으로 느낄 만큼 심한 스트레스를 가져왔다. 이 책은 무엇보다 환경과 생태의 위기 상황을 일반 대중이 생활 현장에서 체감할 수 있게 했다. 더불어 대중적 영향력이 컸다는 점에서 기존의 여느 환경 관련 도서에 비해 탁월했다. 따라서 환경 운동의 교과서로 여겨지는 건 당연한 순서였다. 출간 60년이 지난 지금까지 『침묵의 봄』은 환경 생태 분야 최고의 고전으로 일컬어지고, 또 카슨 여사는 《타임》에서 선정한 '20세기를 변화시킨 100인'의 한 사람으로 꼽혔다.

　　『침묵의 봄』 발간은 카슨에게 극심한 피로감을 몰고 왔다. 카슨은 한적한 교외로 거주지를 옮긴 뒤, 그동안 썼던 글들을 정리하는 시간을 가졌다. 그때부터 그는 여태껏 생태학자로서 세상에 더 널리, 더 간절히 알리고 싶은 이야기를 차분히 쓰고 싶었다. 이미 1955년에 《우먼스 홈 컴패니언》이라는 잡지에 연재를 시작했지만, 다른 글에 밀려 뒤로 미뤄두었던 글이었다. 이제야말로 이 글을 열정적으로 마무리하고 싶었다. 바로 '센스 오브 원더 Sense of Wonder'라는 주제로 시작한 글이었다. 그러나 안타깝게도

103 『침묵의 봄』.

다시 집필을 시작한 지 얼마 되지 않은 1964년, 카슨은 유방암으로 숨을 거두고 말았다. 죽기 얼마 전까지 그는 "이 글에 전념하고 싶다"라고 했지만, 『침묵의 봄』 출간 뒤로 이어지는 일정을 소화하며 얻은 탈진 상태의 여파로 병마를 이겨내지 못했고, 집필도 생각만큼 속도를 내지 못했다. 결국 한 권의 책으로 엮기에는 짧은 분량의 미완성 유고로 남은 이 글은 그가 세상을 떠난 이듬해에 가감없이 책의 꼴을 갖추고 출간됐다. 카슨은 생전에 이 책을 출간한다면 "우리가 찾을 수 있는 가장 아름다운 사진, 어떤 건 컬러로 어떤 건 흑백으로 된 사진을 넉넉하게 실을 계획"이라고 했다. 그래서 이 작은 책에는 카슨의 글과 생각에 알맞은 사진이 함께 담겼다. 카슨과 함께 이야기 나누면서 골라낸 사진은 아니지만, 편집자와 사진가 닉 켈시(Nick Kelsh, 1953~)가 찾아낸 여러 장의 아름다운 사진은 카슨의 뜻에 가까이 다가선 사진들이라 할 수 있다.

제 11 장
사람과 나무

104 **레이철 카슨**의 미완성 유고집.

한글판이 출간된 건 그로부터 40년 가까이 흐른 2002년이었다. 이 작은 책에 담긴 무게를 생각하면 많이 늦은 출간이었다. 한글판 역시 얇고 가벼운 책일 수밖에 없다. 처음에는 『자연, 그 경이로움에 대하여』라는 제목으로 출판됐다가 나중에 같은 출판사에서 『센스 오브 원더』라는 원제의 발음 그대로를 제목으로 하여 2012년에 재출간했다. 판형이 작은 데다 각 페이지의 행간을 최대한 늘려 편집한 건 한 권의 책으로 엮기 위한 어쩔 수 없는 선택이다. 한 쪽이 고작해야 15행에 불과한 작은 책이다. 그나마 한 페이지의 공간을 가득 메운 페이지는 찾아보기 힘들고, 텍스트만으로 이루어진 페이지는 겨우 40쪽 정도밖에 안 된다. 닉 켈시의 사진을 모두 합해봐야 고작 110쪽의 작은 책이다. 『센스 오브 원더』라는 생경한 제목으로 바꾸어 새로 펴낸 책도 고작해야 136쪽에 불과하다. 웬만한 독자라면 서점에 선 채로 읽어도 1시간 이내에 읽을 수 있을 만큼 가벼운 책이다. 그러나 이 책은 다 읽은

뒤에 그냥 스쳐 지나기 쉽지 않다. 다시 읽고 싶은 마음, 혹은 이만큼 감동적인 책이라면 서가에 꽂아두고 싶은 지적 소유욕까지 겹쳐 자연스레 계산대를 향하게 마련이다. 혹시라도 그런 욕구가 생기지 않는다면, 좀 더 생각을 가다듬고, 반드시 욕구를 일으키기를 권한다. 이 책은 언제든 반드시 다시 읽고 싶을 마음이 생길 것이 분명하다고 나는 믿기 때문이다.

자연을 어떻게 바라보고, 그 안에서 어떻게 살아갈 것인지에 대한 생각을 담은 이 책에는 카슨 여사의 실제 삶을 통해 이루어진 자연과 생태에 대한 깊은 성찰이 담겼다. 책에 고스란히 드러난 그의 삶은 자연과 더불어 살았던 얼마간의 삶이다. 처음 집필을 시작할 때에 카슨 여사는 바닷가 숲속 집에서 조카 손주인 네 살배기 로저와 단둘이 살았다. 부부가 모두 직업인이어서, 아이를 돌볼 겨를이 없었던 카슨의 조카 부부가 마침 시골집에 홀로 살던 카슨에게 아이를 부탁했고, 이를 카슨이 받아들였던 때다. 카슨은 어린 로저와 함께 집 주변의 숲과 바닷가를 거닐면서 자연

제 11 장
사람과 나무

397

106 『센스 오브 원더』 영문판 표지.

과 더불어 살고자 애썼다. 평생 생태를 연구한 대학자로서의 연구 성과는 젖혀놓고, 자연에 올바로 다가서기 위한 정서의 근원이 될 만한 아이의 동심으로 돌아가 가만히 자연을 바라본 대가의 성찰이 이 책에 선선히 풀려 나왔다.

카슨 할머니는 손주인 로저와 숲을 거닐면서 나무 이름, 풀 이름을 가르쳐 주지 않았다. 눈앞의 자연을 가만히 바라보았고, 다가오는 자연에 스며들어 자연과 함께 '노는 데'에 열중했다. 어린 시절에 자연에 대해 어떤 느낌을 갖느냐 하는 것은 평생을 더불어 살아갈 자연에 대한 감성을 결정하는 기초가 된다는 생각에 서였다. 그는 "자연을 '아는 것'은 자연을 '느끼는 것'의 절반만큼도 중요하지 않다"(53쪽[9])라고 단언했다. 덧붙여 그는 "아름다움에 대한 감수성, 새로운 것, 미지의 것에 대한 흥분과 기대·공감·동정·존경·사랑… 이런 감정들이 자연을 바르게 만나는 가장 중요

[9] 여기서 제시한 페이지는 한글 번역본 초판인 『자연, 그 경이로움에 대하여』(표정훈 옮김, 에코리브르, 2002)를 기준으로 했다.

한 밑거름"(53쪽)이라며, 어린 조카 손주의 자연 관찰 경험의 깊이
와 폭을 넓혀주려 애썼다. 그는 이 아름다운 바탕이 바로 아이의
곁을 평생 지켜줄 '착한 요정'이 될 것이라고 강조한다.

카슨 할머니의 생각을 그대로 받아들였고, 굳이 가르쳐 주지
않아도 동식물과 자연의 생태를 놀랍도록 세심하게 느낄 수 있었
던 로저는 여느 식물학자 못지않게 자연의 생태를 세밀하게 기억
했다. 이 책에서 카슨은 어린 로저에게 식물이나 동물에 대해 가
르친 적이 없다는 것을 여러 차례 강조했다. 꼼꼼히 살펴보면 카
슨은 집필이라는 목적에 집착하지 않고, 네 살배기 어린아이와
숲을 산책하고 바닷가에 누워 밤하늘의 별을 바라보는 것 자체를
즐겼던 것으로 보인다.

"이제 네 살이 갓 넘은 로저와 나는, 그 아이가 무척 어렸을 때
함께했던 생명과 자연으로의 모험을 지금까지도 같이하고 있
다. 그리고 그 결과는 무척 흡족했다. 비바람이 치는 날이건 고
요한 날이건, 밤이건 낮이건, 자연 속에서 함께한다는 것 자체가
더없이 좋았다."(19쪽)

그런 평범한 자연 관찰과 생명에 대한 모험을 통해 카슨은
아이가 받아들이는 자연에 대한 감수성을 발견하고 놀라워한다.

"나는 숲에서 만나는 식물이나 동물의 이름을 알려주려 애쓰지
않았고 별다른 설명도 하지 않았다. 단지 우리가 보는 것들에서
내가 느끼는 기쁨을 표현했다. 나는 아이가 새롭게 만나는 것들

제 11 장
사람과 나무

에 대해 가볍게 주의를 환기시켰을 뿐이다. 그것은 마치 나이든 어르신과 천천히 길을 걸으며 이런저런 것들에 대해 말씀드리는 것과 비슷했다."(24쪽)

책에 담은 열두 편의 에세이를 통해 카슨은 줄곧 자연을 처음 만나는 어린 시절의 아이에게 중요한 것은 자연에 대한 지식만이 아니고, 그보다는 느낌 혹은 정서적 공감대를 확보하는 일이라고 강조한다. 그는 늘 "숲을 거닐며, 흥미로운 것들을 발견하고, 놀라워하고 즐거워하는 것. 아이가 그것보다 확실하고 분명하게 동식물의 이름을 기억하는 길은 없다"(25쪽)라고 썼다.

그뿐만 아니다. 카슨은 그저 눈앞에 펼쳐진 자연 경관을 즐겼을 뿐이라고 했다. 카슨의 유려한 글에는 오히려 늙은 카슨이 어린 동심의 세계로 돌아간 듯한 상큼함이 드러난다. 할머니 카슨은 숲속의 요정처럼 아름다운 어린 손자의 손에 이끌려 편안한 마음으로 자연 속의 일부가 되어 자연에 스며들었다.

"그 순간 우리는 다만 별들의 친구일 뿐이었다. 그토록 아름다운 순간은 처음이었다. 약간 흐릿한 은빛으로 넘실대는 하늘의 강은 쉼 없이 흘렀고, 별자리는 더없이 밝고 뚜렷했다. 그뿐만 아니라 수평선 가까이 빛나는 별들 사이로, 유성이 지상의 대기 속에 안기면서 그리는 자취가 계속 이어졌다. (중략) 누군가의 마음이 우주의 인적 드문 공간을 한가롭게 거니는 순간, 그런 순간을 아이와 함께하는 데 별자리 이름을 알 필요는 없다."(62~63쪽)

글도 아름답지만 그가 아이와 함께한 순간의 풍경도 한없이 아름답다. 해변에 누워 자연의 일부가 되어 하늘에서 떨어지는 별똥별을 바라보는 순간 굳이 별자리의 이름을 외어가며 자연 교과서를 떠올리는 학습 행위는 무의미하다. 그건 오히려 자연이 건네주는 아름다운 감수성을 제고하는 데에 방해가 된다. '그토록 아름다운 순간'을 즐기는 게 최선이었다. 자연 안에서 늙은 할머니와 어린 손주는 자연의 일부가 되어 자연을 마음 깊숙한 곳에 받아들인 것이다. 식물원으로 동물원으로 혹은 천문대로 아이들의 손을 이끌고 가서 한 가지라도 더 많은 것을 수첩에 적고 외우게 하는 우리네 부모들로서는 당대 최고의 생태학자인 카슨의 자연 체험 교육 방식을 도무지 이해할 수 없을 게다.

그러나 카슨은 차츰 생각지도 못한 결과를 얻게 됐다. 아니 어쩌면 카슨은 이미 잘 알고 있었던 것일지 모른다. 그래서 그는 아이들에게 자연을 더 잘 가르치려고 애쓰는 이 땅의 모든 부모들에게 천천히 그러나 단호하게 이야기한다.

"나는 믿어 의심치 않는다. 자연과 관련한 사실들은, 말하자면 씨앗이라고 할 수 있다. 그 씨앗은 나중에 커서 지식과 지혜의 열매를 맺게 될 것이다. 그리고 자연에서 느끼는 이런저런 감정과 인상은 그 씨앗이 터 잡아 자라날 기름진 땅이라고 할 수 있다. 유년 시절은 그런 기름진 땅을 준비할 시간이다."(53쪽)

카슨은 '아름다움에 대한 감수성, 새로운 것, 미지의 것에 대한 흥분과 기대·공감·동정·존경·사랑…. 이런 감정'들이야말로

자연에 대한 지식을 이루기 위해 반드시 갖추어야 할 바탕이라고
한다.

　　카슨의 그런 생각은 실제로 로저에게서 일어났다. 카슨은 조
카 손주의 손을 잡고 숲을 거닐면서, 혹은 숲속의 풀밭을 뒹굴면
서 버릇처럼 그저 혼잣말로 나지막하게 식물의 이름을 중얼거렸
다고 한다. 아이에게 가르치려 한 것이 아니었다. 평생 생태학자
로 살아온 카슨에게라면 충분히 있을 수 있는 일이다. 자연 사물
의 생태를 탐구하던 그가 눈앞의 동식물을 놓고, 그냥 스쳐 지나
지 못했을 것이다. 저절로 눈앞에 나타나는 대상의 이름을 불렀
을 것이다. 그렇게 설핏 읊조렸던 식물이나 곤충 혹은 동물의 이
름은 그러나 어린아이의 마음 깊숙이 꽂혔다.

　　"내가 혼잣말처럼 나지막하게 중얼거렸던 동식물의 이름을 로
저가 얼마나 인상 깊고 분명하게 기억하고 있던지. 내가 로저에
게 갖가지 식물을 촬영한 컬러 슬라이드를 보여주자, 아이는 식
물의 이름을 즉시 기억해 내는 것이었다."(25쪽)

　　나무를 공부해 온 지난 시절 동안 이 같은 가르침은 레이철
카슨에게서만 얻은 것이 아니다. 식물 공부를 하며 가까이 모시
게 된 필자의 스승도 식물의 이름을 알고 도감에 나오는 지식을
공부하는 것보다 먼저 해야 할 것은 식물의 생태를 오래 관찰하
는 일이라고 강조하셨다. 그런 깊은 관찰이 있다면 나중에 식물
도감을 통해 그들의 이름이나 생태를 알게 되었을 때, 비로소 자
신의 지식으로 남는다는 말씀이었다. 거꾸로 그런 세심한 관찰이

전제되지 않은 상태에서 식물도감의 단편적 백과사전적 지식에
만 골몰한다면, 그 지식은 곧바로 사라지고 만다는 가르침이다.
레토릭은 다르지만, 평생을 과학자로 살아오면서 식물의 생태를
연구한 노대가들의 가르침이 담고 있는 함의는 근본적으로 서로
다르지 않다.

　　물론 나는 카슨이나 내 스승의 말씀대로 실천하고자 부단히
애썼다. 그러나 여기에는 문제가 있었다. 카슨과 함께한 식물 관
찰자는 네 살배기 어린아이였고, 나는 이미 어린 시절의 감수성
을 상당 부분 잃어간 늙수그레한 중년의 '얼치기 지식인'이라는
점이다. 이는 간과하기 어려운 큰 차이였다. 어린아이는 자연을
직관적으로 바라보고 느낄 수 있었던 때문에 그가 특별히 자연
사물에 대한 지식욕을 가지지 않고, 온몸으로 느낄 수 있었다. 그
러나 쉰을 훌쩍 넘긴 나이에, 게다가 지적 탐욕과 허영이 가득 찬
먹물 근성을 내려놓지 못한 5, 60대의 중년에게는 쉽지 않은 일
이었다. 결국 어렵지만 다시 처음 자연을 만나던 어린 시절을 떠
올리고, 그때의 감성을 돌이켜 보는 일에서 시작할 수밖에.

　　카슨 여사의 이 책이 더 중요하고 고마운 건 그래서다. 카슨
은 지금 이 순간 우리의 자연을 올바로 지키기 위해 어린아이의
교육에서부터 신경을 써야 한다는 사실을 깨우쳐 준다. 카슨이
로저와 이처럼 편안하게 놀며 지낸 끝에 어린 로저는 자연의 경
이로움을 느낄 수 있었고, 이는 곧바로 자연에 대한 깊은 존경과
애정으로 이어졌다. 머뭇거릴 이유를 찾을 수 없다. 지금 당장 살
아 있는 자연을 자라나는 우리의 아이들이 느낄 수 있도록 들로
산으로 나가서 작은 들꽃, 큰 나무 하나하나를 만져보고 느껴보

도록 가르쳐야 한다.

카슨의 생각은 현대의 진화생물학자인 스티븐 제이 굴드(Stephen Jay Gould, 1941~2002)에게서도 그대로 드러난다. 굴드는 어떤 강연에서 분명히 "우리는 자신과 자연 사이의 정서적 유대를 함양하지 않고서는 종과 환경을 구하는 이 전쟁에서 이길 수 없다. 자신이 사랑하지 않는 것을 구하려 싸우지는 않을 테니까"라고 이야기했다. 지극히 당연한 진실임에도 불구하고 우리는 이를 자연과 사람의 관계, 특히 사람과 나무의 관계에 적용하는 데에는 익숙하지 않다.

그렇다. 길가에 서 있는 가로수의 이름 하나를 더 아는 것이 과연 세상을 얼마나 바꿀 수 있겠는가. 눈앞의 나무가 양버즘나무인지, 백합나무인지를 구별할 수 있다는 것이 과연 무슨 의미인가. 시인 안도현에게 절교당하지 않으려고 간신히 구절초와 쑥부쟁이를 구별한다 해서 세상의 무엇이 달라지겠는가.[10] 그건 나무를 비롯한 우리 주위의 자연을 사랑하는 마음 없이도 충분히 할 수 있는 일이다. 그러나 나무를 사랑하고, 나무를 제대로 지키기 위해 애쓰는 일은 그 나무의 이름을 아는 것만으로는 결코 할 수 없는 일이다. 지식보다는 카슨이 이 작은 책에서 그토록 강조했던 자연에 대한 경이로움의 감정을 마음 깊숙이 간직하는 것이

---

10 시인 안도현은 시 〈무식한 놈〉에서 숲길을 함께 걷던 벗이 구절초와 쑥부쟁이를 구별하지 못한다 해서 그와 절교한다고 했던 이야기를 떠올린 비유다. 안도현이 이 시에서 이야기한 의도는 우리 곁에 있는 흔하디 흔한 풀꽃들에 대한 관심을 가지지 않는 걸 탓한 것이지, 식물 동정에 대한 지식을 이야기하지 않은 것임은 여기에 덧붙인다. 시의 원문은 다음과 같다. [쑥부쟁이와 구절초를/구별하지 못하는 너하고/이 들길 여태 걸어왔다니//나여, 나는 지금부터 너하고 絕交다!-〈무식한 놈〉전문]

우리가 자연과 더불어 살아가는 출발점이다.

자. 이제 과감하게 식물도감, 곤충도감, 동물도감을 내려놓고, 자연 앞에 활짝 열어젖힌 맨가슴으로 자연에 다가설 일이다. 그러면 그동안 바라보지 못했던 자연의 신비가 눈에 들어올 것이고, 그 안에서 자연과 더불어 살아가야 할 우리의 길, 생명의 신비, 삶의 지혜가 텅 빈 마음 한가득 자리하게 될 것이다.

카슨이 책 후반부에서 풀어낸 자연의 치유력에 대한 이야기를 돌아보며, 나무를 만나고 나무로부터 삶의 치유를 얻는 놀라운 효과를 생각해 본다. "과학자이든 일반인이든 자연의 신비와 아름다움 속에서 살아가는 사람이라면, 삶의 고단함에 쉽게 지치지도, 사무치는 외로움에 쉽게 빠지지도 않는다. 물론 그런 사람들이라고 해서, 일상에서 분노하거나 걱정하지 않는 것은 아니다. 하지만 그런 사람들은 마음의 평안에 이르는 오솔길 하나를 간직하고 있다. 그 길을 걷다 보면, 분노와 걱정에서 벗어나 삶의 새로운 활력과 흥분을 되찾을 수 있다."(93쪽)

짧은 한 권의 작은 책이 수천 쪽짜리 식물도감이나 자연 교과서가 흉내 낼 수 없는 깊은 감동을 남기는 이유다.

나무를 하나의 생명체로 바라보고 그 생명의 생명다움을 인정하는 것은 곧 모든 생명체가 안정적으로 관계를 맺고 살아가는 공생 공동체에서 사람이 더 평안하게 살아가는 가장 큰 바탕이다.

나무 숭배

학교 뒷산 산책하다, 반성하는 자세로,
눈발 뒤집어쓴 소나무, 그 아래에서
오늘 나는 한 사람을 용서하고
내려왔다. 내가 내 품격을 위해서
너를 포기하는 것이 아닌,
너 있는 그대로 받아들이는 이것이
나를 이렇게 휘어지게 할지라도.
제 자세를 흐트리지 않고
이 地表 위에서 가장 기품 있는
建木 ; 소나무, 머리의 눈을 털며
잠시 진저리친다.

– 황지우, 〈소나무에 대한 예배〉 전문

앞에서 사람들은 나무를 실용적인 가치로만 재단해 왔다고
이야기했다. 물론 대부분 그러했지만, 꼭 그런 것만은 아니었다.
무엇보다 다른 생명체로는 범접하기 어려울 만큼 커다란 규모로
자라는 나무는 사람의 시간 관념으로 상상할 수 없는 긴 세월을
살아가는 생명체인 까닭에 신비의 대상으로 여기는 일도 분명히
있었다. 제7장의 글머리 부분에서 이야기했던 당산나무도 그 사

례 가운데 하나의 경우다.

당산나무라 해서 사람의 실용적 가치가 완전히 배제된 것은 아니다. 사람들은 잘 먹고 잘 살려는 실용적 목적으로 세상의 모든 기댈 수 있는 것에 기대어 빌고 또 빌었다. 그 가운데 가장 신통력이 있는 것으로 여기고 기댄 것이 당산나무였다. 당연히 실용적 가치가 내포된 건 하릴없다. 그러나 당산나무의 경우, 사람살이에서의 실용적 욕구를 더 효과적으로 이루기 위해서 나무를 대하는 사람들의 태도는 뚜렷이 달랐다. 사람들은 나무가 하나의 독립적인 생명체 혹은 신적인 존재로 역할을 할 수 있다고 믿었다. 이러한 태도는 현재의 실용적 가치로 나무를 재단하는 경우와 분명히 다르다. 이를테면 현대의 실용적 가치에 의해 심어 키운 나무들은 다른 실용적 가치에 의해 죽일 수도 있었지만, 농경문화 시절의 당산나무들은 사람의 실용적 목적이 담긴 소원과 달리 풍년이 들지 않고 흉년이 들었다 해도 베어 내지 않았다. 오히려 나무에게 더 정성을 들이는 쪽이었다. 그런 점에서 농경문화 시절 나무에 대한 숭배는 사람이 사람을 향한 공경과 다를 바 없었다.

나무껍질을 벗긴 범인의 배꼽을 나무에

나무에 신神적인 의미를 붙이고, 숭배하는 경향은 우리 민족에게만 있었던 일이 아니다. 종교인류학의 걸작 명저로 꼽히는 제임스 조지 프레이저(James George Frazer, 1854~1941) 경의 『황

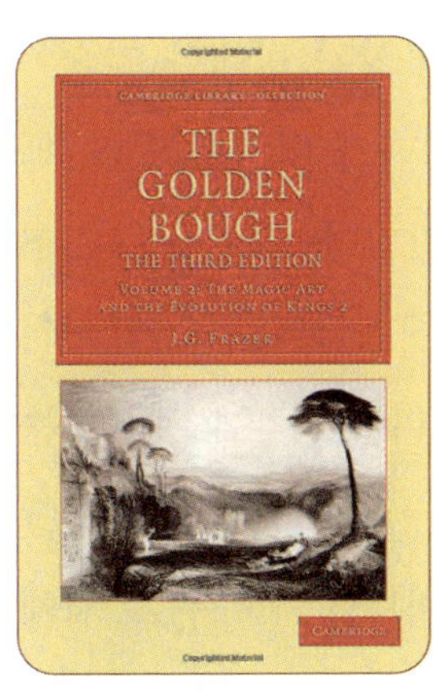

108 『황금가지』 표지.

금가지: 비교종교학 연구(The Golden Bough: A Study in Comparative Religion, 1936)』에는 고대로부터 이어온 '나무 숭배'의 흔적을 엿볼 수 있는 이야기들이 다양하게 들어 있다.

아예 '숲의 왕' 이야기로 시작하여 숲과 나무를 신처럼 모신 옛사람들의 이야기를 파헤치려 작정한 『황금가지』에는 갖가지 나무 숭배 행태가 등장한다. 주로 유럽과 남미 쪽의 나무 숭배 형태와 사례를 지루할 정도로 다양하게 소개한 이 책의 사례들을 살펴보면 우리 민족의 옛 문화와 풍습에서 볼 수 있는 형태와 비슷한 경우가 많아 흥미롭다. 프레이저는 굳이 그 의미를 추가적으로 해석하지 않았지만, 나무 숭배는 시대의 흐름에 따라 분명한 변화가 있음을 알 수 있다. 나무 숭배 형태의 변화는 앞에서 이야기한 것처럼 사람살이의 안녕을 위하는 데에서 비롯된 것이고 보니, 결국 인간 문화의 변화 과정에 따라 당연히 이어지는 현상이다.

제 12 장
나무 숭배

『황금가지』의 원본은 모두 13권으로 구성된 방대한 저술이고, 한글로는 맥밀런판과 옥스퍼드판 두 가지가 번역돼 있다. 맥밀런판은 두 권의 두툼한 책으로 구성돼 있지만, 그나마 옥스퍼드판은 한 권으로 축약돼 있다. 그런 까닭에 원본에서 프레이저 경이 나무 숭배의 형태 변화가 보여주는 의미를 어떻게 해석했는지를 정확히 알 수는 없다.

다양한 형태로 나타나는 나무 숭배의 바탕에는 나무 그 자체를 하나의 신, 혹은 하나의 생명으로 여겼다는 것을 살펴볼 수 있다. 그 사례로 제임스 조지 프레이저는 맨 먼저 괴이쩍은 사례를 보여준다. 고대 게르만족의 이야기다. 나무껍질을 벗긴 자에게 행하는 징벌인데, 이걸 아예 법으로 규정한 경우다. "범인의 배꼽을 도려내고는 그 배꼽 자리와 껍질이 벗겨진 나무 부위가 서로 맞닿도록 못질을" 하는 게 시작이다. 어미와의 연결 고리였던 탯줄의 흔적인 사람의 배꼽을 생명의 근원으로 여기던 고대인들이 나무껍질이 벗겨진 자리를 사람의 생명으로 보완한다는 상징이다. 사람과 나무의 생명을 동일시하던 당시로서는 그저 상징이 아니었다. 이 조치로 인해 나무가 다시 되살아날 것이라 예측했던 것이다. 또 나무줄기의 껍질을 벗겨 낸다는 것은 나무의 생명에 치명적인 영향을 미친다는 것을 당시 사람들은 경험적으로 잘 알았던 것이다. 아무리 형벌이라 하지만 사람의 배꼽을 도려낸다는 행위는 낯설기만 하다. 징계는 아직 끝나지 않았다. 사람의 배꼽을 나무에 못질한 뒤에 범인의 배에서 창자를 끄집어내는 것으로 이어진다. "범인의 창자가 모두 나무에 감겨질 때까지 나무 주위를 빙글빙글 돌리는 것"이다. 점잖은 자리에서라면 함부로 옮겨

109 총13권으로 출간한 『황금가지』 제4판.

담기에도 징그러운 처사다.

『황금가지』의 곳곳에서 보여주는 나무 숭배의 행태는 매우 다양하다. 게르만족뿐 아니다. 스웨덴의 종교적 수도인 웁살라의 신성한 숲에 있는 모든 나무를 스웨덴 민족들은 전부 신으로 간주했고, 14세기 말 기독교로 개종하기 전까지의 리투아니아인들은 거대한 떡갈나무 노거수를 신으로 여겨 숭배하면서 그에게 신탁神託을 청하기도 했다. 을유문화사판 『황금가지』에서는 원문의 oak-tree를 모두 '떡갈나무'로 번역했다. 이는 앞의 제11장에서 에리시크톤의 oak-tree를 이야기하면서 각주로 덧붙였던 것처럼 정확한 번역으로 볼 수 없다. 그러나 여기에서는 맥밀런판을 저본으로 한 을유문화사판 번역어인 '떡갈나무'를 그대로 옮긴다.

신성한 숲의 거룩한 존재인 떡갈나무에 대한 경외심은 그야말로 신화적이다. 나뭇가지 하나만 꺾어도 그 사회에서는 큰 죄가 된다고 믿었으며, 그 죄는 곧바로 나뭇가지를 꺾은 사람이 급살을 맞아 죽음에 들거나 나뭇가지를 꺾은 손이 부러지거나 상해를 입게 될 것이라고 생각했다고 한다. 크로아티아의 달마티아 지역에서도 비슷한 경우를 찾아볼 수 있는데, 정령이 깃든 거목

제 12 장
나무 숭배

을 베어 내면 곧바로 그 자리에서 즉사하거나 평생 병을 달고 살게 된다는 것이다. 흥미롭게도 정령이 깃든 나무인 줄 모르고 베어 낼 경우에 대한 대비책도 있었다. 달마티아 지역 사람들은 나무꾼이 우연히 정령이 깃든 나무를 베어 냈을 경우에는 베어 낸 나무 그루터기 위에서 그 나무를 베었던 도끼로 암탉의 모가지를 토막 내면 재난을 피할 수 있다고 믿었다.

　　나무를 그 자체로 신으로 여긴 사례는 『황금가지』의 제9장[11] '나무 숭배'로 이어진다. 사람의 마을 중심에 서 있는 큰 나무는 사람살이를 쥐락펴락하는 신으로 여기는 끝에 그 나무의 생로병사가 곧바로 사람살이로 이어진다는 생각이었다. 이를테면 로마인들의 번화한 생활 중심지였던 포럼에서는 제정시대에 이르기까지 로물루스 왕의 신성한 나무인 '무화과나무'가 신으로 숭배되었다. 그런데 이 무화과나무가 시들어 생육 상태가 약해지는 상황은 곧바로 마을 살림살이로 이어진다고 생각해 온 도시가 공포에 빠져들었다고 한다. 비슷한 경우는 다른 곳에서도 찾아볼 수 있다. 로마의 팔라틴 언덕 중턱에 한 그루의 코넬나무[12]가 서 있었다. 이 코넬나무를 마을 사람들은 로마에서 가장 신성한 존재로 여겼다고 한다. 그 결과 나무의 건강 상태가 곧 사람살이의 행복과 불행을 결정짓는 요소로 여겨졌다. 그래서 나무가 시

11　옥스퍼드판을 기초로 옮긴 한글 번역본에는 제6장으로 편성돼 있다.

12　을유문화사판에서 '꽃층층나무'라고 번역한 이 나무는 원문에 cornel-tree로 돼 있다. 이는 산딸나무속 나무를 뜻하는데, 이 종류의 나무는 크게 자라지 않는 낙엽성의 작은키나무다. 산딸나무 종류의 꽃이 아름답고 오래 피어 있다는 특별한 특징이 있기는 하지만, 신처럼 받들어 모시는 나무가 대개는 규모에서 압도적인 나무라는 점을 돌아보면 다소 의문스러운 기록이지 싶기는 하다. 정확히 알 수 없는 경우여서 원문의 발음 그대로 '코넬나무'라고 옮겼다.

들시들해 보인다면 나무를 보는 사람들은 모두가 함께 모여 소리를 지르며 울먹였고, 군중들이 손에 물동이를 들고 우르르 찾아와 물을 부었다고 한다. 이 현상을 놓고, 프레이저는 "온 우주를 그야말로 영혼을 지닌 살아 있는 세계"로 생각했다고 전제하고, "식물도 예외가 아니다"라고 덧붙였다.

나무에 정령이 들어 있다는 관념은 동부아프리카의 와니카 족에게서도 찾아볼 수 있다. 이들은 모든 나무에 정령이 깃들어 있다고 믿었는데, 특히 그 지역에서 잘 살아가며, 사람들에게 좋은 식량이 되기도 하는 코코넛나무에 대해서는 특별한 관념을 가졌다. 이들은 코코넛나무를 베는 것은 어머니를 죽이는 것과 다름없는 큰 죄라고 생각했다. 즉 어머니가 자식들을 키우기 위해 먹을 것을 내어주는 것과 마찬가지로 코코넛나무도 사람에게 먹을 것을 주는 어버이와 같은 생명이라고 생각한 것이다.

또 살아 있는 영혼을 가진 생명체라고 여겼던 나무는 스스로 자기의 삶을 이어간다고 믿었던 사례도 적지 않게 드러난다. 이를테면 나무도 고통이나 아픔을 느끼는 존재라고 여기면서, 베어진 나무가 쓰러질 때에는 그 나무의 정령이 슬픔에 젖어 신음하고 비명을 질러댄다고 믿었다. 프레이저는 이 책 『황금가지』에서 '어떤 이의 이야기'라고 전제하며 "떡갈나무가 벌채되어 쓰러질 때에는 마치 그 정령이 슬픔에 젖어 원망하듯 신음하고 비명을 질러대는데, 그 소리가 1.6킬로미터(1마일) 떨어진 멀리까지 들려왔다. 와일드 씨도 그런 소리를 여러 번 들었다고 한다"라는 이야기를 그대로 소개했다. "도끼 밑에서 나무가 흐느껴 우는 소리를 들은 적이 있다"라는 다른 사람의 이야기까지 기록한 프레이저는

제 12 장
나무 숭배

413

이어서 "잘리거나 불태워지면 비명을 지르고 성을 내기도 한다는 이야기"가 중국 고전에 종종 나오고, 심지어 '중국의 정사正史'에 도 기록돼 있다고 덧붙였다.

정령이 들어 있는 나무를 살아 있는 하나의 생명체로 여긴 사례는 오스트레일리아의 농부들에게로 이어진다. 이유 없이 나무에 생채기를 입혀서는 안 된다고 믿으며 살아가는 농부들이지만 불가피하게 나무를 잘라 내야 할 경우에는 나무에게 "몰래 용서를 구한다"라는 게 이들이 나무를 대하는 방식이다. 때로 나무꾼은 산에서 나무를 벨 때마다 "친구여, 널 베어 내라는 분부가 있어 자르고자 하니, 모쪼록 용서해 주게나"라고 말한다는데, 이는 나무가 앙심을 품고 나무를 벤 나무꾼이 중병이 걸리게 하는 식의 보복을 예방하기 위한 조처였다고 한다.

나무를 위대한 선조와 동일시한 경우

나무를 하나의 생명체, 그것도 생명을 가진 신적인 존재로 여긴 갖가지 사례들을 살펴보았지만, 여기에 등장하는 사례들과 크게 다르지 않은 경우를 우리는 충분히 우리 민족의 옛 행태에서 찾아볼 수 있다. 나무를 신적인 존재로 모시는 우리나라의 대표적인 사례로는 우선 '삽목揷木 설화'을 품은 나무를 이야기할 수 있다. 우리 곁의 큰 나무가 사실은 누가 일부러 심어 키운 것이 아니라 옛 큰 어른 가운데에서 누군가가 짚고 다니던 지팡이를 꽂아둔 게 자란 것이라는 이야기다. 이 사례는 하도 많아서 일일이 짚어보기 어려울 정도인데, 대개의 경우는 일반적으로 무척 존경하는 인물의 지팡이가 자라났다는 전설이다. 비슷한 이야기가 하도 많기에 아예 이를 '삽목 설화'라는 하나의 범주로 나누어 이야기한다.

알려지지 않은 경우도 많지만, 아마도 가장 많은 삽목 설화를 품고 서 있는 건 원효(元曉, 617~686)대사의 지팡이가 자라났다는 나무일 게다. 또 원효대사만큼 존경받는 큰 스님인 의상(義湘, 625~702)대사, 자장(慈藏, 590~658)율사의 지팡이도 그만큼 많다. 오래전부터 불교를 믿어온 우리 선조에게 가장 존경받는 인물은 당연히 불교계의 스님일 수밖에 없었던 탓이다. 하지만 불교계의 스님 외에도 큰 선비나 지식인의 지팡이가 자라난 경우도 흔하게 찾아볼 수 있다. 이를테면 신라의 대학자인 최치원(崔致遠, 857~?)의 지팡이가 자라났다는 설화를 가진 나무도 적지 않다. 또 고려시대의 명장 강감찬(姜邯贊, 948~1031) 장군의 지팡이가 자라났다는 나무도 있으며, 기묘사화의 피바람을 피해 도망하던 선비 전우치(田禹治, 생몰년 미상)도 고갯마루에서 다리쉼을 하면서 짚고 다니던 지팡이를 꽂아둔 게 자라났다는 나무도 여전히 우리 앞에 남아 있다. 그 밖에도 각 지역을 대표하는 선비들이나 권세가들이 짚고다니던 지팡이가 자라났다는 나무는 적지 않다. 모두 나무와 그 나무를 재료로 만든 지팡이를 짚고 다니던 사람을 동일시하는 경향이다. 나무를 하나의 생명체로 보는 시각이다.

삽목 설화를 품은 나무들은 뒤의 제24장 '나무 심기'에서 한데 모아 넉넉히 이야기하기로 한다.

나무가 잘 살아야 사람살이도 평안해진다

나무의 건강 상태를 사람살이와 연관 짓는 사례도 우리나라의 큰 나무에서 찾아볼 수 있다. 바로 앞에 이야기한 **논산 개척리 은행나무**의 경우, 선비 전우치가 이 나무를 심으면서 후손들에게 이르기를 "이 나무가 잘 살면 전씨 일가가 잘 살 것이고, 나무가 죽으면 전씨 일가는 패망할 수도 있다"라고 경고했다는 이야기가 전한다. 또 전남 해남에는 고산 윤선도 고택인 '녹우당'이 있는데 윤씨 가문의 선조가 이 자리에 보금자리를 일구고 녹우당 뒷산에 나무를 심으면서, 이 나무들이 울창하게 우거지면 마을 사람 모두가 잘 살 것이고, 나무가 죽어서 산의 허연 바위가 드러나면 마을은 망할 것이라고 했다는 이야기가 지금까지 전해온다. 지금 천연기념물로 지정해 보호하는 **해남 연동리 비자나무숲**이 그곳이다.

나무의 상태를 사람살이의 상황과 같은 맥락으로 관찰해 온 옛사람들은 나무의 건강이 악화하는 걸 매우 두려워했다. 곧바로 사람살이의 악화로 이어질 것이라는 믿음 때문이었다. 그런 까닭에 만들어진 믿음이 있었다. 신으로 여기는 나무를 베어 내는 것이다. 이전과는 전혀 다른 방식이다. 이른바 '나무 정령의 살해'다. 맥밀런판 『황금가지』 1권의 제28장에서 상세히 소개된 이야기다. 간단히 정리하자면 나무의 쇠퇴와 죽음이 곧 인간 사회의 쇠퇴와 멸망으로 이어질 것이라고 믿는 사람들이 나무의 건강이 쇠락하는 조짐을 관찰하게 되면, 더 이상 악화하여 죽음에 이르기 전에 미리 그 나무를 죽이거나 베어 내고 새로 큰 나무를 옮겨

110 강진 성동리 은행나무.

심어 새로운 신으로 모시는 방식이다.

『황금가지』에 등장하는 게르만족의 형벌만큼 괴이쩍은 사례를 우리 안에서 찾아보기는 쉽지 않지만, 나무를 베어 낸 사람은 급살을 맞아 즉사하거나 큰 병이 든다는 이야기 역시 우리의 큰 나무에 흔하게 전해오는 전설이다. 이런 이야기는 너무나도 흔해서 굳이 몇 가지 사례를 뽑아내기가 어려울 정도다. 이를테면 전라남도 강진의 고려청자 도요지 근처에 서 있는 매우 아름다운 나무인 **강진 사당리 푸조나무**에는 이 나무의 큰 가지를 잘라 낸 사람이 급살을 맞아 죽었다는 이야기가 전한다. 이는 앞의 로마인들의 경우와 크게 다르지 않다.

비슷한 이야기로, 같은 강진 지역에 서 있는 나무에는 더 흥미로운 이야기가 있다. 네덜란드의 여행가 하멜이 억류돼 있는 동안 자주 찾았다고 기록돼 있는 **강진 성동리 은행나무**는 마을의 중심에서 마을 살림살이를 지켜주는 큰 나무였는데, 이 지역에 온 신임 사또가 이 나무의 가지를 베어 내 목베개[13]를 만들었다. 그 뒤 신임 사또는 갑자기 알 수 없는 병에 걸려 시름시름 앓아누웠다. 이때 무당을 시켜 굿을 벌였더니, 무당이 이르기를 "나무를 베어 낸 탓에 얻은 병이므로, 목침을 다시 베어 낸 나뭇가지 자리에 붙여주고 굿을 해야 병이 나을 수 있다"라고 했다. 무당의 지시대로 나뭇가지에 목침을 원래대로 붙여주고 굿을 한 뒤에 겨우 병을 고칠 수 있었다고 한다. 베어 낸 나뭇가지를 다시 나무에 붙여준다는 게 가능하기나 한가 싶기는 하지만, 나무를 하나의 생명체처럼 여겼던 옛사람들은 훼손한 나무의 원형을 복원하면 되살아날 것으로 믿었던 것이다. 과학적으로는 터무니없는 이야기이지만, 마치 이 장의 앞에서 소개한 게르만족의 사례, 즉 나무를 훼손한 범인의 배꼽을 나무껍질이 벗겨진 자리에 붙이는 형벌을 내리는 경우와 맥락을 같이하는 사례이지 싶다. 나무를 베어 내고 혹은 나뭇가지를 무심코 잘라 내고 그 바람에 병에 걸렸거나 급사를 당한 경우는 매우 많은 이야기다. 같은 맥락의 다른 사례들은 『고규홍의 한국의 나무 특강』에서 더 소개한 바 있어서 여기에서는 대표적인 사례만 간략히 소개하는 것으로 줄인다.

13   지금의 목쿠션과는 다른 옛사람들이 나무로 만든 목침을 가리킴.

나무 그 자체를 하나의 신으로 여기는 경우와는 뉘앙스에서 약간의 차이가 있는 경우도 있다. 바로 나무를 신으로 여긴다기보다 하늘의 신과 사람을 이어주는 매개체, 영매로 여기는 경우도 『황금가지』에서 찾아볼 수 있다. 바로 비를 내려달라고 소원을 비는 대상으로 나무를 찾는 경우다. 이른바 나무를 '강우 주술降雨呪術'의 대상으로 여기는 경우다. 나무가 스스로 비를 내릴 만큼의 강력한 신적인 존재라고 여겨온 것이다.

『황금가지』에 드러나는 사례 가운데에 리투아니아의 이야기가 있다. 오래전에 선교사 한 사람이 리투아니아인에게 그들이 신성하게 여기는 숲을 개간하라고 권한 적이 있었다고 한다. 그러자 마을 여인들은 리투아니아 왕에게 몰려가서 "선교사가 비와 햇빛을 보내주는 신의 집과 숲을 파괴하려고 하니 그를 막아달라"라고 했다는 이야기다. 비슷하게 아삼의 문다리족 사람들 또한 숲이 망가지면 그 숲에 사는 신들이 분노하여 비를 내려주지 않을 것이라고 믿었다고 한다. 또 북부 미얀마의 한 마을 주민들은 마을에서 가장 큰 나무를 '나트의 집'이라고 이름 지었다. 여기의 나트는 '비를 관장하는 정령'의 이름이다. 마을 사람들은 나무에 빵과 코코넛, 바나나, 닭 등을 공물로 바치면서, "불쌍한 인간들을 긍휼히 여기시어 비를 내려주소서"라고 기도했다는 이야기다.

비를 내리게 해 달라는 것은 궁극적으로 농사를 잘 짓게 해 달라는 이야기다. 우리나라의 큰 나무들 가운데에서도 비가 오지

제 12 장
나무 숭배

않을 때에 비를 내리게 해 달라고 빌었던 나무는 숱하게 많다. 한 걸음 더 나아가면 비가 적당히 내리고, 햇살도 잘 내리쬐어 풍년이 들게 해 달라고 빌었던 나무는 그야말로 헤아릴 수 없을 만큼 많다.

앞에서 『황금가지』에 등장하는 사례 가운데에는 나무의 상태를 사람살이의 상태와 연관 짓는 경우도 있었다. 우리나라에도 그런 사례가 적지 않다. 이를테면 새봄에 나무에 꽃이 잘 피어나면 풍년이 들고, 꽃이 제대로 피어나지 않으면 흉년이 든다고 믿었던 사례들이 그렇다. 대표적인 경우로 하나만 꼽는다면 **순천 평중리 이팝나무**를 들 수 있다. 우리나라의 이팝나무 가운데에서는 가장 근사한 생김새를 이룬 나무다. 이 아름다운 이팝나무는 마을 앞 논 가장자리의 둔덕 위에 소박하게 마련한 정자 곁에 서 있는 정자나무로 농촌의 봄 풍광을 싱그럽게 하는 마을의 랜드마크다. 이 마을에서 농사를 지으며 살아가던 농부들은 이 이팝나무의 꽃이 활짝 피면 풍년이 들고, 반대로 꽃이 부실하면 흉년이 들어 보릿고개를 대비해야 한다고 믿었다. 오랜 경험에 따른 믿음이지만, 과학적 사실과도 어긋나지 않는다. 이팝나무의 꽃이 필 무렵이면 농부들은 모내기를 하게 되는데, 이때 비가 적당히 내려 습도가 유지되고 햇살이 따뜻해야 뿌리를 잘 내릴 수 있다. 곧 이팝나무 꽃이 풍성하게 필 조건과 정확히 닿은 상황이다. 결국 이팝나무 꽃이 잘 피어나면 벼가 튼실하게 자라서 풍성한 알곡을 맺는다는 이야기다.

천연기념물인 **삼척 궁촌리 음나무** 역시 풍년을 기원하는 나무다. 마을 안쪽의 논밭 한가운데 서 있는 이 음나무는 마을로 들

111 **삼척 궁촌리 음나무** 앞에서의 당산제 풍경.

어오는 나쁜 귀신을 막아주는 수호목으로서의 역할이 크긴 하지만, 그에 덧붙여 햇볕 잘 내리쬐고, 비 적당히 내리기를 기원하는 동제를 해마다 지내온 나무다. **삼척 궁촌리 음나무**처럼 마을의 논밭 가운데에 서 있는 큰 나무들은 대개 이처럼 농사의 풍흉을 관장하는 나무로 여겨졌고, 풍년을 기원하는 농부들이 정성 들여 당산제를 지내왔던 것으로 보인다.

나무를 그 자체로 신으로 여겼다기보다는 하늘에 있는 신과 땅의 사람을 이어주는 영매와 같은 존재로 여긴 경우다. 이 장의 맨 앞에서 보았던 나무들은 그 자체로 신적인 존재였다. 그러나 지금 소개한 **순천 평중리 이팝나무**나 **삼척 궁촌리 음나무**를 비롯해 『황금가지』에 나오는 강우 주술의 대상인 나무들은 나무 그 자체를 신으로 본 게 아니다. 이는 하늘 높은 곳에 신이 존재하고, 그

제 12 장
나무 숭배

신이 비도 내리고 햇살도 내려준다고 믿었던 사람들, 특히 농사를 짓고 살아간 농경문화 민족들에게서는 공통적으로 나타나는 현상이다.

아이를 낳게 해 달라는 소원도

고대인에게 비를 내리게 해 달라는 소원 외의 절박한 소원이 있다면 바로 아이를 낳는 것이었다. 마찬가지로 이때에도 사람들은 나무에게 기대었다. 강우 주술에 이은 출산 주술이다. 출산 주술의 사례도 갖가지 형태로 나타나는데, 우선 북인도 지방의 예를 볼 수 있다. 이 지역에서는 인도를 비롯한 동남아 지역이 원산지인 '암라Amla, *Phyllanthus emblica*'라고 부르는 여우주머니과 여우주머니속의 낙엽성 큰키나무가 있다. 아마륵阿摩勒, 아말라키 Amalaki라고도 부르는 나무인데, 북인도 사람들은 해마다 봄이 오기 전에 이 나무 아래에서 제사를 지낸다. 우리로 치면 당산제와 같은 형식이다. 사람들은 나무 둘레에 붉은 천과 노란 천을 감고 여자, 가축, 농작물의 다산과 풍요를 기원한다. 또 이 마을에서는 코코넛을 신성한 열매로 여기면서 풍요와 다산의 여신을 가리키는 '스리팔라' 혹은 '스리'라는 이름으로 부르기도 한다. 북인도의 사원에서 사제들은 아이를 낳고 싶어 하는 여인들에게 코코넛을 선물하여 아이를 낳을 수 있게 한다고 믿어왔다. 또 마오리족에 속한 투호족도 마을의 살림살이를 관장하는 특정한 나무가 여자들에게 아이를 낳게 해 주는 힘을 가지고 있다고 믿었다. 이 나무는 조상의 탯줄과 관계가 있다고 여겨, 최근까지도 갓난아이의 탯줄을 그 나무에 걸어놓는다고 한다. 그래서 아이를 낳고 싶은, 아직 아이가 없는 여인들은 이 나무를 끌어안음으로써 아이를 잉태할 수 있다고 한다. 이때 흥미로운 것은 나무를 안는 방향에 따라 아들과 딸을 조정할 수도 있다는 게 이 마을 사람들의 믿음이다. 남부 슬라보니아 지방에서도 아이를 낳고 싶은 여자는 성조지 축일 전야에 나무에 새 속치마를 걸어놓고 다음 날 아침에 속치마를 살펴보아서 그 안에 날짐승이 기어 들어간 흔적이 있다면 아이를 잉태한다고 믿었다고 전한다.

우리나라에도 아이를 낳게 해 달라는 소원을 빌었던 나무는 알려진 것만으로도 헤아릴 수 없이 많다. 그 가운데 하나는 충청남도 태안군의 오래된 절집 흥주사의 은행나무다. 900년 전인 고려시대 때부터 전해오는 이야기다. 부처의 뜻을 이 땅에 널리 전할 절집을 지으려 온 산하를 두루 돌아다니던 한 스님이 이곳 태화산 기슭을 지날 때였다. 스님은 풀밭에서 다리쉼을 하려 누웠다. 잠시 뒤, 어디에선가 흰옷을 입은 산신령이 나타나 "지금 네가 누워 있는 그곳이야말로 부처님이 머무르시기에 알맞은 곳이니, 잊지 말고 표시해 두거라"라고 했다. 스님은 깜짝 놀라 눈을 들어보니, 산신령은 간데없고, 주변에 밝은 빛이 돌며 상서로운 기운이 돌고 있었다. 꿈이었지만 무척 신비롭게 느낀 스님은 그동안 짚고 다니던 지팡이를 꿈에서 산신령이 가리킨 자리에 꽂아두고는 그 자리에서 몇 날 며칠 동안 기도를 올렸다.

얼마 뒤, 스님이 꽂아둔 지팡이에서는 놀랍게도 은행나무 잎이 나오기 시작했다. 스님은 더욱 기도에 정진하면서, 이곳에 절집을 짓기로 마음먹었다. 며칠 뒤, 스님이 기도를 올리고 있는 중에 다시 산신령이 나타나 "자식이 없는 아낙네가 이 나무에 기도를 올리면 자식을 얻게 될 것이고, 그 자식들은 부귀영화를 얻게 돼 부처님을 영화롭게 모실 것이다"라며 사라졌다. 스님은 그곳에 초막을 짓고, 산 아래 마을로 내려가 자손이 없는 집안을 찾아다니며 산신령의 뜻을 알렸고, 마을 아낙들이 하나둘 이 나무를 찾아와 기도를 올리고 자식을 얻게 됐다. 나무로부터 생명을 얻은 아이들은 산신령의 말대로 부귀영화를 얻게 됐고, 바로 이 은행나무 앞에 절집을 짓기 위해 재산을 내놓았다. 그렇게 태화산 흥주사는 은행나무가 아이를 낳게 해 준 신통한 공력功力으로 세워진 절집이다.

이 은행나무에서 독특한 생김새의 '나뭇가지'가 발견됐다고 여러 매체에서 소식을 전했다. 나무는 20미터쯤의 나무높이에 가슴높이줄기둘레도 8.5미터나 되는 큰 나무인데, 그 나무줄기의 4미터쯤 되는 높이에서 옆으로 가지 하나가 펴졌다. 바로 그 가지에서 어른 남자의 생식기를 꼭 빼닮은 가지가 나타났다고 여러 매체들이 전했다. 뉴스에서 독특한 생김새의 가지라고 한 것은 은행나무에서만 볼 수 있는 기근이다. 유주乳株라고 부르기도 하는 은행나무에서 볼 수 있는 특유의 현상이다. 은행나무의 기근에 대해서는 이 책의 제21장 '나무 지키기'에서 다양한 사례와 함께 좀 더 자세히 살펴볼 것이다. 기근은 나무의 줄기 부분에서 기형적으로 발달한 뿌리다. 공기 중에서 호흡하는 뿌리라 해서 기근氣根이라는 이름으로 부른다. 은행나무에 기근이 발생했다는 건 특별한 일도 호들갑 떨 일도 아니다. 남자의 성기 모습을 했다고 해서도 그리 특별하지 않다. 은행나무 기근은 대부분 그런 모습으로 발달한다. 그러나 이 나무에 맺힌 기근이 남자의 성기 모습을 했다는 데에는 그 유래에 맞춤한 전설이 전하고 있어서 흥미롭다. 앞에서 이야기한 것처럼 이 은행나무는 아이를 낳게 해 달라는 아낙네들의 소원을 오랫동안 들어준 신통한 나무다. 그렇다 보니, 사람들은 이 나무가 임신의 소원을 상징하는 특징을 생김새로도 보여주고 있다고 생각한 것이다. 기근의 생김새 때문에 '아이를 낳게 해 준다'는 전설이 만들어진 것인지, 실제로 아이를 낳게 해 주려다가 그런 모양의 기근이 만들어진 것인지를 여기서 짚어보는 건 큰 의미가 없으리라. 다만 우리 곁에는 『황금가지』에 나오는 사례처럼 아이를 낳게 해 달라는 소원을 비는 대상으로의 나무가 많이 있었고, 그에 맞춤한 전설까지 함께 전한다는 걸 짚어볼 뿐이다.

신이 머무르는 장소로 여겨진 큰 나무

세 번째 범주로 나눌 수 있는 나무 숭배의 형태가 있다. 앞에서 본 나무를 신으로 여긴다든가, 영매로 여기는 경우와는 사뭇 다른 경우다. 즉 나무를 신이나 영매처럼 신성한 존재로 보는 게 아니다. 신이 머무르는 장소로 보는 것이다. 모든 나무를 신성한 존재로 여기면서는 살 수가 없었다. 신성한 존재이기는 하지만, 그에 앞서 나무의 쓰임새가 사람들의 눈에 들어오기 시작한 때문이다. 크게 잘 자란 나무는 어떻게든 베어 내 쓸 때 더 많은 효용이 발생한다고 생각했던 결과다.

　　노예해안의 에웨족 사람들은 마을의 매우 크게 자란 케이폭 나무에 신이 깃들어 있다고 믿었고, 그 신을 훈틴이라고 불렀다. 훈틴 신이 깃든 나무는 야자수 잎으로 띠를 감아놓아 표시했다. 이는 마치 우리나라의 당산나무에 금줄을 쳐서 표시하는 것과 크게 다르지 않아 보인다. 사람들은 이 나무를 매우 신성하게 여겼는데, 이때의 케이폭나무는 신 그 자체가 아니었다. 분명 신이 머무르는 신성한 장소라는 의미가 더 강하다. 중국의 남부와 서부의 소수민족인 묘족 사람들은 마을의 신성한 나무 안에 조상의 영혼이 깃들어 살면서 마을 살림살이를 돌봐준다고 믿었다. 또 이 마을 근처에는 신이 사는 숲이 있는데, 이 숲의 나무들이 쓰러지거나 굵은 가지가 부러지면 청소를 한다. 이때 사람들은 나무를 치우기 전에 먼저 나무의 신에게 나무에서 빠져나올 것을 청한다. 그래야 안전하게 나무를 치울 수 있다는 것이다. 인도 동부의 니아스섬 원주민들은 큰 나무가 죽으면 그 안에 살던 정령이 나무에서 빠져나와 귀신이 되어 마을을 떠돌아 다니면서 다른 나무를 죽이기도 하고, 혹은 집 기둥에 달라붙어 그 집의 어린아이를 죽이는 등 온갖 재난을 불러온다고까지 생각하며 나무를 두려워했다. 당연히 나무가 죽을 수 있는 위험한 행동은 최고의 금기였다. 팔라우제도의 원주민들은 필요에 의해 나무를 잘라 내야 할 때에 그 안의 정령에게 나무에서 나와 다른 나무로 이사해 달라고 간청부터 하는 게 순서였다. 또 셀레베스의 토모리족은 거목을 베어 낼 때에 나무줄기에 작은 사다리를 세워놓는데, 이는 나무 안에서 살던 정령이 사다리를 타고 안전하게 내려오라는 신호였다.

　형태는 조금씩 다르지만 모두 나무를 베어 내기 전에 나무 안에 살고 있는 신이 다른 곳으로 옮겨 갈 수 있도록 배려한 뒤에 나무를 베어 내는 것이다. 결국 이들은 정령이 큰 나무에 거처하는 것으로 믿었다는 증거다. 나무는 정령의 몸 그 자체가 아니라 그 집에 불과하며 정령은 상황에 따라 그 안에 계속 살 수도 있고 떠날 수도 있으며 다시 돌아올 수도 있는 존재로 인식된 것이다. 여기에는 아무래도 나무를 베어 내 써야 한다는 사람들의 실용적 가치를 합리화하려는 생각이 밑바탕에 있었던 것이 아닌가 생각할 수 있다. 그러니까 일정하게 자라난 나무를 베어 내 쓰기는 해야 하겠지만, 그 나무를 신 그 자체로 여긴다면 도저히 베어 낼 수 없었다. 그러자 사람들은 나무는 신의 몸 그 자체가 아니라 신이 거처하는 장소라고 한발 물러서며 실용적 쓰임새의 목적을 이룬 것이 아닐까 싶다.

　뉘앙스의 차이는 있지만 나무를 신의 거처로 여긴 경우는 우리나라에서도 찾아볼 수 있다. **제주 산천단 곰솔군**이 그렇다. 우리의 제주 중산간 지역인 산천단에 있는 곰솔 여덟 그루를 한꺼번에 가리키기 위해 나무 이름 뒤에는 '무리'를 뜻하는 '군群'을 붙여 부르는 천연기념물이다. 이 나무 무리가 바로 하늘에서 내려온 한라산신漢拏山神이 머무르는 곳이다. 제주민들이 사람살이의 안녕과 평화를 기원하기 위해 한라산신께 제를 올리던 오래전 겨울의 일이다. 예로부터 제주의 살림살이를 주관하는 한라산신께 정성을 다하는 건 제주 사람들의 살림살이에서 기본이었다. 사람들은 정성껏 마련한 제수용품을 이고 진 채 산신제를 올리기 위

제 12 장
나무 숭배

112 제주 산천단 곰솔군.

해 한라산 백록담을 향했다. 그게 음력 정월이었다. 제주도는 유난히 바람이 많아서, 기온이 그리 낮지 않아도 체감하는 추위만큼은 한반도의 여느 지역에 못지않게 사나운 섬이다. 한라산 백록담 오르는 길은 더 그렇다. 등산로가 잘 정비된 요즘도 바람이 심하게 불어오거나, 눈보라 몰아치는 때에는 일쑤 등반이 금지되곤 하는 험한 길이다. 사람을 위한 길이 제대로 나 있을 리 없던 옛날에 백록담 오르는 길은 그야말로 고역이었을 게다. 한라산 꼭대기 백록담에서 한라산신제를 지내는 일은 그래서 언제나 힘든 일이었다.

그런 와중에 제주목사로 노촌老村 이약동(李約東, 1416~1493)이라는 자애로운 선비가 부임했다. 조선 성종 원년의 일이다. 당시 한라산신제는 제주목사가 주관해야 하는 소임이었다. 신임 제주목사 이약동 역시 당연히 치러야 할 일이었다. 그러나 바람 센 한

겨울의 한라산 등반이 얼마나 위험한 일인지 그는 알았다. 사나운 날씨를 무릅쓰고 예정된 날짜에 맞추어 백록담에 오르려면 지쳐 쓰러지는 사람은 물론이고, 때로는 몰아치는 한파로 목숨을 잃는 사람도 많았다. 살림살이를 평안하게 하기 위한 산신제가 오히려 백성들의 생명을 앗아 가는 결과가 되는 모순을 이약동 제주목사는 그냥 넘어갈 수 없었다. 그는 진정으로 더 평안한 살림살이를 위한 다른 방법을 궁리했다. 그때 그의 귀에 들어오는 이야기가 있었다. 평소에 하늘 혹은 산 깊은 곳에 머무르는 산신山神이 하늘에서 내려와 잠시 머무르는 곳이 있다는 이야기였다. 한라산신은 아무도 모르게 신령스럽고 맑은 나무를 찾아 그 가지 꼭대기에 머물다 돌아간다는 제주 사람들 사이에 오가는 이야기였다. 이약동 목사는 그게 당연한 일이라고 생각했다. 사람살이를 주재하는 산신이 어찌 사람이 다가서기조차 어려운 산꼭대기에만 머무르겠는가. 산신은 필경 수시로 사람의 마을 한가운데에 내려와 사람살이의 사정을 살필 것이라고 생각했다. 이약동은 한라산신이 사람의 마을에 내려와 머무르던 곳, 즉 신령스럽고 맑은 나무를 찾아 나섰다.

그가 찾은 나무가 지금의 산천단 곰솔들이었다. 높지거니 솟은 곰솔 여러 그루가 무리 지어 서 있는 이 숲이야말로, 한라산신이 머무르기에 알맞은 신성한 숲이었다. 숲 안에 줄지어 서 있는 몇 그루의 커다란 곰솔들은 산신이 머무르기에 모자람이 없는 훌륭한 나무로 보였다. 이약동 목사는 머뭇거리지 않고, 이곳에서 산신제를 올리기로 하고, 곰솔숲 한가운데에 제단을 세웠다. 이약동이 제주목사로 부임한 첫해, 조선 성종 원년인 1470년의 일이

제 12 장
나무 숭배

다. 산천단의 시작이다.

산천단은 융융한 여러 그루의 곰솔을 중심으로 한 아름다운 숲이다. 이약동 목사가 산천단을 짓기로 했던 500여 년 전에도 이곳은 아름다운 숲이었다고 한다. 지금은 흔적을 찾기 어렵지만, 당시 이곳에는 맑은 물이 솟아 나오는 소림천小林泉이 있었고, 인근에 소림사小林寺라는 절도 있었다고 한다. 절집이나 샘의 흔적은 가뭇없이 사라졌지만, 당시 한라산신이 머무르던 곰솔은 더 높이 하늘을 찌를 듯 솟아올랐다. 언제라도 산신이 내려온다면 머무르기에는 더없이 알맞은 숲이다.

사람들은 이제 목숨을 걸고 백록담까지 오르는 무모한 산행을 하지 않아도 됐다. 결국 산천단은 이약동 목사가 제주 백성을 위해 베푼 여러 선정善政 가운데 첫손에 꼽히는 상징이 됐다. **제주 산천단 곰솔군**은 여덟 그루의 곰솔 외에 주변 풍광을 아름답게 하는 여러 그루의 팽나무와 멀구슬나무 등이 어우러졌다. 깊은 숲은 아니지만, 높지거니 솟은 곰솔이 중심을 이룬 이 숲의 정경은 싱그럽다. 곰솔은 서로 일정한 거리를 두고 떨어져 있고, 그 가운데에는 널찍한 공간이 있다. 마치 옛사람들이 제를 올리기 위해 마련한 공간으로 짐작할 수 있는 곳이다. 울타리 안쪽 깊은 곳에는 산신제를 올리던 돌 제단이 세월의 풍상 따라 푸른 이끼를 얹은 채 가만히 누워 있다.

'오래된 나무'를 이야기한 제7장에서는 일본 사람들이 7,200년 된 나무라고 강조하는 조몬삼나무를 소개했다. 이 나무를 찾아본 일본의 작가 고다 아야(幸田 文, 1904~1990)가 쓴 글이 떠오른다. 일본의 근대 소설가인 고다 로한(幸田 露伴, 1867~1947)의 딸이며, 일본예술원상 수상작가인 그는 산문집 『나무(木, 1992)』에서 **조몬삼나무**에 대한 인상을 "침착한 분위기가 감돌고, 굵기에 비해 키가 작은 이유는 늘 우듬지에 거친 바람이 불어닥치기 때문인데, 땅딸막한 모습은 말하자면 인내의 모습이라 하겠다. 단정하지는 않지만 강건하다. 추악하고 괴이해 보였던 줄기의 혹들도 땅 위로 솟아 나온 뿌리도 힘이며 강력함이고, 가냘픈 아름다움은 없는 대신 실력이 주는 믿음직함"[14]이 있다고 썼다. 이어서 그는 **조몬삼나무**가 서 있는 곳을 "신은 높은 나무 꼭대기로 강림한다고 하는데, 그 말이 이해가 되는 장소"라고 썼다. 이는 마치 제주도의 이약동 목사가 높지거니 솟아오른 곰솔을 한라산신이 머무를 만한 장소라고 생각한 것과 똑같은 이야기다.

대구시의 특별한 나무보호법

여기에서 특별한 이야기를 덧붙인다. 이 이야기는 2007년에 펴낸 나의 다른 책 『주말이 기다려지는 행복한 나무여행』에서 아주 짧게 소개한 적이 있지만, 이 책은 지금 절판한 상태여서 그 내용을 다시 찾아보기 어렵다. 지금의 우리나라, 대구의 나무에 얽힌 이 이야기를 여기에 적는다.

대구는 나무를 지키는 특별한 보호법을 실천하고 있다. 대구에서는 의미 있는 나무들에 사람의 이름을 붙였다. 대구의 동화사

14   『나무』2017, 달팽이 펴냄, 85쪽.

113 김굉필의 이름이 붙은 **대구 도동서원 은행나무**.

桐華寺에서는 이 절 안의 제일 큰 오동나무에 절의 창건주인 심지 (心地, 생몰년 미상)대사의 이름을 붙여 '심지대사 나무'라 이름했다. 또 고려 태조 왕건(王建, 877~943)이 죽음의 고비를 넘긴 곳인 신숭 겸(申崇謙, ?~927) 장군 유적지에 서 있는 팽나무에는 '태조왕건 나무', 조선 영조(英祖, 1694~1776) 임금의 탄생 설화가 간직된 파계사 把溪寺의 느티나무에는 '영조임금 나무', 동학의 시조 수운 최제우 (崔濟愚, 1824~1864)가 관군에 체포되어 감금되었던 옛 경상감영 자 리에 서 있는 회화나무에는 '최제우 나무'라는 이름을 붙였다. 일 제강점기의 화가 이인성(李仁星, 1912~1950)이 그림으로 표현했던 계산성당의 감나무에도 '이인성 나무'라는 이름을 붙였다. 치밀 한 고증을 거치고 그 후손의 허가까지 받은 뒤에 이름을 붙인 대 구시의 나무는 모두 24그루다. 이어 시청에서는 이 특별한 나무들을 더 많이 알리고 지키기 위해 사연을 알기 쉽게 새긴 안내판을 세워 알리고 있다. 이 같은 명명命名 방식은 나무에 특별한 관심이 없는 일반인들에게도 나무가 사람살이와 얼마나 밀접한 연관을 맺고 살아가는 생명체인지를 알리는 효과적인 수단일 뿐 아니라, 나무를 옛사람의 상징으로 여기게 하는 아주 좋은 방식이라 할 수 있다. 한 그루의 큰 나무를 단순히 생물학적으로만 큰 나무가 아니라 우리 조상의 큰 뜻을 담고 서 있는 사람살이의 상징이라고 생각할 때에 나무를 바라보는 방식, 혹은 보호에 대한 생각은 필경 달라질 것이라는 점에서 고무적이다.

앞에서 우리는 종교인류학의 고전인 『황금가지』의 사례와 우리나라에서 볼 수 있는 많은 사례를 비교해 살펴보았다. 모두가 나무를 신적인 존재, 혹은 신이 머무르는 장소로 여겨온 경우로, 뭉뚱그려 '나무 숭배'의 사례라고 할 수 있다. 바로 여기에 소개한 대구시의 경우는 현대에 나무를 숭배하는 방식이다. 앞에서 이야기했듯이 나무 숭배는 결국 한 시대, 한 민족의 문화를 그대로 보여준다. 과거로부터 현재에 이르기까지 사람들은 나무라는 거대한 생명체를 경외해 왔다. 심지어 그를 신 그 자체로 여기기까지 했고, 사람으로서는 지어 내기 어려울 만큼 아름답고 훌륭한 나무의 형체를 신과 같은 신성한 존재가 머무르는 장소로 여겼다. 그리고 이제 현대의 우리는 나무를 조상의 얼이 담긴 귀한 존재로 숭배하고자 하는 사례로 이어가고 있다.

제 12 장
나무 숭배

나무의 생명력

살아 있는 세포는
온갖 흥미진진한 요소를 가득 담은 연속 드라마와도 같다.
분자들은 반응하고 변화한다.
하나의 변화가 다른 변화의 방아쇠를 당기고,
이것은 끝없이 계속된다.
분자 반응의 복잡한 사슬은 반복해서 일어난다.

- 데니스 노블*Denis Noble*,
『생명의 음악*The Music of Life: Biology Beyond Genes*』에서

사람들은 세상의 모든 사정을 사람을 기준으로 재단하고 평가하는 데에 익숙하다. 나무를 바라볼 때에도 마찬가지다. 사람을 기준으로 얼마나 오래 사는지, 혹은 얼마나 지혜롭게 살아가는지가 판단의 유일한 근거다. 나무에 시각·촉각·청각·후각·미각이라는 사람의 다섯 가지 감각이 존재하느냐 아니냐를 놓고 갑론을박을 벌이는 것 역시 철저하게 사람의 기준을 나무의 생명에 적용하는 일이다. 사람으로서는 도저히 감각하기 어려운 오래전에 이 땅에 태어나 사람과 전혀 다른 방식으로 긴 세월을 살아오면서, 사람이 살아갈 수 있는 환경을 이루어 낸 나무가 고작 사람의

감각 기관만으로 재단된다는 것 자체가 불합리한 생각이다. 필경 세상의 모든 나무는 시각·촉각·청각·후각·미각과는 다른 자신만의 방식으로 생명을 이어가는, 사람보다 그 깊이가 훨씬 심오한 생명체다. 나무가 사람과 같은 방식의 시각을 활용하여 나무 앞의 무엇인가를 볼 능력을 가졌다고 해서 나무에게 달라질 것은 아무것도 없다. 나무가 곁으로 스미는 향기에 자극받아 덜 익은 열매를 익혀간다고 해서, 또는 나무가 주변에서 쏟아지는 음악을 구별해 들을 줄 모른다고 해서 나무의 신비로운 생명력이 반감되는 것도 아니다. 사람의 감각에 불과한 시각·촉각·청각·후각·미각 등의 오감은 고작해야 25만 년 전의 호모 사피엔스에게서, 혹은 300만 년 전에 처음 모습을 드러낸 호미닌 종에게서 두드러지게 나타나는 감각 특징일 뿐이다. 4억 년 전에 이 땅에 자리 잡은 나무는 그깟 오감이 아니더라도 충분히 감각하고 느끼면서 긴 세월을 너끈히 살아왔다. 4억 년의 1,600분의 1밖에 안 되는 25만 년짜리 생명체의 감각 기관을 기준으로 나무라는 생명체의 신비로움을 재단하는 데에는 결코 동의할 수 없다.

사람의 잣대와 무관하게 나무는 경이로운 생명이다. 경이롭다는 것은 결국 사람의 잣대만으로 평가하거나 재단하기 어려운 놀라움이 깃들어 있다는 사실에 대한 다른 표현이다. 나무를 포함해 4억 년 전에 물에서 뭍으로 올라온 생명체는 곁의 상황을 살필 줄 알았고, 그를 바탕으로 살아남는 방법을 터득해 지금에 이르렀다. 강인한 생명력이다.

이른 봄 언 땅을 뚫고 솟아오르는 작은 싹에도 생명의 경이로움은 담겨 있다. 미국의 생물학자로, 존 버로스 메달을 수상한

114　데이비드 조지 해스컬.

바 있는 데이비드 조지 해스컬David George Haskell은 『숲에서 우주를 보다(The Forest Unseen, 2012)』에서 새봄에 돋아나는 새싹의 경이로움을 시적으로 표현했다. 해스컬은 오래된 숲의 지름 1미터 정도의 원으로 구획한 작은 공간을 '만다라'라고 이름 지은 뒤, 이곳에서 발견할 수 있는 사계절의 변화를 세심하게 관찰했다. '과학자의 눈으로 관찰하고 시적으로 풀어 쓴' 관찰일기라 할 만한 이 책에서 해스컬은 만다라 공간의 봄에 나타나는 '노루귀'의 개화를 관찰하며 기록했다. 여기에서 해스컬은 인류는 "식물의 이름을 쓰임새에 따라 짓는 경향"[15]이 있다고 전제하고, 실용적으로 지어진 이름은 "자연을 온전히 체험하는 데 방해" 요소라고 강조했다. 해스컬의 전제는 식물 관찰에서 중요한 화두 가운데 하나가 될 텐데, 이는 뒤에 '식물 분류'를 주제로 이야기하는 '보태어 채움: 식물 분류'에서 더 자세히 이야기할 것이다. 낮은 땅바닥에서 하얗게 피어나는 노루귀는 인간의 생각과 무관하게 존재한다는 게 해스컬의 이야기다. 이어 서정시 못지않게 아름답

15　데이비드 조지 해스컬, 노승영 옮김, 『숲에서 우주를 보다』 에이도스(2014) 81쪽.

게 묘사한 노루귀 꽃 지고 난 뒤 맺은 열매의 **방랑기**[16]에서는 열매
와 개미의 상호작용을 상세히 보여준다. 열매 끝에 달린 엘라이
오솜elaiosome은 노루귀가 개미를 유인하기 위해 특별히 준비한
별미의 먹이로 전제하고, 개미가 엘라이오솜이 붙은 열매를 자기
의 보금자리로 가져가 껍질을 뜯어내고 알맹이를 애벌레에게 먹
이는 과정을 보여준다. 그 결과 노루귀는 씨앗을 멀리 전파하게
되고, 개미는 새끼를 키운다. 자디잔 두 생명체의 상호작용을 설
명하는 데에는 시각도 청각도 촉각도 후각도 미각도 중요하지 않
다. 오직 사람의 감각 기관만으로는 해석하기 어려운 특별한 곤
충의 감각, 식물의 감각으로 교감하고 약속하고 교유하는 것이다.
작은 풀꽃 노루귀와 개미가 이뤄가는 미세한 상호작용이 곧 우리
의 생명 세계, 우리의 우주를 이루는 기본 바탕이라는 게 해스컬
의 생각이다.

　　나무를 포함한 우리 안의 모든 생명체들은 자기만의 생존 방
식으로 살아왔다. 긴 세월에 걸쳐 그들은 자기만의 다양한 형태
로 변화했다. 새로운 형태의 생명이 태어나는가 하면 활발하게
활동하던 어떤 생명은 가뭇없이 스러지기도 했다. 이 모든 생명
의 변화와 다양화의 과정을 우리는 '진화'라고 이야기한다. 진화
생물학에서 이야기하는 생명의 진화 과정을 지배하는 원리는 여
러 가지로 나누어 이야기할 수 있다. 진화의 다양한 원리를 거칠
게 몇 가지 짚어보면 집단의 변이를 비롯해 지속성, 강화, 경쟁,
협동, 반복, 조합적 풍부 등을 이야기할 수 있다. 다양한 원리들이

16　같은 책, 132쪽.

얽히고설키며 긴 세월에 걸쳐 진화하며 생명의 다양한 세계를 일군다.

자연의 생태를 신비롭게 풀어간 해스컬과는 다른 측면에서 식물의 신비를 이야기한 과학자로 식물의 생리작용에 대한 경이로운 실험을 이어가는 이탈리아의 식물생리학자 스테파노 만쿠소(Stefano Mancuso, 1965~)를 떠올릴 수 있다. 늘 유쾌한 실험을 통해 얻어낸 신비로운 결과를 발표하는 만쿠소 교수의 흥미로운 실험이 있다. 외부 자극을 받으면 곧바로 잎을 움츠리는 미모사 *Mimosa pudica* L. 실험 이야기다. 미모사에게 가짜 외부 자극을 흉내 낸 자극을 여러 차례 되풀이해 가하는 실험이었다. 기둥에 매단 미모사 화분을 급격하게 떨어뜨리면 외부 자극과 같은 충격이 미모사에게 전달되고, 미모사는 이 충격을 손으로 잎을 만지는 것과 같은 외부 자극으로 여기게 되어 잎을 순식간에 움츠렸다. 몇 차례 되풀이해도 미모사는 어김없이 만쿠소 교수의 가짜 자극을 진짜 외부의 공격으로 착각하고 잎을 오므렸다. 그러나 이를 여러 차례 되풀이하자 미모사는 더 이상 잎을 움츠리지 않았다. 실제적인 외부 자극이 아니라 가짜 외부 자극이라는 만쿠소 교수의 속임수를 작은 식물이 알아챈 것이다. 호모 사피엔스 기준으로 하면 의식을 좌우하는 뇌가 존재하지 않음에도 식물 미모사는 호모 사피엔스가 의식을 가지고 행하는 행위 못지않은 지능적 행동을 한 것이다.

만쿠소 교수의 실험과 관찰 가운데에는 유난히 식물의 지능적 활동을 풀어낸 이야기들이 많다. 그 가운데 식충식물의 기억 능력에 대한 실험도 있다. 그가 기억력에 의존해 활동하는 사

례로 든 식물은 끈끈이귀개과의 여러해살이풀 파리지옥*Dionaea muscipula* J.Ellis이었다. 파리지옥은 가시를 뻗친 잎을 벌리고 날짐승이 다가오기를 기다린다. 이 이파리에 자극이 가해지면 잎을 오므리면서 파리와 같은 날짐승들을 가두어 영양으로 소화시켜 낸다. 그런데 이 파리지옥이 어떻게 파리가 날아왔다는 사실을 알아채느냐에 만쿠소 교수는 초점을 맞췄다. 단순한 자극만으로 파리지옥은 잎을 오므리지 않는다. 그러니까 바람이나 먼지와 같은 곤충이 아닌 다른 자극에는 꿈쩍도 하지 않는다. 파리가 날아와 사뿐히 잎 위에 내려앉았다 해도 처음에는 전혀 반응을 보이지 않는다. 살아 있는 파리라면 아주 당연하게 잎 위에 올려놓은 자신의 첫발을 반드시 옮겨 딛게 된다. 아주 짧은 시차를 두고 파리의 발은 반드시 움직이게 돼 있다. 이 움직임을 파리지옥은 살아 있는 곤충, 즉 자신이 노리고 있던 곤충의 자극으로 알아채는 것이다. 그건 매우 짧은 시간의 변화다. 만쿠소 교수는 이 시간의 간격을 2초라고 이야기한다. 2초를 간격으로 움직임이 있을 경우에 그걸 파리지옥은 곤충의 움직임으로 인지하고 잎을 오므려 날카로운 가시가 둘러싸인 잎 안쪽에 곤충을 가두어 잡아먹는 것이다. 파리지옥이 모자란 단백질을 보충하기 위해 자신이 유인한 파리를 잡아채려면, 짧은 순간이지만 방금 전에 있었던 자극의 유형과 크기를 반드시 기억해야 한다는 게 만쿠소 교수의 결론이다. 처음 자극과 다음 자극을 비교해 곤충의 움직임을 파악한다는 것이다. 이 실험을 통해 식물에게 분명히 기억력이 존재한다고 그는 강조한다.

만쿠소 교수는 식물이 생태계에서 살아남기 위해서 치밀한 기억력과 판단력이 필요하다고 결론 맺는다. 그것이 바로 우리 생태계가 이토록 찬란하게 발달해 온 바탕인 진화의 원리라는 이야기다.

경쟁에서 협동으로

여러 다양한 진화의 원리 가운데에 각박한 사람살이에서 두드러지게 드러나는 원리는 무엇보다 '경쟁'의 원리다. 우리의 살림살이가 그렇고, 사람의 눈으로 바라보는 나무 역시 주변의 다른 생명체들과의 혹심한 경쟁을 통해 살아가는 것으로만 보인다. 생명체들이 제가끔 '이기주의적'으로 여겨지는 건 바로 '경쟁'의 원리 속에서 살아남으려 애쓰는 때문이다. 그러나 경쟁 못지않게 중요한 진화의 원리가 있다. 어쩌면 '경쟁'의 대척점에 놓일지도 모를 원리인 '협동'이 그것이다. 자연은 협동하는 생명체에게 반드시 보상을 준다. 나무는 스스로의 삶이 위태로워질 만큼의 극심한 경쟁을 치러야 할 사정에 부닥치면 경쟁 체제를 버리고 협동 체제로 전환해 놀라운 보상을 얻어내는 지혜로운 생명체다. 일정한 거리가 필요한 나무의 살림살이를 잘 살펴보면 치밀할 정도로 지능적인 나무의 생존 전략이 드러난다.

일반적인 상황에서라면 나무와 나무 사이에는 일정한 거리가 필요하다. 나무뿐 아니라 모든 생명체에게는 자신에게 맞춤한 공간이 필요하다. 일상에서 상실한 '거리두기'가 얼마나 혹독한 결과를 불러오는지 우리는 팬데믹 사태를 지나오면서 절감했다. 하지만 사람의 세계에서 당장의 거리두기가 다른 요소보다 절박한 것은 아니라고 믿는 게 우리의 현재 모습이다. 그러나 그건 2미터도 채 안 되는 크기로, 고작해야 100년도 못 사는 사람에게만 가능한 이야기다. 코로나 팬데믹 사태는 그조차 제대로 지키지 못해 겪은 결과였음을 충분히 알 수 있다.

사람과 달리 조건이 맞으면 사람의 15배를 넘는 30미터 이상까지 훌쩍 자라고, 1,000년에 걸쳐 살아야 하는 나무에게라면 사정이 달라진다. 나무에게는 나뭇가지를 펼칠 공간이 필요하고, 또 햇살을 방해하지 않을 만큼의 열린 공간도 필요하다. 나무 사이의 거리는 동물의 거리두기와는 비교할 수 없을 만큼 절박한 조건이다. 스스로 자리를 옮겨 가며 제 살 공간을 마련할 수 없는 까닭이다. 일정한 거리를 확보하지 못한 나무들은 최소한의 생명조차 제대로 누리지 못하고 스러지게 마련이다. 이를테면 너른 들판에 홀로 우뚝 선 은행나무나 느티나무가 1,000년 넘게 장수하는 것과 달리 숲에 빽빽이 모여 자라는 나무들의 수명이 대략 200년에서 300년 정도에 불과한 것도 그런 이유에서다.

스스로 살 자리를 정하지 못하는 나무는 어쩌는 수 없이 하늘이 점지한 자리에 붙박여 평생을 보내야 한다. 그 와중에 처음에 생각지 못한 경쟁자를 맞이하는 경우가 생기기도 한다. 어린 시절에는 곁에서 자라는 나무가 서로의 생존을 훼방하지 않았으나 세월이 흐르면서 차츰 곁의 나무는 나뭇가지를 펼칠 자리를 막는 훼방자가 되고, 나뭇잎 위로 그늘을 드리워 광합성조차 막는다. 어떤 방식으로든 곁의 나무와 조화를 이루지 않으면 필연적으로 재앙을 만나게 된다. 끝까지 이기주의적 경쟁만 벌인다면, 생존 자체를 위협받을 수 있다. 나무는 경쟁 관계를 이루었던 곁의 나무와 함께 살 방법을 도모한다. 경쟁 체제에서 협동 체제로 옮겨 가면서 보상을 얻고자 하는 생존 전략이다.

나무가 협동을 이루는 매우 특별한 방식이 있다. 연리連理다. 연리란 곁에 있는 나무와 한 몸을 이루는 매우 독특한 협동 방식이다. 흔한 현상은 아니지만, 그렇다고 아주 희귀한 현상도 아니다. 연리는 모두 나무가 가까이에 붙어서 자라면서 하나로 붙어 한 몸을 이루며 협동을 실현하는 특별한 방식인데, 둘이 만나 하나로 붙은 부위에 따라 크게 세 가지로 나눠 이야기한다. 연리지, 연리목, 연리근이다. 연리근은 뿌리가, 연리목은 뿌리에서 땅으로 올라온 줄기가, 연리지는 줄기에서 뻗어 나온 나뭇가지가 하나로 붙은 경우다.

연리목은 두 그루의 다른 나무가 바짝 붙어서 자라다가 아예 줄기가 하나로 붙어서 자라는 경우를 말하는데, 뿌리에서 올라온 줄기 아랫부분부터 완벽하게 하나로 붙어 있는 상황을 가리킨다. 연리목은 그러나 얼핏 봐서는 구별하기 어렵다. 두 그루의 나무 줄기가 하나로 합쳐지면서 이룬 굵은 줄기가 애당초 두 그루에서

116 '사랑나무'라는 별명으로 불리는 제주 평대리 비자나무숲의 비자나무 연리목.

비롯된 것인지 알아채기가 쉽지 않다. 더구나 연리목을 이룬 세월이 오래 흘러 두 그루의 줄기 조직이 거의 하나로 동화된다면 더 헷갈린다. 우리나라의 산과 들에서는 연리를 이룬 나무들을 흔치 않게 발견할 수 있다. 이름이 널리 알려진 연리지와 연리목이 있지만, 그 가운데 압권은 아무래도 제주 평대리 비자나무숲 안에 들어 있는 비자나무 연리목이다. 나무나이를 짐작하기 어려울 만큼 커다란 이 비자나무 연리목에는 '사랑나무'라는 별명이 붙었고, 여느 연리지와 마찬가지로 사랑하는 연인과 함께 나무 주위를 한 바퀴 돌면 사랑이 이루어진다는 이야기가 함께 전한다. **제주 평대리 비자나무숲 연리목**도 얼핏 보아서는 두 그루의 줄기 부분이 만나 하나를 이룬 것인지 구별하기 어렵다. 이 나무의 연리 현상은 아무래도 가까이 다가서서 꼼꼼히 살펴보아야 겨우 짚을 수 있다. 두 그루의 나무줄기가 한 그루처럼 바짝 붙어 있기

제 13 장
나무의 생명력

117 충북 괴산 송면 연리지 소나무. 2005년 4월 22일에 촬영한 사진. 이 나무는 2008년 무렵에 고사해 지금은 이 신비로운 모습을 볼 수 없게 됐다.

는 하지만, 가만히 보면 줄기 아래쪽의 가운데 부분이 나뉜 상태였다가 조금 오른 자리에서 완전히 붙었다는 걸 확인할 수 있다. 신비로운 모습의 연리목이다.

눈으로 쉽게 찾아볼 수 있는 건 아무래도 연리지다. 그만큼 연리지는 적잖이 발견되고, 널리 알려지기도 했다. 별개로 자라던 두 그루의 나무에서 뻗어 나온 나뭇가지가 만나서 그 근원을 구별할 수 없도록 완벽하게 한 몸을 이룬 상태다. 볼수록 신비롭다. 연리목과 연리지는 붙어 있는 상태로 보이는 게 전부가 아니다. 완벽하게 하나의 조직으로 합쳐진 상태여야 하기 때문에 세밀하게 살펴보고 판단해야 한다. 또 땅속에서 복잡하게 뻗은 뿌리가 서로 붙었는지를 확인해야 하는 연리근은 전문가로서도 판단하기 어렵다.

연리목과 연리지는 그 신비로운 생김새를 놓고 갖가지 전설과 이야기를 동반하는 경우가 많다. 특히 두 나무가 한 몸을 이뤘다는 데에 비추어 두 연인이 한 몸을 이루는 과정, 즉 사랑을 이루는 과정에 대한 이야기들이 대부분이다. 때로는 연리지를 사랑의 상징으로 비유하기도 했다. 이를테면 당나라의 시인 백거이(白居易, 772~846)는 당 현종과 양귀비의 사랑을 풍자한 **장한가**長恨歌에서 두 사람의 사랑을 연리지에 비유해서 "칠월 칠일 장생전에서 / 깊은 밤 사람들 모르게 한 은밀한 약속 / 하늘에서는 비익조가 되기를 원하고 / 땅에서는 연리지가 되기를 원한다네"라고 쓰기도 했다.

연리목과 연리지 곁에서 소원을 빈다든가, 불가의 탑돌이처럼 소원을 빌며 몇 바퀴를 돌면 사랑이 이루어진다는 등의 이야기가 더불어 전하는 것도 흔히 부닥치게 되는 이야기들이다. 소원의 실현 여부와 무관하게 연리지를 이룬 나무 주위를 천천히 돌며 협동 체제를 이룬 나무의 신비로운 현상을 바라보는 일은 그 자체로 즐거운 경험이다.

경상북도 영주시 읍내리의 순흥면사무소 경내에 서 있는 연리지 소나무는 멀리서 바라다보이는 생김새만으로도 충분히 수려한 나무다. 200년 넘은 이 소나무는 두 개의 줄기가 용틀임하듯 솟구쳐 오르면서 하늘로 오르다가 허공에서 만나 한 몸을 이루는 신비를 갖췄다. 멀리서 본다든가 가까이에서라도 자세히 이 나무의 줄기와 가지가 뻗어 나가며 이룬 곡선을 짚어보지 않으면 그냥 한 그루의 소나무로 볼 수밖에 없다. 그래서 가만가만 하늘로 솟아오른 나무줄기와 나뭇가지를 살펴보다가 완벽하게 한 몸을 이룬 연리 부분을 발견하면 놀라움은 더 커진다. 이 소나무의

연리 현상을 확인하려면 줄기 아랫부분에서부터 위쪽으로 천천히 짚어봐야 한다. 분명히 처음 시작은 두 개의 줄기로 나뉘었지만, 위로 오르다가 어느 지점에서 두 그루는 한 몸을 이뤘다. 그리고 그 위쪽으로는 아예 두 개의 줄기가 오른 것으로 보기 어려울 정도로 하나의 줄기가 하늘로 솟구쳐 올랐다.

같은 종류의 나무끼리 연리 현상을 이루는 게 대부분이지만, 때로는 다른 종류의 나무가 연리지를 이루기도 한다. 일테면 경상북도 영덕의 괴시리에는 팽나무와 소나무가 만나서 이룬 연리지가 있다. 그러나 이처럼 다른 종류의 나무가 연리지를 이루었을 경우에는 실제로 조직 자체가 이어진 것인지, 외부적인 형태로만 연리가 이루어진 것인지에 대한 세밀한 관찰이 필요하다. 대개의 경우 종류가 다른 나무들 사이에서는 **영덕 괴시리 팽나무와 소나무 연리지**처럼 겉으로 보기에는 분명히 하나로 맞붙은 게 확인되지만, '연리지'라고 이야기하려면 단순히 외부적인 접합을

119 **영덕 괴시리 팽나무와 소나무 연리지**의 연리 부분.

넘어 내부 조직까지 하나로 연결되어야 한다. 그러니까 **영덕 괴시리 팽나무와 소나무 연리지**의 경우, 소나무가 흡수한 탄소가 팽나무에게로 자연스레 넘어가고, 팽나무가 광합성으로 지어 낸 당이 소나무에게 제공되는 게 완벽하게 한 몸에서 일어나는 것처럼 자연스러워야 한다. 그런 점에서 **영덕 괴시리 팽나무와 소나무 연리지**의 경우는 '연리지'처럼 보이지만, 식물학에서 이야기하는 연리지가 맞는지 더 면밀한 관찰이 필요하다.

같은 종류의 나무끼리라면 연리 현상은 흔치 않게 벌어진다. 단풍나무의 사례를 살펴보면 더 쉽게 이해할 수 있다. 오래된 단풍나무의 경우, 얼핏 보기에는 분명히 한 그루로 보이지만 자세히 살펴보면 처음에 줄기가 솟아오를 때부터 두 그루가 붙어서 자란 것임을 확인할 수 있는 경우가 적지 않다. 줄기 부분이 완전히 하나로 붙어 있는 연리목인 것이다. 어릴 때부터 바짝 붙어서 자라난 탓에 허수로이 보아서는 두 그루인 것을 확인하기 어려운 것이다. 단풍나무 종류에서 줄기 부분이 붙어서 이루어지는 연리목이 종종 나타나는 데에는 이유가 있다. 씨앗의 형태를 보면 금

제 13 장
나무의 생명력

447

120 줄기 아랫부분에서 두 그루 이상의 나무가 붙어서 자란 것으로 관찰되는 **인천 강화도 전등사 단풍나무**의 줄기 부분.

세 이해할 수 있다. 단풍나무 종류의 씨앗은 두 알이 제가끔 날개를 달고 바짝 붙어서 맺힌다. 씨앗에 달린 날개는 비행기의 프로펠러처럼 바람에 따라 멀리 날아가기 위한 장치인데, 날개 안쪽에 맺힌 씨앗 한 쌍이 완전히 붙어 있다. 원칙적으로 이 한 쌍의 씨앗은 바람에 날아가다가 분리되면서 제가끔 따로 한 그루의 나무가 되어야 한다. 그러나 어떤 이유에서든 씨앗이 분리되지 않은 채 땅에 떨어졌다가 흙에 묻혀서 뿌리를 내리는 경우가 있다. 그때에는 어쩔 수 없이 두 그루가 붙어서 자랄 수밖에 없다. 두 그루의 단풍나무는 쌍둥이 형제이지만 처음에는 살아남기 위해 치열한 경쟁을 했을 것이다. 그러나 근원이 같은 두 그루는 똑같은 세력이어서, 경쟁의 결과는 쉽게 결판나지 않는다. 경쟁이 오래 지속되면 두 그루가 모두 죽든가 아니면 둘 중의 한 그루가 죽어야 한다. 그때 나무는 경쟁의 원리를 내려놓고, '함께 더불어 살

121 일본 후지센켄신사 진입로에 서 있는 **삼나무 거목들**이 이룬 연리근.

기'를 선택하고 '샴쌍둥이'처럼 한 몸을 이룬다. 바로 협동의 원리에 의해 이루어진 '연리목'이다.

연리지와 연리목이 우리 눈으로 확인할 수 있는 신비로운 현상이지만, 땅속의 뿌리가 하나로 접합하여 한 몸을 이루는 연리근 현상은 살펴보기 어렵다. 어떤 이유에서건 뿌리 부분이 땅 위로 솟아오른다면 좋겠지만, 그런 경우가 많지 않아 연리근 현상은 쉽게 확인되지 않는다. 일본의 어느 오래된 사원에서 이런 아쉬움을 메울 관찰을 한 적이 있어 소개한다. 위의 사진(그림 121)이 그것이다. 연리근을 보여준 나무는 비교적 빨리 자라는 속성을 가진 삼나무다. '후지센켄신사'라는 이름의 이 사원에서는 절집 진입로 양 옆으로 삼나무를 촘촘히 심어 키웠다. 긴 세월이 지나면서 고깔 모양으로 높지거니 솟아오른 삼나무 터널은 장관이 됐다. 그보다 더 놀라웠던 것은 사진에서 보는 것처럼 '연리근', 즉

제 13 장
나무의 생명력

땅 위로 솟아오른 뿌리 부분이 하나로 붙어 있는 모습이었다. 후지센켄신사가 아니라 해도 일본의 사원에서는 일본 사람들이 좋아하는 삼나무를 많이 심어 키운다. 특히 후지센켄신사에서처럼 사원의 진입로에 하늘로 쭉쭉 뻗어 오르는 삼나무를 줄지어 심은 풍경은 쉽게 만날 수 있다. 굳이 신사와 같은 사원이 아닌 곳에도 일본에서는 삼나무 숲길을 많이 만날 수 있다. 이런 곳은 대부분 좁은 길 양 옆으로 삼나무를 줄지어 심어 키우는 식이어서, 사진에서와 같은 연리근을 볼 수 있는 좋은 기회가 된다. 땅 위로 솟아난 뿌리의 일정 부분이 곁에 서 있는 다른 나무의 뿌리를 파고들어 완벽하게 한 몸을 이룬 연리근은 다른 곳, 다른 나무에서 보기 어려운 풍경이다.

어떤 형태가 됐든 긴 세월 동안 끊임없이 뿌리를 뻗고 가지를 펼치며 살아가야 하는 나무는 경쟁과 협동이라는 두 가지 상반된 생명 원리를 조화롭게 조율해 내는 슬기로운 생명체다. 그게 이 땅에 오래도록 평화롭게 살아남을 수 있었던 나무살이의 위대한 지혜다.

나뭇가지 사이에서 이루는 '거리두기'의 지혜

연리 현상처럼 눈에 두드러지는 현상이 아니어도 나무가 살아가는 과정에서 드러내는 지혜로운 협동 전략은 다른 상황에서도 발견할 수 있다. 흥미로운 현상 가운데 하나가 '수관 기피 현상'이다. 영문으로는 흔히 crown shyness라고 표기하는데, 때로는 canopy shyness, inter-crown spacing이라고 쓰기도 한다. '수관'은 이 책의 맨 앞에서 이미 이야기했듯이 '나뭇가지펼침'의 식물학 용어이니, 이를 우리말로 옮기면 '나뭇가지펼침 기피 현상' 혹은 '나뭇가지 기피 현상'이라고 하면 될 것이다. 글자 수가 늘어나 표현이 좀 복잡해지기는 하지만, 뜻만큼은 명쾌하고 쉽게 전달된다. 이 책에서는 '수관 기피 현상'이 아니라 '나뭇가지 기피 현상'이라고 쓴다. 나뭇가지 기피 현상은 대개의 나무들에서 나타나는 현상이지만 활엽수숲보다는 침엽수숲에서 더 두드러지게 나타난다. 그래서 먼저 침엽수의 생육 특징을 짚어본다.

침엽수를 비롯한 모든 나무는 조금이라도 더 많은 양분을 짓기 위해 광합성을 할 수 있는 잎을 촘촘히 돋워 낸다. 무성하게 잎을 돋워 내니, 나뭇가지 전체에 빽빽하게 나뭇잎이 들어찬다. 더 많은 광합성을 하기 위한 결과이지만, 나뭇가지 끝에 더 많은 잎을 돋워 낼수록 무성한 잎 아래쪽의 그늘은 짙어진다. 나뭇가지 안쪽의 잎에 햇살이 닿지 않는 건 자연스러운 순서다. 뿌리로부터 물을 끌어 올리고, 공기 중에서 이산화탄소를 빨아들여서 광합성의 채비를 모두 마쳤지만, 그늘 짙은 곳에서는 잎이 제아무리 안간힘을 써도 결정적으로 햇살이 닿지 않아 광합성을 할 수 없다. 이쯤 되면 나무에게는 일정한 낭비 요소가 생긴다. 광합성도 하지 않으면서 뿌리에서 물을 빨아올려 일정한 양의 수분을 저장해야 하고, 또 광합성도 하지 않으면서 공기 중의 이산화탄소를 호흡하는 나뭇잎은 분명 나무에게 낭비 요소인 게 분명해진다. 햇살이 닿지 않는 곳에 난 잎들이 가로채는 물과 이산화탄소를 햇살 닿는 자리의 잎에 나눠 주는 게 유리하다는 건 당연한 이치다. 그러자 나무는 광합성을 하지 못하는 잎들을 쓸모없다고 판단하고 덜어 낸다. 일하지 않는 잎은 먹지도 말고, 살 필요도 없다는 식이다. 이 과정은 가차 없다. 광합성을 하지 못하는 잎을 탈락시키는 현상은 대개의 침엽수에서 볼 수 있는 흔한 현상이다. 이를테면 소나무숲과 잣나무숲이 대표적이다. 잣나무는 곧게 뻗어 오르는 수형이 아름다워 숲을 이룬 잣나무 군락은 그 자체로 아름답다. 잣나무숲을 산책하다 보면, 곧게 솟아오른 줄기 곁으로 뻗은 나뭇가지의 상당 부분이 이상하다 싶을 정도로 부러지거나 썩어 시커멓게 타들어 간 걸 볼 수 있다. 마치 죽은 것처럼 보인다. 그건 죽어가는 게 아니라 오히려 조금이라도 더 효과적으로 살기 위해 안간힘을 다하고 있다는 증거다. 즉 쭉 솟아오른 꼭대기 부분의 푸른 잎이 지어 낸 그늘에 가리워진 아래쪽의 잎들은 광합성의 효율이 낮아 떨궈 낸 결과, 달리 이야기하면 일하지 못해 존재할 가치가 없는 잎을 냉정하게 탈락시켜 버린 결과다.

나무는 나뭇가지 하나, 잎 하나도 낭비하지 않고 조금이라도 효율적으로 살아가려고 애쓴다. 나뭇가지 기피 현상 역시 나무가 효율적으로 광합성을 하기 위해 곁에 있는 나무들과 최소한의 협동을 펼치는 생존 전략의 하나다. 이 현상을 처음 기록으로 남긴 건 1920년대였다. 나무의 빛을 수용하는 부분에서 빛을 알아채고 주변을 인식해서, 곁의 다른 나무와 일정한 거리를 두는 나무의 '거리두기' 전략이다. 서로의 양분 제조 과정, 즉 광합성을 훼방하지 않도록 거리를 유지하는 것이다. 나무가 빽빽이 들어찬 숲에서는 나무 사이의 거리를 유지하는 게 쉽지 않다 보니, 나무는 좁은 자리를 마치 퍼즐 맞추듯 차곡차곡 채워가되, 서로의 햇살을

122   나뭇가지 기피 현상을 뚜렷하게 보여주는 **소나무숲**의 나뭇가지 부분.

방해하지 않는 것이다.

실제로 숲에 들어서서 하늘을 올려다보면 아주 촘촘히 맞춘 퍼즐처럼 나뭇가지들이 서로의 사이에 아주 좁지만 명백하게 거리를 두고 있는 현상을 볼 수 있다. 신기한 모습이다. 궁극적으로는 광합성을 위한 전략으로 볼 수 있지만, 나뭇가지 기피 현상에 대한 여러 논의 가운데에는 몇 가지 다른 이유를 원인으로 삼기도 한다. 일테면 서로의 거리가 가까우면 바람이 불 때 서로 부딪치며 부러질 수도 있고, 또 가까이 붙어 있으면 나무들 사이로 해충이 옮겨 다닐 통로가 쉽게 마련된다는 이유에서 일정하게 거리를 둔다는 것이다. 코로나 팬데믹 사태를 거치며 우리가 코로나19 바이러스가 옮겨 다닐 범위의 거리를 비워놓기로 하고 대대적으로 펼쳤던 '거리두기'와 같은 원리다.

위의 사진(그림 122)에 나뭇가지 기피 현상을 뚜렷이 확인할

제 13 장
나무의 생명력

수 있는 소나무숲을 담았지만, 실제로 나뭇가지 기피 현상을 사진에 담는 건 쉽지 않다. 숲에 어우러진 나무들은 대부분 나무높이가 비슷하게 자라는 게 일반적이지만, 그렇다 하더라도 세밀하게 따지자면 제가끔 그 높이가 다르다. 높이에 차이가 생기면 햇살이 틈입할 수 있는 여러 방법이 생긴다. 더구나 햇살은 하루 종일 수직 방향으로만 내리쬐는 게 아니다. 실제 숲에서 눈으로는 나뭇가지가 서로 거리를 두며 펼쳐졌다는 사실을 확인할 수 있지만, 나뭇가지의 높이가 완전히 평평하지 않다면 사진처럼 명백한 나뭇가지 기피 현상을 사진으로 담기 어렵다는 점은 알아두는 게 좋다. 그러니까 굳이 사진처럼 또렷하게 구획이 나눠지지 않더라도 잘 살펴보면 나무들이 서로 햇살을 적당하게 나누면서 거리를 두고 살아간다는 걸 확인할 수 있다. 이를 모두 '나뭇가지 기피 현상'으로 불러도 무방하다.

거리두기가 어려울 때에 보여주는 신비로운 현상

나무들 사이에 일정한 거리가 필요하다는 정론을 깨뜨리는 경우가 없는 건 아니다. 전남 장흥 관산읍 삼산리 산서마을, 마을회관 앞을 지키고 서 있는 후박나무가 그런 경우다. 천연기념물로 지정해 보호하는 이 후박나무는 세 그루가 아주 가까이 붙어서 자랐지만, 마치 매우 큰 한 그루 나무의 형상을 이루었다.

우리나라의 남부지방에서 잘 자라는 후박나무*Machilus thun-bergii* Siebold & Zucc.는 정자나무로 많이 쓰일 만큼 나뭇가지를 넓게 펼치며 크게 자라는 나무다. 장흥 삼산리 후박나무는 조붓한 도로 가장자리의 버스 정류장 앞에 서 있는 큰 나무여서, 이 길을 지나는 사람은 누구라도 발길을 멈추고 바라보게 되는 나무다. 한 번만 봐도 잊기 어려울 만큼 크고 아름답다. 겨울에도 초록의 잎을 떨구지 않는 싱그러운 나무인 데다, 사방으로 넓게 펼친 나뭇가지의 품이 매우 넓어서 한눈에도 감탄사가 저절로 나올 만하다. 그러나 흘긋 스쳐 지난 사람이라면 이 나무가 한 그루가 아니라 세 그루라는 사실을 모를 수도 있다. 멀리서 보면 영락없는 한 그루의 큰 나무처럼 보이기 때문이다. 나무의 위용에 압도되어 가까이 다가서야 비로소 울창한 나뭇가지 아래로 정체를 드러내는 나무줄기가 셋임을 확인하게 된다. 세 그루 가운데 비교적 어려 보이는 한 그루는 조금 떨어져 있지만, 다른 두 그루는 바짝 붙어 있다. 그래서 천연기념물인 이 나무의 고유 명칭은 여러 그루임을 표시하는 '군群'을 붙인 **장흥 삼산리 후박나무군**이다.

　　세 그루의 후박나무는 애당초 나뭇가지를 펼칠 공간이 없을 만큼 바투 붙은 자리에서 뿌리를 내리고 생명을 시작했다. 아무리 불리한 조건이라 해도 스스로 자리를 옮겨 갈 수 없는 나무는 무엇보다 햇빛 경쟁에 몰두했을 것이다. 생존에 가장 필요한 광합성을 해야 하니까 그럴 수밖에 없다. 그러나 세월이 흐르며 나무는 바로 곁에 붙어 있는 나무를 젖히고 자기만의 햇살을 차지하기 위한 공간을 확보하는 게 불가능함을 깨닫고 공간을 나눠 쓰는 쪽으로 스스로를 변화시켰다. 가운데 나무는 나뭇가지를 위로만 뻗고, 양 옆의 나무는 바깥쪽으로만 나뭇가지를 뻗었다. 나무는 서로 만난 방향으로는 가지를 뻗지 않고, 반대편으로

제 13 장
나무의 생명력

123 세 그루가 바짝 붙어 한 그루의 장대한 나무처럼 자란 **장흥 삼산리 후박나무군**.

만 가지를 뻗었다. 그리고 한 그루의 작은 나무는 두 그루의 나무가 가지를 펼치고 남은 빈 공간을 메우듯 가늣한 가지를 큰 나무 사이로 뻗어 전체적으로 완벽한 반원형을 이뤘다. 세 그루의 나무는 마치 서로의 삶을 배려하고 심지어는 적당히 상의하면서 자신이 가지를 뻗어 나갈 자리를 찾은 듯하다. 각각의 규모도 결코 작지 않다. 가슴높이줄기둘레가 제가끔 3미터, 2.8미터, 2.7미터나 되고, 세 그루가 모여 한 그루처럼 자라며 이룬 나무높이는 11미터쯤 된다. 나뭇가지는 세 그루가 함께 동서로 23미터, 남북으로 20미터나 펼쳤다. 서로에게 살아갈 공간의 일부분을 양보하고 서로의 자람을 배려하며 몸피를 키웠다. 세 그루가 이룬 풍경이 한 그루의 나무가 이루기에도 어려울 만큼 단정하다는 건 놀라운 일이다. 셋 중 어느 한 그루도 웃자라거나 삐죽 솟아 나오지 않았다. 솜씨 좋은 예술가가 오랜 세월에 걸쳐 빚어낸 조각품이라 해도 좋을 만큼 수려한 풍광을 이뤘다.

　서로에게 꼭 필요한 만큼의 공간을 살갑게 배려했다는 사실

124 문경 장수황씨 종택 탱자나무.

에 놀라지 않을 수 없다. 처음에는 따로 나뉜 세 그루의 예쁜 후박나무로 보였겠지만, 크게 자라며 나뭇가지를 넓게 펼친 지금은 영락없이 한 그루처럼 보인다. 나무들은 살아남기 위해 본래의 생태를 내려놓고 새로운 형태로 자신이 모습을 바꾸었다. 나뭇가지펼침을 통해 세 그루가 400년 넘는 긴 세월 동안 이뤄낸 결과인 지금의 모습은 경이롭다.

비슷한 경우는 또 있다. 2019년에 천연기념물로 지정한 **문경 장수황씨 종택 탱자나무**도 그런 경우다. 경상북도 문경시 산북면 대하리 장수황씨 종택 앞마당에서 특이한 모습으로 자라난 탱자나무*Poncirus trifoliata* (L.) Raf. 한 쌍이다. 대개의 탱자나무가 산울타리로 심어지는 것과 달리 이 탱자나무는 정원 한가운데에서 한 가문의 상징처럼 키웠다. 매우 독특하다. 이 가문에서 대대로 정성 들여 키운 무려 400년을 넘긴 노거수다. 종택 사랑채 앞마당 한편에 근사한 자태로 서 있는 탱자나무는 얼핏 보면 앞의 **장흥 삼산리 후박나무군**이 그랬던 것처럼 한 그루의 나무로 보인다.

게다가 탱자나무라고는 믿어지지 않을 만큼 곧게 뻗어 오른 중심 줄기나 사방으로 넓게 펼친 나뭇가지 모두 빼어날 정도로 아름답다. 가까이 다가서기 전에는 일쑤 탱자나무임을 모르고 지나치게 된다. 바짝 붙어서 자라난 한 쌍의 탱자나무가 완벽한 한 그루처럼 보이는 생김새를 이루었다는 사실을 알고 보면 놀라움은 배가한다.

얽히고설킨 나뭇가지들이 어느 쪽 나무에서 뻗어 나왔는지를 일일이 살펴보는 건 불가능하지만, 내남없이 자란 두 그루의 탱자나무는 마치 거울을 보고 마주 선 것처럼 대칭을 이뤘다. 한 그루의 잘생긴 나무 모습을 이루며 자라기 위해 나무들은 오랜 세월 동안 곁의 나무를 배려하며 가지를 뻗었다. 다른 나무가 막고 선 쪽으로 가지를 뻗지 않은 건 나무들의 생존 전략이었다. 경쟁을 내려놓고 협동과 배려의 원리를 받들어 긴 세월 동안 살아온 두 그루의 조화로운 어울림은 필경 모든 생명들이 닮아가야 할 더불어 살아가는 지혜다.

문경 장수황씨 종택 탱자나무는 두 그루가 어우러지면서 7미터 높이까지 자랐고, 줄기둘레는 두 그루 모두 2미터 가까이 된다. 가지 퍼짐은 더 놀랍다. 두 그루가 한데 뭉쳐서 사방으로 10미터가 훨씬 넘게 퍼졌다. 굵은 줄기가 솟아오른 뒤에 한 그루에서는 3개의 가지가, 다른 한 그루에서는 4개의 가지가 굵직하게 나와 제가끔 주어진 공간을 촘촘히 활용하며 빈틈을 남기지 않았다.

장흥 삼산리 후박나무군과 **문경 장수황씨 종택 탱자나무**의 특별한 사정을 이야기했는데, 여기에 조심스럽게 덧붙일 이야기가 남왔다. 이 나무들을 앞에서는 분명히 3그루, 2그루가 가까이 붙어서 자랐다고 했다. 그러나 아직 분명하지 않은 부분이 있다. 바로 우리 눈으로 관찰하기 어려운 땅 아래쪽에서 펼쳐졌을 뿌리의 사정이다. 궁금한 건 앞에서 이야기한 '연리근' 여부다. 이토록 가까이 서 있는 나무의 뿌리는 어쩌면 이미 오래전에 한 몸을 이루었을지 알 수 없다. 땅 깊은 곳의 뿌리를 세밀하게 살피고, 그들이 진정 하나의 뿌리로 합쳐지는 '연리' 현상을 완성한 상태인지를 알 수 없다는 이야기다. 그러나 땅속 사정을 더 자세히 살필 수 있는 방법이 완벽하게 갖추어지기 전까지는 그렇다고도 아니라고도 할 수 없는 사정이어서 지금으로서는 2그루, 3그루가 바투 붙어서 자랐다고 이야기할 수밖에 없다.

결과는 정확히 알 수 없다 해도 사람의 눈으로 보면 무척 신비롭다. 그 신비로움 안에는 나무의 생존을 위한 치밀한 계산과 안간힘이 담겨 있다. 그건 사람의 눈으로 혹은 사람의 오감으로 도저히 파악하기 어려운 치열함의 결과다. 무한경쟁의 사회. 더구나 상대를 물어뜯고, 끝내 죽여야만 직성이 풀리겠다는 투로 달려드는 이기주의적 경쟁이 살 길인 것처럼 아웅다웅하는 사람살이에서 협동의 전략으로 더 아름답게 살아가는 나무의 살림살이를 더 오래 바라보게 된다.

나무는 결코 스스로 생명을 포기하지 않는다. 어떤 극한의 상황에서도, 혹은 고난투성이의 세월이 닥칠 걸 알아도 결코 포기하지 않고, 살아갈 길을 찾는다. 생명의 본능이다. 살 자리를 옮겨 다닐 수 없는 나무는 긴 살림살이를 통해 삶을 향한 안간힘의 자취를 뚜렷이 남기는 경우가 많다. 누가 봐도 나무가 살기에는

제 13 장
나무의 생명력

매우 불리한 터전에 뿌리를 내리고, 오랫동안 애면글면 살아가며
이룬 강인한 생명력은 볼수록 감동적이다.

최악의 생육 조건을 이겨내는 방식

나무의 생명력이 보여주는 감동은 이어진다. 충북 진천 석현
리의 지곡마을 어귀의 낮은 동산에 서 있는 느티나무*Zelkova serrata*
(Thunb.) Makino 한 그루에서도 나무의 놀라운 생명력을 느낄 수
있다. 멀리서 얼핏 볼 때는 마을로 들어서는 길 어귀의 작은 동산
에 우뚝 서서 마을을 지켜주는 나무라는 데에서 대개의 마을 당
산나무나 정자나무와 크게 다를 것 없어 보이는 '그저 그런' 느티
나무다.

그러나 가까이 다가서서 나무를 살펴보면 **진천 석현리 느티
나무**의 특별한 모습에서 피어나는 큰 울림이 솟구친다. 언제나 나
무는 더 가까이, 더 오래 바라보아야 하는 대상이다. 동산 가장자
리 언덕 위에서 겉으로 훤히 드러낸 뿌리들이 얽히고설키며 지어
낸 만화경은 가슴을 졸이며 오래 바라보게 한다. 누구라도 눈을
떼기 힘들 만큼의 신비로운 자태다.

진천 석현리 느티나무는 다른 곳에 서 있는 비슷한 나이의 느
티나무에 비해 높이나 줄기가 작은 편이다. 까닭이 있다. 가만히
살펴보면 금세 알 수 있다. 나무가 생명의 터전으로 자리 잡은 뿌
리 부분이 그렇다. 나무가 뿌리 내린 자리는 큰 바위와 그 바위에
서 쪼개진 것으로 보이는 돌투성이다. 나무에 온전히 양분을 제

공할 수 있는 흙은 고작해야 바위와 크고 작은 돌들이 이룬 틈바구니뿐이다. 공교롭게도 나무가 처음 뿌리 내린 자리가 큰 바위 위였다. 나무는 살아남기 위해서 제 몸피를 키워야 했고, 하릴없이 바위를 쪼개야 했다. 하지만 바위가 쪼개지면 차츰 거대하게 자라나는 나무줄기를 지탱할 뿌리의 터전은 허공이 되고 만다. 기반을 잃은 나무는 창졸간에 쓰러지고 말 것이다. 나무도 그걸 알았다. 어떻게든 살아남아야 했던 나무는 뿌리를 바위 위로 뻗어내 잘게 쪼개진 바위 조각들을 단단하게 품었다. 쪼개고 품으며 살아온 세월이 800년이다. 돌아보면 이 느티나무는 '자라나는 일'보다 '살아남는 일'에 더 많은 에너지를 투자해야 했다. 나무의 몸피가 여느 800년쯤 된 느티나무에 비해 작다 할 수 있는 이유다. 그렇다고 결코 터무니없이 작은 나무는 아니다. 800년이라는 긴 세월을 품은 여느 느티나무에 비해 왜소할 뿐이다. **진천 석현리 느티나무**는 나무높이가 16미터까지 올랐고, 사람 가슴높이께에서 잰 줄기둘레는 6미터에 이를 만큼 큰 나무다. 필경 고난투성이였

제 13 장
나무의 생명력

을 세월을 품었지만 나무는 늠연한 자태를 잃지 않고 마을 어귀를 지키고 서 있다. 고난의 세월을 이겨낸 뒤에 다가올 미래의 평안을 예언하듯 늠름하고 평안한 자태로 서 있는 한 그루의 느티나무가 그지없이 신비롭다.

사실 흙 한 줌 없는 바위 위에서 나무가 뿌리 내리고 자라는 경우가 아주 특별한 건 아니다. **진천 석현리 느티나무** 못지않게 바위 위에서 힘겹게 살아가는 나무는 적지 않다. 그 가운데 빼놓을 수 없는 나무를 꼽자면 천연기념물로 지정해 보호하는 **하동 축지리 문암송**을 들어야 한다. 경상남도 하동 악양면, 대하소설 『토지』의 배경이기도 한 이른바 '악양들판'을 내다보는 자리에 이룬 축지리 대축마을 뒷동산 기슭에 서 있는 이 소나무는 바위를 쪼개고 자라면서 아름다운 수형을 이룬 대표적인 나무다. 마을 사람들은 큰 바위 위에 서 있는 한 그루의 소나무를 바위보다 강한 나무라고 이야기한다. 나무가 자리 잡은 너럭바위를 사람들은 '문암文岩' 혹은 '문바위'라고 부르고, 바위 위에 우뚝 서 있는 소나무를 바위 이름을 따서 '문암송文岩松'이라고 부른다. 나무와 바위는 모두 대축마을 사람들에게 경외의 대상이다.

바위를 뚫고 솟아오른 신비로운 나무 한 그루가 드리우는 상큼한 그늘은 하늘이 지은 정자와 다름없다. 저절로 좋은 글이 쓰이게 하는 자리라는 뜻에서 사람들이 바위에 붙인 이름이 '문암'이었다. 누구는 이 소나무의 나이를 300년 됐다고 하고, 또 누구는 600년도 넘었다고 한다. 나무의 나이를 정확히 가늠하는 게 불가능하기 때문이다. 나무로서 생명을 유지하는 데에 꼭 필요한 물 한 모금 스며들지 않는 바위 위는 **진천 석현리 느티나무**와 마

찬가지로 나무가 생명을 이어가는 데에 최악의 조건이다. 양분이 충분치 않은 생육 조건에서 자라는 나무의 나이를 비옥한 땅에 터 잡은 나무들의 크기와 비교해 짐작할 수 없다.

나무는 사람들의 눈으로 가늠하기 어려울 만큼 천천히 자랐다. 봄이면 송홧가루를 날리고 가을에는 솔방울을 맺으면서, 차갑고 견고한 바위 위에서 제 몸을 키웠다. 마침내 고난을 이겨내고 600년의 긴 세월을 살아낸 나무는 높이 12미터, 줄기둘레 3미터의 헌칠한 소나무가 됐다. 살아남기 위해 나무는 바위를 파고들었지만, 바위가 바스라지지 않도록 조금씩 자라야 했다. 다른 소나무가 한 아름 자라는 동안 이 나무는 고작 한 뼘쯤 자라는 것만으로도 만족해야 했다. 가운데에서 수직의 아래쪽으로 뿌리를 뻗으며 바위를 쪼개야 했지만 나무는 바위 위쪽에 새 뿌리를 뻗어 올렸다. 수직의 뿌리가 바위를 쪼개는 만큼 수평의 뿌리는 바위가 더 이상 쪼개지지 않도록 더 세게 바위를 움켜쥐었다. 온 힘을 다하며 나무는 변증의 생명을 이어왔다. 마침내 둘로 쩍 갈라진

제 13 장
나무의 생명력

바위 위에 우뚝 선 소나무는 대축마을 사람들에게는 물론이고, 온 나라에서 제일가는 최고의 소나무로 여겨지게 됐다.

하동 축지리 문암송이나 **진천 석현리 느티나무**가 살아온 세월은 나무가 살 수 있는 극한의 환경이었다. 그러나 나무는 살아야 했다. 돌아보면 산다는 건 나무나 짐승이나 모두 매한가지다. 언제나 평안함을 찾아 끊임없이 헤매곤 하지만, 평안은 그만큼 쉬이 찾아오지 않는다. 제 안에 든 고통을 어떻게 감내하느냐에 따라 생명의 아름다움과 평안의 크기가 결정된다. 안으로는 생살이 찢기는 아픔에도 바위를 쪼개야 하고, 밖에서는 더 이상 쪼개지지 않도록 바위를 붙들어 안고 살아가는 변증의 생명력이 놀라울 뿐이다.

제 몸을 바꾸는 판단력과 기억력

나무의 생명력이 보여주는 경이로움은 끝이 없다. 그 가운데 나무가 스스로 제 몸의 일부를 변형시켜 가면서 살아남으려 애쓴 흔적이 있다. 나무의 여러 조직 가운데에 여느 생물과 더불어 살아가기 위해 지어 낸 특별한 조직이 있다. 가시다. 가시는 나무가 살아남기 위해 에너지를 쏟아 몸체의 일부를 변화시킨 결과다. 가시를 돋운 거개의 나무는 무엇보다 먹을거리로 유용한 나무이기 십상이다. 초식동물들의 좋은 먹잇감이 되는 맛있는 잎과 여린 가지를 가진 나무들이 짐승들에게 먹히지 않기 위해 억센 가시로 짐승의 접근을 막는 것이다. 오랜 세월 동안 나무들이 스스

로 터득해 낸 생존 전략이다.

두릅나무과의 음나무*Kalopanax septemlobus* (Thunb.) Koidz.도 그런 나무다. 음나무 가지의 새순을 사람들은 '개두릅'이라고 부르며 즐겨 먹는다. 삶아서 초장에 찍어 먹거나, 튀겨 먹기도 하며, 연한 잎을 잘 말려 차로 우려내 먹기도 한다. 더 요긴하기로는 '닭백숙'을 고아 낼 때 쓰이는 줄기 껍질이다. 음나무의 연한 가지를 넣어 고아 낸 닭백숙은 맛이 고소하고 담백하며, 관절염과 요통에 일정한 효능을 가진다. 흔히 '엄나무 백숙'이라고 부르지만 나무 이름은 음나무다.

짐승들에게도 음나무 새순과 연한 가지는 좋은 먹을거리다. 하릴없이 음나무는 채 자라기도 전에 잎은 물론이고, 줄기와 가지가 꺾이는 수난을 맞이하게 된다. 그러자 나무는 살아남기 위해, 가시를 사납게 돋워 내 사람을 비롯한 초식동물의 접근을 막는 방식으로 진화했다.

식물 몸체 전체에 돋아나는 가시는 음나무의 뚜렷한 특징이지만, 크게 자란 음나무에서는 가시를 찾을 수 없다. 흥미롭다. 초식동물의 위협을 걱정하지 않아도 될 만큼 몸체가 커지면, 음나

제 13 장
나무의 생명력

465

무는 가시를 덜어 낸다. 뿌리를 깊이 내리고, 줄기도 굵어지고, 키
도 커지고 나면, 가시가 아니고라도 스스로를 지켜낼 수 있기 때
문이다. 굳이 에너지를 소비하면서 잎, 가지, 줄기껍질을 가시로
변화시킬 필요가 없다.

　우리 산과 들에서 저절로 잘 자라는 음나무 가운데 줄기가
대략 한 아름 정도를 넘는 큰 음나무가 적지 않다. 이런 음나무들
을 찾아보면 줄기 어디에서도 가시는 찾아볼 수 없다. 그동안의
음나무 관찰을 돌아보면 대략 100년 정도만 넘게 살아온 음나무
도 줄기는 한 아름 가까이 굵어진다. 그즈음이면 나무줄기 어디
에서도 가시를 찾아볼 수 없다. 때로는 줄기가 아닌 새로 난 가지
에서 듬성듬성 가시를 찾을 수는 있다. 그러나 전체적으로는 가
시를 찾기 어렵다.

　우리나라에서 가장 오래된 음나무로는 1,000년을 넘은 것으
로 여기는 **삼척 궁촌리 음나무**를 꼽을 수 있다. 제12장 '나무 숭배'
에서 마을 농부들이 풍년을 기원하는 기원제를 지내는 나무로 소
개했던 그 나무다. 이 음나무의 경우, 굵은 가지에서는 물론이고
새로 난 가지에서조차 음나무의 중요한 특징인 가시를 전혀 찾을
수 없다. 이미 스스로 초식동물의 공격을 피할 수 있을 만큼 굵어
졌다는 확신이 있었던 것이다. 방어를 위해 굳이 가시를 돋워 내
는 에너지를 소모할 필요가 없다는 확신이다.

　생존의 위협을 이겨내기 위해 가시를 돋웠던 한 그루의 나무
가 생존의 위협이 사라진 생육 환경에 처했을 때 서서히 달라지
는 변화는 놀랍기만 하다. 마치 나무가 고도의 지능을 가지고 주
변 환경의 상태를 관찰하고 이에 대응 전략을 지혜롭게 구상하는

듯 신비롭다.

스스로를 보호하기 위해 가시로 무장한 많은 나무 가운데에서 개인적으로 가장 인상적인 나무는 충남 태안의 천리포수목원에서 볼 수 있었다. 1977년에 들여와 지금까지 공들여 키우는 한 그루의 특별한 나무다. 이란의 사막 지역에서 자생하는 나무다. 처음 들어올 때 '이란주엽나무'[17]라고 불렀지만, 최근의 《국가표준식물목록》에서는 '카스피주엽나무 *Gleditsia caspica* Desf.'를 추천명으로 정했다. 물론 아직 우리나라 안에서 흔히 볼 수 있는 나무는 아니다.

카스피주엽나무도 음나무와 마찬가지로 자신을 지키기 위해 억센 가시로 중무장하고 사막지대에서 살았다. 콩과에 속하는 이 나무는 우리가 '주엽나무'로 부르는 나무의 일종이다. 우리나라에서 자라는 주엽나무도 줄기와 가지에 가시를 달지만, 카스피주엽나무의 가시는 유난히 고약하다. 도저히 가까이 다가갈 수 없을 만큼 성난 가시가 줄기와 나뭇가지 전체에 무성하게 돋아난다. 가시는 밑동에서부터 줄기를 타고 나뭇가지 전체로 퍼져 있다. 먹이를 찾기 어려운 사막에서 카스피주엽나무의 여린 가지와 잎은 사막 풍경의 주역 가운데 하나인 낙타에게 더없이 좋은 먹이다. 사막에서 나무가 가장 먼저 피해야 하는 건 초식동물 낙타

17　《국가표준식물목록》의 추천명에는 국가명을 넣지 않는 경향이 있다. 국가의 이름은 변경될 수도 있고 영원할 수도 없다. 그와 달리 식물명은 한번 정하면 특별한 일이 있지 않는 한 영원토록 같은 이름을 써야 하기 때문이다. 예를 들면 '버마'라는 국가명을 이제는 쓰지 않으며, '터키'는 '튀르키예'라고 바꿔 표기한다. 만일 식물 이름에 '버마'나 '터키'가 들어 있었다면 다시 수정해야 하거나 그 뜻을 알기 어려워질 수 있다는 점을 반영한 원칙이다.

제 13 장
나무의 생명력

의 공격이다. 나무는 낙타가 다가서지 못하도록 가시를 돋워 냈다. 가시가 아니라면 낙타는 잎사귀에서부터 어린 가지까지 마구잡이로 먹어치울 것이다. 광합성으로 양분을 지어 내며 스스로를 키워내야 하겠지만, 그보다 먼저 절실한 건 살아남는 일이었다. 잎보다 가시를 먼저 낸 것이다. 낙타가 좋아하는 잎과 가지를 가진 나무로서는 피할 수 없는 운명이다.

그토록 무성한 가시는 그러나 일정한 높이에서부터 찾아볼 수 없다. 마치 아래쪽과 위쪽이 전혀 다른 나무인 것처럼 착각한다 해도 무리가 아니다. 게다가 그 높이가 마치 자로 잰 듯 수평이 정확히 맞아떨어진다. 경계 부분은 웬만한 크기의 낙타가 긴 목을 뻗었을 때에 닿는 주둥아리 높이다.

낙타의 입이 닿지 않는 곳까지 가시를 낼 필요는 없다. 그건 낭비다. 낙타의 공격을 피할 수 있는 자리라면 광합성을 할 수 있는 잎을 하나라도 더 돋워 내야 한다. 나이 든 음나무의 줄기가 모든 가시를 덜어 내고 미끈해지는 것과 같은 이치다. 오랜 경험을 통해 나무는 낙타의 키를 정확히 알고 그 높이까지만 가시를 돋운 것이다.

독특한 가시 덕분에 카스피주엽나무는 천리포수목원의 명물이 됐다. 그러나 이곳에 자리 잡고 35년쯤 지난 2012년 봄부터 나무에는 놀라운 현상이 나타났다. 가시가 무성하게 돋았던 자리에서 난데없이 초록의 잎사귀가 돋아나기 시작했다. 가만히 살펴보면 예전에 무성했던 가시의 상당 부분이 저절로 탈락한 상황까지 관찰된다. 천리포수목원에서는 낙타의 공격을 막을 필요가 없기 때문에 가시를 내지 않아도 괜찮았다. 더불어 기존의 가시도 유지할 필요가 없다는 것을 나무는 알아챘다. 누구라도 쉽게 생각할 수 있는 결과다. 낙타의 공격이 없는 수목원에서 사람들의 보호를 받으며 35년쯤 살아보니, 가시에 대한 필요가 사라진 것이다.

여기에서 질문이 생긴다. 카스피주엽나무는 어떻게 낙타의 공격을 피하지 않아도 된다는 걸 알았을까? 나무의 입장에서 본다면 이제 가시를 내지 않고 잎을 낸다는 건 대단한 모험이다. 자칫하면 가시 대신 잎을 낸 결과가 자신을 죽음으로 이끌어 가는 길이 될지도 모른다. 나무는 확실한 근거를 찾아야 한다. 그렇다면 나무가 지난 35년 동안 살아온 과정을 어떻게 기억하느냐는 질문이 나올 수밖에 없다. 나무에게 기억력이 있나? 기억력이 없다면, 어딘가에 기록을 하고 일일이 확인한단 말인가.

질문은 이어진다. 35년 동안 살아온 과정을 모두 기억한다 치고, 그동안 낙타의 공격이 없었으니, 나무는 앞으로도 낙타가 찾아올 리 없다는 판단까지 했다. 대관절 이 놀라운 기억과 판단 능력은 어디에서 온 것일까? 기억력과 판단력은 뇌에서 나온다고 알고 있다. 그런데 뇌가 없는 나무는 어떻게 기억을 하고, 그런

제 13 장
나무의 생명력

129 『The Power of Movement in Plants(1880)』.

현명한 판단을 내렸을까?

이 질문을 처음 던진 사람은 찰스 다윈이었다. 다윈은 『종의 기원』을 완성한 뒤에 식물 연구에 집중했다. 그가 남긴 식물과 관련한 책 가운데 한글로 옮겨진 번역서가 많지 않아서 그렇지, 다윈은 오랫동안 식물 연구에 집중했고 큰 성과를 내기도 했다. 그가 말년에 자신의 아들과 공저로 펴낸 『The Power of Movement in Plants(1880)』(제목을 옮기면 '식물 운동의 힘')라는 역저가 있다. 이 책은 안타깝게도 아직 한글 번역본이 없다. 어쩌는 수 없이 영문판이나 전자책으로 보아야 한다. 약 800쪽에 해당하는 방대한 외국어 저술이어서 빠르게 통독할 수 없는 책이다. 이 책은 뇌가 없는 식물이 생존 과정에서 보여주는 놀랍도록 지혜로운 힘의 원천을 찾으려는 노력의 결과였다.

생명의 비밀을 탐구해 온 다윈은 궁금했다. 식물의 살림살이는 매우 지능적인데, 그 근원이 어디에 있는지 알고 싶었다. 그래서 다윈은 다양한 실험을 했다. 오랜 실험과 연구 끝에 다윈은 이 책의 결론에서 다음과 같이 말했다. "식물에게도 하등동물 수준 이상의 지능이 있다."[18] 살아남기 위해 돋워 낸 가시의 기억을 가지고 먼 미래를 내다보며 더 평화롭고 풍성한 지금의 살림살이를 운영하는 나무의 기억력과 판단력은 생각할수록 놀랍다. 호모 사피엔스 곁에서 호모 사피엔스보다 더 오래 살아가는 나무의 생존 비밀이다.

잎을 꽃잎처럼 바꾸어 '헛꽃'을 만드는 지혜

몸의 형태를 바꾸어 가며 생존하려는 안간힘을 보여주는 사례로 수국*Hydrangea macrophylla* (Thunb.) Ser.의 헛꽃 이야기를 빼놓을 수 없다. 우리의 여름을 오랫동안 밝히는 아름다운 꽃이다. 여름에 피어나는 대개의 꽃들은 평균적으로 개화 기간이 긴 편이다. 100일 동안 붉은 꽃을 피운다 해서 백일홍나무라고 부르기도 하는 배롱나무*Lagerstroemia indica* L.가 그렇고, 아침에 피었다가 저녁에 지는 꽃을 무궁무진하게 피우는 무궁화*Hibiscus syriacus* L.가 그렇다. 수국도 여름 초입에 피어나서 가을바람 불어올 때까지 꽃을 달고 있는 식물이다.

오래 볼 수 있는 꽃이라는 점은 같지만, 수국의 꽃은 무궁화나 배롱나무의 개화 방식과 분명한 차이가 있다. 무궁화나 배롱나무는 한 송이 꽃이 피었다가 지면 다른 가지에서 새 꽃송이가

---

18 다윈이 이 책에서 내린 중요한 결론인데, 이를 처음 알게 된 것은 앞에서 이야기한 스테파노 만쿠소 교수의 TED 강연이었다. 강연에서 그는 이 책의 제13장 '나무의 생명력'에서 소개한 파리지옥의 지능적인 기억력을 이야기하고 다윈의 이 책과 이 책의 결론을 소개했다. 만쿠소 교수의 강연을 시청한 뒤 영문판 전자책을 통해 다윈의 생각과 실험을 살펴볼 수 있었다.

제 13 장
나무의 생명력

피어나며 긴 여름을 이어간다. 아침에 피었다가 저녁에 낙화하는 무궁화 꽃이나, 한 번 피어난 꽃이 열흘에서 보름쯤 피어 있다가 지고 나면 그 곁의 새 가지 끝에서 새로운 꽃을 피우는 배롱나무 꽃이 그렇다. 그러나 수국은 초여름에 피어난 꽃이 그대로 가을까지 지지 않는다. 꽃차례의 빛깔이 달라지기는 하지만, 꽃 모양은 그대로 유지한 채 여름을 난다.

이유가 있다. 사실 우리가 수국의 꽃이라고 부르는 부분, 특히 꽃잎으로 여기는 부분은 꽃이 아니다. 수국 꽃차례에서 가장 눈에 띄는 화려한 부분이 꽃잎이 아니라는 이야기다. 사정을 이해하기 위해서는 자연 상태에서 저절로 자라는 수국 종류인 산수국*Hydrangea serrata* (Thunb.) Ser.을 떠올려야 한다. 사실 수국이라고 하면 많은 사람들이 원예용으로 즐겨 키우는 대개의 수국, 즉 둥글게 공 모양으로 피어나는 꽃차례의 수국을 먼저 생각하기 십상이다. 그러나 이런 모양의 꽃을 피우는 수국들은 사람의 필요에 의해 선발해 낸 품종이다. 빛깔과 모양이 다양한 이 수국 품종은 씨앗을 맺지 못한다. 번식은 주로 꺾꽂이 방식으로 이어가야 한다. 자연 상태에서 저절로 자라는 수국 종류는 가운데에 자잘한 꽃송이가 모여 피어나고 이 꽃 무리 바깥쪽에 헛꽃으로 단장한 꽃차례를 피우는 산수국 종류가 있다. 산수국의 꽃차례 가운데에서 피어난 꽃송이에는 꽃잎이 없다. 가늘고 작게 돋아난 꽃술들만으로 꽃이 피어난다. 이게 꽃잎이 없는 안갖춘꽃이고, 수국의 진짜 꽃이다. 이 자디잔 안갖춘꽃만으로는 자신의 꽃가루받이를 이뤄줄 벌과 나비의 눈에 뜨이지 않는다. 꽃을 피운 목적을 이루지 못한다.

수국은 특단의 대책을 마련했다. 꽃잎 대신 꽃잎보다 더 화려한 조직을 만들어 낸 건 그래서다. 어쩌면 처음에는 꽃을 도드라지게 보이려고 여러 꽃송이를 한자리에 모여 피웠는지 모른다. 하지만 그 정도로는 힘에 부쳤다. 그러자 수국은 자디잔 꽃 곁에 다른 꽃의 꽃잎과 비슷한 조직을 만들어 냈다. 꽃처럼 생겼지만 꽃이 아니라는 뜻에서 '헛꽃'이라고도 부르는 특별한 기관이다. '꽃의 출현'을 이야기한 앞의 제8장에서는 요한 볼프강 폰 괴테가 『식물변형론』이라는 저술에서 주장한 특별한 이론을 소개했다. '식물의 모든 기관은 잎에서 변형한 것'이라는 주장이었다. 괴테가 처음 내놓았을 때에는 학계에서 그리 인정하지 않았지만, 이제는 모두가 인정하게 된 이론이 그것이다. 이 이론에 따르면 수국이 자신의 꽃을 더 돋보이게 하려고 가장 가까운 자리에서 돋아난 잎을 꽃처럼 보이는 '헛꽃'으로 바꾸는 일은 충분히 가능한 일이다. 수국은 꽃에서 가장 가까운 데에서 돋아난 잎사귀를 괴테의 이야기에 따라 꽃의 모양으로 변형시킨 것이다.

수국의 헛꽃과 같은 원리에 의해 나타나는 현상은 앞에서도 이야기한 적이 있다. 제10장에서 '세상에서 가장 큰 꽃' 타이탄 아룸을 이야기할 때였다. 타이탄 아룸의 어마어마하게 큰 꽃차례를 보면 가운데에 '남자의 성기' 모양으로 3미터까지 높이 솟아오른 기둥이 있고, 그 기둥의 아래쪽에 자잘한 꽃이 피어난다고 했다. 그리고 타이탄 아룸은 이 꽃이 피었다는 신호를 꽃가루받이 매개동물에게 알리기 위해 '불염포'라는 조직을 만들어 피운다고 했다. 천남성과 식물의 꽃에서 나타나는 불염포 역시 수국의 헛꽃과 마찬가지로 꽃잎이 아니라 잎을 변화시킨 새로운 조직이다.

가짜 꽃인 헛꽃의 꽃잎은 외견상 꽃잎으로 보이지만 결정적 차이가 있다. 바로 생존 기간이다. 세상의 모든 꽃은 그 존재 이유가 꽃가루받이에 있다. 그건 꽃가루받이를 마친 꽃에게 존재 이유가 사라진다는 이야기다. 모든 꽃은 꽃가루받이를 마치면 시들고 낙화해야 한다. 그러나 헛꽃은 꽃잎이 아니다. 헛꽃은 꽃이 아닌 까닭에 꽃가루받이를 마쳤다고 해도 시들어야 할 까닭이 없다. 잎과는 전혀 다른 모습으로 변형하기는 했지만, 여전히 꽃이 아닌 잎으로서의 속성을 가진 때문이다. 그래서 수국의 헛꽃은 꽃가루받이를 마친 뒤까지 남아 있어도 괜찮다. 늦여름까지 남아 있는 건 꽃이 아니라 헛꽃, 즉 잎이 변형한 기관이었기 때문이라는 이야기다.

헛꽃으로 매개곤충을 끌어들여 수국은 꽃가루받이를 이뤘다. 고마움의 뜻으로 수국은 그들에게 꽃밥과 꿀을 제공했다. 여느 꽃처럼 많은 양은 아니라 해도 자신이 제공할 수 있는 최대한을 건넸다. 그리고 목적을 이룬 꽃은 이제 시들어 떨어질 차례다. 그러나 헛꽃은 꽃이 아니어서 떨어지지 않는다. 가을 바람 불어올 때까지 그대로 남아서 사람들을 즐겁게 한다. 이즈음에 헛꽃

131 '뒤집기 신공'을 보여주는 **수국의 헛꽃**.

을 진짜 꽃으로 착각하고 찾아오는 곤충이 있을 수 있다. 애당초 수국 꽃의 매개곤충은 진짜 꽃이 아니라 헛꽃을 보고 찾아왔으니 다시 올 가능성은 높다. 하지만 꽃가루받이를 마친 수국으로서는 어떤 곤충에게도 내어줄 게 아무것도 없다. 미안한 일이다. 게다가 같은 상황이 되풀이된다면 곤충에게는 헛꽃을 알아보는 학습이 누적될 것이고, 해를 거듭하며 헛수고를 했던 곤충이라면 다시는 수국을 찾아오지 않게 된다. 이건 수국에게 두려운 일이다. 더 이상 이 생태계에 살아남을 수 없게 된다.

그래서 수국은 자신이 이미 꽃가루받이를 마쳤으며 꿀도 꽃가루도 남지 않았다는 뚜렷한 표시를 하기로 했다. 바로 '뒤집기 신공'이다. '뒤집기 신공'은 산수국 종류에서 뚜렷이 나타나는 현상이다. 헛꽃을 꽃차례 가장자리에 피우고 매개곤충을 끌어들였던 산수국은 놀랍게도 주변의 모든 헛꽃을 180도 뒤집는다. 이제 나누어 줄 아무것도 없으니 오지 말라는 뚜렷한 표시다. 얼핏 보아서는 큰 차이를 느끼기 어렵지만, 가까이 다가서면 그 차이는 확연히 드러난다. 자외선과 적외선을 구별하는 곤충의 눈에는 더 뚜렷하게 드러나는 차이다. 아무 대가도 없는 노동을 미연에 방지하기 위해 수국 꽃이 곤충을 향해 펼치는 기특한 배려다. 더불어 그건 내년에 꽃을 피웠을 때에 더 풍성한 먹이를 지어놓을 테니, 그때 다시 꼭 찾아와 달라는 곤충에 대한 구애 전략이며, 수국이 이 땅에서 후손을 번식하며 살아가는 지혜로운 전략이기도 하다.

한 가지 궁금증이 남는다. 진짜 꽃을 퇴화시키고 헛꽃만 피우게 한 수국 원예 품종들의 꽃은 산수국 종류의 '뒤집기 신공'을 할 수 있는가 하는 의문이다. 워낙 많은 품종에 대해 일관된 답을 내놓을 수는 없지만, 대개의 원예 품종의 경우, 헛꽃이 뒤집기 신공을 펼칠 만큼의 공간을 확보하지 못할 정도로 촘촘하게 피어나기 때문에 대부분은 가을까지도 뒤집기 신공을 보이지 않는다. 헛꽃만 피우는 품종이라면 굳이 뒤집기 신공을 펼쳐서 곤충에게 신호를 보낼 이유가 없기 때문에 헛꽃을 그대로 두든, 뒤집든 결과적으로는 아무 차이가 없다. 그러나 일부 원예 품종의 경우 그 비좁은 틈을 뚫고 뒤집기 신공을 펼치기도 한다. 물론 이 품종이 뒤집기를 통해 어떤 이득을 얻는 건 분명히 아니다. 하지만 아무리 사람에 의해 형질이 바뀌었다 하더라도 그의 유전자 깊은 곳에는 뒤집기 신공의 흔적이 남아 있다. 그 흔적을 드러내는 것뿐이라고 볼 수 있다.

나무, 그 가운데에서도 꽃을 피우는 현화식물은 꽃가루받이를 매개하는 곤충 없이 존재할 수 없다. 그러나 나무는 일방적으로 곤충의 도움만을 요구하지 않는다. 나무는 곤충의 노동에 따른 분명한 대가를 제공할 뿐 아니라 곤충의 헛수고를 강요하지 않는다. 나무와 곤충이 오랜 세월 동안 이 숲, 이 땅에서 조화롭게 더불어 살아온 지혜다.

　수국의 헛꽃과 같은 기관을 지어 내는 식물은 적지 않다. 일단 꽃이 피어 있는 시기가 이상할 정도로 길다 싶은 식물의 꽃이 대부분 그렇다. 앞에서 이야기한 것처럼 꽃가루받이를 마친 꽃은 존재할 이유가 없다는 사실을 상기하면 충분히 알 수 있는 사실이다. 물론 꽃가루받이를 매개하는 곤충이나 동물의 활동이 뜸한 겨울철에 피어나는 꽃들은 비교적 개화 기간이 길다. 그러나 매개동물의 활동은 활발한데, 시들어 떨어지지 않고 오래 남아 있는 꽃이 있다면 한 번쯤 의심하고 관찰해 보면 금세 알 수 있다. 이런 경우 대개는 꽃이 작으면서 가운데에 모여 있고, 그 주변에 화려한 꽃잎이 피어 있는 식으로 꽃차례를 피운다.

　꽃가루받이 매개 곤충이 활발하게 활동하는 봄철에 오랫동안 피어 있는 꽃 가운데 '산딸나무*Cornus kousa* Bürger ex Hance'가 있다. 가운데에 산딸기를 닮은 작은 구슬 모양의 꽃뭉치가 피어나고, 그 바깥으로 넉 장의 꽃잎이 돋아 있는데, 이 넉 장의 꽃잎은 시들지도 않은 채 오래 피어 있다. 이런 까닭에 산딸나무는 조경용으로 많은 원예가들의 사랑을 차지한다. 그러나 자세히 보면 넉 장의 꽃잎은 처음 피어 있을 때부터 아무런 변화 없이 오래가지만, 그 가운데에 구슬 모양으로 피어 있는 부분에는 뚜렷한 변화가 있다. 여기에는 여러 송이의 매우 작은 꽃들이 모여 있다. 그리고 처음 피어날 때에는 꽃술을 정확히 확인할 수 있지만, 일정한 시기가 지나면 꽃술이 떨어지고 까맣게 바뀌는 걸 볼 수 있다. 가운데에 구슬 모양으로 모여 피어난 것만 꽃이었다. 이 꽃은 꽃잎을 가지지 않은 불완전화, 안갖춘꽃이다. 그렇다 보니, 앞의 수

제 13 장
나무의 생명력

국처럼 매개곤충의 눈에 뜨이지 않았다. 그러자 산딸나무는 자신의 존재를 더 널리 알리기 위해 꽃송이 곁에 꽃잎으로 보일 듯한 조직을 만들어 냈다. 산딸나무의 경우 이 기관을 포(苞)라고 부른다. 가운데의 꽃송이들은 꽃가루받이를 마치고 꽃술을 떨어뜨리고 시들어도 꽃잎이 아닌 포는 함께 시들어야 할 이유가 없다. 산딸나무 꽃차례가 오래가는 이유다.

나무가 아닌 풀꽃 가운데에도 그런 식물이 있다. 크리스천 문화에 익숙한 서양 사람들이 '사순절의 장미'라는 별명으로 부르는 헬레보루스 종류의 식물이 그렇다. 헬레보루스는 겨울 크리스마스 시즌에 우윳빛으로 피어나는 종류도 있다. 이 종류는 '성탄절의 장미'라는 별명으로 부른다. 꽃이 피는 시기와 꽃의 색깔이 다르기는 하지만, 그 밖의 거의 모든 생태는 두 종류가 똑같다. 역시 긴 시간 동안 큼지막한 꽃을 오래 보여주는 꽃으로 원예가들의 사랑을 받는 풀꽃이다. '사순절의 장미'로 불리는 헬레보루스의 꽃은 가톨릭 사제들이 사순절 기간에 입는 제의 복장의 빛깔인 보랏빛으로 피어나는데, 그 시기가 거의 부활절 오기 40일 정도 전에 피어난다. 여러 이유로 '사순절의 장미'라는 별명이 아주 적합한 식물이다. 그리스도교에서는 매우 중요한 시기인 성탄절과 부활절 직전의 사순절을 지켜주는 이 풀꽃은 뒤의 제22장 '종교와 나무'에서 자세히 이야기할 것이다. 포를 이야기하던 중에 헬레보루스 이야기를 끄집어낸 것은 바로 이 식물의 꽃 역시 작은 꽃을 돋보이게 하기 위해 꽃이 아닌 기관을 꽃처럼 변형시킨 조직의 대표적인 사례여서 일단 짚어보았다.

우리 사는 세상을 아름답게 하는 생명의 경이로움

꽃의 개화, 잎의 발아 과정 모두가 사실은 나무의 치밀한 생존 전략에 의한 현상이었다. 그 모두를 우리가 아름답다고 느끼는 것은 어쩌면 호모 사피엔스로서는 도저히 흉내 낼 수 없는 혹은 알아채기 어려운 신비로운 비밀을 간직한 때문이다. 나무가 보여주는 신비로움은 둘째 치고, 그 아름다움을 우선 이야기하게 되는 현상으로 '단풍'이 있다. 단풍은 특히 온대지방에서 자라는 나무들에게 중요하면서도 신비로운 생존 전략이다.

단풍의 이유를 알기 위해서는 나무의 살림살이 방식부터 짚어보아야 한다. 나뭇잎은 하늘의 빛을 받아 이 땅의 모든 생명을 먹일 지상의 양식을 짓는 하늘과 땅의 연결 고리다. 지상의 모든 생명 가운데 양분을 짓는 건 나무밖에 없다. 어떤 생명이든 나뭇잎의 초록빛 엽록소가 광합성을 통해 지어 내는 양분에 기댈 수밖에 없다. 나뭇잎에는 엽록소 외에도 제가끔 다른 빛깔을 띠는 성분이 포함돼 있다. 그러나 다른 성분들은 쉬이 드러나지 않는다. 광합성을 재우쳐야 하는 까닭이다. 광합성을 이루려면 햇살을 잘 받아야 하기에 어떤 요소도 엽록소가 받아야 할 햇살을 훼방해서는 안 된다. 엽록소에 비켜서야 한다. 혹은 엽록소의 아래쪽으로 내려가야 한다. 나뭇잎이 엽록소의 빛깔인 초록으로 보이는 까닭이다. 햇살이 닿는 나뭇잎의 위쪽은 모두가 초록인 게 사실이지만, 나뭇잎을 골고루 살펴보면 나뭇잎의 아래쪽, 즉 햇살이 닿지 않는 쪽의 빛깔은 꼭 초록빛이 아닌 걸 알 수 있다. 때로는 갈색이기도 하고, 회색이기도 하며, 심지어 거의 검은빛인 나뭇잎도 있다. 초록빛을 내는 엽록소를 모두 햇살 잘 닿는 위쪽으로 보내고 남아 있는 다른 요소들이 지어 내는 빛깔이다.

광합성의 계절이 지나면 나뭇잎에는 초록빛이 사라지고 울긋불긋한 빛깔이 드러난다. 겨울이 다가오는 기미다. 단풍은 겨울을 채비하는 나무의 생존 전략이다. 겨울이 온다는 건 기온이 섭씨 0도 이하로 떨어져 물이 언다는 이야기다. 나무는 광합성에 필요한 물을 뿌리로부터 나뭇잎까지 끌어 올린다. 얄궂은 건 아무리 굵은 줄기를 가진 나무도 물을 끌어 올리는 물관이 줄기의 바깥쪽, 즉 바깥 기온에 민감한 부분에 있다는 사실이다. 물을 끌어 올리는 통로인 물관은 나무줄기의 바깥 조직인 변재에 있다. 나무에게는 변재의 물관을 따뜻하게 보온할 도리가 없다. 빙점 이하의 기온에서 물관 속에 든 물은 얼 수밖에 없고, 물관 속에 담긴 물은 얼음이 되어 부피가 팽창하며 물관을 터뜨리게 된다. 겨울에 수도관이 파열되는 것과 똑같은 이치다. 물관이 터지는 건 나무에게 치명적이다. 동물로 치면 혈관이 터지는 것과 같은 치명상이다. 다가오는 겨울에도 무사히 살아남으려면 더 추워지기 전에 물을 덜어 내야 한다.

그래서 나무는 이때 '떨켜'라는 조직을 만든다. 떨켜는 한자로 '탈리대脫離帶'라고도 한다. 한자의 뜻을 돌아보면 잎이 나뭇가지로부터 '떨어져 헤어지는 부분'이라고 해석된다. 이 떨켜, 탈리대가 발달하면 먼저 단풍이 들고, 그 뒤에는 낙엽으로 떨어진다는 걸 알려준다. 달리 말하면 낙엽과 단풍은 시차를 두고 벌어지는 하나의 현상이라는 이야기다. 떨켜가 자라는 자리는 뿌리에서부터 잎으로 가늣하게 이어지는 잎맥까지의 통로 가운데 나뭇가지와 잎자루가 이어지는 부분이다. 햇빛을 받아 지어 낸 양분을 나무의 몸통으로 옮겨주는 생명의 통로이기도 하다. 기온이 더 떨어지기 전에 나무는 떨켜를 수긋이 키워서 이 통로를 틀어막아야 한다. 통로가 막히면 물은 오르지 못한다. 물관에 남아 있던 물기는 목적지를 잃고 허공으로 빠져나간다.

시나브로 잎이 마른다. 햇빛과 이산화탄소, 물이 있어야 할 수 있는 광합성을 이제는 할 수 없다. 지난 계절까지 왕성하게 광합성을 하던 엽록소는 햇살과 이산화탄소를 모았지만, 물이 없는 까닭에 광합성을 완수하지 못한다. 엽록소는 힘을 잃는다. 처음부터 나뭇잎에 들어 있었지만, 광합성을 위해 엽록소에게 잎의 윗자리를 양보했던 나뭇잎의 또 다른 요소들이 드디어 자신의 빛깔을 드러낼 차례가 왔다. 나무마다 성분이 달라서 안토시아닌을 많이 품은 나무도 있고, 카로틴이나 탄닌을 많이 품은 나무도 있다. 때로는 같은 종류의 나무라 해도 성분이 조금씩 다를 수 있다. 이 성분들은 제가끔 다른 빛깔을 가지고 있다. 안토시아닌은 빨강, 카로틴은 노랑, 탄닌은 갈색을 가졌다. 엽록소가 파괴된 뒤에야 비로소 드러내는 나뭇잎의 본색은 다양하다. 카로틴을 많이

제 13 장
나무의 생명력

함유한 은행나무나 아까시나무는 노랗게, 안토시아닌을 많이 머금고 살아온 단풍나무나 화살나무는 빨갛게, 탄닌 성분이 많은 갈참나무나 상수리나무나 신갈나무는 갈색으로 울긋불긋 화려해진다. 때로는 같은 종류의 나무이지만 단풍 빛깔이 달라지기도 한다. 이를테면 느티나무나 벚나무의 경우, 한해살이의 결과와 기후에 따라 빨강, 노랑, 갈색이 번갈아 드러나기도 한다. 심지어 한 그루의 나무에서도 한쪽 가지의 잎은 붉게 물들고, 다른 쪽 나뭇가지의 잎은 노랗게 물드는 경우를 쉽게 찾아볼 수 있다.

단풍이 아름다울 수 있는 조건이 있다. 앞에서 이야기한 단풍의 원리를 생각하면 충분히 짐작할 수 있다. 단풍 빛깔이 선명하려면 엽록소가 빨리 비활성화하여 잎사귀가 담고 있던 안토시아닌, 카로틴, 탄닌이 제 빛깔을 온전히 드러낼 수 있는 조건이어야 한다. 무엇보다 빠른 시간에 나무의 몸체에 들어 있는 물을 덜어 내야 한다. 가을 단풍철에 비가 많이 오면 안 된다는 건 기본이다. 일조량이 많아 햇살이 좋으면 수분을 빠르게 덜어 낼 수 있지만, 그렇다고 해서 지나치게 가물어서도 안 된다. 단풍 물을 올리기까지 필요한 시간 동안은 적당한 양의 수분이 필요하다. 잎이 갑자기 마르면 붉은 물이 들기도 전에 낙엽부터 하게 돼서 고운 단풍을 볼 수 없다. 2023년 가을에 유난히 화제가 됐던 '초록 낙엽'이 그 전형적인 예다. 초록 낙엽 이야기는 이 책의 제27장 '기후 변화'에서 자세히 짚어볼 것이다. 일교차가 커야 한다는 것도 고운 단풍의 조건이다. 낮았던 아침 기온이 낮이 되면서 큰 폭으로 오르는 일교차가 큰 날씨여야 나무의 몸에 든 물이 바짝 마를 것이고, 그래야 단풍 빛깔은 이전의 초록빛과 극단적으로 대조

적인 빛깔을 드러낸다. 밤의 온도가 크게 떨어지면 나무는 겨울
의 신호를 알아채고 물 공급을 막는 떨켜를 더 빨리 키울 것이고,
남아 있는 수분을 날려 보내는 증산작용을 더 활발히 한다. 한 가
지 조건을 더 보태자면, 파란 가을 하늘이다. 대표적인 단풍 빛깔
인 빨강, 노랑, 갈색과의 배색 조건에서 파랑색만큼 극단적인 대
비를 이루는 빛깔도 없기 때문이다. 그래서 단풍을 즐기려면 파
란 가을 하늘이 필수다. 우리나라의 가을 하늘이 맑고 높다는 것
도 우리 단풍이 아름다운 근거라는 이야기다. 팬데믹 사태를 겪
는 동안 더 맑고 더 높아진 파란 하늘 아래에서 우리는 분명히 이
전보다 훨씬 아름다운 단풍을 볼 수 있었던 경험이 그 사정을 증
명한다.

다양한 단풍 빛깔 가운데에서 안토시아닌이 많은 빨간 빛
깔을 내는 단풍나무의 빛깔을 좋아할 수밖에 없는 특별한 이유
가 있다. 나뭇가지와 잎 사이에 떨켜가 성숙했다는 건, 나뭇가지
와 잎을 분리시켜 낙엽을 할 준비를 마쳤다는 신호다. 떨켜를 '탈
리대'라고 부르는 것도 낙엽을 채비하는 조직이라는 뜻에서 붙인
이름이다. 이제 나무는 모든 수고를 내려놓고 긴 겨울잠에 들어

제 13 장
나무의 생명력

야 한다. 그러나 평안한 겨울잠을 위해서 해결해야 할 나무의 걱정거리는 아직 남았다. 제 살 자리를 옮겨 다니지 못하고 한자리에서 눈보라 맞으며 지내야 할 겨울이 걱정이다. 나무는 최소한의 에너지만으로 생명을 유지하며 겨울을 보내야 하지만, 이때에도 겨울에 활동하는 병해충의 공격을 받을 수 있다. 아무런 양분의 공급도 없이 그저 겨울잠에 곤히 빠진 나무로서는 이 시기에 병해충의 공격을 이겨낼 방법이 없다. 나무에게 겨울나기는 또다시 험난한 고행 길이다. 그래서 나무는 지난 계절 동안 안토시아닌을 더 많이 지어 낸다. 안토시아닌은 '병해충을 방제하는' 약효를 가졌다. 알고 보니, 빨간 단풍은 나무가 겨울잠에 깊이 빠져 있는 동안 혹시라도 찾아올지 모르는 해충을 막아내기 위한 최소한의 방비책이었다. 나무는 이제 안토시아닌을 가득 담은 빨간 단풍 잎을 나무뿌리 근처에 내려놓는다. 빨간 잎에 들어 있던 안토시아닌은 뿌리 둘레 땅의 흙에 서서히 스며든다. 겨우내 깊은 잠에 든 나무를 지켜낼 유일한 무기다.

돌아보면 단풍은 사람을 즐겁게 하기 위한 것이 아니었다. 그 아름다운 천연의 빛깔은 나무 스스로 이 땅에서 살아가기 위한 생존 전략의 결과였다. 눈보라 몰아치는 벌판에서 홀로 찬 바람 이겨내야 하는 건 나무에게 주어진 숙명이다. 고요해 보이지만, 치열할 수밖에 없는 잠자리다.

나무의 아름다움에는 살아남기 위한 간절함이 들어 있다. 나무가 펼치는 화려한 빛깔의 축제도 결국은 오랜 세월을 거치며 나무가 체득한 간절한 생존 전략의 흔적이다. 단풍이 그토록 아름다운 건 생명을 향한 치열한 투쟁이었던 때문이다. 알고 보면

나무의 처절한 애옥살이는 모두 나무의 신비롭고 경이로운 생명
력의 결과다. 고작해야 나무가 살아온 세월의 1,600분의 1밖에 살
지 못한 호모 사피엔스로서는 온전히 이해할 수 없는 깊고도 깊
은 생명력의 경이로움이다.

생명의 느낌

잎과 꽃과 열매까지 포함해야 나무의 전체가 되는 줄 알았다.
이제 보니 그것들을 다 떨구고 맨몸으로 서 있는 나목이야말로
하늘을 우러러 한 점 부끄러움 없다는 게
바로 저런 게 아닐까 싶게 거침없이 당당하고 늠름해 보였다.
나무의 맨몸의 아름다움에 비하면
꽃이나 잎은 한낱 가식이나 방편에 지나지 않는 것처럼
부질없게 여겨졌다.

– 박완서, 『흔들리지 않는 전체』에서

근대과학의 방법만이 생명을 감지하는 유일한 방법은 아니
다. 신비로운 생명력으로 살아가는 나무의 생존전략을 고루 살
펴본 제13장에서 짚어본 것처럼 나무는 사람의 감각으로는 온전
히 이해하기 어려운 경이로운 생명체다. 당연히 독립 생명체로서
의 나무에 다가서는 데에는 여러 다양한 방법이 있을 수밖에 없
다. 적잖은 사람들이 '나무와 대화를 한다'는 식으로 허투루 내뱉
는 이야기가 있는가 하면, 나무의 고된 생태와 무관하게 스스로
를 '나무처럼 산다'고 이야기하는 경우도 종종 만난다. 세상의 모
든 일이 그러하겠지만, 자기의 일은 더 신비롭게 꾸미고 싶은 욕

구들이 나무의 아름다운 이미지만을 빌린 것이다. 나무의 생태를 알게 된다면 차마 하기 어려운 이야기들이다. 때로는 이런 문학적 비유가 소비자들의 감성을 자극하기에 알맞은 생각에서 옳지 않은 소리임을 잘 알면서도 마케팅에 이용하려는 의도로 쏟아내는 이야기들이기도 하다. 나무와 대화한다는 표현부터 그렇다. 나무라는 생명체를 사람에 빗대어, 나무의 생명살이를 사람살이에 견주는 심각한 오류를 자아내는 이야기다. 나무는 결코 사람의 언어로 말하지 않는다. 나무는 이른바 '말하지 않으면서 더 많은 말을 하는 생명체'다. 미국식 영어로 미국인과 대화하던 미국이 원산지인 나무가 우리나라에 들어와서는 한국인과 대화하기 위해서 한국어 문법과 어법을 배운 적이라도 있는 건 아니다. 거꾸로 우리네 시골 마을에서 순박하게 봄을 노래하는 진달래가 프랑스에 건너가 리을을 히읗으로 발음하며 프랑스 사람들과 대화하는 것도 아니다. 이 책의 앞에서부터 줄곧 짚어보았듯이 나무는 나무만의 방식으로 세상의 대상을 감지하고 그들과 함께 살아가는 방법을 터득하여 여태까지 우리 생태계에서 건강하게 살아온 것이다. 덧붙이자면 '나무처럼 산다'는 것 역시 문학적 수사에 지나지 않는다. 나무처럼 산다는 건 불가능할 뿐 아니라 나무의 삶을 온전히 이해하지 못했거나 나무살이의 극히 일부분만을 빌려 온 수사일 뿐이다.

나무에 다가서는 온당한 방법은 무엇인가. 우리 옛사람들의 이야기를 잠시 짚어본다. 멀리 있는 나무를 찾아가기 어려웠던 우리의 옛 선비들은 나무를 가까이에서 느끼기 위해 상당한 애를 썼다. 오래된 나무의 구불구불한 줄기를 만져보고 싶었고, 또 그

줄기에서 돋아난 새잎의 향기를 맡고 싶었다. 분재盆栽는 그 결과다. 예전에 비해 찾아보아야 할 큰 나무들까지 이르는 교통이 편리해진 이즈음에는 분재의 의미가 차츰 소유욕으로 치우치는 상황이지만, 예전의 분재는 나무에 대한 지극한 애정의 결과였던게 분명하다.

선비들이 좋아하고 집 안 뒤란에 흔히 심어 키우던 나무 가운데에 매화 꽃 피어나는 매실나무가 있다. 선비들은 매화의 향기를 암향暗香이라 했다. 코를 찌르는 짙은 향기는 아니지만, 은은하면서도 아득히 멀리까지 퍼진다는 이유에서였다. 또 매화의 암향을 감상하는 걸 선비들은 문향聞香이라 했다. 코를 바투 들이밀고 향기를 맡는 것이 아니다. 침묵을 깨뜨리면서 고요하게 번져오는 향기를 귀로 들어야 한다고 강조한 것이다. 번잡한 저잣거리가 아니라 선비의 고택이나 천년 고찰의 정원에 서 있는 매화를 매화 중의 으뜸으로 꼽는 근거다.

나무마다 다른 방식으로 접근해야 한다는 건 개별 생명체로서의 나무의 생명 방식을 존중하는 데에서부터 시작해야 한다는 이야기다. 매실나무와 벚나무가, 장미와 국화가 살아가는 방식이 서로 다르다. 그런 까닭에 각각을 살피기 위한 나름의 방식을 찾아보자는 이야기다. 이쯤에서 우리는 한 고집스러운 한 여성 과학자의 이야기에 귀를 기울여야 하겠다.

"내가 그 일에 빠져들수록 점점 더 염색체가 커지더라는 사실이에요. 그리고 정말로 거기에 몰두했을 때, 나는 염색체 바깥에 있지 않았어요. 그 안에 있었어요. 그들의 시스템 속에서 그들과 함께 움직였지요. 내가 그 속에 들어가 있으니 모든 게 다 크게 보일 수밖에 없죠. 염색체 속이 어떻게 생겼는지도 훤히 보였어요. 정말로 모든 게 거기 있었어요. 나 자신도 무척이나 놀랐지요. 내가 정말로 그 속에 들어가 있는 느낌이었거든요. 그리고 그 작은 부분들이 몽땅 내 친구처럼 여겨졌어요."(202쪽)[19]

노벨상을 수상한 과학자가 들려준 이야기치고는 믿어지지 않을 만큼 비과학적으로 들리는 이야기다. 일체의 주관적 느낌을 버리고 엄격한 객관적 실증을 요구하는 과학 분야에는 어울리지 않는 이야기다. 과학자가 아니라 예술가 혹은 시인의 이야기로 더 맞춤한 표현이다. 이처럼 독특한 방식을 고집스럽게 유지하며 유전학 및 진화생물학의 역사에 한 획을 긋는 위대한 작업을 완성해 낸 과학자는 미국의 유전학자 바버라 매클린토크(Barbara McClintock, 1902~1992)다.

매클린토크는 1983년에 옥수수 연구를 통해 유전자 자리바

---

19   여기서부터의 인용은 한글 번역본으로 양문출판사에서 출간한 바버라 매클린토크의 전기 『생명의 느낌』을 기준으로 한다. 이 책은 1983년에 이블린 폭스 켈러가 『A Feeling for the Organism』(1983)이라는 제목으로 펴낸 것을 한글로 옮긴 책이지만, 얼마 지나지 않아 절판되었고, 2018년에 서연비람출판사에서 원제를 직역한 『유기체와의 교감』이라는 다소 낯선 느낌의 제목으로 재출판했다.

제 14 장
생명의 느낌

꿈 현상[20]을 발견한 공로로 여성 단독으로는 최초의 노벨생리의학상을 수상한 위대한 과학자다. 어린 시절부터 독립적으로 생활하기를 즐겼던 매클린토크는 농장에서 일하는 대신에 등록금을 면제받는 조건으로 코넬대학교 농과대학에 들어가면서 유전자 연구의 이력을 쌓았다. 그러나 그는 대학과 대학원을 졸업한 뒤에도 특별한 일자리를 구하지 못했고, 간간이 계약직 형식으로 짧은 기간에 걸쳐 프로젝트 연구비를 지원받으며 연구를 이어갔다. 1936년에는 어렵사리 미주리대학교의 조교수 자리를 얻게 되어 안정적인 연구 작업을 할 수 있었는데, 이때 그의 연구 소재는 옥수수였다. 그는 옥수수의 염색체에서 동그란 형태의 염색체를 발견했는데, 이를 강조하는 그에게는 한때 '동그라미'라는 별명이 붙기도 했다. 그의 연구는 혁신적이어서 처음에는 그의 연구 결과를 이해하고 동조하는 학자들이 거의 없었다. 게다가 그는 톡 쏘는 듯한 말투나 남달리 꼿꼿하고 고집스러운 성격 탓에 주변인들과 동화하지 못하고 어린 시절처럼 독립적인 생활을 했다.

---

20   transposition. 특정 기능을 발휘하는 유전자의 한 단위가 통째로 자리를 옮기는 것.

1942년에는 드디어 그의 주요 업적을 쌓게 되는 콜드 스프링 하버 연구소로 발령받아 정착할 수 있었으며, 여기에서 그는 40년 넘게 연구 작업을 이어갈 수 있었다.

1939년에 미국 유전학회 부회장에 선출된 것을 비롯해 국립과학아카데미 회원으로 1944년에 선출되는 등의 화려한 경력이 있었지만, 그는 여전히 이단이며 독특한 과학자였다. 다른 과학자들과 융합되지 못한 채 독립적으로 수행한 연구에서 그는 옥수수 세포유전학 연구에 매진해 마침내 '자리바꿈 염색체'에 대한 탁월한 결과를 이뤄냈다. 이 현상을 다른 분야에서는 '돌연변이 유전자mutable genes', '잡색현상variegation', '모자이크현상mosaicism' 등의 이름으로 불렀다. 매클린토크는 이 과정에서 보이는 얼룩무늬의 규칙성과 근접한 조직끼리의 발생 빈도 등을 연구하여 세포분열 초기에 세포들이 서로 다르게 분화한다는 발생유전학의 지표를 열었다. 그러나 그의 연구 결과는 여전히 인정되지 않았다. 다윈의 전통을 계승하는 진화론에서 가정하는 기본 명제는 유전적 변이형의 출현은 절대 우연이라는 것이었는데, 매클린토크는 유전적 변화가 생명체로부터 모종의 조절을 받는다는 얘기였으니, 진화론의 기본 전제를 거스르는 주장이었다.

그때까지 진화생물학의 기본 전제는 진화란 유전자가 변형된 결과이며, 이는 우연의 산물이라고 주장하는 다윈식 해석이 기조를 이루고 있었다. 돌연변이로 인해 여러 가지 변이가 생겨나고 이들 사이에서 자연 도태가 일어난 결과, 진화가 이루어진다는 것이다. 진화를 결정짓는 요인은 오로지 자연 도태이며 모두가 우연의 산물이라는 다윈의 입장에 대해 획득형질도 곧바로

제 14 장
생명의 느낌

135 이블린 폭스 켈러.

유전될 수 있다는 상반된 입장은 팽팽하게 대립했다. 그 대립은 지금까지도 이어지고 있다. 진화에 대한 라마르크식 설명과 다윈식 설명의 서로 다른 두 입장의 대립에서 매클린토크는 두 입장을 동시에 극복하는 심층적인 이해로 폭을 넓혀가는 결과를 이뤄냈다고 평가된다. 즉 돌연변이 현상과 환경으로 인해 생긴 획득형질의 유전에 대한 논란을 일정하게 극복했다는 의미다. 매클린토크의 주장은 크게 지지받지 못했다. 그러다가 분자생물학이 발전하면서 차츰 그의 연구 결과가 하나 둘 증명되고 마침내 1970년에 미국 국가 과학상을 수상한 것을 비롯해 로젠스틸상(1977) 토머스 헌트 모건 메달(1981) 등을 수상하기에 이르렀다. 그의 연구에 대한 학계의 결정적 인정은 1983년의 노벨생리의학상 수상으로 매듭지어진다.

　여성에 대한 차별이 심했던 과학계에서 독특한 연구 방법을 고집스럽게 이어가며 큰 성과를 이룬 것이다. 노벨상 수상으로부터 얼마 뒤 과학철학자이자 저널리스트로 활동한 이블린 폭스 켈러(Evelyn Fox Keller, 1936~2023)는 매클린토크의 특별한 연구

136 이블린 폭스 켈러의 역작 『생명의 느낌』.

과정과 여성과학자로서 겪은 성차별 등을 내용으로 하는 '매클린토크 평전'을 쓰기 위해 1년의 안식년 기간을 바쳐 마침내 『생명의 느낌(A Feeling for the Organism: The Life and Work of Barbara McClintock, 1983)』이라는 제목의 책을 펴냈다. 매클린토크의 가족을 비롯한 주변인을 폭넓게 취재하여 그의 생애 전반을 입체적으로 정리해 낸 이 책은 매클린토크의 어린 시절부터 성장 과정을 흥미롭게 정리했으며, 여성 과학자로서 겪어야 했던 차별 사례까지 치밀하게 풀어 썼다. 또 그의 업적이 과학사에서 가지는 의미까지 종합적으로 짚어냈다.

여기에서 우리가 매클린토크의 주요 업적인 '유전자 자리바꿈' 현상에 대해 더 깊이 있게 이야기할 건 아니다. 유전학 연구에 초점을 맞추지 않은 이 책에서 매클린토크의 연구 결과에 대해 깊이 살펴볼 일도 아니고, 그를 평가할 계제도 아니다. 그러나 반드시 짚어보아야 할 부분이 있다. 그토록 다른 과학자들로부터 인정받지 못하고, 심지어 '미치광이' 취급을 받았던 매클린토크의 특별한 연구 방법, 혹은 그가 생물을 연구하는 기본적인 태도

제 14 장
생명의 느낌

에 대해서만큼은 꼭 알고 넘어가야 하지 싶다. 이는 나무의 생명력을 이야기하고, 나무를 하나의 독립된 생명체로 받아들여야 할지를 주요 주제로 삼는 이 책의 초점과 완전히 일치한다.

옥수수 연구로 유전자 자리바꿈 현상 발견

매클린토크의 과학 연구 작업은 100년쯤 전 미국 뉴욕주의 이타카, 옥수수밭에서 시작한다. 옥수수의 염색체 돌연변이에 대해 풀리지 않는 과제에 골몰한 채 잘 자란 옥수수밭 사잇길을 천천히 걷던 그는 당장 풀어야 할 과제인 '돌연변이의 이상 현상'의 실마리를 암만해도 찾을 수 없었다. 답답한 마음을 풀지 못한 그는 길섶에 털퍼덕 주저앉았다. 한참을 앉아 있던 그가 갑자기 "답을 찾아냈다"라고 고래고래 소리 지르며 동료들에게 뛰어갔다. 순식간에 답을 찾아내기는 했지만, 여느 과학 연구에서처럼 답을 찾아낸 과정을 설명할 수 없었다. 과학적인 연구 방법을 통해 답을 찾은 게 아니었다. 무성하게 자라난 옥수수밭 고랑에 앉아 직관적으로 답을 얻었기 때문이다. 옥수수가 내뿜는 생명의 기운으로 얻은 답이라고나 할 수 있으려나 모르겠다. 그걸 동료 과학자들에게 설명할 도리가 없었다.

통상적인 과학자들의 연구 방법과는 전혀 다른 방법으로 놀라운 업적을 이룬 유전학자의 이야기다. 노벨상을 수상한 건 1983년. 마침내 그의 업적이 학계에 받아들여지기는 했지만, 그렇게 되기까지에는 긴 시간이 필요했다.

137 옥수수밭에서 해답을 얻어 가는 **매클린토크**.

　그의 연구 방법은 이전의 여느 과학자들과 달랐다. 옥수수 연구를 오로지 현미경을 통해서만 관찰하는 데에 그치지 않았다. 옥수수 알 하나하나, 그리고 그 안에 든 눈에 보이지 않는 염색체를 '마음의 눈'으로 바라보았다. 마음의 작용에 대한 철저한 믿음은 모든 연구의 바탕이었고, 그것이 곧 기존의 과학계로부터 인정받지 못한 근거였다. 매클린토크는 옥수수를 손수 심었고, 싹이 터서 열매 맺는 과정까지를 곁에서 지켜봤다. 옥수수라는 하나의 생명과 소통하려 애썼으며, 그 생명과 소통하며 느껴지는 자신의 감각 혹은 마음을 믿었다.

　매클린토크는 이블린 폭스 켈러와의 인터뷰에서 염색체 연구 과정에서의 특별한 체험을 소개하며 "지극한 마음으로 바라보고 있노라면 그들이 나의 일부가 되지요. 그러면 나 자신은 잊어버려요. 그래요. 그게 중요해요. 나 자신을 완전히 잊어버리는 거 말이에요. 거기에는 더 이상 내가 없어요"(202쪽)라고 했다. 그는 자신이 염색체 안에 들어가 있었다는 느낌을 구체적으로 말하기도 했다.

　80세가 넘어서야 비로소 그의 오랜 연구를 인정받기는 했지

제 14 장
생명의 느낌

만, 젊은 시절 그는 철저하게 따돌림받았다. 그의 연구 결과가 제 아무리 훌륭해도 소용없었다. 누구도 인정하지 않았다. 학계의 관행이 그를 받아들이지 않았고, 기존의 고정관념 또한 그에게 곁을 주지 않았다. 따돌림받아야 했던 유일한 이유가 있다면 그건 '다르다'는 이유 하나뿐이었다. 그러나 가만히 생각해 보면 그를 다르다 할 수 있는 근거는 그동안 견고하게 지켜온 기존 과학계의 틀에서 바라볼 때일 뿐이다. 한 걸음만 바깥으로 나오면 하나의 생명체를 대하는 그의 방식을 다르다고 말하기 어렵다. 자신의 느낌을 바탕으로 하나의 생명체를 만난다는 게 뭐 그리 특별하단 말인가. 오히려 문학이나 예술 분야에서라면 매클린토크의 방법이 가장 평범한 방식일 수 있다. 결국 다르다는 것은 어떤 입장에서 어떻게 바라보느냐에 따라 결정되는 판단이다.

매클린토크는 "대상을 정성껏 오래 바라보면 마침내 그 대상은 자신이 감춘 비밀을 가르쳐준다"라는 대단히 시적詩的인 말을 꺼내기도 했다. 대상의 속내를 알기 위해서는 먼저 그에게 귀 기울여야 한다는 생뚱맞아 보이는 이야기다. 그러나 그는 언제나 "대상이 하는 말을 귀 기울여 들을 줄 알아야 한다"라고 강조했다. 그 대상이 "나에게 와서 스스로 얘기하도록" 마음을 열어야 한다고 했다. 무엇보다 중요한 건 '생명에 대한 느낌'을 계발하는 일이라고 했다. 생명의 느낌! 덧붙여 그는 옥수수의 싹이 나서 자라는 과정을 가까이에서 돌보면, 옥수수에 대해 친밀한 감정이 생기게 되고, 그렇게 맺은 관계가 연구 과정의 가장 큰 기쁨을 주며 거기에서 깊은 통찰력을 얻는다고 했다. 당시로서는 물론이고 지금으로서도 과학 탐구의 방식이라고는 믿기 어려운 매클린토크만의 세계를 구축한 것이다.

분자생물학이 발전하면서 매클린토크가 확인한 유전자와 관련한 여러 연구 결과는 완전히 입증되었고, 그 여파는 적지 않다. 하지만 그가 한창 연구에 매진하던 때인 1950년대 초반에만 해도 같은 연구를 진행하던 동료들은 매클린토크의 연구 결과를 '황당한 여자가 꾸며낸 헛소리'로 내치기 일쑤였다. '도무지 알아들을 수 없는 소리만 늘어놓는 여자'로 무시하기까지 했지만, 한편으로는 '신비한 능력이 있는 여자'로 여기는 축도 있었다. 심지어 '미친 여자'라는 극단적인 평가도 있었다. 이는 모두 그가 사물을 이해하고 지식을 얻는 방식 자체가 독특했기 때문, 혹은 기존의 방식과 달랐기 때문이었다.

그때는 그가 주장하는 '자리바꿈'이라는 생각이 황당하게 여겨졌다. 이런 결론을 얻은 사람은 이 세상에서 오로지 매클린토크뿐이었다. 그의 결론은 급진적이었다. 그의 '자리바꿈' 이론이 차츰 입증되기 시작한 결정적인 계기는 1953년에 제임스 왓슨(James Dewey Watson, 1928~)과 프랜시스 크릭(Francis Harry Compton Crick, 1916~2004)이 DNA 구조를 밝히고, 이에 따라 분자생물학이 급속도로 발전하면서였다. 환경에 따라 변화하는 유전자 자리바꿈 현상을 통해서 매클린토크는 유전 현상은 생명체 안에서 일어나는 게 사실이지만, 그게 전부가 아니라 환경으로부터 일정하게 영향을 받는다고 주장했다. 이는 나중에 라마르크와 다윈의 유전 이론에 대한 논란의 새로운 실마리가 되기도 했다. 이 부분은 '씨앗 저장'을 주제로 한 제15장에서 과학사 최대의 사기 사건인 트로핌 리센코(Trofim Denisovich Lysenko, 러시아어:

제 14 장
생명의 느낌

Трофи́м Дени́сович Лысе́нко, 1898~1976)와 니콜라이 이바노비치 바빌로프(Nikolai Ivanovich Vavilov, 러시아어: Никола́й Ива́нович Вави́лов, 1887~1943)의 대립 사건에서 다시 한번 짚어볼 것이다. 환경과의 상호작용에 초점을 맞춘 매클린토크의 연구는 그때까지의 유전자 연구에서 가히 혁명적이었다. 켈러는 이 과정에 대해 하버드 대학교의 매슈 메슬슨(Matthew Stanley Meselson, 1930~) 교수의 이야기를 책 안에 그대로 옮겼다. 메슬슨 교수는 "현재는 어렴풋한 짐작밖에 할 수 없는 형편이지만, 세월이 더 흘러서 더욱 복잡하고 정교한 유전학 이론이 정립되는 날, 사람들은 그를 새로운 생물학의 창시자로 다시 기록할 것"(13쪽)이라고까지 극찬했다는 것이다.

물론 그때와는 달리 이제 매클린토크의 유전자 자리바꿈 이론은 그에 대해 이론을 제기하는 일이 없는 정설이 됐지만, 아직도 받아들이기 어려워하는 건 매클린토크의 연구 방식이다. 어떤 순간에서도 매클린토크는 과학자로서의 정도를 잃지 않았다. 즉 현대적이고 실증적인 실험이 그의 연구 과정의 기초였음은 틀림없는 일이다. 세밀한 현미경적 관찰도 빠짐없이 진행한 일이었다. 그러나 그가 풀어내기 어려운 문제를 해결하는 과정은 특별했다. 그는 무엇보다 전체를 한꺼번에 파악하는 통찰력에 의존했다. 물론 자연 관찰 연구에 대한 전체적인 통찰력이 매클린토크에게만 해당하는 건 아니다. 대개의 과학자들에게도 전체를 종합적으로 통찰하는 능력은 필수이겠지만, 매클린토크에게 이는 일상적인 판단 근거였다는 점에서 남달랐다. 지성을 바탕으로 하되, 지성과 다르게 자신의 몸과 마음을 지배하는 감성을 절묘하게 혼합하여 판단한다는 것이다. 이 과정을 통해 얻은 결론에 대해 매클린토 크 자신도 그 과정을 정확히 설명하기 어렵다고 이야기한다. 다른 생명체에 대해 말로 이야기하기 어려운 '한계'가 있다는 것이다. 그걸 매클린토크는 생명체마다 그 안에 들어 있는 '느낌'이라고 했다. 켈러는 그를 만나는 일을 일반적인 과학자와는 전혀 다른 "신비주의자를 대하는 듯"하다고 했다.

몸은 거추장스러운 형식에 불과

앞에서도 이야기했듯이 매클린토크는 어린 시절부터 혼자이기를 즐겼다. 육체적으로, 정신적으로 고독하게 자랐고, 학문 세계에 입문한 뒤에도 여자 과학자가 많지 않던 시절에 독특한 성격을 고수하는 그와 흔쾌히 함께하려는 동료 과학자들은 없었다. 결국 학문적으로도 언제나 홀로였다. 그것이 오히려 그에게 독립적인 방식을 유지할 수 있는 힘이 되어주었고, 마침내 누구도 예측하지 못했던 결과를 이뤄낸 것이다. 모든 것을 혼자서 생각하고, 혼자서 결정하고, 혼자서 실행하며, 혼자서 조율하는 독립 과학자로서의 특징을 매클리토크는 완벽하게 갖추었다. 독립적인 그의 생활 방식은 한 단계 상승하여 마침내 자신의 몸으로부터 자유로워지는 능력을 이루게 했다. 이블린 폭스 켈러에게 그가 건넨 다음 이야기는 무척 흥미롭다. 나무를 대하는 우리에게 시사하는 바가 크다.

"우리 몸은 우리가 짊어지고 다니는 거추장스러운 형식이에요. 나는 언제나 공정한 관찰자가 되기를 원했어요. 남들 눈에 '나'라고 보이는 이런 식의 육체적 한계에서 벗어나고 싶었던 거지요."_(72쪽)

이어서 그는 자신의 몸이라는 껍데기에서 벗어나기 위해 심지어 자신의 이름을 잊어버리는 연습까지 했으며, 실제로 자신의 이름을 잊은 경험이 있었다고 한다. 한 가지 사실에 몰두할 때였다. 켈러의 책에 나오는 이야기인데, 짧지 않은 글을 그대로 인용한다.

"아마 대학교 3학년 때일 거예요. 지구에 대해 공부하는 과목을 들었는데, 정말 재미있었어요. 학기말 시험이 다가왔는데, 어찌나 공부가 재미있던지 그게 시험으로 이어진다는 생각을 전혀 못 했어요. 관련된 내용을 다 아는데, 뭐 시험이 따로 필요하겠어요? 시험 할아버지가 와도 상관이 없지요. 학기말 시험을 보는데, 파란색 공책을 한 권씩 나눠 주었어요. 나는 시험 문제를 어떻게 냈는지 너무나 궁금해서 기다릴 수가 없을 정도였어요. 시험을 볼 때조차도 너무 신나고 재미있어서 가슴이 콩닥콩닥 뛰었어요. 일사천리, 일필휘지로 내가 아는 내용을 정리했지요. 아니, 그런데 이게 웬일입니까? 마지막으로 이름을 써야 하는데 도대체 생각이 나지를 않는 거예요. 아무리 끙끙거려도 떠오르지 않았어요. 내가 왜 이러나 싶어 마음을 가라앉히고 다시 생각해 보아도 도무지 생각이 나지를 않는 거예요. 옆 친구들한테 물어볼까 생각했지만 몹시 당황스러웠어요. 나를 정말 정신 나간 사람으로 알면 어쩌나 싶었어요. 그러니까 점점 더 어쩔 줄을 모르겠고, 그렇게 한 20분쯤 지난 후에야 퍼뜩하고 생각이 나더라니까요. 이런 일을 겪으면서, 우리 육체는 그토록 번거롭다는 생각을 또 한 번 하게 되었어요. 그냥 보고, 듣고, 느끼며, 좋아하는 게 더 중요한데, 대개의 형식은 오히려 그걸 차단하는 쪽이잖아요."(72~73쪽)

앞에서 나는 나무를 볼 때 사람의 감각을 기준으로 나무를 판단하는 일을 경계해야 한다고 했다. 사람의 감각을 벗어나 나무를 하나의 생명체로 받아들여야 한다는 이야기였다. 물론 쉬운 일이 아니거나 혹은 아예 불가능한 일이겠지만, 최소한 사람이 나무를 판단하고 평가할 잣대가 되어서는 안 된다는 이야기다. 나무가 말을 한다느니, 시각·청각·촉각·후각·미각과 같은 오감을 가지고 있는 지능적인 생명체라는 식의 판단은 잘못돼도 한참 잘못됐다는 이야기였다. 매클린토크는 옥수수 염색체를 연구하기 위해, 혹은 다른 연구를 위해서도 우선 그 자신으로부터 벗어나는 연습을 했다. 대상에 완전히 몰입하기 위한 과정이었고 그것이야말로 그의 창조력과 상상력의 원천이 된 것이다.

"나는 거의 매일 옥수수밭 사이로 걸어 들어갔어요. 그러면 돌연변이를 일으킨 옥수수들의 줄무늬 진 이파리를 볼 수 있어요. 이파리에 줄무늬가 생기는 것은 우세한 형질과 열등한 형질이 서로 섞이기 때문이지요. 물론 모든 옥수수들을 일일이 들춰보는 건 아니에요. 그렇지만 어쩐 일인지 새로운 변화가 일어날 때마다 매번 내 눈에 띄는 거예요."(117쪽)

옥수수의 미세한 변화를 곧바로 알아챌 수 있었던 건 그가 옥수수를 그의 기준으로 바라보지 않았기 때문이다. 매클린토크는 분명하게 이야기했다. "나는 세포를 관찰할 때면 현미경을 타고 내려가서 세포 속으로 들어가거든. 거기서 빙 둘러보는 거

제 14 장
생명의 느낌

야."(124쪽)

'다른 생명체에 대한 온전한 이해'야말로, 매클린토크 연구 방식의 핵심이었다. 그에게는 깊이 들어가 보면 결국 전체의 모습이 드러난다는 믿음이 있었다. 옥수수라는 생명 전체가 살아가는 일반적인 생명의 원리, 즉 '생명의 느낌'을 갖추고 있으며 그 느낌을 온전히 받아들이도록 애쓰는 게 자연 대상을 연구하는 기초라는 주장이다. 켈러가 남긴 매클린토크의 이야기를 조금 더 들어보자.

"나는 현미경으로 염색체를 들여다보기 전에 먼저 옥수수밭 사이를 걸어보곤 했어요. 그리고 옥수수마다 각각 어떤 식의 동그라미 염색체가 있을지, 또 몇 개씩이나 있을지를 가늠하곤 했지요. 내 예상은 대부분 틀림없이 적중했는데, 한번은 그만 빗나가고 말았어요. 나는 너무 속이 상해서 밭으로 곧장 달려 나갔지요. 뭔가 좀 이상했어요. 그래서 내 공책에 기록해 둔 내용과 비교를 하며 차근차근 따져봤더니, 세상에… 그 옥수수가 아닌 거예요. 번호가 틀린 거였어요. 채집한 옥수수는 내가 원래 점찍어 두었던 옥수수 바로 옆에 있던 그루였어요. 그래서 수수께끼가 풀렸지요. (중략) 그건 완벽한 확신과 완벽한 믿음으로만 되는 일이에요. 나는 옥수수라는 식물을 완벽하게 이해했어요. 구체적으로 그게 무언지 일일이 설명할 수는 없지만, 드러난 모습 그대로를 온전히 이해했지요."(177~178쪽)

"어떤 옥수수의 염색체가 이상했어요. 짝지은 염색체 중 하나는 정상인데, 다른 하나에 전위 돌연변이가 일어난 거예요. 통상적으로는 감수분열이 일어난 후 꽃가루 세포의 절반은 정상이

지만 나머지 절반은 수정능력이 상실된 상태가 되는 게 맞거든
요. 만약 돌연변이가 일어났다면, 절반은 수정능력이 없는 옥수수
여야 해요. 그런데 예상과 다른 결과가 나왔다는 거예요. 애매하
게도 25~30% 정도가 수정능력 상실이래요. 옥수수밭에서 나를
보고 달려와서는 그런 소릴 하는 거예요. 황당해서 어쩔 줄을 모
르더라고요."(179~180쪽)

황당하게 느낀 매클린토크는 옥수수밭에서 나와 멍하니 앉
아 있었다고 한다. 그때의 상황을 그는 다음과 같이 이야기한다.

"한참 그 문제에 골똘히 빠져 있었죠. 그런데 갑자기 아 이거
구나 싶어서 벌떡 일어났어요. 그리고 밭을 향해 달려갔지요. 사
람들이 모두 저 아래 밭에 있었는데, 나는 그 꼭대기에서 있는 대
로 고래고래 소리를 질렀어요. 알았어! 내가 찾아냈어. 답을 알아
냈단 말이야 하고 고함을 지른 거예요."(180쪽)

하지만 그는 동료들에게 자신이 답을 알아낸 과정을 정확히
설명하기가 어려웠다. 스스로도 도대체 어떻게 답을 알아냈는지
헷갈렸지만, 분명히 자신의 답이 틀림없다는 믿음이 있었다고 한
다. 그런 믿음은 아마도 옥수수에 대한 내밀하고 온전한 지식에
서 유래할 것이다. 그녀는 자신의 밭에 있는 모든 옥수수의 '생활
기록부'를 쓸 수 있을 만큼 빠짐없이 알고 있었다. 그는 옥수수라
는 생명이 벌이는 복잡하고 오묘한 활동을 마음으로 볼 줄 알았
고, 더욱이 마음의 눈으로 바라본 사실을 온전히 받아들였다. 자
신의 믿음이 혹시라도 균형을 잃을까 봐 주의 깊게 살피면서, 옥
수수라는 생명과 소통하는 자신의 감각을 깊이 신뢰한 것이다.
매클린토크는 분명 말했다. "거기에는 더 이상 내가 없어요"라고.

제 14 장
생명의 느낌

진정한 '앎'은 이러한 자기 해체를 통해 이루어진다. 과학은 주체와 객체의 확연한 분리를 통해 지식을 구하는 게 상식인데, 매클린토크는 오히려 이렇게 엄격한 분리를 거부하고 온전한 합체를 통해 더욱 진정한 지식이 가능하다고 생각한 것이다.

매클린토크는 말한다. "이 일을 하는 동안, 내가 뭔가를 잘못 짚었을지 모른다는 생각은 한 번도 해본 적이 없어. 그건 내가 대략이라도 그 답을 알고 있었기 때문은 결코 아니야. 그냥 이 문제를 풀기 위해 한 발 한 발 나아가는 게 너무 좋았거든. 그토록 행복하게 실험에 빨려 들어간다는 건 일이 제대로 풀린다는 얘기란 말이야. 실험하는 동안 그냥 물어보면 돼, 다음엔 뭘 어떻게 해야 할지 물어보면, 눈앞에 있는 실험 재료가 알려주지. 옥수수들이 가르쳐 준단 말이야. 매번 그렇게 하는 거야. 이건 누구도 해놓은 일이 아니기 때문에 기존의 것을 따를 수도 없어. 옥수수와 하나가 되어 따라가 보는 수밖에…. 전혀 새로운 방식이지. 하지만 이 방식에는 반드시 굳은 믿음이 필요해. 마음을 하나로 모아서 그 일에 전념하는 거야. 생명 현상의 그 복잡다단한 면모를 어떻게 조각내서 다룰 수가 있겠어. 생명의 온전함과 나도 하나가 되는 거야. 다른 길은 없지."(215쪽)

그는 이미 알고 있었다. 정말로 열심히 그리고 정성스럽게 들여다보면 아무리 조그만 생명체라도 자신의 비밀을 가르쳐 준다는 사실을 말이다. 과학의 법칙과 공식을 이해하는 것만으로는 온전한 자연 연구가 불가능하다. 과학적 연구 결과를 일상 언어로 해석해서 풀어주는, 즉 질적인 면과 양적인 면을 연결시키는 언어 구사력도 겸비해야 한다. 이를 위해서는 과학 분야의 논문을 바탕으로 다른 분야의 독서도 필수적이다. 남들의 글을 자꾸 읽으며 자신의 경험을 남에게 전하는 법을 익혀야 한다. 연구 대상의 독특한 면모들을 친숙하고 자연스럽게 설명할 수 있는 적극적인 연습이 필요하다.

매클린토크의 연구와 놀라운 결과가 가능했던 건 그만의 독특한 방식이 있었기 때문이다. 충분히 시간을 갖고 열심히 들여다보면서 '생명에 대한 느낌'을 계발하는 일이며, '생명이 어떻게 자라는지'를 깨우쳐야 하며, '생명의 각 부분을 빠짐없이 헤아릴 줄 알아야 한다'고 그는 강조한다. 이어서 자신의 관찰 방법을 덧붙여 말한다. "생명은 한 조각 돌멩이가 아닙니다. 주변 환경으로부터 끊임없이 영향을 받지요. 생명은 바깥 환경에 따라 반응을 보이고 문제를 일으키면서 자랍니다. 이런 점들을 헤아릴 줄 알아야지요. 식물에 작은 변화가 생겨도 왜 그런지 곧 알아차려야 해요. 가만히 들여다보면 그건 알 수 있지요. 예전에 없던 흠집이 생겼다면, 그게 어디서 긁힌 건지 혹은 뭐가 뜯어 먹은 자국인지 아니면 바람에 꺾여 그런 건지 모두 다르거든요."

식물을 관찰할 때에도 그루마다의 독특한 면모를 느낄 줄 알아야 한다는 게 그의 생각이다. "어떤 식물도 두 그루가 똑같은 경우는 절대 없어요. 모두가 다르거든요. 그런 차이, 서로의 다름을 알아야 해요."(328쪽) "싹이 나올 때부터 그 식물을 바라보잖아요? 그러면 나는 그걸 혼자 버려두고 싶지가 않았어요. 싹이 나서 자라는 과정을 빠짐없이 관찰해야만 나는 정말로 안다는 느낌

제 14 장
생명의 느낌

이 들었어요. 내가 밭에다 심은 옥수수는 모두 그랬어요. 정말로 친밀하고 지극한 감정이 생겼어요. 식물들과 그렇게 깊은 관계를 맺는 게 나한테는 큰 기쁨이었지요."(329쪽) 긴 시간을 두고 연구 대상인 생명과 친밀한 관계를 맺고 교류하면서 쌓아가는 내밀한 지식이 곧 그의 독특한 통찰력의 기반이라는 이야기다.

매클린토크에게는 '생명체organism' 그 자체가 대단히 중요한 화두였다. 그냥 단순하게 식물이나 동물을 의미하는 게 아니라 살아 있음의 총칭이며 그게 곧 '나'일 수 있는 모든 대상의 이름이었다. 그래서 생명을 이루는 모든 요소는 다시 그 자체로 소중한 생명인 것이다. 전혀 과장이 아니었고, 정말로 절실한 음성으로 그녀는 이렇게 덧붙였다.

"풀밭을 밟고 지나갈 때면 나는 자꾸 미안한 마음이 들곤 해요. 사실은 내 발밑에서 풀들이 아프다고 아우성을 치거든요."(332~333쪽)

바버라 매클린토크의 이야기를 길게 돌아보았다. 하나의 생명을 생명 그 자체로 바라보기 위해 온갖 고정관념으로부터 벗어나고, 자신의 몸과 심지어 자신의 이름까지 잊으려 연습했던 한 과학자의 놀라운 집념과 고집스러운 신념은 지금 이 순간 나무를 하나의 생명으로 바라보아야 한다는 주장을 자신 있게 꺼낼 수 있도록 하는 바탕이기도 하다.

생명의 느낌을 온전히 느끼기 위해 애쓴 또 다른 여성 과학자를 소개한다. "나무를 아무리 수굿이 바라본다고 해봐야 고작해야 나무의 발등만 본 것일 뿐"이라고 주장한 마거릿 로먼(Margaret D. Lowman, 1953~)이다.

마거릿 로먼을 알기 훨씬 전에 나는 가까이 지내는 한 친구로부터 흥미로운 이야기를 들은 적이 있다. 친구는 어느 날 가로수 가지치기 작업을 하는 누군가의 도움으로 크레인을 타고 올라가 나무 위쪽을 자세히 볼 수 있는 특별한 기회가 있었다고 했다. 나무를 나무줄기 아래쪽에서 바라볼 때와 위에서 볼 때의 느낌은 완전히 달랐다는 것이다. 누구 못지않게 나무 곁에서 나무를 바라보는 일에 매달리고 살던 내게 친구의 경험은 부러웠다. 대관절 나무 위쪽은 무엇이 어떻게 다를까 하는 막연한 동경심 같은 걸 마음속에 간직해야 했다. 내가 사는 아파트는 9층인데, 이 아파트 건물이 바로 길가에 면해 있어서 가로수의 꼭대기를 바라볼 수 있는 위치다. 특히 나무 그늘 아래로 걸을 때에는 도무지 볼 수 없는 가죽나무의 꽃을 위에서 내려다볼 수 있는 자리여서, 아파트 베란다에 나설 때마다 창을 열고 가죽나무 가로수의 윗부분을 바라보곤 하지만, 9층이라는 높이는 나무 위쪽의 생태를 관찰할 만큼 가깝지 않고, 또 아무리 길가에 바짝 붙어 있는 아파트 건물이라 해도 일정하게 떨어진 거리가 있어서 자세한 관찰은 어려웠다. 그저 가죽나무의 꽃이 피어날 때면 창문을 열고 망원렌즈를 장착한 카메라로 가죽나무 꽃이나 열매를 사진에 담는 정도가 고

제 14 장
생명의 느낌

507

138 숲우듬지 위의 **마거릿 D. 로먼**.

작이었다.

　마거릿 로먼과 그의 작업에 대한 호기심은 그래서 배가됐다. 그의 작업이 우리나라에 처음 소개된 건, 2002년 눌와출판사의『나무 위 나의 인생(Life in the Treetops: Adventures of a Woman in Field Biology, 2000)』이라는 책을 통해서였다. 그때만 해도 그저 독특한 과학자 정도로만 생각했는데, 차츰 나무 위쪽의 생태가 궁금해지기 시작하면서 다시 오래전 책을 꺼내 들게 됐고, 또 최근에는 그의 다른 책인『우리가 초록을 내일이라 부를 때: 40년 동안 숲우듬지에 오른 여성 과학자 이야기(The Arbornaut: A Life Discovering the Eighth Continent in the Trees Above Us, 2021)』가 국내에 번역 소개되면서, 다시 그의 인생과 연구 과정에 대해 상세히 볼 수 있었다.

　미국 뉴욕에서 태어난 마거릿 로먼은 숲우듬지 연구자로 독특한 분야를 개척한 과학자다. 앞에서도 이야기했지만, 그는 우리가 큰 나무에서 관찰할 수 있는 부분은 고작해야 5% 정도, 그야말로 발끝만 보는 것에 불과하다는 생각으로 나무를 관찰하는 과학자다. 5%라는 그의 이야기는 앞의 제10장에서 세상에서 제일 큰 나무인 제너럴 셔먼 트리를 짚어보면서 나무 아래에서는 결코 이 나무의 전체를 파악하기 어렵다고 했던 생각을 절감하게 한다. 결국 나무우듬지를 관찰하지 않으면 나무를 온전히 보는 게 불가능하다는 게 로먼의 이야기다. 그의 작업을 평범한 우리로서 아무 준비 없이 따르기는 불가능하다. 그의 작업 결과에 귀를 기울이는 수밖에 없다. 그는 나무를 온전히 보겠다는 자신의 생각을 실천하기 위해 직접 나무 위로 올라갔고, 거기에서 이전까지는 상상하기도 어려웠던 다양한 연구 결과를 냈으며, 그의 모든 경험을 대중에게 확산하는 일을 평생 과업으로 살아가고 있다. 그의 대표적 업적인 숲우듬지 통로를 처음 설치한 것은 1989년이었다. 당시 윌리엄스대학교 연구림인 홉킨스 숲에서였다. 이때의 성공을 바탕으로 그는 세계 곳곳에 손수 숲우듬지 통로를 설치했다. 남다른 업적이 이어지면서 그는 '나무우듬지의 아인슈타인'이라는 별명을 얻었으며, 이른바 '우듬지 생태학'이라는 새로운 분야의 과학을 정립해 낸 과학자로 평가받게 됐다. 이는 곧 생태계를 종합적으로 관찰·판단·평가할 수 있는 새로운 기준이 됐으며, 마침내 지구 생태계의 온전한 건강을 확보하는 첫걸음이며, 전 세계의 숲을 보존하기 위한 귀중한 작업이 됐다.

로먼은 도대체 어떤 계기로 나무 위의 생태를 보게 됐는가는 그의 삶을 살펴보면서 실마리를 얻을 수 있다. 여기서 흥미로운 것은 로먼의 어린 시절 역시 앞에서 살펴본 매클린토크와 다르지 않다는 점이다. 무엇보다 외부적인 영향을 거의 받지 않는 독립

제 14 장
생명의 느낌

적인 생활을 했다는 것이다. 이는 그의 책에서 자신의 어린 시절 이야기를 풀어낸 제1장의 제목이 '혼자 있는 시간을 좋아하는 아이'인 것만 봐도 그렇다. 홀로 지내는 시간을 좋아했던 어린 로먼은 이때부터 어떤 학습에 의한 것이 아닌 스스로의 방식으로 자연을 관찰하고 즐기는 법을 터득했다. 풀꽃에서 시작한 그의 자연 관찰은 곤충으로 이어지고, 덧붙여 곤충과 식물의 상호작용으로 확대됐다. 그는 이 책에서 자신의 삶을 이야기하면서 "대부분 고독이었다. 대부분 야생화였고, 나뭇잎이었고, 자연의 작동 원리를 궁금해하는 호기심이었다"라고 했다.

레이철 카슨과 해리엇 터브먼으로부터

그러다가 스스로 이 책에서 밝히듯 레이철 카슨의 지구 보호 메시지에 대해 큰 감명을 받는다. 그가 롤 모델로 삼았다고 직접 밝힌 또 한 사람은 우리에게 조금은 낯설고, 생태학자인 로먼이 롤 모델로 삼았다는 것 역시 뜻밖이다. 로먼의 롤 모델이었던 뜻밖의 인물은 해리엇 터브먼(Harriet Tubman, 1822~1913)이다. 해리엇 터브먼은 미국의 노예제 폐지론자이자 사회운동가인데, 그는 노예 제도 반대 운동가들과 함께 이른바 '언더그라운드 레일로드'를 이용해 약 70명의 노예를 구출해 냈으며, 말년에는 여성 참정권 운동에 적극적으로 참여한 활동가였다. 터브먼을 로먼이 롤 모델로 삼게 된 것은 어쩌면 지극히 미미한 부분 때문이었다. 즉 터브먼이 노예들을 탈출시킬 때에 지도의 지표로 삼았던 것이 바

139 마거릿 로먼이 롤 모델로 삼은 노예해방 운동가, **해리엇 터브먼**.

로 지하에서 꿈틀거리며 살아 있는 작은 생명인 이끼였다는 점이 로먼의 눈에 들어온 것이다. 해리엇 터브먼에 대한 이야기를 하나 덧붙일 게 있다. '꽃의 출현' 과정을 이야기한 제8장에서 미국인들이 '영원한 안식과 부활 상징'으로 여기는 '잭슨 목련'을 이야기했다. 미국의 제7대 대통령이었던 앤드루 잭슨이 아내의 죽음을 기리며 심어 키웠던 목련이다. 여기의 잭슨은 현재 미국에서 통용되는 20달러 지폐의 모델이다. 그런데 미국 지폐의 모델이 모두 백인 남성이라는 사실이 온당치 않아, 지폐 모델을 바꾸자는 주장이 있었다. 그때 모델 교체의 대상이 잭슨이었고, 잭슨을 대치할 모델로 등장한 유력 인물이 바로 해리엇 터브먼이었다. 오바마 대통령 시절에 시작된 논쟁이었는데, 그다음으로 등장한 대통령 트럼프 시절(1기)에 이 논쟁은 수그러들고 말았다. 트럼프가 가장 존경하는 인물이 잭슨이었던 까닭이다. 그러나 2021년 즈음부터 다시 이 논의가 되살아나면서 2021년에는 해리엇 터브먼으로의 모델 교체 가능성이 높아졌다는 소식이 들려왔는데, 다시 기후협약 탈퇴를 서슴지 않는 트럼프가 대통령으로 당선되면

제 14 장
생명의 느낌

서(2기) 사정은 달라졌다. 터브먼은 또 2017년에 퓰리처상을 수상한 콜슨 화이트헤드(Colson Whitehead, 1969~)의 감동적인 장편소설『언더그라운드 레일로드(The Underground Railroad, 2016)』의 결정적 모티브가 된 인물이기도 하다.

로먼이 롤 모델로 삼은 레이철 카슨과 해리엇 터브먼에게는 일관된 특징이 있었다. 바로 식물을 비롯해 미생물을 포함한 세상의 모든 생명을 바라보되, 그를 하나의 독립된 생명체로 바라보아야 한다는 걸 레이철 카슨이 강조한 사람이라면, 해리엇 터브먼은 하나의 미생물을 통해 노예가 독립 생명체로서 생명의 환희를 획득할 수 있는 길을 열었다는 점이다. 로먼은 터브먼에 대해 더 이상 긴 이야기를 풀어내지 않았지만, 그가 이끼를 통해 생명의 끈을 찾으려 애쓴 노예 해방운동가를 롤 모델로 삼았다는 건 그가 레이철 카슨의 생명에 대한 경이로운 감정을 느낀 것과 일맥상통하는 점이지 싶다.

마거릿 로먼이 나무와 숲의 꼭대기로 오르려 한 것은 결국 생명의 경이로움을 온전히 느끼고, 세상의 모든 생명체를 그 자체로 하나의 생명으로 느끼려 한 것이라고 이야기할 수 있겠다. 그는 동료들과 함께 작업하는 과정에서 자신이 동료들과 다른 입장이었음을 강조하기도 했다. "나무 자체를 사랑하는 나와 달리 그 팀원은 목재라는 렌즈를 통해 나무를 들여다보았다. 나는 나무를 베는 사람이 아니라 꼭 껴안는 사람에 가까웠기에 머릿속에 경제적 문제가 먼저 떠오르지는 않았다." 그는 분명히 나무를 하나의 생명으로만 받아들이려 했다. 그러나 이게 전부는 아니었다. 그는 "삼림 관리의 주요 요소로 목재의 가치가 꼽힌다는 점에서,

수년 뒤 나는 나무의 실용적 관점에 노출시켜 준 팀원에게 고맙다고 느끼게 되었다"라고 술회한다. 이 모든 과정이 결국은 나무를 지구상에서 공생의 대상인 하나의 생명체로 온전히 느끼기 위한 과정이었다고 분명히 말할 수 있다.

나무와 숲이 지구에서 차지하는 의미

로먼은 무엇보다 나무와 숲이 지구에서 갖는 생명체로서의 위치를 강조하는 과학자다. 이를 강조하기 위해 그는 자주 지구의 바이오매스 총량을 이야기한다. 이는 생태학자들이라면 누구나 지적하는 내용으로 "지구에 서식하는 야생 포유류와 인류의 생물량은 각각 탄소 2기가톤, 0.06기가톤에 불과하지만 나무의 생물량은 400기가톤을 넘어선다"라는 사실이다. 이 사실만 보더라도 나무와 숲의 중요성은 결코 낮추볼 수 없다. 나무와 숲을 더 온전히 보존하기 위해 해야 할 일을 찾아내 실천하자고 강조하는 근거다. 단순히 사람이 주체가 되어 나무를 보존의 대상으로 보기보다는 더불어 살아가는 공생의 대상으로 보아야 한다는 주장이다. 그가 40년 넘게 나무 위에 오르게 된 결정적인 계기다. "나무를 더 많이 살리는 한 가지 방법은 더 많은 사람에게 나무의 경이로움을 소개하는 것"이라고 강조하는 그는 나무 꼭대기에 올라 나무와 그 환경을 이루고 살아가는 생태계의 생명들을 관찰하는데, 이때 때로는 "공책을 꺼내 관찰한 사항 몇 가지를 기록하고 싶었지만 어느 것도 제대로 분별할 수 없었다. 내가 할 수 있는 일

제 14 장
생명의 느낌

은 경외에 찬 눈으로 바라보는 것뿐이었다"라고 말할 정도로 생명의 경이로움을 느끼는 데에 진심이었던 과학자다. 그는 나무 꼭대기에서 "생물다양성을 탐구하며 경력 대부분을 쌓았고, 나무 탐험가로 활동하면서는 육지 생물종의 50%가 나무의 상층부에 살며 그 가운데 약 90%가 과학적으로 분류되지 않았다는 놀라운 추정 값을 도출했다"라고 말한다.

로먼은 "지구 건강이 결국 숲과 직접적으로 연결되었다는 사실은 새삼스럽지 않다. 숲우듬지는 산소를 생산하고, 담수를 여과하고, 햇빛을 당분으로 전환하고, 이산화탄소를 흡수해 공기를 정화하며, 무엇보다 이곳에는 지구에 발을 딛고 사는 모든 생물의 유전자 도서관이 자리한다"라고 강조하며 이를 실천하려면 무엇보다 "인간의 파괴 행위가 철저히 배제되어야 한다"라고 했다. 하지만 "전 세계의 파편화된 숲은 화재와 가뭄, 도로 건설과 개간으로 심각한 위험에 빠졌다"라는 걸 전제로 그는 "상황이 조금이라도 나을 때 좀 더 속도를 높여 나무 꼭대기의 풀리지 않은 수수께끼를 해결하고, 아직 남아 있는 노아의 녹색 방주를 보전할 방법을 찾아야 한다"라며 오늘도 나무 위에 오른다.

그는 숲을 온전히 유지하기 위해서 우리가 무엇을 해야 할지도 강조한다. 이는 우리 책의 제25장인 '멸종'에서 더 깊이 살펴보겠지만, 여기에서 우선 로먼이 제시하는 대책을 간단히 짚어본다. 그는 "첫째, 모든 인간은 나무에 경외심을 갖는 기회를 얻어야 한다"라고 강조하며, 나무에 대한 경외심을 얻는 계기로 숲우듬지 탐사를 예로 제시했다. "둘째, 우리가 지출하는 내역이 어떤 식으로 삼림 벌채에 기여하는지 유념해야 한다"라며 우리의 소비

행태를 돌아보자고 했고, "셋째, 시민 과학자가 되어" 나무와 관련한 "지식 발전에 기여해야 한다"라고 했다. 이는 현장 생물학자들이 하기 어려운 일들을 전 지구적으로 확산시킬 중요한 계기가 된다는 것이다. 이어 "넷째, 숲을 다루는 읽을거리를 전부 읽고 거기에서 얻은 지식을 가족, 친구, 선생님, 학교, 스포츠 팀, 지역 사회 단체에 공유"하는 것도 빼놓지 말아야 하며, 끝으로 "다섯째, 말하지 못하는 나무를 대신해 목소리를 내야 한다"라고 말하면서 숲우듬지 보존의 필요성을 강조했다.

시각장애인과의 나무 관찰 체험

나는 2015년 봄부터 꼭 1년 360일에 걸쳐 한 시각장애인에게 나무를 '보여주기' 위한 과정을 체험한 적이 있다. 늘 시각에 의존해 나무를 관찰하는 우리의 기존 관습을 넘어보고 싶었던 기획이었다. 이때의 기록을 나는 『슈베르트와 나무』라는 책 한 권에 상세히 담았다. 또 이 한 해 동안의 작업을 성실하게 영상으로 기록한 나의 벗들은 이 영상을 EBS TV 다큐멘터리로 완성해 방영했으며, 이 다큐멘터리는 2016년 한국방송대상의 교양부문 대상을 수상하며 널리 알려지기도 했다. 그때는 마침 청력을 거의 상실한 내 아버지와의 갈등, 그리고 아버지의 임종까지 겪은 시기여서, 사람의 감각과 다른 생명의 감각을 비교할 수 있는 시간이기도 했다. 의미 깊은 시간이었다. 어쩌면 불가능할 수도 있는 시각장애인의 나무 관찰이라는 낯선 일에는 적지 않은 어려움이 있었고, 이를 극복하기 위해 적지 않은 시도를 했다. 그 시도들에서 일정하게 의미 있는 성과를 얻을 수도 있었다. 바버라 매클린토크에 대한 갖가지 생각은 이때에 시작됐다. 바버라 매클린토크가 자연에 다다르는 방법은 내게 감동적이었고, 그의 방식처럼 온몸으로 자연이 지닌 '생명의 느낌'을 느끼고자 하는 안간힘의 과정이었다.

매클린토크와 로먼의 생명의 느낌 이야기를 하면서 마지막에 내 경험을 덧붙이는 건 하나의 자연 대상인 나무를 하나의 생명체로 여기며 그에게서 번져 나오는 느낌을 온전히 느끼는 과정에 대한 안간힘이 결국은 나무를 공생의 대상인 하나의 독립 생명체로 느끼는 과정이었음을 강조하기 위해서다. 이 과정은 나의 책 『슈베르트와 나무』에 상세히 풀어 썼기에 여기서는 덧붙이지 않고 마무리한다.

씨앗 저장

물론 나는 안다. 그렇게 많은 친구들이 죽고
내가 생존한 것은 순전히 운이란 것을.
그런데 지난밤 꿈에서 친구들이 내 이야기를 했다.
"적자생존이야."
그러자 나는 나 자신을 증오했다.

－ 베르톨트 브레히트*Bertolt Brecht*,
〈나, 생존자*Ich, der Überlebende*〉 전문

21세기에 접어들면서 세상은 더 급속하게 현대 산업도시로
치달았다. 현대화와 산업화는 자연스레 그 제물로 자연을 이용
했고, 우리 삶의 기반인 자연 생태계는 파국의 길에 빠져들었다.
그러나 산업화와 자연 파괴 현상이 극명하게 드러난 이 과정에
서 사람들의 자연에 대한 인식은 달라졌다. 파괴된 자연이 눈앞
에 드러날수록 자연보호의 필요성을 절감하는 쪽으로 바뀌었다.
산업 기술의 발달에 박수치며 환호했지만, 뒤돌아서면 우리의 박
수 소리 멀리에서 훼손되어 가는 자연이 더 확연하게 눈에 들어
오는 것이다. 감당하기 어려울 정도로 빠르게 이뤄지는 산업 기

술 발전에 묻힌 뒤안을 살펴보게 된 것이다. 자연스레 숲과 나무에 대한 사람들의 생각이 달라졌다. 나무를 심고 숲을 보존하는 일에서 맨 앞에 서 있는 식물 분야에도 인식 전환의 계기가 될 만한 소식들이 넘쳐났다. 사설 수목원과 식물원이 곳곳에 설립되거나 준비된다는 소식이 들려오는 와중에 알음알음으로 퍼진 국립수목원 조성 계획이 덧붙여졌다.

국립수목원이라면 이미 광릉수목원이 있었지만, 새로 설립하려는 국립수목원은 규모에서부터 놀라웠다. 비교적 오지라 할 경상북도 봉화 지역에 조성해 국가에서 운영하겠다는 계획으로 들려온 새 국립수목원은 그야말로 세계적인 규모였다. 지금의 국립백두대간수목원이 그것이었다. 한국수목원정원관리원 소속의 첫 번째 수목원인 국립백두대간수목원의 사정에 대해서는 이 책의 제25장 '인공의 숲'에서 다른 수목원, 식물원들과 함께 살펴볼 것이다. 여기에서는 이 장의 주제인 '씨앗 저장'과 관련해 주목해야 할 국립백두대간수목원의 특별한 시설에 대해서만 짚어보기로 한다.

씨앗의 영구 보전을 위한 세계적인 시설

'아시아 최대'라는 규모에 압도되기는 하지만, 식물 관련 일을 하는 사람들에게 국립백두대간수목원이 가장 큰 관심을 모은 건 시드볼트였다. 시드볼트[21]는 씨앗의 장기 저장을 목적으로 설치 운영하는 세계적 시설이었다. 그때까지만 해도 시드볼트는 전 세계에 단 한 곳밖에 없었고, 용어조차 아직 익숙지 않은 상태여서 '그게 과연 필요할까', '우리 기술로 운영이 가능할까' 하는 등 갖가지 이야기들이 떠돌았다. 사실 국내에서는 그때까지 시드볼트의 의미에 대해 깊이 있는 논의를 진행해 본 적이 없다고 해도 과언이 아니다. 물론 지금이라 해도 시드볼트에 대해 필요한 만큼의 논의가 충분한 건 아니다. 20년쯤 전의 그때 시드볼트 설치에 대해서는 불안감과 자부심이 교차했다.

씨앗을 뜻하는 '시드seed'와 금고를 뜻하는 '볼트vault'의 합성어인 시드볼트는 직역하면 '씨앗을 보관하는 금고'가 된다. 구체적으로 하면 기후 변화로 인한 자연재해, 전쟁 및 핵폭발과 같은 지구의 대재앙 등으로부터 식물의 멸종을 막고 유전 자원을 보전하기 위해 조성한 현지 외 씨앗 보전 시설이다. 여기서 '현지 외 보전ex situ conservation'이란 식물을 자생지 밖에서 보전하는 것을 가리킨다. 자생지 환경이 변하여 식물의 온전한 생육이 불가능해질 경우에 대비하여 안전한 장소에서 보호하는 것을 뜻한다. 식물원 수목원에서는 '현지 외 보전'이라는 용어보다 지금도 '서식지 외 보전'이라는 표현이 익숙하지만, 같은 개념이다. '서식지'는 "물 따위가 일정한 곳에 자리를 잡고 사는 곳"을 말하지만, 대개는 살 자리를 찾아 이동하는 동물에게 맞춤한 표현이어서, 식물의 경우, '서식지'보다는 '현지'라는 표현이 적당해 보인다.

시드볼트보다 익숙한 개념으로 시드뱅크(Seed Bank, 씨앗은행)

---

21 국립백두대간수목원 시드볼트의 국제 통용명칭은 'Baekdudaegan Global Seed Vault'이고, 약자로는 머리글자를 이용해 BGSV로 부른다. 홈페이지는 https://www.koagi.or.kr/seed다.

제 15 장
씨앗 저장

519

140 경북 봉화의 **국립백두대간수목원** 방문자센터 전경.

가 있다. 둘 다 씨앗을 저장하는 시설이라는 점에서 다를 바 없지만 중요한 차이가 있다. 시드뱅크는 연구나 증식을 목적으로 씨앗을 중·단기적으로 저장하는 시설이지만, 시드볼트는 지구의 재난 등에 대비하여 식물의 멸종을 막으려는 목적으로 씨앗을 영구 저장하는 시설이라는 점에 결정적 차이가 있다. 둘 다 씨앗을 저장해 두는 시설인 것은 똑같지만, 저장한 뒤의 사정은 크게 다르다. 시드뱅크는 저장한 씨앗을 필요할 때 꺼내 쓰고 다시 추가할 수 있다. 입고와 출고가 비교적 자유롭다는 이야기다. 그러나 시드볼트는 한번 저장하면 끝이다. 영구저장이 원칙이고, 저장한 씨앗을 꺼낼 수 있는 건 그 식물이 멸종했음을 확인하고, 멸종한 식물을 현지에서 되살릴 필요가 절실하다는 사실이 인정될 때뿐이다. 씨앗을 꺼내어 쓸 수 있는 상황에 대해서는 엄밀한 규정으로 제한하게 돼 있다. 어쨌든 저장 기간이 무제한이다.

국립백두대간수목원 시드볼트는 2010년에 설립 계획을 수립한 뒤, 2011년 착공해 2015년에 시설을 완공하고, 씨앗 저장 작업을 시작했다. 처음부터 이 시드볼트는 국가보안시설로 지정되

어 있으며, 운영은 산림청 산하 한국수목원정원관리원이 맡기로
돼 있다. 주로 야생식물의 씨앗을 저장하는데, 전 세계의 기관 또
는 개인으로부터 다양한 씨앗을 기탁받는다. 200만 점 이상을 저
장할 수 있는 규모로 완공한 국립백두대간수목원 시드볼트에는
2026년 2월 기준으로 총 6,404종 29만 228점이 보관되어 있으며,
2025년 6월 기준 종자를 기탁한 기관은 98개에 달한다. 2026년
2월 현재 137만 8,238점을 등록한 노르웨이의 스발바르 시드볼트
에 비하면 아직 우리 시드볼트의 갈 길은 멀기만 하다. 전 세계에
2곳밖에 없는 세계적 시설이라고 이야기하기에는 턱없이 모자란
상태다. 그러나 출범으로부터 겨우 10년 남짓 지난 상황이고, 무
제한의 기간을 전제로 설립한 시설의 현재 상태를 벌써부터 평가
하는 건 성마른 일이다. 시간이 필요하다.

시드볼트에 저장할 목적으로 기탁된 씨앗의 소유권은 기탁
기관 또는 기탁자에게만 있고 이들의 동의 없이는 씨앗을 활용
할 수 없게 돼 있다. 시드볼트의 설비는 외부의 기후와 온도에 영
향을 받지 않도록 지하 46미터에 터널형으로 건설하였으며, 두
께 60센티미터의 강화콘크리트와 3중 철판 구조를 사용했다. 규
모 6.9의 지진을 견딜 수 있도록 설계되어 있고, 전력 공급 중단에
대비한 자가발전기를 갖추고 있으며, 섭씨 영하 20도, 상대습도
40%로 유지하는 항온항습恒溫恒濕 시스템이 작동된다.

훌륭한 설비를 갖추었지만 우리의 국립백두대간수목원 시드
볼트가 나라 밖에 알려진 정도는 아직 만족할 수준이 아니다. 세
계적인 시드볼트로 우뚝 서기 위해서는 극복해야 할, 아니 기본
적으로 갖추어야 할 요인들이 더 있다. 노르웨이 스발바르 시드

제 15 장
씨앗 저장

141 봉화 국립백두대간수목원 시드볼트.

볼트와 비교하면 더 그렇다. 노르웨이 정부에서 설립해 운영하는 스발바르 시드볼트는 세계 식량 관련 기구인 유엔 산하의 FAO(국제연합식량농업기구, Food and Agriculture Organization of the United Nations)가 공식적으로 지원하는 기구여서, 국립백두대간수목원 시드볼트와는 비교하기 어렵다. 국제식량농업기구가 지원한다는 사실에서부터 알 수 있듯이 스발바르 시드볼트는 세계인의 식량이 되는 농작물의 씨앗을 보관한다는 점에서 유효성이 높다. 그러나 앞으로는 식량의 바탕인 농작물의 유효성 못지않게 야생식물 씨앗의 중요성이 분명히 보다 높아질 가능성이 있음을 감안할 때, 국립백두대간수목원 시드볼트의 중요성 또한 향상될 것으로 보인다. 현 상황을 바탕으로 국립백두대간수목원 시드볼트도 세계의 식물 관련 기구와의 적극적인 협력 관계를 구축해야 할 것이다.

국립백두대간수목원 시드볼트는 국가 보안시설로 분류되어 수목원 전문가들이 운영을 전담하기는 하지만, 관리는 국가정

142 **백두대간수목원 시드볼트** 내부.

보원에서 한다. 그래서 수목원 직원들조차 시드볼트에 접근하기가 쉽지 않다. 호기심에 따른 시설 내부의 관람 욕구가 적지 않지만, 관람은 불가능하다. 하긴 직접 내부를 관찰한다고 해서 특별히 달라질 것은 없다. 씨앗이 담긴 상자가 차곡차곡 선반 위에 쌓인 게 전부다. 국립백두대간수목원 방문자 센터에 실제 사이즈의 현장을 사진으로 전시해 일반인들의 관람에 대한 기대를 충족시키는 게 전부다.

세계 최초의 시드볼트 … 노르웨이의 스발바르

봉화 지역에 국립백두대간수목원 시드볼트가 지어지기 전에 전 세계에서 유일했던 노르웨이의 스발바르 시드볼트의 사정을 짚어보자. 우선 씨앗 저장에 최적화한 지역적 특징부터 보자. 노르웨이의 스발바르 시드볼트[22]가 위치한 곳은 노르웨이 북쪽의

22 노르웨이 스발바르 시드볼트는 영문으로 'Svalbard Global Seed Vault'라고 표기하며, 홈페이지 주소는 https://www.seedvault.no다.

제 15 장
씨앗 저장

북위 74도에서 81도 사이, 북극에 가까운 지역에 군집한 여러 섬 가운데 가장 큰 바위 섬인 스피츠베르겐Spitsbergen섬이다. 북극에 가까운 이곳 노르웨이 해안에는 스피츠베르겐섬을 비롯해 여러 섬이 군집하고 있어서 이들을 뭉뚱그려 스발바르제도Svalbard 諸島라고 하며, 이곳의 시드볼트를 '스발바르 시드볼트'라고 부른다. 이곳 스발바르 지역은 사람을 비롯한 대개의 생명체가 살아가기 어려울 만큼 매우 추운 극지방이다. 스발바르제도 전체의 60% 정도가 빙하로 덮여 있으며, 고작해야 북극곰과 순록을 비롯한 극지방에서 살아가는 동물만이 있을 뿐이다. 기본적으로 살갗이 얼어붙도록 춥고 극도로 황량한 환경이라 곡류도 풀도 나무도 자라지 못하는 곳이다. 씨앗을 영구 저장하는 시드볼트가 자리 잡기에는 천혜의 위치라 할 수 있다. 스발바르 지역에 시드볼트를 설립하게 된 데에는 1984년 북유럽유전자원센터Nordic Gene Bank가 이 지역에서 운영하던 폐탄광에 씨앗을 보관했던 경험에서 비롯되었다. 바위 아래에 130미터의 긴 터널을 뚫어 씨앗 저장 시설을 마련한 게 스발바르 시드볼트의 시작이다.

그 뒤 2004년에 유엔 식량농업기구FAO의 주도로 '식량 및 농업을 위한 식물 유전자원에 관한 국제조약'이 발효되면서 시드볼트의 설치 근거가 마련되고 국제농업연구자문그룹CGIAR에서 지금의 위치에 시드볼트를 설치할 것을 노르웨이에 공식으로 요청했다. 노르웨이 정부는 이를 흔쾌히 받아들여 건설 비용 전액을 지원했으며, 마침내 2008년에 완공하여 그해 2월 26일에 공식 운영을 시작했다. 이때부터 스발바르 시드볼트의 운영은 노르웨이 정부와 북유럽유전자원센터 및 유엔 산하 세계작물다양성재

143　노르웨이의 **스발바르 시드볼트**.

단이 주도하고 있다.

앞에서 이야기했듯이 주로 농작물의 씨앗을 저장하며, 약 150개국의 연구기관과 유전자은행 등이 기탁한 씨앗을 보존한다. 저장용량은 450만 점이며, 2026년 2월 22일 기준 6,521종, 137만 8,238점을 저장 중이며 기탁 기관은 131곳이다. 스발바르 시드볼트 역시 씨앗의 소유권은 기탁자에게 있으며, 기탁자 외에는 씨앗에 대한 접근권을 허락하지 않는 방식으로 운영한다. 이곳의 씨앗 저장실은 섭씨 영하 18도를 유지하며, 전기 공급이 중단되더라도 주변의 영구동토층永久凍土層에 의해 저온이 유지될 수 있도록 설계하였다. 시드볼트가 위치한 바위의 온도가 15도 상승해 섭씨 영하 3도에 이르는 데에는 최소 몇 주간의 시간이 걸리고, 씨앗의 온전한 보관이 불가능한 영상의 온도로 오르는 데까지는 무려 200년이 걸린다고 한다. 이처럼 시드볼트의 설비 자체를 씨앗 영구 보존에 맞추어 설계할 수 있었던 것은 이 지역이 영구동토층이라는 특수한 환경이라는 게 유리하게 작용했다. 독자들은 이

제 15 장
씨앗 저장

책의 제7장에서 식물의 경이로운 생명력의 신비로운 사례로 3만 년의 세월을 씨앗의 형태로 살아온 '실레네 스테토필라' 이야기를 기억할 것이다. 그 자리에서도 시드볼트 이야기를 꺼냈다. 실레네 스테노필라의 씨앗이 그리 긴 세월을 살아남을 수 있었던 결정적인 조건이 바로 영구동토층인 툰드라지대의 기후 환경이었다고 했다. 바로 스발바르 시드볼트의 환경이 그것이다.

스발바르와 봉화의 시드볼트는 꼭 닮은 씨앗 저장 시설이다. 그러나 지향점에는 차이가 있다. 스발바르 시드볼트는 주로 인류 식량의 원료인 농작물의 씨앗을 보관하고 있으며, 우리의 봉화 시드볼트는 농작물보다는 자생식물 위주의 보관을 원칙으로 하고 있다는 점이 분명히 다르다. 둘 사이에 어떤 장단점이 있는지를 따지는 건 무의미하다. 양쪽 모두가 일정한 의미를 가진 게 사실이다. 그동안의 성과를 바탕으로 전 세계 농작물의 근원이 되는 씨앗 128만 점 이상을 저장 중인 스발바르 시드볼트는 전 세계 농작물의 3분의 1이 훨씬 넘는 씨앗을 확보한 상태다. 이는 호모 사피엔스가 이룬 농업 혁명 이후의 거의 모든 역사를 확보한 것이라고 이야기한다 해도 크게 틀리지 않을 것이다. 먹고사는 문제로부터 근본적으로 해방시킬 의무감을 안고 출발한 스발바르 시드볼트에는 모든 인류의 절박함이 담겨 있다. 더구나 끊이지 않는 전쟁에 더해 급속하게 붕괴되어 가는 기후 변화가 무엇보다 식량 자원의 수급에 큰 문제를 일으킬 것이라는 최근의 사정에 비춰보면 그 절실함은 더 깊어질 수밖에 없다. 전 세계의 국제조약과 농업 식량 관련 기구의 합의에 의해 운영하는 스발바르 시드볼트에 주목할 수밖에 없는 이유다. 스발바르의 시드볼트는 세계 인류의 식량 문제를 해결할 가장 소중한 자산이 분명하다.

봉화 시드볼트는 앞에서 이야기한 것처럼 야생식물 위주의 씨앗을 보관하여 스발바르와 차별화한다는 전략으로 출발했다. 절박함과 시급함에서 스발바르를 따를 수 없는 봉화 시드볼트의 씨앗 수집과 운영이 더뎌질 수밖에 없다. 그렇다고 그 중요성마저 떨어진다고 볼 수는 없다. 이 책에서도 줄곧 이야기하고 있지만, 식물은 단지 농작물과 같은 직접적인 먹을거리 이상의 의미와 가치를 가진다는 건 너무나도 확실한 사실이다. 우리는 이미 이 책을 통해 나무가 인류 문명 발전에 결정적인 역할을 해왔다는 사실을 여러 사례를 통해 살펴봤다. 농작물이 아니라 해도 약재에서부터 건축재에 이르기까지 나무 없는 세상에서 인류는 존재할 수조차 없다. 그렇게 본다면 장기적으로 봉화 시드볼트에 더 많은 관심과 국가적인 지원이 필요하다는 생각이 절로 들 수밖에 없다.

씨앗 한 톨을 지키기 위해 목숨을 내놓아

스발바르 시드볼트 설립 과정을 온전히 이해하기 위해서는 스발바르 시드볼트 이전에 이미 씨앗을 수집해 저장 보존하려 목숨을 걸었던 한 과학자와 그를 뒤따른 후학자들의 노력과 숭고한 희생을 살펴보아야 한다. 이미 오래전부터 씨앗의 중요성을 깨닫고, 전 세계를 탐험하며 씨앗을 모으고 저장하기에 목숨을 걸었던 과학자, 위대한 씨앗 수집전문가가 있었다. 기꺼이 씨앗 한 톨

제 15 장
씨앗 저장

보관을 위해 자신의 목숨을 기꺼이 내려놓은 비운의 씨앗수집가는 니콜라이 이바노비치 바빌로프(Nikolai Ivanovich Vavilov, 러시아어: Николай Иванович Вавилов, 1887~1943)라는 이름의 러시아 생물학자다. 바빌로프는 씨앗을 보관하는 것이 인류가 먹고사는 걱정을 덜어 낼 수 있는 가장 기초적인 일이라고 생각했고, 거기에 사명감이 있었다. 심지어 그와 함께한 그의 연구소 사람들은 굶주려 죽어가면서도 자신들의 저장고에 모아둔 씨앗을 한 톨도 건드리지 않았다. 생생하게 살아남은 씨앗 옆에서 그 씨앗을 보존하려 애쓴 과학자들은 주검으로 남았다. 어리석다고 여겨질 정도로 놀라운 일이었다.

대관절 그들은 어떤 이유에서 씨앗에 목숨을 걸었는지를 살펴보는 것이 곧 시드볼트의 의미를 이해하는 첫걸음이 될 것이다. 씨앗 저장이라는 대장정은 바빌로프에서 시작됐다. 바빌로프는 어린 시절부터 식물을 채집하고 채집한 식물을 모아 집 안에 식물표본실까지 만들었으며, 집 주변의 연못을 찾아다니며 개구리와 노는 걸 좋아했다. 위대한 생물학자들에게서 볼 수 있는 전형적인 과학 영재의 어린 시절이었다. 스무 살 무렵인 1906년에 모스크바농업대학교에 입학한 바빌로프는 처음에 주로 식물의 면역성과 내병성耐病性을 연구했으며, 이는 곧 내병성에 강한 식물 품종의 육성으로 이어졌다. 그러나 탐구 활동이 발전하면서 차츰 씨앗 수집의 필요성을 절감하게 돼 마침내 손수 전 세계를 돌아다니며 씨앗을 수집하게 됐다.

세계 각지의 야생 및 재배식물 수집 연구 과정에서 그는 종種이나 속屬이 달라도 서로 비슷한 유전적 변이變異가 일어난다는

144 니콜라이 이바노비치 바빌로프.

'유전적 변이의 상동계열相同系列 법칙'을 발견했으며, 이를 바탕으로 식물을 커다란 분류군分類群에서 순차적으로 작은 분류군으로, 다시 유전적 변이의 구성별로 나누어 식물 변이형變異型의 분포 지도를 작성하는 '식물지리적 미분법'을 정식으로 제안했다.

이 방법은 결국 식물 지리 답사로 발전할 기초가 됐다. 거기에 더해 바빌로프는 다양한 변이가 집중되어 있는 지방을 기원 중심지起源中心地로 하여 기원식물이 살아 있는 중심지에는 유전적 다양성이 최대한 풍부하게 나타날 가능성이 높고, 그로부터 떨어진 원격지에서 새로운 환경에 적응한 변이 계통의 작물에는 특성 형질의 빈도가 높아진다는 연구 결과를 담은 〈재배식물의 기원 중심지〉(1926)를 발표했다. 이 저술에서 그는 재배식물의 발상지를 5대 중심지로 나누었다. 후속 연구를 통해 바빌로프는 재배식물 발상지를 1940년에 7개로 수정했다.

농경 혁명 이래 인류는 다양한 곳에서 다양한 농작물을 심어 키웠다. 호모 사피엔스의 살림살이 영역이 확장되고, 농부들의 이

제 15 장
씨앗 저장

529

주가 확산하면서 재배식물은 새로운 기후와 환경에 맞추어 새로운 특성을 가진 형태로 달라졌다. 바빌로프가 '기원 중심지'에서 주목한 것은 재배식물이 분기되어 새로운 분류군으로 자리 잡기 전, 기원 중심지의 기원식물에는 병충해 가뭄 등에 대한 저항성을 갖춘 온갖 유전자가 집중돼 있고, 기원지로부터 거리가 멀어질수록 새로운 환경에 적응하는 과정에서 특정 형질만 선택적으로 발달한다는 것이었다. 이를테면 농작물의 경우 병해충을 견디는 힘을 비롯해 불리한 환경에서도 생명을 이어갈 수 있는 능력과 관련된 다양한 유전자들이 기원지의 식물 집단에 가장 풍부하게 존재한다는 것이다.

바빌로프의 연구에 담긴 기원 중심지와 관련한 내용은 한반도의 식물을 연구하는 우리에게도 시사하는 점이 크다. 이는 이 책의 제28장 '멸종'에서 구상나무를 이야기하면서 한 번 더 짚어보게 될 것이다.

처음부터 바빌로프의 연구 주제는 그가 평생 전 세계를 떠돌아다닐 운수납자로서의 운명을 가지고 있음을 예고했다. 어쨌든 바빌로프는 재배식물의 기원인 원산지를 찾아가야 할 운명이었다. 그래도 레닌 집권 기간에 바빌로프의 연구는 순탄한 편이었다. 그러나 바빌로프를 적극 지원했던 레닌이 죽고 스탈린이 집권하면서부터 바빌로프는 예기치 못한 시련에 부닥쳤다. 그가 겪은 시련의 상당 부분은 정치적인 이유에서였지만, 유전학에 대한 입장 차이에서 비롯한 시련도 적지 않았다. 특히 식물의 유전에 대해 바빌로프와 전혀 다른 입장을 가진 쪽과의 차이가 정치적 권력과의 갈등으로 확산하면서 마침내 비극적 운명으로 마무리되는 아쉬운 결과를 보여준다. 바빌로프가 부닥친 시련의 전말을 이해하려면 우선 바빌로프와 그 반대편에 서 있던 유전학자들 사이의 입장 차이부터 이해해야 한다.

생명의 진화 과정을 살펴보는 진화론에는 뚜렷하게 나뉜 두 가지 흐름이 있다. 양쪽의 이론을 거칠게 정리하자면 하나는 다윈이 제시한 자연선택설로, 환경에서 생존과 번식에 유리한 형질이 자연선택을 통해 후대로 이어진다고 보는 입장이다. 다른 하나는 라마르크의 획득형질유전설로, 살아 있는 동안 내내 사용하는 기관은 발달하고 사용하지 않는 기관은 퇴화하여 후대에까지 이어진다고 보는 이른바 용불용用不用설을 따르는 견해다. 라마르크의 주장은 일반적으로 부정되었으나, 최근 후성유전학 연구에서 제한적으로 재논의되는 상황이다. 여기에서 이 논란의 결론을 짚어볼 생각은 아니다.

바빌로프는 이 흐름 가운데 다윈의 자연선택설을 지지하며, 식물의 변이가 어느 지점에서 풍부하게 나타나는지를 탐구했고, 재배식물의 기원을 찾기 위해 전 세계를 탐사했다. 그는 세계 곳곳에서 수집한 작물을 연구하면서 병해충 저항성이나 불리한 환경에 대한 내성 같은 유용한 형질이 재배식물보다 오히려 기원지의 야생 원종에서 더 다양하고 풍부하게 나타난다는 사실을 확인했다. 이는 인간이 수확량이나 품질 등 경제적 형질을 우선시하며 품종을 개량하는 과정에서, 기원식물에 존재하던 폭넓은 저항성과 적응력이 제한되거나 사라졌을 가능성을 보여준다. 바빌로프는 장기적인 생존과 작물 농사의 훌륭한 자원이 될 수 있는 유전적 다양성이 기원지의 식물 집단에 집중돼 있다고 강조하고,

제 15 장
씨앗 저장

이를 몸소 찾아 나선 것이다.

일테면 고대의 영농 패턴을 연구하는 과정에서 바빌로프는 파미르고원의 비옥한 계곡지대에 당시 식물학자들에게는 아직 알려지지 않은 내한성 밀 품종들이 자라고 있을 것이라는 단서를 얻었으며, 이를 발전시켜 작물 기원지에 관한 자신만의 이론을 구축했다. 그는 유럽과 아메리카의 식물채집자들이 방향을 잘못 잡아 엉뚱한 곳을 헤매고 다녔다고 믿었다. 그들은 초기 문명이 시작된 계곡들, 다시 말해 티그리스강과 유프라테스강 유역의 저지 평원들을 목표로 설정했기 때문이었다. 바빌로프는 파미르고원 같은 산악지대에 다양한 품종들이 밀집해 있을 것으로 추정했다. 인구가 밀집한 지역에서는 땅이 부족할 수밖에 없기 때문에, 초기 농부 중 일부는 살아남기 위해 점차 사람의 발길이 거의 닿지 않는 고지대로까지 주거지를 옮겨야 했을 것이다. 그리고 그의 예상대로라면, 상당한 유전학적 보물이 서남아시아의 고산지대, 아프리카의 산악지대, 남아메리카의 안데스산맥, 혹은 알프스산맥과 코카서스산맥 등지에서 발견될 터였다. 그래서 그는 파미르고원의 비옥한 계곡지대를 찾아갔다. 그리고 그곳에서 밀과 호밀의 신품종을 발견하고 그 기원지를 추적했다. 혁명 이전 시기의 러시아 전통 작물인 호밀이었다. 오랜 옛날부터 러시아인이 즐겨 먹는 흑빵은 호밀로 만들어졌으며, 당시 러시아의 호밀 생산량은 전 세계 나머지 국가들의 생산량을 모두 합한 것보다 많았다. 호밀은 밀보다 수확량이 많았고 냉해 저항력도 훨씬 강했다. 호밀은 기후가 사나운 러시아 중앙 및 북서부의 주요 겨울 작물이었다. 바빌로프는 서남아시아의 밀과 보리 품종 틈에서 찾아낸 잡초 상태의 야생 호밀을 러시아 실험농장들에 옮겨 심어 활용 가능성을 타진했다. 그게 그의 씨앗 탐험의 지난한 여정이 시작되는 계기였다. 기원 중심지가 되는 곳을 찾아내는 일도 힘에 부치는 일이었다. 결국 기원 중심지에서 자라는 기원식물의 다양한 형질 보존이 무엇보다 중요하다고 판단한 그는 전 세계를 탐험하며 기원식물의 씨앗을 수집했다.

1920년대에 농작물의 씨앗을 수집 보관하는 국제씨앗은행을 설립한 건 자연스러운 순서였다. 수십만 개에 달하는 식물표본을 갖춘 바빌로프의 국제씨앗은행은 식물의 멸종을 예방하고 장차 새로운 기적의 식물을 배양하기 위해 이용되며, 전 세계의 유전자 다양성을 망라한 살아 있는 도서관이었다. 여기에는 당시 소비에트연방의 집권자인 레닌의 강력한 후원이 뒷받침됐다. 바빌로프는 레닌의 후원으로 자신이 설립한 초라한 연구소를 중심으로 세계적 씨앗은행을 세울 수 있었고, 이는 세계적인 관심과 지원으로 이어지며 규모를 키울 수 있었다. 씨앗은행에 보관할 씨앗을 수집하기 위한 바빌로프의 연구와 탐험은 더 열정적으로 이어졌다. 그중에서 밀, 보리, 담배, 양귀비, 살구, 배, 자두, 무화과, 석류, 복숭아 등의 샘플을 얻을 수 있었던 아프가니스탄 동북부의 헤라트 지역 탐사는 큰 성과를 거둔 대표적 탐험이었다. 이 탐사에서 바빌로프는 순수 야생 호밀의 존재까지 찾아냈다. 이른바 호밀의 기원을 밝혀줄 분명한 증거였다. 아프가니스탄 탐험의 공로를 인정받아 바빌로프는 당시 소련에서 가장 큰 영예였던 레닌상을 수상했으며, 소련지리학회에서 프르제발스키 금메달을 받았다. 그뿐만 아니라 나중에 국가 입법기관인 소련 최고회의로

제 15 장
씨앗 저장

대체되는 소규모 교섭 단체인 소련 중앙집행위원회의 회원이 되면서 기원식물 탐사는 좀 더 수월해졌다. 바빌로프의 생사를 뛰어넘는 탐사 과정은 간단없이 이어졌다.

바빌로프의 헌신적 노력으로 마침내 1924년에는 바빌로프가 수집한 발아 가능한 씨앗과 뿌리와 열매의 표본은 6만 개로 늘어났다. 국가적 지원이 있었다고는 하지만, 목숨을 건 바빌로프의 헌신이 아니고서는 이룰 수 없는 비약적 발전이었다. 그러나 이즈음 바빌로프를 적극 지원하던 레닌은 '스탈린을 경계하라'는 유언장을 남기고 53세의 젊은 나이로 죽고, 스탈린이 떠올랐다. 바빌로프에게 시련이 닥쳐올 조짐이었다.

과학사 최대의 사기 행각, 트로핌 리센코

바빌로프가 먼 길을 돌아다니며 씨앗을 모으는 동안 소련 국내에는 트로핌 리센코(Trofim Denisovich Lysenko, 러시아어: Трофи́м Дени́сович Лысе́нко, 1898~1976)의 약진이 있었다. 리센코는 식물의 생장에서 가장 중요한 환경적 요인을 온도라고 잠정적 결론을 내린 뒤, 파종 시기와 파종 단계별 온도를 연구하면서 적절한 품종을 찾는 데 매달렸다. 그리고 리센코는 하나의 획기적인 '발견'에 이르는데, 그것이 바로 그가 봄을 뜻하는 우크라이나어 야르iar에서 파생시켜 야로비자치야iarovizatsia라고 이름 붙인 처리 방법이었다. 흔히 '춘화처리'라고 번역하는 특별한 방법이다. 당시 소련의 식물학계는 앞에서 이야기한 진화 이론 가운데에 다윈의 자연

145 **트로핌 리센코**.

선택설보다 획득 형질의 유전을 중시하는 라마르크주의의 진화론이 지배적이었다. 환경적 요인에 장기간 노출될 경우 발생하는 작은 돌연변이들이 후대로 유전된다고 보는 것이다. 환경변화를 통해 식물들을 '훈련'시킬 수 있다는 리센코의 춘화처리 실험들은 라마르크주의자들의 생각과 딱 맞아떨어지며 소련 국내의 과학계에 돌풍을 일으켰다.

리센코는 국내 과학계의 흐름에 힘입어 새 권력자 스탈린의 환심을 얻었고, 자신의 위치를 더 확고히 유지하기에 급급했다. 리센코의 충성에 대한 보답으로 스탈린은 춘화처리를 비롯한 리센코의 이론을 "신뢰할 수 있는 유일한 과학적 접근법"이라며 리센코를 추어올렸다. 리센코는 결국 스탈린의 지원을 받으며, 소련의 농업을 짊어질 전도유망한 인물로 부각되며 소련 생물학의 제왕 자리에 올랐다. 그러나 스티븐 제이 굴드의 말을 빌리자면, 그것은 "20세기 과학 역사에 기록된 최악의 사기극"이었다.

리센코와 바빌로프를 양 극단으로 하여 벌어진 러시아에서의 식물 육종 이론에 대한 갈등은 그리 간단하지 않다. 리센코의 이론과는 구별되지만, 환경이 유전자에 영향을 미친다는 '후성유

제 15 장
씨앗 저장

전학' 분야가 발전하면서 그의 주장을 새로운 관점에서 재조명하려는 시각도 일부 존재하는 게 사실이다. 큰 줄기만 정리하자면 앞에서 이야기한 것처럼 진화론에서 여전히 끝나지 않는 자연선택설과 후성유전학의 갈등이라 할 수 있다. 다윈의 자연선택설의 대척점에 서 있는 라마르크의 획득형질 유전설은 대체적으로 근거가 미약하다는 평가를 받아왔지만, 최근 들어 획득형질 유전을 포함한 후성유전학에 대한 새로운 조망이 활발한 건 분명한 현실이다. 여기에서는 바로 앞의 제14장 '생명의 느낌'에서 이야기한 매클린토크의 이론도 돌아볼 필요가 있다. 유전자는 절대 불변하는 게 아니라 특별한 환경에서 일정하게 변할 수 있다는 매클린토크의 이론 또한 후성유전학 쪽의 손을 들어준다고 볼 수 있다. 달리 이야기하면 유전자는 절대로 변하지 않고, 돌연변이에 대한 자연선택에 의해 변화한다는 이론과, 살아가면서 획득한 형질이 유전자에 새겨져 대대로 후손에게 이어진다는 이론의 갈등이다. 이 갈등은 지금까지도 이어지고 있다. 오히려 갈수록 심화하고 있다는 게 관련 학계의 전언이다.

그렇다고 여기에서 자신의 위치를 유지하기 위해 바빌로프의 세력을 견제한 트로핌 리센코를 옹호하는 건 절대로 아니다. 스티븐 제이 굴드의 이야기처럼 리센코의 당시 공작들에는 '사기극'이라고 부를 만한 요인이 넘치고 넘친다. 춘화처리만 해도 그건 이미 소련의 농부들 사이에 실행하던 방법이었다. 물론 리센코가 재구성한 부분이 없는 건 아니지만 이걸 완전히 새로운 것으로 포장한 것부터 그랬다. 또 획득형질의 유전에 대한 일정한 입장이 있었던 것을 인정한다 해도 그는 자신의 이론을 연구 결과로 온전히 밝혀내는 데에도 모자람이 많았다. 더구나 무엇보다 가장 치명적인 문제는 리센코가 자신의 이론의 정당성과 지위를 정치적 기반, 즉 스탈린의 지지를 이용해 얻어내려 했고, 이를 정치적으로 활용해 반대 세력인 바빌로프를 죽음으로까지 몰아붙였다는 것이다. 이론으로서가 아니라 권력을 이용해 자신의 이론적 지지 기반을 확보하려 했다는 점에서 굴드가 표현한 '사기극'이라는 혐의에서 벗어나기 어렵다. 자연선택과 획득형질에 대한 논의에 앞서 리센코의 이론은 결코 인정할 수 없는 결과일 수밖에 없다.

국내 사정과 무관하게 바빌로프의 씨앗 수집 작업은 더 열성적으로 이어졌다. 1929년 6월 초, 바빌로프는 소련의 극동 지역, 중국, 일본을 탐사하기 위한 원정길에 올랐다. 중국 서부 지역, 일본, 포르모사(지금의 타이완), 한국[23]을 바삐 돌아다니면서 무수한 씨앗과 식물표본을 수집하고 농업 현장과 지리적 특징을 연구할 자료를 확보했다. 그러나 문제는 리센코였다. 바빌로프가 나라 바깥에서 씨앗을 찾아 헤매는 동안 국내에서의 지지 기반을 확보한 리센코는 최고 권력자에게도 신임을 얻었다. 리센코에게 가장 큰 걸림돌은 전혀 다른 입장의 바빌로프와 그의 연구진들이었다. 이론으로 맞서기에 힘에 부쳤던 리센코는 마침내 권력을 이용해 바빌로프 제거하기에 적극 나섰다. 리센코는 1930년부터 첩보원을 동원해 바빌로프의 탐사 여행에 관련한 갖가지 자료를 확보한 뒤 바빌로프를 소련 농업을 파괴한 반국가단체의 수괴라는 증거를

---

23   바빌로프의 원정 대상에는 한국도 포함돼 있는 걸로 자료에 나온다. 한국 원정 중에 어떤 식물의 씨앗을 채취했는지는 궁금하지만 확인하기 어렵다.

제 15 장
씨앗 저장

지어내 체포하고 심문하기에 이르렀다. 그해 가을, 소련국가정치보안부는 각종 언론을 통해 '농민노동당'이라는 이름으로 활동하는 반혁명조직을 적발했다고 발표했다. 발표 내용에 따르면 정부기관에 침투한 농민노동당 당원이 무려 20만 명에 이른다고 했는데, 이는 완전히 날조된 허구적 존재였다. 하지만 이 발표를 앞세워 농민노동당 당원이라는 명분으로 수천 명이 체포되는 피바람이 불었다. 많은 전문가와 과학자가 재판 직후 곧바로 처형당하는 참사가 벌어지기까지 했다. 체포된 과학자들 가운데에는 바빌로프의 반정부 활동 관련 정보를 제공한다는 조건으로 겨우 목숨을 건진 사람도 있었다. 이 모두가 바빌로프를 견제 혹은 제거하기 위한 리센코의 야비한 전략이었다.

바빌로프는 가능한 한 모든 종류의 재배식물을 수집하여 세계적인 씨앗은행으로 발전시키고 싶었다. 그러려면 더 많은 시간과 투자가 필요했다. 그러나 스탈린의 소련 정부는 이를 받아들이지 않았고, 당장 과학계에서 센세이션을 일으킨 리센코의 생각만을 받아들였다. 바빌로프를 중심으로 한 과학자 그룹에 시련이 몰아치던 즈음인 1932년에는 설상가상으로 소련 전 지역에 기근이 덮쳤다. 무려 500만 명이 굶어 죽는 참혹한 사태였다. 갈수록 위기 상황이 깊어졌지만 바빌로프는 계속해서 씨앗을 수집하는 자신의 탐험과 그에 따르는 연구를 이어갔다. 1940년 즈음에 이르러 바빌로프가 확보한 씨앗과 열매와 뿌리의 표본은 25만 개에 이르렀고, 500만 봉지가 넘는 씨앗을 전국 각지의 연구기관과 육종기관, 기타 각종 농업 관련 기관에 배포하기도 했다.

씨앗 수집과 연구에 일생을 바친 한 과학자가 정치범이라는

146 바빌로프 기념 우표.

이유로 체포되어 정치범 감호소에 구금된 건 그즈음이었다. 졸지에 '과학자'에서 '정치범'으로 둔갑한 바빌로프는 국가 스파이로 활동했다는 자백을 강요받는 심문에 시달려야 했다. 하지만 바빌로프는 세상의 기근을 해결하는 데에 평생을 바쳐온 자신이 왜 조국의 스파이로 의심받는지 이유를 알기 힘들었고, 모진 심문과 고문에 대해서도 거짓 자백을 할 수 없었다. 같은 이유로 체포되어 고문에 시달리던 동료 수감자들은 갑자기 죽음에 이르는 일이 다반사였지만, 바빌로프는 감옥 안에서 2년 넘게 버텨냈다. 몸은 망가질 대로 망가졌다. 이질을 비롯한 갖가지 병에 시달리던 1942년 4월 23일에 바빌로프는 영국에서 가장 권위 있는 과학아카데미라 할 수 있는 왕립학회Royal Society의 외국 회원으로 선임되기도 했다. 소련 내부의 사정이 철저하게 비밀에 부쳐졌던 그 시대에 영국에서는 바빌로프가 소련 정부와의 불화로 죽지 않았느냐는 소문까지 돌았지만 그가 이뤄낸 씨앗 수집과 관련한 업적에 대한 정당한 평가를 학회 회원으로의 선임으로 연결시켜 냈다. 바빌로프는 다른 건 다 둘째 치고라도 식물 육종가로서 국가

제 15 장
씨앗 저장

의 농업 생산력을 높이는 일에 보탬 될 수 있도록 감형해 주기를 청하는 탄원서를 제출하기도 했지만, 별무소용이었다. 그렇게 1942년이 비극적으로 마무리되고 이듬해인 1943년 1월 24일 열병으로 인한 탈진 상태가 심각해 병원으로 후송되고, 이틀 뒤인 26일 아침 7시, 마침내 바빌로프의 뜨거웠던 심장은 멈췄다. 사망 원인은 '감기에 따른 폐렴'으로 기록돼 있지만, 사실상 영양실조가 모든 원인이었다. 죽기 이틀 전에 급하게 후송된 병원에서의 최종 진단은 '만성적인 굶주림으로 발생한 영양실조'였다. 소련은 물론이고 온 인류를 먹여 살리겠다는 큰 꿈을 이루기 위해 목숨을 걸고 전 세계를 찾아다닌 위대한 탐험가가 굶어 죽은 아이러니를 남겼다.

바빌로프의 뜻을 따르며 그의 연구소를 끝까지 지켜냈던 연구원들의 운명도 다르지 않았다. 히틀러의 침공에 대비해 연구소를 지키며 끝내 주검으로 남은 알렉산드르 스킨을 비롯한 바빌로프 연구소 소속의 연구원이 모두 그랬다. 벼, 땅콩 등 식량과 관련한 전문가였던 그들도 바빌로프처럼 굶어 죽었다. 그들의 주검이 지금 우리에게 전하는 큰 감동이 있다. 그들이 사망한 자리에는 고스란히 수천 봉지의 볍씨가 남아 있었다는 사실이다. 식량 더미 안에 갇힌 채 배고픔의 모진 유혹을 견뎌내야 했지만, 연구원들은 손만 뻗으면 곧바로 끄집어내 굶주림을 모면할 수 있는 소중한 씨앗만큼은 단 한 톨도 손대지 않고 죽음에 들었다. 그렇게 세계 인류의 식량을 지키려 한 과학자들이 식량 창고 안에서 굶어 죽었다.

칼 세이건이 죽은 뒤에 세이건의 아내 앤 드리앤(Ann Druyan,

1949~)이 새로 제작한 『코스모스: 가능한 세계들(COSMOS: Possible Worlds, 2020)』에서는 이 상황을 포함해 바빌로프가 씨앗을 찾기 위해 목숨을 걸고 펼친 연구와 탐험 과정을 감동적인 애니메이션으로 표현했다. 13부작으로 제작된 이 다큐의 4편이 바로 그것이다. 이 애니메이션에는 트로핌 리센코와의 갈등까지 흥미롭게 표현했는데, 이는 국내에도 번역 출간한 바 있는 『20세기 최고의 식량학자, 바빌로프: 인류의 미래에 위대한 유산을 남기다(The Murder of Nikolai Vavilov: The Story of Stalin's Persecution of one of the Greatest Sceintists of the Twentieth century, 2008)』[24]라는 책을 바탕으로 드리앤이 편집한 내용이다.

야생식물의 씨앗을 영구 보존하기 위해 설립한 한국의 국립백두대간수목원 시드볼트 이전에 세계 농작물의 씨앗을 보존하기 위한 노르웨이의 스발바르 시드볼트가 있었으며, 자신의 생존을 포기하면서까지 인류의 미래를 위해 씨앗을 보존하려 애썼던 바빌로프와 그의 씨앗은행이 있었다. 험준한 지형의 파미르고원을 비롯해 아프가니스탄, 에티오피아, 멕시코의 산맥과 야생동물이 득실거리는 볼리비아 정글, 심지어 우리 땅 한반도에 이르기까지 전 세계 50여 개국으로의 식물 탐험, 그리고 당대의 정치적 소용돌이에도 불구하고 끝까지 자신의 길을 꿋꿋이 걷고, 자신의 생명이 끝나가는 극한의 상황에서도 과학의 가치를 훼손시키지

24　500쪽이 넘는 이 책은 2011년에 휴머니스트출판사에 딸린 브랜드인 '아카이브'에서 양장본으로 출간했지만, 지금은 절판됐다. 바빌로프의 연구 과정에서부터 리센코와의 갈등까지를 입체적으로 살펴볼 수 있는 매우 흥미로운 책이다. 앤 드리앤의 『코스모스: 가능한 세계들』 역시 이 책을 바탕으로 했다.

제 15 장
씨앗 저장

않으려 죽음을 받아들였던 과학자들의 한 맺힌 삶은 오래오래 기억해야 할 일이다. 바빌로프의 씨앗 수집은 그 자체로서도 매우 훌륭한 유산이지만, 농작물을 비롯한 씨앗의 중요성을 깨닫게 하고, 자연재해나 인재로부터 전 세계 식용식물의 유전자를 지키고 보존하려는 사람들이 갈수록 늘어날 바탕이 됐다는 점에서 더없이 고귀한 과학적 실천이었다. 노르웨이와 한국의 시드볼트를 낳게 한 것도 결국은 바빌로프의 위대한 업적에서 비롯되었다는 사실을 잊지 말아야 한다.

미생물 저장고의 절실한 필요성

최근에는 시드볼트의 중요성을 인지하는 과학계에 아주 특별한 움직임이 있다. 바로 미생물 저장고Microbiota Vault의 건립 움직임이다. 스발바르 시드볼트에서 영감을 얻은 과학자들 가운데에서 미생물의 중요성을 일찌감치 깨달은 과학자들은 스발바르 시드볼트와 같은 성격의 미생물 저장고를 만들기로 하고 구체적인 작업에 나섰다. 스위스의 바젤대학교와 로잔대학교, 취리히대학교, 그리고 미국의 럿거스대학교 연구진이 중심이 된 프로젝트다. 시드볼트와 마찬가지로 미생물의 다양성을 보존하고 필요할 때 꺼내서 질병 치료 등에 쓰기 위한 저장고를 갖추자는 생각이다.

우리가 이 책의 앞에서 이미 알아보았듯이 지구에 생명이 등장한 것은 미생물로부터였다. 그뿐만 아니라 미생물은 지금 이

순간에도 지구의 모든 생태계의 기반이 되는 생명이다. 이른바 박테리아를 비롯한 아르케이아(고세균), 바이러스, 균류 등이 그것들이다. 미생물도 지구의 변화 과정을 통해 멸종에 처할 수 있지만 미생물이 멸종하면 생태계의 작은 고리 한 곳이 무너앉게 되고, 이는 연쇄적으로 생태계의 안정성을 해치는 결과를 가져올 것이라는 게 이 과학자들의 전망이다. 그래서 이들은 우선 사람의 장내에 공생하는 미생물을 모으기로 했다. 이 미생물들은 인체의 신진대사에서부터 중추신경계, 면역 체계에 이르기까지 인체의 거의 모든 생명 활동 영역에 영향을 끼친다. 인간 세포 수 30조 개보다 1.3배나 많은 인체의 미생물을 수집하는 과정의 첫 걸음으로 장내 미생물을 수집하려는 연구다. 이 과정에서 과학자들은 전 세계 인류로부터 장내 미생물이 풍부하게 포함된 똥 수집에 나섰다. 2022년 11월 에티오피아 어린이의 똥을 비롯해 지금까지 라오스, 푸에르토리코, 페루 등에서 수집한 똥 표본을 시범 저장고가 있는 스위스로 반입해 저장하는 작업이 문제없이 진행됐다. 미생물 저장고는 정치적으로 안정적이고 중립적인 나라에 있을 필요가 있다는 판단에서 스위스를 1차 대상지로 선정하고

제 15 장
씨앗 저장

작업 중이다. 이 프로젝트를 리드하는 스위스 취리히대학교 미생
물학 연구소장인 아드리안 에글리(Adrian Egli, 1978~) 교수는 "박
테리아 중 어떤 것은 20분마다 분열할 정도로 분열 속도가 빠르
기 때문에 박테리아를 빠르게 얼릴 수 있는 최적의 조건을 갖추
는 것이 중요하다"라며, 미생물의 온전한 보존을 위해서는 섭씨
영하 80도의 극저온 상태의 저장고가 필요하다고 강조했다.

과학자들은 남아메리카 원주민의 장내 미생물의 다양성은
미국의 도시에 사는 사람의 2배에 이른다고 한다. 미생물의 멸종
은 우리 눈으로 확인하기 어렵지만, '조용하게 진행'되는 자연선
택 과정이라는 것이다. 또 대개의 미생물 관련 학자들은 도시화
와 현대화 과정은 마침내 미생물의 다양성을 감소시키고, 현재의
면역 질환이 증가하는 결과로 이어지고 있다고 주장한다. 미생물
저장고의 필요성은 결국 인류의 건강과 생명 유지에 필수적이라
는 게 이 프로젝트의 기본 아이디어로, 최초의 생각은 2018년에
《사이언스》에서 처음 제안했다. 이제 초기 단계여서 아직은 특별
한 성과가 눈에 두드러지게 나타나지 않았지만, 앞으로의 가능성
만큼은 관심을 가져야 하는 게 분명한 프로젝트다.

민간에서 일어나는 자발적인 씨앗 보존 운동

여기에서 우리는 민간에서 자발적으로 씨앗의 중요성을 강조하고, 이를 보존하기 위해 다양한 프로젝트를 벌이고 있는 민간 씨앗 저장고의 한 형태인 '씨앗도서관'의 사례를 살펴보고자 한다. 충남 홍성군 홍동면 운월리 지역으로 귀농한 농부들을 주축으로, 지역 주민과 풀무학교 전공부[25] 학생들이 자발적으로 건립한 '홍성씨앗도서관'이 그곳이다. 특히 풀무학교 전공부에서는 2003년부터 학생들과 씨앗 받는 공부를 시작했고, 2007년부터 본격적으로 씨앗을 받기 시작하며 '씨앗도서관'의 싹을 틔웠다. 이 과정에서 씨앗 나누는 일의 중요성을 깨닫고, 활동 범위를 학교 밖으로 넓혀 지역의 농부들과 함께하자고 생각을 키웠다. 이어 지역 인사들과 풀무학교 전공부 학생들은 마침내 2015년 2월에 '홍성씨앗도서관'이라는 이름의 작은 씨앗 저장고의 문을 열었다.

홍성씨앗도서관은 다양한 형태로 농사를 짓는 농부들을 중심으로 홍성씨앗도서관의 회원에게 씨앗을 한 해 동안 '대출'하고, 이듬해에 대출한 만큼의 씨앗을 '반납'받는 방식으로 운영된다. 풀무농업고등기술학교 생태농업 전공부 농업교사로, 이 도서관의 초기 설립 과정을 함께한 전 대표 오도 씨는 "씨앗마다 다 사연이 있어요. 열여덟 살에 시집올 때부터 씨앗을 보존해 온 올해 여든두 살 되신 할머니에게 '왜 그렇게 오래 씨앗을 챙기셨느

---

25   공식적인 명칭은 '홍성 풀무농업고등기술학교 생태농업과 전공부'인데, 전체 이름이 너무 길어 대개는 '풀무학교 전공부'로 줄여서 부른다.

제 15 장
씨앗 저장

냐'고 물었어요. 할머니는 '친정아버지께서 결혼할 때 챙겨주신 씨앗을 잃어버리면 친정과의 인연이 끊어질 것 같기 때문'이라고 답하셨어요. 어린 나이에 시집온 할머니에게 그 씨앗은 그냥 씨앗이 아니라 고향과 친정의 상징이었던 거죠"라며 씨앗을 보존한다는 것은 사람살이의 자취를 보존하는 데에 이른다고까지 강조한다.

우리 농촌의 농부들은 대개의 경우 씨앗을 보존하고, 이를 바탕으로 농사를 짓기보다는 종묘회사로부터 씨앗을 구입해 심는 게 일반적이었다. 그러나 종묘회사 씨앗의 대부분은 병충해를 없애기 위해 살충제 처리를 하고 쉽게 눈에 띄도록 염색처리까지 한 것이었다. 오도 대표는 2006년에 영국 오가닉가든을 방문하는 등, 씨앗 보존의 효과적인 방법을 찾는 노력을 기울인 끝에 마침내 씨앗을 모으기 시작했다. 2011년부터는 마을 사람들과 같이 지역에서 씨앗을 직접 받고 보급할 수 있는 방법들을 공부하면서 씨앗도서관의 꿈을 키워나갔다. 그리고 마침내 첫걸음으로 2014년에 홍성씨앗도서관 준비위원회를 꾸려 '씨앗마실' 활동을 시작했다. 씨앗마실은 10월 이후 농한기로 접어든 뒤 마을 농부들을 찾아가 수십 년에 이르는 세월 동안 지켜온 씨앗을 얻고 그 씨앗에 얽힌 이야기와 삶을 듣는 걸 말한다.

얼마 지나지 않았지만, 지역 농부들의 반응은 예상보다 호의적이었다. 도서관 규모가 커지면서 일손도 크게 부족해졌지만, 가능하면 정부 지원금을 받지 않는다. 정부 지원금이 들어오는 순간, 민간의 자발적 운영이라는 본연의 가치와 의미를 잃어버린다는 생각에서다. 운영은 회원들의 후원금으로 이루어진다.

물론 홍성씨앗도서관은 정부에서 운영하는 백두대간수목원 시드볼트나 세계적인 규모의 스발바르 시드볼트에 비하면 비교하기 어려울 만큼 작은 규모다. 고작해야 280종 정도의 씨앗을 수집했을 뿐이다. 시간이 더 지난다고 해서 이 규모가 더 크게 늘어날 일도 없다. 민간에서 자발적으로 운영하는 씨앗도서관에 얼마나 많은 종류와 양이 수집됐는지는 아무 의미가 없다. 토종 씨앗도서관 운동은 다음 제17장에서 살펴볼 GM작물 다국적 씨앗 산업에 대항해 우리 농업을 지키기 위한 목적으로 시작된 것이겠지만, 거시적으로 보아 더 건강한 유전자를 가진 농작물을 지키기 위한 위대한 혁명의 씨앗이 될 수 있다는 데에 의미가 있다. 이 운동이 앞으로 얼마나 더 확산할지에 대해서도 그리 낙관적이지만은 않다. 하지만 그것보다 더 중요한 것은 하나의 토종 씨앗, 러시아 과학자 바빌로프의 표현에 의하면 기원식물의 씨앗 한 톨을 지키는 것이야말로 우리 농업을 비롯한 자연자원 보존에 더없이 필요하고 바람직한 흐름이라 하지 않을 수 없다.

홍성씨앗도서관은 그동안의 경험을 바탕으로 다른 지역의 씨앗도서관 설립 지원 방법을 모색하기도 했다. 홍성씨앗도서관의 지속적인 노력은 일정한 결과를 이루어 전국 각지에 홍성의 씨앗도서관과 같은 형태의 움직임이 일어나는 데에 영향을 미쳤다. 일테면 서울의 관악과 강동, 경기권에서는 인천의 강화를 비롯해 안양·화성·수원·광명 등, 강원의 춘천, 경북의 포항, 그리고 충청권의 괴산·예산·세종·논산·부여·당진 등에 씨앗도서관이 문을 열었다. 마침내 2017년에는 전국씨앗도서관협의회가 구성되어 이들은 씨앗 관련 정보를 공유하고 우리 토종 보존 노력에 나서고 있다. 민간의 작은 씨앗도서관에서 시작한 농부들의 자발적인 움직임에서 100년 전 소련의 과학자 바빌로프가 목숨을 걸고 이어온 피눈물 나는 씨앗 탐색과 보존 노력의 자취를 짚어보는 것은 결코 무리가 아니다.

나무 활용

들과 숲이 주는 가장 커다란 즐거움은
인간과 식물 사이의 신비한 관계에 대한 암시다.
나는 외롭지도 낯설지도 않다.
그들은 나에게 고개 숙이고, 나는 그들에게 고개 숙인다.
모진 바람 속에 나뭇가지가 흔들리는 것은
나에게 새롭고 동시에 오래된 일이다.

– 랠프 월도 에머슨*Ralph Waldo Emerson*,
『자연*Nature: The Original Essay*』에서

예나 지금이나 사람들은 나무를 많이 심어 키우고 나무를 무척 좋아한다. 대놓고 '나무가 싫다'고 이야기하는 사람을 만난 적은 없다. 물론 나무 가운데 어떤 한 종류의 나무나 어느 특정한 나무를 싫어한다고 이야기하는 경우는 있을 수 있지만, 전반적으로 나무를 싫어하는 경우는 아무리 돌아봐도 찾을 수 없다. 그러나 이 책을 쓰게 된 처음 동기를 풀어 쓴 맨 앞의 〈Prologue: 나무의 역사, 사람의 역사〉에서도 강조한 것처럼 문제는 대개의 경우, 나무를 좋아하고 심어 키우는 근본적인 동기는 실용적인 쓰임새 때문이라는 사실이다. 내내 강조하지만 그걸 굳이 나무라자는 이야

기는 결코 아니다. 나무를 안 심는 것보다는 그렇게라도 한 그루 더 심어 키우는 게 우리 삶에 훨씬 이득이며, 우리 생태계를 더 평화롭게 이어가는 좋은 방법인 건 분명하다. 그러나 그게 나무를 바라보는 전부가 되어서는 안 된다는 이야기를 강조하려는 것이다. 사실 돌아보면 생태계에 존재하는 모든 생명체들은 서로 도울 뿐 아니라 때로는 먹이사슬이라는 치열한 구조 속에서 서로 먹고 먹히며 살아간다. 지극히 당연한 일이다. 나무를 우리의 살림살이에 활용하는 게 결코 나쁜 일이라는 게 아니다. 순전히 그 이유만으로 나무의 가치를 생각하게 되면, 나무를 베어 내고 죽이는 일에도 서슴지 않게 된다는 것이다. 그건 장기적으로 보아 우리 생태계의 균형을 망가뜨리는 일이 된다. 나무를 우리 사람살이에 이롭게 활용하되, 장기적으로 어떤 관점으로 나무를 바라보고 어떻게 대해야 하는지 살펴보자는 말이다.

그래서 이 장에서는 먼저 우리가 그동안 사람살이 안에서 나무를 어떻게 활용해 왔는지부터 찬찬히 짚어보고자 한다. 우리는 분명히 나무를 다양한 살림살이에서 요긴하게 활용해 왔다. 그러나 옛사람들은 단순히 필요하면 베어 내 쓰고, 소용 가치가 다 되면 베어 내 없애버리는 식이 아니었다. 제12장 '나무 숭배'에서 살펴본 다양한 사례에서처럼 나무를 활용하는 데에도 일정한 의식이 있었다. 그저 사람살이에 이용하기 위한 수단으로만 여기고 마구 베어 내기만 한 것은 분명히 아니었다. 우리에게만 그랬던 게 아니라 서구에서도 비슷한 사례가 숱하게 많았다는 걸 우리는 이미 앞에서 보았다. 이 장에서는 농경문화 시절의 우리 옛사람들이 어떻게 나무를 대했고, 나무를 이용할 때에 어떤 의식을 치렀으며, 그 의식에는 어떤 속뜻이 담겨 있는지를 살펴보고자 한다. 이는 앞으로 나무와 더불어 산다는 것의 의미, 그리고 우리 생태계의 안녕을 지키기 위해 필연적으로 거쳐야 할 과정이다. 그래서 특히 이 장에서는 당장에라도 찾아가 살펴볼 수 있는 우리 곁에 있는 큰 나무들을 중심으로 나무 활용의 전형적인 사례들을 소개한다. 독자들 스스로 현장을 찾아가 느낌을 공유할 수 있기를 바라는 마음에서다.

백성의 생명을 살리기 위해

먼저 짚어볼 나무는 경상북도 구미시 선산읍 신기리의 모과나무*Pseudocydonia sinensis* (Thouin) C.K.Schneid.다. 비교적 번화한 선산읍에서 다소 떨어진 시골 마을인 신기리의 풍광 좋은 언덕마루, '송당정사'라는 이름의 아름다운 정자 앞에 서 있는 나무다.

나무를 심은 사람은 무신으로 입신출세를 시작하여 나중에 성리학자로, 급기야 한의학자로 일생을 다채롭게 이어간 송당松堂 박영(朴英, 1471~1540)이다. 이 모과나무는 송당 박영의 학문에 대한 입장을 상징적으로 보여주는 나무라 할 수 있다. 무인 생활에 염증을 느끼고 고향인 이곳에 돌아와 생명을 존중하는 실천성리학자이자 한의학자, 의사로 살았던 박영의 흔적이 뚜렷이 남아 있는 나무다. 이곳 구미 선산 지역에서 태어나 자란 박영은 스무 살을 갓 넘긴 1492년에 무과에 급제하여 무관으로 벼슬살이를 시작했다. 무관으로 공을 떨쳤지만 그는 학자로서 세상을 널리 이

150 　박영이 심은 모과나무의 후계목인 **구미 신기리 모과나무**.

롭게 하는 문신으로의 꿈을 꾸었다. 양녕대군(讓寧大君, 1394~1462)의 외손, 그러니까 왕족의 후손인 박영은 문인의 그늘에 가리워 제 할 일을 온전히 하기 어려웠던 무인의 한계를 아쉬워했다. 세상에 나서면서부터 그는 여느 왕손들처럼 천하를 쥐락펴락할 문인의 지위에 오르려는 욕구를 키우게 됐다. 결국 무관으로의 삶에 만족하지 못한 박영은 무과 급제 후 3년 만에 벼슬을 내려놓고 고향인 구미 신기리로 돌아왔다. 그는 우선 낙동강이 내다보이는 낮은 언덕마루에 송당정사松堂精舍라는 집을 짓고 학문 탐구에 몰입했다. 순수한 독학으로 시작했지만 힘에 부쳤던 그는 문인으로의 기초부터 다지기 위해 고향 마을에서 조선 성리학의 정통 학맥을 이어가던 신당新堂 정붕(鄭鵬, 1467~1512)에게 가르침을 청했다. 정붕은 그의 열의를 받아들였고, 박영은 자신보다 네 살 연상인 정붕을 스승으로 삼아 학문에 매진했다. 뒤늦은 학문의 길을 재우치려는 뜻도 있었고, 한 가지 일에 몰두하는 성격의 특징도 있

151 박영이 처음에 서재로 짓고, 나중에 한의원으로 활용한 **송당정사**.

었기에 그는 독하게 공부에 임했다. 박영은 정붕의 도움으로 『대학大學』을 읽기 시작했는데, 무려 같은 책을 2만 번 되풀이해 읽었다고 전한다. 그 바람에 박영은 인근에서 '대학동자'라는 별명으로 불렸다.

학문 탐구에 몰입한 시기였지만 그의 출중한 능력을 알고 있던 조정에서는 수시로 그를 불러냈다. 하지만 박영에게 제안되는 벼슬자리는 여전히 무관의 지위였다. 무과에 급제한 박영에게는 그럴 수밖에 없었다. 그런 상황을 박영은 받아들일 수 없었다. 고위 관직도 내쳤다. 하지만 왜구의 침입을 비롯한 나라에 위험이 닥쳤다고 판단되면 서슴없이 칼을 들고 나서는 천생 무인이었다. 조정의 잦은 부름 탓에 송당정사에 머무르는 기간보다는 고향을 떠나 지낸 시기가 더 길었다.

박영이 한의학과 의술로 학문의 폭을 넓힌 건 고향에 돌아와 성리학에 열중하던 즈음이었다. 전장의 지휘관으로 지내면서 사

제 16 장
나무 활용

람들의 생과 사를 몸소 마주하고 그들의 아픔을 어루만져야 했던 그로서는 사람의 생명을 살리는 일만큼 요긴한 학문이 없다고 생각했다. '실천성리학'이랄 수 있는 분야에 몰입하던 끝에 그는 마침내 의술, 즉 한의학 탐구에 매진했다. 이미 적지 않은 부상자 치료의 경험을 가졌던 그로서는 의술 공부의 효율이 높았고, 인근에서 효험 있는 명의로서 이름을 알리는 데에 긴 시간이 걸리지 않았다. 심지어 그는 『경험방經驗方』, 『활인신방活人新方』과 같은 한의학 관련 주요 저술을 남기기도 했으며 나중에 내의원제조內醫院提調를 지내기도 했다. 내의원제조는 조선시대에 왕의 약을 조제하던 관서인 '내의원'의 최고위 벼슬인데, 독학으로 박영이 성취한 한의학의 경지가 이미 나라의 대표적인 의사들을 압도할 만큼 높은 수준에 올랐음을 증거하는 예다. 모든 학문의 궁극적 귀결은 사람을 살리는 데에 모아야 한다고 생각한 그가 한의학에 매진하여 이뤄낸 결과다.

　　의학 탐구의 일정한 경지를 이룬 박영은 고향 마을에서 자신의 의술을 실천하고자 했다. 의술의 실천이란 한의원을 열고 환자를 치료하는 일이다. 그래서 그는 서재로 지은 송당정사를 한의원으로 운영하기로 마음먹고, 인근 마을에 '아픈 사람'들이 찾아오도록 널리 알렸다. 선산읍에서 조금 떨어진 한적한 시골 마을에서 농사를 지으며 살아가던 마을 사람들은 병세가 들면 박영의 송당정사를 찾았다. 그들이 가장 흔히 겪는 질환은 감기·몸살 혹은 배탈·설사와 같은 위장병이었다. 박영은 당시로서 효과적인 치료법이 그리 많지 않던 흔하디흔한 병에 가장 좋은 약재를 찾아야 했다. 기침 감기를 비롯해, 구토·설사와 위장병에 효과가 좋은 약재로 박영의 눈에 들어온 것은 모과였다. 모과나무의 열매인 모과는 다른 과일처럼 먹을 수 없는 열매였지만, 예로부터 약재로 요긴하게 쓰였다는 사실을 박영은 잘 알았다. 그래서 박영은 약재로서의 쓰임새, 실용적 가치에 초점을 맞추고 나무를 심었다. 모과나무였다. 한 사람의 백성이라도 더 평안하게 보살피고 싶었던 박영이 한의원을 열고 백성의 아픔을 돌보려 하며 먼저 보살핀 건 특별한 질병이 아니었다. 평범한 백성들이 흔히 겪는 질병이었다.

중국 삼국시대의 전설적 명의 동봉(董奉, 221~264)이 떠오르는 대목이다. 오(吳)나라에 실존했던 동봉은 환자들을 치료한 대가로 집 주변에 살구나무를 심게 했다. 위중했던 병을 치료받은 환자에게는 다섯 그루를, 가벼운 병을 치료받은 사람에게는 한 그루를 심을 것을 권했다. 얼마 뒤 동봉의 집 주변은 살구나무숲을 이루었다. 동봉은 마침내 선한 의사의 상징이 됐고, 그 뒤로 '의로운 의사'를 가리킬 때에는 동봉의 살구나무숲을 떠올리며 '행림(杏林)'이라 불러왔다. 지금도 여전히 의과학자들, 특히 한의학 전공자들의 축제를 '행림제'라고 하는 연원이다.

박영이 심은 나무는 한 그루가 아니었다. 약재로 삼아야 했던 까닭에 그는 수긋이 나무를 심었고, 생육 조건을 가리지 않고 잘 자라는 모과나무는 송당정사 주변에서 '동봉의 행림'처럼 숲을 이루며 잘 자라서 박영의 손에 들어가 평범한 민중의 고통을 치유하는 약재로 쓰였을 것이다. 그러나 안타까운 건 지금 남아 있는 한 그루의 모과나무가 박영이 심은 그때 그 나무가 아니라는 사실이다. 박영이 심은 나무라면 적어도 500년은 넘은 나무여

제 16 장
나무 활용

야 하지만, 송당정사 입구에 근사한 수형으로 살아남은 모과나무는 길게 봐야 250년쯤밖에 안 된 나무다. 박영이 키우던 나무의 후계목으로 후손들이 선조의 귀한 뜻을 오래 기억하기 위해 지켜낸 나무다. 무관이자 성리학자이며 의학자인 박영의 뜻을 품고 대를 이어 박영의 살림터를 지키고 서 있는 모과나무는 높이가 10미터까지 자랐다. 줄기는 뿌리 부분에서부터 여러 갈래로 갈라지며 사방으로 고르게 펼쳤다. 모과나무 특유의 매끄러운 수피에 얼룩 무늬도 선명하다. 우리나라의 전 지역에서 잘 자라지만, 이만큼 아름다운 수형으로 자란 모과나무를 만나는 건 쉽지 않다. 최근 산림청에서 보호수로 지정한 까닭이다. 세월이 흘러 그때 그 사람들은 모두 떠나고, 사람을 위해 사람이 심은 나무만 남았다. 한 사람의 아픔을 자신의 아픔으로 여기며, 이 땅의 모든 백성이 더 오래도록 평안하게 살기를 기원한 옛 선비 박영은 더 많은 사람들의 생명을 살리기 위해 나무를 심었고, 그 나무에 맺히는 열매로 사람들을 치료했다. 매우 실용적이고 생명을 살릴 만큼 요긴하고 절박한 요구로 나무를 심고 키운 경우라 할 수 있다.

조국을 지키는 무기의 재료로 쓰기 위해

박영이 평상시에 사람의 생명을 지키기 위해 나무를 심었다면 전쟁을 거치며 나라와 백성을 지키기 위해 심은 나무도 있다. 지리산 자락의 전라남도 구례의 크고 아름다운 절집 화엄사에 그런 나무가 남아 있다.

크고 아름다운 절집일수록 고난의 역사가 깊다. 어김없이 임진왜란이나 병자호란과 같은 전란의 참화가 끼어 있게 마련이다. 침입자의 방화로 절집 전체가 무너져 내리는 일도 다반사다. 큰 절집일수록 사람이 많이 모여들다 보니, 침략자들의 눈에도 그만큼 거슬렸던 것이겠다. 구례 지리산 화엄사도 그런 절집이다. 화엄사는 임진왜란(1592~1598)때 왜적의 침입에 맞서 300명이 넘는 승병을 일으킨 절이다. 승병의 활동이 활발해지자 구례 지역에 침투한 왜군들은 승병의 근거지인 화엄사로 들이닥쳐서는 하나의 전각도 남기지 않은 채 모두 불에 태워 절집의 흔적은 모두 사라지고 말았다. 병자호란까지 거치고 나서 인조(仁祖, 1595~1649: 재위 1623~1649) 임금은 왜군이나 오랑캐에 짓밟혔던 지난날을 떠올리며, 외적으로부터 스스로를 지키기 위한 여러 방책을 내놓았다. 그중에 무기를 확충할 수 있는 방안이 있었다. 인조는 성능 좋은 활과 화살의 재료가 될 나무를 전국의 산과 들에 심으라고 지시했다. 그래서 많이 심은 나무가 벚나무*Prunus serrulata* Lindl. f. *spontanea* (Maxim.) Chin S.Chang 종류였다. 임금의 지시에 따라 서울의 북한산을 비롯한 전국의 산과 들에는 벚나무가 많이 심어졌다. 벚나무를 무기의 자원으로 활용하겠다는 건 적절한 선택이었다. 벚나무의 목재는 잘 썩지 않는 데다 재질이 치밀하고 결이 고와서 예로부터 가구, 공예의 재료로 많이 썼다. 또 목판인쇄용으로는 최상의 재료였기에 세계문화유산의 하나인 『팔만대장경』의 경판 재료로도 쓰였다. 정밀 조사에 따르면 『팔만대장경』의 경판 가운데 64%가 벚나무의 한 종류인 산벚나무*Prunus sargentii* Rehder 로 만들어졌다고 한다.

제 16 장
나무 활용

전란이 지나고 화엄사의 복원에 열중하던 벽암(碧巖, 1575~1660) 선사는 폐허가 된 절집 주변의 숲에 여러 종류의 나무를 심으며 불사를 진행했는데, 그때 인조의 지시를 중심으로 한 나라의 방침에 따라 벚나무 종류를 많이 심었다. 그때 심었던 여러 그루의 벚나무 가운데 한 그루가 지금까지 화엄사에 남아 있다. '올벚나무*Prunus spachiana* (Lavallée ex Ed.Otto) Kitam. f. *ascendens* (Makino) Kitam.'라고 부르는 벚나무 종류의 하나다. 벚나무에는 여러 종류가 있다. 그냥 벚나무라고 부르는 종류를 비롯해, 일본 사람들이 좋아하는 왕벚나무*Prunus ×yedoensis* Matsum.와 우리나라의 산에서 자라는 산벚나무, 섬지역에서 자라는 섬벚나무*Prunus takesimensis Nakai*, 꽃벚나무*Prunus serrulata* Lindl.가 있고, 화엄사에 남아 있는 올벚나무 외에도 더 많은 종류가 있다. 구례 화엄사의 벚나무는 그중에서 올벚나무다. **구례 화엄사 올벚나무**는 화엄사의 불이문 동쪽에 위치한 산내암자 지장암의 요사채 뒤편 언덕에 있다. 천연기념물로 지정해 보호하는 나무이지만, 워낙 볼거리가 많은 절집 화엄사 본절에서 조금 떨어진 작은 암자 뒷동산에 서 있는 나무여서 찾아보는 이는 그리 많지 않다.

벽암선사가 심은 나무라고 하면 그 나이는 370년쯤 된다. 이 정도면 우리나라의 살아 있는 벚나무 가운데에서 가장 오래된 나무라 할 수 있다. 이 나무를 천연기념물로 지정한 뜻도 가장 오래된 벚나무라는 점에 있다. 이 나무가 천연기념물로 지정된 것은 1962년인데, 그 이전인 1920년대에는 같은 올벚나무가 한 그루 더 있었다. 그러나 한 그루는 화엄사를 중창하면서 베어 냈다. 그때 베어 낸 올벚나무는 판자를 내어 현재의 적묵당 안마루를 모

152 벚나무 종류 가운데 우리나라에서 가장 오래된 **구례 화엄사 올벚나무**.

두 깔고도 남았다고 한다. 한 그루의 나무로 적묵당 마루를 모두 충당하고도 남았다니, 그 규모를 짐작할 만하다. 지금 남아 있는 올벚나무는 그보다 작은 나무인 까닭에 쓰임새가 적어 살아남은 것일 수도 있다.

벚나무의 경우 느티나무, 소나무, 은행나무처럼 장수하기 어려운 나무다. 300년을 넘긴 나무는 찾아보기 어렵다. 이를테면 우리나라의 대표적인 벚꽃축제가 열리는 하동 쌍계사 벚꽃길에 늘어선 벚나무들은 고작해야 나무나이 100년에서 150년 정도에 불과하다. 벚나무와 같이 꽃을 화려하게 피우거나, 열매를 성하게 맺는 나무는 오래 살지 못하는 편이라는 건 제7장에서 나무의 수명을 짚어보면서 이미 이야기했다.

구례 화엄사 올벚나무의 나무높이는 12미터 정도 된다. 이 정도 나무높이라면, 다른 곳에서 볼 수 있는 평범한 벚나무에 비해 그리 크다고 하기도 어렵다. 이를테면 같은 기후인 화엄사 인

제 16 장
나무 활용

근의 쌍계사 벚꽃길의 벚나무 가운데에서도 큰 나무는 이 정도의 높이를 가지는 나무도 있다. 뿌리 부분의 둘레는 4.5미터쯤 되는데, 뿌리에서 올라온 줄기는 사람 가슴 높이보다 낮은 부분에서 둘로 나뉘며 뻗어 올랐다. 그중 큰 줄기의 둘레는 2.41미터, 작은 줄기는 1미터가 채 안 되는 굵기다. 이 역시 여느 벚나무에 비해 그리 우람하다거나 크다고 하기 어렵다. 여전히 꽃을 피우기는 하지만 **구례 화엄사 올벚나무**는 여느 벚나무만큼 풍성한 건 아니다. 화려했던 시절은 이미 긴 세월에 흘려보낸 늙은 벚나무여서다. 그래도 나라에서 가장 나이가 많은 우리 벚나무의 상징이라고 해야 한다. 게다가 참혹한 수난의 역사를 이겨내고 폐허 속에서 나라를 지키려고 당시에 가장 요긴했던 무기를 짓기 위해 심어 키운 여러 그루의 나무 가운데 한 그루다.

외적의 침략을 막아내는 성벽으로 쓰기 위해

나라를 지키기 위해 심어 키워진 특별한 나무는 또 있다. 인천시에 속하는 강화도 땅에 남아 있는 탱자나무*Poncirus trifoliata* (L.) Raf. 두 그루가 외적의 침략에 맞서기 위해 심어 키워진 나무다.

나라를 연 단군왕검이 하늘에 제사를 올린 곳도, 몽골의 침략을 피한 고려 때의 임금이 임시로 궁을 짓고 머물던 곳도, 오랑캐가 전쟁을 일으킨 400년 전 조선의 인조 임금이 피신한 곳도 강화도다. 강화도는 개국 이래 우리가 겪어온 모든 질곡의 역사를 간직한 '지붕 없는 박물관'이라 할 만하다. 그만큼 강화도의 사람살이에는 이 민족 고유의 한이 서리서리 배어 있다. 오랑캐의 침략으로부터 나라를 지켜낸 강화 사기리와 갑곶리의 탱자나무는 고향도 천성도 모두 버리고 살아남은 나무다.

강화도가 임금의 피난처로 쓰인 건 고려 고종(高宗, 1192~1259: 재위 1213~1259) 때 몽골의 침입으로부터 비롯한다. 지리적으로 개경에서 가까운 건 물론이고 배를 타고 이동해야 하는 섬인 까닭에 해전에 약한 대륙의 군대를 피하기에는 더 없이 유리하다. 외적의 침입을 피해야 했던 고려 왕실이 강화도로 자리를 옮겨 간 건 자연스러운 일이었다. 강화도로 옮긴 고려 왕실에서는 피난처에 임시로 궁궐을 지어 나라 살림을 이어갔다. 아직까지 명확한 근거를 찾지는 못했지만, 고려 궁궐이 있었던 자리로 가장 유력한 자리를 '고려궁지'라는 이름으로 복원 보전한 상태다.

고려에 이어 조선시대에도 강화도는 임금의 피난처로 이용됐다. 1627년, 정묘호란 때의 일이다. 1623년에 김류金瑬, 김자점金自點, 이귀李貴, 이괄李适 등 서인의 반정反正으로 왕위에 오른 인조가 그때의 임금이었다. 선조(宣祖, 1552~1608: 재위 1567~1608)의 손자인 인조는 광해군(光海君, 1575~1641: 재위 1608~1623) 때의 중립정책을 지양하고 반금친명反金親明 정책을 펼쳤다. 그러던 중 1627년에 정묘호란을 맞이했다. 당시 쇠퇴해 가는 명나라와 본격적인 대결 상태에 들어간 후금은 1627년에 3만 대군을 이끌고 압록강을 건너 빠르게 한반도를 침략했다. 우리의 방어는 대책 없이 무너졌다. 임금 인조는 우선 피해야 했다. 평복 차림의 인조는 강화도를 피난처로 선택했다. 오래전부터 인해전술에 강하고 해전海戰

에 약한 중국 군대를 피하기에 강화도만큼 좋은 곳이 없었다. 우선은 피했지만, 얼마 지나지 않아 여러 곡절을 겪은 끝에 이 땅은 후금의 군대에게 점령됐고, 조선의 왕실은 명나라의 연호를 쓰지 말 것과, 왕자를 인질로 보낼 것을 조건으로 화의를 맺으며 난은 마무리됐다. 이때 조선은 왕자 대신 종실인 원창군(原昌君, 본명: 이구李玖)을 보냈다. 그로부터 9년 뒤인 1636년에는 청나라의 침입으로 병자호란이 벌어졌다. 급하게 남한산성으로 몸을 피한 인조는 다시 강화도로 피난하려 했지만, 눈 쌓인 산길을 말을 타고 이동하는 게 어려워 남한산성에 머무를 수밖에 없었다. 강화도로 피신하지 못한 인조는 결국 한양 땅에서 청나라에 항복하는 치욕을 겪어야 했고, 더불어 우리의 왕자를 볼모로 내주는 일까지 치러야 했다.

치욕적으로 전란은 마무리됐다. 그 뒤로 조선의 왕실은 다시 치욕을 겪지 않으려는 갖가지 방비책을 세웠다. 그 가운데 강화도를 왕실의 피난에 대비한 여러 시설을 갖춘 보장지(保障地)로서 지키는 대책이 있었다. 보장지는 왕실에 위기가 닥쳤을 때, 일단 피난하여 위기를 극복하기 위한 거점으로 삼는 지역을 말한다. 그러나 병자호란 때 청나라와 맺은 12조의 조약에 따르면 청나라의 허락 없이 성곽의 신축과 보수를 할 수 없었다. 정도를 넘은 청나라의 내정간섭은 현종 때까지 계속됐다. 청나라의 간섭이 비교적 완화된 건, 청나라의 내란에 의한 혼란기였다. 즉 현종(顯宗, 1641~1674: 재위 1659~1674) 말기에서부터 숙종(肅宗, 1661~1720: 재위 1674~1720) 초기 즈음이었다. 이때를 틈타 조선의 왕실은 보장지 강화 작업을 차곡차곡 이어갔다. 특히 숙종 때에는 강화도에 방어시설이 본격적으로 꼴을 갖추었다. 숙종 5년에 돈대의 축조를 시작으로 강화외성과 문수산성을 짓고, 그 관리체계까지 확립했다. 그렇게 48개의 돈대와 강화외성은 모두 숙종 연간에 완성했다.

그때 급하게 강화도에 쌓은 성은 주로 흙으로 쌓은 토성土城이었다. 흙으로 쌓았기에 성벽은 금세 허물어졌다. 그러자 영조(英祖, 1694~1776: 재위 1724~1776) 대에 이르러 성의 보수작업에 착수했다. 보장지로서 강화도를 그냥 둘 수 없었던 것이다. 조선시대 외적의 침입에 대비한 기관이었던 비변사備邊司의 일지인 『비변사등록』 영조 25년(1749년) 8월 20일 치에는 이때 강화도의 성벽 보수 과정과 탱자나무 이야기가 나온다. '강화유수 원경하(元景夏, 1698~1761)의 상서' 형식으로 적은 기록에는 "장맛비로 무너진 곳이 성의 절반이 넘어 가슴이 아프다"라며 성의 보수에 많은 비용을 쓰지 않고도 장성長城을 만들 수 있는 계책으로 나무를 심을 것을 제안했다. 강화 지역민을 동원해 나무를 열심히 심으면 6~7년 안에 200리에 이르는 거리를 성처럼 쌓을 수 있을 것이라고 했다. 그렇게 할 경우, "밖에는 아득한 바다가 자연스럽게 호참濠塹을 이루고 있어 적을 방어하는 계책이 이보다 좋은 곳은 없을 것이며, 연해의 토성도 탱자나무를 심기에 가장 적합하여 종종 진鎭·보堡가 밀림密林이 된 곳이 많습니다"라고 했다. 덧붙여 "고려高麗의 최영崔瑩이 탐라국耽羅國을 격파하지 못한 것은 그 가려진 지책(枳柵, 탱자나무 목책) 때문"이라고 탱자나무 성곽의 효용성을 강조했다.

바닷바람을 이겨내지 못하고 무너지는 허술한 성벽에 대한

제 16 장
나무 활용

563

보수 작업을 떠올리던 그때 강화유수 원경하에게 떠오른 게 탱자나무였다. 탱자나무의 억센 가시로 무장한 성벽이라면 제아무리 날랜 도적도 함부로 넘을 수 없으리라는 생각에서였다. 하지만 문제가 있었다. 따뜻한 기후에서 자라는 탱자나무는 강화도 지역에서 살기 어려웠다. 실제로 그때에 강화도에는 토성의 울타리를 모두 쌓을 만큼의 탱자나무가 없었다. 그래도 탱자나무를 심는 건 다른 축조물을 쌓는 것보다 빠른 건 물론이고, 방어 수단으로서도 효과적이라는 생각이었다. 결국 원경하에 대한 신임이 두터웠던 영조는 영남지방에서 잘 자라는 탱자나무를 긴급히 공수하여 성벽 곳곳에 줄지어 심으라고 명을 내렸다. 그 뒤로 얼마나 많은 탱자나무를 심었고, 얼마나 잘 키웠는지에 대한 기록은 많지 않다. 그러나 그 뒤, 탱자나무가 제대로 공급되지 않았다는 임금의 지적도 있었고, 더 많은 나무를 보내라는 지시도 있다. 강화도 탱자나무에 대한 기록은 이후 정조(正祖, 1752~1800: 재위 1776~1800) 때의 『비변사등록』에도 잇달아 나온다.

결국 이 땅의 남녘에서 잘 자라던 나무들은 이 나라 왕실의 위급한 상황을 지키기 위해 고향을 떠나왔다. 강화도에 자리 잡은 탱자나무가 매운 바람 맞으며 살아남는 건 쉽지 않았다. 나라의 파수꾼이 된 성벽의 탱자나무들은 백척간두에 선 나라와 임금을 지키기 위해 자신의 몸을 파고드는 추위와 고향을 떠난 고통을 이겨내며 버텼다. 그러나 강화도의 바닷바람에 실려 온 추위를 이겨내기에는 힘에 부쳤다. 까닭에 탱자나무를 처음 심었을 때 조정에서는 강화도 탱자나무를 특별히 관리하며 나무가 자라는 모습을 자세히 보고하게 했다고 한다.

세월 흐르면서 성을 지키기 위해 심었던 탱자나무는 모두 죽어 사라지고, 단 두 그루만 살아남았다. **강화 갑곶리 탱자나무**가 그 하나고, 다른 하나는 **강화 사기리 탱자나무**다. 익숙지 않은 기후에서 애면글면 살아남은 두 그루의 탱자나무는 그로부터 300년의 세월을 거치면서 이제 우리나라 안에서 가장 큰 탱자나무가 되어 마침내 1962년에 천연기념물로 지정됐다. 처음에는 탱자나무 생육 북한계지라는 식물학적 의미가 컸다. 급격한 기후 변화에 따라 최근에는 강화보다 북쪽 지역에서 자라는 탱자나무가 발견되기도 했지만, 강화도의 탱자나무를 천연기념물로 지정한 시기에는 특별한 일이었다. 그러나 이 두 그루의 탱자나무를 천연기념물로 지정한 건 단지 그 같은 식물학적 이유 때문만은 아니었다. 외적의 침입으로부터 나라를 지킨 나무라는 인문학적 이유가 두 그루의 나무에 덧붙여져 오래 보존할 가치가 있다고 인정한 것이다.

제 16 장
나무 활용

강화 갑곶리 탱자나무는 높이 4.2미터, 뿌리 부분 둘레 2.1미터의 큰 탱자나무다. 나무는 뿌리 부분에서부터 줄기가 여럿으로 갈라져 자라는 관목의 전형적 생김새로 자랐다. 탱자나무 홀로 버티기에 매우 어려운 조건이었지만, 사람들의 극진한 보살핌에 힘입어 300년에 걸쳐 건강한 상태를 유지했다. 갑곶리의 이 탱자나무는 한때 '강화역사관'이었고, 지금은 '전쟁박물관'으로 불리는 의미 있는 기념관이 자리 잡은 강화도 동편 바닷가 언덕에 서 있다. 나라를 지키기 위한 흔적 가운데 하나로 남은 갑곶돈대를 중심으로 옛 역사를 돌아보기 위해 세운 박물관이다. 강화 부근리 지석묘 근처에 강화역사박물관을 건립하기 전까지는 강화도의 역사를 한눈에 볼 수 있는 강화역사관으로 운영되던 곳이기도 하다. 역사관이라는 이름은 내려놓았지만 여전히 이 나라 수난의 역사를 살펴볼 수 있는 유적지다. 탱자나무는 갑곶돈대 가까이로 이어지는 언덕 기슭에 서 있는데, 이 언덕이 바닷바람을 막아주는 자연스러운 담장 역할을 했지 싶다.

그러나 역시 천연기념물로 지정 보호하는 **강화 사기리 탱자나무**는 사정이 조금 다르다. 서쪽 바다를 향해 널리 펼쳐진 들판에 홀로 서 있는 사기리 탱자나무는 죽을 고비를 몇 차례 넘겼다. 무엇보다 그를 힘겹게 했던 건 바다에서 불어오는 찬 바람이었다. 들녘에는 바닷바람으로부터 그를 지켜줄 것이 아무것도 없었다. 겨우 목숨은 이어갔지만, 줄기의 상당 부분이 오래전에 썩어 들어 갔다. 사람들은 나무의 썩은 부분을 덜어 내고, 텅 빈 공간을 충전재로 메워 보강했지만, 나무의 생육 상태는 그다지 좋아지지 않았다. 결국 나무를 보존하려는 사람들의 간절한 노력에도 불

154 강화 사기리 탱자나무.

구하고 서쪽으로 뻗었던 가지는 완전히 죽고 말았다. 죽은 가지
는 나무 바로 곁에 있는 큰 바위에 드러눕듯이 애처로운 형상으
로 기대었고, 그나마 동쪽에서 곧게 자란 가지만 살아남았다. 한
창 때 **강화 사기리 탱자나무**는 나무높이나 뿌리 굵기 등이 모두 **강
화 갑곶리 탱자나무**와 비슷한 크기였다고 하지만, 숱한 우여곡절
을 겪고 살아남은 지금의 모습은 그에 훨씬 못 미친다. 나무높이
가 3.6미터 정도 되는 데다 전체적인 규모도 앙상하다. 심지어 불
과 20년 전만 해도 **강화 사기리 탱자나무**는 더 오래 살아가기 어려
우리라 생각하게 할 만큼 생육 상태가 심각했다. 그래도 나무는
처음에 남녘에서 이곳 추운 강화도까지 옮겨 와 자리 잡을 때부
터 그랬듯이 모질게 살았다. 최근에는 동쪽 가지의 뿌리 부분에
서 새로 맹아지가 돋아나서 빠르고 건강하게 자랐다. 새 맹아지
가 불쑥 솟아오른 지 얼마 되지 않았지만, 이제는 언제 죽을 위기
에 처했었는지의 아픈 기억을 감쪽같이 지워내고 튼실한 모습으

제 16 장
나무 활용

567

로 살아났다. 물론 외과수술의 흔적을 드러낸 서쪽의 굵은 줄기는 애처로운 상태이지만, 늙어 죽은 가지들 사이에서 기운 차게 솟아오른 동쪽의 새 가지는 마치 새로 심어 키운 젊은 탱자나무처럼 마냥 싱그럽다.

나무를 그저 주변을 아름답게 꾸미고, 열매를 수확하기 위한 정도로만 생각하기 쉽다. 하지만 따뜻한 곳에서 살아야 하는 제 본성을 내려놓고, 민족의 위기를 지키기 위해 차가운 바닷바람 맞으며 살아남은 강화도의 탱자나무의 사례에서 보듯이 나무를 얼마나 다양한 쓰임새로 활용할 수 있는지 살펴볼 수 있다.

의병 전쟁의 도구로 쓰인 나무

왜란에 맞서 우리 땅을 우리 스스로 지키자는 '의병 운동' 과정에서 의병들에게 요긴하게 쓰인 나무도 있다. 내가 사는 고을은 내 손으로 지키자고 생각한 백성들이 자발적으로 모인 의병들에는 양반·상민의 구별이 없었고, 유교·불교 등 신앙의 차이도 없었다. 오로지 이 나라 이 땅을 지키자는 큰 뜻 하나로 뭉쳐서 목숨 바쳐 싸웠다. 그들이 바로 자랑스러운 의병이다. 그중에 경상남도 의령 땅에서 활약한 망우당忘憂堂 곽재우(郭再祐, 1552~1617) 장군이 있다. 임진왜란이 일어난 건 곽재우 장군이 마흔 살을 막 넘긴 1592년이었다. 왜란이 일어나자, 그때까지 학문 탐구에 여념이 없던 곽재우는 외적의 침입을 그냥 보고만 앉아 있을 수 없었다. 나라를 지키는 데에는 문인·무인을 나눌 일이 뭐 있느냐며, 전쟁에 몸소 나가기로 작정하고 바로 의병을 모았다. 임진왜란 때 가장 먼저 의병을 일으킨 의병장이다. 처음에는 겨우 수십 명 정도였지만, 나중에는 2,000명이 넘는 의병을 모아, 왜군에 맞서 굳세게 싸웠다. 곽재우 장군은 전투에 나설 때에 붉은 옷을 입고 맨 앞에 나섰기 때문에 사람들은 그를 '붉은 옷의 장군', 한자로 붉을 홍紅, 옷 의衣자를 써서 '홍의장군'이라고 불렀다. 홍의장군이 이끄는 의병은 가는 곳마다 번번이 아주 큰 승리를 거두어 왜적들이 사족을 못 쓰고 줄행랑 놓기에 바빴다고 한다.

　곽재우 장군이 태어나 자라고 글공부를 하던 곳이 경상남도의 의령군 유곡면 세간리다. 이곳에 곽재우 장군이 태어난 집으로 알려진 근사한 모양의 고택이 있다. 그러나 원래의 옛집은 오래전에 허물어졌고, 지난 2005년에 옛 모습을 되살린 것이다. 곽재우 장군은 이 집 근처에서 의병을 불러 모아 훈련까지 시켰다. 의병들은 대부분 군사훈련 경험이 없는 평범한 백성들이었던 까닭에 훈련은 필수였다. 그래서 곽재우 장군은 손수 의병에 소집된 평범한 백성들을 훈련시켰다. 효과적인 훈련을 위해서는 우선 너른 마당이 필요했고, 이 너른 마당에는 훈련을 위해 소집하는 신호를 울릴 수 있는 장비가 필요했다. 마치 학교에서 수업을 시작할 때와 끝날 때의 신호를 알리는 종소리와 같은 것이다. 그때 곽재우 장군이 이용한 장치는 북이었다. 북이 크다 보니, 손으로 들고 두드릴 수 없어서 장군은 북을 더 크게 더 잘 치기 위해 어디엔가 공중에 매달아야 했다. 마침 장군의 집으로 들어가는 골목 초입에 너른 마당이 있고, 그 가장자리에 커다란 느티나무 한 그루가 있었다. 생김새가 재미있는 느티나무다. 이 느티나

제 16 장
나무 활용

155 의령 세간리 현고수.

무는 줄기가 땅에서 2미터쯤 되는 높이에서 심하게 뒤틀렸는데, 휘어진 각도가 거의 직각에 가깝다. 바로 그 휘어진 부분 위쪽에 곽재우 장군이 북을 걸었다. 가만히 들여다보면 누구라도 커다란 북을 매달고 힘차게 두드리기에 더없이 알맞을 것이라는 생각이 들 만도 하게 생겼다. 임진왜란이 일어난 게 지금으로부터 430년이 좀 넘은 1592년인데, 그때 이미 줄기가 중간에서 휘어 북을 걸기 좋을 만큼 자랐다고 생각하려면, 적어도 100년은 넘은 나무였을 것이다. 그러면 지금 이 나무의 나무나이는 500년을 훨씬 넘은 것으로 봐야 할 것이다. 이 큰 나무는 2008년에 천연기념물로 지정해 보호하고 있는데, 그 전에는 경상남도 지방기념물로 지정돼 있었던 의령군의 자랑스러운 나무다. 경상남도 지방기념물이던 시절부터 나무는 특별한 이름으로 불렸다. 바로 '매달다', '걸다'라는 뜻을 가진 현懸자와 북을 뜻하는 고鼓자, 그리고 나무 수樹자를 써서 '현고수懸鼓樹'라는 특별한 이름이었다. 천연기념물로

고규홍의 나무

지정할 때에도 그 이름을 받아들여 **의령 세간리 현고수**라는 고유명사로 지정했다. 의령군에서는 오래전부터 곽재우 장군을 비롯한 의병들의 활동을 오래 기억하기 위해 해마다 의병제전이라는 행사를 벌이는데, 이 행사는 바로 이 현고수 앞에서 성화를 채화하는 것으로 시작한다.

북을 걸어두기 위해 심어 키웠던 또 하나의 나무

사실 특별한 건축물이나 시설물을 설치하는 게 쉽지 않았던 옛날에는 나무만큼 요긴한 구조물이 없었다. 곽재우 장군의 경우 의병 훈련용으로 북을 걸었다고 하지만, 서당이나 향교 등과 같은 교육 시설에서 교육을 위한 신호로 북을 거는 데에도 나무는 많이 이용됐다. 그중의 한 그루가 경기도 오산시에 남아 있어 덧붙여 소개한다.

죽은 지 250년이 지난 뒤에 다시 소생한 것으로도 유명한 **오산 궐리사 은행나무**다. 경기도 오산시 궐리사闕里祠를 지키는 **오산 궐리사 은행나무**는 이 책 제22장 '종교와 나무'에서 공자(孔子, BC 551~479)와 관계된 내용을 보다 상세히 이야기할 것인데, 여기서는 그 쓰임새와 관련한 내용만 간략히 적어둔다. 궐리사의 역사는 조선 중종 때 승지, 대사헌 등을 지낸 공자의 64대손 공서린(孔瑞麟, 1483~1541)이 기묘사화에 연루돼 낙향하여 이곳에 강당을 짓고, 후학을 양성한 데에서부터 시작한다. 공서린은 강당을 지은 뒤, 잘 자란 은행나무를 골라 강당 앞마당에 옮겨 심었다. 나뭇가

156 오산 궐리사 은행나무.

지에 북을 매달고, 학동을 불러 모으거나 면학을 독려하는 수단으로 썼다. 공서린도 곽재우 장군처럼 북을 걸기 위해 나무를 활용한 것이다. 덧붙여 공자의 후손이며 유학자인 공서린에게 은행나무는 여러 의미가 덧붙어 있었다. 은행나무는 공자가 은행나무 그늘에서 가르침을 베푼 것과 마찬가지로 공서린이 새로 지은 강당에서도 필요했던 상징이었다. 그러나 그는 후계 양성에서 내로라할 만한 업적을 내놓기도 전에 세상을 떠났다. 더불어 그의 강당과 주변은 폐허로 변했고, 나무도 주인의 운명을 따라 고사枯死하고 말았다. 학문 연마의 소임을 이끌어 줄 주인을 잃고 생명의 끈을 내려놓은 것이다.

그로부터 250년쯤 뒤인 1792년, 죽음에 들었던 은행나무가 기적처럼 소생의 기운으로 꿈틀거리기 시작했다. 정조 즉위 16년 즈음의 일이다. 이때에 공서린의 서당이 '궐리사'라는 이름으로 공자의 사당으로 변신하게 되는데, 그 자세한 이야기는 이 책의

제22장에서 자세히 풀어가기로 한다. 여기서는 공서린이 살아생전에 이 자리에 서당을 짓고, 수업 시작과 끝을 알리는 북을 걸기 위해 나무를 이용했다는 이야기만 적는다. **오산 궐리사 은행나무**는 **의령 세간리 현고수**와 의도는 다르지만 북을 걸기 위한 걸대로 썼다는 점에서 일치한다.

나라의 독립을 이루기 위한 도구로 쓰인 나무

일제강점기에도 나무의 쓰임새는 이어졌다. '독립군 나무'라는 특별한 별명을 가진 느티나무가 그런 나무다. 충청북도 영동군 박계리에 서 있는 느티나무다. 350년쯤 된 이 느티나무는 나무 높이가 20미터쯤 되고 사방으로 20미터 가까이 나뭇가지를 넓게 펼쳤다. 물론 느티나무로서는 그리 오래된 나무라 할 수 없다. 우리나라에는 느티나무 보호수가 약 7,000그루 존재하는데, 그 가운데 350년 넘은 느티나무는 2,800그루나 된다. 나무나이만으로 **영동 박계리 느티나무**는 결코 큰 나무의 가치를 가지는 나무라 하기 어렵다. 또 나무높이에서도 이 나무보다 높이 솟은 20미터 이상 되는 나무도 2,000그루가 넘는다. 게다가 살림집이 모여있는 곁의 밭 가장자리에 있는 이 느티나무 주변 경관도 여느 느티나무 풍광에 비해 그리 훌륭하다고 말할 수 없다.

이 나무에 붙은 '독립군 나무'라는 별명에는 민족의 아픈 역사가 고스란히 담겼다. 일제강점기에 독립운동가들의 간절한 독립투쟁의 역사가 담긴 나무라는 점에서 보존 가치가 높은 나무라

고 할 수 있다. 별명은 일제강점기에 이 나무가 당당하게 수행해 낸 역할에서 비롯됐다. 전국 각지에 흩어져 활동하던 독립운동가들이 어려워했던 일 가운데 하나는 조직원들 사이의 원활한 연락이었다. 특히 서울과 남부지방을 연결하는 영동 지역은 중요한 통로였다. 당시 영동은 서울과 호남의 유일한 길목이었다. 일본인의 감시를 피해 이 지역을 통과하는 일은 무엇보다 전국 규모의 독립운동을 전개하는 데에 꼭 필요한 일이었다. 그걸 잘 아는 일본 순사들도 영동 지역의 순찰과 감시를 어느 지역에서보다 철저히 했다. 주민의 도움 없이 독립운동가들이 이 지역을 통과하는 건 불가능했다. 여러 방법을 모색하던 끝에 마을 사람들이 궁리해 낸 묘책은 나무를 이용하는 것이었다. 마을 사람들은 일본인 감시자들의 움직임을 잘 살펴보고 그 결과를 나뭇가지에 암호로 표시하기로 했다. 허름한 헝겊을 느티나무 가지 끝에 걸어서 감시 상태를 알리는 방법이었다. 먼 곳에서도 눈에 잘 띌 만큼 높지거니 자란 나무이기에 가능한 일이었다. 마을 사람들은 은밀하게 나뭇가지에 헝겊을 걸었고, 산에 숨어서 마을 사람들의 신호를 숨죽여 기다리던 독립운동가들은 나뭇가지에 걸려 나부끼는 헝겊을 보고 안전하게 이동할 수 있었다. 특히 3·1운동 때에 이 나무는 서울에서 남부지방으로 독립선언문을 전달하는 데에 결정적인 공로를 세웠다. 일제가 물러간 뒤, 사람들은 이 나무를 '독립군 나무' 혹은 '독립투사 느티나무'로 불렀다. 멀리서도 눈에 띄는 크기로 자란 큰 나무이기 때문에 사람이 할 수 없었던 일을 능히 할 수 있었던 것이다.

민족 수난기인 일제강점기에 독립을 향한 간절한 염원은 온갖 방법을 총동원해야 했다. 더불어 살아가는 나무로서 그 방법에 동원되는 일은 지극히 당연한 일이었다. 그중에는 나무가 '영동 박계리 독립군나무'에서와 비슷하지만 조금은 다른 방식으로 독립운동가들을 도운 경우가 있다. 서울시 종로구 연지동에 서 있는 한 그루의 회화나무*Styphnolobium japonicum* (L.) Schott가 그런 경우다.

옛 정신여자고등학교 터에 서 있는 **서울 연지동 회화나무**[26]는 500년이 넘은 노거수로, 정신여고의 역사는 물론이고 일제강점기에 정신여고와 관계있는 인사들의 독립운동에 얽힌 이야기를 담은 나무다. 특히 일제강점기에 조국의 독립을 위해 투쟁했던 당시 정신여학교 출신의 독립열사 김마리아(金瑪利亞, 1892~1944) 여사가 **서울 연지동 회화나무**의 줄기에 발생한 공동 부분에 독립

---

[26] 이 나무는 2024년 겨울에 폭설을 맞아 부러지고 쓰러져 지금은 밑동만 남았다.

제 16 장
나무 활용

운동과 관련한 문서를 숨겨 보존했다는 이야기를 전하는 의미 있는 나무다. 정신여자고등학교가 서울특별시 송파구로 이전한 뒤에 이 자리는 서울보증보험의 소유로 바뀌었으며, **서울 연지동 회화나무** 주변을 정원으로 조성하고, 이 자리의 역사를 증거하기 위해 '정신여자고등학교' 터였음을 알리는 안내판과, **서울 연지동 회화나무**를 이용해 독립운동을 전개했던 독립열사 김마리아 여사의 흉상이 나무 바로 앞에 건립되어 있다.

나무는 몸통을 이룬 줄기의 5미터쯤에서 굵은 가지가 네 개로 나뉘며 뻗었는데, 바로 그 부분에 큰 공동이 발생해 외과수술 처리했다. 지금은 충전재로 메웠고, 이 부분이 일제강점기 때에 김마리아 열사가 독립운동 관련 문서를 숨겼던 곳이라는 이야기가 전하는 근거다. 나무의 서쪽 줄기에는 3미터 높이에서 굵은 가지가 하나 뻗어 나와 사방으로 넓게 펼쳤다. 전반적으로 수관폭이 넉넉해 나무의 품이 풍성해 보인다.

1887년에 개교한 정신여자고등학교貞信女子高等學校는 '연동여학교'라는 이름을 거쳐 1909년에 '정신여학교'로 바뀌었으며, 1939년에는 신사참배를 거부하여 학교 설립재단이 해체되기도 했다. 1947년 7월에 정신여학교로 재인가받아 개교하였으며, 1951년 8월 중고등학교별로 각각 인가받았다. 1978년 12월에는 송파구로 이전했다. 학교를 상징하는 교목校木은 회화나무다.

정신여학교의 교목인 회화나무를 이용해 독립운동을 펼쳤다는 독립운동가 김마리아 여사는 황해도 장연 출신으로 일제강점기에 대한민국애국부인회 회장, 상해애국부인회 의정원 의원 등을 지냈다. 1895년에 아버지를, 1904년에 어머니를 여읜 김마리아는 대학공부까지 하라는 어머니의 유언에 따라, 1905년에 서울로 올라와 노백린盧伯麟, 김규식金奎植, 유동열柳東悅, 이동휘李東輝, 이갑李甲 등 애국지사들의 출입이 잦은 삼촌 김필순(金弼淳, 1880~1922)의 집에서 공부를 계속했다. 처음에는 이화학당梨花學堂에 입학했다가 지금의 정신여자중학교인 연동여학교延東女學校로 전학해 1910년에 졸업했다. 3년 동안 광주 수피아여학교를 거쳐 1913년에 모교인 정신여학교에서 교사로 지냈다. 그때에 일제 순사들이 김마리아를 체포할 빌미를 잡으려고 이 학교를 급습한 적이 있었다. 순사가 들이닥칠 낌새를 눈치챈 김마리아는 독립운동과 관련한 비밀 문서들을 학교 운동장에 서 있는 나무줄기의 구멍 안쪽에 숨겼다. 나무줄기가 썩으면서 발생한 큰 구멍이 평소에 나무의 상태를 살가이 보살피던 김마리아의 눈에 들어왔던 것

제 16 장
나무 활용

577

이다. 순사들은 구석구석을 뒤졌지만 나무줄기의 썩은 구멍 안쪽까지는 들여다보지 못하고 돌아갔다. 바로 지금의 **서울 연지동 회화나무**가 그렇게 김마리아를 일제 순사로부터 보호해 준 나무다.

김마리아 열사는 나중에 대구, 광주, 서울, 황해도 일대에서 독립의 때를 놓치지 않도록 여성계에서도 조직적 궐기를 서둘러야 한다며 3·1운동 사전준비운동에 진력했다. 그즈음에 그는 정신여학교를 찾았다가 일본 형사에게 붙잡혀 모진 고문을 받아 상악골축농증에 걸려 평생을 통증에 시달리며 보냈다. 보안법 위반 죄목으로 서대문형무소에서 5개월 동안 옥고를 치렀으며, 석방 뒤에는 다시 모교인 정신여학교에서 교사로 활동하며 애국부인회 활동을 이어갔다. 그 뒤에도 임시정부에 군자금을 지원하는 운동을 한 일로 3년형의 판결을 받고 복역하다가 병보석으로 풀려났다. 1923년에는 미국에 가서 파크대학교와 시카고대학교 등에서 공부하며 석사학위를 받았으며, 일제 침략자들이 이 땅에서 물러가기 전에 고난스러웠던 이승에서의 생을 마쳤다. 1962년에 건국훈장 독립장이 추서된 우리의 자랑스러운 독립투사다.

서울 연지동 회화나무는 일제강점기에 정신여학교를 중심으로 한 독립운동의 흔적을 간직한 나무로, 역사적 가치가 크다. 나무에 발생한 공동을 지혜롭게 이용했다는 점에서도 특별함이 있다. 또 지금은 이전했지만 일제강점기에 신사참배를 거부하는 등 독립 정신이 투철했던 정신여학교의 중심이었던 나무이기도 하다.

돌아보면 나무는 언제나 민족의 살림살이와 함께했다. 단순히 순간적인 실용적 필요에 의해서만 심어 키운 것이 아니었다.

나무는 언제나 민족의 수난사에서 민족의 아픔을 함께하는 공생 생명체였다. 몇 가지 사례만으로도 나무가 우리와 얼마나 절박하게 더불어 살아왔는지를 충분히 알 수 있는 노릇이다.

교수대로 쓰인 나무

하지만 나무는 반드시 좋은 일에만 활용되지 않았다. 때로는 우리 사람살이의 역사를 통틀어 가장 잔혹한 쓰임새에 이용된 나무도 적지 않다. 일정한 높이 위로 솟은 조형물을 설치하기 어려웠던 시절이라면 어쩔 수 없는 일이었을 게다. 교수대로 활용된 나무가 바로 그런 경우다. 그중의 하나가 충청남도 서산 해미읍성 마당 가운데에 홀로 우뚝 선 회화나무다.

지체 높은 선비의 품격을 상징하는 회화나무가 해미읍성에서는 한 시절 민중의 한恨과 슬픔을 담은 우울한 모습으로 남아 있다. 회화나무치고는 독특한 생김새의 나무다. 이 지역 말로 '호야나무'라고도 부르는 이 나무는 현재 충청남도 기념물로 보호하는 나무다. 표준어의 위세가 강력한 시절이다 보니, 예전에 부르던 '호야나무'라는 이름은 이제 잊힌 이름이 되었다. 이 한 그루의 회화나무가 충청남도 지방기념물이 된 까닭은 나무가 크다거나 아름다워서가 결코 아니다. 이 나무가 짊어진 슬픈 운명을 모두가 기억해야 하는 까닭이다.

서산 해미읍성 회화나무가 짊어진 슬픈 운명은 조선 후기인 1866년, 이 땅에 피바람이 불어왔던 병인박해 때로부터 비롯된다.

한때 이순신 장군이 머물기도 했던 해미읍성은 내포 지방의 수비를 담당하는 주요 읍성으로 병인박해 당시에는 국가적인 죄인들을 처단할 수 있는 강력한 권한을 갖고 있었다. 병인년 이전에 이미 기해박해(1839년)와 같은 사건으로 천주교를 철저히 배척했던 조선의 조정은 1866년 들어서면서 천주교 탄압 교령을 발표했다. 그로부터 몇 달에 걸쳐 약 8,000명에 이르는 천주교 신자를 처형하는 피바람을 일으켰는데, 그게 바로 병인박해다. 그때 이곳 해미읍성에서 처형당한 백성의 숫자는 무려 1,000명을 넘었다. 천주교 신도 박해로는 최대 규모다. 읍성의 관리들은 감옥에 천주교 신자들을 가두고, 아침 해가 떠오르면 한 명씩 감옥 앞의 공터로 불러냈다. 지금의 회화나무가 서 있는 자리다. 2005년 복원사업이 본격화하기 전까지는 감옥은 무너져 없어졌고, 감옥이 있던 자리의 흔적만 남아 있었지만, 회화나무는 병인박해 당시부터 지금까지 그 자리를 그대로 지키고 있다. 2005년부터 해미읍성에서는 무너앉은 감옥(옥사)을 복원해 재현했다. 감옥에서 아침에 불려 나온 신도들은 우선 천주교 신앙을 버리라는 강요를 받았다. 그들 앞에 우뚝 서 있는 회화나무에는 만일 배교하지 않는다면 곧바로 매달리게 될 철사와 밧줄이 걸려 있었다. 결국은 거기에 매달려 죽어야 한다는 위협이다. 그러나 어리숙한 백성들은 선선히 배교를 허락지 않았다. 도대체 신앙이란 뭔지 참 알다가도 모를 일이다. 죽음이 오락가락하는 순간에도 이들은 신앙을 버리지 않았다. 그러고는 마침내 신앙을 버리지 않은 천주교 신자들은 나무줄기에 걸린 밧줄에 매달렸다. 머리채가 묶여 매달린 채, 신자들은 모진 매질로 고문을 당했으며, 급기야 나무에 매달린 채 이

159 서산 해미읍성 회화나무.

승의 삶을 마감했다. 한국 가톨릭 교회에 **서산 해미읍성 회화나무**
는 의미가 크지 않을 수 없다. 그런 까닭에 2008년 이 나무가 충
청남도 기념물로 지정되기 훨씬 전부터 가톨릭 교회에서는 정성
을 들여 나무를 보호했다. 이른바 '가톨릭 보호수'였다. 교회에서
는 1975년에 나무줄기의 썩은 자리를 메워주는 외과수술을 시행
하는 등 정성을 들여 나무를 보호했다.

서산 해미읍성 회화나무는 대략 300년 정도 살아온 나무로 짐
작된다. 그의 가지 끝에 걸린 철사 줄에 매달려 숱한 생명이 스러
져 가던 때가 150년쯤 전이니, 그는 거의 반 생애를 신음과 비명
속에 죽어간 가톨릭 신도들의 아우성에 시달려 온 것이다. 나무
의 높이는 대략 14미터쯤 되고, 줄기둘레는 3.5미터쯤 된다. 꽤 큰
나무이기는 한데, 사방으로 고르게 펼쳤어야 할 나뭇가지가 참
성글다. 전체의 3분의 2가 넘는 높이까지는 아예 옆으로 펼친 가
지가 없다. 중간에 하나의 가지가 삐죽 나오기는 했지만 그건 최

제 16 장
나무 활용

근에 나온 가지인 듯하고, 오래된 나뭇가지는 없는 거나 마찬가지다. 아무리 나이가 들었다 해도 이처럼 빈약하게 자라는 회화나무는 찾아보기 어렵다. 병인박해 당시에 이 나무를 교수대로 쓰기 위해서 관리들이 옆으로 펼친 나뭇가지를 다 베어 냈을 수도 있다. 사람을 매달아 죽이려면 매달린 사람이 의지할 것이 아무것도 없도록 해야 했을 것이다. 다르게 생각해 볼 수도 있다. 나무는 혹시 죽음에 이를 때까지 쉼 없이 두들겨 대던 매질을 견디기 힘들었던 천주교 신자들의 애달픈 죽음을 따라 자신의 가지를 하나둘 떨궈 낸 것은 아니었을까 생각해 볼 수도 있다. 그 뒤로도 그는 자신의 몸 가득히 비어져 나온 옹이처럼 깊숙이 새겨진 슬픈 운명의 상처로 잠 못 이루고, 제대로 제 생명을 이어가기 어려웠을 수 있다. 150년 전, 그때 그 피바람에 대한 기억은 산산히 흩어졌지만, 사람들은 여전히 이 슬픈 운명의 나무를 '교수목'이라고 부른다. **서산 해미읍성 회화나무**를 찾아볼 때마다 떠오르는 건, 나무는 사람과 더불어 사는 법을 잘 알고 있는데, 사람은 나무와 더불어 평화롭게 사는 방법을 모르는 듯한 안타까움이다. 이 얄궂은 운명의 나무를 노래한 절창이 있어 여기에 덧붙인다.

해질 무렵 해미읍성에 가시거든

당신은 성문 밖에 말을 잠시 매어두고

고요히 걸어 들어가 두 그루 나무를 찾아보실 일입니다

가시 돋힌 탱자울타리를 따라가면

먼저 저녁해를 받고 있는 회화나무가 보일 것입니다

아직 서 있으나 시커멓게 말라버린 그 나무에는

밧줄과 사슬의 흔적 깊이 남아 있고

수천의 비명이 크고 작은 옹이로 박혀 있을 것입니다

나무가 몸을 베푸는 방식이 많기도 하지만 하필

형틀의 운명을 타고난 그 회화나무,

어찌 그가 눈 멀고 귀 멀지 않을 수 있었겠습니까

당신의 손끝은 그 상처를 아프게 만질 것입니다

그러나 당신은 더 걸어가 또 다른 나무를 만나보실 일입니다

옛 동헌 앞에 심어진 아름드리 느티나무,

그 드물게 넓고 서늘한 그늘 아래서 사람들은 회화나무를 잊은

듯 웃고 있을 것이고

당신은 말없이 앉아 나뭇잎만 헤아리다 일어서겠지요

허나 당신, 성문 밖으로 혼자 걸어나오며

단 한번만 회화나무 쪽을 천천히 바라보십시오

그 부러진 나뭇가지를 한번도 떠난 일 없는 어둠을요

그늘과 형틀이 이리도 멀고 가까운데

당신께 제가 드릴 것은 그 어둠뿐이라는 것을요

언젠가 해미읍성에 가시거든

회화나무와 느티나무 사이를 걸어보실 일입니다

- 나희덕, 〈해미읍성에 가시거든〉 전문

이처럼 얄궂은 운명을 가진 나무가 더 있다. 경기도 평택 팽성읍 읍사무소 앞마당에 서 있는 세 그루의 향나무*Juniperus chinensis* L.가 그런 나무다. 이 나무들에 대해서는 정확한 기록이 없어 자세한 내력은 알 수 없다. 겨우 입에서 입으로 전하는 마을

제 16 장
나무 활용

160 **평택 팽성읍 향나무.**

사람들의 이야기와 『평택향토사』에 남은 딱 한 줄의 기록만 있을 뿐이다. **평택 팽성읍 향나무**는 조선시대에 죄인의 목을 매달아 죽이는 교수대로 쓰이던 나무라고 한다. 지금 이 향나무의 생김새로 보아서는 이 나무가 왜 교수대로 쓰였는지를 추측하기 어려울 정도로 평화로운 모습을 하고 있다. 그러나 말 못 하는 그의 줄기와 튼튼한 가지들은 자기의 뜻과 무관하게 한때 사람의 목숨을 앗아 가는 역할을 했다.

교수대로 쓰인 특별한 나무 두 그루를 소개했지만 비슷한 처지로 살아온 나무는 더 있을 것이다. 다만 그 사실을 기록으로 남겨놓지 않은 때문에 지금은 확인할 수 없을 뿐이다. 앞에서도 짚어보았듯이 특별히 높이 솟아오르는 건축물을 축조하는 게 수월치 않았던 시절이라면 비슷한 사례는 훨씬 더 많았을 것으로 짐작된다.

돌아보면 우리 곁의 나무는 그야말로 우리가 살아온 모든 사람살이의 역사를 고스란히 담고 있다. 그건 나무와 더불어 살아온 사람들이 그들의 삶을 나무와 더불어 생각하고, 나무를 하나의 공생하는 생명체로 여겨왔다는 증거라고 볼 수 있다. 아무리 실용적 쓰임새를 앞세운 경우라고 해도 실은 사람의 생명을 이어가는 또 하나의 측면이 바로 나무에 고스란히 새겨졌다는 이야기가 아닐 수 없다. 잊혀가는 사람살이의 자취를 기억하는 우리 곁의 생명이 곧 우리 곁의 나무였던 것이다.

제 16 장
나무 활용

농경의 시작과 품종 선발

식품으로 아끼는 과일의 대부분은 순전히 사람의 손길에 의존한다.
옥수수나 각종 곡물, 감자, 복숭아, 멜론 같은 것들은
사람이 심어서 가꾸어야 한다.
그러나 사과나무는 독립심과 진취적 기상 면에서 인간에게 지지 않는다.
사과나무는 피동적으로 옮겨지는 것이 아니다.
사과나무는 어느 정도 사람처럼 스스로 새로운 대륙으로 이주해 왔으며
여기저기 토착식물들 사이에 자리 잡아가고 있다.

– 헨리 데이빗 소로*Henry David Thoreau*,『야생 사과*Wild Apple*』에서

먹고, 아이 낳고, 건강하게 사는 것! 사람뿐 아니라 동물은 물론이고 식물, 미생물까지 생명 가진 모든 것들에게 가장 절실한 본능이다. 생태계의 모든 생명들은 일정하게 서로 먹고 먹히는 먹이사슬의 균형을 이루며 그 절실한 본능을 채워간다. 여느 생물과 달리 이족보행을 하게 된 호모 사피엔스가 생명의 본능을 채우기 위해 가장 먼저 선택한 방법은 수렵과 채집이었다. 언어를 가지고 의사소통이 이뤄지는 집단생활을 했던 호모 사피엔스는 개개 생명체로서는 미약했지만, 집단으로서 강력한 힘을 발휘했다. 게다가 호모 사피엔스는 오래전부터 늑대를 길들여 '개'라

는 동물 종을 반려로 삼아 곁에 두고 호모 사피엔스만으로는 하기 힘든 일들을 나누어 해내는 지혜를 터득했다. 그로 인해 수렵에서 월등한 능력을 보인 호모 사피엔스는 지구를 점령하기 시작했다. 수렵·채집에서 호모 사피엔스를 뛰어넘는 존재는 없었다. 수렵·채집 생활로 호모 사피엔스는 먹고, 아이 낳고, 건강하게 살았다.

두뇌 활동이 발달한 호모 사피엔스는 거기에 머무르지 않았다. 이미 회색늑대를 개로 길들이는 데에 성공한 호모 사피엔스는 차츰 주변의 자연 대상을 자신의 살림살이에 알맞게 변화시키기에 이르렀다. 맹수의 위협을 피해 어두워지는 밤에 겨우 나무 아래로 내려와 걸어 다니며 나뭇가지 아래에 떨어진 나무 열매를 주워 먹는 채집 과정에서 호모 사피엔스는 새로운 사실들을 깨달았다. 어떤 열매는 먹기가 까다로웠지만, 비슷한 종류의 열매 가운데 어떤 것은 먹기도 쉬웠고, 맛도 좋았다. 그걸 기억했다. 그리고 특별히 좋았던 열매를 먹고 버려둔 자리에서 나무가 저절로 자란다는 것도 알게 됐고, 그 나무에서 맺히는 열매는 먼저 먹었던 열매와 다르지 않은 좋은 식량이라는 사실을 서서히 알아챘다. 또 어떤 나무는 나뭇가지까지 한꺼번에 꺾어서 열매를 먹고 땅바닥에 그냥 버렸지만, 그게 어느 틈에 저절로 자라나서 다시 또 열매를 맺었다. 사람살이에 도움이 되는 놀라운 사실들을 호모 사피엔스는 일일이 기억했고, 그 같은 일에 스스로 나서기 시작했다.

제 17 장
농경의 시작과 품종 선발

호모 사피엔스에게는 이미 지금으로부터 200만 년 전에 출현한 호모 에렉투스 시절부터 사용하던 불이 있었다. 불을 사용한다는 것은 여느 생명과 구별되는 특별한 점이다. 불은 맹수들부터 스스로를 지키기 위해서 사용하기도 했고, 또 추위로부터 자신의 몸을 보호하기 위해서도 이용했으며, 날고기를 익혀 먹을 때에도 썼다. 여러모로 요긴한 게 불이었지만, 그래봐야 처음에 불은 스스로를 보호하는 데에 그쳤다. 그러나 주변 환경을 변화시켜서 자신이 원하는 것을 얻고자 한 호모 사피엔스는 불을 보다 적극적으로 활용했다. 앞에서 이야기했듯이 무엇보다 중요한 것은 이른바 식량원이 될 나무의 열매를 얻는 일이었는데, 나무에 맺힌 열매 안에 든 씨앗의 존재를 알았고, 씨앗이 가진 재생산 능력을 깨달았다. 호모 사피엔스는 씨앗을 심을 땅을 찾아 나섰다. 그리고 더 많은 땅을 확보하기 위해 불을 이용했다. 물론 씨앗이 아니라 꺾꽂이 형태로 번식하는 식물의 존재도 이미 호모 사피엔스는 알고 있었을 것이다. 그러나 당시 호모 사피엔스의 거주지는 대부분 숲이어서, 씨앗을 심거나 나무를 꺾꽂이해 심을 땅이 모자랐다. 그 땅을 확보하는 데에 호모 사피엔스는 불을 이용한 것이다.

호모 사피엔스는 마침내 숲에 불을 놓았다. 자기보다 훨씬 높고 크게 자라난 나무들을 단번에 쓰러뜨리고 자신이 원하는 씨앗을 심고 나무를 키울 수 있는 땅을 얻는 데에 불 지르는 일보다 더 간편한 일은 없었다. 큰 나무는 그때의 호모 사피엔스에게 그다지 필요하지 않았다. 너무나 많았던 나무보다는 그저 한 톨의 씨앗을 심어 키울 한 뼘의 땅이 필요했다. 숲은 활활 타올랐고, 나무들은 맥없이 쓰러졌다. 불을 이겨낼 나무는 없다. 순식간에 하늘을 가리고 우뚝 선 숲의 나무들은 맥없이 쓰러졌고, 그 안의 땅이 비로소 호모 사피엔스 앞에 활짝 열렸다. 호모 사피엔스는 그 자리에 씨앗을 심고 나무를 키웠다. 그게 대략 1만 년 전이라고 보는 게 현재까지 대부분의 학자들이 내세우는 통설이다.

25만 년 전부터 약 24만 년을 수렵·채집 방식으로 살던 호모 사피엔스에게는 혁명적인 변화였다. 그래서 이를 '농경 혁명' 혹은 '농업 혁명'이라고 부른다. 획기적인 변화였다. 하지만 그 시기에 대해서 이견이 없는 것도 아니다. 농경의 시작에 대해서는 여러 설이 있기 때문에 한마디로 이야기할 수 없지만, 현재까지 가장 일반적인 이론에 의하면 대략 1만 년 전인 신석기시대에 농경을 처음 시작한 것으로 짐작하는 게 통설이다. 하지만 구석기시대인 4만 년 전부터 농경이 시작됐다는 주장이 없는 건 아니다. 신석기 이전에 이미 농경이 시작됐다는 주장을 내세우는 대표적인 학자로 영국의 생물학자인 콜린 터지(Colin Tudge, 1943~)가 있다. 농업, 식량 정책, 유전학, 생명의 진화와 다양성에 관한 연구에 앞장선 그는 런던동물학회위원회the Council for the Zoological Society of London의 위원과 런던정경대학교London School of Economics 철학과의 객원연구원으로 활동한 적이 있는 영국의 대표적인 진화생물학자 가운데 한 사람이다. BBC 라디오의 과학 프로그램 제작자로도 활동했던 그는 영국 과학작가협회에서 수여하는 '올해의 작가상'을 세 차례(1972년, 1984년, 1990년)나 수상한

제 17 장
농경의 시작과 품종 선발

589

바 있다.

콜린 터지는 그동안 고고학적 기록의 해석에 근거한 농업 역사 연구에서 1만 년보다 더 오래된 식물 재배나 동물 사육의 흔적을 찾아볼 수 없다고 했다는 데에 의문을 제기한다. 기존의 연구는 요르단강 서안의 예리코Jericho나 튀르키예의 차탈회위크 Catalhoyuk에서 식물과 가축을 길렀던 확실한 증거가 나타나는데, 그때가 대략 1만 년 전이었기 때문에 비판적 고찰 없이 그대로 받아들인 것이라고 보는 것이다. 그러나 터지는 이 전통적 견해가 농경이 수렵·채집에 의한 살림살이보다 훨씬 향상됐으리라는 막연한 추측에서 이루어진 것이라고 비판한다. 터지는 농경은 육체적으로 고된 일이었다는 점을 상기한다. 당시 농경 작업을 하던 농부들은 수렵·채집인들에 비해 영양이 모자랐을 것이며, 노동에 따른 외상 등으로 고통이 심했다는 것이다. 그 근거로 그는 수렵·채집인은 사냥에 의한 고기는 물론이고, 다양한 식물들을 섭취할 수 있었지만, 농경의 농부는 고작해야 자신이 키우는 몇 가지 작물을 먹을 수밖에 없었으며, 농사의 결과가 항상 풍년은 아니었을 것이라는 추측까지 보탠다. 결국 농경이 호모 사피엔스의 살림살이를 더 좋게 한 게 아님이 분명한데도 불구하고 그들은 왜 농경을 새로 시작했을까 하는 의문을 제기한다. 이 의문 끝에 그는 현재 많은 학자들이 흔히 '농업 혁명'이라 부르는 1만 년 전보다 훨씬 더 먼저 환경을 통제하고 변화시키며 살았을 것이라고 제안한다. 결국 농경을 앞에서 이야기한 것처럼 '혁명적'이라고 하기에는 모자람이 크다는 이야기다. 즉 신석기시대 이전에 이미 농경이라 할 만한 활동을 하고 있었는데, 이를 보다 강화하여 차탈회위크에서와 같은 농경의 자취를 남겼을 뿐이라고 주장한다. 그는 결국 적어도 4만 년 전, 후기 구석기시대에 이미 '원시 농부'라고 불릴 만한 호미닌이 존재했다고 주장한다.

　　물론 농경의 기원을 정확히 밝혀내는 건 불가능한 일이다. 다만 분명한 것은 1만 년 전 정도에는 이미 농경이 호모 사피엔스 삶의 상당 부분을 규정하는 중요한 활동이었다는 사실이다. 그건 앞에서 이야기한 것처럼 예리코, 차탈회위크와 같은 유적지를 통해 확인할 수 있다. 농경은 기본적으로 주변 환경을 호모 사피엔스의 살림살이에 맞추어 변화시켰다는 점에 주목할 수 있다. 처음에는 목축의 형태로, 그러니까 동물을 기르는 것을 중심으로 주변 환경과 자연 대상을 길들이던 데에서 시작했지만 나중에는 동물을 젖혀놓고 아예 작물 위주로 농경을 이어갔다. 식물을 집중적으로 키우는 농경은 그러나 역설적이게도 식물의 생태계를 파괴하는 데에서 시작됐다. 식물이 모여 사는 숲이라는 환경은 농경에 유리한 환경이 아니었기에 사람들은 숲에 불을 놓아 갈아엎어야 했다. 무엇보다 식물의 씨앗을 심고 재배할 농경지가 필요했던 때문이다. 그래서 지금 추측하건대 농경이 시작되기 이전에 지구에는 약 6조 그루의 나무가 있었다고 하지만, 농경이 시작된 뒤로 그 절반인 약 3조 그루의 나무가 사라졌다고 본다.

　농경을 통해 사람들은 우리 생태계의 다른 식물과 동물을 지배하기 시작했고, 집단생활을 시작했으며, 식물과 동물을 사람에게 길들이며 새로운 품종을 만들어 내기 시작했다. 농경이 가능했던 요인 중에서 가장 중요한 사실은 무엇보다 식물에게 씨앗이 존재한다는 사실이었다. 농경에 나선 사람들은 씨앗을 심으면 똑같은 식물이 다시 자라난다는 사실을 알았고, 이 씨앗은 일정한 기간 동안 보관할 수 있다는 특징까지 알게 됐다. 앞 장인 제15장 '씨앗 저장'에서 보았던 니콜라이 바빌로프가 씨앗을 모으기 위해 전 세계를 탐험한 사례를 비롯해 그의 후예들이 노르웨이의 스발바르에 시드볼트를 짓고, 우리도 백두대간수목원에 시드볼트를 지었으며, 일부 지역에서는 민간에서 자발적으로 씨앗을 모으고 저장하는 활동을 벌이는 것에서 알 수 있듯이, 농경은 씨앗을 보관하는 작업에서 시작되는 것이고, 이는 곧 사람이 먹고살기 위한 몸부림이다.

　사람은 거기에서 한 걸음 더 나아갔다. 그저 씨앗을 심어 같은 식물을 재생산하는 데에서 그치지 않았다. 비슷한 종류의 식물을 서로 교접하여 새로운 종류의 식물을 지어 내는 이른바 '품종 선발'에도 나섰다. 물론 시작은 인위적인 과정이 아니었을 것이다. 처음에는 자연 상태에서 비슷한 종류의 식물들 사이에서 나타나는 돌연변이 종류들을 살펴보았을 것이고, 차츰 자연적으로 이루어진 조합을 사람이 인위적으로 구현할 수 있는지 시험하게 되었으리라. 그 조심스러운 작업이 하나둘 결실을 맺으며 사람에게 더 유용한 품종을 만들어 낼 수 있었다. 조금 더 풍요로운 영양분의 열매를 맺는 품종을 만드는 작업으로 사람의 살림살이는 보다 윤택해졌다. 더불어 보관하기 편리하고, 더 건강하게 자라는 품종을 선발하는 작업 역시 농경 작업에 반드시 따라붙는 일이었다. 주변 환경과 자연을 실용적으로 변화시키는 일에 머뭇거림이 없었던 사람들은 품종 선발 작업들을 착착 진행했다. 농경의 초기 단계에서 얼마나 다양한 품종을 생산했는지를 기록으로 확인할 수는 없지만, 필경 다양한 품종이 자연적으로 혹은 인위적으로 생산되었을 것은 충분히 짐작할 수 있다. 그게 농경이다.

생존 전략에서 감성 욕구로의 전환

품종 선발의 경험은 생존을 이어가는 지혜로 이어졌다. 농경 기술이 발달하지 않은 상태에서 먹고살기 위한 과정에 조금이라도 보탬이 되는 결과를 얻고자 하는 작업이었다. 사람의 농경 기술은 발전에 발전을 거듭했다. 세월이 지날수록 사람들은 하나의 식물을 기본종으로 하여 새로운 품종을 선발해 내는 일에 익숙해졌고 지금의 우리 농업은 헤아리기 어려울 정도의 다양한 품종을 바탕으로 진행되고 있다. 농업 발달의 역사를 '품종 선발의 역사'라고 이야기한다고 해도 크게 틀리지 않을 정도다.

마침내 여러 차례의 품종 선발의 경험을 가지게 된 호모 사피엔스는 이제 본능을 실현하기 위한 생존 전략 이상의 새로운 욕망을 품었다. 사람의 욕망은 나무에게로 이어져 새로운 품종의 나무를 선발해 내기 시작했다. 나무의 품종을 선발하게 된 건 이전 초기 호모 사피엔스의 경우처럼 생존을 위한 것이 아니었다. 잉여 생산물이 축적되면서, 사람들에게 생활의 여유가 생겼고, 이를 즐기기 위한 과정에서 나타난 문화적 산물이다. 대표적인 경우가 아름다움을 누리기 위한 감성 욕구의 산물로 이어진 다양한 원예용 식물의 품종 선발이었다. 지금 이 순간에도 세상의 곳곳에서는 새로운 원예용 품종의 나무를 선발하는 작업이 진행되고 있다. 그 종류는 사람의 욕망이 세계 인구수만큼 다양하듯 이루 헤아릴 수 없을 것이다. 숱하게 많은 원예 품종을 한곳에 수집해 전시하는 식물원이나 수목원을 관람할라치면 어떻게 하나의 식물에서 이토록 다양한 모양의 품종을 선발해 냈는지 감탄하지 않을 수 없다. 원래는 하얀색 꽃을 피우는 기본종이었지만, 이를 기본으로 하여 선발한 품종에서 노란색, 붉은색 꽃이 나온다. 심지어 기본종은 분명 홑꽃이었건만 겹꽃으로 선발된 품종도 볼 수 있다. 초록의 잎 위에 무늬를 넣은 품종도 지속적으로 선발된다. 꽃을 즐기는 사람들이 꽃이 없을 때에도 꽃처럼 화려한 무늬를 가진 식물을 즐기려는 욕구를 만족시키려는 의도에 따라 선발된 품종들이다.

품종 선발은 식물에게만 한정되지 않는다. 사람들과 더불어 사는 모든 생물에게 적용되는 일이지 싶다. 일테면 회색늑대를 개로 변화시킨 사람들은 개를 반려견으로 키우면서, 보다 편안하게 사람살이에 적합한 품종으로 선발하는 데에 머뭇거리지 않고 새로운 품종을 선발한다. 최근에는 커피잔 안에 들어가는 품종의 개를 선발한 소름 끼치는 사례까지 나왔다. 식물이든 동물이

든 사람 곁에서 더불어 사는 생물의 새로운 품종 선발 과정은 아마도 사람이 존재하고 사람에게서 감성 욕구가 사라지지 않는 한 끊임없이 이어질 것이다.

세상에서 가장 많은 품종을 가진 나무, 장미

아름다운 꽃을 피우는 식물에서는 끊임없이 새 품종이 선발돼 나온다. 조금이라도 더 특별한 모양과 더 화사한 빛깔의 꽃을 가까이에서 보고 싶어 하는 사람들의 욕망에 따른 결과다. 구별은 물론이고, 이름 조차 알기 어려운 식물이 속속 등장한다. 복잡하다. 인류의 곁에 존재하는 모든 생물을 통틀어 아마도 가장 많은 품종이 선발된 생물은 장미일 것이다. 장미만큼 복잡한 나무도 없다. 셰익스피어는 장미를 일러 '내가 아는 꽃 가운데 가장 훌륭한 꽃'이라고 했다. 장미는 보는 이의 혼을 빼앗을 만큼 황홀한 꽃임에 틀림없다. 하지만 사람들의 욕심은 거기에서 만족하지 않았다. 꽃잎이 겹겹이 돋아나는 겹꽃으로 변화시킨 건 물론이고, 흰색과 분홍색뿐이었던 야생 장미로부터 주황색, 노란색, 빨간색의 장미를 선발해 냈다.

새로 선발하는 식물의 품종은 제가끔 다른 특징을 가졌지만, 그들 사이에는 뚜렷한 공통점이 있다. 무엇보다 꽃송이가 점점 더 크고 화려해진다는 사실이다. 그러나 모양과 빛깔을 극적으로 변화시키는 동안 놓치는 게 생겼다. 야생 상태에서의 장미가 지녔던 본래의 건강, 즉 자생력은 한없이 약해졌다. 겹꽃을 만

들기 위해 사람들은 수술 가운데 몇 개를 꽃잎으로 변화시켰다. 번식의 핵심이 되는 꽃가루를 품은 수술이 줄어드니 생식능력이 떨어지는 건 자연스러운 결과다. 더불어 전체적인 건강 상태가 악화하는 건 어쩔 수 없다. 또 향기의 근원 가운데 하나인 꽃가루가 적어져 향기도 줄었다. 야생에서와 달리 병해충이 많이 생기지만 스스로 이겨내는 힘은 부쩍 떨어졌다. 먹을 걸 줄여가며 가느다란 몸매를 얻는 대신 건강을 잃어야 하는 사람의 경우와 마찬가지다. 철저히 사람의 취향에만 맞추다 보니, 야생의 장미가 가졌던 본능의 상당 부분은 훼손되고 말았다. 새로운 품종을 선발하는 과정에서 장미에는 질병과 해충이 나타나기 시작했다. 현대적인 교배종 선발 과정에서 사람들은 꽃의 겉모양을 개량하는 데 치중했고, 결국은 병을 이겨내는 힘, 즉 내병성을 잃거나 새로운 환경에 적응하는 건강한 체질을 키우지 못했다. 결국 장미는 보기에 좋아졌다고 할 수 있어도 키우는 데에는 까다로울 수밖에 없는 상태로 바뀌고 말았다. 장미의 원종이랄 수 있는 찔레꽃*Rosa multiflora* Thunb.이나 해당화*Rosa rugosa* Thunb.가 자연 상태에서 지나칠 정도로 건강하게 잘 자라는 것과 극단적으로 다른 결과가

163 다양한 품종으로 선발된 장미의 원종 가운데 하나인 **찔레꽃**.

만들어진 것이다.

"장미 화단을 준비하는 것은 성미 까다로운 귀부인이 살 집을 치장해 주는 일과도 같다." 미국의 자연주의 칼럼니스트인 마이클 폴란(Michael Pollan, 1955~)이 그의 책 『세컨드 네이처(Second Nature: A Gardener's Education, 2003)』에서 귀부인 비유로 장미 이야기를 시작한 것도 그래서일 것이다. 키우기가 쉽지 않은 데다, 워낙 종류가 많아 장미 종류끼리, 혹은 다른 나무들과의 조화를 이루기 어렵다는 이야기를 흥미롭게 비유한 것이다.

자연 상태에서 장미는 5월 말쯤, 봄에서 여름으로 넘어가는 시기에 피어난다. 그 꽃의 빛깔과 생김새는 한마디로 이야기하기 어렵다. 이를테면 빛깔에서는 붉은색이 가장 많다고 하지만, 같은 붉은색이라 해도 검붉은 자줏빛에서부터 연분홍까지 그 다양함은 극에 이른다. 그 밖에도 노란색과 흰색의 장미도 있다. 꽃 모양도 마찬가지로 다양하다. 꽃잎이 홑으로 돋아나는 종류가 있는가 하면, 여러 겹이 중첩되어 피어나는 종류도 흔히 볼 수 있다. 꽃송이의 크기도 그렇다. 어른 엄지손톱만큼 작은 꽃송이의 장미가 있는가 하면, 경우에 따라서는 아가들 얼굴만큼 탐스러운 크기로

164 자연주의 칼럼니스트, **마이클 폴란**.

피어나는 장미꽃도 있다. 아마 장미의 생김새만 차례대로 비교한다 해도 몇 날 며칠로는 모자랄 것이다.

사람들이 오래전부터 워낙 좋아했던 꽃나무이다 보니, 장미에는 사람들이 살아온 역사가 고스란히 담겨 있다. 특히 19세기 들어서면서부터 새로운 품종을 선발하고자 했던 서양 귀족들의 문화와 취향은 장미의 품종 이름만으로도 알 수 있다. 언제나 그 시대의 정서를 반영한 꽃이 새로 선발되었다는 이야기다. 그래서 마이클 폴란은 장미야말로 자연과 문화를 하나로 혼합한 생명체라면서, "자연의 일부이며 곧 사람의 일부"인 식물이라고 했다.

장미의 품종을 본격적으로 선발한 것은 19세기 유럽으로 볼 수 있다. 그 주역은 당시 나폴레옹 1세(Napoléon I, Napoléon Bonaparte, 1769~1821)의 황후인 조제핀 드 보아르네(Joséphine de Beauharnais, 1763~1814)였다. 조제핀은 나폴레옹에게 간청하여 장미정원을 조성했다. 이어 그는 장미정원을 관리하기 위한 수석 정원사 앙드레 뒤퐁(André Dupont, 1742~1817)을 고용했으며, 그의 지도로 온갖 장미 품종을 수집했다. 조제핀의 위력이 막강하던

165 장미 품종 선발을 주도했던 조제핀 황후가 장미를 손에 든 초상화.

그 시절 프랑스 군대는 전 세계에 존재하는 모든 종류의 장미 품종을 수집하라는 명령을 받았고, 실제로 많은 종류의 장미를 수집해 조제핀의 장미정원에 바쳤다. 이에 그치지 않고, 조제핀은 앙드레 뒤퐁에게 자신의 입맛에 맞는 새로운 품종을 선발하도록 지시하기도 했다. 장미 재배 기술을 갖추고 있던 뒤퐁은 황후 조제핀의 지시에 따라 다양한 종류의 장미 품종을 선발했다. 이것이 장미 품종을 다양하게 선발한 시초라 볼 수 있고 그 뒤로 장미는 장식용 꽃으로 사용하는 흐름을 주도했다.

마이클 폴란은 해마다 10여 종의 새 품종을 선발하는 장미 산업을 "디트로이트의 자동차 산업을 그대로 모방하고" 있는 듯하다고까지 이야기한다. 폴란은 이 글에서 해마다 10여 종의 품종이 선발된다고 썼지만, 실제로는 해마다 200종 이상의 품종이 선발된다는 통계도 있다. **베르네 부인의 장미정원**이라는 영화가 있었다. 영화 속에는 베르네 부인을 비롯한 많은 원예가들이 해마다 벌이는 장미축제에 출품할 새로운 품종의 장미를 선발하는 과

제 17 장
농경의 시작과 품종 선발

599

정이 나온다. 영화 속 이야기라고는 하지만, 이는 현실과 그리 별다를 것 없다. 다양한 품종을 전 세계 곳곳에서 끊임없이 선발하고 있다는 이야기다. 지금까지 이 땅에 선보였던 장미 품종은 무려 2만 5,000종류가 넘는다고 하는데, 그 가운데 지금까지 존재하는 것만도 7,000종류를 넘는다. 물론 이 숫자는 계속 늘어날 것이다. 사람들의 장미에 대한 집착을 가히 짐작할 수 있을 듯한 이야기다. 지금도 7,000종류라는 어마어마한 종류의 장미 품종의 꽃이 사람들 사이에서 피고 질 것이며, 지금 이 순간에도 어딘가에서는 새 품종의 장미를 선발하기 위한 연구와 실험을 지속하고 있으리라.

마침내 실제 자연에서는 불가능하게만 여겨졌던 파란색의 장미꽃이 등장하기에 이르렀다. 2004년에 생명공학의 힘을 빌려 '어플로즈'라는 이름으로 선발한 장미 품종이 그것이다. 사람의 욕망이 일궈낸 결과라 할 수 있는 파란 장미는 처음에 어떤 방식으로도 선발이 불가능했다. 파란색을 낼 수 있는 요소인 델피니딘이 장미꽃에는 없었기 때문이다. '파란 장미'는 그저 환상에 지나지 않았다. 그래서 지금도 유튜브에는 꽃을 염색해서 파란 꽃으로 만드는 법이 여러 가지로 나온다. 이를테면 페인트를 스프레이로 뿌려서 꽃잎을 푸르게 물들이는 간단한 방법에서부터 푸른 잉크를 뿌리에 주입해 파란 꽃을 피우는 법까지 다양하다. 사람들의 욕구는 마침내 실제 파란 꽃의 장미를 선발하게 했다.

이를 주도한 사람은 주류와 음료의 유통 분야에서 세계적인 규모의 기업인 산토리 홀딩스의 회장 사지 노부타다(佐治信忠, Saji Nobutada, 1945~)였다. 그는 2003년에 오스트레일리아의 생명

166 유전자 변형 기술을 이용해 파란 장미를 선발해 낸 산토리 홀딩스 회장 **사지 노부타다**.

공학회사인 플로리진을 소리 소문 없이 사들였다. 산토리 홀딩스의 영업 내용과 무관한 매입이어서 사람들은 의문을 가졌지만, 그 과정에 대해서 산토리 홀딩스 측에서 밝힌 내용은 없었다. 얼마에 매입했는지, 또 그 플로리진의 경영에 얼마를 투자했는지도 역시 제대로 밝혀진 바가 없다. 다만 소문으로 알려진 바에 의하면 약 4,500만 오스트레일리아 달러(한화 400억 원 정도)를 들인 것으로 알려졌다. 결국 유전공학의 힘을 빌려 파란 장미를 선발하기 위한 투자 작업이었던 것은 나중에 밝혀진 사실이다.

플로리진의 연구실은 장미의 꽃잎 색소의 게놈 지도를 재배열했고, 여기에서 팬지에서 차용한 델피니딘을 보라색을 띠는 '리슐리에 추기경 품종'의 장미에 주입해 부르고뉴 와인 색의 장미꽃을 선발해 내는 데에 우선 성공했다. 이어 이들은 RNA 간섭이라는 분자 수준의 기술을 사용해 특정 단백질을 차단하여 다른 색깔을 억제하며 마침내 2004년에 '박수' 또는 '갈채'라는 뜻을 가진 영문 '어플로즈Applause'라는 품종명의 파란 장미를 발표했다. 어플로즈 장미는 아시아와 유럽 지역에 배포됐고, 초기에 줄

167 유전자 변형 과정을 통해 선발한 파란 장미, **어플로즈**.

기당 35달러(한화 5만 원)까지 값이 치솟았지만, 생각보다 인기는 높지 않았다. 파란 장미로 발표된 어플로즈 장미는 분명 푸른빛을 띠고는 있지만, 사진에서 보이는 것처럼 기대만큼 새파란 색깔이 아니다. 굳이 말을 만들어 붙이자면 '푸른빛이 강한 보랏빛' 정도로 이야기하는 게 맞을 듯싶다. 그래도 분명 푸른빛을 냈다는 점에서 인류 최초의 파란 장미라는 건 사실이다. 구글링을 하면 '파란 장미'라는 이름으로 정말 새파란 빛깔을 가진 장미가 검색되기는 한다. 그러나 이 장미들은 다양한 방법으로 꽃잎의 색깔을 파랗게 변형시킨 것이거나 사진 보정을 통해 파란색을 강조한 것이 대부분이다. 이는 앞에서 이야기한 대로 품종 자체에서 파란 꽃을 피우는 게 아니라 꽃잎의 빛깔만 어거지로 변형시킨 것이다. 품종 자체에서 푸른빛의 꽃을 피우는 건 아직까지 산토리 홀딩스의 어플로즈 장미가 유일하다.

현대 장미가 첨단의 기술적 성과를 이룩한 것은 사실이다. 앞에서도 짚어봤듯이 자연 상태에서의 장미는 흰색과 분홍색의 꽃밖에 피우지 않는다. 우리 땅을 기준으로 하면 찔레꽃과 해당화가 그 원종이었다는 이야기다. 그러나 이제 주황, 노랑 심지어 파랑까지, 우리가 볼 수 있는 거의 모든 색을 장미꽃에 구현했다. 개화기도 마찬가지다. 찔레꽃과 해당화가 늦은 봄부터 초여름 사이라는 일정한 기간에 꽃을 피우는 것과 달리 이제는 1년 365일 언제라도 가까운 화원에서 어렵지않게 장미꽃을 구할 수 있다. 다양한 장미꽃에 사람들은 살아가는 과정에서 느낄 수 있는 모든 감성적 욕망을 그대로 담아낸 것이다. 사람보다 오래 살아가는 나무가 사람살이의 흔적을 담는다는 이야기는 그리 놀라운 이야기가 될 수 없다. 그러나 장미처럼 사람들의 정서를 고스란히 드러내는 경우는 그리 많지 않다. 더구나 '금지된 욕망'의 상징처럼 쓰이던 '파란 장미'까지 결국은 지어 내고 말았다.

장미의 품종을 다양하게 선발하면서 사람들은 나무 안에 인류의 문화를 담았다. 파란 장미는 인류가 가진 감성적 욕망의 극단적인 사례이지만, 간단히 장미 품종의 이름들에도 인간의 욕망과 문화는 그대로 담겨 있음을 확인할 수 있다. 이 사례는 앞에서 이야기한 마이클 폴란의 『세컨드 네이처』를 통해 살펴볼 수 있다. 여기에서 이들을 상세히 짚어볼 건 아니어서, 장미의 품종 선발에 대한 이야기는 마무리한다.

인류 역사상 최초의 투기 대상이었던 튤립

장미에 사람의 문화가 담겼다는 이야기를 했지만, 장미 못지않게 인류의 문화적 흔적을 고스란히 담은 식물은 더 있다. 그 여러 종류의 식물 가운데에 튤립의 경우는 돌아볼 만하다.

튤립은 네덜란드의 국가 상징이기도 하다. 튤립은 파미르고원, 톈산산맥 지역, 즉 남동유럽과 중앙아시아가 고향인 알뿌리 식물로, 14세기 무렵에 오스만투르크에서 재배를 시작한 걸로 알려졌다. 유럽인들에게 오스만투르크 사람들의 튤립 재배는 신기한 현상으로 여겨졌다고 한다. 특히 '튤립의 아버지'라 불리는 식물학자 카를로스 클루시우스(Carolus Clusius, 1526~1609)는 네덜란드에 튤립을 퍼뜨려 튤립 산업의 기초를 마련한 것으로 유명하다. 그 뒤, 1554년 로마제국에서 튀르키예 지역의 오스만제국에 파견한 왕실 대사 오지에르 기슬랭 드 뷔스베크(Ogier Ghiselin de Busbecq, 1522~1592)는 이스탄불의 길가에 피어 있는 튤립 꽃에 매혹돼 알뿌리를 구입하면서 유럽 지역에 널리 퍼뜨리게 됐다. 뷔스베크는 처음에 튤립의 이름을 '튤리판트Tulipant'라고 영문으로 표기했다. 그래서 한동안 뷔스베크가 붙인 이름으로 불리다가 나중에 튤립으로 바뀐 것이다.

튤립은 인류 최초의 투기 대상이었다. 튤립 투기의 역사는 17세기 무렵 네덜란드에서 시작된다. 당시 바다에서의 경제를 지배하며 엄청난 자본을 축적하며 부유한 초강대국에 오른 네덜란드는 인도와의 교역으로 부를 쌓았다. 부유한 상인들은 자신의 부를 드러낼 상징물을 찾았다. 그 과정에서 눈에 띈 것이 튤립이었다. 상인들은 곧바로 튤립을 부의 상징으로 여기며 수집에 나섰고, 돈 가진 사람들이 몰리자 튤립은 투기 대상으로 부각되기에 이르렀다. 대개 튤립은 알뿌리 상태로 거래됐는데, 이 거래에는 부유한 상인을 포함한 일반 소시민들까지도 예금을 털어 내며 과열 현상을 빚었다. 또한 가내수공업으로 생계를 이어가던 직조

168 인류 최초의 투기 대상이었던 **튤립의 한 종류**.

공들조차 가내수공업보다는 튤립을 구입하는 게 훨씬 이익이라고 판단해 뛰어들었다. 가내수공업자들은 그 직업의 생명이랄 수 있는 직조기계까지 팔아 튤립의 알뿌리를 구입하기에 이르렀다. 나아가 튤립 거래에는 선물거래와 약속어음 형태의 거래까지 등장하며 광풍을 일으켰다. 아무리 생각해도 당시 사람들의 행태는 이해하기 어려운 부분들이 적지 않다. 이를테면 대개의 거래가 알뿌리 형태로 이루어졌다고 했는데, 알뿌리만으로는 어떤 꽃이 피어날지, 혹은 아예 제대로 발아하지 못하는 알뿌리인지조차 정확히 알기 어려운 상태다. 그럼에도 이를 거래했다는 사실은 당시의 과열 투기가 얼마나 비이성적이었는지를 보여준다. 그래서 아예 "이 거래는 술 취한 머리로 해야 된다. 또 배짱이 두둑할수록 더 유리하다"라는 말이 나올 지경이었다. 그즈음 이미 튤립 알뿌리 하나가 5,500플로린에 팔렸다고 하는데, 이 값은 황소 465마리를 구입할 수 있는 거액이었다. 최고가로는 6,000플로린에 이르렀다고 한다. 그때 숙련공 한 사람의 연봉이 고작 300플로린에 불과했으니, 밥도 먹지 않고 숨만 쉬면서 연봉을 모은다 해도 20년이나 걸린다는 걸 생각하면 그 광풍이 어느 정도였는지

169　17세기에 가장 비싼 값으로 거래되던 **셈페르 아우구스투스 튤립**.

짐작할 수 있다. 심지어 튤립 알뿌리 하나로 좋은 집 한 채를 장만한 사람도 있을 정도였다.

이즈음 가장 비싼 값에 거래된 튤립 알뿌리는 화려한 패턴의 줄무늬를 가진 '셈페르 아우구스투스Semper Augustus'라는 품종의 튤립이었다. 이 품종의 알뿌리는 값비싼 저택 한 채 값에 맞먹을 정도에 거래됐다고 한다. 이 품종의 꽃이 신비롭기도 하지만, 아마도 이는 희귀성에 의한 가격 상승이었을 것이다. 이 품종은 육종에 의해서 재배하는 게 쉽지 않았기 때문에 그 값을 더 부추겼다. 나중에 밝혀진 사실이지만, 이 품종의 화려한 줄무늬는 사실 바이러스 감염에 의한 결과였다.

마침내 1637년 2월 3일, 올 것이 오고야 말았다. 갑작스레 거래 중지 사태가 벌어진 것이다. 이날 튤립 알뿌리의 값은 전날에 비해 무려 100분의 1 수준으로 폭락했다는 소식이 투자자들 사이에서 퍼지기 시작했고, 결국 거액 투자자에서부터 소액 투자자까지 연쇄 부도를 일으켰다. 당연히 거대한 수익을 노리고 튤립을 재배하던 농부들에게도 파산 위기가 닥칠 수밖에 없었다. 게다가 네덜란드 정부는 걷잡을 수 없는 튤립 가격 폭락 사태에 대한 대책을 전혀 마련하지 않았다. 재배농과 투자자가 모든 피해를 감수해야 하는 상황이 벌어진 것이다.

네덜란드의 튤립 투기 파동과 무관하게 튤립의 원산지인 오스만제국에서는 튤립에 대한 사람들의 애정이 사그러들지 않았고, 18세기에 들어서면서 이른바 튤립 전성기를 이뤘다. 온갖 건축물들을 튤립으로 장식했고, 튤립을 주제로 한 호화파티가 벌어지기도 했는데, 파티의 의상 역시 튤립을 무늬로 한 의상이었다고 한다. 튤립의 인기는 오스만제국뿐이 아니었다. 특히 경제와 국민들에게 닥친 파동의 후유증을 극복하기가 그리 쉽지 않았을 네덜란드에서조차도 튤립의 인기는 식지 않았다. 투기 파동의 여파가 어느 정도 잦아들기 시작하면서 튤립 값은 안정을 찾았고, 다시 사람들의 튤립을 향한 애정은 꾸준히 이어졌다.

식물을 소재로 한 투기 열풍이 네덜란드의 튤립 파동 외에 아주 없었던 건 아니다. 유럽에서는 그 뒤로 알뿌리식물인 다알리아*Dahlia pinnata Cav.*와 히아신스*Hyacinthus orientalis* L.에 대해서도 튤립 파동과 비슷한 현상이 빚어진 적이 있었으며, 1985년에는 중국의 창춘에서 '석산 열풍'이 있었다는 이야기도 들려온다. 식물에 사람들의 욕망이 투여된 사례들이라 하겠다.

장미와 튤립을 통해 인류의 문화가 식물에 어떻게 스며들어 남았는지를 살펴보았다. 호모 사피엔스는 자신의 삶을 위해 주변 환경은 물론이고, 주변의 다른 생명체를 온전히 이용하는 데에 매우 능동적이었고, 그만큼 효과적이기도 했다. 환경 변화 과정이

제 17 장
농경의 시작과 품종 선발

극단에 이른 사례가 바로 네덜란드의 튤립 파동이라 하겠다.

현대의 농경과 품종 선발의 그늘

농경의 시작에서 비롯된 다양한 식물 품종 선발 사정을 짚어 보았다. 농경 이야기를 마무리하면서 어쩌는 수 없이 우리의 먹거리와 환경을 돌아볼 수밖에 없다. 환경을 능동적으로 변화시키고, 자연 대상물을 사람살이에 알맞게 변형시키는 데에서 사람들은 일정한 성공을 거두며 지금까지 살아왔다. 작은 열매를 맺는 나무는 더 큰 열매를 맺는 품종으로 선발했고, 떨떠름한 열매를 맺는 나무는 달큰한 열매를 맺는 새로운 품종의 나무로 선발했다. 거침이 없었다. 곁에 무엇이 있더라도 그를 사람의 필요에 맞추어 바꾸어 내는 데에 늘 적극적이었고, 일정한 실패는 있었다 해도 세월의 흐름에 따라 큰 성취를 이뤄냈다. 물론 농작물의 역사는 나무의 역사, 나무의 경이로움을 이야기하는 이 책의 주요 관심사가 아니고, 고작해야 1,500쪽도 안 되는 이 책에서 농작물의 현재 상황을 깊이 있게 들여다볼 수도 없다. 그저 농경의 시작을 이야기하는 장을 마무리하면서 지금 우리에게 큰 관심을 끌고 있는 현대의 농경에 대한 이야기를 덧붙인다.

풍요의 시대라고는 이야기하지만 여전히 지구촌의 한쪽에서는 식량이 모자라 굶어 죽는 인구가 존재한다. 게다가 갈수록 심각해지는 기후 붕괴 상황이 사람살이를 옥죄어 오는 건 무엇보다 식량, 결국 농경 문제다. 이처럼 극단적인 상황에서 자본은 자본

대로 이익 추구의 욕망을 끝없이 확산하며 식량 위기 사태를 자본 증대의 기회로 여기는 축이 존재하는 것도 분명한 사실이다. 찬반 여부와 무관하게 지금 우리 지구촌 상황에서 식량 위기, 농경의 위기는 무엇보다 중요한 논쟁 거리가 아닐 수 없다. 지금의 기후 위기가 무엇보다 심각하기 때문에, 늘어나는 지구촌의 인구를 모두 먹여 살릴 만큼의 식량을 생산하는 게 지금의 농경 기술만으로 어림도 없다는 이야기는 이미 공론이 된 상황이다. 인구는 늘어나겠지만 곡물의 생산량은 줄어들고, 그에 따라 식량 값은 폭등할 것이 불 보듯 뻔한 예측이다.

GMOGenetically modified organism, 즉 '유전자 변형 생물'에 대한 논란은 이 같은 상황의 한 가지 타개책으로 등장했다. 물론 이전까지도 앞에서 우리가 짚어본 것처럼 식물의 새로운 품종을 만들어 낸 사례는 많았다. 그러나 그동안의 품종 선발은 대부분 유전자까지 간섭하지 않은 상태에서 식물의 교배를 통해서 이뤄냈다. 대개 1970년대에 이루어진 농작물의 품종 선발이 그런 경우다. 이즈음 생물학계에는 분자생물학이라는 새로운 분야가 급속한 발전을 이루었고, 분자생물학을 바탕으로 한 기술이 식량 생산 분야인 농업에 확산됐다. 그래서 나온 게 바로 GM작물, 즉 유전자 변형 작물이다. 복잡한 기술이지만 단순화해 이야기하자면 작물에 새로운 유전자를 삽입하거나 기존의 유전자를 일정하게 변화하여 새로운 형질의 작물을 얻어 내는 방식이다.

실제로 유전자 관련 기술에 의한 작물 재배가 세계적으로 확산 추세인 것은 분명하다. 유전자 변형 과정은 앞에서 이야기한 '어플로즈 장미'를 생산한 산토리 홀딩스의 플로리진 연구실의 경우에서도 볼 수 있었기에 유전자를 변형시키는 일 자체를 특별히 새롭다 할 일은 아니다. 최초의 GM작물로 알려진 건 항생제에 내성을 갖춘 담배로 1982년에 처음 생산되어 상업화했지만, 반응은 그리 크지 않았다. 그리고 얼마 뒤 다시 GM작물로 등장한 것은 1994년의 토마토였다. 이 토마토는 오래 보관해도 무르지 않는 특징을 가지는 품종의 토마토였지만, 별다른 대중의 반응을 얻지 못하고 금세 사라졌다. 본격적으로 대중의 관심을 얻게 된 GM작물이 살충제와 제초제를 생산해 온 미국의 대기업 몬산토에서 생산한 콩과 옥수수였다. GM토마토 선발 뒤 2년 만인 1996년에 내놓은 몬산토의 GM콩과 GM옥수수는 곧바로 상업화했고, 이는 대중들에게도 급속히 확산하는 데에 성공을 거뒀다. 몬산토의 GM콩은 제초제에 대한 저항성이 높은 콩으로 선발된 품종이다. 그 전까지 콩을 재배하려면 워낙 많은 양의 제초제를 투여해야 했지만, 몬산토의 GM콩은 제초제를 대략 30~40%까지 줄인다 하더라도 재배의 피해를 보지 않을 수 있는 강점이 있었다. 라운드업레디Roundup Ready라고 부르는 콩이다. 또 몬산토의 GM옥수수는 옥수수를 키울 때에 당연히 겪게 되는 해충을 막아주는 특별한 성질을 가졌다. 옥수수와 콩에 적용해 선발한 GM작물은 곧바로 대규모 재배를 시작했고, 놀라울 정도의 생산성 향상을 가져왔다. 여기에서 특히 제초제 사용량을 크게 줄일 수 있게 선발한 품종인 GM콩에 대해서는 좀 뒤에 그 개발 주체인 몬산토와 함께 살펴야 할 중요한 사정이 있다. 잠시 뒤로 미루고 우선 또 하나의 대표적인 GM작물을 소개한다. 바로 황금쌀 Golden Rice이다. 쌀의 빛깔이 노란색을 띠고 있어서 황금쌀로 불리는 이 작물은 1993년에 록펠러재단에서 7년 동안 260만 달러를 지원하는 조건으로 스위스연방공과대학교의 식물과학 교수로 생명공학을 전공한 잉고 포트리쿠스(Ingo Potrykus, 1933~)와 독일의 프라이부르크대학교 생물학부 세포생물학 교수인 페터 바이어(Peter Beyer, 1952~)가 선발해 낸 품종이다. 2000년에 처음 연구 내용이 발표되고, 2018년에 드디어 미국의 승인을 받아 재배를 시작한 획기적인 작물이었다. 황금쌀은 특히 전 세계의 빈곤 국가에서 영양실조 현상, 특히 비타민A의 부족으로 시력 이상 현상을 겪는 어린이들을 위해 선발한 곡물로 관심이 집중됐다. 황금쌀은 베타카로틴을 함유하고 있어서, 인체에서 저절로 생산하지 못하는 비타민A를 형성해 주는 특징을 가진 작물이다. 그러나 GM콩과 GM옥수수에서부터 시작한 '유전자 변형 식품'에 대한 일반 시민단체의 반발은 거셌다. 그린피스를 중심으로 한 GM작물에 대한 저항은 일반 대중의 지지를 얻어서 갈수록 강력해졌고, 미국의 식품의약국FDA을 비롯한 공식 기구에서는 그 반대로 황금쌀 지지 이론을 강력하게 펼쳤다. 논쟁은 양극으로 치달았다. 특히 그린피스에서는 일정한 긍정적 효과가 있을지라도 황금쌀의 공식적 허용은 마침내 지구촌의 모든 농업이 GM작물의 지배 아래에 들어갈 가능성을 경계했다. 이에 대해 2016년에는 노벨상 수상자 107명이 그린피스에 공개편지를 보내 "GMO에 대한 반대를 거둬달라"라고 요청하는 일까지 일어났다. 논쟁은 양측이 한 치의 양보도 없이 서로 극단을 향해 달려나갔다. 이 논쟁은 지금까지 계속 시민단체와 업계의 갈등으로 이어지는 추세다. 끝을 알 수 없는 싸움이다.

제 17 장
농경의 시작과 품종 선발

　　농작물 외 분야에서의 유전자 변형 생물의 사례는 더 많다. 그러나 먹을거리인 농작물에 대한 유전자 변형 과정에 대한 논쟁에 관심이 집중되는 건 지당한 일이다. 사람의 건강에 치명적일 수 있는 먹을거리인 때문이다. 이미 민간에서는 유전자 변형 곡물의 유해성을 강조하면서 반대 운동을 철저하고도 강력하게 펼치고 있는 반면, 식물학계 내부에는 인류가 그동안 사람살이를 이롭게 하기 위해 새로운 품종을 선발해온 모든 과정이 결국은 모두 유전자 변형 과정이라며 옹호하는 의견도 있다. 또 유전자 변형 생물에 대한 입장도 국가마다 문화마다 차이가 크다. 일테면 미국은 유전자 변형 작물에 대한 입장이 비교적 온건한 편이지만, 이에 비해 유럽은 까탈스럽다. 끊임없이 관련 소송이 이어지고, 소송의 결과는 예측 불가로 진행되고 있다. 여기에서 이 모든 과정을 일일이 살펴보는 건 불가능하다. 다만 유전자 변형 작물의 유해성 유무와 별개로 여기에서는 유전자 변형 작물의 논란이 거세게 일어난 계기만이라도 돌아보고자 한다. 현재 유전자 변형 곡물 생산을 주도하고, 이로 인해 갖가지 소송에 휘말려 있는 주체는 몬산토라는 미국의 대기업이다. 몬산토는 원래 식량 생산 기업이 아니었다. 몬산토는 1901년에 미국의 미주리주에서 설립해 인공 감미료인 사카린을 비롯한 식품 첨가물을 생산한 화학회사였다. 몬산토는 1980년대에 들어서면서 식물에 대한 유전자 변형 기술을 연구했고, 이를 바탕으로 1987년에는 현장에서 유전자 변형 식물을 최초로 실험한 미국 10대 화학기업이었다. 그보다 전인 제2차 세계대전 직후에는 살충제인 DDT를 생산하여 세계적으로 공급했다. 이 살충제 DDT는 환경오염 문제로 1972년

170 제초제 살충제 기업에서 GMO 생산 기업으로 확장한 **몬산토**. 지금은 바이엘에 인수됐다.

부터 생산이 중단된 화학제다. 이즈음에 개발한 글리포세이트 기반의 제초제인 라운드업Roundup은 몬산토의 대표적인 상품이다. 살충제와 제초제를 주로 생산한 몬산토는 당연히 살충제와 제초제의 위험성을 예리하게 지적한 레이철 카슨 선생과 적대적 관계를 가질 수밖에 없었고, 『침묵의 봄』 집필과 출간을 격렬하게 반대하고 비판에 나섰다.

몬산토가 식물을 연구하고 본격적인 농업생명공학 기업으로 일어선 건 그 뒤의 일이다. 유전자 변형 식물에 대한 일정한 성취가 있었던 몬산토는 이를 바탕으로 씨앗 산업에 적극 뛰어들었다. 몬산토는 1998년에 국제적인 농업기업인 카길의 국제 종자 사업 부문을 인수하는 것을 필두로 사업을 확장하며 마침내 세계 최대의 씨앗 관련 기업으로 우뚝 섰다. 몬산토는 여전히 이전에 생산한 제초제와 살충제, 그리고 GMO와 관련한 소송에 휘말려 있는 상황이다. 특히 그들이 유전자 변형 작물의 생산에 박차를 가한 데에는 그들이 생산하는 살충제와 제초제를 더 원활하게 생산 판매하기 위한 전략이 숨어 있었다는 점에는 의심의 여지가 없다. 몬산토가 공급하는 작물의 씨앗은 몬산토가 생산하여 세계적으로 퍼뜨린 제초제를 견디는 힘이 크다는 특성을 가지고

제 17 장
농경의 시작과 품종 선발

있었기에 제초제 사용량을 줄일 수 있다고도 했다. 앞에서 이야기한 GM콩의 경우가 그 대표적인 경우다. 그러니까 몬산토의 제초제 구입 비용을 줄이려면 몬산토가 판매하는 GM콩을 구입해야만 한다는 결과가 나온다. 게다가 몬산토의 씨앗을 구입할 경우에 농민과 맺는 계약 조건도 까다로워 일단 몬산토가 공급하는 GM작물을 활용하기 시작하면 내내 거기에 얽매일 수밖에 없다. 몬산토의 씨앗은 한 해 동안은 풍성하게 열매를 맺지만 2세대에서는 거의 제대로 성숙하지 못하는 특징을 가졌다. 또 몬산토는 농부들과 씨앗 공급 계약을 할 때에 자신의 씨앗 외의 씨앗을 함께 쓰지 않는다는 조건을 달기까지 하며 씨앗의 배타적 특허권을 주장했다. 이 씨앗에서 얻어지는 곡물이 사람의 몸에 어떤 해를 미치는지에 대한 영향은 둘째 치고라도 이는 분명히 농업 환경에 부정적인 결과를 남길 것임이 불 보듯 뻔한 일이다. 하지만 당장에 한 해 농사를 포기할 수 없는 농부들의 입장에서는 알면서도 몬산토의 횡포에 얽매일 수밖에 없는 상황이다. 앞의 제15장에서 '씨앗 저장'을 이야기했는데, 씨앗이 얼마나 중요한 의미를 가지는지를 반증하는 사례다. 또 앞에서 살펴본 민간에서 펼치는 씨앗 보존 운동, 즉 '홍성씨앗도서관'의 씨앗마실과 같은 활동의 중요성을 다시 한번 돌아보게 하는 경우라 할 수 있다.

　몬산토는 결국 여러 소송에서 패소하며 영업을 이어갈 수 없었고, 마침내 바이엘이라는 제약회사에 흡수되는 사태에 이르렀다. 간판을 바꿔 달기는 했으나 몬산토가 추구하던 영업 방식에서 결정적인 변화가 이뤄진 것은 아니다. GMO 그 자체의 영향도 중요하지만, 그보다 먼저 유전자 변형 작물과 제초제나 살충제의 사용, 그리고 환경 파괴의 영향에 대해 더 관심을 갖고 주시해야 할 일이다. 작물의 유전자 변형 과정을 이미 우리 선조들이 진행해 왔던 품종 선발 과정에 단순 대입하여 위험하지 않다고 주장하는 것도, 유전자 변형 작물에 대한 감성적인 대응만으로 일관하는 것도 모두 지양해야 할 일이지 싶다. 보다 종합적이고 과학적인 상황 분석이 필요한 식량 위기의 시대는 머지않아 우리 곁에 다가올 수 있다는 사실을 직시해야 할 일이다.

제3부

나무와 사람

치유의 나무

양을 키우는 사람이 코요테를 바라보는 것처럼 그렇게
정원사는 잡초를, 농부는 메뚜기를,
아파트 거주자는 바퀴벌레를 바라본다.
'친숙한' 동물과 식물에 대한 견해도 마찬가지로 객관성이 없다.
애완동물, 가장 좋아하는 야생화,
봄에 아침마다 지저귀는 귀여운 새들에 대한
우리의 이해는 왜곡되는 경향이 있다.

— 폴 *W.* 테일러*Paul W. Taylor*, 『자연에 대한 존중*Respect for Nature*』에서

사람은 드디어 자연과 자연 대상물을 사람살이에 맞춰 변화
시키는 데에 성공했고, 이를 바탕으로 지구라는 행성의 표면을
획기적으로 변화시켰다. 이는 눈앞의 모든 것을 창조적으로 변화
시킬 생각의 바탕인 두뇌와, 이를 실현하기 위해 도구를 사용할
수 있는 두 손을 가진 호모 사피엔스만의 특별한 능력이었다. 그
러나 제17장에서 이야기한 콜린 터지의 이론에서 살펴보았듯이
농경의 발전은 세상을 풍요롭게 한 것이 분명하지만 반대로 사람
들을 노동에 지쳐 피곤하게 했다. 끝없이 이어지는 노동은 끝나
지 않는 피로와 질병을 낳았다. 이제 사람들은 피로와 질병을 이

겨낼 수 있는 방법을 절실하게 갈망했다. 바로 치유였다. 특히 자연을 망가뜨리면서 이룩한 현대사회에 살아가는 모든 현대인에게 치유는 자연의 회복, 혹은 자연과의 조우를 통해 이뤄진다. 사람이 자연과 멀어지며 얻는 피로와 질병은, 다시 자연으로 되돌아가며 치유되는 것이 자연스러운 이치다.

고흥 소록도 중앙공원 솔송나무

그래서 먼저 떠오른 곳이 전라남도 고흥의 외로운 섬, 소록도다. 2009년 소록대교가 개통하면서 자유 관람이 가능해진 소록도는 한센인과 관련한 이야기를 제외하면 소록도 중앙공원의 나무가 아름다운 곳으로 많이 알려져 있다. 이 지역의 기후에 맞춤한 난대성 식물 중심으로 심어 키우는 소록도 중앙공원에는 나무 종류가 다양한 건 아니지만, 그루마다 제가끔 독특한 조형미를 갖춘 나무들이 울창한 숲을 이뤘다. 공원의 중심에는 측백나무과의 편백*Chamaecyparis obtusa* (Siebold & Zucc.) Endl.과 화백*Chamaecyparis pisifera* (Siebold & Zucc.) Endl.이 자리 잡았고, 주변으로는 우리나라의 남해안 지역과 일본 대만 등에서 잘 자라는 녹나무*Camphora officinarum* Nees가 줄지어 서 있다. 언덕마루에는 잘 다듬어진 몇 그루의 반송이 자리 잡았으며 그 곁에서는 잘 자란 태산목의 탐스러운 꽃이 해마다 여름이면 매혹적 향기를 뿜어낸다. 나무들마다 단정하게 달린 노란 번호표 명찰은 중앙공원 나무들이 얼마나 꼼꼼히 관리되는지를 보여준다. 조형미가 아름답다고

171 소록도 성당
마당의 **후박나무**.

는 했지만, 특별히 이 공원의 나무는 어느 한 그루도 자연 상태에
서 자라는 모습 그대로가 아니다. 오랫동안 정성 들인 가지치기
로 지어 낸 인공미가 매우 돋보인다. 그건 중앙공원의 나무뿐 아
니라 소록도 전체의 나무들이 대개 그렇다. 이를테면 소록도 성
당 마당의 후박나무*Machilus thunbergii* Siebold & Zucc.도 자연 상태에
서 저절로 자란 것으로 믿어지지 않을 정도로 단정하게 가지치기
돼 있으며, 또 어떤 나무들은 심하게 가지를 비틀고 꼬아서 믿기
지 않을 만큼 진기한 모습을 보여준다.

　대부분의 나무들도 여간 공을 들인 게 아니라는 걸 한눈에
알 수 있다. 숲의 자연미를 귀하게 여기는 사람들이라면, 거부감
이 들 만도 하지만 정원 가꾸기를 좋아하는 호사가들에게는 분
명 탐나는 풍경이다. 소록도의 나무들에 담긴 인공적 아름다움에
는 그러나 호사가들의 탐미적 취향만으로 짐작하기에는 어림도
없는 '더불어 삶'의 깊이가 담겨 있다. 소록도 중앙공원에 나무를
심어 가꾼 건 한센병 환자들을 격리 수용한 1916년 즈음부터였다.
썩어 문드러져 떨어져 나가는 제 몸뚱아리 조각들을 바라보아야

고규홍의 나무

172 **소록도 중앙공원** 전경.

하는 천형의 고통에 더해 사회의 천대와 격리라는 소외의 고통까지 이중으로 겪어야 했던 한센병 환자들에게 지난 100년 동안 나무는 유일한 위안이었다. 그들의 고통을 함께 나누려는 사람은 없었다. 미당 서정주는 그의 짧은 시에서 우리가 오랫동안 한센인들을 어떻게 대했는지, 그리고 그들은 천형의 고통을 어찌 견뎌냈는지를 읊은 적이 있다.

해와 하늘빛이
문둥이는 서러워

보리밭에 달 뜨면
애기 하나 먹고

꽃처럼 붉은 울음을
밤새 울었다.

제 18 장
치유의 나무

621

서정주의 짧은 시 〈문둥이〉의 전문이다. 시에서 '문둥이'라는 표현을 썼기에 그대로 옮겼지만, 이는 한센인들을 멸시하는 표현이어서 삼가야 한다. '문둥이'라는 말은 이들이 겪는 병을 '문둥병'이라고 하며 붙인 이름인데, 이 병에 걸리면 '피부가 썩어 문드러'지기 때문에 보이는 그대로 붙였던 멸칭이다. 이 표현은 삼가고 이 병을 처음 발견한 노르웨이의 의사 게르하르트 헨리크 아르마우어 한센(Gerhard Henrik Armauer Hansen, 1841~1912)의 이름을 따, '한센씨 병' 혹은 '한센병'으로 이야기하는 게 온당하다. 또 한센병은 치료 불가능한 병이 아니지만 완치 뒤에도 병의 흔적이 남아서 외모로 보아 여전히 병을 앓고 있는 사람으로 여기며 피하기 십상이다. 그러나 실제로는 이미 완치된 상태다. 그래서 이들을 '한센병 환자'라고 부르면 큰 실례다. 병을 앓은 흔적만 남아 있을 뿐, 다른 사람들과 다를 게 아무것도 없다. 외모에서 차이를 보이는 그들을 굳이 다르게 표현하려면 '한센인'으로 표현하는 게 좋다. '나병' 혹은 '나환자'라고 부르는 경우도 많은데, 병이 다 나았지만 천형의 흔적을 안고 살아가는 분들에 대한 적당한 표현이 없기에 '한센'이라는 표현으로 통일하는 게 합당하다. 즉 아직채 병이 완치되지 않은 분들은 '한센병 환자', 완치된 분들은 '한센인'이라고 부르는 게 옳다는 이야기다.

우리가 한센인들을 어떻게 대했는지는 앞의 시를 떠올리지 않아도 충분히 짐작할 수 있다. 특히 마을마다 구걸하는 이른바 '거지'들이 자주 찾아오던 1960~1970년대에 어린 시절을 보낸 사람들이라면 잘 아는 이야기이겠다. 그때에 무시로 마을에 찾아오는 두려움의 대상들이 있었다. 외모가 남달라서 어린아이

173 소록도 비공개 구역인 바닷가의 **팽나무**.

들에게는 두려움과 호기심의 대상이었던 사람들이다. '망태 할아버지'라고 불리던 폐지 수집상, 전쟁의 상처를 몸에 흔적으로 지니고 있던 '상이군인' 그리고 한센인들이었다. 이들이 골목에 나타나면 아이들은 이내 모든 놀이를 중단하고 뺑소니를 쳤다. 하지만 궁금했다. 망태 할아버지의 망태가 얼마나 큰지, 혹은 상이군인 아저씨의 손 대신 나타나는 갈퀴손은 어떻게 생겼는지 궁금해 뺑소니를 치면서도 고개를 돌려 힐끔힐끔 그들의 상태를 살폈다. 그러나 한센인이 나타났을 때는 그러지 않았다. 온 힘을 다해 집으로 내뺀 뒤, 숨을 죽이고 긴 시간을 보냈다. 서정주의 시에서처럼 한센인들은 '아이들을 잡아먹는다'는 말도 안 되는 소문 때문이었다. 결국 한센인들은 다른 사람들에게 '보이는 것' 자체가 허락되지 않는 상태로 사는 수밖에 없었다. 하나의 생명으로서는 결코 감내할 수 없는 절대 고독과 절대 소외 상태로 지옥 같은 고통을 받아들이며 치욕스럽게 살았다. 그들 가운데 일부는 남도의 외딴 섬 소록도로 끌려가 가둬졌다. 육지와 이어지는 다리는 물론이고, 배편도 없던 시절이었다. 한번 감금되면 도저히 빠져나올

제 18 장
치유의 나무

수 없는 섬에서 오로지 천형의 병에 걸렸다는 이유만으로 비인간적인 고통을 겪었다.

'보이는 것'도 '만져지는 것'도 허락되지 않은 고독한 상태로 천형의 외딴 섬에 고립돼 살아가던 그들의 눈에 들어온 것이 나무였다. 사람들은 나무에 다가섰다. 아무도 품어주지 않는 한센인들이었건만 나무는 언제나 그들을 따스하게 품어 안았다. 여느 사람들처럼 눈을 흘기지도 않았고, 달아나지도 않았다. 다가오는 그들을 넉넉히 품어주었다. 나무는 한센인들이 아무 때나 만질 수 있는 살아 있는 생명이었다. 나무는 자신의 그늘에 들어오는 한센인들의 썩어 문드러진 피부를 가만히 바라봐 주었다. '보이는 것'과 '만져지는 것'이 넉넉하게 허용되는 유일한 대상이 나무였다. 나무 그늘에서 그들은 한없이 평안했다. 누가 시키지 않아도 소록도 주민들은 이른 아침부터 낫이며 곡괭이 같은 농기구를 챙긴 지게를 짊어 메고 나무에 다가섰다. 나무에 자신들의 고통을 새기듯 나뭇잎 한 장 한 장을 헤아리며 그들은 고통의 세월을 잊으려 애썼다.

이 외로운 섬 소록도에서 한센병을 겪은 바 있는 한센인 시인 강창석 선생을 만난 적이 있다. 강 시인은 중앙공원을 비롯한 소록도의 모든 나무를 한센인들의 "썩어 문드러진 입에서 흘러내린 침으로 키운 풀이고 나무'라고 이야기했다. 소록도 나무의 아름다움은 그렇게 만들어졌다. 처음부터 사람들은 자신들의 처지를 곱씹으며 나무를 지어 냈고, 나무는 사람의 고통을 위로하며 자라나 인공적 아름다움을 지닌 숲을 이뤘다. 썩어가는 제 몸을 바라보는 한센인들의 고통을 위로하기 위해 소록도 중앙공원의

174 소록도 중앙공원 곁의 산책로를 지키며 한센인들의 치유가 되어온 **솔송나무**.

나무들은 제 본성을 내려놓고 사람의 손길을 따라 말없이 자랐다. 서로 다른 곳에서 이 외로운 섬으로 옮겨 와 살아가는 참혹한 운명의 한센인들의 삶을 방해하지 않기 위해 혹은 그들의 아픔을 치유하기 위해 자신의 본성을 조금씩 내려놓은 것이다.

이 숲에는 특별한 나무 한 그루가 있다. 보호수로 지정해 보호 중인 **고흥 소록도 중앙공원 솔송나무**다. 소록도는 중앙공원의 나무들이 아름답기로 널리 알려졌지만, 이 솔송나무*Tsuga sieboldii Carrière*는 갖가지 소문들과 함께 소록도의 대표적인 유명세를 치르는 나무다. 대부분 헛소문인 이야기들을 보면 나무의 값이 2억 원이나 된다고도 하고, 또 어떤 이는 5억 원을 웃돈다고도 했다. 그러나 현지 주민인 한센인들의 이야기에 따르면 나무를 조경 전문가들에게 감정받은 적은 단 한 번도 없다고 한다. 대개는 말 좋아하는 관광 가이드들이 나무의 아름다움을 놓고 임기응변으로

제 18 장
치유의 나무

625

지어낸 이야기들이다. 나무의 값어치뿐 아니다. 이 나무를 어떤 권세가 혹은 부유한 가문의 누군가가 값을 지불하고 캐어가려 했지만, 소록도 한센인들이 몸으로 막아내며 횡포를 부리는 바람에 가져가지 못했다는 이야기도 널리 퍼져 있다. 역시 근거 없는 헛소문이다. 솔송나무 앞에 서서 강 시인은 분명히 말했다. "권력을 가진 사람들이나 돈 있는 사람들이 이 나무 한 그루를 가져가려고 마음먹었다면 그게 뭐 그리 힘들었겠어요. 우리 한센인들이 무슨 힘이 있다고 그걸 막겠어요. 보낼 수밖에 없었겠죠."

소록도 중앙공원의 솔송나무는 조경수로 매우 잘생긴 나무다. 한눈에도 오랫동안 누군가의 세심한 손길을 타고 자란 나무임을 알 수 있다. 솔송나무는 일본이나 북아메리카에서는 대형 목조 건축의 주요 재료로 쓰기 위해 널리 키우지만, 우리나라에서는 울릉도에서만 자생한다. 그나마 군락을 이루는 경우는 드물고, 한두 그루씩 띄엄띄엄 자랄 뿐이다. 천연기념물로 지정한 울릉도 태하령 부근의 솔송나무 군락지에서도 섬잣나무, 너도밤나무의 무리 안에서 몇 그루가 발견되는 정도다. 소나무과에 속하는 솔송나무는 소나무와 마찬가지로 늘푸른 바늘잎나무인데, 잘 자라면 30미터 높이까지 자라는 큰 키의 나무다. 잎이 소나무에 비해 짧고 납작하며, 솔방울은 소나무에 비해 작다는 특징을 가진 우리 토종 나무다.

소록도 중앙공원 가장자리에서 자라난 솔송나무는 나무높이가 8미터를 조금 넘고, 가슴높이줄기둘레는 1.2미터밖에 안 된다. 자연 상태에서는 나무높이 30미터까지 자라는 솔송나무의 본성을 생각하면 아직 한참 더 자라야 할 청년기의 젊은 나무다. 한센병 치료 전문 병원인 자혜의원을 설립한 1916년 즈음에 심었다는 걸 감안하면, 나무나이도 겨우 100년을 조금 넘은 정도의 어린 나무다. 그런데 이 솔송나무의 생김새는 저절로 자라는 솔송나무와 다르다. 자연 상태에서 솔송나무는 나뭇가지가 수평으로 펼쳐지며 전체적으로 원뿔형으로 자란다. 굳이 비교하자면, 전나무나 구상나무에 가까운 생김새인데, 전나무나 구상나무보다 키가 작으며, 옆으로 더 넓게 펼치는 게 다르다고 해야 할 것이다. 이 솔송나무는 그러나 뾰족한 원뿔형이 아니다. 둥그런 반원형의 우산을 덮어놓은 듯 단아하다. 나뭇가지는 물론이고, 심지어 가느다란 바늘잎 하나하나를 일일이 다듬어 낸 듯한 흔적이다. 숙련된 조경사의 빼어난 솜씨만으로 이루어진 건 아니다. 만일 전문 조경사가 이 솔송나무를 손질했다면 지금의 모습으로 손질하지 않았을 것이다. 솔송나무의 가장 자연스러운 상태인 원뿔형에 가깝도록 키웠을 것이다. 그러니까 이런 식으로 나뭇가지를 잘라 내고 생김새를 다듬은 건 조경 혹은 원예에 대한 기초 지식이 충분하지 않은 사람들의 손길에 의한 결과라고 볼 수밖에 없다. 한 그루의 나무를 '목숨을 걸고' 키워낸 치열한 수고가 고스란히 배어 있는 모습이다. 앞에서도 이야기한 것처럼 소록도 전 지역을 돌아보며 볼 수 있던 다른 나무들처럼 완벽하게 인공적인 조형미를 갖춘 나무다. 분명히 누군가가 아주 꼼꼼하게 다듬고 관리한 결과다. 중앙공원은 한센병 환자들을 치료하고, 완치된 한센인들과 더불어 살아가는 국립 소록도 병원에서 관리하게 돼 있지만, 그 동안 조경 관리라든가, 나무 관리 담당자가 배정된 적이 한 번도 없었다고 한다. 고난의 세월을 살아가는 소록도 주민들의 눈에

제 18 장
치유의 나무

나무가 들어왔기에 다가섰고, 나무야말로 자신이 살아 있다는 사실을 몸으로 느끼게 하는 유일한 생명체라는 사실이 좋았다. 그래서 그들은 나무를 찾아가 나무 그늘에 편안히 앉았고, 나무줄기와 나뭇가지, 그리고 나뭇잎을 하나둘 만졌다. 좋았다. 그래서 사람들은 자신이 생각하는 '세상에서 가장 아름다운 나무'의 모습으로 나무를 다듬기 시작했다. 그 세월이 100년이다. 나무는 사람들의 가위질에 자신의 본성을 내려놓아야 했지만, 고통 속에서 살아가는 한센병 환자들에게 위로와 평안을 나누어 준 것이다.

셸 실버스타인의 그림책 『아낌없이 주는 나무』에서 나무는 소년에게 자신이 가진 모든 것을 내어준다. 단순한 구조의 이야기에서 가장 감동적인 대목은 아무래도 멀리 떠났던 소년이 빈털터리가 되어 돌아온 뒤가 아닐까 싶다. 힘없이 돌아온 소년에게 나무는 자신이 더 내어줄 게 없어 안타깝다면서, 그루터기만 남은 자신의 몸 위에 편히 앉아 쉬라고 한다. 소년은 그루터기에 앉았고, 그래서 나무는 행복했다고 이야기는 끝을 맺는다. 나무가 사람에게 주는 것은 그 끝이 어디일까. 나무가 감동을 주는 건 물질적인 이유만이 아니다. 나무로부터 정신적, 심리적 위안을 얻는다는 것이 참으로 나무를 가까이하게 되는 이유이지 싶다.

한 그루의 나무가 한 사람의 깊은 상처를 치유하고 스스로 생명됨을 느끼게 한 절박한 사례이고, 나무가 치유의 효과를 극적으로 보여주는 귀하고 고마운 경우다.

바라보는 것만으로도 얻을 수 있는 치유 효과

지독한 소외 속에서 살아가는 소록도의 한센인들이 아니라 해도 대개의 사람들은 나무 곁에 있는 것만으로도 치유 효과를 넉넉히 얻을 수 있다고 생각하는 게 사실이다. 효과를 과학적으로 증거하지 않는다 해도 사람들은 스스로가 살아 있다는 것을 느낄 수 있는 때가 있다. 더불어 살아가는 다른 생명을 느끼고, 다른 생명과 자신의 체온을 나눌 수 있다는 사실을 통해 스스로가 살아 있다는 것을 느끼는 건 지극히 당연한 일이다. 사람이 사람의 손을 잡거나 온몸으로 부둥켜안고 온기를 느낄 수 있다는 것은 살아 있다는 사실을 축복으로 느끼는 순간이 아닐 수 없다. 심지어 사람이 아니라 반려동물이라 해도 그들을 바라보고 가만히 만지며 체온을 나누는 행위는 곧 모든 아픔을 치유하는 첫걸음이다. 더 나아가 사람들은 그저 바라보는 것만으로도 자신이 살아오면서 겪는 모든 고통이 치유되는 듯한 느낌을 갖는 경우도 있다. 전라북도 고창 삼인리 선운사에 그런 치유의 식물이 있다. **고창 삼인리 송악**이라는 이름의 천연기념물로 지정해 보호하는 우리나라에서 가장 크게 자란 덩굴식물이다.

송악*Hedera rhombea* (Miq.) Siebold & Zucc. ex Bean은 집에서 흔히 키우는 아이비*Hedera helix* L.와 같은 종류의 덩굴식물이다. 남부지방에서 자라는 송악을 일부 지방에서는 그 잎을 소가 잘 먹는다 해서 '소밥나무'라고 부르기도 한다. 아이비 종류가 대부분 그렇듯이 송악도 가을 지난 뒤까지 잎을 떨구지 않는 상록성이어서 울타리에 송악을 키운다면 사철 내내 초록의 잎을 볼 수 있어 남부지방의 정원에서 원예용으로 많이 심어 키운다. 송악은 홀로 서지 않고, 줄기와 가지에서 잔뿌리를 내려 주변의 바위나 나무에 달라붙으며 기어오른다. 공기 중에서 호흡하는 이 잔뿌리를 기근氣根이라고도 하고, 빨판처럼 밀착하는 뿌리여서 부착근附着根이라고도 부른다. 송악이 주위의 나무를 친친 감고 올라 짙은 그늘을 드리우면, 잘 자라던 나무가 햇살을 받지 못해 생명을 잃는 수도 있다. 그러나 송악은 스스로 광합성을 해서 양분을 만들어 내지만, 얄궂게도 홀로 설 힘이 없어 곁의 바위나 나무에 기댈 뿐이다. 처음부터 송악은 다른 나무를 죽이기 위해 타고 오르는 게 아니다.

고창 삼인리 송악은 다행히 다른 생명체가 아니라 바위 절벽을 타고 올랐다. 다른 나무를 타고 올랐다면 지주가 되어준 그 나무는 송악의 무성한 잎이 지어 내는 그늘에 묻혀 오래지 않아 죽었을 것이고, 죽은 나무줄기가 썩어 무너앉으면 송악도 무너앉게 될 수밖에 없다. 바위 절벽을 선택한 건 공존할 수 있는 좋은 자리를 선택한 것이다. **고창 삼인리 송악**은 높이가 15미터나 되는 절벽 꼭대기까지 타고 올랐고, 좌우로도 넓게 펼쳤다. 뿌리 부분의 둘레는 80센티미터쯤 되는데, 전체 규모가 하도 커서 줄기는 왜소해 보인다. 줄기에서 돋아난 뿌리가 절벽을 타고 오르는 모습에는 그가 살아온 수백 년 세월의 풍상이 그대로 묻어 있어 볼수록 신비롭다. 게다가 지금까지 살아온 시간보다 훨씬 더 긴 시간을 싱그럽게 살아갈 수 있을 만큼의 건강한 생육 상태를 유지한 건 더 놀랍다. 작은 씨앗에서 비롯된 하나의 생명체가 이토록 오랫동안 우람하게 자랄 수 있다는 건 식물에게만 나타나는 경이로

움이다.

이 송악에는 오래전부터 사람의 머리를 맑게 해 준다는 이야기가 담겨 있다. 마을 사람들 사이에서 입에서 입으로 전해온 이야기다. 물 흐르는 소리가 삽상한 널찍한 개울가 바위벽에 우람하게 붙어 있는 이 송악 앞에 잠시 서 있으면 머리가 맑아진다는 것이다. 과학적으로 증명된 이야기는 물론 아니다. 전설이 사라진 이 시대에 **고창 삼인리 송악** 앞에서 어지러운 머리를 맑게 하느라 가만히 눈 감고 서 있는 사람도 이제는 없다. 쓸 만한 해열진통제가 따로 없던 옛사람들이 두통을 치유하기 위해 장대한 모습으로 자라난 송악 앞에 서 있었다는 이야기가 희미하게 남아 있을 뿐이다. 사실 이 송악을 한참 바라보노라면 그럴 만도 하다는 생각이 절로 든다. 이 푸르른 송악을 바라보는 동안 사람들은 그가 어떻게 이 바위벽에서 살아남았는지 신기한 마음으로 세상사를 잊

제 18 장
치유의 나무

고 송악의 줄기를 짚어가게 될 것이다. 그사이에 두통이 완화되는 치유 효과를 누린 것이다. 게다가 이 우람한 덩굴식물 앞으로는 쉼 없이 졸졸 거리는 개울물이 풍성하게 흐른다. 과학적인 증거는 젖혀놓더라도 **고창 삼인리 송악**처럼 기기묘묘하게 자라난 나무를 바라보면서, 우리 삶에서 여유를 찾고 복잡하고 급하게 돌아가는 세상사를 잠시 잊고 평안한 마음을 회복하는 게 지극히 당연한 일이지 싶다. 옛사람들이 바라보는 것만으로도 치유 효과를 얻었다는 이야기는 충분히 설득력 있는 이야기라고 생각된다.

장성 축령산 편백숲

나무에게서 치유의 힘을 얻으려는 기대는 곳곳에서 이어진다. 도시 사람들조차 하루의 지친 피로를 아파트 단지의 가까운 근린공원의 나무 그늘에 마련된 긴의자에 앉아 풀어내고자 하는 욕구를 실현하면서 살아간다. 현대인의 거의 모든 피로와 스트레스는 결국 인류 탄생의 고향인 자연으로부터 격리된 데에서 온다는 것을 반증하는 사례다.

나무와 숲의 여러 기능 가운데에서 치유력이야말로 숲 아닌 다른 곳, 어떤 대상에서도 얻을 수 없는 특별한 힘이다. 치유의 기능을 가진 숲 가운데에서도 첫손에 꼽히는 숲으로 전라남도 장성의 편백숲을 먼저 이야기할 수 있다.

편백*Chamaecyparis obtusa* (Siebold & Zucc.) Endl.은 피톤치드를 많이 발산하는 치유력이 뛰어난 나무다. 심지어 목욕탕에도 편백

으로 만든 욕조를 피부 치료에 좋은 탕이라고 선전하는 경우도 어렵지 않게 찾아볼 수 있다. '히노키 탕'이라고 부르는 곳이다. '히노키ヒノキ, 檜, 桧'는 편백을 가리키는 일본어인데, 편백의 원산지가 일본인 까닭에 일본어를 그대로 부르는 것이다. 편백에 대한 관심과 사랑은 갈수록 높아가지만, 우리나라의 중부지방 기후에서는 편백을 키우기 어렵다. 축축하고 따뜻한 기후를 좋아하는 나무여서 제주도와 남부지방에서 흔히 볼 수 있지만 충청 이북 지역에서는 찾아보기 어렵다.

편백은 일본을 대표하는 나무로, 일본에서 부르는 이름은 히노키이며 영문이름도 Japanese cypress다. 섬나라인 일본은 애당초 나무가 많이 필요했다. 섬 바깥으로 진출하기 위해서 배가 필요했고, 자연히 더 많은 배를 지으려면 나무가 필요했으리라. 그래서 일본 개국과 관련한 신화에도 편백 이야기가 나온다. 『니혼쇼키日本書紀, にほんしょき』에 전하는 신화에 등장하는 신 스사노오노미코토素戔嗚尊는 후지산에 올라가 자신의 콧수염을 뽑아 일본 열도를 향해 날리며, 이 털이 자라서 큰 나무가 되면 베어 내 목재로 쓰라고 했다는 이야기가 있다. 스사노오노미코토가 그때 일본의 섬 전 지역을 향해 날린 털은 편백과 함께 삼나무*Cryptomeria japonica* (Thunb. ex L.f.) D.Don, 금송*Sciadopitys verticillata* (Thunb.) Siebold & Zucc., 녹나무*Camphora officinarum* Nees로 자라났다고 한다. 네 가지 나무는 모두 일본의 나무를 대표하는 종류다. 섬나라 일본에 꼭 필요한 배를 만들고 궁궐을 짓는 데에도 이용해야 할 나무가 일본을 성하게 할 것이라는 신화다. 신화에서 이야기한 편백은 일본에서 건축재로 가장 많이 쓰인 나무다. 앞의 제

4장 '나무의 탄생'에서는 일본의 오래된 큰 숲 가운데 하나인 **아카사와**赤澤 **자연휴양림**을 소개했다. 400년 전에 일본의 대표적 신인 태양신을 모시는 신궁인 이세신궁伊勢神宮에 공급할 목재를 확보하기 위해 보호림으로 지정하고, '나뭇가지 하나에 팔 하나, 나무 한 그루에 머리 하나'를 바꾼다는 무시무시한 규칙으로 지킨 숲이라고 이야기했다. 이 숲의 나무들이 편백이다. 삼나무와 함께 일본인들이 가장 좋아하고 흔하게 심어 키우던 나무인 편백은 그래서 우리나라에 처음 들어오던 때에 삼나무와 함께 들어왔고, 곳곳에서 삼나무와 편백은 함께 심어지는 게 상례다. 그 대표적인 사례로 지금 이야기하려는 장성 편백숲이 있다.

편백숲이 다른 숲에 비해 치유 효과가 큰 데에는 이유가 있다. 편백숲의 치유 효과는 무엇보다 피톤치드phytoncide에 있다. 다른 나무들로 이루어진 숲에 비해 피톤치드 발산 양이 3~4배 이상이나 된다. 피톤치드는 모든 식물이 뿜어내는 물질이다. 피톤치드는 식물이 병원균·해충·곰팡이에 저항하려고 내뿜거나 분비하는 물질로, '식물'을 뜻하는 그리스어인 'φυτόν(phyton)'에 '죽이다'라는 뜻의 접미어 '-cide'를 합쳐서 만든 말이다. 나무가 곰팡이나 박테리아, 곤충과 같은 외부의 공격에 대항하기 위해 스스로 지어 내는 휘발성 화합물인데, 이 성분이 사람에게도 방어 기제로 작용한다는 것이다. 피톤치드가 사람의 몸에 미치는 영향에 대해서는 여전히 논란 중이지만, 일단 숲의 상큼한 향기만으로도 느낄 수 있는 정서적 안정감은 긍정적인 효과로 평가된다. 피톤치드가 자기 방어를 위한 물질임을 생각하면 당연히 외부의 공격에 저항할 필요가 클수록 나무는 피톤치드를 더 많이 방출한다고

176 편백숲.

볼 수 있다. 숲을 구성하는 식생에 따라 차이가 있겠지만 일반적으로 꽃이 많이 피는 봄, 시간으로는 꽃이 많이 피는 오전 11시 전후에 피톤치드가 가장 많이 뿜어지는 것으로 알려져 있다. 온갖 식물들이 자신의 모든 에너지를 꽃 피우는 데에 집중하는 동안 외부의 공격에 약해질 수 있기 때문에 식물은 스스로를 보호하기 위해 피톤치드를 발산하는 것이다. 피톤치드의 치유 효과를 넉넉히 느끼기 위해서라면 이 시간을 이용하는 게 좋다. 피톤치드는 소나무나 잣나무를 비롯한 침엽수 종류에서 더 많은 양이 발산되는데, 그 가운데에서도 편백이 더 많은 양을 발산하는 것으로 알려져 있다. 유난히 많은 피톤치드를 발산하는 건 편백이 자라는 특징 때문이다. 편백은 홀로 자라기보다는 숲을 이루며 자라기를 좋아한다. 그렇다 보니, 여러 종류의 나무가 섞여 자라는 숲보다 병충해의 공격에 약할 수밖에 없다. 결국 더 많은 피톤치드로 외

제 18 장
치유의 나무

부의 공격에 대비해야 한다. 편백숲이 치유의 숲으로 널리 각광받을 수밖에 없는 이유다.

편백은 일제강점기에 목재로서의 우수성이나 편백숲의 가치가 알려지면서 일본과 기후가 비슷한 우리나라 남부지방에서 심기 시작했고 **장성 축령산 편백숲**은 일제 침략자들이 물러간 뒤에 독립가 임종국(林種國, 1913~1987)의 헌신적인 노력에 의해 조성된 우리나라의 대표적인 치유의 숲이다.

'임종국의 숲'이라고도 부르는 **장성 축령산 편백숲**은 편백이 주종을 이루기는 하지만 편백과 어우러지며 아름다운 풍광을 이루는 삼나무도 많이 심어 키워졌다. 하늘을 찌를 듯 곧게 뻗어 오르는 편백과 삼나무의 곧은 줄기가 겹겹이 이어지는 이 숲에서 만나게 되는 수직의 풍경은 우리나라의 여느 숲에서 만나기 어려운 장관이다. 편백 향을 맡으며 숲속을 천천히 걷다 보면 피톤치드의 효과는 둘째 치고라도 편백과 삼나무가 지어 낸 아름다운 풍광에 빠져 저절로 치유의 효과를 누리게 되리라는 생각이 든다. 최근 '치유의 숲'으로 널리 알려지면서, 산림 전문가는 물론이고 일반인들의 방문도 부쩍 늘었다. 임종국이 개인적으로 조성한 **장성 축령산 편백숲**을 국가에서 사들여 산림청에서 운영하게 된 것은 2002년의 일이다. 처음에는 국유림이었다가 나무를 심는 과정에서 자금이 부족해 숲이 다른 개인의 소유로 넘어간 부분이 적지 않았는데, 이를 다시 정부가 사들여 운영하게 된 것이다. 2002년 4월에 41억 원으로 258헥타르를 사들인 것을 시작으로 2011년에는 5억 원을 들여 21헥타르, 2014년에는 40억 원으로 97헥타르를 확보한 뒤, 약간의 조성 사업을 거쳐 '치유의 숲'이라

177 장성 축령산 편백숲.

는 이름으로 일반에게 개방했다.

이 숲에는 편백과 삼나무 외에도 흔히 낙엽송이라고 부르는 일본잎갈나무 *Larix kaempferi* (Lamb.) Carrière가 많이 심어져 있다. 전체 면적은 157헥타르에 이르는데, 그 가운데 42% 정도의 지역에 편백이 자리 잡았으며, 18%인 67헥타르에는 삼나무, 7%인 27헥타르에는 일본잎갈나무가 자란다. 그 밖에도 숲의 하층 부분에는 다양한 종류의 크고 작은 나무가 저절로 자라면서 건강한 숲을 이뤘다. 우리나라에서는 사람의 손으로 이룬 최초의 인공숲으로, '국내 최초의 조림 성공지'라는 이름을 가지기도 했다. 물론 이 숲에도 사람의 손을 타기 전에 저절로 이루어진 숲이 29% 정도 있었다고 한다. 나머지 71%의 공간은 사람이 손수 키운 숲이라고 한다. 숲을 가꾸고 지키기 위해 사람들이 작업하기 위한 도로인 임도가 숲 곳곳에 뚫려 있었는데, 이 길은 이제 숲을 찾는

제 18 장
치유의 나무

관람객들에게 편안한 산책 코스로 활용된다. 숲의 중심이 되는 중앙 임도 10.8킬로미터를 중심으로 하늘숲길, 건강숲길, 산소숲길, 숲내음숲길, 물소리숲길, 맨발숲길이라고 이름 붙인 6개의 산책로가 관람객이 편백의 향취를 즐길 수 있는 구간이다. 짧은 구간이 500미터쯤 되고, 긴 곳은 2.9킬로미터나 된다. 치유의 숲이라는 이름에 알맞게 한국산림복지진흥원 산하 국립장성숲체원에서는 숲 안에 산림치유사를 상주시키고, 그들의 지도에 따라 다양한 산림치유 프로그램을 운영한다.

독림가 임종국의 헌신

장성 축령산 편백숲을 일군 임종국은 전북 순창에서 태어나 순창농업중학교 3학년까지 다닌 게 학업의 전부다. 집안이 곤궁한 것까지는 아니었다 해도 일제강점기라는 궁핍한 시절에 가족이 많은 그로서는 가족에 보탬 되는 일을 해야 한다고 생각한 것이다. 학업을 포기한 그는 당시 물자가 풍요로웠던 군산으로 갔다. 일을 해서 돈을 벌겠다는 생각이었다. 군산에서 그는 처음에 일본인이 운영하는 쌀 가게에 취직했다. 그때까지만 해도 임종국에게 숲과 나무에 대한 생각이 그리 깊었던 건 아니다. 그저 가족의 살림살이에 보탬 되는 일을 찾는 게 우선이었다. 그러던 중에 군산의 쌀 가게와 관련한 일로 진남포로 출장에 나선 일이 있었다. 길 위에 올라 주변 풍광을 바라보던 그는 헐벗은 산을 보며 안타까움을 처음 느꼈다고 한다. 그러나 당장에 자신이 할 일은 한

178 장성 축령산 편백숲을 조성한 '조림왕'
임종국.

푼이라도 더 벌어들이는 일이었다. 그렇게 세월이 흘러 얼마 뒤
그는 전남 장성, 지금의 편백숲이 있는 축령산 자락 출신의 김영
금과 혼사를 치러 가족을 이뤘다. 가정을 일구고 다시 또 살림살
이에 모든 걸 걸어야 했다. 헐벗은 산에 대한 안타까움을 돌아볼
여유는 없었다. 가장으로서 임종국은 고향인 전북 순창에 가서
누에를 쳐서 살림의 기반을 닦겠다고 마음먹었다. 여러 준비를
거쳐 고향 마을에서 양잠 농업에 맞춤한 장소를 찾았지만, 순창
지역의 사정이 만만치 않았다. 그때 마침 아내 김영금의 고향인
장성에서 어느 일본인이 비교적 싸게 내놓은 농원이 있다는 소식
을 들었다. 그는 빚을 내 농원을 사들이고, 장성으로 거처를 옮겼
다. 타고난 성실함을 바탕으로 누에 농사를 지은 그는 얼마 지나
지 않아, 큰 경제적 결실을 얻었다. 이어 그는 고구마 재배로 사업
을 확장해서 경제적 기반을 다졌다.

　그즈음인 1944년 여름에 임종국이 농사를 짓던 장성 지역에

제 18 장
치유의 나무

홍수가 났다. 당연히 임종국의 농사도 큰 피해를 봤다. 물난리와 산사태로 장성 일대는 완전 폐허가 됐다. 쏟아지는 비의 양도 많았지만, 산에 나무라도 많았다면 빗물을 흡수하고 산사태도 막을 수 있었겠지만, 당시의 헐벗은 산은 홍수 앞에서 아무 역할도 못했다. 임종국이 나무를 심겠다고 생각한 건 그때였다. 농사를 잘 지어서 가족을 먹여 살리는 일도 중요하지만, 모든 살림살이를 평안하게 하기 위해서는 먼저 헐벗은 산에 나무를 심어야 한다고 생각했다. 한 그루, 두 그루 나무를 심었다. 먹고사는 일에 급급했던 마을 사람들은 당장에 아무런 도움이 되지 않는 나무 심는 일에 매달리는 그를 못마땅하게 생각했고, 비웃었다. 주변의 비난과 조롱에 아랑곳하지 않고 그는 수굿이 나무를 심었다. 심지어 한국전쟁이 터져 장성 지역까지 영향을 미치던 때에조차도 그는 산을 떠나지 않았다. 전쟁 중에 장성을 찾아왔던 군인들도 숲을 지키는 그가 열정으로 가꾸는 묘포장苗圃場에 감동받았다는 일화가 전한다. 전쟁이 끝나고 1955년에 급기야 임종국은 누에와 고구마 농사로 얻은 모든 재산을 정리했다. 나무를 더 많이 심기 위해서였다. 처음에는 5,000평의 땅에 삼나무 6,000그루를 심었다. 오늘의 **장성 축령산 편백숲**의 시작이다.

"마을 사람들은 아버지를 기억하면서 물지게를 지고 산을 오르던 아버지를 이야기하곤 해요. 나도 어린 시절의 그 장면이 선명하게 떠올라요. 가문 날씨가 이어지면 아버지는 물지게를 지고 산을 올랐지요. 그게 마을 사람들에게 꽤 인상적이었나 봐요. 누가 시키지 않았는데도 사람들이 물지게를 지고 아버지를 따라서 산으로 올라갔던 걸 봤어요. 물지게를 진 사람들이 줄지어 산을 오르는 장면은 정말 장관이었어요."

장성 축령산 편백숲에서 만난 임종국의 딸 임순갑이 들려준 이야기다. 임순갑은 축령산 편백숲에서 숲 해설가로 활동한다. 그가 기억하는 아버지는 늘 흙 묻은 옷으로 물지게를 지고 나르던 모습이다. 임종국 공적비가 세워져 있는 축령산 정상 부근에서 만난 임순갑은 아버지의 기억을 자랑스럽게 이야기했다.

처음 나무를 심던 때 경제적으로 여유가 없던 임종국은 빚을 내서 묘목을 사들이고, 거름을 구해서 나무를 키웠다. 임종국의 열정이 널리 알려지고 나중에는 정부와 대기업의 후원이 이어져 간신히 버틸 수 있었다. 그리고 1980년에 임종국은 뇌졸중으로 쓰러졌다. 병석에 누워 지낸 7년 뒤인 1987년에 그는 이 땅에서의 모든 가쁜 숨을 거뒀다. "나무를 심는 게 나라 사랑하는 길"이라는 유언을 남겼다고 임순갑은 이야기한다.

임종국은 나무를 심은 공로를 인정받아 1966년 식산포장殖産褒章, 1970년 철탑산업훈장, 1972년 5·16 민족상을 받았다. 이어 산림청은 2000년에 **장성 축령산 편백숲**을 '22세기 후손에게 물려줄 아름다운 숲'으로 선정했고, 2001년에는 그의 공로를 기려 국립수목원 내 '숲의 명예전당'에 업적을 새겨 헌정했다. 또 그의 공적을 기리기 위해 선영에 안치돼 있던 유해를 2005년 11월 치유의 숲 느티나무 아래에 수목장을 했고, 숲 안에 공적비를 세웠다.

그가 혼신을 다해 심어 키운 하나의 아름다운 숲은 치유하는 나무, 치유의 숲으로 영원한 감동을 오래오래 지켜갈 것이다.

제 18 장
치유의 나무

641

편백숲을 이야기하면서 편백과 같은 종류이며 구별이 쉽지 않은 우리 나무들을 함께 짚어본다. 측백나무*Thuja orientalis* L.와 향나무*Juniperus chinensis* L.가 그런 나무다. 측백나무와 향나무는 편백과 같이 측백나무과에 속하는 나무다. 측백나무과에 속하는 나무는 우리나라의 중부지방 기후에서도 너끈히 자라는 나무이며, 종류에 따라서는 함경남도 지방에서까지 자랄 만큼 우리나라 기후에 적당한 나무다.

향나무는 더 그렇다. 향나무는 울릉도를 중심으로 평안북도 지역에서까지 자라는 나무로 오래전부터 심어 키운 나무다. 향나무는 소나무, 은행나무, 느티나무에 이어 우리나라를 대표할 만한 나무 가운데 하나다. '세상에서 제일 오래된 나무'를 이야기한 앞의 제7장에서는 우리나라에서 가장 오래된 나무로 기록에 남아 있는 나무로 **울릉 도동리 향나무**를 이야기했다. 그 밖에도 우리나라에 오래된 향나무는 곳곳에 많이 있고, 천연기념물로 지정한 향나무도 10그루가 넘는다. 특히 향나무는 나무의 몸체 전체에서 풍겨 나오는 향기가 좋아 이름까지 '향나무'로 붙여진 나무인데, 예로부터 제사를 지낼 때에 향을 피우는 재료가 바로 향나무였다. 향나무의 향기가 워낙 강해서 하늘까지 간다고 믿었던 옛사람들은 제사를 지낼 때에 향을 피워 하늘에 계신 조상께 후손들의 정성을 전해드리고자 했다. 또 향나무의 향기가 더러운 인간사를 깨끗이 씻어 낸다는 이미지를 갖고 있어서, 향나무는 '청정 淸淨'을 상징하는 나무로 여겨지기도 했다. 그런 까닭에 궁궐이나

179 서울 선농단 향나무.

절집과 함께 옛 선비의 정원에서 한두 그루의 향나무는 어김없이 찾아볼 수 있다.

제사를 중시했던 유교 문화 시절에는 집집마다 온전한 제례를 완성하기 위해 향나무를 키웠다. 또한 국가적으로 중요한 제례를 치렀던 곳에서도 오래된 향나무를 찾을 수 있다. 그 대표적인 예를 **서울 선농단 향나무**에서 찾아볼 수 있다. 선농단先農壇은 사람에게 농사를 처음 가르쳤다는 신농씨神農氏와 후직씨后稷氏에게 풍년을 기원하기 위해 조선시대에 임금이 직접 제사를 지내던 제단으로 서울 제기동에 자리했다. 농사철이 다가오면 조선의 임금은 몸소 밭을 가는 시범을 보여 농사를 장려하는 상징적인 의례와 함께, 풍년을 기원하는 제사를 바로 이곳에서 올렸다. 그걸 '선농제先農祭'라고 했다. 이때 임금이 선농先農 의식을 마치고 참가자들과 함께 나눠 먹던 음식을 처음에 '선농탕先農湯'이라고 불렀는데, 그것이 차츰 변하여 설렁탕이 되었다는 설이 있다. 지금이야 농사의 흔적이란 찾으려야 찾을 수 없으며, 사람살이가 가장 번거롭고 복잡하게 이뤄지는 서울 도심의 어지러운 한복판이 **서울 선농단 향나무**가 옛 역사를 기억하는 장소다. 최근 새롭게 정비한 선농단에는 그러나 아무것도 없다. 제사 지내던 곳이라는 의미야 있지만, 사방 4미터 정도의 돌축대만 남아 있고 옛 제사의 자취는 찾아볼 수 없다. 이곳 선농단의 한 귀퉁이에 천연기념물로 지정한 **서울 선농단 향나무**가 서 있다. 주변의 측백나무들에 둘러싸여 있는 이 향나무는 선농단을 처음 축조하던 500여 년 전에 심어진 것으로 추측되며, 나무높이 10미터, 가슴높이줄기둘레 2미터 정도로, 천연기념물급의 다른 향나무들에 비하면 작은 편에 속한다. 또 여느 향나무가 줄기가 휘면서 자라는 것과 달리 **서울 선농단 향나무**는 중심 줄기가 곧게 뻗어 오른 것도 사뭇 달라 보인다. 곧게 자란 나무줄기의 3미터쯤 높이에서 굵은 가지 하나가 서북쪽으로 무성하게 자라서, 전체적으로는 한쪽으로만 자란 생김새를 갖췄다. 이 향나무가 바로 조상, 그것도 농사를 처음 사람에게 가르친 신농과 후직에게 제사를 올리는 국가적인 행사를 치를 때 향을 피우기 위한 재료로 사용하기 위해 심어 키우고 보존한 나무로 전한다.

편백, 향나무와 함께 측백나무 이야기도 덧붙인다. 측백나무는 향나무 못지않게 우리나라에서 오랫동안 함께 살아온 나무로, 우리나라의 천연기념물 제1호가 바로 측백나무숲이기도 하다. 물론 여기에서의 '제1호'라는 번호는 지정 순서에 따른 번호일 뿐이며 관리를 위해 남겨둔 것이어서 큰 의미가 없다. 번호를 중요도

180 대구 도동 측백나무숲.

의 순서로 오해하는 여지를 없애기 위해 최근 국가유산청에서는 천연기념물을 포함해, 국보나 보물 등 모든 국가유산의 지정번호를 표기하지 않는 걸 원칙으로 했다. 그래도 우리가 천연기념물이라는 대표적인 문화재를 지정하는 데에서 가장 먼저 눈에 뜨였던 나무가 측백나무라는 점만큼은 돌아볼 필요가 있다. 바로 대구 달성군 도동 측백나무숲이 그곳이다. **대구 도동 측백나무숲**은 대략 나무높이 5미터 정도 크기의 측백나무 700여 그루가 절벽에 붙어서 자라고 있는데, 측백나무 외에 소나무, 느티나무, 말채나무 등이 함께 어우러져 있다. 사람이 접근하기 쉽지 않은 절벽이어서, 나무가 사람의 손을 타지 않고 오랫동안 자라 숲을 이루었다. 최근 숲 주위에 아까시나무의 침입이 눈에 띄게 늘어나면서 주변 환경의 훼손이 우려되는 상황이 없는 것도 아니지만, 천연기념물로서 우리가 가장 먼저 지정한 나무 숲이 바로 측백나무숲이었음을 오래도록 기억할 수 있도록 잘 보존해야 하겠다.

제 18 장
치유의 나무

　　우리나라를 대표하는 치유의 나무, 치유의 숲을 짚어보았다.
이들 대표적인 숲과 나무 외에도 사람들은 여전히 숲에서 혹은
나무에서 치유의 힘을 얻으려 애쓰고 있다. 사실 숲의 치유 효과
에 대해서는 끊임없이 갖가지 실험이 진행되고, 의미 있는 결과
를 얻기도 했다. 여러 결과 가운데에 최근의 실험으로 나타난 NK
세포Natural killer cell[1]에 대한 이야기가 있다. NK세포는 거대 과
립 림프구Large Granular Lymphocyte: LGL라고도 말하는데, 면역
체계에서 중요한 작용을 하는 세포를 가리킨다. 모든 사람이 자
연적으로 가지는 세포인데, 바이러스에 감염된 세포에서부터 스
트레스와 관련한 세포에 작용하는 것으로 알려졌다. 특히 NK세
포는 암 세포에 빠르게 반응하여 암의 치료 효과를 이뤄내기도
하는 매우 중요한 세포다. 숲은 바로 이 NK세포를 늘려주는 역할
을 한다는 게 최근의 실험 결과다. 숲에서 1주일 정도 머무른 실
험 참가자들의 경우 NK세포가 현저하게 늘었다는 결과가 나왔
고, 숲에서 돌아와 도시 생활을 하는 동안에도 이미 늘어난 NK세
포가 다시 줄어들지 않았다는 것이다. 숲과 NK세포의 관계는 앞
으로 보다 치밀한 실험과 연구가 필요하겠지만, 숲이 NK세포를
늘려나가는 데에 긍정적인 영향을 미친다는 점만큼은 전반적으
로 동의하는 추세다. 이를 바탕으로 최근에는 암 전문 치료 병원
을 숲속에 설치하여 암 환자들의 치료 효과를 높이려는 시도도

---

[1]　'자연살해세포'라고 번역하기도 하지만 아직은 일반에게 익숙하지 않은 용어여
　　서, 여기서는 원어의 약칭인 NK세포라고 쓴다.

이어지고 있다.

덧붙여 숲길을 걷는 것만으로도 마음이 진정되고 갖가지 질병의 치료 효과를 얻는다는 연구 결과가 잇달아 발표되는 상황이다. 일테면 숲길을 걷는 동안 식물의 향기를 짓는 분자가 폐의 막 안으로 흡수되어 혈액으로 전달되는데, 이때 식물에 포함된 탄화수소는 사람의 몸을 흐르는 혈액의 피넨pinene 함량을 높인다고 한다. 소나무pine에서 그 이름이 유래된 화학물질인 피넨은 신경 불안 증세를 완화하는 신경안정제처럼 생화학적 경로와 같은 결과를 지어 내며 사람의 신경을 안정시킨다는 이야기다. 숲을 가까이한다는 건 결과적으로 사람의 호르몬 수치를 변화시키고 앞에서 이야기한 NK세포를 늘리기도 하며 심박수를 안정화하는 데에 큰 효과를 보인다는 연구 결과다. 더불어 초록의 숲이 자율신경계에 영향을 미친다는 건 이미 잘 알려진바, 결과적으로 심박수와 혈압을 낮추는 효과도 가져온다. 또 호르몬 수치의 변화로 무엇보다 스트레스를 유발하는 아밀라아제 수치를 정상화하는 효과도 있다. 이 같은 효과는 결국 사람의 마음을 진정시켜 불안감을 줄이고, 침착하게 하는 효과를 낸다. 식물의 치유 효과와 관련한 연구는 굳이 숲을 찾아가서 오래 머무르는 게 아니라 해도 도시의 방 안, 책상 위의 화분 하나만으로도 일정한 효과를 얻을 수 있다는 게 현대 식물 치유에 관한 연구 결과다.

지금까지 나온 연구만으로도 숲과 나무의 치유 효과는 긍정적이지만, 이는 사실상 초기 연구에 불과하다. 나무와 숲이 사람에게 제공하는 치유 효과에 대한 연구는 앞으로도 더 활발히 진행될 것이고, 지금으로서는 생각지 못한 특별한 결과가 나올 가능성도 충분히 예상할 수 있다. 그리하여 머지않아, 막연하게 믿어온 치유 효과에 대한 과학적인 근거도 마련될 것이다. 더불어 앞에서 잠깐 언급했던 것처럼 숲은 자연에서 살던 호모 사피엔스의 고향이라는 점을 떠올린다면, 고향을 떠나 도시에 살던 인간이 다시 고향으로 돌아간다는 점에서도 긍정적인 치유 효과를 볼 수 있다는 데에 부정할 까닭이 없다. 치유를 향한 사람들의 수요에 맞춤해 나타난 것이 이른바 '치유의 숲'이다. 이는 현대의 숲 치유 효과 연구 결과에 따른 지극히 자연스러운 흐름이다. 우리나라에서도 국가적으로 치유의 숲을 조성하고, 갖가지 프로그램을 개발 운영하는 상황이지만, 앞으로도 이는 더 늘어날 추세인 게 분명하다. 심지어 국가에서 운영하는 숲이 아닌 개인 혹은 기업이 운영하는 정원에서도 '치유의 정원'과 같은 '치유'를 주제로 한 숲이 늘어나는 건 당연한 추세다.

2026년 2월 현재 산림청 누리집의 최신 현황(2025년 현재 기준)에 따르면, 전국에 치유의 숲이 57곳 조성돼 있으며 국립 치유의 숲 일부는 한국산림복지진흥원이 운영한다. 이 가운데 **장성 축령산 편백숲**도 '장성 편백 치유의 숲'이라는 이름으로 포함시켰다. 산림청은 이곳 '치유의 숲'을 "인체의 면역력을 높이고 건강 증진을 목적으로 산림의 다양한 환경요소를 활용할 수 있도록 조성한 산림"이라고 정의하고, "치유의 숲은 다양한 산림의 환경요소를 활용하여 산림치유지도사가 산림치유 프로그램을 실행하고 그 효과를 평가할 수 있는 시설을 포함"한다고 소개한다. 한국산림복지진흥원에서는 이들 숲에서 산림치유지도사라는 전문가들을 중심으로 갖가지 치유 프로그램을 개발해 운영한다. 산림치유지

181 경북 영주 봉현면 소재 **국립산림치유원**.

도사는 산림, 보건, 의료, 간호 등 관련학과를 졸업했거나 관련 업무 경력이 있는 사람들을 대상으로 일정한 교육을 거쳐 국가자격 시험을 통해 공인 자격을 부여한다. 산림치유지도사를 중심으로 '치유의 숲'에서는 심신의 휴식을 원하는, 건강하지만 도시 생활에 지친 사람에서부터 전문의료 기관의 진료와 치료가 필요한 중환자에 이르기까지 전 국민을 대상으로 한 치유 프로그램을 실행한다. 앞으로 치유의 숲을 활용해 숲에 의한 치유 효과를 누리는 사람은 더 늘어날 것이고, 그에 따라 더 다양하고 많은 치유 프로그램이 개발되어 운영될 것이다.

산림청은 마침내 2012년부터 2015년까지 4년의 조성 기간을 거쳐 경상북도 영주시와 예천군 일대의 백두대간 자락에 142헥타르 규모의 '국립산림치유원'을 설치하기에 이르렀다. 국립산림치유원은 "백두대간의 산림자원을 이용하여 국민건강을 증진하고 삶의 질 향상을 위해 조성된 산림복지단지"라고 소개돼 있다. 또 국립산림치유원은 "산림치유 서비스 제공뿐만 아니라 산림

제 18 장
치유의 나무

치유 전문 인력양성, 산림치유 관련 상품개발, 산림치유 문화 확산 등 산림치유와 관련된 서비스를 제공하는 세계 최대, 세계 유일의 공간"이라고 홈페이지에 소개했다. 국립산림치유원은 하루 약 600명이 동시에 이용할 수 있는 숙박시설을 갖추고 일반 시민들이 자유롭게 활용할 수 있게 했다. 숙박을 통한 스스로의 치유 체험은 기본이고, 치유원 직원인 전문가들의 지도에 따른 다양한 치유 프로그램을 체험하도록 운영하고 있다. 더불어 국립산림치유원은 일반인의 치유 체험을 넘어 다양한 숲 치유 프로그램을 개발하고, 이를 운영할 전문가를 양성하는 과정에 적극 나서고 있다.

곳곳에서 다양한 숲 치유 프로그램이 개발되고 있는 건 나무와 숲이 가져다주는 치유 효과가 차츰 증명되는 흐름에 따른 자연스러운 추세다. 물론 아직 충분하다 할 수는 없는 게 사실이다. 전문가 그룹인 '산림치유지도사'의 숫자도 아직은 충분하지 않고, 또 치유의 숲에서 시행하는 '숲 치유 프로그램' 역시 그리 다양한 편은 아니다. 그러나 숲 치유에 대한 현대인들의 요구는 갈수록 늘어나고 있으며, 이에 따라 보다 전문적이고 다양한 치유 프로그램은 자연스레 늘어날 것으로 전망된다.

도시의 나무

나무, 관목, 식물은 땅의 몸치장이고 옷이다.
눈앞에 돌과 진흙과 모래만 펼쳐놓는
헐벗은 들판의 모습만큼 쓸쓸한 것도 없다.
그러나 자연에 의해 생기가 돌고 물이 흐르고 새들이 노래하는 가운데
결혼 예복을 차려입은 땅은 동물계, 식물계, 광물계의 어울림 속에서
생명과 흥미와 매력으로 가득 찬 광경을,
사람의 눈과 마음을 결코 지치게 하지 않는 유일한 광경을 보여준다.

- 장 자크 루소*Jean-Jacques Rousseau*,
『고독한 산책자의 몽상*Les Reveries du promeneur solitaire*』에서

사람이 보금자리를 이룬 도시는 어디라도 사람보다 먼저 다른 생명들이 살림을 이어가던 보금자리였다. 나무들이 먼저 숲을 이루어 살았고, 나무 그늘에는 여러 짐승이 모여 살았다. 그곳을 찾아온 사람들은 나무를 베어 냈다. 나무 곁에서 살던 짐승들도 더불어 떠나야 했다. 원초적 자연은 망가지고, 사람 중심의 도시가 지어져 사람들을 맞이했다. 그러나 나무 없이 생명을 이어갈 수 없는 걸 잘 아는 사람들은 베어 낸 것 못지않게 많은 나무를 심었다. 몸소 나무를 심는 게 아니라 해도, 환경을 위해서 국가나

지자체에 기꺼이 헌납하는 세금이나 주택 관리비 등의 상당 부분은 나무를 키우기 위해 사용된다. 따지고 보면 도시 사람들은 누구보다 나무를 부지런히 심어 키우는 셈이다. 사람들은 기왕에 새로 심을 나무라면 더 좋은 나무, 더 아름다운 나무를 골라서 심고 키운다. 도시에서의 나무 심기는 강제적으로 이뤄지기도 한다. 일테면 아파트를 비롯한 건물의 '준공' 허가를 받기 위해서는 반드시 나무를 심어야 한다. 처음 준공을 위해서는 물론이고 건물에 입주한 사람들도 환경을 아름답게 관리하기 위해 나무를 가꾸는 데에 필요한 비용을 지불하는 데에 거리낌이 없다. 나무가 있어야 잘 살 수 있다는 데에 부정의 의견은 있을 수 없다.

그래서 도시에는 나무가 많을 수밖에 없다. 그루 수로 치면 숲으로 둘러싸인 농촌, 산촌에 비해 적은 게 분명하지만 종류로 헤아리면 농촌, 산촌에 비해 훨씬 많은 게 사실이다. 나무보다 높이 솟구친 고층 빌딩이 스카이라인을 이룬 도심에서 어쩔 수 없이 존재감이 떨어질 뿐이다. 그러나 도시의 어느 자리에서라도 눈 들어 하늘을 바라보면 하늘과 땅이 맞닿은 곳, 그 자리에는 나무가 있다.

마침내 도시에는 자연 상태로는 보기 힘든 새롭고 더 아름다운 자연이 이루어진다. 이른바 '세컨드 네이처'다. 달리 이야기하자면 하나의 거대한 수목원이라고 해도 되리라. '세컨드 네이처'인 도시에서는 필경 헤아리기 어려울 정도로 많은 종류의 나무를 만날 수 있다. 심지어 하나의 아파트 단지에만 국한해도 다양한 나무가 있는 게 사실이다. 일부러 찾아가서 꼼꼼히 헤아리며 관찰하는 수목원의 나무와 달리 사람들의 관심 밖으로 밀려나 있는 것만 다를 뿐이다.

나무를 심고 키우는 과정도 마찬가지다. 수목원은 여러 종류의 나무를 다양하게 심어 키우는 곳이다. 아름다운 수목원이 완성되려면 상당 기간의 기다림과 솜씨 좋은 정원사의 세심한 손길이 필수다. 아름답고 평안한 삶의 보금자리인 도시를 완성하는 일도 똑같다. 우리 손으로 직접 나무를 심고 키우는 게 아니라 해도 도시에서 나무의 덕으로 살아가는 우리는 모두 나무를 보살피는 세심한 마음을 가져야 한다.

서울 도심에서 넉넉한 공간을 차지한 큰 나무

도시의 나무들을 살펴보면 과연 도시 환경에서 나무가 어떻게 살아가는지를 알 수 있다. 땅 한 뙈기조차 나무에게 내어주기 어려운 도시 살림살이의 사정은 길 위의 나무들이 살아가는 환경에 생생하게 드러나 있다. 무엇보다 나무가 살도록 배려한 땅이 참담할 정도로 비좁다는 사실은 서글플 지경이다. 간신히 뿌리를 내리고 숨 쉴 틈도 없이 콘크리트로 메운 땅에서 애면글면 버티고 살아가는 나무들이 신기하다. 대개의 큰 나무들에게는 숨 쉴 땅이 턱없이 모자라다.

그러나 완전히 딴판인 경우도 있다. 나무를 더 잘 지키기 위해 거액을 투자해 땅을 마련해 준 경우다. 서울 도봉구 방학동의 한 아파트 단지 곁에서 600년 가까이 살아온 은행나무 이야기다. 한 그루의 나무에게 넓은 땅을 내어주는 게 불가능하리라 여겨지는 서울 도심에서 이례적으로 넓은 공간을 차지하고 살아가는 600년 된 **서울 방학동 은행나무**다. 하늘을 향해 25미터까지 솟아오른 나무는 지름 20미터가 넘는 원형 공간의 땅을 홀로 차지했다. 이 나무는 명성황후 민씨(明成皇后 閔氏, 1851~1895)가 임오군란을 피해 자신의 고향이며 척족이 거주하는 여주로 떠날 때 치성을 올린 나무라고도 하고, 조선 후기 경복궁 증축 때, 징목徵木 대상에 선정되어 베어 내야 했지만, 마을 사람들이 흥선대원군(興宣大院君, 1821~1898)에게 간청하여 살아남았다는 이야기도 전한다. '대감 나무'라는 별명은 그래서 붙여졌다. 장대한 위용의 **서울 방학동 은행나무**는 크고 아름다운 나무라는 점에서도 보존 가치가 높지만, 정작 더 귀중한 건 사람들의 극진한 배려를 받으며 살아남았다는 특별한 사실이다.

서울 방학동 은행나무는 죽음의 위기를 맞은 적이 있었다. 나무 곁으로 빌라와 아파트를 비롯한 살림집 등의 건물이 들어선 때문이었다. 많은 사람이 모여드는 서울에서 나무가 부닥쳐야 하는 별 도리 없는 운명이다. 나무에 그늘이 드리워지고, 바람길이 막히고, 나무 곁의 땅이 짓밟히며 나무의 생육에 장애가 생겼다. 그때 나무를 온전히 살려야 한다는 마을 사람들의 청이 이어졌고, 서울 도봉구에서는 병든 가지를 제거하고, 썩어 텅 빈 구멍을 충전재로 메우는 등의 외과수술을 네 차례에 걸쳐 치렀다. 그러나 나무의 생육은 나아지지 않았다. 나무를 살리기 위해 정밀 진단을 거친 도봉구는 결국 나무뿌리 부분 위쪽으로 들어선 빌라 2동 12가구를 매입해 철거하고 나무 주변을 공원 구역으로 조성할 것을 결정했다. 모두 40여 억 원의 비용이 소요되는 결정이

182 서울 방학동 은행나무.

었다. 마침내 나무는 건강을 회복하고 푸르게 살아났다. 도시에서 사람과 더불어 살아가는 나무를 지켜낸 사람들의 아름답고 소중한 이야기로 오래 남을 사례다. 사실 이 놀라운 결정에는 다른 변수가 있었다. 바로 곁에 '연산군 묘'가 오랫동안 잘 지켜졌고, 이를 공원화하는 과정에서 오래된 역사 공원의 상징으로 한 그루의 은행나무를 지키는 것을 지자체 쪽에서는 유리하다고 판단했을 가능성이 더 높기는 하다. 과정이야 어찌 됐든 도시에서 나무가 사람과 더불어 살아가는 분명한 하나의 사례가 되기에는 충분하다.

나무의 중요성이 바로 여기에 있다. 나무는 단지 우리 주변을 아름답게 하는 것만으로 의미를 다하지 않는다. 나무를 베어내면서 시작된 사람살이는 언제나 나무와 더불어 이어지고 사람이 떠나도 나무는 홀로 남아 사람의 역사를 기억한다. 사람보다 오래 살아가는 나무는 사람의 역사를 가장 오래 기억하는 특별한

제 19 장
도시의 나무

생명체다. 결국 나무를 지킨다는 건, 나무 안에 담긴 사람살이의 역사를 지키는 인문학적인 과업이다. 나무에 담긴 사람살이의 무늬를 어떤 방식으로든 찾아내고 오래 지키는 건, 나무의 덕으로 이 땅에서 살아가는 지금 도시인들로서 피할 수 없는 소명이다. 그건 지금 우리 삶의 지표를 찾아가는 역사적 책무이기도 하다.

도시 가로수의 쓰임새

2022년 어느 방송의 뉴스에서 공개적으로 진행했던 흥미로운 실험이 있었다. 서울 종로의 그늘 하나 없는 도로 한복판에서 진행한 실험이었다. 젊은 여성이 실험 참가자였다. 실험 시작 전에 이 사람의 얼굴 표면을 측정한 온도는 섭씨 35도였다. 그를 가로수도 없는 뙤약볕에 10분 동안 서 있게 한 뒤 측정하니 36.6도로 1.6도가 올라갔다. 이어서 같은 사람을 도로변 가로수 그늘로 옮겨 10분 정도 서 있게 했다. 이번에는 36.6도였던 얼굴 온도가 34.8도로 낮아졌다. 1.8도 낮아진 것이다. 그게 끝이 아니다. 더 놀라운 건 다음 단계의 실험이었다. 다시 자리를 옮겨 실험을 이어갔다. 높은 키의 가로수가 무성하고, 그 아래쪽 바닥에는 화단이라고 할 수 있는 작은키의 나무들이 함께 다층구조를 이룬 그늘이 다음 실험 장소였다. 굳이 말을 붙이자면 가로수가 있고 그 그늘 아래에는 '하층숲'이 존재하는 자리다. 이 자리에 같은 사람을 10분 동안 서 있게 한 뒤 얼굴 온도를 재보니, 31.6도로 낮아졌다. 무려 5도나 떨어진 것이다. 하늘에서 내려오는 햇볕도 문제였지만, 햇볕이 땅에 닿은 뒤에 다시 올라오는 복사열을 하층숲이 막아준 결과다. 5도 정도의 얼굴 온도라면 실제로 느끼는 온도 차이는 더 클 것이다. 가로수의 효과를 짐작하고도 남는 실험이었다.

같은 맥락으로 도시숲의 기온 저감 효과를 연구한 국립산림과학원의 발표도 있었다. 국립산림과학원은 2002년부터 2024년까지 도시숲이 기온을 낮추는 효과를 연구했다. 2024년 7월에 발표한 이 연구 결과에 따르면 도시숲이 3도에서 7도까지 도시 기온을 낮춘다고 한다. 나무가 없는 도시 환경과 도시숲의 기온을 비교하기 위해 국립산림과학원은 대구 두류공원, 여의도 광장 등에서 실험을 진행했다. 여의도 광장의 경우, 숲을 조성하기 전인 1996년에 비해 숲을 조성한 2015년에는 광장의 바닥 온도가 주변보다 평균 0.9도 낮아진 게 확인됐다. 또 가로수가 없는 길을 걷는 사람의 체온(표면 온도)은 37.4도였지만, 가로수가 있는 길에서는 34.7도로 낮아졌다. 또 도시숲은 도시 한복판에 비해 평균 3~7도까지 낮은 것으로 확인됐다고 발표했다. 나무와 숲이 사람에게 미치는 영향을 생각하지 않을 수 없는 결과다.

햇볕을 가려주는 그늘의 효과가 가장 크지만, 그 못지않은 큰 이유도 덧붙는다. 살아 있는 나무라면 당연히 쉼 없이 진행하는 증산작용의 효과가 있다. 나무는 뿌리로부터 물을 끌어 올려 잎에서 광합성을 진행한다. 그 과정에서 나뭇잎은 끊임없이 수분을 증기 형태로 날려 보내게 되는데 이를 '증산작용'이라고 한다. 나무 그늘에서 단순한 햇볕 차단 효과 이상의 청량감을 느끼게 되는 건 그래서다. 증산작용의 효과는 나무가 울창한 숲에 들어설 때 누구나 경험할 수 있는 현상이다. 그늘 효과에 증산작용

제 19 장
도시의 나무

657

의 효과가 덧붙여지면서 나무는 사람들이 체감하는 온도를 낮추어 주는 것이다.

곰곰 돌아보면 도시에 나무가 필요한 건 단순히 기온을 낮출 필요가 절실한 여름의 일만이 아니다. 미세먼지와 황사로 뿌옇게 흐린 날씨가 이어지는 계절에도 사람들은 나무를 떠올린다. 미세먼지를 효과적으로 제거할 수 있는 여러 방법들이 거론되기는 하지만, 나무만큼 미세먼지를 지속적이고 효과적으로 흡수하는 건 없다. 나무가 미세먼지와 매연을 빨아들이는 원리는 단순하다. 식물도 사람처럼 숨을 쉰다. 나무는 잎 표면에 '기공氣孔'이라고 부르는 미세한 숨구멍을 통해 쉼 없이 공기를 들이마시고 내뿜는다. 태양 에너지를 받을 수 있는 한낮에는 이산화탄소를 빨아들여 광합성을 하고 산소를 배출하며, 밤에는 그 반대로 여느 동물처럼 산소를 흡수하고 이산화탄소를 내뿜는다. 물론 햇살 좋은 낮에도 식물은 호흡을 멈추지 않고 산소를 흡수하지만 그보다 산소를 배출하는 광합성의 총량이 훨씬 크다. 이 작용은 하루 종일 끊이지 않고 이어진다. 도시의 미세먼지와 매연은 나뭇잎의 기공으로 들락이는 공기를 따라 빨려 들어가 들러붙는다. 결국 기공이 많은 나무가 더 많은 미세먼지를 빨아들이게 된다. 더 많은 미세먼지를 빨아들이려면 미세한 기공이 많은 나무가 효과적이다. 그래서 사람들은 잎의 표면적이 넓은 나무를 도시의 가로수로 심게 됐다. 흔히 '플라타너스'라고 더 많이 부르는 양버즘나무 *Platanus occidentalis* L.가 그 대표적인 경우다. 벚나무*Prunus serrulata* Lindl. f. *spontanea* (Maxim.) Chin S.Chang, 이팝나무*Chionanthus retusus* Lindl. & Paxton처럼 아름다운 꽃을 피우는 것도 아닌 데다, 줄기

껍질이 마치 버짐 핀 얼굴처럼 얼룩진 바람에 그다지 아름다운 나무로 여기지 않으면서도 굳이 양버즘나무를 가로수로 많이 심는 데에는 뚜렷한 까닭이 있었던 것이다.

양버즘나무의 넓은 잎에는 당연히 기공이 여느 나무에 비해 많은 데다, 잎의 표면에는 얼핏 보아서 구별할 수 없는 매우 작고 가는 솜털이 촘촘히 돋아 있다. 이 작은 솜털은 미세먼지와 공해 매연을 흡착시키는 데에 발군의 능력을 발휘한다. 그러니까 나무가 숨을 들이쉴 때 미세먼지를 빨아들였다가 숨을 내뱉을 때 빨아들였던 미세먼지를 도로 내보내면 제로섬 게임이 되겠지만, 양버즘나무의 미세한 솜털은 한번 빨아들인 미세먼지를 오래도록 붙들어 잡는다는 이야기다. 게다가 양버즘나무는 매연과 공해로 뒤덮인 도시 환경에서도 버틸 생명력이 강한 나무이기도 하다. 도시의 나쁜 공기를 빨아들여 정화시키는 가로수로 이보다 더 좋은 나무가 있을 수 없다. 세계 곳곳에서 가로수로 널리 심어 키우는 나무인 이유다. 심지어 공해 걱정이 그리 크지 않았을 기원전 5세기 무렵의 그리스에서도 가로수로 양버즘나무 종류를 심었다는 기록이 있을 정도다.

최근 발표한 국립산림과학원의 연구 결과 가운데에 '도시 가로수로 적합한 수종'을 골라낸 게 있다. 이 연구에서는 양버즘나무보다 화백*Chamaecyparis pisifera* (Siebold & Zucc.) Endl.을 미세먼지 흡수 능력이 가장 뛰어난 나무로 꼽았다. 연구 결과에 따르면 화백의 잎은 측백나무나 향나무처럼 비늘 모양으로 피어나지만, 그 표면에 미세한 주름이 굉장히 많이 이어져 있다. 이 주름을 펼치면 앞에서 이야기한 양버즘나무의 잎보다 넓은 면적이 되고, 그

제 19 장
도시의 나무

표면에는 양버즘나무의 잎보다 더 많은 기공이 있기 때문에 많은 미세먼지를 흡수할 수 있다는 이야기다. 게다가 양버즘나무는 가을에 낙엽을 하고 나면, 이듬해 봄까지는 잎이 없는 상태이기 때문에 공기 정화 작용을 멈추게 되지만, 화백은 상록성 나무여서 겨울에도 끊임없이 미세먼지를 흡수하니, 한 해 전체의 미세먼지 흡수량을 합하면 화백이 더 높다는 것이다.

도시에 나무를 심는 까닭은 또 있다. 환경 정화에서 한 걸음 더 나아가 도시 환경을 아름답게 한다는 이른바 '미화' 효과다. 즉 봄에 아름다운 꽃을 피우는 벚나무와 이팝나무는 다른 어떤 까닭보다 봄 한 철 동안 도시의 환경을 아름답게 한다는 이유로 심어 키운다. 가을에 형광빛 노란 잎을 무수히 달고, 도시를 환하게 밝히는 은행나무 역시 도시 환경을 아름답게 하려는 이유로 심어 키우는 나무다.

도시의 나무들은 도시인들이 살아가는 환경을 정화하기 위해 가장 더러운 환경에 자신을 내놓고 살아가도록 도시인들이 심어 키운다. 사람살이의 환경을 더 좋게 하려는 이유로 나무를 활용하는 것이다. 하지만 사람들은 가로수를 필요로 할 때 못지않게 성가셔할 때도 많다. 이를테면 도로변의 나무가 너무 크게 자라나면 교통 표지판을 가릴 뿐 아니라 도로 위로 뻗은 가지가 부러질 위험도 있다. 사고를 줄이기 위해서는 베어 내야 할 이유가 만들어진다. 도로변의 상가에서는 애써 지은 간판을 가린다는 이유의 민원까지 이어진다. 실용적인 이유로 심은 나무이니, 역시 실용적인 이유로 베어 내야 할 이유의 정당성을 찾는 것이다.

많은 사례 가운데 하나가 얼마 전에 내가 사는 도시에서 벌어졌다. 이 도시에서 내가 자랑스러워한 여러 가지 가운데에 가로수가 있었다. 가죽나무*Ailanthus altissima* (Mill.) Swingle 가로수였다. 새로 조성한 도시, 새로 심은 가로수여서 그리 큰 나무는 아니었다. 하지만 잘 자라서 이룰 무성한 초록 풍경의 기대만으로도 마음은 풍요로웠다. 가죽나무는 별다른 쓰임새가 없어 비교적 천대받는 나무 가운데 하나다. 『장자莊子』의 〈소요유逍遙遊〉에도 "줄기가 울퉁불퉁하고, 가지는 비비 꼬여 목수가 거들떠보지도 않는 나무"라며 가죽나무를 아무짝에도 쓸모없는 나무라고 했다. 그러나 장자는 목수에게 쓸모없는 나무라 해도 다른 입장에서 보면 여느 나무 못지않게 훌륭한 역할을 할 수 있다는 여지를 생각해야 한다고 했다. 실제로 서양에서는 가죽나무의 풍요로운 생김새

제 19 장
도시의 나무

184 부천시 상동 지역 **가죽나무 가로수**.

만으로 '천상의 나무Tree of Heaven'라고 예찬한다. 가죽나무는 굳건하게 곧추 뻗은 줄기가 아름다운 건 물론이고, 줄기 위쪽에서 사방으로 펼치는 가지가 유난히 싱그럽고 넉넉한 생김새를 가졌다는 점이 목재로서의 쓰임새보다 먼저 눈에 들어온 것이다.

길가에 줄지어 선 내 집 앞 도로의 가죽나무 가로수는 도담도담 잘 자라났다. 도심의 공해와 매연 속에서도 나무는 어김없이 초여름이면 가지 끝에서 노란 꽃차례를 무더기로 피워 올렸고, 잘게 피었던 꽃차례가 시들어 떨어지면 거리를 노랗게 물들이며 남다른 풍경을 자아냈다. 좋았다. 얼마 지나지 않아 여느 도시에서 보기 어려운 싱그러운 가죽나무 터널을 이루리라 하는 기대가 차츰 부풀었고, 기대한 대로 도로 양쪽에서 넓게 펼쳐 내는 나뭇가지는 머지않아 서로 닿을 기세였다. 도시에서 초록의 터널을 볼 수 있으리라는 기대가 현실로 다가오는 듯했다. 집을 나설 때마다 흔쾌한 마음으로 가죽나무를 바라보며 지내던 그즈음의 어느 봄날 아침, 전기톱 소리가 요란하게 들려왔다. 기특해 보이던 가죽나무들이 귀청을 찢는 전기톱 소리와 함께 한 그루, 두 그루 넘어갔다. 놀란 마음에 달려가 작업을 중단시키고, 시청의 가로수 담당자에게 다급히 전화를 걸어 자초지종을 물었다. 가죽나무를 천상의 나무로만 생각하고 가로수로 심던 그때에는 몰랐던 사정이 있었다며 담당 공무원은 친절하게 설명했다. 가지를 넓게 펼치는 나무는 보기에 좋을지 모르나 부러지기 쉬워서, 보행자나 자동차에 장애 요소가 되어 큰 사고를 유발할 가능성이 있다는 설명이다. 게다가 중국에서 들어온 붉은꽃매미의 서식처로 좋은 나무가 가죽나무라고도 했다. 도시민으로서 승복할 수밖에 없는 이유였다. 안타까웠다. 가죽나무 베어 낸 자리에는 태풍에도 부러지지 않고 잘 견디는 이팝나무가 채워졌다. 결국 모든 기준은 나무를 하나의 생명으로 바라보는 것이 아니라 사람의 실용적 쓰임새만으로 보는 것이다. 애당초 처음 심을 때에 그런 입장이었기에 베어 낼 때에 다른 가치를 돌아볼 이유도, 필요도 없다.

여기에서 그치지 않는다. 처참하게 가죽나무가 살해당하던 그때 어쩐 일인지 이면도로의 가죽나무들은 남겨두었다. 물론 부러질 가능성을 먼저 염두에 두고 가지를 활짝 펼치는 가죽나무의 본성을 최대한 말살한 형태, 즉 나뭇가지를 몽당몽당 잘라 낸 형태로 대략 20그루 정도를 남겨두었다. 시간이 좀 더 지나자 줄지어 서 있는 20여 그루 가운데 일부는 수세樹勢가 무척 약해졌다. 무성하게 이어지던 가로수 무리 가운데 유독 두 그루의 나무는 봄 지나도록 초록 잎 한 장 돋우지 못했다. 죽은 것이다. 이유가 있었다. 죽은 두 그루의 가죽나무가 서 있는 자리는 인근에서 맛나기로 소문난 식당 바로 앞이다. 나무의 밑동에는 식당에서 내놓은 음식물 쓰레기 봉투를 가득 담은 붉은색 고무 통이 있었다. 워낙 유명한 식당이어서 순번을 기다리는 손님들이 식당 문 앞

제 19 장
도시의 나무

663

가죽나무 곁에는 항상 즐비했다. 나무가 죽은 이유는 분명했다. 군이 해코지를 하지 않았다 해도 나무는 사람들의 발길을 견디지 못했다. 덧붙여 언제나 그 식당에서 나오는 음식물 쓰레기 하치 장 역할을 해야 했던 가죽나무 그늘의 땅에서는 음식물 쓰레기에 서 조금씩 새어 나온 염분도 견디기 힘들었던 게다. 전반적으로 음식 맛이 상당히 좋은 편이고 깔끔하기로도 소문난 이 식당은 음식물 쓰레기를 잘 포장해서 큼지막한 함지박 안에 따로 담아놓 기는 했다. 아무리 그래도 보이게, 보이지 않게 음식물 쓰레기의 염분은 나무뿌리에 스며들었을 것이다. 또 거의 한 해 내내 자리 를 기다리는 사람들이 버티고 머무르는 자리도 바로 나무줄기 앞 이었다. 가죽나무는 힘이 들었고, 더 이상 버티지 못했다.

사람과 나무가 더불어 산다는 게 도시에서는 매우 어려운 일 이라는 걸 나무가 죽음으로 보여주었다. 나뭇가지가 부러져 지나 는 행인을 다치게 하지 않아도, 혐오 곤충인 붉은꽃매미가 윙윙 거리지 않아도 도시의 나무는 삶을 이어가기 어려웠던 것이다.

시인 손택수(孫宅洙, 1970~)는 도시의 나무가 꽃 피운 걸 보고 "꽃이 피었다/도시가 나무에게/반어법을 가르친 것이다"(《나무의 수사학》 중에서)라고 썼다. 반어법이 아니라 아무런 꾸밈 없이 그저 도시에 꽃이 피었다고 말할 수 있는 날은 정녕 불가능할까 안타 까움이 깊어진다. 나무를 온전히 이용하려면, 생명체로서 그를 잘 지키는 일이 선행되어야 한다. 나무가 오래도록 우리 사는 세상 을 더 살 만한 곳으로 이뤄주게 하도록 하는 바탕은 그의 본능을 지켜주는 것이다. 그것이 바로 나무와 더불어 살아가는 바른 길 이다.

사실 그리 오래전도 아니고 고작해야 3, 40년 전만 해도 어린이들의 여름 방학 숙제에는 '식물 채집'이 있었다. 대개는 '곤충 채집'과 함께였는데, 둘 중 하나를 선택하면 됐다. 비교적 까다로운 곤충 채집에 비해 편하게 마무리할 수 있는 숙제가 식물 채집이었다. 초등학교 수준의 식물 채집은 그리 어려운 게 아니었다. 주변에서 볼 수 있는 나무와 풀의 잎사귀를 뜯어서 종류별로 나누어 스케치북에 붙이고, 제가끔의 이름을 적어 넣는 게 전부였다. 식물 채집을 위해서 굳이 먼 곳의 숲으로 떠나야 할 필요가 없었다. 대개는 도시의 집이나 학교 주변에서 훌륭하게 해결할 수 있었다. 또 그때는 집집마다 조그마한 꽃밭을 마련해 놓았던 것도 흔한 일이었으니 더더구나 그랬다. 아무리 도시라고 해도 우리 주변에서 함께 살아가는 식물이 적지 않다는 증거다.

나이 들어 어느 날, 내가 사는 아파트 단지 안팎에는 어떤 나무가 있고, 또 날마다 같은 코스로 출근하는 거리에 어떤 나무가 우리 곁을 지켜주는지를 알고 싶은 난데없는 호기심이 생긴 적이 있었다. 그래서 아침 출근길에 뒷주머니에 든 수첩을 꺼냈다 넣었다를 되풀이하며 눈에 보이는 나무들을 하나하나 적었다. 그때에는 이름을 알지 못하는 나무도 많았다. 그런 나무들은 그림으로 표시하며 나무 종류를 헤아렸다. 아파트 현관을 나서자, 제일 먼저 백목련*Magnolia denudata* Desr.이 눈에 들어왔다. 나중에 알게 된 일이지만, 우리 아파트 현관 앞의 그 나무는 우리 아파트 단지에서 가장 잘 자란 명물급의 백목련이었다. 눈을 돌리니 앵

제 19 장
도시의 나무

도나무*Prunus tomentosa* Thunb., 자귀나무*Albizia julibrissin* Durazz., 감나무*Diospyros kaki* Thunb.가 있었고, 단지를 벗어나자 길가에는 가죽나무*Ailanthus altissima* (Mill.) Swingle와 메타세쿼이아*Metasequoia glyptostroboides* Hu & W.C.Cheng 가로수가 줄지어 서 있으며, 아파트 경계의 낮은 울타리에는 개나리*Forsythia koreana* (Rehder) Nakai, 쥐똥나무*Ligustrum obtusifolium* Siebold & Zucc., 회양목*Buxus sinica* (Rehder & E.H.Wilson) M.Cheng var. *insularis* (Nakai) M.Cheng이 즐비했다. 대로에 나오자 소나무*Pinus densiflora* Siebold & Zucc., 스트로브잣나무*Pinus strobus* L., 백합나무*Liriodendron tulipifera* L., 양버즘나무*Platanus occidentalis* L.가 눈에 들어왔고, 다문다문 매실나무*Prunus mume* (Siebold) Siebold & Zucc.도 있었다. 전철에 오르자 차창 밖으로 여러 나무가 스쳐 지나갔다. 대개의 역들마다 거의 빠짐없이 보이는 나무는 무궁화*Hibiscus syriacus* L.였고, 역의 역사적 특징을 살려서 나무를 심은 곳도 있었다. 예를 들면 오류동역이 그랬다. 오동나무*Paulownia coreana* Uyeki와 버드나무*Salix pierotii* Miq.가 많은 마을이어서 오류동梧柳洞이라고 부르는 이 마을의 전철역에는 새로 심어 가꾸는 오동나무와 수양버들*Salix babylonica* L.이 늠지거니 자랐다. 지하철역에서 내려 회사까지 걸어가는 길에도 나무들의 사열은 이어졌다. 큰길가에는 벚나무와 은행나무가 촘촘히 서서 자동차 매연을 뒤집어쓰고 있었고, 길 한편의 옛 건물 마당에는 오래된 회화나무*Styphnolobium japonicum* (L.) Schott가 하늘 향해 두 팔을 활짝 벌리고 있었다. 나무는 회사에 다다라서도 찾을 수 있었다. 건물 주위에는 철쭉*Rhododendron schlippenbachii* Maxim.과 영산홍*Rhododendron indicum* (L.) Sweet이 건물 벽을 따라 오순도순 모여있

었다.

　겨우 1시간 남짓이었지만, 내 곁에 이토록 많은 종류의 나무가 살아 있다는 걸 새삼 깨달았던 놀라운 시간이었다. 아마 그로부터 20여 년이 지난 지금 다시 그 길을 짚어가며 그때처럼 나무를 헤아린다면 그때보다는 훨씬 더 많은 나무를 헤아릴 수 있지 않을까 생각되기는 한다. 하지만 어쨌든 분명한 건 10년 넘게 같은 길로 출근하면서 한 번도 돌아보지 못한 생명체들이 바로 내 곁에 살아 있다는 사실을 깨달은 시간이었다. 경이로웠다. 이 짧은 시간의 경험은 내 곁의 모든 생명체들을 한 번 더 바라보아야겠다는 생각에 이르게 했다. 그러자 바람에 흩날리는 꽃잎 한 장, 낙엽 한 장이 더 소중하게 다가왔다. 도시는 어쩌면 산과 들, 혹은 농촌 산촌과 같은 시골 마을보다 훨씬 다양한 식생을 관찰할 수 있는 곳일 수 있다. 시골에서라면 대개 자생하는 생물들 위주로 식생이 이루어지겠지만, 자생하는 생명체의 서식지를 파헤치고 들어선 도시에서는 더 다양한 생명체들을 끌어들여 심어 키운다. 자연스러움이야 모자랄지 몰라도 다양함에서만은 시골보다 앞설 수밖에 없다. 도시를 하나의 거대한 수목원이라고 이야기하고 싶은 이유가 거기에 있다.

전설이 사라지자 죽음을 향하는 큰 나무

　이 장을 시작하면서 **서울 방학동 은행나무**가 넓은 공간을 차지하고 살아남은 특별한 사연을 이야기했다. 이 나무의 경우가 특별한 경우라면 우리 도시의 다른 나무들 사정도 살펴보아야 할 차례다.

우선 내가 사는 도시에서 가장 오래된 나무 한 그루의 경우를 살펴본다. 수도권의 도시 한가운데에서 1,000년을 살아온 이 은행나무는 이 도시의 보호수 제1호로 지정해 보호하는 **부천 소사본동 은행나무**다. 기록에 의하면 이 은행나무는 나무나이 1,000년이나 된 보기 드물게 오래된 나무이기도 하다. 나무가 서 있는 자리 앞으로는 약간의 경사가 이뤄진 도로가 이어졌고, 그 건너편에는 이 도시의 대표적인 종합병원이 있다. 비탈 위쪽으로 100미터도 채 안 되는 곳에 한 대학교 정문이 있는 거리다. 오가는 사람이 많을 수밖에 없는 도심이다. 나무는 도로 안쪽도 아니고 바로 도로에 붙어 있는 자리에 서 있지만 늘 분주한 도시인들의 눈길을 받지는 못한다. 사람들은 그냥 스쳐 지날 뿐이고, 홀로 우뚝 선 나무는 언제나 침묵이다. 한창 때는 30미터까지 치솟았던 나무지만, 지금은 10미터를 겨우 넘을 정도로 스러졌다. 생명 유지에 필요한 에너지를 줄이기 위해 가늣한 나뭇가지는 잘라 냈다. 나무의 키는 자연히 낮아졌고, 전체적으로 앙상한 느낌을 주는 성긴 생김새다. 1,000년의 위용은 사라졌다. 봄이면 나무는 새 가지를 내고 가을 되면 사람은 나뭇가지를 잘라 내고…. 1,000년에 걸쳐 나무가 사람의 마을에서 살아가는 방식이다.

언제 누가 심었는지의 기록이 없어서 나무의 내력은 자세히 알 수 없지만, **부천 소사본동 은행나무**에는 흥미로운 이야기가 전한다. 땅 위로 드러난 뿌리가 흙에 덮이면 마을에는 역병을 비롯해 좋지 않은 일이 벌어진다는 전설이다. 나무가 보여주는 풍경

185　경기도 부천시에서 가장 오래된 나무인
나무나이 1,000년의 **부천 소사본동 은행나무**.

가운데, 사방 10미터 반경으로 둘러친 울타리 안쪽의 바닥 위로
돋아 올라 꿈틀거리는 뿌리는 장관이었다. 10년 전만 해도 그랬
다. 그런데 지금 뿌리의 상당 부분이 흙에 덮였다. 전설을 믿지 않
는 합리와 실용의 시대라고는 해도 사람살이에 해로운 일이 생긴
다는 짓을 일부러 했을 리는 없으리라. 대관절 어찌 된 일일까. 가
만히 바라보면 뿌리 위의 흙 사이에 돋아난 이름 모를 풀들의 새
싹이 눈에 들어온다. 흙은 세월이 지나면서 저절로 쌓인 것이다.
전설을 잃어가는 사이에 나무뿌리 위에 흙먼지가 곰비임비 쌓였
다. 비라도 내리는 날이면, 언덕 위쪽에서 빗물에 섞인 흙이 흘러
왔고, 흘러내린 흙은 뿌리와 뿌리 사이에 차곡차곡 고였다. 애오
라지 쌓인 한 줌 흙을 보금자리 삼아 풀씨들이 날아들어 싹을 틔
웠고, 여린 풀잎 곁에는 다시 또 흙이 쌓이며 지금에 이르렀지
싶다.

　전설이 아니라 해도 땅 위에 저절로 드러난 뿌리 위에 흙이

제 19 장
도시의 나무

쌓여 덮이는 건 나무의 생육에 치명적이다. 이른바 복토覆土다. 복토로 죽어간 나무의 사례는 헤아릴 수 없이 많다. 나무가 죽으면 나무 곁에서 살아가는 사람들에게 좋을 일이 없다. 전설은 결국 나무를 지키기 위해 옛사람들이 지어낸 지혜로운 이야기다. 전설이 처음 만들어지던 그 시대에 복토의 문제점을 과학적으로 분석한 것은 아닐 것이다. 다만 겉으로 드러난 나무뿌리가 흙에 덮이면 오래 살지 못하고 죽어간다는 사실을 옛사람들은 경험으로 알았던 것이다. 그래서 마을의 큰 나무를 지키려 했던 옛사람들은 전설을 지어내 지난 1,000년 동안 나무를 지켜왔다. 언제나 나무와 더불어 살기 위해 나무에게 귀 기울인 옛사람들이 자연과 더불어 살아가는 방식이었다. 전설을 통해 사람의 마을에서 더불어 살아갈 방법을 이야기한 것이다.

그러나 전설을 잃어가는 현대의 도시에서 나무는 자칫 생명을 잃을 위기에 처했다. 사람의 마을에 전설이 사라지자 나무의 말도 가뭇없이 사라졌다. 자연스러운 순서다. 과학의 시대에 전설은 별무소용이고, 도시에서는 누구도 침묵하는 나무에 귀 기울이지 않는다. 나무 이야기를 잃어가는 사람들 사이에서 나무는 하릴없이 기력을 잃었다. 스스로 말하지 않으며 사람살이를 풍요롭게 지켜온 나무에게 닥친 슬픈 운명이다.

지난 세기에 명수필집 『침묵의 세계(Die Welt des Schweigens, 1948)』를 남긴 스위스의 정신과 의사 막스 피카르트(Max Picard, 1888~1965)는 현대인의 모든 병은 '침묵의 상실'에서 온다고 했다. 이어 모든 현대 병의 치유는 침묵의 회복에 있다고 강조했다. 침묵은 언어의 중단이 아니라 언어 이전에 존재한 심연이라고 강조한 그는 그 모든 침묵 가운데 자연의 침묵이야말로 모든 생명이 가장 생명답게 살아갈 수 있는 바탕이라고 했다. 도시에서 침묵으로 살아가는 나무를 바라보는 마음은 그래서 쓸쓸하다. 말하지 않으면서 1,000년에 걸쳐 사람에게 가장 많은 말을 걸어온 나무가 신화와 전설이 사라지는 과학의 시대에 바라보는 사람 없이 스러져 가야 하는 운명이 서글프다.

전설이 사라지는 시대에 그나마 도심 한가운데에서 꼭 필요한 만큼의 땅을 차지하고 있기는 해도 사람들의 무관심 속에 긴 세월을 버텨왔던 강인한 생명의 끈을 서서히 내려놓는 나무의 사례다.

한 뼘의 땅이 제대로 허용되지 않는 도심의 나무

도시라는 환경은 나무에게 참담할 수밖에 없다. 무엇보다 땅값이 하늘 모르고 계속 치솟는 도시에서 땅값 한 푼 내지 않고 자리를 차지한다는 게 가장 어려운 일이다. 사례를 들자면 한이 없겠지만, 서울 도심의 좁은 골목 안에서 숨 막힐 듯 어렵게 살아가는 은행나무 한 그루의 경우를 살펴본다. **서울 행촌동 은행나무**다.

살림집들이 즐비한 골목 막다른 곳에 서 있는 **서울 행촌동 은행나무**는 산림청에서 보호수로 지정한 1976년에 나무나이를 420년으로 보았다. 나무높이 24.5미터, 가슴높이줄기둘레 6.8미터의 꽤 큰 나무에 속한다. 그러나 도시 한복판에 서 있는 거개의 노거수가 그렇듯이 비좁은 자리, 열악한 생육 환경 속에서 어렵사리 살아가고 있다는 게 눈에 거슬린다. 나뭇가지를 동서 방향으로 24.9미터, 남북으로도 그와 비슷한 24.7미터 정도로 넓게 펼쳤지만 주변 환경 때문에 나무 모습이 훤칠하다기보다는 답답한 느낌이 먼저 든다. 관련 자료에 나타나는 이 나무의 옛 사진에는 주변의 살림집들이 지금만큼 빽빽이 들어찬 것은 아니었으며, 나무 주변의 생육공간이 널찍했다. 그러나 지금의 **서울 행촌동 은행나무**에 이르는 길은 자동차 통행이 어려울 만큼 비좁은 골목 끝자락이다. 나무의 생육에 가장 심각한 문제는 나무뿌리 부분의 화단이다. 나무가 뿌리 내린 땅에 1미터 정도 흙을 쌓고 고작 지름 3미터가 채 안 되는 규모의 화단을 쌓았는데, 나무를 보호하기 위해 쌓은 이 화단은 오히려 나무뿌리의 생육에 치명적이다. 너무 비좁은 탓이다. 식물학적인 생육 여부를 진단하는 건 둘째 치고라도 그냥 보기만으로도 답답한 지경이다. 사실 화단이 문제인 것처럼 이야기했지만, 화단이 아니라면 이 정도의 보호조차 불가능한 상황이기도 하다. 나무가 서 있는 자리로 사람들이 지나다니는 골목이 있기 때문이다. 그야말로 어쩔 수 없는 대책이었다. 흙을 쌓아 조성한 화단은 콘크리트와 큰 돌로 옹벽을 쌓았다. 결국 나무뿌리는 주변의 콘크리트 포장 아래로 묻혔고, 비좁은 공간의 옹벽 안에 갇힌 상태다. 나무줄기 바깥으로 그나마 나무뿌리가 숨을 쉴 수 있는 흙 공간은 사방으로 50센티미터가 채 안 된다. 나무가 살아가는 환경으로는 최악이다.

서울 행촌동 은행나무는 곧은 줄기가 3미터 높이에서부터 시작해서 5미터 높이 부근까지 여러 개의 굵은 줄기가 갈라지며 나뭇가지를 펼쳤는데, 이미 3미터 높이 부분에서는 굵은 가지가 부

러져 나가 생긴 공동을 메워준 외과수술 흔적이 드러난다. 오래 전에 부러진 줄기지만, 바로 곁으로 폭 1미터밖에 안 되는 비좁은 골목이 있고, 그 곁으로 살림집이 세워진 것으로 보아 사람들의 통행과 살림집의 간섭에 의해 부러졌거나 일부러 잘라 낸 것으로 짐작할 수 있다. 그나마 빈 공간이라 할 수 있는 남서쪽으로는 나뭇가지가 전봇대와 닿아 있으며, 전봇대에서 뻗어 나온 여러 개의 전깃줄이 얽혀 있는 상황이다. 나무로서는 사방으로 편안하게 나뭇가지를 펼칠 공간이 꽉 막힌 상태다. 결국 **서울 행촌동 은행나무**는 4미터 부분에서부터 수평으로 나뭇가지를 펼치지 못한 생김새로 발달했다. 그 위쪽으로도 남서쪽을 제외한 다른 방향으로는 인위적이든 자연적이든 나뭇가지가 잘라져서 나무높이에 비해 나뭇가지펼침폭이 좁은 편이다.

420년을 지나온 **서울 행촌동 은행나무**의 세월을 거슬러 올라가면 이 자리에서 행주대첩의 명장 권율(權慄, 1537~1599) 장군을 만나게 된다. 바로 나무 곁에 그의 살림집이 있었다고 한다. 이 은행나무는 권율 장군과 함께 같은 하늘을 바라보며 같은 공기를 숨쉰 생명으로는 유일하게 남은 생명체다. 권율은 행주산성 전투에서 왜군을 크게 물리친 공이 뛰어난 장군으로 조선 중기에 의주목사, 도원수 등을 역임한 문신이다. 임진왜란 때에 그는 광주목사로 경기도 광주 지역에 있었는데, 왜병이 수도 한양에 진입하자, 4만여 명의 군사를 모집한 전라지역 방어사 곽영郭嶸의 부대에서 중위장中衛將이라는 지위를 맡아 한양을 되찾기 위해 나섰던 인물이다. 특히 행주산성에서 벌어진 이른바 행주대첩에서 왜군을 물리친 명장으로 오래 기억되고 있다.

도시는 사람들이 모이는 곳이고, 결국 오래된 사람살이에서 기억해야 할 중요한 인물들의 자취는 도시에 오래 남게 마련이다. 위대한 선조들의 흔적을 도시에서 더 많이 찾을 수 있는 건 지극히 당연한 일이다. 더불어 그 옛날에 살았던 모든 사람들이 떠난 선조의 흔적이 남은 자리에는 대개 나무만 홀로 남아 있는 경우가 많다. 다시 말하면 도시의 큰 나무는 필경 옛 선조, 특히 위대한 업적을 남긴 큰 인물의 흔적인 경우가 많다. 나무가 사람의 언어로 옛사람의 자취를 두런두런 이야기해 주지 않는다 하더라도 나무 안에 담긴 사람살이의 무늬에서는 선조의 사람살이가 기억될 수밖에 없다. 결국 도시의 큰 나무들은 사람 떠난 자리에 홀로 남아 옛 사람살이의 무늬와 향기를 보존한 유일한 인문학적 생명체라는 점을 다시 강조할 수 있다.

앞에서 이야기했던 **서울 방학동 은행나무**도 그랬던 것처럼 **서울 행촌동 은행나무**도 인문학적 가치가 높은 나무다. 권율 장군의 집터에 살아남은 나무라는 사실은 비교적 널리 알려진 편이고, 산림청에서 지정한 보호수임에도 불구하고 서울특별시의 관리는 안타깝기만 하다. 하지만 서울시로서도 어쩔 도리는 없을 것이다. 앞의 **서울 방학동 은행나무**의 경우에는 그나마 주변의 공원 조성 계획과 맞물리면서 큰 예산을 들여 나무의 생육 공간을 확보할 수 있었지만, 여기 행촌동 권율 장군 집터는 그럴 수 없었던 것이다. 옛 집터의 흔적은 찾아볼 수 없는 자리에 덩그러니 남은 한 그루의 나무를 위해 더 많은 공간을 배려하는 게 도시에서는 불가능한 것이다. 나무의 환경을 개선하려면 최소한의 공간을 확보해야 하는데, 그러려면 다닥다닥 붙어 있는 주변의 살림집들을 완전히 철거해야 하는 상황이어서 개선의 여지가 안 보인다는 게 더 안타깝다.

주변에 빽빽이 들어찬 살림집들 사이의 골목 한 귀퉁이 좁디좁은 화단에 갇혀 살아간다는 것은 불가능하다고 해도 될 만큼 **서울 행촌동 은행나무**에게 도시가 배려한 공간은 참담한 지경이다. 그게 나무가 도시에서 사람과 더불어 살아가는 어쩔 수 없는 운명이지 싶다.

건축 디자인을 변경하면서까지 살려낸 나무

그러나 꼭 그렇게 비관적인 일만 있는 것도 아니다. 이번에는 서울특별시청 가까운 곳에서 긴 세월을 지켜온 한 그루의 나무를 살펴본다. **서울 정동 회화나무**다.

서울특별시 중구 정동은 서울의 대표적인 문화거리다. 특히 은행나무 가로수가 즐비한 이 거리에서는 가을이면 구역 끄트머리에 위치한 경향신문이 주최하고 '정동문화축제 조직위원회'가 주관하는 '가을문화축제'가 벌어진다. 대개는 은행나무 잎이 아름답게 노란빛 단풍 물을 올릴 때에 날을 잡아서 진행한다. 이 거리의 중심에 한 그루의 오래된 회화나무가 있다. 정동 '가을문화축제'의 '정동 퀴즈대회'에 단골 문제로 출제되는 나무이기도 한 이 회화나무는 이 거리의 명물 노거수다. 산림청 보호수로 지정해 보호하는 **서울 정동 회화나무**는 나무나이를 520년쯤으로 추정한다. 이 회화나무는 이미 절반은 부러져 나간 나무로, 너비 4미터, 길이 9미터 규모의 화단을 만들고 화단 안에는 맥문동을 심고 둘레에는 철제 울타리를 세워 보호하고 있다. 나무는 3.5미터 높이에서 중심 줄기가 갈라지고 두 개의 굵은 가지가 나누어졌다. 이 부분은 독특하게 바깥으로 펼치지 않고 안으로 꼬이면서 한데 모인 형상을 했다. 줄기의 상당 부분에는 크고 작은 공동이 발생해 충전재로 메운 외과수술 자국이 크게 드러나 있는데, 충전재 부분이 아직 남아 있는 나무줄기 껍질 부위보다 더 넓다. 공동이 발생한 부분에서 나뭇가지가 갈라지며 나뭇가지 부분은 둥그렇게 말려들었다는 것도 이 나무의 특별한 모습이다.

나무가 서 있는 자리는 인도와 조붓한 자동차 도로의 경계 부분인데 특히 도로 쪽으로 뻗은 부분의 줄기는 이미 썩어 문드러져 충전재만 훤히 드러났다. 아직 남아 있는 나뭇가지는 비교적 자유롭고 넓게 펼쳐서 회화나무 특유의 특징을 보여주고 있지만 나무의 상당 부분이 썩어 문드러지거나 부러져 온전한 생김새

187 서울 정동 회화나무. 사진 오른쪽의 건물이 주한캐나다대사관 건물인데, 건물이
안쪽으로 둥글게 비켜나 있는 걸 확인할 수 있다.

를 유지하지 못했다. 전반적으로 건강하기는 한데 부러지고 찢겨
져 나간 부분이 많다는 게 안타까운 상태다. 한때는 **서울 정동 회
화나무**가 이 거리의 명물임을 강조하고, 사람들의 통행이 많은 야
간에도 나무를 관람하기 위해 나무 주위에 야간 조명을 설치하기
도 했지만, 나무의 생육을 위해 조명은 제거했다.

나무가 서 있는 자리의 인도 쪽으로는 주한캐나다대사관 건
물이 자리 잡았다. 이 건축물은 2003년에 새로 지었는데, 이때의
사정을 짚어본다. 당시 주한캐나다대사관이 애초에 설계한 대로
라면 건물 부지 바로 앞의 좁은 인도에 서 있는 회화나무의 나뭇
가지와 건물이 닿을 수 있었다. 건물에도 문제가 되겠지만, 주한
캐나다대사관은 궁궐 근처에 서 있는 회화나무의 인문학적 가치
를 중요하게 여기면서 건축 디자인을 변경했다. 대사관 건물을
이 회화나무의 나뭇가지펼침 구역에 맞추어 인도 안쪽으로 둥글
게 고쳤다. 변경된 디자인에 따르면 그 전까지의 나무가 차지했

던 생육 공간보다 훨씬 넓어졌다. 아울러 건축 담당자는 나무의 생육을 돕기 위해 나뭇가지로 지지대를 세우는 등의 배려까지 했다. 실제로 이 같은 여러 조치로 **서울 정동 회화나무**는 대사관 건물 신축 때에 비해 건강이 좋아졌다. 그때 환경재단에서는 나무를 살리려 애쓴 공로를 인정해 주한캐나다대사관에 '녹색 공로상'을 수여하기도 했다. 이미 부러지거나 썩어 문드러진 부분은 회복이 불가능하지만, 앞으로도 오랫동안 늙고 오래된 궁궐 곁의 나무로 살아남을 수 있는 환경을 확보했다는 점은 눈에 띈다.

도심에서 한 그루의 큰 나무를 지키기 위한 외국 대사관의 배려가 더할 나위 없이 고마운 사건이다. 권율 장군의 집터를 지켜온 한 그루의 은행나무에 대한 우리의 보호 대책이 허술한 것과는 극단적으로 대비되는 사례다.

욕망의 집합지 도시에서 나무가 살아남는 법

도시는 많은 사람이 모이는 곳이다 보니 그 사람 숫자만큼 실로 다양한 일들이 끊임없이 벌어지는 곳이다. 그처럼 많은 사람들과 더불어 살아가는 나무의 살림살이 또한 그만큼 다양하다. 도시의 나무 이야기를 마무리하기 전에 '도시화' 과정에서 벌어진 참혹한 나무 이야기를 하나 덧붙인다. **전주 삼천동 곰솔** 이야기다. 이 나무의 사정은 『고규홍의 한국의 나무 특강』에서 상세히 이야기했지만, 도시의 나무 이야기를 하면서 몇 번이라도 되풀이해서 짚어보아야 할 나무 이야기여서 여기에서 다시 소개한다.

'숫솔', '완솔'이라고도 불렀던 소나무의 한 종류인 곰솔*Pinus thunbergii* Parl.은 바닷가에서도 잘 자라는 나무여서 한자로는 '해송海松'이라고도 부른다. 또 이 나무의 줄기 껍질이 소나무의 붉은 빛과 달리 검은빛이 난다 해서 '흑송黑松'으로 부르기도 했다. 물론 검은빛이라고 해서 새까만 건 아니고, 채도가 거의 없는 무채색이라고 생각하는 게 더 정확하다. 그 흑송을 우리말로 '검은 솔'이라고 부르다가 소리가 연음되면서 '곰솔'로 바뀌어 우리말 나무 이름이 생겼고, 이게 《국가표준식물목록》에서 지정한 공식 추천명이다.

바닷가에서 자라는 나무라고 했지만, 그렇다고 해서 육지에서 자라지 못하는 건 아니다. 다만 내륙지방에서 저절로 자라는 곰솔은 없다는 이야기다. 생명력이 강인해서 일단 뿌리만 내리면 그 자리에서 오래도록 잘 살아간다. 이걸 다르게 생각하면 내륙지방에서 잘 자라는 곰솔은 분명히 누군가 일부러 심어 키운 나무라고 보면 틀리지 않는다. 무언가를 기념하기 위해 심고 오랫동안 잘 보존한 나무라는 이야기다. 이런 나무일수록 나무에 담긴 사람살이의 무늬가 더 선명하게 남아 있을 가능성이 높다.

전주 삼천동 곰솔이 자라는 곳도 전형적인 내륙지방이다 보니, 이 나무 역시 필경 사람살이의 무늬가 또렷이 남아 있을 게 분명하다. 한창 싱그러울 때 이 곰솔의 생김새는 우리나라에 살아 있는 어느 곰솔에 견주어도 최고로 아름다운 나무였다. 나무높이 14미터, 가슴높이줄기둘레 4미터이며 나뭇가지를 동서로 34.5미터, 남북으로 29미터나 펼친 아름다운 생김새를 갖춘 나무였다. 땅에서 2미터 높이까지 굵고 곧은 줄기를 올리고, 그 부분에서 수평으로 여러 개의 가지를 펼쳤다. 사람들은 이 나무가 마치 한 마리의 학이 날아오르는 듯한 모습이라 해서 '학송鶴松'이라고 부르기까지 했다. 사실 우리나라의 옛사람들은 아무 데나 학의 이름을 붙이지 않았다. 학은 예로부터 장수를 상징했으며 또한 고고한 기상을 가진 선비의 이상적인 성품을 상징했다. 신성한 동물 학을 나무 이름에 붙인 경우는 **전주 삼천동 곰솔**이 유일하다. 충남 보령 지역에서 '귀학송歸鶴松'이라고 부르는 나무가 있긴 한데, 그건 나무에 붙인 이름이라기보다는 학이 돌아와 깃드는 소나무라는 뜻일 뿐 나무 그 자체를 학에 비유한 건 아니다. 그만큼 **전주 삼천동 곰솔**이 아름다운 나무였다는 이야기다.

나무가 서 있는 자리는 지금 아파트 단지에 둘러싸인 '곰솔길'이라는 이름의 10차로의 도로 곁이지만, 30여 년 전까지만 해도 아주 고요한 야산의 인동장씨 선산 구역이었다. 이 곰솔은 이자리가 조상의 선산임을 표시하기 위해 심어 키운 표지송標識松이다. 1920년대에 들어서 인동장씨의 후손이 나무를 보호하기 위해 돌축대를 쌓고, 그 앞에 '장씨산송대張氏山松臺'라는 표지석까지 세웠다. 나무는 고요 속에 파묻혀 인동장씨의 선산을 지키며 행복하게 잘 자랐다. 워낙 나무의 생김새가 아름다워 1988년 4월에는 천연기념물에 지정하기에 이르렀다.

그러다가 1990년대 초반의 어느 날. 나무로서는 피할 수 없는 위기가 찾아왔다. 이른바 '안행택지지구 개발 계획'이 발표된 것이다. 도시화 과정의 결정적인 계기다. 실제로 이 지역은 개발 계획 이전의 야산 지역이었던 것을 상상하기 힘들 정도로 번화한 도시 주택지역으로 바뀌었다. 그야말로 상전벽해다. 개발이 진행

188 독극물 피해를 받기 전의 **전주 삼천동 곰솔**.

되면서 나무 곁으로는 10차로의 큰 도로가 뚫렸고, 나무 옆으로는 고층 아파트가 올라갔다. 그래도 곰솔 가까이로는 천연기념물 보호구역으로 지정되어 있던 탓에 나무는 별다른 문제 없이 살아남았다. 그렇게 택지 개발이 완료되자 **전주 삼천동 곰솔**은 번잡한 도심 한가운데 하나의 섬처럼 덩그러니 떨어져 있게 됐다. 나무 앞의 도로에서는 자동차들이 소음과 매연을 내뿜었고, 고층 아파트는 나무로 스며드는 바람의 길을 가로막았다. 햇살도 머뭇거리게 했다. 생기를 잃고 나무가 허약해진 건 자연스러운 순서였다. 그리고 얼마 뒤, 숨이 막혀 허덕거리던 삼천동 곰솔의 상태가 급격히 악화됐다. 푸른 솔잎이 우수수 떨어지고, 검은빛의 가지도 희뿌옇게 말라 죽기 시작했다. 나무가 갑작스레 보여주는 악화한 건강 상태를 점검하려 가까이 다가가 살펴보니, 밑동 부분에는 예리한 공구를 이용해 뚫은 여덟 곳의 구멍이 발견됐다. 지름 1센티미터, 깊이 9센티미터 크기의 그 구멍 안쪽에는 독극물이 투여

제 19 장
도시의 나무

189　**전주 삼천동 곰솔**의 현재 모습.

된 흔적이 남아 있었다. 2001년의 일이다.

천연기념물은 살아 있는 생물에게만 부여하는 지위이다 보니, 나무가 죽으면 자연스레 천연기념물에서 해제한다. **전주 삼천동 곰솔**도 생명을 잃는다면 당연히 천연기념물에서 해제해야 하고, 보호구역 역시 해제하게 된다. 뒤늦게나마 개발 이익을 챙길 수 있으리라는 누군가의 계산에서 나온 고의적 범죄 행위임에 틀림없다. 나무를 살리기 위해 나무의사들을 동원한 치료책이 이어졌지만, 온전히 살려내는 데에는 실패했다. 마침내 무성하던 23개의 굵은 가지 가운데에 19개의 가지가 부러지고 햇살 잘 드는 동쪽으로 난 4개의 가지만 남긴 채 가지는 모두 죽어 부러지고 말았다. 예전의 화려한 모습은 모두 잃고 사진(그림 189)에서처럼 흉측한 모습만 남았다. 개발과 성장에 눈이 먼 사람들의 감춰진 시커먼 속내가 빚어낸 결과다.

그 누군가의 뜻대로 **전주 삼천동 곰솔**은 천연기념물에서 해

제될 순서만 남았다. 그러나 이때 국가유산청에서는 나무가 자연
적으로 죽은 것이 아니라 사람이 고의적으로 죽인 나무라는 점을
더 먼저 생각했다. 결국 이 같은 일이 다시는 되풀이되지 않도록
반면교사로 삼자는 뜻에서 죽은 생명체이지만 예외적으로 천연
기념물의 지위를 계속 유지시키기로 결정했다. 그리고 전문가들
이 나무의 상태를 정밀 점검했다. 재생 불가 판정이 나왔고, 사망
선고를 내렸다. '사망 판정'은 사실 좀 일렀다. 하지만 그대로 나
무를 방치한다면, 나무의 줄기 부분은 더 썩어들어 가 마침내는
줄기까지 손상되어 흔적조차 잃을 수 있다는 절박한 염려에 의한
현명한 판단이었다. 나무를 지금 상태나마 유지하려면 살아 있는
나무에는 할 수 없는 방부처리를 해야 했기 때문이었다. 방부처
리라는 건 간단히 말하자면 나무의 줄기 표면에 남아 있는 모든
숨구멍을 틀어막는 것으로 나무를 생명체가 아니라 단순 조형물
로 오래 남기자는 방책이다.

그렇게 세월이 흘러갔다. 몇 해 지나면서 놀랍게도 남아 있
던 4개의 나뭇가지는 점점 더 울창하고 무성하게 자랐다. 전체적
인 생김새에서야 예전의 그 아름다운 모습을 회복할 수 없었지
만, 나무는 사망 선고를 받고 모든 숨구멍이 틀어막히는 방부처
리를 받았음에도 불구하고 더 무성하게 살아났다. 다시 의견을
모아야 했다. 이처럼 왕성하게 살아 있는 상태라면 굳이 방부처
리를 하지 않아도 나무의 형체는 충분히 보존되리라고 판단해 마
침내 나무줄기 표면의 숨구멍을 틀어막았던 방부처리를 벗겨 내
기로 했다. 그게 도시화 과정에서 사람에 의해 삶과 죽음의 갈림
길을 오락가락하며 살아남은 지금의 **전주 삼천동 곰솔**이다.

제 19 장
도시의 나무

헤아려 보자면 이 같은 일은 한없이 많을 것이다. **전주 삼천동의 곰솔**은 그 대표적인 경우일 뿐이다. 그나마 천연기념물이라는 지위를 가지고 있는 탓에 살아남았고 인구에 회자하기도 했다. 그러나 도시화 과정에서 우리가 모르는 사이에 얼마나 많은 나무들이 생명을 잃고 사라졌을지는 굳이 일일이 열거하지 않아도 충분히 짐작할 수 있다.

지구라는 아름다운 별이 앓는 피부병

『고규홍의 한국의 나무 특강』에서 **전주 삼천동 곰솔**이 겪은 생과 사의 극적인 이야기를 소개하면서 나는 우리 근대의 북학파 실학자인 홍대용(洪大容, 1731~1783)과 프리드리히 빌헬름 니체(Friedrich Wilhelm Nietzsche, 1844~1900)가 남긴 말을 먼저 소개했다.

홍대용은 대표저술로 『의산문답醫山問答』을 남겼는데, 이 책은 "사람의 입장에서 물物을 보면 사람이 귀하고 물이 천하지만, 물의 입장에서 보면 물이 귀하고 사람이 천하다. 그러나 하늘의 입장에서 보면 인간과 물은 균등하다"라는 인물균人物均 사상을 설파한 명저다. 이 책에서 홍대용은 "지구는 활물活物이다. 흙은 그 살이고 물은 그 피며, 비와 이슬은 그 눈물과 땀이고, 바람과 불은 그 혼백이며, 기운이다"라고 전제하고는 "풀과 나무는 지구의 모발이고 사람과 짐승은 지구의 벼룩이며 이蝨다"라고 선언했다. 지구를 하나의 생명체로 보고, 그 위에서 자라는 나무는 터럭

190   중국 문인화가 엄성(嚴誠)이 그린 **홍대용 초상화**.

으로 보았으며 그 곁에서 살아가는 사람을 몹쓸 기생충인 이로 본 것이다. 또 자연주의적 사상을 자주 표현한 바 있는 니체도 홍대용과 같은 뜻의 이야기를 남겼다. "지구라는 아름다운 별이 앓고 있는 피부병은 인간이다!"

성장과 개발이라는 이름 아래에는 항상 인간의 부와 권력을 향한 욕망이 도사리고 있다. 호모 사피엔스의 본능적인 욕망은 더불어 살아가는 어떤 생명체도 품지 않는다. 다른 생명체를 돌아볼 여유를 가지지 못하는 건 물론이고, 이 장에서 살펴본 여러 경우에서 보듯이 다른 생명체의 생명을 앗아 가면서까지 욕망을 채워야 했다. '도시에서 나무가 꽃이 피는 건 반어법'이라고 한 시인 손택수의 절규에 공감할 수밖에 없는 이유다.

하지만 더 분명한 사실이 있다. 필경 도시에서 살아가는 인간 안에는 개발과 이익만을 좇는 악마 같은 본성이 들어 있는 게 사실이고, 자신 안의 메피스토펠레스와 같은 악마에게 팔린 마음이 시키는 대로 따라가는 인간이 있는 것도 사실이다. 그러나 그

제 19 장
도시의 나무

게 전부가 아니라는 사실을 분명히 말하고 싶다. 분명 사람의 본성에는 자신 안의 메피스토펠레스와 맞서 싸울 수 있는 용기 있는 본성도 분명히 있다. 세상의 모든 생명들과 함께 살아가고자 하는 본성 말이다. 그걸 우리는 죽음을 뚫고 일어선 도심 한복판에 쓸쓸히 서 있는 **전주 삼천동 곰솔**의 사례에서 똑똑히 볼 수 있었다.

자연스럽든, 다양하든 자연의 숨결을 느낄 수 없는 곳은 없다. 자연의 숨결이 멈춘 곳이라면 사람의 숨결까지 멈추어야 한다. 이제 눈을 동그랗게 뜨고 우리 곁의 자연, 그 가운데에서도 우리 앞에 우리보다 더 높은 곳을 향해 우뚝 서 있는 나무들을 함께 찾아보기로 하자. 강조하건대 이건 정말 어렵지 않은 일이다. 마치 어린 시절, 곤충 채집 대신에 식물 채집을 선택했던 이유가 그랬듯이. 그저 아주 잠깐만 평소와 다른 마음, 다른 눈길만 가지면 충분하다. 그러나 그 잠깐의 다름을 통해 얻을 효과는 분명 생각 이상이라고 단언한다. 내 곁의 생명에 대한 아름다움을 신비롭게 느낄 수 있는 아주 훌륭한 기회임이 분명하다. 이제 눈을 들어 나무를, 그리고 하늘을 바라보며 바로 우리 집 앞의 길로 함께 나서야 할 때다. 나무가 아름답게 사는 곳에서는 사람도 평화롭게 살 수 있고, 나무가 죽어가는 곳이라면, 그곳에서는 사람도 죽어갈 수밖에 없다.

숲 지키기

“인간은 확실히 생태계를 독점하는 핵심종임에 틀림없다.
하지만 생태계의 법칙을 이해하지 못하고
끊임없이 생태계에 해를 가한다면 결국에는
최후의 패자로 남게 될 것이다.”
이제 인간을 제어할 수 있는 유일한 종은
인간 자신뿐이다.

– 션 캐럴*Sean B. Carroll*, 『세렝게티 법칙: 생명에 관한 대담하고 우아한 통찰
The Serengeti Rules: The Quest to Discover How Life Works and Why It Matters』에서

몇 해 전의 어느 봄, 나는 '아이들의 숲'을 천천히 걷고 있었다. 일본 도쿄 변두리 사야마 구릉지대의 작은 숲이다. 특별한 나무나 화려한 볼거리가 있는 숲은 아니지만, 아이들의 영원한 벗 '토토로'가 살아 있는 숲, 어른들이 망가뜨릴 뻔했지만 아이들이 지켜낸 숲이다. 미야자키 하야오(宮崎駿, 1941~) 감독의 명작 애니메이션 〈이웃집 토토로〉에서 시작된 일이다. 애니메이션의 배경만큼은 실제 현장을 베껴 내는 방식으로 영화를 제작하는 미야자키 감독은 이 숲에서 영감을 얻어 녹나무 그늘에 깃들어 사는 상상 속의 캐릭터 토토로를 지어냈다. 토토로는 그렇게 태어나 세

계 어린이들의 가슴에 파고들었다.

　　주차장 하나 없고, 사람이 자주 찾는 숲도 아닌 **토토로의 숲**
에서 봄맞이를 했다. 아이들의 싱그러운 미소처럼 하늘도 파랗게
웃었다. 사람의 무늬가 아로새겨진 숲에 들어서서 가만히 눈 감
으니, 토토로와 기쁨의 춤을 추는 듯한 싱그러운 생각에 절로 설
레었다. 아름다운 사람의 향기가 살아 있는 숲에서 맞이한 찬란
한 봄이었다.

어린아이들의 푼돈을 모아 지켜낸 숲

　　이 책에서 그동안 숲의 나무 위에서 태어난 매우 특별한 생
물종 호모 사피엔스가 숲 곁에서 살아남기 위해 나무를 베어 내
고 숲을 파괴해 온 긴 역사를 이야기했다. 호모 사피엔스는 대개
의 경우, 자신의 살림살이를 위해 나무와 숲을 비롯한 자연 대상
물을 완전히 변화시키는 데에 더 앞장섰다. 당연히 나무와 숲은
피해를 볼 수밖에 없었던 게 인류의 역사를 통틀어 확인되는 일
이다. 지금 이 순간에도 도시에서의 나무 파괴 혹은 나무 살해 과
정은 이어지고 있다. 그러나 꼭 그랬던 것만은 아니다. 사람들은
이미 알고 있었다. 사람은 숲에서 태어난 생명이고, 숲을 떠나서
는 살 수 없다는 명백한 사실을 은연중에 혹은 잠재적 집단 무의
식 상태로 잘 알고 있었다. 그래서 한쪽에서는 끊임없이 나무를
베어 내는 한편 다른 쪽에서는 꾸준히 나무를 심어 키웠으며, 이
미 잘 자란 나무들이 무성하게 이룬 숲을 지키는 데에도 놀라울

191 일본 도쿄 인근의 **토토로의 숲**.

정도로 힘을 다했다. 또 나무는 치유의 근원이라는 것도 사람들은 잘 알고 있었다. 나무를 지키고 숲을 보존하기 위해 애쓴 흔적은 숲을 망가뜨린 역사 못지않게 치열했고, 그 사례도 다양하다. 그 많은 사례 가운데 세계적으로도 널리 알려진 것이 바로 일본 도쿄의 **토토로의 숲**이다.

사실 **토토로의 숲**은 거의 모든 자료에서 그냥 '잡목림'이라고 표현한다. 그저 그런, 그래서 혹시 망가진다 해도 아무렇지도 않을 동네 뒷산 숲에 불과하다. 그야말로 볼 것도 쓸 것도 없는 숲이라고 한 것이다. "관광코스로는 적당치 않은 숲이니, 웬만하면 찾아오지 말라"라는 식이다. 하지만 그 숲을 지켜낸 뜻과 과정은 도저히 지나칠 수 없다. 실제로 현장을 찾아보면서 느낀 첫 번째 불편함은 숲 주변에 버스 주차장조차 없다는 사실이다. 관광코스로 적당치 않은 곳이라는 증거다. 굳이 찾아가려면, 개별적으로 자가 승용차를 이용하거나 택시를 이용해 찾아가는 수밖에 없다. 단체 관광객을 모아 관람하는 건 어려운 숲이다. 숲은 이미 다녀간

192 토토로의 숲
표지판.

사람들이 이야기하듯 그야말로 '잡목림' 혹은 '동네 뒷산'과 다를
게 없는 그저 그렇고 그런 숲이다. 안내판은 없었다. 다만 숲 모롱
이 곳곳에 **토토로의 숲** 1호지', '2호지' 등의 표지판만 이 숲이 남
다른 곳임을 알렸다. 그럼에도 도쿄라는 세계적인 대도시 주변에
이처럼 동네 뒷산, 마을 숲이 허물어지지 않고 고스란히 남았다
는 건 매우 특별한 일이다. 조붓한 숲길을 걸어 숲을 들어서니 바
람은 고요하고 새소리만 흥겨웠다. 일본의 숲에서 흔히 볼 수 있
는 편백과 삼나무는 어디에서나 그렇듯 높은 키로 하늘을 찌를
듯 솟아올랐다. 어디에선가 불쑥 토토로 가족이 튀어나올 듯한
동화적 분위기가 물씬 담긴 좋은 숲이다. 번잡한 도시 가까운 곳
에서 생명의 소리를 들을 수 있다는 건 즐거운 일이다.

  이 숲을 지켜낸 건 어린아이들이었다. 1990년 4월의 일이
다. 그때 도쿄에는 주택 단지 개발 계획이 나왔다. 개발 계획에 들
어 있는 토지에 토토로가 살던 숲이 포함됐다. 그러자 〈이웃집 토
토로〉에 감동했던 아이들은 화가 났다. 숲에 아파트 단지가 들어
서면 토토로는 대관절 어디로 가야 한단 말인가. 아이들은 가만

193 미야자키 하야오 감독의 애니메이션 명작 〈**이웃집 토토로**〉.

히 보고만 있지 않았다. 어리석지만 위대한 생각이 일어났다. 누군가가 먼저 '숲을 사자'고 했고, 이 터무니없는 생각에 많은 아이들이 용돈을 모으기 시작했다. 숙제 공책을 찢어 동전 몇 푼을 고이 싸서 모금 단체에 보냈다. 물론 토토로가 살던 숲 전체를 살 수 있는 돈이 모두 모이리라 생각하기엔 터무니없이 적었지만, 아이들의 모금은 곰비임비 쌓였다. 아이들의 성원에 힘입어 '토토로의 고향 기금위원회'가 결성됐다. 일본 전국적으로 숲을 지키자는 운동으로 확산된 것이다. 1년 반 동안 전국에서 1만 건 이상의 기금이 모였는데, 놀라운 건 그 절반 가까이가 초중학생이 보낸 '코 묻은 돈'이었다는 사실이다. 아이들은 자신들의 용돈을 숲 지키기에 쓰라고 보냈다. 1991년 8월에 이 소중한 모금으로 360평 규모의 숲을 사들여 '**토토로의 숲** 제1호'로 이름했다. 그러나 개발은 더 빠른 속도로 진행됐다. 숲 지키기에 〈이웃집 토토로〉를 만든 미야자키 하야오 감독이 끼어든 건 그때였다. 1996년의 일이다. 미야자키 감독은 숲을 지키기 위해 3억 엔이라는 거금을 내놓았다. 마침내 그해 12월 19일, 모두 3억 795만 엔으로 이 숲을 사

제 20 장
숲 지키기

들이기로 했다. 단순히 애니메이션의 배경이었던 이 숲이 다시는 개발의 위험에 노출되는 일 없이 영원한 토토로의 고향으로 남게 됐다. 사람들은 그 숲을 아이들의 생각에 맞추어 **토토로의 숲**이라 이름 붙였다. 마침내 아이들은 토토로를 지켜냈고, 토토로는 이제 아이들의 뜻과 더불어 사람살이를 더 맑게, 더 오래 지키게 됐다. 이 작은 숲을 지키기 위한 노력은 그 뒤로도 이어졌다. 숲을 오래 도록 지키기 위해서는 더 많은 돈이 필요하다는 생각이 있었고, 지금도 기금은 차곡차곡 모이는 중이라고 한다. 미야자키 감독의 기부금이 결정적인 역할을 한 건 사실이지만, 숲을 지키겠다는 뜻을 모으고 그 실천을 시작한 건 어린아이들이었다. **토토로의 숲** 을 '아이들이 지켜낸 큰 숲'이라고 이야기한 건 그래서다. 더불어 이 숲은 세계 내셔널트러스트 운동의 모범적 사례 가운데 하나로 남게 됐다. 뭉클한 감동이 이는 아름다운 큰 숲이다.

제5장 '숲의 형성'에서 한 차례 짚어보기도 했지만, 일본에서 찾아본 숲 가운데에는 400년 전부터 일본의 신궁 건축에 공급할 목재를 확보하기 위해 보호림으로 지정하고, '나뭇가지 하나에 팔 하나, 나무 한 그루에 머리 하나'를 바꾼다는 엄격한 규칙으로 지킨 오래된 숲 **아카사와 자연휴양림**도 있다. 일본의 아카사와숲 의 살벌한 규칙 못지않게 엄한 규칙으로 지켜온 우리 숲도 있다 는 이야기를 했다. 소나무 한 그루를 훼손할 경우 '장 100도'를 치 는 '송목금벌지법'으로 숲을 보호한 경우가 있다는 이야기도 함 께 했다. '송목금벌지법'으로 지켜온 우리의 대표적인 숲은 **울진 소광리 금강소나무숲**이다. 이제 우리가 어떻게 숲을 지켜왔는지를 살펴볼 차례다.

탐방 인원을 제한하는 데다 숲 해설가들의 안내를 따라 탐방해야 하는 조건 때문에 **울진 소광리 금강소나무숲**을 찾는 일은 쉽지 않다. 우리나라의 대표적인 소나무숲인 **울진 소광리 금강소나무숲**의 하고한 사연에 다가서려면 번거롭지만, 앞의 제5장 '숲의 형성'에서 간단히 이야기했던 숲의 천이 과정을 이 숲에 맞추어 다시 짚어보아야 한다. 황폐화한 숲에 가장 먼저 들어와 자리 잡는 대표적인 식물로 앞에서는 뿌리혹박테리아와 공생하는 콩과 식물을 이야기했지만, 그 순서를 보다 세밀하게 짚어보면 뿌리가 얕은 식물이 먼저 들어온다. 우리나라의 경우 뿌리가 얕은 대표적인 식물로는 진달래를 꼽을 수 있다. 그보다 먼저 황폐한 땅에 들어와 자리 잡는 지의류와 균류의 활동은 젖혀놓기로 한다. 지의류와 균류의 활동은 매우 중요하지만, 사람의 눈에 두드러지게 보이는 게 아니니까 현실적으로 인식하기 어려운 까닭이다. 뿌리를 깊게 내리지 않고도 생명을 이어갈 수 있는 뿌리가 얕은 식물이 숲에서 생명의 터전을 닦아가는 즈음에 이 숲에 들어오는 식물이 제5장에서 이야기했던 콩과 식물이다. 콩과 식물 가운데에서도 칡과 같이 생명력이 강한 덩굴식물이 뿌리혹박테리아를 데리고 들어와 자리 잡는다. 그다음에 들어오는 식물이 겉씨식물, 즉 소나무나 전나무처럼 잎이 가는 침엽수들이다. 최초로 자리 잡은 뿌리가 얕은 식물에서부터 콩과 식물, 겉씨식물 등 거의 모든 식물은 우리 생태계의 모든 생명이 그렇듯이 먹이사슬로부터 자유로울 수 없다. 그건 이들을 먹이로 하는 어떤 생물이 들

제 20 장
숲 지키기

693

어올 여지가 발생했다는 이야기다. 까닭에 다른 생물들이 이 숲을 찾아오고, 그럼으로써 복합적 생태계가 이루어진다는 건 앞에서 이미 짚어보았다. 그런 과정을 거치면서 차츰 숲에는 겉씨식물인 침엽수 종류가 자리 잡게 된다. 그런데 이 침엽수는 잎의 표면적이 작아 햇빛을 받는 양이 적다. 당연히 광합성으로 지어 내는 영양분이 적어서 주변에 다른 식물이 함께 사는 걸 경계할 수밖에 없다. 심지어 소나무는 주변에 다른 식물들이 자라지 못하도록 하는 방해물질을 내뿜기까지 한다. 이를 타감작용他感作用, allelopathy이라고 한다. 서서히 이 자리는 침엽수가 무성한 숲으로 자리 잡는다.

소나무가 아무리 강력한 무기로 다른 식물의 침입을 막는다 해도 소나무의 훼방쯤은 너끈히 이겨내는 식물이 있다. 잎이 넓어 스스로 지어 내는 양분이 넉넉한 신갈나무 종류가 대표적이다. 신갈나무라고 해서 소나무와 같은 침엽수의 타감작용 영향을 받지 않는 건 아니다. 다만 신갈나무는 잎이 워낙 넓어서 광합성으로 지어 내는 에너지의 양이 충분하다 보니, 소나무의 타감작용쯤은 너끈히 견뎌내고 자라는 것이다. 빠르게 자라는 신갈나무는 얼마 뒤 소나무 위로 자라서, 소나무 위로 짙은 그늘을 드리운다. 이쯤 되면 소나무는 서서히 신갈나무에게 자리를 내어줄 채비를 해야 한다. 햇빛을 잃게 된 소나무는 결국 신갈나무와 같은 넓은잎나무에게 자리를 내어주고 숲에서 사라진다. 자연스러운 숲의 천이 과정이다.

그런데 우리나라의 숲에는 신갈나무보다 소나무가 유난히 많다. 자연스러운 천이 과정에 의해 이루어진 숲이 아닌 결과다.

우리나라는 오래전부터 소나무를 귀하게 여겨왔다. 울진에서 소나무를 이렇게 잘 지키게 된 것은 조선시대에 본격화했다. 이를테면 조선 세종(世宗, 1397~1450, 재위: 1418~1450) 23년(1441)에 제정한 '송목금벌지법松木禁伐之法'이 그것이다. 소나무를 훼손한 사람에게는 '장 80도'를 치게 하는 엄격한 법이었다. 이어 숙종(肅宗, 1661~1720, 재위: 1674~1720) 때에는 소나무를 심어 키우고 보호하는 봉산封山 282곳을 지정해, 단순 보호를 넘어 적극적으로 심어 키우게 했다. 덧붙여 세종 때 정했던 법을 더 강화했다. '장 80도'를 '장 100도'로 높인 것이다. '장 80도' 혹은 '장 100도', 즉 곤장 80대에서 100대라면 사람을 죽을 지경에 몰아넣는 일이다. 엉덩이가 아파서 죽는 게 아니라 해도 맞은 자리가 곪아 터지면서 죽음에 이를 가능성이 높다. 나무를 베어 낸 사람을 죽여버리는 무시무시한 법이다. 그만큼 소나무를 극진히 보호하려는 의도였다.

조선 숙종 때부터는 울진의 금강소나무 군락지를 왕실의 황장봉산으로 지정 관리하였다. 그 뚜렷한 증거가 소광리 자연석에 새겨진 '황장봉계표석黃腸封界標石'이다. 소광리 소광천과 대광천 계곡의 장군터 인근에서 발견된 이 표석은 1994년 9월에 경상북도 문화재자료로 지정해 보호하고 있는 상황이다. 황장봉계표석에는 "황장목의 봉계 지역을 생달현生達峴, 안일왕산安一王山, 대리大里, 당성堂城, 네 지역으로 하고, 이 지역을 명길命吉이라는 산지기로 하여금 관리하게 하였다"라는 내용이 적혀 있다. 여기에서의 황장목은 금강소나무의 다른 이름으로, 나무줄기 안쪽의 속살에 누런빛이 돈다 해서 붙은 금강소나무의 별명이다. 이 표석을 비롯해 황장봉산을 지정하던 조선 숙종 연간에는 봉산을 지정하면

제 20 장
숲 지키기

695

194 　울진 소광리 금강소나무숲.

서 봉산 곳곳에 표지석을 설치했다. 이를 뭉뚱그려 '황장봉표'라고 한다. 황장봉표는 울진 외에 원주, 영월, 인제 등에서도 발견됐지만 울진의 소광리 황장봉계표석이 가장 앞선 것이다. 또 다른 곳은 금강소나무숲의 원형이 사라졌고, 현재까지 금강소나무 군락지로 남은 곳은 울진 소광리뿐이다.

황장봉산을 지정하고 소나무를 보호한 조선시대에 조정에서는 민가에서 땔감으로 나무가 필요하면 소나무 대신 신갈나무나 상수리나무와 같은 참나무 종류의 나무를 베어 내라고 권하기까지 했다. 숲의 자연스러운 천이를 거쳤다면 결코 소나무숲이 남을 수 없었지만, 정책적 보호를 거쳐 우리 숲에는 유난히 소나무가 많이 남게 된 것이다. **울진 소광리 금강소나무숲**이 지금 우리나라의 대표적인 소나무숲으로 남게 된 것도 이 같은 역사적 근거에서 비롯됐다.

황장목으로 더 많이 불리던 금강소나무는 왕실의 건축재는 물론이고 왕실의 관곽재棺槨材로 많이 이용했다. 임금의 권위

195 **울진 소광리 금강소나무숲** 입구에 설치한 황장봉 계표석.

가 하늘로 치솟던 조선시대에 임금의 살림살이를 위한 나무를 훼손한다는 건 있을 수 없는 일이었다. 황장봉산으로 지정된 지 500년이 지난 지금도 **울진 소광리 금강소나무숲**은 산림청이 산림유전자원보호구역으로 관리하는 금강소나무 군락지로 남았다. 숲의 총 면적은 여의도의 140배나 되는 4만 151헥타르에 이른다. 금강소나무 외에 다양한 식생이 건강하게 어울려 자라는 숲에 금강소나무만도 무려 160만여 그루가 살아 있는 것으로 추정된다. 숲에서 가장 오래된 금강소나무는 500년 쯤 된 것으로 보이며, 그 뒤 저절로 싹을 틔우고 자란 나무 가운데에는 최근에 뿌리를 내린 30년 정도 된 어린 금강소나무도 적지 않다.

현재 탐방로로 개방하는 구간은 모두 여섯 곳이 있는데, 어느 숲길을 걷는다 해도 곳곳에서 우람하게 솟아오른 금강소나무를 만날 수 있다. 이 숲길을 걷는 게 유난히 더 좋은 건 우리나라의 다른 어느 곳에서도 보기 어려운 옛길의 원형이 그대로 남아 있기 때문이다. 바로 십이령옛길과 같은 보부상길이다. 울진의 해안에서 내륙의 봉화 지역으로 연결되는 십이령옛길은 보부상들

제 20 장
숲 지키기

의 애환이 어린 험한 산길로, 오래전에 이 지역의 보부상들은 지게에 짐을 짊어지고 130리나 되는 열 고갯길을 넘었다고 한다. 개방 구간 중 3구간으로 불리는 길이다.

긴 세월 동안 사람의 역사와 문화를 고스란히 간직하며 살아남은 이 숲은 자연의 순리를 거스른 인공의 숲이라 해도 영원히 후대에까지 물려주어야 할 아름답고도 귀중한 숲이라는 데에 다른 생각이 끼어들 수 없다.

가난한 마을의 재산으로 지켜온 큰 숲

울진 소광리 금강소나무숲과 함께 세계적으로도 내놓을 만한 오래된 숲이 우리나라에는 또 한 곳 있다. 바로 **제주 평대리 비자나무숲**이다. 원시림의 형태를 유지한 우리의 자랑스러운 숲이다. 세계적으로도 흔치 않은 천연의 원시림이다. 오랫동안 일반인의 출입이 금지된 비밀의 공간이었던 이 숲을 개방한 건 1992년이었다. 이어 2012년 봄에는 산책로 일부를 정비하고 관람 구역을 추가해 지금에 이른다.

제주 평대리 비자나무숲은 비자나무가 주종이어서 '비자나무숲'이라고 부르지만, 자귀나무·아왜나무·머귀나무·천선과·후박나무 같은 난대성 식물은 물론이고, 나도풍란·콩짜개난·흑난초 비자란 같은 희귀 식물까지 골고루 섞여서 안정적 식생을 이룬 건강한 숲이다. 모두 240종이 넘는 식물과 다양한 동물이 살고 있는 천연의 원시림이다. 자연히 식물에 깃들어 사는 새들과

곤충이 다양할 것이며 한 걸음 더 나아가면 사람의 눈으로 확인할 수는 없는 숱하게 많은 미생물이 어울려 살 것이다. 온갖 종류의 생물이 평안하게 어울려 살아가는, 천연의 생명력이 숨 쉬는 숲이다. 주변으로 다랑쉬오름과 둔지오름이 병풍처럼 감싸안고 있다는 점도 평대리 비자나무숲이 건강한 숲으로 남을 수 있는 천혜의 조건이다. 바람 많은 제주도에서 바람을 막아주고 습도를 지켜줌으로써 비자나무의 생육에는 더없이 좋은 환경이 됐다. 천연기념물로 지정한 이 숲의 전체 구역은 무려 44만 8,758제곱미터(약 13만 6,000평), 비자나무 보호림으로는 세계적 규모다. 2,000그루가 넘는 비자나무가 곳곳에서 헌칠하게 자랐다. 이 숲에서 가장 오래된 비자나무는 800년쯤 됐다고 알려졌다. 숲에는

제 20 장
숲 지키기

어미 나무에서 저절로 떨어진 씨앗이 뿌리 내리고 자란 치수들도 적잖이 눈에 띈다. 숲의 상당 부분은 보호구역으로 출입이 제한되고, 1킬로미터 남짓의 짧은 구간만 관람할 수 있다.

숲이 처음 이뤄진 건 800년 전쯤이다. 당시 이 숲에서 마을 사람들은 해마다 한 번씩 당산제를 지냈다. 제를 올릴 때에는 이 숲의 주인인 비자나무의 열매인 비자를 제상祭床에 올렸고 제를 마치면 제상의 비자를 주변에 흩뿌렸다. 천연 상태에서 숲을 이룬 속에 사람들이 뿌린 열매까지 보태져 숲은 갈수록 울창해졌다.

350미터 남짓의 입구 산책로를 지나면 오래된 비자나무숲의 입구에 이른다. 사철 푸른 잎을 가지는 초록의 비자나무와 묘한 대비를 이루는 것은 붉은빛으로 이뤄진 산책로 바닥이다. 화산 활동 중에 나오는 화산 쇄설물인 화산송이다. 제주 지역의 대표 지하자원인 화산송이는 토양의 수분을 조절해서 식물 생장에 좋은 환경을 조성한다. 화산송이는 숲의 생육 환경을 건강하게 유지하기에도 좋지만, 초록의 숲과 절묘한 대비를 이뤄 보기에도 더없이 좋다.

상큼한 느낌의 화산송이를 밟으며 걸을 수 있는 조붓한 산책로는 무성하게 자라 하늘을 덮은 거대한 비자나무들로 빽빽하다. 걸음마다 은은히 풍겨 오는 비자나무의 초록 향기와 하늘을 가린 거목의 울창함에 상쾌한 산책이 이어진다. 걷다가 저절로 만나게 되는 산책로 곁의 거목들은 걸음을 멈추게 한다. 가만히 서서 비자나무 거목을 바라보면 800년 동안 이 숲에서 자연의 숨결을 지키며 살아온 생명의 위대함을 느끼게 된다.

이 숲을 걸을 때에는 몸가짐을 조심해야 한다. 전해오는 전설이 있는 까닭이다. 이 숲에 들어가서 나무를 훼손하는 건 둘째치고, 아예 그 안에 들어가기만 해도 천벌을 받는다는 전설이다. 조금은 황당하기도 하고, 살벌해 보이기도 하는 이 전설은 이 숲을 보존하기 위해 지어낸 이야기이리라. 제주도 사람들에게 이 숲은 대관절 어떤 존재였기에 이 같은 전설이 만들어졌을까 궁금해질 수밖에 없다. 궁금증을 해결하기 위해서는 비자나무의 특징과 그에 맞춤한 쓰임새를 알아야 한다.

비자나무의 특징을 가장 잘 드러내는 부분은 줄기다. 여느 나무와 사뭇 다르다. 비자나무 줄기는 포근하다거나 심지어 푹신하다고 해야 할 느낌을 가졌다. 비자나무 줄기의 이 같은 특징은 좋은 목재로 쓰일 수 있는 특별한 조건이 된다. 비자나무는 예로부터 가구재나 건물의 고급 장식 부분에 많이 쓰였다. 무른 듯하지만 내구성이 강해 다루기 편하면서도 오래 보존할 수 있는 고급 재료였던 것이다. 약간의 흠을 자연적으로 메우는 자연복원력이 뛰어나 현대에는 바둑판의 최고급 재료로 쓰이기도 한다.

제주도 비자나무의 쓰임새는 고려시대부터 널리 알려져 있었다. 비자나무는 주로 남해안 지방에서 잘 자라는데, 그 가운데에도 제주도의 비자나무는 질이 좋기로 유명했다. 심지어 제주도 비자나무 목재를 원나라에 조공으로 바치기까지 했다고 한다. 농사가 잘되지 않아 궁핍하게 살아야 했던 제주도 사람들에게 비자나무는 가장 귀한 재산이었다. 비자나무숲을 잘 지켜야만 했던 이유다. 사람들은 비자나무가 잘 자라는 이 숲을 아예 신성한 숲으로 만들고, 그 안에 들어가지도 못하게 막자는 절실한 생각으

제 20 장
숲 지키기

로 조금은 황당한 전설을 지어내 오늘날까지 전하는 것이지 싶다. 거의 생존 조건이랄 수 있을 만큼 절박함으로 만들어진 전설이다.

처음부터 제주 사람들이 '다양한 생명의 공존' 혹은 '지속 가능한 생명 공동체'라는 거시적인 목적으로 숲을 보존한 것은 아니었다. 순전히 정치·경제적 이유, 즉 국가 자원으로 비자나무를 지켰다. "탐라국의 왕자 수운나가 비자를 조정에 바쳤다"라며 제주 비자나무의 가치를 높이 평가한 『고려사』를 비롯해, "주요 국가자원인 이 숲의 비자나무에 대해 벌목을 금지"한다고 기록한 조선 예종 때의 『조선왕조실록』이 모두 이를 증거한다.

긴 세월을 지나면서 비자나무숲은 경제적 자원으로의 의미를 내려놓고, 천연자원의 보전구역이라는 더 큰 의미를 가진 숲이 되었다. 사람들은 나무를 베어 내고, 나무에 깃들어 살던 숱한 생명들을 내쫓으며 지금의 현대 산업사회를 일궈왔다. 우리 곁에 천연의 숲이라 부를 만한 자연은 찾아보기 어려운 게 사실이다. 그런 각박한 현실에서 이토록 아름다운 숲이 원시림 상태로 남았다는 건 기적처럼 고마운 일이다.

자유롭게 산책할 수 있는 숲속 산책로에서는 이 숲에서 가장 크고 가장 오래된 비자나무 한 그루를 만날 수 있다. 이른바 '조상목' 혹은 '비조목'이라고 부르는 매우 큰 나무다. 21세기를 맞이하던 때에 이 땅에 다가오는 새천년을 기념하기 위해 '새천년 비자나무'라고 이름 붙인 거목이다. 나무의 줄기 부분만 봐도 그가 지내온 세월의 풍상을 한꺼번에 느낄 수 있을 만큼 융융한 이 나무의 나이는 800년이 넘는다. 800년 된 이 원시림에서 가장 오래된 나무인 셈이다. 나무높이는 14미터쯤 되는데 여느 비자나무에 비해 월등히 큰 건 아니다. 그러나 우리나라에 살아 있는 비자나무 가운데에 이만큼 장한 모습으로 큰 나무는 없다. 그러나 새천년 비자나무를 온전히 느끼기 위해서는 시간이 필요하다. 800년에 걸쳐 제 몸 안에 담아낸 그의 표정과 느낌을 한순간에 느낄 수 없는 건 지당한 이야기다. 오래된 대부분의 나무가 그렇듯이 새천년 비자나무가 보여주는 표정과 느낌은 한두 마디로 표현하기 어려울 만큼 다양하다. 나무 곁에 둘러친 울타리 곁으로 낸 판잣길을 따라 천천히 걸으며 나무에 눈길을 고정하고 바라보면 같은 나무이건만 어쩌면 이리 다양한 표정과 느낌을 전해주는지 신비로울 지경이다. 한 번, 두 번 되풀이해 돌아볼수록 나무의 깊은 속내가 느껴진다. 전체 수형은 물론이지만, 그 굵은 줄기에서 뻗어나온 가늣한 가지 하나하나의 펼침 역시 신비롭다.

새천년 비자나무와 함께 관찰해야 할 한 그루의 나무가 더 있다. 제13장 '나무의 생명력'에서 나무의 협동전략으로서의 연리현상을 이야기하면서 소개했던 비자나무 연리목이다. 새천년 비자나무에서 100미터쯤 떨어진 곳에 서 있는 나무여서 이 숲에 들어서면 자연스레 보게 되는 나무다.

제주 평대리 비자나무숲에서 눈에 띄는 나무로 새천년 비자나무와 연리목만을 이야기하는 건 온당치 않다. 숲의 모든 비자나무가 서로 어우러지면서 빚어낸 신비로운 자연 풍광에서 어느 한 그루만을 짚어서 이야기한다는 건 어불성설이다. 천천히 더 천천히 걸으면서 나무 안에 담긴 생명의 신비를 느껴야 한다. 그것이 바로 이 아름다운 숲이 우리 곁에 살아남은 의미를 되새기고, 앞

제 20 장
숲 지키기

197 **제주 평대리 비자나무숲**에서 가장 오래된 나무인 **비조목**.

으로도 오래 지켜낼 수 있는 첫걸음이다.

미세먼지를 이야기하고 지구 온난화를 이야기할 때마다 사람들은 나무를 심어야 한다고 했고, 숲의 중요성을 앞다퉈 이야기했다. 그러나 결과는 크게 달라지지 않았다. 머뭇거리는 사이에 북극의 빙하는 더 녹아내렸고, 여름 기온은 '역대급'으로 치솟았으며, 살 곳을 잃은 미생물은 병원균이 되어 사람의 몸에 스며들었다. 지금이라도 이 땅의 모든 생명체와 더불어 사는 길을 찾아야 한다. 한 그루의 나무에게 공간을 내어주고, 더 넓은 땅에 숲을 보존하는 건 결코 다른 생물만을 위한 일이 아니다. 다른 생명의 보금자리를 지켜주는 이타적인 행위는 더불어 사람이 더 평안하게 살기 위한 이기적인 생존전략이기도 하다. 황당무계한 전설을 믿으며 지켜온 천연의 숲을 앞으로도 오래오래 보존해야 할 이유다.

고기잡이 어부들이 살림살이를 위해 지킨 숲

원시림 형태는 아니지만 우리에게는 자랑스러운 숲이 여럿 더 있다. 참 특별한, 그러나 그때 그 사람들에게는 매우 탁월한 지혜로 지켜온 우리의 자랑스러운 숲이 있다. 천연기념물로 지정해 보호하는 경상남도 남해군의 큰 숲, **남해 물건리 방조어부림**이다. 앞에서 짚어본 **울진 소광리 금강소나무숲**이나 **제주 평대리 비자나무숲**에 비해 규모와 연륜은 비교할 수 없을 만큼 작지만, 그 숲의 큰 나무들이 어울리며 펼치는 생태적 아름다움은 그에 못지않다. 그도 그럴 것이 앞의 숲들은 국가적으로 지켜온 숲이지만, **남해 물건리 방조어부림**은 마을 사람들이 자발적으로 이뤄내고 대를 이어 지켜온 숲인 까닭이다. 더구나 이 아름다운 숲에는 갯마을 어부들의 간절함이 절절히 배어 있다는 점에서 우리가 지켜온 숲을 이야기할 때 빼놓을 수 없다.

바닷가를 따라 30미터의 폭으로 약 1.5킬로미터 길이로 펼쳐진 이 숲은 300년 전에 처음 조성해 지금까지 마을 사람들이 자발적으로 지켜왔다. 다양한 종류의 나무들이 어우러진 이 숲에 있는 나무 종류는 국가유산청의 조사 보고에 따르면 "팽나무, 푸조나무, 참느릅나무를 비롯해 말채나무, 상수리나무, 느티나무, 이팝나무, 무환자나무 등의 낙엽활엽수와 상록성 나무로 후박나무"가 주요 나무 종류로 확인됐다. 덧붙여 "소태나무, 때죽나무, 가마귀베개, 구지뽕나무, 모감주나무, 생강나무, 검양옻나무, 초피나무, 윤노리나무, 갈매나무, 쥐똥나무, 붉나무, 누리장나무, 보리수나무, 예덕나무, 병꽃나무, 두릅나무, 화살나무 등의 낙엽활엽수와 청미래덩굴, 배풍등, 청가시덩굴, 댕댕이덩굴, 멀꿀, 복분자, 딸기, 계요등, 노박덩굴, 개머루, 송악, 마삭줄 등의 덩굴식물류”가 자라고 있다고 한다.

　노련한 식물 분류 전문가가 아니고서는 이토록 다양한 식물들을 모두 관찰하는 게 불가능할 정도다. 숲의 나무들이 이룬 나무우듬지는 10~15미터 수준에서 거의 동일하게 숲 전체로 이어진다. 멀리서 바라보면 한 종류의 나무들을 같은 시기에 같은 크기로 골라 심어 키운 것으로 보인다. 그러나 나무 종류가 다양하다 보니, 이 숲은 찾아갈 때마다 다른 풍경을 보여준다. 게다가 다른 종류의 나무들이 제가끔 꽃 피우는 시기에도 차이가 있어, 관찰 시기마다 관찰 포인트가 달라진다. 더 좋은 건 같은 종류의 나무들이 일정한 거리를 두고 따로따로 떨어져 있어서 숲 이편에서 저편으로 옮겨 다니며 하나둘 관찰하는 게 결코 지루하지 않다. 이를테면 이팝나무가 꽃 피는 5월에 찾아가면 길게 이어진 이 숲의 한가운데에 서 있는 한 그루의 이팝나무와 숲의 끝 자락에 서 있는 큰 이팝나무가 꽃을 피운다. 다른 나무들은 그저 똑같은 초록의 잎을 무성하게 달고 있는 상황에도 이팝나무 몇 그루가 꽃을 피워 숲의 다양성을 보여준다.

　‘방조어부림防潮魚付林’이라는 이름부터 특별하다. 이 숲에 대한 사전 정보 없이 처음 본 사람이라면 누구라도 가장 먼저 ‘방풍림’으로 이야기하기 십상이다. 바닷가에서 불어오는 바람을 막기 위한 숲이라는 데에 생각이 머무를 것이 당연하다. 물론 이 숲도 기능적으로는 바닷가로부터 불어오는 바람을 막는 데에서부터 시작했다. 그러나 이 숲을 지은 뜻은 한 걸음 더 나아가 있다.

300년 전 이 바닷가에 나무를 심을 때의 상황으로 돌아가지 않고, 지금의 상황만 염두에 둔다면 도무지 짐작하기 어려운 뜻이 있었다. 그때에도 이 갯마을 사람들은 바닷가에 나가 물고기를 잡아 생계를 이어갔다. 그런데 먼 바다에 나갈 큰 배를 만들 여력이 없었다. 그저 그물이나 낚시를 이용해 갯가 가까이 다가오는 물고기만을 낚았다. 날씨가 추워지면 물고기는 잡히지 않았다. 물이 따뜻해야 물고기들의 활동이 활발해지고, 그래야 먼 바다에 머무르던 물고기들도 가까이 다가왔다. 물고기를 더 잘 잡아야 했던 마을 어부들이 마을 지형을 보자 하니, 바다에서부터 마을까지 뻥 뚫린 갯벌로 부는 바람이 매서워 바닷물도 따라서 차가워진다고 생각했다. 물고기는 차가운 물에는 찾아오지 않는다고 생각한 옛 어부들은 바닷물을 따뜻하게 할 방도를 찾던 끝에 바닷가에 나무를 심었다. 휑하니 통하지 않도록 바닷바람을 막으면 마을 앞바다의 물은 따뜻해질 것이라고 생각했다. 그래서 한 그루, 두 그루 나무를 심었고, 그게 숲을 이룬 것이다. 그래서 이 숲은 분명히 바람을 막는 기능을 가진 숲인 여느 방풍림과 다를 것

제 20 장
숲 지키기

이 없지만, 그 목적만큼은 단순히 바람을 막는 데에 그치는 것이 아니라 더 많은 물고기를 잡기 위한 것이었다. 그래서 숲의 이름은 '방풍림'이 아니라 '방조어부림'이다. 멸치잡이에 주로 이용하는 남해의 '죽방렴竹防簾'과 함께 우리나라에서 가장 오래된 원시 어업의 지혜가 담긴 독특한 문화유산이다.

바닷가 마을 사람들에게 **남해 물건리 방조어부림**은 생명의 젖줄과 다름없었다. 결국 사람들은 이 숲이 망가지면 마을이 가난하고 피폐해질 것이라고 생각하고 숲을 지켜왔다. 최근 들어 이 숲이 영화 촬영의 배경으로도 활용되는 등 널리 알려지면서, 숲을 찾아와 야영하는 관광객들이 급속히 늘어가고 있다. 사람이 많아지면 자연히 숲은 적잖은 피해를 보게 될 것이라 생각한 마을 사람들은 숲을 지키기 위해 자발적으로 당번을 정해 숲을 순찰하면서까지 숲의 보호에 나선다.

이 숲을 이야기하려면 반드시 떠오르는 시가 있다. 이 숲을 더 이상 아름다울 수 없는 최상의 언어로 묘사한 시 한 수를 보자. 손택수의 〈어부림〉이다.

딴은 꽃가루 날리고 꽃봉오리 터지는 날
물고기들이라고 뭍으로
꽃놀이 오지 말란 법 없겠지
남해는 나무그늘로 물고기를 낚는다
상수리나무 느티나무 팽나무 짙은 그늘 물 위에 드리우고
그물을 끌어당기듯, 바다로 휜 우듬지에 잔뜩 힘을 주면
푸조나무 이팝나무 꽃이 때맞춰 떨어져내린다

꽃냄새에 취한 물고기들 영영 정신을 차리지 못하도록

말채나무 박쥐나무 꽃도 덩달아 떨어져내린다

木그늘로 너희들 목에 내린 그늘이라도 풀어라

남해 삼동 촘촘한 그늘 가득 퍼득대는 물고기를

잎잎이 어깨에 메고 우뚝 선 어부림

꽃향기는 수평선 너머로도 가고 심해로도 가서

낚싯바늘처럼 단숨에 아가미를 꿰뚫는다

꽃가루 날리고 꽃봉오리 터지고 청미래 댕댕이 철썩 철썩

파도소리를 흉내내며 뒤척이는 숲,

날이 저물면 남해는 나무들도 집어등을 켜 든다

- 손택수, 〈어부림〉 전문

시인의 비유는 절묘하다. 사람이 물고기를 잡으려고 물을 따뜻하게 하기 위해 이룬 숲이라고 했는데, 시인은 거꾸로 물고기 편에서 따뜻한 물가를 찾아 소풍 나오는 물가 숲이라고 했다. 꽃놀이 나와 꽃향기, 나무 향기에 가득 취한 물고기를 낚아 올리는 건 어부들의 낚싯바늘이 아니었다. 물고기의 아가미를 꿰어 올린 건 나무들의 꽃향기였다. 장엄의 숲, **남해 물건리 방조어부림**은 시인의 절창에 따라 물고기들이 꽃놀이 나오는 은유의 숲이 됐다. 우리의 선조들이 지켜낸 숲 가운데에서 가장 아름다운 숲이다.

풍수지리의 시절, 땅의 기운을 더하려 지킨 숲

우리 선조들이 다양한 목적으로 지켜낸 숲 세 곳을 짚어보았다. 처음의 뜻은 제가끔 달랐지만, 오랫동안 대를 이어 소중히 지켜 온 끝에 우리나라에서 가장 아름답고 가장 오래된, 우리나라의 대표적인 큰 숲으로 남았다. 큰 숲을 이야기하느라 세 곳을 먼저 이야기했지만, 사실 규모도 다르고 처음부터 전혀 다른 뜻으로 조성하고 후손들이 지켜낸 숲은 헤아릴 수 없이 많다. 실제로 우리나라의 웬만한 시골 마을에 가면 이른바 '마을 숲'이라 할 만한 공간은 매우 많다. 그 사례를 일일이 이야기하는 건 이 책으로 어렵고, 아예 따로 한 권의 책을 그것도 아주 두꺼운 분량으로 써야 할 것이다. 그만큼 우리가 지켜낸 숲이 많다는 이야기다. 그건 제24장 '나무 심기'에서도 이야기하겠지만, 나무를 심는다는 일이 그저 일상이었던 농경문화권의 우리 선조들에게 지당한 이야기다.

하고한 마을 숲 가운데에 특별한 뜻으로 조성하고 지켜온 숲 두 곳을 소개하며 제20장 '숲 지키기'를 마무리한다. 우선 지리산 자락의 전라북도 **남원 행정마을 개서어나무숲**이다. 숲을 이룬 나무는 주로 개서어나무*Carpinus tschonoskii* Maxim.인데, '서어나무숲'으로 널리 알려졌다. 서어나무*Carpinus laxiflora* (Siebold & Zucc.) Blume와 개서어나무는 둘 다 자작나무과에 속하기는 해도 서로 다른 나무다. 개서어나무는 서어나무와 닮았지만, 서어나무가 아니라는 뜻에서 '개'라는 접두사를 붙인 이름이다. 우리나라의 나무 이름에 '개'라는 접두사가 붙은 경우가 모두 그렇다. 이를테면 잎갈

199 비보림으로 가꾸고 지켜온 **남원 행정마을 개서어나무숲**.

나무처럼 생겼지만 잎갈나무가 아닌 나무를 '개잎갈나무'라고 하고, 비자나무를 닮았지만 비자나무가 아닌 나무는 '개비자나무'라고 부르는 식이다. 서어나무는 잎 끝이 꼬리처럼 길고 잎 표면에 털이 없는데, 개서어나무는 잎 끝의 꼬리가 짧고 잎 표면에 털이 있는 점이 눈으로 구별할 수 있는 동정 포인트다. 줄기 표면도 다르다. 서어나무는 근육질의 매끈한 표면이지만, 개서어나무는 미끈하기는 해도 세로로 갈라진 게 두드러지게 나타난다는 점에서 구별할 수 있다. 오랫동안 '서어나무숲'으로 불린 바람에 여전히 '서어나무숲'이라는 이름을 버리지 못하고 있다. 그러나 이 숲에는 서어나무처럼 생겼지만, 서어나무가 아닌 '개서어나무' 100여 그루가 모여 자라고 있다. 개서어나무 외에 숲 입구에는 느티나무와 밤나무가 몇 그루 있을 뿐이다.

이 자리에 나무를 처음 심은 건 대략 200년쯤 전이다. 그즈

제 20 장
숲 지키기

음에 마을에는 좋지 않은 일이 자주 생겼다고 한다. 옛사람들의 표현을 빌리면 이른바 액운이다. 마을 사람들이 대책을 찾지 못하고 애면글면 살아가던 중에 마침 이 마을을 지나가던 어떤 도사가 사정을 듣고는 마을의 풍수를 살펴보았다. 전체적으로 풍수가 나쁘지 않은 편인데, 안타깝게도 마을 북쪽이 뚫려 있어서 그쪽으로 나쁜 기운이 몰아쳐 들어오고, 마을 안의 좋은 기운은 새어 나간다고 판단했다. 그리고 그 대책으로 마을 북쪽에 성곽과 같은 돌 축대를 세워서 마을의 기운을 보호해야 한다고 했다. 이야기를 들은 마을 사람들이 돌 축대를 세울 여유가 없다고 하자, 도사는 돌 축대에 버금갈 만큼 튼튼한 나무를 빽빽이 심는 걸로 대체할 수도 있다고 하면서 홀연히 떠났다고 한다. 마을 사람들이 서둘러 이 자리에 나무를 심기 시작한 이유였다. 마을의 기운을 보존하기 위해 심은 숲을 '비보림神補林'이라고 한다. **남원 행정 마을 개서어나무숲**은 전형적인 비보림이다. 마을 사람들은 수굿이 나무를 심어 키웠고, 그때부터 마을에 시도 때도 없이 닥치던 액운이 사라졌다고 한다. 그 뒤로 마을 사람들은 지금 누릴 수 있는 평안의 근거는 바로 비보림으로 조성한 개서어나무숲 덕분이라고 믿으며, 지난 200년 동안 이 숲을 소중하게 지켜왔다.

총 면적이 1,600제곱미터 정도 되는 이 숲의 규모는 그리 크지 않지만, 무엇보다 아름답다는 점이 눈에 띈다. 영화촬영지로도 여러 차례 이용되었던 이유다. 대략 20미터 높이로 고르게 솟아오른 100그루의 개서어나무가 이룬 울창한 이 숲 안에 들어서면 한여름에도 평균 기온이 섭씨 15도를 넘지 않는다고 마을 사람들은 이야기할 정도로 삽상하다. 숲 바깥에서 바라볼 때의 풍광도

기가 막히다고 이야기해도 될 만큼 근사하다. 2000년에는 산림청이 주관한 제1회 아름다운 숲 전국대회에서 '아름다운 마을 숲'으로 선정되기도 했고, 다시 2019년에는 국가산림문화자산으로 지정됐다.

큰물로부터 마을을 지키기 위해 말뚝 구실을 한 숲

비보림으로 조성하고 같은 이유로 오래도록 지켜온 우리의 숲은 이 밖에도 많다. 대개는 남원 행정마을의 경우와 마찬가지로 마을의 풍수 혹은 마을의 생김새에서 조금 못 미치는 문제가 있을 때 이를 보완해서 마을 사람살이를 더 평안하게 하기 위한 삶의 욕구에서 비롯한 숲이다. 마을 생김새 때문에 오래도록 지켜온 마을 숲의 하나가 **고창 하고리 왕버들숲**이다. 2002년에 전라북도 기념물로 지정한 **고창 하고리 왕버들숲**[2]은 규모, 연륜, 풍광 등 모든 면에서 그리 대단한 건 아니다. 그저 푸근하고 편안한 느낌을 주는 청량한 숲이다. 전라북도기념물로 지정한 문화재 명칭은 **고창 하고리 왕버들나무숲**이지만, '왕버들나무'는 '왕버들*Salix chaenomeloides* Kimura'로 표기해야 하는 게 《국가표준식물목록》의 지침이어서 여기에서는 **고창 하고리 왕버들숲**이라고 쓴다. 전라북도 기념물과 같은 지방기념물 역시 처음 지정할 때에 정해진 이름을 특별한 사유가 아닌 한 고치지 않는 게 원칙이다 보니 여전

---

[2] 이 숲은 2025년 9월, '고창 하고리 삼태마을숲'이라는 이름으로 천연기념물에 지정됐다.

히 '왕버들나무'라는 《국가표준식물목록》의 비추천명이 사용되
는 것이다.

고창 하고리 왕버들숲은 전라남도 장성군에 맞닿은 고창군의
남쪽 성송면의 작은 마을인 하고리 삼태마을 개울가에 늘어선 큰
나무들이 이룬 숲을 가리킨다. 이 숲에는 왕버들이 줄지어 선 사
이에 소나무, 느티나무, 팽나무, 벚나무 등 12종류의 나무들이 우
거져 있다. 꽤 길게 늘어선 이 나무들은 적당한 거리를 두고 무성
하게 나뭇가지를 펼치며 작은 개울의 운치를 더해준다. 모두 합
하면 90그루가 넘는 규모의 작은 마을 숲이다. 그루 수로는 **남
원 행정마을 개서어나무숲**보다 작지만, **남원 행정마을 개서어나무숲**
이 나무를 빽빽이 심어 키운 데 비해 고창 하고리에서는 너른 들
판 가장자리의 개울가를 따라 듬성듬성 심었기에 분포 면적은 더
크다.

이 숲에서 큰 나무는 나무높이가 8미터 정도로 그리 큰 나무
도 아니다. 물론 나무의 연륜도 그리 오래되지 않았다. 그러나 대
개의 왕버들이 그렇듯이 나무높이보다는 나무줄기에 켜켜이 쌓
인 세월의 풍진이 그가 지나온 세월에 비해 신비롭게 덧쌓여서
보는 재미가 크다. 어떤 왕버들은 줄기를 아예 수평으로 뻗으며
개울 건너편으로 나뭇가지를 펼쳐 냈고, 어떤 왕버들은 꿈틀거리
는 줄기를 수직으로 곧추세우며 하늘 위로 솟아오르기도 했다.
촘촘히 이어지는 왕버들 사이에 자리 잡은 팽나무는 미끈한 줄기
를 유난스레 돋보이도록 드러냈다. 왕버들과 함께여서인지, 줄기
위쪽의 나뭇가지는 왕버들을 닮은 듯 비틀거리고 꿈틀거리며 사
방으로 넓게 펼쳤다.

　　예로부터 우리 선조들은 개울가에 왕버들을 많이 심어 키웠다. 왕버들이 물을 좋아해서 물가에서 잘 자라는 나무이기도 하지만, 개울 가장자리를 잘 지키며 큰비가 내렸을 때에 개울의 둑을 지켜주는 나무여서 홍수를 막아주는 역할까지도 맡긴 것이다. 그러나 이 마을에는 개울가에 왕버들을 심은 남다른 이야기도 전한다. 마을 앞산에서 내려다보면 이 마을은 한 척의 배 모양으로 보인다고 한다. 이 배를 단단히 매어두지 않으면 큰비가 내렸을 때에 마을 전체가 큰물에 떠내려갈 수도 있다는 것이다. 사람들은 배 모양의 마을을 단단히 묶어둘 말뚝이 필요했고, 그래서 뜸직하게 잘 자라는 왕버들을 심은 것이라고 한다.

　　마을이 떠내려가지 않도록 '마을 말뚝' 구실을 한 나무들이어서 사람들은 이 나무들을 베어 내면 마을에 큰 재앙이 닥친다고 믿어왔다. **고창 하고리 왕버들숲**의 나무들은 대략 200년에서 300년쯤 된 나무들이다. 마을 사람들이 나무를 보호하기 위해 특

제 20 장
숲 지키기

715

별한 대책을 세우고 지켜온 것이라 하기는 어렵지만, 90여 그루의 큰 나무들은 사람과 더불어 살면서 저절로 지금의 아름다운 모습을 이루게 됐다. 이 숲은 지난 2014년에 산림청이 주관하는 '제15회 아름다운 숲 전국대회'에서 대상을 수상한 아름다운 숲이다.

현대에 산업화와 도시화가 진행되면서 도시에서는 숲이 사라지고 있지만, 아직도 우리 땅에는 크고 작은 숲이 많이 있다. 처음 시작은 신화와 전설, 그리고 풍수지리설을 받들던 시대에 사람살이를 더 평안하게 하기 위한 것이었지만, 사람들은 전설이 사라져 가는 과학의 시대에까지도 선조들의 뜻을 이어 그 숲을 잘 지켜왔다. 기후 붕괴의 시대에 우리가 아직 희망을 버리지 않을 수 있는 이유가 남아 있다는 증거다. 숲을 지켜온 것과 함께 이제는 한 그루의 큰 나무를 어떻게 심고 그 후손들은 또 어떤 이야기와 마음가짐으로 지켜왔는지를 살펴볼 차례다.

나무 지키기

"숲의 건강 개선이라니. 숲이 우리 신참들이 와서 자신들을
치료해 주기만을 4억 년 동안 기다렸다는 듯이.
의도적 무지에 사로잡힌 과학."
"아무도 나무를 보지 않는다. 우리는 열매를 보고, 견과를 보고,
목재를 보고, 그림자를 본다. 장식품이나 예쁜 가을의 나뭇잎을 본다.
길을 가로막거나 스키장을 훼손하는 장애물을 본다.
깨끗이 밀어야 할 어둡고 위험한 장소들을 본다.
우리 지붕을 무너뜨릴 수 있는 가지들을 본다. 황금성 작물을 본다.
하지만 나무는, 나무는 눈에 보이지 않는다."

– 리처드 파워스*Richard Powers*, 『오버스토리*The Overstory*』에서

가족과 함께 하이킹에 나선 일곱 살 아이의 손가락에 한 마
리의 나비가 날아와 앉았다. 그리고 하이킹을 마칠 때까지 나비
는 아이의 손가락에 머물렀다. 날개를 팔랑거리며 손가락 위에
머물러 있던 그 나비의 느낌이 좋았던 아이는 그날부터 자신이
'나비'로 불리기를 바랐다. 원래의 이름인 줄리아 로레인 힐에서
나중에 세계적으로도 널리 알려지게 된 '줄리아 버터플라이 힐
(Julia Butterfly Hill, 1975~)'이라는 이름은 그렇게 지어졌다.

그리고 1996년 8월, 스물두 살이 된 버터플라이는 끔찍한 자동차 사고를 겪었다. 그녀가 운전하던 친구의 차를 음주 운전자가 뒤에서 충격한 것이다. 그때 버터플라이의 머리가 자동차의 핸들에 부딪치며 두개골이 망가질 정도의 큰 부상을 입었다. 이 부상으로 그는 말하는 능력도 걷는 능력도 잃었다. 1년 넘는 재활 치료 과정을 거쳐 겨우 회복된 뒤부터 그는 영적인 탐구에 몰두했다. 캘리포니아 훔볼트 카운티의 레드우드숲을 찾아간 것도 그 과정의 일부였다.

버터플라이는 캘리포니아로 떠난 여행에서 숲을 구하기 위한 레게 모금 행사에 참석해 그 숲에서 벌목을 진행하던 퍼시픽 목재 회사 벌목꾼들을 막는 작업에 나서기로 했다. 이미 벌목은 상당 부분 진행된 상태였고, 버터플라이가 벌목에 저항하는 운동에 참여키로 한 그해에는 벌목으로 인해 망가진 숲에서 산사태까지 벌어진 상태였다. 사태가 더 진전되는 걸 막기 위해 누군가가 나무 꼭대기에 올라가 머무르면서 목재 회사의 벌목을 막자는 의견이 나왔고, 많은 참가자들의 공감을 얻었다. 끝을 기약할 수 없는 이 작업에 버터플라이는 머뭇거림 없이 나섰다.

나무 위에 올라본 경험은 없었지만 버터플라이는 곧바로 숲에서 가장 큰 나무를 찾아가 저항운동 참가자들과 함께 나무 꼭대기에 가까운 40미터 지점의 줄기 곁에 가로 1.8미터, 세로 1.2미터 크기의 오두막을 지었다. 그리고 그때부터 무려 738일 동안 그 오두막에서 살았다. 버터플라이가 머무른 나무는 이 숲에서 가장

큰 나무로 알려진 '루나'라는 별명의 레드우드였다. 여기서 말하는 레드우드는 앞의 제10장에서 '세상에서 제일 큰 나무'를 이야기하면서 소개한 세쿼이아 종류로, 흔히 '미국삼나무[3]'라고 번역하기도 한다. 버터플라이는 나무 위에서 사는 동안 온갖 생존 기술을 습득하고, 태양열 배터리의 휴대전화를 사용해 나무 아래의 운동가들과 소통했으며, 수시로 목재 회사의 벌목 상황을 미디어에 알리는 역할을 진행했다. 위기도 적지 않았다. 엘니뇨에 따른 차가운 비, 시속 64킬로미터의 매운 바람, 목재 회사 쪽에서 보낸 헬리콥터의 바람에 의한 공포, 또 이 회사의 관리자들에 의한 포위 상태 등의 위협을 견뎌내야 했다.

그렇게 두 해를 넘겨 나무 꼭대기 오두막에서 보낸 날이 738일이었다. 마침내 1999년 퍼시픽 목재 회사는 61미터 높이의 나무 '루나'와 함께 이 지역의 모든 나무에 대한 벌목을 중지하고,

---

3 redwood를 '미국삼나무'가 아니라 그냥 '삼나무'로 옮기는 경우도 종종 볼 수 있다. 그러나 미국삼나무는 세쿼이아 종류를 가리키고, '삼나무'는 일본이 고향인 나무로, 앞의 제18장에서 '장성 축령산 편백숲'을 이야기할 때 소개한 나무다. '레드우드'는 낙우송과이며, '삼나무'는 측백나무과여서 친연관계도 없다.

제 21 장
나무 지키기

영구 보존에 합의했다. 힐과 다른 운동가들이 '숲의 보존'이라는
대의를 위해 모금한 5만 달러는 결의안에 규정된 대로 퍼시픽 목
재 회사에 보상으로 보냈고, 퍼시픽 목재 회사는 같은 금액의 자
금을 지속 가능한 임업의 연구를 위해 훔볼트주립대학교에 기부
하는 것으로 협약은 마무리됐다. 생명의 위협을 무릅쓰고 감행한
나무 위에서의 나무 지키기 운동이 큰 승리를 거둔 것이다.

나무에서 내려온 그는 나무 위에서 살아온 경험을 담은 에세
이집을 출간해 일순간에 세계적인 베스트셀러 작가의 반열에 오
르며 명성을 얻었다. 그의 저항운동은 전 세계에 널리 알려졌다.
심지어 닐 영(Neil Percival Young, 1945~)과 같은 가수들이 버터플
라이 이야기를 소재로 노래를 만들어 부르기까지 했다. 버터플라
이의 에세이집은 우리나라에서도 『나무 위의 여자(Legacy of Luna:
The Story of a Tree, a Woman and the Struggle to Save the Redwoods,
2003)』로 번역되어 출간됐지만, 다른 나라에서만큼 많이 읽히지
는 않은 듯하다. 이 같은 명성에 힘입어 그는 지속적으로 한 해에
약 250곳에서 강연회를 열며 환경 운동을 이어갔다. 2002년 7월
에는 안데스산맥의 숲을 통과하는 송유관에 항의하는 집회를 주

도했는데, 그 일로 버터플라이는 에콰도르에 수감되었다가 추방되기까지 했다. 그래도 그의 자연보호 운동은 멈추지 않고 이어졌다. 한 사람의 힘으로 큰 숲을 지킬 수 있었던 세계적인 성공 사례다.

우리나라 안에서도 이처럼 환경을 지키기 위한 노력은 적지 않게 있었다. "살아 있는 모든 존재는 소중합니다. 거룩합니다. 계양산 숲은 우리 모두에게 그 이치를 가르쳐 줍니다. 말은 하지 않지만, 숲이 우리 모두를 아무 거리낌 없이 넉넉하게 맞아주는 것은 사람들이 그 이치를 스스로 깨닫기 바라서입니다. 또한 생명체는 서로 긴밀히 연결하여 순환합니다. 생명체의 연관과 순환이 끊어지면 생명 역시 끝납니다. 생명체들은 함께 있고, 함께 살기를 원합니다"라는 생각으로 인천 계양산 골프장 건설을 반대하며 숲의 소나무 위에 거처를 정하고 2006년 12월에 155일 동안 고공 시위를 이어갔던 환경운동가도 있었다. 그보다 앞에는 2003년에 천성산을 관통하는 원효터널 공사 반대를 목표로 242일 동안 단식 투쟁을 전개했던 스님도 있었다.

세계적인 기록으로 버터플라이의 기록이 눈에 띄는 일이기는 하지만, 그와 유사한 나무 지키기 운동은 우리나라뿐 아니라 전 세계 곳곳에서 치열하게 진행되고 있음이 국내외 언론 보도를 통해 수시로 확인된다.

제 21 장
나무 지키기

나무를 지키기 위해 더 극단적인 행위로 저항한 사례도 있다. 1997년 2월 완전히 실종된 뒤로 안부를 확인할 수 없는 캐나다 브리티시컬럼비아주의 산림공학자인 토머스 그랜트 해드윈(Thomas Grant Hadwin, 1949~?)의 경우다. 그의 소식은 더 이상 알려지지 않았지만, 그가 전개한 나무 지키기 운동의 특별함은 2015년에 〈해드윈의 심판Hadwin's Judgement〉이라는 제목으로 제작한 아름답고도 참혹한 풍경의 다큐멘터리 영화를 통해 널리 알려졌다. 우리나라에서는 2015년에 서울에서 열린 〈제12회 서울국제환경영화제〉에서 처음 선보였고, 5년 뒤인 2020년에는 울산에서 연 〈제5회 울산울주세계산악영화제〉에 〈해드윈의 선택〉[4]이라는 제목으로 다시 상영하기도 했다.

나무를 지키는 일을 그는 나무를 베어 내는 극단적인 반대 행위로 실천했다. 그가 잘라 낸 나무는 매우 희귀한 나무로 모두가 신성하게 여기던 이른바 '황금가문비나무'였다. 그는 캐나다의 브리티시컬럼비아 해안의 하이다과이Haida Gwaii군도에 위치한 이 나무를 베어 냈다. 결론부터 먼저 이야기하자면 그가 이 특별한 나무를 베어 낸 것은 당시 맹렬하게 진행되던 벌목에 대한 항의의 극단적인 형태였다. 그로 인해 그는 형사 고발을 당했고,

---

4 두 영화제에서 모두 〈해드윈의 심판〉이 아닌 〈해드윈의 선택〉이라는 제목으로 소개됐는데, 여기에서는 원제 그대로 '심판'으로 쓴다. 이 영화는 지금도 Vimeo 사이트를 통해 유료 결제 후 볼 수 있다. 다음 페이지(그림 203)에 영화 포스터를 삽입했는데, 이 포스터에는 2016년의 서울영화제에 출품된 것으로 나오지만 실제로는 2015년에 선보였다.

203 영화 〈해드윈의 심판〉 포스터.

재판장에 가는 도중에 사라져 더 이상 나타나지 않았다. 그의 나이 쉰에 들어서기도 전의 일이다.

캐나다 밴쿠버에서 태어나 젊은 시절에 벌목 작업에 참여한 경력이 있는 해드윈은 나중에 산림 기술자가 되었다. 벌목 작업에 참여하는 동안 그는 벌목회사의 원시림에 대한 이른바 '싹쓸이' 벌채에 분노하기 시작했다. 해드윈은 자신의 분노를 표출할 방법을 모색했다. 그 대상으로 삼은 게 바로 황금가문비나무였다. 이 지역에서 사업을 벌이는 모든 벌목회사들이 철저하게 보호하던 나무였다.

이 거대한 황금가문비나무는 퀸샬럿제도의 야쿤 강둑에 있는 포트 클레멘츠의 오래된 숲에서 300년 넘게 살아온 큰 나무다. 알래스카 해안에서 약 48킬로미터 남쪽에 위치한 칼날 모양의 군도인 퀸샬럿제도는 원시 해안의 숲으로 생태관광의 대표적인 관광지였다. 이 관광 코스에는 빠짐없이 황금가문비나무 탐방이 끼어 있었으며, 이 지역 원주민들이 매우 신성하게 여기는 귀

제 21 장
나무 지키기

중한 나무였다. 퀸샬럿의 랜드마크였다.

여느 가문비나무의 초록 잎과 달리 노란빛을 띤 잎이 돋보이는 이 나무는 하이다과이 원주민의 신화 속에 등장하는 나무다. 신화는 숲과 자연을 존중하지 않았던 어떤 어린아이에 대한 이야기다. 신화 속의 어린아이는 숲을 마음대로 파괴하던 끝에 마침내 이곳으로 끔찍한 폭풍이 불어오게 했다. 폭풍의 습격으로 마을의 사람살이는 모조리 무너앉고 그 아이와 그의 할아버지만 살아남았다. 할아버지는 황폐화한 마을을 떠나면서 아이에게 뒤를 돌아보지 말라고 했다. 그러나 아이는 할아버지의 말을 실천하지 못했다. 아이는 떠나온 마을의 상황이 궁금해 뒤를 돌아보았고, 그 순간 나무로 변했는데, 그 나무가 바로 황금가문비나무라는 신화다.

황금가문비나무로 불리는 이 나무는 학명이 *Picea sitchensis* (Bong.) Carriere로, 일반적인 가문비나무*Picea jezoensis* (Siebold & Zucc.) Carrière와 달리 엽록소 할당량의 80%가 모자란 때문에 잎이 노란색인 돌연변이 가문비나무 종류다. 사람들은 이 나무의 황금빛을 신성히 여기며, 황금가문비나무라 부른 것이다. 당연히 깊고 푸른 숲에서 짙은 초록 잎이 우거진 한가운데에 높지거니 솟아오른 황금빛의 이 나무는 눈에 띌 수밖에 없다. 이 황금가문비나무는 300년 넘게 이 숲에서 자라는 동안 발견되지 않았다. 처음 이 나무를 발견한 건 1924년 스코틀랜드의 목재 조사관인 윈드햄 앤스트루더Windham Anstruther였다. 앤스트루더는 황금가문비나무를 발견하고 말문이 막힐 정도로 놀랐으며, "그 나무에 어떤 도끼자국도 낼 수 없었다"라고 했다. 그는 그저 "초록의 숲 속에서 그 신비함에 압도되어 버렸다"라고 했다.

황금가문비나무가 서 있는 숲에는 오래된 큰 나무들이 집중적으로 모여 있어서, 벌목업자들에게는 그야말로 황금 알을 낳는 거위였다. 당연히 숲의 벌목 작업은 극심하게 이뤄졌다. 차츰 숲의 나무들은 베어졌고, 곳곳의 초록 숲은 참혹하게 망가졌다. 망가지는 숲을 보게 된 사람들의 저항 조짐이 일어나자 이 숲에서 벌목 작업을 수행한 캐나다의 목재 회사 맥밀런 블루델은 벌목 작업을 정당화하기 위해 숲의 나무들이 오래되어 온갖 병충해에 시달리는 중이며 산불로부터도 안전하지 않다는 홍보 영상을 제작해 널리 배포했다. 당장 나무들을 베어 내는 게 정당하다는 여론을 형성하기 위한 작업이었다.

이 숲에서의 벌목은 대개 '개벌' 형식으로 진행됐다. 효율과 편의성을 높이기 위해 일정 구역을 정해 한꺼번에 '싹쓸이' 방식으로 나무를 베어 내는 방식이다. 하이다과이섬의 숲은 말로 표현하기 힘들 만큼 참혹하게 망가졌다. 다큐멘터리 영화 〈해드윈의 심판〉에는 망가진 이 숲의 풍경과 벌목 장면을 그대로 담아냈다. 벌목 작업 전후의 상황을 비교한 영상은 숲에서 벌인 인간의 만행을 실감하게 한다. 벌목 기술자이기도 했던 해드윈은 참을

제 21 장
나무 지키기

수 없었다. 분노가 치밀어 오른 해드윈은 목재회사로 편지를 보냈다. "나는 벌목 전문가이지만 이토록 웅장하고 오래된 나무를 베어 내는 건 반대한다"라고 밝힌 해드윈은 "앞으로 내가 표현하게 될 분노의 행동은 모두 당신들의 벌목에서 비롯됐다. 모든 책임은 당신들에게 있다"라는 경고의 편지였다.

해드윈은 머뭇거리지 않고 치밀한 계획을 세웠다. 해드윈은 분노를 표현하기에 적당한 대상으로 황금가문비나무를 선택하고 그 분노의 표출 방법으로 선택한 게 놀랍게도 '황금가문비나무의 살해'였다. 1997년 1월, 해드윈은 벌목 장비를 갖추고 얼어붙은 야쿤강을 헤엄쳐 건넌 뒤, 오랫동안 이 지역에서 소중하게 지켜온 황금가문비나무에 다가갔다. 나무의 밑동에 그는 도끼날을 밀어 넣었고, 톱질을 했다. 벌목에 능숙했던 해드윈의 황금가문비나무 살해 작업은 정교하게 이어졌다. 언제라도 바람이 불어닥치면 저절로 쓰러질 수 있게 나무 밑동에 자국을 만들었다. 해드윈이 이 살해 작업을 마친 이틀 뒤에 그의 예측대로 황금가문비나무는 불어오는 바람을 이겨내지 못하고 쓰러졌다.

해드윈의 분노가 정당했다고는 해도 법적인 처벌은 면할 수 없었다. 그는 언론에 "벌목을 진행하는 전문가들에 대한 분노와 증오"가 동기였다고 했지만 용서받을 수 없었다. 곧 체포됐고, 재판을 받아야 했다. 재판이 예정돼 있던 1997년 2월 18일, 해드윈은 카약을 타고 재판정에 가겠다고 했다. 그러나 그는 법정에 나타나지 않았다. 완전히 사라졌다. 그가 목격됐다는 이야기도 있긴 했지만, 그 뒤로 해드윈은 어디에서도 발견되지 않았다. 생사 여부도 확인할 수 없이 오리무중이었다. 그해 6월에 해드윈이 이

용했을 것으로 짐작되는 카약과 수중 장비의 일부가 발견되어 사망한 것으로 추정하기는 해도 아직 그의 주검은 확인되지 않았으며, 그가 어딘가에 살아 있다는 이야기가 가끔씩 떠돌기도 했다.

해드윈의 분노 혹은 해드윈의 심판 행위는 하이다과이섬에서의 벌목 상황을 돌아볼 수 있게 했다. 큰 나무를 허가없이 베어 낸 행위에 대한 정당성 여부와 무관하게 그의 행동은 시민들에게 숲을 파괴하는 벌목 회사의 무차별 벌목에 대한 저항을 촉발했다. 하지만 해드윈 뒤에도 벌목 작업은 중단되지 않았다. 시민들의 숲 보호 운동은 계속 이어졌고, 마침내 2023년에는 브리티시컬럼비아주에서 '2030년까지 벌목으로부터 보호할 구역'을 15%에서 30%로 2배 늘리고 생태계 보존을 강화하는 대책을 발표했다. 그랜트 해드윈의 작업에 대한 찬반 여부에 대해서는 더 깊은 논의가 필요하겠지만, 무엇보다 무차별적으로 생태계를 파괴하는 벌목 작업에 일정하게 경종을 울렸다는 점만큼은 결코 무시할

제 21 장
나무 지키기

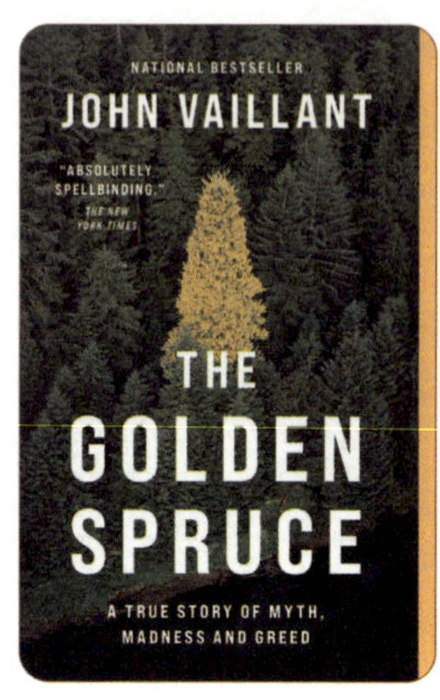

206 황금가문비나무를 표현한 『황금가문비나무』의 표지. 가운데의 노란 잎으로 빛나는 나무가 **황금가문비나무**다.

수 없다. 황금가문비나무와 해드윈의 분노에 대한 이야기는 앞에서 소개한 다큐멘터리 영화 〈해드윈의 심판〉과 함께 자연주의 저널리스트 존 베일런트John Vaillant가 상세히 기록한 『황금가문비나무(The Golden Spruce: A True Story of Myth, Madness, and Greed, 2005)』라는 책까지 발간돼 세상에 널리 알려졌다. 이 책은 2005년에 '캐나다 총독 문학상 논픽션 부문'을 수상하기도 했다. 국내에서도 2008년에 번역돼 나왔는데, 지금은 절판 상태다. 숲 파괴의 실상을 영상으로 알린 다큐멘터리도 그렇고, 해드윈의 상황을 스릴러 소설처럼 실감나게 묘사한 책도 우리의 환경보호 상황과 관련해 충분한 가치가 있다고 생각되는 걸작들이다.

법적으로 나무를 보호하는 방법

이제 우리의 현실을 돌아볼 차례다. 물론 여기까지 오는 동안 우리는 사람들이 실용적 필요에 의해 나무를 베어 내는 데에 더 열정적이었음을 살펴보았다. 그러나 우리가 예전부터 그랬던 것은 결코 아니다. 나무를 중심으로 살았던 농경문화 시절 우리는 끔찍이도 나무를 소중히 여겼고, 나무를 지키기 위해 안간힘을 써왔다. 나무에 담겨 지금까지 전해오는 오래된 전설과 설화는 우리 선조들이 지독할 정도로 나무를 지키려 애썼다는 사실들을 곳곳에서 확인하게 한다. 지금 우리 곁에 있는 나무들을 지켜온 옛사람들, 혹은 지금 사람들의 이야기를 살펴보면서 이 시대에 우리가 나무와 더불어 살 수 있는 실마리를 찾아본다.

구체적인 사례를 살펴보기 전에 지금 이 땅에서 나무를 보호하는 몇 가지 방법부터 알아본다. 현재 우리나라에서 법적으로 나무를 보호하는 방법은 크게 네 가지를 짚어볼 수 있다. 첫째는 천연기념물이다. 이는 '살아 있는 생명체에 국가가 부여하는 최고의 지위'로 동물과 식물은 물론이고, 지질과 지형에 해당한다. 국가유산청의 행정지침에 따르면 식물의 경우, ▲ 거목, 명목, 신목, 당산목, 정자목 등 노거수 ▲ 수림지, 자생지, 분포한계지 등 군락지 ▲ 특산식물, 진귀한 식물상, 유용식물, 초화류 및 그 자생지 등을 천연기념물로 지정할 수 있다. 당연히 오래된 나무에게 부여할 수 있는 지위는 천연기념물이다. 여기서 천연기념물은 단순히 생물학적 가치만을 판단해 지정하지 않는다는 특이점이 있다. 나무가 사람과 더불어 살아온 인문학적 자연유산이라는 점에 착안해 역사적 가치, 학술적 가치, 경관적 가치, 그 밖의 여러 가치를 종합적으로 고려하여 지정한다. 최초의 지정에서부터 그 뒤의 관리와 해제에 이르는 모든 과정은 그래서 산림청이나 환경부가 아니라 문화체육부 소속의 국가유산청에서 주관한다. 국가유산청 소속 기관인 자연유산위원회의 심사로 관리 절차가 진행된다. 큰 범주에서 천연기념물은 국가자연유산에 해당하는 까닭이다.

둘째는 지방기념물이다. 이는 국가에서 지정하는 천연기념물과 같은 기준, 같은 방식에 의한 지정이다. 다만 그 지정과 관리 주체가 지방정부라는 점이 다르다. 역시 지방자치단체에서 독자적으로 구성하는 문화재위원회가 중심이 되어 지정하고 관리한다. 첫째와 둘째의 경우는 모두 나무를 자연유산으로 인정한 것이어서, '자연유산의 보존 및 활용에 관한 법률(약칭: 자연유산법)'의 제약을 받는다.

셋째는 산림청 보호수다. 산림청 보호수의 시작은 산림청이 내무부 산하 기관이던 시절에 작성한 《보호수지》로부터 시작된다. 그때의 내무부에서는 산림청을 통해 보호 가치가 있는 나라 안의 나무들을 상세히 조사했고, 이를 바탕으로 《보호수지》라는 방대한 목록을 만들어 발표했다. 당시로서는 대단한 작업이었다. 이 《보호수지》는 그 뒤로 몇 차례의 수정 보완을 거치면서 현재의 산림청 보호수 지정의 근간이 됐다. 현재 산림청 보호수 목록은 각 지자체의 검증을 거쳐 수시로 수정 보완을 거치게 된다. 이 경우에는 '산림자원의 조성 및 관리에 관한 법률(약칭 산림자원법)'에 적용해 나무를 보호한다.

마지막으로 네 번째 보호 방법은 국가유산청이나 산림청과 같은 중앙정부와 무관하게 지자체에서 지정하는 보호수다. 지자체 보호수로 지정된 나무는 사실상 얼마 지나지 않아 산림청 보호수로 등록되는 게 일반적이지만, 지정 주체가 다르다는 점에서 구분하여 이야기한다. 이 경우에는 각 지자체에서 정한 '조례'의 적용을 받는다. 조례는 지자체마다 규정이 서로 달라서 그 내용은 서로 차이가 있다.

그리고 이 장의 뒷 부분에서도 이야기하겠지만, 중앙정부나 지방정부와 무관하게 시민단체에서 자발적으로 지정하는 보호수도 있다. 그러나 이 경우, 법률에 의한 보호와 같은 강제성이 없기 때문에 앞에서 제시한 네 가지 방법에 비해 유효성이 높지 않다. 이를 바탕으로 우리가 나무를 지켜온 사례를 살펴보기로 하자.

민간에서 스스로 돈을 모아 지켜낸 나무

먼저 민중들의 자발적인 보호 운동으로 지켜진 나무로, 경상북도 상주시의 느티나무 한 쌍에 얽힌 감동적인 사례를 살펴본다. 낙동면 용포리 평오마을의 **상주 용포리 느티나무** 이야기다. 결론부터 이야기하면 이 한 쌍의 나무는 마을 사람들이 가구당 200만 원이라는 적지 않은 돈을 추렴해 나무를 사들이는 방식으로 지켜낸 나무다. 시골 농촌 마을의 노인들에게 200만 원은 결코 적은 돈이 아니다. 2009년에 있었던 일이니 인플레이션까지 감안하면 분명 큰돈이다. 그럼에도 불구하고 나무를 지키기 위해 선선히 돈을 모은 마을 사람들의 이야기는 영화같이 흥미롭고, 소설처럼 감동적이다. 나무를 지키기 위해 선뜻 돈을 추렴한 마을 사람들은 나무를 지킨다고 해서 나무를 통해 특별히 큰 덕을 얻을 건 없다고 이야기한다. 모두의 생각이 크게 다르지 않다. 하지만 나무를 지키는 일에는 한마음으로 뭉칠 수 있었다. 굳이 그들의 이야기를 옮기자면 "마을의 큰 나무가 없어지면 좋을 게 없잖아요" 정도다.

사건은 2009년 봄, 모내기는 마쳤지만 본격적으로 접어든 농번기여서 몸과 마음이 고단할 즈음에 시작됐다. 마을 어귀에 다정하게 서 있는 한 쌍의 느티나무가 마을 사람들이 모르는 사이에 나무 수집상[5]에게 팔렸다는 소식이 들려왔다. 마을 사람들 누구도 생각지 못한 일이었다. 이 나무를 누가 팔 수 있으리라는 건 상상도 할 수 없었다. 오랜 세월 동안 나무는 마을 모두의 정신적 버팀목이었다. 팔거나 사는 매매 행위의 대상이 될 수 없었던 마을의 중심이었다. 자초지종을 알고 보니 이 나무가 서 있는 자리의 땅 임자가 따로 있었고, 그 땅 임자에게 목돈이 필요한 일이 생긴 것이다. 실제로 농촌 마을에는 논 수천 마지기를 가졌어도 당장 살림에 필요한 일용품을 구입할 현금이 없는 농부들이 적지 않다. 자식 공부나 결혼 때처럼 큰돈이 필요할 때에는 어쩌는 수 없이 땅을 팔아 현금을 구하는 게 일상적이라는 건 모두가 잘 아는 일이다.

---

[5]   '나무 수집상'이라는 직업은 없다. 단순히 조경회사를 일컫는 다른 이름으로, 여기에서는 이 마을의 나무를 수집하기 위해 나선 조경회사를 강조하기 위해 붙인 직업 이름이다.

207 상주 용포리 느티나무.

같은 마을 사람으로서 할 일은 아니라는 생각도 없었던 건 아니지만, 도저히 현금으로 큰돈을 마련할 방도를 찾지 못했던 땅 임자는 땅을 내놓고 말았다. 땅을 팔겠다는 이야기를 가장 먼저 알아챈 건 나무 수집에 나선 조경업자였다. 짐작할 수 있듯이 조경업체는 땅을 탐내지 않았다. 그 땅을 사면 당연히 그 땅과 함께 자신들의 몫으로 따라오는 느티나무 한 쌍이 탐났다. 마을 사람들 대부분이 모르는 사이에 매매 계약은 쏜살같이 체결됐고, 드디어 나무를 캐어 가려는 용역업체 직원들이 갖가지 장비를 갖춰서 나무를 찾아왔다. 마을 사람들에게는 '마른 하늘에 날벼락'이었다.

처음에는 마을 노인들이 용역 직원들을 막아 세우며 되돌려 보냈지만, 사정을 알고 보니 어쩔 수 없이 나무를 내놓아야 하는 상황이었다. 창졸간에 300년 동안 마을을 지켜온 나무가 사라지

제 21 장
나무 지키기

게 됐다. 하지만 아무리 계약이 체결되어 정당하게 나무를 뽑아가려 한다 해도 평오마을 사람들은 이를 그대로 두고 볼 수 없었다. 마을에 들어서려면 반드시 나무를 지나쳐야 했기에 오랫동안 할배, 할매처럼 친근하게 느껴온 생명체였다. 그를 그렇게 떠나보낼 수 없었다. 실제로 마을 사람들은 두 그루의 나무를 '할배나무', '할매나무'로 부른다.

나무를 뽑아내야 할 나무 수집상이 보낸 용역 기사들은 간단없이 나무를 찾아왔지만, 마을 사람들은 할배나무, 할매나무를 그냥 내어줄 수 없었다. 굴착기 같은 중장비 앞에서 마을 사람들은 직각으로 굽은 허리, 늙은 어깨를 겯고 나무를 지켜내며 나무에 다가서려는 조경업체 사람들을 밀어냈다. 봄부터 여름까지 그렇게 보냈다. 마을 사람들은 농사일에 신경 쓰기보다는 나무 지키기에 적극적으로 달려들었다. 달리 대책이 없었다. 수심 속에 가을걷이를 끝낸 마을 사람들은 머리를 맞대고 나무를 지킬 방도를 궁리했다. 궁리 끝에 먼저 각계에 탄원서부터 올리기로 했다. '나무 이식 반대에 관한 주민 동의서'를 작성해 전체 주민의 동의를 받아 상주시청과 상주경찰서에 탄원서를 냈다. 탄원서에서 주민들은 '할배나무, 할매나무'라 부르는 한 쌍의 느티나무를 마을 역사의 산 증거이자 상징이라 했으며, 마을의 길흉화복을 같이하는 동반자이며 수호신이라고 했다. 마을 사람 모두가 자신의 분신처럼 아끼는 나무라는 이야기도 덧붙였다. 그냥 내어줄 수 없는 나무라는 이야기였다. 이 같은 일이 진행되는 동안에 언제든 찾아올 조경업체에 대응하기 위해 마을 사람들은 당번을 짰다. 나무 앞에서 그냥 하루를 보내면서 조경업체 사람들이 오는지 살피고,

혹시라도 이상한 낌새가 보인다면 소리를 친다든가 호루라기를 불어 마을 사람들을 모이게 했고, 나무 앞에 곧바로 모인 마을 사람들은 다시 어깨를 겯고 나무를 지켰다. 나무 지키기 운동은 봄부터 여름 그리고 가을과 겨울을 넘겼다. 살을 에는 찬 바람이 불어오는 한겨울에도 나무 지키기는 계속됐다.

그사이에 탄원서를 받은 상주시에서는 나무와 마을 환경을 조사했다. 나무는 이미 1997년에 보존 대상의 노거수로 지정된 바 있지만, 보다 치밀한 조사가 필요했다. 상주시는 전문가들의 조사를 거쳐 2010년 4월 27일에 나무를 보호수 10-08-01호로 지정했다. 보호수 지정 절차는 마쳤으나, 그렇다고 상황이 모두 끝난 것은 아니었다. 조경업체 쪽에서는 이미 땅 임자에게 나무 값으로 1,100만 원을 치렀고, 나무 이식을 막는 주민들을 업무방해로 고소하고 손해배상까지 청구한 상태였다. 조경업체는 막무가내였다. 마을 사람들은 다시 머리를 맞대고 끝까지 나무를 지켜내기 위한 묘책을 궁리했다. 나무 값을 치르더라도 나무만은 지키자는 결론은 어렵지 않게 얻어졌다.

조경업체에 나무를 옮겨 가지 않는다는 온전한 합의를 얻어내기 위해서는 모두 3,300만 원이 필요했다. 모두 해야 15가구밖에 안 되는 마을에서 집집마다 200만 원 넘게 내야 모을 수 있는 큰돈이었다. 농촌 마을에서 그것도 대부분 80대 가까운 노인 위주의 마을에서 200만 원은 결코 적은 돈이 아니지만, 사람들은 모두 흔쾌히 내놓겠다고 동의했다. 나무를 잃는 건 자신들을 낳아 키운 조상의 은혜를 저버리는 일이라고 생각하고 수굿이 돈을 모았다. 넉넉지 않은 살림살이의 마을 사람들은 돈을 모으기 위

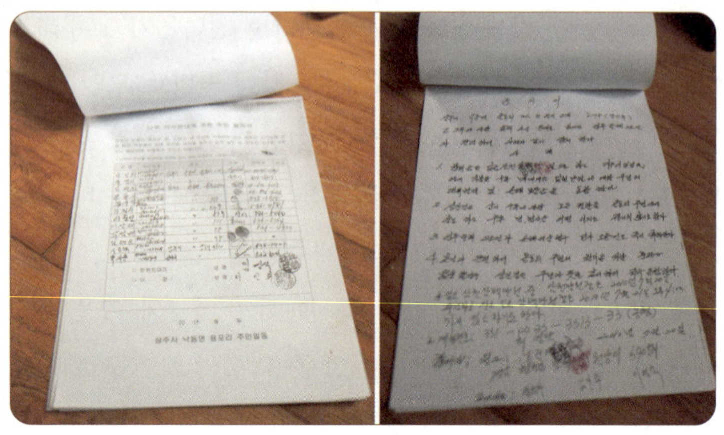

208 상주 용포리 느티나무를 지키기 위해 주민들이 노력한 흔적들. 왼쪽은 주민들의
서명이 담긴 탄원서의 뒷부분이고, 오른쪽은 조경업체와 맺은 최종 합의서다.

해 농협에 대출을 신청하기까지 했다. 조경업체와의 합의는 2010
년 7월, 한참 농사일로 바쁜 철에 이루어졌다. 결국 평오마을 할
배나무, 할매나무는 마을 사람들의 간절한 요구에 따라 지켜지는
것으로 결론지어졌다. 이듬해인 2011년 5월에는 경상북도에서 마
을에 감사패를 수여했다. 각박한 현대 생활에서 한 그루의 나무
를 지키기 위해 애쓴 마을 사람들의 노고를 두고두고 치하한다는
뜻에서였다.

조선시대에는 이 마을이 영남에서 한양으로 가는 길목이어
서 마을에 관리들의 쉼터인 오리원과 마방을 세우기도 했다지만
지금은 흔적도 없다. 사라진 마을의 오랜 역사를 오롯이 간직한
건 한 쌍의 느티나무뿐이다. 나무는 그렇게 사람들에 의해 지켜
졌다. 도저히 돈으로 환산할 수 없는 나무의 참 가치를 지키기 위
해 사람들은 결코 적지 않은 부담이었을 돈을 흔쾌히 내놓았다.
제 앞가림만으로도 허우적대는 요즘 세상에서 평오마을 사람들

이 느티나무를 지켜낸 일은 흔치 않게 기억해야 할 특별한 사건인 게 분명하다. 한 쌍의 느티나무를 지켜내고자 싸웠지만 정작 사람들이 지켜낸 건, 바로 사람살이의 안녕이었고, 조상들의 삶과 철학이 담긴 마을의 역사였다. 느티나무 앞에서 가만히 머리를 숙이고 숙연해질 수밖에 없다.

나무 앞에서 마을 노파 한 분과 이 느티나무 이야기를 나눈 적이 있다. "대관절 나무를 지켜서 무슨 이득을 얻으시겠다고 빚까지 내면서 200만 원씩 모으셨냐"라는 세속적인 질문을 드렸다. 곧바로 대답 거리를 찾지 못한 노파는 머뭇거리다가 낮은 목소리로 천천히 대답했다. "우리 조상이 심은 나무인데, 그걸 빼앗기면 조상의 얼을 잃어버리는 거잖아요." 어눌하지만 자연과 더불어 살아가는 사람이 할 수 있는 세상에서 가장 지혜로운 답이었다.

이순신 장군의 목숨을 지켜낸 나무

상주 평오마을 노인들의 나무 지키기에는 드라마틱한 감동이 있어 오래 기억할 만한 이야기다. 그러나 우리 땅 어딘가에는 알려지지 않은 감동적인 나무 지키기 이야기가 필경 적지 않을 것이 분명하다. 전라남도 순천의 유명한 유적지인 낙안읍성 한가운데 서 있는 큰 나무 한 그루도 그렇게 마을 사람들이 자발적으로 지킨 나무다.

낙안읍성 안에 옹기종기 모여 있는 집들에는 사람이 살림을 이어가고 있다는 점에서 더 흥미롭다. 마을을 다스리던 동헌도 있고, 작지만 재미있는 예전 풍경의 시장도 있고, 시장에는 옛 모습 그대로인 대장간까지 재현돼 있다. 또 조선시대에 활약한 임경업(林慶業, 1594~1646) 장군이 낙안읍성의 일부를 쌓았다는 이야기와 함께 그의 업적을 기리는 비석을 설치한 비각도 있다. 임경업 장군은 한때 낙안마을의 군수를 지냈는데, 백성을 잘 보살펴서 지금도 낙안읍성 사람들은 장군을 낙안마을의 수호신으로 여긴다. 이래저래 낙안읍성은 볼거리가 풍요로운 곳이다.

성안을 산책하면서는 느끼기 어렵지만 조금 높은 곳에서 보면 낙안읍성의 전체 모양이 커다란 배처럼 생겼다. 그래서 예전부터 마을에서는 우물을 파지 않았다. 우물은 마치 배의 밑바닥에 구멍을 뚫는 불길한 일이라고 생각한 것이다. 전체적으로 배 모양을 한 이 읍성의 한가운데에는 낙안읍성이라는 배의 향방을 가늠할 돛대가 우뚝 서 있다. 옛 배의 상징이라고 할 수 있는 매우 높은 돛대다. 은행나무다. 나뭇가지는 그리 넓게 펼치지 않았지만, 하늘 위로 솟구쳐 올라서 돛단배의 돛과 같은 모습으로 보이는 나무다. 처음에는 몰랐지만, 마을 사람들의 이야기를 듣고 나니 영락없는 돛대로 보인다. 나무높이는 28미터, 가슴높이줄기둘레는 10미터쯤으로 큰 낙안읍성 은행나무는 곧게 솟구쳐 오른 줄기의 기상이 정말 큰 바다에서도 부러지지 않을 만큼 튼튼한 돛처럼 보인다. 낙안읍성의 마을 사람들이 귀하게 여기는 이 나무에는 많은 이야기가 담겨 있다.

우선 이순신(李舜臣, 1545~1598) 장군과 관련해 전하는 재미있는 이야기다. 임진왜란 때의 일이다. 이순신 장군이 왜군과 싸우

기 위해서 의병 모집을 시작했는데, 유독 낙안읍성 사람들의 지원이 많았다. 그러자 장군은 친히 낙안읍성을 찾아와 주민들의 용기를 격려했다. 장군의 방문에 고무된 마을 사람들은 군량미를 내놓으면서 장군의 행보에 조금이라도 보탬이 되겠다고 나섰다. 얼마 뒤 장군이 돌아가는 길이었다. 그때 바로 이 은행나무 앞을 지나가려는데, 마차의 바퀴가 흙탕에 빠져 꼼짝을 하지 않았다. 장군 일행은 마차를 수리하기 위해서 좀 더 머물러야 했다. 마차를 잘 정비한 뒤에 장군은 다시 길을 나섰다. 장군이 주둔한 좌수영으로 가려면 낙안읍성에서 순천으로 향하는 길목의 다리를 건너야 했다. 그런데 그 다리가 무너져 있었다. 장군이 이 다리가 언제 왜 이 모양이 됐는지를 알아보았는데, 튼튼했던 그 다리가 바로 조금 전에 이유 없이 굉음을 내며 무너졌다는 것이다. 사연을 듣고 난 장군이 다리가 무너진 시간을 헤아려 보니, 그 시간은 바로 장군의 마차 바퀴가 흙탕에 빠져 꼼짝없이 낙안읍성의 은행나

제 21 장
나무 지키기

무 그늘에서 마차를 정비하던 시간의 길이와 꼭 같았다는 것이다. 은행나무 수호신이 장군과 장군의 군사들을 보호해 준 것이라고 생각했다는 이순신 장군 설화다. 마을의 수호신으로 여겼던 나무가 장군까지 보호해 준 것이다. 낙안읍성 사람들이 나무를 귀하게 여길 수밖에 없는 이야기다.

이야기는 계속 이어진다. 이번에는 1960년대에 실제로 있었던 이야기다. 지금은 이 은행나무가 옛 풍경을 재현한 시장 한 가운데에 서 있지만, 그때 이 나무가 서 있는 자리는 어떤 살림집의 뒤뜰이었다고 한다. 그리고 어느 날, 이 마을을 찾아온 어떤 사람이 이 나무를 베어 목재로 쓰면 좋겠다고 생각하고 그 집 주인에게 나무를 팔라고 설득했다. 집 주인은 돈의 유혹에 끌려 큰돈을 받고 나무를 팔았다. 이야기가 앞의 상주 용포리 평오마을의 경우와 비슷하게 전개된다. 하여간 나무를 정당하게 사들인 장사치, 상주 평오마을의 경우라면 '조경업자'인 그는 나무를 베어 내려고 나무줄기 아래쪽에서 자라던 가지부터 몇 개 잘라 냈다. 그러자 나뭇가지를 베어 낸 자리에 구멍이 먼저 드러나고, 그 구멍에서 커다란 구렁이 여러 마리가 기어 나오더니, 나무 주위를 둘러싸고 맴돌았다. 상주 평오마을 사람들이 나무 앞에서 어깨 겯고 시위를 벌인 것과 같은 행동을 여기서는 구렁이가 대신한 것이다.

장사치는 깜짝 놀라 더 이상 나무에 다가서지 못하고, 돌아갈 수밖에 없었다. 그날부터 마을에 이상한 일이 벌어졌다. 밤이면 마을 사람들의 꿈에 이 나무가 나타났다. 나무가 뿌리째 뽑히면서 뿌리 부분에서 수십, 수백 마리의 뱀이 한꺼번에 기어 나와 슬피 울면서 그 자리를 떠나지 않았다는 것이다. 한 사람만 그런 꿈을 꾸는 게 아니었다. 마을 사람 모두의 꿈에, 그것도 한 번이 아니라 연거푸 나타났다. 어떤 날은 어둑어둑한 신새벽에 나무줄기에서 어린아이가 앙앙거리며 우는 것처럼 슬피 우는 소리가 하염없이 들리기도 했다. 불길한 꿈과 이상한 일이 계속되자, 마을 사람들은 어떻게든 나무를 살려야 한다는 데에 의견을 모으게 됐다. 이 은행나무는 이미 한 장사치에게 팔린 상태다. 당장은 구렁이들의 시위로 베어 내지 못했지만 머지않아 그 장사치는 분명히 값을 치른 그 은행나무를 베어 내기 위해 다시 찾아올 것이다. 그러고는 마을의 중심인 나무를 결국은 베어 낼 것이다. 한참 의논한 끝에 집집마다 조금씩 돈을 내기로 했다. 은행나무 집 주인이 장사치에게 받은 돈을 되돌려주고, 나무를 보존하자고 결정한 것이다. 오래전 일이어서, 그때 나무의 값이 얼마였고, 마을 사람들이 얼마씩을 부담했는지까지는 알려지지 않았다. 하지만 그때부터 이 은행나무는 한 집안의 나무가 아니라 마을 모두의 신성한 나무로 여겨졌고, 마을 당산으로 삼으며 당산제를 올리게 됐다고 한다. 상주 평오마을 느티나무 이야기와 꼭 닮은 이야기다.

자연을 보존하기 위해서 시민이 조금씩 돈을 내서 시민의 이름으로 그 자연물을 사는 '내셔널 트러스트 운동'의 한 형태이지 싶다. 영국에서 시작한 이 운동이 우리나라에 전해진 건 1990년대 들어서이지만, 우리나라에는 이미 '내셔널 트러스트'가 아니라도 마을 사람들 스스로 나무를 보호한 운동이 있었다는 이야기다.

낙안읍성에는 이 은행나무 외에도 크고 오래된 나무들이 여

제 21 장
나무 지키기

러 그루 있다. 오래된 읍성의 흔적이 나무에 남아 있는 것이다. 성벽을 따라 안쪽에 은행나무, 팽나무, 느티나무 등이 있고, 객사 건물 뒤에는 20미터 넘게 자란 커다랗고 잘생긴 푸조나무도 있다. 아름다운 나무들에 둘러싸여 살아온 옛사람들이 나무를 스스로 지켜온 이야기다.

나무를 지키는 것이 곧 세상의 평화를 지키는 것

마을 사람들이 자발적으로 지켜낸 나무 가운데에서 빼놓을 수 없는 또 한 그루의 '작지만 큰 나무'가 있다. '평화의 나무'라는 입간판이 서 있는 **대전 중촌동 평화공원 왕버들**이다. '평화공원'이나 '평화의 나무'라는 이름은 모두 지역행정에서 정한 공식 명칭이 아니다. 마을 사람들이 자발적으로 '마을 역사탐험대'라는 명분으로 조직한 '그루터기'라는 모임이 역사의 현장을 지키고, 다시는 비극의 역사를 되풀이하지 말자는 다짐으로 붙인 이름이다. 한편에 전쟁 희생자 위령탑이 높지거니 솟아 있지만 공원이라 부르기에는 초라한 아파트 옆 공터다.

이 자리에서의 참혹한 비극은 일제강점기 때부터 시작됐다. 1919년에 일제가 이 자리에 '대전감옥'을 짓고, 독립운동가들을 투옥한 게 그것이다. 이어 한국전쟁 때에는 이곳에 수감됐던 좌익 인사들이 죄 없는 양민과 함께 남쪽의 군인들에 의해 무참히 학살됐다. 바로 1,800명의 생명을 앗아 간 대전 산내 골령골 학살사건이다. 비극은 거기에서 그치지 않았다. 산내 학살사건 직후 대전 지역을 점령한 북쪽의 군인들은 인천상륙작전 소식을 듣고, 북으로 퇴각하면서 수감 중이던 우익 인사를 대량 학살하는 짓으로 앙갚음했다. 서로 다르다는 이유로 동족의 생명을 짓밟은 한국전쟁사 최악의 비극이었다. 잊을 수 없는 역사의 현장이건만 당시의 흔적이라고는 **구 대전형무소 망루**라는 이름으로 지정한 '대전광역시 문화유산 자료' 한 건과 **구 대전형무소 우물**이라는 이름으로 '대전광역시 시도등록문화유산'에 지정한 낡은 우물 하나가 전부다. 그나마 바로 곁에 높이 솟은 고층 아파트 건물들 틈에 파묻혀 찾기도 쉽지 않다.

마을 사람들은 자발적으로 모임을 갖고 지역의 역사를 공부하면서, 이 지역에 남은 전쟁의 상처가 생각보다 우심하다는 걸 알았다. 좌우 양쪽으로 나뉘어 서로를 학살한 우리 민족의 비극이 이곳에서는 여전히 진행 중이었다. 대전 중촌동에는 여전히 좌익에 의해 학살된 우익의 후손이 살고 있으며, 반대로 우익에 의해 학살된 좌익의 후손도 살고 있다. 조붓한 골목에서 서로 마주쳐도 인사는커녕 알은체도 하지 않고 돌아서는 게 이 마을 어른들의 사람살이라고 한다. 심지어 이 마을에서는 '한국전쟁'과 관련한 행사도 두 차례로 나눠서 진행한다. 우익의 후손이 중심이 되는 행사와 좌익의 후손이 중심이 되어 진행하는 행사가 나뉘져 이루어지는 것이다. 역사탐험대 '그루터기'를 중심으로 한 마을 사람들은 이 같은 갈등을 극복하는 게 곧 이 시대의 평화를 이루는 길이라고 생각했다. 안타깝게도 옛 역사를 확인할 수 있는 현장은 대부분 사라진 뒤였지만 다행히 전쟁의 참상을 목격했을 한 그루의 나무를 찾았다. 바로 지금의 **대전 중촌동 평화공원 왕**

제 21 장
나무 지키기

버들이다. 마을 사람들은 나무를 '평화의 나무'로, 그 주변 공간을 '평화공원'으로 부르기로 했다. 이어 나무를 오래 지키기 위해 관계기관에 보호수로 지정해 달라는 청을 넣었으나, 부정적인 대답이 돌아왔다. 마을 사람들은 그래서 정성껏 추렴하여 나무가 겪은 옛일을 기록한 안내판을 나무 앞에 세웠다.

'평화의 나무' 그러니까 **대전 중촌동 평화공원 왕버들**은 나무 높이가 9미터를 넘고, 사방으로 고르게 14미터까지 나뭇가지를 펼쳤다. 가지마다 무성하게 피어난 잎사귀의 싱그러움은 청년기 왕버들의 전형적인 건강함을 보여준다. 비스듬히 올라온 중심 줄기는 썩어 문드러지면서 두 갈래로 나누어졌다. 나무의 규모를 이야기할 때에 흔히 이야기하는 사람 가슴높이의 줄기둘레 값은 그래서 의미가 없다. 줄기가 잘 썩는 왕버들임을 감안하면, 건강한 편이다. 여느 나무에 비해 자람이 빠른 왕버들이지만, 현재 나무줄기의 상태와 전체적인 규모로 보아 대략 100년쯤 된 나무로 보인다. 이 자리에 대전감옥을 지은 일제 침략자들은 감옥 터 안쪽에 대형 연못을 조성했고, 연못 가장자리에는 여러 그루의 풍치수를 심었다는 건 대전감옥 초기 자료를 통해 확인할 수 있다. 이 왕버들은 그때 풍치수로 심었던 여러 그루의 나무 가운데 한 그루임이 분명하다.

대전감옥 주변의 학살 참사를 고스란히 목격한 왕버들은 감옥도, 연못도, 심지어 나란히 서 있던 다른 나무들조차 모두 사라진 뒤에 홀로 남았다. 그야말로 폐허의 터에 욕처럼 살아남은 목숨이다. 옛 비극의 흔적을 갈아엎고, 고층아파트를 짓고, 번잡한 시장이 들어서며 모두가 잊으려 하는 기억을 홀로 붙들어 안고 서 있는 목숨이어서 더 치욕스럽다. 그런 외중에 마을 사람들의 보존 운동에 의해 '평화의 나무'라는 훌륭한 이름을 얻었다. 산내 골령골 학살사건의 진실은 아직도 명확히 밝혀지지 않았다. 심지어 이때의 사망자 수조차도 정확하지 않다. 사실을 정확히 알 수 있는 건 당시의 상황을 또렷이 바라보았던 한 그루의 나무, 지금의 '평화의 나무'뿐인 셈이다. 나무를 지키는 것이 곧 이 땅의 평화를 지키는 일이라는 마을 사람들의 생각은 참으로 소중하다. 나무 지키기는 도시에서도 이처럼 고결한 뜻으로 이어지고 있다.

국가 예산을 쏟아부어 지켜낸 한 그루의 은행나무

나무를 지켜낸 극단적인 사례의 대표적인 경우로 꼽을 나무

제 21 장
나무 지키기

211 안동 용계리 은행나무.

로는 아무래도 경상북도 안동 용계리의 은행나무를 빼놓을 수 없다. 이 나무는 워낙 널리 알려진 나무이기도 하고, 2012년에 펴낸 『고규홍의 한국의 나무 특강』에서 상세히 소개한 바 있다. 다소 중복되기는 해도 '나무 지키기'의 사례로 빼놓을 수 없어 여기에 최근의 내용을 덧붙여 다시 소개한다.

안동 용계리 은행나무는 우리나라에 현재까지 살아 있는 은행나무 가운데에서 가슴높이줄기둘레가 가장 큰 14미터 규모의 굵은 줄기를 가진 나무다. 그러나 사실 지금 상황에서 이 나무의 가슴높이줄기둘레는 의미도 없고, 실제 측정도 불가능하다. 일반적으로 나무의 가슴높이줄기둘레는 대략 땅에서 1~1.5미터 높이 부근에서 재는데 그 부분에서 이 나무는 이미 줄기가 여럿으로 갈라졌기 때문이다. 14미터는 이 나무의 공사 이전에 측정한 값이다. 공사를 하면서 나무의 상당 부분에 복토를 하는 상황이 되어 가슴높이줄기둘레의 측정 기준이 되는 1~1.5미터 부근은 흙 속에 잠겼다. 어쨌든 공사 이전 측정값인 14미터 규모는 우리나라에서 가장 큰 은행나무로 측정된 나무높이 42미터의 **양평 용문사 은행나무**와 같다. 단순 계산으로는 어른 8명이면 둘러싸 안을 수 있다고 하겠지만, 나무줄기 아래쪽의 상황까지 감안하면 8명으로는 어림도 없다. 이 나무에서 실행해 보지는 않았지만 다른 나무에서의 경험을 바탕으로 하면 적어도 12명 정도의 어른이 모여야 겨우 손을 맞잡을 수 있을 것이다. 나무높이도 결코 낮지 않아서 31미터나 된다. **양평 용문사 은행나무**에 비하면 훨씬 낮지만 도시 아파트와 비교하면 무려 10층이 넘는 굉장한 높이이다.

안동 용계리 은행나무는 700년 넘게 이 자리에서 살아왔다. 이 나무는 원래 이 마을에 있던 용계초등학교[6]의 작은 운동장에서 이 마을 어린이들과 함께 평화로운 나날을 보내고 있었다. 이 나무는 마을의 당산나무이기도 해서 당산제를 지내는 날이면, 마을 사람들이 학교 운동장에 모두 모여 당산제를 지냈다고 한다.

나무에는 적지 않은 전설이 전해온다. 용계리는 조선조 숙종 때 마을 뒷산이 용이 누운 형상인 와룡산 앞 개울가 마을이라 하여 용계라는 이름이 붙은 곳이다. 이 마을에는 처음에 탁씨 성을 가진 사람들이 들어와 살았다. 용계초등학교 자리의 이 나무가 있는 자리에 바로 그 탁씨 성의 한 가족이 살았다. 그 집에 살던 딸아이가 어느 날 빨래하러 시냇가에 나갔는데, 뿌리째 뽑힌 작은 은행나무 하나가 둥둥 떠내려오던 걸 건져 와서 부뚜막 옆

---

6   정확하게는 '안동시 길안초등학교 용계분교장'인데, 마을 사람들은 그냥 '용계초등학교'라고 부른다.

제 21 장
나무 지키기

에 심어 키운 나무가 지금의 이 나무라고 한다. 그런 와중에 세월
이 흘러 탁씨네 부모와 딸아이까지 모두 세상을 떠났다. 그 뒤 어
느 날 이 마을에 사는 한 노인의 꿈에 은행나무를 부뚜막에 심고
키운 탁씨 처녀가 나타났다. 탁씨 처녀는 노인에게 "내가 물에 떠
내려가던 나무를 건져 내 심어 살렸는데, 나를 이 동네 성황으로
세워주면, 이 동네를 오래도록 편안하게 해 주겠다"라는 묘한 이
야기를 건넸다. 똑같은 꿈이 마을 사람들에게 되풀이되어 나타났
다. 마을 사람들이 탁씨네가 살던 집에 가보니, 그 집의 정지간 부
뚜막 옆에 한 그루의 은행나무가 있었다. 사람들은 탁씨 처녀의
말대로 그녀를 성황으로 모시기로 하고 탁씨네가 살던 그 집을
성황당으로 꾸몄다. 물론 탁씨 처녀가 키우던 은행나무가 잘 자
랄 수 있도록 부뚜막이 있는 정지간은 헐어 냈다. 그러고 부터 마
을 사람들은 해마다 정월 열하룻날부터 삼일 기도를 시작해, 정
월 대보름에 이르러서는 성황이 된 탁씨 처녀에게 마을의 평안
을 비는 성황제를 올렸다. 탁씨 처녀 성황당이 지켜주는 마을 살
림살이는 수백 년에 걸쳐 평화롭게 이어졌다. 깊은 산골짜기이지
만, 사람들이 차츰 모여들어 아이를 낳고 잘 키웠다. 그러자 학교
가 필요해졌고, 자연스레 학교를 세웠다. 그때 세운 작은 학교가
앞에서 이야기한 길안초등학교 용계분교장이었다. 학교는 마을
사람들이 늘 모여서 사람살이를 의논했던 개울가 큰 나무 곁에
운동장을 조성하고 교사를 지어 완성했다. 그게 1973년의 일이다.
마을 당산나무가 너른 학교 운동장 가장자리에 자리 잡으며 마을
사람들에게는 더없이 좋은 자리가 됐다.

　　마침내 이 큰 나무를 1966년에 국가유산청에서는 천연기념

물로 지정했다. 기념물 지정 당시 기록에 따르면 이 나무는 정성을 모아 기도를 바치면, 사람들의 소망을 이루게 해 주는 나무라고 돼 있다. 나무에 깃든 탁씨 처녀의 정령이 용계리를 넘어 이 땅에 사는 우리 민족의 평안을 지켜주는 셈이다. 그래서인지, 한국 전쟁과 같은 국가의 변란이 있으면 이상한 소리를 내서 예고하여 사람들로부터 일찌감치 대비하게 하는 영험함도 보여주는 신비로운 나무라고도 돼 있다.

이 나무에 위기가 찾아온 건 1987년이다. 이 평화로운 산골짜기에 댐을 건설하겠다는 계획이 나왔다. 지금의 임하댐이다. 댐이 건설되면, 이 평화로운 마을이 모두 물속에 영원히 잠기게 된다. 마을 복판에 있던 용계초등학교는 물론이고, 그 운동장에 버티고 서 있던 나무도 물속에 잠기는 건 뻔한 노릇이었다. 마을의 집들은 그 산골짜기 가까운 곳으로 이주하기로 했다. 깊은 산골에서 별 욕심 없이 하늘이 주는 만큼 먹고, 나무가 지켜주는 만큼의 평화를 누리며 살아온 마을 사람들은 하릴없이 삶의 터전을 떠나야 했다. 떠날 채비를 하던 사람들은 마을을 지켜준 '할배'의 미래가 궁금했다.[7] '할배' 덕에 수백 년을 평화롭게 살아온 마을 사람들의 당연한 궁금증이다. 그러나 별 도리가 없다는 게 공사 담당자들의 답이었다. 마을 사람들로서는 도저히 받아들일 수 없는 답변이었다. 온순하던 마을 사람들은 '할배'를 살려달라고 공사 담당자들에게 매달렸다. '할배'가 물속에 갇혀 죽는다면 사람들도 따라 죽는 수밖에 없다며 간절하고도 강경하게 호소했다.

7　이 나무는 사실 씨앗을 풍성하게 맺는 암나무인데, 그와 무관하게 마을 사람들은 '할배'라고 부른다.

제 21 장
나무 지키기

당시 댐 공사를 담당한 한국수자원공사 측에서는 민원을 처리하는 과정에서 마을 사람들의 청을 고려하지 않을 수 없었다. 그때 **안동 용계리 은행나무**에게 다행스러웠던 건 임하댐 건설을 담당한 한국수자원공사의 사장이 유난히 나무를 아끼는 사람이었다는 것이다. 고故 이상희(李相熙, 1932~2022) 선생이었다. 그가 임하댐 건설 현장인 용계리를 찾아가서 수몰과 함께 자연히 사라지게 될 이 은행나무를 보게 됐다. 나무가 어찌나 아름답고 웅융한지, 어떻게든 살려보고 싶었다. 나무를 살리려면 옮겨 심는 수밖에 없었는데, 그게 과연 가능할지부터 톺아보았다. 아주 불가능한 일은 아니지만, 공사에는 엄청난 예산과 기술이 필요했다. 수자원공사의 예산과 기술만으로는 도저히 해결할 수 없는 일이었다. 나무 이식 관련 전문가들을 통해 과연 이 나무를 온전히 살리려면 필요한 예산이 얼마나 들지, 옮겨 심은 뒤에도 나무가 잘 살아남을지에 대한 가능성을 타진했다.

그때 나무 이식 공사에서 이미 두드러진 성과를 적잖이 냈던 '대지개발'이라는 회사가 소식을 듣고 이 공사에 나섰다. 1998년에 돌아가신 고故 이철호 사장이 이끌고 있던 그때의 대지개발은 나무 이식과 관련한 몇 가지 탁월한 특허 기술을 가지고 있었다. 그의 특별한 기술들을 활용해 나무를 살리겠다고 나선 것이다. 하지만 가장 큰 문제는 비용이었다. 수자원공사로서는 최종적으로 얼마가 들지 모르는 큰 자금을 조달할 도리가 없었다. 고민 끝에 이상희 사장은 국가 예산을 받아서라도 나무를 살리겠다고 작정하고 '청와대'를 찾아갔다. 정부로부터 예산 활용의 허락을 받으려 한 것이다. 당시 대통령은 생명이나 나무를 존중하는 데에서 남달리 신뢰할 수 없는 전두환 씨여서 불안했지만, 놀랍게도 수자원공사의 요청이 받아들여졌다. 청와대는 이상희 선생의 제안을 선선히 받아들였다. 전두환 씨는 1987년 경상북도 연두순시에서 '천연기념물인 용계은행나무의 보존 대책을 강구하라'는 지시를 내렸고, 그해 8월에는 은행나무 보존을 위한 조례를 제정 공포했으며, 경상북도청에 용계은행나무 보존 추진위원회를 구성했다.

결국 시공자로 이철호 사장의 대지개발이 결정되고, 공사가 시작된 것은 1990년 11월이다. 이 공사에는 무시무시한 조건이 붙었다. '실패 시 공사비 전액을 변상한다'는 것이다. 그야말로 전두환식 공포의 계약이었다. 이철호 사장은 각서를 제출하고 공사에 착수했다. 이철호 사장이 손수 지휘한 이 작업에는 대지개발이 특허를 가지고 있던 '생명토 공법'과 'H빔 공법'이라는 신공법이 이용됐다.

나무를 옮기려면 일단 우리가 분갈이하듯이 나무를 들어 올려야 하는데 그 규모는 어느 정도나 될까. 모든 식물이 그런 것은 아니지만 대개의 식물은 뿌리의 표면적과 땅 위로 드러난 부분의 표면적이 거의 비슷하다고 본다. 뿌리 부분에 잔뿌리가 많은 것은 땅속으로 깊이 들어가기 어려운 상황에서 표면적을 넓히기 위한 식물의 전략이다. 그러니까 전체적인 크기로 따지면 땅 윗부분에 비해 뿌리가 조금 작은 편이다. 그러니까 나무를 옮겨 심기 위해서 분을 뜨려면 땅 위쪽에 나온 부분과 거의 비슷한 부피를 떠내야 한다는 결론이 나온다. 게다가 뿌리만 따로 분리해 낼 수 없으니, 뿌리를 지탱하고 있는 흙까지 함께 떠내야 한다. 큰 나무

제 21 장
나무 지키기

를 들어 올린다는 게 얼마나 엄청난 일인지 짐작할 수 있다.

　　이철호 회장은 나무를 들어 올리기 위해서 H빔 공법을 이용했다. 나무를 뿌리째 들어 올리고 보니, 그 무게는 무려 680톤이나 됐다. 최근 일부 미디어의 기사에는 500톤쯤 됐다고도 했는데, 초기 자료에는 680톤으로 돼 있다. 이 어마어마한 무게의 나무가 안전하게 다시 자리 잡을 때까지는 공중에 붕 떠 있는 셈이다. 이는 나무가 영양을 공급할 수 없다는 이야기다. 심지어 물조차 제대로 흡수하기 어려운 상황이다. 이때 생명토 공법을 이용해 인위적으로 나무에 영양을 공급한 것이다.

　　나무를 땅에서 잘 분리해 냈으니, 이제 좋은 자리를 찾아 다른 곳으로 옮겨 가면 된다. 그러나 나무가 살던 곳에서 그리 멀리 떨어진 곳으로 옮겨 가는 것보다는 원래 있던 자리 근처로 옮기는 것이 보다 상징적 의미가 컸다. 더구나 그만큼 큰 무게와 부피를 가진 나무를 옮겨 갈 기술도 없었다. 그래서 결국은 나무가 있던 바로 그 자리에 15미터 높이의 인공 산을 쌓기로 했다. 임하 댐이 완공된 뒤 물이 가득 찰 때의 수위水位보다 높은 위쪽이었다. 680톤이나 되는 무게로 들어 올린 나무를 죽지 않게 잘 유지하면서, 인공산을 쌓는 공사를 진행했다. 한꺼번에 15미터의 산을 쌓는다는 건 나중에 무너질 수도 있는 부실공사가 될 수 있다는 염려가 있었다. 대략 30~50센티미터 정도로 살짝 들어 올려서 H빔으로 고정한 뒤에 땅에서 들어 올려진 틈에 흙과 돌과 모래를 채워 넣었다. 그러나 나중에 댐에 물이 가득 차도 무너지지 않게 하려면 그것만으로는 모자랐다. 그래서 흙과 돌과 모래 사이에 석회도 함께 섞었다. 그건 콘크리트처럼 단단해지는 효과를 내기 위한 것이다. 그러나 그 방식에 의하면 나무가 나중에 다 살아난다 해도 땅 깊은 곳과 나무뿌리 사이를 콘크리트 층이 막는 결과가 된다. 결코 나무의 생육에 좋을 게 없는 방식이지만, 다른 더 좋은 방법은 없었다. 그렇게 30센티미터, 50센티미터씩 들어 올리고는 틈에 채워 넣은 흙이 양생되기를 기다리고, 공중에 떠 있는 나무에는 생명토를 이용해 양분을 제공하는 방식으로 나무의 상태를 건강하게 유지했다. 그렇게 지금의 위치인 15미터 높이까지 수직으로 들어 올리는 데 무려 4년이나 걸렸다. 옮겨 심은 게 아니라 '올려 심는' 방식의 이 공사는 그래서 '이식 공사'라 하지 않고 '상식上植 공사'라고 한다. 시간은 더뎠지만, 공사는 성공적으로 진행됐다.

그러나 아직 끝나지 않았다. 나무가 죽으면 안 되는 조건이 있었다. 그래서 상식이 끝나고 1년 뒤에 식물 전문가들의 감정이 있었다. 다행히 나무는 '잘 살아 있다'고 판명되어 마침내 모든 공사를 성공적으로 완료하게 됐다. 그게 1994년이다. 이 공사에 소요된 비용은 무려 23억 원이나 됐다. 그야말로 세계적인 대공사였다. 나무 한 그루를 살리기 위해 든 돈이 무려 23억 원이라는 이야기다. 30여 년 전의 23억 원을 지금의 화폐가치로 환산하면 얼마큼의 돈이 되는지가 명쾌하게 들어오지 않을 만큼 큰돈이다.

결국 많은 사람들의 열과 성을 바친 상식 공사로 마을의 신목神木이자 우리 민족의 신목이랄 수 있는 **안동 용계리 은행나무**는 수몰水沒을 면하고, 오늘까지 그 아름다운 자태를 자랑하게 됐다. 이는 세계사에서도 유례를 찾아보기 힘든 큰 공사였고, 나무 하나를 살리기 위해 들인 예산으로도 세계적인 사례라 할 수 있다.

제 21 장
나무 지키기

212 **안동 용계리 은행나무**의 세계 기네스북 인증서.

실제로 **안동 용계리 은행나무**는 '상식'이라는 방법을 통해 살려낸 나무 가운데에서는 세상에서 가장 큰 나무로 확인되면서, 2013년 4월 15일에 세계 기네스북에 공식 등재됐다.

용계리 수몰지구 주민 이주 과정에서 "도저히 할배나무 곁을 떠날 수 없다"라고 했던 딱 한 사람이 있었다. 한참을 설득했으나 도저히 이 할머니의 뜻을 꺾을 수 없었다고 한다. 그러자 안동시청에서는 이 할머니에게 '**안동 용계리 은행나무** 관리'를 맡기기로 하고, 나무 곁에 작은 집 한 채를 지어주었다. 지금도 남아 있는 '은행나무 기념관'이 그 작은 집이다. 시청의 입장에서는 곡절을 딛고 살아난 나무를 세심히 살필 필요도 있는 상황이어서, 좋은 선택이 될 수 있었다. '월로댁'으로 불리는 이 할머니는 이 마을에서 긴 세월을 살아왔는데, 자식들은 모두 대처로 떠나보내고, 홀로 살아가던 중이었다. 안동시청의 배려로 월로댁 할머니는 상식 공사 뒤에도 나무 곁에서 홀로 살았다. 그런데 이 할머니에게 나무 관리를 맡긴 게 아주 절묘했다는 건 그 뒤에 확인되었다. 월로댁 할머니는 종종 할배나무, 즉 **안동 용계리 은행나무**의 꿈

213 상식 공사를 마친 **안동 용계리 은행나무** 원경. 위쪽 사진은 나무 곁으로 흐르는 개울에 물이 차지 않아 휑하게 바닥이 드러난 풍경이고, 아래쪽 사진은 2002년 여름, 영동지방에 홍수가 나서, 임하댐이 만수위까지 물이 가득 찬 풍경.

을 꾼다고 한다. 할배나무는 할머니의 꿈에 나타나서 "목 마르다, 목 마르다"라는 이야기를 남긴다. 그 꿈에서 깨어난 아침이면 월로댁 할머니는 머뭇거림 없이 곧바로 안동시청에 전화를 걸어서 "할배나무에 물 줄 때다"라고 연락을 했다. 그러면 시청에서는 물차를 가지고 와서 나무에게 물을 주곤 했다. 할머니의 꿈과 나무에 물을 주어야 할 시기가 절묘하게 맞았다고 한다.

제 21 장
나무 지키기

이 이야기를 이해하려면 앞의 이 나무 상식 공사 과정을 돌아보아야 한다. 공사 과정에서 나무를 살짝 들어 올리고, 그 틈바구니에 자갈돌과 모래와 흙을 채워 넣었다고 했다. 거기에 석회를 추가로 섞어 콘크리트처럼 단단하게 하려는 고육지책을 썼다는 것도 이야기했다. 상식 공사가 성공적으로 끝난 지금 우리 눈으로 보기에 나무는 땅 깊은 곳에 뿌리 내린 것으로 보이기는 하지만, 사실 아래쪽을 파고 들어가면 일정한 깊이에는 여전히 콘크리트로 막혀 있다는 이야기다. 결국 이 나무는 뿌리에서 끌어 올리는 물만으로 살아가기 어려운 상태다. 할 수 없이 위에서 물을 공급해 줘야 하는 상황인데, 그 시기를 월로댁 할머니가 정확하게 알아맞혔다는 것이다. 결과적으로 월로댁 할머니는 **안동 용계리 은행나무** 최고의 관리인이었다.

월로댁 할머니는 비교적 무뚝뚝한 편이었다. 찾아오는 사람이 많아도 눈길 한번 제대로 주지 않고 그냥 할머니 일만 했다. 그런데 1999년 가을에 이 나무를 처음 본 나는 나무를 자주 찾아갔고(처음에는 한 해에도 몇 번 되풀이해 찾아갔다), 나무와 관련한 이야기를 더 많이 듣고 싶은 까닭에 할머니께 온갖 '아양'을 부려가며 이야기를 청했다. 그러자 얼마 뒤부터 할머니와 아주 편안하게 이야기 나눌 수 있게 되었다. 그렇게 되자, 나무를 찾아갈 때면 할머니 안부를 함께 살피는 게 상례였다. 할머니도 나를 반겨 맞이해 주셨고 옛날 이 마을 이야기를 천천히 들려주시기도 했다. 그렇게 할머니와 이야기를 나눈 지 10년이 조금 넘은 2012년 가을이었다. 언제나처럼 할머니가 좋아하는 과자 몇 봉 사 들고 나무를 찾아갔다. 그런데 할머니의 방문에 자물쇠가 채워져 있었다. 처음에

214 안동 용계리 은행나무 곁에서 평생을 살아온 월로댁 할머니가 죽는 날까지 살림을 이어갔던 살림집.

는 '어디 잠깐 나들이 가셨겠군' 하고 나무를 바라보며 할머니를 기다렸다. 그런데 1시간, 2시간, 한나절이 지나고도 할머니가 돌아오지 않았다. 한참을 기다리다가 연락을 넣은 곳은 이 마을의 살림꾼인 이장이었다. 전화를 받은 이장은 곧바로 나무 곁으로 찾아와서 "더 기다려도 할머니는 오시지 않는다"라고 했다. 그해 봄에 월로댁 할머니는 나무와 함께해 온 이승에서의 삶을 마치셨다는 이야기였다.

사람은 떠나고 나무가 홀로 사람살이의 흔적을 지켜주었던 것이다. 사실 오래된 나무의 오래된 이야기를 찾아다니다 보니, 언제나 나이 많은 어른들을 찾아뵙고 이야기를 청하는 게 대부분의 답사 일정이다. 살갑게 이야기 들려주시는 '나이 많은 어른'들은 그러나 그다음 얼마 뒤에 찾아뵈려 했을 때에 이미 저세상으로 건너가셨다는 소식을 듣게 되는 경우가 적지 않다. 그때마다 "사람 떠나고 나무는 남는다"라는 사실을 되새기며 가만히 사람

제 21 장
나무 지키기

살이와 나무살이를 더불어 생각하게 된다.

슬기로운 전설을 통해 지켜낸 우리의 소나무

나무를 지킨 건 최근의 일만은 아니다. 오히려 과거로 돌아
가면 우리 역사 속에서 한 그루의 큰 나무를 지키기 위해 애썼던
선조들의 이야기를 더 많이 찾아볼 수 있다. 전설처럼 전해오는
이야기이지만, 반드시 짚어봐야 할 나무 이야기가 있다. 천연기념
물로 지정해 보호하는 **상주 상현리 반송**이라는 아름다운 소나무에
담긴 전설이다.

마을의 큰 나무에 얽힌 온갖 전설과 설화가 있지만, 크고 오
래된 나무의 줄기 안에 신화 속의 동물인 이무기가 산다는 식의
흔하디흔한 이야기는 더 이상 사람들의 흥미를 끌지 못한다. 큰
나무의 가지를 꺾는다거나 베어 내면 벌을 받는다는 이야기 역시
성장과 발전 위주의 산업 사회에서는 우스개조차 되지 않는다.

경북 상주시 화서면 상현리 반송에 얽혀 전해오는 전설은 그
러나 이들과 조금 다르다. 물론 500년 넘게 살아온 이 아름다운
나무에도 어김없이 이무기는 산다. 나무줄기 속에 또아리를 틀고
살아가는 이무기는 나라에 큰일이 있을 때마다 미리 큰 소리로
울음소리를 낸다고 한다. 마을 사람들로 하여금 흉사에 대비할
수 있도록 알려주는 고마운 이무기다. 짚어보면 이 역시 흔한 전
설 가운데 하나일 뿐이다. 호들갑스러워질 까닭은 아직 없다.

또 하나의 별난 전설이 있다. 이 나무에서 잎을 따는 것은 둘

215 상주 상현리 반송.

째 치고, 저절로 땅에 떨어진 솔잎을 주워 가기만 해도 천벌을 받는다는 전설이다. 그것도 당대에 그치지 않고, 삼대에 걸쳐 이어지는 끔찍한 벌이라고 한다. 물론 천벌의 구체적 내용은 없다. 그저 공포심을 일으키는 엄포 정도이지만, 이야기를 알고 나서는 나무 곁에서 조심스러워지지 않을 수 없다. 특히 천벌이야말로 사람이 받는 최고의 형벌이라고 믿었던 전설 시대의 사람들이라면 더 그랬을 것이다.

소나무의 한 종류인 반송은 소나무와 마찬가지로 겨울에도 푸른 잎을 달고 있는 상록수다. 하지만 한번 난 잎이 평생 달려 있는 건 아니다. 낙엽성 나무처럼 한꺼번에 잎을 떨구지는 않아도 오래된 잎은 하나둘 떨어지고 새잎이 난다. 수명 없는 생명체는 없는 게 자연의 이치고, 솔잎도 그 이치에서 예외일 수 없다. 땅에 떨어진 솔잎은 나무뿌리 근처에 모여 잘 썩은 뒤에 나무의 거름이 된다. 쉬 썩지 않는 특징 때문에 솔잎이 썩으려면 시간이야 걸리지만, 나무에게는 더없이 좋은 거름이다. 하지만 사람들은 거름이 되기 전에 일쑤 솔잎을 주워 가곤 한다. 불쏘시개로는 물론이고 송편을 찔 때에도 요긴해서다. 사람에게 솔잎이 쓰이면 쓰일수록 나무는 스스로 지어 낸 양분을 잃는 셈이다. 요즘이야 질 좋은 거름을 넉넉히 공급할 수 있지만, 자연 상태에서 나무가 스스로 자라야 했던 옛 시절에라면 언감생심이었다. 이 같은 상황을 안타까워한 지혜로운 한 어른은 나무를 오랫동안 지켜내기 위해 솔잎을 보존하자고 생각했을 게다. 따로 거름을 주지는 못할 망정 솔잎이 온전히 썩어 거름이 되는 것만은 지켜야겠다고 생각한 것이다. 실체가 불분명하지만 그때로서는 가장 큰 두려움의 근원이었던 '천벌'을 받을 수 있다는 경고로 스토리텔링을 지어낸 것이다. '삼대에 걸친 천벌'이라는 것도 절묘하다. 예나 지금이나 마찬가지이지만 자신에게 닥칠 벌보다는 자식에게 혹은 후손에게 지워질 벌을 훨씬 두려워한다는 점을 놓치지 않은 그야말로 슬기로운 전설이다. 전설은 결국 마을 사람들이 자신과 후손의 평화까지도 염두에 두고 나무에서 떨어진 솔잎, 바로 나무의 가장 큰 거름이 되었던 재료를 건드리지 못하게 했다.

돌아보면 이는 자연의 순환 원리를 잘 반영한 매우 슬기로운 이야기임에 틀림없다. 사나운 짐승인 이무기가 산다는 이야기도, 솔잎을 주워 가면 천벌을 받는다는 이야기도 모두 한 그루의 나무를 오래 지켜내기 위한 지극한 노력의 결과이지 싶다. 무엇보다 솔잎을 주워 가면 삼대에 이어 천벌을 받는다는 별난 전설은 **상주 상현리 반송**을 생각할 때마다 떠오른다. 그러나 안타까운 건 나무 곁에 사는 마을 사람들 사이에서조차 이 슬기로운 전설이 이제 잊힌 이야기가 되어간다는 사실이다. 불과 40여 년 전 이 나무를 천연기념물로 지정할 1982년 당시의 기록에만 화석처럼 남아 있을 뿐이다. 한 그루의 나무를 지키기 위해 애썼던 옛사람들의 이야기가 사라진다는 건 아쉬운 일이다. 하지만 전설은 사라진다 해도 전설과 함께 나무를 지키려 한 옛사람들의 정성스러운 지혜만큼은 오래오래 지켜야 한다. 그것이 바로 자연과 더불어 살아가는 첫걸음임은 틀림없다.

재미가 보태진 나무 지키기 이야기, '성 전환'

'성性 전환'이라는 특별한 이야기를 담은 나무가 있다. 나무가 성을 전환한다는 건 거의 불가능한 현상이다. 그러니까 우리나라에 오래전부터 성을 전환한 나무라고 전해오는 이야기는 모두 과학적으로 맞지 않는 이야기다. 아! 앞의 제10장에서 '세상에서 가장 큰 잎'을 가진 식물인 빅토리아수련을 이야기하면서 그가 꽃을 피울 때에 첫날에는 암꽃으로 피었다가 다음 날에는 수꽃으로 성을 전환한다고 이야기한 사례가 있기는 하다. 그러나 빅토리아수련의 경우, 하나의 식물체 전체가 하나의 성을 갖고 있는 건 아니다. 그러니까, 빅토리아수련의 씨앗이나 뿌리를 놓고, 이건 수그루고, 저건 암그루라는 식으로 이야기할 수 없다는 것이다. 암과 수, 두 가지 성을 한 몸에 가지고 있던 빅토리아수련이 그 몸체의 일부인 꽃을 하루는 암꽃으로 다른 하루는 수꽃으로 따로따로 피워 낸다는 것이다.

다시 나무의 성 전환 이야기로 돌아가서, 과학적으로는 사실에 어긋나는 이야기를 담고 있는 나무들을 찾아볼 차례다. 이 나무들이 성을 전환하는 과정을 빅토리아수련을 이야기할 때처럼 과학적으로 증거하려는 것은 아니다. 사실에 어긋난 이야기지만 그 안에 담긴 뜻만큼은 꼭 짚어볼 필요가 있어서 끄집어낸다. 나무에도 성이 있다. 일테면 나무 종류 가운데에는 암꽃만 피어나는 나무는 암나무 혹은 암그루라고 부르고, 수꽃만 피어나는 나무를 수나무 혹은 수그루라고 부르는 경우다. 비자나무와 주목을 비롯해 뽕나무, 미루나무, 버드나무, 호랑가시나무 등이 그런 나무인데, 이런 나무를 '암수딴그루'라고 부른다. 옛 용어로는 '자웅이주雌雄異株'라고 한다. 물론 암그루, 수그루가 따로 나뉘지 않고 한 그루에서 암꽃과 수꽃이 함께 피어나는 나무가 더 많기는 하다. 어쩌면 암수딴그루는 조금 특별하다고 할 수 있지만, 그렇다고 그리 희귀한 것도 아니다. 암수딴그루는 생김새로 구별할 수 없고, 꽃 진 뒤에 맺는 열매 혹은 씨앗을 보고 구별하는 게 가장 쉽고 확실한 방법이다. 당연히 수그루는 열매 혹은 씨앗을 맺지 않는다. 서로 다른 암꽃과 수꽃의 생김새로도 구별할 수는 있지만, 꽃송이가 작으면 관찰이 쉽지 않다. 가을까지 기다려 나무에 열매와 씨앗이 영그는가를 살피는 게 가장 쉬운 방법이다.

여러 종류의 암수딴그루 나무 가운데 대표적인 나무는 잘 알려졌듯이 은행나무다. 암그루와 수그루가 따로 있는 은행나무의 암수가 뚜렷이 구별되는 건 가을에 그 씨앗인 은행이 맺힐 때다. 은행을 맺는 나무가 암그루다. 봄에 피어나는 암꽃과 수꽃도 그 생김새가 서로 다르기 때문에 구별할 수는 있지만, 꽃이 작은 데

216 서울 문묘 은행나무.

다 황록색으로 피어나는 꽃은 초록의 나뭇잎에 묻혀서 찾기 어렵다. 암꽃에 비해 조금 큰 수꽃은 눈에 잘 띄지만, 큰 은행나무 가지 아래에 피어나는 암꽃은 찾기 힘들다. 암수가 나뉜 은행나무 가운데에 암그루에서 수그루로 성을 전환한 나무가 있다. 암꽃이 수꽃으로 바뀌거나 혹은 아예 꽃을 피우지 않고, 가을 되어도 은행을 맺지 않는 나무로 바뀐 경우다. 그런 특별한 나무가 셋이나 있다.

우선 **서울 문묘 은행나무**부터 소개한다. 나무는 지금 서울의 성균관대학교 교문 바로 옆에 자리한 문묘 구역의 명륜당 앞마당에 서 있다. 나무나이 400년의 이 나무는 나무높이 26미터, 가슴높이줄기둘레 12미터의 큰 나무다. 이 은행나무에는 재미있는 현상이 있다. 사방으로 넓게 펼친 나뭇가지를 따라 관찰하다 보면, 나뭇가지에서 뻗어 나온 나뭇가지처럼 보이는 일부 조직이 땅을 향해 축 늘어진 걸 볼 수 있다. 이 조직은 은행나무에서 특별히 나

제 21 장
나무 지키기

타나는 '기근氣根'이다. 말 그대로 공기 중에서 숨 쉬는 뿌리라는 것인데, 기근은 은행나무 외의 다른 나무에서도 볼 수 있다. 대개의 기근이 남자의 성기를 닮았지만 어떤 나무에서는 여자의 젖가슴을 닮은 모양으로 나타나기도 해서, '유주乳柱'라고도 부른다. 은행나무의 기근은 따뜻하고 습기가 많은 일본에서 흔히 볼 수 있는 현상이고, 우리나라에서도 어렵지 않게 볼 수 있는 은행나무의 특징이다.

기근이 거대하게 발달한 **서울 문묘 은행나무**는 씨앗을 맺지 않는다. 수나무라는 이야기다. 그런데 옛날에는 이 나무에서 은행이 많이 열렸다고 한다. 그런 나무가 어느 해부터 갑자기 씨앗을 맺지 않았다. 암그루에서 수그루로 성을 전환한 결과라고 사람들은 이야기한다. 사연이 있다. 문묘의 명륜당은 조선시대 최고의 교육기관이었다. 가을에 이 커다란 은행나무에서 씨앗인 은행을 맺을 때에는 명륜당의 학동들이 공부에 집중할 수 없었다. 사방으로 퍼지는 고약한 냄새가 그랬고, 또 은행을 주워 가려고 소란을 피우며 찾아온 동네 사람들의 아우성도 그랬다. 고민 끝에 명륜당의 선비와 학동들은 "제발 이제는 은행을 맺지 않는 수나무가 되어주세요"라는 기도를 담은 제사를 올렸다. 참 어리석은 기도였지만, 기적이 일어났다. 이듬해 가을부터 나무는 은행을 한 알도 맺지 않았다. 선비들의 기도에 따라 창졸간에 암나무가 수나무로 성을 바꾼 것이다.

성을 전환한 두 번째 은행나무 이야기를 이어간다. **인천 강화 전등사 은행나무** 두 그루가 그 나무다. 고찰 전등사에는 아름다운 나무가 많이 있는데, 그중에서 남쪽 언덕에 있는 한 쌍의 은행나

217 인천 강화도 전등사 은행나무.

무가 그 나무다. 늙은 이 나무들은 이미 수세가 쇠약해져 볼품을 잃고 앙상해져 지금은 안타까운 모습으로 남아 있다. 나무나이 700년을 넘긴 이 나무는 나무높이가 15미터 남짓 되는데, 세월이 지나면서 나뭇가지가 탈락하면서 나무높이도 점점 줄어드는 추세다. 이 나무의 성 전환 사건은 조선 후기에 벌어졌다. 숭유억불 정책을 기본으로 한 조선의 조정에서는 온갖 생트집을 잡아 절집을 탄압했다. 전등사도 억불 정책에서 자유롭지 않았다. 관에서는 은행 공출을 요구했다. 두 그루의 은행나무에 달리는 은행만으로는 도저히 채울 수 없는 지나친 양이었다. 절집 사람들은 공출량을 채우지 못해 지속적인 탄압을 받던 끝에 아예 이 나무가 은행을 맺지 않는다면 공출에서 면제되지 않을까 하는 생각을 했다. 그리고 가까운 백련사의 추송선사를 모셔와 기도회를 열었다. 기도회에서 추송선사는 "강화도 전등사에서 삼일 기도를 지성으로 올리니, 이 은행나무가 은행을 맺지 않는 수나무가 되기를 축원

제 21 장
나무 지키기

하나이다"라고 우렁차게 기도 올렸다. 그러자 맑은 하늘에는 먹구름이 몰려와 우박을 퍼붓고 두 그루의 은행나무는 온 잎을 떨어내고 가지를 푸르르 떨었다. 그리고 이듬해부터는 신기하게도 그리 잘 맺던 은행을 한 알도 맺지 않았다. 암나무가 수나무로 변한 것이고 그로 인해 전등사는 은행 공출의 어이없는 탄압으로부터 해방될 수 있었다는 이야기다.

한 그루 더 있다. 강원도 강릉 주문진의 **강릉 장덕리 은행나무**도 성 전환 이야기를 품었다. 평범한 농촌 마을 어귀에서 800년쯤 살아온 이 은행나무는 나무높이 26미터, 가슴높이줄기둘레는 10미터의 크고 아름다운 나무다. 이 나무도 은행을 많이 맺는 암나무였다. 그런데 가을이면 마을 전체에 진동하는 고약한 냄새가 골칫거리였다. 마침 나무가 서 있는 자리가 마을 어귀의 밭 가장자리인데, 이 고약한 냄새로 마을 사람들은 밭일하러 나가는 것조차 꺼렸다. 그러던 어느 날 마을을 지나던 한 스님이 사람들의 이야기를 듣고는 나무줄기 한가운데에 부적을 써 붙였다. '은행을 맺지 않는 수나무로 바뀌어라'는 뜻의 부적이었다. 그리고 스님의 부적에 담긴 뜻대로 이듬해 가을부터 은행을 전혀 맺지 않는 수나무로 바뀌었다는 이야기다.

모두가 믿기 어려운, 과학적으로는 불가능한 이야기들이다. 그렇다면 터무니없는 거짓말에 불과한가. 그건 아니다. 나무를 지키기 위해 옛사람들이 동원한 방법은 다양했다. 여러 형식, 여러 내용이 있지만 공통적인 건 사람들의 마음에 오래 남을 수 있는 이야기여야 한다는 것이다. 그건 신화와 전설과 같은 맥락이다. 비교신화학자인 조지프 캠벨(Joseph John Campbell, 1904~1987)은 그래서 신화를 "지금 이 순간의 사람살이에서 사람들이 지켜야 할 가치를 비유와 상징을 통해 담아낸 스토리텔링"이라고 했다. '인류 최초의 철학'이라는 이야기와 다르지 않다. 농경문화 시대에 나무를 지키는 일은 바로 그 시대에 사람들이 지켜내야 할 최고의 가치였고, 이를 오래도록 사람들의 마음에 남기기 위해 사람들은 비유와 상징을 통해 스토리텔링을 이뤄냈다. 그게 지금 우리에게까지 전해오는 나무의 전설, 설화, 신화다. 하지만 캠벨의 이야기처럼 지금 이 순간에 지켜야 할 사람살이의 가치를 이야기할 때의 '지금 이 순간'은 영구불변이 아니다. 세월이 흐르며 세상은 바뀌고, 따라서 바뀐 세상에서 실현해야 할 사람살이의 가치 또한 바뀐다. 나무에 얽힌 전설, 설화, 신화가 나무 바로 곁에서 살아가는 사람에게조차 그 중요성을 잃고 잊힌다는 건 그런 까닭에서일 게다. 농경문화 시절과 다를 뿐 아니라, 세상의 모든 이야기와 사정을 과학이라는 잣대로 재단하는 시대인 때문이다. 하지

제 21 장
나무 지키기

만 분명한 것은 우리의 역사를 살펴보는 과정에서 '나무 심던 일을 일상처럼 여겼던' 농경문화 시절의 사람살이를 돌아보지 않을 수 없다. 그건 곧 시대가 달라졌다 하더라도 여전히 지금의 사람살이를 이뤄온 근본을 찾아가는 길이 분명한 때문이다.

결국 비과학적인 비유와 상징을 통해 그때에 한 그루의 큰 나무를 지켜야 한다는 사람살이의 가치를 오래 기억할 수 있는 스토리텔링으로 지어낸 이야기들이라고 보는 게 온당하지 싶다. 이 이야기를 과학적으로 검증하려는 건 잘못이다. 그 안에 담긴 의미를 짚어보는 게 먼저다. 선비들의 주경야독을 방해하고, 절집 스님들의 수행을 탄압하고, 또 농투성이들의 일상을 흐트러뜨리는 나무였다면 그냥 베어 내도 됐다. 하지만 은행나무의 성 전환 설화에는 사람들이 자연의 순리를 받아들여야 한다는 옛사람들의 자연사랑 정신이 담겨 있다. 아무리 사람살이를 성가시게 한다 해도 나무는 끝내 사람과 더불어 살아가야 하는 생명이라는 사실을 무시하지 않았다. 삶이 힘겨워도 곁의 생명을 함부로 해치지 않으면서 더불어 살아가야 한다는 소중한 자연주의 정신이다.

지금 이 순간에도 이어지는 '나무 지키기' 운동

길게 여러 사례를 소개했지만, 지금 이 순간까지 계속 이어지는 나무 지키기는 헤아릴 수 없이 많다. 알려지지 않은 경우까지 들자면 더 많을 것이다. 제12장 '나무 숭배'에서 짚어보았던 대구시의 나무 보호 사례도 도시에서 나무를 보호하는 훌륭한 본보기가 될 수 있다는 점을 다시 한번 강조한다. 물론 대구시처럼 인물과 나무를 연결시키는 방법이 나무를 보호하는 유일한 방법은 분명 아닐 것이다. 더 많은 창의적인 방법이 있을 것이다. 우리가 아직 나무를 보호하기 위해 더 많은 창의력을 집중하지 않은 탓일 뿐이다.

제19장 '도시의 나무'에서는 도시에서 나무를 지키는 게 아니라 오히려 나무를 학살하는 몇 가지 사례를 이야기하기도 했다. 그 사례에 조선의 과학자 홍대용과 서구의 니체가 던진 인간의 자연 파괴에 대한 경고 메시지까지 옮겼다. 그러나 그게 전부가 아니라는 점은 분명하다. 이 장 '나무 지키기'에서 여러 사례를 짚어보았듯이 우리는 오래전부터 나무를 지키기 위해 갖가지 방법을 동원했다. 심지어 나무의 성 전환이라는 현실적이지 않은 이야기까지 풀어내며 나무를 지키기 위해 안간힘을 다했다. 자연을 해치고 나무를 학살함으로써 개인의 욕망, 특히 자본주의 사회에서의 물적 욕망을 충족하려는 사람들은 분명히 존재한다. 니체의 표현에 의하면 '지구의 피부병'이고, 홍대용의 표현에 따르면 '지구라는 생명체에 기생하는 이蝱'와 같은 인간들이다. 그러나 그들에 비하면 자연을 지키고 한 그루의 나무라도 지키려 애쓰는 사람들이 더 많다는 것은 분명한 사실이다.

실제로 우리는 민간에서 자발적으로 나무를 지키는 운동이 활발하게 진행되고 있는 상황을 수시로 마주치게 된다. 일반 시민들이 자발적으로 벌이는 '게릴라 원예' 활동을 비롯해, 가로수를 지키기 위해 시민운동 단체를 조직한 활동가들도 있다. 국가

제 21 장
나무 지키기

769

의 나무 관련 정책에 대해 수시로 감시하고 이에 적극 대응하는 개인과 단체도 이어진다. 일반인들 스스로 나무 이름을 알고 싶어 스마트폰 애플리케이션을 제작해 널리 활용하는 것 역시 나무에 대한 애정을 드러내고 나무 지키기로 이어질 고무적인 행위다. 게다가 나무를 심고 지키는 일에 적극적으로 나서며 일정한 성과를 거두는 기업도 있다. 여러 상황을 고려해 볼 때 우리가 처한 상황이 결코 비관적인 것만은 아니다. 국민 개개인을 비롯한 시민단체의 조직적 활동은 나무라는 경이로운 생명이 우리 사는 세상을 더 오래, 더 아름답게 지켜줄 것이라는 희망을 갖게 한다. 여기서 소개한 온갖 이야기와 활동으로 나무를 지켜온 우리 선조들의 자연주의 철학의 유전자는 필경 지금의 우리에게도 고스란히 이어져 있으리라. 희망을 놓지 않을 이유는 분명 남았다.

종교와 나무

중요한 것은 참다운 세계,
참다운 자아와 가까이 만나는 것입니다.
신성하다는 것은 우리가 (인간뿐만 아니라) 작은 자아로부터 나와
산과 강의 만다라 우주 전체로 가는 것을 도와주는 것을 말합니다.
영감, 고양, 통찰은 우리가 교회 문을 나설 때 끝나는 것이 아닙니다.
사원으로서의 야생지는 하나의 시작일 뿐입니다.

- 게리 스나이더Gary Snyder, 『야생의 실천The Practice of the Wild』에서

앞의 제16장 '나무 활용'에서 자세히 살펴본 교수대의 운명으로 살아온 나무가 있었다. 한국 가톨릭교회에서 병인박해의 순교 현장을 증거하기 위해 지켜온 회화나무다. 종교 단체에서 나무를 지켜온 특별한 경우다. 그러나 가만히 나무와 사람이 더불어 살아온 인류의 역사를 돌아보면 나무와 종교는 떼려야 뗄 수 없는 관계를 갖는다. 동서양이 마찬가지고 거의 모든 종교가 나무와 밀접한 관계를 맺고 있다. 특히 종교마다 그 종교의 상징인 나무도 갖는다. 나무가 종교의 상징, 혹은 신앙의 상징으로 남을 경우, 그 보호 과정은 여느 나무에 비해 더 철저하게 이루어진다

는 것을 우리는 앞의 **서산 해미읍성 회화나무**의 경우에서도 보았다. 이처럼 종교의 이미지로 지켜온 나무들은 자연히 오래도록 사람의 문화 속에 더 굳건히 자리 잡게 마련이다.

그리스도교에서 성탄절 장식으로 쓰는 나무

먼저 그리스도교의 경우를 살펴보자. 그리스도교에서 중요하게 여기는 나무로 호랑가시나무*Ilex cornuta* Lindl. & Paxton가 있다. 호랑가시나무는 잎의 생김새가 특별하고 사철 내내 푸르른 싱그러움을 잃지 않으며 겨울에 맺는 새빨간 열매가 아름다워서 대개는 관상용으로 많이 키운다. 육각형 방패처럼 생긴 이파리 사이에 빨간 열매를 조롱조롱 돋워 내는 호랑가시나무는 서양 사람들이 좋아하는 나무다. 특히 육각형의 초록 잎 서너 장이 모여 난 한가운데에 빨갛게 맺힌 열매는 모형으로 만들어 그리스도 교인들에게 가장 중요한 명절인 성탄절을 기념하는 '크리스마스트리'는 물론이고 '크리스마스카드'에 장식으로 많이 활용한다.

호랑가시나무라는 이름도 독특하다. 식물 이름에 백수의 제왕 호랑이의 이름이 붙었지만 묘하게 어울린다. 호랑가시나무를 보자마자 곧바로 호랑이 이미지가 떠오르는 건 아니다. 호랑가시나무는 잎 가장자리에 난 날카롭고 억센 가시가 날카로운 호랑이 발톱을 닮았다 해서 붙은 이름이다. 또 호랑가시나무의 가지를 그러모아 엮으면, 호랑이처럼 거친 피부를 가진 짐승의 등긁개로 쓰기에도 알맞다 해서 붙은 이름이라고도 한다. 그래서 우리나라

의 일부 지방에서는 이 나무를 아예 '호랑이등긁개나무'라고 부른다. 그러니까 한눈에 호랑이를 떠올리는 건 불가능해도, 왜 이런 이름이 붙었을까를 생각하면서 한참 나뭇잎을 바라보고 또 살짝 잎 표면을 만져보면 호랑이 발톱만큼 강한 가시가 느껴져, 나무 이름의 연유를 이해할 만하다.

호랑가시나무는 우리나라에도 자생하는 토종 나무다. 전라북도 부안의 변산면 도청리에는 호랑가시나무 자생 군락지가 있어서 천연기념물로 지정 보호하고 있다. 또 전라남도 나주 공산면 상방리에는 임진왜란 때 이순신 장군 휘하에서 혁혁한 공을 세웠던 오득린 장군이 마을의 평화를 위해 심은 400년 된 노거수 호랑가시나무도 있다. 역시 **나주 상방리 호랑가시나무**라는 이름으로 천연기념물에 지정해 보호하는 나무다. 오래전부터 우리나라 곳곳에서 자라던 나무라는 분명한 증거다. 다만 우리나라 전 지역에서는 자라지 못하고, 따뜻한 남부지방에서만 자라기 때문에 쉽게 보지 못했을 뿐이다.

호랑가시나무를 성탄절 카드에 그리고, 크리스마스트리 장식에도 활용하는 데에는 곡절이 있다. 십자가를 지고 골고다 언덕을 오르던 예수 그리스도의 머리에 씌웠던 가시 면류관을 억센

가시가 무성한 호랑가시나무의 나뭇가지를 얽어매 만들었다는
게 그 첫 번째 이유다. 이어지는 또 하나의 더 중요한 이유가 있
다. 호랑이 발톱에 비할 만큼 날카로운 가시가 촘촘히 달린 호랑
가시나무 면류관의 가시에 예수의 이마는 찢기고 할퀴어져 굵은
핏 방울이 선연하게 배어 나왔다. 이때 예수의 아픔을 덜어주려
던 작은 새가 있었다. 로빈이라고도 부르는 유럽울새였다. 몸 길
이가 채 10센티미터도 안 되는 작은 새다. 로빈은 예수의 이마에
박힌 가시를 일일이 뽑아내다가 오히려 자신의 여린 가슴이 가시
에 찔리고 찢겨 많은 피를 흘리다 결국 죽고 말았다. 예수의 뒤를
따르던 사람들은 예수의 고통을 덜어주다 죽은 로빈을 귀하게 여
기게 됐다. 로빈이 호랑가시나무를 좋아한다는 걸 알게 된 사람
들은 로빈이 좋아하는 호랑가시나무를 신성한 나무로 바라보게
됐다. 심지어 호랑가시나무의 열매를 함부로 따내면 가문에 재앙
이 든다는 말까지 나왔고, 선명한 빨간빛으로 맺히는 호랑가시나

무의 열매를 보고는 예수가 흘린 핏방울을 떠올렸다. 그렇게 호랑가시나무에는 예수의 수난 이미지가 담겼고, 성탄 때에는 빨간 열매가 예쁘게 맺힌 호랑가시나무를 축하 카드와 예수 그리스도의 탄생을 기리는 크리스마스트리에 장식하게 됐다.

교회의 중요한 시기에 맞추어 피어나는 꽃

크리스천 문화가 깊이 자리 잡은 서양에서는 호랑가시나무뿐 아니라 여러 종류의 나무가 그리스도교의 이미지를 지닌 채 지켜졌다. 헬레보루스*Helleborus* 종류도 그런 풀꽃이다. 유럽, 특히 영국인들이 무척 좋아한다. 우리나라에 자생하는 식물이 아니어서 아직 우리 이름은 따로 없고,《국가표준식물목록》에서도 학명을 소리 나는 대로 읽은 '헬레보루스'로 표기했다. 미나리아재비과Ranunculaceae에 속하는 이 여러해살이 식물은 유럽 지역에서 오랜 재배 역사를 가지는 원예식물이다. 최근에는 우리나라의 수목원, 식물원과 흔치 않게 민간의 정원에서도 종종 찾아볼 수 있는 상황이다. 특히 겨울과 이른 봄에 다른 봄꽃이 피어나기 전부터 화려하게 피어나는 꽃차례가 아름다워 정원의 원예용으로 환영받는 식물이다.

헬레보루스 종류 중에서 가장 널리 알려진 건 헬레보루스 니게르*Helleborus niger* L.다. 이 식물을 많이 키워온 영국, 스페인, 포루투갈 지역 등에서는 대략 성탄절 즈음에 피어난다고 해서 '성탄절의 장미Christmas Rose'라고 부른다. 그러나 헬레보루스 니게르

를 우리나라에서 가장 먼저 도입해 키운 천리포수목원에서는 최소한 1월 지나야 꽃을 볼 수 있다. 성탄 즈음에 보는 건 언감생심이다. 또 그해의 기후에 따라서 2월 지나서야 겨우 꽃잎을 여는 경우도 있다.

다른 봄꽃들이 화들짝 피었다가 금세 스러지는 것과 달리 오랫동안 피어 있는 꽃이라는 점도 원예용으로 환영받는 까닭이다. 꽃이 오래 피어 있는 걸 싫어할 사람은 없다. 개화 기간이 긴 데에는 이유가 있다. 바로 꽃처럼 보이는 부분이 꽃잎이 아니라 꽃받침이 변형한 부분이어서다. 모든 꽃은 번식을 위해 피어나기 때문에 제 본연의 존재 이유인 꽃가루받이를 마치면 이내 꽃잎을 떨구게 마련이다. 그런데 우리가 바라보는 헬레보루스 니게르의 꽃은 꽃잎이 아니라 꽃받침의 변형으로 이루어진 '포苞'라는 독특한 기관이다. 앞에서 자세히 설명했던 수국의 헛꽃과 똑같은 이치, 즉 식물이 살아가기 위한 안간힘으로 지어 낸 특별한 조직이다. 산딸나무의 경우도 같은 이치에 따라 꽃잎처럼 보이는 조직을 지어 낸다는 이야기까지 이미 앞에서 했다. 포는 우리 눈에는 꽃잎처럼 보이지만, 본성이 꽃잎이 아니라 꽃받침에 가까운 조직이다 보니, 꽃가루받이를 마쳤다고 해서 떨어져야 할 이유가 없다. 일테면 봄에 피어나는 장미꽃을 보면 꽃잎은 금세 시들어 떨어지지만, 꽃잎 진 뒤에 별 모양의 꽃받침은 그 상태 그대로 오래 남아 있는 것과 같은 이치다. 헬레보루스 니게르는 우리나라의 기후에서도 중부 이남 지역에서는 겨울 날씨를 잘 견뎌내고 꽃을 피울 만큼 추위에 강한 식물이다. 한여름의 무더위만 피해준다면 도시의 아파트에서도 가꿀 수 있어서 널리 사랑받을 조건을 두루 갖췄다.

성탄절 즈음에 피어나기 때문에 '성탄절의 장미'라는 이름이 붙었다고도 하지만 그에 맞춤한 흥미로운 설화도 있다. 2,000년 전, 아기 예수가 탄생한 날의 일이다. 베틀레헴의 마구간 근처에는 가난한 양치기 소녀가 있었다. 소녀는 예수 탄생을 알리는 큰 별을 따라 마구간을 찾았다. 마구간에는 세 명의 동방박사가 값비싼 축하 선물을 들고 찾아와 예수 탄생을 경배했다. 문 틈으로 이 광경을 엿보던 소녀도 이 찬란한 순간을 축하하고 싶었다. 그러나 가진 것이 없는 양치기 소녀는 슬픔에 겨워 눈물만 흘려야 했다. 슬픈 소녀의 모습이 때마침 예수 탄생을 축하하기 위해 하늘에서 내려온 미카엘 천사의 눈에 띄었다. 천사는 소녀의 발치에 하얀 꽃을 피워 소녀를 위로했다. 소녀는 언 땅을 뚫고 솟아난 꽃으로 정성껏 꽃다발을 엮어서 아기 예수의 구유에 선물로 바쳤다. 마구간에 모여 있던 사람들은 소녀의 꽃다발을 '아기 예수 탄생에 드리는 가장 아름다운 선물'로 받아들였다. 이때부터 사람들은 헬레보루스 니게르를 '성탄절의 장미'라고 불렀다는 이야기다.

제 22 장
종교와 나무

하얗게 피어났던 헬레보루스 니게르 꽃송이의 '포' 부분이 긴 개화 기간을 거쳐 떨굴 즈음이면 그제야 비로소 피어나는 헬레보루스 종류가 있다. 붉은 자줏빛 꽃이 신비로운 헬레보루스 오리엔탈리스*Helleborus orientalis* Lam.다. 짙은 자줏빛은 그리 흔한 꽃 빛깔이 아니다. 헬레보루스 오리엔탈리스 역시 꽃송이가 꽃가루받이 후 곧바로 떨어지는 꽃잎이 아니라 꽃받침이 변화한 포인 까닭에 개화 기간이 무척 길다. 헬레보루스 오리엔탈리스가 꽃을 피우는 시기가 크리스천들에게는 중요한 기간이다. 예수 그리스도가 십자가에 못 박혀 죽음에 들기 직전에 40일 동안 고행했음을 기억하기 위해 교회에서 정한 '사순절' 기간이다. 대개의 경우 헬레보루스 오리엔탈리스의 꽃은 사순절이 시작할 즈음에 피어나기 시작해서 사순절 내내 붉은 꽃을 피운다.

성탄절의 장미인 헬레보루스 니게르의 경우 원산지인 유럽과 우리나라에서의 개화 시기에 큰 차이가 나지만, 헬레보루스 오리엔탈리스는 유럽에서나 우리나라에서 모두 사순절이 시작될 즈음에 피어나 사순절이 끝나는 부활절 즈음에 시들어 떨어진다. 정확히 40일 동안의 사순절을 지키는 셈이다. 기독교인들은 그렇잖아도 금식 등 살림살이의 거의 모든 활동을 예수의 수난에 맞추어 생활하는 이 시기에 깊은 자줏빛으로 피어난 이 꽃에서 예수 그리스도의 수난을 생각했던 모양이다. 그래서 아예 이 꽃에는 '성탄절의 장미'와 같은 방식으로 '사순절의 장미'라는 이름을 붙였다. 성탄절과 사순절은 크리스천들에게 매우 중요한 시기다. 이때를 기억해 주는 한 포기 작은 풀꽃들에 그리스도의 이미지를 덧붙여 기억하며 더불어 살아가는 지혜로운 방법이다.

예수의 수난을 상징하는 나무와 꽃

크리스천들에게 예수 그리스도의 이미지로 살아 있는 나무는 더 있다. 사순절이 지나면 예수 그리스도는 자신의 몸을 못 박을 십자가를 짊어지고 골고다 언덕을 오른다. 서른아홉 번의 채찍을 맞으며 언덕을 기어 올라가던 예수의 이마에 씌운 가시 면류관의 가시를 뽑아내다가 많은 피를 흘리며 죽어간 방울새 로빈과 호랑가시나무 이야기는 앞에서 했다. 그렇게 언덕을 오른 예수는 십자가에 매달려 손과 발에 못이 박힌다. 그 십자가 모양으로 피어나는 꽃이 있다. 서양인들이 아예 '십자가 꽃'이라고 부르는 꽃이다. 산딸나무 종류의 꽃을 가리키는 기독교인들의 표현이다. 산딸나무도 여러 종류가 있어서 우리나라에 오래전부터 살아온 산딸나무*Cornus kousa* Bürger ex Hance가 있지만, 서양인들이 '십자가 꽃'이라고 부르는 산딸나무는 우리 산딸나무와 꽃 모양이 조금 다르다.

산딸나무는 층층나무과에 속하는데, 층층나무과의 나무들은 이름처럼 가지를 옆으로 넓게 펼치면서 층을 이루며 자란다. 그 가운데 층층나무*Cornus controversa* Hemsl.는 유난스러울 정도로 가지가 층층이 단을 이루며 펼친다. 그래서 멀리서도 층층나무과에 속하는 나무들은 구별이 쉽다. 층층나무에 속하는 산딸나무 역시 생김새에서 층층나무와의 관계를 헤아려볼 수 있다. 옆으로 넓게 펼친 나뭇가지의 모습이라든가, 층층나무만큼 뚜렷하지는 않아도 다른 나무들에 비해 전반적으로 층을 이루며 펼치는 가지의 생김새를 구별할 수 있다. 굳이 꽃이 피어나지 않아도, 혹은 잎사귀를 모두 떨구었어도 그냥 스쳐 지나지 못하게 하는 묘한 매력을 가진 나무다.

이 책의 제13장 '나무의 생명력'에서 산딸나무의 꽃차례 부분을 상세히 설명한 바 있다. 우리 산딸나무나 그들의 산딸나무나 모두 '포'라고 부르는 넉 장의 흰 꽃받침잎으로 피어나는 꽃차례의 모양은 다르지 않다. 그러나 서양 사람들이 '십자가 꽃'이라고 부르는 종류의 꽃차례 주위에 활짝 피어난 꽃받침잎의 끝부분이 다르다. 우리의 산딸나무는 하얀빛 포의 끝이 뾰족한 것과 달리 '십자가 꽃'이라고 부르는 그들의 산딸나무 꽃의 그 끝부분에는 초록의 반점이 찍혀 있다. 이 반점은 여러 종류의 산딸나무 꽃차례에서 볼 수 있는데, 이들은 모두 우리 토종 산딸나무가 아니다. 그래서 《국가표준식물목록》에서는 이들을 뭉뚱그려 '꽃산딸나무'라고 추천명을 정했다. 꽃받침잎 끝부분에 초록의 짙은 반점이 찍힌 건 꽃산딸나무 종류에 속하는 다른 나무에서도 볼 수 있는 특징이다. 이 반점을 보고 십자가 위에서 못 박힌 예수 그리스도의 고통을 떠올린 서양의 크리스천들은 이 꽃을 십자가 꽃이라고 부른 것이다. 넉 장의 꽃받침잎이 십자가 모양으로 생긴 데다 각각의 끝부분이 마치 굵은 못이라도 박았던 흔적인 것처럼 멍이 들어 있다고 본 것이다. 십자가에 못 박혀 돌아가신 예수 그리스도를 떠올린 이유다. 그래서 그들은 이 꽃을 '십자가 꽃'이라고 부르고 나아가 꽃산딸나무를 '십자가 나무' 혹은 '예수 그리스도 나무'라는 특별한 이름으로 부르며 신성하게 여긴다는 이야기다.

꽃의 생김새에 절묘하게 맞춘 예수의 생애

꽃이나 나무의 생김새를 종교의 상징에 비유하는 경우는 더 많이 있는데, 그 가운데 예수의 십자가 수난을 더 세밀하고 절묘하게 표현한 꽃이 있다. 신비로운 모양으로 피어나는 꽃으로 널리 알려진 덩굴식물이다. 우리나라에 자생하는 식물은 아니지만, 최근에 곳곳에서 많이 심어 키우는 시계꽃*Passiflora caerulea* L.이 그

제 22 장
종교와 나무

781

것이다. 상록성 덩굴식물인 시계꽃을 크리스천들은 '수난의 꽃'이라고 부른다. 이 꽃의 속명인 *Passiflora*는 라틴어로 '수난'을 뜻하는 라틴어 'pássĭo'와 꽃을 뜻하는 'flos'의 합성어로, 학명 안에 이미 '수난의 꽃'이라는 뜻이 담겨 있다.

남아메리카 지역에서는 오래전부터 약용 식물로 이용하던 시계꽃이 유럽에 처음 소개된 건 16세기 무렵이라고 한다. 그때에 처음 이 꽃을 발견해 유럽에 알린 사람은 예수회 소속의 선교사였다. 그는 처음부터 이 꽃에서 예수의 수난을 떠올렸다. 시계꽃의 꽃은 여느 꽃들과 생김새가 달라서 눈에 띈다. '시계꽃'이라고 해서 '시계'를 떠올리게 한 것도 나쁘지 않은 비유로 보이지만 하여튼 독특한 꽃이다. 이 꽃을 그리스도교 문화권인 유럽에 처음 알린 선교사는 이 꽃에서 예수 수난에 얽힌 갖가지 상징의 원형을 절묘하게 찾아냈다. 꽃송이의 가운데에는 3개의 암술머리가 있는데, 이걸 그는 십자가에 매달린 예수의 양손과 발에 박은 3개의 못을 상징한다고 생각했다. 그리고 암술 곁으로 돋아난 5개의 수술은 예수의 몸에 난 상처의 상징으로 보았다. 십자가에 박힌 못은 3개이지만, 상처는 두 손, 두 발, 그리고 창에 찔린 옆구리의 상처까지 모두 5개다. 예수의 수난과 십자가에 얽힌 이야기를 상세히 모르는 사람이라면 도저히 이해할 수 없는 상징이다. 그게 끝이 아니다. 암술과 수술 바깥으로 털처럼 뻗어 난 부분은 예수의 머리에 씌워진 가시면류관을 상징하는 것으로 보았다. 해석은 이어진다. 암술과 수술 바깥으로는 10장의 꽃잎이 보이는데, 이 부분을 정확히 하자면 5장의 꽃잎과 5장의 꽃받침잎이 똑같은 모양으로 발달하여 10장의 꽃잎처럼 보이는 것이다. 이는 백목련의

경우 3장의 꽃받침이 안쪽에서 피어난 6장의 꽃잎과 똑같아서 마치 9장의 꽃잎을 가진 것처럼 보이는 것과 같은 이치다. 이 10장의 꽃잎처럼 보이는 부분은 예수의 제자 10명을 상징하는 것으로 해석했다. 이 부분 역시 크리스천이 아닌 사람들은 아무래도 고개를 갸우뚱할 것이다. 예수의 제자는 12명이라는 게 잘 알려진 사실인 때문이다. 그러나 예수의 수난 기간에 예수를 배반한 유다와 베드로를 제외하면 10명만 남는다. 이 꽃은 예수의 제자 가운데에 이들 배신자를 제외하고 10명만 표현했다는 이야기다. 아마도 '어거지'로 받아들인다 해도 할 말이 없을 듯하다. 덧붙여 덩굴식물에서 당연히 나타나는 덩굴손은 예수에게 매질을 가한 채찍의 상징이며, 이 꽃의 전반적인 흰색은 예수의 무죄를 상징하는 것으로 보았다. 워낙 특이하게 생긴 꽃이기는 하지만, 이 꽃의 구조를 예수의 수난에 빗댄 절묘한 비유는 놀랍기만 하다. 심지어 시계꽃은 예수가 살았던 지역과 너무너무 멀리 떨어진 남아메리카 지역에서 피기 때문에 전혀 관계가 없었음에도 크리스천들은 여기에서조차 예수의 수난을 기억하며 한 송이 꽃을 오래오래 기억하고자 한 것, 어쩌면 거꾸로 한 송이 꽃을 보면서도 예수의 수난을 기억하려고 애쓴 것이다.

제 22 장
종교와 나무

그리스도교에서 식물을 종교의 이미지로 활용한 경우로, 이른 봄에 순백의 꽃을 피우는 설강화*Galanthus nivalis* L.를 빼놓을 수 없다. 역시 우리나라에 자생하는 풀꽃이 아니어서, 식물원이나 수목원에 가야 볼 수 있는 꽃이다. 유럽 지역에서는 이 꽃을 좋아하는 사람들이 무척 많은 것으로 알려졌다. 영어 문화권에서는 snowdrop이라고 부르는 앙증맞은 풀꽃인데, 우리가 들여와서도 말뜻 그대로를 한글로 옮겨 설강화雪降花라고 부른다. 설강화에는 세계적으로 19종이 있고, 이를 바탕으로 다양한 품종을 선발해 널리 키우고 있다.

"봄의 메시지로 스노드롭이 있다. 처음에는 흙 속에서 가만히 엿보고 있는, 정말 눈곱만한 뾰족한 싹에 불과하다. 다음에는 머리가 갈라지면서 도톰한 두 장의 잎으로 변신한다. 그뿐이다. 물론 빠르면 2월 상순에 꽃이 피기도 한다. 제아무리 멋진 승리를 상징하는 야자나무라도, 또 아무리 지혜로운 나무나 명예로운 월계수라도 찬 바람에 흔들리는 창백한 줄기에 핀 희고 부드러운 스노드롭 꽃받침의 아름다움에는 견줄 수 없다."
– 카렐 차페크, 『원예가의 열두 달(The Gardener's Year, 1929)』[8]
36쪽에서

[8] 2002년에 홍유선 번역으로 맑은소리출판사에서 펴낸 이 책은 절판된 뒤에 2019년에 배경린 번역으로 펜연필독약출판사에서 『정원가의 열두 달』이라는 제목으로 새로 냈다.

　　체코의 대문호 카렐 차페크(Karel Čapek, 1890~1938)의 스노드롭 예찬이다. 보헤미아 지방에서 태어나 프라하대학교에서 철학을 전공한 카렐 차페크는 20세기 초 체코 문학을 대표하는 대문호로 특히 SF 문학에서 독보적인 업적을 갖는 작가다. 지금은 보통명사가 된 '로봇'이라는 말이 바로 그가 1920년에 발표한 희곡 〈로봇robot〉에서 처음 쓴 말이기도 하다. 그는 특히 자연 생태에 관심이 커서, 앞에 인용한 『원예가의 열두 달』이라는 책을 통해서 자연을 예찬한 글을 내놓았다. 카렐 차페크의 예찬처럼 봄의 메시지로 이보다 더 아름다운 게 있나 싶다. 잘 자라봐야 10센티미터를 조금 넘는 키로 자라는 작은 풀인데, 겨울 추위를 이겨내고 가장 먼저 순백의 꽃을 피운다. 머리를 아래로 숙이고 꽃을 피우는데, 햇빛을 받으면서 입을 열었다가 다시 살그머니 오므리곤 한다.

　　설강화의 생김새에 걸맞은 전설 역시 그리스도교의 『구약성경』 창세기의 신화를 입었다. 옛날 아담과 이브가 에덴동산에서 쫓겨나 눈 내린 벌판에서 추워 떨고 있을 때였다고 한다. 그때 한 천사가 나타나, 이제 봄이 다가왔다며 그들을 위로하고는 벌판의

제 22 장
종교와 나무

눈들을 어루만지자 하얀 눈송이들이 곧바로 설강화의 하얀 꽃으로 변했다는 이야기다. 동산에 아직 채 눈이 녹기 전인 이른 봄에 서둘러 피어나는 눈송이를 닮은 이 풀꽃의 앙증맞은 생김새에 맞춰 연상한 전설이겠다.

선교사들의 고행의 길을 지켜준 나무

원예 취미가 널리 확산하면서 외국에서 수입해 키우는 식물이 크게 늘었다. 그 가운데 유카*Yucca gloriosa* L.종류가 있다. 최근 들어 민간에서도 많이 심어 키우기 때문에 굳이 수목원이나 식물원이 아니어도 볼 수 있는 식물이고, 심지어 도시에서는 길가의 화단에 심어 키우는 경우도 많다. 내가 사는 도시에서는 10차로의 도로 중앙분리대 화단에서 유카 종류를 심어 키우는데, 이 종류들이 꽃을 피우는 늦은 봄에는 우뚝 솟아 올라와서 하얗게 피어나는 꽃이 이국적이면서도 싱그러워 모두가 반긴다.

유카에 속하는 종류는 많이 있다. 대개는 우리나라의 기후에서 그리 크게 자라지 않지만, 생육 조건이 적당하게만 맞춰지면 5미터까지는 너끈히 자란다. 고향은 미국 남부와 멕시코 지역이어서, 예전에 아메리카 서부의 사막 지역을 배경으로 한 영화에서 많이 볼 수 있던 식물이다. 유카는 용설란과Agavaceae에 속하는 다육식물로 대개는 5미터도 안 되는 낮은 키로 자라지만, 10미터 넘게 자라는 종류도 있다. 브레비폴리아 유카*Yucca brevifolia* Engelm.라는 종류가 그렇다. 훌쩍 치솟아 오른 줄기 끝에서 가늘

고 뾰족한 잎을 사방으로 둥글게 펼친 모습이 마치 한여름 태양
의 빛 무리를 연상케 할 만큼 신비롭다.

　미국 네바다주 사막에서 자라는 큰 키의 유카 종류에는 특
별한 별명이 있다. 『구약성경』의 모세가 죽은 뒤 그 후계자로 유
대인 지도자 역할을 수행했던 '여호수아'의 영어식 이름에서 유
래한 '조슈아트리Joshua tree'가 그것이다. 오래전, 이 사막에서 길
을 잃은 선교사들이 이 나무의 수액을 마시고 생명을 보전했다는
이유로 붙은 별명이라고 한다. 식물이 물 한 방울 나지 않는 사막
에서 자신의 생명을 지탱하기 위해 애면글면 가두어 두었던 물을
지친 사람과 나눠 마신 고마운 식물임을 기억하기 위해 붙인 이
름이다. 또 하늘을 향해 온 몸을 활짝 열어젖히고 기도하는 듯 성
스러운 모습을 하고 있다고 해서 붙은 별명이라고도 한다. 큰 키
로 자라서 밝은 빛살처럼 화려하게 펼친 잎의 모습에서 떠올린
연상이겠다. 풀 한 포기 자라기 어려운 사막에서 이처럼 멋진 나
무를 바라보고 사람들이 떠올린 대상이 여호수아였을지 모른다.
미국의 캘리포니아에는 이 조슈아트리 자생지를 보전하기 위해
국립공원으로 지정해 보호하고 있다.

제 22 장
종교와 나무

227 미국 캘리포니아주 **조슈아트리 공원** 풍경. ⓒ박진선.

나무를 기억하는 방법은 사람에 따라, 문화에 따라 다르다. 나름대로 나무에 자신들만의 이름을 지어주고, 그 이름으로 기억하는 방법이 나쁠 리 없다. 세상의 모든 대상과 관계를 맺고, 그 관계를 더 아름답게 유지해 나가려 애쓰는 것이 사람살이의 근본이다. 그런 점에서 종교 그룹이 나름의 중요한 상징을 자연에서 찾아 자연과 교감하고 소통하는 방식은 바람직한 방식이다. 이처럼 나무와 종교의 관계는 비단 그리스도교에서만 이뤄진 것이 아니다.

석가모니 부처가 성불한 자리에 그늘을 드리운 나무

그리스도교 못지않게 불교에서도 나무에 종교적 이미지를 입혀 신성하게 지켜온 나무들이 있다. 우선 석가모니 부처가 열반에 이를 때에 고요하게 그에게 그늘을 드리워 주었던 나무를 이야기할 수 있다. 바로 보리수나무다. 정확히는 '인도보리수'라

228 인도보리수.

고 해야 하지만, 우리나라의 절집에서는 그냥 보리수나무라고 이야기한다. 여기서 한 가지 주의해야 할 것은 우리나라 절집에서 흔히 이야기하는 보리수나무는 석가모니 부처의 보리수, 즉 인도보리수와는 전혀 다른 나무라는 사실이다. 대개는 피나무*Tilia amurensis* Rupr.이거나 피나무 종류의 나무를 잘못 부르는 이름이다.

석가모니 부처가 성불의 경지에 오르도록 용맹정진하던 자리에 그늘을 드리운 나무는 우리의 보리수나무가 아니라 아열대 지방인 인도에서 자라는 인도보리수*Ficus religiosa* L.다. 인도보리수는 우리의 보리수나무와 전혀 다른 나무이며, 우리나라와 같은 온대 기후에서는 자랄 수 없다. 인도보리수는 뽕나무과에 속하는 나무이며, 우리의 보리수나무는 그와 달리 보리수나무과에 속하는 나무이니, 가까운 친척 관계도 아니다.

그럼에도 불구하고 석가모니 부처를 떠올리고 싶었던 절집 사람들은 인도보리수를 꼭 닮은 나무를 찾아내 '보리수나무'로 여기며 절집 마당에 심고, 이를 석가모니 부처와 함께 기억하

229 　**괴산 각연사 보리자나무.**

고자 했다. 하지만 그건 보리수나무와 전혀 다른 피나무였다. 하트 모양의 잎이 인도보리수와 꼭 같았다는 게 혼동의 이유였다. 어쩌면 혼동이라기보다는 비슷한 나무를 찾아 절집의 상징으로 삼기 위한 '의도적 혼동'일 수 있다. 앞에서 보았던 '시계꽃'에서 예수 그리스도의 수난에 얽힌 갖가지 상징을 비유해 낸 것과 비슷한 경우이지 싶다. 피나무에 속하는 나무에도 여러 종류가 있는데, 우리나라에 자생하는 피나무 종류로는 피나무를 비롯하여 찰피나무*Tilia mandshurica* Rupr. et Maxim., 염주나무*Tilia megaphylla* Nakai, 보리자나무*Tilia miqueliana* Maxim. 등이 있다. 이들 나무는 대개 생김새가 비슷해서 구별이 쉽지 않다. 우리나라 절집에서 말하는 보리수나무는 대개 이 피나무 종류 가운데 한 가지이기 십상이다. 이를테면 위의 사진(그림 229)에 담은 **괴산 각연사 보리자나무**도 그런 경우다. 이 나무는 보호수로 지정되어 나무 아래에 표지석을 세우면서 거기에 분명히 '보리자나무'라고 표시했건만 절집에서는 여전히 '보리수나무'라고 부른다. **괴산 각연사 보리자나무**는 '보리수나무'라고 부르며 키우는 절집의 나무 가운데에서는 규모도 크고 생김새도 매우 수려하다.

나무를 바라보며 한 종교의 성인을 기억하려는 건 분명 나무가 단지 식물로서만이 아니라 사람살이 혹은 문화의 한 부분으로 역할을 이뤄가는 때문이다. 사람살이의 흔적은 필경 나무의 생김새에도 그대로 배어나게 마련 아닐까 생각하게 된다. 그러다 보니, 문화가 서로 다른 곳에 나무가 옮겨 갈 때에는 보리수나무의 경우처럼 혼동이 있을 수밖에 없는 것이리라.

종교의 제례에 활용하는 도구의 재료

불교와 관계가 깊은 나무로 빼놓을 수 없는 나무가 또 있다. 염불할 때 손에 들고 횟수를 헤아리는 데 사용하는 법구인 염주는 다양한 재료로 만드는데 그 가운데 나무의 씨앗을 통째로 염주 알로 쓰는 경우도 있다. 그래서 아예 '염주알나무'라고 부르기까지 하는 나무인 모감주나무*Koelreuteria paniculata* Laxm.가 그런 나무다.

모감주나무는 무더위가 기승을 부리기 시작하는, 조금 더 정확히는 여름 장마가 시작되기 전에 피어나는 노란 꽃이 돋보이는 나무다. 가지 끝에 총총 매달리는 노란 꽃은 대표적인 여름꽃이다. 가지 끝에 모여서 나무 전체를 노란빛으로 드리우는 모감주나무 꽃송이 하나하나는 지름 1센티미터가 채 안 되게 작다. 그런

작은 꽃이 모여 피어나기 때문에 전체적으로는 화려한 편이다. 장마가 시작되면 노란 꽃을 피우는 모감주나무는 장마 동안에 쏟아지는 비를 채 견디지 못하고 꽃잎을 떨구고 곧바로 열매를 맺는다. 꽃이 많지 않은 한여름에 피어나기 때문에 돋보이는 꽃이지만 꽃보다는 열매의 특이한 생김새가 눈길을 끈다. 열매는 꽃이 떨어지고 나서 곧바로 맺히기 시작해서 가을이 되면 통통하게 익는데, 꽈리와 생김새도 크기도 비슷하다. 열매 껍질이 쭈그러진 종이 같은 느낌을 주는 것도 그렇다. 꽈리가 전체적으로 둥근 공 모양인데, 모감주나무의 열매는 껍데기가 셋으로 나눠지기 때문에 조금 각이 졌다는 점이 다를 뿐이다. 하지만 생김새의 느낌은 꽈리와 꼭 같다. 이 열매 안쪽은 과육 없이 텅 비어 있는데, 열매의 껍데기 안쪽에 윤기가 나고 까만 씨앗이 2~3개씩 맺혀 있다. 바로 이 씨앗을 염주알로 쓴다. 그런데 잘 익은 모감주나무 씨앗도 염주알로 쓰기에는 좀 작지 싶다.

염주알로 쓴다는 때문인지, 모감주나무는 불가의 절집에서 많이 심어 키우는데, 우리나라에서는 중부 이남 지방에서 잘 자란다. 충청남도 태안반도의 안면도에는 천연기념물로 지정해 보

231 완도 대문리 모감주나무 군락.

호하는 모감주나무 군락지도 있다. 바닷가 3,000평 정도 규모의 이 군락지에는 400그루가 넘는 모감주나무가 무리를 지어 자라며 방풍림 역할을 한다. 안면도의 군락지에서 자라는 모감주나무들은 오랫동안 중국 산둥반도 부근의 해안에 떨어진 모감주나무 씨앗이 파도를 타고 바다를 건너와 자라는 것이라고 이야기해 왔다. 믿기 어려운 이야기이지만, 이는 종이배처럼 생긴 모감주나무 열매의 껍질이 물 위에 떠서 오래 여행할 수 있을 듯한 생각에서 지어낸 이야기로 보인다.

모감주나무 군락지 가운데에 천연기념물로 지정한 곳은 또 있다. 완도의 남서쪽 해안선에 펼쳐진 작은 군락지, **완도 대문리 모감주나무 군락**이 그곳인데, 40~100미터 폭으로 약 1킬로미터 정도 이어지는 군락지에 500그루 가까운 모감주나무가 다른 나무들과 함께 숲을 이뤘다. 이 군락지의 모감주나무는 지금까지 발견된 모든 군락 중 가장 오래되고 큰 모감주나무들이 있는 것으로 조사된 귀중한 자연유산이다. 이 군락지는 또 모감주나무가

제 22 장
종교와 나무

중국으로부터 전해온 나무라는 기존의 의견과 다르게 우리나라에도 오래전부터 자생했음을 증거하는 근거가 된다.

인도보리수와 피나무의 혼동에서처럼 식물학적으로 다소 오류가 존재할지언정, 자연과 생명의 존중을 기본 철학으로 하는 불교에서 나무를 상징으로 여기는 경우들이다.

유교의 경우

조선시대 내내 우리 사회의 이데올로기로 지배했던 유교의 경우도 나무를 빼놓고는 이야기하기 어렵다. 유교는 무엇보다 은행나무를 그 상징으로 이용했다. 그 시작은 유교의 사실상 창시자라 할 수 있는 공자에서 비롯된다.

우리나라에 지금까지 남아 있는 유교의 상징인 나무들은 그루 수를 헤아릴 수 없을 정도로 많은데, 그 많은 나무들 가운데 우선 **아산 맹씨행단**[9] **은행나무**를 살펴본다. 은행나무가 유교의 상징으로 여겨진 흔적으로 가장 뚜렷한 증거 가운데 하나인 '행단'이라는 이름이 아직까지 그대로 남아 있는 나무다.

조선 세종 때 우의정과 좌의정을 모두 거친 명재상 고불古佛 맹사성(孟思誠, 1360~1438)은 우리 역사를 통틀어 청백리의 상징으로 기억되는 인물이다. 기록에 따르면 그는 정사를 다룰 때에 과단성 있고 엄격했지만, 평소에는 소탈하고 어진 품성을 드러

---

[9]　'아산 맹씨행단'은 '아산 맹사성 고택'으로도 부른다.

232 맹사성.

낸 인물이었다. 출중한 능력이 널리 인정되어 세종 때에 좌의정에 올라 최장수 영의정을 지낸 황희와 함께 조선의 역사상 가장 오랫동안 벼슬을 지낸 인물이다. 당대 최고의 권좌에 있으면서도 그는 평범한 백성이 찾아오면 몸소 대문 밖까지 나가서 맞이했을 뿐 아니라 윗자리에 모시기까지 했으며 공손하게 배웅했다고 한다. 지위에 어울리지 않게 황소를 즐겨 타고 다녀서 지나는 사람들이 그를 당대 최고의 권력자라는 걸 알아보지 못한 경우가 많았다고 한다.

그의 소박한 품성과 가난한 청백리로서의 삶을 엿볼 수 있는 흔적이 있다. 바로 충남 아산 배방읍 중리에 남아 있는 그의 옛 살림집, 이른바 '맹사성 고택'이다. 우리나라에서 가장 오래된 살림집이기도 한 이 고택은 오래전의 건축물이라고는 하지만, 그래도 당대 재상의 살림집이라고는 믿기 어려울 만큼 작고 초라한 집이다. 맹사성 고택은 고려 말에 최영(崔瑩, 1316~1388) 장군이 처음 지었다. 최영 장군이 집을 다 지은 뒤, 마루에 누워 낮잠을 자는데, 난데없이 용 한 마리가 나타나 집 앞의 돌배나무를 타고 하늘로 올랐다. 꿈이었다. 깨어나 바깥을 보니, 한 어린아이가 돌배나무에 올라가 열매를 따고 있었다. 장군이 아이에게 "주인 허락도 없이 열매를 따느냐"라고 꾸짖었는데, 아이는 전혀 당황하지 않고 예를 갖추어 용서를 청했다. 자칫 줄행랑을 놓기만 하는 여느 어린 아이들과는 달랐다. 어리지만 늠연한 태도를 갖춘 어린 맹사성이었다. 최영은 그 뒤로 맹사성을 아끼며 보살폈다고 한다. 나중에는 마침내 그를 손녀사위로 받아들이고는 꿈속에서 용이 타고 오른 돌배나무가 있는 자신의 집을 물려주었다. 그 집이 맹사성 고택이다. 두 칸의 대청과 양쪽 한 칸씩의 온돌방으로 이루어진 이 집은 꼭 필요한 것 이상은 들여놓을 수 없을 만큼 단출하고 소박한 규모다.

이 작은 집을 크게 느끼게 하는 것은 마당 가장자리에 솟아오른 한 쌍의 커다란 은행나무 때문임이 틀림없다. 큼직한 몸피 때문이기도 하지만 맹사성이 이 집에 살던 때에 몸소 심고 가꾼 나무라는 점에서 눈길을 끄는 나무다. 그때가 600년 전이니, 은행나무는 무려 600년이나 살아온 큰 나무다.

맹사성은 이 집에서 살림을 꾸리면서 마당에 손수 나무를 심었다. 공자가 제자들을 가르칠 때에 은행나무 그늘에서 가르쳤다는 이야기에 따라 조선시대의 유학자들이 많이 심었던 은행나무를 골라 심었다. 유교의 철학, 유학을 국가의 이념으로 따르던 조선의 재상 맹사성이 자신의 뜰에 은행나무를 심은 것도 조선의 선비들이 은행나무를 심은 관례와 무관하지 않다고 보아야 한다. 맹사성은 나무를 잘 키우기 위해 나무 둘레에 단을 쌓아 올렸는데, 이를 마을 사람들은 '맹씨행단'이라고 부른다. '행단杏壇'은 공자가 학문을 설파하던 자리를 부르는 이름이기도 하다.

　　마주 보고 서 있는 두 그루의 은행나무가 모두 맹사성이 심은 나무라고 하는데, 규모에서는 적잖은 차이를 보인다. 나무 앞에 세워둔 보호수 안내판에는 나무높이가 35미터, 가슴높이줄기둘레가 9미터라고 표시돼 있지만, 이는 한창 때의 규모로 생각된다. 지금은 높이나 둘레 모두 안내판의 수치보다 작아 보인다. 특히 중심이 되는 줄기가 썩어 부러져 나간 큰 나무는 줄기둘레를 측정하기도 어렵게 됐다. 하나의 줄기보다는 줄기 바깥에 무성하게 돋아나 자란 맹아지의 규모가 크기 때문에 기준을 잡고 측정할 자리가 적당치 않기 때문이다. 중심 줄기가 없어 허전한 느낌을 자아내지만, 무성한 맹아지 탓에 여전히 거목巨木의 기품은 잃지 않았다.

　　맹사성이 특별히 나무를 사랑했다는 기록이나, 또 그가 남긴 글 중에서도 나무를 예찬한 흔적을 찾을 수는 없다. 하지만 그의 고택 주변에서는 그가 손수 나무를 심었다는 흔적을 또 하나 찾아볼 수 있다. 고택 뒤편으로 이어진 야트막한 언덕 중간에 있는 구괴정九槐亭이 그곳이다. 이 정자는 맹사성이 이곳에 살던 때에 그를 자주 찾아오던 황희(黃喜, 1363~1452), 권진(權軫, 1357~1435) 정승이 함께 만나 시간을 보낸 곳이다. 세 명의 재상이 제가끔 세 그루씩의 느티나무를 정자 주변에 심었다고 해서 '구괴정'이라는 이름으로 불러왔다. 또 세 명의 재상이 자주 만난 정자라 해서 '삼상당三相堂'이라고 부르기도 한다. 그때의 건물은 오래전에 무너앉았고, 여러 차례에 걸쳐 복원한 새 정자가 옛 자리에 남아 있다. 정자 앞에 그들이 심었던 아홉 그루의 느티나무 가운데 일곱

제 22 장
종교와 나무

그루는 이미 수명을 다해 흔적도 없다. 그나마 두 그루가 남았지만, 줄기나 가지가 죄다 부러지고 일부만 남은 줄기가 옆으로 누운 채 세월의 풍진을 힘겨워하고 있다. 사람은 떠났지만, 그가 심은 나무가 흔적으로나마 살아남아 옛사람의 자취를 증거하고 있다. 얼마나 더 살아남을지 걱정스럽지만 지금의 모습만으로도 그저 고마울 따름이다. 유교의 상징으로 살아남은 나무로 은행나무를 이야기하고 있지만, 사실 우리나라의 어느 곳에서라도 느티나무와의 관계는 떨칠 수 없다. 맹사성은 유교 철학을 받든다는 차원에서 은행나무를 손수 심고 공자의 뜻을 따랐지만, 나무 그늘이 절대적으로 필요한 정자 앞에는 우리 민족의 정자나무인 느티나무를 심은 것이다.

유교 건축물에서 어김없이 만나게 되는 나무

아산 맹씨행단 은행나무에는 '행단'이라는 이름이 그대로 남아 있다는 점에서 나무와 유교의 상관관계를 살펴볼 수 있다. 우리나라에는 이처럼 '행단'이라는 이름은 차츰 잊히고 사라졌지만, 여전히 유교의 상징으로 심어 키웠다는 걸 살펴볼 수 있는 곳이 많이 있다.

은행나무는 우리나라 어느 곳에서나 흔히 볼 수 있는 나무이지만, 특히 유교 관련 건축물에서 유난히 더 많이 볼 수 있다. 유교 관련 건축물로 대표적인 건 향교와 서원이다. 향교는 조선시대의 학교라고 생각하면 되는데, 그 시대의 학교에서 가르치는 가장 중요한 학문이 바로 유학이었다. 향교는 유학을 공부하는 학교였다. 유학이 크게 발전했던 조선시대에는 지방마다 향교가 있었다. 그래서 서산향교, 제주향교, 나주향교 식으로 지방 이름을 붙인 향교가 많이 있다. 향교에서 공부하던 학생들은 주로 과거 시험 합격을 목표로 했는데, 조선 후기에 과거 시험이 없어지면서부터 자연스레 향교에 공부하러 오는 학생도 없어졌다. 그러니 향교는 학교로서의 기능은 거의 하지 않고 마을의 훌륭한 유학자를 기리는 제사용 건물로 남게 됐다.

향교와 함께 또 하나의 대표적인 유교 관련 건축물은 서원이다. 도산서원, 소수서원, 도동서원 등을 말하는 것이다. 서원은 향교와 비슷한 학교인데, 향교를 국가나 지방에서 운영하는 지금의 국공립학교로 본다면, 서원은 사립학교라고 봐도 무리가 없을 듯하다. 서원은 국가의 지원을 받지 않고, 지방의 훌륭한 선생님들이 제자들을 길러 내기 위해서 건축물을 짓고 마을 아이들을 불러모아 유교의 가르침을 익히게 한 일종의 학교라고 볼 수 있다. 그러나 서원도 향교와 마찬가지로 조선 후기부터는 교육 기관으로서의 기능을 버리고, 제사를 지내기 위한 건물로 남았다.

조선시대 건축물의 흔적으로서 향교와 서원은 우리 문화재 답사에서 빼놓지 않고 자주 등장한다. 이 향교와 서원에서는 거의 어김없이 커다란 은행나무를 볼 수 있다. 유난하다고 할 만큼 은행나무를 꼭 심었다. 공자의 가르침을 이어가려던 유교의 교육 기관 선생님들은 공자의 뜻과 그의 방식을 따른다는 생각으로 향교나 서원을 지은 뒤에 반드시 은행나무를 주변에 심고 가꾸며, 공자처럼 제자들을 잘 길러 내자고 생각했던 것이다.

여기서는 그 대표적인 기관인 성균관을 살펴본다. 성균관에는 매우 잘생기고 큰 은행나무가 있다. 명륜당 앞마당에 서 있는 **서울 문묘 은행나무**는 나무나이 400년, 나무높이 21미터, 가슴높이줄기둘레 7미터쯤 되는 큰 나무로, 이 은행나무에서 볼 수 있는 특별한 현상으로 '기근'과 '성 전환' 이야기를 앞의 제21장 '나무 지키기'에서 간략히 소개했다. 여기에서는 유교와의 관련 속에 살아 있는 한 그루의 큰 나무라는 점에 초점을 맞춰본다. 문묘는 유교의 시조인 공자와 유학자들에게 제사를 올리는 곳인데, 그 안에는 명륜당이라는 교육기관도 자리하고 있다.

문묘는 크게 제사를 위한 건물들이 있는 대성전 구역과 학문을 갈고 닦는 건물들이 있는 명륜당 구역으로 나누어진다. 조선 태조 7년(1398)에 처음 세웠으나 정종 2년(1400)에 불에 타 없어졌고, 태종 7년(1407)에 다시 지었지만, 임진왜란 때 타버렸다. 지금 있는 건물은 임진왜란 후에 다시 지은 것이다. '서울 문묘와 성균관' 구역 내의 대성전과 명륜당은 담장을 사이에 두고 남북으로 분리되어 있다. 문묘는 제향의 공간일 뿐만 아니라 조선시대 유생들이 공부하는 유교의 중심지로 건축사 연구의 중요 자료로서 전통과 역사가 깊이 배어 있는 곳이다. 1964년에 '서울문묘일원'으로 지정했던 문화재를 2011년에 '서울 문묘와 성균관'이라는 이름으로 변경해 보호하고 있다.

지금은 서울 종로구 성균관대학교 인문사회과학캠퍼스가 있는 곳이다. 문묘 전 구역은 국가유산으로 지정돼 있지만, 자유롭게 찾아볼 수 있다. 문묘 구역을 명륜당과 대성전 구역으로 나누어 얼마 전까지 대성전 구역은 특별한 경우가 아니면 출입을 통제했는데, 최근 들어 대성전 구역까지 완전 개방했다. 문묘는 유교의 시조인 공자와 그의 제자, 그리고 우리나라에서 유교 발전에 큰 업적을 가진 유학자 선조에게 제사를 지내는 곳이다. 이 문

제 22 장
종교와 나무

묘 구역 안에 있는 명륜당은 조선시대의 최고 교육기관이었다. 조선시대에 유교를 대표하는 건물이자 최고의 학교인 셈이다. 임진왜란 뒤 문묘를 새로 지으면서 유교의 선비들은 너른 앞마당 볕 좋은 자리에 은행나무를 심었다. 문묘가 지향하는 유교의 상징으로 심어 키운 나무라고 볼 수 있다.

천연기념물로 지정한 두 그루의 은행나무 외에도 문묘 구역에서는 여러 그루의 큰 나무를 만날 수 있다. 특히 명륜당 건너편인 대성전 구역에 서 있는 큰 나무 역시 유교문화를 반영한다. 대성전 구역에도 우선 은행나무 두 그루가 눈에 띈다. 대성전 마당 가장자리에 서 있는 500년쯤 된 두 그루의 은행나무는 『승정원일기』, 『신증동국여지승람』 등 역사적 기록에 나무를 심은 시기와 보존 상태 등 관련된 내용이 서술되어 있다. 긴 세월을 살아오는 동안 줄기의 일부가 썩고 문드러져 외과수술로 충전재를 채워 넣은 부분이 눈에 띄기는 하지만 여전히 원래의 모습이 살아 있다.

그 밖에 명륜당과 대성전 사이에는 회화나무 두 그루가 있고, 그 곁에는 줄기의 상당 부분이 썩어 훼손된 주목이 있다. 앞에 이야기한 두 그루의 은행나무 외에 대성전 구역에서 가장 돋보이는 나무는 측백나무다. **서울 문묘 대성전 측백나무**는 대성전 건축물과 어울려 대성전의 상징으로 여겨진다. 이 나무는 성균관 사람들이 '오륜목五倫木'이라는 특별한 이름으로 부른다. 나무줄기가 다섯 개로 갈라졌다는 이유인데, 이는 유교에서 이야기하는 다섯 가지 실천 덕목을 가리키는 '오륜'을 나무에 빗댄 것이다. 나무의 생김새에 유교의 이념을 주입한 결과다. 유교에서 이야기하는 오륜은 사람살이에서 지켜야 할 다섯 가지 의무를 이야기하는

235 '오륜목'으로 부르는 **서울 문묘 대성전 측백나무**.

데, 이는 유교 윤리의 근본이다. 대성전 앞 계단참 왼쪽에 서 있는 이 오륜목 측백나무는 아마도 처음에는 오른쪽의 측백나무와 함께 심은 나무로 보인다. 그러나 오른쪽의 계단참에 서 있는 측백나무는 생육 상태가 너무 안 좋다. 거의 죽음에 이른 형상으로 보일 지경이다. 또 **서울 문묘 대성전 측백나무**의 생육 상태도 사실은 그리 좋은 편이 아니다. 멀리서 관찰할 때에는 다섯 개의 굵은 줄기로 갈라지면서 펼친 나뭇가지가 꽤 근사하고 건강해 보이지만 가까이 다가서면 생육 상태가 좋지 않다는 걸 금세 알 수 있다. 특히 줄기의 안쪽은 거의 전 부분이 썩어 공동이 발생해 충전재로 메워 원래의 형태는 전혀 남아 있지 않다.

교육기관이자 제향의 공간인 문묘는 우리나라 유교의 대표적인 유적지다. 이 공간에 남아 있는 나무들은 유교가 나무와 어떤 관련을 맺고 살아왔는지를 여실히 보여주는 증거다.

유교와 관련한 나무로 **오산 궐리사 은행나무**를 덧붙인다. 이 나무 이야기는 앞의 제16장 '나무 활용' 편에서 북을 걸기 위해 활용했던 나무로 그 쓰임새만 간략히 소개한 바 있다.

오산 궐리사(闕里祠)는 중국 고대의 대사상가이자 유학(儒學)의 시조인 공자의 영정을 모시는 사당이다. 궐리사는 우리나라에 두 곳 있다. 충남 논산과 경기 오산이다. 공자가 태어나고 자란 중국 산둥성 곡부(曲阜, 현재는 취푸시曲阜市)의 마을 이름인 '궐리'를 따서 사당 이름을 '궐리사'라 했다. **오산 궐리사 은행나무**의 하고한 사연을 알자면 먼저 오산 궐리사의 역사를 살펴보아야 한다. 나무가 궐리사의 역사와 함께하는 까닭이다.

조선 중종 때 승지, 대사헌 등을 지낸 공서린(孔瑞麟, 1483~1541)이 이야기의 시작이다. 공서린은 공자의 64대손으로, 김굉필(金宏弼, 1454~1504) 문하에서 학문을 익히면서 조광조(趙光祖, 1482~1519)와도 친분을 쌓고 지낸 인물이다. 약관 스물다섯에 문과에 급제한 그가 승지를 지내던 시절, 조광조를 둘러싸고 기묘사화(1519년)가 벌어졌고, 사화에 연루된 공서린은 투옥됐다. 사화와 관련한 다른 인물들과 달리 공서린은 금세 석방됐다. 조정의 피바람을 피해 낙향한 그는 이곳에 서당을 짓고, 후학을 양성하고자 했다. 오산 궐리사의 역사는 그렇게 시작됐다. 그때 공서린은 서당을 지은 뒤, 인근에서 잘 자란 은행나무를 골라 서당 앞에 옮겨 심었다. 그는 은행나무 가지에 북을 매달고, 학동(學童)을 불러 모으거나 면학(勉學)을 독려하는 수단으로 썼다는 게 앞의 제16장에서 이

야기한 내용이다. 서당을 짓고 나무를 심었지만 공서린은 서당을 지은 지 20년도 채 못 되어 세상을 떠났다. 그리고 주인 잃은 서당은 폐허로 변했다. 따라서 그가 심고 가꾸었던 나무도 말라 죽었다. 선비의 뜻이 제대로 펼쳐지지 않고 사라지게 되자, 학문 연마의 역할을 맡았던 나무도 제 소임을 다한 듯, 생명의 끈을 놓고 말았다.

그로부터 200년도 훨씬 더 흐른 뒤인 1792년(정조 16)의 어느 봄, 공서린과 명을 같이했던 은행나무가 죽은 자리에서 홀연히 새로운 은행나무가 싹을 틔웠고, 유난히 싱그럽게 무럭무럭 자라났다. 이 마을 선비들은 나무의 돌연한 생장을 들여다보며, 이는 필경 마을에 경사가 있을 징조라고 예언했다. 마을 선비들의 예언은 틀리지 않았다. 그해 10월, 정조는 수원 화성이 완공된 뒤에 주변을 둘러보던 중, 문득 이 은행나무를 발견했다. 또 얼마 전까지만 해도 이 자리에는 공자의 후예인 공서린이 후학을 키우기 위해 지었던 서당이 있었다는 이야기를 들었다. 정조는 공자

제 22 장
종교와 나무

의 후손이 공자의 뜻을 펼치기 위해 후학을 양성하던 유서 깊은 곳임을 기념하기 위해, 경기 감사와 화성 부사에게 공자의 성묘聖廟를 바로 이곳에 세우라고 지시했다. 아울러 당시 이곳의 이름이었던 화성부 중규면 구정촌華城府 中達面 九井村 대신, 공자의 고향인 궐리촌을 상징하기 위해 궐리闕里로 고쳐 부르도록 했다. 덧붙여 정조는 이 성묘가 완성되자 '화성궐리사華城闕里祀'라는 사액을 친히 내렸다.

그 뒤 고종 8년 서원 훼철령에 따라 궐리사는 철폐됐다. 그럼에도 불구하고, 궐리사를 복원하기 위한 후손과 후학들의 노력은 집요하게 이어졌다. 1901년에는 공자의 76대손인 공재헌孔在憲이 중국에 들어가 공자 성적도聖蹟圖 108도를 수입해 보존했으며, 계속적으로 증축과 보수를 이뤄 오늘에 이르렀다. 공재헌이 들여온 공자 성적도는 '경기도 유형문화재'로, 오산 궐리사는 '경기도 기념물'로 지정돼 있다.

공자의 뜻을 기리기 위한 후손들의 노력이 가상하기도 하지만, 더 기특한 것은 나무의 소생이다. 큰 나무 아래에 씨앗이 떨어졌다가 나무가 죽은 뒤에 싹을 틔운 것인지, 아니면 땅속의 뿌리가 근근이 생명을 이어오다가 긴 세월 흐른 뒤에 다시 힘을 솟구쳐 일어난 것인지는 알 수 없다. 그게 아니라 오산 궐리사 안에 있는 한 그루의 나무를 놓고 지어낸 이야기일 가능성도 없지 않다. 그럼에도 불구하고 이 한 그루의 나무에 얽힌 소생의 전설이 가지는 인문학적 가치는 결코 적지 않다. 처음에 나무는 사람이 들고 나듯, 자신에게 생명과 삶의 뜻을 부여해 준 사람과 함께 명命을 같이했지만, 씨앗이든 뿌리든 200년이라는 긴 세월을 땅속에 움츠리고 살아 있었다는 전설이다. 그 작은 생명의 흔적은 되사 살아나 300년의 세월 동안 이 자리를 지켰다. 우리 정신 문화 부흥의 상징이라 할 만한 나무다. 사람들의 들고 남을 오롯이 지켜본 한 그루의 은행나무는 긴 세월을 그렇게 살아왔듯, 앞으로도 더 오래 이 자리를 지킬 것이다. 세상이 아무리 변한다 한들, 우리의 정신만큼은 영원하리라는 믿음의 상징으로 오래도록 사람들의 기억에 남을 것이다.

행단의 '행'은 은행나무인가 살구나무인가

유교를 상징하는 나무, 즉 행단의 나무를 은행나무라고 부르는 데에 이론을 제기하는 사람들이 있다. 행단의 '행杏'이 '살구나무 행'이어서다. 물론 은행나무의 '행' 역시 같은 글자를 쓰는 것도 사실이다. 은행나무의 씨앗이 살구나무의 열매인 살구를 닮았으며, 은빛을 띤다 해서 은빛 살구, 즉 '은행銀杏'이라는 이름이 붙었다. 그래서 행단의 나무가 은행나무인지 살구나무인지 헷갈릴 수 있다. 그리고 행단은 살구나무였다고 주장하는 경우가 꽤 있다. 행단의 나무가 살구나무라는 주장을 내세우는 축에서는 현재 중국 곡부의 궐리에 가면 살구나무는 찾을 수 있지만, 은행나무는 찾아볼 수 없다는 이야기를 근거로 이야기한다. 그러나 공자가 나무 아래에서 가르침을 베풀던 때는 지금으로부터 약 2,500년 전이다. 그 시절에 공자가 찾았던 나무가 지금까지 남아 있지 않는 한 그의 후계목 여부로 행단의 나무를 추정할 근거는 되지 않는다. 그 긴 세월 전에라면 무성했을 은행나무가 모조리 사라졌을 수도 있고, 그때에는 전혀 없던 살구나무가 다시 그 자리에서 자라났을 가능성도 없는 게 아니다. 지금 공자의 마을에서 찾아지는 나무 몇 그루를 놓고 살구나무와 은행나무를 특정하는 건 전혀 과학적이지 않다. 결국 세월이 더 지난다 해도 행단의 나무를 특정할 근거는 찾을 수 없다는 이야기다.

백번 양보하여 혹 공자의 행단이 살구나무였다고 해도 문제는 남는다. 우리나라의 유학 교육기관에서 행단의 상징으로 심어 키운 살구나무는 그야말로 단 한 그루도 찾을 수 없는 상황이다. 달리 말하자면 유학의 번성 시대인 조선시대에는 분명히 유학의 상징인 행단의 나무를 '은행나무'로 여겼다는 것만큼은 틀림없다. 향교와 서원 등에 은행나무가 버티고 있는 상황에서 행단의 나무가 은행나무인지 살구나무인지를 가름하려는 논쟁은 소모적이며 한편으로는 현학적인 논쟁에 불과하다. 확인되지 않은, 결코 확인할 수 없는 이야기를 물고 늘어질 것이 아니다. 지금 우리 눈앞에 나타나는 사실만으로 이야기를 진행하는 게 보다 현명한 논쟁이 될 것이다.

토착 신앙 혹은 전통 문화와의 조화

나무를 특별히 종교의 상징으로 여겨온 과정에서 특별한 경우를 찾아볼 수 있다. 특히 외래 종교가 도입되는 과정에서 당연히 부닥치게 되는 토착 종교와의 갈등을 슬기롭게 처리한 경우들

237 아산 공세리 성당의 너른 마당 한가운데에서
옛 당산나무의 위용을 잃지 않은 **아산 공세리 성당 느티나무**.

이다. 먼저 아산 공세리 성당의 경우다. 아산 공세리 성당이 있는 자리는 조선 세조(世祖, 1417~1468: 재위 1455~1468) 때, 이 부근 40개 마을에서 지어 낸 곡식을 서울로 옮기기 위해 잠시 갈무리해 두는 창고를 설치했던 곳이다. '공세곶창'이라는 이름의 이 창고가 커지면서, 자연스레 이곳에 머무르며 곡식을 배에 옮겨 싣는 노동에 종사하는 사람들도 늘었다. 그러자 인조 9년인 1631년에는 이곳 노동자들이 편히 쉴 수 있는 그늘을 만들기 위해 나무를 많이 심었다. 이어 영조 때에는 이곳 창고가 폐지되고, 주변의 나무들도 하나둘 스러졌다. 나무들에 다시 생명을 불어 넣은 건, 고종 31년인 1894년이었다. 그 자리에 성당을 지으면서부터다. 성당을 지으면서, 수고하고 짐진 자들을 편히 쉬게 하던 나무들은 그대로 두었다. 이 나무와 함께 성당 진입로에 서 있는 느티나무, 푸조나무 등도 이 땅을 힘들게 살아가는 모든 이들을 품어 안으려는 하늘의 뜻을 그대로 닮아 아름답게 자랐다. 그 나무들은 아산

제 22 장
종교와 나무

공세리 성당 안팎에서 크고 아름다운 나무로 살아남았다. 지금은 이 나무들이 모두 보호수로 지정되어 있는데, 하나의 건축물 주변에서 지정한 보호수 그루 수로는 거의 최고에 해당하지 싶다. 더구나 당시로서는 낯선 외래 종교인 천주교회의 성당을 지을 때에 토착 종교 혹은 토착 문화의 대표적 상징이었던 마을의 당산나무를 그대로 지킨 것은 현명한 포교 방식이었지 싶다.

아산 공세리 성당과 비슷하면서도 보다 전략적이었던 경우로 **강화 성공회 성당**의 경우를 짚어볼 수 있다. **강화 성공회 성당**은 건축물 자체가 한옥 건물이라는 점부터 특이하다. 이 성당 앞마당에는 두 그루의 큰 나무가 있었다. 무척 큰 회화나무와 보리수나무였다. 안타까운 건 그 두 그루 가운데에 한 그루인 회화나무는 2012년에 태풍을 맞아 넘어갔다는 사실이다. 그때 쓰러진 회화나무를 그냥 보내기 아쉬웠던 신도들은 쓰러진 나무의 줄기를 깎아 기도할 때에 손에 잡을 수 있는 십자가상을 만들어 나누기도 했다.

보리수나무와 회화나무는 각각 우리 전통 종교와 밀접한 관계를 맺고 있는 나무다. 보리수나무는 앞에서 이야기했듯이 불교의 상징이었고, 회화나무는 유교 선비의 상징이었다. 성공회 성당은 초기 건축 과정에서 우리의 토착 종교와의 갈등을 품어 안으며 선교하겠다는 의지를 나무를 통해 표출한 것이었다. 두 그루의 나무는 잘 자라서 **강화 성공회 성당**의 상징이 되었다. 보리수나무는 보호수는 아니지만, 성당에서는 나무 앞에 '큰 나무'라는 이름의 표지판을 세웠다. 표지판에는 이 나무를 2016년에 '큰 나무'로 지정했다고 표시하고 나무의 규모를 나무높이 18미터, 가슴높이줄기둘레는 3미터로 적어두었다. 또 이 보리수나무가 여기에 심어진 과정도 다음과 같이 간략히 소개했다.

"1900년 영국 선교사 트롤로프 신부가 인도에서 10년생 보리수 나무 묘목을 가져와 심었다고 한다. 불교를 상징하는 나무지만 성공회는 각 나라와 지역의 문화와 전통을 존중하는 토착화 신학의 선교 정신을 가지고 성당 건물을 한식으로 짓고, 토착 불교와 조화를 이루기 위한 노력의 일환으로 식재되었다. 2012년 태풍 '볼라벤'으로 반대쪽에 심어졌던 유교를 상징하는 회화나무가 쓰러져 성당 건물 보호와 재난에 대비하기 위해 굵은 가지 일부를 잘라 내 수세는 약해졌으나 여전히 성당을 방문하는 사람들의 관심과 사랑을 받고 있다."

표지판의 이야기를 그대로 따르면 이 보리수나무가 앞에서 '불교의 나무'를 이야기할 때에 소개했던 '인도보리수'여야 한다. 그러나 **강화 성공회 성당**의 보리수나무도 앞에서 이야기한 것처럼 '인도보리수'는 아니다. 트롤로프(Mark Napier Trollope, 1862~1930) 신부가 인도에서 묘목을 가져온 것은 사실이라 할지라도 그 나무는 우리 기후에서 살아남지 못했을 것이다. 더구나 강화는 탱자나무도 제대로 살기 어려울 만큼 바닷바람이 몰고 오는 추위가 강한 곳이어서 더 그렇다. **강화 성공회 성당**의 보리수나무는 우리나라 대부분의 절집에서 '보리수'라는 이름으로 심어 키우는 '피나무' 종류의 하나다. 성공회의 제3대 조선교구장이자 성공회대학교의 전신인 성 미카엘 신학교 설립자인 트롤로프 신부가 인도에서 '인도보리수'를 가져왔는지 아닌지는 그리 중요하지 않다. 실제로 가져왔을 수도 있고, 아닐 수도 있지만 사실 여부는 지금으로서 확인할 수 없다. 그러나 우리나라 대개의 절집에서 '보리수'라는 이름으로 심어 키우는 '피나무 종류'를 성당 마당에 심어 키운 건 결과적으로 오히려 잘된 일로 보인다. 만일 그 나무가 우리에게 낯선 '인도보리수'였다면 우리나라 절집의 보리수에 익숙했던 그때의 우리 민중들에게 낯설었을 것이다. 하지만 이미 '보리수'로 알고 있는 나무였다는 건 성공회 측에서 토착 종교와의 마찰을 최대한 줄이는 방식의 포교를 진행하는 데에 성공적이었으리라.

문화와 나무

잔디와 나무와 숲 사이,
개발이라는 이름으로 자연을 정복해야 한다고 주장하는 사람들과
자연에 대한 우리의 지배를 포기하고
다른 종의 삶을 위해서 우리가 지구를 떠나야 한다고 믿는 사람들의
중간 지대를 찾을 수 있다는 사실을 가르쳐 준다.
정원은 우리가 중도적인 시각에서
자연과 만날 수 있는 장소가 존재함을 보여준다.

– 마이클 폴란*Michael Pollan*,
『세컨드 네이처*Second Nature: A Gardener's Education*』에서

이 책은 처음부터 내내 나무와 문화, 달리 이야기하면 사람살이의 자취와 나무가 어떤 관계를 맺고 있는지를 살펴보는 데에 초점이 맞춰져 있다. 나무를 단순히 식물학적 연구 대상으로 살펴보는 데에 머무르지 말고, 인류가 공생해야 할 소중한 동반자인 독립 생명체로 바라보자는 데에서 이 책은 출발했다. 이를 더 집중적으로 살피기 위해 나무의 탄생 이전부터 사람과 나무, 혹은 자연이 어떤 관계를 맺고 있는지를 하나하나 살펴보았다. 바로 앞의 제22장에서는 문화의 특별한 형태인 종교와 나무가 어떤

관계를 맺고 살아왔는지를 보여주는 특별한 사례들을 살펴보았다. 제2부의 제12장 '나무 숭배'에서 이야기한 대부분의 사례들도 나무가 사람들에 의해 숭배 대상으로 여겨진 당대의 문화를 상징하는 경우였다. 나무를 하나의 신적인 존재로 여기는 경우에서부터 나무를 하늘과 땅과 사람을 매개하는 영매로 여기며 당산제와 같은 제를 올리는 경우까지 모두가 당대 문화의 반영인 게 틀림없다. 심지어 같은 제12장에서는 대구 지역의 특별한 나무 보호법도 함께 톺아보았다. 한 그루의 나무에 사람의 이름을 붙이고 나무를 사람살이의 흔적으로 보존하고자 한 대구시의 경우 역시 한 지역의 고유한 문화 행태로 여겨야 한다. 또 제16장 '나무 활용'에 등장한 나무들도 '지금 여기'에서 누리는 문화를 반영하는 경우라 할 수 있다. 의술을 펼치기 위한 약재를 얻으려고, 혹은 백척간두에 서 있는 나라를 구할 무기의 재료를 구하기 위해 심어 키운 나무들이나 식민지 지식인들이 조국의 독립을 위해 나무와 더불어 살아간 지혜로운 활용 역시 그 시절의 문화를 상징하는 문화 행위의 결과다. 나무가 결정적으로 시대의 문화를 반영하는 경우로는 제17장 '농경의 시작과 품종 선발'에서 이야기한 나무들의 경우로 집대성된다. 나무를 통해 문화를 이루어 나갔다는 증거가 나무에 고스란히 남아 있는 경우였다. 그 예로 장미와 튤립을 살펴보았다. 이 장에서는 폭을 넓혀 인류 문화 속에서 나무는 어떤 상징적 의미를 갖고 살아남았는지를 살펴보기로 한다. 이제 여기에서는 앞에서 이야기한 사례들과 달리 보다 극단적으로 한 민족 혹은 지역의 문화를 상징하는 대표적인 사례들을 짚어본다.

238 강화 성공회 성당 보리수나무와 회화나무.
사진 왼쪽의 뒤편으로 보이는 큰 나무가 회화나무인데, 지금은 쓰러졌다.

'선비 문화'의 상징, 회화나무

사람들은 각자 자신들의 문화를 나무로 표상해 왔다. 우리 문화에 그렇게 남은 대표적인 나무로 먼저 회화나무를 꼽을 수 있다. 회화나무는 제22장 '종교와 문화'의 뒷부분에서 **강화 성공회 성당**의 나무를 이야기하면서 짧게 언급한 바 있듯이 선비 문화를 상징하는 나무로 이용돼 왔다.

이미 여러 그루의 회화나무를 이야기했지만, 여기에서는 먼저 회화나무를 선비 문화의 상징으로 여기게 된 근본적 계기인 생태학적 특징부터 짚어본다. 나뭇가지를 거침없이 변화무쌍하게 뻗어 나가되, 어디 한 군데 도드라지지 않고 미끈한 회화나무는 그 잘생긴 생김새가 '선비나무' 혹은 '학자수'라는 이 나무의 별명에 별다른 손색이 없는 나무다. 느티나무에 버금가는 정자나무로 옛부터 아껴오던 회화나무를 이른바 '선비의 고장'이라 하는 안동, 영주, 영남 지방에서 많이 볼 수 있는 것도 그래서이지 싶다. 천연기념물을 비롯해 보호수로 지정된 173건의 회화나무가 서울 경기 지역에 50건, 경북에 56건이나 집중돼 있는 것도 그런 까닭을 반영한다.[10] 우리나라 임학 연구의 선구자인 고 임경빈(任慶彬, 1927~2005) 선생은 그의 저서 『나무백과』[11]에서 "느티나무가 법을 지키는 나무라면, 회화나무는 법을 만들어 가는 나무"라 하고, 회화나무는 자신의 골격을 만드는 데에 어떤 예정이 없고, 대담 무쌍하며 호연한 자세를 갖는다고 했다. 호탕하지만 무게가 있고 깨끗하면서도 조화를 이루는 나무라는 예찬이다. 회화나무는 잘 자라면 30미터를 훌쩍 넘고 가슴높이줄기둘레도 10미터를 훨씬 넘어설 만큼 오래도록 크게 잘 자라는 나무다. 긴 세월 동안 어떠한 규칙에도 얽매이지 않고 독창적이며 조화롭게 자라는 모양이, 앞선 사람들의 업적을 뛰어넘어 언제나 개성 있는 독창적 분야를 개척하는 학문의 길과 같은 셈이다.

회화나무는 원산지인 중국에서도 귀하게 여긴 나무로, '입신출세立身出世'의 상징처럼 여겨왔다. 중국의 선비들은 벼슬에 오르게 된 기념으로, 자신의 집 정원에 바로 이 회화나무를 심었다고 한다. 그런 까닭에 중국에서는 회화나무를 '출세목出世木'이라고

10　이 통계는 2024년 12월 17일 기준, 산림청 보호수 지정 현황 목록을 바탕으로 했다.

11　이 책은 돌아가신 임경빈 선생께서 1970년대에 우리나라의 나무들에 얽힌 전설에서부터 민족문화에 남아 있는 문화적 자취까지를 대중적인 문체로 신문에 연재했던 칼럼을 일지사출판사에서 한데 묶어 펴낸 책이다. 1977년 1권을 시작으로 돌아가시기 직전인 2002년까지 모두 6권으로 출간됐는데, 뒤의 5, 6권에 담은 글은 신문 연재 칼럼과 무관하게 새로 쓴 글이다. 25년 넘게 걸려 펴낸 이 책은 2019년에 임학자인 박상진, 이경준 두 분이 임경빈 선생의 글을 편집해 3권으로 보기 좋게 새로 펴냈다.

하고, 때로는 이 나무가 행복을 가져온다 해서 '행복수幸福樹'라고
부르기도 한다. 우리나라에서도 이 나무의 꽃을 가을의 과거 시
험이 다가왔다는 상징으로 받아들였다. 우리나라나 중국 모두에
서 회화나무는 학자 혹은 벼슬을 상징하는 나무였다.

선비의 서재 앞마당에 서 있는 회화나무

선비들의 회화나무 사랑은 남달랐다. 예컨대 우리의 옛 선비
들은 번거로움에도 불구하고 이삿짐 목록에서 회화나무를 빠뜨
리지 않았다 한다. 실제로 이삿짐으로 옮겨 갔는지는 알 수 없지
만 그런 말이 지금까지 전해올 만큼 아껴온 나무인 것은 분명한
사실이다. 또한 옛날에 우리 선조들은 집 앞마당에 풀꽃조차 심
지 않고 화단도 가꾸지 않는 걸 전통 조경의 원칙으로 삼았다. 앞
마당은 뙤약볕을 가리지 않고 뜨겁게 하고, 대청 마루 건너편의
뒤란을 대숲으로 어둡게 하여 차갑게 하면 대청을 흐르는 공기
의 대류가 빨라지면서 대청 마루의 공기를 시원하게 한다는 생각
이었다. 하지만 잠깐의 시원함을 포기할 수 있을 만큼 귀한 나무,
즉 앞마당 한가운데에 심어 키워도 좋은 나무로 여겨온 단 한 종
류의 나무가 회화나무다. 전통조경의 예외에 해당하는 게 회화나
무였다. 선비의 상징이었던 회화나무를 집 안에서 정성 들여 키
운다는 건 그 집안이 선비의 가문이라는 상징일 수 있었던 때문
이다.

회화나무 가운데에 집 앞마당에 우뚝 서 있는 회화나무로

우선 떠오르는 나무로는 **구미 인의동 모원당 회화나무**를 꼽을 수 있다.

구미시 동쪽 천생산 아랫마을, 인의동에는 선비의 기품을 갖춘 큰 종가가 있다. 모원당慕遠堂이다. 2000년 9월 4일에 경상북도문화재자료로 지정해 보호하는 선비의 서재다. 이곳 인동仁同[12]에 터 잡은 인동장씨仁同張氏의 장현광(張顯光, 1554~1637)은 호가 여헌旅軒이며, 조선 선조 대에 대학자로서의 명성을 떨친 이 지역의 대표적 선비다. 구미를 중심으로 인근 지역을 답사하면서 사람살이의 자취를 살펴보면 여헌 장현광이 이 지역에서 펼친 영향력이 어느 정도였는지 금세 실감할 수 있다. 웬만한 유적지에는 장현광의 흔적이 담겨 있고, 그게 아니라면 장현광과 관련 있는 사람이 등장한다.

장현광은 1591년 겨울에 전옥서참봉典獄署參奉에 임명되었으나 나가지 않았고, 1594년에도 예빈시참봉 등 몇 가지 벼슬자리에 임명되었으나 이를 받아들이지 않았던 전형적인 은사隱士였다. 그 뒤에도 여러 차례 조정의 부름을 받아 잠시 고향을 떠나기도 했지만, 곧바로 사직을 청하고 되돌아오곤 했던 천생 은사 체질의 대학자였다. 그러나 임진왜란과 병자호란 때에는 백성들이 겪는 시대의 아픔을 나누려 한 건 물론이고 지역에서 의병 봉기를 독려하고 군량미를 모아 보내는 등 나라를 위한 선비로서의 사명감은 투철했다. 그가 이룬 학문의 격은 무척 높았던 것으로 널리 알려졌다. 특히 영남지방에서의 그의 위세는 독보적이었다. 그를 벼

---

12 '인동'은 구미의 옛 이름으로, 경상북도 구미의 낙동강 건너 일부 지역을 지칭하는 말로, 지금의 행정구역으로는 인의동, 진평동, 구평동 등이 포함되는 곳이다.

슬자리에 천거했던 서애 유성룡(柳成龍, 1542~1607)은 그를 일컬어 "도량의 크기를 볼 수 없으며, 그를 대하면 사람으로 하여금 심취하게 하니 후일 세상에 이름을 떨칠 위대한 유학자가 되어 사도 斯道[13]의 맹주가 될 사람"이라며 그의 학문에 탄복하여 자신의 아들을 보내 배움을 받도록 했다. 당대의 임금인 인조도 "500년 만에 한 번씩 나는 우리나라의 큰 그릇"이라고 칭송했던 그는 『여헌집』, 『성리설性理說』, 『역학도설易學圖說』, 『용사일기龍蛇日記』 등의 중요한 저술을 남겼다. 퇴계와 율곡이 조선 성리학의 양대 학파를 이루었던 그 시기에 그는 독자적인 학문 세계를 보여준 사상가였다. 아홉 살 때부터 학문의 세계에 발을 들여놓은 그는 열네 살부터 본격적으로 성리학에 입문했으며, 열여덟 살이라는 이른 나이에 『우주요괄宇宙要括』을 지으며, 우주적 견지에서 자신이 지향할 학문의 세계를 드러낼 정도로 천재 학자였다. 그러나 굴곡이 없었던 것도 아니다. 특히 임진왜란 직후가 그랬다. 전란으로 그가 살던 구미 지역이 초토화하자, 고향을 떠나 운수납자로 살았다. 그 떠돌이 생활은 무려 15년 동안이나 이어졌다. 그 생활 중에 쓴 시가 있다.

徧尋丘水某	산과 물 두루두루 찾아
徐步舍乘驢	나귀 버리고 천천히 걷는다
煙逐祥雲盡	상서로운 구름 따라 피어난 연기는
風隨瑞氣虛	바람 따라 홀연히 사라진다

13   유가(儒家)에서 유학의 도리를 이르는 말.

제 23 장
문화와 나무

物換山猶古	세상 바뀌어도 산은 그대로인데
村荒樹獨餘	마을은 망가지고 나무만 남았다
數三遺老在	서넛만 남은 노인들이
泣說我生初	나 태어난 옛날을 울며 말한다

　15년의 떠돌이 생활을 마친 뒤 다시 옛 살림집이 있는 고향 마을로 돌아온 뒤의 사정을 노래한 시다. 살 곳은 사라졌고 마을의 나무들만 남았다. 지금의 모원당은 그가 떠돌이 생활 이전에 살던 집이 불에 타 기거할 곳이 없어지자, 그의 친척들이 지어준 집이다. 모원당과 붙어 있는 또 한 채의 집인 청천당聽天堂은 장현광의 아들인 장응일(張應一, 1599~1676)이 학문을 닦고 벗과 친분을 쌓는 곳으로 쓰기 위해 지었다고 전한다. 당호인 '모원당'은 멀리 옛 선조들에 대한 추모의 마음을 담고자 한 장현광의 뜻에 의해 지어졌다.

　긴 떠돌이 생활을 바탕으로 그는 『여헌설旅軒說』이라는 대표 저술을 남겼는데, 그 저술에서 인간은 궁극적으로 우주의 나그네이며, 나그네로서 지켜야 할 도리가 있다고 강조하며 자신의 떠돌이 생활을 돌아보기도 했다. 다시 쉰 살을 넘기며 그는 조선 역학의 최고 걸작으로 평가되는 『역학도설易學圖說』을 펴내는 업적을 이뤘으며, 그 뒤에도 84세의 나이로 죽는 순간까지 저술 작업을 이어간 조선의 학문 역사를 통틀어 보기 드문 열정을 보여준 학자였다.

　우주의 원리에 천착했던 장현광은 자연히 우주 생명의 한 축을 이루는 나무에 대한 통찰도 예리했다. 그는 『학부명목회통지

239　나무가 봄에 행하는 덕(德)을 원(元)이라
표현했던 **여헌 장현광**.

결『學部名目會通旨訣』에서 "물과 불의 기운을 얻어서 근간根幹과 지엽枝葉과 꽃과 열매가 된 것을 나무라고 한다"라고 나무의 근원을 이야기한 뒤, "나무는 땅에 있으면 곡직曲直의 질質이 되고 하늘에 있으면 온화하고 발생하는 기氣가 되어 봄에 행하니 그 덕은 원元"이 된다고 하며 우주의 원元, 형亨, 이利, 정貞의 진실함의 근원을 나무에서 찾았다. 당대의 여느 학자들에 비해 자연과 우주에 대한 생각이 깊었음을 증거하는 예다. 나무에 대한 깊은 이해는 곧바로 나무에 대한 사랑으로 이어졌다. 그는 모원당에 머무르게 됐을 때 전란으로 주변의 마을 숲이 황폐화한 것을 몹시 안타까워했고, 스스로 주변 숲의 복원을 주도했다. 그 과정에서 그가 심은 나무가 여전히 곳곳에 남아 있다는 게 후손들의 이야기다. 그 시절에 장현광이 손수 심은 나무 가운데 한 그루가 바로 **구미 인의동 모원당 회화나무**다.

모원당에 머무르게 된 1606년 즈음에 심은 나무이니, 나무 나이는 400년을 조금 넘겼다. 모원당 옆으로 난 쪽문으로 들어서

면 앞마당 전체에 그늘을 드리운 회화나무의 존재감을 곧바로 느낄 수 있다. 앞에서 이야기한 것처럼 대청 앞마당 한가운데에 이처럼 크게 자라는 나무를 심는 경우는 우리 고택에서 찾아보기 어려운 경우다. 그러나 모원당에서 장현광은 이 원칙을 무시했다. 선비의 가문을 상징하는 회화나무였기에 가능했던 일이다. 회화나무가 담장 위로 우뚝 솟아오르면 멀리서도 마당의 회화나무가 바라다보이게 되는데, 그것은 이 집안이 선비 가문이라는 걸 상징하려는 것이었다. 모원당과 청천당이 감싸고 있는 작은 마당 한가운데에 이 집의 상징으로 우뚝 서 있는 한 그루의 회화나무는 나무높이 16미터까지 자랐고, 가슴높이줄기둘레도 2미터 가까이 된다. 나무를 심은 사람의 뜻을 따라 광활한 우주로 제 뜻을 펼치려는 듯, 나무는 줄기의 굵기에 비해 우주를 향해 높이 솟아올랐다. 모원당의 낮은 지붕과 회화나무 특유의 자유롭게 뻗어 나온 가지의 어울림도 아름답다. 한 그루의 잘생긴 나무가 이 집이

조선 최고의 학문 경지를 이룬 선비의 집안임을 증거하며 400년
이라는 긴 세월을 지내온 것이다.

기묘사화에 얽힌 선비의 집 대문 앞 큰 나무

충남 당진군 송산면의 **당진 삼월리 회화나무**도 바로 이 나무
앞에 있었음직한 대가집에서 심고 가꾸어 온 나무다. 천연기념물
로 지정해 보호하는 이 나무는 조선 중종 때 좌의정을 지낸 용재
공容齋公 이행(李荇, 1478~1534)이 중종 12년(1517)에 이 자리에 집을
짓고 자손의 번영을 기원하며 심었다고 전한다. 회화나무를 집
안에서 키우면 학문이 높은 선비가 나오게 되고, 대문 앞에 심으
면 잡귀의 출입을 막을 수 있다는 생각에서 심은 것이다. 앞의 **구
미 인의동 모원당 회화나무**와 별다를 바 없는 뜻이다.

당진 삼월리 회화나무는 회화나무 특유의 자유분방한 분위기
로 나뭇가지를 펼치며 웅장한 모습을 갖췄다. 500년 넘는 긴 세
월 동안 균형 잡힌 생김새를 전혀 잃지 않은 **당진 삼월리 회화나무**
는 우리나라의 모든 회화나무 가운데에서 가장 아름다운 생김새
를 가졌다고 이야기해도 무리가 없을 것이다. 물론 '아름다움'에
대한 평가는 다분히 주관적인 판단이어서, **당진 삼월리 회화나무**
를 '가장 아름다운 나무'로 꼽는 데에 머뭇거려질 수도 있을 것이
다. 그러나 이 나무가 우리가 알고 있는 회화나무의 특징을 가장
잘 보여주는 나무라는 점에서만큼은 누구라도 머뭇거림이 없을
것이다. 나뭇가지의 호방한 펼침에서부터 굵은 줄기 표면의 미끈

함까지 모두 그렇다.

나무높이 25.5미터, 가슴높이줄기둘레 6.2미터나 되는 큰 나무다. 특히 나뭇가지펼침이 화려한 이 나무는 사람 키 높이 부분에서 동서 방향으로 16미터, 남북 방향으로 18미터 정도씩 나뭇가지를 풍성하게 펼쳤다. 마을 사람들은 여름이면 우윳빛으로 피어나는 **당진 삼월리 회화나무**의 꽃이 잘 피어나면 풍년이 들고, 꽃이 제대로 피어나지 않으면 흉년이 든다고 믿어왔다.

최근 '회화나무 문화공원'이라는 이름으로 주변을 말끔하게 단장한 나무 곁에는 마을 살림살이의 중심인 주민복합문화공간이 자리 잡았다. 나무를 아끼고 노래했던 옛 선비의 살림살이 자취는 지금 찾아볼 수 없다. 사람의 무늬 사라진 자리에 홀로 남은 나무가 선비 정신도 선비 문화도 가뭇없이 사라진 자본 위주의 세상에서 서리서리 풀어내는 옛 선비 문화의 향기다.

나무 감상법의 차이

회화나무를 선비 문화의 상징으로 여긴 사례를 보았는데, 때
로는 문화적 차이에 따라 나무를 감상하는 방법의 차이가 나타나
기도 한다. 대표적인 사례가 매실나무*Prunus mume* (Siebold) Siebold
& Zucc.의 꽃인 매화 감상법이다.

매실나무는 우리의 민족문화를 이야기할 때에 빼놓을 수 없
는 나무다. 식물학에서는 이 나무에서 맺히는 열매인 '매실'의 이
름을 따서 '매실나무'라고 부르기로 돼 있다. 그러나 매화는 식물
학적 의미를 넘어 오랫동안 우리의 선비 문화와 함께한 문화적
의미가 큰 식물이어서, 그냥 '매화'라고 부르는 게 더 알맞은 때가
많은 것도 사실이다.

매실나무는 중국에서 들어왔지만, 이미 기원전에 우리 땅에
자리 잡은 나무여서 굳이 원산지가 중국이라는 건 의미가 없다.
오랜 세월에 걸쳐 매실나무의 꽃인 매화는 우리 선비들의 사랑을
독차지하며 우리 문화를 대표하는 나무가 됐다. 우리 옛 시가詩歌
와 그림에 매화만큼 자주 나오는 꽃이 없는 걸 봐도 그렇다.

매화는 은은한 향기가 좋은 꽃이다. 옛 선비들은 그 향을 암
향暗香이라 했다. 코를 찌르는 짙은 향기는 아니지만, 은근히 멀리
까지 번진다고 여겼기 때문이다. 또 매화의 암향을 감상하는 일
을 선비들은 문향聞香이라 했는데, 향기를 코앞에서 맡기보다 고
요 속에 스며드는 향을 '듣듯' 느껴야 한다고 강조한 것이다. 그래
서 번잡한 저잣거리가 아니라 선비의 고택이나 천년 고찰의 정원
에 서 있는 매화를 매화 중의 으뜸으로 꼽았다. 이는 아무래도 '은

둔미隱遁美'의 가치를 더 높이 평가했던 옛 은사들의 이미지에 맞춤한 감상법이다.

선비들은 매화를 난초잎 위에 물방울 구르는 소리가 또렷하게 들려올 만큼 고요한 곳에서 감상해야 한다고 강조했다. 그건 매화를 그림으로 자주 그리던 옛 선비들이 매화를 감상할 때에 "번거로운 것보다 희귀한 것을, 젊음보다 늙음을, 비만보다 수척을, 활짝 피어난 것보다 꽃봉오리를 귀하게 여기는 꽃"을 우선 골라야 한다고 했던 이야기를 돌아보아도 알 수 있다. 한 송이, 한 송이 모두 예쁘게 피어나지만, 그 생김생김이 번거롭거나 풍성하다기보다는 은둔한 선비의 모습을 지닌 꽃이라는 이야기다. 그래서 온 산을 매화로 뒤덮은 매실농원을 찾기보다는 선비들의 옛 서재나 정원, 혹은 오래된 절집의 뒷마당을 찾는 게 선비가 즐겼던 제대로 된 매화 감상법이라 할 수 있다.

매화의 은둔미를 높이 평가한 축이 있었는가 하면 매화의 아름다움을 여럿이 함께 즐기는 걸 더 중요하게 여긴 축도 있었다. 사람들 사이의 문화적 차이가 있는 것처럼 매화 감상법에도 뚜렷한 차이가 있었다. '문향'의 대척점에 놓인 감상법으로 '매화음

243 **단원 김홍도**.

梅花飮'이 있다. 조선시대의 화가 단원 김홍도(金弘道, 1745~?)에 얽힌 이야기다. 매화를 좋아한 김홍도는 자신의 집 뜰에 매화가 잘 피는 매실나무 한 그루를 키우고 싶었다. 하지만 삼시 세끼 잇기가 힘겨웠던 가난한 화가 김홍도에게 매실나무를 키우는 건 그림의 떡이었다. 늘 아쉬운 마음으로 남의 집 담장 밖에서 울 밖으로 뻗어 나온 매실나무 가지 위에서 피어난 매화를 바라보는 걸로 만족해야 했다. 그러던 어느 날 자신의 그림을 3,000냥에 팔 수 있는 좋은 기회가 생겼다. 그림 값 3,000냥을 받자 김홍도는 2,000냥을 떼어 매실나무 한 그루 사는 데에 머뭇거리지 않았다. 사들인 매실나무를 뜰에 가져다 놓았는데, 그게 한없이 좋았다. 그리고 이 좋은 매화의 은은하고 삽상한 향기를 어찌 홀로 즐기겠는가라고 생각한 김홍도는 가까이 지내는 지인들을 모두 불러 모았다. 김홍도는 거나한 술자리를 마련해서 떠들썩하게 술을 마시며 매화에 취하고 술에 취해 흥겨워했다는 이야기다. 이때 술자리를 위해 그는 800냥을 썼으며, 생계에 허덕이는 가족에게 남긴 돈은 겨우 200냥이었다. 그건 단 하루 계책도 되지 않는 적은 돈이었다. 매화의 그윽한 향기를 맡으며 벌였던 김홍도의 술잔치를 '매화음'이라고 한다. 매화를 즐기며 시끌벅적하게 술잔치를 벌인 건 단원만이 아니었다. 적지 않은 다른 사람들도 매화의 은은한 향기를 홀로 즐기지 않고, 좋은 벗을 불러 매화음을 즐겼다고 한다. 앞에서 이야기한 '문향'과는 천지 차이의 상황이다. 같은 매화이지만, 즐기는 법에서는 크게 다른 방식이다. 나무 감상법에 정답이 있는 건 아니지 싶다.

그러면 지금 우리는 어떤 감상법을 가지는 게 좋을까. 앞에서 이야기한 것처럼 정답은 따로 없다. 그저 나무와 오래 교감할 수 있는 방법이라면 어떤 방법이라도 나쁠 게 없다. 그러나 매화의 경우를 한번 살펴보자. 우리나라에는 오래된 매실나무가 적잖이 있다. 그런 매실나무들마다 고유명사를 붙여 보호하고 있다. 구례 화엄사의 매실나무는 '화엄매', 안동 도산서원의 매실나무는 '도산매'(때로는 '퇴계매'라고도 부름), 장성 백양사의 매실나무는 '고불매', 순천 선암사의 매실나무는 '선암매' 같은 방식이다. 워낙 유명한 매실나무들이다.

우리의 이른 봄을 상징하는 매실나무의 꽃인 매화를 감상하는 데에 앞에서 이야기한 것처럼 개개인 취향에 따라 '문향'을 즐길 것인지 '매화음'을 즐길 것인지 선택하는 게 좋을 것이다. 하지만 우리나라에서 볼만한 매실나무는 모두 널리 알려진 상황이어서, 고요한 분위기에서 홀로 아득히 '문향'을 즐기기는 이미 글렀다. 어쩌는 수 없이 오래된 매실나무는 다른 관광객들의 발길에 채이며 왁자한 법석 속에서 즐기는 수밖에 없는 상황이다. 매실농원으로는 세계적인 규모인 광양 '홍쌍리 매실원'의 매화축제 역시 마찬가지다. 축제 기간에는 주변 도로가 지독한 정체를 이룬다. 그럼에도 불구하고 이 번잡한 정체를 뚫고 봄이 우리 곁에 다가온다는 걸 가장 뚜렷하게 느낄 수 있는 건 광양으로 발길을 잡는 '탐매행探梅行'일 수밖에 없다. 최소한 나는 그랬다. 매화의 은은한 향을 느끼지 못하고 어찌 대한민국 땅에서 봄이 왔다고 이야기할 수 있겠는가. 봄이면 어쩌는 수 없이 1시간도 채 못 되는 매화 관람을 위해 4시간 동안 남녘 광양의 매화마을을 찾아가곤 한다. 광양에 도착해서는 매화축제를 위해 임시로 마련한 주차장에 주차하기 위해 꽉 막힌 도로에서 적지 않은 시간을 보내야 했고, 또 매화농장까지 운행하는 셔틀버스 앞에서 1시간 넘게 줄을 서서 기다리며 매화 향기를 향한 설렘을 내려놓지 못한다. 겨우 셔틀버스에서 내려 사람들 틈에 끼어 매화농장에 들어가 짧게 매화 향을 맡고 다시 셔틀버스를 1시간 넘게 기다렸다 되돌아 나와 늦은 밤까지 4시간 동안의 먼 길을 돌아와도 우리의 봄이라면 어떻게라도 매화는 만나야 한다. 늘 그래왔다. 몸은 피곤해도 봄을 맞이하는 마음만큼은 한껏 뿌듯해진다. 그게 봄을 맞이하는 우리의 문화다.

같은 꽃을 대하는 문화의 차이

나무를 대하는 방식은 문화의 차이를 대변한다. 동백나무 꽃을 대하는 태도 역시 지역 문화에 따라 차이가 크다. 동백나무는 원래 겨울에 꽃 피는 나무다. 물론 부산의 동백섬을 비롯한 우리나라 남쪽의 일부 지방에서는 한겨울인 12월부터 붉은 꽃을 피운다. 그러나 남쪽의 몇 곳을 제외한 우리나라 대개의 지역에서 동백꽃은 봄이 돼야 피어난다. 남쪽 지방이기는 하지만 전라남도 여수와 같은 동백꽃의 명소에서도 3월 넘어야 꽃이 피어난다. 심지어 내륙에서 동백나무가 자생하는 가장 북쪽 지역인 **고창 선운사 동백나무숲**이라든가 해안에서 가장 북쪽인 **서천 마량리 동백나무숲**에서라면 4월, 그것도 하순이나 되어야 겨우 꽃을 볼 수 있다. 춘백春栢이라는 말도 그처럼 봄에 피어나는 동백꽃을 따로 부르기 위해 지어낸 표현일 게다.

여기에서 동백나무 꽃을 노래한 조선 중기 한문사대가의 한 사람인 장유(張維, 1587~1638)가 남긴 칠언절구 한시 한 편을 살펴보자.

雪裏山茶	눈 속의 동백꽃
雪壓松筠也欲摧	소나무 대나무 부러질 듯 눈 쌓여도
繁紅數朶斬新開	새빨간 꽃 몇 송이 새로 피어난다
山扉寂寂無人到	아무도 찾지 않는 적막한 산골에
時有幽禽暗啄來	이따금 새들만 찾아와 꽃잎 두드린다

겨울에 피는 꽃, 동백꽃의 특징을 고스란히 드러낸 한시다. 사철 푸르름을 잃지 않는 소나무와 대나무는 가지가 부러질 듯 눈이 쌓였지만, 동백꽃은 더 새빨갛게 피어나 사람의 마음을 흔든다는 자연의 깨우침이다. 숱하게 많은 한시에서 선비들은 소나

무와 대나무를 그들이 갖추어야 할 절개의 상징으로 썼다. 그러나 조선의 선조를 거쳐 광해군과 인조 때까지 정치적 격변기를 거쳐온 문인 장유는 소나무나 대나무도 눈이 쌓이면 부러질 수 있다는 걸 앞에서 경고처럼 적고, 동백나무만큼은 엄동의 추위를 이겨내고 새빨간 꽃을 피우는 나무라고 예찬했다. 나주 지역으로 좌천된 적이 있었던 장유는 한양을 중심으로 한 중부지방의 선비들이 소나무를 절개의 상징으로 비유한 것과 달리 동백나무를 절개의 상징으로 비유했다. 매사가 그렇듯이 선비들에게도 존재의 위기는 찾아온다. 파직도 되고, 유배도 떠나게 되며, 때로는 사약을 받고 죽음에 들어야 할 수도 있다. 선조 광해군을 거쳐 인조 때까지 벼슬살이를 하며 어지러운 정치 현실을 똑똑히 실감했던 장유는 현실의 위기를 눈 쌓이는 상황에 비유했다. 위기 상황에서 꼿꼿한 절개를 주장했던 선비들도 변절과 배신의 길로 들어설 수 있다고 본 것이다. 소나무와 대나무가 부러지는 것이 그것이다. 그러나 아무리 눈이 쌓이는 엄혹한 상황이라도 동백나무는 제 살아가는 방식을 잃지 않는다. 사철 푸르른 잎을 간직하는 건 물론이고, 그 험한 세월에 더없이 아름다운 꽃을 새빨갛게 피워 낸다는 이야기다. 가장 치열하게 살아가는 선비야말로 동백나무에 비유하는 게 맞으리라는 생각이었다. 찬찬히 돌아보면 장유뿐 아니라 동백나무를 엄혹한 시기에 더 아름다운 꽃을 피우는 나무라고 칭송한 시는 어렵지 않게 찾아볼 수 있다. 동백나무보다 소나무를 선비의 상징으로 먼저 떠올린 건 아무래도 조선시대의 한양, 고려시대의 개경 등 많은 선비들이 주로 활동했던 지역이 동백나무를 볼 수 없는 중부지방이었던 데에 있지 싶다.

　　동백나무 꽃은 화려한 붉은빛으로 피어났을 때도 좋지만, 그 못지않게 낙화할 때의 멋도 좋다. 전혀 시들지 않은 붉은 꽃봉오리가 노란 꽃술을 그대로 담은 채 후드득 떨어지는 순간의 놀람은 숨이 멎을 듯하다. 어느 대중가요의 노랫말처럼 '눈물처럼 후드득 떨어지는 그 꽃'이 바로 동백꽃이다. 바로 이 동백꽃의 신비로운 현상에 대한 느낌도 지역 문화에 따라 천양지차로 다르다. 이를테면 우리나라 대부분의 지역에서는 동백나무 꽃이 시들지 않은 상태에서 툭툭 떨어지는 상황을 신비로운 현상으로 여기지만, 제주도 지역에서만큼은 '춘수락椿首落'이라 부르며 매우 불길한 상황의 상징으로 여긴다. 멀쩡한 사람의 목이 댕강댕강 잘려나가는 참수 상황을 연상하는 것이다. 우리 역사 속에서 워낙 많은 사람의 처형을 경험한 제주도 사람들에게는 그럴 수도 있겠다는 생각이 든다. 그래서 제주도 출신 인사에게 동백나무를 선물하는 것은 일종의 '저주'일 수도 있다. 동백나무가 많이 자라는 일본에서 오래 살아온 사람들도 비슷하다. 일본에서는 동백나무를 '사무라이'의 상징으로 여긴다고 한다. 동백꽃의 낙화 장면을 제주 사람들과 비슷한 뜻으로 받아들이며 사무라이의 '할복'으로

젊디젊은 무사가 스스로 자신의 목숨을 내려놓는 상황을 연상했
던 것 아닌가 싶다. 동백꽃은 똑같이 피고 지지만, 이를 바라보는
사람들은 신비와 저주라는 극단의 사이를 넘는 먼 거리를 오가는
것이다. 문화의 차이에 따른 결과다.

지역의 범위를 넓히면 그 차이는 더 크게 나타난다. 이를테
면 목련이 그렇다. 제8장에서 살펴본 바와 같이, 목련의 특징 가
운데 하나는 향기가 좋다는 점이다. 그러나 이 목련 향기에 대한
선호도는 지역과 문화에 따라 제법 크게 갈린다. 대개의 지역에
서는 목련 향기를 좋다고 말하지만, 어떤 지역에서는 정반대로
그 향기를 불길하게 여기기도 한다. 예컨대 일본의 홋카이도北海
道 원주민들은 목련의 향기가 병을 불러온다면서 목련을 '방귀 뀌
는 나무'라고 부른다. 향기와 직접 맞닿은 이유는 아니지만 인도
에서도 목련에는 죽은 아이의 혼백이 들어 있다면서 불길하게 여
긴다고 한다. 하지만 우리 조상들은 목련의 진한 향기를 참 좋아
했다. 장마철에는 목련 장작으로 불을 때워 습기도 없애고, 향기
도 내면서, 집 안에 스며든 퀴퀴한 냄새를 쫓아냈다. 또 홋카이도
원주민들과 반대로 목련의 향기가 병을 쫓아낸다고 여겨 집집마
다 목련 장작을 준비해 두기도 했다. 같은 향기를 놓고도 받아들
이는 태도가 이처럼 극단으로 갈리는 건 문화가 빚어낸 결과다.

더 나아가 미국에서는 같은 지역에 사는 사람들끼리도 그 차
이가 나타난다. 북아메리카 원주민들은 그들이 오래 살아온 지역
에서 자라는 목련인 태산목*Magnolia grandiflora* L.에 꽃이 필 때 그
그늘에서는 잠에 들면 안 된다고 한다. 목련의 강한 향기가 사람
의 혼을 빼앗아 간다는 믿음에서 비롯한 이야기다. 하지만 이 지

역에 들어가 목련의 향기를 혐오하는 원주민을 몰아내고 땅을 차지하여 미국이라는 국가를 세운 사람들은 태산목을 무척 좋아했다. 심지어 미시시피주와 루이지애나주에서는 목련을 주화州花로 지정할 정도로 태산목을 좋아한다. 그건 지금까지 이어지는 그들의 문화다.

2000년에 개봉한 미국의 예술영화 가운데에 〈매그놀리아 Magnolia〉라는 제목의 영화가 있었다. 배우 톰 크루즈가 '인생 최고의 연기를 펼친 영화'로 평가되는 영화다. 2022년에는 영국 영화 협회에서 10년마다 선정하는 '역대 최고의 영화'에 선정되기도 한 영화다. 영화의 제목이 목련의 학명인 매그놀리아를 그대로 썼다는 데에서 개봉 당시에 목련과 관계된 어떤 내용이 있을까 싶어 러닝타임 3시간이 넘는 이 영화에 눈을 맞추었지만, 영화에 목련과 관련한 내용은 없어 실망했던 적이 있다. 나중에 알게 된 이야기이지만, 제목 '매그놀리아'는 이 영화의 감독이 아무 생각 없이 지은 제목이었다고 한다. 식물의 학명 매그놀리아가 그들 문화권에서는 이처럼 별생각 없이 저절로 떠오를 만큼 익숙한 이름이었다는 점이 오히려 놀라웠다.

나라꽃 무궁화

문화에 따라 나무를 대하는 태도는 다르다. 그런 과정에서 지역마다 자신들의 특징을 담은 나무를 지역의 상징으로 여기는 건 지극히 자연스러운 일이다. 그 대표적인 경우로 '국화國花'를 꼽을 수 있다. 반드시 그런 건 아니지만 대개의 국가들은 국화를 지정해 나라의 상징으로 여긴다. 물론 국화를 지정하지 않은 나라도 있다. 미국이 그렇다. 앞에서 태산목을 이야기하면서 스치듯 이야기했지만, 미국에는 각 주마다 주화州花는 있지만 미국 전체를 상징하는 국화가 없다.

우리나라는 어떤가. 사실 우리는 모두가 우리의 나라꽃을 무궁화라고 편안하게 이야기하겠지만, 국가에서 공식적으로 국화로 지정한 적은 없다. 어떤 법에서도 국화를 지정한 근거는 찾아볼 수 없다. 심지어 흰색에서 보라색까지 빛깔도 다양하고 꽃송이 안쪽에 붉은 단심이 있는 종류와 없는 종류처럼 생김새도 여러 가지인데, 이 가운데 어떤 걸 우리의 국화라고 해야 할지 헷갈릴 수밖에 없다. 이를테면 '우리나라 꽃 그리기' 대회를 한다면 '정답'으로 여길 기준이 없다는 이야기다. 나라꽃이라고 그려 낸 꽃이 온통 하얀색이어도, 꽃송이 가운데에 붉은 단심丹心이 없어도 그걸 맞았다고도 틀렸다고도 할 근거가 없다. 정확한 기준을 국가적으로 제시한 적은 한 번도 없었다. 그럼에도 불구하고 분명한 것은 무궁화에 우리 민족문화의 정수가 담겨 있다는 사실이다.

나무로 상징되는 문화를 이야기하면서 우리의 나라꽃을 이야기하지 않을 수 없다. 더구나 우리 문화를 탄압하기 위해 나무를 탄압한 일제강점기 일제 침략자들의 무도한 사례까지 생각하면 반드시 짚어보아야 할 계제다. 무궁화에 대한 이야기는 10여 년 전인 2014년에 펴낸 나의 다른 책 『천리포수목원의 사계』에서 무려 24쪽에 걸쳐 다양한 품종의 무궁화 꽃 사진과 함께 생태적 특징에서 문화적 상징까지 그 의미를 짚어본 적이 있다. 여기에서는 무궁화의 생태적 특징은 빼고 '문화의 상징'으로서 무궁화 이야기만을 간추려 짚어본다.

법적으로 지정한 적은 없어도 분명 무궁화는 우리의 나라꽃이다. 하지만 얄궂게도 무궁화 품종 가운데에는 영어 품종명을 가진 나무가 더 많다. 우리나라에서 선발한 품종이 그리 많지 않은 까닭이다. 물론 순수 우리말 이름을 가진 품종도 적지 않다. 우선 '제주 1', '경북 2', '전남 2', '전북 3', '서울 1', '안동', '남원'처럼 지역 이름을 붙인 경우다. 지명이 붙은 품종 중에 '경남', '전남', '강원', '서울'처럼 광역지자체 이름이 붙은 품종도 있지만, 시·군·구와 같은 기초지자체의 이름이 붙은 경우도 있다. 대표적인 게 '안동'과 '남원'이다. '안동'과 '남원'은 2003년에 꽃가루 교배를 통해 새 품종 '삼천리'를 선발하면서 널리 알려진 품종의 무궁화다. 영남의 안동, 호남의 남원이 하나로 만나 '삼천리'를 이룬 것이다. 한창 지역갈등이 인구에 회자하던 때에 그 극복의 상징으로 삼으면 어떻겠느냐는 이야기와 함께 널리 알려졌다. 무궁화 '안동'은 안동의 예안향교 경내에서 오래된 고목을 볼 수 있었는데, 2011년 즈음에 고사해 다시 볼 수 없게 돼 아쉽다.

지역 이름이 붙은 무궁화는 그 지역의 특징이 담겨 있거나

246 고사하기 전에 우리나라에서 가장 오래된 무궁화로 서 있던 **안동 예안향교 무궁화**. 사진으로 미처 확인하기 어려운 이 나무의 오래된 줄기는 매우 신비로웠다.

혹은 품종 선발 과정에서 그 지역과 관련이 있는 경우에 그런 이름이 붙는다. 뭉뚱그리자면 그 지역의 문화를 반영한다는 이야기다. 멋스러운 이름도 있다. '춘향', '사임당'처럼 옛사람들의 특징에 기대어 붙인 품종이다. 꽃송이 안에 춘향의 절개, 사임당의 넉넉함을 담으려 했다는 이야기다. '아사달', '아사녀', '처용', '고주몽', '선덕', '원술랑', '아랑'이라는 이름으로, 잊혀가는 우리의 전설과 고대의 역사를 끄집어낸 이름도 있다. 또한 '산처녀', '첫사랑', '내사랑', '늘사랑', '한사랑', '옥토끼', '파랑새'처럼 우리 문화 속에서 중요한 위치를 차지하는 키워드를 이용해 이름 붙인 품종들도 있다. 시인 김소월을 떠올리게 하는 '소월', 민족의 절실한 염원을 담은 '평화', '통일', '배달' 같은 이름도 마찬가지로 우리 문화의 중요한 의미를 보여준다. 앞의 제17장 '농경의 시작과 품종 선발'에서는 장미를 이야기하면서 『세컨드 네이처』라는 책에 쓴 마이클 폴란의 장미에 대한 이야기를 소개했다. 장미의 품

제 23 장
문화와 나무

837

종명은 시대와 문화를 반영하는 키워드라며, 품종명을 자세히 살펴보는 건 결국 인류의 역사를 돌아보는 것과 다르지 않다는 이야기였다. 무궁화가 꼭 그렇다. 장미만큼 품종이 다양하지도 않고, 품종 선발의 역사도 길지 않아서 장미의 깊은 맛에는 못 미치지만, 지금까지 붙여진 무궁화의 품종 이름을 하나하나 짚어보는 건 한국문화의 역사를 짚어보는 일과 다르지 않을 것이다.

동양의 오래된 문헌에서 무궁화를 아름다운 꽃으로 칭송한 경우는 쉽게 찾아볼 수 있다. 『시경詩經』의 시詩 가운데에는 "유녀동차 안녀순화有女同車 顔女舜華"라는 시구詩句가 있다. 아리따운 여인과 마차를 함께 탔는데, 그 여인의 아름다운 얼굴이 마치 무궁화 꽃과 같더라는 이야기다. 아름다운 여인에 비유할 만큼 아름다운 꽃이라는 이야기다. 무궁화의 한자 이름은 다양하다. 한자 근槿은 '무궁화 근'으로 돼 있는데, 이를 바탕으로 무궁화를 '목근木槿'이라고도 부른다. 이건 일제강점기 때 김소운 선생이 남긴 유명한 수필 '목근통신'을 통해 잘 알려진 이름이기도 하다. 그 밖에도 목근화木槿花, 근화槿花, 순화舜華, 순화舜花 목금木錦, 부용수芙蓉樹, 백근화白槿花, 고송화苦松花 등이 모두 무궁화를 가리키는 옛 이름들이다.

한자로 무궁화를 쓸 때에는 대개 '無窮花'라고 쓴다. 그런데 조선시대의 대표적 농서農書 『산림경제山林經濟』에는 '無宮花'라고 적혀 있다. 그건 중국 당나라 때 현종(玄宗, 685~762: 재위 712~756)에 얽힌 전설을 바탕으로 한 표기 아닌가 싶다. 그때 현종은 양귀비의 환심을 얻기 위해 많은 나무를 궁궐에 심었다. 그 많은 나무들이 모두 꽃을 피워 궁궐은 꽃대궐을 이뤘는데, 유독 무궁화만 꽃을 피우지 않

247 **무궁화 꽃.**

왔다고 한다. 그러자 현종은 화가 나서 이 꽃을 모두 뽑아 궁궐 밖으로 내보냈다고 한다. 이때부터 궁궐 안에서 무궁화는 찾아볼 수 없었다고 한다. 이 이야기를 바탕으로 『산림경제』는 궁궐에 없는 꽃이라는 뜻으로 '無宮花'라고 표기한 것으로 생각된다. 전설은 전설대로 흥미롭지만, 아무래도 여름 내내 무궁무진하게 꽃을 피우는 무궁화의 생태를 보면 '無宮花'보다는 '無窮花'로 쓰는 게 더 알맞지 않을까 생각된다. 물론 우리 식물 이름은 한자로 표기하지 않는다. 《국가표준식물목록》에서는 무궁화의 추천명을 '무궁화'로 제시했지만, 한자 표기는 없다. 무궁화뿐 아니라 우리 식물 이름은 한자로 표기하거나 괄호 속에 한자를 병기하지도 않는다. 한글로만 표기하게 돼 있다. 다만 그 유래를 이해할 때에 필요할 뿐이다.

무궁화 꽃은 동서양을 막론하고 옛날부터 아름다운 꽃으로 많은 사람들이 칭송해 왔다. 그러나 사실 무궁화 꽃의 참 멋은 단박에 느껴지지 않는다. 바람 소리가 귓전을 간질이는 느낌을 얻을 만큼 꽃송이 앞에 가만히 서서 한참 들여다보아야 이 꽃이 정말 아름답다는 걸 알 수 있다. 우리에게는 무궁화가 '나라꽃'이라는 허울을 쓰고 있는 바람에 그 아름다움을 곧이곧대로 받아들이지 못할 수도 있다. 그저 국경일 행사 때라든가, 국가 기관의 건물 앞뜰에서나 보는 의례적인 꽃 정도로 생각하는 건 아닌가 모르겠다. 가만히 살펴보면, 다른 꽃들 못지않게 무궁화 꽃은 참 예쁜 꽃이다. 게다가 꽃이 그리 많지 않은 여름 내내 꽃을 피우기 때문에 더 돋보이는 꽃이기도 하다.

무궁화가 우리의 나라꽃이 된 것도 실은 어떤 특별한 까닭이 있어서라기보다는 우리나라에 이 나무가 많이 자라고 있고, 한여름 내내 피어나면서, 우리나라를 대표할 만하다 해서 저절로 나라꽃이 된 것이다. 애국가의 한 소절도 그렇지만, 우리의 산하를 그냥 '무궁화 삼천리'라고 이야기할 정도이니까 말이다.

무궁화는 우리나라의 여름을 대표하는 꽃이다. 여름 시작되는 7월께 처음 꽃을 피우기 시작해서 늦게는 10월 초까지 무궁무진하게 꽃을 피우는 게 무궁화다. 아침에 피어난 꽃이 저녁 되어 지고 나면, 다음 날 아침에 더 아름다운 꽃이 피어나면서 우리의 여름을 아름답게 하는 나무다. 대개의 경우 한 그루의 무궁화에서는 하루에 스무 송이에서 서른 송이를 피워 올리면서 100일 동안 지속된다. 결국 한 그루에서 무려 3,000송이의 꽃을 피우는 것이다.

무궁화에는 곤충들이 필요로 하는 영양분이 많다. 진딧물이 많이 찾아오는 원인이다. 진딧물은 무궁화의 어린 가지에 많이 달라붙는다. 이런 까닭에 무궁화를 기르고자 하면 진딧물을 어떻게 처리할지에 대해 생각해 두어야 한다. 여름 내내 아름다운 꽃을 보기 위해서 그 정도의 수고는 필요하다. 그래도 무궁화는 키우기가 쉬운 나무에 속한다. 씨앗으로 번식하거나 꺾꽂이 방식으로 번식하거나 그리 어렵지 않게 번식시킬 수 있다. 물이 잘 빠지고 햇빛이 적당히 드는 곳이라면 긴 가뭄이나 오랜 장마도 끄떡없이 견뎌내는 생명력이 질긴 나무다.

오래전부터 무궁화는 우리 곁에서 자랐지만, 개나리나 쥐똥나무처럼 생울타리로 쓰이며, 그냥 평범하게 살아왔다. 특별히 보호하지도 않았고, 종 보존을 위한 별다른 작업도 이루어지지 않았다. 겨우 1960년대 후반 들면서 학계에서 새로운 품종을 선발하기 시작했다. 1972년에 처음 열린 무궁화 전시회가 아마도 우리가 본격적으로 무궁화의 가치를 알리고 보전하는 작업의 시작이라고 봐야 할 것이다. 이때부터 새 품종에 우리 식 이름을 붙이기도 하고, 적극적인 종 보존 사업을 벌였다. 이때 붙인 무궁화 이름에는 민족 고유의 심성과 정서를 나타내는 낱말들을 썼다. 앞에서 예를 들었던 품종명이 그것들이다. 1985년에는 한국무궁화연구회가 결성되면서, 무궁화의 품종명 붙이는 작업에 보다 정밀한 전문성을 꾀했고, 외국 도입 품종과 우리 품종과의 비교 연구 등이 활발하게 진행됐다. 아울러 무궁화 종 보존 사업도 적극적으로 진행됐다.

무궁화를 국가에서 우리나라의 국화로 지정한 적은 없다고 이야기했다. 무궁화를 우리나라 꽃으로 여기게 된 직전인 조선시대에는 왕실을 상징하는 꽃이 이화였다. 배나무 꽃을 가리키는 이화梨花가 아니라 오얏나무 꽃을 가리키는 이화李花다. 오얏나무는 자두나무의 순우리말 이름이다. 조선 왕실의 상징이 이화였음에도 불구하고 구한말부터 우리나라 꽃을 백성들의 꽃인 무궁화로 자연스레 정하게 됐다는 것도 의미 있는 일 아닌가 싶다. 대부분의 다른 나라들은 왕실이나 귀족의 상징인 꽃을 나중에 나라꽃으로 삼은 것과 비교되는 일이다.

그렇게 우리 민족의 상징이 된 무궁화는 일제강점기를 지나는 동안 큰 수난을 겪었다. 정치적 이유로 나무를 탄압한 예는 아마 인류 역사를 통틀어 무궁화가 유일하지 싶다. 일제 침략자들은 독립투사들이 무궁화를 우리나라의 상징으로 여긴다면서 애꿎은 무궁화를 탄압했다. 수단과 방법을 가리지 않고, 무궁화의 가치를 폄하하기에 나섰다. 보기만 해도 눈에 핏발이 선다고 하여 '눈에피꽃'이라는 얼토당토않은 별명을 붙이는가 하면, 손에 닿기만 해도 부스럼이 생긴다고 해서 '부스럼꽃'이라는 이름을 붙이면서까지 무궁화를 '가까이하지 말아야 할 꽃'이라고 선전했다. 공식적으로 무궁화가 우리나라의 국화도 아닌 상태였다. 다만 민간에서 무궁화를 좋아하고, 무궁화를 독립운동가들이 우리나라의 상징으로 활용한다는 점에 초점을 맞춰 무궁화와 관련한 우리 문화를 말살시키려 했다.

하지만 비정상적인 탄압은 거꾸로 그 탄압에 맞선 연민과 애정을 불러일으키게 마련이다. 선조들은 침략자들의 탄압에 맞서 무궁화를 더 아꼈다. 죄 없는 무궁화를 탄압하면 할수록 무궁화에 대한 애정은 커졌다. 탄압과 애정이 교차하면서 무궁화는 우리 땅에서 그 끈질긴 생명력으로 살아남았다.

일제강점기에 일본인들의 침략 행위는 끝없이 계속됐다. 일제 침략자들의 무궁화 탄압은 '무궁화 동산 사건'이라는 터무니없는 사건에서 극에 이르렀다. 독립운동가인 남강南岡 이승훈(李昇薰, 1864~1930) 선생이 창립하고 고당古堂 조만식(曺晩植, 1883~1950)

선생이 교장으로 있던 오산학교에서 벌어진 사건이다. 당시 조선 독립의 기개가 높았던 오산학교의 교정에는 민족의 상징인 무궁화를 심어 키우는 동산이 있었다. 이 동산을 보게 된 일본인들은 우리의 독립운동 정신을 키우려는 의도에서 조성된 동산이라며, 철거를 지시했다. 그러나 학교 교사와 학생들은 일본인들의 지시를 선선히 따르지 않았다. 그러자 일본인들은 무궁화 동산에 불을 질러 모두 태워버렸다. 이때 일본인 경찰들이 불에 태운 학교 안의 무궁화는 무려 8만 그루나 된다고 한다. 그게 바로 '무궁화 동산 사건'이다. 그야말로 천인공노할 얼토당토않은 일이다.

일제강점기에 황성신문 사장을 지낸 독립운동가 한서翰西 남궁억(南宮檍, 1863~1939)도 무궁화를 살리기 위해 남달리 애쓴 인물로 알려져 있다. 선생은 무궁화 묘목을 길러 전국에 나눠 주고, 무궁화를 심고 키우는 일에 앞장섰다. 선생은 학생들을 가르칠 때에도 우리나라 지도에 무궁화를 수놓게 하는 등 무궁화를 널리 알리려 했다고 한다. 1918년에 홍천군 서면 모곡리에서 개교한 모곡학교(牟谷學校, 일명 보리울학교)를 중심으로 남궁억은 무궁화 보급 운동에 적극적이었다. 남궁억은 일본인들이 좋아하는 벚꽃은 금세 떨어지지만, 무궁화는 오래도록 피어나는 꽃이라며 우리 역사가 면면히 흐를 것임을 강조했다.

그 뒤로도 일본인들의 무궁화 탄압은 잔인하게 이어졌다. 한반도 지도에 무궁화를 그려 넣는 건 물론이고, 신문의 상징이나 학생의 교복과 모자에도 무궁화를 넣지 못하게 했다. 이 같은 탄압에도 불구하고 무궁화 사랑은 그치지 않았다. 무궁화에 대한 자연스러운 사랑은 정치적 탄압으로 막을 수 있는 일시적 충동 성격의 사랑이 결코 아니었다.

중국 고대의 지리서인 『산해경山海經』에는 우리나라를 '무궁화가 많은 나라'라 했으며, 그 밖의 여러 기록에서도 우리나라를 흔히 '근역槿域', 즉 '무궁화의 나라'로 표시했다. 현존하는 사료 가운데에서는 고려시대에 중국으로 보내는 국서國書에 우리나라를 '근화향槿花鄕'이라고 쓴 것이 최초다. 근대에 이르러서는 1896년 독립문 정초식定礎式 때에 우리나라를 '무궁화 삼천리 화려강산'이라 한 것이 공식적 기록이다. 그야말로 민족의 삶과 궤를 같이한 나무임에 틀림없다. 일제가 물러가자 자연스레 '나라꽃'으로 여기게 된 것은 자연스러운 일이었다.

그러나 그 뒤에도 무궁화의 수난은 끊이지 않았다. '나라꽃 논쟁'이 그것이다. 무궁화가 나라꽃으로 적당하지 않다는 문제 제기가 있었다. 문제를 제기한 사람들은 무궁화의 원산지가 우리나라가 아닌 인도이며, 황해도 이북에서는 자라지 못하며, 진딧물과 같은 해충이 많은 나무라는 걸 근거로 삼았다. 논쟁은 치열하게 진행됐지만, 무궁화는 우리 민족의 특성과 많이 닮아 있고, 또 법령으로 무궁화를 나라꽃으로 지정하지 않았다고 해도, 나라 안팎에서 무궁화를 우리나라의 상징처럼 받아들이고 있는 만큼 우리가 이 나무를 잘 가꾸어야 한다는 수준에서 마무리됐다. 일제의 무궁화 탄압과 나라꽃 논쟁 등을 겪으며, 무궁화에 대한 이미지가 다소 경직된 것이 사실이다. 그런 까닭에 무궁화 꽃을 있는 그대로 바라보기보다는 그 꽃에 씌워진 외적인 이미지를 먼저 떠올리게 되는 것도 사실이다. 그러나 무궁화 꽃은 보면 볼수록 참 아름다운 꽃임에 틀림없을 뿐 아니라 우리 민족문화의 상징임은 확실한 사실이다.

우리 문화는 소나무 문화

무궁화가 그랬던 것처럼 실제로 우리 민족은 나무를 통해 우리 문화를 상징하는 데에 익숙했다. 그 대표적인 나무가 소나무다. 심지어 우리 문화를 '소나무 문화'라고 불러도 좋을 만큼 소나무는 우리와 친밀한 나무다. 소나무가 우리 민족의 옛 문화 혹은 전통에 얼마나 깊숙이 스며들어 있는가를 살펴볼 차례다.

추사秋史 김정희(金正喜, 1786~1856)'의 〈세한도〉를 비롯해 우리 옛 그림에 소나무만큼 주연급으로 자주 등장하는 자연물도 없다. 특히 선비들의 절개와 기상을 상징할 때라면 어김없이 소나무를 등장시켰다. 그림뿐이 아니다. 옛 선비들의 시詩에도 소나무는 주요 소재로 자주 등장한다. 역시 나무 중의 으뜸, 혹은 우리 곁에 살아 있는 자연의 상징 가운데에서는 최고의 자리에 바로 소나무를 놓는 게 우리나라 옛 선비들의 마음가짐이었다는 이야

제 23 장
문화와 나무

845

기다.

　우리나라의 숱하게 많은 소나무 가운데에서 대표적인 소나무를 한 그루 꼽자면 아무래도 벼슬을 한 나무로 알려진 정이품송이 첫손에 꼽힌다. **보은 속리 정이품송**은 나무나이 600년, 나무높이 15미터, 가슴높이줄기둘레는 5미터의 크고 아름다운 소나무다. 굳이 정이품 벼슬이 아니라 해도 그 생김새만으로 우리나라의 대표 소나무로 꼽을 만했다. 아쉽게도 여기에서는 '꼽을 만했다'고 '과거형'으로 썼다. 지금은 정이품송의 수세가 많이 흐트러진 탓이다. 이 소나무가 정이품의 벼슬을 얻은 것은 조선 세조 임금 때의 일이다. 어느 날 세조가 법주사에 볼일이 있어서 가마를 타고 이 소나무 곁을 지나게 됐다. 나무의 가지가 워낙 멋지게 드리워져 있었는데, 임금의 가마가 그 나무 아래를 지나기 힘들었다. 머뭇거리는 가마 안에서 세조는 "연輦 걸린다"라고 큰 소리로 외쳤다. 여기서 '연'은 임금이 외부 행차에 나설 때 타고 다니는 가마를 뜻하는 한자어다. 그러자 소나무가 스스로 처진 나뭇가지를 들어 올려서 세조가 무사히 통과할 수 있었다는 이야기다. 세조 임금이 소나무 곁을 지나치자 다시 소나무는 원래의 모습대로 가지를 아래로 내려놓기까지 했다. 그래서 세조는 이 장한 소나무에 벼슬을 내리기로 했다고 전한다. 벼슬도 높은 벼슬에 속하는 정이품을 내렸다. 요즘으로 치면 장관급에 속하는 높은 벼슬이다. 그러나 사실 이 이야기는 실록을 비롯한 기록에서 발견되지 않는다. 사람들의 입에서 입으로 전해오는 이야기일 뿐이다.

　이 이야기는 중국에서 전하는 전설과도 비슷하다. 소나무가 한자 이름인 송松을 얻게 된 유래에 얽힌 전설이다. 중국 진시황

249 건강하던 때의 **보은 속리 정이품송**.

(秦始皇, BC 259~210: 재위 BC 247~220) 때의 이야기다. 진시황이 나들이 나갔던 어느 날, 갑자기 소나기가 쏟아져, 비를 피하려 우왕좌왕하는데 바로 옆에 있던 큰 나무가 가지를 높이 들어 왕을 피하게 해 주었다는 것이다. 그래서 이 기특한 나무에게 진시황은 곧바로 '공작公爵'이라는 벼슬을 내렸다. 그래서 그때까지 이름이 따로 없던 이 나무를 표시할 때, 사람들은 나무木 옆에 공작 벼슬을 뜻하는 공公자를 붙여 쓰기로 했다. 소나무의 한자 이름인 '송松'자는 그렇게 만들어졌다. 정이품송에 전하는 전설과 비슷한 이야기다. 모두 임금을 알아볼 만큼 영혼이 담긴 나무라는 생각에서 전해오는 이야기다.

중국의 진시황이 조선의 세조에 비해 훨씬 오래전의 시대를 살았고, '소나무 송'이라는 글자가 만들어진 설화는 정이품송의 설화보다 먼저 있었던 이야기다. 어찌 보면 중국의 설화를 베낀 듯한 정이품송 설화는 기록도 없이 어떻게 지금까지 전해오는 것

제 23 장
문화와 나무

일까. 추측컨대 임금 자리에 오르게 된 과정이 그리 순탄치 못했던 세조는 백성의 지지를 얻는 게 절박했을 것이다. 그건 세조를 보위하던 측근 벼슬아치들에게도 마찬가지였을 것이다. 신화와 전설이 살아 움직이던 그 시대에 세조를 보위했던 측근들이 세조 즉위에 대한 정당성을 높이기 위해 나무조차 임금의 신성함을 인정한다는 식의 설화를 지어 백성들 사이에 퍼뜨린 것 아닌가 싶다. 세조가 지지 기반을 탄탄하게 확보한다는 것은 그를 보위하던 벼슬아치들의 기반이 확보되는 것과 다르지 않았을 테니까 말이다. 세조가 손수 나무에게 벼슬을 내렸다면 최소한 『조선왕조실록』에 기록으로 남아 있어야 하는 이야기임에도 그렇지 않다는 것에 대한 추측이다.

보은 속리 정이품송은 예전의 기품을 잃었다. 지금은 죽지 못해 살아 있는 것처럼 애처로운 느낌이 들기까지 한다. 사방으로 골고루 퍼졌던 가지들 중의 상당 부분이 부러져 나가 한눈에 봐도 허술하다는 느낌이 먼저 든다. 이제 이승에서의 삶을 마무리할 때가 다가온 것 아닌가 하는 생각에서 아쉽기만 하다. 하기야 나무들도 살아 있는 생명이다 보니, 사는 동안 사람처럼 이러저러한 어려움을 겪게 마련이다. 정이품송은 사람들이 너무 좋아해서 그랬는지, 유난히도 많은 어려움을 겪으며 오늘까지 살아왔다. 정이품송이 겪은 고난은 1980년대 초에 처음 벌어졌다. 당시 솔잎혹파리라는 해충이 정이품송을 갉아 먹기 시작했다. 요즘은 여러 가지로 이 해충을 예방하고 막는 방법이 개발됐지만, 그때만 하더라도 솔잎혹파리는 소나무의 생명을 위협할 만큼 치명적인 해충이었다. 많은 노력으로 겨우 솔잎혹파리는 이겨냈지만, 그때

부터 정이품송의 건강은 약해지기 시작했다. 나뭇가지가 부러져 균형 잡힌 예전의 모습이 깨지기 시작한 것은 그로부터 10년쯤 지나서부터였다. 1993년에는 이곳에 불어온 큰 바람이 정이품송의 서쪽으로 뻗은 큰 가지를 부러뜨리고 말았다. 이어서 2004년 3월에 큰 눈이 내렸을 때, 남쪽의 가지 위에 쌓인 눈의 무게를 이겨내지 못하고 남쪽으로 뻗었던 큰 가지가 부러지기도 했다. 또 2022년 태풍 '카눈'이 불어닥쳤을 때에도 이미 죽음에 가까워진 정이품송은 바람을 이겨내지 못했다. 또다시 북쪽으로 뻗은 굵은 나뭇가지 두 개를 내려놓고 말았다. 갈수록 정이품송의 모양은 망가지는 중이다. 부러진 나뭇가지를 다시 회생시키는 일은 불가능한 일이고 보면, 앞으로 정이품송의 생김새는 좋아질 일이 없고, 나빠질 일만 남은 것이다.

정이품송이 이토록 죽음에 가까워진 데에는 이 아름다운 나무를 오래도록 잘 살려야 한다는 마음이 더 큰 문제를 야기했다.

제 23 장
문화와 나무

사람들은 이 나무의 뿌리 부분에 흙을 돋웠다. 대략 1미터쯤의 높이가 흙으로 덮어졌다. 이른바 복토다. 복토의 영향과 그에 따른 결과에 대해서는 나무의 생로병사를 다루게 될 이 책의 제26장에서 '사람에 의한 나무의 피해'를 이야기할 때에 추가할 것이어서, 여기에서는 이 장의 주제에 맞추어 정이품송의 문화적 의미만을 짚어본다.

정이품송의 유전자를 잇기 위한 혼례 프로젝트

정이품송은 세조에 얽힌 설화가 아니라 해도 우리나라에서 가장 훌륭한 나무 가운데 하나임에 틀림없다. 그런 훌륭한 나무가 건강을 잃고 우리 곁에서 사라질 위기를 맞이했다고 생각하니 안타깝기 그지없다. 그래서 사람들은 정이품송이 죽더라도 이 나무의 유전자를 잘 보존해 그만큼 멋진 나무를 더 키워보려고 애쓰고 있다. 그 확실한 노력 가운데 하나를 강원도 삼척의 낮은 동산에 서 있는 한 그루의 소나무를 통해 확인할 수 있다. 삼척 준경묘의 금강소나무다. 흔히 '미인송'이라는 별명으로 많이 부르지만, 공식 명칭은 아니다. 굳이 나무에 붙은 공식적인 이름을 끄집어내야 한다면, '정이품송과 혼례소나무'라고 해야 할 것이다. 어법상 매끄럽지 않지만, 나무 바로 앞에 당당하게 서 있는 안내판에 적힌 공식 명칭이 그렇다. 영문 이름은 Bride of the Jeongipum Pine Tree로 돼 있다. 어법으로 보면 한글보다 영문 어법이 더 명쾌하다. 즉 충북 **보은 속리 정이품송**과 혼례를 치른 소나무라는 이야기다. 아무리 다시 봐도 한글로 지은 이름은 어색하기 짝이 없다. 아무래도 주관 부처에서는 나무 공부뿐 아니라 성명학은 물론이고 한글 공부도 더 해야 하겠다.

정이품송의 혼례를 이룬 과정에는 많은 이야기가 담겨 있다. 소나무를 좋아하며, 소나무 가운데에서는 가장 아름다운 소나무로 정이품송을 꼽는 데에 머뭇거리지 않는 우리 국민은 다시 이 땅에서 정이품송만큼 아름다운 나무를 볼 수 있기를 바랐다. 정이품송의 유전자를 보존해서 꼭 닮은 자손 나무를 얻어 정이품송의 대를 잇자는 생각이다. 물론 최근에는 우수한 유전자를 가진 대부분의 천연기념물 나무의 후계목을 육성한다. 그러나 정이품송에 대해서만큼은 그보다 훨씬 전에 유전자 보존에 대한 생각이 절실했다.

시간을 좀 거슬러 올라가면 오래전부터 정이품송에게는 부인이 있었다. 이른바 정부인 격의 소나무다. 정부인송은 앞에서 이야기한 정이품송 유전자 보존이라는 생물학적 이유에서 만들어진 것이 아니다. 다분히 정서적인 차원에서 지어진 '소나무의 부부 관계'다. 정부인송은 정이품송 못지않게 크고 아름다운 소나무다. 천연기념물인 **보은 서원리 소나무**가 그 나무다. 이 아름다운 소나무를 '정부인송'이라고 부를 때만 하더라도 정이품송은 수세가 그리 나쁘지 않았다. 유전자를 보존한다든가 후계목을 얻는다는 생각 때문에 지은 이름이 아니라 그저 가까운 마을에 서 있는 두 그루의 훌륭한 소나무를 짝지어 준 것뿐이다. 정이품송의 후계목을 얻겠다는 바람보다는 정이품송 부근에 그에 못지않은 훌륭한 나무가 있다는 걸 기억하고 널리 알리겠다는 뜻에서

제 23 장
문화와 나무

251 정이품송의 '정부인송'으로 알려진 **보은 서원리 소나무**.

붙인 이름이었다. 그러나 정이품송이 차츰 임종을 준비해야 하는 시급한 사정에 닥치면서 상황은 달라졌다. 정이품송의 유전자를 보존하는 게 더 급했다. 그게 생각만큼 간단한 일이 아니었다. 오래도록 정부인의 자리를 지켜온 나무가 있으니 그를 통해 유전자를 보존할 수도 있는 일이었다. 하지만 오래도록 정부인의 지위로 살아온 **보은 서원리 소나무**로서는 정이품송의 유전자를 이어받기에 아쉬움이 있었다. 정이품송이 하나의 굵은 줄기로 우뚝 솟아오른 수형인 것과 달리, 정부인송은 뿌리 부분에서부터 줄기가 둘로 나뉘면서 자란 게 문제였다. 그가 낳을 후손이 어떤 모습으로 나올지 확신할 수 없었던 게다. 정이품송의 후계를 이어갈 소나무라면 정이품송처럼 하나의 줄기가 곧게 솟아오르고 나뭇가지를 널리 펼치는 나무여야 했지만, 두 줄기로 자라난 정부인송이 과연 그 후손을 어떤 모습으로 출산할지 예측하기 어려웠다.

그래서 사람들은 정이품송에게 새 배필을 정하기로 했다. 엄연히 정부인이 시퍼렇게 살아 있긴 해도 정이품송의 유전자를 가장 온전히 이어갈 수 있는 대상을 찾아야 했다. 정부인송인 **보은 서원리 소나무**에게 천벌받아 마땅할 짓인 줄은 잘 알아도 시급한 건 정이품송의 생김새를 고스란히 이어갈 후손이었다. 정이품송의 유전자를 가장 잘 물려받을 소나무로 우선 꼽힌 건 금강소나무였다. 하나의 굵은 줄기가 곧게 높이 자란다는 점에서 정이품송과 유사한 형태로 자랄 가능성이 가장 높은 나무라고 생각했다. 그러고는 금강소나무 가운데에서 건강하면서도 잘생긴 나무를 온 나라에 수소문했다. 한참을 찾은 끝에 마침내 **삼척 준경묘** 금강소나무 군락이 눈에 들어왔다.

삼척 준경묘는 용비어천가의 '해동 육룡이 나르샤' 구절에 나오는 육룡 가운데에 첫째 시조인 목조의 아버지 이양무(李陽茂, ?~1231) 장군의 묘지다. 조선 왕조 최고最古의 선대묘다. 전주이씨全州李氏의 본토인 전주 지역에 살던 이양무는 나중에 삼척 지역으로 옮겨 와 살다가 이곳에서 죽어 묻혔다고 한다. 전주이씨의 후손인 이성계의 선조 가운데 한 사람인 이양무가 오지인 이곳 삼척에 자리 잡게 된 연유는 흥미롭다. 이성계의 선조는 대대로 전주에서 살았다. 그런데 이성계의 4대조인 이안사(李安社, ?~1274)는 고려 후기의 전주 호족이었다. 그는 전주 관아의 관기를 좋아했는데, 이 기생을 놓고 전주에 부임한 별감과 다툼을 벌이다가 별감이 군사를 동원하여 이안사를 치려 한다는 소식을 접하고, 황급히 피난하여 자리 잡은 곳이 바로 삼척이었다. 이때 전주이씨 가문 170가구가 그를 따랐다고 한다. 이안사의 아버지 이양무

도 아들을 따라 삼척으로 살림살이를 옮겨 온 것으로 추정은 하
지만, 정확한 기록은 없다. 다만 이양무의 부인이 삼척이씨三陟李
氏의 시조인 이강제李康濟의 딸이라는 점에서 삼척 지역과의 관계
를 추측할 수 있다. 삼척 활기리에 터 잡고 1년 지난 뒤에 이안사
의 아버지 이양무가 죽었다. 이안사는 아버지 묫자리를 구하려고
사방을 헤매던 중에 마침 활기리 산마루에 들어 쉬던 일이 있었
다. 이때 한 노승이 동자승과 함께 지나면서, 지금의 준경묘가 있
는 자리를 "길지吉地"라고 말하는 걸 들었다. 노승은 "여기에 소
100마리를 잡아서 제사를 지내고, 시신을 금관金棺에 안장해 장
례를 치르면 5대손 안에 나라를 바로잡는 임금이 태어날 것"이라
고 하는 말을 들었다. 노승의 이야기를 훔쳐 들은 이안사는 아버
지의 묫자리를 그곳에 쓰고 싶었지만, 소 100마리와 금으로 지
은 관을 구하는 게 불가능했다. 그러자 궁여지책으로 꾀를 내어
이안사는 흰 소 한 마리를 구해 제사를 지낸 뒤, 귀리 짚으로 관

을 만들어 아버지의 장례를 치르고 바로 그 명당 자리에 아버지의 묘를 세웠다. 이안사는 100마리의 백百을 흰 백白으로 대신하고, 노란 귀리 짚으로 금을 대신한 것이다. 600여 년 전에 처음으로 준경묘가 터 잡게 된 연유에 얽힌 전설이다. 백우금관百牛金棺의 설화라고도 한다.

　　태조 이성계(李成桂, 1335~1408: 재위 1392~1398)는 조선 건국에는 성공했지만, 정권의 뿌리가 부실하다는 약점이 있어서 신화를 이용해서라도 정권의 합당성을 확보하고 싶었을 것이다. 선대의 묘를 찾고자 하는 욕구가 있을 수밖에 없었다. 〈용비어천가龍飛御天歌〉가 지어진 것도 그런 이유에서다. 세조의 측근들이 정이품송 설화를 지어내 퍼뜨린 것과 같은 이유다. 애써 조상의 묘를 찾은 이성계는 일단 묘가 있는 삼척 지역을 현에서 부로 승격시키기는 했지만 처음부터 이 묘역을 철저하게 관리한 건 아니었다. 이양무의 묘로 보기에는 증거가 부족하다는 이유에서였다. 다만 삼척부의 관리에게 일정한 관리를 맡겨 보존하는 정도에 그쳤다. 지금 이 준경묘 숲에 있는 나무들을 봐도 그렇다. 이성계 재위 시절부터 묘역을 정비하고 관리하면서 심은 나무들이라면 적어도 600년은 넘은 나무여야 한다. 그러나 아니다. 묘역 주변의 숲에 있는 나무들은 고작해야 100년 정도 되는 나무들이다. 100년 전이라면 고종(高宗, 1852~1919) 때다. 지금 준경묘의 아름다운 금강소나무를 심은 시기는 고종 재위 시절이라는 이야기다. 고종은 지금으로부터 100여 년 전인 1898년(광무 2년) 4월 16일에 이곳을 공식적인 선조의 묘로 추봉追封했다. 이어서 준경묘濬慶墓로 이름한 이 묘역에 재각과 비각을 짓고, 주변 묘역의 대대적인 정비

제 23 장
문화와 나무

253 고종.

작업에 착수했다. 조선 후기의 혼란한 정국에서 자신의 카리스마를 세우기 위한 고육지책으로 자신의 뿌리인 선조의 묘를 정비하여 널리 알리고 조상의 음덕에 기대려던 뜻이 담긴 시책으로 보인다.

이때 묘역 주변을 더 아름답게 꾸미기 위해 심은 나무가 금강소나무였다. 그러니까, 지금 준경묘역에 둘러서 있는 아름다운 금강소나무들은 고종 때인 100여 년 전에 심어 키운 것이 시작이라 할 수 있다. 이때 함께 정비한 묘역으로 영경묘永慶墓가 있다. 영경묘는 준경묘에서 4킬로미터쯤 떨어진 곳에 있는 이양무 장군의 부인 삼척이씨[14]의 묘다. 영경묘 역시 금강소나무로 에워싸인 주변 풍광이 아름다운 묘역인데, 지금은 이 두 묘역을 하나로

---

14 이양무의 부인을 평창이씨로 소개하는 자료도 있다. 그러나 그의 아버지인 이강제가 삼척이씨의 시조이고, 이양무가 이안사와 함께 전주를 떠나 찾아온 지역도 평창이 아니라 삼척인 점에 비추어 삼척이씨로 보는 주장이 우세하다. 그러나 확인할 수 있는 기록은 없다.

묶어 국가 사적으로 지정해 보호하고 있다.

정이품송의 대를 이어갈 후손을 생산할 건강하고 아름다운 금강소나무는 바로 이 **삼척 준경묘**의 금강소나무 가운데에서 찾게 됐다. 정이품송의 후손을 생산해야 할 배필로 뽑인 준경묘의 금강소나무는 2001년 당시 나무나이 95년으로, 정이품송에 비하면 무척 어린 나무다. '미인송'이라는 이름으로 불리며 나무높이 30미터, 가슴높이줄기둘레 70센티미터 정도로 자라난 이 금강소나무가 정이품송을 닮은 후손을 생산할 수 있는 가능성이 높은 나무로 최종 간택된 것이다. 정이품송의 오래된 정부인송에 비해 어린 이 나무의 생육 상태가 건강하다는 점도 그를 간택한 이유의 하나였다. **삼척 준경묘** 금강소나무숲의 다른 나무들도 모두 훌륭하지만, 특히 이 정이품송의 새 부인 소나무는 그 기세가 대단하다. 나무 앞에 서서 나무 꼭대기를 쳐다보려면 고개가 뻐근해질 정도로 높지거니 솟았다. 곧게 뻗은 나무줄기의 끝부분은 아득히 멀다. 엄청나다는 생각을 하지 않을 수 없다.

마침내 2001년에 전통 방식의 혼례식이 치러졌다. 5월 8일이었다. 혼례의 주례는 산림청장이 맡았고, 신랑 측 혼주는 정이품송의 고향인 보은의 군수가, 신부 측 혼주는 준경묘 금강소나무의 고향인 삼척의 시장이 맡았다. 멀리 떨어져 있는 두 나무가 자리를 옮겨가며 신랑·신부 역할을 하기 어려운 상황 때문에 신랑·신부 역할에는 대역이 맡겨졌다. 신랑 정이품송의 대역은 보은군의 삼산초등학교 6학년 남자 이상훈 어린이가, 신부 준경묘 금강소나무의 대역은 삼척시의 삼척초등학교 6학년 여자 노신영 어린이가 맡았다. 신랑 대역 이상훈 어린이는 혼주인 보은군수와

함께 정이품송의 꽃가루를 채취해 담은 함을 고이 들고 **삼척 준경
묘**까지 찾아와 신부 측 혼주인 삼척시장과 함께 신랑 대역을 기
다리던 신부 대역인 노신영 어린이에게 전했다. 삼척시의 신부
측에서 받은 함 안에 담긴 꽃가루는 트리클라이밍에 익숙한 아보
리스트가 받아 들고, 30미터 높이의 소나무 줄기를 타고 올라가
세심하게 암꽃머리에 묻혀주며 혼례를 마쳤다. 그로부터 2년 뒤,
마침내 **삼척 준경묘 미인송**의 가지 위에서 잘 여문 솔방울을 채취
해 정이품송의 후계목을 키워 낼 수 있게 됐다. 정밀한 꽃가루받
이 과정을 거쳤고, 그 뒤로도 철저하게 관리했지만 알 수 없는 경
로를 통해 다른 소나무의 꽃가루가 섞일 수 있어, 국립산림과학
원에서는 엽록체 DNA 지문 분석법을 이용해 새로 태어난 후계
목이 정이품송의 유전자를 올바로 이어받았는지를 확인했다. 이
른바 '친자 확인'인 셈이다.

그즈음, 오랫동안 정이품송의 정부인으로 살아왔던 **보은 서원리 소나무**에서도 전통 혼례식이 치러졌다. **삼척 준경묘 미인송**과 혼례를 치른 뒤인 2002년과 2003년의 일이다. 정부인 자격으로는 뒤늦은 혼례였다. 이 혼례 역시 삼척에서와 같은 방식의 전통 혼례로 치러졌고, 이 혼례를 통한 후계목을 육성한 것도 똑같았다. 두 어미 가운데 **삼척 준경묘 미인송**에서 생산한 정이품송의 후계목은 서울 남산을 비롯해, 대전정부청사, 광릉수목원, 속리산휴게소 등 우리나라 곳곳에 옮겨 심었고, **보은 서원리 소나무**가 생산한 후계목은 충청북도 산림환경연구소에서 관리하는 청주시 미원면의 '미동산수목원' 진입로 양쪽에 심어 잘 키우고 있다.

한 그루 소나무의 유전자를 보존하기 위해 전통 혼례를 치르고, 그 후계목을 키워나가려 애면글면한 정성은 우리 민족이 얼마나 소나무를 아끼는 민족인지를 증거하는 좋은 사례다. 물론 이 후계목들이 얼마나 정이품송과 같은 수려한 모습으로 자랄지는 앞으로 더 두고 봐야 한다. 나무의 생김새를 좌우하는 요소가 유전자만은 아니다. 나무는 자신이 뿌리 내린 그곳의 바람과 햇살, 그리고 그를 바라보는 사람들의 숨결에 따라 생김새를 결정짓는 생명체인 까닭이다.

나무의 전통 혼례식이라는 세계적으로도 유례를 찾기 어려운 프로젝트까지 치러낸 우리 민족에게 소나무는 그저 한 그루의 나무를 넘어 문화 그 자체였음을 보여준다.

제 23 장
문화와 나무

소나무로 상징되는 우리 선비 문화를 이야기하면서 특별한 소나무 한 종류를 덧붙여야 한다. 백송*Pinus bungeana Zucc. ex Endl.*이라는 나무다. 백송에서는 우리 문화와 다른 나라 문화와의 교유交遊 과정까지 들여다볼 수 있어 더 흥미롭다. 백송이 자리를 옮겨 다닌 과정에는 서로 다른 문화권의 사람살이가 어떻게 관계 맺었는지의 사연이 담겨 있다.

우선 백송이라는 나무에 대해 짚어본다. 나무껍질에 흰 얼룩 무늬를 가지고 있어 백골송白骨松, 백피송白皮松이라는 별명도 붙은 백송은 소나무과의 바늘잎 늘푸른나무로, 중국 중북부지방에서 자생한다. 중국에서는 껍질이 마치 호랑이 가죽과 닮았다고 해서 호피송虎皮松이라고도 부른다. 식물 이름을 대부분 순우리말로 쓰고 있는 북한에서는 '흰소나무'라고 부른다. 백송은 자라는 속도가 무척 느린 데다 옮겨 심기도 대단히 까탈스러운 나무로 알려져 있다. 그런 까닭에 오래된 백송은 천연기념물로 지정해 보호한다. 천연기념물로의 백송은 서울 통의동의 백송을 비롯해 서울 내자동의 백송, 서울 원효로의 백송, 서울 회현동의 백송, 밀양의 백송, 개성리의 백송, 보은의 백송 등 지금은 해제된 7그루[15]가 있었고, 서울 재동 백송, 서울 조계사 백송, 고양 송포 백송, 예

---

15 천연기념물에서 해제한 7그루의 고유명칭은 지금의 천연기념물 명칭과 그 체계가 다르다. 천연기념물 명칭은 한번 정하면 바꿀 수 없는 게 원칙이지만, 2000년대에 들어 명칭을 일관되게 정리했다. 그러나 해제된 천연기념물의 이름은 바꿀 필요도 없고 그러지도 않았다. 그래서 여기서는 지금의 천연기념물 명칭에 비해 낯선 방식이지만, 옛 명칭을 그대로 사용했다.

산 용궁리 백송, 이천 신대리 백송 등 5그루는 현재 천연기념물로 보호하고 있다.

애초에 백송은 중국을 왕래하던 사신에 의해 처음으로 우리나라에 들어왔다. 중국과 긴밀한 관계를 갖고 있던 우리 옛사람들이 중국인으로부터 백송을 선물 받기도 하고, 때로는 백송의 묘목이나 씨앗을 들여오는 경우도 있었다. 잘 자라면 30미터까지 자라는 백송의 가장 큰 특징은 나무줄기의 껍질에 흰색의 얼룩 무늬가 있다는 것이다. 또 소나무의 가는 잎이 2장씩 모여 달리고, 잣나무가 5장씩 모여 달린다 하여 오엽송이라고도 불리는 것과 달리, 백송은 3장의 잎이 하나로 모여 달린다. 또한 다른 소나무과의 나무들에 비해 잎의 길이가 짧고, 잎을 가로로 잘라 낸 단면은 세모꼴을 갖추고 있는 특징이 있다. 백송은 우리나라에서 자생하는 나무가 아니고, 또 후계목을 키우기도 어렵다. 그러나 한번 심어지면 나무와 함께 살아가는 사람들이 극진한 정성으로 보호했기 때문에, 대부분의 백송은 아름다운 생김새를 갖추고 있다. 백송을 잘 지켜내는 것은 마을 사람들에게 일종의 자존심이었다. 옛부터 중국을 드나들며, 중국 특산인 나무를 들여오거나 혹은 중국인으로부터 선물을 받을 수 있는 조상이 살았던 지체 높은 마을임을 은근히 과시하는 상징일 수 있는 때문이다. 중국을 오갈 수 있었거나, 혹은 중국의 사신과 접촉할 가능성이 컸던 선비들에게만 백송을 키울 수 있는 기회가 있었다. 거꾸로 이야기하자면, 백송이 잘 자라고 있는 곳에는 당시 '뼈대 있는 가문'이 있었다고 볼 수도 있다. 그렇다 보니, 백송은 조선의 수도인 한양 지역을 비롯해 뼈대 있는 가문이 둥지를 틀고 살던 수도권에서 많이 볼 수 있다.

우리나라에서 가장 크고 오래된 백송은 헌법재판소 경내의 백송이다. 나무나이 600년, 나무높이 15미터의 우람한 나무다. 헌법재판소 본관 건물 오른편으로 2미터 정도 높이의 돌담으로 쌓은 언덕 위에 서 있는 **서울 재동 백송**은 서울 중심지임에도 불구하고 나무의 호흡이나 햇빛을 막을 소지가 있는 큰 건물이 아직은 주위에 들어서지 않아 경관도 좋고, 나무의 생육 환경도 좋은 편이다. **서울 재동 백송**은 땅에서부터 둘로 나뉘어 자란 큰 두 개의 굵은 가지가 아슬아슬할 정도로 넓게 벌어진 상태여서 보호를 위해 쇠줄로 단단히 붙들어 매어 보호하는 상태다. 나무줄기는 굵은 쪽이 2.1미터, 동쪽의 비스듬히 누운 쪽이 1.7미터 크기다. 갈라진 밑둥치 부분에는 심재 부분이 썩어 외과수술을 한 상처 자국이 크게 남아 있다. 2024년 12월, 폭설로 쏟아진 첫눈이 내리던 때에 나뭇가지의 일부가 부러지기는 했지만, 전체적인 수형에는 큰 문제가 없다.

서울 재동 백송은 이 자리에서 벌어진 격랑의 역사를 모두 기억하는 생명체라는 점에서도 큰 의미를 갖는 나무다. 조선시대에 이 자리는 권력자들이 모여 살던 행정의 중심지였다. 지금의 헌법재판소 자리에는 형조판서 겸 한성판윤을 지낸 박규수(朴珪壽, 1807~1876)의 살림집이 있었다. 연암燕巖 박지원(朴趾源, 1737~1805)의 손자인 그는 1866년에 미국 상선 제너럴셔먼호를 격침시키고 상경한 당대 최고의 실력자였다. 재동에 또아리를 튼 박규수는 중인 출신의 역관 오경석(吳慶錫, 1831~1879), 유홍기(劉鴻基, 1831~미상)와 함께 조선의 개화 필요성을 절감하고, 자신의 사랑채에 생각

255 **서울 재동 백송**.

을 같이하는 사람들을 모이게 했다. 갑신정변의 주역인 김옥균(金玉均, 1851~1894), 박영효(朴泳孝, 1861~1939), 서광범(徐光範, 1859~1897) 등이 머리를 맞댄 곳이 그 자리였다. 그들이 그린 개화의 그림은 갑신정변으로 터져 나왔다. 박규수의 사랑채는 개화 사상을 잉태하고 키워낸 산실로 기억해야 할 자리다. 그러나 그때의 흔적은 가뭇없이 사라지고 오직 한 그루의 나무만 격변의 현장을 또렷이 기억하는 생명체로 남았다. 갑신정변 실패 후 박규수의 헐린 집터에는 1910년에 경성여자고등보통학교(경기여고 전신)가, 1949년에는 창덕여자고등학교가 들어섰다. 창덕여고는 1989년에 방이동으로 교사를 옮겨 갔고, 1993년에는 헌법재판소가 자리 잡았다. 대통령 탄핵 등 나라의 중차대한 사건들의 최종 심의가 이 자리에서 이어졌다. 이 땅의 크고 작은 역사와 **서울 재동 백송**을 함께 이야기해야 하는 이유다.

나무가 바라본 격랑의 역사는 이어진다. 재동에서 멀지 않

제 23 장
문화와 나무

863

256 서울 조계사 백송.

은 종로구 수성동 조계사 경내의 백송이 그 나무다. 중국을 다녀
온 누군가가 심은 나무라고는 하지만 기록이 없어 정확한 내력
은 알 수 없다. 경복궁 주변이라는 점을 바탕으로 궁궐 출입이 잦
았던 권력자이면서 조계사와 깊은 관계를 가졌던 불자 가운데 한
사람이 심어 키웠을 것으로 짐작할 따름이다. 나무높이 10미터,
줄기둘레 1.7미터 규모인 **서울 조계사 백송**의 나이는 500년 정도
로 짐작된다. 예전에는 7개의 가지로 펼친 품이 아름다웠다고 하
지만, 지금은 서쪽으로 난 3개의 가지만 남아서 앙상한 느낌을 준
다. 줄기의 상당 부분에도 외과수술 흔적이 크게 남아 있어서, 얼
핏 봐서는 그리 귀한 나무라는 생각을 하지 못하기 십상이다. 그
러나 **서울 재동 백송** 못지않게 **서울 조계사 백송**이 품은 우리 역사
의 핏빛 자취 또한 절묘하다.

　　고려 말에 각황사라는 이름으로 처음 세워진 조계사는 나중
에 태고사로 이름을 바꾸었다가 해방 뒤에 불교 정화운동이 일어

나면서 1954년에 조계사로 이름을 고쳐 오늘에 이른다.

조계사 마당 곁에는 국가 사적으로 보호하고 있는 서울 우정총국이 있다. 현재의 우정기념관이 그곳이다. 근대식 우편제도를 도입하여 국내외 우편 사무를 시작한 이곳은 앞서 **서울 재동 백송** 자리인 박규수의 사랑채에서 싹튼 개화 사상을 실현하기 위해 개화파 인사들이 안간힘을 다했던 곳이다. 앞서 이야기한 김옥균 등의 개화파는 개화 혁명의 실천 장소로 우정총국을 선택했고, 그 개국 축하연에 준비한 폭탄을 들고 들어가 이른바 갑신정변을 일으켰다. 비록 삼일천하에 그치고 말았지만, **서울 재동 백송**과 **서울 조계사 백송**이 품은 흔적은 개화를 둘러싼 부침 과정에서 잊힐 수 없는 중요한 역사로 남는다.

앞에서 이야기한 대로 천연기념물이었다가 수명을 다해 천연기념물에서 해제된 7그루의 백송들 또한 의미 있는 문화적 자취를 담고 있지만, 여기에서는 여태 잘 살아 있는 한 그루의 특별한 백송을 더 살펴보아야 한다. **예산 용궁리 백송**이다. 이 나무를 이야기하려면 이미 밑동만 남기고 죽은 백송 한 그루를 먼저 이야기해야 하겠지만, 안타깝게 명을 달리한 이 나무는 뒤의 제26장 '생로병사'에서 한꺼번에 짚어보기로 하고 여기서는 **예산 용궁리 백송**부터 살펴본다.

예산 용궁리 백송은 200여 년 전인 1809년 추사秋史 김정희(金正喜, 1786~1856) 선생이 손수 중국에서 들여와 심고 애지중지 가꾼 나무다. 원래 바닥으로부터 50센티미터 윗부분에서 줄기가 셋으로 갈라져 자랐는데, 가운데의 큰 줄기와 서쪽의 줄기가 부러져 없어지고, 지금은 동쪽의 줄기만 남은 애처로운 모습이 됐다.

257 예산 용궁리 백송.

그럼에도 묘지 앞의 황량한 터에 홀로 우뚝 선 백송은 그냥 지나
치면서 바라봐도 서기瑞氣를 띤 듯 신비로운 모습이다. 신비로운
흰빛 얼룩무늬의 백송은 예산 추사 고택에서 조금 떨어진 추사의
고조부 김흥경(金興慶, 1677~1750)의 묘지 앞에 있다. 추사 고택 대문
에서 과수원 길을 따라 600미터쯤 걸어가면 이 백송을 만날 수
있다.

추사 김정희가 백송이라는 나무를 처음 만난 건 어린 시절,
서울 통의동에서였다. 지금은 밑동만 남고 수명을 다한 **서울 통의
동 백송**[16]이 그 나무다. 추사의 증조부인 김한신(金漢藎, 1720~1758)
이 영조(英祖, 1694~1776)의 둘째 딸인 화순옹주(和順翁主, 1720~1758)
와 혼사를 치른 뒤, 영조가 마련해 준 월성위궁(月城尉宮, 현재의 정부

16 '서울 통의동 백송'은 살아 있던 때에 우리나라에서 가장 아름다운 백송으로 여
    겨지던 나무였다. 자세한 이야기는 태풍을 맞고 쓰러진 다른 큰 나무들과 함께 이
    책의 제26장 '생로병사'에서 이어간다.

고규홍의 나무

 앞에 서 있던 나무다. 월성위궁에 머무르며 박제가에게 가르침을 받던 어린 시절의 추사에게 깊은 인상을 준 나무였다. 24세의 청년이 된 추사가 아버지 김노경(金魯敬, 1766~1837)을 따라 연경(燕京, 지금의 중국 베이징시)에 간 적이 있다. 우리나라와 달리 연경에서는 백송을 흔하게 볼 수 있었다. 어린 시절을 떠올리게 하는 백송을 추사는 자신의 집에 가져다 심고 싶었다. 그때 그가 가져와 심은 나무가 바로 **예산 용궁리 백송**이다. 훗날 사람들은 추사가 백송의 씨앗을 필통에 넣어 들여왔다고도 하고, 어린 묘목을 가지고 왔다고도 한다. 씨앗 번식이 쉽지 않은 백송의 생육 특징을 감안하면, 묘목으로 가져왔을 가능성이 높지만, 정확한 기록은 없다. 그러나 분명한 건 오래된 백송이야말로 그 시대 중국과 우리의 문화적 교류의 증거물이고 이 땅의 역사를 기억하는 인문학적 생명체라는 엄연한 사실이다.

당산나무로 상징할 수 있는 '민중 문화'

소나무가 우리 문화에 깊숙이 스며든 사례를 살펴보았다. "소나무로 지은 집에서 태어나, 금줄에 소나무 가지를 매달아 탄생을 알린 뒤, 소나무 장작을 태워 지은 밥을 먹고 자라다가 소나무로 지은 관에 들어가 죽는다"라는 말이 있을 정도로 우리는 소나무와 밀접한 관계를 맺으며 살아왔다. 우리 문화를 '소나무 문화'라고 이야기해도 큰 무리가 없는 게 분명하다. 그러나 소나무 못지않게 우리 민족, 특히 농경문화 시절 우리 민중의 문화를 지배한 나무가 있다. 식물학적으로는 여러 이름으로 이야기해야 하겠지만, 문화적으로 이야기하자면 '당산나무'가 그 나무다. 사실 소나무가 우리 문화의 상징으로 지배적이었던 건 사실이지만, 그건 선비 층에 치중되어 있다. 선비를 비롯한 지배계급의 바깥에서 우리의 살림살이와 문화를 상징하는 나무는 단연 당산나무다.

'세상에서 가장 오래된 나무'를 짚어본 앞의 제7장에서 이미 당산제의 의미를 짚어보기도 했다. 당산나무는 농경문화 시절 이 땅의 농부들이 비를 내리고 햇볕을 내려주는 하늘에게 소원을 전하기 위해 하늘을 머리에 이고 선 듯 높지거니 솟아오른 나무에게 풍년을 향한 사람의 소원을 전하는 농촌의 문화 행위로 보아야 한다고 했다. 나무를 신적인 존재로 섬기는 종교 행위로 보기에는 무리가 있다고 강조했다. 당산나무와 당산제를 종교적 의미로 해석하는 경우가 없는 건 아니다. 그러나 포괄적으로 볼 때, 당산제와 당산나무는 종교적 의미만으로 해석할 수 없는 측면이 분명히 존재한다.

한때 그런 적이 있긴 했다. 당산제를 '미신'으로 해석하여 '미신 추방'이라는 명분으로 이 땅의 모든 당산제를 몰아내려는 시도가 있었다. 그 여파로 우리나라의 당산제가 상당수 사라졌다. 또 아직도 일부 지역에서는 유일신을 섬기는 기독교 교회가 들어서면서 미신 숭배 행위라며 당산제를 지내지 않는 시골 마을도 있다. 게다가 나무의 신비한 생명력에 기대어 나무 앞에서 무속 행위를 하는 경우도 이어진다. 심지어 수도 서울 한복판에서도 오래된 당산나무 앞에서 지속적으로 이루어지는 무속 행위가 아직도 존재한다. 그러나 이는 일부 무속인들이 주도하는 행위일 뿐, 우리나라 민중 문화 전반에 적용하고 연관하는 데에는 무리가 있다. 당산나무와 당산제는 분명히 우리의 민중들이 큰 잔치의 하나로 이어온 문화 행위였다.

우리의 당산제는 하나의 마을 축제 형식으로 벌어졌다. 일정한 제례는 존재했지만, 거기에 종교적 사제는 없었다. 당산제를 주도하는 '제주'가 있었지만, 그는 마을 사람들이 자발적으로 추대한 마을의 원로 가운데 한 사람이었다. 제주로 추대된 사람은 당산제 훨씬 전부터 당산제를 거룩하게 지내기 위해 몸가짐을 조신하게 하며, 당산제의 준비에서부터 마무리까지를 주관했다. 제주는 마을의 훌륭한 어른을 섬긴다는 뜻이 바탕이었고, 애당초 '신적인 존재'나 '신의 대리인'과 같은 샤머니즘적이거나 종교적 사제는 아니다. 평범한 우리 가운데 한 사람이었다.

제사의 형식을 빌리다 보니, 당산제 자체는 엄격한 제례를 따르는 방식으로 진행됐다. 제주를 비롯한 제관들은 물론이고 참사자들까지 의관을 정제하는 건 기본이었다. 하지만 당산제 앞뒤로 벌어지는 순서는 당산제의 엄숙한 분위기와 다르다. 지역마다 약간의 차이는 있지만 평균적인 당산제 순서의 맨 앞에는 '지신밟기' 혹은 '길놀이'가 놓인다. 당산제에 앞서 마을 전체에서 흥겹게 벌어지는 순서다. 마을에서 자발적으로 조직한 풍물패가 온 마을 골목골목을 누비며 당산제가 치러질 것을 예고하는 필수 절차다. 이름에서 이미 '놀이'라는 표현을 쓸 정도로 길놀이는 떠들썩하고 흥겹게 이어진다. 온 마을을 돌아다니며 풍물을 치는 바람에 시간도 오래 걸린다. 거의 한나절에 걸쳐 이어지기도 한다. 꽹과리, 북, 장구, 소고가 어울린 풍물 가락은 더없이 즐겁다. 그렇게 당산나무 앞으로 마을 사람들을 모두 불러 모으면 당산제를 시작한다.

　당산제는 지역마다 약간의 차이는 있지만, 대개 유교의 제사 형식으로 이어지는 게 보통이다. 제주와 제관이 주도하는 엄숙한 분위기의 제사가 끝나면 참사자인 마을 사람들도 차례차례 나무 앞에서 예를 올리는 순서로 이어진다. 그렇게 모두의 소원, 무엇보다 풍년이 들고 모두 건강하게 장수할 수 있도록 해 달라는 사람살이의 소원을 나무에 전하고 나면 이제부터는 그야말로 한 해 노동의 수고로움을 위무하는 흥겨운 축제가 벌어진다. 이미 '길놀이'에서 그랬듯이 이 잔치에는 종교적 엄숙함이 끼어들 틈이 없다. 그저 즐거울 뿐이다. 이 뒤풀이 잔치는 우리나라 모든 당산제의 필수 절차다. 세월 흐르면서 당산제의 양태는 지방에 따라 많이 변형된 것도 사실이어서 일부 지방에서 '길놀이'를 생략하는 경우는 있지만, 마을 잔치로서의 뒤풀이가 빠지는 법은 절대로 없다. 그야말로 당산제는 농촌 마을의 농부들이 한마음으로 벌이는 큰 잔치, '대동제'다. 요즘과 달리 특별한 놀이거리가 없고 근사한 잔치가 흔치 않았던 시절에 당산제 앞뒤에 마을 전체를 시끌벅적하게 울리는 풍물의 풍악 소리는 그 시절에 농부들이 누릴 수 있는 가장 큰 오락거리였음이 분명하다. 종교 행위를 명분으로 했지만, 분명한 문화 행위라는 이야기다.

　여기서 길놀이와 관련한 한 가지 사례를 덧붙인다. 전라남도 보성군의 아늑한 마을 이야기다. 이 마을에서는 마을 안 골목 중간에 서 있는 큰 은행나무를 당산나무로 삼고 오랫동안 당산제를 치러왔다. 그런데 최근 이 당산제가 사라졌다. 이유는 길놀이였

다. '길놀이'를 흥겹게 풀어가던 풍물패를 이끌며 꽹과리를 치던
상쇠는 물론이고, 구성원이 늙거나 죽었고, 그 뒤를 이어갈 새로
운 풍물패가 구성되지 못한다는 것이다. 결국 풍물패를 구성하지
못해 당산제까지 포기했다고 마을 사람들이 이야기한다. 만일 당
산제를 신과 사람을 잇는 종교 행위로만 여겼다면 결코 당산제를
포기하지 않았을 것이다. 당산제의 제사 그 자체와 함께 흥겹게
이뤄지는 길놀이를 중요하게 여겼다는 분명한 증거다. 당산제는
종교 행위라기보다 필경 문화 행위였고 그 중심은 당산나무였다.

　　우리 민중 문화의 상징으로 당산나무의 사례를 일일이 짚어
보는 건 불가능할 만큼 많고 많다. 일일이 살펴보려면 지역별로
큰 나무를 상세히 소개할 다음에 펴낼 책[17]을 기대하시라. 아마도
도시를 뺀 우리나라의 농촌, 산촌, 어촌 등 시골 마을 어디라도 특
별한 이유가 없다면 여전히 당산나무는 존재한다. 물론 당산제
여부는 차치해야 한다. 당산나무는 존재하지만, 앞에서 짚어본 것
처럼 마을에 기독교 교회가 들어와 세력을 확장한다면 당산제를
미신으로 여기고 폐지하는 경우를 숱하게 많이 볼 수 있다. 덧붙
여 전남 보성의 사례처럼 당산제를 구성하는 중요한 순서인 길놀
이의 풍물패를 구성할 여력이 없을 때, 혹은 당산제를 중요하게
여기는 노인 세대가 마을에서의 세력을 잃어가고 젊은 세대가 마
을의 중심이 되어 당산제의 의미가 퇴색되는 경우도 있다. 무엇

17　출간 일정은 아직 확정하지 않았지만, 이 책 다음으로는 전국의 큰 나무들을 권역
　　별로 묶어 나무 답사에 도움이 될 수 있도록 자세히 안내하는 책을 펴낼 계획이
　　다. 그 책에서는 당연히 전국 각지에서 벌어지는 당산나무 앞 당산제 이야기도 빼
　　놓지 않을 것이다.

제 23 장
문화와 나무

258　한때 당산제가 중단됐다가 마을에 여러 변고가 생기자
다시 당산제를 이어간 **김제 종덕리 왕버들**.

보다 결정적인 건 1970년대의 새마을운동이었는데, 그 명분으로 '미신타파 운동'을 벌이는 동안에 사라진 당산제는 적지 않다. 어떤 이유에서든 당산제가 중단되는 일은 흔히 벌어졌다.

　　그러나 그 정도로 끝날 만큼 당산제의 생명력이 약하지 않다. 우리 민중 문화 깊숙한 곳에 자리 잡고 살아 있는 게 당산제의 전통이다. 때로 마을에 이상한 변고가 이어지면 그게 당산제를 중단하면서부터라고 생각한 마을이 있었다. 천연기념물 가운데에서는 **김제 종덕리 왕버들**이 그러했고, 보호수 가운데에서는 **충주 동막리 상수리나무**가 그랬다. 두 사례는 완벽하게 똑같았다. 당산제가 중단되니 마을에 예기치 않았던 액운이 겹쳤다는 게 마을 사람들의 이야기다. 그래서 두 마을에서는 모두 최근 들어 다시 당산제를 치르기 시작했다. 그동안의 답사를 통해 조사한 바에 따르면 그런 생각을 가진 마을이 한두 곳이 아니었다. 현대화 과정에서 당산제가 사라지는 걸 당연하게 여기는 줄로만 알았지

만, 여전히 우리의 농촌 마을에서는 당산나무와 당산제를 농촌의
살림살이를 지탱하는 중요한 문화로 여긴다는 증거다.

살아 움직이는 흰 그늘, 검은 그늘의 정자나무

당산나무가 흔히 정자나무와 동일하게 여겨진 것도 마을의
큰 나무 한 그루가 마을 민중 문화의 중심이었다는 걸 보여주는
증거다. 정자나무는 말 그대로 천연의 정자亭子 구실을 하는 나무
를 가리킨다. 마을 사람 누구라도 또 언제라도 자유로이 이용할
수 있는 쉼터다. 마을 어귀라든가 마을 한복판에 서 있는 큰 나무
는 넓은 그늘을 이뤄 마을에서 가장 편안하게 쉴 수 있는 공간이
었고, 마을의 상징이었다. 우리나라의 정자나무 가운데에서 가장
많은 나무 종류는 느티나무다. 2012년에 출간한 책『나무가 말하
였네 2: 나무에게 길을 묻다』에서 나는 느티나무 그늘을 예찬한
적이 있다.

"잘 자란 느티나무 한 그루에는 500만 장의 잎이 달린다. 벌레
에게 양분을 나눠 주고 구멍 난 잎, 덜 자란 앙증맞은 이파리, 통
통하게 물 오른 잎사귀. 제가끔 서로 다른 잎이 겹겹이 쌓이고
엉키며 그늘을 지어 낸다. 살아 움직이는 그늘이다. 농담濃淡과
심천深淺이 있는 흰 그늘이다. 가장 밝은 어둠에서 가장 어두운
밝음까지, 빛의 흐름이 춤춘다. 부는 바람 따라 500만 장의 잎
이 살랑이며 짙은 그늘을 지었다가, 이내 흩어지며 옅은 그림자

를 짓는다. 움직이는 빛을 품은 그림자다. 다른 모든 생명을 품
어 안는 생명체의 너그러움이 싱그럽다. 가늣하게 스치는 산들
바람 따라 새소리 스며든다. 하루 노동에 지친 사람도 들어선다.
나무 그늘은 살아 숨 쉬는 모든 생명의 쉼터다. 언제나 부딪히
는 사람의 마음도 잦아드는 안식처다."

이 글은 일본의 소설가 다니자키 준이치로(谷崎潤一郎, 1886~1965)가 그의 찬란하게 아름다운 에세이집 『음예공간예찬(陰翳礼讚, 1934)』[18]에서 예찬한 '음예陰翳' 개념에 대응하여 '흰 그늘, 검은 그늘' 그리고 '살아 있는 그늘'이라는 개념으로 느티나무 그늘을 예찬한 글이다. 우리말 가운데에 다니자키가 예찬한 '음예'에 가장 가까운 건 '그늘'이 되겠지만, 정확히 하자면 우리말로 번역할 수 없는 단어다. 음예는 그늘에 스펙트럼이 존재하는 현상이다. 집 안의 그늘에서도 햇살이 비치는 창문 가까운 자리에 드는 그늘과 방 안쪽 깊숙한 곳의 그늘은 그 깊이가 다르다는 것이다. 그 현상을 다니자키는 이 작은 책에서 일본인들이 즐기는 미소 된장국을 흰 바탕의 그릇이 아니라 어두운 검은색 바탕의 그릇에 먹는 상황에 비교하며 그늘도 그 스펙트럼이 크다는 이야기를 이어갔다.

다니자키의 이야기에는 공간을 즐기는 깊은 멋이 있었다. 음예를 생각하다가 느티나무 그늘이 떠올랐다. 느티나무 그늘은 앞

[18] 이 책은 1996년에 한글 번역본이 처음 나왔다가 절판되고, 2005년에 눌와출판사에서 『그늘에 대하여』라는 제목으로 다시 펴냈다. 일본의 공간 문화를 살펴볼 수 있어 좋지만, 그보다 그 공간을 표현하는 다니자키의 유려한 문장이 더 좋다.

259 수필집 『음예공간예찬』으로 일본의 공간문화를 풀어낸 소설가 **다니자키 준이치로**.

에서 인용한 글에 썼듯이 무려 500만 장의 잎과 나뭇가지와 나무줄기가 어울리며 지어 내는 그늘이다. 그리고 나무줄기는 그렇다 치더라도 나뭇잎과 나뭇가지는 잠시도 멈춰 있는 법이 없다. 살아 있는 모든 생명체는 잠시도 멈춰 있지 않는 법이다. 끊임없이 움직인다. 그 움직임을 통해 여러 장의 느티나무 잎과 나뭇가지가 겹치며 짙은 그늘을 지어 내기도 하고, 겹쳤던 잎들이 나뭇가지에 떨어지면서 옅은 그늘을 짓는다. 때로는 나뭇가지 끝에 새로 돋아난 작은 잎 한 장에 의해 '그늘 아닌 듯한 그늘'이 드리워지기도 한다. 그 모든 그늘은 잠시도 움직임을 멈추지 않는다. 느티나무가 분명 살아 있는 생명체인 까닭이다. 살아 움직이면서 다니자키가 이야기한 것처럼 짙은 그늘과 옅은 그늘을 수시로 바꾸어 낸다. 흰 그늘, 검은 그늘이 수시로 옮겨 다니는 느티나무 그늘은 살아 움직이는 그늘이다.

느티나무가 우리의 정자나무 가운데에서 가장 많은 종류로 환영받은 여러 이유는 바로 이 그늘 때문이리라. 사람들은 자연히 이 싱그러운 그늘에 모여들었다. 즐겁게 놀기 위해서, 편안히

제 23 장
문화와 나무

260 정자나무 그늘에서 치르는 혼례식 장면. 이 사진은 보호수인 **서울 문정동 느티나무** 앞에 세워둔 안내판의 사진이다.

쉬기 위해서, 낮잠에 들기 위해서, 어떤 이유에서든 마을 사람들이 모이는 곳으로 느티나무 그늘만큼 알맞은 곳은 없다. 한여름에 농사일에 지친 농부들은 일하면서 피곤해진 허리를 펴기 위해 잠시 쉴 때에도, 새참을 먹을 때에도, 그리고 일을 모두 마친 뒤에도 정자나무 그늘에 모여 한숨 돌리고 집으로 들어가는 게 일상의 루틴이었다. 이처럼 마을 사람들이 쉽게 모이는 곳이다 보니, 정자나무는 자연스레 마을에서 가장 중요한 공간이 됐다. 마을의 좋은 일과 나쁜 일, 기쁜 일과 슬픈 일을 모두 정자나무 그늘에서 머리를 맞대고 상의했다. 정자나무는 '민주주의의 광장'이었다. 나무 그늘에서 사람들은 편안한 마음으로 자신들의 이야기를 하고 다른 사람들의 이야기를 들었다. 심지어 정자나무 그늘은 마을의 중요한 경조사를 치르는 공간으로도 더없이 좋았다. 실제로 혼례식을 치르는 공간으로 활용된 사례도 찾아볼 수 있을 정도다. 결국 마을 정자나무에는 한 마을의 모든 역사가 고스란히 담

고규홍의 나무

긴다. 우리 민족이 이어온 삶의 역사는 정자나무에 다 들어 있다고 이야기해도 과언이 아니다.

아예 '정자'라는 이름으로 불리는 느티나무

아예 나무의 이름을 '정자'라고 부르는 나무도 있다. 세 그루의 느티나무가 모여 있어서 삼三, 정자를 이룬 나무가 느티나무여서 괴槐를 이용해 '삼괴정三槐亭'이라고 부르는 천연기념물 느티나무다. 천연기념물의 고유명칭은 **괴산 오가리 느티나무**다. 정자 이름에 한자로 '느티나무'를 뜻하는 '괴槐'가 들어 있기는 하지만, 분명히 삼괴정이라는 이름은 나무 이름의 형식이 아니다. 우리의 거의 모든 정자 이름처럼 세 글자를 이용해 '삼괴정'이라 했다. 마을 사람들이 오래전부터 정자로 여겨왔다는 이야기다. 나무 곁으로 이어지는 마을은 우령마을이라고 불린다. 이 자리에 사람들이 모여들어 보금자리를 이룬 것은 800년 전이다. 그때 마을을 일군 옛사람들은 마을 살림채들 곁으로 흐르는 개울가에 나무를 심었다. 평화로운 살림살이가 이뤄지는 마을을 가리키는 표지도 되고, 여름에는 시원한 그늘을 드리우는 정자도 되는 느티나무였다. 마을의 살림집들이 이어지는 초입에 나무를 심어 키운 건 느티나무가 크게 자라서 마을에 찾아들지도 모를 잡귀 잡신을 막아낼 수 있다는 생각도 있었을 게다. 나무는 마을 사람들과 더불어 살아가면서 뜸직하게 자랐다. 세 그루 나무 가운데 아래쪽에 서 있는 나무를 하괴목下槐木, 중간의 나무를 상괴목上槐木이라고 부른

261 '삼괴정'이라고 부르는 **괴산 오가리 느티나무**의 상괴목.

다. 상괴목과 하괴목의 건너편 언덕 위에는 이 두 그루와 함께 삼각형의 꼭지점을 이룰 만한 자리에 한 그루의 느티나무가 더 있지만, 이 나무는 다른 두 그루에 비해 규모가 작아 별다른 이름을 가지지 못했다. 1996년에 이 나무를 천연기념물로 지정할 때에도 규모나 생육 상태가 비교적 부실한 이 한 그루는 빼고 상괴목과 하괴목 두 그루만 하나로 묶어 지정했다.

삼괴정이라는 특별한 이름의 정자를 이룬 세 그루 느티나무 가운데 하괴목은 오랫동안 마을 사람들이 정월 대보름 전날 밤에 당산제를 지내온 당산나무다. 하괴목 당산제는 지금도 이어진다. 하괴목은 나무높이 19미터, 가슴높이줄기둘레 9.4미터에 이르는 큰 나무인데, 오래전에 굵은 줄기가 부러져 외과수술로 메웠다. 세 그루의 나무 가운데 가장 수려한 몸집을 보여주는 건 단연 상괴목이다. 느티나무의 전형적인 생김새를 지니고 있는 상괴목은 나무높이가 25미터나 되고, 가슴높이줄기둘레도 8미터나 된다.

줄기는 땅에서부터 곧게 올라왔고, 적당히 올라온 부분에서부터는 나뭇가지가 사방으로 고르게 펼치면서 커다란 버섯 모양으로 잘 자랐다. 줄기나 큰 가지들을 샅샅이 살펴봐도 부러진 흔적이라든가 큰 상처가 눈에 띄지 않을 만큼 건강하다. 우리나라의 가장 아름다운 느티나무로 꼽아도 손색이 없는 나무임에 틀림없다.

여기서 한 걸음 더 나아간 경우도 있다. 아예 마을 이름을 '나무 정자'로 붙인 경우들이다. 나무를 정자로 부른 경우보다 마을 이름에 정자를 표시한 경우가 더 많다. 이를테면 '괴정槐亭'이라는 마을 이름이 있다. 부산시 사하구에 속한 한 동네 이름이 '괴정동'이다. 여기의 괴정은 앞의 괴산 삼괴정과 달리 '회화나무'를 가리킨다. 한자의 '괴槐'가 느티나무와 회화나무를 동시에 가리키는 글자인 탓이다. 앞에서 이야기한 '삼괴정'의 괴는 분명히 느티나무를 가리키고, 또 지역 명칭인 괴산槐山도 '느티나무가 많은 고장'이라는 뜻에서 붙여진 이름이다. 예전부터 회화나무와 느티나무를 구별하지 않았다는 이야기다. 물론 회화나무와 느티나무라는 나무 이름이 정확히 분류된 것은 근대 식물분류학 이후라고 생각하면 처음에 괴槐라는 한자가 만들어진 당시에는 회화나무와 느티나무를 나누지 않았을 가능성이 있다. 실제로 회화나무와 느티나무의 전체적인 생김새가 비슷하다는 데에서 두 종류의 나무를 구별하지 않았다고 볼 수 있다.

부산 괴정동에는 나무나이 600년이 넘은 회화나무가 있다. 산림청 보호수로 지정한 나무로, 이 마을의 상징이라는 뜻에서 마을 이름을 아예 괴정동이라고 한 것이다. 비슷한 경우로 마을 이름을 '행정杏亭' 혹은 '은행정銀杏亭'이라고 한 곳도 많이 있다. 법정 동 이름은 아니지만 작은 마을 이름을 그렇게 붙인 곳은 대개 마을의 상징을 은행나무로 여기고 은행나무를 상징하는 행杏과 정자의 정亭을 이용한 것이다. 금산 요광리 행정마을이 그렇고, 괴산 송평리 은행정마을이 그런 경우다. 이들의 경우는 나무를 심은 선조의 뜻을 오래 기리기 위해 마을 이름을 그렇게 정했으며, 마을의 대소사를 모두 이 나무 정자에서 치른다는 공통점이 있다. 나무를 중심으로 해서 이어간 우리 문화의 한 양상이다.

옛 마을에 옛 모습 그대로 남은 당산나무

헤아릴 수 없이 많은 당산나무와 정자나무 가운데, 여기에서는 그 사례로 한 그루의 느티나무를 더 소개한다. 이 느티나무가 당산나무의 전형이라거나 특별히 남다른 점이 있는 건 아니다. 우리나라의 대표적인 민속마을인 안동 하회마을 중심에 서 있는 이 당산나무는 마을 사람은 물론이고 나무를 수시로 찾아오는 관광객들의 소원까지 들어주는 나무로 널리 알려져 있다. 여전히 마을 사람들이 신성하게 지키는 나무이며, 오래된 전통마을의 풍경과도 잘 어울리는 당산나무의 원형을 보여주는 나무로 여겨지는 때문에 소개한다.

안동 하회마을은 국보로 지정한 '하회탈'과 『징비록』을 비롯하여 유무형 문화재로 지정한 유적을 10건 넘게 소유한 우리나라의 대표적인 전통 마을이다. 2010년에는 유네스코가 세계문화유산에 지정해 세계적으로 널리 알려진 대한민국의 전통 유산이다.

오래된 마을이 대개 그러하듯 하회마을 곳곳에는 크고 오래된 나무가 많이 있다. 그 많은 나무 가운데에서 하회마을의 중심이 되는 나무는 흔히 '삼신당三神堂 신목' 혹은 '삼신당 당산나무'로 부르는 **안동 하회마을 삼신당 느티나무**다. 이 느티나무는 600년이 넘은 나무로 풍산류씨豊山柳氏 류종혜柳從惠 공이 이 자리에 처음으로 보금자리를 일구면서 심은 나무다. 그 뒤로 마을 사람들이 대를 이어 마을 수호목으로 여기며 보호해 왔다. 하회마을의 중심에 서 있는 이 느티나무는 마을의 좁은 골목길을 따라가면 만날 수 있다. 삼신당에서 모시는 삼신할머니는 아기를 점지해 주고 출산과 성장을 돕는 우리 전통의 조상신을 말하는데, 이 마을에서는 굳이 아기를 점지해 주는 의미를 넘어 사람의 탄생에서부터 성장의 모든 것을 관장한다고 믿으며 모든 사람살이의 안녕을 기원해 왔다. 사람의 소원을 듣고 이를 잘 들어준다는 이 나무 주변에는 울타리를 쳤는데, 이 울타리에는 하회마을을 찾는 관광객

제 23 장
문화와 나무

들이 저마다의 소원을 적은 '소원지所願紙'를 빼곡이 꽂아놓아, 이
또한 장관을 이룬다. 삼신당은 마을에 있는 3사당 중 하나다. 정
월 대보름 밤에 마을의 안녕을 비는 동제洞祭를 상당과 중당에서
지내고, 다음 날 아침에는 이 느티나무에서 제를 올린다. '하회별
신굿탈놀이'도 이 자리에서 시작한다.

많은 당산나무 가운데 **안동 하회마을 삼신당 느티나무**를 이
자리에서 이야기하는 건, 이 나무가 하회마을의 대표적인 문화
적 상징이라는 이유에서다. 하회마을의 문화적 유산인 하회별신
굿탈놀이가 시작되는 자리가 바로 이 나무 곁이라는 점을 생각
해 봐도 그렇다. 나무 앞에서 지내는 당산제가 굳이 종교 행위라
기보다는, 하회마을을 상징하는 문화적 축제 형태로 이어지고 있
는 증거라 여겨진다. **안동 하회마을 삼신당 느티나무**가 서 있는 자
리는 사실 앞에서 이야기한 것처럼 당산나무와 정자나무 두 가
지 기능을 동시에 가지기 어려운 문제가 있기는 하다. 오래된 나
무를 보호하기 위해 지금은 나무 주변에 울타리를 쳐서 나무 그
늘에 들어서는 걸 금지하고 있기 때문이다. 물론 지금처럼 많은
사람들이 찾는 관광지로 바뀌기 전에라면 필경 마을 한가운데를
차지하고 있는 이 나무가 당산나무와 정자나무의 역할을 동시에
했겠지만, 앞으로도 오래 보존해야 할 나무를 위해 주변에 울타
리를 치고 사람의 접근을 일정하게 제한하는 건 어쩔 수 없는 일
이다.

그래서 떠오르는 나무가 앞의 제13장 '나무의 생명력'에서
이야기한 **장흥 삼산리 후박나무군群**이다. 앞에서는 이 세 그루의
커다란 후박나무가 살아남기 위해 보여준 경이로운 생명력을 이

야기했다. 햇살을 받을 공간을 확보하기 어려울 만큼 바투 붙어서 살게 된 세 그루의 나무가 서로를 배려하며 한 그루처럼 이룬 생명의 경이로움이었다. 그 세 그루의 나무는 1580년께 경주이씨 慶州李氏의 조상이 이곳에 보금자리를 틀면서 심었다고 전한다. 마을의 상징처럼 마을 어귀에 우뚝 서 있는 이 나무는 당연히 마을의 온갖 사람살이를 지켜주는 당산나무이겠거니 생각하게 된다. 더불어 넓게 펼친 나뭇가지가 지어 낸 나무 그늘이 풍성하니 마을 정자나무로도 더없이 좋겠다고 생각된다. 그러나 여기 삼산리 산서마을에는 정자나무와 당산나무가 따로 있다. 이 세 그루의 후박나무는 당산나무가 아니다. 당산나무는 따로 있고, 이 아름다운 나무는 마을 사람들의 쉼터로만 쓰이는 정자나무다.

삼산리 산서마을은 400년 전에 경주이씨의 선조가 처음 일으켰으며, 지금도 그 후손들이 마을에 살고 있다. 이 자리에 보금자리를 일군 입향조는 마을 동서남북 귀퉁이에 각각 나무를 심었다. 그 가운데 동서 양쪽에서 자라던 두 그루는 오래전에 수명을 다했고, 지금까지 남은 나무가 두 곳에 있다. 그중의 하나가 자랑스러운 정자나무인 **장흥 삼산리 후박나무군**이고, 당산제를 올리는 당산나무는 마을 남쪽, 살림집들이 다닥다닥 붙어 있는 조붓한 골목 안에 서 있는 소태나무다. 당산나무인 소태나무는 예의 후박나무들에 비해 수세가 무척 약해서 볼품이 떨어지기는 하지만, 여전히 마을에서는 그 소태나무를 당산나무로 여기고 지금도 해마다 정월 대보름이면 당산제를 올린다.

장흥 삼산리에서처럼 당산나무와 정자나무가 따로 정해진 경우가 전혀 없는 건 아니지만, 그렇다 하더라도 당산나무는 정자나무의 다른 이름이기도 했다. 안동 하회마을에서처럼 당산나무 곁에 바짝 다가서지 못하게 울타리를 설치한 건 처음부터 그랬던 게 아니다. 나무가 오래되어 더 철저히 보호해야 할 뿐만 아니라 혹시라도 하회마을을 찾는 관광객들의 무질서한 관람으로 나무의 생육에 지장이 생길까 봐 처치한 유명 관광지의 대책일 뿐이다. 대개는 당산나무를 신성하게 여기면서 나무줄기에 가까이 다가서면 안 된다는 뜻으로 '금줄'을 매어두기는 한다. 그렇다고 해서 엄격하게 '접근금지' 형식을 유지하는 건 아니다. 사람들은 나무를 신성하게 여기면서 언제라도 나무 그늘에 편안하게 들어섰고, 앞에서 이야기했던 것처럼 마을 대소사를 토의한 곳이 당산나무 혹은 정자나무 그늘이었다. 돌아보면 농경문화 시절, 우리 민중의 문화를 이뤄간 곳은 바로 당산나무 그늘이었음을 분명히 알 수 있다.

나무 심기

창조는 신과 시인의 몫이다.
그러나 미천한 백성들도 어떻게 하는지만 알면
그런 제약을 넘어설 수 있다.
가령 소나무를 심기 위해서는 누구도 신이나 시인이 될 필요는 없다.
그저 삽만 있으면 된다.
규칙의 이상한 허점 덕택에 누구라도 '나무가 있으라' 하고 말할 수 있다.
그러면 나무가 있을 것이다.

– 알도 레오폴드*Aldo Leopold*, 『모래 군의 열두 달: 그리고 이곳저곳의 스케치
A Sand County Almanac and Sketches Here and There』에서

"전설에 의하면 지금으로부터 약 600년 전 세종조世宗朝 때에
원주김씨 선대先代이신 휘諱 을신乙辛 판서공께서 송도松都 개성
으로부터 이곳 양천현陽川縣에 처음으로 터를 마련하여 정착하
시었으며 그 후 손자이신 휘諱 팽수彭壽 호號 용암龍巖 영해도호
부사공寧海 都護府使公께서 만년晩年에 시조공 원성백原城伯의 탄
신일 3월 3일을 기하여 선향先鄕인 개성에서 측백側柏 한 그루를
구求해다가 지금의 강서구 화곡2동 용암龍巖길 공公의 유허지遺
墟地에 식수植樹를 하시고 뿌리가 깊으면 잎이 무성하다 하여 자

손이 영원히 번창하라는 뜻에서 측백을 심으셨다 하니 그 식수의 의미가 얼마나 심장深長한가. 공이 그 성품이 후덕하고 엄격하며 행동거지가 분명하시기 때문에 세인世人들이 도덕군자라고 하였고 향당鄕黨의 귀감龜鑑이 되었다고 한다. 이리하여 도덕군자 어른이 식수를 하시었다 하여 주변 사람들이 그 측백에 대하여 군자수라 이름하여 불렀다고 한다. 공께서 식수를 하시고 식수기植樹記를 지어 전하였으나 임진병화壬辰兵禍를 면免하지 못하였으니 한탄恨歎한들 어이하겠는가. 다행히도 400여 년의 세월이 흐른 1972년 10월 12일 자로 서울특별시 보호수保護樹로 지정이 되었으니 우리 원김 종중原金 宗中으로서는 그 얼마나 자랑스러운 일인가.

원주김씨原州金氏가 화곡동에서 600여 년간 터를 다진 상징象徵의 표시表示이기도 한 늠름한 측백을 바라보며 무의식중에 숙연肅然함과 보호할 책임감이 막중함을 느끼게 된다. 이에 원주김씨 대종친회原州金氏 大宗親會에서는 공의 아호雅號가 붙여진 화곡동 용암길 측백나무 아래에 공의 깊은 뜻을 영원히 기념記念하기 위하여 측백나무의 식수 유래비由來碑를 삼가 세우다.”

2011년 1월에 **서울 화곡동 측백나무** 앞에 세운 '원주김씨 대종친회'의 **측백나무 유래비**의 전문을 조금 길어도 그대로 베껴 옮겼다. 유래비에는 『식수기植樹記』가 존재했다고 분명히 기록돼 있다. 안타깝게도 임진왜란 때에 잃기는 했지만 이 가문에서는 분명히 존재했던 기록이라고 전한다. 우리나라의 나무에 대한 기록으로 지금까지 전해오는 게 거의 없는 상황에서 남다르게 다가오는 이야기다. 나무를 가까이하고, 나무를 때로는 신성한 존재로 여겨왔던 우리 민족에게 나무에 관한 기록이 존재하지 않는다는 사실이 한편으로는 의아하게 여겨질 수도 있다. 그러나 근대화 이전의 농경문화를 위주로 생활하던 우리 사회에서 나무를 심는 일은 일상적이었다. 봄이 되어 논에 모를 내기 전에도 사람들은 나무를 심고, 나무에서 맺히는 열매를 기다렸으며, 자식을 낳아도 나무를 심었고, 부모가 돌아가시면 묘에 부모의 주검을 모시고 그 곁에 나무를 심었다. 나무를 심는 일은 특별한 일이 아니었다. 그저 먹고사는 일의 한 부분이었다. 굳이 기록으로 남겨야 한다는 생각을 할 수 없을 만큼 일상적인 일이었던 것이다. 나무를 심었다는 기록을 발견하기 어려운 이유다. 그 같은 상황에서 그나마 나무 식재 기록의 존재 가능성을 시사한다는 것만으로도 **서울 화곡동 측백나무**의 의미는 남다르다.

산림청 보호수로 지정한 **서울 화곡동 측백나무**는 400년이 넘은 큰 나무로, 나무높이 16.5미터 가슴높이줄기둘레 2.7미터이며, 나뭇가지펼침폭은 동서로 9.5미터, 남북으로 10.5미터나 된다. 측백나무 가운데에서는 큰 나무에 속한다. 특히 전체적인 나뭇가지가 성글어 보이지만, 나무높이에 있어서는 우리나라에서 가장 큰

제 24 장
나무 심기

264 서울 화곡동 측백나무.

측백나무로 꼽을 수 있다.

　　서울 화곡동 측백나무는 앞의 유래비에서 볼 수 있듯이 원주 김씨의 선조가 심고 그 후손이 정성 들여 지켜온 유서 깊은 노거 수다. 역사와 유래를 선명하게 간직하고 '군자수君子樹'라는 별칭 으로 불리는 **서울 화곡동 측백나무**가 서 있는 이 골목 주변의 길을 지금은 곰달래길이라고 부르지만 얼마 전까지 '용암길'로 불렀 다. 용암길의 '용암龍巖'이 바로 이 나무를 심은 사람으로 전하는 김팽수(金彭壽, 생몰년 미상)의 아호다. 김팽수의 숨결이 남아 있고, 그의 후손인 원주김씨 일가가 살림을 이어온 유서 깊은 마을임을 보여준다.

　　서울 화곡동 측백나무는 4층에서 5층 높이의 다세대주택 건 물이 촘촘히 이어지는 마을 한가운데에서 높이 솟아오른 나무로, 첫눈에도 그 나무높이에 압도당하게 된다. 3미터쯤 높이의 둔덕 위에 자리하고 있어서 실제 높이보다 더 높아 보이는 때문이기도 하다. 더구나 서울이라는 큰 도시의 사정이 대개 그렇듯, 큰 나무가 있으리라는 기대를 전혀 할 수 없는 조붓한 골목으로 들어서다 갑자기 마주치게 되는 큰 나무여서 더 놀라게 된다. 김팽수가 나무를 처음 심던 400년 전에 나무가 서 있는 자리는 마을 뒷동산 비탈진 자리였을 게다. 그 자리에 사람이 모여 살 집을 더 많이 짓고 그 사이에 여러 갈래의 길을 내는 과정에서 땅을 고르면서 나무가 서 있는 자리만 불쑥 솟아올랐던 것으로 보인다. 김팽수의 후손들은 둔덕 가장자리에 돌 축대를 쌓으며 나무를 잘 보호했다. 극진한 보호 덕에 나무의 생육 상태는 좋은 편이다. '지제부地際部'[19]라고 이야기하는 나무의 뿌리와 줄기가 맞닿은 부분에는 오래전에 공동이 생겼고, 그 부분을 충전재로 메웠다. 또 줄기의 일부에 찢어진 자리도 눈에 띄지만 역시 외과수술로 잘 메웠다. 지금의 생육 상태에 큰 문제는 없어 보인다. 다만 위로 솟아오르며 동북쪽으로 넓게 펼친 나뭇가지가 옆의 주택 건물에 닿아 있다는 게 거슬리긴 한다. 당장 문제가 될 만큼은 아니지만, 장기적으로는 세심한 관찰이 필요해 보인다.

서울 화곡동 측백나무는 나무높이에서 우리나라에서 가장 큰 측백나무이지만, 가슴높이줄기둘레는 3미터가 채 안 된다. 나무는 2미터쯤에서 줄기가 둘로 갈라지고 두 개의 가지들은 다시 또 둘로 갈라지며 나뭇가지를 펼쳤다. 둘 중 하나는 2미터쯤에서 다시 갈라졌고, 다른 하나는 그보다 조금 더 높은 자리에서 갈라지

19 　지제부는 지상부와 지하부의 경계로, 나무의 줄기와 뿌리가 만나는 부분을 가리킨다. 땅을 뜻하는 지(地)와 경계 혹은 이음매를 뜻하는 제(際)를 이용한 용어인데, 맞춤한 우리말을 찾기 어려워 그대로 쓴다.

제 24 장
나무 심기

며 사방으로 나뭇가지를 펼쳤다. 현재 산림청 보호수로 지정한 측백나무는 모두 14그루가 있고, 천연기념물로 지정한 측백나무는 1976년에 지정한 **서울 삼청동 측백나무**밖에 없으며, 지방기념물로 지정한 측백나무는 한 그루도 없는 실정이다. **서울 화곡동 측백나무**는 보호수 지정 당시 나무나이 425년으로 측정됐는데, 이는 천연기념물인 **서울 삼청동 측백나무**를 능가하는 수치다. 보호수 가운데에 나무나이 500년으로 기록된 **서울 가리봉동 측백나무**와 **부천 여월동 측백나무** 다음으로 오래된 나무다.

규모와 연륜, 그리고 경관적으로도 충분히 높은 가치를 가지는 나무임에 틀림없지만 다른 무엇보다 **서울 화곡동 측백나무**는 역사적 배경과 유래가 정확히 밝혀지고, 심지어 지금은 소실됐지만 『식수기』가 존재했다는 점 하나만으로도 보호 가치가 높은 나무다. 이 지역에 집성촌을 이루며 살림살이를 펼쳤던 원주김씨 가문의 선조가 심고 그의 후손들이 지켜온 나무라는 점에서 문화·역사적 가치도 높다. 앞에서 인용한 『식수기』에 분명히 밝혀져 있듯이 나무를 어떤 연유로 어디에서 들여와 어떻게 지켜왔는지를 상세히 알 수 있는 나무는 흔치 않은 때문이다. 나무를 단순히 생물학적 가치만으로 판단하지 말고 우리의 문화를 지탱해 온 중요한 한 축이었음을 고려하면 더 그렇다.

마을의 정자나무로 심은 기록이 전하는 나무

나무를 심은 기록을 찾아볼 수 있는 경우가 많지는 않지만,

그렇다고 아주 없는 건 아니다. 식재 관련 기록이 남은 나무로 우선 천연기념물로 지정 보호하는 **함안 영동리 회화나무**가 있다. **함안 영동리 회화나무**에는 『괴정기槐亭記』라는 기록이 존재한다. 짧지 않은 내용이지만 그대로 옮긴다. 귀한 기록인 때문이다.

"정자라고 이름을 붙이는 것에는 두 가지가 있다. 높은 마루 앞의 놀 만한 큰 정자나무와 그늘을 넓게 펼친 큰 나무를 모두 정자라고 한다. 우리 마을 앞에는 북서쪽 위에 회화나무 한 그루가 있다. 그 나무의 크기는 수십 아름쯤, 높이는 수백 척쯤 되어 그 그늘이 수백 명을 덮을 수 있다. 조용히 들어보면 피리 소리가 들리고, 오래 앉아 있으면 서리가 눈처럼 내려 한기가 엄습해 온다. 그리고 마을 사람들이 그 주위를 쌓아 대를 만든 후 더위를 피하는 장소로 삼고 그 이름을 괴정이라 하였다. 그 기특한 형상과 줄기 좋은 것은 비록 높은 마루와 큰 정자나무를 따를 수 없지만 그 사랑스러운 것은 서로 장점과 단점이 있다. 저 회화나무는 응건한 문필로 화려한 문지방에 이름을 붙이거나 아름다운 대자연의 소리와 같은 목소리로 청아한 노래를 불러 사랑을 받거나. 옥소반과 옥 술잔이 바람 부는 기둥과 달이 비친 난간 사이에 낭자한 것은 부유한 자들이 사랑한 것이다. 이 회화나무는 봄이 되면 서쪽 밭으로 가기 위해 사방에서 쟁기를 지고 가다가 쉬고 오다가 쉬며 농사 외에 다른 말을 할 여가도 없이 오직 올바른 수양이 된 군자들이 자기의 직분으로 삼아 여유가 있으면 한가히 탁주를 마시고 푸른 나물을 먹으며 서로 모여서 북을 치고 풍년을 즐기거나 순박한 풍속을 강론하고, 가을

제 24 장
나무 심기

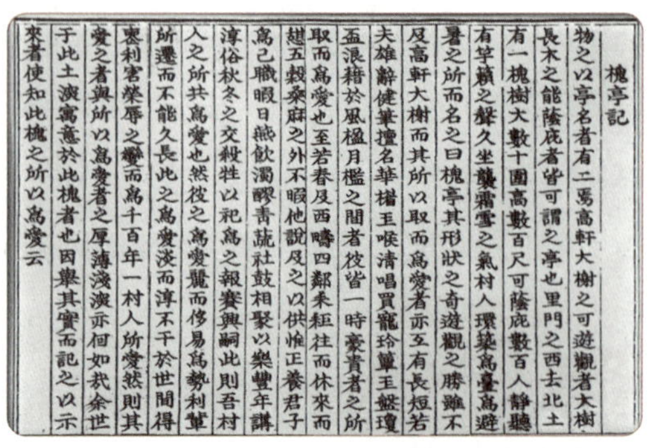

槐亭記

物之以亭名者有二焉高軒大樹之可遊觀者大樹
長木之能蔭庇者皆可謂之亭也里門之西去北土
有一槐樹大數十圍高數百尺可蔭庇數百人靜聽
有竽籟之聲久坐襲霜雪之氣村人環築爲臺爲避
暑之所而名之曰槐亭其形狀之奇遊觀之勝雖不
及高軒大樹而其所以取而爲愛者亦至有長短若
夫雄辭健筆擅名華楷玉喉清唱買寵玲簪玉盤瓊
盃浪藉於風楹月檻之間者佼皆一時豪貴者之所
取而爲愛也至若春及西疇四鄰耒耟往來而
趙五穀桑麻之外不暇他說及之以供惟正養君子
爲己職暇日燕飲濁醪壽蔬社鼓相聚以樂豐年講
淳俗秋冬之交殺牲以祀爲之報賽興祠此則吾村
人之所共爲愛也然彼之爲愛麗而侈易爲勢利蕐
所遷而不能久長此之爲愛淡而淳不干於世間得
衰利害榮辱之變而爲千百年一村人所愛然則其
愛之者與所以爲愛者之厚薄淺淡亦佪如我余世
于此土淺寓意於此槐者也因舉其實而記之以示
來者使知此槐之所以爲愛云

265 함안 영동리 회화나무의 유래를 기록한 『괴정기』 원문.

에서 겨울이 시작되었을 때는 짐승을 희생으로 삼아 제사를 지
내어 내년의 풍년을 기원하고 사당에서 제사를 지내기도 하니,
이것은 우리 마을 사람들이 이 회화나무를 함께 사랑하는 것이
다. 그러나 저 부유한 자들이 사랑하는 것은 곱고 미려하고 사
치스러워 세상의 이익을 따지는 사람들이 하는 것으로 오래 지
속할 수 있겠는가, 이 촌민들이 사랑하는 것은 담담하고 순박하
여 세상의 이해득실과 영예와 치욕과 아무런 관계가 없이 천년,
백년이 지나도 사랑하는 것이다. 그렇다면 그 나무를 사랑하는
사람들과 그 사랑의 이유가 얼마나 깊고 얕으며, 두텁고 옅게
드러나는 것인가. 나는 이곳에서 대대로 살면서 이 나무에 정을
붙이고 사는 사람이므로 그 사실을 기록하여 회화나무를 사랑
하는 이유를 알린다."[20]

개항기에 활동했던 이 마을 선조 희재希齋 안종창(安鍾彰,

[20] 이 번역은 국가유산청 홈페이지의 천연기념물 기록을 바탕으로 어색한 문장의 일
부만 고쳐 옮겼다.

1865~1918)이 기록한 내용이다. 안종창은 이 마을 입향조인 광주안씨 22대조인 안여거(安汝居, 생몰년 미상)가 마을을 일으키고 마을 어귀에 손수 심은 회화나무와 관련한 기록을 앞에서와 같이 남겼다. 나뭇가지에 스치는 바람 소리를 피리 소리로 비유한 문학적 수사에서부터 나무 그늘을 정자 삼아 옥소반에 탁배기 한잔 나누는 마을 선비들의 평안한 살림살이가 눈에 선하게 보이는 듯하다. 더불어 나무 그늘을 찾는 농부들의 모습과 자신의 마을에 대한 자부심이 넉넉하게 느껴지는 아름다운 글이다. 나무와 관련한 드문 기록이다.

여기에서도 한자 '괴槐'는 다시 느티나무와 회화나무 사이를 오간다. 함안 영동리의 『괴정기』에 기록된 괴는 회화나무다. 500년쯤 살아온 **함안 영동리 회화나무**는 나무높이 19.5미터, 가슴높이줄기둘레 5.78미터의 큰 회화나무로, 특히 사방으로 넓게 뻗어 나간 나뭇가지펼침이 회화나무의 전형적인 생김새를 갖추고 있어서 생물학적 보호 가치가 높은 나무다. 안종창의 『괴정기』에서는 누가 심은 나무라고 명시하지 않았지만, 여전히 이 마을에서 대를 이어 살아가는 그 후손들은 선조 안여거가 이곳에 처음 보금자리를 이루면서 심은 나무라고 전한다. 마을 사람들은 마을 입향조가 심은 이 회화나무를 마을 살림살이를 지켜주는 신성한 나무라고 믿으며, 해마다 음력 10월 초하루에 나무 앞에서 제사를 지낸다. **함안 영동리 회화나무**의 『괴정기』는 단순히 나무를 심은 기록이 아니라 입향조가 마을 어귀에 심은 나무를 대를 이어 잘 보호하며 자랑스레 여기는 마을 사람들의 이야기를 적은 소중한 기록이다.

처음 식재부터 키운 내력까지 자세히 기록에 남겨

심어 키운 기록을 가진 빼놓을 수 없는 나무는 또 있다. **안동 주하리 뚝향나무**다. 안동 와룡면 주하리에는 경상북도 민속자료였다가 2017년에 국가민속문화재로 승격한 '안동 진성이씨 종택'이 있다. '진성이씨 주촌종가周村宗家'라고도 부르고, 당호를 따서 '경류정 종택'이라고도 부른다. 진성이씨의 '대종가'인 이 고택은 고려 말의 문신 이자수(李子脩, 생몰년 미상)가 노년을 보낸 집으로 전한다. 나중에는 그 후손인 이훈(李壎, 1467~1538)이 대대적으로 중수해 지금에 이르는 것으로 알려진 근사한 고택이다. 사랑채와 안채의 공간 영역이 나뉘어졌고, 또 사당의 영역이 독립적으로 떨어져 있는데, **안동 주하리 뚝향나무**는 바로 이 고택의 별당 앞마당에 서서 가문의 역사를 증거한다. 나무나이 500년, 나무높이 3.2미터, 가슴높이줄기둘레 2.25미터 규모의 이 나무는 나뭇가지를 사

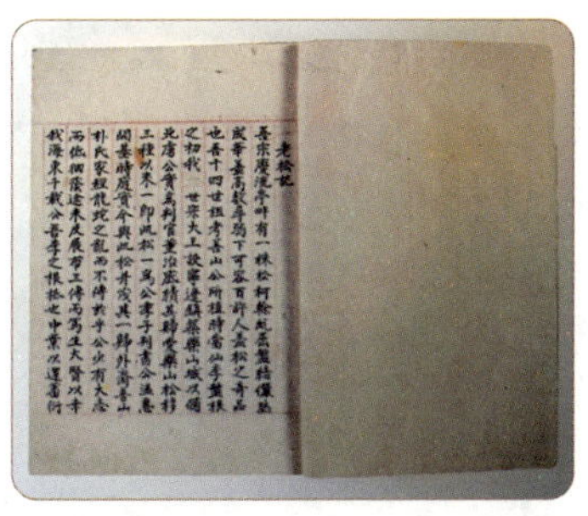

267 『노송운첩』에 수록된 〈노송기〉.

방으로 넓게 펼쳤다는 게 돋보이는 뚝향나무*Juniperus chinensis* L. var. *horizontalis* Nakai다. 뚝향나무는 나뭇가지가 마음대로 휘어지고, 꼬이고, 뒤틀리고, 늘어지는 특징의 향나무 종류다. 경우에 따라서는 늘어진 가지들이 땅속으로 파고들어 얼핏 보아서는 다른 여러 그루의 나무가 섞여서 자라는 것처럼 보이기까지 한다. 그런데 여기 경류정 종택에서는 나무를 잘 보호하려고, 옆으로 펼친 나뭇가지가 바닥으로 처지며 부러지거나 훼손되는 걸 방지하기 위해 37개의 받침대를 세웠다. 자연 상태에서 이만큼 오래 살아온 뚝향나무라면 늘어진 가지가 땅을 파고드는 상황도 있었겠지만 이를 인위적으로 방지한 것이다.

이 나무는 조선 세종 때 선산부사를 지낸 이정(李禎, 생몰년 미상)이 귀향할 때 가지고 와서 몸소 심어 키운 세 그루 중 한 그루로 전한다. 이 나무의 내력이 두 편의 『경류정노송기慶流亭老松記』와 『노송운첩老松韻帖』에 실린 〈노송기老松記〉에 남아 있다. 표제가 똑같은 두 편의 『경류정노송기』 가운데 하나는 18세기에 김성설(金星卨, 생몰년 미상)[21]이 남긴 것이고, 다른 하나는 김성설보다 뒤에 이정의 14세손 이만인(李晩寅, 1834~1897)이 같은 표제로 남긴 것이

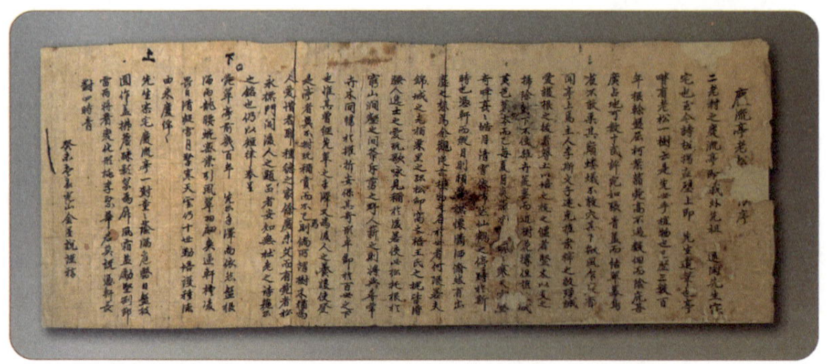

268 이만인보다 앞선 때에 김성설이 남긴 『**경류정노송기**』.

다. 『노송운첩』은 또 다른 기록으로, 한 그루의 나무에 대한 기록이 세 가지가 남아 있다는 이야기다.

퇴계 이황의 증조부인 이정은 승마와 활쏘기를 잘했다고 알려졌는데, 특히 정주 판관을 지낼 때에 백성을 습격하는 호랑이가 출몰한다는 소식을 듣고 손수 호랑이 굴을 찾아가서 활을 쏘아 제압했다는 전설 같은 이야기도 전한다. 이정은 세종 13년인 1431년에 영변진을 설치하고 약산성을 성공적으로 증축한 뒤에 고향으로 돌아왔다. 이때 그는 영변에서 즐겨 찾던 나무를 세 그루 가져와 심었는데, 그중의 한 그루가 바로 **안동 주하리 뚝향나무**다. 나무의 내력과 연륜을 정확하게 알 수 있는 몇 되지 않는 우리의 노거수다. 이 나무에 대한 기록 가운데 하나인 이만인의 『경류정노송기』의 내용은 다음과 같다. 원문은 한국국학진흥원의 '고도서古圖書' 페이지에 담긴 이미지를 바탕으로 했다. 원문 한자 가운데에 현대의 활자로 옮길 수 없는 글자가 여럿 있어서 다음 쪽

21　김성열이라고 표기하기도 하지만 '진성이씨 기증유물특별전' 도록에는 '김성설'이라고 표기돼 있어 여기서는 이를 따른다.

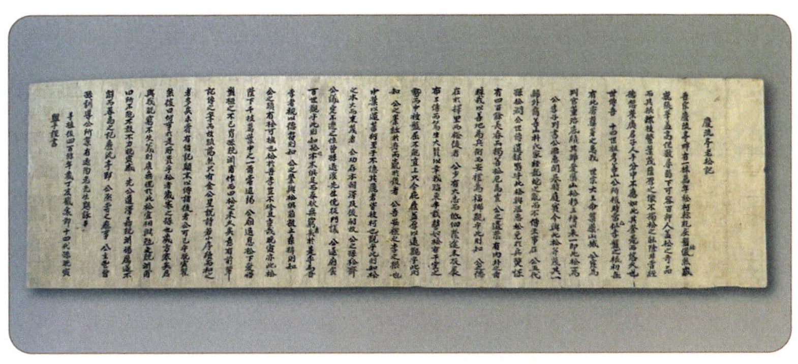

269 이만인이 남긴 『**경류정노송기**』.

(그림 270)에 이미지 형태로 첨부한다.

우리 종가 경류정 옆에 한 그루의 소나무가 있는데, 그 줄기와 나뭇가지가 마치 용틀임하는 용처럼 장하게 얽히며 뻗어 나서 꽃처럼 화려하고 장엄한 모습이 되었다. 힘차게 뒤얽히며 뻗은 나뭇가지가 드리운 그늘에는 100명도 넘는 사람이 둘러앉을 만큼 넓은 매우 독특한 모양의 특별한 소나무다. 우리 이씨 가문이 이 자리에 보금자리를 처음 틀 때에 14세조인 선산공이 손수 심은 나무다. 선산공은 세종대왕께서 북쪽 오랑캐의 침공에 대비해 영변진 약산성 축성 작업을 명하셨을 때에 판관이 되어 모든 작업을 감독하며 빛나는 공을 세우고 고향에 돌아오시면서 그때 가져온 약산의 소나무 세 그루 가운데 한 그루가 이 나무다. 다른 두 그루 중 한 그루는 온혜에 터 잡은 공의 셋째 아들 판서공 계양繼陽의 집 뜰에 심었고, 또 한 그루는 공의 사위인 박근손朴謹孫에게 주었는데 둘 다 사라져 이제는 볼 수 없다. 선산공은 젊을 때부터 큰 뜻이 있었지만 포부를 다 펴지 못하였는

제 24 장
나무 심기

897

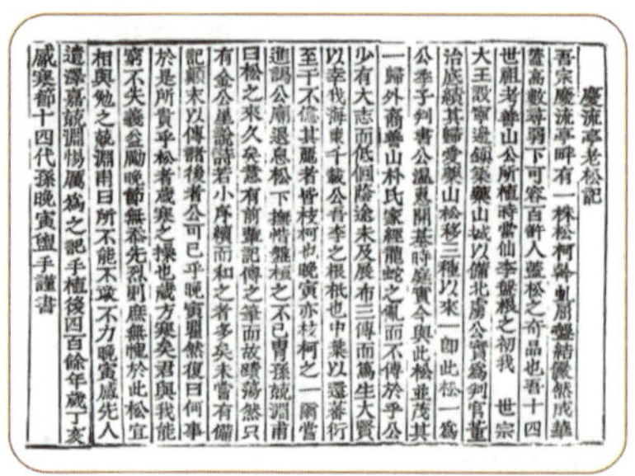

270　이만인의 『경류정노송기』. 원문.

데, 삼대 뒤에 큰 선비[22]가 배출되었고, 이는 가문의 행복이 됐으며 공은 가문의 뿌리로 남았다. 세월이 흐르며 공의 자손은 이 소나무의 무성한 나뭇가지처럼 번창했는데, 만인晚寅도 그 많은 가지의 하나다. 공을 모신 사당에 예를 올리고 물러나 소나무 아래에서 맏손자인 긍연兢淵 보甫가 말하기를 '오래된 소나무의 기록은 모두 사라지고 고작 김성설의 시와 짧은 글 그리고 그에 화답한 글만 남았다. 이제 이 소나무의 사연을 후대에 전할 기록이 없으니 그대가 기록을 남기는 게 어떻겠는가'라고 했다. 만인이 겸손하게 말하기를 '소나무에서 귀하게 여기는 것은 추운 겨울에도 변치 않는 절개인데, 비록 궁핍한 계절이지만 우리도 의리와 절개를 잃지 않도록 더 힘쓰는 데에 있을 것이오. 부지런히 나무를 심은 선조의 뜻을 기리고 널리 알리기 위해 힘닿는 데까지 기록으로 보존하겠소'라고 했다. 그리하여 선산공이 나무를 심은 지 400년 지난 정해년 겨울에 삼가 기록한다.

22　여기에서의 '큰 선비'는 '퇴계 이황'을 가리킨다.

　　분명 **안동 주하리 뚝향나무**와 관련한 기록인데, 여기에서는 이 나무를 '노송老松', 즉 '늙은 소나무'로 표현하고 있다. 그건 이만인의 『경류정노송기』만이 아니라 이 나무와 관련한 다른 기록도 마찬가지다. 그러나 이는 소나무, 향나무, 뚝향나무 등을 세밀하게 분류하지 않던 그때의 선비들이 흔히 겪는 오류였을 뿐, 경류정 앞의 이 뚝향나무를 가리키는 것이다. 경류정에는 이 나무 외에 다른 오래된 나무가 존재하지 않는다. 향나무의 한 종류인 뚝향나무를 '오래된 소나무'로 쓴 것은 잘못이라 할 수 있다. 그럼에도 그 시절에는 이 정도의 오류를 큰 흠으로 여기지 않았던 것도 사실이다. 조선시대의 문헌 가운데에는 이처럼 나무 이름이 틀린 기록을 적잖이 찾아볼 수 있다. 그 시절에도 우리말 나무 이름이 없었던 건 아니지만 근대식물분류학 체계에 의한 정밀한 동정은 아니었기에 흔히 있었던 일이다.

　　안동 주하리 뚝향나무는 그 생김새만으로도 보존 가치가 높은 자연유산임에 틀림없다. 또한 나무 심는 일을 일상으로 여기며 굳이 기록으로 남기지 않았던 그 시절에 나무에 얽힌 유래와 후손들이 나무를 아끼며 소중히 지켜온 과정을 기록으로 남겼다는 점에서 소중한 문화유산이기도 한 큰 나무다.

민족 해방의 기록으로 남긴 향나무 한 그루

　　나무를 심어 키운 기록이 거의 없는 현실에서 앞에서 예를 든 **서울 화곡동 측백나무, 함안 영동리 회화나무, 안동 주하리 뚝향나**

무 등에 남아 있는 기록과 사례는 오래도록 잘 보존해야 할 일이다. 이보다 훨씬 뒤의 일이지만, 굳이 나무를 심은 기록을 보태자면 김구(金九, 1876~1949) 선생의 『백범일지白凡日誌』에 기록된 두 그루의 나무 이야기를 들 수 있다. 물론 이 두 그루의 나무를 심은 시기가 100년이 채 안 되는 탓에 기록 자체로 얼마나 큰 의미를 가지는지에 대해서는 이견이 있을 수 있지만, 민족 해방 운동과 관련해 김구 선생이 손수 심은 나무이고, 이를 특별히 『백범일지』에 기록으로 남겼다는 점에서 돌아볼 만하다.

김창수金昌洙라는 이름으로 살아가던 열혈청년 김구의 조국 광복 투쟁은 1895년 대한제국의 마지막 왕비 명성황후의 시해 사건에서부터 시작됐다. 민족의식과 정의감이 넘쳤으며, 비분강개의 기운이 솟구쳤던 그는 1896년 3월 안악 치하포鴟河浦에서 일본군 특무장교 쓰치다 조스케土田壤亮 중위를 살해하고 체포됐다. 맨손에 의한 처단이었다. 조국의 왕비를 시해한 일본인 자객에 대한 한을 품고 살아가던 열혈청년 김창수가 '국모의 원수를 갚기 위해'라는 명분으로 감행한 기사였다. 명성황후가 시해된 이듬해의 일이다.

그는 사형이 확정됐지만 고종의 특사로 사형은 면한 채, 인천감옥에서 수형 생활을 했다. 하지만 감옥에서 세월을 허수로이 보내기에 청년 김창수의 피는 뜨거웠다. 급기야 탈옥에 성공한 그는 떠돌이 은거 생활에 들어섰다. 충청도 땅 공주의 마곡사麻谷寺로 숨어들어 승려가 된 건 이즈음이었다. 그는 원종圓宗이라는 법명으로 수도 생활을 시작했다. 1898년의 일이다. 이듬해인 1899년에 김구는 서울의 봉원사를 거쳐 평양 대보산大寶山 영천

암靈泉庵의 주지로 주석하기도 했지만, 악랄하게 이어지는 일본의
치욕적인 침탈을 두고 볼 수 없어 결국은 승려복을 벗어 던졌다.
주지 생활은 몇 달 하지 못했다. 원종이라는 법명을 버린 그는 김
두래金斗來라는 이름으로 새 삶을 시작했다.

다시 이어지던 떠돌이 생활에서 그가 경상북도 김천시 부항
면 월곡리를 찾은 적이 있다. 그가 스물다섯 살 되던 1900년의 일
이다. 월곡리에서 그는 마을 부호였던 성태영을 만났고, 성태영의
권유로 '창수'라는 이름을 버리고, '김구金龜'라는 새 이름을 갖게
됐다. 민족 해방운동사에 길이 기억될 '김구金九'라는 이름의 시
작이었다. 그러고는 성태영과 함께 마을 앞 개울가의 숲을 자주
찾으며 조국해방운동의 미래를 꿈꾸었다. 이때의 상황을 김구는
『백범일지』에 그대로 남겼다.

"무주 읍내에서 인삼을 재배하는 이시발李時發을 찾아가니
하룻밤을 묵게 하고는, 다음 날 편지 한 장을 주며 지례군知禮郡
천곡(川谷, 지금의 김천 부항면 월곡리)이란 동네에 있는 성태영을 찾아
가라 했다"라고 김천을 찾아가게 된 동기를 적었다. 이어 그는 성
태영과 함께한 날들을 돌아보며 "그와 함께 산에 올라 나물을 캐
고 물가에 가서 물고기를 구경하는 식으로 여유로이 생활하며,
고금의 역사를 토론하면서 한 달 여를 지냈다"라고 썼다.

그가 『백범일지』에 쓴 '물고기 구경하던 물가'에는 지금도
맑은 개울물이 흐른다. 개울 곁으로는 느티나무로 이루어진 마
을 숲이 삽상하다. 이 개울 곁 마을 숲을 사람들은 '백범김구선생
은거지'로 일컫는다. 개교 100년이 넘은 지례초등학교 부항분교
장 정문 앞의 개울을 따라 이어진 마을 숲이다. 크고 작은 느티나

제 24 장
나무 심기

무 10그루가 숲을 이뤘다. 나무들이 촘촘이 자리 잡고 있는 까닭에 가지를 옆으로 펼치기보다는 하늘로 높지거니 훌쩍 자라난 나무들이다. 작지만 풍요로운 이 숲에서 가장 큰 키로 자란 나무는 20미터 가까이 되어 보이고, 대개는 그보다 작다. 나이도 들쭉날쭉이다. 어림잡아 300년쯤 되어 보이는 나무가 가장 오래된 나무이고, 이려 보이는 나무는 100년 님짓 전에 심은 나무로 보인나. 한꺼번에 이룬 숲이라기보다는 긴 세월을 거치며 사람들이 한 그루씩 심고 키우며 이룬 소중한 마을 숲이다. 곁으로 흐르는 개울과 어우러진 풍경이 삽상하여 언제나 마을 사람들이 휴게 공간으로 편안히 찾아오는 숲이다. 숲 한쪽에는 큼지막하게 '백범김구 선생 은거비'를 세우고, 백범 선생과 성태영, 마을 숲과의 인연을 절절히 새겨두었다. 작은 마을 숲 이상의 의미를 가지는 귀한 숲이다. 이 마을에 고작 한 달을 머물렀지만, 역사에 남긴 새 이름을 얻게 된 것이 이 마을이었다는 걸 돌아보면, 의미 있는 자취, 기억의 숲이다.

성태영의 월곡리를 떠난 백범 김구는 중국으로 건너가 조국 광복 투쟁을 치열하게 펼쳤다. 그는 우리 스스로의 손으로 일본을 물리치고 조국의 주권을 회복하려 했지만, 일본은 세계대전의 흐름에 밀려 저절로 이 땅에서 물러갔다. 끝내 스스로 일본을 몰아내지 못했다는 아쉬움을 안고 김구는 조국에 돌아왔다. 무너앉은 조국의 일상을 되돌리기에는 할 일이 많았다. 그 많은 일의 실마리를 김구는 자신에게 의미가 있는 지역에서 대중 모임을 여는 데에서 시작했다. 첫 번째로 그가 찾은 곳은 수형 생활을 했던 인천 감옥이었고, 다음으로는 3년 동안 승려 생활을 하던 마곡사였다.

마곡사를 찾은 그는 조국의 완전한 광복을 염원하는 마음으로 나무를 심었다. 승려 생활을 하던 옛일을 '영원히 잊지 않겠다'는 마음과 함께 무궁화 한 그루와 향나무 한 그루를 절집 마당에 심었다고 『백범일지』에 기록했다. 그가 심은 무궁화는 지금 찾아볼 수 없지만, 그때 심은 향나무가 아직 마곡사 경내에 살아남았다. 나무나이라고 해봐야 80년밖에 안 되는 작은 나무이지만 마곡사와 이 민족 수난의 역사를 기억하는 큰 상징이다. 이른바 '백범 향나무'다. 우람한 크기로 자란 것은 아니지만, 절집 마당에 서 있기 때문에 누구나 한 번쯤은 그 나무 앞에서 걸음을 멈추게 된다.

나무높이는 불과 5미터 남짓밖에 안 되며, 가슴높이줄기둘레라 해봐야 1미터가 채 안 되는 작은 나무다. 작지만 한눈에도 이 나무가 이 절집 사람들에게 얼마나 귀하게 여겨지고 있는지를 충

제 24 장
나무 심기

분히 짐작할 수 있다. 무엇보다 이 작은 향나무 앞에 세워놓은 안내 표석이 우선 그런 생각을 하게 한다. 처음에 이 나무는 경내에 들어서기 위해 거쳐야 하는 극락교를 건너자마자 가장 먼저 눈에 띄는 자리에 있었다. 그러나 한때 나무의 생육 상태가 좋지 않아지자, 여러 조사 끝에 나무 곁으로 흐르는 개울에서 올라오는 습기가 나무에 좋지 않은 영향을 미친다는 판단을 했다. 더불어 그 자리는 사람의 통행이 잦은 곳이어서 나무의 생육에 좋을 게 없다는 판단도 덧붙여졌다. 결국 나무의 자리를 옮기기로 결정했다. 그래서 옮긴 자리는 예전에 김구가 승려 생활을 할 때 머무르던 요사채 앞이다. 나무의 위기를 피하기 위한 방책이었지만, 결과적으로는 오히려 잘됐다 싶다.

백범 향나무는 절집 사람들의 극진한 보살핌을 받아서인지, 혹은 끊임없이 이어지는 나그네들의 눈인사 탓인지, 아름다운 모양으로 자랐다. 생김새는 여느 절집의 500년 된 다른 향나무에 비해 결코 모자람이 없으리라 생각하게 되는 것은 나무에 담겨진 뜻을 먼저 생각한 탓일지 모른다. 이 정도의 기품을 갖춘 나무라면 굳이 오랜 세월을 살아온 나무가 아니라 해도 지나는 사람들의 눈길을 받을 만하다는 생각이다.

기록으로 남은 건 아니지만, 김구 선생과 같은 뜻으로 심은 나무가 한 그루 더 있다. 바로 충남 당진에 있는 **당진 필경사 심훈 향나무**다. 이 향나무는 김구의 향나무보다 조금 먼저 심은 나무다. 일제 침략의 무리가 이 땅에서 활개를 치던 때에 그들의 탄압에 못 이겨 도시를 떠나 농촌 마을로 돌아간 작가 심훈(沈熏, 1901~1936)이 손수 심고 키운 나무다. 이 나무를 심은 기록이 따로 전하는 건 없는데, 필경사가 있는 당진 송악읍에서 살림을 이어가던 심훈의 친척 되는 분이 이 나무를 심훈 선생이 직접 심었다고 전해주어 나무의 내력이 널리 알려지게 됐다.

불과 100년도 채 안 된 심훈의 향나무조차 문헌 기록으로 찾아볼 수 없는 상황인 걸 감안하면, 문헌으로 기록이 남은 나무 이야기는 더 찾아내기가 쉽지 않은 게 뻔한 노릇이다. 그렇다고 해서 나무와 관련한 자료가 아예 없는 건 아니다. 대개는 **당진 필경사 심훈 향나무**처럼 입에서 입으로 전하는 구전 자료들이다. 물론 구전 자료의 특성상 사실과 거리가 있는 경우가 없는 건 아니다. 하지만 과학적으로 증명하기 어려운 구전 자료라 하더라도 그 이야기 안에는 우리네 살림살이와 관련한 비유와 상징이 들어 있다는 점에서는 신화 혹은 전설, 설화와 맥락을 같이한다.

그래서 먼저 살펴볼 수 있는 나무 이야기로 가장 현실적이지 않은 '삽목挿木 설화'가 있다. 말 그대로 누군가가 짚고 다니던 지팡이를 꽂아둔 걸 오래 잘 보살피니 큰 나무로 자랐다는 믿기 어려운 이야기들이 그것이다. 삽목 설화는 무엇보다 오래 기억하고자 하는 조상을 나무와 동일시하려는 사람들의 생각에서 비롯된 '나무 숭배'의 한 양상이다. 이는 앞의 제12장에서 간단히 언급했다. 여기에서는 그 구체적인 사정을 더 자세히 짚어본다.

삽목 설화를 가진 나무는 헤아릴 수 없이 많다. 특히 500년 이상 된 나무들에 얽힌 설화의 상당 부분은 삽목 설화라 해도 지나치지 않을 정도다. 삽목 설화에 등장하는 지팡이는 대개 당시 가장 존경받는 위대한 인물이 쓰던 지팡이다. 특히 우리의 정신문화를 이끌었던 옛 선비들은 자신과 나무의 생명을 일치시키는 경우가 많았다. 중요한 일이 있을 때마다 나무를 심은 건 물론이고, 길라잡이를 헤온 지팡이를 의미 있는 장소에 꽂았고 그 후예들이 잘 보살펴 끝내 큰 나무로 자라나게 했다는 이야기들에서 그 사례를 살펴볼 수 있다.

대표적인 몇 그루의 나무를 살펴보자. 먼저 **합천 해인사 학사대 전나무**와 **하동 범왕리 푸조나무**로 자라난 지팡이다. 이 두 그루의 나무는 모두 신라의 대학자 고운孤雲 최치원(崔致遠, 857~?)의 지팡이다. 통일신라시대 말기인 857년(헌안왕 1년)에 태어난 최치원은 어린 시절부터 당나라에서 갖가지 벼슬을 두루 거치며, 명문장가로 이름을 떨친 신라의 대학자다. 당나라 생활을 접고 고국으로 돌아온 885년에 최치원은 스물여덟 살의 청춘이었다. 인생 전체를 통틀어 가장 의욕적이랄 수 있는 나이다. 신라 헌강왕 때였다. 의욕은 충만했다. 그러나 귀국하여 한 해도 채 지나지 않은 이듬해 여름에 헌강왕이 죽자, 최치원과 의견이 달랐던 헌강왕의 반대 세력들은 최치원을 지방 외직으로 내몰았다. 의욕이 충만했던 최치원은 뜻을 이루지 못한 채 결국 쫓겨나는 신세가 되고 말았다. 그리고 얼마 뒤, 신라는 내란 상태에 빠져들었다. 국가의 창고가 텅 빌 정도로 재정은 궁핍에 이르렀고, 농민은 사방에서 봉기했다. 혼란은 걷잡을 수 없었다. 지방 외직을 전전했지만, 세상을 바로잡겠다는 개혁에 대한 생각을 그는 그대로 접어 들일 수 없었다. 최치원은 구체적인 개혁안을 담은 **시무책 10여 조**를 진성여왕에게 올렸다. 최치원의 성의를 진성여왕은 받아들이려 했지만 골품제도의 그늘에 안주하던 성골과 진골 출신의 귀족들은 육두품의 최치원을 받아들이지 않았다. 최치원이 이즈음 현실 정치와 세상사에 염증을 느끼고 은둔을 결심한 건 당연한 순서이지 싶다. 당대 최고의 문장가이자, 유교·불교·도교를 통합한 새로운 사상을 펼칠 풍운아 최치원이 마흔을 넘긴 때였다. 경남 가야산으로 들어간 건 그래서였다. 그 뒤 그의 행적은 별다른 기록이 남지 않아 정확히 알 수 없다. 천하를 방랑하다가 객사했다고도 하고, 하늘로 올라가 신선이 됐다고도 하는 이야기만 떠돌 뿐이다.

사람은 그렇게 자취를 남기지 않고 사라졌지만, 그가 은둔 생활 중에 손수 심었다고 알려진 나무는 1,000년이 넘는 세월을 지나오고도 살아남았다. 2012년에 천연기념물로 지정한 **합천 해인사 학사대 전나무**가 그가 꽂아둔 지팡이가 자라난 나무 가운데

제 24 장
나무 심기

한 그루다. 안타까운 건, 이 특별한 전나무가 2019년에 우리나라 남부 지역을 습격한 태풍 '링링'의 피해로 쓰러지고 말았다는 사실이다. 나무는 회생 불가능한 상태였고, 어쩌는 수 없이 천연기념물에서 해제됐다. 태풍 피해에 쓰러진 **합천 해인사 학사대 전나무**가 태풍에 의해 쓰러진 사정은 이 큰 나무의 생태적 특징과 함께 나무의 '생로병사'를 살펴볼 제26장에서 더 알아보기로 한다.

최치원이 심었다는 또 하나의 나무가 있다. 속세를 떠나 해인사에 은거했지만, 그렇다고 세상 소식으로부터 귀를 막을 수는 없었다. 결국 최치원은 칩거했던 해인사조차도 떠나 더 이상 사람을 만날 수 없는 지리산 깊은 곳으로 들어가기로 했다. 해인사를 떠난 그는 하동 쌍계사 곁을 흐르는 화개천을 따라 걸었다. 한참을 걷다가 개울가의 커다란 너럭바위에 이르러 잠시 다리쉼을 하면서 그쯤에서 계곡 사이로 내다보이는 지리산 천왕봉을 향해 깊이 들기로 작정했다. 그러고는 속세의 더러운 이야기들로 더러워진 귀를 씻었다. 귀를 씻어 낸 뒤 그는 해인사에서부터 짚고 온 지팡이를 개울가에 꽂았다. 그를 따르던 시종들을 이 자리에서 물리칠 생각으로 그는 "이 지팡이가 나무로 살아 자라나면 나도 어디엔가 살아 있을 것이고, 나무가 죽으면 나도 죽은 것으로 알라"라는 이야기를 남기고 홀연히 숲속으로 사라졌다.

쌍계사의 유명한 벚꽃길을 지나면 칠불사七佛寺와 대성골 쪽으로 가는 갈래길이 나온다. 이 개울가 삼거리가 바로 최치원이 세속과 마지막 이별례를 치른 곳이다. 그가 귀를 씻었다는 너럭바위를 뒤에 남은 사람들은 '귀를 씻은 바위'라는 뜻에서 세이암洗耳岩이라고 불렀고, 사람들은 그가 꽂은 마지막 지팡이를 바

라보며 그의 안부를 확인하며 지냈다. 얼마 뒤, 최치원의 지팡이에서는 초록의 싹이 돋아났다. 그로부터 1,000년에 걸쳐 지팡이나무는 잘 자라서, 나라 안에서 손꼽을 만큼 크고 아름다운 푸조나무가 됐다. 최치원이 귀를 씻은 세이암에서 개울 건너편으로 100미터 쯤 떨어진 곳에 서 있는 **하동 범왕리 푸조나무**가 그 나무다. 경상남도 기념물로 지정한 이 푸조나무의 중심 줄기는 튼실하게 버티고 있지만, 세월의 풍진을 이겨내지 못하고 여러 개의 굵은 줄기가 부러져 나갔다. 그러나 나무높이 25미터, 가슴높이줄기둘레 6.25미터나 되는 크기의 **하동 범왕리 푸조나무**는 여전히 늠름한 생김새를 갖췄으며 싱그러운 푸른 잎을 무성하게 돋워 낼 만큼 건강하다. 전체적으로 수려한 생김새를 갖췄는데, 특히 나무높이에 있어서만큼은 우리나라의 모든 푸조나무 가운데 으뜸이다.

합천 해인사 학사대 전나무와 마찬가지로 **하동 범왕리 푸조나**

제 24 장
나무 심기

무도 최치원의 지팡이에서 싹이 터 자랐다는 이야기를 품고 있으니, 두 나무 모두 1,000년을 넘긴 나무여야 한다. 그러나 두 나무 모두 아무리 높게 봐야 400년 이상 된 나무로 보기 어렵다. 지팡이가 자라났다는 전설을 곧이곧대로 믿기 어려운 것처럼 전설 속의 나이 역시 그대로 받아들이기는 어렵다는 이야기다. 세상의 모든 전설은 합리적 근거를 바탕으로 하지 않는다. 은유일 뿐이다. 사람들은 나무의 용맹한 자람을 보며 선조의 위대함을 떠올렸고, 그의 위대한 가르침을 오래 기억하기 위해 나무에 기대어 은유를 만들어 낸 것으로 보는 게 온당하다.

스님들의 지팡이가 자라난 나무

신라 때에 활동했던 고승 의상(義湘, 625~702)대사와 원효(元曉, 617~686)대사의 지팡이도 오래도록 사람들의 기억에 남는 큰 나무로 자라난 것이 적지 않다. 우선 의상대사의 경우, '선비화禪扉花'라는 특별한 별명으로 불리는 **영주 부석사 골담초**를 비롯해 **양평 용문사 은행나무, 영천 운부암 느티나무**가 있으며, 원효대사의 경우, **예산 둔리 느티나무군**과 **청도 적천사 은행나무**가 있다. 물론 비교적 덜 알려진 나무까지 포함하면 이보다 훨씬 많을 것이다. 이 가운데 삽목 설화를 품고 지금까지 우리 곁에 살아 있는 아름다운 큰 나무부터 짚어본다.

보조(普照, 1158~1210)국사 지눌知訥이 그의 제자인 담당(湛堂, 생몰년 미상)국사와 함께 꽂아둔 지팡이가 자랐다는 설화를 품고 서

274　삽목 설화를 품은 나무를 남긴 고승들.
왼쪽부터 **자장율사, 원효대사, 의상대사, 보조국사.**

있는 **순천 송광사 천자암 쌍향수(곱향나무)**와 **순천 송광사 고향수**가 그 나무들이다. 800년쯤 전, 지눌은 나라 안의 명승을 찾아다니다가 순천 조계산에 이르렀다. 지눌은 나무로 정성껏 솔개를 만든 뒤, 공손히 하늘에 경배하고 하늘로 날렸다. 불교의 참 정신을 바로 세울 수 있는 좋은 터를 점지해 달라는 간절한 기도의 힘으로 생명을 얻어 날아간 나무 솔개는 하늘을 날더니, 지금의 송광사 국사전 뒷등에 내려앉았다. 지눌은 나무 솔개가 내려앉은 자리를 터 삼아 이 나라 불교를 부흥시킬 채비를 갖추었다. 송광사가 이 나라 삼보三寶사찰의 하나로 발돋움하게 된 시작이었다.

이 터에 자리 잡은 지눌은 자신과 송광사의 영원불멸을 기원하는 뜻에서 자신의 지팡이를 절집 입구에 꽂았다. 이 자리에 '정혜결사定慧結社'를 세우기로 작정한 지눌이 송광사의 영원불멸을 기원하는 뜻을 가리키는 표징으로 남긴 지팡이다. 일주문을 들어서면서 가장 먼저 눈에 띄는 고향수枯香樹가 바로 그 나무다. '말라 죽은 향나무'라는 뜻에서 붙인 이름이다. 10미터쯤 되는 높이

제 24 장
나무 심기

의 이 나무는 안타깝게도 이미 오래전에 생명 활동을 중단한 고사목이다. 가느다란 줄기가 마치 꼬장꼬장한 노스님의 주장자처럼 곧게 뻗어 올라간 생김새로만 남았다. 스님의 발이 되었다가 다시 스님에 의해 생명을 되찾은 나무는 스님이 떠난 뒤에도 오랫동안 남아서 큰스님의 상징이 됐다. 지금까지 송광사를 찾는 불자佛子들을 비롯한 모든 나그네들에게도 고향수는 신비의 대상이다. 말라 죽은 까닭에 살아 있을 때의 화려한 모습은 느낄 수 없지만, 앙상하게 하나의 줄기로 남은 모습이 오히려 그가 살아온 세월의 모진 풍상을 가늠하게 한다. 고향수가 생명을 유지했던 세월은 그리 길지 않았던 듯하다. 지금 확인할 수 있는 줄기의 굵기로 보아 그렇다. 줄기둘레라 해봐야 50센티미터밖에 안 되는 갸날픈 상태인데, 높이는 몸피에 비해 큰 편이다. 대략 10미터쯤 높이로 솟아 있는 고향수는 그래서 더 애처로이 보일 만큼 간당간당하다. 가느다란 줄기는 마치 큰스님의 기개를 닮아 곧게 뻗

어 올랐고, 그의 걸음걸이를 지켜준 주장자처럼 단단하게 살아남았다. 유서 깊은 나무이니만큼, 송광사 스님들은 고향수 주변에 돌담을 쌓고 정성껏 보호하지만, 워낙 규모도 작고, 나뭇가지도 없이 삐죽이 솟은 고향수는 눈여겨보지 않으면 그냥 스쳐 지나기 쉽다.

보조국사 지눌의 자취를 더 찾아볼 수 있는 곳으로 송광사의 산내암자 천자암이 있다. 지눌은 이 작은 암자에도 불교의 개혁 정신을 오래도록 남기기 위해 나무를 심었다. 천자암의 나무 역시 지금의 큰 나무로 자라기 전에는 그의 걸음걸이를 도와주었던 지팡이였다. 천연기념물인 **순천 송광사 천자암 쌍향수(곱향나무)**다. 천연기념물 명칭의 뒤에는 괄호 안에 이 나무의 종류가 '곱향나무'임을 표시했다. 곱향나무 *Juniperus communis* L. var. *saxatilis* Pall.가 흔치 않은 나무여서다. 향나무 종류의 하나이지만 그리 익숙하지 않은 곱향나무는 측백나무과에 속하는 나무로, 북한의 백두산 부근 지역에서 자생하는 나무다. 우리나라 외에는 시베리아 지역이라든가, 사할린섬 등 추운 지방에서도 자란다. 북한의 함경북도 명천군 사리沙里에는 이 곱향나무가 군락을 이뤄 자라는 지역이 있고, 북한에서는 이 지역을 천연기념물로 지정해 보호한다고 알려졌다. 곱향나무는 잎의 길이가 향나무에 비해 짧은 특징을 가졌지만 그 밖에는 향나무와 별다른 차이가 없다. 사실 비전문가의 눈으로 곱향나무와 향나무를 구별하는 건 거의 불가능하다. 남한 지역에서 발견할 수 있는 곱향나무는 천연기념물인 **순천 송광사 천자암 쌍향수(곱향나무)**가 유일하다.

쌍향수라는 이름은 두 그루가 바로 곁에 붙어서 자라기 때문에 붙었다. 여기에는 스승과 제자의 극진한 예를 바탕으로 한 이야기가 전한다. 지눌과 함께 나무에 생명을 불어 넣은 또 하나의 스님은 천자암을 처음 지은 것으로 알려진 담당국사다. 담당국사가 지눌의 제자가 된 것은 지눌이 금나라로 불가의 가르침을 배우러 떠났던 때의 일이다. 그때 금나라 왕비가 원인 모를 병을 앓고 있었다. 금나라의 임금이었던 상종章宗은 법력이 높은 것으로 알려진 지눌에게 기도를 청했고, 지눌은 성의를 다해 기도를 올렸다. 얼마 뒤 왕비의 병이 씻은 듯 나았다. 그러자 지눌의 법력에 감동한 장종은 자신의 아들을 지눌에게 맡기기로 했다. 그로 인해 지눌의 제자가 된 금나라의 태자는 지눌의 귀국길을 따라 고려 땅에 들어왔다. 그가 바로 나중에 이 땅에서 국사에까지 오른 담당국사다. 두 스님은 수행처를 찾아다니다가 전남 순천의 조계산 자락에 이르렀다. 두 사람은 이곳에 지금의 천자암을 세우고, 그동안 자신들이 짚고 다니던 지팡이를 법당 앞에 나란히 꽂았

다. 그 지팡이가 뿌리를 내리고 800년의 세월을 거치며 지금까지
큰 나무로 살아남았다.

  역사적 사실로 확인하기는 어렵지만 전설로 뚜렷한 자취를
담고 서 있는 곱향나무 쌍향수가 있는 천자암은 송광사에 딸린
암자로, 송광사에서 멀리 떨어져 있다. 천자암은 송광사 뒤쪽 숲
의 굴목재를 넘어서 이를 수도 있고, 도로를 통해서라면 남쪽으
로 8킬로미터쯤 가서 다시 산으로 올라야 닿을 수 있다. 담당을
비롯한 여러 국사의 흔적을 간직한 유서 깊은 암자다. 비교적 외
따로 떨어진 까닭에 사람의 방문도 많지 않고, 법당 건물도 화려
하지 않지만 이 모든 풍경을 압도하는 게 바로 이 곱향나무 한 쌍
이다. 한 쌍의 나무는 1미터도 채 안 되는 거리를 두고 바짝 붙어
있는데, 두 나무 가운데 조금 작아 보이는 한 그루의 나무가 다른
나무를 향해 공손히 절을 올리듯 살짝 굽었다. 마치 큰스님에게
절을 올리는 사제지간처럼 예를 갖춘 모습이어서 전해오는 전설
이 그럴듯하게 여겨지기도 한다. 나무높이는 12.5미터, 가슴높이
줄기둘레는 북쪽의 나무가 3.98미터, 남쪽의 나무는 3.24미터 규
모다. 전체적으로 풍요롭고 아름다운 나무인데, 특히 엿가락을 비
꼬듯, 혹은 한 쌍의 용이 승천하기 위해 또아리를 틀고 있는 듯
한 줄기 껍질의 모습은 볼수록 신비롭다. 한때는 이 신비로운 줄
기에 손을 대고 흔들면 극락세계에 든다는 전설이 전해지기도 했
지만 사람들의 손길이 지나치게 잦아지자, 이제는 사람들의 손이
닿지 않도록 울타리로 막아서 보호한다.

제 24 장
나무 심기

스님들의 지팡이는 또 있다. 자장(慈藏, 590~658)율사의 지팡이다. 황룡사 9층탑을 세우고 주지로 주석했던 자장율사가 그 스님이다. 신라의 귀족인 진골 출신이지만, 어릴 때 부모를 여읜 그는 세속의 인연을 떨치고 깊은 산에 들어 불가의 뜻을 따라 승려로 살았다. 당나라로 유학을 떠난 건 불혹의 나이를 넘긴 636년이었다. 7년 유학 생활을 마치고 643년에 귀국한 그는 경남 양산의 영취산 통도사通度寺를 시작으로 곳곳에 여러 절집을 지었다. 특히 부처의 사리를 담은 사리탑을 세우는 대신 법당 안에 부처의 상을 놓지 않는 적멸보궁을 지은 것으로 유명하다. 그가 지은 적멸보궁 가운데 하나가 강원도 정선의 태백산 정암사다.

자장은 태백산에 들어서 문수보살을 기다리며 절집과 탑을 지었다. 그러나 탑을 조금 세우면 곧바로 무너지기를 되풀이하여 잠시 공사를 멈추고 기도에 열중했다. 그러던 어느 날 갑자기 땅 위로 칡 세 줄기가 뻗어 나오더니 한곳에 멈추었다. 자장은 갑작스레 나타난 칡을 신비롭게 여기고, 그 자리에 탑을 세웠다. 이어 칡이 점지한 절집 터라 해서, 칡 갈葛자와 올 래來자를 써서 '갈래사葛來寺'라고 했다. 지금의 정암사가 처음 터 잡던 때의 이야기다.

자장은 손수 지은 정암사에서 공손히 기도를 올리며 문수보살을 기다렸다. 그러던 어느 날 남루한 가사를 걸친 한 노인이 죽은 개를 삼태기에 싸 들고 와 "자장을 보러 왔다"라고 했다. 누추한 행색의 노인을 자장의 시종은 내쫓으려 했다. 하지만 노인은 "자장을 만나야 떠나겠다"라고 우겨댔다. 시종이 자장에게 노인의 갑작스러운 출현을 알렸지만, 자장 역시 문틈으로 비치는 노인을 대수로이 여기지 않고 쫓아버리라고 했다. 문전박대당한 노인은 "행색만 보고 사람을 업수이 여기는 교만한 자가 어찌 나를 알아 볼 수 있겠는가"라고 한탄하면서 들고 있던 삼태기를 뒤집었다. 그 순간 삼태기 속의 죽은 개가 날개 달린 푸른 사자로 변했고, 노인은 푸른 사자를 타고 하늘로 올라갔다. 노인은 자장이 그토록 기다리던 문수보살이었다. 뒤늦은 후회감에 쌓인 자장은 뒤를 따르려 했지만, 문수보살은 이미 가뭇없이 사라졌다. 문수보살을 알아보지 못한 스스로를 나무라던 자장은 문수보살을 찾아 먼길을 떠나기로 했다. 언젠가는 돌아오겠다는 생각에 자장은 육신을 남겨두고 길 위에 올랐다. 스님은 '육신을 잘 보관해 두면 다시 돌아오겠노라'는 말을 남겼다. 곧바로 절집을 지키던 사람들은 스님의 육신을 절 근처의 동굴에 잘 모셨다. 스님의 육신은 그러나 얼마 뒤 굴 안에 불이 나면서 재가 되어 사라졌다.

육신은 사라졌지만 자장이 남긴 것이 하나 더 있다. 절집 터를 찾아 전국을 떠돌던 때에 짚고 다니던 지팡이다. 육신의 흔적을 찾을 수 없게 된 자장이 남긴 자취는 나무 한 그루밖에 없다. 자장의 신표로 남은 주장자는 생명을 얻어 뿌리를 내리고 잎사귀를 피워 올려 한 그루의 듬직한 주목*Taxus cuspidata* Siebold & Zucc. 으로 자랐다.

전설대로라면 나무나이는 1,300년을 넘는다. 조선 고종 때 정선군수를 지낸 오횡묵(吳宖黙, 1834~?)도 군정郡政을 기록한 일기 『정선총쇄록旌善叢鎖錄』에 이 나무를 기록해 두었다. 1887년 일기에서 오횡묵은 이미 죽었지만 장한 기세를 잃지 않고 꼿꼿이 오

제 24 장
나무 심기

917

랜 세월을 버티고 서 있는 이 나무를 자장율사의 지팡이라고 한
뒤, "자장법사가 재생한다면 반드시 다시 살아나 잎이 피고 무
성할" 것이라고 했다. 140년쯤 전에 이미 나무는 죽었다고 분명
히 기록돼 있다. 그러나 지금 정암사 적멸보궁 앞에 서 있는 주목
은 싱그러운 푸른 잎을 무성하게 돋웠다. 기록과 다른 현재의 모
습을 이해하기 어렵다. 거기에는 이 지팡이 나무의 특별함이 있
다. 나무높이가 4미터쯤 되는 **정선 정암사 주목**은 그냥 오래된 나
무라고 생각하고 지나치기 쉽지만, 꼼꼼히 톺아보면 참 재미있는
나무다. 자세히 관찰하지 않으면 곁을 지나면서도 나무의 비밀을
눈치채지 못한다.

비밀은 **정선 정암사 주목**이 한 그루가 아니라는 사실에 실마
리가 있다. 두 그루가 마치 한 그루처럼 자란 것이다. 두 그루 중
한 그루는 오횡묵의 기록에 나오듯 이미 오래전에 죽은 나무다.
줄기 껍질을 봐도 그렇고, 나무의 전체 모습 가운데 맨 윗부분을
봐도 죽은 나무라는 사실을 금세 알 수 있다. 주목의 가장 큰 특
징인 줄기의 붉은빛은 전혀 느껴지지 않는다. 줄기에는 검은빛이
돌고, 꼭대기 부분은 허옇게 말라 죽은 걸 볼 수 있다. 심지어 줄
기 껍질 곳곳에 이끼가 무성히 퍼져서 죽은 나무줄기라는 걸 선
명하게 보여준다. 게다가 나무줄기의 상당 부분은 땅바닥에서 들
려 있기까지 하고 줄기 껍질 안쪽이 휑하니 비어 있는 것처럼 보
이기도 한다. 하지만 나무의 중간 부분에서 활기차게 뻗어 나온
가지는 싱싱하게 살아 있다. 의심의 여지가 없이 살아 있는 나
무다.

죽은 나무와 살아 있는 나무가 하나로 붙어 있는 기묘한 상

277　정선 정암사 주목.

태다. 원래 이 자리에서 자라던 주목, 그러니까 1,300년 전에 자장율사가 꽂아둔 지팡이가 자란 나무는 이미 오래전에 죽은 게 맞다. 나무가 죽으면 대개의 경우, 줄기 안쪽인 심재心材부터 썩게 마련이다. 뿌리에서 이파리까지 물을 끌어 올리는 수관은 줄기의 겉 부분, 즉 변재邊材에 있기 때문에 생명을 유지하는 부분은 바깥쪽이다. 오래된 나무들이 속이 썩어 텅 비어 있는 상태에서도 싱싱하게 잘 살아 있는 경우가 그런 걸 보여주는 예다.

　자장율사가 절을 짓고, 꽂아둔 지팡이 나무는 처음에 잘 자랐을 것이다. 게다가 큰스님이 기념으로 꽂아둔 지팡이라는 걸 아는 절집 사람들이 이 나무를 소홀히 대하지 않았을 게 분명하다. 그러나 오랜 세월을 사는 동안 나무도 어쩔 수 없이 생로병사의 굴레를 피하지 못하고 죽음을 맞이했다. 하지만 생명을 다했다고 해서, 절집 사람들이 이 나무를 베어 내거나 캐내지는 않았을 것이다. 더구나 스님의 육신이 불에 타 사라진 아쉬움을 그나마 지팡이로 달랠 수 있었던 터에 나무가 죽었다고 해서 그냥 없

제 24 장
나무 심기

앨 수는 없었을 것이다. 그렇게 세월 흐르면서 나무는 차츰 심재가 썩어들어 안쪽은 텅 비었고, 변재만 남아서 형체를 유지하게 됐다. 세월이 더 지나면 변재도 썩어 없어진다. 그러나 목재가 질긴 주목은 금세 썩지 않는다. 껍데기만으로 형체를 유지하고 있던 어느 날, 놀랍게도 껍데기의 구멍 난 부분을 비집고 나무 안쪽에서 나뭇가지 하나가 뻗어 나왔다. 신기하고 놀라운 일이었다. 따지고 보면 그게 그리 불가능한 일만은 아니다. 그 나무에 매달려 있던 씨앗이 안쪽에 떨어졌다가 세월을 거치면서, 서서히 싹을 틔우고 뿌리를 내리는 건 있을 수 있는 일이다. 이 나무를 바라보며 옛 스님을 기리던 사람들도 모르는 사이에, 나무 안쪽의 깊은 어둠 속에서 씨앗 하나가 도담도담 싹을 틔우고 자라나 '나 여기 살아 있다'고 외치듯 가지 하나를 뻗어 낸 것이다. 살아 있는 한 그루의 주목으로 여길 만큼 쭉 뻗은 가지와 싱그러운 이파리는 그러니까, 옛 자장율사의 지팡이 나무가 아니라 나무 안쪽에서 생명의 끈을 이어간 새 주목이다. 다시 말하자면 죽은 주목의 자손일 수 있다는 이야기다.

안쪽에서 새로 자라난 주목의 모습은 보면 볼수록 재미있다. 나무는 변재에 뚫어진 구멍이나 갈라진 틈 사이로 새 가지를 뻗어 냈다. 빈틈이 없을 정도다. 아예 죽은 나무의 빈자리를 모두 메울 기세다. 모든 나무가 그렇듯이 어둠 속에서 어렵사리 싹 틔운 어린 나무는 빛을 찾아 자랐다. 과학적으로 풀어도 충분히 설명이 가능한 이야기이지만, 그 어린 생명의 안간힘이 기특하고 신기할 뿐이다. 얼핏 보아서는 나무 안에 또 한 그루의 새 나무가 자랐다는 걸 눈치챌 수 없을 만큼 삶과 죽음이 이뤄낸 조화는 완벽하다. 나무 앞에서 껍데기만 남기고 이승을 떠났다가 좋은 시절을 찾아 생명의 숨결을 불어 넣은 자장을 떠올리는 건 지당한 일이다. 천년의 삶을 과학으로 해석하는 게 어디까지 가능할까 생각하게 하는 신비로운 자태의 나무다.

절집 사람들은 이 나무의 생환을 놓고, 자장스님의 부활을 상징하는 현상이라고 이야기하기를 서슴지 않는다. 생김새를 보아 그럴 법도 하다. 여전히 신성하게 여기는 탓이어서인지, 나무 주변에는 절집 불자들이 오가며, 작은 불상을 올려놓기도 했고, 작은 돌무지탑을 쌓기도 했다. 오가는 사람들이 나무를 보고 두 손을 합장하고 나무 앞에서 기도를 올리는 모습도 흔히 보게 된다. 자신을 온전히 버리기 위해 육신을 내려놓고 이승을 떠난다고 했던 자장율사의 뜻을 따라 그의 지팡이 나무는 자신의 몸 전체를 덜어 내고 그 안에 새 생명을 키웠다. 곱게 늙은 절, 정암사 뜰을 지키고 서 있는 한 그루의 나무에서 배우는 아상소멸我相消滅의 수행이다.

흥미롭기도 하고, 신비롭기도 하며, 귀하기도 한 나무이지만, 이 나무도 세월을 거역할 수는 없다. 오래도록 옛 나무의 텅 빈 줄기 안쪽에서 자란 모습이 그대로 유지되기를 바랄 수는 없다. 아쉬운 건, 안쪽의 어린 주목이 점점 커지면서 껍질만 남았던 자장율사의 지팡이는 차츰 그 흔적이 사라지고 있는 상황이다. 세월이 조금만 더 흘러도 자장율사의 지팡이는 모두 사라지고 그의 품 안에서 자라난 새 주목만 남을 것이다.

제 24 장
나무 심기

천하를 호령한 옛 장수의 기백이 담긴 지팡이

스님들의 지팡이 나무 외에 삽목 설화를 가진 나무로 **서울 신림동 굴참나무**를 빼놓을 수 없다. 이 나무는 바로 고려의 명장 강감찬(姜邯贊, 948~1031) 장군의 지팡이가 자란 것이라는 설화를 품고 있다. 원래 난초가 무성한 골짜기여서 '난곡蘭谷'이라고 불리던 서울 관악구 신림동의 아파트 단지 안에 서 있는 큰 나무다. 난곡은 얼마 전까지만 해도 서울에서 가장 힘겹게 살아가는 사람들이 살던 고난의 골짜기였다. 몇 년에 걸친 재개발이 시행되면서 지금은 고단했던 옛 사람살이의 흔적을 전혀 찾아볼 수 없는 신시가지로 상전벽해를 이룬 곳이다. 난곡은 강감찬 장군이 태어나 자라고 천하를 호령하던 곳인데, 장군이 지금의 신림동을 지나다 물을 한 잔 얻어 마시면서 짚고 있던 지팡이를 땅에 꽂았다. 바로 그 지팡이가 큰 나무로 자라났다. 강감찬 장군이 살았던 시대를 생각하면, 이 나무의 나무나이는 1,000년쯤 된 것으로 봐야 한다.

'강감찬 나무'로도 불리는 **서울 신림동 굴참나무**는 아파트 단지 앞마당의 움푹 들어간 곳에서 자라고 있는데, 첫눈에 걱정부터 일어난다. 햇빛이 잘 들고, 맑은 공기를 쐴 수 있는 생육 환경은 나무가 아름다운 모습으로 잘 자라기 위해서 가장 필요한 조건이다. 강감찬 나무가 자라고 있는 환경은 햇빛과 공기 두 가지 조건 모두 최악에 속한다. 고층 아파트에 가리워 햇빛도 제대로 받기 어려운 건 물론이고 나무에게 배려한 좁디좁은 공간은 빽빽하다. 더구나 나무 곁은 넘치듯 늘어나는 자동차 주차 공간으로 활용하는 상황이어서, 나무는 어쩔 수 없이 햇빛도 잃고, 맑은 공

기 대신 자동차 매연을 빨아들이며 고단한 삶을 살아야 한다. 어쩌면 땅값이 하늘 모르고 치솟기만 하는 서울 도심에서 서 있을 자리를 보존하고 있는 것만으로 고마워해야 하는 건지 모르겠다.

서울 신림동 굴참나무는 나무높이가 17미터, 가슴높이줄기둘레가 2.5미터인 큰 나무로 전형적인 굴참나무의 생김새를 가졌다. 굵은 가지 하나가 뻗어 나간 지점이 지금은 땅에서 1미터쯤 위에 있는 부분으로 보이지만 주변에 흙을 쌓아 지금처럼 낮아진 것이다. 나무 주변에 뿌려놓은 자갈돌들 깊이 감춰진 뿌리의 숨 쉬기는 아무래도 힘에 부쳐 보인다. 위로 오르면서 다시 가지가 여럿으로 나누어져 동서로 20미터, 남북으로 8.4미터까지 펼쳐졌는데, 흙을 너무 높이 쌓은 것인지, 나무가 웃자란 것인지, 현재의 생김새는 불안정하다. 몸뚱이는 작은데, 머리만 엄청 큰 불균형한 형상이다. 어쩌면 살아 있다는 것만으로 만족해야 하는지 모르겠다.

사실 삽목 설화는 과학적으로 증명하기 어려운, 그저 설화일

제 24 장
나무 심기

뿐이다. 앞에서 이야기한 대로, 당대 사람들이 존경하던 위대한 인물의 자취를 나무를 통해 기억하기 위해 사람들이 지어낸 이야기로 보아야 한다. 그런 나무들은 여기에 이야기하지 않은 것도 많다. 이를테면 **부여 가림성 느티나무**는 고려 초기의 명장 유금필(庾黔弼, ?~941) 장군의 지팡이가 자라났다는 나무이고, **논산 개척리 은행나무**[23]는 담양전씨의 선조인 전우치(田禹治, 생몰년 미상)가 기묘사화의 피바람을 피해 남쪽으로 피신하던 중에 논산 성동면 개척리의 이 고갯미루를 넘으며 잠시 나리쉼을 하다가 전씨 가문의 번성을 위해 꽂아둔 지팡이라고 한다. 그러나 모두가 과학적으로 증거하기는 어려운 이야기들이다.

---

[23] 이 나무는 충청남도 기념물로 지정돼 있는데, 지정 명칭은 '성동 은행나무'다. 그러나 이 책에서는 전체적인 통일성을 갖추기 위해 '논산 개척리 은행나무'로 쓴다.

임금이 손수 골라 하사한 특별한 소나무

문헌 기록은 발견되지 않지만 입에서 입으로 전하는 이야기 가운데 신빙성이 높은 나무도 있다. 우선 마을 사람들이 '쌍군송雙君松'이라는 별명으로 부르는 **논산 갈산리 곰솔**'이다. 충남 논산시 광석면. 앞들에서는 쌀이 많이 나오고, 뒷산에서는 칡이 많이 자란다 해서, 갈미葛米 마을이라고 부르던 갈산葛山리. 한눈에도 풍요롭고 평화로운 이 마을에서 사람살이를 지켜주며 정확히 370년을 살아온 소나무(곰솔)다. 쌍군송이라는 이름의 **논산 갈산리 곰솔**은 나무나이를 정확하게 알 수 있는 나무다. 대개의 경우, 300년 넘게 산 나무의 나무나이는 정확히 측정하는 게 매우 어려운 일이다. 다른 생명체와 마찬가지로 나무도 낡은 세포 조직을 덜어 내고, 끊임없이 새로운 세포를 지어 낸다. 오래된 세포는 나무줄기 안쪽에서부터 썩어 없어지기 때문에 오래된 흔적은 찾을 수 없다. 나무나이를 정확히 알 수 있는 유일한 방법은 무엇보다 관련 기록이다. **논산 갈산리 곰솔**에는 이 마을 선비와 관련해 전해오는 확실한 이야기가 남아 있다. 정확히 370년, 틀려봐야 고작 10년 미만의 오차가 있을 뿐이다.

나무가 이곳에 처음 자리 잡은 건 1655년이다. 그즈음, 이 마을에는 권육(權育, 1587~1654)이라는 선비가 살았다. 병자호란 때 소현세자와 봉림대군을 호위하여 청나라에 따라 들어갔던 권육은 중국의 앞선 문물과 과학서를 접했고, 고국에 돌아와서는 이를 바탕으로 요긴한 생활품과 병기를 지어 냈다. 나중에 예조판서까지 지냈던 그가 67세에 세상을 떠나자, 청나라에서부터 고락의

세월을 함께하며 그를 진심으로 아꼈던 효종(孝宗, 1619~1659, 재위 1649~1659)은 손수 소나무 두 그루를 골라, 그의 묘 앞에 심도록 했다. 그게 1655년이었다.

마을 사람들은 임금이 내린 한 쌍의 소나무가 황송했고, 임금이 나무를 선물할 정도로 특별한 선비가 마을의 선조라는 게 자랑스러웠다. 사람들은 선조에 대한 자부심과 임금의 뜻을 오래도록 기리기 위해 나무에 임금 군君자를 내세워 '쌍군송'이라는 이름으로 불렀다. 그 소나무가 여태껏 푸르게 살아 있는 것이다. 처음에 튼실한 묘목을 심었으니, 당시에 대략 5년은 넘은 묘목으로 볼 수 있겠다. 나무나이를 370년쯤으로 추정하는 근거다.

쌍군송은 1982년에 충청남도에서 지방기념물로 지정한 두 그루의 곰솔Pinus thunbergii Parl.이다. 한 그루는 16미터의 나무높이에 3미터 가까이 되는 가슴높이줄기둘레를 가졌고, 자람이 조금 늦은 다른 한 그루는 12미터의 나무높이에 2미터 정도 굵기의 줄기로 자랐다. 같은 시기에 심은 나무이지만, 바람과 햇살을 따라 자람에는 차이가 생겼다. 마을 안쪽 동산에 10여 미터의 거리를 두고 서 있는 한 쌍의 곰솔은 마을의 살림살이를 보살피듯 허리를 마을 쪽으로 살짝 굽혔다. 살아온 연륜에 비해 규모가 큰 나무라 할 수는 없지만, 오랫동안 마을의 자존심으로 지켜온 만큼 큰 나무의 기품을 갖췄다. 크지 않아도 여느 큰 나무 못지않은 도도한 기품을 갖춘 쌍군송은 지난 370년 동안 그랬던 것처럼 여전히 마을의 자랑거리이자 자부심이다.

백성의 용맹함을 기리기 위해 현감이 심은 나무

용맹한 한 고을의 수장이 왜적의 침입으로부터 마을을 지켜낸 기념으로 심었다고 전하는 남녘 마을의 나무도 있다. **해남 성내리 수성송**이다. 우리나라 남쪽 땅끝에 자리한 해남의 군청 앞마당에서 자라고 있는 '수성송守城松'이라는 이름의 곰솔은 한 용맹하고 현명한 관리가 해남 군민들이 나라를 지키기 위해 애쓴 공로를 오래 기억하기 위해 심고 가꾼 나무다. 전라남도 기념물로 지정 보호돼 오다가 지난 2001년 9월에 천연기념물로 승격한 해남군의 상징인 나무다. 나무높이가 12미터, 가슴높이줄기둘레가 4.5미터의 크기이며, 굵은 외줄기가 곧게 쳐 오른 뒤, 여러 개의 가지로 나뉘어 넓게 펼쳐진 모습이 아름답다.

이 나무는 약 470년 전인 조선시대 명종 10년(1555)에 일어난 달량진 사변(을묘왜변)과 관련을 갖고 있다. 임진왜란이 일어나

281 해남 성내리 수성송.

기 37년 전에 일어난 이 사변은 일본 대마도 해적들이 60여 척의 배로 지금의 북평면 남창리인 달량진으로 쳐들어와 장흥, 강진, 영암 등, 해남성 주위에 이어지는 거의 모든 성을 약탈했던 변란을 일컫는다. 사변을 수습하기 위해서 조정에서 파견했던 병마절도사 원적(元績, ?~1555)과 장병들은 왜구의 공격을 이겨내지 못해 항복했다. 얼마 뒤, 노략질로 얻을 걸 챙긴 해적들이 스스로 돌아가며 사변은 마무리됐다. 남해안 일대가 대부분 왜구의 약탈에 시달리던 그때 해남성은 뛰어난 지략의 맹장猛將, 변협(邊協, 1528~1590) 현감이 이끌고 있었다.

본관이 원주原州인 변협은 20대 후반인 1548년에 무과에 급제, 선전관을 거쳐 해남 현감으로 부임했다. 해적의 침략이 벌어졌을 때 변협은 다른 지역과 달리 순탄하게 해적들을 물리쳤다. 해남 군민의 불굴의 용맹심을 동원해 해남성을 지키고 평화를 되찾은 뒤 변협은 수성守城의 공로가 인정돼 장흥부사로 승진해 떠나게 됐다. 그때 변협은 자신이 해남을 떠나더라도 군민이 한마음으로 해남성을 지켜낸 기상과 공은 오래도록 간직하자는 생각으로 당시 동헌 앞뜰에 곰솔 한 그루를 심었다. 나무에는 해남성을 지킨 모두의 공을 오래 기억하기 위해 '수성송'이라는 이름을 붙였다.

수성송을 해남성에 심고 장흥으로 떠난 그는 장흥에서도 선정을 베풀었고, 나중에 제주濟州목사를 지내기도 했다. 1565년에는 조정의 명에 따라 유배 중인 도대선사都大禪師 보우普雨(1515~1565)를 참형斬刑하는 작업을 완수하기도 했다. 여전히 왜구와의 대치가 심각했던 상황에서 그는 1587년(선조 20) 전라우방어사로서 녹도鹿島 가리포加里浦 등지에서 왜구를 성공적으로 쫓아냈으며, 마침내 공조판서 겸 도총관 포도대장에 이르렀다. 그가 죽은 지 2년 지나 임진왜란이 일어났는데, 선조는 변협과 같은 장군이 없음을 안타까워했다고 한다.

자신의 공을 내세우기보다 해남 지역 백성의 용맹한 기개를 오래 기억하게 하고, 앞으로도 평화를 유지하기 바라는 염원으로 한 선량한 정치가가 심은 나무, 바로 해남군청 앞의 **해남 성내리 수성송**이다.

기묘사화의 피바람을 피한 선비들의 상징

역시 마을 사람들의 입에서 전하는 이야기로 나무를 누가 언제 심었는지를 정확히 살펴볼 수 있는 나무가 있다. 전남 나주 송죽리 마을 안쪽의 작은 정자 '금사정錦社亭'을 운치있게 해 주는 오래된 동백나무가 그런 나무다. 이야기는 조선 중종中宗 (1488~1544, 재위 1506~1544) 때의 기묘사화로부터 시작된다. 이 나 무는 그때 벼슬을 빼앗기고, 조정에 몰아닥친 피바람을 피해 고 향인 나주 송죽리를 찾은 선비들이 심은 나무다. 당시 전남 나 주 지역으로 피신한 선비들 가운데에는 승지를 지낸 임붕(林鵬, 1486~1553), 직장 벼슬을 지낸 나일손(羅逸孫, 생몰년 미상), 생원 정문 손(鄭文孫, 1473~1554) 등 11명이 있었다. 당시의 개혁 정치를 이끌던 신진사림파의 대표 지도자로, 역적으로 체포된 정암靜庵 조광조趙 光祖(1482~1519)의 구명 상소까지 올렸지만 별무소용임을 알게 된 그들은 하릴없이 고향 나주 땅에 돌아왔다. 암담한 정치 현실에 좌절했지만, 아무리 돌아봐도 왕도 정치를 주창하던 자신들의 뜻 에서 틀린 건 찾을 수 없었다. 문제가 있다면 개혁 추진 과정의 급 격함 정도였다. 현실 정치에서 좌절한 그들은 난리통을 피해 고 향에 숨었다. 그러나 그들은 개혁의 이상을 포기할 수 없었다. 선 비들은 곧바로 '금강십일인계'를 조직하고, 짬짬이 세상 이치를 짚어보며 뜻을 이룰 훗날을 기약했다.

그로부터 10년쯤의 세월이 지나면서 금강십일인계의 선비 들은 미래에 대한 채비를 공고히 하기 위해 집회 장소로 이용할 정자 한 채를 지었다. '개혁 정치'의 이상을 포기할 수 없는 선비 들의 토론장으로 쓰자는 생각이었다. 정자는 금강결사의 뜻을 따 '금사정錦社亭'이라 이름 붙였다. 단출한 한 칸 방의 정자 앞에 그 들은 뜻을 모아 한 그루의 나무를 심기로 했다. 숙려 끝에 그들이 골라낸 나무는 동백나무였다. 선비들의 정자 가운데에 동백나무를 관상수로 심은 곳이 없는 건 아니지만, 그건 대개 화평한 세월에 자연의 아름다움을 완상하려는 의도에서 심은 게 대부분이다. 고담준론高談峻論을 나누던 선비들이 그들의 토론장인 정자 앞에 심은 나무로 동백나무는 어울리지 않는다. 잘 알려져 있듯이 선비의 상징으로 여겨온 '소나무'가 더 어울린다. 더구나 금강십일인계의 선비들은 통한의 세월을 보내는 사람들이었다. 그저 한겨울에도 동백나무에서 피어나는 붉은 꽃을 여유롭게 감상하려는 뜻에서 고른 것이라고 보기에 그들 앞에 놓인 세월은 그리 녹록지 않았으리라.

동백나무를 골라 심은 까닭을 기록으로 남기지 않았으니, 선비들의 깊은 속내까지 짚어보는 건 어렵지만 충분히 짐작은 가능하다. 개혁의 뜻을 잃고 낙향한 선비들은 동백나무의 처지가 당시 자신들이 처한 상황과 꼭 닮았다고 생각했을 것이다. 댕강댕강 모가지가 잘리듯 싱그러운 채로 떨어진 동백꽃을 보면서 자신들의 처참한 처지를 떠올린 것이다. 하지만 사철 푸르른 동백나무의 잎처럼 언제까지라도 뜻을 굽히지 말고 푸르게 살아남자는 다짐을 나무에 담았다고 짐작할 수 있다. '나무와 문화'를 이야기한 앞의 제23장에서는 우리나라 남부지방의 선비들은 소나무 못지않게 동백나무를 선비의 절개를 상징하는 나무로 여겼다는 이야기를 장유의 한시와 함께 소개했다. 또 금강십일인계의 선비들은 추울수록 더 아름다운 꽃을 피우는 동백나무의 생태에 대해서도 잘 알았다. 실제로 동백나무를 키우는 사람들은 입 모아 이야기한다. 겨울이 춥지 않으면 동백나무 꽃은 시원치 않다는 것이다. 그건 그냥 문학적인 수사가 아니라 식물학적으로도 분명

제 24 장
나무 심기

한 사실이다. 동백나무 꽃은 겨울에 피어나고, 꽃가루받이는 동백나무숲에 서식하는 텃새인 동박새가 담당한다. 그런데 날씨가 추워지면 동박새도 움츠러든다. 그런 상황에서도 꽃은 자신의 존재이유인 꽃가루받이를 이뤄야 한다. 어떻게든 동박새의 눈에 띄어야 한다. 날이 추워 동박새가 움츠러들수록 동백나무는 더 눈에 잘 띄는 꽃을 피워야 한다. 그 결과 동백나무는 추울수록 더 아름다운 꽃을 피우게 된다. 금사정의 선비들은 자신들에게 닥친 엄혹한 정치 현실을 겨울의 추위가 극심한 상태에 비유했고, 그렇게 추울수록 언젠가는 자신들의 뜻이 더 아름답게 피어날 것이라는 핏빛 기대를 한 그루의 동백나무에 담았던 것이다.

동백나무 푸른 잎과, 추울수록 더 새빨갛게 피어나는 동백꽃을 바라보며 앞날을 꼼꼼히 채비했지만 11명의 선비들이 꿈꾸던 기회는 다시 찾아오지 않았다. 세월은 무심히 흘렀고, 금사정을 수굿이 찾아들던 11명의 선비들은 하나둘 세상을 떠났다. 사람은 그렇게 모두 떠났지만, 그들이 한뜻으로 심어 키운 한 그루의 동백나무는 금사정 앞에 뜸직하게 서서 옛 선비들이 이루지 못한 뜻을 지키며 500년 세월을 견뎌왔다.

동백나무는 오랫동안 우리 민족의 사랑을 받아온 나무이건만 독립 노거수로서 천연기념물에 지정한 나무는 **나주 송죽리 동백나무**가 유일하다. 금강십일인계를 조직하고 10년쯤 뒤인 1530년 무렵에 심었다는 이야기를 바탕으로 하면 500년 세월을 살아온 나무다. 규모에서도 우리나라의 동백나무 가운데에서 최고다. 나무높이는 6미터나 되고, 뿌리 부근에서 잰 줄기둘레는 2.4미터쯤 된다. 나무의 규모를 이야기할 때 대개는 가슴높이줄기

282 나주 송죽리 금사정 동백나무.

둘레를 측정하지만, 이 나무처럼 사람 가슴높이 부분에서 나무줄기가 여러 개로 갈라지면 측정이 불가능하다. 이럴 경우, 뿌리 부분에서 잰 줄기둘레로 대체한다. 우리나라에는 이만큼 큰 동백나무가 없다. 단아한 정자 앞에 서 있는 **나주 송죽리 동백나무**는 뿌리 부분에서부터 사방으로 고르게 줄기가 나눠지면서 이룬 둥근 수형이 마치 솜씨 좋은 정원사가 잘 다듬어 낸 것처럼 매끄럽다. 꽃이 피지 않아도 그냥 화려하고 멋진 나무다.

오래오래 지켜야 할 개인적인 책임도 보태질 뽕나무

한 그루의 나무를 덧붙이며 이 장을 마무리한다. 강원도 정선군청 앞 길가에 서 있는 **정선 봉양리 뽕나무**다. 개인적인 관계도 깊어서 이 나무를 더 많이 알리고 오래 지킬 수 있도록 해야 할

제 24 장
나무 심기

일정한 책임도 있는 나무다.

　이 뽕나무에는 제주고씨 중시조 고순창(高順昌, 생몰년 미상)이 호조참판을 지내다가 단종 폐위와 함께 벼슬을 버리고, 뽕나무가 널리 펼쳐져 있는 정선을 제2의 고향으로 삼고 보금자리를 틀며 나무를 심었다는 이야기가 전해온다. 개인적인 관계가 깊다고 했지만, 나무를 심은 조상의 성씨가 나의 성씨와 같은 이유는 아니다. 성씨만 같을 뿐, 혈연관계는 전혀 짚어지지 않는 훌륭한 선현이다. 개인적인 관계라 한 것은 이 나무를 천연기념물로 지정하게 한 과정에서 일정한 역할을 했기 때문이다. 지금은 천연기념물이지만, 이 나무가 그리 알려지기 전인 20여 년 전에 이 나무를 처음 보았을 때, 나무의 생김새나 규모에 감동한 나는 "뽕나무 가운데에서 우리나라에서 가장 크고 가장 아름다운 나무"라고 지금은 절판한 책 『이 땅의 큰 나무』를 통해 알렸다. 이 나무는 그때로부터 20년 가까이 지난 2021년 12월 되어서야 비로소 천연기념물로 지정됐다. 그리고 2022년 10월에 열린 '정선 봉양리 뽕나무 천연기념물 지정 기념식'에서 나는 이 뽕나무의 인문학적 의미와 가치를 강연의 형식으로 이야기했다. 뽕나무 *Morus alba* L.라는 나무의 실용적 가치부터 시작해서 이 나무를 심어 키운 내력을 이야기하며 나무의 인문학적 의미를 짚어냈다.

　비단이 재산의 척도이던 시절, 비단을 자아내려면 누에를 키워야 했고 누에를 키우려면 누에의 먹이인 뽕잎을 얻어야 해서 농촌에서는 뽕나무를 심었다. 우리나라에서는 신라 박혁거세 시절부터 누에를 쳤다는 기록이 나오는데, 그건 뽕나무를 심어 키운 역사와 다를 바 없다. 뽕나무는 우리네 살림살이에 필수적으

283　백성의 살림살이를 보살핀 흔적으로 남은 **정선 봉양리 뽕나무**.

로 따라다니던 나무였고, 실제로 농촌 마을마다 뽕나무를 무리 지어 키우는 뽕밭은 반드시 있었다. 우리 사람살이와 밀접한 연관을 가진 인문학적 자연유산이라는 이야기다. 뽕나무 가운데에서 가장 크고 아름다운 한 쌍의 나무로 **정선 봉양리 뽕나무**를 꼽고 곳곳에서 이 나무를 알리려 애썼지만, 국가적으로 인정받은 뽕나무로서는 순서에서 밀려났다는 게 늘 아쉬웠다.

　뽕나무 가운데 가장 먼저 천연기념물로 지정된 나무는 **서울 창덕궁 뽕나무**였다. 2006년에 천연기념물로 지정한 이 나무는 왕실의 궁중 의식과 관련한 나무였다. 조선시대에 왕비에게 주어진 소임 가운데 친잠례親蠶禮가 있었다. 앞의 제18장에서 향나무를 소개하면서 조선 왕실의 제례 가운데에는 왕이 친히 밭을 가는 시범을 보이는 선농제가 있다고 이야기했다. 백성의 농사를 권장하는 선농제와 같은 의미에서 조선의 왕비는 궁중에서 누에를 잘 키우라는 뜻으로 친잠례를 지냈다. 궁궐 안에서 친잠례를 마친

제 24 장
나무 심기

935

왕비는 누에의 신인 서릉씨西陵氏를 모신 제단에 가서 제를 올렸다. 서릉씨에게 제를 올린 곳이 서울 성북동의 선잠단先蠶壇이다. **서울 창덕궁 뽕나무**는 왕비의 친잠례와 관계된 흔적이라는 의미로 먼저 천연기념물에 지정한 것이다. 이 나무는 그러나 **정선 봉양리 뽕나무**에 비해 규모나 아름다움을 따를 수 없었다. 그래서 다시 이 뽕나무를 더 많이 알리려 애썼다.

그다음으로 또 하나의 뽕나무가 천연기념물에 지정됐지만 이번에도 **정선 봉양리 뽕나무**는 밀려났다. 오래전부터 뽕나무를 키워왔던 상주시의 은척면 두곡리 뽕나무였다. 이 고장에서 오랜 뽕나무 재배 역사를 담고 있는 큰 나무다. 경상북도 기념물로 지정돼 있던 이 뽕나무는 그러나 규모에서 **정선 봉양리 뽕나무**에 못 미친다. 다만 뽕나무를 많이 키웠던 상주 지역에는 널리 알려진 나무였고, 그 증거로 일제강점기 때에 상주군수를 지낸 사람이 세운 '명상기념비名桑記念碑'라는 비석도 나무 앞에 남아 있어 의미가 있다. 천연기념물 지정으로 손색이 없는 훌륭한 나무다. 하지만 **정선 봉양리 뽕나무**에는 여러 면에서 못미친다는 나의 생각은 변함없었다. 그래서 이 나무를 더 열심히 알렸고, 천연기념물 지정 담당자들에게 이 뽕나무를 천연기념물로 지정해야 할 까닭을 적극적으로 이야기했다. **정선 봉양리 뽕나무**는 단순히 규모가 크고 생김새가 아름다운 생물학적 가치만 가진 나무가 아니다. 사람살이의 향기를 담은 인문학적 자연유산으로 가장 알맞은 나무라는 주장이었다.

앞서 말했지만, **정선 봉양리 뽕나무**를 심은 사람은 단종 때에 호조참판을 지내던 제주고씨 중시조 고순창이다. 단종 폐위와 함께 낙향한 그는 살림집을 짓고 대문 앞에 한 쌍의 뽕나무를 심었다. 난데없이 뽕나무였다. 소나무나 회화나무처럼 학문과 권력 혹은 부의 상징으로 여겨온 나무들과 달리, 남녀상열지사의 상징이거나 나무 이름 때문에 웃음거리가 되기 십상인 뽕나무를 선택했다. 이유가 있었다. 그가 새로 살림터를 잡은 정선 지역은 고려 때부터 '상마십리桑麻十里'라고 표현할 정도로 뽕나무를 많이 키운 고장이다. 국부國富의 바탕인 비단을 생산하는 고장이었다는 이야기다. 벼슬은 내려놓았지만, 백성의 살림에 대한 생각을 내려놓을 수 없었던 선비 고순창은 백성들과 같은 자리, 어쩌면 가장 낮은 자리의 백성들과 함께하겠다는 배려심에서 뽕나무를 선택한 것이다. 왜 어떤 나무를 우리 곁에 심고 키워야 할지, 또 나무와 더불어 산다는 게 무엇인지를 극명하게 보여주는 사례가 바로 **정선 봉양리 뽕나무**라는 이야기다.

그로부터 500년 넘는 긴 세월 동안 뽕나무는 후손들과 마을 사람들의 정성 어린 보살핌 속에 마을 역사의 상징이 됐다. 두 그루의 뽕나무는 나무높이 25미터, 가슴높이줄기둘레가 3미터에 이르는 거목으로 살아남았다. 나무는 장대한 규모와 함께 아름다움은 물론이고 선비의 기품까지 갖췄다. 최고의 가치를 가진 우리의 자연유산이다.

뜻과 사람이 살아 있는 인문학적 대상으로의 나무

여기에 소개한 나무들 가운데 몇 그루는 나의 다른 책 『나무를 심은 사람들』에서 소개한 적이 있다. 나무를 심은 사람들 중심으로 풀어 쓴 그 책에서 소개한 나무를 심은 역사 가운데에서 대표적인 나무 몇 그루를 뽑아내 수정 보완하여 다시 썼다. 나무를 심은 사람들 이야기는 그 책에 더 많이 썼다. 이를테면 조선 태조 이성계가 개국을 기도하며 심었다는 **담양 대치리 느티나무**와 **진안 은수사 청실배나무**, 고려 말에 고려의 귀족 가문의 한 여인이 멸망한 귀족의 신분을 숨기기 위해 절집에 숨어들었다가 어린 아들과 헤어질 때에 심었다는 **거창 연수사 은행나무**, 조선시대에 서원을 처음 세운 주세붕(周世鵬, 1495~1554)이 학문을 닦는 배움터를 잡고 터의 기운을 보하기 위해 심은 **영주 소수서원 솔숲**, 당나라의 '파락사'라는 신분으로 신라에 왔다가 중국 안록산의 난을 피해 영월에 자리 잡고 영월엄씨를 처음 일으킨 시조 엄임의(嚴林義, 생몰년 미상)가 가문의 상징으로 심은 **영월 하송리 은행나무**, 임진왜란 때 전공을 세우고 돌아온 오득린(吳得麟, 1564~1637) 장군이 마을을 일으키며 심은 **나주 상방리 호랑가시나무** 등을 비롯한 나무들이 그것들이다. 여기에서는 되풀이하지 않는다.

많은 나무들을 이야기했지만 그 책에서도 이 책에서도 미처 소개하지 못한 나무도 널렸다. 조선의 선비 김종직(金宗直, 1431~1492)이 함양 태수로 재직할 때에 아들을 낳았는데 다섯 살 어린 나이에 병으로 죽자 애통한 마음을 담아 심었다는 **함양 학사루 느티나무**도 그렇고, 800년 전인 고려 중엽 때 안일호장(安逸戶長)을 지낸 동래정씨의 시조 정문도공(鄭文道公)의 묘소 앞 양쪽에 심었다는 **부산 양정동 배롱나무**는 잊지 말아야 할 나무다.

나무를 심은 사람과 그 뜻을 일일이 헤아리자면 한이 없다.

그만큼 우리 곁에 살아 있는 나무는 단순히 생물학적인 대상으로
만이 아니라 우리 선조들의 사람살이를 고스란히 안고 살아 있는
인문학적 대상이라는 사실을 기억해야 할 일이다.

제 24 장
나무 심기

제4부

공생의 생태계

인공의 숲

조용하고 다만 들끓는 시간이
그 안에 고요히 고여 있다.
주위의 나무들은 초록의 이파리를 흔들며 이 공간을 채운다.
기억은 그리고 그 초록을 지나
한 사람의 몸에 선명한 상형문자를 새긴다.
이 문자는 어떤 시간이라도 이겨낼 것이다.

– 허수경, 『너 없이 걸었다』에서

나무가 모여 숲을 이룬 곳에서는 천연의 자연 생태계가 꿈틀거린다. 숲에 다가간 사람은 나무를 베어 내고 보금자리를 일궈 문화를 가꾼다. 문화를 일구기 위해서는 나무를 베어 내야 하지만, 그렇다고 무조건 베어 내기만 한 건 아니다. 베어 내는 것 못지않게 더 많은 나무를 새로 심는 것도 사람의 문화다. 농경문화 시절부터 현대 산업사회에 이르기까지 나무를 심어 키우는 건 필경 사람살이에 빠질 수 없는 문화 행위다. 그러나 꼼꼼히 살피면 사람이 나무를 심고 숲을 일구는 건 거개의 경우 나무 그 자체의 생명을 존중한다거나 생태계의 보전을 위한 것이 아니라는 건 금세 알 수 있다. 사람살이에 더 유용하게 이용하기 위해서인 게 대부분이다. 환경을 더 아름답게 한다거나 혹은 사람들의 쉼터를 꾸미기 위해서 나무를 심는다. 심지어는 베어 내기 위해서 심는 경우가 더 많다. 언젠가는 캐어내 쓸 약용식물로 키우는 경우는 물론이고, 목재를 구하기 위해서 심는 경우도 그러하며, 종이를 만드는 재료를 구하기 위해서 심는 경우도 그렇다. 나무와 사람, 자연과 문화는 필연적으로 서로를 배반한다.

'숲의 형성' 과정을 이야기한 앞의 제5장을 마무리하면서 인용한 뉴욕주립대학교 로빈 월 키머러 교수의 이야기를 다시 떠올리게 된다. 사람은 어쩌는 수 없이 먹고살기 위해서 자연의 다양한 생명을 취할 수밖에 없지만, 그 과정에서 생명을 어떻게 존중해야 할 것인지 생각해야 한다고 강조한 이야기다. 즉 생명을 존중하는 것과 취하는 것 사이의 긴장은 불가피하고, 그 불가피한 긴장을 해소하는 게 우리 삶의 조건이라고 했다. 생태계의 일부로 살아가기 위해서 자연과 문화의 균형을 맞추는 게 우리 삶, 즉 문화의 조건이라는 이야기다.

키머러 교수의 생각에 따르면, 우리의 대표 천연림이라 할 수 있는 **제주 평대리 비자나무숲**이나 **울진 소광리 금강소나무숲**은 자연과 문화의 긴장 관계를 지혜롭게 해소한 결과가 된다. **제주 평대리 비자나무숲**이나 **울진 소광리 금강소나무숲**은 분명히 자연 상태에서 저절로 이루어진 숲이 아니다. 철저하게 사람의 개입에 의해 지켜진 숲이다. '생명 존중'과 '먹고살기' 사이의 긴장을 해소하는 공간이었다. 사람에 의해 지켜진 숲이지만 자연 생태에 가장 가깝게 남은 숲이다. 사람에 의한 문화적 성취가 마침내

제 25 장
인공의 숲

자연에 가깝게 이뤄진 숲, 달리 말하면 '문화적 결과로서의 자연'
이다.

오늘날에는 사람의 개입이 전혀 없는 완벽한 자연 상태의 숲
을 찾아보기 어려운 게 사실이다. 세상에 그런 숲은 없다. 좁다란
면적에 많은 인구가 밀집한 한반도는 물론이고, 세계적으로도 크
게 다르지 않다. 하지만 나무 없이 가능한 생명이 있을 수 없다는
엄연한 사실은 결국 사람으로 하여금 새로 숲을 짓게 한다. 바로
인공의 숲, 식물원 수목원과 같은 인공의 숲을 곳곳에서 앞다퉈
조성하는 현상과 맞물려 있다.

정원을 '제2의 자연'이라고 한 생태주의 작가 마이클 폴란은
자연과 문화의 관계를 고찰한 『세컨드 네이처』에서 "자연과 문화
를 상반된 것으로 바라보는 우리의 타성적 인식"부터 탈피해야
한다고 강조했다. 천연의 숲을 유지하는 게 불가능할 만큼 이미
호모 사피엔스는 지구 전체에 제 보금자리를 늘려왔다. 호모 사
피엔스가 보금자리를 늘렸다는 이야기를 달리 말하면 천연의 숲
을 갈아엎고 사람살이에 맞춤한 살림터를 지었다는 이야기다. 이
제 천연의 생태계 상태를 재현한다는 건 헛된 꿈에 불과하다. 결
국 정원을 가꾸는 목적을 그는 "자연과 문화 사이의 균형을 도
모"하는 일이라고 했다. 더불어 정원은 "그 공간의 각별함을 깨
우쳐 주고, 에너지·기술·식량 따위와 관련한 관심을 가까운 곳에
서 찾게" 하는 창조와 발견의 과정이라고 했다. 폴란의 주장대로
라면, 수목원과 식물원이 사람의 즐거움만을 위한 형태, 즉 '문화'
만을 지향해서는 안 된다. 또 관람자를 배려하지 않고 온전히 원
시림, 곧 '자연'을 추구하는 것도 바람직하지 않다. 앞에서 이야기

한 것처럼 불가능한 일이기도 하다. 지금 우리 곁에 넘치도록 늘어나는 식물원과 수목원은 문화와 자연의 절묘한 조화를 이루어 내는 지점을 지향해야 할 것이다. 이 장에서는 나라 안팎의 식물원과 수목원 현황을 살펴보고, 그 지향점을 찾아보기로 한다.

수목원과 식물원은 어떻게 다른가

식물원이나 수목원은 원래 식물이 사는 곳이 아닌 다른 지역에 식물을 수집해 모아 키우고, 일반인들에게 전시하는 곳을 말한다. 사람이 다른 곳에서 자라는 여러 식물을 한데 모아 키운 역사는 오래됐다. 다만 식물원이나 수목원 개념이 나타나고 널리 쓰이게 된 것이 최근일 뿐이다. 대개의 경우는 사람의 식량 혹은 약용 식물을 보존하기 위한 식물 수집이 먼저였을 것이다. 이는 식물을 분류하고 제가끔 그 식물에 이름을 붙인 초기의 필요와 닿아 있다. 그러고 보면 열매를 맺는 유실수를 모아 키우고 그 열매로 수익을 내기 위해 과수 농사를 짓는 과수원, 혹은 약용 식물을 모아 심어두고 약재로 판매하는 약초원 등도 수목원의 오래된 한 형태라고 할 수도 있다. 실제로 일본에서 가장 오래된 수목원이라 하는 도쿄대학교 부속 식물원인 고이시카와식물원小石川植物園은 1684년에 에도江戸 막부가 설립한 '고이시카와약초원小石川藥草園'에 근원을 두고 있다. 약재를 얻기 위한 약용 식물을 모아 재배한 것이 시작이었다.

실생활에 꼭 필요한 실용적 가치뿐 아니라 장미와 같은 관상용 식물을 모아서 보기 좋게 배치한 정원 역시 수목원의 근원에 닿아 있다고 해도 될 것이다. 고대 바빌론의 공중정원이나 나폴레옹 시대의 황후 조제핀의 장미정원 역시 그런 예가 될 것이다.

현대의 수목원은 그렇다면 어떻게 정의해야 할까. 한국학중앙연구원의 『한국민족문화대백과』에서는 식물원을 "식물에 대한 교육과 과학적인 연구를 위하여 풀과 나무를 많이 수집하여 심고 적절한 관리를 하면서 일반에게 공개하는 장소"로, 수목원은 "많은 식물종을 수집하여 재배하면서 식물학상의 연구재료로 활용함과 동시에 일반에게 공개하는 장소"라고 정의했다. 둘 다 '일반에게 공개하는 장소'라는 부분은 일치하고, 수집하는 대상을 조금 다르게 표현했다. 식물원은 '풀과 나무'로, 수목원은 '많은 식물종'을 수집하는 곳이라고 했다. 두 표현의 실체에는 차이가 없다. 한글과 한자어의 차이뿐이다. '정의'에 이어지는 '내용'에 있어서도 사실상 차이가 없다. 식물원은 "식물교육·사회교육 및 인류 생존을 위한 식물 보존에 필요한 곳"이라고 풀어 썼으며 수목원은 "나무를 심고 표찰을 붙여서 일반에게 공개하는 곳"이며, "나무를 심어서 가꾸는 것만으로는 수목원이라고 할 수 없고 반드시 나무에 표찰을 달아서 일반에게 공개하여야만 수목원이라고 할 수 있다"라고 했다. 두 곳 모두 '일반에게 공개하는 장소'가 전제된다면 '표찰'은 공개 대상인 일반에 대한 최소한의 배려다. 식물원을 풀이한 내용에 명시하지는 않았지만, '표찰' 여부가 식물원과 수목원의 차이는 아니다. 이어서 식물원을 풀이하는 내용에서는 1987년 독일 베를린에서 열린 국제식물학회가 채택한 결의문 속의 다음 정의를 덧붙이며 세계적으로 통용되는 의미를 명시했다. "식물원은 정서교육시설로서 더없이 중요하며 생체 보존으로서 식물자원을 보존할 수 있는 매우 중요한 시설이므로 제14차 국제식물학회는 세계 각국의 당국이 식물원을 유지, 발전시킴과 동시에 새로 창설하여 적절한 재정적 뒷받침을 지속하도록 촉구한다." 그런데 그리 길지 않은 내용 중에 우리나라 식물원의 역사를 이야기하면서 "1967년 서울대학교 규칙에 의해 설치된 농과대학 부설수목원"을 식물원의 사례로 들었다. 목적이 같다는 이유로 식물원과 수목원을 혼용한 것이다. 또 수목원의 뜻을 풀어쓸 때에는 "수목원과 식물원은 같은 목적과 같은 방법으로 경영하고 있으므로 구별할 수 없다"라고 전제하고 "식물원과 수목원의 차이는 이를 표기하는 낱말의 차이일 뿐"이라고 했다.

영어로 식물원은 Botanical garden 혹은 Botanic garden으로 쓰고, 수목원은 Arboretum으로 표기한다. Botanical garden, 즉 식물원을 위키백과에서는 "과학적 연구, 보존, 전시 및 교육을 목적으로 살아 있는 식물을 수집 전시한 정원garden"이라고 했다. 이어 "종종 대학이나 다른 과학 연구 기관에 의해 운영되며, 식물 분류학 또는 식물학 연구 프로그램과 연관이 있는 기관"이라고 보탰다. 이 정의에 따르면 식물원의 근간은 "연구, 보존, 전시 및 교육을 목적으로 살아 있는 식물의 컬렉션을 유지하는 것"이다. 이 정의에서도 현대 식물원의 기원은 16세기 르네상스 시대 이탈리아의 여러 대학 의학부에서 식물학 교수를 임명한 것, 즉 약초원에 근원이 있다고 했다. 같은 위키백과에서는 Aboretum, 즉 수목원을 "다양한 종류의 나무들로 구성한 식물 수집 기관"이라고 정의했다. 덧붙여 위키백과에서는 수목원

제 25 장
인공의 숲

947

이 "다른 지역에 사는 나무들의 표본을 위해 더 큰 정원이나 공원의 한 구역"이었지만, "현대의 수목원은 살아 있는 나무들을 수집 전시하고, 부분적으로 과학적 연구를 위해 설립한 기관"이라고 정의했다.

이처럼 세계적으로도 두 개념을 혼용하는 게 현실이지만, 우리나라에서는 식물원과 수목원이라는 용어 사용에서 내용보다는 관습에서 변별점이 있어 보인다. 이를테면 우리는 흔히 유리온실이 중심이 되는 기관에는 대개 '식물원'이라 이름 붙이고, 유리온실이 전체 규모에서 부차적 시설물로 운영되는 곳을 '수목원'이라 이름 붙여 쓰는 경향이 뚜렷하다. 물론 경향일 뿐, 유리온실의 존재 유무를 식물원과 수목원의 결정적 차이라고 할 수도 없다. 식물원과 수목원을 뚜렷이 구별하는 축이 없는 건 아니다. 이를테면 경기도 성남시에서 '신구대학교식물원'을 운영하고 있는 신구대학교 총장 이숭겸은 『세계의 식물원 산책』에서 식물원을 "식물에 대한 연구"와 "식물학의 발전을 꾀함으로써 인류에 공헌하는 곳"이라고 정의한 뒤, "주로 관상식물을 심어 그 아름다움을 즐기며 휴식의 장소로 이용되는 정원이나 공원과는 구별되어야 한다"라고 했다. 식물원의 기본적인 활동은 기록 유지에 맞추어야 한다는 이야기도 덧붙였다. 또 대학이나 산림청의 연습림이나 보호림처럼 자연식생을 보호하는 데 치중하는 곳도 식물원과는 구별해야 한다고 했다. 그리고 수목원이 식물원과 기본적으로 다른 건 아니지만, 굳이 나누자면 "목본식물만 수집하는" 식물원의 특수한 형태라고 했다.

이 책의 주장처럼 '수목원'은 글자 그대로 수목樹木, 즉 나무를 키우고 전시하는 곳이라고 생각할 수 있다. 그러나 세상에 나무만 심어 키우는 곳은 없다. 사실상 불가능한 일이다. 나무를 온전히 키우고 자연 생태의 건강한 환경을 조성하려면 나무만 심어서는 안 된다. 나무를 심어 키우다 보면 굳이 사람이 심지 않는다 해도 나무 곁에서 저절로 다른 풀이 자라나게 마련이다. 앞의 제5장 '숲의 형성'과 제20장 '숲 지키기'에서 살펴본 것처럼 나무가 있는 곳에는 시간의 흐름에 따라 다른 생명이 찾아들게 되고, 자연히 나무와 풀은 다른 생명체들과 공생하는 생태계를 이루게 된다. 현실적으로 목본식물만 수집해 전시하는 것 자체가 불가능한 일이고, 실제로 그런 수목원도 없다. 온전한 생태계를 유지하기 위해서는 목본식물과 초본식물을 더불어 심어 키울 수밖에 없다. 결국 처음에 목본식물 전시를 목적으로 했는지, 초본식물 전시를 목적으로 했는지에 따라 수목원 식물원의 차이가 있을 수야 있지만, 시간의 흐름에 따라 식물원과 수목원은 그 차이를 구별하기 어려울 만큼 같은 형태로 나아가게 돼 있다. 굳이 식물원이나 수목원의 글자에 집착할 필요는 없으리라. 그래서 이 책에서는 특별히 혼란이 있을 경우에만 그 명칭의 이유에 대해 이야기하기로 하고 대개의 경우 식물원과 수목원을 섞어서 쓰기로 한다.

세계 수목원 1. 영국 – 큐왕립식물원과 위슬리가든

가까이에서 우리가 찾아갈 수 있는 수목원을 살펴보기 전에 먼저 세계적으로 널리 알려진 수목원부터 살펴본다. 세계적

큐왕립식물원. ⓒ 김정민.

으로 명성이 가장 높은 수목원은 흔히 '큐가든'이라고 줄여서 부르는 영국 런던 리치먼드 템스Thames 강가의 '큐왕립식물원Royal Botanic Garden, Kew'을 먼저 꼽을 수 있다. 큐왕립식물원의 역사는 1759년부터 시작된다. 그때 영국은 전 세계에 식물학자를 파견하여 유용한 식물을 수집하는 데에 열광적이었다. 물론 역사로 따지면 1684년에 약초원으로 시작한 일본의 고이시카와식물원에 뒤지는 시기이지만, 영국의 큐왕립식물원은 처음부터 식물 수집을 목적으로 설립한 기관이었다는 점에서 약초원과 근본부터 달랐다. 이 시기에 영국인들의 식물 수집은 놀라울 정도로 집요했다. 심지어 그때 세계적으로 식물을 수집한 식물학자와 탐험대에는 '식물사냥꾼'이라는 다소 불명예스러운 뉘앙스의 명칭이 덧씌워지기까지 했다.

뉴질랜드, 오스트레일리아에서의 활약이 뛰어났던 조지프 뱅크스(Joseph Banks, 1743~1820), 인도와 모로코를 탐험한 식물지리학자 조지프 돌턴 후커(Joseph Dalton Hooker, 1817~1911), 스코틀랜드 하일랜드 지방을 비롯해 북아메리카와 하와이 지역을 탐험한 데이비드 더글러스(David Douglas, 1799~1834), 그리고 우리나라의 구상나무를 비롯해 아시아 지역의 식물을 집중 탐사했던 어니스트 윌슨(Ernest Henry Wilson, 1876~1930) 등은 지금까지 영국에서 영웅 대접을 받는 대표적인 식물수집가들이다. 이들은 때로는 식물을 수집하여 대규모로 이를 증식한 뒤에 자신들의 식민지로 넘기면서 커다란 경제적 이익을 얻어내는 데에까지 성공했다. 이를 계기로 영국은 식물을 하나의 산업 분야로 정립하기에 이르렀다. 남아메리카 지역에서 파라고무나무를 수집한 큐왕립식물원이 이 나무를 증식하여 영국령 식민지인 말레이반도에 판매하여 큰 이익을 본 것은 대표적인 사례다. 식물 수집가 헨리 알렉산더 위컴(Henry Alexander Wickham, 1846~1928)이 주도한 이 사건으로 고무나무의 원산지인 아마존 지역의 고무 산업은 몰락하고 말레이반도가 세계 최대의 고무 생산지가 되어 영국은 막대한 이익을 얻었다. 식물 제국주의의 전형적인 사례로, 당시 큐왕립식물원은 학술적 연구기관이라기보다 영국 제국주의 경제정책의 거점 역할을 했음을 보여준다.

곡절을 거쳐 오늘날 큐왕립식물원은 명실상부하게 세계 최고의 식물원으로 자리 잡았다. 수집한 식물은 무려 5만 종류가 넘으며, 보존하고 있는 식물표본만도 약 700만 점에 이른다. 이 정도면 세계 최고의 식물원이라는 명분에 모자람이 없다. 큐왕립식물원이 세계 식물학계에서 선도적 위치를 차지하는 더 중요한 이유는 학술 연구 분야에서 뚜렷한 결과를 지속적으로 내놓고 있다는 데에도 있다. 다양하고 깊이 있는 식물 연구가 이어질 수 있는 풍부한 자원을 확보한 식물원으로서는 자연스러운 결과이지 싶다. 오래된 역사를 갖고 연구 대상인 대량으로 확보한 식물을 바탕으로 끊임없이 내놓는 큐왕립식물원의 학술적 성과는 세계 식물학계를 선도하고 있다. 제10장에서 이야기한 빅토리아수련의 새로운 종인 '볼리비아나 빅토리아수련' 종의 발견도 바로 이 식물원 연구자들의 집요한 연구 결과였다.

1841년에 정식으로 창립한 큐왕립식물원은 전 세계 식물의 거의 대부분을 수집한 대규모 수목원이며, 200년 넘는 긴 시간 동안 식물을 관리 재배한 지식과 기술 경험을 토대로 세계 식물학계를 선도하고 있다. 정식 창립과 달리 큐왕립식물원은 창립 연도를 1759년으로 정했는데, 이는 큐궁전에 속한 왕실 정원을 대폭 확장한 시기를 기준으로 한 때문이다. 왕실 정원 안에 성당을 지은 때가 그해였기에 이를 공식 설립일로 지정한 것이다. 큐왕립식물원은 처음에 왕실의 작은 개인 정원이었다가 왕실의 공주인 아우구스타(Augusta, 1719~1772)가 정원을 확장하면서 현재의 틀을 다졌다. 한때 쇠퇴기도 있었지만, 1841년에 빅토리아 여왕의 대대적인 후원이 이뤄지면서 명실상부한 '대형 식물원'으로 도약했다. 2003년 7월 3일에는 식물원으로서 최초로 유네스코 세계문화유산에 지정되기도 했다.

132만 제곱미터(우리 옛 단위로는 약 40만 평) 규모의 이 식물원에 전시된 5만 종류의 식물을 온전히 관찰하려면 매우 오랜 시간이 걸릴 것이다. 게다가 계절마다 다른 모습을 보여주는 식물의 특성을 감안하면 큐왕립식물원 관람은 평생을 두고도 완벽하게 이루기 어려울 정도라 해도 과언이 아니다. 그래서 큐왕립식물원에서는 여느 수목원들과 마찬가지로 계절별로 관찰하기 좋은 장소를 선정해 안내한다. 더불어 유튜브 채널을 통해 관람 안내를 비롯해 식물학 정보에 대한 영상을 수시로 업데이트한다.

온갖 식물을 관람할 수 있는 큐왕립식물원에는 몇 곳의 명소가 있는데 그 대표적인 명소로 '팜 하우스Palm House'를 꼽을 수 있다. 팜 하우스는 영국 왕립 건축가협회의 창립 회원이며, 왕립식물협회의 건축가였던 데시무스 버턴(Decimus Burton, 1800~1881)의 설계에 따라 당대 최고의 유리온실 건축가인 리처드 터너(Richard Turner, 1798~1881)가 1844년에서 1848년에 걸쳐 지은 유리온실이다. 빅토리아 양식의 유리와 철골 구조물로 이루어진 건물 자체만으로도 충분히 매력적이다. 이 아름다운 유리온실의 이름을 '팜 하우스'라 한 것은 처음에 야자나무를 유럽에 들여와 살리기 위해 지은 곳이었기 때문이다. 큐왕립식물원은 특히 세계적인 멸종위기 식물을 많이 수집한 것으로도 유명한데, 그들을 일일이 짚어보기 힘들 정도로 그 수집 양은 엄청난 규모다.

큐왕립식물원의 부지 및 시설은 영국 왕실의 세습 재산으로 '큐왕립식물원 및 역사적 왕궁보존법'에 의해 관리되고 있다. 1983년 '국가유산법'에 의해 비정부 민간 기관의 형태가 출범하여 운영되고 있지만, 환경식품농무부와 파트너십을 맺고 있다. 이 식물원을 운영하는 이사회는 국무장관 및 여왕에 의해 임명된 11명의 식물원 관련 전문가로 구성된 조직으로 식물원의 자문 역할을 담당한다. 이들은 학교, 전문가 양성, 강연과 교육 등의 프로그램과 갖가지 이벤트를 진행하며 식물에 대한 지식을 함양하는 역할을 하고 있는데, 모든 행사는 홈페이지와 유튜브 채널을 통해 대중과 공유한다. 큐왕립식물원의 주요 활동 가운데 하나로 출판 활동도 빼놓을 수 없다. 전문가를 위한 전공서적에서부

위슬리가든. ⓒ김정민.

터 일반인을 대상으로 한 대중서까지 다양하다. 큐왕립식물원이 발간한 출판물은 식물 전문가들 사이에서도 훌륭한 저술로 인정되어 왔으며, 우리나라에서도 이들 가운데 몇 권을 번역 출간하기도 했다. 특히 '영국 큐왕립식물원Royal Botanic Garden 시리즈'라는 이름으로 연속해 번역 출간된 『열매』, 『화분』, 『종자』[1] 등은 다양한 식물을 수집한 큐왕립식물원만이 할 수 있는 최고의 식물 관련 도서라 할 수 있다.

영국에서 큐왕립식물원과 함께 명성이 높은 또 하나의 수목원으로 '위슬리가든RHS Garden Wisley'을 이야기해야 할 것이다. 왕립원예협회Royal Horticultural Society: RHS의 부설 수목원으로, 협회에 속한 5개의 수목원 가운데 중심이다. 위슬리가든은 특히 실용적인 정원 형태에 중점을 두고 있다는 점에서 큐왕립식물원과 차별화된다. 원예학 개발에 중점을 두는 식물 수집과 전시, 연구 등을 수행하는 수목원으로 현대 원예학을 선도한

---

1   이 세 권의 책은 2014년에 교학사출판사에서 출간했으며, 이 시리즈 가운데에는 에든버러 왕립식물원이 펴낸 『녹색 우주』가 들어 있다.

다는 점에서 전 세계가 주목하는 수목원이다. 실제로 영국왕립원예협회의 원예학 연구 성과는 세계 원예학의 기준으로 여겨지는 게 사실이다. 위슬리가든은 1878년 초기 왕립원예협회 회원인 과학자 조지 퍼거슨 윌슨(George Fergusson Wilson, 1822~1902)이 24만 3,000제곱미터(약 7만 2,600평)의 땅에 참나무 종류 실험정원 Oakwood Experimental Garden을 조성한 게 시작이었다. 이어서 위슬리가든에서는 백합류, 용담류, 붓꽃류, 앵초류를 비롯해 수생식물들을 주로 수집했다. 위슬리가든의 대표적인 수집 자원으로는 설강화 종류를 비롯해 삼지구엽초 종류, 크로커스 종류 등을 꼽을 수 있다.

윌슨이 죽은 뒤에 예의 참나무 종류 실험정원을 영국왕립원예협회에 기부했는데, 이때가 위슬리가든이 비약적인 발전을 이룬 시기라고 볼 수 있다. 그 뒤 1911년에 완성된 위슬리가든의 암석원은 모든 암석원의 표본이라고 불릴 만큼 널리 알려져 있다. 이 암석원은 에드워드 화이트(Edward White, 1873~1952)라는 조경가의 설계에 의해 조성됐다. 사암 위주로 구성한 이 암석원은 인공적이지만 가장 자연 상태에 가까운 것으로 평가되는 세계적인 암석원이다.

한 해에 100만 명이 넘는 유료 관람객이 꾸준히 찾아오는 위슬리가든은 현재 2만 5,000종류의 식물을 수집해 97만 제곱미터(약 29만 평)의 부지에 전시 관리하고 있다. 1906년부터 과학 연구와 가드너 교육을 위한 '위슬리 원예학교'를 운영하는 것도 원예 교육에 중점을 두는 위슬리가든의 특징이라 할 수 있다. 1987년에 영국의 식물과 정원 보전을 목적으로 설립 운영하기 시작한

NCCP National Council forthe Conservation of Plants and Garden 라는 기구 또한 세계 원예계의 주목을 끄는 기구다. 영국 왕립원예협회의 실질적인 업무의 대부분이 이루어지는 위슬리가든이 가장 돋보이는 분야는 교육 분야다. 특히 2년 과정의 식물전문가 양성 코스인 디플로마 코스를 운영하고 있는데, 이 프로그램은 세계적으로 큰 명성을 떨치고 있으며 이 과정을 마친 졸업생들은 세계 각지의 주요 식물원에서 중요한 역할을 담당하고 있다. 우리나라에도 이 프로그램 출신의 정원사가 적지 않다.

세계 수목원 2. 일본 - 도쿄대수목원과 진다이식물원

우리보다 근대식물학 발달에 있어 앞선 일본의 경우, 가장 오래된 수목원으로는 '고이시카와식물원小石川植物園'으로 불리는 도쿄대학교 부속 수목원('도쿄대수목원')이 있고, 현재 일본에서 가장 규모가 큰 수목원으로는 역시 도쿄의 '진다이식물원神代植物公園'이 있다.

고이시카와식물원은 1638년에 약용식물을 심어 키울 목적으로 설립한 곳을 기원으로 해서 처음에는 '고이시카와약초원'으로 불렸다. 그러다가 메이지 유신을 거친 뒤인 1877년에 도쿄대학교에 소속되었으며, 일본 근대식물학 연구의 토대를 마련하게 됐다. 고등식물의 진화, 계통발생학, 그리고 생리학에 초점을 맞추어 운영하고 있다. 특히 고이시카와식물원은 이 책의 제4장 '나무의 탄생'에서 이야기한 것처럼 히라세 사쿠고로의 은행나무 정충

발견, 그리고 이케노 세이이치로의 소철 정충 발견으로 식물학계에 널리 알려졌다. 지금까지도 이케노와 히라세가 연구 대상으로 삼았던 소철과 은행나무를 보존하고 일반 관람객에게 공개하고 있다.

이 수목원에는 1,100종류의 열대식물을 포함해서 모두 4,000종류의 식물을 수집 전시하고 있다. 예전 약초원일 때의 흔적을 일부 보존하여 예전처럼 약초 위주로 전시한 '약초원' 구역도 운영하고 있으며, 일본의 대표적인 식물인 동백나무와 벚나무, 단풍나무, 매실나무를 많이 볼 수 있다. 이 가운데 특히 오래된 매실나무를 곳곳에서 볼 수 있어 흥미롭다. 또 고이시카와식물원에서는 우리나라 남부지방과 일본에 자생하는 목련 종류까지 볼 수 있다는 점에서 우리나라와 일본의 식생을 비교 연구하는 데에 중요한 수목원이다. 이 수목원에서 볼 수 있는 대개의 식물은 일본을 원산지로 하는 식물이지만, 가까운 한국과 대만, 중국 등에서 자라는 식물 종을 다수 수집 전시하고 있다. 대학교 부속 식물원의 특징을 살려서 140만 점의 식물 표본과 2만 권이 넘는 책을 보

제 25 장
인공의 숲

유한 식물 전문 도서관도 있다. 2012년에는 일본의 문화재 보존
법에 따라 국가 명승이자 사적지로 지정되었다.

이 수목원에서 대표적으로 눈에 띄는 건축물로는 예전에 도
쿄대학교 의과대 본관으로 쓰던 '고이시카와고등연구관 분관'이
있다. 고이시카와식물원이 도쿄대학교 부속으로 넘어가기 직전
인 1876년에 완공한 이 건물은 도쿄대학교의 건축물 가운데 가장
오래된 건축물이기도 해서 현재 일본의 중요문화재로 지정해 보
호하고 있다. 총 16만 1,588제곱미터(약 4만 8,000평)의 부지로 운영
하는 수목원 규모를 그리 크다 할 수 없지만, 일본 근대식물학 발
전의 요람이 된 수목원이라는 점에 주목할 수 있다.

고이시카와식물원이 전반적으로 오래된 수목원의 분위기를
가졌다면, 일본에서 가장 규모가 큰 수목원인 진다이식물원은 그
와 다르게 서구화한 식물원의 문화를 즐길 수 있는 곳이다. 흔히
'진다이식물원'이라고 부르기는 하지만, 공식적인 이름은 '진다이
식물공원神代植物公園'이다. '공원'이라는 이름에서 짐작할 수 있듯
이 공공에게 개방하여 식물을 즐길 수 있게 한 수목원이라는 점
이 눈에 띈다. 일단 수목원에 어울리지 않을 만큼 규모가 큰 분수
가 눈에 띄고 그리스 신전 모양으로 건축한 장미원의 느낌은 매
우 서구적이어서 현대 관람객의 만족도를 높이기 위해 설치한 요
소로 여겨진다. 전반적으로는 고이시카와식물원과 달리 학술연
구 기관의 느낌보다 관광 공원으로서의 느낌이 더 큰 수목원이
다. 그렇다고 진다이식물원이 식물 연구를 등한히 하는 단순 관
광지는 아니다. 특히 몇몇 품종 선발에서는 적지 않은 성과를 내
고 있다. 진다이식물원에서 미국인 원예가가 선발한 대표적인 품

287 진다이식물원.

종으로 진다이개미취*Aster tataricus* '*Jindai*'가 있다. 이 품종은 최근 우리나라에도 널리 보급되어 수목원 가을 관람객들의 눈길을 사로잡는다. 4,800종류, 10만 그루의 식물을 수집 전시하고 있는 진다이식물원은 매화, 벚꽃, 장미의 명소로 널리 알려져 있다. 봄에 꽃 피는 장미 400여 분류군, 5,200그루와 가을에 피는 장미 약 300종류, 5,000그루의 장미정원은 이 식물원의 중심이다. 이 장미정원은 2009년에 전 세계 39개 회원국으로 구성된 세계장미협회연맹World Federation of Rose Societies, WFRS으로부터 '우수 정원상'을 수상하기도 했다.

진다이식물원은 1940년에 도쿄 도시계획에 따라 설치한 도시 가로수 묘포장에 근원을 두고 있다. 제2차 세계대전 뒤로 이 묘포장을 기반으로 식물을 수집하여 1961년에 공식적으로 수목원 운영을 시작했으며, 1984년에는 대형 유리온실을 지어 열대식물을 수집 전시하고 있다. 이 유리온실에는 화려한 꽃을 피우는 열대지방에서 수집한 난초 종류들을 전시했는데, 사철 내내 제가끔 독특한 모양의 꽃으로 관람객들의 눈길을 사로잡는다. 이 온

제 25 장
인공의 숲

실에서는 대개의 유리온실에 빠질 수 없는 식충식물도 골고루 볼 수 있다. 또 온갖 종류의 베고니아 종류를 전시한 전시실도 진다이식물원 관람자들이 오랫동안 기억할 만큼 화려한 관람 공간이다. 그 밖에도 화려하게 꽃 피우는 300여 종류, 1만 2,000그루로 이루어진 철쭉원도 관람의 주요 포인트다. 온실이 아닌 외부 공간에 여러 그루의 배롱나무를 무리 지어 심어 키우는 배롱나무원도 진다이식물원 관람에서 빼놓을 수 없는 구역이다.

세계 수목원 3. 미국 - 뉴욕식물원과 롱우드가든

세계 수목원을 이야기하면서, 역사는 짧다 해도 규모에서 세계적인 아메리카 지역의 수목원을 빼놓을 수 없다. 미국을 대표하는 수목원으로는 우선 뉴욕식물원New York Botanical Garden을 꼽는다. 뉴욕 북부의 브롱크스에 100만 제곱미터(약 30만 평)가 넘는 면적에 4만 종류의 식물 100만 개체 이상을 수집 전시하고 780만 점이 넘는 식물표본을 갖춘 대규모 식물원이다. 한 해에 100만 명 넘게 방문하는 뉴욕식물원은 센트럴파크와 함께 뉴욕의 대표적인 랜드마크다.

1891년에 설립한 뉴욕식물원은 컬럼비아대학교의 식물학자 너새니얼 브리튼(Nathaniel Lord Britton, 1859~1934)이 앤드루 카네기(Andrew Carnegie, 1835~1919), 코닐리어스 밴더빌트(Cornelius Vanderbilt, 1794~1877), 제이피 모건(John Pierpont Morgan, 1837~1913) 등으로부터 기부금을 확보해 맨해튼 북쪽의 브롱크스 일대에 부

288
뉴욕식물원. ⓒ강희혁.

지를 확보해 설립했다.

수목원 경내의 대표적인 건축물로 1899년부터 1902년에 걸쳐 지은 에니드 하우프트 온실Enid A. Haupt Conservatory이 있다. 이 온실은 영국 큐왕립식물원의 팜 하우스와 이탈리아 르네상스 양식을 모델로 삼았다고 한다. 이 열대온실은 미국의 국가역사보존법에 따라 1967년에 국가 사적National Register of Historic Places, NRHP으로 등록됐다.

뉴욕식물원은 1891년 개관 이래 100년 넘는 기간 동안 입장료를 받지 않고 운영했는데, 차츰 재정이 악화하면서 1950년대부터는 경영 위기에 부닥쳐 식물원의 문을 수시로 닫는 일도 있었다. 1970년대에는 뉴욕시의 재정 위기에 따라 예산이 삭감되면서 경영 상태는 최악에 부닥쳤다. 이 같은 경영의 문제로 수목원 전체가 방치되었던 시기도 짧지 않았다. 입장료를 부과하면서 다시 경영정상화에 이른 건 1990년대 후반이었다. 마침내 이제 미국 최대의 식물 관련 기관으로 자리 잡으며 세계적인 수목원으로 도약하는 상황에 이르렀다. 뉴욕식물원은 특히 식물 교육 기관으

제 25 장
인공의 숲

롱우드가든. ⓒ강희혁.

로의 정체성을 강조하여, 소외된 지역 사회의 아동과 공립학교의 교사들을 대상으로 한 교육을 운영한다.

전문적인 식물 연구를 기반으로 자연 원예 등의 식물 교육에 주력하는 수목원이다. 수목원 부지와 건물은 뉴욕시에 속해 있으며, 뉴욕시립대학교와도 밀접한 상호 협력관계를 이어가고 있다. 수선화, 라일락, 벚나무, 목련 등을 주제로 한 13개의 주제원과, 장미원, 암석원 등의 전시원이 있으며, 수집된 식물은 4만 종류가 넘는다. 이 가운데 북반구에 자생하는 침엽수를 비롯해 목련, 로도덴드론, 장미, 참나무 종류 등이 대표적인 수종이다. 약 700만 점의 표본을 소장한 식물표본관과 125만 점의 자료를 소장한 식물도서관이 유명하다. 이 수목원에서 가장 오래된 전시원으로는 소나무, 전나무, 가문비나무 등 약 200종류가 수집된 침엽수원으로, 규모는 15만 제곱미터(4만 5,000평) 정도 된다.

미국의 수목원을 대표하는 곳으로 하나 더 꼽자면 롱우드가든Longwood Gardens이 있다. 롱우드가든은 다국적기업인 듀퐁을 설립한 듀퐁가 창업주의 증손자인 피에르 듀퐁(Pierre Samuel du

Pont, 1870~1954)이 1906년부터 조성한 정원으로 애당초 "대중을 위한 전시, 훈련 및 교육, 그리고 유쾌함만을 위해 사용되도록 하라"라는 유지에 따라 세계 제1의 정원으로 발전했다. 시작부터 롱우드가든은 대중을 향한 식물원을 표방했고, 지금도 그 같은 취지를 이어가는 상황이다. 이를 증거하듯 롱우드가든은 1년 내내 갖가지 주제의 전시를 비롯한 콘서트와 공연 등을 지속적으로 이어간다. 전체 면적이 무려 420만 제곱미터(약 127만 평)에 이르는 광대한 면적에 1만 1,000여 종류의 식물을 보유한 롱우드가든은 세계적 수준의 원예식물원으로 자타가 인정하는 바다.

롱우드가든을 대표하는 온실은 세계에서 가장 큰 규모의 유리온실로 1919년에 건축되었으며 온실 안에는 6,500여 종류의 식물을 전시했다. 1만 6,000제곱미터 규모의 온실에서는 국화 축제를 비롯하여 연중 주제를 바꿔 전시를 계속한다. 국화 축제의 경우 2만 점이 넘는 국화가 전시되어 종류별, 형태별로 볼 수 있다. 온실에는 3,200여 종류의 난초를 전시한 난초원, 초록색을 띤 아카시아 통로, 은빛 식물로 구성된 실버가든 고사리 통로, 야자식물원, 열대식물원 등이 있다. 뉴욕식물원과 마찬가지로 한 해에 100만 명이 넘는 관람객이 찾는 미국의 대표적인 명소다.

우리나라 수목원 1. 천리포수목원

영국, 일본, 미국의 수목원을 거칠게 살펴보았다. 각각의 수목원들은 워낙 많은 식물 종류를 수집 전시하고 있어서, 넉넉히 소개하기에는 자리가 모자라다. 스치듯 살펴본 외국의 수목원 사례가 우리의 사정을 짚어보는 하나의 기준이 될 수 있으면 좋겠다. 그래서 이제 우리나라의 수목원을 돌아볼 차례다.

우리나라에서 가장 오래된 수목원인 천리포수목원을 돌아보게 되는 건 그런 맥락에서다. 반세기를 훌쩍 넘긴 충남 태안반도의 천리포수목원은 2000년에 국제수목학회International Dendrology Society: IDS가 '세상에서 가장 아름다운 수목원'으로 인증한 수목원이다. 정확한 인증 명칭은 Arboretum Distinguished for Merit by the International Dendrology Society여서, 글자 그대로 옮기면 '가치가 탁월한 수목원'이 되는데, 당시에는 국제적으로 인증받은 국내 최초의 수목원이라는 까닭에서 '세상에서 가장 아름다운 수목원'이라는 다소 과장된 명칭으로 불러왔다. 국제수목학회에서 이같이 인증한 수목원으로는 세계에서 열두 번째이며, 아시아에서는 홍콩에 이어 두 번째 수목원이기는 하지만, 지금으로서는 인증 그 자체의 의미보다 천리포수목원이 세계적으로 알려지는 결정적 계기였다는 점에 주목해야 할 일이다.

천리포수목원은 2025년 겨울 현재 무려 1만 7,000종류의 식물이 어우러져 살아가는 우리나라의 대표적인 사설 수목원이다. 하나의 수목원에서 수집한 식물 종류로는 우리나라 최대인데 이는 앞에서 이야기한 세계 수목원의 예를 보아도 결코 적지 않은 규모다. 5만여 종류의 식물을 수집 전시한 영국의 큐왕립식물원을 빼면 미국과 일본의 어느 수목원과 비교해도 결코 뒤지지 않을 만큼 세계적인 수집 규모를 자랑한다. 천리포수목원의 식물 수집 규모는 가히 세계적이라 해도 과장이 아니다. 특히 목련속 식물의 경우, 전 세계에 존재하는 1,000분류군의 대부분인 930여 분류군을 수집해 세계 목련 연구자들에게 경이로운 연구 대상지라는 건 천리포수목원의 대표적인 자랑거리다. 물론 식물 수집 규모만으로 수목원의 우수성을 재단할 수는 없지만 식물 수집은 수목원의 운영 과정에서 얼마나 열정적으로 수목원을 운영했는지를 짚어볼 수 있는 하나의 기준인 것은 분명하다.

천리포수목원의 식물 수집 열정은 설립자의 열정에서부터 시작된다. 천리포 지역에 나무를 심은 건 한국전쟁의 상처가 채 아물기 전인 1960년대부터였다. 당시 이 지역은 풀 한 포기 제대로 자라기 어려운 척박한 모래 동산이었다. 그때 마침 일본어 통역장교로 제2차 세계대전에 참전했다가 전쟁이 마무리되고 한국에 들어온 미국인 칼 페리스 밀러(Carl Ferris Miller, 1921~2002)[2]가 이곳에 아름다운 숲을 이루겠다는 야멸찬 꿈을 품었다. 천리포수목원 설립자인 민병갈에 대한 자세한 인물 스토리는 나의 다른 책 『나무를 심은 사람』에서 상세히 이야기했기에 여기서는 간단히만 소개한다. '나무가 주인 되는 세상'을 이루겠다는 그는 300년 뒤를 내다보며 수굿이 나무를 심었다. 천연의 숲을 재현하기 위해서 그는 식물이 생육하기에는 매우 불리했던 조건의 이 황무지에 사람이 할 수 있는 최선의 개입을 시도했다. 철저하면서도 강력했다. 화학비료를 쓰지 않고, 화학농약을 쓰지 않으며, 가지치기를 하지 않는다[3]는 게 그가 자연에 개입하는 절대 원칙이었

---

2   나중에 그는 '민병갈(閔丙渴)'이라는 이름의 한국인으로 영구 귀화했다.

제 25 장
인공의 숲

965

다. 사람의 '선한' 개입과 함께 천리포 바닷가의 황무지 땅에는 세월이 겹겹이 쌓이면서 짙은 초록 빛깔이 내려앉았다. 풀 한 포기 자라기 어려우리라고 내다봤던 식물학자들은 천리포 동산의 초록빛 변화에 놀랐고, 천리포 동산은 이제 명실상부한 식물 생태 연구의 보고가 됐다. '서해안의 푸른 보석'이라는 천리포수목원의 별칭은 그렇게 지어졌다.

1970년대에 '천리포수목원'이라는 이름으로 숲을 등록한 뒤, 지금까지 천리포수목원은 여전히 식물을 자연스럽게 키우는 원칙에서 벗어나지 않으려 애쓴다. 2002년 설립자 민병갈이 작고하고, 이사회 중심으로 운영을 이어가게 되면서 적지 않은 변화가 있었다. 특히 이전까지의 비공개 원칙을 내려놓고, 2009년부터는 일반 관람객에게 공개하는 방식으로 운영된다. 어쩔 수 없이 교육과 연구를 위한 수목원의 범위를 넘어 일반 관람객의 수요도 만족시켜야 하는 적지 않은 부담을 떠안고 운영하는 중이

3 　오해를 줄이기 위해 천리포수목원 운영 이사의 한 명으로서 현재의 사정을 덧붙인다. 앞에서 설립자는 수목원 운영 원칙으로 '가지치기를 하지 않는다'고 했다. 그러나 지금 천리포수목원의 나무들을 관찰하다 보면 적잖이 가지치기가 돼 있는 나무들이 눈에 띈다. 이는 설립 당시와 지금의 나무들이 달라진 데에서 나온 결과다. 지금이라고 해서 설립 당시의 원칙을 무너뜨린 건 아니다. 예전에는 가지치기를 하지 않아도 나무들이 살아갈 수 있는 공간이 충분했다. 그러나 나무들이 지난 세월 동안 크게 잘 자라면서 나무들에 할당된 공간은 줄어들기 시작했고, 차츰 나무들이 서로에게 그늘을 드리우며 경쟁하는 상황이 됐다. 이 같은 상황을 어떻게 극복할 것인가를 놓고 이사회에서는 많은 생각을 했다. '가지치기를 하지 않는다'는 속뜻을 다시 돌아볼 수밖에 없었다. 설립자가 말한 '가지치기'는 '사람에게 잘 보이기 위한 가지치기'였으리라. 그 원칙은 지금도 이어가야 한다. 그러나 '가지치기'라는 글자에 매달리다 보면 나무들이 그늘에 묻혀 죽어가는데도 불구하고 그냥 두고 보아야 한다는 결과가 나온다. 그래서 오랜 고민 끝에 이사회에서는 '가지치기'를 실행하기로 결정했다. 그러나 분명한 건 사람의 눈을 위해서가 아니라는 점이다. '나무를 더 잘 살리기 위한 가지치기'라는 제한된 범위에서의 가지치기임을 분명히 밝혀둔다.

290 천리포수목원.

다. 그럼에도 불구하고 여전히 천리포수목원 운영자들이 내려놓을 수 없는 지향점은 '나무가 주인인 동산'이다.

천리포수목원은 언제 찾아가도 편안한 숲이다. 우리 땅에서 자라는 토종 식물은 물론이고, 이 땅 어디에서도 볼 수 없는 타국 땅에서 자라던 식물까지, 모두가 마치 오래전부터 이 자리에서 자라온 것처럼 의젓하게 살아가는 가장 천연에 가까운 숲이다. 인공의 숲이 이토록 자연에 가까워질 수 있다는 사실이 오히려 낯설다. 사람의 힘으로 일군 인공의 숲이건만 그 어떤 숲보다 자연미를 또렷하게 구현하려는 사람의 '선한' 개입이 선명하게 살아 있는 생태 숲이다. 천리포수목원만의 미덕이다.

물론 천리포수목원을 세계의 수목원들과 비교할 때 만족할 만한 수준이라고 이야기하기에는 아직 이르다. 앞에서 이야기했던 세계 수목원들에 비해 치명적으로 모자란 부분은 여전히 연구 교육 분야의 활동이다. 천리포수목원은 지속적으로 일반 비전문가 대중을 대상으로 한 교육 활동에 최선을 다하는 건 사실이다.

제 25 장
인공의 숲

그러나 전문 식물 연구에 있어서는 아직 눈에 띄는 성과를 드러내지 못하고 있다. 분명 아쉬운 점이다. 무엇보다 수목원 운영과 관련한 인력과 예산 부족으로 현재로서는 더 이상 깊은 연구 성과를 기대하기 어려운 게 사실이다. 연간 30만 명에 이르는 탐방객을 관리하고, 탐방객을 통한 수입을 유지하기 위한 사업만으로도 현재 인력으로 운영하기에는 매우 벅찬 상태다.

그러나 수목원 조성의 역사가 늦은 편인 우리나라에서 처음 설립한 천리포수목원이 지난 수십 년 동안 지향해 온 수목원 운영 원칙과 그에 따른 결과는 현재의 다른 국내 수목원이나 앞으로 새로 등장하게 될 또 다른 수목원·식물원의 분명한 기준이 될 것은 확실하고, 또 그래야 한다는 점을 여기에서 다시 강조한다. 특히 최근 들어 곳곳에서 우후죽순처럼 설립되는 식물원과 수목원을 살펴보면, '사람의 선한 개입으로 이루어진 천리포수목원'의 현재 상황이 귀할 수밖에 없고, 운영의 애로점이 적지 않더라도 지금까지의 운영 원칙을 이어가기를 바라게 된다.

우리나라 수목원 2. 세조의 광릉숲과 국립수목원

천리포수목원은 물론이고 대개 열악한 재정을 바탕으로 운영하는 우리나라의 사설 수목원들의 현황과 달리, 비교적 넉넉한 예산(물론 세계적으로 보아서는 아직 모자란 수준)으로 운영되는 국립수목원이 있다.

우리나라 국립수목원의 시작은 '광릉수목원'으로 부르는 광릉의 '국립수목원'에서 비롯된다. 광릉수목원이라고 더 많이 불리게 된 건, 이곳이 1999년 5월에 국립수목원으로 승격되기 전까지 광릉수목원으로 불렸기 때문이다. 실제로 광릉수목원이라는 옛 이름을 새긴 표지석이 현재 산림박물관 앞에 남아 있기도 하다. 경기도 포천시 소흘읍 직동리 일대는 원래 조선시대 세조의 능림으로 조선시대부터 500년 넘는 긴 세월에 걸쳐 국가 차원에서 보존해 온 '광릉숲'이 있는 곳이며, 광릉수목원은 광릉숲의 한가운데에 자리 잡았다. 해발 537미터의 소리봉, 해발 392미터의 천점산, 해발 480미터의 용암산이 어우러지는 지역이다. 일제강점기에는 산림 관련 연구를 위한 시험림, 학술보호림으로 보호되었고, 한국전쟁을 거치는 동안에도 별다른 훼손 없이 잘 보존된 우수한 숲이다. 2010년에는 유네스코에서 생물권보전지역으로 지정하기도 했다. 조선시대에는 세조가 사냥을 위해 이 숲을 자주 찾았다고 하는데, 세조가 죽으면서 그의 능인 광릉을 이곳에 설치하면서 왕릉 숲으로 보존하게 된 오랜 역사를 가진 우리나라 대표 숲 가운데 하나다.

광릉수목원이라는 이름으로 공식 개원한 것은 1988년 세계인들의 관심이 서울에 집중되던 서울올림픽을 앞둔 때였다. 그때 우리의 아름다운 숲을 널리 알리겠다는 취지에서 '광릉수목원'이라는 이름으로 공식 개원했다. 1987년 4월의 일이다. 그 뒤 세계적으로 산림자원의 중요성이 부각되는 세계적인 흐름에 발맞춰 1999년 5월에는 국립수목원으로 승격했다.

총 1,124헥타르(340만 평) 규모의 국립수목원은 물론 수목원으로 개원하면서 조성한 전시 공간이 적지 않지만, 그보다는 500년

제 25 장
인공의 숲

969

넘게 지켜온 숲의 가치가 더 높은 게 사실이다. 이 숲은 천이의 최종 안정 상태인 극상림에 해당하는 숲으로, 광릉요강꽃을 비롯해 광릉물푸레, 광릉골무꽃 등 우리 고유 식물의 자생지로 보존되고 있다. 또 크낙새, 장수하늘소 등 멸종위기종의 서식지로서도 보호 가치가 높은 숲이다. 공식 개원 전부터 조성을 시작해 광릉수목원으로 개원한 1987년에는 주제에 따라 관상수원, 화목원, 습지식물원, 수생식물원, 식·약용식물원, 희귀·특산식물 보존원 등 24개의 전문전시원을 조성해 운영하고 있다. 또 이때에 맞춰 개관한 수목원 내의 산림박물관에는 우리나라 산림과 임업의 역사와 현황에 관련한 갖가지 사료와 유물 등 4,900점에 이르는 자료를 전시했다. 국립수목원으로 승격한 뒤에는 2003년에 식물, 식물씨앗, 곤충, 야생동물 등의 표본 116만 점을 관리하는 산림생물표본관을 개관했으며, 2008년에는 약 2,700종류의 열대식물을 심어 키우는 열대식물자원연구센터를 여는 등 명실상부한 국립수목원으로의 위치를 공고히 했다.

국립수목원은 산림 연구와 관련한 국가적인 역할을 주도하는 산림기관으로 나아가고 있으며, 광릉숲의 생태계 보전 관리업무에 주력하며, 일반 국민에 대한 교육 및 홍보에도 앞장서는 우리나라의 대표적인 국가기관이다. 국립수목원은 우리나라의 나무와 숲 관련 대학과 연구기관을 중심으로 공사립 수목원·식물원과 연계하여 식물 관련 정보를 데이터베이스화했다. 국립수목원은 이를 《국가생물종지식정보시스템》이라는 이름으로 일반에 제공하고 있다. 또 이 책에서도 식물 이름을 쓰는 기준으로 삼은 《국가표준식물목록》도 국립수목원의 빼어난 업적 가운데 하나라

할 수 있다. 식물 이름의 표준화를 위해 국립수목원이 한국식물
분류학회와 공동으로 국가표준식물목록위원회를 구성하여 운영
한 결과다.

한국수목원정원관리원의 설립과 국립수목원

　　광릉의 국립수목원에 이어 한국수목원정원관리원의 설립은
우리나라 국립수목원 역사의 획기적 전기를 마련했다. 2016년 12
월에 '수목원·정원의 조성 및 진흥에 관한 법률'이 공포되면서 이
에 맞춰 '한국수목원관리원'[4]을 설립하고 이 기관을 중심으로 국
립수목원의 새 역사를 열기 시작했다. 한국수목원정원관리원에
서는 먼저 2018년에 경북 봉화에 국립백두대간수목원을 개원하
고, 2020년에는 세종특별자치시에 '국립세종수목원'을 공식 개원
하는 성과를 이뤘다. 이어 2021년에는 사립으로 운영되던 강원도
평창의 한국자생식물원을 기증받아 위탁 관리(운영)하기로 했고,
이어 2025년에는 국립정원문화원을 전라남도 담양에 개원하며
국립수목원 설립과 운영에서 선도적 역할을 하고 있다. 앞으로도
한국수목원정원관리원에서는 2027년에 국립새만금수목원과 정
원소재실용화센터를 설립할 계획까지 착착 진행 중이다.
　　한국수목원정원관리원이 첫 번째 수목원으로 공식 개원한
국립백두대간수목원은 이 책의 제15장 '씨앗 저장'에서 '시드볼

4　　2023년에 '한국수목원정원관리원'으로 이름을 바꾸었다.

트'를 살펴보기 위해서 먼저 이야기했다. 여기서 국립백두대간수목원의 현재 상황을 더 짚어본다. '백두대간 산림생물자원의 보고, 사람과 숲이 마주하는 수목원'이라는 캐치프레이즈로 2018년 5월에 공식 개원한 국립백두대간수목원은 아시아 최대 규모의 수목원이다. 총 면적이 무려 5,179헥타르(약 1,560만 평)에 이르는 이 수목원은 아시아에서는 면적에서 최대 규모이며 세계적으로도 6,229헥타르(약 1,900만 평) 규모의 남아프리카공화국의 국립한탐식물원에 이어 두 번째로 넓은 면적을 가진 수목원이다. 이는 앞에서 이야기한 세계를 대표하는 식물원이나 수목원의 규모를 보면 알 수 있는 엄청난 규모다. 캐치프레이즈에서 보듯 '백두대간과 고산 지역 산림생물자원을 수집·보전·전시·활용하여 생물다양성을 증진하고, 다양한 관람 및 교육·체험 서비스 제공을 목적'으로 출범했다. 국내외 고산 지역 등 기후 변화에 취약한 희귀 특산식물을 수집 보존하고 있으며, 2024년 9월 기준으로 희귀식물 326종(한반도 전체 희귀식물의 57.1%), 특산식물 162종(한반도 전체 특산식물의 45.0%)을 비롯해 총 178과, 955속, 4,171분류군,[5] 678만 개체의 식물을 수집 전시하고 있다. 면적에 비해 식물 수집 규모는 아직 보잘것없는 수준이지만, 운영 기간이 짧은 것을 감안하면 이 정도만으로도 결코 적지 않은 수준이다. 앞으로의 성과를 기대할 만한 무한한 잠재력이 담긴 수목원으로 손색이 없다.

국립백두대간수목원의 특별한 숲으로는 '호랑이숲'을 이야

---

[5]　백두대간수목원 홈페이지와 뒤에 이야기할 국립세종수목원에서는 식물 수집 규모를 이야기하면서 '~종'이라고 소개했지만, 정확하게는 '분류군' 혹은 '종류'라고 표기해야 한다.

기하지 않을 수 없다. 식물 수집을 기반으로 하는 수목원으로서는 생뚱맞은 숲이라고 볼 수도 있지만, 이는 식물을 포함한 백두대간 자생생물의 보존이라는 차원에서 바라볼 수 있는 숲이고, 또 식물보다는 호랑이를 보기 위해 찾는 관람객이 많다는 점에서 유의해야 할 부분이다. 국립백두대간수목원의 호랑이숲은 총 3만 8,000제곱미터(약 1만 2,000평)로 축구장 6개 크기와 맞먹는 거대한 규모의 호랑이 사육 공간이다. 호랑이의 생육 특징에 비춰보면 넓다 하기 어렵지만, 인공사육 시설로는 충분히 넓다.

한국수목원정원관리원에서 국립백두대간수목원에 이어 '도심형 수목원'의 형태로 개원한 곳이 세종특별자치시의 '국립세종수목원'이다. 국립세종수목원은 세종시 한복판의 평지 65헥타르(약 20만 평)에 조성되었는데, 이 정도 넓이의 평지를 확보하는 건 쉽지 않은 일이다. 이는 이 땅이 수목원 조성 이전에 넓은 논과 밭이었기 때문에 가능했다. 2012년부터 조성 작업을 시작해 2020년 7월에 공식 개원한 국립세종수목원은 2023년 현재 3,759 분류군의 식물을 수집해 전시하고 있다. 이 수목원은 특히 도심형 수목원이라는 특징에 맞춰 갖가지 형태의 정원을 조성해 식물

제 25 장
인공의 숲

국립백두대간수목원의 호랑이숲을 거니는 **호랑이들**.

을 정원 조경 형태로 전시한다는 특징도 있다. 그러나 뭐니 뭐니 해도 국립세종수목원에서 가장 탁월한 공간은 4개의 구획으로 나눠진 온실이다. 물론 시간이 지나면 온실 외 구역에서도 우거진 식물을 찾아볼 수 있겠지만, 2026년 현재까지는 수집된 식물들 간의 어우러짐이 그다지 빼어나다 하기 어렵기도 하거니와 아직은 그리 풍요롭지 않은 편이다. 식물원이나 수목원을 완성하는 건 탁월한 능력의 정원사가 아니라 '시간'이라는 걸 상기할 수밖에 없다. 그러나 짧은 시간에 완성도를 높일 수 있는 온실만큼은 우리나라의 여느 온실에 비해 탁월하다. 게다가 뛰어난 가드너들의 열정으로 수집된 열대식물의 종류만으로도 엄청난 성과를 이루고 있다. 이를테면 이 책의 제9장 '생명의 진화'에서 보여준 '앙그레쿰 세스퀴페달레' 역시 국립세종수목원의 열대온실에 수집되어 해마다 설날 즈음이면 이 특별한 꽃을 전시한다. 아직까지는 우리나라에서 앙크레쿰 세스퀴페달레를 볼 수 있는 유일한 공간이다.

293 국립세종수목원 열대온실.

앞으로 우리나라의 수목원 정원 문화를 선도하는 역할에 기대가 크다. 국립백두대간수목원을 정식 개원한 게 아직 10년이 채 안 되는 상황이어서, 현재로서는 공과를 이야기하기에 이르다. 다만 국가적 규모로 키워나가는 식물원과 수목원 관련 기관이라는 점에서 주목해야 하고, 국민적 기대를 모아야 할 기관이라는 점을 강조한다.

수목원과 정원의 공통점 및 차이점

앞에서 우리는 식물원과 수목원의 차이를 짚어보고 간단히나마 세계의 식물원과 수목원, 그리고 우리나라의 식물원과 수목원의 현황을 짚어보았다. 이 과정에서 또 하나의 개념인 '정원'이 자주 등장했다.

식물원이나 수목원이나 정원이나 모두 식물을 수집 전시하는 곳이라는 점에서는 차이가 없다. 그러나 식물원과 수목원은 무엇보다 교육 연구에 집중돼 있다는 점을 간과해서는 안 된다. 이는 세계적인 경우와 비교해도 그렇다. 이를테면 세계적인 수목원들은 모두 식물의 전문 연구에서 일정한 성과를 이루고 있는 게 뚜렷한 사실이다. 여기서 말하는 연구는 주로 식물 그 자체의 생명에 대한 연구다. 이 책에서 줄곧 강조하고 있는 식물의 실용적 가치 위주의 연구를 뛰어넘는 생명에 대한 연구를 기반으로 해야 한다. 물론 그렇다고 실용적 가치를 완전히 배제한 연구라는 건 사실상 가능하지도 않다. 그러나 바탕이 무엇이어야 하는가에 대해서는 조심스럽게 돌아보아야 한다.

정원의 경우는 어떨까. 정원은 무엇보다 미적 향유를 위해 꾸미는 공간인 게 틀림없다. 애당초 출발에서부터 '나무가 주인 되는 수목원'라는 천리포수목원 설립자 민병갈의 생각과는 결이 다르다. 일례로 국립세종수목원이 공식 홈페이지에 2030년을 목표로 제시한 내용 가운데에는 연간 120만 명의 관람객 확보가 있다. 여기의 관람객은 식물 분야 전문가가 아니라 비전문가인 일반 대중을 포함한 숫자다. 수목원을 찾는 관람객이 늘어나는 것에 대해 문제 삼아야 한다는 건 결코 아니다. 관람객이 늘어나면 수입이 늘어나는 건 물론이고, 그 수입이 식물원과 수목원의 연구 활동의 재정적 기반이 되는 건 분명한 사실이다. 더불어 일반인들의 식물에 대한 인식을 제고할 수 있다는 점에서도 긍정적이다.

그러나 조심스럽게 짚어볼 문제는 남는다. 우선 수목원 입장에서 보면 관람객을 늘리기 위해 무엇을 해야 하는지 보아야 한다. 특히 식물에 대한 전문 지식을 갖추지 않은 일반 관람객을 늘리기 위해서라면 당연히 순간적인 향락에 수목원 운영 방향을 맞추어야 한다. 이를테면 계절별로 관람객들이 선호하는 식물들을 심어 전시해야 한다. 이를 위해 수목원이 확보한 넓은 부지에는 봄이면 봄에 피는 꽃들을 줄지어 심을 수밖에 없다. 봄꽃이 지고 나면 다시 여름의 관람객을 맞이하기 위해 봄꽃들을 모두 뽑아내고 새로운 여름꽃을 심어야 한다. 일일이 수작업으로 진행해야 할 이 작업에 투여되는 인력도 지금도 엄청난 규모로 소비될 것이다. 연간 120만 명의 관람객이 제가끔 화려한 꽃동산 앞에서 손가락으로 브이자를 표시하며 사진 한 장 찍고 돌아가게 하기 위해 들여야 하는 예산과 인력은 그야말로 소모적이라고 지적하지 않을 수 없다. 이는 지금까지 국립을 비롯한 대개의 공사립 수목원들의 운영 사례에서도 뚜렷하게 나타난다.

인력과 예산 낭비보다 더 중요한 문제가 있다. 식물원과 수목원의 운영 목적을 생각해 보아야 한다. 식물이 살아갈 수 있는 환경, 즉 안정적인 생태계를 이룬다는 기본적인 운영 목적에서는 멀리 떨어진 운영 방식이라는 점을 짚어봐야 한다. 식물원과 수목원은 놀이공원이 아니다. 한순간의 사진을 남기기 위해 잠시 아름다운 배경을 제공하는 게 식물원의 목적이 되어서는 안 된다. 시간이 걸리더라도 여러 종류의 식물들이 안정적인 생태 환경을 이룰 수 있도록 기다려야 한다. 앞에서도 이야기했듯이 어차피 식물원과 수목원을 완성시키는 건 훌륭한 가드너가 아니다. 식물원을 완성시키는 건 오로지 시간의 흐름이다. 그러나 철마다 땅을 파헤쳐 새로운 식물을 심어 꽃 피우게 하고, 꽃 진 뒤에는 죄

제 25 장
인공의 숲

977

다 뽑아내는 작업을 반복하는 과정에서 안정적 생태계, 자연환경을 기대할 수는 없다. 그건 예쁜 사진 한 장 찍기 위한 놀이공원의 배경처럼 식물을 이용하는 것에 지나지 않는다.

우리는 앞에서 숲이 형성되는 과정을 자세히 살펴보았다. 하나의 식물이 자라는 건 혼자만의 힘이 아니다. 숲은 다양한 생명들이 하나로 연결되어 있는 거대한 네트워크다. 숲 생태계가 미세하고도 치밀하게 연결돼 있음을 증거하는 '우드 와이드 웹'이라는 용어도 자칫하면 숲에 존재하는 생명들의 능동적 활동을 축소 해석할 수 있다는 점에서 비판적으로 수용하자고 이야기한 것은 그래서였다. 하나의 작은 식물이 자리를 잡고 자라면서 꽃 피우고, 시들어 떨어지며, 씨앗을 뿌리는 과정은 분명 다른 다양한 생명과의 조화를 통해 이루어진다. 이 과정은 식물 스스로가 능동적으로 이뤄가는 과정이다. 식물원과 수목원은 그런 점에서 오랜 시간을 두고 하나의 생명이 다른 생명들과 거대한 네트워크 속에서 자리 잡아가도록 두고 보아야 한다는 이야기다. 무엇보다 국가적으로 운영하는 식물원과 수목원들이 조급하게 식물을 심고 파헤치는 과정을 짧은 시간에 반복하는 건 안정적 생태계를 이루는 데에 역행하는 작업이라는 점을 지적하고 싶다.

관람객의 입장에서도 문제는 적지 않다. 이처럼 임기응변적인 수집 전시에 의해 이뤄진 수목원을 찾아와 화려한 꽃동산에서 사진 몇 장 남기고 돌아가는 관람객들이라면 수목원이라는 공간을 계절의 흐름에 맞추어 미적인 향유를 즐기는 곳으로 인식할 수밖에 없다. 이 책의 처음부터 줄곧 강조해 온 하나의 생명체로서의 나무의 경이로운 생명력을 체감할 수 있는 곳으로 수목원을 기억하는 일반 관람객이 얼마나 될지 낙관하기 어려워진다. 앞에서 이야기한 마이클 폴란은 그래서 그 두 가지 사이의 조화와 중용을 이야기한 것이다. 사람의 문화적 욕구와 생태계의 생명으로서의 욕구를 얼마나 조화롭게 이어가는가 하는 것은 지금 우리가 수목원, 달리 이야기하면 모든 인공림을 가꾸는 데에 꼭 필요한 철학이다. 우리의 경우 수목원과 정원을 굳이 하나로 통합해 '한국수목원정원관리원'이라는 이름으로 운영한다는 데에서부터 문제의 소지가 있는 건 아닌가 돌아보았으면 좋겠다. 물론 이제 시작일 뿐인 상황이니 앞으로의 행보를 우리 국민 모두가 주시해야 할 일이다.

세상이 열리고 그 안에 나무가 있었다. 사람은 나무를 베어내고 그 자리를 차지했다. 그리고 사람은 문화를 이루기 위해 다시 나무를 심고 정성을 다해 키웠다. 자연도 문화도 결코 따로 떼어놓을 수 없다. 문화와 자연의 아름다운 중립지대가 되어야 할 '인공림'의 의미와 현황을 살펴보면서 '인공림이면서도 가장 천연림에 가깝게' 키우도록 애쓴 천리포수목원이 떠오르는 건 그래서다. 자연에서 사람의 위치와 개입의 의미를 되새기게 하는 숲으로 천리포수목원의 사례는 곰곰 짚어보아야 할 하나의 기준으로 남을 것이다.

제 25 장
인공의 숲

생로병사

오늘, 엄마가 죽었다.
아니 어쩌면 어제인지도, 나도 모르겠다.
양로원으로부터 전보 한 통을 받았다.
'모친 사망. 내일 장례식. 삼가 애도함.'
그것만으로는 알 수 없었다.
아마 어제였을 것이다.

– 알베르 카뮈*Albert Camus*, 『이방인*The Stranger*』에서

태풍과 폭우 그리고 벼락은 이 땅의 모든 생명에게 자연이 보내는 가장 큰 위협이다. 사람들은 온갖 방법으로 자연 재해에 대비하지만 그래봤자 어김없이 다치고 죽는다. 사람이 겪게 되는 자연 재해 중에서 가장 많은 피해가 자연스레 폭우와 태풍과 벼락이 잦은 여름에 집중된다. 여름을 아슬아슬 위태롭게 넘겨야 하기로는 나무도 마찬가지다. 너른 들녘에 홀로 우뚝 서 있는 큰 나무는 불어오는 바람을 막을 수도 내리치는 번개를 피해 달아날 수도 없다. 맞서 이겨내야만 한다. 한자리에 뿌리 내리고 평생을 살아야 하는 나무의 운명이다.

폭우와 태풍이 집중되는 여름이면 해마다 나무의 피해가 눈에 띄게 늘어난다. 크고 작은 나무들이 큰 바람을 이겨내지 못하거나 벼락을 맞고 쓰러지는 참사가 벌어진다. 또 최근 들어서는 짧은 시간에 집중적으로 쏟아지는 폭우를 견디지 못하고 쓰러지는 나무들도 많이 늘어났다. 비바람 몰아치는 벌판에 홀로 우뚝 서 있는 나무는 하릴없이 태풍과 폭우의 피해에 쓰러질 위기를 스스로 이겨내야 한다.

해마다 태풍과 폭우의 피해가 잇달았는데, 2024년에는 천연기념물인 **포천 초과리 오리나무**가 회생 불가능의 상태로 쓰러졌고, 2023년에는 태풍 '카눈'에 의해 **구미 독동리 반송**의 굵은 가지가 부러져 우리나라에서 가장 아름다운 반송 가운데 하나로 여겨지던 반송의 균형 잡힌 수형을 잃었다. 그뿐만 아니다. 같은 태풍 '카눈'은 가뜩이나 망가진 수형으로 애면글면 목숨을 유지하던 **보은 속리 정이품송**에게도 강력한 충격을 가해 북쪽으로 뻗은 두 개의 굵은 가지를 부러뜨렸다. 천연기념물로 지정된 큰 나무만

제 26 장
생로병사

살펴보아도 이만큼 눈에 띄는 큰 피해가 드러난다.

나무에게 가장 치명적인 위협 요인, 태풍

나무의 생명에 가장 치명적인 위협은 태풍이다. 태풍의 강도를 이야기할 때에 '나무가 쓰러질 정도'라는 표현이 자주 등장하는 것도 나무에게 태풍이 얼마나 위협적인지를 보여주는 증거다. 국가 자연유산인 천연기념물로 극진히 보호하는 노거수라 해도 태풍에는 대책이 없다. 천연기념물급의 나무들은 오래된 나무여서 노쇠했다는 상황을 약점으로 꼽을 수도 있다. 하지만 이런 큰 나무들은 국가 예산을 들여 쓰러지지 않도록 버팀목을 세워주고 나무 곁에 피뢰침까지 세워주면서 철저하게 보호하고 있다. 그래봤자 어떤 대책으로도 태풍을 완벽하게 막을 수는 없다. 천연기념물로 지정한 나무가 태풍으로 생명을 잃은 경우는 헤아릴 수 없이 많다. 물론 천연기념물이 아닌, 아무런 보호 대책 없이 우리 곁에서 더불어 살다가 쓰러져 간 나무들은 더 말할 나위 없이 많다.

2022년 통계를 보면 태풍은 4월에 1호 태풍 '말라카스'를 시작으로 12월의 25호 태풍 '파카르'까지 모두 25개가 발생했다. 기상청 통계에 따르면 1991년부터 2020년까지 30년 동안 태풍은 한 해에 평균 25.1개가 발생했다. 통계 기간을 확장해서 태풍 통계 기록이 있는 1951년부터 2022년까지 72년 동안의 통계를 살펴보면 태풍은 해마다 평균 26.1개씩 발생했다. 그 가운데 우리 한반도에 직접 영향을 미치는 태풍은 같은 통계에 따르면 평균 3.3개, 30년 동안의 통계에 따르면 평균 3.4개였다. 비교적 태풍이 많았던 최근 10년간의 통계로만 한정하면 발생 태풍이 26.1개, 한반도에 영향을 미친 태풍이 4.0개로 돼 있다. 해마다 대략 3~4개의 태풍이 한반도에 상륙해 큰 피해를 남긴다는 걸 알 수 있다. 2022년에는 '에어리', '송다', '트라세', '힌남노', '난마돌' 등 7월부터 9월까지 5개의 태풍이 한반도에 영향을 미쳤는데, 그 가운데 한반도에 상륙해 큰 상처를 남긴 태풍이 11호 태풍 '힌남노'였다. 순간 최대풍속이 초속 72미터에 이르고 경북 포항 일대에는 시간당 100밀리미터를 넘는 기록적인 폭우를 퍼부은 태풍 '힌남노'는 포항을 중심으로 한 경상도 남부지방에 큰 피해를 남겼다. 이때 중부를 비롯한 한반도 대부분의 지역에는 폭우가 이어져 또 다른 피해를 남기기까지 했다. 대개의 우리 국민들이 태풍이 한반도를 빠져나갔다며 안도할 즈음에 태풍 '힌남노'는 울릉도를 지나면서 **울릉 도동리 향나무**를 뿌리째 뽑아 쓰러뜨렸다. 앞의 제7장 '오래된 나무'에서 우리나라에서 가장 오래된 나무로 기록돼 있는 나무라고 소개했고, 뿌리째 뽑혀 쓰러진 그 나무를 다시 바로 세우며 회생 대책에 진력했다는 상황도 이야기했다.

1982년에 지정 번호 11-74의 산림청 보호수로 지정 보호해왔던 **울릉 도동리 향나무**는 도동 항구 여객선 터미널에서도 바라다보이는 절벽 위에 뿌리를 내리고 있어서 관광객에게 울릉도의 첫 인상으로 강렬하게 남는 나무다. 울릉도의 상징이자 관문으로 여겨진 까닭이다. 울릉도의 관문인 도동항에서 행남봉 쪽으로 가는 길에 나타나는 삼형제봉 끝자락, 낭떠러지 끝이 나무가

제 26 장
생로병사

983

2,000년을 살아온 자리다. 나무의 생김새보다 먼저 나무가 서 있는 자리부터 인상적이다.

　　울릉도는 오래전부터 향나무가 자생한 섬이다. '울릉 통구미 향나무 자생지'와 '울릉 대풍감 향나무 자생지'를 천연기념물로 지정한 것도 울릉도의 향나무를 귀한 자원으로 여긴 때문이다. 우리나라의 모든 향나무의 원조 격이라 할 수도 있는 울릉도 향나무를 이 지역 사람들은 울릉도의 앞글자를 따서 '울향鬱香'이라고 부른다. 또 대개의 향나무들이 바위 틈에서 자란다 해서 '석향石香'이라고 부르면서 향나무 가운데에서는 가장 질 좋은 향을 가진 최고의 향나무로 꼽는다. 심지어 울릉도의 향나무가 맺은 씨앗이 동해의 바닷물을 따라 멀리 울진 앞바다까지 흘러가 울릉도 향나무의 자손을 퍼뜨렸다는 이야기까지 있다. 울진 바닷가 죽변 항구에 서 있는 **울진 후정리 향나무**가 울진 향나무의 계보를 이어가는 육지의 향나무로 전해올 정도다.

　　일제강점기에 일제 침략자들이 울릉도의 향나무를 마구 베어 내 가구재로 활용하는 바람에 많은 향나무가 수난을 당했다. **울릉 도동리 향나무**는 그 세월을 모두 견뎌내고 살아남았다. 살아온 세월이 길다 보니, 나무가 겪어야 했던 생로병사의 위기도 적지 않았다. 2022년 태풍 '힌남노'의 습격 이전에도 태풍으로 인한 수난은 여러 차례였다. 특히 1985년 10월에 불어닥친 태풍 '브렌다'에 의한 피해는 이 나무에 결정적인 생존의 위기를 가져왔다. 이때 나무의 줄기와 가지 상당 부분이 부러지고, 뿌리까지 드러나는 위험한 상태가 되었다. 울릉도의 관문이자 상징인 이 향나무를 살리기 위해 울릉도 주민들은 자발적으로 '울릉 도동리 향나무 회생 대책위원회'를 결성해서 나무 회생에 나섰다. 땅 위로 드러난 뿌리 부분과 줄기 안쪽의 썩은 부분은 충전재로 메우는 외과수술을 진행했다. 또 바람에 쓰러지지 않도록 지지대를 설치하고, 수시로 몰아치는 절벽 위의 바람을 견뎌내도록 나뭇가지들을 쇠줄로 연결해 보호했다. 태풍으로 부러져 줄기에서 떨어져 나간 나뭇가지는 잘 보관했다가 나중에 경매로 내놓았다. 이 같은 정성으로 나무는 위기를 잘 넘겨 지금까지 우리나라 향나무의 대표적인 상징으로 살아남았던 것이다. 그리고 그로부터 37년 뒤인 2022년에 다시 태풍 '힌남노'의 습격을 받았다. 워낙 포항 지역의 사람살이에 닥친 피해가 심각했던 탓에 태풍이 포항 앞바다를 벗어나자 사람들은 '태풍이 한반도를 벗어났다'며 안도의 한숨을 내쉬었지만, 태풍은 우리 한반도의 동쪽 울릉도에 상륙해 **울릉 도동리 향나무**를 어이없게 뿌리째 뽑아 쓰러뜨린 것이다. 나무를 회생시키려는 노력이 이어져 다시 일으켜 세우기는 했지만, 그가 겪은 상처를 완전히 회복하는 건 쉽지 않을 것이다.

'용송'으로 불리던 '괴산 삼송리 소나무'

충북 괴산군 청천면 삼송리 '왕송마을'의 버팀목이었던 소나무도 그런 나무다. 천연기념물이었던 **괴산 삼송리 소나무**는 왕송마을 뒷동산 위의 평지 한가운데에 우뚝 서 있고, 소나무 주변에는 여러 그루의 소나무가 마치 왕의 안위를 호위하듯 둘러서서 작은 숲을 이룬 마을의 자랑이자 상징이었다. 마을 사람들은 거침없이 '왕소나무'라고까지 불렀고, 마을 이름을 아예 '왕소나무 마을' 혹은 '왕송마을'이라고 불렀다. 이 작은 솔숲은 마을 사람들의 좋은 쉼터이기도 했다. 숲 한가운데에 서 있는 왕소나무는 두드러지게 발달한 줄기의 근육질이 눈에 띄는 융융한 나무였다. 밑동부터 나뭇가지로 이어지는 근육질의 줄기가 마치 용이 꿈틀대며 하늘로 오르는 용틀임의 형상을 했다 해서 마을 사람들은 이 나무를 '용송龍松'이라고도 불렀다.

그런데 빽빽이 들어선 곁의 소나무들이 크게 자라면서 문제가 생겼다. 왕소나무의 한쪽에 닿아야 할 햇살이 가리워졌다. 왕소나무는 빽빽한 나무들 사이로 비쳐드는 가늣한 햇살을 따라 자라느라 그늘 쪽의 땅 위로 솟은 뿌리의 일부가 살짝 들어 올려질 정도로 햇살 쪽으로 기울어졌다. 왕소나무의 균형을 회복하는 일이 화급했다. 왕소나무 곁으로 그늘을 드리운 나무들을 베어 내서라도 왕소나무가 가지 뻗을 공간을 확보해야 했다. 천연기념물을 관리하는 주무부서와 지자체의 전문가들은 오랜 숙의 끝에 왕소나무 바로 곁의 소나무 네 그루를 베어 내기로 했다. 시간은 걸리겠지만, 다른 나뭇가지가 지어 내는 그늘 때문에 생육이 부진한 쪽의 나뭇가지가 더 잘 자라나 균형을 회복하게 하려는 대책이다. 고육지책이었다. 중간이 뭉텅 잘려 나간 솔숲은 볼썽사나웠지만 오래 버티고 살아남을 힘을 나무 스스로 확보하도록 도와주는 불가피한 대책이었다.

그런데 아뿔싸. 이즈음에 예상하지 못한 사건이 벌어졌다. 2012년 여름이었다. 8월 말에 발생한 '볼라벤'이라는 이름의 강력한 태풍이 마을을 덮쳤다. 작은 솔숲의 왕소나무 곁으로 낸 조붓

295 뿌리째 뽑혀 쓰러지기 전의 **괴산 삼송리 소나무**.

한 틈으로 밀려든 태풍 '볼라벤'은 순식간에 바람의 힘을 키워 왕
소나무 곁을 스쳤다. 그렇잖아도 한쪽으로 기울었던 왕소나무는
결국 이 거센 바람을 견디지 못하고 뿌리째 뽑혀 쓰러졌다. 곁의
나무를 베어 내서라도 비스듬히 기운 왕소나무의 균형을 되찾게
하겠다는 바람은 물거품 되어 무너앉았다.

긴 세월 동안 마을의 버팀목이었던 나무를 그대로 보낼 수
없었던 사람들은 나무를 되살리려 안간힘을 다했다. 한 해를 넘
기는 긴 시간 동안 나무에 특별한 영양제를 주사하는 등의 길고
질긴 수고와 마을 사람들의 간절한 바람에도 나무는 살아나지 못
했다. 결국 2013년 11월에 나무는 최종 고사 판정을 받고 천연기
념물에서도 해제되는 안타까운 운명을 받아들여야 했다.

나무는 그렇게 생명을 다했으나 사람들의 나무 사랑은 끝나
지 않았다. 죽어 널부러진 나무를 그 상태대로 보존하기 위해 전
체적으로 방부 처리를 하고 원래 서 있던 바로 그 자리에 드러누

제 26 장
생로병사

296 쓰러진 채로 방부처리하여 보존하는 **괴산 삼송리 소나무**.

운 채로 왕소나무의 흔적을 남겨두었다. 죽은 나무의 형해이지만 나무는 여전히 왕의 위용을 거두지 않았다. 사람들은 거기에서 그칠 수 없었다. 토의를 통해 마을 사람들은 왕소나무의 후계목을 정했다. 왕소나무에 대한 안타까움을 달래자는 의도였다. 바로 곁에서 왕소나무를 호위하고 있던 호위무사격의 소나무 가운데 가장 근사한 모습으로 건강하게 살아가는 소나무 한 그루를 골라내고 그 나무 앞에는 '왕소나무의 후계목'임을 강조한 입간판을 세웠다. 왕으로 모시던 소나무는 태풍의 습격을 이겨내지 못해 쓰러졌지만, 마을 사람들에 의해 왕위를 계승한 후계목이 이제 마을의 새로운 버팀목으로 살아가고 있다.

우리나라의 전나무 가운데에 생물학적으로는 물론이고, 인문학적으로도 충분한 보호 가치가 높은 나무가 있었다. '나무심기'를 살펴본 앞의 제24장에서 이야기한 **합천 해인사 학사대 전나무**가 그 나무다. 앞에서는 속세를 피해 세월을 보내던 최치원이 이 자리에서 거문고를 뜯으며 세월을 한탄하던 때에 심은 나무라는 삽목 설화를 이야기하고, 이 나무가 태풍의 피해로 다시 볼 수 없게 된 나무라는 사실까지 이야기했다. 여기에서 이 전나무의 생태적 특징을 짚어본다.

합천 해인사 학사대 전나무는 오래된 큰 전나무이지만 전나무의 전형적인 생김새에서 조금 벗어났다는 특징이 있었다. 그런 점에서라도 생물학적 보호 가치가 높은 나무다. 1998년에 경상남도 기념물로 지정돼 보호하는 상태였지만, 나무의 의미는 여느 천연기념물 나무에 비해 모자람이 없었다. 하지만 규모만으로 보자면 그리 크다 할 만한 나무는 아니었다.

여기에서 높지거니 곧게 솟아오르는 특징의 전나무 가운데에서 규모가 가장 큰 나무를 짚어볼 필요도 생긴다. 우선 우리나라에서 가장 높은 나무높이로 솟아올랐던 나무로는 충북 영동군 상촌면 흥덕리 마을 어귀에 서 있던 전나무를 꼽을 수 있다. 이 전나무 역시 비바람을 못 견디고 2007년 3월에 쓰러져서 지금은 볼 수 없게 됐지만, 살아 있던 때에 **영동 흥덕리 전나무**의 나무높이는 무려 40미터에 이를 정도였다. 마을 앞 논 건너편으로 이어지는 지방도로 901호선을 지나면서도 뾰족하게 솟아오른 나무를 확인할 수 있던 대단한 나무였다. 영동군의 '군나무'로 지정돼 있던 이 나무는 나무나이 300년으로 짐작되었고, 가슴높이줄기둘레는 4.3미터로 여느 전나무에 비해 매우 굵은 나무라 할 수는 없지만, 나무높이에서만큼은 타의 추종을 불허할 만큼 높았다. 바로 곁에 있는 보호수로 지정된 두 그루의 커다란 느티나무는 전나무의 위용에 눌려 오히려 앙증맞아 보일 정도였다. 한국전쟁 전까지만 해도 정월 대보름과 가을 갈무리를 마친 10월 보름에 나무 앞에서 동제를 지내던 나무였으며 특히 이 전나무는 치성을 드리는 아녀자들에게 아들을 낳게 해 주는 신통력을 가진 나무라는 전설을 품은 나무였다. 안타깝게도 비바람을 이겨내지 못하고 쓰러졌지만 나무를 그냥 떠나보내기 어려웠던 마을 사람들은 쓰러진 나무를 깎아 내 마을 어귀에 장승으로 세우기도 했다.

지금 살아 있는 전나무 가운데에서 가장 높이 솟아오른 나무로는 경상남도 기념물로 지정 보호하는 **함양 금대암 전나무**를 들어야 할 것이다. 고려시대에 진각(眞覺, 1178~1234)국사가 좌선하며 눈이 이마까지 쌓였어도 꼼짝 않고 용맹정진하던 암자라고 전하는 금대암은 신라 태종 3년(656)에 행우(行宇, 생몰년 미상)조사가 처음 지은 절집이지만, 한국전쟁 때 소실되고, 1960년에 다시 지은 천년 고찰이다. 특히 금대암 요사채 앞으로 펼쳐지는 지리산 능선의 풍경은 지리산을 조망하는 데에 가장 뛰어난 전망지로 널리 알려졌다. 지리산을 조망할 수 있는 여러 전망대 중의 제일이라 할 수 있어서 '제일 금대'라고도 부른다. 이 요사채 앞의 언덕 아래쪽에 서 있는 큰 나무가 바로 **함양 금대암 전나무**다. 조선 성종 때 춘추관의 사관史官으로 직언직필直言直筆의 사명을 다하고 연산

군 때 능지처참을 당한 탁영濯纓 김일손(金馹孫, 1464~1498)이 530여 년 전인 1489년 4월에 정여창(鄭汝昌, 1450~1504)과 함께 이곳을 찾아보고 남긴 기행문에 기록돼 있는 나무이기도 하다. 지리산의 능선이 펼치는 장엄함과 잘 어울리는 기개 있는 이 전나무는 나무높이 40미터, 가슴높이줄기둘레는 2.92미터로 기록돼 있어서, 비바람에 쓰러진 **영동 흥덕리 전나무**와 함께 우리나라에서 나무높이가 가장 큰 나무라 할 수 있다.

나무높이는 그보다 조금 작아도 전체적인 규모에서 **함양 금대암 전나무**를 능가하는 전나무가 한 그루 있다. 지방기념물보다 높은 격인 천연기념물로 지정 보호하는 **진안 천황사 전나무**가 그 나무다. 전나무 가운데에서 유일한 천연기념물이다. 전북 진안 운장산 기슭의 진안 천황사는 신라 헌강왕 때에 창건한 천년 고찰이다. **진안 천황사 전나무**는 천황사 남쪽으로 난 숲길을 200미터쯤 걸어 오른 곳에 또아리를 튼 산내암자 남암南庵 앞 동산에 홀

제 26 장
생로병사

298 **함양 금대암 전나무.**

로 우뚝 서 있다. 여느 시골집 살림채처럼 보이는 남암은 1,000년 전에 스님들의 수행처로 세운 암자다. **진안 천황사 전나무**는 천연기념물로 지정한 2008년의 조사에 따르면 나무높이 35미터, 가슴높이줄기둘레 5.7미터로, 명실상부하게 우리나라의 전나무 가운데에서 가장 큰 나무라 할 수 있다. 나무높이는 **함양 금대암 전나무**에 비해 5미터 정도 낮지만, 나무줄기의 굵기는 물론이고 아래쪽에서부터 고르게 펼친 원뿔형의 나뭇가지가 보여주는 풍성함까지 전체적인 규모에서 우리나라의 여느 전나무를 능가한다. 이 나무는 400년쯤 전에 이 암자에서 용맹정진하던 스님이 온 땅에 불심이 널리 퍼져 평화로운 세상이 이뤄지기를 발원하며 심어 가꾼 나무라고 전한다.

  함양 금대암 전나무, 진안 천황사 전나무, 그리고 쓰러진 **영동 흥덕리 전나무**에 비하면 19미터 높이의 **합천 해인사 학사대 전나무**는 규모에서 최고라 할 수 없다. 그러나 **합천 해인사 학사대 전나무**는 전형적인 전나무와 사뭇 다르다는 특징이 있었다. 나무줄기의 껍질이나, 잎으로 봐서는 분명한 전나무이지만, 대개의 전나무가 곧은 줄기 하나로 우뚝 솟아오르는 것과 달리 줄기가 둘로 나

299 진안 천황사 전나무.

누어졌다는 점이다. 사람 키보다 조금 높은 3미터쯤에서 나뉜 두 줄기는 모두 중심에서 약간씩 벗어나면서 비슷한 굵기로 자랐다. 그나마 둘 중 한 줄기는 곧게 솟아올랐지만, 다른 한 줄기는 비스듬히 자라다가 다시 하늘로 곧게 솟구쳤다. 줄기 아래쪽이 가리워지는 절집 전각 너머 멀리서 본다면 영락없이 두 그루의 전나무로 보인다. 어쩌면 긴 세월을 살아오는 동안 중심이 됐던 줄기는 부러지고 부러진 줄기 위에서 두 개의 새로운 줄기가 나온 것일지도 모른다. 둘로 나뉘기 전인 사람 가슴높이쯤에서 잰 줄기의 둘레는 5.5미터에 이른다. 굵기에 있어서는 5.7미터의 **진안 천황사 전나무**에 버금가는 규모이고, 4.5미터의 **영동 흥덕리 전나무**나 2.92미터의 **함양 금대암 전나무**보다 훨씬 크다. 작지만 옹골차게 느껴지는 건 키에 비해 다부진 근육질로 굵어진 줄기 때문이지 싶다. **합천 해인사 학사대 전나무**는 전나무 가운데에서 기형목[6]으로의 보존 가치가 충분히 높았다고 생각된다.

최치원의 지팡이가 자라났다는 전설대로라면 1,000년을 훨

---

[6] 기형적인 생김새로 자란 나무를 가리키는 기형목은 생물학적 보존 가치가 높은 것으로 인정되어 천연기념물로 지정하는 여러 기준 가운데 하나다.

제 26 장
생로병사

300 태풍을 맞고 쓰러지기 전의 **합천 해인사 학사대 전나무**.

씬 넘긴 나무로 봐야 한다. 우리나라의 전나무 가운데에는 물론이고, 다른 종류의 나무를 통틀어서도 가장 오래된 몇 그루의 나무 가운데 하나다. 물론 다른 곳에서 자라는 전나무의 자람을 바탕으로 보면 **합천 해인사 학사대 전나무**의 나무나이는 수긍하기 어렵다. 이 전나무가 최치원이 심었다는 나무의 손자뻘 되는 나무 아니겠느냐는 짐작이 나오게 된 까닭이다. 그러나 한자리에서 대를 이어 나무의 후계목이 자라났다는 이야기 역시 확실한 근거는 없다. 다만 은둔한 선비 최치원의 삶을 상징하는 나무였다는 의미만 남았다.

나무의 가치가 인정되어 경상남도 기념물에서 천연기념물로 승격 지정된 것은 2012년 11월이었다. 오래도록 우리가 보존해야 할 큰 나무라는 점에서 뒤늦은 결정이지만 환영할 일이었다. 그러나 **합천 해인사 학사대 전나무**의 영광은 그리 오래 지속되지 못했다. 이미 이야기한 것처럼 천연기념물로 지정되고 고작 일곱 해를 지난 2019년 9월 태풍 '링링'의 습격으로 줄기가 부러졌다. 당시 국가유산청은 이 나무가 생물학적 가치를 상실했지만, "뿌리를 보존 처리하고 후계목을 심어 역사를 기리는" 등 나무의 가치를 오래도록 기념하고 활용할 방안을 마련하겠다고 했다. 어찌 됐든 이처럼 독특한 형태의 전나무, 게다가 1,000년 전 신라의 대학자 최치원의 사람 내음이 담긴 나무는 다시 이 땅에서 보기 어려운 상태가 되고 말았다.

채 알려지기 전에 쓰러진 '여수 율림리 동백나무'

태풍으로 쓰러져 간 나무를 일일이 돌아보려면 한이 없다. 안타깝게 쓰러진 나무들 가운데에 결코 잊을 수 없는 나무를 몇 그루 더 보탠다. 이번에 소개할 나무는 2007년 태풍 '나리'의 습격으로 줄기가 부러지며 완전히 생명을 잃은 동백나무다. 이 나무는 특히 살아 있는 동안 우리나라에서 가장 큰 동백나무였고, 바닷가 마을에서 어부들의 안녕을 지켜주는 수호목이었음에도 불구하고 적당한 보호 가치가 채 인정되지 못한 상태였고, 그 상태에서 쓸쓸히 종말을 맞이한 나무라는 점에서 매우 안타까운 나무로 기억된다.

전라남도 여수에서 돌산대교를 건너 25킬로미터 정도를 더 가면 돌산도의 가장 남쪽인 돌산읍 율림栗林리 임포마을에 이르게 된다. 갓김치로 유명한 시장이 이어지고, 해맞이로 유명한 절

집, '향일암'으로 가는 길목이다. 이 마을에 서 있던 우리나라에서 가장 큰 동백나무가 바로 지금 이야기하려는 **여수 율림리 동백나무**다. 길가 언덕 위에 우뚝 서 있어서 한눈에도 바라다보이는 나무이지만, 동백나무임을 직접 확인하기 전까지는 동백나무라 믿기 어려울 만큼 큰 나무였다. 실제로 이 나무를 찾으러 이 마을에 도착했던 어둑신한 밤에 처음 만났지만, 동백나무로서는 워낙 규모가 컸기 때문에 동백나무라고 여기지 못하고 당황했던 경험이 있다. **여수 율림리 동백나무**는 나무나이 500년을 훨씬 넘긴 노거수로, 나무높이 10미터, 가슴높이줄기둘레가 2.4미터나 되는 큰 나무다. 동백나무는 식물도감에도 잘 자라면 7미터 정도 큰다고 돼 있다. 식물도감의 정보를 기준으로 하면 **여수 율림리 동백나무**는 평균보다 훨씬 크게 자란 나무다.

　　여수 율림리 동백나무는 나무높이에서나 가슴높이줄기둘레가 보여주는 규모도 남달리 크지만, 사람 가슴높이쯤에서부터 스무 개 정도로 갈라지면서 사방으로 고르게 퍼져나간 가지가 놀라울 정도로 넓고 아름답다는 점이 돋보였다. 몇 개의 가지는 부러져 나가 외과수술 자국도 여러 곳 있었지만, 그때의 상태는 건강

302 줄기가 부러져 나간 뒤 밑동만 남은 **여수 율림리 동백나무**.

해 보였다. 나무줄기는 동백나무 특유의 밝은 회색이 돌며, 오랜 풍상을 겪은 흔적이 울긋불긋한 얼룩으로 남아 있었다. 나무가 내려다보는 언덕 아래의 율림리 임포마을에서는 해마다 정월 대보름에 금오산 신령과 사해 용왕께 마을의 안녕과 풍어를 기원하는 동백제를 바로 이 나무 앞에서 지낸다. 마을을 지켜주는 수호목이었다는 이야기다.

안타깝게도 **여수 율림리 동백나무**가 생명을 잃은 2007년까지만 해도 우리나라에는 천연기념물로 지정한 동백나무가 한 그루도 없었다. 물론 동백나무숲 가운데에는 **강진 백련사 동백나무숲, 광양 옥룡사터 동백나무숲, 고창 선운사 동백나무숲, 서천 마량리 동백나무숲** 등이 이미 천연기념물로 지정돼 있었지만, 독립 노거수로서의 동백나무가 천연기념물로 지정된 건 한 그루도 없었다. **여수 율림리 동백나무**가 그 장엄한 풍채를 잃고 이 땅에서 다시 볼 수 없는 운명을 겪은 그해로부터 이태 뒤인 2009년에 **나주 송죽리 금사정 동백나무**를 독립 노거수로서 천연기념물에 지정한 게 첫 사례다. **나주 송죽리 금사정 동백나무**는 1530년 무렵에 심었다는 구전 기록을 바탕으로 하면 500년 정도 됐으며, 나무높이는

제 26 장
생로병사

997

6미터, 뿌리 부근 둘레는 2.4미터쯤 된다. **여수 율림리 동백나무**의 규모와 연륜이 어느 정도였는지를 지금 우리나라 최고 최대의 동백나무라고 여기는 **나주 송죽리 금사정 동백나무**와 비교해 보면 충분히 짐작할 수 있을 것이다.

이 나무의 특별한 점을 강조하고 하루빨리 보다 강력한 보호 대책을 마련해야 하지 싶어 2003년 4월에 출간한 『이 땅의 큰 나무』에서도 여러 페이지를 할애해 나무의 가치와 보존 필요성을 강조한 바 있지만, 거기까지가 전부였다. 책을 펴내고 몇 해 뒤에 나무의 안부가 궁금해 동백꽃 피어날 즈음에 날을 잡아 먼 길을 떠났을 때였다. 이 나무 바로 앞에 있는 작은 여관에 도착한 건 늦은 밤이었다. 나무가 워낙 커서 어둠 속에서라도 그의 형체는 금세 알아챌 수 있었지만 나무가 보이지 않았다. 한밤이었지만 궁금증을 참지 못하고 나무를 찾아 낮은 동산을 올랐지만, 찾을 수 없었다. 나무가 있던 자리에는 줄기가 싹둑 잘린 밑동만 남아 있었다. 다음 날 아침, 여관 주인에게 확인하니, 내가 찾아간 그 전해의 여름에 태풍 '나리'의 큰 바람을 이겨내지 못하고 쓰러졌다고 했다. 필경 나라 안에서는 최고로 손꼽을 수 있었던 큰 나무 한 그루가 그렇게 생을 마친 것이었다. 세상에 널리 알려진 여느 큰 나무라면 그가 쓰러졌을 때에 이러저러한 통로를 통해서라도 소식이 전해졌을 테지만, 이 동백나무는 세상에 그 존재가 채 알려지지 않아 태풍 피해 소식조차 그 흔한 뉴스에 한 줄 전해지지 않았다. **여수 율림리 동백나무**는 **나주 송죽리 금사정 동백나무** 못지않게 규모에서나 미학적 가치에서나 결코 뒤지지 않는 나무였다는 점에서 아쉬움은 더 클 수밖에 없다.

여수 율림리 동백나무 못지않게 여러모로 보존 가치가 높은 나무임에도 불구하고 태풍에 의해 쓰러진 나무는 또 있다. 역시 20여 년 전에 펴낸 『이 땅의 큰 나무』를 통해 나무의 보존 가치를 강조했던 큰 나무, **포항 보경사 탱자나무**다. 당시 경상북도 기념물로 지정해 보호하던 **포항 보경사 탱자나무**는 포항 지역의 큰 절집 보경사 요사채 마당 가장자리의 돌담 곁에 서 있는 두 그루의 탱자나무를 말한다. 가까이 다가가서 확인하기 전에는 탱자나무로 보기 어려운 매우 독특한 생김새를 갖춘 나무였다. 독특하다고 했지만, 꿈결에서라도 다시 만나고 싶은 매우 예쁜 나무다.

동해안의 절집으로는 가장 큰 절에 속하는 경북 포항의 보경사는 신라 진평왕 때에 진나라에서 유학하고 돌아온 지명智明법사가 603년에 창건한 천년 고찰이다. 그때 지명은 진평왕에게 진나라 유학 중에 어떤 도인으로부터 받은 팔면보경八面寶鏡을 땅 깊이 묻고 그 자리에 절집을 지으면 왜구의 침입을 막고 삼국을 통일할 수 있으리라는 예언을 전했다. 지명의 예언을 들은 진평왕은 기쁜 마음으로 내연산 아래 있는 큰 연못에 팔면보경을 묻은 뒤 흙을 덮어 못을 메워 절집 전각을 세우고 팔면보경이 묻힌 절집이라는 뜻에서 '보경사'라 했다.

포항 보경사 탱자나무는 보경사 법당 앞마당을 지나 천왕문 오른쪽의 동편 종무소 옆으로 이어지는 담장 곁에 두 그루가 마주 보고 서 있었다. 이 탱자나무는 울타리에 알맞은 나무라는 생각으로 찾아갔다가는 당황하게 된다. 두 그루의 나무는 서로

제 26 장
생로병사

999

303 매우 독특한 모습으로 살아 있던 **포항 보경사 탱자나무**.

15미터 정도의 간격을 두고 서 있었는데, 이 중 한 그루는 땅에서 40센티미터쯤에서 가지가 둘로 나누어지면서 크게 자랐고, 다른 하나는 1.6미터 높이에서 두 갈래로 갈라졌으며, 윗부분은 공 모양으로 동그랗게 예쁜 모습을 하고 있었다.

생김새로 봐서는 그리 오래된 나무로 안 보이지만, 나무나이는 400년을 넘었다고 했다. 두 나무의 크기가 서로 엇비슷한데, 나무높이는 대략 6미터쯤 됐다. 소나무, 느티나무, 은행나무처럼 크게 자라는 나무들에 비하면 보잘것없는 크기이지만, 그저 산울타리로 많이 심어 키우는 탱자나무라는 걸 생각하면 큰 나무에 속한다. 이를테면 우리나라에서 가장 큰 탱자나무로 천연기념물에 지정한 **문경 장수황씨 종택 탱자나무**의 나무높이도 6미터에 지나지 않는다. 물론 **문경 장수황씨 종택 탱자나무**에 비하면 나뭇가지펼침을 비롯해 전반적으로 왜소해 보이는 건 사실이지만, 나무높이만큼은 큰 나무였다. 그러나 이 나무의 특별한 점은 나무높이나 줄기 굵기 등의 규모에 있지 않다. 여느 탱자나무와 달리 줄기 아랫부분에서 가지가 발달하지 않아, 밋밋하게 곧은 직선으로 쭉 뻗어 오르다가 사람 키보다 좀 더 높은 부분에서부터 가지가

304 밑동만 남기고 사라진
포항 보경사 탱자나무.

사방으로 뻗었는데, 다른 탱자나무처럼 무성하고 복잡하게 발달하지 않고 아주 단정하게 정리된 상태로 둥글게 자랐다. 그저 "예쁘다"라는 말로 표현해야 알맞은 나무일 것이다.

두 그루의 탱자나무 가운데에서 더 큰 놀라움을 주는 나무는 바로 그 동쪽의 탱자나무였다. 교목형으로 자라기 어려운 탱자나무가 밑동에서부터 곧게 줄기가 뻗어 오른 뒤에 가지를 동그랗게 펼친 모습은 매우 인상적이었다. 바로 그 나무가 2005년에 불어닥친 태풍 '나비'의 습격으로 줄기가 부러지고 말았다. 서쪽의 탱자나무도 가지의 일부가 부러져 나가기는 했지만 수명을 이어가는 데에는 별문제가 없었다. 줄기 밑동이 부러져 나간 동쪽의 탱자나무는 어쩌는 수 없이 경상북도 기념물에서 제외시키고, 서쪽의 탱자나무만으로 경상북도 기념물이라는 자연유산의 지위는 유지하고 있지만, 애초의 그 아름답던 독특한 형태의 탱자나무를 다시 볼 수 없게 된 건 안타까운 일이다.

포항 보경사 탱자나무의 안타까운 소식 뒤로 탱자나무에 대한 그리움은 무시로 솟아올랐다. 그래서 답사 때마다 혹은 자료 조사를 할 때마다 탱자나무를 탐색하는 작업을 이어갔다. 그리고

제 26 장
생로병사

실제로 여러 곳에서 교목형으로 자라난 탱자나무를 만날 수 있었다. 20여 년 전에 펴낸 책 『이 땅의 큰 나무』에서 **포항 보경사 탱자나무**와 함께 아름다운 탱자나무로 꼽은 탱자나무가 한 그루 있었다. 2024년 가을에 천연기념물로 지정한 **부여 석성리 석성동헌 탱자나무**가 그 나무인데, 그 책에서 나는 이 나무 또한 **포항 보경사 탱자나무**의 보존 가치에 못 미친다고 했다. 어쨌든 아무리 크고 아름다운 탱자나무라 해도 **포항 보경사 탱자나무**만큼 희귀하고도 아름다운 나무는 찾아볼 수 없었다. 꿈결에서라도 다시 만나고 싶은 나무로 첫손에 꼽는 나무가 바로 태풍 '나비'가 죽음으로 몰고 간 **포항 보경사 탱자나무**다.

관리 소홀로 사라져 간 '청송 부곡동 왕버들'

세상의 모든 이별은 아쉽고 안타깝다. 하물며 오랜 시간 동안 마음을 기대고 더불어 살았던 큰 나무와의 이별이라면 그 안타까움의 크기는 헤아리기 어려울 만큼 클 것이다. 2002년 태풍 '루사'로 이별을 고한 **청송 부곡동 왕버들**도 안타깝기는 앞의 여느 큰 나무들과 다를 게 없지만, 내용에 있어서는 조금 차이가 있다.

청송 부곡동 왕버들은 태풍이 몰고 온 센 바람으로 줄기가 부러지거나 쓰러진 게 아니었다. 태풍 '루사'는 순간 풍속이 초당 39.7미터에 이르는 강풍을 동반했고, 특히 강원도 동부를 중심으로 경상북도 북부지역 등 영동지방에 많은 비를 뿌려 큰 피해를 남긴 태풍이었다. 그때 사람은 124명이 사망하고 60명이 실종

305 뿌리 부분을 시멘트 축대로 막아버려 생명의 위협을 받으며 살았던 **청송 부곡동 왕버들**.

되었으며 총 5조 1,497억 원의 재산 피해를 냈다. 1904년 이래 태풍이 남긴 피해로는 최대 규모의 상처를 남긴 최악의 태풍이었다. 폭우에 따른 큰 피해를 가져온 태풍 '루사'는 강릉 지역에 8월 31일 단 하루 동안 870밀리미터라는 어마어마한 양의 비를 뿌렸다. 이는 태풍의 영향에 따른 호우로는 당시로서 역대 최대의 강수량으로 기록됐다. 이때 **청송 부곡동 왕버들**은 바람이 아니라 물난리로 피해를 본 대표적인 나무다. 나무는 아예 뿌리째 뽑혀 나가고 말았다.

청송 부곡동의 명소인 달기약수로 오르는 길 옆 냇가에 서있는 부곡동 왕버들은 나무높이 19미터, 가슴높이줄기둘레 4.2미터로 주변의 느티나무, 오리나무과 함께 작은 마을 숲을 이루고 있었다. 그러나 나무가 서 있던 개울 뒤편으로 달기약수를 찾는 관광객들을 불러들이는 식당을 촘촘히 지으면서 문제가 생겼다. 몰려드는 관광객을 맞이하는 데에 몰두했던 상인들이나 이를 관리해야 할 지자체에서 나무 보호에 큰 신경을 쓰지 못한 게 사실이다.

나무 앞에 **청송 부곡동 왕버들**이 천연기념물임을 알리는 입

제 26 장
생로병사

간판을 세우기는 했지만 그게 거의 전부인 셈이었다. 나무 옆으로 사람들이 지나다닐 수 있는 길을 만들고 콘크리트로 포장을 했는데, 바로 이 콘크리트가 나무줄기의 상당 부분을 덮어씌우고 있었다. 마치 이 나무가 축대의 한 기둥을 대신하는 모습이었다. 콘크리트에 파묻힌 뿌리의 절반이 숨을 쉴 수 없었으니, 그의 건강이 온전할 리 만무했다.

축대 아래쪽의 뿌리 근처로는 무성의하게 자갈돌들을 쌓아놓아, 천연기념물은 둘째 치고 300년씩이나 우리 곁에서 살아온 큰 나무에 대한 대접으로는 지나치게 소홀하지 않은가 생각했다. 게다가 땅에서 3미터 높이에서 개울 쪽으로 뻗어 나온 굵은 가지 하나는 제 무게를 견디지 못하고, 금방이라도 개울 쪽으로 쓰러질 듯한 모양인데 버팀목 하나 받쳐주지 않았다. 나무는 전체적으로 개울 쪽으로 쓰러지려 하고 있었다.

아무리 오랜 세월 동안 온갖 시련을 다 겪어온 나무라 하지만, 이처럼 한쪽 뿌리는 콘크리트로 메워 숨도 못 쉬게 하고, 한쪽으로만 자라게 돼 쓰러질 듯한 나무에 그 흔한 버팀목 하나 해주지 않은 사람들의 무신경을 이제 와 탓해봐야 아무 소용 없는 일이다. 이 같은 무신경이 우리 산천의 아름다움을 증거하는 천연기념물 목록 하나를 지워버리는 결과를 빚었다. 주변의 다른 나무들과 함께 이 마을 사람들에게 오랫동안 아름다운 쉼터를 만들어 주었던 나무들이 하릴없이 사람의 곁을 떠나고 말았다. 필경 막을 수 있는 일을 못 막았다는 점에서 더없이 안타까운 일이다.

쓰러질 뻔한 나무를 사람들이 살려낸 백송

그동안의 나무 관찰 경험을 바탕으로 큰 아쉬움으로 남은 나무들을 살펴보았지만, 아쉬움 이상의 뿌듯함을 안겨준 나무도 있었다. 2020년 태풍 '마이삭'이 불어닥쳤을 때에 나뭇가지의 절반이 찢겨 나간 **이천 신대리 백송**이 그 나무다. 태풍이 지나가면서 곧바로 매스컴에 보도된 사진을 보면 우르르 쏟아져 쌓인 나뭇가지 잔해들은 이 나무가 수명을 다한 것으로 볼 수밖에 없었다. 도저히 살아남기 어려울 만큼 참혹한 광경이었다.

1976년에 천연기념물로 지정한 **이천 신대리 백송**은 우리 땅에 살아 있는 백송을 대표할 만큼 아름다운 나무였다. 200여 년 전에 전라감사를 지낸 민정식(閔正植, 1848~?)이 자신의 선조인 민달용(閔達鏞, 생몰년 미상)의 묘지 앞에 심은 이 나무는 조선 후기 여흥(지금의 여주)민씨 일가가 누렸던 세도의 자취를 살펴볼 수 있는 인문학적 자연자원이기도 하다.

태풍의 습격으로 몸피의 절반이 찢겨 나갔지만, 사람들은 이 소중한 나무를 포기하지 않았다. 부러진 나뭇가지들을 치우고, 나뭇가지의 찢겨 나간 부분을 정성껏 치료해 건강을 회복하도록 영양제를 투입했다. 치명적인 상처를 입었지만, 사람들의 수굿한 정성에 응답하여 나무는 다시 일어섰다. 생명의 끈을 내려놓지 않은 모진 생명의 안간힘이었다. 높이 17미터에 이르렀던 옛 위용을 잃은 상처투성이 상태로 다시 생생하게 살아났다. 나무에게 그리고 나무의 생명을 다시 일으키기 위해 애쓴 모두에게 고마울 따름이다. 조금만 더 성의를 다한다면 나무에게 닥친 죽음의 위기

제 26 장
생로병사

1005

306 태풍을 맞고 줄기의 상당 부분이 부러졌지만,
극진한 정성으로 살아남은 **이천 신대리 백송**.

도 일정하게 극복할 수 있다는 사례로 남겼다는 점에서 오래 기억해야 할 일이다.

태풍은 필경 다시 이 땅에 찾아온다. 더구나 기후의 급격한 변화로 태풍의 위력은 예측하기 어려울 만큼 갈수록 강해지는 상황이다. 또 기상은 예측조차 어려운 경우가 숱하게 벌어진다. 벌판에 아무런 가림막 없이 홀로 서서 비바람과 눈보라 모두에 맞서 이겨내야 하는 나무에게는 하루하루 버티는 일이 갈수록 부담스러워질 수밖에 없다. 하릴없다. 그렇다고 손 놓고 있을 수만은 없다. 그저 바라보기만 할 것이 아니라 **이천 신대리 백송**에게 그랬듯이 나무가 부닥쳐야 하는 자연재해에 함께 맞서도록 힘을 모아야 한다. 그것이 곧 나무와 더불어 더 아름답게 살아가는 길이다. 부디 **이천 신대리 백송**이 오래도록 살아남아 더불어 살아가는 사람들의 노력의 한 증거를 지킬 수 있기를 바랄 뿐이다.

왕가의 기품을 잃고 쓰러져 간 특별한 소나무

태풍에 의해 나무줄기가 부러지거나 쓰러지는 등 주로 센 바람에 의한 나무의 피해를 짚어보았지만, 사실 태풍은 단지 바람에 의한 피해만 가져오지 않는다. 태풍은 앞의 **청송 부곡동 왕버들**을 몰살한 태풍 '루사'의 경우와 같이 많은 비를 포함한다. 많은 비를 포함한다는 건 큰 구름을 동반한다는 이야기인데, 그렇다 보니 자연스레 천둥과 번개, 벼락도 동반한다. 천둥과 번개는 적란운으로 불리는 소나기구름에서 발생한다. 이 소나기구름은 위아래로 두꺼운 층을 이룬 구름을 말하는데, 그 두께가 6~8킬로미터에 이를 정도로 두껍다. 이 구름은 한반도의 경우 북태평양 고기압이 발달하는 여름철, 태풍과 함께 발생하는 경우가 많다. 결국 태풍은 나무에게 가장 위협적인 자연 현상이다. 비구름 짙게 드리우는 계절에 내리치는 번개는 어쩔 수 없다. 번쩍이는 섬광과 지축을 흔드는 소리를 동반하는 번개를 대개는 순간적인 놀람으로 알아채지만, 우리가 의식하지 못하고 지나가는 번개도 적지 않다.

한반도에 내리치는 번개는 해마다 그 횟수가 다른데, 어떤 해에는 한 해 동안 20만 번을 넘기도 한다. 2024년 5월에 기상청이 펴낸 『2023 낙뢰연보』에 따르면 최근 10년 동안 평균 번개 횟수는 9만 3,380번이며, 2023년 한 해 동안에는 7만 3,341번의 번개가 관측됐다. 그 가운데 75% 이상이 여름에 발생했다. '최근 10년 연간 낙뢰 횟수'가 담기는 기상청의 『낙뢰연보』에서 기록적으로 많은 벼락이 떨어진 건 2013년으로, 그해에는 한 해 동안 무려 22

307 일제강점기 때에 촬영한 **서울 통의동 백송**의 수려한 생김새(왼쪽)와 **청도 동산리 처진소나무**(오른쪽).

만 6,732번의 번개가 한반도에 떨어졌다. 2024년 8월 5일에는 경기도 양평군 지평리에서 하루 동안 2,531번 벼락이 내리친 것으로 관측된 기록도 있다.

이처럼 벼락이 갈수록 급격히 늘어나는 것도 기후의 변화에 따른 결과다. 공기가 뜨거워지면 벼락 형성의 근원인 적란운이 국지적으로 잘 만들어진다고 한다. 폭염이 깊어지면 벼락이 늘어나는 건 당연한 순서라는 이야기다.

구름의 충돌에 의해 발생하는 벼락은 당연히 구름 가까운 곳에 떨어져 피해를 주게 마련이다. 사람이 벼락에 맞을 확률은 극히 낮다. 구름에서 만들어진 벼락이 땅 위의 사람에게까지 전달될 가능성이 높지 않다는 이야기다. 그건 어쩌면 사람이 사는 곳에는 사람보다 높은 자연물이나 시설물이 많기 때문이다. 돌아보면 우리 주변에 사람보다 높은 게 얼마나 많은가. 도시라면 대개

308 밑동만 남았지만 잘 보존할 뿐 아니라 주변을 '백송공원'으로 조성해 보호하는 **서울 통의동 백송**.

의 건물들이 사람보다 높이 치솟아 올라 있다. 도시를 벗어나면, 어쩔 수 없다. 벼락이 발생하는 구름에 가장 가까이 솟아오른 높은 대상, 벼락이 가장 먼저 닿을 수 있는 대상은 들녘에 우뚝 서 있는 나무일 수밖에 없다.

나무가 맞이하는 벼락 피해는 흔하게 벌어지는 사태다. 특히 큰 구름이 몰려오는 태풍의 습격 과정에서 벼락을 맞고 쓰러진 나무도 있다. 추사 김정희에게 매우 의미 있는 나무이고, 조선의 영조(英祖, 1694~1776)가 자신이 사랑했던 딸 화순옹주가 혼례를 치르자 집을 지어주고 그 앞에 손수 선물로 내려보낸 특별한 나무. 바로 **서울 통의동 백송**이 그런 나무다.

추사 김정희가 19세기 한국사 최고의 학자이자 예술가로서의 기본적 소양을 닦은 건 결국 서울 통의동 시절이다. 누구에게라도 그렇듯 김정희에게 통의동 시절의 어린아이 마음에 인상적인 건 한두 가지가 아니었을 게다. 그중에 나무가 있었다. 특히 월성위궁에는 영조가 그의 딸 부부에게 선물로 내린 나무가 있었

제 26 장
생로병사

다. 영조는 화순옹주가 살 집을 짓게 하고, 집이 다 지어지자 자신이 아끼던 나무 한 그루를 옮겨 심었다. 백송이었다.

월성위궁에서 살던 소년 김정희의 눈에 이 특별한 소나무의 인상은 강렬했을 것이다. 줄기와 껍질만 빼면 우리 산과 들에 지천으로 살아 있는 소나무와 똑같은 나무다. 상서로운 흰빛을 가진 백송은 소나무와 같으면서도 다른 나무여서 더 깊은 인상을 남겼다. 어린 시절을 추억할 때면 김정희에게는 반드시 떠오르는 대표적 상징이 되고도 남음이 있었다.

월성위궁에 살던 사람들은 모두 세상을 떠나고 월성위궁 주변 환경도 완전히 바뀌었다. 하지만 영조가 월성위궁에 내린 백송만큼은 사람 떠난 자리에서 홀로 긴 세월을 잘 살았다. 일제강점기를 지나 우리 손으로 나라 안의 귀한 나무들을 천연기념물로 지정한 1962년에 이 나무는 **서울 통의동 백송**이라는 이름으로 천연기념물에 지정됐다. 독립 노거수 백송으로는 가장 앞선 지정이었다. 이 나무보다 앞서 천연기념물로 지정한 건 **대구 도동 측백나무숲**, 경상남도 합천 용주면의 **합천 백조 도래지**, 북한의 평안남도 맹산군 맹산면 당포리의 **맹산의 만주흑송수림**이 있었다. 이 가운데 제1호인 측백나무숲은 아직 남아 있지만, **서울 통의동 백송**을 비롯한 백조 도래지와 만주흑송수림은 이미 천연기념물에서 해제된 상황이다.

서울 통의동 백송이 천연기념물에서 해제된 것은 1993년이다. 그보다 3년 전인 1990년에 나무는 '로빈'이라는 이름의 태풍이 동반한 벼락을 맞고 쓰러졌다. 이때 나무의 나이테를 정밀조사한 결과, 일제강점기인 36년 동안 성장을 멈추고 있다가 해방되면서부터 다시 성장을 시작했다는 신비로운 사실도 확인되었다. 우리 민족이 숨도 못 쉬고 살아야 했던 험한 시절을 백송도 나름대로 아파했던 모양이다. 나무가 쓰러지자 당시 대통령 노태우는 백송 회생대책위원회(위원장 이창복 당시 서울대 명예교수)를 조직했다. 대통령이 직접 나무를 살려야 한다는 지시를 내리는 건 흔치 않은 일이었다. 이는 청와대 근처에서 유서 깊은 큰 나무가 쓰러진 것을 불길하게 여긴 탓이라는 추측도 있었다. 대통령의 조치와 무관하게 마을 주민들도 백송 살리기 성금을 모으면서 나무 회생에 성의를 보탰다. 경북 안동 용계리에서 **안동 용계리 은행나무**의 상식 공사를 한창 진행 중이던 (주)대지개발과 Gwiss Korea라는 외국계 회사가 합심으로 나무를 살리려 시도했다. 수굿한 노력으로 한때 일부 가지에서 새싹이 돋고 나무줄기의 수맥이 살아나는 조짐이 있었지만 **서울 통의동 백송**은 끝내 살아나지 못했다. 다시 볼 수 없는 나무가 됐지만, 여전히 마을 사람들은 쓰러져 밑동만 남은 상태로라도 잘 보호하고 자랑스러워한다. 아울러 지자체에서는 백송 주변을 옹색하지만 백송공원이라는 이름으로 보존하고 주변에 어린 백송 몇 그루를 더 심어 옛 시절의 느낌을 애면글면 지켜가는 중이다.

홀로 서 있는 나무에게 태풍만큼 위험한 벼락

태풍 못지않게 나무에게 위협적인 게 벼락이라는 사례는 이어진다. 벼락을 맞고 창졸간에 생명을 잃은 나무들은 숱하게 많

309 **익산 신작리**
곰솔의 생전 자태.

다. 큰비를 머금은 먹구름이 서로 만나 자주 부닥치는 여름이면 벼락이 떨어지는 건 어쩔 수 없는 순서이고, 당연히 벼락을 맞고 고사하는 나무는 생기게 마련이다. 높지거니 솟아오른 나무는 벼락에 취약하다. 태풍에 무방비인 것과 마찬가지다. 그래서 천연기념물급의 큰 나무들 곁에는 나무높이보다 더 높게 피뢰침을 세워 지키는 게 원칙이다.

전북 익산시 망성면 신작리에 서 있던 **익산 신작리 곰솔**의 경우는 특별히 안타까운 경우다. 천연기념물로 보호하던 이 곰솔은 나무나이 400년, 나무높이 10미터, 가슴높이줄기둘레는 3.45미터이지만, 실제로는 측정치보다 훨씬 더 커 보인다. 마을 뒷동산 높은 곳에 홀로 우뚝 서서 주변에 거칠 것 없이 푸른 하늘과 맞닿아 있기 때문이다. 이 나무는 임진왜란 즈음에 풍수지리를 잘 아는 한 나그네가 그냥 지나치기에는 너무 좋은 명당자리여서 명당임을 표시하기 위해 심은 나무라고 한다. 나무가 자리 잡은 위치에서부터 나무의 생김새까지 그야말로 장엄한 아름다움을 갖춘 우리나라 최고의 곰솔이었다. 나무가 서 있는 동산은 충남 논산 강

310   벼락을 맞고 시커멓게 타버린 **익산 신작리 곰솔**. 사진 왼쪽으로 높지거니 솟은 피뢰침이 보인다.

경읍과 전북 익산 망성면의 경계 지역이어서, 전라도민과 함께 충청도민까지도 자랑스러워한 나무였다. 오랫동안 충청남도와 전라북도의 주민들이 음력 섣달 그믐에 이 나무 앞에 모여 제사를 지내며 화합을 다지기도 했던 화합의 상징이었다.

익산 신작리 곰솔은 우리나라의 모든 곰솔과 비교할 때, 규모에서도 따를 나무가 없었다. 그러나 그를 훌륭한 나무로 여기는 건 규모 때문만이 아니다. 400년이라는 긴 세월 동안 조심조심 다듬어 온 그의 매무시를 따를 다른 나무가 없다는 게 더 큰 이유였다. 낮은 자세로 하늘을 향해 경배하듯 서 있는 **익산 신작리 곰솔**의 장엄미는 단연 우리나라 최고의 곰솔이라고 단언할 나무였다.

이토록 아름다운 **익산 신작리 곰솔**이 처참한 운명으로 수명을 마친 건 2008년 겨울이었다. 2007년 여름에 벼락을 맞고 시름시름하던 끝이었다. 벼락을 맞고 온전히 살아남을 생명체는 없겠지만, 그 가운데에서도 특히 소나무 종류는 치명률이 매우 높다. 나뭇가지 끝에라도 벼락을 맞으면 순간적으로 나무 전체에 고압 전류가 퍼져 순식간에 생명을 잃는다. 뿌리까지 다 타버린 나무를 되살릴 묘책은 없다.

나무가 벼락을 맞은 2007년은 나무 곁에 피뢰침을 세우는 공사를 진행 중이었다는 데에 아쉬움이 크다. 피뢰침 공사는 신중히 진행됐다고 한다. 그러나 안타깝게도 피뢰침 공사를 마치기 직전에 신작리 동산 위의 곰솔에 벼락이 떨어졌다. 한순간에 새카맣게 타버린 나무 곁에 제 역할을 하지도 못한 높지거니 서 있는 피뢰침은 보는 내내 아쉬움을 더 크게 한다. 충청과 전라 화합의 상징이었던 큰 나무 한 그루가 그렇게 스러졌다.

유난히 곰솔에 집중되었던 벼락 피해

익산 신작리 곰솔처럼 아름다운 모습을 한 또 하나의 커다란 곰솔을 신작리에서 그리 멀지 않은 충남 서천 신송리 하송마을에서도 만날 수 있었다. 역시 지금은 볼 수 없는 나무다. 서해안고속도로 서천인터체인지를 빠져나간 뒤 서천 읍내를 거쳐 바닷가 쪽으로 1.5킬로미터 정도 더 들어가면 만날 수 있는 천연기념물인 **서천 신송리 곰솔**은 야트막한 언덕배기에 홀로 서 있었다. 언덕 아래쪽으로는 별다른 장애물 없이 시야가 훤히 트여서 하송마을에 들어서면 저절로 눈에 띈다. **익산 신작리 곰솔**이 곰솔 특유의 남성미를 갖춘 나무라면, **서천 신송리 곰솔**은 잎이 억세고 줄기가 검은 색을 띠는 등 곰솔의 특징을 지니고 있으면서도 전체적인 생김새에서는 여성적인 고운 선으로 나뭇가지를 펼친 아름다운 나무였다. 겉으로는 부드러운 곡선의 아름다움을 갖추고, 그 아름다움의 속내에는 은장도와 같은 날카로움을 감추어 스스로를 지킬 줄 알던 슬기로운 우리네 여인처럼 참 아름다웠다. 나무높이가 17미터, 가슴높이줄기둘레가 4.6미터나 되는데, 이 정도면 우리나라에서 알려진 곰솔 가운데에서는 제주시 아라동의 산천단에서 자라고 있는 높이 28미터에 가슴높이줄기둘레 5.8미터인 **제주 산천단 곰솔군**의 나무들 다음으로 큰 곰솔이다.

서천 신송리 곰솔은 어른 키 높이에서 두 개의 굵은 줄기로 나뉘면서 사방으로 고르게 가지를 뻗었는데, 역시 나무줄기 아랫부분에서의 나뭇가지펼침이 단정하면서도 넓게 뻗어 전체적으로 아름다운 생김새를 갖췄다. 맨 아래쪽의 가지는 동서 방향으로 35미터, 남북 방향으로는 33미터까지 퍼져나갔다. 마을 사람들이 당산나무로 모시는 이 나무에 가까이 다가서 보면 무엇보다 400년 넘게 살아온 연륜을 말해주듯, 마치 긴 꼬리를 가진 짐승이 꿈틀대는 모습으로 땅 위에 배배 꼬이고 서로 얽히고설키며 뻗어 나온 거대한 뿌리에 압도당하게 된다. 그 뿌리들 사이에 마을 당산제 때 쓰는 작은 제단이 마련돼 있었다.

이 나무를 처음 찾아본 건 2002년 초여름이었다. 전국의 큰 나무를 찾아다니며 나무 종류별로 묶은 책『이 땅의 큰 나무』집필을 위한 답사였다. **익산 신작리 곰솔**과 분위기는 조금 다르지만, 아름다운 나무라는 데에서 공통적인 두 그루의 나무는 오래 기억해야 할 좋은 나무였다. 원고에는 그래서 **서천 신송리 곰솔**의 아름다움을 극찬했다. 그런데 그때 초판 원고를 출판사에 넘기고, 출

제 26 장
생로병사

판을 기다릴 때까지의 사이에 나무에는 큰일이 있었다. 큰 벼락
을 맞은 것이다. 그해 10월의 일이었다. 벼락을 맞은 **서천 신송리
곰솔**은 그 뒤로 차츰 잎이 마르기 시작했다. 당연한 순서다. 앞에
서 이야기한 것처럼 소나무 종류는 벼락에 매우 취약하다. 일테
면 느티나무나 은행나무의 경우, 벼락을 맞아 나무줄기의 절반이
부러진 뒤에도 살아남는 경우가 흔히 발생한다. 하지만 곰솔, 반
송을 포함한 소나무 종류들은 벼락을 맞는 순간 그의 몸체에서
부터 뿌리 끝까지 순식간에 타버린다. 소나무 장작이 화력이 좋
은 이유이기도 하다. 결국 식물 전문가들은 나무가 고사 위기를
맞았다고 했고, 나무를 마을의 평화를 지켜주는 수호신으로 믿고
있는 마을 사람들이 나무를 살리기 위해 들인 온갖 노력에도 불
구하고 지난 2004년 최종 사망 선고를 받고 2005년 6월에는 천
연기념물에서 해제되고 말았다.

하지만 여전히 서천 신송리 마을 사람들의 곰솔에 대한 애정
은 식지 않았다. 국가유산청과 서천군은 나무가 문화재에서 해제
된 뒤에도 나무의 외형을 보존하자는 주민들의 요구를 받아들여

고규홍의 나무

가지부터 뿌리까지 나무 전체를 방부 처리하는 방법으로 나무의 외형을 보존하기로 결정했다.

사람과 더불어 살아야 하는 나무의 슬픈 운명

자연재해에 의해 쓰러진 나무를 태풍과 벼락 중심으로 돌아보았다. 그러나 태풍 외에 한 가지 더 위협적인 요인을 꼽자면 장맛비처럼 오래 지속되는 비라든가 한꺼번에 쏟아지는 폭우를 꼽아야 한다. 땅 깊은 곳에 뿌리를 내린 나무는 그러나 웬만한 폭우까지는 잘 견뎌낸다. 하지만 그렇게 말하는 게 과거형이 되고 말았다. 최근의 폭우는 양상이 분명하게 달라졌다. 폭우에 의해 뿌리째 뽑히거나 줄기가 찢어지며 쓰러진 나무들의 사례는 갈수록 늘어가는 상황이다. 프롤로그에서 이야기한 **횡성 두원리 느릅나무**도 그랬고, 가장 최근에는 천연기념물로 지정한 우리나라에서 가장 오래된 오리나무도 폭우의 피해로 목숨을 잃었다. 이 같은 상황들은 얼마 전까지만 해도 희귀한 상황이었다. 한마디로 이야기하자면 분명한 기후 변동에 따른 결과다. 폭우에 의해 쓰러진 나무들은 한데 모아서 뒤에 이어가는 제27장 '기후 변화'에서 자세히 이야기하기로 한다.

여기서는 좀 불편한 상황을 짚어보기로 한다. 사실 나무에게 위협이 되는 존재로 가장 먼저 꼽아야 할 건 무엇보다 '사람'이다. 사람에 의한 나무의 피해는 자연재해 못지않게 크고 폭넓게 발생한다. 여기에는 간단치 않은 문제가 있다. 물론 사람이 사용을 목

적으로 나무를 베어 내고 죽이는 경우는 숱하게 벌어진다. 최근
에는 골프장을 짓는다, 스키장을 짓는다 하며 멀쩡한 나무들을
모조리 베어 내는 일도 허다하게 벌어진다. 또 도시에서라면 미
세먼지를 차단하고 도시 공기를 정화하기 위해 심었던 나무가 잘
자라서 신호등을 가리거나 혹은 나뭇가지가 부러져 교통에 위협
적인 존재가 된다며 심하게 가지치기를 해서 죽음에 이르게 하는
경우도 있다. 심지어 가로수로 살아가던 나무를 아예 뽑아내는
경우까지 벌어지는 게 사실이다. 이처럼 사람의 이기적인 필요에
의해 죽어가는 나무는 굳이 이야기할 필요도 없다.

　　문제는 나무를 지나치게 사랑하는 데에서 치명적인 피해가
나타난다는 아이러니다. 결론부터 이야기하자면 나무를 너무 사
랑한 나머지 조금이라도 더 잘 보호하기 위해 애쓰다가 뜻밖에도
나무를 죽음으로 몰아가는 경우다. 대표적인 경우가 '복토'다. 대
개의 경우 사람들이 지나다니며 나무뿌리를 짓밟게 되는 상황을
막기 위해 나무뿌리 부분에 흙을 높이 덮어 쌓는 경우다. 분명 복
토의 의도는 나무를 보호하기 위한 것이었다. 그러나 복토는 나
무에게 치명적이다. 나무뿌리는 숨을 쉬어야 한다. 그러려면 일정
한 두께 이상의 흙이 덮어씌워져서는 안 된다.

　　여기에 덧붙이자면 흙을 쌓고 안심한 나머지 그 흙 위로 사
람들이 많이 지나다니며 결국 흙을 단단하게 만드는 현상, 즉 '답
압踏壓' 현상은 상황을 더 악화시킨다. 복토와 답압에 의해 뿌리
호흡이 막힌 나무는 서서히 죽어간다. 때로는 보이지 않게 속으
로 병이 든다. 그렇게 약해진 상황에서 큰 바람이나 폭우가 쏟아
지면 맥없이 큰 나뭇가지를 부러뜨리고 만다. 부러진 나뭇가지

를 살펴보면 속이 다 썩어 문드러져 텅 비어 있다거나 속으로 갖가지 균이 침투해 큰 병이 들어있기 십상이다. 만일 건강한 상태였다면 충분히 스스로 이겨낼 수 있는 바람이나 폭우였다 해도 이처럼 심하게 골병이 들어 있는 상태의 나무라면 견디지 못하고 부러지거나 쓰러질 수밖에 없다. 나무를 보호하기 위한 방법이 오히려 나무를 죽이는 결과를 가져오는 것이다. 복토와 답압에 의해 나무가 죽어가는 경우는 정말 헤아릴 수 없을 정도로 많이 있다. 더구나 나무는 동물처럼 한 순간에 목숨이 끊어지지 않는다. 특별한 경우가 아니라면 나무는 서서히 죽어간다. 그건 어쩌면 일정하게 죽어가다가도 다시 살아날 가능성이 있다는 희망적인 이야기다.

그래서 우리 곁에서 복토와 답압으로 죽어가는 나무를 돌아보아야 할 필요가 생긴다. 그 모든 나무를 살펴보기는 불가능할 정도로 많아서 여기서는 복토와 답압으로 죽어가고 있는 우리나라의 대표적인 나무만 이야기한다.

사람들의 지나친 사랑이 결국은 죽음으로 귀결된 나무

복토와 답압으로 죽음에 다가서게 된 대표적인 나무 가운데 하나가 **보은 속리 정이품송**이다. 정이품송의 나무나이는 600년이나 된다. 나무높이는 15미터나 되고, 어른들 가슴높이쯤에서 잰 줄기의 둘레는 5미터쯤 되는 크고 멋진 소나무다. 우리나라의 모든 소나무를 통틀어서도 그 생김새에서 최고라 할 수 있는 정이

312 태풍 '카눈'으로 다시 또 두 개의 굵은 가지가 부러진 뒤의 **보은 속리 정이품송**.

품송의 요즘 상태는 그야말로 안타까움과 애잔함을 먼저 떠올리게 한다. 예전의 그 멋진 모습은 거의 사라졌다. 어쩌면 죽지 못해 살아 있는 것처럼 애처로운 느낌이 든다. 사방으로 골고루 펴졌던 가지들 중의 상당 부분이 부러져 나가 한눈에 봐도 허술하다는 느낌이다. 이제 서서히 임종을 채비해야 하지 않을까 하는 생각에서 참 아쉽기만 하다. 정이품송은 사람들이 너무 좋아해서 그랬는지, 유난히도 많은 어려움을 겪으며 오늘까지 살아왔다.

정이품송이 우리 문화에 어떤 의미를 가진 나무인지에 대해서는 앞의 제23장 '나무와 문화'를 살펴보는 과정에서 우리 문화를 소나무 문화로 이야기할 수 있다며 자세히 소개한 바 있다. 정이품송이 겪은 고난들은 거기에서도 짚어봤다. 여기서는 앞의 제23장에서 채 짚어보지 못한 정이품송이 이토록 허약해진 원인을 이야기한다. 정이품송에 대해 애정이 지극했던 사람들은 나무를 보호하겠다는 뜻에서 나무뿌리 부분에 복토를 감행했다. 그야말로 오래도록 잘 살리겠다는 애정의 발로였다.

　　잘 알려진 것처럼 정이품송의 나뭇가지 아래는 속리산으로 들어서는 옛길이 있었다. 그 길이 바로 예전에 세조가 지나가던 길이었다. 나무뿌리 바로 곁으로 길이 나 있다 보니, 도리 없이 이 길을 지나는 사람들은 정이품송의 뿌리 부분을 밟고 지나가야 했다. 뿌리가 겉으로 드러나 있지 않더라도 뿌리가 밟힌다는 상황은 정이품송을 보호하는 차원에서 불편한 마음이 들게 했다. 결국 사람들이 짓밟고 지나다니지 못하게 하려고 옛길을 막고 정이품송 보호구역을 조성하고, 그 자리에 흙을 돋웠다. 즉 복토를 했다는 이야기다. 물론 복토 후에 답압이 많이 진행된 것은 아니지만, 복토는 가뜩이나 체력이 약해진 정이품송에게 치명적이었다. 거의 1미터 가까이 북돋워진 흙 아래로 파묻힌 정이품송의 뿌리는 숨을 쉬기 힘들었다. 호흡이 가빠진 생명이 건강을 유지하는 건 불가능한 일이다. 차츰 나무의 건강이 악화하는 걸 알게 되자 정밀 진단 끝에 복토가 나무에 치명적이었음을 알게 됐고, 복토했던 흙을 걷어 냈다. 지금도 그때의 흔적이 정이품송의 줄기 아래쪽에 고스란히 남아 있다. 원래의 상태로 돌려놓기는 했지만, 후유증은 큰 영향을 미쳤다. 이래저래 약해진 건강으로 하루하루 버티며 살던 정이품송에게 시련은 계속 찾아왔다. 사방으로 고르게 펼치며 정이품송의 아름다운 생김새를 유지하던 나뭇가지들이 하나둘 부러지기 시작한 것이다. 정이품송의 나뭇가지가 부러질 때마다 전문가들은 부러진 나뭇가지와 나무의 상태를 조사했다. 그때마다 부러진 가지의 속을 들여다보면 나무줄기의 속이 완전히 썩어서 텅 비어 있었다. 그건 어쩌면 다른 가지나 줄기 속도 마찬가지로 썩어들었을 것이라는 걱정을 하게 만들었다.

제 26 장
생로병사

정이품송이 이처럼 참혹한 상태에 이른 건 솔잎혹파리의 피해도 무관한 건 아니지만 이 모든 치명적인 영향은 복토에서 비롯됐다. 나무가 숨을 쉬지 못하게 하여 결국은 나무가 스스로 세월의 풍진을 이겨낼 자기 회복 능력을 잃게 한 때문이라는 건 부인할 수 없는 사실이다.

한 송이 꽃처럼 서 있던 '보은 어암리 백송'

복토와 답압에 의해 희생된 나무들은 우리나라 곳곳에 심하다 싶을 만큼 많다. 심지어 그냥 흙을 돋우는 정도를 넘어 때로는 아예 콘크리트를 높지거니 쌓는 경우도 있다. 나무도 보호하고, 콘크리트 윗부분을 쉼터로 쓰는 일거양득의 효과를 노린 경우다. 애초의 의도는 분명 나무를 보호하겠다는 데에서 시작했지만, 결과는 나무에게 치명적이다.

유서 깊은 백송을 찾아다니면서 가장 아름다운 백송으로 꼽았던 **보은 어암리 백송**이 그런 나무다. 천연기념물로 지정해 보호하던 정말 근사한 나무였다. 어릴 때부터 곁가지가 잘 발달하는 백송이 잘 자라서 화려하게 가지를 펼치고 서 있는 **보은 어암리 백송**은 그야말로 한 송이 화려한 꽃처럼 멋진 나무였다. 하늘을 향해 수천의 가지를 펼친 이 나무는 보은읍 어암리 금릉김씨金陵金氏 집성촌인 탁동마을 안에서 마을 사람들의 자존심으로 서 있었다.

보은 어암리 백송은 이 마을에 살던 탁계濯溪 김상진(金相進, 1736~1811)이라는 선비가 정조 17년(1793)에 중국에 사신으로 갔다

313 살아 있던 시절의 **보은 어암리 백송**.

가 씨앗 하나를 가져와 심은 나무였다. 그때에 사신使臣의 자격으로 중국을 드나들었다는 것은 그만큼 지체 높은 선비였음을 가리키는 이야기라 할 수 있다. 어암리는 한적한 작은 마을이지만, 이처럼 훌륭한 선비를 조상으로 두고 있는 후손들의 자존심이 백송에서도 그대로 드러났었다.

처음 이 나무를 만난 뒤에 펴낸 오래된 책『이 땅의 큰 나무』에 소개할 때만 해도 **보은 어암리 백송**의 건강 상태는 별다른 문제 없이 괜찮은 편이었다. 나무나이 200년을 조금 넘긴 이 나무는 나무높이 11미터에 가슴높이줄기둘레가 1.8미터 정도로, 그리 큰 나무는 아니다. 하지만 이미 이야기한 것처럼 수천의 가지가 이뤄낸 전체 생김새가 더없이 아름다웠다. 천연기념물급의 다른 나무들에 비하면 나무나이도 그리 많지 않고, 크기 또한 작은 편에 속하지만, 기품이나 다른 나무가 따를 수 없는 아름다움이 돋보이는 최고의 나무였다.

나무가 서 있는 자리는 마을 뒷동산 비탈진 부분이었다. 나

제 26 장
생로병사

무를 극진히 보살폈던 마을 사람들은 나무의 자리를 편안하게 하기 위해 나무 밑동 부분에 1.5미터 높이의 돌 축대를 쌓았다. 바로 그 돌담이 문제가 될 줄을 당시로서는 몰랐다. 이 돌담으로 인해 나무 주변에 스며든 물이 제대로 빠지지 못했다. 특히 2003년 여름 폭우 때, 이 돌담 주변에 쏟아졌던 비가 제때 빠지지 않아 나무뿌리 부분이 썩어들기 시작했다. 뿌리에서 병이 시작되자, 나무의 잔가지와 잎이 누렇게 말라 죽기 시작했고, 이처럼 허약해진 틈을 타 해충까지 나무를 파고들었다. 국가유산청과 보은군에서는 나무를 살리기 위해 뿌리 부근의 배수로를 정비하여 물빠짐을 원활히 하고, 병충해 방제 작업을 하고, 잎에 영양제를 뿌리는 등 갖가지 조치를 취했으나 허사였다. 나무는 결국 회생 불가능 상태에 이를 만큼 병이 깊어졌고, 마침내 병들기 시작한 지 2년 만인 2005년 6월에 고사 판정을 받고, 천연기념물에서도 해제되고 말았다. 중국에서 들어와 오랫동안 우리에게 자연의 멋과 신비를 보여주던 나무 한 그루는 그렇게 사람들의 지나친 애정으로 제명을 다하지 못했다. 여전히 잘 자라고 있는 백송이 몇 그루 있긴 하지만 아마도 살아 있던 시절의 **보은 어암리 백송**만큼 아름다운 백송은 아마 이번 세기 안에 다시 보기 힘들 것이라는 점에서 안타까움은 깊어진다.

이처럼 복토에 의해 죽음에 이른 나무는 헤아릴 수 없이 많고, 알게 모르게 지금도 나무를 보호한다는 명목으로 서슴없이 나무에 복토 작업을 하는 경우가 숱하게 많이 있다. 안타까운 건 복토 작업의 의도는 분명 나무를 보호하겠다는 절박함에서였다는 사실이다. 그 많은 사례를 일일이 이야기할 수는 없으나 사진

314 왼쪽 사진은 콘크리트로 복토한 상황이고, 오른쪽 사진은 마을 사람들을 설득한 이듬해에 콘크리트를 걷어 낸 모습이다. 오른쪽 사진의 왼쪽 부분을 보면 나무뿌리 곁으로 난 마을 길이 보인다. 이 길로 지나다니는 사람들의 발에 의해 뿌리가 짓밟히는 걸 막기 위한 마을 사람들의 나무 보호 방법이었다.

과 함께 몇 가지 경우만 보태기로 한다.

나무에 대한 잘못된 사랑법

서해안의 어느 섬 지역을 답사하던 중에 만난 나무의 경우다. 이 나무는 나무나이 400년, 나무높이 35미터, 가슴높이줄기둘레 9.3미터의 크고 아름다운 나무다. 규모에서나 아름다움에서나 결코 나라 안의 어느 느티나무와 견주어도 모자랄 게 전혀 없는 훌륭한 나무다. 그건 마을 사람들도 잘 알고 있는 상황이었다. 그래서 나무를 잘 보호하려는 마음이 지극했다. 그런데 나무뿌리 바로 곁으로 좁은 마을길이 나 있었고, 이 길은 딱히 멀리 돌려서 낼 수 있는 방법이 없었다. 그렇다 보니 사람들이 자연스레 이 길을 지나면서 나무의 뿌리를 짓밟을 수밖에 없었다. 그러자 나무

제 26 장
생로병사

를 정말 자랑스레 생각하던 마을 사람들은 나무의 뿌리를 보호해야 하겠다는 생각을 했다. 그리고 마침내 나무뿌리를 밟지 않도록 나무뿌리 곁으로 널찍하게 복토를 하자고 의견을 모았다. 그것도 나무를 더 잘 보호하기 위해 콘크리트를 쳐야 하겠다는 결론에 이르렀다. 위 사진(그림 314의 왼쪽)이 바로 콘크리트로 복토한 사진이다.

이대로라면 얼마 지나지 않아 죽음에 이를 것이 뻔한 상황에서 그냥 둘 수 없었다. 안타까운 마음으로 마을 어른들을 찾아뵈었다. 상황을 소상히 알리고 나무를 잘 보호하려면 저 콘크리트를 깨뜨리고 나무에게 숨을 쉬도록 해 주어야 한다는 이야기를 정중하게 올렸다. 하지만 쉽지 않았다. 나무뿌리를 밟는 건 더 나쁜 일 아니냐는 게 그분들의 생각이었다. 그 이야기도 틀리지 않는 이야기다. 하지만 콘크리트 복토보다는 그게 훨씬 나은 방법이고, 하루빨리 나무의 숨통을 틔워달라고 사정했다. 그리고 이듬해에 다시 찾아가 보니, 나무의 숨구멍을 완전히 틀어막았던 콘크리트가 벗겨져 있어 안도할 수 있었다. 어른들을 찾아뵙고 감사 인사를 올리고 나무와 함께 기뻐했던 기억이 있다. 20년쯤 전의 일이다.

그래도 앞에서 이야기한 느티나무의 경우는 오래 지나지 않아 콘크리트를 벗겨 낼 수 있었다는 점에서 다행이랄 수 있지만, 때로는 이도 저도 할 수 없는 상황이라는 데에 안타까움이 더해진다.

안타까운 마음으로 한 그루의 경이로운 소나무를 소개한다. 나무나이 510년의 오래된 이 소나무는 나무높이가 6미터에 불과

315 어느 지방 도시 한복판에 자리 잡은 절집 마당의 **소나무**.

하지만, 나뭇가지를 동서 방향으로 9미터, 남북 방향으로 15미터 넘게 펼친 근사한 모양을 했다. 나무는 몸통줄기가 뿌리에서 올라와 북쪽으로 비스듬히 오르다가 2미터 높이에서 수평 방향으로 굽으며 바닥으로 내려앉았다. 줄기는 서서히 바닥에 닿을 정도로 휘어지며 내려앉았는데 바닥에 닿을 부분에 거북 상을 놓아 받쳤다. 여기서 다시 줄기가 휘몰아치듯 솟아오르며 둥글게 올랐고, 다시 경사각 30도 정도로 1.5미터 정도 뻗다가 기역자로 줄기를 꺾었다. 꺾어진 부분에서 줄기가 갈라졌는데, 두 개의 줄기 가운데 하나는 180도를 꺾어 유턴하듯이 돌아서며 반대쪽으로 가지를 펼쳤다. 그다음에도 둘로 나뉜 줄기의 하나는 바깥쪽으로 돌아서고, 다른 하나는 안쪽으로 뻗은 뒤에 나뭇가지를 펼쳤다. 굵은 줄기의 꿈틀거림은 나라 안의 여느 소나무 기형목이 보여주는 꿈틀거림을 능가할 만큼 신비롭다. 그런데 가만히 살펴보니, 솔방울의 결실이 유난히 부실하고, 솔잎의 일부가 죽어가는 현상이 눈에 띈다. 이는 무엇보다 뿌리 부분의 상태가 좋지 않다는 징후다. 복토의 영향이다. 복토를 얼마나 높이 했을지는 짐작하기 어

제 26 장
생로병사

렵다. 나무 주위에는 경계석을 쌓았고, 경계 바깥 부분은 보도블록으로 포장한 상황이다.

이 경우 분명한 건 나무의 뿌리 호흡 공간이 무척 모자라다는 점이다. 나무줄기의 둘레에 경계석을 쌓고 사람들이 발걸음을 조심하게 대책을 세우기는 했지만, 그 경계 범위가 나무에게는 너무 비좁다. 이 정도 크기의 나무라면 지금의 5~6배 정도의 호흡 공간을 필요로 한다. 게다가 더 큰 문제는 복토다. 땅에서 나무줄기가 처음 올라온 부분은 자갈돌로 멀칭[7]을 했는데, 이 부분은 완전 수평을 이뤘다. 자연 상태에서는 도저히 있을 수 없는 상황이다. 그건 지금으로서 확인하기 어려운 일이지만, 이 절집을 처음 짓고 법당 앞마당을 고르게 하는 평탄화 작업 과정에서 나무줄기 부분에 일정한 높이의 복토가 있었다는 증거다. 절집을 짓는 과정에서 어쩔 수 없는 선택이었을 것이다.

앞에서 이야기한 어느 섬마을의 느티나무의 경우 콘크리트를 벗겨 내 나무의 숨통을 틔워주었다고 했다. 그렇다면 이 소나무는 어떻게 대책을 세워야 할까, 생각해 봐도 답은 나오지 않는다. 어찌 됐든 절집은 사람들이 모이는 곳이다. 사람과 나무가 함께 존재해야 하는 공간이라는 이야기다. 세월이 흐르면서 절집은 차츰 사세를 키워갈 것이고, 그에 따라 절집을 드나드는 사람들의 발걸음은 늘어난다. 나무를 아무리 자랑스러워하고 사랑한다 하더라도 사람을 막아 세우면서 나무를 보호하는 경우는 아직 보지 못했다. 마당이 그리 크지 않은 절집이어서 나무 주변에 쌓은

---

[7]　토양 표면을 자갈·우드칩 등으로 덮어 수분 증발과 잡초 발생을 줄이는 관리 방법.

경계석 바깥으로 나무의 공간을 넓혀준다는 건 불가능하다. 할수 있다면 절집 바깥으로 공간을 넓혀서 사람들이 운신할 수 있는 공간을 넓히는 방법이 있겠지만, 바로 바깥으로는 넓은 자동차 도로와 그 곁의 인도가 바짝 붙어 있다. 절집의 공간을 넓히는건 언감생심이다. 또 뿌리 부분의 복토를 파헤치는 것도 현재로서는 불가능하다. 땅을 파헤치면 당연히 모래밭의 개미지옥처럼깔때기 모양으로 나무뿌리 부분을 깊이 파내야 하는데, 그러려면사람의 공간이 줄어든다. 게다가 사람의 공간은 세월이 지날수록점점 더 늘어난다. 이 같은 상황에서 절집에서는 나무를 위해 최대한 배려했지만, 나무의 입장에서는 갈수록 숨이 막히는 상황이다. 하릴없이 나무는 솔방울도 제대로 맺지 못하고 솔잎까지 무시로 시들어 떨어뜨리는 상황이다. 나무 앞에 닥친 슬픈 운명은불 보듯 뻔하게 보인다. 어떤 대책을 세울 수 없다는 것이 더 안타깝다. '도시의 나무'를 이야기했던 앞의 제19장에서 뿌리 호흡 공간을 확보하지 못해 애면글면 살아가지만 어떤 대책도 내놓기 수월치 않았던 권율 장군의 **서울 행촌동 은행나무**와 다르지 않다. 안타깝다.

세월의 풍진을 이겨낼 생명은 없어

살아 있는 모든 것들에게 가장 위협적인 도전은 무엇보다 세월이다. 나무의 생로병사를 이야기하면서 세월의 무게를 이겨내지 못하고 죽어간 나무들 이야기를 빼놓을 수는 없다. 물론 세월

제 26 장
생로병사

의 무게를 견디지 못하고 스러진 나무들도 일일이 짚어본다는 건 불가능할 정도로 많다. 나무도 살아 있는 생명이기에 모든 생명체에게 닥치는 세월의 유한함은 어쩔 수 없는 일이다. 세월의 풍진을 이겨내지 못하고 스러진 나무들 가운데에서 그동안의 답사 경험에 비춰 잊히지 않는 특별한 나무 몇 그루만 살펴보기로 한다. 이 나무들이 모든 경우를 대표하는 것은 아니지만, 이 나무들이 죽어간 과정을 자세히 살펴본다면 세월의 무게를 못 이기고 죽어간 나무에 거의 공통적으로 나타나는 현상을 알아볼 실마리가 된다는 생각에서다.

우선 살아생전에 제 본디 이름으로 제대로 불리지 못하고 죽음을 맞이한 나무를 소개한다. 나무가 스러진 건 특별한 까닭 없이 세월의 무게를 견디지 못한 때문이다. 약간의 세월이 더 허락되었다면 혹시라도 그가 제 이름으로 불릴 수 있었을지 모른다는 생각 때문에 더 안타까운 나무다. **진도 석교리 백목련**이다.

이 나무는 필경 '목련'이라고 불려야 할 분명한 이유가 있었음에도 불구하고 중국산 목련 종류의 이름인 '백목련'으로 불렸다. 목련 종류의 나무 가운데에 우리 순수 토종으로는 깊은 산에서 피어나는 산목련, 목란이라고도 부르는 '함박꽃나무'가 있고, 일본과 우리나라에서 잘 자라는 '초령목'이 있으며, 아무런 수식어 없이 그냥 '목련'*Magnolia kobus DC.*이라고 불러야 하는 토종 나무가 있다. '고부시 목련'이라는 일본어 이름으로 식물학계에 등록돼 있는 우리의 목련이다. 목련은 분명히 우리나라의 제주도 한라산 자락에서 자생하지만, 제25장에서 일본의 고이시카와식물원을 소개할 때 언급했듯이 일본에서도 자생하는 나무다. 이

나무에 학명을 붙인 건 제4장에서 리그닌이라는 이름을 처음 쓴 스위스 식물학자로 소개한 오귀스트 피라무스 드 캉돌이었다. 그는 1817년에 일본에서 목련을 처음 발견했고, 일본에 자생하는 나무인 걸 표시하기 위해 일본 사람들이 흔히 부르는 '고부시'라는 단어를 종소명으로 등록했다. 캉돌은 그때 목련이 우리나라에도 자생한다는 걸 알지 못했던 모양이다. 까닭에 토종이면서도 순수한 우리말 이름을 갖지 못한 건 아쉬운 일이다.

　토종 목련의 꽃은 중국산 백목련과 비슷하지만 꽃이 피어날 때, 꽃잎이 백목련보다 조금 작고, 활짝 벌리고 피어난다는 차이가 있다. 여섯 장의 꽃잎이 모두 평평할 정도로 넓게 펼쳐지며 피어난다. 백목련과 목련을 구분하는 여러 가지 중요한 지점이 있지만, 우선 꽃잎의 숫자가 다르다. 즉 백목련의 꽃잎이 아홉 장인 것과 달리 목련의 꽃잎은 여섯 장이다. 사실 백목련의 경우 여섯 장의 꽃잎 외에 꽃잎과 똑같이 생긴 석 장의 꽃받침이 꽃잎 바깥쪽에 꽃잎 사이의 벌어진 틈을 메워주며 돋아난다. 얼핏 보아서는 꽃잎과 꽃받침을 구별하기 어려워, 그냥 아홉 장의 꽃잎으로 피어난 것으로 보인다. 특별한 경우가 아니라면 아홉 장이라고 이야기해도 크게 틀린 것은 아니지만 정확히 이야기하자면 꽃잎 여섯 장과 꽃잎처럼 보이는 꽃받침 석 장이 모여 난다고 해야 한다. 하여간 백목련의 완성된 조형미와 달리 여섯 장의 꽃잎만으로 피어나는 데다 처음부터 꽃잎과 꽃잎 사이를 넓게 벌리며 활짝 펼친 채이다 보니, 백목련에 비해 조형미가 떨어지는 게 사실이다. 그래서 봉긋한 조형미의 꽃을 좋아하는 애호가들에게 외면당하기 십상이다.

제 26 장
생로병사

전남 진도의 작은 마을 석교리의 초등학교 운동장에 서 있는 우리 토종 목련은 2002년에 지방기념물로 지정되면서 공식적인 문화재 이름으로 **진도 석교리 백목련**을 얻었다. 그러나 나무를 상세히 살펴보면 백목련이 아니다. 목련이다. **진도 석교리 백목련**은 꽃잎이 여섯 장으로 편평하게 피어난다. 백목련의 꽃과 분명히 다르다. 그렇다면 우리 토종 목련의 특징을 뚜렷하게 간직한 것으로 보아야 한다. 물론 더 자세한 동정은 식물 분류 전문가들의 몫이다. 문화재의 이름은 한번 결정되면 고칠 수 없다지만, 잘못된 이름은 고쳐야 한다. 죽을 때까지 '백목련'이라는 이름으로 불렸지만, 앞의 제8장 '꽃의 출현'에서 그랬던 것처럼 여기에서는 그의 공식 이름 **진도 석교리 백목련**이 아니라 **진도 석교리 목련**으로 쓴다. 평생 제 이름을 온전히 불리지 못한 나무에 대한 안타까움을 표현하고 싶은 때문이다.

진도 석교리 목련은 크기로도 우리나라 안에서 가장 큰 목련이었다. 석교초등학교를 개교한 1920년에 심은 나무라고 하니, 나무나이가 100년을 조금 넘는 정도였다. 나무높이는 10미터를 넘으며, 사방으로 뻗은 나뭇가지펼침폭은 11미터쯤 되는 근사한 나무였다. 뿌리 부분에서부터 줄기가 여럿으로 나누어져서 가슴높이줄기둘레를 측정하기는 어렵다. 이런 경우, 가슴높이줄기둘레 대신 뿌리 둘레를 측정하는데, **진도 석교리 목련**의 뿌리 둘레는 3미터 가까이 되는 규모를 자랑했다. 이 정도 규모라면 목련으로서는 노거수 축에 속한다. 워낙 크게 자라는 태산목 종류를 제외하면 규모에 있어서도 우리나라 안의 모든 목련 종류를 통틀어 가장 큰 나무라 할 수 있다. 줄기가 땅에서부터 셋으로 갈라지면

316 살아 있을 때의 **진도 석교리 목련**의 화려한 모습.

서 사방으로 고르게 펼친 나뭇가지는 주변의 다른 나무들을 압도하고도 남을 만큼 아름다웠다. 바로 옆에 팽나무와 굴참나무 등이 연이어 심어져 있어 작은 학교 숲을 이뤘는데, 목련 꽃이 피어나고, 다른 나무들에 연초록 잎이 돋아날 때의 풍경은 장관이었다.

나무가 워낙 아름다워 석교초등학교에서는 이 나무를 상징으로 여겨왔다. 학교의 역사와 함께한 이 나무는 당연히 석교초등학교는 물론, 섬마을 진도의 대표적 상징이기까지 했다. 학교 관계자들과 학생들은 물론이고, 마을 사람들까지도 온 정성을 다해 극진히 보호해 왔다. 석교초등학교는 해마다 목련 꽃이 아름답게 피어나는 봄날의 하루, 날을 정해 학교와 마을 사람이 한데 모여 한바탕 즐기는 축제를 벌였다. 당연히 축제의 이름은 '목련제'였다.

우리 토종 목련의 대표적인 나무인 **진도 석교리 목련**은 그토록 아름다운 자태로 해마다 우리의 봄을 화려하게 밝혔는데, 몇 해 전부터 시름시름 앓기 시작해서 마침내 고사 판정을 받았고, 2020년 9월 10일에 지방기념물에서 해제되기에 이르렀다. 특별

제 26 장
생로병사

히 하나의 고사 원인을 짚어 내기 어려운 상황이어서 그저 '노화에 따른 고사'라고 이야기할 수밖에 없다. 이런 경우, 사실은 여러 요인이 겹쳐서 그의 노화를 촉진하고, 결국은 고사에까지 이르게 한 것으로 보아야 한다. 그건 여느 생명체들과 마찬가지다. 이를테면 처음에는 일정한 높이의 복토가 나무의 건강을 해치는 요소가 되었을 수 있다. **진도 석교리 목련**은 학교에서 철저하게 관리했던 게 사실이다. 나무뿌리 부분으로 아이들이 다가서지 못하게 막는 울타리를 세우고 나무뿌리 부분을 잘 보호했다. 그런데 가만히 살펴보면 여기에서도 앞에서 이야기한 복토의 흔적은 찾을 수 있다. 복토를 하지 않은 상태라면 나무뿌리 부분의 흙이 온전히 수평을 유지하기 어렵다. 누구라도 나무줄기 맨 아랫부분을 살펴보면 원래 땅 높이 이상으로 흙이 덮인 것을 알 수 있다. 복토는 분명히 나무를 보호하기 위한 것이었다. 그리고 복토한 흙을 부엽토로 잘 마무리하기까지 했다. 나무에 대한 정성이 온전히 느껴졌다. 그래서 나무는 당장에 큰 이상을 보이지 않고 잘 살았다. 그러나 그게 아무래도 나무의 건강에 긍정적이지 않았다. 물론 짐작이지만 나무가 세월의 무게를 견디기 힘들게 한 하나의 요인으로는 작용했음이 분명하다. 그 밖에도 나무의 건강을 해친 요소는 적지 않을 것이다. 이를테면 남도 바닷가인 진도 지역이라면 태풍의 영향도 무시로 닥쳤을 것이다. 나무는 잘 버텨냈지만, 그게 한 번, 두 번 되풀이되면서 마침내 버티기 힘들 만큼 건강이 악화되었다고 보는 것도 무리는 아니다. 결국 세월의 무게라는 것은 '세월'이라는 말 속에 담긴 다양한 생명 위협 요인들이 복합적으로 작용한 결과라고 보는 게 온당하지 싶다.

우리 토종 목련의 대표 나무가 중국산 나무의 이름인 '백목련'으로 살다가 '백목련'으로 죽었다. 살아서도 본디 이름 '목련'으로 불리지 못하던 우리 토종 나무가 죽는 순간까지도 제 이름을 되찾지 못했다는 사실이 더없이 안타깝다.

죽음의 원인은 바깥이 아니라 안에서 나오는 것

산다는 것은 어쩌면 늘 가까이에 있는 죽음을 살살 피해 가는 것이라고 이야기할 수도 있다. 필경 삶과 죽음은 떨어져 있지 않다. 바투 붙어서 그 경계를 살금살금 넘나드는 게 모든 생명살이의 공통점이다. 사람이나 동물이나 식물, 모두 마찬가지다. 나무의 경우 태풍이나 벼락 등 외부적인 요인을 잘 견뎌내면서 살아간다. 그러나 세월이 지나면 사람이 그렇듯 죽음으로 이끌어 가는 위해 요인이 안에서부터 나타나기 시작한다. 그게 복합적으로 작용하면서 결국은 죽음을 맞이하게 된다.

2002년 초여름, 『이 땅의 큰 나무』라는 책을 펴내기 위해 나라 안의 큰 나무들을 답사하던 때에 만났던 인상적인 나무인 **정선 화암리 소나무**와 **강릉 삼산리 소나무**도 그런 나무들이었다. 이 나무들은 그저 바라보기만 해도 절로 미소가 비어져 나오는 아름다운 나무였다. 그런데 『이 땅의 큰 나무』를 집필하는 동안 우리가 자랑할 만한 소나무를 워낙 많이 만났다. 나무를 종류별로 묶어 구성한 이 책에서는 자연스레 느티나무, 은행나무와 함께 소나무를 소개한 장이 가장 많은 분량을 차지했다. 우리 민족이 오래전

제 26 장
생로병사

부터 사랑해 온 소나무 가운데에는 소개해야 할 아름다운 나무가 헤아릴 수 없이 많았다. 결국 느티나무, 은행나무, 소나무는 따로 제가끔 한 권씩으로 나누어 펴낼 필요가 있다는 생각을 그때 떠올렸다. 그러면서 『이 땅의 큰 나무』에서는 **정선 화암리 소나무**와 **강릉 삼산리 소나무**를 간단히 한 단락으로만 소개하고 넘어갔다. 언젠가 더 넉넉하게 소개하겠다는 생각이 있었기 때문에 **정선 화암리 소나무**와 **강릉 삼산리 소나무**에게도 그리 미안하지 않았다. 그리고 실제로 나중에 『우리가 지켜야 할 우리 소나무』, 『우리가 지켜야 할 우리 느티나무』, 『우리가 지켜야 할 우리 은행나무』를 제가끔 한 권의 책으로 펴냈다. 그런데 새로 소나무 이야기를 한 권의 책으로 정리해 본격적으로 알리기 전에 **정선 화암리 소나무**와 **강릉 삼산리 소나무**는 안타깝게도 유명을 달리했다. 공교로운 건 나중을 기약한 나무들일수록 그 나무와의 기약을 지키기 어려웠다는 점이다. 처음에 나무를 답사하고는 '다음에 더 자세히 소개할' 생각으로 우선은 간단히 정리해 소개한 나무들이 대부분 그랬다. 앞에서 소개한 **여수 율림리 동백나무**가 그랬고, **청송 부곡동 왕버들**이 그랬다. **정선 화암리 소나무**와 **강릉 삼산리 소나무**도 그런 나무들이었다. 참 얄궂은 건 그런 나무들을 처음 만났을 때에는 반드시 다음에 다시 찾아오겠다는 생각에 심지어 사진조차 몇 장 남기지 않았다.

　정선 화암리 소나무는 강원도 정선의 상징이라 해도 모자람이 없을 만큼 좋은 나무였다. 가물가물한 기억에 의존하자면 강원도 지역을 상징하는 어떤 영상에서도 강원 지역의 상징으로 **정선 화암리 소나무**의 이미지를 담을 정도였다. **정선 화암리 소나무**는

317 죽음에 들기 전의 **정선 화암리 소나무**.

마을 사람들의 입에서 입으로 전하는 이야기에 따르면 나무나이가 1,300년이나 됐다고 한다. 이야기가 과학적으로 입증만 된다면 **정선 화암리 소나무**는 우리나라의 모든 소나무를 통틀어 가장 오래된 나무다. 물론 이는 전하는 이야기에 근거한 것이어서, 과학적으로 인정받지는 못한 상황이었다. 1994년에 강원도 기념물로 지정해 보호한 이 소나무는 나무높이 11미터, 가슴높이줄기둘레 3.9미터의 규모로 자랐다. 사실 이 정도 규모라면 전하는 이야기에 따른 나무나이 1,300년을 신뢰하기는 어렵다. 옛날 이 근처에 화표사華表寺라는 절이 있었는데, 그 절에 주석한 스님이 입적한 뒤 그의 묘지에서 저절로 자란 나무라고 한다. 지금은 옛 절집의 흔적을 찾아볼 수 없는 상태이지만, 여전히 마을 사람들은 나무가 서 있는 골짜기 아랫마을을 '절골마을'이라고 부르는 것만 봐도 절집과 명을 함께한 유서 깊은 나무인 건 분명하다. 마을의 상징이었던 **정선 화암리 소나무**는 사람들과 더불어 살면서 사람이 나무에 정성을 바치면 나무에 깃든 스님의 혼이 소원을 들어주었다고 한다.

제 26 장
생로병사

절골마을의 언덕 경사 위에 서서 아름다운 풍광의 주인공이 됐던 **정선 화암리 소나무**는 2002년과 2003년 여름에 이 지역에 불어왔던 태풍으로 많은 가지가 부러지면서 예전의 아름다운 나무 형태를 잃었다. 그래도 나무는 모질게 버티며 살아남았다. 마을 사람들은 나무를 잃을까 애면글면하며 나무를 보살폈다. 그러나 그때의 충격은 나뭇가지만 부러뜨린 게 아니었다. 긴 세월을 살아온 나무가 버티고 버텨온 골병을 도지게 했다. '살아남았다'고 했지만 어쩌면 그때 이미 나무는 죽음에 든 것인지도 모른다. 실제로 나무는 심장이 멈추는 순간 곧바로 죽음에 드는 동물들과 달리 서서히 죽어간다. 죽음은 한순간에 이뤄지는 게 아니라 오랜 시간에 걸쳐 진행되는 현상이다. 심장과 뇌 등 중심 기관이 한 생명체의 생명 활동 전반을 좌우하는 동물과 달리, 모듈 방식으로 구성되는 식물은 일부가 죽어간다고 해서 한꺼번에 죽지 않는다. 상황에 따라 모듈의 일부가 하나씩, 둘씩 죽어간다. 물론 이때에 견딜 수 있는 힘이 남아 있다면 회생하는 경우도 있지만, 대개의 경우는 서서히 죽어간다. 그러니까 아직 멀쩡하게 살아 있는 것처럼 보이는 노거수 가운데에 어떤 나무는 이미 죽음의 절차를 밟고 있는 것인지도 모른다. 결국 강원도의 상징이었던 **정선 화암리 소나무**는 2005년 5월에 전문가들로부터 최종 고사 판정을 받았고, 강원도 기념물에서도 해제될 수밖에 없었다.

　　정선 화암리 소나무가 고사한 뒤에 마을 사람들은 그 아쉬움을 달래기 위해 '진혼제'를 지냈고, 이어 후계목을 지정했으며 '후계목의 장수성장 기원제'를 치르기까지 했다. **정선 화암리 소나무**의 후계목으로 지정된 소나무는 2007년에 국립산림과학원에서

정선 화암리 소나무 후계목 후보로 선정한 나무들 사이의 유전자를 감식해 최종 지정했다.

주변 풍광을 아름답게 했지만, 세월의 무게를 못 이기고 죽음에 든 나무로 **강릉 삼산리 소나무**를 덧붙인다. **강릉 삼산리 소나무**는 나무도 아름답지만 나무가 서 있는 구역의 풍광이 더없이 빼어나다는 점을 먼저 떠올리게 하는 나무다. **강릉 삼산리 소나무**가 서 있던 곳은 강원도 강릉시 연곡면 삼산리, 오대산 소금강으로 들어가는 매표소 근처의 개울가였다. 1988년에 천연기념물로 지정해 보호하던 **강릉 삼산리 소나무**는 마을 사람들의 질병과 재난을 막아주는 서낭나무로 여겨온 나무였다. 나무나이가 450년쯤 된 이 나무는 나무높이 21미터, 가슴높이줄기둘레 4미터의 크기로 자란 훌륭한 소나무다. 특히 곧게 솟아오르며 둘로 나뉜 줄기가 우아한 자태로 자란 게 눈에 띄는 아름다운 나무였다. 멀리서 보면 나무 주변은 하나의 작은 숲을 이룬 것으로 보인다. **강릉 삼산리 소나무** 곁에는 떡갈나무, 물푸레나무 몇 그루가 어우러져 있어 전체적으로 삽상한 작은 숲의 분위기를 느낄 수 있어 더 좋

제 26 장
생로병사

았다. 작은 숲 위로 불쑥 솟아오른 **강릉 삼산리 소나무**의 나뭇가지 우듬지는 앙증맞다 해야 할 만큼 작은 숲의 위용을 빛내주는 상징이기도 했다.

그러나 사실 **강릉 삼산리 소나무**는 살아가야 할 자기 공간이 모자랐다. 분위기는 충분히 아름답고 좋았다 해도 생존을 위해서는 좋은 조건이 아니었다. 세상의 모든 생명에게는 자신에게 꼭 필요한 만큼의 공간이 필요하다. 특히 나무는 나뭇가지를 펼칠 공간이 꼭 필요하다. 나무들이 빽빽하게 들어찬 깊은 숲의 나무들이 오래 살지 못하는 건 그 공간을 확보하지 못한 때문이다. 나무들에게 필요한 공간이라는 것은 결국 하늘로부터 내려오는 햇빛을 확보하기 위한 것이다. 이는 이 책의 제13장 '나무의 생명력'에서 '수관 기피 현상'을 살펴보면서 충분히 이야기한 내용이다. 제13장에서도 이야기했지만 햇빛을 확보하기 위한 공간은 나무가 스스로 자랄 수 있는 양분을 지어 내는 광합성을 위한 최소한의 조건이다. 그게 확보되지 않아도 일정하게 살아갈 수는 있지만, 그 좁은 공간에서의 광합성으로 지은 양분만으로 살아가는 건 결국 불가능해진다. 스스로를 지탱할 양분이 모자라다면 죽음에 들어야 하는 게 자연스러운 순서다.

강릉 삼산리 소나무가 그랬다. 주변의 다른 나무들과 어울려 있다는 게 **강릉 삼산리 소나무**의 풍광을 아름답게 하는 요소였던 것은 분명하지만, 그게 오히려 나무의 생육에는 치명적이었다. 결국 **강릉 삼산리 소나무**는 차츰 건강이 악화되었다가 2008년에 최종 고사 판정을 받고 천연기념물에서 해제되는 운명을 맞이하고 말았다.

지자체 상징목이었던 나무에게 닥친 세월의 무게

우리 문화의 상징처럼 모두가 귀하게 여기는 나무라고 해서 세월의 무게를 비껴갈 수는 없다. 그런 나무일수록 관계자들의 성의 있는 보존 대책이 꼭 필요하다. 이를테면 전국의 지자체들은 제가끔 시목市木, 시화市花를 정하고 이를 자기 도시의 상징으로 여긴다. 그러나 시목, 시화가 어느 특정한 나무 한 그루를 지칭하는 경우는 많지 않다. 이를테면 내가 사는 도시의 경우, 시목은 복사나무고, 시화는 복숭아꽃이다. 또 다른 지자체에서는 보기 어려운 '시과市果'까지 복숭아로 정했다. 오래전부터 복숭아로 유명한 고장이라는 뜻을 강조하려는 의도일 테다. 하지만 지금 이 도시에서 크고 오래된 복사나무는 찾아볼 수 없다. 시화, 시과이자 시목인 복사나무가 없다는 시민들의 볼멘소리가 쌓이자 이 도시에서는 도시 한편의 작은 산에 복사나무 동산을 조성해 운영한다. 어쨌든 복사나무가 상징인 이 도시에서 대표적인 복사나무를 찾을 수 없는 건 분명하다.

그게 잘못된 행정이라는 이야기가 아니다. 대개의 도시들이 그렇다. 소나무나 느티나무를 시목으로 정했다 해서 꼭 훌륭한 한 그루의 나무를 지역의 상징으로 삼는 게 아니다. 문제는 오히려 지역을 대표할 만한 큰 나무를 상징으로 삼았을 경우다. 모든 지자체는 기본적으로 차츰 더 발달하는 지자체로 영원무궁하게 나아가기를 원한다. 그러나 나무는 유한한 생명이다. 세월의 무게를 이겨내지 못한다는 이야기다. 지자체의 발전 여부와 무관하게 지역의 상징인 나무는 세월의 풍진에 스러질 위험을 안고 살아가

제 26 장
생로병사

는 존재다. 한 그루의 자랑스러운 큰 나무를 지자체의 상징으로 정한다면 그야말로 성심을 다한 보존 대책이 절실한 이유다.

최근 경남 양산시에 그런 상황이 벌어졌다. 양산시는 1981년에 시목은 이팝나무로, 시화는 목련으로 지정했다. 그리고 굳이 법령이나 조례를 통해 지정한 것은 아니어도 한 걸음 더 나아가 양산시의 유일한 천연기념물이었던 **양산 신전리 이팝나무**를 양산시의 상징목으로 여겨왔다. 시목을 이팝나무로 지정한 것도 사실은 **양산 신전리 이팝나무**를 염두에 둔 것이긴 하다. 물론 양산시에는 1971년에 천연기념물로 지정한 이 이팝나무보다 4년 앞선 1967년에 천연기념물로 지정했던 한 그루의 이팝나무가 더 있었다. 당시 천연기념물 이름은 **양산 석계리 이팝나무**였다. 그러나 이 이팝나무는 주변 환경의 변화를 제대로 적응하지 못해 생육이 나빠지며 고사 판정을 받고 2000년 9월에 천연기념물에서 해제됐다. 천연기념물로 지정한 이팝나무가 한 지자체에 두 그루씩이나 있던 1981년 상황에서 이팝나무를 자랑스러워하고 나아가 시목으로 이팝나무를 지정하는 건 당연한 일이었다.

이미 시목을 이팝나무로 지정한 상황에서 지역에서 가장 크고 오래됐을 뿐 아니라 나라 안에서도 가장 아름다운 이팝나무로 여겨지는 **양산 신전리 이팝나무**를 더 소중하게 보호하지 않을 이유가 없었다. 더구나 양산시에 남은 천연기념물로는 이 이팝나무가 유일했다. 나무나이 350년쯤 된 이 나무는 나무높이 16.3미터, 가슴높이줄기둘레 4.5미터의 크기로 천연기념물로 지정돼 있는 다른 이팝나무에 비해 규모와 연륜에서 결코 떨어지지 않는 훌륭한 나무다. 바로 곁에 역시 적잖이 오래된 팽나무 한 그루와 어우

러지며 너른 들판에 우뚝 서 있는 풍광까지 아름다워 양산 시민
들에게는 큰 자랑거리인 나무였다. 마을 사람들은 두 그루의 나
무 가운데에서 나뭇가지를 풍성하게 펼친 팽나무를 할아버지나
무로, 팽나무에 비해 비교적 연약해 보이는 이팝나무를 할머니나
무로 불러왔다. 마을 들녘 한가운데 서 있는 두 그루의 큰 나무를
마을 사람들은 마을의 수호목으로 여기며 해마다 정월 대보름에
마을 당산제를 지내기도 했다. 개인적인 이야기를 보태자면, 10여
년 전에 이 나무를 찾아갔던 어느 날, 나무 앞에서 만난 젊은 시
인들의 동인 모임을 잊을 수가 없다. 이 지역에서 활동하는 시인
들이 동인 시집 발간을 축하하는 모임이었다. 우연한 만남이었다.
시 동인 모임의 이름은 아예 '이팝시 동인'이었다. 젊은 시인들은
그때 "이팝나무는 사람에게 가장 필요한 양식인 밥을 닮은 꽃을
풍성하게 피우죠. 우리도 이팝나무가 밥을 짓듯이 영혼의 양식인
아름다운 시를 짓는 마음으로 이팝나무를 찾아옵니다. 동인 이름
이 '이팝시'인 우리 시인들이 시집 출간 기념 잔치를 우리 지역을

제 26 장
생로병사

대표하는 이팝나무 앞에서 하는 건 지극히 당연한 일입니다"라고
이야기했다. 심지어 이팝나무가 곧 자신들이 시를 쓰는 이유라며
양산 신전리 이팝나무의 꽃이 가장 아름답게 피어나는 날을 가슴
졸이며 기다려 출간 기념 모임 날짜를 잡았다고까지 했다.

그러나 지역 행정 관계자들과 지역 주민의 애정과 무관하게
나무에는 서서히 세월의 무게가 내려앉았다. 피할 수 없는 살아
있는 모든 것들의 하릴없는 운명이다. 지금 **양산 신전리 이팝나무**
는 고사 위기에 부닥쳤다. 2026년 2월 현재에도 나무가 살아남을
지 걱정되는 상황이다. 간당간당 남아 겨우겨우 가지 위에 꽃을
피워 올리던 나뭇가지는 대부분 부러졌다. 앙상하다 못해 애처로
운 상태다. 한눈에도 임종을 채비하는 나무라는 게 확인된다.

나무의 수세가 약해진 게 갑작스러운 일은 아니었다. 이 나
무 앞에서 동인 시인들을 만나 나무의 미덕을 이야기하던 10여
년 전에도 이미 나무는 죽음의 길로 달음박질하던 중이었다. 그
때에도 나는 **양산 신전리 이팝나무**를 소개한《서울신문》의 연재칼
럼에서 "어쩔 수 없이 나무가 스쳐온 세월의 풍진을 견디기 힘들
었는지는 알 수 없다. 이팝나무의 수세가 약해지면서, 팽나무와
이팝나무의 사이가 벌어졌다. 시름에 젖은 이팝나무에 아랑곳하
지 않고 왕성한 수세로 잎을 피워 올린 팽나무 때문에 이팝나무
는 더 애처로워 보인다"라고 썼다. 또 "높이 솟아오른 이팝나무
의 줄기 곳곳에는 잘라 낸 가지의 흔적이 뚜렷하다. 더 심각한 건
뿌리와 연결된 줄기 부분이다. 오래전부터 부식이 진행된 듯, 썩
은 줄기 안쪽에 깊은 허공이 들어찼다. 하릴없이 가늣이 나뉜 줄
기가 자신의 거대한 몸뚱어리를 겨우 버티고 있는 안타까운 형상

이다”라며 아쉬움을 표시했다.

여러 차례 함께 짚어보았듯이 나무는 동물처럼 한순간에 목숨을 내려놓지 않는다. 죽음을 향해 아주 천천히 다가선다. 나무의 죽음을 알아채기 어려운 이유다. 양산시를 상징하는 이 나무가 죽음의 기미를 보인 건 2000년대 초반부터였다. 그때 이미 나무 밑동과 뿌리가 만난 부분을 가리키는 지제부地際部가 썩어들면서 구멍이 드러나기 시작했다. 더불어 무성하게 뻗어 나온 나뭇가지의 일부에 잎이 나지 않으면서 고사하고 부러지기까지 했다. 나무의 죽음을 먼저 알아본 건 나무 곁에서 나무와 더불어 살아가던 마을 사람들이었다. 곧바로 양산시청 담당자에게 나무의 상태를 알렸고, 양산시 관계자들은 천연기념물을 관리하는 국가유산청 천연기념물과 담당자들과 현장을 찾아와 살폈다. 우선 할 수 있는 건 구멍이 훤히 들여다보이는 썩은 부위가 더 썩지 않도록 하는 외과수술이었다. 그리고 텅 빈 구멍은 충전재로 메웠다. 하지만 전문가들은 이미 나무의 회생이 쉽지 않으리라는 걸 눈치 채고 **양산 신전리 이팝나무**의 죽음 이후를 채비했다. 즉 이 나무의 유전자를 확보하는 연구를 진행하여 나무가 죽더라도 그 후계목을 키워 낼 여지를 갖추려 했다.

그러나 이미 나무에 덮인 세월의 무게는 나무가 버티기 어려운 상황이었다. 그 뒤로도 나무는 회복세를 보이지 못했고, 심지어 최근에는 ‘아밀라리아뿌리썩음병Armillaria root rot’에도 감염됐다. 이 병에 걸리면 나뭇잎이 누렇게 마르고 마침내 나무가 죽음에 이르게 된다. 수백 년을 비바람과 눈보라에 홀로 맞서 이겨 내며 버텨온 나무이지만, 세월의 무게에 짓눌려 허약해질 대로

제 26 장
생로병사

허약해진 나무로서는 어쩔 수 없는 노릇이다. 양산시에서는 그래도 지역의 상징인 나무를 살려보려고 상시 모니터링을 하면서 회생시키려 애쓰고는 있지만, 늙어 병든 나무는 이제 임종을 채비할 일만 남은 듯이 보인다. 결국 양산시는 '양산 신전리 이팝나무 후계목 육성사업'에 착수했다. 1,000만 원의 예산으로 시작한 이 사업은 경상국립대학교와의 협약으로 나무의 DNA를 채취하고 배양해 후계목을 양성하겠다는 계획이다.

나무의 생명을 위협하는 산불과 홍수

나무의 생명을 위협하는 여러 요소와 그 영향의 결과를 짚어보았다. 큰 나무 위주로 이야기하다 보니, 빠뜨린 위협 요인이 적지 않다. 크고 작은 모든 나무를 포함한다면 나무에게 가장 치명적인 건 무엇보다 불과 물이다. 그 가운데 산불은 자연 생태계에서 어쩔 수 없이 벌어지는 자연 현상이다. 물론 사람의 부주의에 의해 벌어지는 산불이 없는 건 아니지만, 자연 상태에서의 산불은 나무와 나무의 마찰, 혹은 나무에 떨어진 번개 등이 확산하면서 저절로 벌어지는 현상이기도 하다. 산불은 사람에게 큰 피해를 남긴다는 점에서 예방하고 그 피해를 최소화해야 하는 데에 진력해야 하는 건 두말할 필요 없이 중요한 일이다. 기후가 뜨거워지고, 갈수록 숲이 건조해지면서 산불은 그 빈도가 잦아지고 있으며 화재의 규모나 피해가 상상을 초월할 정도로 확산되고 있다. 그리고 산불이 일어나면 모든 나무를 비롯해 그 숲에 둥지를 틀고 살아가던 모든 짐승들도 생명을 잃는다. 자연히 오랫동안 연결망을 이루며 안정적인 상태에 들게 된 생태계가 한순간에 망가진다. 산불이야말로 나무에게 가장 위협적인 요인이 아닐 수 없다.

2023년에는 지구 반대편 캐나다에서 1,000곳이 넘는 지역에서 동시다발적으로 산불이 일어났다. 사상 유례없는 산불이었다. 캐나다 산불보다 며칠 전에는 하와이 마우이섬 전체가 산불로 타버린 참혹한 사태도 있었다. 비슷한 일은 전에도 있었다. 아직 기억에 생생한 호주 산불이 그것이다. 그야말로 통제 불능의 거대한 산불이 나무를 비롯한 숲의 생명을 집어삼키고 있다. 나무 못지않게 사람의 피해도 갈수록 커지는 실정이다. 하와이 마우이섬 산불에 따른 피해로 모두 102명이 죽음에 이르렀고, 2,200여 채의 건물은 잿더미가 됐다. 미국 역사상 최악의 자연 재난 사태로 기록에 남았다. 산불이 이처럼 강력해지는 원인을 짚어보면 초대형 산불이 이걸로 끝이 아니라는 점에 소름 끼치게 된다. 산불은 기온, 습도, 바람의 요인이 복합적으로 작용하는데, 이 가운데 기온이 가장 결정적이다. 기온은 습도에도 영향을 미치고 대기의 흐름인 바람에도 직간접적으로 영향을 미치는 때문이다. 그런데 문제는 지금 우리가 사는 이 땅의 기온이 점점 더 산불 발생에 적합한 조건으로 바뀌어 간다는 사실이다. 그렇다면 '역사상 최악의 자연 재난 사태'는 점점 더 그 규모를 키워갈 수밖에 없으리라는 짐작은 아주 쉽게 따라 나온다.

지구 반대편에서 벌어진 산불을 이야기했지만, 우리라고 산불로부터 자유로울 수는 없다. 우리나라도 해마다 봄이면 연

제 26 장
생로병사

레 행사처럼 산불을 겪는다. 2022년에는 강릉과 동해의 산불로 약 4,000만 제곱미터의 숲이, 2023년 봄에는 강릉 산불로 약 400만 제곱미터의 숲이 완전히 망가졌다. 비교적 강수량이 많았던 2024년 봄에는 산불이 예년에 비해 눈에 띄게 줄어들었지만 그건 일시적인 현상일 뿐이다. 우리 역사상 최악의 산불 사건은 한 해 걸러 2025년에 벌어졌다. 3월 14일 경북 청도 운문면에서 시작한 산불은 의성군에서 대형화하며 큰 피해를 냈고, 잇달아 안동, 산청, 울산 등 전국 곳곳으로 걷잡을 수 없이 퍼졌다. 이 산불은 두 달이 채 안 되는 기간에 무려 약 10만 4,788헥타르의 숲을 집어삼켰다. 이 사태로 소방관을 포함해 32명이 목숨을 잃었고, 54명이 부상했으며, 4,000명 넘는 이재민이 발생했다. 우리 기후 역시 갈수록 기온이 오르고 습도가 낮아지는 추세인 건 확실하다. 산불이 발생하기 좋은 환경이라는 이야기다. 당장에 산불에 대한 대책을 시급히 마련하는 게 중요하겠지만, 그보다 더 중요한 건 산불이 대형화하는 근본 원인을 막는 게 필요하다. 물론 그건 우리나라만으로 완성되는 일도 아니다. 전 세계, 전 인류가 한뜻으로 우리 사는 땅을 이전 상태로 되돌려 놓아야 완성될 일이다.

산불만 대형화하는 건 아니다. 홍수도 나무에게는 매우 위협적인 요인이다. 홍수 사태 역시 이전과 양상을 달리하고 초대형화하는 추세다. 해마다 여름이면 매스컴을 통해 보도되는 세계 곳곳의 물난리 사진은 이제 놀랍지도 않다. 사진만으로는 도저히 이곳이 물난리 전에 평온했던 사람의 보금자리였음을 믿기 어려울 정도로 물바다가 되고, 그 한가운데에 살림집의 지붕

이 둥둥 떠다니는 풍경은 그저 흔한 '여름의 보도사진'이 되고 말았다. 2003년 여름에는 최악의 홍수 사태가 있었다. 공식적인 사망자가 1만 8,000명에 이르고, 1만 명 이상이 실종된 대홍수 사태는 내전으로 정치적 혼란을 겪는 북아프리카 리비아에서 벌어졌다. 당시 리비아 인구가 약 687만 명인 걸 감안하면 그 피해 규모를 가히 짐작할 수 있다. 9월 11일에 에게해에서 발생한 사이클론 '대니얼'이 거세게 몰아치는 상황에서 도시 외곽의 댐 2곳이 무너지면서 피해가 확산됐다. 사망자와 실종자 외에도 이재민이 4만 명이 넘었다는 보고도 있었다. 도시의 25%가 궤멸된 참혹한 사태였다. 이 홍수 사태 역시 기후 변화와 무관하지 않다. 물론 무너진 댐에 대해서는 인재의 책임을 모면할 수 없다. 하지만 이러한 붕괴도 지중해의 뜨거워진 물이 폭풍을 격렬하게 몰아부치면서 엄청난 양의 폭우를 쏟아부은 결과다.

먼 나라의 이야기라고 치부할 수 있겠지만, 홍수 사태 역시 산불과 마찬가지로 우리나라라고 예외일 수 없다. 이미 우리도 물난리로 온 국민이 고통을 겪고 있다. 멀리 갈 것도 없이 2023년의 폭우 사태만 보더라도 물난리의 심각성은 체감할 수 있다. 흔히 시간당 50밀리미터 이상이면 우리는 폭우라고 이야기하는데, 이미 이 수치를 뛰어넘는 집중호우는 다반사다. 2023년의 통계를 보면 7월 11일에 서울 동작구 신대방동에서 시간당 76.5밀리미터, 금천구와 구로구에서도 시간당 70밀리미터가 넘는 큰비가 기록돼 있다. 이어 7월 13일부터 15일 사이에도 기록적인 폭우가 쏟아졌다. 전라북도의 익산과 군산에서는 17시간 만에 400밀리미터를 넘어섰다. 이 같은 사태를 기상청에서는 '극한호우'라 표현했고,

제 26 장
생로병사

이는 익산, 군산뿐 아니라 부여, 대전 등에서도 이어지고, 결국은 폭우 사태에 따른 실종자 수색작업을 펼치던 젊은 해병대원이 목숨을 잃는 사태로까지 이어졌다. 폭우 사태는 2025년에도 참혹하게 나타났다. 6월부터 시작된 장마전선과 태풍의 영향으로 곳곳에 기록적인 폭우가 쏟아졌는데, 특히 7월 중순과 8월 초·중순으로 이어진 집중호우는 또다시 '역대 최대 피해'라는 말 외에 표현할 도리가 없다. 37명이 목숨을 잃은 게 확인됐고, 실종자와 부상자도 열 명 가까이 되는 이 기간에 재산 피해는 모두 1조 848억 원이라는 천문학적인 결과로 잠정 집계됐다.

지구의 지배자처럼 군림해 온 호모 사피엔스들은 갈수록 뜨거워지는 지구를 그저 남의 일처럼 방관해 온 결과 마침내 '불의 심판', '물의 심판'을 맞이하는 국면에 부닥친 것이다. 물과 불에 의한 나무의 피해를 이야기하는 게 송구스러울 만큼 사람의 피해가 극심하다. 사태를 초래한 건 분명 호모 사피엔스였고, 또 이 사태를 회복할 수 있는 지혜와 힘을 가진 것 역시 지구상에는 호모 사피엔스밖에 없다. 지금 우리가 디디고 서 있는 이 땅이 앓고 있는 중병 치료에 대해 개개인이 뾰족한 대책을 내놓을 수는 없다 해도 관심은 가져야 할 일이다. 나무의 생로병사를 이야기하면서 불과 물에 의한 피해 상황을 정리하는 건 불가능할 정도로 그 피해가 극심한 게 사실이다. 게다가 나무의 피해를 이야기하기에는 당장에 사람의 피해가 더 큰 때문에 설득력도 없다. 다만 나무가 지금 겪는 생로병사가 사람의 생로병사 요인과 크게 다르지 않으리라는 생각에서 짚어보았다.

나무의 생로병사에 대한 이야기를 길게 이어간 이 장에서 소개한 여러 나무는 이제 다시 볼 수 없는 저세상의 나무들이다. 그래도 우리 땅에서 우리와 더불어 살아왔던 큰 나무들이라는 점에서 기록으로라도 남기고자 길게 풀어 썼다. 더 많은 사람에게 더 많이 알리고, 더 오래 함께 살기를 기원했던 큰 나무들이 어이없게 죽음의 길에 들어선 일은 늘 안타까웠다. 어디에서도 제대로 소개할 일이 없었다. 이 장에서 긴 아쉬움으로 마음 깊이 남아 있는 나무들을 몇 안 되는 사진과 함께 넉넉히 소개할 수 있어 지난 세월 동안 만난 큰 나무들에 대한 최소한의 고마움을 표시하는 자리가 됐다. 실제 모습을 다시 볼 수는 없다 해도 우리의 삶의 한 자락을 상징했던 나무로 모두가 오래오래 기억했으면 좋겠다.

무릇 모든 살아 있는 생명은 죽음으로부터 자유로울 수 없다. 길고 짧음의 차이야 있지만, 삶은 죽음을 향한 조심스러운 행군의 다른 이름이다. 긴 세월을 사는 나무이지만, 그도 생명체인 이상 죽음을 뛰어넘지 못한다. 죽음을 품고 살아가는 나무들이 지금 큰 위기를 이겨내고 보여주는 생명의 신비를 경건하게 맞이해야 할 일이다.

제 26 장
생로병사

기후 변화

우리의 문명은 이미 끝나가고 있습니다.
너무 느리게 끝나가고 있어서 사람들이 알아차리지 못할 뿐입니다.
우리는 이미 거의 모든 동물을 죽였고, 바다를 뜨겁게 데웠으며,
대기 중 탄소 농도를 80만 년 만에 최고점까지 끌어올렸습니다.
우리가 지금 당장 모든 것을 멈춘다고 해도,
가령 오늘 점심을 먹다 우리 모두가 죽는다고 해도
그래서 자동차도, 군대도, 햄버거도 다 사라진다 해도
지구의 기온은 앞으로도 수 세기 동안 계속 올라갈 것입니다.

– 앤서니 도어*Anthony Doerr*, 『클라우드 쿠쿠랜드*Cloud Cuckoo Land*』에서

2024년 겨울, 첫눈이 폭설이 되어 내렸다. 겨울이라고 하기에는 좀 이른 11월 말이었다. 11월에 내린 눈으로는 117년 만의 폭설이라는 뉴스가 이어졌다. 이틀 사이에 서울에 28.6센티미터의 눈이 쌓이는가 하면, 경기도 용인에는 47.5센티미터라는 믿기 어려운 폭설이 내렸고, 수원시에 43.0센티미터, 군포시에 42.4센티미터 등 경기도 남부에는 온통 눈 세상이 펼쳐졌다. 게다가 '습설濕雪'이라 불리는 물기를 머금고 내린 눈은 일반적인 눈보다 그 무게가 세 배 가까이 됐다. 이 무거운 눈이 고스란히 지붕 위에 쌓

320 2024년 11월 27~28일 이틀 동안 내린 폭설이 단풍 들지 않은 초록 잎 위에 소복히 쌓였다.

여 머무르는 바람에 피해는 컸다. 눈의 무게를 이기지 못하고 비닐하우스의 지붕이 내려앉는 일에서부터 양계장의 천장이 붕괴되는 일까지 11월의 폭설 피해라고 믿기 어려운 상황이 벌어졌다. 눈이 집중됐던 수도권, 특히 경기 남부 지역의 피해가 극심해 정부에 '특별재난지역' 선포를 요청하는 사태에 이르렀다.

폭설로 내린 첫눈에 나무도 놀란 기색이 뚜렷했다. 가을 날씨가 심상치 않은 탓에 단풍 빛깔이 그닥 아름답지 않아 싱숭생숭하며 지내던 그때 눈 쌓인 나무의 풍경은 놀라웠다. 예년 같았으면 진작에 낙엽을 마쳤어야 할 시기였지만, '입동' 지난 뒤에도 포근한 날씨가 이어지면서 아직 생생하게 매달려서 채 단풍 빛깔도 올리지 않은 나뭇잎 위에 눈이 소복이 쌓였다. 낯선 풍경이었다. 초록 잎에서 단풍을 거쳐, 낙엽을 마친 뒤에 첫눈이 내리는 게 자연스러운 계절의 순서다. 이 순서가 완전히 어긋났다. 대관절 날씨의 흐름을 어떻게 해석해야 할지 알 수 없는 상황이다. 날씨 이야기를 할 때마다 그저 '놀랍다'는 표현이 저절로 튀어나온다.

기후 변화와 관련한 사정을 짚어보는 건 매우 고통스러운 일이다. 아무리 톺아보아도 희망적인 사실을 찾기가 어렵다는 사실

제 27 장
기후 변화

때문이다. 기후 변화에 대응하고 뭔가 희망적인 실마리를 찾아야 하겠지만, 희망은커녕 갈수록 절망적인 상황만 눈에 들어온다. 기후 변화의 기미를 뚜렷하게 보여주는 나무의 변화를 이야기하려 해 봐도 도무지 낙관하기 어려운 우리의 상황이 답답하고 때로는 다가올 미래가 두려워지기까지 한다. 나무를 통해 살펴볼 수 있는 기후 변화의 기미가 어쩌면 그저 허무맹랑한 소리가 될지도 모르는 상황이기도 하다.

모든 기후 뉴스에 따라붙는 '사상 최초'라는 수식어

거의 모든 기후에 관한 뉴스에 '사상 최초', '사상 최고', '기상 관측 이래' 등의 수식어가 따라붙는 게 이젠 전혀 생경하지 않다. 그런데 이게 끝이 아니라는 사실이 갈수록 두려움의 크기를 키운다. 이를테면 올여름 더위가 '사상 최고'였다면 내년에는 어떨까. 분명 내년 여름의 뉴스에도 '사상 최고'라는 수식어가 따라붙을 가능성은 높기만 하다. 이제는 그냥 '열대야'도 아니고, '초열대야'라고 여름밤을 수식한다. 2024년 여름에는 '사상 최장의 열대야'라는 표현도 등장했다. 기상 전문가들의 입장에서는 '사상 최초', '사상 최고'의 기후 현상을 표현할 언어가 부족함을 절감할 것이다. '역대급', '극한', '초' 등으로 표현됐던 기상 현상은 해를 거듭할수록 경신할 것이고, 그때마다 또 다른 극단적인 언어 표현을 마련해야 할 것이다. 언제까지 이처럼 '사상 최고'가 이어질 것인가. 같은 계절이 돌아오는 이듬해가 되면 또다시 '사상

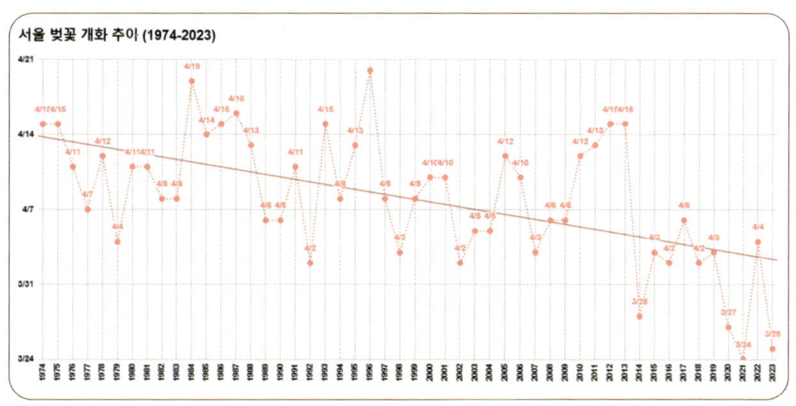

321　서울 벚꽃 개화 추이.

'최초', '사상 최고'의 기상 현상을 맞이하게 될 건 뻔한 일이다. 어느 기후과학자의 "올여름이 가장 시원할 것이다"라는 칼럼 제목도 그래서 눈에 들어온다. 갈수록 날은 더 더워질 것이고, 기후 변화는 끝을 알 수 없다는 이야기다.

그렇다고 해서 일정하게 조금씩 기온이 오르는 것만도 아니라 '들쭉날쭉'이라는 데에 더 큰 문제가 있다. 이를테면 날씨가 따뜻해지면 봄에 피어나는 꽃들이 좀 더 일찍 피어나는 게 당연하겠지만 그렇지 않다. 예를 들어 2024년 봄에는 전국의 지자체들이 늘 그러했듯이 벚꽃 개화 시기를 예측해서 벚꽃 축제 시기를 정하고 준비했다. 그러나 개화 예측 시기에 벚꽃은 피어나지 않았다. 2024년에는 벚꽃 개화기가 대략 15일 정도 늦어졌다. 봄 기온은 오른 게 분명하지만, 꽃이 개화하기 위해 필요했던 지난겨울의 기온이 너무 높았기 때문이라는 게 전문가들의 분석이다. 위의 그래프(그림 321)는 1974년부터 2023년까지 50년 동안의 서울 지역 벚꽃 개화 시기를 그린피스 한국지부가 정리한 그래프

제 27 장
기후 변화

다. 개화 시기가 일정하게 빨라지는 것이 아님이 뚜렷하다. 물론 이 그래프의 중간에 그은 굵은 선을 보면 전반적으로 개화 시기가 일러지는 추세인 것은 분명하다. 그러나 그 추이가 항상 맞는 게 아니다. 어떤 해에는 보름 넘게 일러지기도 하지만, 또 어떤 해에는 보름 넘게 늦어지기도 한다. 대관절 이 기후에 어떻게 대응하고 살아야 할지 이 그래프 하나만 보아도 난감해진다.

단풍 드는 시기도 마찬가지다. 단풍이 가장 아름다운 시기도 해마다 달라진다. 개화 시기의 추이와 마찬가지 현상을 보여준다. 특히 단풍의 경우에는 갑자기 추워지는 상황에서 이상 현상을 보이며 단풍도 들지 않는 상태에서 잎을 떨어뜨리는 사태가 나타나기도 한다. 이른바 '초록 낙엽'이다. 2023년에 초록 낙엽 현상은 극심했다. 아마도 전국의 모든 지역에서 초록빛인 채로 잎을 떨군 낙엽을 볼 수 있었다. 2023년 가을이 처음은 아니었다. 나무가 단풍 들지 않은 초록 상태로 잎을 떨어뜨리는 현상은 종종 벌어진다. 그게 일부에 불과했지만, 2023년에는 유난스러웠다. 거의 모든 나무들이 일제히 초록 낙엽을 보여주었다는 점에서 특이했다. 많은 매스미디어에서 초록 낙엽에 대한 이야기를 쏟아 냈다. 그리고 급기야 그 이듬해인 2024년, 초록 낙엽을 넘어 초록 잎 위에 폭설이 쌓이는 사태까지 벌어진 것이다. 다시 또 계절이 바뀌면 어떤 특별한 현상이 벌어질지 지금으로서는 짐작도 하기 어렵다.

눈과 비도 쏟아지는 양태와 시기가 달라졌다. 2024년 5월에는 고랭지농사로 널리 알려진 강원도 강릉의 왕산면 안반데기 마을에 흰 눈이 내려 쌓였다. 기상 관측 이래 가장 어이없는 시기에 눈이 내린 5월 17일에는 이 지역에 대설주의보가 내려지기까지 했다. 그 직전 겨울의 날씨는 예년에 비해 따뜻했고 눈도 많이 내렸다. 전반적으로 따뜻해지는 추세라면 5월 중순에 눈이 내린다는 건 예측하기 어려운 일이다. 지구 온난화에 따라 날씨가 고르게 따뜻해지기만 하는 게 아니라는 증거다. 앞의 봄꽃 개화 시기가 들쭉날쭉했던 것처럼 기온은 오르락내리락 종잡을 수 없게 됐다. 기후학자들 사이에서 이제는 '기후 변화'라는 표현을 거둬들이고 '기후 붕괴'라는 용어를 써야 한다는 주장이 설득력을 갖는 상황이다.

비도 마찬가지다. 비교적 멀리 내다볼 수 있는 고속도로를 운전하다 보면 최근의 호우가 해괴하다고 할 정도로 특별하게 내리는 상황에 부닥치곤 한다. 파란 하늘에 흰 구름이 뭉게뭉게 떠다니는 맑은 하늘 아래를 지나면서 내다보면 그리 멀지 않은 앞쪽 일부 구간의 하늘에는 시커먼 먹구름이 드리워져 있는 게 보인다. 그 먹구름 아래에는 지금 큰비가 쏟아지는 상황임을 충분히 짐작할 수 있다. 반대편에서 다가오는 자동차들이 헤드라이트는 물론이고 비상등을 켠 채 비에 젖은 상태라는 것도 확인된다. 그리고 잠시 뒤, 그 먹구름 아래로 들어서면 감당하기 어려울 정도로 엄청나게 쏟아지는 비를 맞게 된다. 방금 전에 맑은 하늘을 지나왔다는 사실을 믿기 어려울 정도다. 와이퍼를 최대한 빠르게 작동시키고 비상등을 켠 채로 서행하면서 빗속을 지나는 시간은 그리 오래되지 않는다. 언제 그랬냐 싶게 금세 다시 파란 하늘이 반기는 맑은 날씨를 맞이하게 된다. 심지어 때로는 그리 길지 않은 터널을 통과하는 동안에도 믿기 어려운 호우를 맞이하게 된

제 27 장
기후 변화

1057

다. 앞을 분간하기 어려울 정도로 쏟아지는 비를 맞으며 터널에 진입해서, 고작 1킬로미터도 채 안 되는 터널을 빠져나가면 맑게 갠 하늘을 맞이하며 여전히 돌아가는 와이퍼가 겸연쩍어 당황해야 하는 적도 있다. '국지적 호우'라는 용어가 있어서 대강 알 수야 있지만, 어떻게 그 좁은 구역에만 큰비가 집중되는지 이해하기 힘든 상황이 자주 벌어진다. 구름이 고르게 퍼져 골고루 내려야 할 비가 짧은 시간 동안 한곳에 집중되어 내리니, 피해는 커질 수밖에 없다.

기후에 관한 절망적인 상황은 단지 나무에만 나타나는 것도 아니고, 인류를 비롯한 이 땅의 모든 생명의 생존이 걸린 문제인 게 분명하다. 나무의 상황만으로 기후 문제를 풀어낸다는 건 불가능하다. 하지만 다음 제28장으로 이어질 '멸종'에서 나무의 상황을 짚어보려면 '기후 변화'에 따른 나무의 사정을 짚어보아야 한다. 나무에 나타나는 현 상황을 이해함으로써 기후 문제를 해결하자는 건 아니다. 그건 불가능한 일이다. 다만 나무에 뚜렷하게 나타나는 기후 변화의 시그널을 알아보자는 의도다. 이 책이 처음부터 그러했지만, 멀리 있는 특별하고 신기한 나무들의 이야기를 들춰내려는 게 아니다. 바로 우리 한반도, 혹은 바로 우리 마을 곁에 있는 나무들에 나타나는 기후 변화의 징조를 짚어보는 건 필경 우리 일상에서도 충분히 의미 있는 일이다.

태풍 못지않게 위협 요인이 된 큰비

앞의 제26장 '생로병사'에서는 **구미 독동리 반송, 울릉 도동리 향나무, 괴산 삼송리 소나무, 합천 해인사 학사대 전나무, 여수 돌산도 율림리 동백나무, 포항 보경사 탱자나무, 청송 부곡동 왕버들, 이천 신대리 백송** 등 태풍의 직접적인 피해를 받은 나무들의 사례를 살펴보았다. 태풍을 무방비 상태로 버텨내야 하는 게 들녘에 홀로 우뚝 서 있는 큰 나무들의 피할 수 없는 운명이다. 문제는 갈수록 태풍의 형태와 강도가 달라지고 있다는 사실이다. 바람의 강도만 달라진 건 아니다. 태풍이 머금은 비의 양도 달라지고 있는 게 분명하다. 강한 바람을 이겨내는 것만으로도 힘에 겨운 나무에게 더 많아진 비의 양까지 견뎌내는 건 결코 쉬운 일이 아니다. 그렇다 보니 최근 들어 쏟아진 비의 양을 견디지 못하고 스스로 주저앉은 큰 나무도 있다.

2024년 7월에는 오리나무 가운데에서 유일하게 천연기념물로 보호하던 **포천 초과리 오리나무**가 폭우를 이겨내지 못하고 쓰러졌다. 뿌리가 끊어질 정도로 쓰러진 상태여서 회생은 불가능하다. 오리나무는 우리 농촌 마을에서 흔하게 심어 키운 나무이지만, 비교적 수명이 짧은 편이어서 오래된 나무를 보기가 쉽지 않다. 와중에 **포천 초과리 오리나무**는 200년 넘게 살아온 오리나무 노거수로, 들녘 한가운데 서 있는 나무의 생김새까지 아름다운 자연유산이었다. 그러나 그 여름에 집중된 폭우를 이겨내지 못하고 맥없이 쓰러지고 말았다.

장맛비처럼 오래 지속되는 비라든가 한꺼번에 쏟아지는 폭

제 27 장
기후 변화

우는 태풍이나 벼락 못지않은 위협적 요인이다. 더구나 최근에는 한꺼번에 지역적으로 내리는 폭우가 무척 잦아졌다. 이를테면 2023년 7월에 벌어진 충북 청주 오송 지하차도 참사 역시 한꺼번에 내린 폭우가 문제였다. 7월 15일 폭우를 견디지 못하고 침수한 궁평2지하차도에서 14명이 목숨을 잃은 사고다. 사고 발생 당시 지하차도 안에는 자동차 17대, 시내버스 1대가 고립돼 있었다. 참사가 벌어진 충북 청주 지역에는 7월 13일부터 15일까지 500밀리미터가 넘는 비가 내렸다. 말 그대로 물폭탄이었다. 급기야 15일 오전 8시 30분쯤에는 궁평2지하차도에서 550미터 떨어진 제방의 둑이 무너졌고, 지하차도 옆의 미호강이 범람하면서 약 6만 톤에 달하는 엄청난 양의 물이 3분 만에 지하차도에 들어찼다. 고작 3분이었다. 곧바로 터널 구간은 완전히 침수돼 안타까운 인명 사고로 이어졌다. 물론 이때 인명 사고를 막지 못한 건 단순히 폭우 때문만은 아니었다. 내리는 폭우를 관리하지 못한 문제가 더 컸다는 건 이미 알려진 이야기다. 이처럼 급작스러운 폭우를 관리해 본 적이 없는 관리자들 입장에서 지혜롭게 대처하지 못한 것이 문제였다. 그러나 여기서 우리가 반드시 잊어서 안 되는 건, 이 같은 폭우가 그때 한 번으로 그치지 않는다는 것이다. 기후 관련 뉴스가 나올 때마다 '초강력'이니 '역대급'이니 혹은 '관측사상 최고, 최대' 등의 수식이 따라나오는데, 이는 앞으로도 계속 이어질 가능성이 있다는 사실을 암시한다는 사실이다.

오송 지하차도 참사가 발생하기 1년 전인 2022년 8월에도 중부지방의 집중호우 피해가 있었던 것은 모두가 기억하는 일이다. 그때 기상청에서는 8월 8일과 9일 이틀에 걸쳐 중부지방에 집중호우가 예상된다고 예보하고, 호우주의보를 내렸다. 예보대로 8일에는 서울, 경기 등 수도권과 강원 일대에 하루 동안 100~300밀리미터의 집중호우가 내렸다. 특히 8일 오전에는 인천 지역에 폭우가 내렸고, 오후 8시쯤에는 서울과 인천에 큰비가 집중됐다. 서울 신대방동에서는 8일 오후 9시 5분부터 1시간 동안 141.5밀리미터가 내렸는데, 이는 서울 지역 1시간 강우량의 최고 기록인 1942년 118.6밀리미터를 훨씬 넘어선 기록적 폭우였다. 이 지역에서는 그날 하루 동안 내린 비가 모두 381.5밀리미터로 기록 됐는데, 이는 102년 만의 기록이다.

집중호우는 단지 여름에만 이어지는 것이 아니었다. 이 책의 프롤로그에서 이야기한 **횡성 두원리 느릅나무**도 큰비를 견디지 못 해 쓰러진 큰 나무인데, 이 나무가 쓰러진 건 2023년 5월 28일, 아 직 여름에 들어서기 전이었다. 물론 3~5월을 흔히 봄이라고 이 야기했던 계절의 분류 기준도 이제는 달라졌지만, 아직도 우리의 의식에는 5월을 여름이라 부르기에 이른 시기인 게 분명하다. 그 시기에 **횡성 두원리 느릅나무**는 큰비를 맞고 쓰러졌다. 2024년에 는 같은 강원도에서 5월에 대설주의보가 내리고 폭설이 내렸는 데, 그보다 한 해 전인 2023년 5월에는 강릉에서 멀지 않은 바로 이곳, 강원도 횡성에 한여름에나 볼 수 있는 폭우가 내렸다. 폭우 와 폭설이 오가는 5월을 여름이라 해야 할지, 겨울이라 해야 할지 아리송해진다.

2023년 봄에 횡성 지역에는 4월부터 비가 많이 내렸다. 4월 내내 맑은 하늘 보기 힘들 정도로 흐린 날씨가 이어지면서 간간 이 비가 내렸다. 비를 맞으며 사람들은 "봄에 웬 장마냐"라며 의

제 27 장
기후 변화

아해했다. 비는 5월까지 이어졌다. 5월 5, 6, 7일 사흘간 60밀리미터 넘게 비가 내렸고, 중순에도 비를 간간이 뿌리더니 26일에 다시 시작된 비는 26일에 0.5밀리미터로 시작해 27일에 8.6밀리미터가 내렸으며, 28일 당일에는 32.2밀리미터의 폭우로 이어졌다. 요즘으로서는 하루 강수량으로 32밀리미터가 그리 큰비가 아닌 것처럼 여겨지지만, 결코 적은 비가 아니다. 게다가 4월부터 내린 비를 머금은 나무는 햇볕에 몸을 말릴 겨를이 없이 그대로 제 큰 몸뚱이 안에 빗물을 머금은 상태였다. 결국 5월 28일 나무는 제 몸안에 든 빗물의 무게를 견디지 못하고 줄기가 찢어지면서 죽음에 들고 말았다.

한여름 장맛비처럼 이어진 봄비에 나무는 쓰러졌다. 느릅나무는 이 책의 제6장 '사람의 마을'에서 이미 이야기한 것처럼 북유럽 신화의 최고의 신 오딘이 물푸레나무로 남자를 만든 데 이어 여자를 만드는 재료로 쓴 나무다. 느릅나무의 개체 수는 우리나라에 그리 많지 않아 낯익은 나무가 아니라고 이야기할 수 있다. 그러나 우리나라의 노거수 보호수 가운데에서 가장 많은 개체 수를 가지는 느티나무가 느릅나무과에 속하는 나무라는 점을 생각하면 느릅나무의 존재감은 낮추볼 수 없다. 하지만 지금까지 느릅나무 가운데에서 천연기념물로 지정한 국가 자연유산은 한 그루도 없는 실정이다. 그만큼 개체 수가 적다는 증거인 셈이다.

느릅나무 가운데에 천연기념물이 한 그루 있기는 했다. 1982년에 천연기념물로 지정한 **삼척 하장면 느릅나무**가 그 나무였는데, 느릅나무 주변에서 함께 자라던 졸참나무, 단풍나무, 음나무 등 다른 나무가 군락을 이루면서 수세가 위축된 느릅나무의

322 '당숲'으로 이름이 바뀌기 전의 **삼척 하장면 느릅나무**.

존재감은 미약해졌다. 결국 2012년에 천연기념물 명칭을 **삼척 갈전리 당숲**으로 고치는 바람에 느릅나무라는 이름으로 지정한 천연기념물은 한 그루도 없는 상황이 되고 말았다. 그런 점에서라도 **횡성 두원리 느릅나무**는 천연기념물 후보감으로 더 소중했다.

강원도 횡성 두원리 국도 변에서 만날 수 있었던 **횡성 두원리 느릅나무**는 400년을 훨씬 넘은 큰 나무였다. 나무높이 23미터, 가슴높이줄기둘레 6미터의 거목으로, 우리나라의 대표적인 느릅나무로 손꼽을 만한 귀중한 나무였다. 나무 바로 위쪽으로 고가도로가 놓이는 바람에 경관적 가치가 조금은 훼손되었지만 나무는 그에 주눅들지 않고 생명의 기운을 넓고도 높게 펼쳤다.

이 느릅나무는 옛날 이 마을을 지나던 이름이 알려지지 않은 스님이 꽂아둔 지팡이가 자란 것이라고 한다. '청운정靑雲亭'이라는 이름의 아담한 정자가 나무 곁에 세워져 있어서, 사람들이 편안하게 쉴 수 있는 쉼터로 쓸 만하지만 사실 마을은 나무로부터

제 27 장
기후 변화

323 쓰러지기 전의 **횡성 두원리 느릅나무**.

멀리 떨어져 있는 탓에 나무 주변은 언제나 한산했다. 그저 지나는 나그네들의 좋은 쉼터로 이용될 뿐이다. 한산해도 적막해도 나무가 지어 내는 풍광은 언제나 최고였다. 영동고속국도 둔내 나들목 가까운 곳에서 볼 수 있는 나무여서 지나는 길에 잠시 들러 나무와 수인사를 나누고 지나기도 좋았다.

이 느릅나무에는 재미있는 이야기가 여럿 전해온다. 우선 가까운 충청 지역에서 이 느릅나무를 찾아온 부부의 이야기가 있다. 자식 없이 살던 이 부부는 **횡성 두원리 느릅나무**를 향해 백일기도를 올린 뒤에 산신령의 점지를 받아 아들을 낳았다. 그러나 아이가 세 돌을 넘길 즈음에 알 수 없는 병에 걸려 갑자기 죽었다. 슬픔에 빠진 부부의 꿈에 산신령이 다시 나타나, 아이를 얻기 위해 기도를 올렸던 느릅나무를 찾아가라고 했다. 부부는 산신령의 이야기대로 느릅나무를 찾아가니 나무의 상태가 형편없이 쇠약해져 있었다. 사연을 알아보니, 부부의 아들이 태어날 즈음부터 나무가 시름시름 앓았고, 아들이 죽은 때 즈음부터 나무는 겨우 새잎을 틔우며 살아났다고 했다. 겨우 낳은 아이의 생명과 나무의 생명이 바뀐 안타까운 이야기이지만, 이 큰 나무가 바로 사람의 생명을 쥐락펴락하는 생명의 나무라는 이야기다. 나무와 더불어 살아가는 사람살이 이야기를 잘 표현한 설화다.

경기 지방에서 전해오는 흥미로운 이야기도 있다. 한 아이와 관련한 이야기다. 아이의 온몸에 종기가 돋아나는 고약한 병에 들었는데, 백약이 무효했다. 그러자 아이의 부모는 효험 있는 약을 찾아 온 나라를 헤매던 끝에 이곳 두원리를 찾아와 마을 사람들에게 사정을 털어놓았다. 마을 사람들은 이 느릅나무의 줄기 가운데에 크게 뚫린 구멍에 고인 물을 길어다 아이를 목욕시키면 좋을 것이라는 이야기를 들려주었고, 아이의 부모는 마을 사람들이 시키는 대로 나무줄기의 구멍에 고인 물을 정성껏 담아 가지고 가서 아이를 목욕시켰더니, 그토록 낫지 않던 피부병이 씻은 듯 나았다고 한다.

사람과 나무가 아주 가까이 밀착해 서로의 아픔을 품고 살아왔다는 의미 있는 이야기를 간직한 한 그루의 대표급 느릅나무가 죽었다는 점에서 국가 전체적으로 보아도 안타까운 일이다. 더구나 앞으로 천연기념물로 지정할 느릅나무를 조사한다고 할 때 가장 먼저 조사해야 할 대상 가운데 하나였던 **횡성 두원리 느릅나무**가 사라진 건 무척 아쉬운 일이다.

난데없는 봄장마를 겪으며 쓰러져 간 한 그루의 나무, 앞으로 얼마나 더 많은 나무들이 기후 변화 혹은 기후 붕괴의 여파로 사라지게 될지 심히 걱정하지 않을 수 없다.

제 27 장
기후 변화

태풍의 바람이 아니라 폭우에 쓰러진 나무

2018년 6월 28일에 줄기가 찢어지면서 생을 마감한 **수원 영통동 느티나무**는 태풍으로 쓰러진 나무인데, 그를 쓰러뜨린 건 태풍이 몰고 온 큰 바람이 아니라 태풍이 쏟아 낸 호우였다. 나무가 쓰러지기 며칠 전에 태평양에서 태풍 '개미'가 발생했다. 6월 14일에 일본의 남부 해역에서 처음 열대저압부로 발생해 남동진한 태풍 '개미'는 소형이었고, 바람의 강도도 그리 세지 않았다. 기록에 따르면 태풍의 강도는 시속 65킬로미터급의 '약'태풍이었다. 더구나 태풍 '개미'는 한반도에 상륙하지 않았고, 사흘 만인 17일 오전에 타이완 해역에서 소멸됐다. 예년에 따르면 6월 중순은 한반도에 영향을 미칠 큰 태풍이 찾아오기는 조금 이른 계절이다. 그렇게 태풍은 지나갔다. 그러나 날씨는 심상치 않았다. 태풍의 영향이라는 정확한 근거를 살피기는 어렵지만, 태평양 연안의 날씨 전반이 심상치 않았다. 우선 기온은 6월 기온이라고 하기 어려울 만큼 무더웠다. 수원 지역을 기준으로 할 때 태풍 '개미'가 남쪽을 지나던 16일에는 29.1도를 기록했고, 태풍이 소멸된 직후인 18일에는 30.6도를 기록했으며, 22일 32.6도, 23일 30.8도, 24일 33.3도, 그리고 **수원 영통동 느티나무**에 참사가 벌어지기 전날인 25일에는 33.1도를 기록했다. 6월의 낮 기온이 예년의 7, 8월 한여름 삼복더위 때에 버금갔다. 구름의 양도 적지 않았다. 5~7의 평균 운량[8]이 기록됐다. 그리고 평균 운량이 10.0을 기록한 26일에는 드디어 하루 종일 비가 쏟아졌다. 하루 만에 내린 비의 양은 95.5밀리미터였다. 하늘에 구멍이 뚫린 듯 비를 퍼부은 것이다. 하긴 앞에서 하루 강수량이 300밀리미터가 넘는 경우를 이야기한 바 있어서 이 정도면 별것 아닌 듯 생각할 수 있지만 실은 무척 큰비에 속한다. 물론 앞으로는 더 큰 수치로 경신할 가능성이 있는 것도 사실이다. **수원 영통동 느티나무**는 퍼붓는 비를 나무줄기와 나뭇가지에 그대로 머금으면서 전체적인 무게가 늘어났다. 게다가 나무에는 500년 넘게 살아오는 동안 줄기 안쪽이 썩으며 만들어진 큰 구멍이 있었는데, 그 안쪽으로 한꺼번에 스며든 많은 양의 물이 고이면서 나무를 버티기 힘들게 했다. 급기야 제 무게를 견디지 못한 나무줄기가 수직으로 찢어져 쩍 벌어지면서 쓰러졌다. 사방으로 나무의 큰 줄기가 쪼개진 것이다.

어이없이 쓰러졌지만, 오랫동안 이 마을에서 살림을 이어가던 모든 사람들에게 **수원 영통동 느티나무**는 귀중한 자산이었다. 다시 볼 수 없는 나무가 됐지만, 이 마을에 살아가는 사람은 물론이고, 지역을 넓혀 수원시민들도 오래 기억하게 될 매우 의미 있는 나무다.

신도시로 탈바꿈하기 전까지 수원 영통동은 농경지 위주의 농촌이었다고 한다. 이 마을에서 **수원 영통동 느티나무**는 500년이라는 긴 세월 동안 마을의 수호목으로 살아왔다. 신도시로의 변화 이후 낯선 도심 한가운데에서 살게 된 나무이지만, 새로 이곳에 보금자리를 튼 시민들은 **수원 영통동 느티나무**를 마을의 자랑으로 삼았다. 나무높이 23미터에 가슴높이줄기둘레 8.2미터의 거

---

8   운량(雲量)은 구름의 양을 나타내는 지표로, 0.0~10.0으로 표현한다. 구름이 하늘에 전혀 없을 때를 0, 구름이 하늘을 완전히 덮었을 때를 10으로 하여 0~10까지의 11단계로 표시한다. 평균 운량은 하루 평균치를 나타낸다.

제 27 장
기후 변화

대한 규모 못지않게 전체적인 나무 형태도 균형이 잘 잡힌 아름다운 나무였다. 나무가 살아 있을 때에는 수원시의 나무들 가운데에서 나무높이에 있어서 가장 큰 나무로 기록돼 있었다. 한때는 산림청에서 우리나라의 노거수를 조사해 선정한 으뜸 보호수 100그루의 하나로 이름을 올리기까지 했던 나무다. 전설도 있다. 기근이나 전쟁과 같은 나라의 살림살이에 위기가 다가올 즈음이면 괴상한 울음소리를 내면서 사람들에게 경고 메시지를 내주며 대비하게 했다는 신통한 전설이다. 또 수원의 대표적인 문화재인 수원화성을 건설할 때에 이 나무의 나뭇가지를 서까래로 썼다는 이야기도 전한다.

또 실제로 있었던 상황도 있다. 1930년대의 일이다. 그때 나무가 서 있는 지역의 땅 주인이 나무를 다른 지역의 조경회사에 팔아 넘겼다고 한다. 이때 마을의 유지였던 오대영이라는 사람은 "마을 사람살이를 지켜온 나무를 함부로 가져갈 수 없으니 나무를 구입한 비용을 대신 물어주겠다"라고 하며 나무를 지키려 했다. 그러나 조경회사에서는 돈보다 더 필요한 것이 나무였기에 선선히 받아들이지 않았다. 오랜 다툼 끝에 나중에는 이 큰 나무 대신, 작은 느티나무 몇 그루를 내주면서 이 나무를 살렸다고 전한다.

농촌 지역이었던 이 마을에서는 **수원 영통동 느티나무**를 당산나무로 여기며 해마다 정월 대보름에 당산제를 지내왔다. 그야말로 농촌 마을의 상징이었던 셈이다. 물론 거개의 느티나무 당산나무가 그렇듯이 농부들의 평안한 쉼터인 정자나무로도 이용됐던 나무다. 이 나무에서 단옷날 단오제를 지냈다는 옛 문화를 복

324   큰비를 머금어 무게를 이겨내지 못하고 줄기가 찢겨 나간 **수원 영통동 느티나무**의 참혹한 모습.

원하기 위해 신도시에 입주한 새 주민들은 2005년부터 나무 앞에서 '청명단오제'를 지내왔다. 그런 나무가 무너앉고 말았다. 사람살이에서 비롯된 기후의 변화가 한 그루의 나무를, 하나의 소중한 문화 행위를 처참하게 망가뜨린 것이다.

나무의 피해를 이야기하는 자리이지만, 보탤 이야기가 있다. **수원 영통동 느티나무**도 **횡성 두원리 느릅나무**의 경우처럼 쓰러져 죽은 나무에 대한 마을 사람들의 애정이 끊이지 않았다. 마을 사람들은 죽은 나무를 잘 보내자는 의견을 모아 먼저 제사부터 올렸다. 마을 사람들의 나무에 대한 애정을 엿볼 수 있는 대목이다. 또 수원시는 이 느티나무의 후계목을 육성할 계획을 세우고, 쓰러진 나무의 밑동에서 자라난 맹아와 주변에서 채취한 실생묘를 육성하는 데에 성공해 20그루의 후계목을 키워 냈다. 후계목들은 이제 꽤 큰 나무로 자라났고, 원래 **수원 영통동 느티나무**가 있던 단오어린이공원 구역에 심어 잘 보존하고 있다. 또 마을 사람

제 27 장
기후 변화

들은 **수원 영통동 느티나무** 이야기를 소재로 한 뮤지컬을 자발적으로 창작해 '나무 아이'라는 제목으로 두 차례나 상연했다. 그리고 쓰러진 나무줄기의 밑동 부분은 그 상태 그대로 영구보존 처리했으며, 나머지 줄기는 갖가지 조형물을 만들어 옛 느티나무의 영화를 보존하고 있다.

기후 변화의 시그널, 초록 낙엽

기후 변화의 심각성은 그 변화의 결과가 매우 천천히 진행된다는 데에 있다. 상황의 변화를 눈치채지 못하고 지내며 마치 변화에 적응하는 듯하지만, 종국에는 파국에 이르는 '냄비 속의 개구리'와 같은 처참한 사태로 이어질 가능성이 있다. 기후가 변화하는 사실을 우리는 잘 눈치채지 못하거나 혹은 뚜렷이 인식은 한다 해도 파국에 이르기까지 스스로 적응하는 중이라고 위안하며 지내는 게 대부분이다. 그도 그럴 것이 당장에 이 변화에 대응할 뚜렷한 대비책이 마련되지 않아 하릴없이 적응하는 수밖에 없지 않냐며 그냥저냥 살아가곤 하는 게 사실이다. 하지만 조금만 자세히 관찰한다면 기후 변화에 따라 자연이 보여주는 변화의 실마리가 실은 엄청난 파국을 가져온다는 사실을 알 수 있다.

기후 변화의 시그널을 가장 뚜렷하게 드러내는 것 가운데 하나가 나무다. 천년을 살아가는 나무는 기후 변화에 나름대로 대응하면서 살아가지만, 그 대응 과정이 느리다는 데에 문제가 있다. 더구나 앞에서도 짚어보았듯이 나무의 생명은 한순간에 끊어지지 않는다. 결국 기후 변화에 적응하지 못하고 죽어가는 나무를 사람들이 알아채는 건 쉽지 않다. 심각한 건 서서히 죽어가던 나무가 완전히 죽은 걸 알아채고 그 원인을 알게 될 때에는 이미 돌이킬 수 없는 상황인 경우가 대부분이라는 사실이다. 나무는 기후 변화에 즉각적으로 대응하지 못하고 분명한 이상 현상을 보여준다. 우리가 지금 나무 이야기를 하면서 기후 변화를 이야기해야 하는 중요한 이유가 여기에 있다. 달리 이야기하면 나무에 나타나는 변화가 우리에게 보내는 의미를 이해한다는 건, 기후 변화에 따른 지구의 몸살의 정도를 진단할 수 있는 실마리가 된다는 이야기다.

그 사례로 2023년 가을에 나무가 보여준 특별한 현상, '초록 낙엽'을 짚어보기로 한다. 그해 가을 단풍은 여느 가을에 비해 신통치 않았다고 많은 사람들이 이야기했다. 전반적으로 다른 해의 가을만큼 아름답지 않았다. 단풍 빛깔이 깊어지기 위해 꼭 필요한 때의 날씨 탓이었다. 단풍이 한창 짙게 물들기 위해 나무가 채비해야 하는 시기인 가을 초입에 난데없이 '인디언 서머'처럼 더운 날들이 이어졌다. 가을 초입이라 해야 할 10월 초의 날씨는 심상치 않았다. 10월 첫날인 1일에는 서울 기온이 23.7도까지 올라서 여름 날씨를 방불케 했다. 이날 경북 경주의 기온은 27.2도까지 올랐다. 한여름이었다. 그 하루만 그랬던 게 아니다. 10월 12일에 서울 낮기온은 24.1도를 찍었다. 그러고도 계속 20도 아래로 떨어질 줄 모르는 더위가 이어졌다. 때아닌 더위는 11월 들어서도 이어졌다. 급기야 11월 2일에는 25.9도를 찍었다. 가을 중에서도 늦가을에 해당하는 시기에 사람들은 반팔의 여름옷을 입고 거리에 나왔

제 27 장
기후 변화

1071

다. 그러다가 10일에는 최고기온이 9.1도, 11일에는 6.7도로 뚝 떨어졌고, 11월 30일에는 최고기온이 영하 0.5도까지 떨어졌다. 한창 단풍이 예쁘게 물들어야 할 시기의 며칠 사이에 온도 차이가 30도 가까이 벌어지는 이상기온 현상이 나타났다. 당연히 단풍 빛깔이 아름답지 못할 것이라는 예상은 전문가가 아니라도 쉽게 짐작할 수 있었다. 모두의 예상대로 단풍은 들지 않았다. 그러나 갑작스러운 영하의 날씨에 나무들은 겨울 채비를 서둘러야 했다. 마침내 단풍도 들지 않은 나뭇잎들이 낙엽을 시작했다. 이른바 '초록 낙엽'이었다. 나뭇잎에 초록빛이 그대로 남아 있는 상태인데, 낙엽이 이뤄진 신기한 현상이었다. 단풍의 투미한 빛깔은 가을에 이어진 비와 바람에 쓸려 꼬리를 보이며 사라지고 말았다.

이 특별한 상황을 이해하기 위해서는 먼저 단풍의 원리부터 짚어보아야 한다. 이미 앞의 제13장 '나무의 생명력'에서 단풍의 원리를 자세히 이야기했다. 여기에서 다시 '초록 낙엽'을 이해하기 위해 간단히 정리해 본다. 가을이 되어 기온이 떨어지면 나무들은 겨울 채비를 한다. 무엇보다 나무의 몸체 안에 든 물을 빨리 덜어 내야 한다. 겨울이 되어 물관 안에 든 물이 얼면 부피가 팽창하며 물관이 망가질 가능성이 생기는데, 이건 나무의 생명에 치명적이다. 그래서 나무는 나뭇가지와 잎을 연결하는 물관의 통로 한쪽에 새로운 조직을 만든다. '떨켜'다. 떨켜를 키워 물관을 틀어막으면 뿌리로부터 끌어 올려야 할 물이 차단된다. 물을 이용해 광합성을 하는 잎의 엽록소가 비활성화할 차례다. 그때 엽록소의 초록 빛깔 위로 잎 안에 든 다른 요소들이 드러난다. 나무마다 그 요소들의 함량이 서로 달라서, 안토시아닌이 많은 나무는 빨간빛을, 탄닌이 많은 나무는 갈색빛을, 카로티노이드가 많은 나무는 노란빛을 띤다. 그게 우리가 말하는 단풍이다. 그러고 보면 겨울 전에 나뭇잎에 오르는 단풍 빛깔은 계절의 흐름을 가장 정확히 반영하는 나무에게 지극히 자연스러운 생존 과정이다. 단풍 빛깔을 내는 것보다 더 중요한 것은 떨켜를 키워 뿌리에서부터 올라오는 물을 차단하는 것이었다. 그리고 떨켜가 완전히 물관을 틀어막으면 나뭇가지와 잎의 연결 부위가 차단되는 것과 다름없다. 결국 잎은 나뭇가지에서 떨어진다. 그래서 떨켜를 '탈리대'라고 부르는 것이다. 이 현상을 우리는 낙엽이라고 부른다. 자연 상태에서라면 떨켜가 키워져서 나뭇잎에 물이 마르기 시작하면 단풍이 들고, 차츰 떨켜가 완전히 물관을 틀어막는 짧은 시간이 지나면 뒤이어 낙엽이 진행된다. 잎에 물이 마르고 단풍이 들면서 짧은 시간이지만 화려한 단풍을 드러낼 짬은 존재한다.

나뭇잎이 초록빛을 유지하고 있다는 건 무슨 뜻인가. 아직 엽록소가 활동을 하고 있다는 이야기고, 결국 나무가 뿌리로부터 잎의 엽록소까지 물을 공급하고 있다는 것이다. 좀 더 자세히 말하자면 나뭇가지와 잎 사이의 떨켜가 아직 물관을 완전히 틀어막을 만큼 성숙하지 못했다는 뜻이기도 하다. 그건 달리 이야기하면 아직 낙엽 준비가 채 이뤄지지 않았다는 의미다. 그런데 그 가을에는 떨켜, 탈리대가 낙엽 준비를 마치지 않았음에도 낙엽이 이뤄졌다. 일기예보를 확인할 수 없는 나무가 겨울의 기미를 알아채는 건 먼저 일조량이다. 줄어드는 일조량의 변화를 통해 나무는 곧 추위가 다가올 것임을 감지한다. 하지만 나무는 생존의 위협이 아니라면 마지막 순간까지 광합성을 한다. 나무에게 화려

제 27 장
기후 변화

한 단풍은 중요하지 않다. 아무리 악조건이 닥친다 해도 나무는 버틸 여유가 조금이라도 남았다면 끝까지 광합성 공장을 가동해 지상의 양식을 짓는다. 겨울 채비는 젖혀두고 이 땅의 모든 생명들에게 나눠 줄 양분을 만들기 위해 광합성을 더 해야 했다. 마지막 순간까지 지상의 양식을 지어 내기 위해 광합성을 멈추지 않고 버티던 끝에 겨울 채비를 채 마치지 못하고 겨울에 들어서게 됐다. 어쩔 수 없이 투미한 빛깔을 드러낸 채 남아 있던 나뭇잎이 갑작스레 차가워진 기온의 변화를 눈치채고는 뒤늦은 겨울 채비를 서둘러야 했다.

나무가 생존의 위협을 느끼는 한계는 언제쯤인가. 나무마다 정도의 차이는 있지만, 대개의 나무들은 어느 하루 갑작스러운 추위가 닥쳤다고 해서 겨울 채비를 서두르지 않는다. 하루 평균 기온이 기준 온도보다 낮은 날들이 며칠 동안 지속되면서 그 누적치를 계산한다. 물론 나무가 계산기를 두드리는 건 아니고, 본능적으로 며칠 동안 지속되는 추위를 느낀다는 이야기다. 이를 쉽게 이해하기 위해 기후 에너지 분야에서 활용하는 '냉방도일冷房度日, Cooling Degree day'과 '난방도일暖房度日, Heating Degree day'의 개념을 빌려본다. 에너지 분야에서 말하는 냉방도일은 하루 평균기온과 기준 온도와의 차이를 누적하는 수치를 말하는 것으로, 냉방도일의 수치가 높으면 에어컨 사용에 따른 에너지 소비가 늘어날 것이라고 보고 대비한다.

나무의 경우에는 이 냉방도일 수치를 그대로 적용하기가 쉽지 않다. 무엇보다 나무마다 겨울 채비 시기와 속도가 다르기 때문에 일관된 냉방도일 수치를 모든 나무에 적용할 수 없다. 그러나 나무가 추위의 누적량을 바탕으로 겨울의 한계점을 찾아낸다는 점에서는 같은 원리를 적용해도 될 것이다. 이를테면 기준 온도보다 1도가 낮은 날은 '-1', 3도가 낮으면 '-3'과 같은 식으로 적용해 이를 합산하면 냉방도일 수치를 알 수 있다. 기준 온도보다 1도가 높다면 '+1'로 계산해야 한다. 냉방도일 기준, 그러니까 앞에서 이야기한 지속되는 추위를 느끼는 기준이 다르기 때문에 일관되게 냉방도일 지수가 얼마일 때 단풍이 시작된다고 할 수는 없다. 다만 '초록 낙엽'을 이해하기 위해 나무가 지속적으로 느끼는 추위의 정도를 도식화해 이야기하려는 것이다. 예를 들어 어떤 종류의 나무는 냉방도일 지수가 -30일 때 단풍이 시작된다고 하면 그 누적치가 30이 되는 날부터 단풍이 시작되는 것이다. 줄어드는 일조량을 나무가 감지한 날로부터 누적치가 30에 이를 때까지 기온의 변화에 따라 나무가 단풍의 시작 시기를 결정한다는 이야기다. 결국 겨울의 기미가 시작되는 시기의 기온 변화는 단풍 시기를 결정하는 중요한 변수가 된다.

그런데 앞에서 이야기한 것처럼 지난 2023년 가을 초입에는 이상기온 현상으로 날씨가 한여름만큼 무더웠다. 결국 나무가 한계로 느끼는 냉방도일 지수에 이르는 데에는 시간이 더 오래 걸렸다. 예년에 비해 단풍이 늦어질 수밖에 없었던 이유다.

다시 한번 2023년 가을의 기온 변동 상태를 살펴보자. 11월 2일에 26도에 이르렀던 기온은 10일부터 급격히 떨어지며 9도, 6도 등으로 떨어졌다. 앞에 이야기한 냉방도일 지수가 빠른 속도로 나무가 느끼는 겨울 한계점에 도달했다. 문제는 이때까지 나무는 떨켜를 제대로 키우지 못했다는 데에 있다. 떨켜는 키우지

제 27 장
기후 변화

못했지만, 겨울 추위에 대비해야 하는 건 시급한 일이다. 겨울 대책이 미흡하면 생명을 잃을 수 있다. 결국 나무들은 그동안 늘 해왔던 방식은 아닌, 매우 낯선 방식이지만 살기 위해서 잎을 떨구어야 했다. 그러지 않으면 나무의 물관에 물이 남아 있게 되고, 그 물이 얼어 터지면 생명을 잃을 수도 있는 절박한 상황이었다.

원래는 나뭇가지와 잎을 연결하는 물관의 통로에서 키운 떨켜가 성장해 물관을 완전히 틀어막아야 생명의 끈이 끊어지고 그로써 낙엽이 이루어진다. 그게 자연스러운 나무살이다. 그런데 그해 가을에는 단풍이 채 들지 않았다. 그건 아직 잎의 엽록소가 광합성을 진행할 수 있을 만큼 물이 공급되고 있었다는 이야기다. 그사이에 급격히 찾아온 겨울의 한계점을 알아챈 나무는 살기 위해 잎을 떨어뜨렸다. 미세한 부분이어서 정확한 관찰이 이루어지거나 이에 대한 자세한 보고는 없지만, 이는 필경 물관의 일부에 물이 드나들 수 있는 틈이 남아 있었다고 추측할 수 있다. 그렇다면 이는 나무에게 매우 특별한 상황임에 틀림없다. 이 틈을 통해 어떤 결과가 벌어질지는 아직 알 수 없다. 2023년 가을의 나무 상황을 정밀하게 조사한 일은 아직 없지만, 필경 이듬해 봄에 벌어질 나무의 생태에 뭔가 특별한 현상을 보여줄 수 있다. 물론 초록 낙엽을 보였던 나무들이 이듬해인 2024년 봄에 보여준 건강 이상은 특별히 보고되지 않았다. 그러나 나무의 생태는 한 해 봄의 상태만으로 단언하기 어렵다. 초록 낙엽을 일으킨 이상 기후를 비롯해 또 다른 기후 변화가 이어진다면 필경 나무의 건강 상태는 심각한 지경에 이를 것이다. 그게 더 심각한 건 한두 그루에만 나타나는 게 아니라는 사실이다. 2023년 가을에 거의 모든 나무에서 초록 낙엽 현상이 나타났던 것처럼 우리 곁의 거의 모든 나무가 한꺼번에 건강이 악화하는 특별한 사태로 나타날지도 모른다.

초록 잎이 단풍도 들지 않은 채 낙엽부터 한 것은 분명히 여태껏 우리가 볼 수 없었던 기후 변화, 기후 붕괴의 결과였다. 사계절의 변화가 뚜렷한 우리 한반도는 다른 어느 곳에 비해 가장 아름다운 단풍을 볼 수 있는 곳이라고 늘 강조해 왔다. 그러나 그것도 이제 옛말이 되어가고 있다. 단풍 빛깔이 투미했다는 이야기와 함께 초록 낙엽을 밟고 걸어야 하는 시대가 됐다. 아직 물기가 남아 있는 낙엽을 밟는 소리는 '바삭바삭'이 아니라 '질퍽질퍽'으로 대치될 것이다. 프랑스 시인 레미 드 구르몽이 '여인의 옷깃 스치는 소리'라고 묘사했던 '낙엽 밟는 소리'는 신화 속으로 산산이 흩어진다. 더불어 이제는 단풍 시기를 예측하는 것조차 힘들게 됐다. 심지어 아예 단풍이 들지 안 들지를 예측해야 하는 초유의 사태가 우리 곁에 현실로 나타나고야 말았다.

'초록 낙엽' 사태를 한 해 넘긴 2024년의 가을에도 단풍은 그리 아름답지 않을 것으로 예상됐다. 특히 2024년 여름은 사상 최악의 폭염이 기승을 부리기도 했다. 여름 폭염은 가을까지 이어졌다. '가을 폭염'이라는 말이 나돌았다. 심지어 추석 때에도 실외 수영장이 북적거릴 정도였다. 이때 유럽연합의 기후감시기구는 지구 기온이 산업화 이전보다 1.6도가 올라 '역사상 가장 더운 해'가 될 것이라는 발표도 했다. 9월 중순에 맞이한 추석이 지나고도 폭염은 식지 않고 10월까지 이어졌다. 나무들이 예년 같으면 차츰 겨울 채비에 나서야 하겠지만, 그때까지 서둘러야 할 이

제 27 장
기후 변화

유를 찾을 수 없을 만큼 날씨가 따뜻했다. 단풍 들고 낙엽할 시간이 그리 많지 않으리라는 예상에 조마조마하게 10월을 보냈다. 바람에 가을 기미가 느껴지기 시작하자 나뭇잎에 서서히 단풍 빛깔이 올라왔다. 아직 빨간빛, 노란빛이 선명하지 않던 11월 둘째 주에는 겨울에 들어서는 절기인 '입동立冬'이 있었다. 그날 기온이 갑자기 뚝 떨어졌다. 서울 기준으로 최저기온은 1.6도를 기록했다. 1주일 전인 11월 1일에 비해 10도 이상 떨어진 것이다. 11월 2일에 25.1도를 기록했던 낮기온은 15.7도까지 떨어졌다. 갑자기 추워졌다. 마지막 순간까지 지상의 양식을 짓기 위해 겨울 채비를 뒤로 미뤄두었던 나무가 당황하지 않을 수 없다. 이제 나무는 떨켜를 키워 제 몸 안에 든 물을 덜어 내야 한다. 또다시 2023년의 초록 낙엽이 불 보듯 뻔해 보였다. 그러나 7일에 겨울바람이 불어왔던 날씨는 다시 따뜻해지기 시작했다. 낮 기온이 20도를 넘는 날이 9일부터 16일까지 1주일 넘게 이어졌다. 만약 최저기온 1.6도를 기록한 7일부터 계속 기온이 낮아졌다면 분명히 2023년처럼 초록 낙엽이 이어져야 했거늘, 다시 따뜻해진 날씨에 여유를 찾은 나무는 잎을 떨구지 않고 천천히 떨켜를 키웠다. 그새 오르기 시작한 단풍 빛깔은 찬란하게 아름다웠다. 그즈음 나는 방송과 신문에서 "올해 단풍은 빛깔이 곱지 못할 것"이라고 예측했지만, 다 틀렸다. 물론 일부 지역에만 해당하는 이야기였지만, 2024년 단풍은 아름다웠다. 전혀 예상치 못한 단풍 빛깔이었다. 날씨를 예측하지 못한 상태에서 맞이할 수 있는 당연한 결과였다.

이게 처음은 아니다. 나무를 찾아다닌 지 27년이 됐다. 기왕에 먼 길을 찾아가 나무를 만나는 일이라면 나무가 가장 아름다운 모습을 보일 때를 노려 찾아가려고 했다. 단풍은 나무가 보여주는 가장 아름다운 모습 가운데 대표적인 현상이다. 해마다 나무를 찾아다닌 과정을 엑셀 파일로 날짜와 상태를 정리하고, 또 그때 촬영한 사진을 넉넉히 가지고 있는 상황이어서 웬만하면 단풍이 가장 아름다운 때를 맞혀 찾아갈 수 있으리라 생각했다. 시간이 지나 엑셀 파일의 분량이 늘어날수록 내 예측치는 조금씩 더 정확도를 높여가야 하는 게 통계의 원칙이겠지만, 그렇게 되지 않았다. 점점 더 어려워졌다. 붕괴된 기후의 변화를 예측하기 어렵다는 게 결정적인 요인이다. 해마다 같은 시기에 단풍이 든다면 예상대로 가장 아름다운 단풍을 만날 수 있었을 것이다. 그러나 그렇지 않았다. 단풍 물이 잘 올랐으리라 생각하고 답사 일을 조정한 어느 날 갑자기 비가 내리기도 했고, 어느 때에는 갑자기 이상 추위를 보이기도 했다. 비를 맞으며 혹은 강추위를 뚫고 서둘러 나무를 찾아가면 나무는 아직 채 단풍이 들지 않은 상태에서 낙엽을 하는 경우를 한두 번 부닥친 게 아니다. 게다가 추위가 찾아오는 시기에 일정한 규칙이 있다면 그것도 그리 어렵지 않았을텐데, 때로는 너무 일렀던 때도 있었고, 조금 늦었던 때도 있었다.

단풍만 그랬던 건 아니다. 나무가 보여주는 가장 아름다운 계기 중의 하나인 개화 역시 마찬가지였다. 종종 봄꽃의 개화 시기가 며칠 더 일러졌다는 식의 뉴스를 만나게 된다. 그러나 그 예상 역시 평균치일 뿐이다. 이 장의 앞에서 지난 50년 동안의 서울 지역 벚꽃 개화 시기를 살펴보면서 이미 알게 된 이야기다. 지구

제 27 장
기후 변화

전체의 기온이 조금씩 따뜻한 쪽으로 옮겨 간다는 것이 평균치일 뿐이지, 개화 시기가 반드시 매년 조금씩 앞당겨지는 건 아니다. 게다가 지역별 차이까지 감안하면 더 불규칙하다. 이를테면 내가 몸담고 있는 천리포수목원의 목련 개화 시기만 봐도 그렇다. 물론 전반적으로는 조금씩 일러지는 건 사실이다. 그러나 꼭 그런 건 아니었다. 어느 시기에는 오히려 조금 더 늦어지기도 했다. 천리포 지역에는 이상하게도 목련 개화 시기에 꽃샘추위가 다가오면서 외려 개화가 늦어진 경우도 있었다. 평균치가 일러질 뿐이지, 그게 어느 지역 어느 나무에 반드시 맞춤한 이야기는 아니다. 모두가 날씨, 기후 변화 탓이다. 일정한 추이를 가지고 바뀌는 상황이라면 '변화'라고 해야 하겠지만, 이처럼 들쭉날쭉한 상황은 이미 '붕괴'라고 표현해야 맞지 싶다.

예측하기 어려워진 꽃 피는 시기

그래서 개화와 관련한 나무의 변화를 살펴볼 차례다. 우선 이팝나무를 보자. 이팝나무를 중부지방 도시의 가로수로 심어 키우게 된 건 그리 오래되지 않았다. 하지만 크게 자라는 나무에서 활짝 피어나는 꽃이 워낙 화려한 데다 꽃이 피어 있는 기간이 길어서 도시 환경 미화에는 이팝나무만큼 좋은 나무도 없다. 따라서 최근에는 서울을 비롯한 중부지방의 많은 도시에서 이팝나무를 가로수로 심어 키우고 있다. 물론 유행처럼 이팝나무를 가로수로 많이 심어 키우게 된 건 조경업자들의 부추김이 없지 않았겠지만, 무엇보다 중부지방에서도 이팝나무가 잘 자란다는 기후 변화가 있었기 때문이다.

이팝나무는 우리나라의 토종 나무로, 남부지방에서 잘 자라던 나무다. 우리나라의 오래된 이팝나무 대부분은 따뜻한 남부지방에 살아 있다. 이를테면 천연기념물로 지정한 이팝나무는 모두 8건이 있는데 이들이 살아 있는 곳은 전남 순천을 비롯해 경남 김해, 경남 양산, 전남 광양, 경북 포항, 전북 진안, 전북 고창 등이다. 모두가 남부지방이다. 가장 북쪽이라 할 곳은 전북 고창, 경북 포항 정도다. 지방기념물로 지정한 이팝나무는 더 그렇다. 경남 거제 덕포동, 경남 합천 오도리, 전남 순천 평촌리, 전남 함평 양재리, 전남 나주 용곡리 등에 있는 5건의 이팝나무가 모두 경남과 전남 지역에 있다. 천연기념물이나 지방기념물은 대개 규모가 크고 오래된 나무들로 지정하는 게 일반적인데, 이 가운데 중부지방에 있는 이팝나무가 한 그루도 없다는 건, 오래전에는 중부지방에서 이팝나무가 살지 않았다는 반증이다.

이팝나무는 봄에 온 가지에 흰 쌀밥처럼 꽃이 핀다 하여, 이밥나무라 불러온 나무다. '이밥'을 세게 발음하여, '이팝'으로 바뀐 것이라고 보면 된다. 학명은 키오난투스 레투수스*Chionanthus retusus*인데, 속명인 키오난투스는 '눈'을 뜻하는 그리스어 '키온chiōn'과 '꽃'을 뜻하는 '안토스anthos'의 합성어로 '하얀 눈꽃'이라는 의미다. 이팝나무의 꽃은 5월 들어서면서 피기 시작해서 6월까지 피어난다. 대개의 봄꽃들이 화들짝 피었다가 한꺼번에 우우 하고 시들어 떨어지는 것과 달리 이팝나무의 꽃은 비교적 천천히 피어나서 긴 시간 동안 그 아름다운 꽃을 우리에게 보여

주는 매우 아름다운 나무다. 풍년을 예고하는 나무이다 보니, 농민들에게는 이 나무의 꽃이 늘 관심의 대상이었다. 느티나무가 동네의 어귀를 지키는 나무가 됐듯이, 농촌의 풍년을 지켜주는 나무처럼 농민들이 아껴 키우는 나무가 됐다.

이팝나무의 꽃은 모내기 철, 절기로 따지면 입하立夏 전후에 만개한다. 대개는 어린이날 전후가 그 무렵이 된다. 물론 그 시기도 많이 달라졌지만, 아직 우리의 식물도감의 기록에는 그리 돼 있다. 농부들이 이팝나무에 꽃이 피는 모습을 보고 한 해의 농사를 점치곤 한다는 이야기는 앞의 제12장에서 '강우 주술'의 사례를 소개하면서 그 과학적 근거를 이야기했다. 이팝나무의 꽃이 모내기 철과 닿아 있고 이때의 기후가 좋으면 꽃도 잘 피고, 모내기도 잘된다는 경험에 따른 믿음이었다. 하지만 여기에도 문제가 생길 것이 뻔히 보인다. 이팝나무 꽃이 피어나는 게 모내기 철이었지만, 앞으로는 꽃 피어나는 시기도 모내기 철도 달라질 수밖에 없다는 사실 때문이다.

　　남부지방의 대표적인 농촌 마을 상징이었던 이팝나무를 이제는 중부지방에서 아무 탈 없이 잘 키울 수 있다는 건 기후 변화의 결과다. 따뜻한 기후를 좋아하는 나무가 그보다 조금 추운 중부지방에서 자랄 수 있느냐 없느냐를 결정하는 가장 중요한 요소는 월동 여부다. 1년 평균기온과 무관할 수는 없지만, 과연 겨울을 잘 보낼 수 있느냐가 결정적이다. 결국 이팝나무가 겨울을 견딜 수 있는 한계 온도가 어느 정도이냐를 살펴보는 게 관건이다.

　　전반적으로 우리나라의 기온이 따뜻해진 건 누구도 부인할 수 없는 사실이다. 그러나 문제는 평균기온이 상승한 것이지, 하루하루의 기온이 모두 올라간 것은 아니라는 데에 있다. 겨울이 짧아진 것은 분명하지만, 겨울 추위는 이전보다 더 강력해졌다. 달리 말하자면 날짜 수로 따져서 겨울의 길이는 짧아졌지만, 가장 추웠던 겨울날의 기온은 예년보다 더 떨어졌다는 것이다. 이는 우리들 스스로가 체감하는 사실이다. 무엇보다 북극에서 내려오는 추위를 막아주던 제트기류가 약화하면서 북극의 한기가 고스란히 우리 한반도에 내려오기 때문이다. 그 결과 겨울에 느낄 수 있는 추위는 더 심해졌다. 그렇다면 이팝나무가 견딜 수 있는 월동의 한계는 더 힘들어진다는 결과를 예상할 수 있다. 그럼에도 불구하고 이팝나무가 얼마 전까지만 해도 살기 힘들었던 중부지방에서 월동을 하며 잘 살아나간다는 사실은 더 긴장해야 할 이야기가 된다. 겨울 추위는 더 매서워졌음에도 불구하고 월동에 문제가 없다는 건, 아무리 추위가 매서워져도 전반적으로는 예전에 비해 따뜻해졌다고 결론 내리게 된다. 이는 나무가 우리에게 보내주는 분명한 시그널이다. 이팝나무의 화려한 꽃을 집 앞에서

제 27 장
기후 변화

볼 수 있다는 걸 반기지 않을 이유가 전혀 없지만, 그게 지구가 우리에게 보내는 경고의 시그널이라는 생각을 하면 그저 반갑게 받아들이기만 할 수는 없다.

근심을 불러오는 중부지방의 배롱나무 꽃

나무는 지구에 나타나는 생태의 변화를 가장 또렷이 보여주는 지표다. 그런 점에서 우리는 이팝나무와 같은 나무의 변화를 잘 살펴야 한다. 이팝나무 이야기로 충분히 우리의 상황을 짚어볼 수도 있지만, 한 가지 나무를 더 살펴본다. 배롱나무 이야기다. 먼저 우리나라의 오래된 나무를 살펴본다. 천연기념물로 지정한 배롱나무는 **부산 양정동 배롱나무**가 유일하고 지방기념물로는 **창녕 사리 배롱나무군**이 유일하다. 지정 건수가 많지 않으니, 여기서 산림청에서 보호수로 지정한 배롱나무는 어디에 살고 있는지 살펴보자. 배롱나무 보호수는 2025년 말 기록에 따르면 전국에 모두 62건이 지정돼 있다. 이 나무들을 지역별로 살펴보면 전라북도가 14건으로 가장 많고, 그다음으로 전라남도와 경상북도와 충청남도가 각각 11건씩이며, 대구광역시에 8건, 경상남도와 강원도에 각각 3건, 충청북도에 1건이 분포돼 있다. 여기까지만 보면 전국적으로 고르게 살아가는 것처럼 보인다. 이어서 산림청에서 지정한 보호수 현황을 짚어보면 보다 명쾌하게 이해할 수 있다. 보호수로 지정한 배롱나무를 나무나이로 보면 80년에서 500년까지 분포돼 있다. 이 가운데 비교적 어린 나무라 할 수 있는 나무나이 300년 미만의 나무를 제쳐놓고 다시 살펴보면 사정이 달라진다. 배롱나무가 오래전에는 어디에서 살았는지를 살펴보자는 의도다. 나무나이 300년이 넘는 오래된 배롱나무는 모두 전라남도, 경상남도, 전라북도, 경상북도, 대구광역시에 분포돼 있으며, 충청북도와 강원도에는 각각 1건의 배롱나무가 보호수로 지정돼 있다. 강원도의 배롱나무 보호수는 강릉 오죽헌 경내에 있는 아주 근사한 나무다. 이는 자연 상태에서 자라난 나무가 아니라 오죽헌의 건축주가 정성 들여 키운 조경수라는 점에서 여느 나무와 다른 특별한 경우로 보아야 한다. 마찬가지로 충청북도의 배롱나무 보호수는 영동군 황간면의 오래된 절집 반야사의 전각 앞에 조경수로 심어 키운 나무다. 역시 기후 변화의 지표로 삼기 어려운 경우다. 이 같은 지표들을 보면 분명 배롱나무도 전형적인 남부지방의 나무로 볼 수 있다. 이팝나무와 마찬가지로 오래된 배롱나무는 모두 남부지방에만 있다는 이야기다.

배롱나무가 언제 중국에서 우리나라로 들어왔는지는 정확히 알려지지 않았으나, 우리나라에서는 삼국시대 때부터 이 나무를 심어왔을 것으로 본다. 배롱나무라는 이름은 '백일홍나무'에서 변성되면서 얻어졌는데, 때로는 '목백일홍', '나무백일홍'이라고도 부른다. 그냥 백일홍이라고 하면, 국화과의 초본식물인 '백일홍'과 헷갈리게 돼 나무임을 강조한 이름이다. 배롱나무는 하나의 꽃송이가 100일 동안 피어 있는 게 아니다. 하나의 꽃이 피었다가 지고 나면 또 다른 꽃송이가 피어나면서 100일 동안 붉은 꽃잔치를 계속 벌이는 것이다.

부처꽃과의 잎떨어지는 큰키나무인 배롱나무의 꽃은 가지

326 주로 남부지방에서 자라던 **배롱나무**가 이제는 중부지방에서도 아름다운 꽃을 피우며 잘 자란다.

끝에서 고깔 모양의 꽃차례를 이루며 뭉쳐서 피어나는데, 여섯 장의 꽃잎은 주름투성이로 피어난다. 수술은 40개까지 달리며, 가장자리의 6개가 유난히 길고 암술은 하나다. 대개의 배롱나무 꽃은 진한 분홍색으로 피어나는데, 드물게는 흰색으로 피어나는 배롱나무도 있다. 흰 꽃을 피우는 나무는 '흰배롱나무'라고 부른다. 예닐곱 장의 꽃잎이 주름투성이를 한 채, 수평으로 뻗어 나오는데, 한여름에 붉게 피어나는 배롱나무는 혼기에 이른 다소 선정적인 여인의 이미지를 가졌다.

배롱나무는 꽃도 아름답지만, 매끈한 나무줄기가 사람들의 눈길을 사로잡는다. 배롱나무의 껍질은 표면에 연한 붉은색이 도는 갈색이며, 흰 얼룩무늬가 곱게 번져, 줄기만으로도 무척 아름답다. 또한 얼룩이 졌음에도 불구하고, 줄기 표면이 매끄러운 특징을 가졌다. 마치 간지럼을 참기 힘든 얇은 피부를 가진 여인의 피부처럼 고운 이미지다. 충청도 일부 지방에서 배롱나무를 '간지럼나무'라고 부르는 것도 이 같은 줄기의 특징에 기댄 것이다. 제주도에서 '저금하는 낭'이라고 부르는 것도 역시 '간지럼 타는

나무'라는 뜻이다. 일본에서는 이 껍질이 미끄러워 원숭이조차도 미끄러지는 나무라 해서 '원숭이 미끄럼 나무サルスベリ, 猿滑'라고 부른다. 또 중국에서도 이 나무를 흔히 '자미화紫薇花'라고 부르지만, 일부에서는 '간지럼 타는 나무'라는 뜻을 가진 '파양수怕痒樹'라고 부른다.

잘 자란 배롱나무는 대체로 옛 선비들의 아름다운 정자에서 바로 내다보이는 좋은 자리나, 혹은 깊은 산속 산사의 앞마당에서 보게 된다. 중국에서 들어온 나무임에도 불구하고 우리 선조들이 그 꽃을 아껴왔기에 우리나라 남부지방의 이름난 정자나 옛 정원에는 어김없이 배롱나무들이 심어져 있다. 소쇄원, 식영정, 명옥헌, 서출지 등과 같은 대표적인 정원은 물론이고, 강진의 백련사, 고창의 선운사 등의 산사에서도 훌륭하게 자란 배롱나무를 볼 수 있다. 모두가 남부지방이라는 공통점을 가지고 있다.

그러나 이제 배롱나무는 서울을 비롯한 중부지방에서도 충분히 월동할 수 있는 상황이 됐다. 앞의 이팝나무에서 짚어본 것처럼 배롱나무 꽃은 여름의 붉은 정열을 나타내는 표시인 게 분명하지만, 그들이 오랫동안 터 잡고 살던 남부지방이 아니라 중부지방에서 피어난 건 자연이 지구를 지키기 위해 사람들에게 보내는 중요한 몸살의 징후임을 잊지 말아야 한다. 이팝나무 꽃이나 배롱나무 꽃이 그저 아름답게만 보이지 않는 씁쓸한 이유다.

제 27 장
기후 변화

의미가 없어진 나무의 '북방한계선'

나무를 천연기념물로 지정할 때에 특별히 감안하는 식물학적 가치 가운데 '북방한계선'이라는 의미가 있었다. 이를테면 동백나무의 경우, 우리 기후의 내륙지방에서 자랄 수 있는 가장 북쪽 지역이 '고창 선운사' 법당 뒤 숲이었다. 조선 성종 때인 15세기 무렵에 행호(行乎, 생몰년 미상)선사가 산불로부터 절집 전각을 보호하기 위해 조성한 동백나무숲으로 전한다. 지금은 3,000여 그루의 동백나무가 1만 6,500제곱미터 규모의 숲에서 극진한 보호를 받으며 잘 살고 있다. 이 숲을 **고창 선운사 동백나무숲**이라는 이름의 천연기념물로 지정한 1967년에는 여기가 동백나무가 자랄 수 있는 내륙지방의 북방한계선이었다. 바닷가로 가면 조금 더 북쪽으로 올라간다. 전라북도 고창보다 조금 북쪽인 **서천 마량리 동백나무숲**이 북방한계선이라고 조사되어 천연기념물로 지정한 건 **고창 선운사 동백나무숲**보다 2년 앞선 1965년이었다. 위도로 보면 **고창 선운사 동백나무숲**이 35.5도, **서천 마량리 동백나무숲**은 36.14도에 해당한다. 60년쯤 전에는 이 두 곳이 내륙과 바닷가에서 동백나무가 자랄 수 있는 북방한계선이었다. 그러나 동백나무의 북방한계선이 무너진 건 이미 오래전이다. 이 두 곳보다 북쪽에서도 동백나무는 잘 자라는 상황이다.

동백나무뿐이 아니다. 1962년에 천연기념물로 지정한 **장성 백양사 비자나무숲**도 비자나무가 자랄 수 있는 북방한계선이라는 식물학적 가치를 우선적으로 고려해 지정한 것으로 알려졌다. 그러나 천연기념물 지정 뒤에는 위도 35.44도인 백양사보다 북쪽인 위도 35.49도의 내장사에서도 비자나무가 발견됐으며, 조경용으로 심어 키우는 경우라면 그보다 훨씬 북쪽에서도 비자나무는 잘 자라는 상황이다.

앞의 제16장 '나무 활용'에서 나라를 지켜내기 위해 고향도 천성도 모두 버리고 살아남은 나무로 소개한 **강화 갑곶리 탱자나무**와 **강화 사기리 탱자나무**도 그런 경우다. 이 두 그루의 탱자나무 역시 '탱자나무가 살아남을 수 있는 북방한계선'이라는 점에서 보존 가치가 인정됐던 나무다. 이 두 그루의 탱자나무를 천연기념물로 지정한 건 1962년이었다. 그때부터 다시 60년의 세월이 흐른 이즈음, 강화도의 기후는 탱자나무가 살아가는 데에 '꽤 괜찮은 환경'이 됐다. 심지어 강화도보다 북쪽인 강원도 양양 지역의 민가에서도 잘 자라는 탱자나무가 발견되었고, 휴전선 이북인 개성 지역에는 1945년에 심은 탱자나무가 북한의 천연기념물 제382호 '판문 탱자나무'로 지정되어 잘 살아가고 있다고 한다.

동백나무, 비자나무, 탱자나무 모두 북방한계선은 이제 의미가 없어졌다. 물론 천연기념물로 지정한 나무와 숲의 경우, 경관적 가치를 비롯한 자연유산으로서의 다른 가치가 높은 나무여서 여전히 보호 가치는 존재한다. 그러나 '북방한계선'이라는 식물학적 가치는 이미 퇴색했다. 그래서 최근에 천연기념물로 지정한 **고창 교촌리 멀구슬나무**의 경우, 현재까지 발견된 멀구슬나무 가운데에서 가장 북쪽에서 발견된 나무임에도 불구하고, 천연기념물 해설에는 '북방한계선'이라고 설명하지 않고, '비교적 북쪽'이라고 완화한 표현을 이용했다. 얼마 지나지 않아 전라북도 고창보다 북쪽 지역에서도 멀구슬나무가 자랄 수 있는 기후 조건이 이

제 27 장
기후 변화

뤄질 수 있으리라는 건 기후 붕괴 시대를 살아가는 지금의 누구라도 짐작할 수 있는 이야기인 때문이다.

"더 이상 실패할 겨를이 없다"

기후가 변화하고 있다. 변화는 결코 갑작스러운 일이 아니다. 지구의 기후는 어떤 방식으로든 변화했다. 헤아릴 수 없이 많은 생명체가 제가끔 살아가기 위해서는 지구에 일정한 영향을 미칠 수밖에 없고, 이는 기후 변화라는 결과를 낳았다. 하지만 지구는 탄생에서부터 지금까지의 45억 년 동안 사람을 비롯한 모든 생명들의 생명 활동을 품어 안고 애면글면 안정화를 이루며 여기까지 버텨왔다.

기후 변화 그 자체는 결코 위협이 아니다. 위협은 그 변화의 속도에 있다. 지구를 하나의 생명체로 보는 '가이아 이론'을 제창한 영국의 과학자 제임스 러브록(James Ephraim Lovelock, 1919~2022)은 지구가 지금 겪고 있는 변화는 지구 스스로 견뎌낼 힘, 즉 치유력이 있다고 했다. 그러나 문제는 작금의 변화 속도가 지구 생태계의 수용 한계를 넘어선다는 사실이다. 지난 45억 년 동안 느린 속도로 변화한 지구가 지금 펼쳐지는 급격한 변화 속도를 감당하기 어렵다는 이야기다. 러브록은 지구에서의 살림살이를 건강하게 이어가기 위해서 의지를 발동할 주체는 인지 능력을 가진 인간밖에 없다고 했다. 이어서 "지구를 관리한다거나 운영한다는 자만심을 내려놓고, 우리가 곧 지구의 한 부분이라는 사실을 겸허하게 깨닫는 일"부터 시작해야 한다고 강조했다.

지구의 지배자라는 헛된 자만심이 아니라 사람도 나무와 풀과 곤충과 동물이 어울려 사는 복합 생태계인 지구의 한 부분임을 깨닫고, 지금 이 땅에서 일어나는 변화의 속도를 늦추는 데에 힘을 모아야 할 때다.

이제 더 이상 실패할 겨를은 없다. 지금이야말로 거대 생태계의 축소판으로 살아 있는 우리의 자연유산을 더 세심히 살피고 지구가 우리의 자연유산을 통해 던져 오는 갖가지 위기의 시그널들을 알아채야 한다. 그것이 곧 우리의 자연유산을 더 오래 지키는 첫걸음이고, 이는 곧 우리가 아름다운 자연유산과 함께 더 오래, 더 평화롭게 살아가는 유일한 길이다.

제 27 장
기후 변화

멸종

하지만 우리는 살아남았다.
세상에 마지막 남은 하나가 되었지만
복수를 할 수 없는 흰바위코뿔소와
불운한 검은 점이 박힌 알에서
목숨을 빚지고 태어난 어린 펭귄이었지만,
우리는 긴긴밤을 넘어, 그렇게 살아남았다.

- 루리, 『긴긴밤』에서

여기까지 우리는 이 땅의 생명체들이 어떻게 서로 연결되어 살아왔는지를, 세상에서 가장 경이로운 생명인 나무를 중심으로 살펴보았다. 생명이 처음 태어난 35억 년 전부터, 나무가 처음 땅 위에 모습을 드러낸 4억 년 전, 그리고 지금의 이 아름다운 별 지구의 광대한 생태계가 이루어진 과정은 한마디로 경이로움 그 자체였다. 그러나 이 같은 경이로운 아름다움이 이루어지는 과정에는 적잖은 시련이 있었다. 간단없이 닥쳐온 생물종의 멸종위기가 그것이다. 지구상의 숱하게 많은 생명체들은 지금 이 순간에도 어떤 이유에서든 멸종의 위기를 겪고 있으며 어떤 생명체는 이미 멸종의 시간을 보내는 중이다. 어떤 생명은 우리 곁에서 다시 볼수 없게 사라지고, 어떤 생명은 그 위기를 이겨내고 살아남아 지구의 생태계를 이어가고 있다. 멸종의 위기는 그치지 않았다.

하나의 사건으로 시작된 하나의 연결망

우리 땅, 우리 생태계에서 하나의 종이 사라지는 일, 즉 멸종이 왜 문제가 되는가를 온전히 이해하기 위해 먼저 아름다운 표 하나를 살펴본다. 미국 오스틴에 있는 텍사스대학교의 '알프레드 로아크 100주년 기념 생물학 교수'인 고생물학자 데이비드 마크 힐리스(David Mark Hillis, 1958~)의 표, 일명 '힐리스 계통수'다. 이 표를 처음 본 건 리처드 도킨스의 역작 『지상 최대의 쇼(The Greatest Show on Earth: The Evidence for Evolution, 2009)』에서였다. 한눈에 이해할 수는 없지만 흥미로운 그림이었다. 이 표를 온전히 보려면 최소 가로세로로 137센티미터가 되는 종이에 인쇄해야 한다고 했다. 여기서 137센티미터는 아마도 1.5야드[9]의 환산 결과였을 것이다. 특별히 '137'이라는 숫자에 궁금증을 가질 필요는 없다. 영미 문화권에 익숙한 단위로 도킨스가 쓴 걸 번역하면서 익숙한 미터 단위로 환산한 숫자로 보인다. 1095쪽(그림 328)에 이 표를 삽입하기는 했지만, 이 정도 크기로는 도무지 무슨 표인지 알 수 없을 것이다. 이 표는 인터넷에서 '힐리스 계통수'로 검색하면

9   1야드(yd)는 3피트(ft). 1피트는 30.48센티미터. 1야드는 0.91미터. 1.5야드는 137.16 센티미터.

제 28 장
멸종

1093

누구나 다운로드해서 자세히 볼 수 있다. 가능하면 인터넷에서 다운로드한 뒤에 137센티미터의 종이에 인쇄해서 보는 게 좋을 것이다. 아차! 그만큼 큰 종이를 구하는 건 쉽지 않으리라는 걸 생각 못 했다. 또 그 종이를 구했다 해도 그걸 인쇄할 도리가 없다는 사실도 잠시 잊었다. 다운로드한 이 표를 컴퓨터 화면에서 부분 부분 확대해 살펴보는 수밖에 없다. 무척 흥미로운 표다. 꼭 한 번 확인해 보시기 바란다.

원으로 그려진 이 그림의 중심점은 35억 년 전에 지구의 바다 깊은 곳, 심해의 열수분출구 주변에서 벌어진 사건, '생명의 탄생'을 표시한다. 온 우주의 역사를 통틀어 단 한 번밖에 없었던 사건이다. '아직까지는'이라는 전제가 필요할지 모른다. 아직까지는 생명 현상이 지구 바깥에서 온전히 밝혀진 게 없기 때문에 '온 우주를 통틀어 단 한 번'이라고 표현했지만, 앞으로 혹시라도 지구 바깥 우주의 다른 어디에선가 생명체가 발견된다면 '단 한 번'이라는 표현은 수정해야 한다. 바로 그 시작점을 중심으로 하나의 선은 시계 방향으로, 다른 하나는 시계 반대 방향으로 나뉘어 뻗어 나간다. 시계 반대 방향으로 갈라진 선을 따라 아래쪽으로

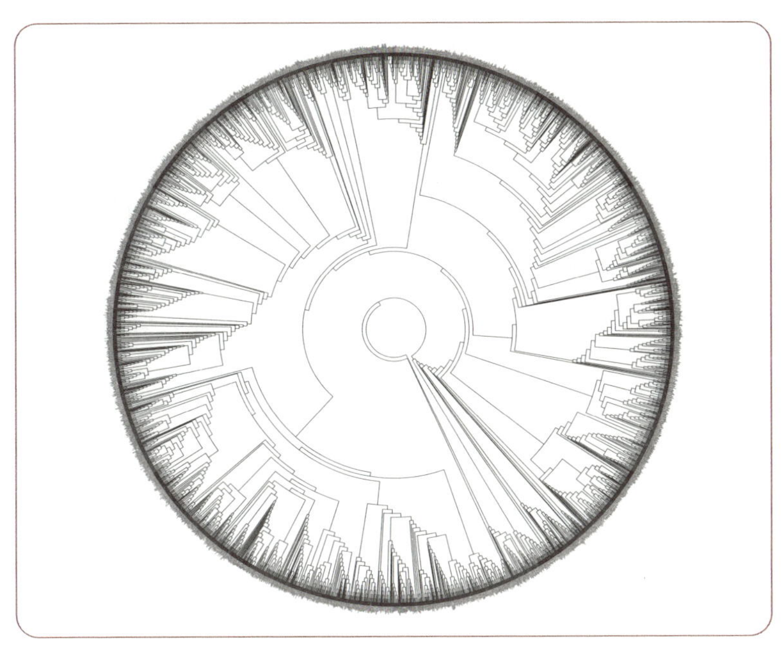

328 고생물학자 데이비드 마크 힐리스의 표, 일명 **힐리스 계통수**.

내려가면 여러 학명의 생명체가 나열되는데, 박테리아와 아르케이아, 즉 세균과 고균으로 지칭된 생명의 학명을 만나게 된다. 아직 이 표를 확대해 본 적이 없는 분들의 이해를 돕기 위해 덧붙이자면, 이 표에서 원의 가장자리에 촘촘하게 나타나는 부분은 믿기 어렵겠지만 글씨임을 밝혀둔다. 구체적으로는 생명체들의 학명이다. 그리고 오른쪽으로 이어진 선을 따라 돌아들면 Protists, 즉 원생생물 범주 안으로 확산되는 걸 볼 수 있다. 이 계통수를 온전히 이해하고 학습하기 위해서는 다양한 사전 학습이 필요하지만, 간단히 알아볼 수 있는 사실만 짚어보자. 우선 갈라진 분기점이 원의 중심에서 가까울수록 오래된 생명의 위치라는 걸 보여준다. 그러니까 제일 먼저 세균과 고균, 원생생물이 갈라지고, 세균

제 28 장
멸종

과 고균은 비교적 분기가 덜 이뤄지면서 이 표의 아랫부분에 표시한 범위 안에 머무른다. 물론 이건 개체 수를 표시하는 게 아니고 분기한 생명의 종을 표시한 데에 불과하다. 또 여기에는 현재까지 알려진 기록종만을 표시했다. 게다가 기록종 전체도 아니고, 대략 3,000종만을 대상으로 했다. 만일 미기록종까지 합친다면 이 계통수는 더 확장되어야 한다. 특히 고균과 세균 범위는 이 표에서 드러난 것의 수십, 수백, 수천, 수만 배는 더 넓어져야 한다.

원생생물의 경우, 아홉 번째로 갈라진 선에서 드디어 Plants, 즉 식물의 범위로 넘어간다. 그러나 아직 식물의 개별 단위로까지는 선이 이어지지 않는다. 선은 점점 더 확장하면서 마침내 왼쪽 아래편으로 이어져 Fungi, 즉 균류에 닿게 되고, 얼마 뒤 선은 Plants와 Animals로 이어진다. 이 계통수는 현재까지 학명으로 기록된 생명체가 어떤 계통으로 이루어져 이어지는지를 보여준다.

힐리스 계통수를 이용하면 우리가 관심을 가지는 어떤 생물종이 어떤 종과 가장 가까운 친연관계를 맺었는지 살펴볼 수 있다. 이를테면 은행나무를 이 계통수에서 찾아보면 오른쪽의 45도 정도 위에서 찾아진다. 그리고 은행나무에 이어진 선을 위로 올라가면 어느 지점에서 갈라진 점이 나타난다. 그 점에서 은행나무 반대편 선을 따라 내려가면 다시 둘로 갈라진다. 그 두 점을 따라가면 두 종류 생물의 학명이 나오는데, 이는 모두 소철 종류다. 그러니까 은행나무와 지구상에서 가장 가까운 친척 관계를 이룬 생물은 소철 종류라는 이야기다. 이 어마어마한 계통수에도 알려진 모든 생물종을 표시하지는 않았다. 그건 사실 불가능하지 않을까 싶기도 하다. 그래서 대강의 골격만 알 수 있을 뿐이다. 이를 테면 호모 사피엔스를 찾아보고 호모 사피엔스가 나눠진 분기점을 찾아가 다시 아래로 내려와 호모 사피엔스와 가장 가까운 관계를 이룬 생물종을 찾아보면 '생쥐 종류'가 나온다. 그러니까 학명을 가진 기록종으로서의 호미닌 종류 모두를 포함하지 않았다는 이야기다. 우리가 잘 아는 호모 에렉투스, 호모 날레디 등이 호모 종으로 우리와 가장 가까운 친연관계를 이루겠지만, 이는 모두 생략됐다.

이 계통수를 이해하면 어떤 생물종과 호모 사피엔스가 몇 촌인지를 분명하게 확인할 수 있다. 물론 앞에서 예를 든 은행나무와 호모 사피엔스 사이의 촌수는 헤아리기 어려울 만큼의 많은 간격이 있다. 그러나 분명한 것은 어떤 형태로든 이어져 있다는 것이다. 달리 이야기하면 분명 지구상의 모든 생명체는 어떤 형태로든, 혹은 멀든 가깝든 분명한 친연관계를 가진다는 사실이다. 여기에 보이는 모든 선은 단 한 곳도 끊어지지 않았다. 그건 지구 생태계는 모든 생명체가 어떤 형태로든 연결되어 있는 공생의 생명 공간이라는 걸 보여준다는 이야기다. 이 생태계 안에서 모든 생명체들은 서로에게 일정하게 의존하면서 살아간다. 단지 먹이 사슬의 형태로 다른 생명을 잡아먹으면서 살아가기만 하는 것이 아니라 일정하게 다른 생명의 도움을 바탕으로 살아간다는 이야기다. 공생에 관해서는 생명의 원리를 짚어본 이 책의 제1장 '나무 이전의 세계'에서 린 마굴리스의 세포 내 공생이론을 중심으로 이미 이야기했다. '멸종'을 이야기하는 이 장에서 힐리스 계통수를 끄집어내고, 맨 앞에서 이야기했던 '공생'의 원리를 다시 불

제 28 장
멸종

러온 건, 하나의 생명이 존재하기 위해서 서로 어떤 관계를 맺고 있는지를 돌아보기 위해서다. 한 걸음 더 나아가면 하나의 생물종이 탄생하기 위해서는 수없이 많은 연결 고리로 이어진 숱하게 많은 생물종들의 도움이 있었다는 분명한 사실을 환기하기 위해서다.

그렇다면 이번에는 거꾸로 이 계통수에 표시된 어떤 생물종 하나가 지구상에서 완전히 사라질 경우를 생각해 보자. 촘촘하게 이어진 모든 선 가운데 하나가 끊어지게 된다. 그렇다면 끊어진 선은 또 하나의 선으로 이어질 것이고, 그 선은 그 위쪽으로 올라가 또 하나의 갈라진 두 개의 선으로, 그 선은 다시 거슬러 올라가 두 개의 선이 파괴되는 결과를 낳을 것이다. 결국 우리의 생태계는 심각한 질병을 앓게 된다. 여기에서 굳이 지구의 생태계가 하나의 생명처럼 작동한다는 제임스 러브록의 '가이아 이론'을 들먹이지 않아도 하나의 생물종이 완전히 멸종할 때 벌어질 사태의 심각성은 짐작된다.

그렇다면 우리는 지금 한 생물종의 멸종을 어떻게 받아들이고 있는지 잠시 생각해 보자. 이를테면 도시에 갑자기 집단을 이뤄 출몰한 징그러운 모양의 곤충이 늘어났다고 생각해 보자. 우리는 이 곤충을 다시 보고 싶지 않다는 이유에서 박멸하고 싶어 한다. 멸종시키고 싶어 안달이 난다. 여러 의견을 모아 관리 당국에서는 그 곤충을 죽이는 살충제를 대량 살포한다. 그러나 어느 하나의 곤충에게만 영향을 미치는 살충제는 존재하지 않는다. 필경 그 살충제는 다른 생명체에게도 영향을 미치게 된다. 흔히 듣기 좋게 포장한 '친환경 살충제'라는 말이 쓰이고는 있지만, 세상에 '친환경'과 '살충제'는 서로 붙여서 쓸 수 없는 단어다. 마침내 우리 눈에 보이지 않았던 다른 생물종이 우리도 모르는 사이에 이 땅에서 사라지는 결과가 나올지도 모른다.

조금만 더 생각해 보자. 앞에서도 공생의 원리를 간단히 언급했지만, 그 사례를 살펴보자. 이를테면 우리 곁에 흔하디 흔했던 하나의 초본식물이 대량의 제초제 살포에 의해 멸종한다고 치자. '잡초'로 여겨지던 식물이 사라진 덕에 농사는 더 쉬워지고 생산량도 늘어난다고 하자. 그러나 그건 일시적인 효과일 뿐이다. 우리 생태계에는 분명히 그 초본식물을 먹이로 하는 곤충이나 짐승이 있다. 그런데 갑자기 그의 먹이가 사라진 상황이다. 물론 곤충이나 동물은 일정하게 그 먹이를 대체할 다른 먹이를 찾아 이동할 것이다. 그러나 멸종의 속도가 너무 빨라 곤충과 동물의 이동 속도를 압도할 경우도 있다. 그렇다면 먹이를 미처 찾지 못한 동물과 곤충은 따라서 굶어 죽게 된다. 그건 다시 힐리스 계통수에서처럼 또 이어진다. 그 곤충과 동물을 먹이로 하는 또 다른 동물이 사라지게 되면서 연쇄반응을 일으켜 필경 우리 생태계는 짧은 시간 안에 망가지는 결과를 초래한다. 그 결과는 상상하기 어려운 참사로 이어진다.

지구의 생태계를 '태피스트리'에 비유한 제인 구달 선생의 이야기가 다시 떠오른다. 그는 하나의 생물종이 사라진다는 것은 촘촘히 짜여진 태피스트리에서 한 올의 실이 끊어지고 빠져나가는 것과 같다고 강조했다. 제인 구달이 이야기한 태피스트리를 힐리스 계통수와 연결시켜 생각하면 상황은 보다 뚜렷해진다. 이 계통수에서 하나의 종이 사라지는 것은 즉 태피스트리를 망가뜨

리는 결과가 된다는 이야기다. 지금 우리 곁에서 사라져 가는 것
들에 대해 관심을 가져야 할 절박한 이유다.

이 장에서는 멸종했거나 혹은 멸종위기에 놓인 우리 곁의 식
물들을 살펴본다. 어떤 식물이 어떤 생존 전략으로 살아가다가
어떤 이유에서 멸종의 위기를 맞이하게 됐는지를 살피며 지금 우
리 나무들의 현황을 짚어본다.

기후 변화로 멸종위기에 몰린 구상나무

우리 땅에서 사라져 가는 나무 가운데에 세계인들이 주목하
는 나무가 있다. 전 세계에서 오로지 우리나라에서만 자라는 구
상나무*Abies koreana* E.H.Wilson가 그런 나무다. 구상나무는 제주의
한라산을 비롯해 지리산, 덕유산, 무등산의 고지대에서만 볼 수
있는 우리 특산종이다.

구상나무가 식물학자들의 눈에 띈 건 1907년 제주 한라산에
서 처음이었다. 그때 파리외방전교회 소속의 가톨릭 사제이자 식
물학자인 위르뱅 포리에(Urbain Jean Faurie, 1847~1915) 신부가 처음
발견했다. 포리에 신부는 이 나무가 그동안 알려진 나무와 다른
나무라는 걸 알아챘다. 이태 뒤인 1909년에 포리에 신부와 같은
파리외방전교회 소속의 에밀 타케(Émile Joseph Taquet, 1873~1952)
신부도 이 특별한 나무를 발견하고 표본을 제작해 이름을 붙이지
않은 채, 미국과 유럽의 식물학계에 보고했다.

이즈음 한반도의 식물을 치밀하게 조사했던 일본인 식물학

329　에밀 타케.

자 나카이 다케노신(中井猛之進, 1882~1952)은 포리에 신부와 타케 신부보다 먼저 구상나무를 조사한 적이 있었다. 그러나 나카이는 구상나무의 특징을 발견하지 못하고, 비슷한 생김새를 가진 분비나무*Abies nephrolepis* (Trautv. ex Maxim.) Maxim.로 여기고 지나쳤다. 실제로 분비나무는 곧추서는 열매의 비늘이 아래쪽으로 젖혀지지 않는 점을 빼면 전문가들도 구분하기 어려울 정도로 구상나무와 비슷하다. 나카이는 나중에 이 나무가 분비나무와 다른 한반도 고유종인 구상나무였다는 게 밝혀진 걸 알고는 몹시 안타까워했다고 한다.

　구상나무의 실체에 적극적인 관심을 가진 식물학자는 미국 하버드대학교 아널드 수목원의 어니스트 윌슨(Ernest Henry Wilson, 1876~1930)이었다. 앞서 영국의 큐왕립식물원을 이야기할 때 세계적인 식물수집가로 소개했던 그 사람이다. 약 2,000종의 아시아 식물을 서양에 도입한 식물수집가인 윌슨은 동아시아 지역의 식물 표본을 조사하던 중에 한라산에서 채집된 이름이 붙지 않은 표본에 관심을 가졌다. 앞의 에밀 타케 신부가 보낸 표본이

330 제주도를 답사 중인 **어니스트 윌슨**.

았다. 아직 이름을 갖지 못한 이 나무에 관심을 가진 윌슨은 나무의 정체를 확인하기 위해 우리나라를 찾아왔다. 윌슨은 타케 신부와 함께 한라산에 올라가 관찰하고는 이 나무가 한반도에만 자생하는 특산종임을 확인하고 세계 식물학계에 보고했다. 제주도 지방말로 '쿠살낭'이라고 부르던 이 나무는 그때부터 '구상나무'라는 이름과 'Korean fir(한국 전나무)'라는 영문 이름을 갖고 세계 식물학계에 소나무과에 속하는 한국 특산종으로 알려지게 됐다. 제주도 말로 쿠살낭의 '쿠살'은 '성게'를, '낭'은 '나무'를 가리키는데, 구상나무의 잎이 성게의 가시처럼 생겼다는 데에서 제주 사람들이 부르던 구상나무의 옛 이름이다.

미국의 식물학자가 구상나무를 세상에 알리는 동안 타케 신부의 구상나무 표본을 받아본 유럽의 가톨릭 사제들은 이 나무를 성탄 트리용으로 쓰면 좋겠다는 데에 생각이 이르렀다. 전통적으로 성탄절 장식용 나무로는 원뿔형으로 곧게 자라는 전나무와 가문비나무를 많이 이용해 왔다. 그런데 이 나무들은 크고 우람하게 자라는 탓에 불편함이 적지 않았다. 그런 와중에 사제들의 손

고규홍의 나무

을 찾아온 구상나무는 전나무처럼 아름다운 생김새를 갖춘 건 물론이고, 크기가 아담해 관리하기도 편리할 것이라는 생각을 한 것이다. 조금 더 보태자면 전나무나 가문비나무보다 옆으로 펼치는 폭이 넓어 전체적인 수형도 더 아름답다는 사실을 사제들은 놓치지 않았다. 그러자 유럽의 식물학계에서는 우리 구상나무를 본격적으로 성탄 장식용 나무로 쓰기 위해 새로운 품종을 선발하는 작업에 나섰고 일정한 결과를 얻어 냈다. 새로 선발한 구상나무 품종은 대개 우리의 구상나무보다 키가 작은 품종들이었다. 성탄 트리로 쓰이는 구상나무 품종 가운데에 '키가 작다'는 뜻에서 붙인 'dwarf(난쟁이)'라는 품종 이름이 들어간 종류가 많은 건 그래서다. 유럽을 중심으로 선발된 구상나무 품종은 성탄 트리용 나무로 환영받으며 빠른 시간에 전 세계에 널리 퍼졌고, 성탄 때마다 많은 사람들에 의해 소비되기에 이르렀다.

그러니까 지금 전 세계에서 성탄 트리용으로 많이 활용하는 나무는 우리의 토종 구상나무가 아니다. 구상나무를 기본종으로 하여 서구의 식물전문가들이 선발한 구상나무의 새 품종이라는 이야기다. 구상나무가 '세계에서 성탄 트리용 나무로 가장 많이 쓰이는 나무'로 알려진 건 지나친 과장이다. 여전히 전나무와 가문비나무가 가장 많이 쓰이는 게 사실이지만, 구상나무도 그 못지않게 많이 소비된다고 봐야 한다. 애당초 성탄 트리용으로 선발한 품종이니 그건 당연한 결과다. 보다 세밀하게 이야기하자면 구상나무가 아니라 구상나무 품종의 나무가 세계적으로 많이 쓰인다고 해야 한다. 그건 우리나라에서도 마찬가지 일이다. 그렇다보니 우리는 세계적으로 많이 쓰이는 구상나무 품종을 수입해야

제 28 장
멸종

한다. 이때에는 당연히 구상나무 품종에 대한 지적재산권료를 지불하게 된다. 이는 구상나무를 기본종으로 하여 새 품종을 선발하는 데에 투여된 지적 작업에 대한 재산권료다. 구상나무의 원산지가 우리나라인 건 누구도 부인하지 못하는 엄연한 사실이지만, 구상나무의 새 품종에 대한 재산권은 우리가 소유하지 않았다. 당연히 품종을 선발하는 과정에 들인 지적 작업에 대한 재산권료는 지불해야 한다. 우리의 토종인 구상나무를 역수입하면서 재산권료를 지불한다는 이야기도 종종 나오지만, 이는 오해다. 토종 생물자원에 대한 재산권은 다른 나라가 주장할 수 없는 게 세계적 규약이고 상식이다.

여기서 한 가지 덧붙이자면 구상나무를 '성탄 트리의 원조'라고까지 이야기하는 것도 상식적으로 옳지 않은 이야기다. 성탄절에 나무에 갖가지 장식을 거는 풍습은 서구인들의 전통 문화 가운데 하나이지만 구상나무가 그들에게 알려진 것은 고작 100년이 살짝 넘었을 뿐이다. 구상나무의 새로운 품종이 선발되기 전에도 서구에서는 성탄절 즈음이면 전나무와 가문비나무에 여러 장식을 해서 성탄 트리로 이용했다. 구상나무가 성탄 트리의 원조일 수 없다.

우여곡절을 거쳐야 했지만, 우리 토종인 구상나무는 이제 세계인들이 성탄 트리로 환영하는 나무가 됐다. 우리 토종 나무를 세계인의 축제 문화에 적용할 만한 식물 관련 기술 발전이 서구에 비해 너무 늦었다는 건 심히 안타까운 일이다. 그러나 세계인들이 성탄절 장식으로 많이 활용하는 아름다운 나무가 우리 토종 나무에서 유래됐다는 건 여전한 우리의 자부심이다. 또 그 많은

성탄 트리용 나무 가운데에서 가장 강한 유전자를 가진 기본종이 바로 우리 땅에서만 자라고 있다는 사실은 앞으로 우리에게 좋은 기회가 찾아올 수도 있다는 근거다. 선발한 품종의 유전자는 기본종의 유전자만큼 강하지 않고, 언젠가는 가장 강한 유전자를 가진 기본종을 필요로 하기 때문이다. 자연스레 성탄절 축제를 즐기며 성탄 트리용으로 구상나무를 찾는 세계인들의 관심은 구상나무 기본종에 쏠리게 되고, 이는 곧 구상나무의 첫 발견지인 제주도 한라산 구상나무 군락지에 집중하게 될 것이다.

여기에서 우리는 앞의 제15장 '씨앗 저장'에서 길게 이야기한 위대한 씨앗수집가 니콜라이 이바노비치 바빌로프를 떠올려야 한다. 바빌로프가 목숨을 걸고 전 세계를 탐험하며 온갖 식물의 씨앗을 수집한 이유는 명확했다. 그는 재배식물의 기원지를 비롯한 세계 곳곳에서 폭넓은 유전적 다양성을 담은 씨앗을 찾으려 했다. 미래의 식량 위기나 환경 변화에 대비하려는 원대한 뜻이었다. 그는 가뭄에도 굴하지 않고, 병충해에도 잘 견디는 형질을 지닌 씨앗을 확보하기 위해 전 세계를 탐험했다. 다양한 유전

제 28 장
멸종

자 확보는 재배식물의 지속적 개량을 위해 반드시 필요한 일이다. 바빌로프의 관점은 우리의 구상나무에도 똑같이 적용할 수 있다. 세계인들이 크리스마스 트리용으로 많이 이용하는 구상나무들은 우리의 구상나무를 바탕으로 크리스천 문화에 알맞게 새로 선발한 원예품종들이다. 이 품종들은 아름다움과 장식을 위해 선발되면서 유전적 기반이 협소해졌다. 이 원예품종들이 비롯된 대표적 구상나무 자생지가 바로 제주도 한라산이며, 한라산의 구상나무 자생 군락은 새로 선발한 원예품종과 비교할 수 없을 정도로 풍부한 유전적 변이를 보유한 원천적 보물창고다. 원예품종들은 유전적 기반이 협소하여 새로운 질병이나 급격한 기후 변화에 취약하다. 따라서 미래에 구상나무 품종들을 개량하고 병충해 저항성이나 기후 적응력을 높여야 할 때, 한라산의 야생 구상나무 군락에 담긴 다채로운 유전자는 결정적인 역할을 하게 될 것이다.

이해를 돕기 위해 한 가지 사례를 덧붙일 수 있다. 제17장에서 '농경의 시작과 품종 선발'을 이야기할 때 예로 든 장미를 떠올려 보면 된다. 장미는 병해충에 약하고 환경 적응력이 낮아 정원에서 가꾸기 까다로운 식물이라고 했다. 실제로 오늘날 우리가 즐기는 화려한 장미 품종은 관상적 아름다움을 위해 선발된 결과, 스스로 살아가는 힘이 약해졌고, 환경에 적응하는 데에도 무기력한 편이다. 그 기원식물은 야생 들장미다. 우리나라에서 흔히 볼 수 있는 찔레꽃이 그 예다. 찔레꽃을 잘 아는 사람이라면 잘 안다. 찔레꽃은 누가 돌보지 않아도 바위틈에서 무성하게 자라며 강한 생명력을 갖춘 식물이다. 정원에서 가드너의 살가운 보살핌을 받으며 간신히 살아가는 원예품종 장미의 생명력과 비교할 수 있을 것이다. 이 대비는 구상나무에도 시사점을 던진다. 오늘날 세계인들이 많이 찾는 구상나무 품종들은 우리의 자생 구상나무를 바탕으로 선발하는 과정에서 제한된 형질만 중시하다 보니, 생존에 꼭 필요한 유전자들이 배제되거나 약화한 품종들이다. 즉 유전적 다양성이 극도로 낮아진 품종이기 십상이라는 뜻이다. 반대로 제주 한라산에 자생하는 구상나무 군락은 풍부한 유전적 변이를 간직하고 있는 자랑스러운 우리의 자연자원이라는 이야기다.

그러나 이를 마냥 즐기기에는 문제가 있다. 구상나무가 우리 땅에서도 차츰 사라지고 있기 때문이다. 이미 여러 미디어에서 보도한 바와 같이 구상나무의 집단 고사 현상이 속속 발견되고 있으며, 이는 갈수록 늘어나는 추세이기도 하다. 지리산, 덕유산은 물론이고, 한라산에서도 집단 고사 현상이 발견되고 있다. **한라산 구상나무 군락지**는 그야말로 참혹한 상태다. 1,200미터 이상의 고지에서 군락을 이루고 자라는 구상나무의 현재 상태는 그야말로 처참하다. 이미 마지막 한 잎까지 덜어 내고, 앙상한 뼈대만 남긴 고사목들이 줄을 이었다. 처참하게 죽은 나무들이 아예 군락을 이뤘다. 해발 1,400미터 고지 위쪽에서는 살아 있는 구상나무를 찾아보기 어려울 정도다. 마치 구상나무 고사목의 공동묘지라고 해도 될 만큼 상황은 참혹하다. 멸종위기를 운운하는 게 과장이 아님을 한눈에 알 수 있다. 더 심각한 건 이 같은 구상나무의 생육 위기를 개선할 뾰족한 방법이 아직까지는 없다는 것이다. 구상나무가 죽어가는 다양한 원인에 대한 세심한 조사와 연

제 28 장
멸종

1107

구가 필요하겠지만, 지금까지의 연구 결과에 의하면 기후 변화가 가장 큰 원인으로 꼽힌다. 이대로 이 땅의 기후 변화가 이어진다면 우리 토종 생물학적 자원으로 재산권을 행사할 천금 같은 기회는 한갓되이 스러질 수밖에 없다.

날마다 우리 땅의 기온이 역대 최고치를 기록했다는 뉴스는 이어진다. 이미 인류가 화석연료를 사용하기 전에 비해 섭씨 1.5도 이상 오른 것은 물론이고 2024년에는 1.6도가 올랐다고 확인한 상황이다. 그런데 구상나무의 주요 생육지인 한라산과 같은 고산 지역의 평균기온은 전체 평균기온보다 더 빠르게 상승한다고 한다. 호모 사피엔스를 비롯한 동물들은 변하는 기온이나 환경에 적응하지 못할 경우, 새로운 환경을 찾아 이동해 새 거주지를 확보하면서 살아갈 수 있다. 그러나 나무는 이주하는 데에 시간이 오래 걸린다. 나무의 이주 속도는 우리 생태계의 자연스러운 변화 속도여야 한다. 언제나 나무는 다른 생명이 살아가는 기

고규홍의 나무

반이었다. 나무의 속도를 뛰어넘는다면 사람을 비롯한 다른 생명체가 생명을 유지할 수 있는 기반을 벗어나는 결과를 맞이하게 된다. 나무의 변화 속도를 못 따라가는 것도 마찬가지이지만 그동안의 사정을 돌아보아서 그럴 일은 아마도 없을 것이다. 지금의 변화 속도는 우리 생태계가 버틸 수 없을 만큼 빠르다. 25만 년 전에 갑자기 이 땅에 나타난 호모 사피엔스는 그 변화의 속도를 놀라울 정도로 빠르게 변화시켰다. 나무들은 그 속도를 따라가기 버거운 상태인 게 분명하다.

멸종은 거기에서 비롯된다. 적응할 시간이 모자라 결국은 사라지고 만다. 더구나 해발 1,200미터 위쪽에서만 살아가던 구상나무는 이동해 안전하게 살아갈 수 있는 공간이 없다. 구상나무는 어쩔 수 없이 기온이 조금 더 낮은 산 정상의 백록담 쪽으로 이동할 것이다. 그건 차츰 자신의 생존 영역을 축소하는 결과가 된다. 그래도 가야 한다. 살아남으려면 그 길밖에 없다. 그러다가 마침내 산 정상의 온도조차 견딜 수 없는 상황이 되면 구상나무는 더 이상 오를 곳이 없어 멸종할 수밖에 없다.

우리에게 특별한 나무인 구상나무를 자세히 살펴보았지만, 고산지대에서 살아가는 침엽수 종류들은 지금 이 땅에 닥친 기후 변화에 매우 민감하다. 특히 일본인 식물학자 나카이도 구별하지 못한 분비나무 역시 멸종위기에 처한 게 사실이다. 분비나무는 이미 우리나라의 산림청이 기후 변화 취약종으로 지정했다. 설악산과 오대산 등 해발 1,000미터 이상에서 자라는 분비나무는 2090년이면 우리나라에서 아예 사라질 수 있다는 예측까지 나왔다. 우리 문화의 상징인 소나무 역시 안전하지 않다. 분비나무와 구상나무만큼 시급한 건 아니지만, 기후 변화에 안심할 수 없는 상황이다. 물론 세월이 흐르며 기후가 달라지면서 사라지는 생물종이 나타나는 건 어쩔 수 없는 현상이다. 하지만 그 사라지는 속도가 너무 빠르다는 데에 주목해야 한다.

구상나무와 그 유전자를 잘 지키는 일은 우리 생물학 자원의 가치를 높이는 과정이며 더불어 우리가 더 평화롭게 살아갈 수 있는 바탕이다. 소나무는 더 그렇다. 소나무가 사라진다는 건 우리 문화의 상징이 사라진다는 것과 다른 이야기가 아니다. 이제 더 이상 머뭇거릴 여유가 없다. 지금 뜨거워지는 한반도의 기후에서 신음하는 구상나무가 우리에게 보내는 신호를 알아채고 그 대책을 세워야 하는 것은 이 땅에 살아 있는 우리에게 주어진 절체절명의 과제다.

사람에 의해 멸종위기를 맞은 매화마름

기후 변화에 따라 멸종위기로 내몰리는 생명이 있는가 하면, 사람에 의해 멸종위기로 몰리는 생명도 있다. 이는 기후 변화에 따른 멸종위기보다 더 심각한 상황이다. 그 가운데 우리 땅에서 흔하디 흔하게 살던 한 생명이 있다. 모내기 즈음이면 물 댄 논에서 앙증맞은 꽃을 피우는 매화마름*Ranunculus kadzusensis* Makino이라는 수생식물이다. 물속에 뿌리를 내리고 부유하며 자라는 앙증맞은 생명이다. 매화마름은 식물체가 크지 않고 봄에 피는 꽃도 워낙 작아서 존재감이 없는 편이다. 봄이면 매화마름은 지름 4밀

333 봄이면 군락을 이뤄 피어나는 **매화마름**.

리미터 정도의 작고 여린 꽃을 피우는데, 그 꽃은 가만히 들여다보면 신비스러울 정도로 아름답다. 하긴 작은 생명일수록 자세히 보면 더 신비롭고 아름답다. 워낙 작은 데다 논 가운데에서 피어나는 꽃이다 보니, 가까이에 다가서기 어려워 농촌 사람들에게조차 매화마름의 존재감은 크지 않다. 그나마 대개는 무리 지어 피어나기 때문에 가까스로 꽃이 피었을 때에 그의 존재를 알아채는 정도가 고작이다.

모내기 전에 농부들은 매화마름을 그대로 둔 채 논을 갈아엎는다. 여린 생명체는 농부의 삽질에 따라 산산조각 나며 흙 깊숙이 묻히지만 죽는 건 아니다. 꽃을 거두고 잠시 휴면에 들어갈 뿐이다. 땅속에서 보낸 한 해 뒤의 봄이면 매화마름은 어김없이 무성하게 순백의 꽃을 피우며 살아 있음을 드러낸다. 한번 자리 잡은 논에서 매화마름은 웬만해서 사라지지 않는다. 신비로울 정도로 강인한 생명력의 비결은 독특한 뿌리 번식 방식에 있다. 매화마름 식물체의 줄기에는 대나무처럼 마디가 형성되는데, 그 마디마다 끝부분에서 뿌리가 나온다. 줄기가 산산조각 나서 흙 속에

제 28 장
멸종

묻힌다 해도 각각의 마디 끝에서 뿌리를 내리며 다음 기회를 기다린다. 외려 더 많은 생명체로 번식할 기회인 셈이다. 다시 따뜻한 봄이 오면 젖은 흙을 뚫고 솟아나서 환희의 꽃을 흐드러지게 피운다.

스러질 리 없을 정도로 강인한 생명력을 갖춘 매화마름이건만 언제부터인가 우리의 논에서 매화마름을 찾아보기가 어려워졌다. 심지어 환경부 지정 멸종위기 식물로까지 됐다. 매화마름이 우리 곁에서 사라져 가는 치명적인 이유는 농약이다. 산산이 부서진 줄기 조각에서도 뿌리를 내리고 새 생명을 키워나가는 강인한 생명의 매화마름이건만 사람만큼은 이겨내지 못했다.

매화마름이 멸종한다는 건 단순히 예쁜 꽃 한 종류만 사라진 것이 아니다. 매화마름이 완전히 사라진 결과는 아무도 예측하지 못한다. 결과는 참혹하게 이어질 수 있다. 매화마름을 먹이로 살아가던 다른 어떤 생물은 먹이를 찾지 못해 굶어 죽어야 할 것이고, 그 생물은 먹이사슬을 이루는 또 다른 생명의 멸종을 낳을 수 있다. 작디작은 생명 하나의 소멸은 생태계가 어이없이 무너지는 현상으로 이어진다. 돌아보면 생명의 위기는 사소한 일에서 비롯되는 경우가 대부분이다. 매화마름이 사라진다는 것은 결코 미소한 일이 아니다. 더 얄궂은 일은 한 종류의 식물이 사라진 결과를 곧바로 확인할 수 없다는 일이다. 불행하게도 하나의 식물이 사라진 결과가 치명적임을 확인하는 순간은 이미 돌이킬 수 없는 상태가 됐을 때다. 더 늦기 전에 사라져 가는 우리 곁의 모든 생명을 한 번 더 돌아보아야 할 일이다.

산업화 시대를 거치며 우리는 더 편안하게 살기 위해 갖은

334 『총 균 쇠』의 저자, **재러드 다이아몬드**.

노력을 이어왔다. 하릴없이 자연의 다양성을 희생하면서 단순하고 획일화한 도시로 바꾸어 내는 데에 성공했다. 사람의 이익과 편의를 위해 다른 생명과의 공존은 뒷전으로 밀어냈다. 나무도 동물도 생존 영역을 사람에게 빼앗겼다. 나무와 동물의 몸을 숙주로 공존하던 미생물에게도 사정은 마찬가지다. 험악해진 환경에서 살아남기 위해 미생물은 더 독한 생명으로의 진화를 재우쳤고, 마침내 사람을 숙주로 삼기 위해 찾아온 바이러스는 사람의 생존까지 위협한다. 미생물의 침공이라기보다 잃어버린 생존 영역을 되찾기 위한 몸부림으로 봐야 하지 싶다. 결국 생태계에서 이어지는 생존투쟁에서 누가 살아남을지는 알 수 없는 일이다. 멸종위기의 고리에서 사람이라고 예외일 수 없다. 『총 균 쇠(Guns, Germs, and Steel: The Fates of Human Societies, 1997)』의 저자이며 미국의 진화생물학자인 재러드 다이아몬드(Jared Mason Diamond, 1937~)는 이 현상을 "호모 사피엔스의 생태학적 자살"이라고 절묘하게 표현했다. 이미 세계자연보전연맹IUCN에서 세계적인 멸종위기종 목록인 '적색목록Red List'에 호모 사피엔스를 '관심 대상'으로 분류한 것 역시 같은 맥락에서 이해할 수 있다.

제 28 장
멸종

생물이 멸종하는 이유는 대부분 사람의 개입에 의해서다. 농약이라든가 도시의 매연 등은 생물이 살아갈 수 없는 치명적인 이유다. 따지고 보면 기후 변화 역시 사람에 의한 결과다.

가시로 무장하고도 살아남지 못한 가시연꽃

연못에서 자라는 수생식물 가운데 가시연꽃*Euryale ferox* Salisb. 도 멸종위기에 처한 식물이다. 수련과의 가시연꽃은 꽃을 보기가 쉽지 않은 식물 가운데 하나다. 그리 크지 않은 꽃이어서 눈에 잘 뜨이지 않기도 하지만, 이른 아침에 살짝 꽃잎을 열었다가 오후 되면서 다시 서서히 입을 닫기 때문이기도 하다. 아침에 피었다가 오후에 꽃잎을 닫는 수련과 같은 방식이다. 개화 시기도 짧다. 여간 부지런하지 않으면 꽃을 보기가 어렵다. 해를 사랑하는 가시연꽃은 비가 오거나, 흐린 날에는 보랏빛 꽃잎을 오므리고 하루를 난다. 맑은 날이라 해도 이른 아침에 꽃대를 삐쭉 내밀고 햇살을 탐색하다가 햇살이 충분해져야 가만히 꽃잎을 연다. 그러나 그것도 잠깐이다. 다시 동산에 해가 걸릴 즈음이면 수줍게 꽃잎을 오므리며, 하루를 접는다.

물 위에 점잖게 떠 있는 가시연꽃의 잎사귀는 널찍해서 시원스럽다. 가시연꽃의 다 자란 잎은 동그란 원형이지만, 처음에는 타원형으로 돋는다. 자라면서 차츰 컴퍼스를 대고 그린 듯한 동그라미 모양으로 커진다. 크게 자란 잎은 한 장의 지름이 1.2미터에 이를 만큼 크다. 우리나라에서 자라는 식물 가운데에서는 큰

잎을 가진 식물에 속한다. 잎사귀 양면의 잎맥을 타고 뾰족한 가
시가 무성하게 돋아나는 것도 가시연꽃의 특징이다. 물속에 감추
고 있는 아랫면에는 가시가 더 많다. 속내를 드러낸 아직 덜 펼쳐
진 잎사귀도 찾아볼 수 있다. 그 잎 표면에 촘촘히 돋아난 가시가
선명하다. 가시연꽃의 꽃송이는 일쑤 이 성난 가시로 무장한 잎
사귀를 뚫고 올라온다. 꽃대가 올라와야 할 자리까지 넓은 잎으
로 덮은 까닭이다. 가시연꽃의 생존 전략이 어쩌면 이기적인 탐
욕의 결과처럼 보일 수도 있다.

하지만 화려한 꽃 빛깔이나 물 위로 얼굴을 빼꼼히 내민 생
김새에 대해서는 모두가 '예쁘다'고 말하는 데에 머뭇거리지 않
는다. 가시연꽃의 꽃은 겨우 사흘 정도 피었다가 이내 물속으로
가라앉아 씨앗을 맺고 물속 적당한 곳에 씨앗을 떨어뜨린다. 짙
은 보라색 혹은 밝은 자주색의 꽃은 지름 4센티미터까지 피어난
다. 초록색의 꽃받침조각 4장이 반듯하게 벌어진 안쪽에 여러 장
의 꽃잎이 앙증맞게 피어나고, 그 안에 암술과 수술이 돋아나는
데, 대개의 수생식물 관찰이 그렇지만 가까이 다가가는 데에 한
계가 있어 세밀히 관찰하기는 쉽지 않다. 거대한 크기의 잎사귀

제 28 장
멸종

사이에서 피어나는 보랏빛 꽃은 잎과 대비되어 더 앙증맞아 보인다. 어린아이가 올라가 앉을 만큼 넓기는 하지만, 커다란 잎사귀는 잘 찢어지기도 하고 구멍도 잘 생기기 때문에 가시연꽃의 넓은 잎사귀에 안심하고 오를 수 있는 건 개구리뿐이다. 윤기가 도는 잎의 위쪽에는 많은 주름이 나 있는 데다, 잎을 뚫고 솟아 나오는 꽃의 전투적인 생명력이 '징글맞아 보인다'는 이야기를 하는 사람들도 있다.

가시연꽃은 중국, 대만, 일본, 한국 등 동아시아 지역의 온난한 기후에서 자라는 한해살이 수생식물이다. 경기도 화성 이남 지역에서부터 남부지방까지 못이나 늪에서 잘 자라던 식물이었지만, 지금은 멸종위기에 놓였다. 물론 아직 몇몇 습지에서 자라고는 있지만 예전처럼 흔히 볼 수 있는 건 아니다. 습지가 줄줄이 메워지는 게 치명적인 요인이다. 또 겨우 남아 있는 습지라 해도 주변에 뿌려지는 화학농약에 민감한 가시연꽃은 살아남지 못하는 상황이다. 덧붙여서 습지에 무차별적으로 스며드는 오폐수나 낚시 등에 관련한 사람의 개입에 따른 위기로 판단된다.

현재 우리나라의 자연 습지 가운데 서른 곳 정도에 가시연꽃이 남아 있다고는 하지만, 농약 사용 등을 획기적으로 줄이고, 습지 보전을 위한 특단의 대책을 마련하지 않는 한 가시연꽃은 점점 더 우리 곁에서 사라지고 말 것이다. 이 같은 추세는 우리나라뿐이 아니다. 세계적으로 중국, 일본, 대만, 인도 북부에서도 자생했던 식물이지만, 대부분의 지역에서 우리나라와 마찬가지로 멸종위기에 처한 상황이다. 이에 맞춰 우리나라 환경부에서는 가시연꽃을 멸종위기 식물 2급으로 지정했다. 이제 자연 상태에서 저절로 자라는 가시연꽃을 보는 일은 매우 힘들게 됐다. 옛날에는 가시연꽃을 한방에서 중요한 약재로도 쓰고, 식용으로도 썼을 만큼 그리 희귀한 식물이 아니었다. 굳이 쓰임새를 들먹이지 않는다 해도 우리와 함께 이 땅에서 살아온 생명체가 하나둘 우리 곁을 떠나는 건 참 서글픈 일이 아닐 수 없다.

사람의 건강을 위해 희생된 삼백초

사람의 쓰임새 때문에 우리 곁에서 사라져 가는 생물은 헤아릴 수 없이 많다. 약효가 높은 생물일수록 무자비하게 사람들에 의해 남획된다. 이 장의 발문에서 소개한 동화 『긴긴밤』은 세상에 단 한 마리만 남았던 북부흰코뿔소 수컷 이야기였다. 실제 이야기에서 영감을 얻어 지은 동화라고는 하지만, 창작 동화인 만큼 사실과 일정한 차이가 있다. 하지만 이 동화에는 북부흰코뿔소가 겪은 멸종위기 과정을 촘촘히 삽입했는데, 그 안에 코뿔소의 코에 난 뿔을 사람들이 잘라 가는 이야기가 나온다. 사람의 몸에 좋다는 이유 때문이었다. 건강을 지키기 위해서라면 사람들은 우리 곁 생물의 멸종을 걱정하지 않는다. 식물이라고 예외는 아니다. 사람의 몸에 좋은 식물, 즉 약초라고 알려지면 그 식물은 여지없이 남획의 위기에 닥치게 되고, 머지않아 멸종의 위기에 빠지게 된다. 삼백초*Saururus chinensis* (Lour.) Baill.라는 식물도 그중의 하나다. 현재 멸종위기 야생생물 2급에 지정돼 있는 우리 식물이다.

하얀 꽃을 피우는 삼백초는 실제 식물을 보기는 쉽지 않아도 약초로 많이 쓰여, 이름만큼은 많이 듣게 되는 식물이다. 현재는 제주도 서남쪽 바닷가에서만 자생지를 발견할 수 있는 상태다. 최근에는 몇몇 식물원에서 보존 전시하고 있어서 그나마 그 실체를 볼 수 있는 기회가 조금 늘었지만, 여전히 잘 보존해야 하는 희귀식물이다. 삼백초는 물을 좋아하는 여러해살이풀이다. 잘 자라면 50~100센티미터쯤 자란다. 삼백초三白草라는 이름은 이 식물의 세 가지가 하얗기 때문에 붙은 이름이다. 뿌리와 꽃, 그리고 이파리가 흰색이다. 하얀색의 꽃을 특이하다고 할 수야 없다. 게다가 하얀 뿌리는 캐보기 전에 드러나는 게 아니어서, 역시 별나다 하기 어렵다. 무엇보다 특이한 것은 하얀 잎이다. 모든 잎이 하얀 것은 아니고, 꽃이 피어나는 줄기 끝의 잎 가운데 두세 장이 하얀색이다. 다른 잎에 비해 마치 흰색 페인트가 묻은 듯한 인공적인 느낌이 나는 색깔이어서 특이하다. 꽃 옆의 잎 석 장이 하얗기 때문에 삼백초라는 이름이 붙었다고도 한다.

삼백초의 이름에 얽힌 이야기가 있다. 중국에서 전해오는 이야기다. 옛날 어느 한여름에 산 길을 걷던 한 신선이 피로에 지쳐서 갑자기 심한 두통에 시달렸다 잠시 멈춰 서서 다리쉼을 하던 중에 어디에선가 묘한 냄새가 날아왔다. 냄새를 맡는 순간, 신선의 두통은 씻은 듯 사라졌고 피곤에 찌든 몸에도 금세 활력이 넘쳐났다. 신선이 야릇한 냄새를 내뿜는 풀을 찾아보았더니 새하얀 잎사귀를 석 장씩 달고 있는 풀이 있었다. 석 장의 하얀 잎을 가진 풀, 신선은 그 풀의 이름을 삼백초라고 했다는 이야기다. 이야기는 재미있지만, 모든 삼백초가 규칙적으로 석 장의 하얀 잎을 달고 있는 건 아니다. 어떤 개체에서는 하얀 잎을 한 장도 찾아볼 수

없고 어떤 개체는 겨우 한 장의 하얀 잎을 달고 있기도 하다. 평균적으로 하얀 잎을 두세 장 달고 있다는 것인데, 실제로는 하얀 잎을 한 장 달고 있거나 아예 한 장도 달지 않은 것이 더 많다. 중국의 신선 전설에서 삼백초에서는 묘한 향기가 난다고 했는데, 실제로 삼백초에서는 이상한 냄새가 난다. 이 냄새를 '송장 썩는 냄새'라 하여, 삼백초를 '송장풀'이라고 부르기도 한다. 하지만 전설에서처럼 냄새가 멀리까지 진동하는 것도 아니다. 최소한 나의 관찰 결과는 그러했다. 꼬리 모양으로 피어나는 삼백초의 꽃은 끝부분을 아래로 숙이고 휜 상태로 피어나지만, 다 피어나면 곧추서는 모양으로 바뀐다. 하나가 대략 15센티미터 정도 크기로 피어난다.

삼백초는 여러 질병에 큰 효과를 보이는 성분을 많이 함유하고 있다. 플라보노이드의 일종인 퀘르체틴, 퀘르시트린 이라는 성분이 삼백초의 주요 성분인데, 이는 고혈압, 동맥경화 등에 효과가 탁월하고, 간의 해독작용에도 뛰어난 효과를 보이는 것으로 알려져 있다. 또 염증을 완화하고, 항암 작용까지도 보이는 등, 매우 좋은 약효를 가지는 약초다. 옛날 진시황이 찾던 불로초가 바

제 28 장
멸종

로 삼백초 아니었을까 하는 짐작 섞인 이야기를 하는 사람도 있다. 어쨌든 여러 면에서 사람에게 유익한 식물인 건 분명하다. 그게 바로 삼백초를 멸종으로 몰아가는 이유였다. 사람들은 삼백초를 열심히 찾아냈고, 사람의 눈에 띈 삼백초는 모조리 사람의 손을 거쳐 사람의 뱃속으로 들어갔다. 결과적으로 사람의 건강을 얼마나 제고했는지는 알 수 없다. 마침내 야생 상태의 삼백초는 더 이상 사람의 눈에 띄지 않을 위기에 처했다. 약으로 쓰기 위해서 오래전부터 많은 사람들의 입에 오르내린 탓에 유명세를 치르면서 이제는 우리 곁에서 영영 사라질지도 모를 위기에 처한 우리 식물 삼백초다.

멸종위기에서 해제된 우리나라 고유의 특산 식물

사람에 의해 멸종위기에 처했다가 다시 사람에 의해 멸종위기를 극복한 나무도 있다. 개나리와 같이 물푸레나무과에 속하는 나무이며, '하얀 개나리'라고도 부르는 미선나무*Abeliophyllum distichum* Nakai가 그런 특별한 나무다. 전 세계에서 우리나라에서만 자라는 토종 식물이다.

미선나무는 봄이면 새잎을 돋아 내지만, 잎만으로는 구별이 쉽지 않다. 미선나무를 정확히 알아보려면 꽃을 보아야 한다. 개나리의 꽃처럼 꽃잎이 네 개로 갈라져 피어나고, 꽃의 크기도 비슷해 왜 미선나무를 '하얀 개나리'라고 부르는지 한눈에 이해할 수 있다. 높은 키로 자라지 않고, 잘 자라봐야 1미터 남짓 자라는

것도 개나리를 꼭 빼닮았다.

하얀 꽃을 피우는 게 미선나무의 기본종인데, 흔치 않게 분홍색이나 상아색의 꽃을 피우는 미선나무도 있어서 분홍미선나무*Abeliophyllum distichum* f. lilacinum Nakai, 상아미선나무*Abeliophyllum distichum* f. eburneum T.B.Lee 라고 따로 나누어 부른다. 또 꽃받침이 연한 녹색을 띠는 미선나무는 푸른미선나무*Abeliophyllum distichum* f. viridicalycinum T.B.Lee 라 부르고, 열매의 끝이 둥글게 맺히는 것을 둥근미선나무*Abeliophyllum distichum* var. rotundicarpum T.B.Lee 라고 부른다.

미선尾扇이라는 이름이 헷갈릴 수 있어 보탠다. 미선의 '선扇'은 부채를 가리키는 한자다. 그리고 그 앞의 '미尾'는 꼬리를 뜻하는 글자다. 한자를 자세히 살피지 않고 그냥 '아름다운 부채'라고만 생각해 앞의 '미'를 아름다울 미美로 생각하기 쉽다. 다름 아닌 내가 꽤 오랫동안 그랬다. 어느 강연 자리에서 그 생각을 그대로 이야기했는데, 참가자 중의 한 분이 나중에 알려주신 덕에 바로 알게 된 이름이다. 그래서 여기에서 '미선나무'라는 이름에 대해 짚어본다.

제 28 장
멸종

미선나무의 '미선'은 부채의 이름에서 유래한 게 맞기는 하다. 열매가 예전에 우리 선조들이 쓰던 예쁜 전통 부채를 닮은 모습으로 맺힌다는 데에 착안해 붙인 이름이다. 여기의 미선을 국어사전에서는 "한자로 尾扇이라 쓰며 1. 대오리의 한끝을 가늘게 쪼개어 둥글게 펴고 실로 엮은 뒤, 종이로 앞뒤를 바른 둥그스름한 모양의 부채. 2. 대궐에서 정재呈才 때 쓰던 의장儀仗. 자루가 긴 부채 모양"이라고 풀이했다. 그러니까 애당초 '미선尾扇'이라는 건 실제로 존재하던 우리의 전통 사물이었지만, '미선美扇'이라는 건 없었다는 이야기다.

미선나무라는 이름이 그 나무에서 맺히는 열매가 부채를 닮았다는 건 맞는데, 그 부채의 실체가 '꼬리 미'자를 쓴 미선이었다.『조선식물향명집』의 주해서로 최근에 출간한『한국 식물 이름의 유래』의 미선나무 항목에는 미선나무에 처음 이름 붙인 사람이 일본인 식물학자 나카이 다케노신이라고 나온다. 학명과 함께 붙인 일반명이 '團扇の木(ウチハノキ)'였다. 여기에서 '단선團扇'은『표준국어대사전』에서 "비단이나 종이 따위로 둥글게 만든 부채"라고 풀이했으며,『한국민족문화대백과사전』에서는 "납작하게 펴진 부채살에 종이나 깁(명주실로 짠 비단)을 붙여서 만든 둥근 모양의 부채"라고 풀이했다. 나카이 다케노신이 '단선'이라고 붙였던 나무 이름은 그 뒤에『조선식물향명집』에 처음 나오는데, 이때 '미선나무'라는 한글을 썼다. '단선'을 버리고 '미선'을 쓴 것이다. '단선'을 '미선'으로 바꾼 까닭에 대해서는 명확히 나오지 않지만 아마도 당시 상황으로 우리나라에서 부르던 여러 종류의 부채 이름 가운데에서 '단선'보다 친숙했던 부채가 '미선'이었던 것

338 ‘하얀 개나리’라는 별명으로 더 많이 알려진 **미선나무의 꽃.**

아닌가 짐작할 수 있다. 우리 식물 이름은 한자로 표기하지 않는다. 국가표준식물목록에서는 미선나무의 일반명을 ‘미선나무’라고 했지만 그 한자 표기를 덧붙이지 않았다. 미선나무뿐 아니라, 우리 식물 이름은 한자로 표기하거나 괄호 속에 한자를 병기하지도 않고 한글로만 표기한다는건 제23장 ‘문화와 나무’에서 무궁화를 이야기하면서 이미 짚어보았다. 다만 그 유래를 짚어볼 때에 우리 옛사람이 쓰던 부채인 ‘미선’에서 온 건 맞는데, 그 미선을 한자로 표기하면 ‘미선美扇’이 아니라 ‘미선尾扇’이 맞다는 이야기다. 헷갈리기 쉬운 이름이어서 짚어보았다.

넉 장의 꽃잎으로 피어나는 꽃은 물론이고, 자라나는 과정 등 대개의 생태적 특징이 개나리와 같고, 꽃 색깔이 하얗다는 점만 개나리와 다르다. 미선나무의 하얀 꽃은 개나리꽃과 마찬가지로 4월 초쯤 초록 잎이 돋기 전에 피어난다. 군락을 이뤄 자라는 미선나무가 나뭇가지 전체에 순결의 빛깔로 하얀 꽃을 줄줄이 피웠을 때의 광경은 쉬이 잊히지 않는 장관이다. 미선나무의 열매는 가로세로 크기가 대략 2.5센티미터쯤 된다. 꽃보다 훨씬 크게 달린다. 봄에 꽃이 필 때까지 열매가 매달려 있어서 봄이면 꽃과

제 28 장
멸종

열매를 함께 볼 수 있다. 미선나무의 꽃은 부지런해야 볼 수 있다. 개화 기간이 짧은 탓이다.

미선나무 보호 차원에서 천연기념물로 지정한 군락지가 있다. 노거수가 많기로 유명한 충북 괴산의 송덕리, 추점리, 율지리가 그곳이다. 괴산 외에도 전북 부안과 충북 영동에 천연기념물로 지정된 군락지가 있다. 또 지금은 천연기념물에서 해제됐지만, 충북 진천에도 미선나무 자생 군락지가 있었다. 미선나무를 처음 발견해 학계에 보고한 곳도 진천의 초평면 용정리였다.

세계적으로 우리나라의 일부 지역에서만 자라는 대표적 특산식물이자 희귀식물인 미선나무는 오래도록 보존해야 할 귀중한 식물인데, 안타깝게도 갈수록 개체 수가 줄어들고 있다. 그래서 환경부에서 멸종위기 식물을 처음 지정할 때에 멸종위기 야생생물 2급으로 지정해 특별히 보호했지만 자생지는 더 줄어들었다. 미선나무는 웬만한 꽃샘추위쯤은 너끈히 이겨낼 만큼 생명력이 강하지만, 깊은 숲에서 다른 나무들과 어울려서는 자라지 못한다. 그런 탓에 다른 나무들이 자라기 어려운 자갈밭이나 바위가 많은 곳에 무리를 이뤄 자라는 게 대부분이다.

천연기념물로 철저하게 보호하는 대개의 군락지에서도 미선나무의 개체 수는 줄어들었다. 새로운 자생지가 나타나기를 기대하는 건 불가능한 상태에서 괴산군을 비롯한 지자체들이 미선나무의 가치를 알아보고 인공증식과 군락지에서의 개체 수 보전에 적극 나섰다. 그게 성과가 있었다. 심지어 괴산군과 진천군 등 미선나무가 자생하는 지역에서는 미선나무 축제를 벌이기도 하고, 일반 시민에게 미선나무를 분양하기까지 하며 미선나무 보존에

발 벗고 나섰다. 그 덕에 미선나무는 개체 수가 눈에 띄게 늘어났
다. 심지어 천연기념물로 지정해 보호하는 어떤 군락지를 찾아가
면 보호구역보다 그 주변의 민가 살림집 주변에서 더 많은 미선
나무를 심어 키우는 상황이다. 그러자 환경부에서는 지난 2017년
에 미선나무를 멸종위기 식물에서 제외했다. 그러나 단순히 개체
수가 늘어났다고 해서 안심할 상황은 아니다. 늘어난 개체의 대
부분은 사람이 인위적인 번식 방법으로 키워 낸 것들이다. 정작
중요한 것은 자생지에서의 번식이다. 물론 개체 수가 늘어난 것
은 대단히 다행스러운 일이지만, 앞으로도 미선나무의 보존에 대
한 관심은 내려놓지 말아야 할 일이다.

선모시대와 현지 외 보전기관의 의미

멸종위기 야생생물로 최근에 추가한 식물로 울릉도에서만
자라는 선모시대*Adenophora erecta* S.T.Lee et al.라는 풀꽃이 있다. 초
롱꽃과에 속하는 선모시대는 처음에 울릉도의 석포동 해안사면
에서 자생지가 발견됐지만, 자생지에서는 언제부터인가 자취를
감추어 버린 식물이다. 그동안 환경부 멸종위기 야생생물 목록에
도 지정되지 않았다가 2022년 12월에 야생생물 보호 및 관리에
관한 법률 시행 규칙을 일부 개정하면서 267종이던 기존의 멸종
위기 야생생물을 282종으로 확대함에 따라 처음으로 추가된 희
귀 식물이다.

선모시대는 한여름에 파란빛의 종 모양 꽃을 피운다. 모시대

Adenophora remotiflora (Siebold & Zucc.) Miq.를 닮았지만, 꽃송이의 꽃받침대 형태에서 차이를 가진다. 초롱꽃의 종 모양을 닮은 선모시대의 꽃은 파란빛이 선명해 매우 돋보인다. 땅바닥에 동그랗게 웅크리고 앉은 모습으로 돋아난 잎사귀들 사이에서 피어나는 파란 꽃이 무척 아름답다. 꽃송이에 개미들이 많이 모인다는 점도 특별하다. 주변에 개미들이 많이 있어야 할 까닭이 따로 없는데도, 선모시대 꽃에는 개미들이 부지런히 드나들며 꿀을 실어 나른다. 작은 꽃이지만, 달콤한 꿀을 많이 가진 꽃이라는 증거다.

멸종에 이른 생물을 보존하는 건 식물원, 수목원 등 생태 관련 기관들에게 주어진 중요한 사명 가운데 하나다. 물론 학자들 가운데에는 하나의 생물종이 멸종했을 때의 결과를 치명적으로 보는 입장과 이를 전면으로 부인하며 멸종위기종의 증가 수치와 속도에 관한 주장이 지나치다는 입장이 있다. 공연한 위기의식으로 미래에 대한 비관론만 부추긴다는 이야기다. 몇 생물종이 사라진다 하더라도 생태계 전체가 위협받을 만큼 우리 자연 생태계가 그리 허약하지 않다는 주장이다. 그러나 어떤 입장이라 해도 분명한 건 일정한 생물종이 사라져 가는 추세라는 사실만큼은 인지해야 한다는 점에 이견이 없다. 미래에 대한 비관론으로 절망할 필요까지는 없지만, 지구상에서 생물다양성을 유지해야 하는 것은 인류가 이 땅에 살아가는 임무이자 생존 조건이다. 멸종위기 야생생물을 보존하는 것은 생물다양성 확보를 위해 꼭 필요한 일이라는 데에는 모두가 일치한다.

사라져 가는 생물을 동물원이나 식물원에서 보존하는 노력이 치열하게 이루어지고 있기는 하지만, 이는 결정적 대안이 될

수 없다. 아쉬운 현실에서 단순한 보조 수단에 불과하다는 점을 다시 한번 강조한다. 식물원, 동물원보다 애초의 생육지에서 다시 예전처럼 자랄 수 있도록 보전 복원해야 한다. 원래의 생육지가 아닌 식물원이나 동물원에서 멸종위기 생물을 보전한다는 것이 사라져 가는 생물의 원형을 살펴볼 수 있는 기회는 될 수 있을지 몰라도, 그것이 파괴되어 가는 자연 생태계를 되살리는 일에는 큰 도움이 되지 않는다. 결국 지금으로서 우리가 할 수 있는 일은 멸종위기 생물의 원형을 보존하는 데에서 그치지 말고, 장기적으로는 이를 원래의 생육지에 복원하는 일로 이어가는 일이다.

환경부에서는 멸종위기 야생생물의 자생지가 파괴되어 자생지에서 보존하기 어렵다는 이유 때문에 자생지가 아닌 곳에서 이 식물들을 보존하도록 한다. 그걸 맡아 하는 기관들을 '서식지 외 보전기관'이라고 한다. 앞의 제15장에서는 식물을 이야기할 때에는 '서식지'보다 '현지'라는 표현이 더 알맞다고 했는데, 실제 현장에서는 여전히 '서식지'라는 표현이 통용되고 있다. 현재 멸종위기 식물 서식지 외 보전기관으로 지정된 곳으로는 천리포수목원을 비롯해 한라수목원, 한택식물원, 여미지식물원, 기청산식물

제 28 장
멸종

원, 한국자생식물원, 함평자연생태공원 등이 있다. 이들은 제가끔 멸종위기 식물 가운데 몇 가지 종류를 지정하여 집중적으로 보존 관리하고 있다. 아울러 이 같은 기관들은 보존 증식한 개체들을 원래의 군락지에 옮겨 심어서 자생지를 복원하는 작업도 병행하고 있다.

사람의 무관심에 의해 맞이한 멸종의 위기

멸종위기의 상당 부분은 사람의 개입에 의한 결과이기 십상이다. 그러나 거꾸로 사람의 지나친 무관심으로 사라져 가게 된 특별한 경우도 있다. 앞의 제8장 '꽃의 출현'에서 이야기한 목련 *Magnolia kobus* DC.이 그런 경우다. 여기에서는 목련이 멸종위기에 처하게 된 특별한 과정을 짚어본다. 제24장 '생로병사'에서는 우리나라에서 가장 오래된 토종 목련인 **진도 석교리 목련**이 '노화에 따른 고사'로 죽어간 과정을 자세히 이야기했다. '멸종'을 이야기하는 여기에서는 하나의 식물이 사람들의 무관심에 의해 멸종의 위기에 처하게 된 대표적인 사례로, 다소의 중복에도 불구하고 우리 토종 목련을 예를 다시 돌아본다.

프랑스의 식물학자 장마리 펠트(Jean-Marie Pelt, 1933~2015)는 『위기의 식물(Les plantes en péril, 1997)』이라는 그의 저술을 "현재의 소멸 리듬이 계속된다면 25만 종의 고등식물 중에서 6만 종이 2050년에 멸종할 것"이라는 다른 전문가들의 이야기를 인용하는 것으로 시작했다. 멸종위기에 처한 식물들의 사정을 꼼꼼히 살펴본 이 책에서 그는 '오래된 식물'을 먼저 점검했다. "오래된 것일수록 남은 생명에 대한 희망은 현저하게 약화하기 마련인 때문"이라고 했다. 그러나 "살아 있는 아주 오래된 나무가 아직 젊은 종에 속할 수 있는 가능성도 배제할 수 없다"라는 이야기를 조심스레 덧붙였다. 멸종위기 식물에 대한 탐색 도정의 합리적인 실마리라 할 수 있겠다.

지구상에서 오래도록 살아온 식물을 찾아본다는 그의 생각에 따르자면 먼저 눈에 들어오는 식물이 목련이다. 목련은 지구상에서 가장 오래도록 살아남은 생명체 가운데 하나다. 오래된 식물이라는 점에서 우리의 눈길을 끌기는 했지만, 사실 목련을 멸종위기 식물로 구분하는 데에 많은 사람들이 의아해할 것이다. 목련이야말로 도시와 시골을 막론하고 흔하디 흔한 나무인데, 난데없이 멸종위기 식물을 이야기하면서 목련을 들여다본다는 게 터무니없어 보일 것이다. 여전히 목련 꽃은 봄의 상징이다. 초본 식물들의 자디잔 꽃이 피어난 뒤에 큰 나무에서 화려하게 피어나는 꽃으로 목련만 한 나무가 아직은 없지 싶다. 어찌 그처럼 많은 나무를 멸종위기 식물로 꼽는지 의아할 수 있으리라. 이미 앞에서 짚어보았듯이 목련은 약 1,000종류나 있다고 했고, 그 가운데 우리가 흔히 보는 목련 종류는 대개 중국에서 들어온 백목련과 자목련이라고 했다. 최근 들어서는 곳곳에서 목련 종류를 다양하게 심고 있지만 여전히 가장 흔히 볼 수 있는 종류는 백목련과 자목련이다. 우리 토종 목련은 흔하게 볼 수 없다. 우리나라의 한라산 지역에서만 자란다는 것도 문제지만, 조형미가 떨어져 사람들의 눈길을 끌지 못한 것도 중요한 요인이었다.

제 28 장
멸종

정신분석학자 지그문트 프로이트(Sigmund Freud, 1856~1939)의 여러 개념 가운데 '가족 로망스Family romance'가 있다. 프로이트는 "별 볼 일 없는 부모로부터 자유로워지고 조금 더 높은 사회적 지위를 가진 사람들로 자신의 부모를 대체하려는 환상"을 '가족 로망스'라고 했다. '자신의 못난 부모를 부정하고, 진짜 부모는 따로 있을 것'이라는 이상 심리를 가리키는 용어다. 이 같은 심리적 환상은 성장기 소년들에게서 많이 나타난다고 한다. 프로이트의 가족 로망스를 이야기한 것은 우리가 우리 토종 목련을 대하는 방식을 해석하기에 꼭 맞춤한 해석이지 싶어서다. 우리보다 훨씬 먼저 이 땅에 자리 잡고 살아온 나무이건만 조형미가 떨어진다는 이유에서 목련은 우리의 사랑을 그리 많이 받지 못한 나무가 됐다.

멸종을 이야기하는 끝에서 끄집어낸 목련은 사실 우리나라 환경부에서 멸종위기 야생생물로 지정하지 않았고, 세계자연보전연맹에서도 마찬가지다. 우리나라의 토종 식물인 건 맞지만, 앞의 미선나무처럼 우리나라에서만 자라는 특산종도 아니다. 제주 지역과 기후가 비슷한 일본에서도 목련은 많이 자란다. 멸종위기종으로 지정해야 할 절박함은 분명히 없다. 그러나 우리가 이 땅에서 키워온 토종 식물이 우리의 관심 밖으로 밀려난다는 건 아쉬운 일이다. 어느 지역에서든 토종 식물에는 그 지역의 문화와 사람살이의 특징이 함께 담긴다. 의식하든 않든 사람들은 자신이 발 딛고 있는 땅에 사는 식물과 동물의 살림살이를 닮을 수밖에 없다. 그것이 바로 우리와 함께 살아온 토종 식물을 더 아끼고 보존해야 할 절실한 까닭이다. 멸종위기종은 아니지만, 우리의 무관

심이 더 길어진다면 마침내 멸종위기에 들어갈 수도 있다는 생각
에서 우리 토종 식물의 지금 사정을 덧붙였다.

멸종위기를 지정하는 기준

멸종위기 야생생물 가운데에서 식물 이야기를 짚어보고 있
다. 그런데 과연 멸종위기 생물은 어떤 기준으로 정하는지에 대
한 궁금증이 남는다. 이 책의 제4장 '나무의 탄생'에서 이야기한
은행나무를 잠깐 돌아보자. 앞에서 은행나무를 세계자연보전연맹
IUCN이 지정한 멸종위기 생물 위험종이라고 했다. 그러나 우리나
라의 환경부령 제1010호인 '야생생물 보호 및 관리에 관한 법률
시행 규칙'[10]에 따른 '멸종위기 야생생물 282종'에는 은행나무가
들어 있지 않다. 국제적으로는 멸종위기종으로 돼 있지만 우리나
라에서는 특별히 법으로 보호하는 생물종이 아니라는 이야기다.
그런 경우는 더 많다. 이를테면 2022년에 멸종위기 야생생물 종
류에서 제외된 미선나무를 세계자연보전연맹에서는 여전히 멸종
위기 위험종에서 제외하지 않았다. 지역 사정에 치밀하지 않아서
그런 결과가 나온 게 아니다. 애초에 멸종위기에 대한 기준이 다

[10]　우리나라에서는 환경부의 전신인 환경청에서 1989년에 특정 야생동·식물 92종
을 지정하여 최초로 법정보호종을 고시했다. 그 뒤 법정보호종의 대상을 '멸종위
기 야생생물'이라는 이름으로 바꾸었고, 기후에너지환경부(구 환경부)에서는 야생
생물의 보호와 멸종 방지를 위하여 5년마다 멸종위기 야생생물을 다시 지정한다.
2026년 현재에는 2022년 12월 9일에 282종을 법정 보호종으로 개정 고시한 환경
부령을 따르고 있다.

제 28 장
멸종

른 데 따른 결과다.

세계자연보전연맹은 2022년 12월 기준으로 전세계 15만 388종의 생물이 처한 환경을 평가했다. 그 가운데 멸종 우려 범주에 속하는 생물은 동물 1만 6,900종, 식물 2만 4,914종, 미생물 294종으로 평가 대상 생물종 가운데 약 30%에 해당한다. 우려 대상인 생물을 세계자연보전연맹은 절멸Extinct; EX, 야생절멸Extinct in the Wild; EW, 위급Critically Endangered; CR, 위험Endangered; EN,[11] 취약Vulnerable; VU, 준위협Near Threatened; NT, 최소관심Least Concern; LC, 자료부족Data Deficient; DD, 미평가Not Evaluated; NE의 9개 평가 항목으로 분류한다. 이 가운데 멸종이 우려되는 범주에 속하는 등급은 위급CR, 위험EN, 취약VU 등 3개 등급이다. 그보다 상위 등급인 절멸EX은 이미 마지막 개체가 사라진 것이 확인된 경우이고, 야생절멸EW은 야생 상태에서는 이미 사라졌지만, 식물원이나 동물원 등 서식지 외 보전기관에서 보존하고 있는 생물종을 평가하는 등급이다. 세계자연보전연맹은 이 평가를 정리해 '적색목록'이라는 이름으로 발표하고 있다. 이 목록은 인터넷 사이트(https://www.iucnredlist.org/)에 공개하고 있어서 전 세계 누구라도 접속해 활용할 수 있다.

이 등급에서 짐작할 수 있듯이 세계자연보전연맹의 멸종위기 기준은 야생 상태에서의 멸종을 중요하게 여긴다. 서식지 외 보전기관을 비롯한 인위적 번식에 의한 보존은 논외로 하는 방식이다. 은행나무가 멸종위기 위험종으로 평가된 이유를 보면 이는

11 공식적으로는 '위기'라는 표현을 많이 쓰지만, 한글로 표기할 때에 '멸종위기'라는 표현과 겹치기 때문에 여기에서는 '위험'이라고 표기한다.

분명히 알 수 있다. 은행나무는 북반구 지역에서 매우 흔하게 볼 수 있는 나무다. 그러나 화석으로만 그 존재가 알려졌던 은행나무가 자생하는 지역은 중국의 일부 지역뿐이다. 그 밖의 지역에서 자라는 모든 은행나무는 스스로 번식을 이룬 게 아니라 사람에 의해 인공적으로 번식한 나무다. 물론 중국의 은행나무 자생지가 파괴된다고 해서 세계적으로 개체 수가 많은 은행나무가 일시에 전 세계에서 멸종하지는 않는다. 그러나 인공적으로 번식한 나무를 야생의 생물로 볼 수 없다는 게 세계자연보전연맹의 중요한 기준이다.

우리나라 환경부의 기준은 이와 다르다. 은행나무는 물론이고, 얼마 전까지 멸종위기 식물로 지정돼 있던 미선나무도 멸종위기 식물에서 해제했다. 이는 무엇보다 개체 수를 기준으로 한 평가다. 기준이 서로 다르다는 것이지 어느 한쪽이 맞고 틀리다는 이야기가 아니다. 앞서도 이야기했지만, 자생지에서 자라던 식물이 사라진다고 해서 다른 곳에 살아 있는 개체 수가 충분하기만 하다면 한순간에 그 식물이 우리 눈앞에서 사라지는 건 분명 아니다.

은행나무도 미선나무도 그런 경우다. 우리의 특산종인 구상나무도 세계자연보전연맹에서는 여전히 멸종위기 위험종으로 평가하고 있는데, 우리나라의 환경부는 2017년에도 그리고 2022년 개정 과정에도 여전히 '관찰종'으로만 지정했다. 거꾸로 우리나라 환경부에서 멸종위기 야생생물 2급으로 지정한 가시연꽃을 세계자연보전연맹에서는 '최소관심' 등급으로 낮추잡았다.

멸종위기의 기준을 어디에 두느냐는 생명과 생태계를 바라보는 철학의 차이에서 비롯된다. 그러나 어느 쪽이 됐든 우리 곁의 생명들을 더 잘 보호해야 한다는 절박함만큼은 서로 다르지 않다. 우리보다 먼저 이 땅에 태어나 자리 잡고 우리가 살 수 있는 환경을 이루어 낸 다양한 생명들이 우리 곁에서 사라지고 있는 추세인 것은 분명하다. 이 장의 맨 앞에서 보았던 힐리스 계통수에 나타난 촘촘하게 이어진 생태계의 무한한 연결망의 한 끈이라도 끊어지지 않도록 지금 우리 곁의 작은 생명들을 보살펴야 할 일이다.

제 29 장

포스트팬데믹

우리가 정말로 받아들이기 힘든 것은
지금 유행하는 감염병이
자연의 우연성이 가장 순수하게 발현한 결과요,
그냥 생겨났을 뿐만 아니라 아무 숨겨진 의미도 없다는 사실이다.
더 거대한 사물의 질서 한가운데
인간은 특별히 아무런 중요성도 없는 한갓 종에 불과하다.

－슬라보예 지젝*Slavoj Žižek*,
『팬데믹 패닉*Pandemic!: COVID-19 Shakes the World*』에서

나무가 이 땅에서 도도하게 걸어온 역사를 살펴보았다. 긴 여정의 끝에 이르렀다. 이제 우리를 둘러싼 지금의 사정을 돌아볼 차례다. 이 장의 제목을 '포스트팬데믹'이라고 잡았는데, 제목에서 풍기는 뉘앙스가 아무래도 좀 꺼림칙하다. '포스트'라는 전제가 마치 팬데믹 사태가 완전히 끝나고 새로운 시대로 돌입한 듯한 느낌을 자아내는 때문이다. 과연 코로나19 바이러스의 세계적 감염으로 벌어졌던 팬데믹 사태는 끝난 것일까?

우리나라에 코로나19 바이러스 감염증 환자가 처음 발견된 것은 2020년 1월 20일이었다. 이어 1월 24일에 1명, 26일에 다시

1명으로 시작된 환자의 확산은 2월 들어 29일에 909명으로 나타났다가 잠시 주춤하는가 했는데, 12월부터는 1,000명이 넘는 확진자가 발생했다. 그리고 이듬해인 2021년 7월부터는 1,200명을 넘어 꾸준히 확진자 숫자는 증가했다. 12월에는 7,000명을 넘어섰고, 2022년 1월에는 1만 명을 넘었으며 2월에는 5만 명을 찍고 2월 23일에는 무려 17만 1,415명으로 급증했다. 확진자는 계속 늘어 3월 17일에는 단 하루에 62만 1,035명을 기록했다. 이날을 정점으로 조금씩 줄어들었지만, 여전히 10만 명에서 1만 명 사이를 들쭉날쭉하며 확진자 수는 유지됐다.

시간이 좀 지나 2024년 2월에는 팬데믹 때에 비해 많이 줄어들었지만, 확진자는 여전히 존재했다. 이즈음은 일간통계에서 주간통계로 보고 기간이 달라졌는데, 2월 11~17일 한 주일 동안의 확진자 숫자는 7,084명으로 기록돼 있다. 여전히 하루에 1천 명 이상의 확진자가 발생한다는 이야기다. 그리고 8월에는 확진자가 급격히 늘었다. 코로나19 감염으로 입원한 환자가 6월 지나면서 갑자기 4배로 뛰었다가 다시 8월에는 그 수치가 6배로 늘어났다.

국가 질병관리청에서 특별히 집중 관리를 하지 않다 보니, 국민들은 스스로 진단키트를 갖추고 확진 여부를 진단하되, 아주 심각한 상태가 아니라면 신고하지 않고 스스로 자가 치료에 나서는 상황이다. 이 같은 상황을 반영하듯 급기야 2024년 8월에는 코로나19 진단키트가 품귀 현상을 빚는 상황이 벌어졌다. 질병관리청에서 발표하는 코로나19 바이러스 감염 확진자 통계는 전부가 아니라 일부에 지나지 않는다는 분명한 증거다. 스스로 감염 여부를 확인하고 알아서 자가격리를 하거나 별다른 조치 없이 생활을 이어가는 경우가 흔히 이뤄지고 있다. 감염 상태가 그리 심각하지 않음에도 불구하고 자가격리 등의 조치를 취하기에는 지나치게 불편하다는 이유에서 확진 여부를 신고하지 않는 경우가 많다. 또 국가적으로 별다른 조치가 취해지지 않은 상태에서 굳이 혼자서만 피해를 볼 수 없다는 반발 심리도 작용하는 것으로 볼 수 있다. 그 같은 상황을 바탕으로 돌아보면 질병관리청의 통계에 잡히지 않는 확진자 수는 통계에 잡힌 숫자의 수십 배는 넘을 듯하다. 실제적인 숫자는 알 수 없는 상황이다.

끝나지 않은 팬데믹 사태

'포스트팬데믹'이라는 표현이 꺼림칙한 이유는 여기에 있다. 물론 코로나19 백신의 세계적인 접종으로 확산 추세가 꺾이고, 더불어 병증이 완화한 것도 분명하다. 그렇다고 코로나19 바이러스가 우리 곁에서 완전히 사라진 것은 아니다. 돌아보면 인류는 천연두에서 소아마비 등 헤아릴 수 없이 많은 바이러스 감염병을 겪어왔다. 그때마다 많은 감염병 환자가 발생했고, 사회적으로 큰 피해를 겪었다. 사람들은 감염병을 완전히 퇴치하기 위해 '바이러스 박멸'을 꿈꾸었다. 그러나 인류의 역사를 통틀어 완전히 박멸한 바이러스는 천연두 바이러스 한 가지밖에 없다. 굳이 한 가지 더 보태자면 사람과는 무관하게 가축에게만 전염병을 일으키는 우역 바이러스가 겨우 사람에 의해 박멸된 셈이다. 그 밖의 많은 바이러스는 여전히 우리 안에 살아 있는 셈이다. 심지어 그 흔

제 29 장
포스트팬데믹

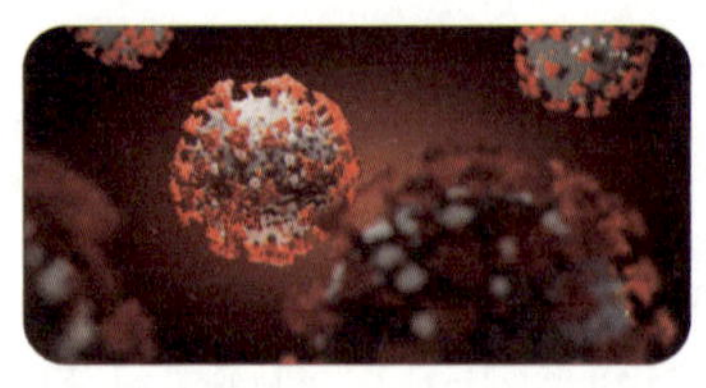

한 감기, 독감 역시 바이러스에 의한 전염병이고, 해마다 겨울이나 환절기면 어김없이 숱한 환자를 양산하지만, 여태 박멸하지 못했다. 달리 이야기하면 감기 바이러스, 독감 바이러스와 함께 사는 세상이 된 것이다. 감기, 독감뿐 아니라 바이러스 감염에 의해 겪으며 살아가는 질병은 헤아릴 수 없이 많다. 심지어 몸이 피곤할 때에 입술에 포진이 나타나는 헤르페스 감염병 역시 바이러스 질병이다. 광견병을 비롯한 바이러스 감염병을 일일이 헤아리는 건 무의미할 정도로 많다.

'위드 코로나with corona' 혹은 '위드 바이러스with virus'를 이야기하는 건 그래서다. 코로나19 바이러스를 퇴치할 꿈을 넘어 그로 인한 감염병 증세를 완화시키면서 살아갈 방법을 찾아야 한다. 달리 말하자면 감기나 독감처럼 바이러스 감염병을 스스로 이겨낼 수 있는 면역력을 길러 내서 치명률을 낮추자는 이야기다. 실제로 팬데믹 사태 이후 코로나19 바이러스 감염 확진자는 여전해도 치명률은 현저히 낮아졌다. 코로나19 바이러스 사태가 완전히 끝났다고 할 수 없는 상황에서 그 후를 생각해야 하는 것 같은 뉘앙스가 담긴 이 장의 제목 '포스트팬데믹'이라는 표현에 꺼림칙한 마음이 드는 건 어쩔 수 없다. 하지만 2020년부터 2022년까지 세계적으로 공장이 멈추고 항공기가 멈추어야 했던 팬데믹 사태는 최근 들어 인류가 공통으로 겪은 일이고, 최악의 상황은 한 고비 넘은 게 사실이니 그대로 쓴다.

팬데믹 사태는 아직 끝나지 않았다. 앞으로 또 다른 팬데믹 사태는 나타날 수 있다. 뒤늦은 감이 있지만 지금이라도 생태계를 바라보는 우리의 인식을 전환할 필요가 절실한 이유다. 사실 우리의 생태계에 대한 관심은 지난 2, 30년 동안 크게 바뀌었다. 우리나라에서는 10여 년 전 이른바 '사대강 사업'이 마구잡이로 진행되는 동안 자연을 인위적으로 변화시킨다는 일이 대관절 어떤 의미인지를 짚어보는 게 일상적으로 이루어졌다. 이는 강을 인간의 뜻대로 실용 가치에 따라 정비하겠다는 계획이 지어 낸 긍정적인 반대급부였다. 굽이굽이 흐르는 강줄기를 직선으로 재단하고 도도히 흐르는 강물을 틀어막는 정책은 사람살이를 극단적인 위험에 빠뜨릴 가능성이 있다는 자각을 불러일으켰다. 우리가 내는 세금으로 강을 파헤치며 자연을 망가뜨리는 사업이 진행되는 동안 국민들 사이에서는 자연과 사람의 관계가 어떠해야 하는지에 대한 대대적인 경각심이 일어났고, 자연과 환경에 대한 의식은 급격히 상향됐다. 이제 우리는 세계적인 팬데믹 사태 뒤 망가진 우리 생태계를 어떻게 복원 보존해야 할지를 진지하게 궁리해야 할 때다.

'오늘의 코로나19 감염 확진자 숫자'가 매일 뉴스의 첫머리에 오르던 때에도 그랬다. 온갖 뉴스와 그 해설에서는 코로나 팬데믹 사태에 대한 다양한 해석과 대책을 이야기했다. 거기에는 크게 두 가지 큰 흐름이 필요했다. 하나는 당장에 쓰러져 가는 확진자의 건강을 회복시키기 위한 의학적 해석과 대책이었다. 확진

제 29 장
포스트팬데믹

자 숫자가 늘어나는 만큼 사망자 숫자가 늘어나는 그때의 상황에서 무엇보다 시급하고 절박한 대책이었다. 당장 한 명이라도 더 살려야 한다는 화급한 상황에서 우리는 그 부분에 집중한 결과, 감염률과 치명률을 낮춘 세계적인 국가로 주목받기도 했다. 그러나 반드시 필요했지만 우리가 그다지 집중하지 못한 해석과 대책이 있었다. 바로 '생태학적 해석과 대책'이다. 팬데믹 사태의 원인을 보다 넓게 생태적으로 해석해야 한다는 주장이다. 원인 없는 결과는 없다. 팬데믹이라는 결과의 원인을 더 깊이 알았어야 했다. 과연 이 사태만 틀어막으면 앞으로 코로나 팬데믹과 같은 사태가 다시 일어나지 않으리라고 단언할 수 있겠는가. 그렇지 않다. 앞으로 또 다른 바이러스나 박테리아의 습격은 필경 다가올 것이고, 그때의 충격은 보다 심각한 사태를 가져올지도 모른다. 여기까지는 많은 전문가들이 귀에 못이 박이도록 이야기했다. 그러나 사태가 시작된 과정을 생태학적으로 해석하고 그 원인을 짚어본 뒤에 앞으로 그 같은 사태를 다시 맞이하지 않으려면 어떤 대책을 세워야 하는지에 대한 거시적 대안에 대한 이야기는 상대적으로 한참 모자랐다. 미래를 생각하면 팬데믹 사태를 맞이한 그때의 우리들에게 가장 중요한 대책과 해석이었다. 당장 죽어가는 사람들을 살리는 일에 매달리는 동안 난데없이 사람 사는 세상을 파국으로 몰고 간 바이러스는 어디에서 왜 우리를 찾아왔는지를 분석하는 데에 소홀했던 건 아닐까 생각할 수밖에 없다. 매일 관련 뉴스와 해설을 내보내는 미디어들도 시급한 보건 의료 대책만을 되풀이해 이야기했지, 생태학적 해석과 장기적인 대책에 대해서는 주의하지 않았다.

2019년 12월 중국에서 처음 코로나19 바이러스 감염에 의한 폐렴 환자가 발생했다는 공포의 뉴스가 보도되고, 앞에서 정리한 것처럼 우리나라에서도 이듬해에 곧바로 중국에서 들어온 여행객으로부터 확진자가 발견됐다. 그리고 전 세계적으로 감염병이 확산하다 마침내 2020년 3월 11일 세계보건기구WHO: World Health Organization에서 팬데믹을 선언할 그즈음, 언제나처럼 도시에서는 팬데믹과 무관하게 늘 하던 대로 가로수와 조경수의 가지치기 작업이 진행됐다.

그해에 유난스러웠던 아파트 가지치기가 눈에 들어왔다. 바로 내가 사는 마을의 아파트 단지에서 벌어진 가지치기 사태였다. 이 아파트 단지는 인근 아파트 가운데에서는 개개의 규모가 가장 넓은 가구가 포함된 30층 높이의 고급 아파트 단지다. 대개의 고급 아파트 단지들이 그런 것처럼 이 아파트 단지의 조경은 빼어나고, 그에 맞춤한 좋은 나무들이 많다. 단지 안쪽에는 개나리, 쥐똥나무 등 작은키나무를 비롯해 큰키나무 가운데에서는 향나무, 산딸나무, 벚나무, 백합나무 등이 제가끔 아름다운 모습으로 자기 자리를 빛낸다. 단지 가장자리에는 높지거니 자라나는 메타세쿼이아가 아파트 단지의 담벼락처럼 줄지어 서 있고, 그 바로 안쪽에는 주로 은행나무가 또 한 겹의 줄을 이루고 있었다. 특히 아파트 단지를 빙 둘러가며 줄지어 선 메타세쿼이아는 30미터 높이에 이를 만큼 장대하게 잘 자랐다. 30층이 넘는 고층 아파트 단지의 울타리로 30미터, 대략 10층 높이까지 솟아오른 메타세쿼이아 울타리는 무척이나 잘 어울렸고, 그 맞은편 아파트에 살고 있는 나의 집에서 바라다뵈는 맞은편 아파트 단지 울타리의 메타세쿼이아는 그저 바라만보아도 청량한 기분을 느낄 수 있었다.

그런데 그해 2월 봄바람 불어오기 직전이었다. 어느 날 갑자기 맞은편 아파트 단지의 분위기가 심상치 않았다. 허전했다. 너무나 낯선 느낌이어서 창문을 내다보니, 하늘을 찌를 듯 솟아오르며 아파트 울타리를 삽상하게 장식했던 메타세쿼이아가 사라졌다. 깜짝 놀라 부리나케 내려가 살펴보니, 그토록 장대하게 솟아올랐던 메타세쿼이아가 그 절반도 채 안 되는 높이인 아파트 4층 높이에서 줄 맞춰 댕강댕강 잘려 있었다. 10층 높이인 30미터에 이르렀던 나무를 4층 높이인 10~12미터 수준에서 잘라 냈다. 거의 3분의 2를 잘라 냈다는 이야기다. 그게 끝이 아니다. 곧은 줄기를 중심으로 하여 사방으로 고르게 뻗어 냈던 나뭇가지는 그 흔적을 찾기 어려울 정도로 가지를 쳐 냈다. 어쩌면 깎아 냈다고 해야 할 정도로 정교하게 나뭇가지의 흔적을 제거했다. 마치 얼굴 코밑의 수염을 깎아 낸 것처럼 맨들맨들하게 깎아 냈다. 무성하던 메타세쿼이아는 그야말로 전봇대 모양으로 남았다. 살아 있는 생명이라고 보기 어려웠다.

강전정이라고 이야기하는 지나친 가지치기의 결과로 남은 도시의 가로수 모양을 때로는 '닭발 가지치기'라고 이야기하는 경우가 있다. 닭발 가로수라고 하면 그나마 나뭇가지가 남아 있는 경우다. 그러나 이 아파트 단지에서는 메타세쿼이아에서 하나의 나뭇가지조차 남기지 않았다. 살아 있는 생명을 대하는 사람

341　10층 높이까지 솟아올랐던 **메타세쿼이아**를 4층 높이에서 잘라 낸 도시의 어느 아파트 단지 울타리의 참혹한 광경.

의 방식, 바라보노라니 참혹했다. 닭발 가로수도 있었다. 참혹하게 잘려 나간 메타세쿼이아 안쪽이었다. 은행나무를 그렇게 만들었다. 은행나무는 주로 메타세쿼이아 안쪽에 듬성듬성 심어져 있었는데, 여느 조경수에 비해 비교적 큰 키로 자랐던 여러 그루의 은행나무들이 '닭발' 모양으로 잘려 나갔다. 잔가지는 모두 쳐 내고 굵은 가지만 남겨놓아 영락없는 닭발이었다. 그 밖의 다른 나무들도 심한 가지치기에 따라 흉칙한 몰골로 남았지만, 대개는 큰 키로 아름답게 자라난 메타세쿼이아와 은행나무를 주로 잘라 냈다. 이 아파트 단지 한쪽 가장자리는 이 도시에서 가장 아름다운 벚꽃길로 유명한 곳이었는데, 그 벚꽃길에 맞붙어 있는 울타리의 큰 나무들이 죄다 그 모양으로 잘린 처참한 몰골이 되고 말았다. 봄이 되어 이 길의 벚나무에 꽃이 아름답게 피어난다 해도 그리 아름다운 풍광을 이루리라 기대하는 건 어렵지 싶어졌다.

　이 자리에 아파트 단지가 들어온 것은 지금으로부터 40년이 넘지 않은 1990년대 초반이다. 그때까지 이 지역은 인근에서 유

제 29 장
포스트팬데믹

1143

명한 과수원 단지였다. 주로 복숭아 과수원이었지만, 간간이 딸기
밭도 있었다. 경인 지역에서 이 시절을 보낸 사람들이라면 아마
도 한 번 이상 이 과수원을 다녀온 적이 있을 정도로 유명한 곳이
었다. 심지어 이 지역의 복숭아는 나라 안에서 가장 맛난 복숭아
로 교과서에 소개되기까지 했다. 그러다가 도시 개발 계획이 진
행되어 분당, 일산 등과 함께 신도시로 개발되면서 과수원을 갈
아엎었다. 여전히 '복사골'이라는 이름으로 불리는 이 마을에서
복사나무들은 모조리 사라졌다. 새로 마련된 신도시라는 이름의
근사한 새 보금자리에 사람들은 고층 아파트를 촘촘히 짓고 널찍
하고 반듯한 도로를 냈다. 건물을 짓기 위해, 도로를 내기 위해 그
많던 나무를 모두 베어 냈지만, 도로가 완성되고 마천루가 다 지
어지자 나무가 사라진 자리에 사람들은 다시 나무를 심었다. 나
무 없이 산다는 건 불가능하다는 걸 사람들은 너무나 잘 알고 있
다. 심지어 아파트 준공이 허가되려면 일정하게 나무를 심어야
한다는 법적 규제까지 분명히 존재하는 때문이다. 아파트 단지에
는 좋은 나무, 비싼 나무를 심었다. 조경이 잘된 아파트 단지여야
아파트값이 오른다는 걸 사람들은 잘 알았다. 가능하면 다양한
종류의 나무를 모아 왔다. 마치 하나의 수목원, 식물원처럼 다양
한 나무들을 아파트 단지 곳곳에 심었다. 도로변의 가로수도 마
찬가지다. 물론 도시에서 필요로 하는 기능이 우선되는 가로수는
실용적 가치를 먼저 따져야 했다. 공해와 매연을 제거해 공기를
정화하는 기능이 우선이겠지만, 그에 못지않게 도시의 미관을 개
선하는 기능도 필요했다.

　　사람들이 북적대기 시작한 아파트 단지 안과 밖에서 나무들

은 뿌리를 내리고 도담도담 자랐다. 무시로 뿜어내는 자동차 매연과 온갖 공해, 미세먼지를 온몸으로 빨아들이며 사람의 마을에 흐르는 바람과 공기를 맑게 씻어 냈다. 나무는 언제나, 어디에서나 사람들을 품어 안았다. 시간이 흐르면서 나무는 도시 곳곳에서 숲을 이뤘다. 심지어 이 도시의 사람들은 자발적으로 '시민의 강'이라는 이름으로 물줄기를 일궈 낼 정도로 생태 감수성이 높은 편이다. 나무가 자라고 물이 흐르는 신도시에 자연스레 숱한 생물들이 찾아왔다. 나뭇가지 사이로, 또 굵은 나무줄기의 갈라진 틈새에 작은 벌레들이 꿈틀거렸고, 새들이 찾아와 노래했다. 사람의 눈으로는 볼 수 없지만, 필경 헤아릴 수 없이 많은 종류의 미생물도 함께였을 게다.

세월이 흘러 나무가 우람해졌다. 도로변에 서서 미세먼지와 공해를 빨아들이며 살아가는 가로수가 이제는 교통신호판을 가리는 장애물이 됐다. 고층 아파트 울타리 안쪽의 사정도 다르지 않았다. 아파트 10층을 훌쩍 넘긴 나무들은 아파트 베란다로 들어오는 햇빛을 가렸고, 나무 그늘에 가린 아파트 거실은 어두워졌다. 바깥에서 바라보는 사람들이 아무리 아름답고 싱그러워 좋

제 29 장
포스트팬데믹

다고 이야기한다 해도 아파트 단지 안에 사는 사람들에게 더 필요한 건 베란다 넓은 창문으로 들어와야 할 햇살이었다. 이른바 '일조권'이 훼손된 것이다. 나무가 무성해지면서 나무에 찾아왔던 곤충과 새들이 귀찮아진 것도 나무를 성가시게 여기게 된 요인이었다. 나무가 아니었다면 10층 높이까지 오를 수 없는 벌레들도 창문에 달라붙었다. 사람들은 참을 수 없었다.

나무를 베어 낼 순간이 다가온 것이다. 사람들은 대로의 교통표지판과 신호등을 가리던 양버즘나무의 가지를 잘라 냈다. 둥글게 펼쳤던 나뭇가지펼침은 생뚱맞은 정사각형으로 드러났다. 둥글게 나뭇가지를 펼쳐야 하는 양버즘나무는 공중에 솟아오른 대형 주사위 모양으로 즐비하게 늘어섰다. 인도의 가죽나무가 다음 표적이었다. 무성하게 뻗은 가지가 바람에 부러져 행인을 다치게 할 수도 있다는 이유에 붉은꽃매미의 서식지라는 이유까지 보태졌다. 가차 없이 베어 냈다. 더러는 뿌리째 뽑아내고, 다른 나무로 바꿔 심었다. '수종갱신樹種更新'이라고 했다. 아파트 베란다에 그늘을 드리우던 나무도 잘라 냈다. 나무줄기는 5층도 채 안 되는 높이로 댕강 잘라 냈고, 무성한 나뭇가지까지 모조리 잘라 냈다. 전봇대처럼 기둥만 덩그러니 남겼다. 사람들의 뜻대로 교통신호판이 훤히 드러났고, 남향의 아파트 베란다로는 찬란한 햇살이 비쳐 들었다.

그러나 새들의 보금자리가 무너졌고, 나무줄기 안쪽에서 두근거리며 애벌레를 키우던 숱한 곤충들은 살 곳을 잃었다. 더불어 그들과 공생하던 헤아릴 수 없이 많은 미생물도 사라졌다. 말없는 나무이니 그래도 되는 줄 알았다. 그리고 그동안 그랬던 것처럼 팔다리가 모두 잘려 나간 나무들은 금세 다시 자라나서 필경 근사한 숲을 이루어 주리라 믿었는지도 모른다.

그런데 그때 때맞춰 뜻밖의 손님이 이곳에 찾아왔다. '코로나19'라는 이름의 바이러스였다. 눈에 보이지 않았기 때문에 관심 갖지 않았던 나무와 더불어 살아가던 생명들은 학살의 현장에서 신음했던 것이다. 사라진 것이 아니었다. 또 다른 보금자리를 찾아 수굿이 헤맸던 것이다. 그들을 몰아낼 때 그들의 실체를 볼 수 없었고 그들의 신음을 듣지 못했던 것처럼 다시 찾아온 그들은 제 실체를 드러내지 않고 매우 조용히 찾아왔다.

아파트 거실에는 밝은 햇살이 비쳤고, 거리의 인도는 간당간당하던 나뭇가지를 베어 내 안전해졌고, 도로의 신호등과 교통 표지판은 잘 드러났지만 사람들의 일상은 정지됐다. 환하게 미소 짓던 얼굴은 마스크로 가려야 했다. 반가운 사람을 만나도 손 한 번 마주 잡을 수 없었으며, 좁다란 엘리베이터에서도 서로 눈치를 보며 가장자리로 비켜서서 거리를 둬야 했다. 사람은 반갑기보다 그 사람의 몸 어딘가에 도사리고 있을 바이러스의 운반자라는 생각에서 경계의 대상으로 삼았다.

세상의 어떤 생명도 쉽게 사라지지 않는다. 바이러스와 같은 미생물은 사람의 힘으로 멸종시키기 어려울 뿐 아니라 그런 사례도 극히 드물다. 바이러스도 그렇다. 바닷물 1밀리리터에 약 1,000만 개의 바이러스가 들어 있다. 은하계의 별보다 많은 숫자다.

도시라는 척박한 자연 환경에서도 바이러스나 박테리아처럼 미세한 생명을 비롯한 모든 생명은 스스로 자신의 생명을 포기

제 29 장
포스트팬데믹

하지 않는다. 끝없이 살아남으려 안간힘 쓰게 마련이다. 살 자리를 잃은 생명은 또 다른 자리를 찾아, 그 자리에 적응하며 살아가는 게 생명의 원리이고, 모든 생명체의 본능이다. 멸종위기에 닥친 식물조차도 새로운 자리를 찾아 살 길을 찾는다는 건 앞의 제28장 '멸종'에서 이야기했다. 미생물도 자기가 살 자리를 찾아야 했다. 사람에 의해 쫓겨났던 바이러스는 사람을 공격한 것이 아니었다. 제 살 자리를 찾아 헤맸고, 주변에서 가장 많은 개체 수를 가진 도시인의 몸을 찾아온 것이다. 생명 가진 것들의 자연스러운 이치다.

바이러스라는 존재에 대한 궁금증

여기서 잠깐. 바이러스를 생물로 분류할 것인가에 대한 생각들을 살펴볼 필요가 생긴다. 그동안 학계에서는 생물 분류에서 바이러스를 제외했다. 생명체가 하나의 생물로 인정되려면 세포가 있어야 하고, 그 안에 세포 핵이 있어야 한다. 그러나 바이러스에는 세포도 세포핵도 없다. 바이러스는 그냥 물질로 보면 됐다. 게다가 바이러스는 스스로 아무것도 하지 못한다. 다만 숙주의 몸에 들어갔을 때에 스스로를 복제하는 능력밖에 없는 미세한 물질로 분류하는 데에 큰 문제를 제기하지 않았다. 이를테면 앞의 제28장 '멸종'의 앞부분에서 이야기한 힐리스 계통수에도 박테리아와 고균까지는 포함돼 있지만 바이러스는 포함되지 않았다. 생명체로 분류하지 않았기 때문이다. 그러나 정말 바이러스를 무생

343 **칼 짐머.**

물로 분류해도 될지에 대해 최근에는 여러 논란이 잇따르고 있다. 전문가가 아닌 입장에서 이 논란의 전개 과정을 이해하는 건 쉽지 않다. 앞에서는 간단히 세포와 세포핵을 생명체의 기본 조건 전부인 것처럼 이야기했지만, 생명체의 기준이 그렇게 간단히 나눠지는 건 아니다. 바이러스가 생물이냐 무생물이냐를 정확히 구분하려면 먼저 생명에 대한 정의에서부터 합의가 전제되어야 한다. 그러나 생명이란 무엇인가에 대한 논의는 끊임없이 이어졌지만, 아직 확실하게 합의를 이루지 못한 게 현재 학계의 상황이다. 바이러스를 생명체로 분류할 것인가에 대한 모호함은 여기에서부터 시작된다.

과학 칼럼니스트 칼 짐머(Carl Zimmer, 1966~)는 매혹적인 책 『생명의 경계(Life's Edge: The Search for What It Means to Be Alive, 2021)』에서 바이러스를 생명으로 분류해야 할지에 대한 여러 생각들을 밀도 있게 풀어냈다. 이 책에서 짐머는 먼저 생명이란 무엇인가에 대한 원론적인 검토를 바탕으로 바이러스의 다양한 활동과 움직임을 풀어냈다. 그리고는 다른 어떤 조건에도 불구하고 단순한 복제 능력 한 가지만으로도 생명으로 분류해야 한다고 주장했다. 초미세 형태로 존재하는 바이러스는 다양한 감염원 중

하나로, 다른 생명체 심지어 박테리아까지 포함한 살아 있는 생명체를 숙주로 삼아 그 안에서만 스스로를 복제한다. 그동안 학계에서는 바이러스를 앞에서 이야기한 이유로 생명 없는 물리적 단위로 취급했다. 저간의 논의를 정리하면서 짐머는 바이러스를 생명 없는 물질로 보는 데에 이의를 제기했다. 물론 짐머의 문제 제기가 처음은 아니었다. 바이러스의 복제 행태는 살아 있는 생명체와 크게 다를 바 없기에 살아 있는 유기체로 간주해야 한다는 주장이 없었던 게 아니다. 바이러스의 존재를 어떻게 분류할 것인가에 대해서는 오래전부터 설왕설래가 있었던 게 사실이다. 짐머는 바이러스의 활동 방식을 생명 활동으로서가 아니고서는 해석할 수 없다고 했다. 최종적으로 바이러스를 생명으로 분류할 지에 대해서는 아직 학계의 판단이 남아 있겠지만, 짐머의 이 같은 문제 제기는 충분히 고려할 만하다. 물론 이 문제를 해결하는 게 그리 쉬운 일은 아니리라. 무엇보다 바이러스를 생명체로 분류할 경우에 '생명의 탄생'이라는 '단 하나밖에 없는 사건'에서 이어지는 진화 역사의 어느 위치에서 바이러스의 존재를 확인할 수 있는가 하는 문제가 남는다. 생명은 단 한 번의 발생으로부터 끊임없이 분화하면서 진화한 것이라는 진화생물학의 입장을 바탕으로 하면 바이러스의 위치가 짚어져야만 한다. 그러나 아직까지의 연구에 따르면 바이러스가 생명 계통수의 어느 위치에서 분화되었는지, 아니면 거꾸로 바이러스가 발생하고 어느 위치에서 박테리아와 고균이 분화해 진화했는지를 해결하기 어렵다. 지구의 모든 생명체가 이루어 낸 생태계를 하나의 태피스트리로 보고, 그 안에서 바이러스의 위치를 찾아내는 건 결코 쉬운 일이 아

니다. 힐리스 계통수에서 보았던 것처럼 다른 생명들과 끊이지 않는 연결망을 찾아내야 한다. 그게 아니라면 대관절 바이러스는 어떻게 규정해야 하는가. 그야말로 난제다.

이 문제에 대해서는 과학계 외에서도 진지한 논의가 진행되는 듯하다. 특히 바이러스의 습격에 의해 온 세계가 정지 상태에 이르렀던 지난 팬데믹 사태 뒤로 바이러스에 대한 진지한 논의는 급물살을 타고 진행됐다. 이를테면 슬로베니아의 철학자 슬라보예 지젝(Slavoj Žižek, 1949~)은 바이러스의 실체를 "생명과 죽음 사이의 진동이 핵심"이라고 강조했다. 바이러스를 "일반적 의미에서 살아 있는 것도 죽어 있는 것도 아니"며, 일종의 "산 주검 living dead"이라고 표현했다. 바이러스 특유의 복제 메커니즘은 분명 살아 있는 생명의 활동과 다를 것 없지만, 이는 스스로 더이상의 복잡한 생명체로 진화할 가능성을 갖지 못한다. 생물로 분류하기에 애매한 것이 되고 만다. 필경 과학계의 연구가 진행되는 과정에서 바이러스의 위치와 그 실체에 대한 규명은 보다 명확하게 이루어지겠지만 현재로서는 바이러스의 실체를 규명하는 게 매우 어려운 상황이다. 어쩌는 수 없이 생명과학 분야의 진일보를 기다리는 수밖에 없다.

제 29 장
포스트팬데믹

'위드 코로나' 혹은 '위드 바이러스'

최근 종종 들려오는 소식 가운데 산에 사는 멧돼지 혹은 너구리가 도시에 출몰했다는 이야기가 있다. 도시화가 완벽하게 이루어진 상태에서 아파트 단지에 나타난 멧돼지라니 '아닌 밤중에 홍두깨'가 아닐 수 없다. 또 서울의 경우 궁궐처럼 일정한 넓이의 숲이 형성된 곳 주변으로는 너구리가 자주 나타난다. 이는 도시화가 진행되면 진행될수록 두드러지게 나타나는 현상이다. 앞에서 한 도시의 아파트 단지가 형성되는 과정을 이야기했다. 과수원이 갈아엎어지면서 사람의 보금자리가 형성된 내가 사는 마을 이야기였다. 먼저 나무가 살던 자리에 사람이 나무를 베어 내고 사람의 보금자리를 형성했다. 끊임없이 사람들은 사람살이의 자리를 넓혀왔다. 조금이라도 쾌적한 환경을 위해 보다 넓은 공간을 필요로 하는 사람들은 주변에 '노는 땅', '노는 숲'으로 보이는 자리를 파고들어 간다. 사실 노는 땅, 노는 숲이라고 이야기했지만, 그건 순전히 사람의 관점일 뿐, 실제로 그 땅, 그 숲은 누군가에게 소중한 보금자리였다. 그 자리를 사람이 빼앗기 위해 사람의 방식으로 나무를 베어 내고 숲을 파헤쳐 사람의 방식으로 재구성한다. 그러면 그 땅, 그 숲에 살던 생명들은 갈 곳을 잃게 된다. 고작 약간의 공간을 '녹지'라는 형식으로 남겨놓는다 하더라도 문제는 남는다. 활동 영역이 줄어든 멧돼지를 비롯한 다른 생물들에게 남은 삶의 영역은 현저히 축소된다. 따라서 먹이 활동도 강팍해진다. 처음에는 사람에 밀려 축소된 영역에서 애면글면 살아가던 멧돼지들도 시간이 지나면 새끼를 낳고 가족을 늘려간다. 빈한한 살림살이에도 자손을 늘려가는 건 생명의 본성이다. 그러면 무엇보다 축소된 영역에서 찾아낼 먹이가 현저히 모자라게 된다. 결국 멧돼지 가족은 먹을 것을 찾아 헤매야 한다. 예전에 먹이가 풍부했던 곳은 이미 콘크리트 더미의 아파트 단지로 바뀌었다는 것을 멧돼지가 모르는 건 아니지만, 그래도 혹시 하는 실낱같은 희망을 붙들어 안고 조심조심 산을 내려온다. 돌연 멧돼지를 마주하게 되는 사람들은 놀라 소스라친다. 그러나 사실 더 놀란 것은 멧돼지다. 도시의 평안은 깨진다. 어쩔 줄 모르고 이리저리 날뛰는 멧돼지를 사람들은 결국 잡아 죽인다. 그러지 않으면 흥분한 멧돼지들에게 부딪히며 사람에게 더 큰 비극을 가져올지 모른다. 교통에 문제가 생기고 사람 사는 보금자리가 망가지는 건 막아야 한다. 결국 멧돼지의 '먹이 보급'을 위한 도시 탐방은 비극으로 막을 내린다. 사태는 끝나지 않는다. 아직 남아 있는 어린 멧돼지들은 어떻게든 먹을 것을 찾아 살아남는다. 물론 먹이가 모자란 그들 가운데 끈질긴 일부만 살아남는다. 그리고 다시 예전에 제 어미가 하던 비극의 과정을 되풀이하며 도시의 경계 지역에서 슬프게 살아간다. 시간의 흐름을 되돌려 보자. 이건 멧돼지가 도시를 습격한 것이 아니다. 분명히 사람이 먼저 멧돼지의 영역을 파괴하고 들어온 것이고, 멧돼지는 이미 파괴된 제 영역이지만, 먹이를 찾아 어쩔 수 없이 예전에 살던 곳을 찾아왔을 뿐이다.

바이러스나 박테리아와 같은 미생물도 마찬가지다. 똑같은 이치로 생존 영역을 잃은 바이러스나 박테리아도 끝까지 살아남기 위해 애면글면할 수밖에 없다. 결국은 다른 숙주를 찾아내야

제 29 장
포스트펜데믹

345 영화 《컨테이젼》 포스터.

만 했다. 그러나 사람들은 눈에 보이지 않는 것에 아무 관심이 없다. 시각 위주의 감각에만 의존하기 때문이다. 눈에 보이지 않는 미생물은 안간힘을 쓰며 숙주를 찾는다.

이를테면 할리우드의 명배우 기네스 펠트로가 조연으로 출연하고, 질병통제예방센터CDC의 세심한 자문을 받으며 제작한 문제작 《컨테이젼Contagion》의 의미심장한 에필로그를 돌아보자. 처음에 어두운 숲이 등장한다. 어두운 숲을 먼저 보여준 건 아마도 박쥐를 등장시키기 위한 시나리오에 따른 설정이었을 것이다. 박쥐가 날갯짓을 하며 먹이 활동을 하는 한밤중이다. 그리고 다음 장면에서는 헤드라이트를 환하게 밝힌 거대한 기계가 숲으로 들어간다. 나무를 베어 내는 대형 중장비다. 중장비는 가차 없이 큰 나무를 베어 낸다. 베어져 쓰러지는 나무우듬지에서 박쥐가 날아 도망간다. 그리고 다시 다음 장면, 먹이 활동을 하던 박쥐는 자신이 살던 자리를 찾아온다. 그러나 먹이가 풍성해야 할 나무는 사라지고 사람이 지은 건물이 있다. 배고픈 박쥐는 건물 안으로 스며든다. 박쥐가 사람의 건물을 파괴하기 위해 습격하는 게 아니다. 그저 배고픈 박쥐는 먹이가 급했을 뿐이다. 낯선 환경에 어리둥절해진 박쥐는 천장 쪽에 매달려 먹이를 찾는다. 이 건물은 돼지를 키우는 사육장이다. 먹이를 찾지 못한 배고픈 박쥐는 천장에 매달린 채 배설물을 쏟아 낸다. 당연히 그 배설물에는 수천만 년에 걸쳐 박쥐의 몸에서 몸으로 대를 이어 물려받은 헤아릴 수 없이 많은 미생물이 들어 있다. 배설물은 사육장의 돼지들 틈으로 떨어진다. 아기 돼지들은 이리저리 몰려다니며 박쥐의 배설물에 방치된다. 물론 배설물 안에 들어 있는 미생물은 돼지의 눈에 들어오지 않는다. 혹시 돼지의 눈에 띄었다 하더라도 아직 어린 돼지들은 그 미생물이 자신들에게 미칠 영향을 알지 못한다. 그리고 얼마 뒤 토실토실 살찐 돼지들은 자동차에 실려 어디론가 끌려간다. 살찐 아기 돼지들이 가야 할 곳이 어딘지는 굳이 이야기할 필요 없다. 영화 속에서도 그들이 가서 맞이하게 되는 처참한 살육의 현장은 생략했다. 그리고 다음 장면에는 홍콩의 어느 고급 식당 주방이 나온다. 털이 깔끔하게 벗겨진 돼지의 몸통을 솜씨 좋아 보이는 늙은 주방장이 정성껏 손질하는 장면이 나온다. 장갑도 끼지 않은 채다. 그런 중에 주방장에게 다른 젊은 요리사가 찾아와 귓속말로 무언가를 전한다. 그러자 만면에 미소를 띤 늙은 주방장은 아기 돼지의 몸통을 어루만지던 손을 앞치마에 대강 문질러 씻은 뒤 주방 밖으로 나선다. 거기에서 그는 이 영화의 시작 부분에서 인상적인 연기를 펼쳤던 여배우 기네스 펠트로를 만나 악수를 하고 무슨 뜻에서인지는 알 수 없지만 사진을 찍는다. 대사도 자막도 없는 에필로그는 이렇게 마무리된다. 2시간 동안 이어진 영화 속에서 감염병의 실체를 찾으려고 애썼

제 29 장
포스트팬데믹

지만 결국 찾아내지 못한 바이러스의 실체와 감염 경로를 관객들은 이 짧은 에필로그를 통해 명쾌하게 이해할 수 있다. 돌아보면 분명히 박쥐에게, 그리고 박쥐의 몸에 공생하던 미생물에게는 아무 죄가 없다. 그저 먹이 활동을 했을 뿐이고, 마침 미생물은 배고픈 박쥐가 쏟아 낸 배설물을 통해 숙주의 몸을 빠져나왔고, 그 미생물은 생명을 이어가기 위해 다시 또 다른 숙주를 선택해 옮겨 왔을 뿐이다.

"자연은 자신이 돌보는 생명의 이익을 찾는다"

도시에서 나무를 베어 낼 때 그 나무를 보금자리로 여기던 생명들이 어디로 갔는지를 우리는 생각하지 않았다. 나무에는 줄기에 구멍을 뚫고 살아가던 어린 새를 비롯한 다양한 생명들이 있었다. 나무줄기 틈으로 배어 나오는 수액을 빨아 먹으려 수시로 기어오르는 어린 애벌레들도 꼬물거리고 살아 있었다. 그들 모두는 사람이 그렇듯 하나의 생명을 유지하기 위해 숱하게 많은 미생물을 제 몸 안에 가지고 있다. 그러나 우리는 거기까지 바라보지 않는다. 한 그루의 나무를 베어 내는 건 결국 숱하게 많은 생명의 목숨줄을 함께 베어 내는 것과 다르지 않다. 그렇게 살 자리를 잃은 생명들은 결코 그냥 죽지 않는다는 사실에 우리는 주목하지 않는다. 더구나 미생물은 우리 눈에 보이지도 않는다. 그저 베란다에 비쳐 오는 햇살이 더 필요할 뿐이다. 햇살만 문제 되었던 건 아니다. 가을에 고약한 냄새를 풍기는 씨앗을 흩뿌리는 은행나무도 견디기 힘들었다. 결국 아파트 관리소에서는 가지치기를 결행했다. 모든 가지를 잘라 내 창졸간에 휑해진 풍경을 주민들이 만족했을까 궁금하다. 겨울이 지나고 모든 나무들이 초록 잎으로 싱그러운 그늘을 지을 때 잿빛 살풍경만 남은 아파트단지 풍경을 환영할 수 있을지 의문이다.

그리스로마 신화에 나오는 거인 에리시크톤 이야기는 앞의 제11장에서 사람과 나무의 관계를 짚어볼 때 이미 다뤘다. 에리시크톤은 마을 사람들이 숭배하는 거대한 떡갈나무를 베어 냈다. 그러자 나무에 깃들어 살던 요정들이 보금자리를 잃었다. 요정들은 신에게 에리시크톤의 만행을 알렸고, 신은 에리시크톤에게 배고픔의 형벌을 내렸다. 먹어도 먹어도 사라지지 않는 허기를 채우기 위해 에리시크톤은 닥치는 대로 먹어치우다 급기야 자신의 몸뚱아리까지 뜯어 먹고 이빨과 입술만 남긴 채 사라졌다는 이야기였다.

잔혹한 톱질이 아름다운 나무를 할퀴고 지난 뒤에 맞이한 봄에 우리를 찾아온 건 봄을 송두리째 앗아 간 바이러스였다. 잎사귀 하나 없는 나무로 둘러싸인 사람의 마을에 찾아온 악몽 같은 봄이었다. 이 전쟁에서 우리가 승리의 깃발을 올릴 수 있을지는 아직 모른다.

바이러스와의 공생이 과연 어디까지 가능할 것인지 알 수 없다. 그러나 무엇보다 확실한 것은 인간이 자연의 일부일 뿐, 결코 모든 자연을 함부로 해치울 권리를 가진 지배자가 될 수 없다는 사실이다. 자연은 결코 사람의 지배 영역 안으로 들어오지 않는다. 바이러스가 우리 안으로 들어온 것인지, 바이러스가 사는 곳

제 29 장
포스트팬데믹

으로 우리가 들어온 것인지를 살펴볼 일이다. 자연의 일부인 인간이 자연의 모든 것을 장악하려는 시도는 자연의 근본 원리를 벗어난다. 자연은 어느 한 종의 생명만을 위하지 않는다. 35억 년 생명의 역사가 우리에게 가르쳐 준 엄연한 진리다.

찰스 다윈은 "자연은 생명의 메커니즘 전체에 작용한다. 인간은 오직 자신의 이익만을 위해 교배하지만 자연은 자신이 돌보는 생명의 이익을 위해 교배한다"라고 말했다. 우리 곁의 나무 한 그루가 아니라, 보이든 보이지 않든 그 안에 깃들어 사는 모든 생명을 더불어 느끼는 것, 나무를 둘러싼 생명의 메커니즘 전체를 살펴보는 일이야말로, 지금 우리에게 무엇보다 절실한 일임에 틀림없다.

처음 신도시를 일굴 때부터 하릴없이 사람은 다른 생물의 보금자리를 빼앗았다. 다시 나무를 심고, 강물이 흐르게 했지만, 사람은 이 땅의 주인 노릇을 하며 자연을 우리 곁에서 몰아냈다. 또다시 나무를 베어 냈다. 사람의 보금자리를 돈 몇 푼으로 계산되는 부동산으로만 바라보는 생각들이 마침내 이 땅의 평화를 깨뜨렸다.

자연과 더불어 살아가는 방법을 찾아내지 않는다면, 다시 또 어떤 미생물이 제자리를 찾기 위해 안간힘을 쓰다가 우리를 찾아올지, 그는 또 우리에게 어떤 영향을 남길 것인지 우리는 지금 아무것도 알 수 없다. 그러나 분명한 것은 우리에게 어떤 사태가 닥쳤음을 알아챌 때는 이미 되돌아가기에 너무 많은 시간이 흘렀다는 것이다. 그때는 사람이 할 게 별로 없다. 코로나 팬데믹 사태 때처럼 맥을 못 추는 상황에 다시 부닥치게 된다.

현대 도시화 과정은 사람과 다른 생명과의 보금자리 약탈 전쟁이다. 그런데 사람들은 차츰 도시에서의 사람살이가 온전히 이루어지기 위해서 나무가 반드시 필요하다는 사실을 잘 알고 있다. 그래서 최근에는 가로수 지키기 운동도 활발히 일어나고 있다. 최소한 닭발 가로수와 같은 흉칙한 몰골의 나무는 보지 않았으면 좋겠다는 자발적인 시민 운동이다. 지금의 도시 상황에서 이 정도만으로도 충분히 훌륭한 움직임인 것은 분명하다. 다만 한계도 있음을 인식할 필요가 있다. 물론 가로수 지키기 운동은 우리 도시에서 사람이 할 수 있는 운동 가운데 매우 긍정적인 운동인 게 확실하다. 무엇보다 우리 곁에 살아 있는 나무를 하나의 생명으로 여기면서 그들을 대하는 사람들의 태도를 돌아보게 한다는 점에서 더없이 바람직한 시민운동이다. 하지만 가로수 지키기 운동은 눈에 보이는 상황에 집중한다는 데에 일정한 한계가 있다. 다시 한번 강조하지만 이 정도만으로도 도시에서 나무와 더불어 살아가는 방도를 찾는 데에 매우 긍정적인 건 사실이다. 그럼에도 이 운동이 궁극적으로 더 발전적인 결과를 얻기 위해서는 생태 전반의 고찰을 바탕으로 한 논의가 필요하다. 가로수 지키기 운동이 단지 시각적 만족도만을 위한 것으로 발전할 가능성을 경계해야 한다.

사실 가로수의 치명적인 문제는 눈에 보이지 않는 부분에 더 많이 숨어 있다. 나무의 생로병사를 살펴본 이 책의 제26장 '생로병사' 편에서 이야기했던 '복토'와 '답압'을 돌아보자. 대개의 복

제 29 장
포스트팬데믹

토는 나무를 더 잘 보호하기 위해 시행하는 대책인데, 이게 나무의 생태를 온전히 이해하지 못한 탓에서 나온 결과라고 했다. 즉 땅속의 뿌리도 일정하게 산소 호흡이 필요하기 때문에 이를 유지하기 위해서 뿌리의 상당 부분은 그저 땅 깊은 곳으로 들어가지 않고, 지표면과 일정한 거리를 유지하고 살아가는 것이다. 그런데 뿌리가 지표면 위로 올라왔다든가 혹은 그 땅으로 사람들이 많이 지나다니기 때문에 심지어 겨울에 나무를 추위로부터 보호하겠다[12]는 이유로, 어쨌든 나무뿌리를 보호하기 위해서 지표면 위로 흙을 쌓아 올린다면, 나무가 지표면과 유지했던 거리는 멀어지고, 결국 뿌리의 호흡은 불가능해진다. 그 상태는 나무에게 치명적이다. 더 치명적인 건 답압이다. 지표면과의 거리가 일정하게 유지된다 하더라도 어떤 이유에서건 땅이 단단해질 수 있다. 사람들이 짓밟고 다닌다든가, 혹은 그 위쪽으로 자동차가 지나다닌다든가 해서일 게다. 답압의 결과는 나무에게 가장 치명적이라 해도 지나치지 않다. 답압이 나타나기 전 상태의 흙에는 미세한 공간이 듬성듬성 나 있다. 그 공간은 나무뿌리에게 필수적인 공간이다. 그 부분을 통해 공기를 호흡하는 것인데, 이 공간이 완전히 막혀버리는 치명적인 상황이 바로 답압이다.

그러면 나무의 뿌리는 어느 정도의 호흡 공간이 필요할까. 물론 일관된 정답은 없다. 나무마다 뿌리 뻗는 방식이 다르고, 호흡 능력도 서로 다르기 때문이다. 그럼에도 불구하고 일반적으로 적용하는 평균치의 기준은 있다. 나무를 옮겨 심을 때에 캐내

---

12   믿어지지 않겠지만, 실제로 어느 절집에서 스님이 정성 들여 복토를 하고 있는 이유를 묻자, 그렇게 대답한 경우가 분명히 있었다.

는 나무뿌리는 나뭇가지펼침폭을 기준으로 하는 게 일반적이다. 나뭇가지가 펼친 자리까지의 땅은 뿌리가 뻗어 있을 가능성이 높다. 그러니까 나무뿌리를 온전하게 오래 잘 보존하려면 최소한 나뭇가지펼침폭까지의 넓이에 해당하는 부분의 지표면까지에 복토를 해서도 안 되고, 답압이 이뤄져서도 안 된다.

그러면 이제 우리 주변의 가로수에게 우리가 내어준 공간을 살펴보고, 그 가로수가 펼친 나뭇가지의 너비를 살펴보자. 우선 차도 쪽으로는 대개 아스콘 포장이 된 아스팔트가 단단하게 포장되어 있다. 당연히 포장도로는 나무뿌리가 숨을 쉴 여유를 완전히 틀어막은 공간이다. 그 사이에 빗물이 흘러갈 수 있는 배수로를 설치하는 것도 필수다. 배수로는 늘 물이 지나는 곳이어서 배수로 양쪽으로는 단단한 관을 심든가 그게 아니라면 단단한 콘크리트로 마감해야 한다. 역시 가로수 뿌리의 숨구멍은 완전히 틀어막는 게 필수다. 그러니까 결국 차도 쪽으로 나무뿌리는 뻗을 수도 없고, 혹시 배수관 아래쪽으로 뿌리를 뻗었다 하더라도 숨을 쉰다는 건 언감생심이다. 복토나 답압과는 차원이 다른 호흡 불가 상태에 이르게 된다. 그러면 인도 쪽으로는 어떨까. 조붓한 인도 위에 나무를 심기 위해 공간을 내기는 한다. 그러나 대개는 사방 1.5미터 정도로 반듯하게 공간을 파내고 그 자리에 나무를 심는다. 위에는 흙이 그대로 남아 있지만, 길을 걷는 사람들의 편의를 위해 그 흙 위에 금속으로 지은 덱deck, 이른바 '수목보호판'을 설치하는 경우가 많다. 그건 그래도 구멍이 숭숭 뚫린 철판이어서 나무뿌리에게 나쁘지 않다. 그냥 흙 상태라면 아무래도 사람들에 의해 답압이 이루어질 것이기 때문이다. 그러나 사

제 29 장
포스트팬데믹

방 1.5미터 공간이라는 점을 다시 생각해 보자. 지중화한 전선이라든가 하수관 등이 배치돼 있을 아래쪽 상황에 대해서는 나중으로 돌리고 우선 넓이만 봐도 문제는 금세 이해할 수 있다. 앞에서 이야기한 나뭇가지펼침폭과 나무뿌리의 호흡 공간의 관계를 짚어보자. 이 나무가 호흡할 수 있는 공간은 고작 1.5제곱미터뿐이다. 그러나 그렇게 좁은 공간으로 나뭇가지를 펼치는 나무는 없다. 전나무나 메타세쿼이아처럼 옆으로 펼치기보다는 위로 쭉쭉 뻗어 오르는 나무라 해도 나뭇가지펼침폭은 1.5미터를 훌쩍 넘는다. 게다가 메타세쿼이아는 뿌리를 아래로 깊이 내리기보다 옆으로 멀리 뻗어 내는 나무다. 오히려 더 큰 문제를 일으키는 결과가 된다.

1.5제곱미터의 좁은 공간에 만족하고 오래 살아갈 나무는 없다는 결론에 이르게 된다. 도시의 가로수가 온전히 살아가도록 우리가 나무에게 내어주는 공간은 그게 전부다. 복토와 답압은 둘째 치고 애당초 주어진 공간은 가로수가 오래 살 수 없게 하는 결정적인 이유다. 그러니 나뭇가지를 지나칠 정도로 심하게 쳐 내 닭발 가로수를 만들어 내는 것보다 더 심각한 것은 나무의 뿌리 호흡을 보장하지 못하는 상황이다. 결국 심한 가지치기를 막는다고 나무의 온전한 나무살이가 가능해지지 않는다는 걸 이해하자는 말이다. 닭발 가로수에 대한 반대와 저항 운동은 훌륭한 일이지만, 그것이 문제의 완전한 해결책은 아니라는 이야기다. 어쩌면 이는 해결 불가능한 문제라 할 수도 있다. 땅값이 언제나 천정부지로 치솟기만 하는 도시에서 나무를 위해 더 내어줄 공간을 확보하는 일은 지금으로 묘수가 없다고 해도 과언이 아니다.

도시의 가로수를 일정 기간이 지나면 '수종갱신'이라는 이름으로
뽑아내고 다시 새로운 나무로 계속 교체해 심어야 하는 이유도
거기에 있다. 도시에서도 크고 오래된 나무를 보고 싶은 마음 굴
뚝같지만, 아마도 이는 불가능한 꿈에 불과하지 싶다.

이제 파기해야 할 '포스트팬데믹'이라는 용어

한창 팬데믹으로 전 세계의 산업 활동이 거의 중지되었던 즈
음에 순간적으로 지구의 대기가 맑아졌다는 보고가 나왔다. 팬데
믹 사태로 사람들의 온갖 활동이 정지되면서 하늘이 맑아졌다.
산업 활동이 멈추고, 하늘에 화석연료 찌꺼기를 쏟아 내던 항공
기 운항이 줄어들자 순식간에 전 세계의 하늘이 맑아졌다. 맑은
하늘과 선명하게 붉어진 노을은 눈부실 만큼 아름다웠다. 그러나
눈에 보이는 아름다운 풍경을 결코 긍정적으로만 받아들일 수 없
다. 그 아름다움에는 우리가 이 땅에 저질러 온 모든 과거가 담겨
있다. 짧은 시간에 갑자기 그리 맑아진 하늘은 거꾸로 우리가 행
한 지난날들의 업보가 그만큼 하늘을 흐리게 했다는 자각을 일으
키게 했다. 지구라는 복합적 생태계는 하루아침에 바뀌지 않는다.
사람의 왕성한 활동에 대해 지구는 애면글면 안정화를 이루며 여
기까지 버텨왔다. 겨우 안정을 갖춘 지구가 갑자기 다시 이전 상
태로 돌아간 것이다. 탄생 45억 년 내내 매우 느린 속도로 변화한
지구의 갑작스러운 돌변은 필경 또 다른 몸살의 원인이 된다. 아
름다운 하늘이 어떤 결과를 쏟아 낼지 아직은 알 수 없다. 중부지

방에서 피어나는 이팝나무와 배롱나무의 아름다운 꽃이든, 화려하게 물드는 저녁노을이든, 겉으로 보이는 아름다운 풍경에 도취해 있을 때가 아니다. 그 안에 담긴 뜻을 살펴야 한다.

그동안 그랬듯이 우리가 무엇을 하느냐에 따라 지구에서 우리가 평화롭게 살아갈 수 있는지 여부가 결정된다. 다양한 기미들이 낙관할 수 없는 지표로 나타나지만, 인류는 그동안 어떤 사태에서든 더 현명하고 더 새로운 해결책을 찾아내는 지혜와 기술을 뚜렷하게 향상시켜 왔다. 지구의 자연복원력을 강조한 가이아 이론의 제임스 러브록은 이 지구를 평화롭게 이어가기 위해서 의지를 발동할 주체는 인지능력을 가진 인간밖에 없다고 했다. 당연한 일이다. 이어서 그는 "지구를 관리한다거나 운영한다는 자만심을 내려놓고, 우리가 곧 지구의 한 부분이라는 사실을 겸허하게 깨닫는 일"부터 시작해야 한다고 강조했다. 지구의 지배자라는 헛된 자만심이 아니라, 사람도 나무와 풀과 곤충과 동물이 어울려 사는 복합 생태계인 지구 안의 한 부분이라는 걸 깨달아야 한다는 이야기다.

이제 '포스트팬데믹'이라고 썼던 이 장의 제목을 파기해야 할지 모르겠다. 분명한 건 우리의 지금 행태가 오히려 제2, 제3의 팬데믹을 초래하는 쪽으로 더 가는 건 아닌가 돌아보아야 한다. 코로나19라는 폭풍을 겨우 모면하고, 지금 우리 안에 코로나19 바이러스가 만연해도 큰 문제 없이 살아가는 상황을 만들어 내는 데에는 일정하게 성공한 듯 보이지만, 지금의 방식을 그대로 유지한다면 그건 필경 새로운 팬데믹이 언제 다시 더 큰 규모로, 더 큰 피해를 낳으며 다가온다 해도 전혀 이상할 일이 아니다. 그저 백신만으로 모든 게 해결되리라고 섣불리 생각하는 것 또한 무리다. 슬라보예 지젝은 앞에 이야기한 책에서 "역사로부터 배울 수 있는 유일한 것은 역사에서 아무것도 배울 게 없다는 사실"이라는 헤겔의 말을 인용한 뒤 "감염병 덕분에 우리가 더 현명해지리라는 주장은 의심스럽다"라고 했다. 우리가 지나온 팬데믹 사태의 교훈으로 앞으로의 삶을 더 현명하게 이어간다는 걸 기대하기는 어렵다는 이야기다. 앞의 제27장에서 이야기했듯이 폭염, 폭우, 가뭄, 태풍 등 대처해야 할 일은 숱하게 쌓여 있다. 그 모든 사태의 원인은 어느 한 가지에 의해서만 벌어지는 법이 없다. 문제를 온전히 해결하고 이 땅의 사람살이를 더 평화롭게 이어가기 위해서는 이 모든 문제들에 대한 종합적인 통찰과 대책이 필요하다. 돌아보면 결국 기후 붕괴를 비롯한 팬데믹 사태 등 모든 불행의 씨앗은 인간이 지어왔다. 우리가 지난 25만 년 동안 호모 사피엔스의 세상인 것마냥 우리 생태계를 마음대로 변화시켜 온 대가를 지금 치르는 것이다. 지금이라도 호모 사피엔스가 이 거대한 생태계의 한 생물종에 불과하다는, 그러나 이 생태계의 문제를 가장 현명하게 극복할 수 있는 지혜를 가진 유일한 생물종임을 인식해야 한다. 그게 바로 호모 사피엔스가 걸어야 할 길이다. 이제 더 이상 실패할 겨를이 없다. 지금이야말로 거대 생태계의 축소판으로 살아 있는 한 그루의 나무를 세심히 살피고 그들이 끊임없이 보내주는 갖가지 시그널에 담긴 속뜻을 읽어내야 할 때다.

제 29 장
포스트팬데믹

보태어 채움: 식물 분류

생물들을 알아보기 시작하면,
일단 특정한 야수들, 새들, 꽃들의 이름을 알게 되면,
당신의 눈에 생물들의 형태와 자연의 질서가 보이기 시작한다.
당신은 생명이 존재하는 곳,
당신 주변 어디에서나 생명을 알아보기 시작할 것이다.
아직 너무 늦은 건 아니다.

- 캐럴 계숙 윤*Carol Kaesuk Yoon*,
『자연에 이름 붙이기*Naming Nature: The Clash Between Instinct and Science*』에서

경이로운 생명, 나무 이야기를 마무리하기 전에 남은 주제가 하나 있다. 식물 분류 이야기다. 45억 년 전에 지어진 지구에서 나무가 탄생하고, 그 곁에서 사람이 살아온 긴 역사를 짚어보는 전체적인 흐름이 끊어질 수도 있지만 그렇다고 나무를 이야기하며 빼놓을 수 없는 주제이기에 맨 뒤에 따로 독립한 자리를 마련했다. 이 장의 머리는 순서대로라면 '제30장'이라 해야 하겠지만, 그래서 '보태어 채움'이라고 했다. 예전 방식대로라면 '보유補遺'라고 하는 게 맞을 테지만 프롤로그에서 풀어 썼듯이 할 수 있는 한 우리 일상어에 가까운 용어를 쓰자는 생각에서 비교적 낮

설 수 있는, 그러나 뜻은 명쾌할 수 있는 우리말 표현으로 이 장을 시작했다.

우리는 숲에서든 수목원에서든 처음 보는 나무를 만나게 되면 먼저 묻는다. "이 나무는 뭐지? 이름이 뭘까?" 누구나 그렇다. 나무의 이름을 알게 됨으로써 그를 만났다는 걸 증명하고 싶어지는 당연한 반응이다. 때로는 나무의 이름을 안다는 것으로부터 그의 모든 것을 알았다는 착각에 빠질 우려도 있다. 그래서 우선 나무의 이름을 안다는 것에 대해 생각해 보자. 세상 모든 것의 이름에는 그의 중요한 특징이 담긴다. 일정한 특징을 획득하기도 전에 이름부터 얻는 사람의 경우야 다르지만, 나무처럼 사람과 함께 오래 살면서 생긴 이름이라면 그 안에 사람의 문화가 고스란히 담기게 마련이다. "모든 것은 명명命名에서 시작된다"라고 한 프랑스의 언어생태학자 루이장 칼베(Louis-Jean Calvet, 1942~)의 이야기도 그래서 주목할 수밖에 없다. 이름은 대상에 대한 인식 태도의 직접적 반영이라는 이야기다.

이름을 안다는 것과 생명을 느낀다는 것의 거리

우리의 경우, 나무 이름의 유래와 관련한 기록이 별로 많지 않다. 심지어 대개의 나무 이름에는 둘 이상의 불명확한 이야기가 전한다. 몇 가지 알아두는 게 좋은 사례를 짚어본다. 매화와 목련이 지고, 제법 봄볕이 따스해지면 하얀 꽃을 무더기로 피우는 이팝나무*Chionanthus retusus* Lindl. & Paxton의 이름에도 여러 설이 얽혀 있다. 우선 꽃이 입하立夏 즈음에 피어나기 때문에 '입하목', '입하나무'라 부르다가 이팝나무가 됐다는 이야기가 있다. 또 쌀밥의 지방말인 '이밥', '이팝'에서 유래됐다고 보는 이야기도 있다고 앞에서 말한 바 있다. 나뭇가지 위에 하얀 꽃을 무성하게 피우는 이팝나무의 꽃차례가 마치 하얀 사발 위로 소복이 담은 쌀밥, 즉 고봉밥을 연상하게 해서 그랬다는 것이다.

이팝나무와 비슷한 조팝나무*Spiraea prunifolia* Siebold & Zucc. f. *simpliciflora* Nakai라는 이름의 나무도 있다. 작은키로 자라는 나무의 가지마다 앙증맞은 하얀 꽃을 줄줄이 매단 나무의 모습이 마치 꽃방망이를 연상하게 하는 나무다. 영어권에서 이 나무의 이름을 '신부의 화환bridal wreath'이라고 부르는 게 설득력 있게 다가오는 생김새를 가진 나무다. 우리가 이 나무를 조팝나무라고 부르는 건, 하얀 꽃송이의 안쪽에 촘촘히 돋아난 노란 꽃술이 마치 좁쌀을 섞어 지은 조밥을 떠올리게 하기 때문이다. 먹고사는 게 절박했던 시절에 붙인 이름이지만, 이 꽃을 보면서 조밥을 떠올린 게 좀 생뚱맞아 보인다. 수술머리에 맺히는 꽃가루가 노란색인 건 조팝나무만은 아니다. 그러나 가까이에서 산울타리로 많이 심어 키우던 이 나무를 바라보던 배고픈 시절의 사람들은 먼저 조밥을 떠올렸던 것이다.

하나의 나무를 바라보며 떠올리는 이미지는 사람마다 시대마다 지역마다 다르다. 어떤 환경, 어떤 문화에서 살아가느냐에 따라서 나타나는 차이다. 물론 나무에 따라서는 세계 어디에서나 같은 느낌의 같은 이름으로 부르는 경우도 있다. 회화나무가 그렇다. 곧은 줄기가 기개 있게 솟아올라, 자유분방하고 거침없이

346 사람의 마을에서 사람과 더불어 살아가는 **서울 견지동 회화나무**.

뻗어 내는 가지를 보고, 서양 사람들은 '학자 나무scholar tree'라는 중국식 이름을 거부감 없이 받아들였고, 우리는 '선비수' 혹은 '학자수'라고 불렀다. 우리의 옛 선비들은 회화나무에서 꽃이 피는 걸 보고 과거 시험 철이 다가온다는 걸 알아챘다는 남다른 의미가 덧붙었지만, 서양과 우리의 명명 근거에 큰 차이는 없다.

나무 이름을 보면 무엇보다 우리가 어떤 환경에서 살아왔는지의 실마리를 찾아볼 수 있다. 이팝나무와 조팝나무에서 밥을 연상한 건, 무엇보다 우리가 가난하게 지내며 굶주림의 시절을 살아왔다는 반증이다. 배부르게 먹는 걸 가장 소망했던 시절이 있었다. 하늘의 뜻에만 기대어 살아야 했던 가난한 시절이었다. 그 시절, 사람들은 곁에서 피어나는 하얀 꽃을 보면서 그토록 그리워하던 쌀밥을 떠올렸고, 낮은 키로 피어나는 조팝나무의 하얀 꽃에서는 꽃송이 가운데에 돋은 노란 꽃술을 보면서 맛난 조밥을 떠올렸다.

한 걸음 더 나아가 우리가 나무를 어떻게 대했는지를 살펴볼 수 있는 나무 이름도 있다. 역시 먹고사는 게 가장 절박했던 우

보태어 채움
식물 분류

1169

리 살림살이를 그대로 대변하는 나무 이름이다. 진달래와 철쭉이 그 대표적인 경우다. 두 꽃이 비슷하게 생겼지만, 둘 가운데 보릿고개를 넘겨야 하는 계절에 산과 들에 지천으로 피어나는 진달래꽃은 따 먹으며 허기를 달랠 수 있었다. 그러나 철쭉의 꽃송이에는 약간의 독이 들어 있어 잘못 먹으면 배탈이 난다. 그래서 먹을 수 있는 꽃을 피우는 진달래는 '참꽃'이라 불렸고, 먹을 수 없는 철쭉은 '개꽃'이라 했다. 먹을 수 있다는 이유에서 사람들은 진달래꽃에 '참'이라는 최고의 호칭을 붙였고, 진달래보다 화려하게 피어나는 철쭉에는 '가짜'라는 뜻의 '개'를 붙였다. 배고픈 시절에 화려함이나 아름다움 따위는 별무소용이었다는 이야기다.

　나무 이름에는 이 땅의 삶과 역사가 들어 있다. 나무의 이름을 부른다는 것은 결국 사람의 희노애락을 담은 사람살이의 역사를 짚어나가는 길이다. 길섶에 피어난 작은 꽃들의 이름을 더 간절히 부르게 되는 까닭이다. '이름을 부른다는 것'의 의미를 생각하노라면 꽃이 되고 싶은 그가 '나의 이 빛깔과 향기에 알맞은' 이름을 불러달라는 옛 명시名詩의 한 구절을 떠올리게 된다. 하도 많이 읊은 시구여서 이제는 유치하리만큼 진부한 느낌도 어쩔 수 없지만 '이름'을 이야기하자면 언제나 가장 먼저 떠오르는 시구詩句다. 살아 있는 모든 생명이라면 누구라도 제 빛깔과 향기에 맞춤한 이름을 갖고 있을 것이고, 이름을 불리는 순간이 곧 존재의 의미를 얻는 계기라는 이야기다. '몸짓'과 '꽃', 혹은 '몸짓'과 '눈짓'의 아슬한 경계를 넘어서는 황홀한 순간이다.

　사실 나무의 이름을 제대로 안다는 것은 나무와의 교감을 위해서 매우 중요한 일이다. 하지만 이름을 알고 그의 이름을 불러

준다는 게 그리 간단한 일은 아니다. 그저 이름만 줄줄이 외어 부르는 건 큰 의미가 없다. 그 이름을 알기 전에 해야 할 일이 있다. 무엇보다 그의 빛깔과 향기를 오래 탐색해야 한다. 그저 식물도감을 보고 식물 이름을 외는 것은 의미가 없다는 게 실제로 식물분류학을 전공하는 거의 모든 전문가들이 공통적으로 강조하는 말이다. 잠깐 동안은 이름을 알 수 있을지 모르지만, 제대로 그의 이름을 부르기 위해서는 성의 있는 관찰이 전제돼야 한다고 입을 모은다.

돌아보면 나무의 이름이라는 건 사람들이 편의에 의해 붙인 것이다. 그러나 식물 이름은 지역마다 민족마다 문화마다 서로 다르다는 데에서 문제가 발생한다. 지금의 식물분류학에서 이야기하는 이른바 '일반명common name'이 그런 경우다. 일반명은 식물분류학에서 부르는 이름이 아니라 비전문가인 일반인들이 부르는 이름이어서 지역마다 문화마다 서로 다르다. 심지어 우리나라 안에서도 지방에 따라 다른 일반명으로 부르는 나무는 적지 않다. 편안한 이해를 위해 일단 우리 곁의 나무들을 살펴본다. 중부지방에서 흔히 '후박나무'라고 부르는 나무가 있다. 시를 비롯한 문학 작품에도 자주 등장하는 나무 이름이지만, 실제로 많은 문학 작품에서 이야기한 '후박나무'는 후박나무가 아니다. 중부지방에서 '후박나무'라고 부르는 나무는 대개 틀렸다. 그건 일본목련*Magnolia obovata* Thunb.에 대한 잘못된 호칭이다. 후박나무는 우리나라의 중부지방에서는 살지 못한다. 일본목련은 이름 그대로 일본에서 자라는 목련 종류의 나무인데, 일본 사람들이 이 나무를 '후박厚朴'이라고 불렀다. 일본 사람들의 일반명이라는 이야기다. 그런데, 이 나무를 처음 일본에서 들여올 때 일본 사람들이 부르던 이름을 그대로 부르면서 혼란이 일어났다. 오래전부터 우리나라에서 진짜 후박나무*Machilus thunbergii* Siebold & Zucc. ex Meisn. 라고 부르는 나무는 따로 있다. 남녘 바닷가에서 잘 자라는 상록성 나무다. 앞의 제13장에서 세 그루의 나무가 한 그루처럼 바투 붙어서 자란 특별한 경우라며 소개한 **장흥 삼산리 후박나무군**의 나무들이 진짜 후박나무다.

일반명이 서로 다른 경우는 헤아릴 수 없이 많다. 언어와 문화가 다른 지역으로까지 범위를 확대하면 더 헷갈리게 된다. 계수나무가 그렇다. '푸른 하늘 은하수~'로 시작하는 우리의 동요 〈반달〉에도 계수나무가 등장한다. 그런데 이 계수나무의 실체가 헷갈린다. 비슷한 이름으로 일본에는 '계수桂樹'라고 부르는 나무가 있고, 중국에는 '계화桂花'라고 부르는 나무가 있다. 우리 옛 선비들의 나무에 대한 생각을 엿볼 수 있는 우리나라 최초의 원예서인 『양화소록養花小錄』에도 '계화'가 등장한다. 중국, 일본, 우리나라 모두 같은 계桂라는 한자를 썼지만, 이들은 서로 다른 나무다. 물론 우리 한자사전에 '계桂'는 '계수나무 계'로 간단히 풀이돼 있다. 하지만 중국 사람들의 '계桂'는 '계수나무'가 아니다. 중국의 계화는 '목서*Osmanthus fragrans* Lour.'를 가리키는 말이다. 목서의 중국어 일반명이라고 보면 된다. 강희안(姜希顔, 1419~1464)의 『양화소록』에 등장하는 '계桂'도 중국에서 그런 것처럼 목서를 가리키는 걸로 보아야 한다. 그러나 일본의 '계桂'는 '계수나무 *Cercidiphyllum japonicum* Siebold & Zucc. ex J.J.Hoffm. & J.H.Schult.bis'를 가리킨다. 분명히 서로 다른 나무다.

347 일본의 가장 오래된 계수나무 가운데 하나인 **지장계수나무**.

　그렇다면 동요 〈반달〉에 나오는 계수나무는 어떤 나무일까? 중국의 설화를 바탕으로 하여 달에 토끼와 함께 산다는 나무는 계수나무인가 목서인가 헷갈리는 게 당연하다. 우선 계수나무가 우리나라에 들어온 시기와 동요 〈반달〉이 지어진 시기를 고려하면 답을 찾을 수 있지 싶다. 가을 낙엽의 계절이면 특별히 달큰한 향기로 사람의 관심을 끌어모으는 계수나무는 1920년대에 일본에서 처음 들여온 일본산 나무다. 그리고 동요 〈반달〉이 발표된 때가 1924년이다. 그때에는 아직 대중에게 일본에서 들어온 계수나무가 널리 알려지지 않은 상태여서 노랫말을 지은 윤극영 선생이 계수나무를 알고 지은 것으로 보기 어렵다. 그렇다면 〈반달〉 속의 계수나무는 중국의 나무 '계화桂花', 즉 목서를 가리키는 게 된다. 중국이나 일본 모두 한자를 이용해 나무 이름을 붙였지만, 같은 한자를 서로 다른 나무에 붙이는 경우가 있어서 그 나라에서 들어온 나무들에 붙이는 이름에는 종종 이처럼 혼동이 나타난다.

보태어 채움
식물 분류

white pine은 백송이 아니다

흔하게 범하는 오류는 더 있다. 영미문화권에서 'white pine'이라고 부르는 나무가 있다. 그 지역에 많이 자라는 나무이다 보니, 그 문화권에서 출판된 저술에 자주 등장하는 나무다. '흔하게 범하는 오류'라고 했지만, 그건 우리의 일반 숲 해설가나 식물 전문가들이 아니라 대개의 영어권 도서 번역자들이 범하는 오류다. white pine을 우리말로 뭐라고 옮겨야 할까. 독자들도 당연히 영문을 그대로 해석하여 '백송白松'으로 번역하는 게 틀리지 않으리라고 생각하기 쉽다. 그래서 영어 책을 번역한 거의 모든 책에 white pine은 '백송'으로 번역돼 있다. 말 그대로 white는 희다는 뜻이고, pine은 소나무를 뜻하는 영어이니, 당연히 흰 소나무, 그걸 좀 더 세련되게 표현하면 백송이 맞지 않겠는가. 다른 나무들은 꼼꼼히 학명까지 대조하며 번역하는 훌륭한 번역가들조차 white pine에 대해서는 아무 의심 없이 '백송'으로 번역한 책이 적지 않다. 너무나 명확한 걸 굳이 학명까지 찾아보느라 수고할 필요가 없다고 생각한 모양이다.

그러나 틀렸다. 우리가 백송이라고 부르는 나무와 영미문화권에서 white pine이라고 부르는 나무는 다른 나무다. 단지 소나무과에 속하는 나무라는 점에만 공통점이 있을 뿐 완전히 다른 나무다. white pine은 *Pinus strobus* L.이라는 학명의 나무에 대한 영어 일반명이며, 우리말로는 '스트로브잣나무'라고 부르는 나무다. 일단 우리가 '백송'이라고 부르는 나무는 영미문화권에서 볼 수 없다. 그러니까 영미문화권의 관련 도서에 '백송'이라고 표현된 나무는 십중팔구 틀린 번역이다. 중국을 비롯한 한국, 일본 등에서 볼 수 있는 중국 원산의 특별한 나무를 우리는 백송이라고 부른다. 이 백송은 옮겨심기도 잘 안되고, 씨앗으로 번식시키기도 까탈스러워 중국 바깥의 지역인 한국과 일본에서 일부 볼 수는 있지만, 흔한 나무가 아니다. 학명은 *Pinus bungeana* Zucc. ex Endl.이고, 이 나무의 영문 일반명은 white pine이 아니라 white-barked pine이다. 우리가 백송이라고 부르는 나무에 대해서는 앞의 제23장 '나무와 문화'를 이야기하면서 몇 그루의 특별한 백송을 소개했고, 제26장 '생로병사'에서는 안타깝게 죽음에 든 백송도 이야기했다.

이름의 혼동은 나라 안에서도 벌어진다. 화살나무는 어느 지방에서 '횟잎나무'라고 부르고, 또 어떤 지방에서는 '홋잎나무'라고 부른다. 화살나무의 여린 순을 무친 반찬인 나물을 '화살나물'이나 '화살나무나물'이라고 부르는 경우는 보지 못했다. '홋잎나물' 아니면 '횟잎나물'이라고만 부른다. 물론 아는 사람은 다 아는 이야기이겠지만, 이 나물을 처음 접하는 사람이라면 과연 '횟잎나물'의 식재료가 화살나무 잎이라고 짐작이나 할 수 있겠는가. 이런 경우는 더 많다. 흔히 닭백숙을 고아낼 때 함께 이용하는 나무가 있다. 이 나무가 들어간 백숙을 흔히 '엄나무 백숙'이라고 한다. 그러나 식물도감을 아무리 뒤져도 엄나무라는 나무는 찾을 수 없다. 음나무*Kalopanax septemlobus* (Thunb.) Koidz.의 잘못이다.

또 누구나 잘 아는 동백나무*Camellia japonica* L.가 있다. 우리 근대문학 작품에는 「동백꽃」이라는 김유정의 빼어난 단편소설도 있다. 이 소설에서 김유정은 동백꽃을 '노랗게 피어난다'고 묘사했다. 워낙 많은 동백나무의 품종 가운데에 노란 꽃을 피우는 종류가 있긴 하지만 그 품종의 동백나무를 김유정 시대에 우리나라에 들여와 김유정의 고향인 강원도 춘천 지역에서 널리 심어 키우지는 않았다. 김유정의 고향인 강원 지역에서 '동백꽃'이라고 불렀던 나무는 '동백나무'가 아니라 '생강나무*Lindera obtusiloba Blume*'다. 민간에서 부르는 일반명의 문제다.

심지어 식물도감 사이에도 차이가 있는 식물 이름이 있다. 이를테면 가을이면 피어나는 대표적인 관상용 식물 가운데 하나인 꽃무릇[1]*Lycoris radiata* (L'Hér.) Herb.이 그런 경우다. 어떤 식물도감에서는 이 식물을 '꽃무릇'이라고 표기했지만, 다른 식물도감에서는 '석산'이라고 표기했다. 두 도감이 우리나라에서 가장 권위 있는 도감임에도 불구하고 서로 다른 이름을 썼다. 화살나무와 횟잎나무, 꽃무릇과 석산, 도무지 같은 식물로 보기에는 너무 다른 이름이다. 거꾸로 서로 다른 나무를 똑같은 이름 '동백'으로 부르는 경우도 난감하기는 마찬가지다.

《국가표준식물목록》이 필요한 이유가 여기에 있다. 우리의 식물 자원을 체계적으로 관리하려면 국민 모두가 하나로 인식할 수 있는 통일되고 표준화한 식물 이름이 절실하게 필요하다. 더구나 최근에는 세계적인 식물 자원 교류 과정을 통해 아직 우리말 이름이 없는 새로운 식물이 수시로 들어오는 상황이다. 이런 상황을 바탕으로 국립수목원과 한국분류학회는 '국가식물목록위원회'를 구성했다. 이 위원회를 중심으로 나라 안에서 볼 수 있는

---

[1] 《국가표준식물목록》에서는 '석산'이라고 표기돼 있지만, 여기서는 일반적으로 더 널리 쓰이고 비교적 정겨운 표현인 '꽃무릇'으로 쓴다.

모든 식물의 이름을 표준화하는 작업을 시작해 2007년에 처음으로 《국가표준식물목록》을 발간했고, 그 뒤로도 몇 차례의 개정작업을 거쳐 식물 이름의 표준을 제시하고 있다. 《국가표준식물목록》은 누구라도 인터넷 웹사이트[2]에 접속해 검색·활용할 수 있다. 이 책에서도 식물 이름은 특별한 경우를 제외하고는 모두 《국가표준식물목록》의 '추천명'을 따랐다.

린나이우스 전에도 나무 이름은 있었다

우리 곁에 존재하는 것들에 이름을 붙이고 그 이름을 부른 건 언어를 사용하고 언어를 통해 소통하는 사람들에게 본능이었다. 사람살이의 필수 절차였다. 사람들은 눈에 보이는 주변의 모든 존재를 구분하고 분류했으며, 각각에 이름을 짓고 그 이름을 불렀다. 동물과 식물을 따로 나누었고, 식물 중에서도 나무와 풀을 나누는 건 굳이 분류학 체계가 확립되기 전에도 존재했다. 생존을 위한 기본적인 방도였다. 이를테면 주변에 흔하디 흔하게 자라나는 풀들 가운데에는 사람이 먹을 수 있는 풀이 있는가 하면 독성이 강해서 절대로 먹어서는 안 되는 풀도 있다. 그걸 사람들은 나누어 인식해야 했고 더 많은 사람들에게 정확히 알려야 했다. 그러려면 반드시 그 대상의 이름이 있어야 했다.

한국계 미국인 식물학자 캐럴 계숙 윤은 2023년에 펴낸 분

보태어 채움
식물 분류

류학의 슬픈 운명을 파헤친 문제작 『자연에 이름 붙이기』에서 생태계에 질서를 부여하고 이를 나누어 인식하는 건 본능이라고 강조하며 심리학에서 인간의 본성으로 이야기하는 중요 개념인 '움벨트umwelt'를 끌어왔다. 이 책에서 캐럴 계숙 윤은 아직 일상적인 말조차 제대로 익히지 못한 어린아이도 주변의 살아 있는 생물과 생명 없는 무생물을 본능적으로 구별한다고 했다. 호랑이와 곰을 만나면 생명의 위협을 느껴 냅다 피하게 되지만, 활짝 피어난 꽃송이 주변을 날아다니는 나비를 바라보면 따라가는 건 굳이 가르쳐 주지 않아도 본능적으로 이뤄지는 행동이라고 했다. 자연스레 분류가 시작된다. 주변의 대상을 분류하고 이름 붙이는 이 본능을 설명할 수 있는 건 생물분류학 바깥인 심리학 분야에서 이야기해 온 '움벨트'라는 개념으로 설명하는 게 더 알맞다고 했다.

분류를 인간의 본성이라고 한 그의 이야기처럼 일정한 체계를 바탕으로 이름 붙인 생물을 나누어 목록을 작성한 것은 오래된 일이다. 서구의 기록으로 보면 기원전 612년에 만들어진 바빌로니아 점토판에서 200여 종의 식물 목록이 발견된 바 있다. 일상생활에서 약재로 쓰일 만한 식물들의 이름이었다. 까마득한 옛날의 기록이다. 동양에서도 마찬가지다. 중국의 오래된 문헌인 『신농본초경神農本草經』에는 365종류의 식물 이름이 나온다. 『신농본초경』이 쓰인 건 서기 250년쯤이다. 그러나 그 문헌에 나오는 식물 이름은 그보다 3,000년 전부터 사람들 사이에 입에서 입으로 전해오던 걸 기록으로 옮긴 것이라고 한다. 전하는 이야기대로라면 『신농본초경』에 나오는 식물 이름은 지금으로부터 5,300년 전쯤에 이미 사람들 사이에 회자했다는 이야기다. 또 기원전 300년쯤에는 그리스의 아리스토텔레스(Aristoteles, BC 384~322)가 500여 종의 생물 이름을 짓고, 이를 정리한 기록이 있다. 이어서 아리스토텔레스의 제자인 테오프라스토스(Theophrastos, BC 372~287 추정)는 스승의 기록에 등장한 생물 가운데에서 식물에 더 집중하여 약 500종의 식물 이름을 새로 짓고 체계를 잡아 정리했다.

특히 테오프라스토스는 우리 생태계를 유지하는 분명한 질서가 존재한다고 믿었으며, 이를 바탕으로 식물의 이름을 짓는 데에 초점을 맞춘 최초의 인물로 여겨진다. 근대 식물분류학이 발달하기 이전까지 대개는 사람살이에 어떤 도움이 되는가를 바탕으로 식물의 이름을 지었다. 하지만 테오프라스토스는 실용성을 넘어서는 식물 분류 작업을 한 인물이었다. 단순히 식물에 이름 붙이는 일을 넘어 식물들 사이에 존재하는 공통점과 차이점을 찾아내고 그 특징에 따라 식물을 비교 연구한 최초의 식물학자라고 할 만하다. 그는 『식물의 역사Historia Plantarum』와 『식물 연구 De Causis Plantarum』라는 두 권의 책을 남겼는데, 이때가 기원전 300년 무렵이다. 우리에게 익숙한 책은 아니다. 서양 문화권에서도 테오프라스토스의 책이 널리 알려진 건 아니라고 한다. 그 뒤로 다양한 식물의 이름이 나타나는 저술로는 고대 로마의 박물학자인 플리니우스(Gaius Plinius Secundus, 23~79)가 남긴 『박물지 Naturalis Historia』[3]가 있다. 이 책은 우리나라에서도 '세계 최초의

---

3   이 책의 원제를 그대로 해석하면 영문으로 첨부했듯이 '자연의 역사'가 되지만, 우리말 번역서는 모두 『박물지』로 돼 있다.

보태어 채움
식물 분류

백과사전'이라는 부제를 붙여서 『플리니우스 박물지』 혹은 『교양인을 위한 플리니우스 박물지』라는 제목으로 번역 출간한 바 있다. 플리니우스의 『박물지』는 1세기 중반인 서기 50년부터 16세기 초반까지 서구 문화권에서는 식물 정보를 참고하는 데에 요긴한 고전 문헌 역할을 했다고 한다. 그런데 이 책은 식물 분야 전문가들의 분석에 따르면 테오프라스토스가 먼저 펴낸 두 권의 책에 서술된 식물 정보를 거의 그대로 베껴 쓴 것이라고 한다. 게다가 앞에서 이야기한 것처럼 테오프라스토스는 식물을 명명하고 분류하며 자연 생태계의 질서를 규명하려는 목적을 가졌던 것과 달리 플리니우스는 테오프라스토스가 보여주었던 철학적인 면보다 실생활에 어떻게 응용할 것인가를 강조하는 방식으로 식물 정보를 나열했다는 게 전반적인 평가다. 자연의 체계를 탐구하려는 철학적 탐구에서 이른바 '약초학'과 같은 실용 학문으로 위축시킨 결과였다. 결국 테오프라스토스가 식물을 중심으로 한 생태계의 질서를 밝히려 했던 철학 측면은 오히려 후퇴하여 다시 실용적인 면을 강조한 결과가 됐다. 정통적인 의미에서 식물학은 오히려 퇴보한 것이다. 식물에 대한 테오프라스토스의 철학적 사유는 너무 일렀다. 당시로서는 당장의 실용적인 의미와 가치가 더 많은 사람들에게 와닿는 것이었던 때문에 테오프라스토스처럼 자연의 체계 전반을 연구하는 흐름은 더 이상 이어지지 않았다.

테오프라스토스의 철학은 그렇게 끊어지고 플리니우스와 같은 실용적 의미에서의 식물에 대한 생각이 그 뒤로 이어졌다. 역시 사람들에게는 당장 먹고사는 실용적인 일에 대한 본능적 끌림이 우선이었다. 18세기까지 이어지는 식물에 대한 관심은 거의 모두가 사람살이에 얼마나 효용이 있느냐 하는 아주 단순한 이유에서 비롯됐다. 먹을 수 있느냐 없느냐 하는 생존에 직접적인 관련을 가진 이유에서부터 상처를 치유하고, 병을 낫게 하는 효험과 관련한 정보를 전달하기 위해서도 식물에 이름 짓는 일은 필요했다. 그래서 초기에 식물에 대한 거의 모든 책들은 식물을 약재로만 보았다. 식물을 하나의 생명으로 보고 그들을 구분하고 분류하여 이름을 부여했다. 마침내 사람을 포함한 전 생태계를 움직이는 생명의 원리를 밝히려는 식물 철학, 혹은 생태 철학의 기본이 마련되기에는 아직 시간이 더 필요했다. 무엇보다 사람살이의 안정이 먼저였다. 식물 명명 과정의 이 같은 초기 흐름은 굳세게 이어졌다. 식물과 관련해 세계 최초로 인쇄된 책도 독일의 약초 의학서라고 한다. 식물을 사람살이에 활용할 대상으로만 여긴 것이다. 그 영향은 지금까지도 여전하다. 이를테면 이 책에서 처음부터 짚어보았던 "나무를 실용적인 의미로만 판단하는 경향"과 무관하지 않다.

식물의 이름을 짓고 분류하는 작업은 서양에서만 진행된 게 아니다. 앞에서 중국의 『신농본초경』을 이야기했지만, 우리나라에도 식물의 이름에 대한 필요성을 일찌감치 알아채고 정리한 문헌이 없는 게 아니다. 대표적인 저술로 조선 후기인 19세기 중반에 당대 대표적인 저술가인 실학자 서유구(徐有榘, 1764~1845)가 남긴 대작『임원경제지林園經濟志』를 들 수 있다. 여러 벼슬살이를 거친 서유구는 말년에 이 책의 저술에 몰두했다. 18년이라는 긴 세월에 걸쳐 서유구는 집필에 몰두한 끝에 113권 52책이라는 엄청난 분량의 책을 완성했다. 이 저술은 그가 죽고 거의 200년 가까이 지나온 최근에야 비로소 현대의 한글로 완역되었다.『임원경제지』는 서유구가 손수 집필한 내용보다 900여 권의 기존 문헌을 인용한 부분이 중심인 대작으로, 사람살이의 모든 분야에서 필요한 지혜를 세밀하게 짚어본 경이로운 저술이다. 이 책의 가치를 일일이 짚어보는 건 힘에 부치는 일이지만 식물 명명 과정의 역사를 이야기하는 이 자리에서『임원경제지』의 한 가지 특징만 짚어보아도 식물 이름의 의미가 얼마나 중요했는지를 알 수 있다. 식용식물과 약재를 다룬〈관휴지(灌畦志, 권 14~17)〉, 화훼류의 재배법을 주로 이야기한〈예원지(藝畹志, 권 18~22)〉, 31가지 과일과 25가지 나무의 재배법과 벌목법을 설명한〈만학지(晩學志, 권 23~27)〉의 서술 방식이 그렇다. 각 항목을 설명하기에 앞서 서유구는 반드시 식물 이름을 먼저 제시하고 그 뜻부터 짚어보는 방식을 활용했다. 식물의 이름이 왜, 얼마나 중요한지를 명백히 알고 있었다는 이야기다. 그러나 서유구의『임원경제지』역시 생태계의 질서를 규명하려는 철학적 의지가 앞섰던 건 아니다. 쓰임새 위주로 이어져 온 이전 서양 식물학의 흐름과 크게 다르지 않다는 한계는 존재한다.

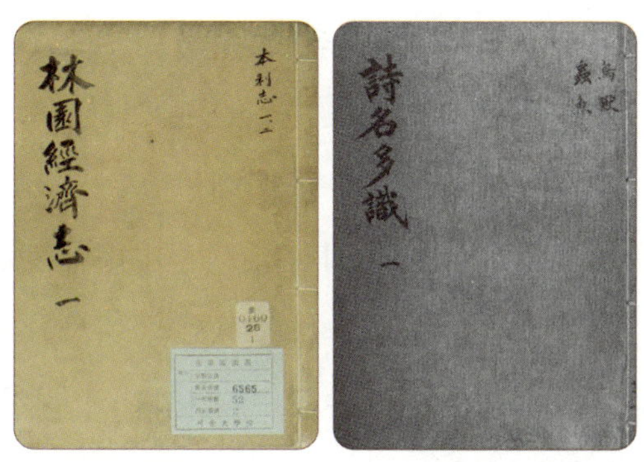

349 서유구의 『**임원경제지**』(왼쪽)와 정학유의 『**시명다식**』(오른쪽).

　『임원경제지』와는 조금 다른 차원에서 집필된 『시명다식詩名多識』도 식물의 이름이 가지는 의미와 실용적 의미를 짚어본 의미 있는 저술이다. 2007년에 현대 우리글로 번역되어 이미 관계자들 사이에서는 널리 읽힌 책이다. 다산茶山 정약용(丁若鏞, 1762~1836)의 둘째 아들인 정학유(丁學游, 1786~1855)가 남긴 이 책은 실용적인 의미에서 식물의 이름을 풀어 쓴 책이라고만 이야기하기에는 남다른 점이 있다. 당시 선비들이라면 필독해야 할 고전으로 사서삼경四書三經이 있었고, 그 안에 『시경詩經』이 들어 있었다. 그런데 중국에서 오래전부터 전해오는 시가를 담은 『시경』에는 많은 식물이 등장한다. 그 식물 가운데에는 우리나라에서 볼 수 없는 식물이 있는가 하면 우리 땅에 존재한다 해도 채 이름을 얻지 못한 식물이 수시로 나온다. 이 식물들의 실체를 알지 못하고는 『시경』을 온전히 이해하는 게 불가능했다. 정학유가 『시명다식』이라는 책을 쓰게 된 건 그래서였다. 식물 그 자체에 대한 관심보다는 『시경』을 온전히 이해하기 위한다는 목적이 우선이었다. 『임원경제지』의 방대함에 비하면 그저 독서 노트쯤으로

보태어 채움
식물 분류

여겨지겠지만, 여기에서 정학유는 풀草과 나무木, 곡식穀과 채소菜 등 식물을 비롯해 새鳥, 짐승獸, 곤충蟲, 물고기魚 등 8개 분야로 나누어 326항목에서 생물 310여 종을 해설했다. 엄밀하게 따지면 이 책 역시 『시경』을 이해하기 위한다는 선비들의 실용적 목적에서 벗어날 수 없는 저술이 되겠지만, 이해의 대상인 『시경』이 옛 시를 모은 문학 저술이고, 일반인들의 실생활에 직접 관여된 것이 아니라는 특징이 있다.

정학유의 『시명다식』은 무엇보다 유배지에서도 고향에 남아 있는 가족들을 생각하며 살가운 편지를 써 보냈던 그의 아버지, 정약용의 가르침이 그대로 담겨 있는 책이라는 점에서도 흔치 않은 부자 관계의 감동을 전해준다. 정약용은 유배지에서 아들에게 보낸 편지에서 "어떤 글을 읽든 한 글자도 그냥 넘기지 말고 그 뜻을 완전히 이해하여 깨우칠 때까지 꼼꼼히 짚어보라"라는 가르침을 남겼고, 정학유는 아버지의 가르침을 받들어 『시경』에 나오는 한 글자 한 글자를 빠짐없이 독파했다. 그러다가 의문이 나는 글자를 더 깊이 파헤치다가 쓴 책이 『시명다식』이었다.

기억하기 어려울 만큼 길고 복잡해지는 식물 이름

우리보다 생물학 발전에 훨씬 앞선 서양에서는 15~16세기의 르네상스 시대에 이르러서 생물을 분류하고 이름 짓는 과정에서 실용적인 이유를 넘어서는 다른 동기가 보태지기 시작했다. 르네상스 시대는 우리 주변의 자연, 즉 생태계를 보다 깊이 있게 이해하려는 지적 욕구가 끓어넘치던 시대다. 그 과정에서 당연히 주변에 가장 많은 생명체로 마주치는 나무와 풀, 식물을 알고 싶어 하는 욕구는 솟구쳤다. 식물을 자세히 알려는 이유는 더 다양해지고 깊어졌다. 식물 수집 취미가 일어나면서 자신이 수집하여 확보한 식물의 생태적 특징을 알아야 했다. 자연히 식물이 자연 상태에서 다른 생물들과 어떤 관계를 맺으며 살아가는지에 대한 관심으로 확장됐다. 또 우리가 이 책의 제22장 '종교와 나무'에서도 살펴보았듯이 식물을 비롯한 자연물을 자신이 참여하는 종교의 상징으로 삼기 위한 관심과도 같은 방식으로 나타났다. 종교인들에게 자신의 거의 모든 것인 종교의 상징이 될 식물의 의미는 중요했을 것이다. 자신이 믿는 종교의 귀중함에 맞먹는 의미를 가지는 경이로운 생명이어야 했기에 식물에 대한 보다 자세한 관찰은 필수였다. 르네상스 시대의 흐름에서 사람의 관심 영역이 확장하면서 자연 세계에 담긴 아름다움을 바라보는 시각도 발전했다. 따라서 식물을 소재로 한 화가들의 아름다운 그림이 쏟아졌고, 식물 그림의 예술적 가치도 전과는 뚜렷하게 다른 의미가 보태졌다.

르네상스 시대에 이처럼 확장된 인간 외적인 것, 즉 자연에 대한 관심은 마침내 식물에 이름을 붙이게 했다. 이름을 붙이는 데에 일관하는 원칙이 있었던 게 아닌 그때에 사람들은 단박에 그 특징을 알아챌 수 있는 이름을 붙였다. 그런데 얼마 지나지 않아 그 식물과 비슷한 식물이 발견되면 애초에 붙였던 이름에 추가로 수식을 붙여주는 방식으로 식물의 이름을 붙였다. 그때 이름 붙이는 방식이 어떠했는지 사례를 들어 설명하자면 이런 식이

보태어 채움
식물 분류

다. 나무에서 하얀 꽃이 피었다. 이 꽃 생김새의 특징을 잘 담은 이름을 붙여야 했던 사람들은 꽃을 열심히 바라보았더니 한참 뒤에 꽃이 연꽃을 닮았다는 사실을 알았다. 연꽃을 닮았는데 나무에서 피어났으니 '나무 위에 피는 연꽃'이라 해서 '목련木蓮'이라는 이름을 붙였다. 얼마 지나서 새로 이름 붙인 목련과 똑같이 생겼는데 꽃잎 빛깔이 붉은 꽃을 발견했다. 여기에 붙이는 이름은 목련 앞에 붉은색을 뜻하는 '자紫'를 붙여 '자목련'이라고 했다. 여기까지는 실제 이야기가 될 것이고, 이 뒤에 하는 이야기는 상황을 드러내기 위해 꾸며낸 이야기이니 혼동하지 마시라. 사람들의 식물 탐사는 계속 진행됐고, 얼마 뒤에는 자목련을 닮았는데, 겨울에 꽃을 피우는 나무를 발견하고는 '겨울 자목련'[4]이라고 이름 붙였다. 상황은 계속 이어져 겨울에 꽃 피우는 자목련 가운데 한라산에서만 자라는 나무를 찾게 되어 이번에는 '한라산'을 강조하여 '한라산 겨울 자목련'이라고 했다. 그러나 그게 끝이 아니다. 또 얼마 뒤에는 이 '한라산 겨울 자목련'이 알고 보니, 한국 바깥 지역에서는 어디에서도 찾을 수 없게 되어 사람들은 이전까지 불러오던 이름에 '한국'을 덧붙여 '한국 한라산 겨울 자목련'이라고 했다. 이 나무에 새로운 사실이 더 관찰되면 관찰되는 특징을 또 덧붙이는 식으로 계속 나무 이름에 수식어를 덧대었다.

　　이름 하나에 그 식물이 보여주는 특징을 모두 포함시키는 건 식물에 대한 정보가 따로 없던 그 시절에 어쩔 수 없이 가장 요긴한 명명법이었다. 그때로서는 이름 붙이는 게 식물 연구의 거의

4　　다시 한번 강조하건대 실제로 '겨울 자목련'은 없다. 상황의 이해를 돕기 위해 사례를 꾸며냈을 뿐이다.

전부였다고 해도 과언이 아니었다. 그러니 식물의 이름은 사람들의 탐험 영역이 확장되고 더 많은 식물을 발견할수록 점점 더 길어졌다. 그 과정에서 나타난 믿기 어려운 식물 이름이 하나 있다.

'아카시에 쿼담모도 앗세덴스, 뮈로발라노 케불로 베슬링기이 시밀리스 아르보르 아메리카나 스피노사, 폴리이스 세라토니에 인 페디쿨로 게미나치스, 실리콰 비발비 콤프레사 코르니쿨라타 세우 코클레아룸 벨 아리에치노룸 코르누움 인 모둠 잉쿠르바타, 시베 웅구이스 카치*Acaciae quodammodo accedens, Myrobalano chebulo Veslingii similis arbor Americana spinosa, foliis ceratoniae in pediculo geminatis, siliqua bivalvi compressa corniculata seu cochlearum vel arietinorum cornuum in modum incurvata, sive Unguis cati.*'라는 식물 이름[5]이다.

이 식물 이름은 앞의 '한국 한라산 겨울 자목련'처럼 내가 지어 낸 사례가 아니다. 믿겨지지 않지만 실재로 존재했던 식물 이름이다. 물론 지금은 쓰지 않는 식물 이름이다. 식물 분류학 관련 문헌에서 터무니없이 긴 식물 이름의 사례로 종종 제시되는 이름으로만 남아 있다. 이 식물의 이름을 우리말로 옮기면 "어찌 보면 아카시아를 닮았고 베슬링이 가자나무라고 명명한 것과도 비슷하며, 세라토니아속 같은 잎이 잎자루에 쌍으로 나 있고, 열매는 뿔 모양 또는 달팽이 껍질이나 숫양의 뿔 또는 고양이 발톱처럼 구부러진 모양으로 서로 납작하게 붙어 있는 두 개의 꼬투리로

5 　이 특별한 식물의 이름은 앞에 이야기한 캐럴 계숙 윤의 『자연에 이름 붙이기』에서 든 사례인데, 여러 분류학 관련 도서에서 살펴본 사례 가운데 가장 극적인 사례로 종종 인용되는 식물 이름이다. 여기에는 캐럴 계숙 윤의 글을 정지인이 옮긴 앞의 책에 나온 표현을 그대로 옮겼다.

보태어 채움
식물 분류

이루어진 장각과 열매가 열리는 가시가 있는 아메리카의 나무"가 된다.

한때 코미디 프로그램을 통해 알려진 우스개 가운데 '세상에서 제일 긴 이름'으로 '김수한무 거북이와 두루미 삼천갑자 동방삭 치치카포 사리사리센타 워리워리 세브리깡 므두셀라 구름이 허리케인에 담벼락 담벼락에 서생원 서생원에 고양이 고양이엔 바둑이 바둑이는 돌돌이'라는 우스꽝스러운 이름이 있었다. 아마 자신의 자식이 더 나은 삶을 살게 하기 위해 좋다는 표현을 죄다 가져다 붙인 이름인 것으로 기억되는 우스개다. 앞에서 예를 든 식물 이름은 이 우스개 이름보다 훨씬 길다. 물론 이 이름을 정확히 외운다면 식물의 특징을 정확히 알 수 있을 것이다. 그러나 이걸 어떻게 외울 것인가. 이름을 외워야 다른 누군가에게 자신이 수집한 식물 가운데 이런 특별한 식물이 있다고 전달하며 자랑삼을 수 있을텐데. 번거롭고 불가능한 일이다.

인문주의 정신의 발흥으로 이어지는 르네상스 시대에 확장된 인간의 자연에 대한 관심과 지적 욕구는 식물 수집에서, 그리고 식물 이름 짓기로 이어졌으며, 마침내 그 욕구는 앞에서와 같은 복잡하고 번거로운 이름을 낳기에 이르렀다. 그 결과는 모든 사람이 활용할 수 있도록 발전하지 못하는 상황에 부닥쳤다.

이 같은 혼돈의 시대에 드디어 우리의 칼 린나이우스[6](Carl Linnaeus, Carl von Linné, 1707~1778)가 나타났다. 스웨덴 남부 스몰란드Smaland의 시골 마을인 로슐트Råshult에서 태어난 린나이우스는 나중에 스웨덴의 국왕 아돌프 프레드리크(Adolf Fredrik, 1710~1771: 재위 1751~1771)로부터 귀족 칭호를 받으며 칼 폰 린네Carl von Linné라는 이름을 사용하게 된다. 'Linné'는 린나이우스의 축약형이고, 독일어로 귀족을 알리는 'von'이 삽입된 이름이다. 린나이우스는 우리의 위대한 영웅들이 대개 그러했듯이 어린 시절에 학교 공부에는 별다른 취미가 없었고, 그런 까닭에 성적도 엉망인 불량 학생이었다. 그를 가르친 학교 선생님들은 모두 린나이우스가 성장한 뒤에 할 수 있는 건 거리에서의 육체 노동뿐 아니겠느냐고 이야기했다. 학교 수업에서는 유난스러운 '지진아'였다. 지혜로운 아이로 보이지 않았다. 그러나 학교 공부를 등한히 여기는 우리의 위인들 대부분이 그랬듯이 그는 어느 한 부분에서만큼 남다른 특별한 관심과 재능을 보여주었다. 바로 식물 분야였다. 어릴 때부터 린나이우스는 들판을 뛰어다니며 식물을 찾아다니고, 초록 잎 사이로 피어나는 꽃송이에 골몰했다. 린나이우스는 들에서 만난 식물들을 특별한 교육도 받지 않은 상태에서 표본으로 처리해 모으고, 자신이 모은 표본들을 나름대로 나누는 일에 놀라울 정도로 집요했다. 심지어 그가 아직 말도 채 배

---

6   '칼 폰 린네'는 그가 귀족 작위를 수여받은 뒤에 만든 이름이고, 원래 이름은 '칼 린나이우스'였다. 이 책에서는 작위를 수여받기 전의 이름인 린나이우스로 쓴다.

보태어 채움
식물 분류

우지 못한 어린 아기 시절부터 식물을 유난히 좋아했다고 전한
다. 무언가에 못마땅한 일이 있어 화를 내거나 징징거릴 때마다
그의 부모들은 마당의 꽃 한 송이를 건네주었고, 꽃을 바라보는
아기 린나이우스는 금세 울음을 그치곤 했다는 게 그의 어린 시
절을 곁에서 본 사람들의 이야기다. 린나이우스의 부모들은 그런
린나이우스의 특징에 잘 맞춰 식물이 즐비한 정원에서 많은 시간
을 보내도록 배려했고, 식물 이름을 하나하나 가르쳐 주었다. 학
교 공부에 취미가 없던 린나이우스를 가르쳤던 선생님들은 그를
구두 수선공의 견습생으로 두기로 결정해야 했다고도 한다. 학교
선생님들의 한탄에도 불구하고 고등학교를 졸업할 즈음에 린나
이우스는 식물에 대한 천재성을 드러내기 시작했다. 식물에 대한
관심과 열정은 나중에 동물로까지 확장되어 생명의 세계, 즉 생
태계 전반을 분류하고 체계화하는 결정적인 역할을 하게 됐다.

고등학교를 졸업한 린나이우스는 웁살라대학교에 진학했
는데, 그곳에서 신학 교수이자 식물학자인 올로프 셀시우스(Olof
Celsius, 1670~1756)라는 후원자를 만났다. 셀시우스[7]는 린나이우스
의 재능을 알아보고 린나이우스를 자신의 집에 머물게 했으며 그
때에 스웨덴에서 가장 훌륭한 것으로 알려진 셀시우스 식물 도서
관을 자유로이 이용하도록 배려했다. 주변의 도움으로 린나이우
스는 대학 2학년 때부터 대학에서 강연회를 열었을 정도로 식물
학 관련 재능을 유감없이 보여주었다.

---

[7]   셀시우스는 온도를 표시할 때 쓰는 '섭씨'라는 단위의 영문명인 Celsius와 철자
       가 똑같지만 온도 단위와는 관계 없는 인물이다. 온도 단위로 '셀시우스'를 1742년
       에 처음 제안한 사람은 올로프 셀시우스의 조카인 안데르스 셀시우스다.

1741년에 린나이우스는 웁살라대학교의 의학 교수로 임명되고 1750년에는 이 대학의 총장이 되어 교육자로서의 활동을 왕성하게 이어갔다. 생활이 안정되면서 린나이우스는 식물 탐험을 목적으로 여러 차례에 걸쳐 전 세계를 여행했으며 그 성과를 차곡차곡 쌓았다. 아울러 몇 가지 빼어난 저술을 발표했다. 식물 명명법의 기초가 되는 저술들이 그때 발표된다. 먼저 1735년에는 그의 대표적인 걸작 『자연의 체계Systema Naturae』를 내놓았다. '걸작'이라고 표현했지만, 처음부터 그런 건 아니었다. 네덜란드에서 인쇄될 당시에 이 책의 초판은 고작 12쪽에 불과한 가벼운 책이었다. 팸플릿 정도에 불과했다. 그때만 해도 이 책이 과학의 역사에 길이길이 남는 불후의 명저가 될지는 아무도 몰랐다. 물론 기본 체계는 훌륭했지만, 그 안에 담긴 내용은 아직 허술했다. 그러나 이 책에 담은 분류 체계에 대한 중요성이 널리 알려지면서 개정판을 내기를 거듭해 1758년에 10판을 출간했는데, 이때에는 4,400종의 동물과 7,700종의 식물 분류 내용을 담을 정도로 확대됐다. 그사이에 전 세계의 생물학 관계자들은 린나이우스에게 표본을 보냈고, 린나이우스는 그 표본들을 일정한 체계를 바탕으로 분류했다.

351 『**자연의 체계**』 표지(왼쪽)와 『**식물의 종**』 표지(오른쪽).

『자연의 체계』 10판은 그 뒤 동물학 명명법의 출발점으로 여겨졌다. 린나이우스는 이 책을 통해 드디어 우리 생태계에 더불어 살아가는 모든 생명의 살림살이에 질서를 부여함과 동시에 식물과 동물을 포함한 모든 생물에 이름 붙이는 작업의 규칙을 정립했다. 이 책은 순식간에 전 세계 생물학 연구자들을 사로잡았고, 마침내 생물 명명법의 기준이 됐다. 이어서 그는 1753년에 현대 식물 명명법의 출발점으로 여겨질 또 하나의 걸작 『식물의 종Species Plantarum』을 펴냈다. 모두 1,200쪽이나 되는 이 책은 두 권으로 출판됐는데, 1권은 5월, 2권은 8월에 나누어 발간됐다. 여기에서 린나이우스는 식물 7,300종을 묘사했다.

스웨덴의 국왕 아돌프 프레데리크는 린나이우스의 혁혁한 연구 성과를 높이 평가하며 귀족 작위를 수여했다. 1761년의 일이다. 그러자 린나이우스는 어린 시절부터 불려온 자신의 이름을 내려놓고 '칼 폰 린네'라는 새 이름으로 바꾸어 쓰기 시작했다. 지금까지 세계 생물학의 역사에 길이길이 남는 이름이 그렇게 만들어졌다. 린네라는 새 이름으로 다시 태어난 린나이우스는 그로부터 얼마 뒤인 1763년에는 스웨덴 왕립 과학 아카데미에서 해임되었지만, 그곳에서의 연구는 계속했다. 1772년에는 웁살라대학교의 총장 자리에서도 물러났다. 모든 일은 건강의 악화 때문이었다. 그는 1777년 12월에 뇌졸중을 일으켜 회복 불능 지경에 이르렀고, 두 달 뒤인 1778년 1월 10일 스웨덴의 수도인 스톡홀름의 남부 함마르비 지역에서 이승에서의 화려했던 삶을 마무리했다. 유해는 웁살라 대성당에 묻혔다.

식물 이름 짓기의 원칙이 된 린나이우스의 이명법

린나이우스의 가장 큰 업적은 무엇보다 이명법二名法이라는 생물 명명법을 확립한 것이다. 앞에서 예를 들어 이야기한 것처럼 린나이우스가 명명법을 체계화해 발표하기 전에도 사람들은 본능적으로 주변의 생물에 이름을 붙였다. 먹을 수 있는 것과 먹을 수 없는 것을 구별하기 위해서 식물의 이름을 붙였고, 피해야 하는 것과 피하지 않아도 되는 것을 구별하기 위해 동물의 이름을 붙였다. 생존의 본능이자 욕구였다. 캐럴 계숙 윤이 이야기했던 움벨트가 설득력을 얻는 부분이다. 그러나 갈수록 길어지는 이전의 생물 이름은 복잡했고 번거로웠으며 일반적으로 활용하는 건 불가능했다. 통일된 체계가 없어 그때의 이름으로는 서로 소통할 수도 없었다. 자연에 대한 경이로움을 깨닫기 시작하면서 식물과 동물에 대한 관심이 폭발적으로 늘어나던 르네상스 시대

지식인들의 욕구를 충족시킬 수 없었다. 그런 상황에서 모든 생물종의 이름을 두 부분으로 지어야 한다는 린나이우스의 원칙은 놀라울 정도로 산뜻했고, 『자연의 체계』를 통한 생물 분류의 기초를 바탕으로 했기에 더없이 명쾌했다.

그러나 가만히 돌아보면 두 부분으로 이루어지는 이명법 체계가 린나이우스에 의해 처음 만들어진 건 아니다. 체계적이지는 않았어도 두 부분으로 이름 짓는 방식은 대개의 대상에 이름을 짓는 과정에 오랫동안 존재했다. 분류학 체계와 무관하게 사람들은 주변의 대상을 비슷한 것끼리 집단화하는 데에 익숙했다. 심지어 사람 이름도 그렇다. 이를테면 '고규홍'이라는 이름 역시 '고'라는 성씨와 '규홍'이라는 두 부분으로 이루어져 있다. '고규홍'이라는 인물은 '고'라는 성씨를 가진 사람들의 집단에 속하는 '규홍'이라는 사람이라는 식이다. 여기에 고규홍이라는 인물의 키가 몇 센티미터이며, 머리카락의 색깔은 어떠하고, 취미가 무엇이고, 어디에 살며, 잠버릇은 어떠한지까지 설명할 필요는 없다. 앞에서 예를 들었던 더없이 긴 식물 이름을 다시 돌아보면 그 방식으로 사람의 이름을 짓는다면 고규홍이라는 인물의 모든 특징과 생김새를 이름에 모두 담아야 한다. 그러면 사람 이름도 복잡하고 번거로워진다

린나이우스는 생물의 이름에 그의 모든 것을 담아서는 안 된다는 걸 분명히 깨우쳐 주었다. 그 식물이 어느 집단의 어느 위치에 있는지만 보여주면 된다는 게 이명법의 원리였다. 이름으로는 대상의 모든 것을 설명할 수도 없으며 그래서도 안 된다는 생각이었다. 마침내 지금 우리가 말하는 학명scientific name 또는 라틴

어 이명二名인 Latin binomial이라 부르는 방식이 세상에 드러났다. 두 부분으로 이루어진 린나이우스의 이명법에 따르면 앞에는 그 종이 속한 집단인 속屬의 이름을, 뒤에는 그 종만을 정의하는 고유명칭, 즉 종소명種小名을 쓰도록 돼 있다. 그 뒤에는 이 학명을 명명한 사람, 즉 명명자의 이름을 덧붙이는 게 원칙이다. 그동안 무의식적으로 이명법을 활용해 왔던 사람들에게 린나이우스의 이명법 체계는 순식간에 익숙해졌다. 이명법에 의한 식물 학명을 표기할 때에는 원칙이 있다. 학명은 라틴어로 표기하는 걸 절대 원칙으로 하고 속명과 종소명은 이탤릭체로 표기한다. 그러나 그 학명을 처음 붙인 명명자는 정체로 쓰게 돼 있다. 라틴어로만 써야 한다는 걸 강조한 것도 절묘했다. 지역과 언어와 문화의 차이 때문에 같은 식물의 이름이 서로 다르게 불린다면 또 다른 혼란이 올 수밖에 없는 상황을 방지한 조치다. 그러니까 앞에서 이야기한 계수나무, 계화, 계수, 후박, 후박나무, 일본목련 등이 언어의 차이 때문에 혼란스러울 수밖에 없지만, 반드시 라틴어로 쓰게 돼 있는 라틴어 학명을 참고한다면 어떤 혼란도 피할 수 있다. 린나이우스가 학명으로 라틴어를 쓰도록 한 것은 그가 활동하던 시대에 유럽 지식인들 사이에서 오랜 세월 동안 공용어로 쓰이던 언어가 라틴어였기 때문이다. 그러나 세월이 지나며 라틴어는 사람들 사이에서 쓰이지 않는 사어死語로 남았는데, 그건 결과적으로 린나이우스의 학명 표기법이 더 굳건하게 지켜질 수 있는 근거가 됐다. 언어는 세월이 흐르면서 계속 일정하게 변화를 겪기 때문에 만일 라틴어가 지금까지도 널리 활용된다면 학명에 들어간 라틴어 체계도 일정한 변화에 부닥칠 수밖에 없다. 그러나 사

보태어 채움
식물 분류

어가 된 라틴어는 더 이상의 변화를 겪지 않는 언어여서 한번 정한 학명은 바꿀 수 없다는 학명 명명 원칙에도 적합한 요인이 됐다. 결국 라틴어 이명법으로의 통일화 및 표준화는 린나이우스가 인류에게 남긴 최고의 선물이었다.

린나이우스의 위대한 선물을 바탕으로 1867년에 드디어 〈국제식물명명규약國際植物命名規約, International Code of Botanical Nomenclature, ICBN〉이 마련됐다. 이것이 지금 우리가 활용하는 식물 이름 짓기의 바탕이다. 〈국제식물명명규약〉은 1867년 프랑스 파리에서 소집된 국제식물학회International Botanical Congress에서 처음으로 '식물 명명법의 원칙'을 제정하면서 시작됐고, 오스트레일리아 멜버른에서 2011년 7월에 열린 이 학회에서는 조류, 균류 등으로까지 확대해 모든 생물군에 적용하는 〈국제조류균류식물명명규약國際藻類菌類植物命名規約, International Code of Nomenclature for algae, fungi, and plants, ICN〉으로 변경돼 지금에 이른다.

전문가가 아닌 입장에서 〈국제조류균류식물명명규약〉을 반드시 정독해야 할 건 아니다. 이 규약에는 두 가지 중요한 내용이 담겨 있다. 하나는 아직 학명이 없는 종에 부여할 이름을 짓고 배정하는 방식이고, 다른 하나는 하나의 종에 두 개 이상의 학명이 발표되었을 때 어떤 이름을 공식적인 학명으로 인정할지 합의할 원칙이다. 이 원칙을 바탕으로 한 기본 규칙은 다음과 같이 정리할 수 있다.

첫째, 생물의 이름을 새로 지으려면 과학적으로 뒷받침되는 최소한의 근거가 문헌으로 출판되어야 한다. 출판에 대해서는 비교적 관대한 편이어서, 출판 문헌이 반드시 과학전문저널이어야 하는 것은 아니라고 돼 있다. 나중에 누구라도 접근할 수 있는 인쇄물이면 된다. 그건 전문가가 아니라 해도 새로운 종의 생명을 발견할 경우, 학명을 등록할 수 있다는 이야기다. 둘째, 새로 발견한 신종의 학명은 라틴 알파벳을 영어식으로 써야 하는데, 특수 부호나 기호를 사용해서는 안 된다. 학명은 반드시 라틴어를 어원으로 하는 단어가 아니어도 되지만, 라틴어 접미사나 라틴어 문법을 사용해 라틴어화해야 한다. 셋째, 하나의 종에 두 개 이상의 학명이 발표되면 시기적으로 먼저 출판된 학명이 우선권을 가진다. 나중에 발표한 이름은 '후행이명後行異名'이라고 부르는데, 공식적으로 사용할 수 없다.

여기까지가 지금의 우리 식물에 붙은 학명에 대한 기본적인 내용이다. 지금까지 공식적으로 기재 및 명명된 생물은 170만 종 정도인데, 실제로 지구에 존재하는 생물은 870만 종에서 많게는 1조 종에 이른다는 게 학계의 추정이다. 우리가 이름 붙인 생물은 실제로 존재하는 생물의 2%도 안 된다는 이야기다. 거기에 최근에는 미생물에 대한 연구가 진전되면서 박테리아를 비롯한 미생물 종류가 1조 종 정도 될 수 있다는 연구까지 발표됐다. 앞의 제29장 '포스트팬데믹'에서 짚어본 칼 짐머의 이야기를 바탕으로 하면 바이러스까지 생명의 범주에 넣을 수도 있다. 그렇게 되면 아직 이름을 갖지 않은 생물, 즉 학명을 부여해야 할 생물은 헤아릴 수 없이 많은 것이다. 그게 지금 우리가 사는 생태계이고, 그 안에서 살아가는 호모 사피엔스로서는 그 많은 생명체들과 어떻게 더불어 살아갈 것인가를 진지하게 고민해야 할 것이다. 그

보태어 채움
식물 분류

뿐이 아니다. 우리가 불러야 할 이름 없는 생명들은 더 있다. 35억 년 생명의 역사 속에서 호모 사피엔스가 나타나기 전에 이름 없이 살다가 사라진 멸종 생물들은 얼마나 많은가. 식물에 이름 붙이고, 분류하는 과정은 생명의 경이로움을 뚜렷하게 체감할 수 있는 좋은 기회가 될 것이다.

그의 이름을 부른다는 것

사실 비전문가인 일반인들이라면 일상에서 식물의 학명을 이용하지 않는다. 이 장의 앞에서 이야기한 것처럼 사람들은 이팝나무를 키오난투스로, 계수나무를 세르시디필룸으로, 동백나무를 카멜리아로 먼저 부르지 않는다. 물론 우리말 이름이 없어 어쩌는 수 없이 학명으로 부르는 메타세쿼이아나 루스쿠스[8]와 같은 경우는 특별한 사례다. 이런 특별한 경우도 요즘처럼 수시로 외국의 원예식물이 수입되어 활용되는 상황에서 아주 적은 건 아니다. 이런 상황에 맞추어 덧붙일 이야기가 있다. 최근에 원예 분야에서 '아스틸베'라는 식물이 많이 활용되는 걸로 알려졌다. 화려한 꽃차례 때문에 원예용으로 많이 심어 키우는 이 식물은 우리

---

8 루스쿠스(*Ruscus*)는 이 책에서 처음 끄집어낸 식물인데, 잎 위의 잎, 그리고 그 사이에서 꽃이 피어나는 매우 특별한 식물이다. 이 식물이 우리나라에 들어오면서 꽃꽂이 등 원예용으로 쓰이면서 학명인 루스쿠스를 그대로 우리말 이름처럼 쓰도록 《국가표준식물목록》에도 그대로 표기했다. 이 특별한 식물에 대한 이야기는 나의 다른 책 『나뭇잎 수업』에서 상세히 소개했다. 여기에서는 그의 독특함이 담긴 잎 부분의 사진만 첨부한다.

나라의 전국에서 잘 자라는 풀꽃이다. 아스틸베는 라틴어 학명이고, 엄연히 오래전부터 우리가 불러온 우리말 이름이 있는 식물이다. '노루오줌*Astilbe chinensis* (Maxim.) Franch. & Sav.'이 그의 이름이다. 앞에 함께 표기한 이명법 학명의 앞부분인 속명이 보다시피 라틴어 아스틸베다. 그런데 웬일인지 이 식물을 앙증맞은 우리말 '노루오줌'이 아니라 뜻도 알 수 없는 라틴어 '아스틸베'라고 부르는 사람들이 많다. 웬일인지 '노루오줌'보다는 '아스틸베'라는 학명으로 불러야 훨씬 세련된 원예가의 표현처럼 여겨진다는 생각에서인지 모르겠다. 하나둘 따지고 보면 그런 경우는 적지 않다. 흔히 부르는 '플라타너스'도 버젓이 '양버즘나무*Platanus occidentalis* L.'라는 우리말 이름을 가진 나무의 학명이고, '마로니에'라고 오랫동안 불러온 나무는 '칠엽수*Aesculus turbinata* Blume'라는 근사한 우리말 이름을 가진 나무의 프랑스어 이름이다. 세상의 모든 이름이 그러하겠지만, 이름에는 필경 사람살이의 문화가 담기는 법이다. 사소한 부주의로 아름다운 우리말 이름을 잃어버리는 일이 없도록 좀 더 주의해야 하겠다.

보태어 채움
식물 분류

일반인들은 학명이 꼭 필요하지 않다고 생각하기 쉽다. 물론 가정에서 화분에 풀꽃 하나, 정원에 나무 한 그루를 키우면서 굳이 학명으로 그들을 불러야 할 이유는 없다. 분명 학명은 식물을 학술적으로 연구하거나 나라 바깥 사람들과 식물 관련 교류를 할 때에 필요할 뿐이다. 이명법이라는 학명 체계가 이루어지기 전에도, 린나이우스가 『자연의 체계』를 발표하기 전에도 사람들은 우리 주변의 대상들에 이름을 붙여왔다. 우리는 눈에 보이는 생김새와 실용적인 필요에 따라 이름을 붙였지만 별다른 문제가 없었다. 먹고사는 데에 아무 지장이 없었다. 하지만 다윈의 진화론이 정립되면서부터 사정은 달라졌다. 주변 세상에 대한 사람들의 지적 요구가 달라졌다. 단순히 먹을 것과 먹지 못하는 것을 나누는 걸 넘어서, 대관절 이 식물은 어떤 식물과 연관이 있으며, 우리 생태계에서 어떤 위치를 차지하는 식물인가에 대한 관심으로 확대됐다. 그래야 사람들은 우리 주변의 식물들을 생명을 가진 존재로 인정하면서 우리 삶의 평안을 얻을 수 있었고, 그 종류의 식물에 대한 생각을 더 발전시킬 수 있었다. 그래서 사람들에게는 식물도감이 필요했다. 식물도감에 의지한다는 건, 자신의 눈으로 본 것을 과학적으로 확인하고 싶은 때문이다. 하지만 식물의 생태를 단지 식물도감에만 의존하는 건 어쩌면 우리 곁에서 우리와 더불어 살아가는 생명들에 대한 책임을 내 삶이 아닌 다른 분야에 떠넘기는 일이 될 수도 있다. 식물도감의 이름을 확인하는 일을 넘어서, 식물에 담긴 생명의 느낌을 오래 느끼는 일이 반드시 수반되어야 한다.

우리 곁에서 살아가는 많은 식물들을 집단별로 나누고, 그들의 이름을 짓고 부르는 식물분류학은 린나이우스 뒤로 급속한 발전을 이뤘다. 분자생물학의 놀라운 발전은 분류학에 마침내 분자분류학이라는 분야를 이루기까지 했다. 눈에 보이는 외적인 생김새만으로 식물을 분류하는 건 이제 옛일이 됐다. 한 예로 앞의 제10장 '큰 나무'에서는 큐왕립식물원의 한 식물학자가 177년 동안 연구해 왔던 빅토리아수련의 새 종류를 찾아내고 그에게 '볼리비아나'라는 이름을 붙이는 과정을 살펴봤다. 그 최종적인 판단은 분자생물학의 힘을 빌렸다. 첨단 분류학 분야가 될 분자분류학에서는 눈에 보이는 것보다 눈에 보이지 않는 부분이 더 중요함을 강조하고 있다. 보이는 것만으로 그 생물이 진화해 온 역사와 우리 생태계 속에서의 위치를 지정할 수 없다는 판단이다. 겉으로 보이는 걸 무시해야 더 정확한 분류가 가능한지도 모른다. 분자생물학, 분자분류학 시대에 중요한 것은 DNA가 됐다. 이를 바탕으로 식물을 비롯한 생물분류학은 새로운 단계에 접어들었다.[9] 분류학의 시작은 우리 주변의 세계를 정의하는 일이었지만, 이제는 그를 보다 자세히 이해하기 위하여 진화의 긴 역사 속에서 그 식물이 혹은 그 동물이 어느 위치에 속하는지를 판별하는 게 더 중요한 시대다. 그 과정은 곧 진화의 역사와 생태계 속에서 호모 사피엔스의 위치를 찾아내고 그에 맞추어 주변의 모든 생명과 더불어 평화롭게 살아가는 길을 찾아가는 일이다.

[9] 앞에서 가볍게 소개한 캐럴 계숙 윤의 『자연에 이름 붙이기』는 이 분야와 관련해 깊이 있게 돌아볼 계기를 전해준다. 이 책에서 영감을 얻고 쓰게 됐다는 룰루 밀러(Lulu Miller)의 『물고기는 존재하지 않는다(Why Fish Don't Exist: A Story of Loss, Love, and the Hidden Order of Life, 2021)』와 함께 읽기를 권한다.

보태어 채움
식물 분류

우리 일상에서는 목련을 *Magnolia*로 불러야 서로 소통되는 것도 아니고, 개나리를 *Forsythia* 라고 불러야만 봄의 노란 꽃을 확인할 수 있는 것도 아니다. 우리에게는 무엇보다 봄이면 화창하게 피어나는 개나리 노란 꽃이 중요하고, 높은 가지 위에서 딱정벌레의 꽃가루받이를 기다리는 목련의 환한 꽃이 더 필요하다. 그러나 정말 중요한 것은 이 책에서 내내 강조한 우리 생태계 속에서 나무의 위치를 찾아내고, 사람과의 관계를 찾아 혹시라도 그 사이에 존재해야 할 생명의 질서가 흐트러졌다면 바로잡아 가는 일에 더 이상 머뭇거려서는 안 된다는 지당한 사실이다. 나무와 사람의 관계를 이해하는 건 이 거대하고도 장엄하고 경이로운 생명 세계를 살아가는 현대 호모 사피엔스에게 주어진 최소한의 지적 책임이 아닐 수 없다. 분류학에 대한 관심이 필요한 건 그래서다. 꽃 한 송이가 지금 우리에게 보여주는 의미를 찾아내고, 그들이 보여주는 우리 생명 세계의 연결고리에 담긴 진실을 찾아내기 위해 지금 나무 앞에 오래 머물러야 한다.

교횽의 나무

Epilogue

"나무는
살아 있다"

"나무는 살아 있다"

눈물은 눈에 있는 것인가?
아니면 마음에 있는 것인가?
눈에 있다고 하면
마치 물이 웅덩이에 고여 있는 듯한 것인가?
마음에 있다면
마치 피가 맥을 타고 다니는 것과 같은 것인가?

– 심노숭, 『눈물이란 무엇인가』에서

길 위에 올랐다. 이른 아침부터 우리의 고속도로는 언제나 정체다. 모두가 바쁘게 살아가는 풍경이다. 도로 위의 전광판에는 여러 안내 메시지가 수시로 번갈아 번쩍인다. 상습 정체 구간을 지나 자동차에 속도가 붙어야 하는 구간인데, 다시 또 정체다. 평소와 다른 정체다. 번쩍이는 불빛과 함께 전광판에는 새로운 메시지가 올라온다.

"전방 5킬로미터 정체 – 풀베기 작업 중"

아스팔트 틈새로 무성하게 솟아오른 풀을 벤다는 메시지다. 애써 살아남으려고 비좁은 틈을 뚫고 초록 잎을 치올렸던 풀들의 안간힘은 산산조각 나 흩어진다. 사람들의 안전을 위해 혹은 더 빠른 소통을 위해 풀들에게 허용될 공간은 사람의 마을에 없다. 가슴 깊은 곳에서 울컥 치밀어 오르는 게 느껴졌다. 멍하니 전광판 메시지를 바라보는데, 슬픔이 솟는다. 시인 손택수의 시 한 편이 떠올랐다.

성묘 가서 풀을 베었다

풀을 베며 생각했다

이 풀과 나는

몇 촌쯤이나 될까

살 벗고 뼈까지 다 삭아서

흙 알갱이가 된 혈족

족보를 더듬다 보니

풀을 벤 자리마다 후욱

아찔한 향기가 돋아났다

살갗에 묻은 향기가

살갗을 뚫고 머리끝을 쭈뼛

서게 하는 것 같았다

풀물이 든 면바지 차림으로

선산을 내려오며 생각했다

산 위에 걸린 구름

저 구름과 나 사이에도 머언

촌수가 있을 것 같다고

구만리장천을 돌고 돌아

Epilogue
"나무는 살아 있다"

물방울 하나와

먼지 하나가 엉켜드는

족보책 속에서

 - 손택수, 〈풀과 구름과 나의 촌수를 헤아리다〉 전문

2008년 『제22회 소월시문학상 작품집』(문학사상)에 수록된
시다. 시인은 풀을 베며, 혹은 풀을 산산조각 내면서, 자신의 손
길에 의해 죽음에 들어서는 그 '하찮은' 생명이 자신과 몇 촌이나
되는지를 떠올렸다. 시인의 표현대로 아찔했다. 예초기든 낫이든
살벌한[1] 연장을 들고 묘지 앞에 서 있다가 잠시 명상에 들며 멈
춰 서서 어리둥절한 표정을 지었을 시인의 표정이 선하게 그려진
다. 풀과 사람이 긴 세월 이어온 옛 친척 관계를 떠올리며 멈칫하
고 서 있었을 광경은 낯설어도 생생하게 떠오른다. 자신의 손에
들린 예초기의 예리한 칼날에 스쳐 산산이 흩어지는 풀에서 부서
지는 생명 조각들을 바라보며 "이 풀과 나는 / 몇 촌쯤이나 될까"
하는 시인의 천연덕스러운 명상은 놀라웠고, 끔찍했으며, 그 상상
력은 아름답고 고마웠다.

나무를 본다는 것은 무엇인가. 나무와 더불어 산다는 것은
무엇인가. 철들고 살아온 인생의 절반쯤은 나무를 찾으러 떠난
길 위에서 시간을 보냈고, 자리에 앉았을 때에는 나무를 생각하
고 지냈으며, 나무 생각을 차곡차곡 숙성시켜 애면글면 글로 썼
다. 짧지 않은 기간이었지만 나무를 본다는 것, 나무와 더불어 산

---

[1] 풀들에게는 생살여탈권을 쥔 무기였으니 '살벌한'이라는 외의 다른 표현이 떠오
르지 않았다.

다는 것을 나는 아직 한두 마디로 이야기할 수 없다. 말솜씨와 글 재주가 모자란 탓이 크겠지만, 그 못지않게 나무에 담긴 경이로 움의 크기와 깊이를 알기 어려운 때문이다.

시인 손택수의 시 한 수에 담긴 풀과 사람의 관계는 다시 생각해 보아야 할 심오한 화두다. 손택수 시인과 이 시를 놓고 이야기 나눈 적이 있다. 그때 나는 이 책의 제28장 '멸종'에서 소개한 '힐리스 계통수'를 그에게 보여주며 당신이 살해한 그 풀과 당신이 몇 촌인지 헤아려 보자고 너스레를 떨었다. '힐리스 계통수'에서 그 풀의 위치를 찾고 그 풀과 호모 사피엔스가 몇 차례에 걸쳐 나눠졌는지를 살펴보면 그게 바로 촌수라고 이야기했다. 물론 어림없는 이야기다. 촌수는 '호모 사피엔스'로 진화한 생물종 사이에서의 이야기이니, 풀과 호모 사피엔스의 촌수를 헤아린다는 것 자체가 어이없는 이야기다. 터무니없는 이야기로 잠시나마 시인을 괴롭힌 건 시로 처절하게 표현한 그의 생각이 너무 고마웠고, 그 짧은 노래 한 소절로 '나무와 더불어 산다는 것'을 고민하는 내게 던진 화두가 더없이 고마워서였다.

나는 자주 "식물도감보다 먼저 '시집詩集'으로 나무 공부를 시작했다"라고 당당히 이야기한다. 최종 성적과 무관하게 4년(정확히는 3년이겠다. 1학년 때는 그냥 '문과대'였다) 동안 문학을 공부하는 학과에 이름을 등록했던 경험이 있는 내가 시詩를 좋아하는 이유도 있긴 하지만, 실제로 처음 나무를 찾아 길을 떠나게 된 건 분명 시 때문이었다. 내가 처음 나무를 찾은 건 식물도감이 아니었다. '시집'이었다. 나무가 들어 있는 시를 한 편, 한 편 베껴 쓰고, 나중에 찾아보기 쉽도록 엑셀 프로그램으로 분류했다. 그리고 궁금했다.

대관절 어떤 나무이기에 이리 아름답게 혹은 경이롭게 표현했을까. 이를테면 "자신과의 촌수를 궁금해하며 손택수가 베어 냈던 풀은 대관절 어떤 모양으로 돋아난 풀이었을까?" 그런 궁금증이 었다. 머뭇거리지 않고 떠났다. 거기에서 시 속에 그려진 나무를 만나 시인처럼 나무를 바라보려 애썼다. 식물도감이 필요한 건 그 뒤였다. 오래된 나무를 찾아가 오래 바라보고, 그 곁에 오래 머무른 뒤에도 도무지 알 수 없는 나무의 정체를 알기 위한 안간힘이 식물도감으로 나를 이끌었다. 마흔 넘어 시작한 늦공부였지만, 꽤 공을 들일 수 있었던 건 시에서 시작한 궁금증이 컸기 때문이었다. 짬 나는 대로 나무를 찾아 길 위에 올랐고, 닥치는 대로 식물도감과 식물학 교과서와 자습서와 참고서를 찾아 읽었으며, 힘나는 만큼 글을 쓰고 책을 펴냈다.

그렇게 28년이 흘렀다. 지금도 나는 '시집에서 나무를 배웠다'는 말을 서슴지 않는다. 그게 때로는 자랑스럽기도 하다. 더 많은 궁금증, 더구나 사람살이를 바탕으로 하여 궁극에는 사람살이를 노래하는 시에서 얻은 나무를 향한 궁금증은 결국 '나무와 더불어 산다는 것'이라는 화두의 무게와 깊이를 더해주었다. 이 책은 바로 '나무와 더불어 산다는 것'이라는 화두를 생물학적으로 혹은 인문학적으로 짚어보겠다는 무모한 의도에서 시작했다. 나무 그 자체에 대하여 편안하게 공부할 수 있도록 끊임없이 현장과 연구실에서 애쓰는 식물학자들의 연구 성과를 손쉽게 접할 수 있는 지금의 우리 공부 환경도 내게는 큰 복이었다. 좋았다. '겸임교수'라는 직책으로 대학에서 직위를 이어갈 수 있었던 지난 20여 년의 시간 동안 무엇보다 신이 났던 건 대학도서관에 가득 찬

식물 관련 도서를 자유롭게 이용할 수 있었던 것이다. 그래서 더 좋았다.

긴 시간의 나무 답사와 공부를 통해 결국 이야기하고 싶었던 것은 인생의 마지막이자 영원한 화두로 남을 '나무와 더불어 산다는 것'의 의미였다. 나무와 더불어 살아가기 위해 먼저 알아야 할 것은 사람의 삶이 있기 전부터 사람의 삶을 가능하게 이 땅을 일군 나무의 역사, 그 안에 담긴 경이로움이었다. 지구 탄생, 그리고 나무 이전의 생명체인 이끼와 고사리 종류, 그리고 지의류까지 함께 지루하게 짚어봐야 했다. 그 모든 뜻을 한마디로 이야기하자면 '나무는 살아 있다'는 것이다. 바라보는 사람이 없어도, 말없이 홀로 자기의 나무살이를 이어가는 장하고 경이로운 생명의 나무를 분명하게 살아 있는 하나의 생명체로 느낄 수 있는 계기를 마련하자는 것이다. '나무는 살아 있다'는 너무나도 당연한 사실을 우리는 얼마나 체감하고 있는지 돌이켜 보고 싶었다. 한 그루의 나무가 지금 우리 곁에 살아남기 위해서 말없이 진력해 온 경이로운 안간힘의 역사를 짚어보면서 나무와 숲은 단순한 배경이 아니라 분명하게 살아 있는 하나의 생명체라는 사실을 함께 느끼고 싶었다. 나무 이야기를 이처럼 길게 이어온 단 하나의 목적이었다.

***

바로 그날이었다. 고속도로 정체의 원인이 '풀베기'였음을 알고 손택수의 시를 떠올렸던 바로 그날 늦은 밤, 우연히 보게 된 유튜브의 짧은 영상은 적이 충격이었다. 섭씨 37도에 이르는 뜨거운 한낮에 그늘 하나 없는 대규모 연꽃 단지에서 연꽃과 하루를 보내느라 속옷까지 푹 적시고 돌아온 그날 밤이었다. 파김치가 된 몸은 불면으로 이어졌다. 아무 생각 없이 휴대전화기를 뒤적이던 중에 유튜브에 업로드된 짧은 영상이 눈에 들어왔다. '가든 디자이너'로 잘 알려진 한 분의 대중 강연 영상이었다. 5분 분량으로 편집된 그 영상을 가든 디자이너 그 스스로도 만족스러웠던지, 더 많은 사람들이 찾을 수 있도록 SNS 담벼락에까지 링크했다. 그가 강연에서 강조했던 '제일 중요한 것'을 더 널리 알리고 싶었던 뜻이었을 것으로 짐작된다. 영상에서 그는 이야기했다. 당당히!

"제일 중요한 것 말씀드릴게요. 식물을 죽이는 거를 두려워하시면 안 돼요. 죽이셔야 새로운 식물도 살 수도 있잖아요. 개가 영원히 살아주면 내 꽃밭은 계속 개만 봐야 되잖아요."

손사래까지 곁들여 그는 분명 '식물을 죽여야 한다'고 이야기했다. 왜 식물을 죽여야 하는지에 대한 친절한 설명에 자신의 정원에서 여러해살이풀을 뽑아낸 사례를 덧붙인 뒤 그는 또 강조했다.

"죄책감, 지나친 죄책감 느끼지 마시고요."

믿을 수 없었다. 식물과 가장 가까이에서 살아가는 사람이 뱉어 내는 이야기라고는 믿어지지 않았다. 식물을 죽이는 게 정원을 꾸미는 본보기인 것처럼 강조했다. 앞뒤 문맥이 잘못됐나 싶어 되돌려 처음부터 다시 보았다. 아무래도 잘못 보고, 잘못 들은 것이지 싶었다. 하지만 다시 되돌려 보아도 그의 이야기는 다르지 않았다. 게다가 그는 '죽인다'는 표현을 내뱉을 때에 유난히 강조된 억양을 사용했고, 손동작도 그 부분에서 더 커졌다. 편집된 영상이지만, 문맥에는 아무 문제 없었다. 분명 '식물을 죽이라'는 간절한 부탁이었다. 식물을 아는 '가든 디자이너'가 식물을 잘 모르는 사람들에게 건네는, 어쩌면 그건 '명령'이었다. 식물을 죽이지 못해 애면글면하는 건 식물을 혹은 정원과 가드닝을 제대로 알지 못하는 무지의 소치라는 식의 뉘앙스로 그는 이야기를 풀어냈다. '식물을 죽여야 한다'고 이야기하는 그의 입가에는 가느다란 웃음까지 띄워져 있었다. 눈을 크게 뜨고 그는 그게 '제일 중요한 것'이라고 강조했다. 전체 강연을 몇 시간 동안이나 이어간 것인지 알 수 없지만, 짧지 않았을 그 강연에서 '제일 중요한 것'은 '나무를 죽이라'는 것이었다. 편집 과정에서 빠진 내용에도 나무 죽이기에 대한 이야기는 필경 더 들어 있으리라는 건 당연한 짐작이었다.

 답사에 지친 내가 잘못 들었지 싶어 되풀이해 보았지만, 5분짜리 영상을 잘못 듣고 오해할 만큼 그날의 피로가 극심한 건 아니었다. 그날, 어이없이 이어진 불면의 밤 내내 아스팔트 틈에서 살아남으려고 발버둥 치다가 산산이 부서져 나갔을 헤아릴 수 없이 많은 풀들의 아우성이 환청이 되어 귓전에 달려들었다.

 피로 때문이었는지, 식물을 죽여야 한다는 가든 디자이너의 어이없는 강연 영상 때문이었는지, 한 잠도 이루지 못한 불면의 밤 뒤에 찾아온 아침, 나는 다시 그의 영상을 천천히 보았다. '그럴 리가 없을 것'이고, '내가 잘못 들었을 것'이라는 기대가 있었다. 그의 말에 포함된 뉘앙스를 제대로 파악하지 못한 것이기를 기대하면서 가만가만, 혹시라도 놓친 말이 있을까 봐 영상을 뒤

Epilogue
"나무는 살아 있다"

로 후퇴시키면서 봤다. 그의 말을 한 글자, 한 글자 베껴 썼다. 한 글자도 틀리지 않았다. 앞에 적은 그대로다.

그는 외국에서 '정원'을 주제로 하여 공부도 오래 했고, 번역을 포함해 여러 권의 책을 펴내기도 한 유명 '가든 디자이너'다. 최근에는 아예 자신의 이름을 건 '시리즈'로 연달아 책을 펴내는 중이며, 신문에 정기적으로 칼럼을 연재하는 이 분야의 대표적인 '명사'다. 그의 손에 의해 숱하게 죽어간 풀들이 죽기 전에 보여주었을 아름다운 모습의 사진들이 풍성하게 담겼을 그의 책들은 독자들에게도 많이 알려졌고, 많이 팔리기도 한 것으로 안다. 그 사진 속에 담긴 나무들과 풀꽃들의 아름다운 모습들. 그건 알고 보니 나무들과 풀꽃들의 마지막 사진이었을 가능성이 높다. 그에게 식물은 '아름다운 모습을 보여주는 것' 이상의 의미가 없었다. '식물을 죽이는 것이 제일 중요하다'고 강조하는 가든 디자이너의 손으로 아무 죄책감 없이 식물을 죽였을 것이다. 그는 강연에서 분명히 '죄책감 느끼지 말라'고 했고, 식물이 죽으면 새로운 식물을 사러 갈 좋은 기회라는 식으로 이야기했다. 그의 책 속에 피어 있던 아름다운 꽃들은 결국 '가든 디자이너'의 손에 의해 갑작스러운 죽음을 당하기 직전의 마지막 순간이었던 것이다. 풀들의 영정 사진이었다. 그의 글과 책을 보고 그 가든 디자이너의 당당한 가르침을 따라서 얼마나 많은 사람들이 얼마나 많은 식물을 죄책감 없이 죽였을까로 이어지는 생각은 끔찍했다.

길게 풀어 쓴 이 책을 마무리하는 순간에 우리 곁에서 신음하며 죽어갔을 나무들을 생각할 수밖에 없는 상황이 서글프다. 그러나 어쩌면 이 '가든 디자이너'라는 사람의 이야기를 아무 '죄책감 없이' 받아들이며 살아가는 게 우리의 지금 현실 아닌가 싶기도 하다. 그래서 더 서글프다. 온몸이 산산조각 나 흩어지는 풀들을 바라보며 촌수를 헤아리려 했던 시인과 아름다운 순간을 보여준 뒤에는 바로 그를 처치해 버리는 가든 디자이너와의 거리를 생각했다. 도무지 가까워질 수 없는 먼 거리였다. 온갖 알록달록한 빛깔의 꽃으로 치장한 유명 가든 디자이너의 정원 풍경을 나는 슬픔 없이 떠올릴 수 없다. 조각난 풀들을 바라보며 무덤가에 멍하니 서 있는 시인의 뒷모습이 내가 상상할 수 있는 '세상에서 가장 아름다운 풍경'으로 떠오른 건 당연한 순서였다.

생각은 이어졌다. "풀밭을 밟고 지나갈 때면 나는 자꾸 미안한 마음이 들곤 해요. 사실은 내 발밑에서 풀들이 아프다고 아우성을 치거든요." 이 책의 제14장에서 인용했던 노벨생리의학상을 여성 최초로 단독 수상한 최고의 유전학자 매클린토크의 이야기를 떠올리지 않을 수 없다. 어쩔 수 없이 지나가야 하는 풀밭에서조차 하릴없이 짓밟히게 되는 작은 생명들의 아픔을 가슴에 새긴 사람만이 할 수 있는 말이다. 세계 과학사에서 가장 찬란한 업적을 이룬 과학자의 가슴 깊은 곳에서 울려 나온 진심이었다. 베어내는 풀과의 촌수를 헤아리려는 시인의 노래는 고작해야 문학적 수사에 불과하다며 눙칠 수 없다. 깨금발로 살살 걸어가는 순간에도 자신의 발길에 밟히는 작은 생명의 아우성에 귀를 기울이는 건 호모 사피엔스가 보여줄 수 있는 가장 아름다운 행동이다.

나무와 더불어 산다는 것, 그건 생명과 생명의 진심이 느낌으로 만나 하나를 이루어 가는 과정이어야 한다. 세상의 어떤 생명도 다른 생명을 함부로 쥐락펴락할 수 있는 권리를 가질 수 없

다. 우리 생태계의 역사 속에서 그랬던 많은 문명이 여지없이 멸
망의 길로 들어섰다는 걸 나는 이 책에서도 이야기했다.

제초제의 무차별 폭격으로 신음조차 내지 못하고 죽어가야
했던 작은 풀들의 아우성에 아픈 가슴으로 온갖 협박과 회유를
무릅쓰고 『침묵의 봄』이라는 걸작을 펴낸 레이철 카슨의 말을 다
시 한번 여기에 새겨둔다.

"나무를 아는 것은 나무를 느끼는 것의 절반만큼도 중요하
지 않다."

＊＊＊

한 권의 책을 마무리하는 이쯤에서라면 그동안 도움 주신 분
들의 성함을 죽 나열하는 게 상례이겠다. 내게도 여기에 나열해
야 할 도움 주신 분들이 많다. 헤아릴 수 없다. 미처 다 적지 못할
만큼이다. 지난 28년 동안의 풍찬노숙을 정리한다는 생각으로 시
작한 이 작업에서 감사의 인사를 올려야 할 분이 얼마나 많겠는
가. 기회가 된다면 그 인사를 한데 모아 한 권의 책으로 엮어 펴내
고 싶다. 성함만 나열하는 걸로는 고마움의 뜻을 전해드릴 수 없
을 만큼 내게 베풀어 주신 그분들의 고마움은 크고 깊다. 그 많은
분들의 도움이 결국은 우리 사는 세상의 이치를 한 걸음 더 깊이
들어가 깨닫게 했다. 이 책의 독자들과도 그분들의 고마움을 함
께 나누고 싶은 생각은 이 자리에서 나를 머뭇거리게 한다.

그러나 아무리 생각해도 성함만 나열한 지면은 시간이나 종
이나 모두 낭비다. 아무 내용 없이 성함만 나열하는 건 오히려 그
분들께 무례를 범하는 일이지 싶다. 최소한 나는 그랬다. 대개

의 책 말미에서 서너 쪽에 걸쳐 이어지는 사람들의 이름은 제대로 읽어지지도 않았다. 더불어 그 고마움의 뜻이 독자인 내게 전달되는 경우는 없었다. 감흥도 없다. 거개의 독자들도 그런 페이지는 그냥 넘어가지 않았을까 싶다. 그래도 그 많은 이름들 가운데에 혹시라도 내가 이미 정독한 책의 저자라든가, 그렇지 않아도 알은 체할 수 있는 이름이라도 있지 않을까 하는 기대감에 한글로 적힌 외국인들의 익숙지 않은 긴 이름들을 하나하나 짚어가며 읽었지만, 기대를 만족시킨 경우는 없다. 기억나지 않는다. 내가 고마움의 인사를 전해야 하는 분들이 왜, 무엇이 고마운지, 어떤 깨우침을 주셨는지 독자들에게 일일이 알리고 그분들에게서 받은 감흥을 함께 나누어야 한다는 생각이다. 그래서 언제가 되든 그 많은 분들의 이야기를 상세히 적어 고마움의 뜻을 표시하는 책을 한 권으로 엮었으면 좋겠다는 생각이 남는다. 그동안 펴낸 거의 모든 책에서 감사 인사를 생략했던 것도 그런 뜻에서였다. 여기에서도 같은 뜻으로 이름을 나열하는 식의 감사 인사는 젖혀놓는다.

다만 이 책을 쓰는 동안 간단없이 떠올렸던 딱 한 분만큼은 여기에 적는다. 사람과 나무, 나무와 사람이 어떤 관계를 맺으며 살아야 할지를 깨우쳐 주신 분이다. 나무를 찾아 길 위에 오른 20년 전의 어느 봄날에 뵈었던 분이다. 그분의 허락을 얻지 못한 까닭에 여기에 실명은 적지 않는다. 처음 뵈었던 그때 이미 허리가 적당히 굽은 전형적인 우리나라 남부지방의 늙은 농부였는데, 그로부터 20년이 지난 지금은 살아 계신지조차 모른다. 20년 동안 자주 찾아뵈었던 게 아닌 까닭이다.

크고 아름다운 이팝나무가 마을 어귀를 지키고 있는 전라남
도 순천 평중리의 '평지마을'이라는 작은 마을에서의 일이다. 앞
의 제12장 '나무 숭배'에서 소개한 **순천 평중리 이팝나무**가 서 있는
마을이다. 다음 쪽에 첨부한 사진(그림 353)에는 그분의 뒷모습이
담겼다. 사진 왼쪽에 뒷짐을 쥐고 뒷모습을 보여주신 흰색 윗옷
을 입은 흰 머리의 어른이 그분이다. 너무 작게 찍힌 어른의 모습
을 독자들이 구분할 수 있을지 모르겠다. 내가 일부러 그분을 찍
으려 의도했던 게 아니어서 그렇다. 그날의 이야기를 오래 간직
할 수밖에 없던 나는 2008년에 펴낸 책『나무가 말하였네 - 시가
된 나무, 나무가 된 시』에 그날의 상황을 그대로 쓴 적 있다. 다음
과 같이 인용한다.

어느 봄날 이른 아침, 안타까운 마음에 나무 앞에서 넋을 빼고
서 있으려니, 나무 앞에서 한창 논을 갈던 농부 한 분이 연유를
묻는다. "꽃잎 떨어진 게 아쉬워 그런다" 하자, 선뜻 자신의 전
화번호를 적어준다. "내년부터는 내가 이 나무의 5월 소식을 전
해줄 테니, 전화 받고 오라" 한다. 그 뒤, 다른 나무들의 안부처
럼 챙기지 않아도 순천 이팝나무는 해마다 5월 소식을 전해온
다. 바람에 실려 나무에 건네준 5월 소식을 남도의 한 농부는 꼬
박꼬박 내게 전해준다.

여기 쓴 글 그대로다. 꼭 20년 전인 2005년 5월 초, 이팝나
무가 꽃 피기 딱 좋은 시절이었다. 몇 차례 찾아보기는 했지만,
꽃 핀 광경을 보지 못한 이 이팝나무를 개화 시기에 맞춰 찾아보

353　순천 평중리 평지마을 어귀에 서 있는 **이팝나무** 풍경. 이 풍경의 왼쪽에 서 있는 늙은 농부가 지금 이야기하는 어른이고, 나무 아래의 경운기는 그 분의 경운기인데, 한참 일을 하시다가 내게 나무 사진 찍으라고 경운기를 멈춰놓고 옆으로 자리를 피해주신 상황이다.

려 일정을 계획하고 손꼽아 기다렸다. 그런데 마침 내가 답사를 계획한 바로 전날, 전국적으로 폭우가 쏟아졌다. 기상청 일기예보 소식을 이리저리 살펴, 순천 지방의 강수 상태를 조마조마하게 짚어보며 밤을 보냈다. 그날 밤에 순천 지방에 내린 비의 양은 대략 50밀리미터 정도였다. 쏟아지는 큰비가 예쁘게 피어난 꽃송이들을 떨어뜨릴 수 있다는 걱정은 꿈속에서까지 이어졌다. 비는 이튿날 오전, 내가 나무 앞에 도착할 때까지 계속 내렸다. 그리고…. 아침까지 끊이지 않았던 내 걱정대로 이팝나무의 꽃송이들은 나뭇가지보다 나뭇가지 아래의 땅바닥에 더 많았다. 앞의 글에 쓴 그대로 망연자실, 안타까운 마음으로 나무 앞에 서 있었다. 그때 경운기를 밀며 논일을 하시던 그분이 내게 다가왔다. 내 표정에 담긴 안타까움의 뜻을, 혹은 지난밤의 내 걱정을 빤히 아시

Epilogue
"나무는 살아 있다"

기라도 한다는 듯, 가벼이 인사만 건넨 내게 "엊그제만 해도 꽃이 참 좋았는데, 밤새 비를 맞으며 다 떨어졌다"라는 이야기를 먼저 하셨다. "어디서 왔나?"라는 질문이 이어졌고, 내 출발지 이야기를 듣고는 "어휴!" 하고 한숨을 내쉬더니, 선뜻 자신의 집 전화번호를 알려주시며, 내 전화번호도 적어달라고 하셨다. 별생각이나 별다른 기대 없이 수첩 한 귀퉁이를 찢어 전화번호를 적어드렸다. 아쉽게 꽃이 아름다운 이팝나무 풍경을 제대로 보지 못한 채 그냥 발길을 돌린 게 그날 답사의 전부였다.

그리고 이듬해 봄. 모르는 노인의 전화가 걸려왔다. 바로 순천 평지마을의 그 늙은 농부였다. "이팝나무에 꽃이 피었다"라는 소식이었다. 농부는 "작년 봄처럼 큰비만 오지 않으면 꽤 오래갈 테니 천천히 와서 잘 보라"라는 나의 안부까지 배려한 말이 덧붙여진 소식이었다. 한 해 전 봄에 그 나무 앞에서 있었던 일을 나는 전혀 생각지 않고 있었다. 전화번호를 나누기는 했지만, 그 늙은 농부가 내게 꽃 소식을 전해주리라는 기대는 눈곱만큼도 하지 않았다. 또 나의 수첩에 그 농부의 성함과 전화번호를 적어두기는 했지만, 한 번도 되돌아보지 않았고, 따로 전화번호 수첩[2]에 옮겨 두지도 않았다. 고마움이야 이루 말로 다 할 수 없었지만, 우선은 당황할 수밖에 없었다. 성함조차 채 기억하지 못한 상황이었으니 말이다. 농부의 기별을 받은 며칠 뒤에 나무를 찾아가 활짝 피어난 아름다운 광경을 볼 수 있었다. '이팝나무 꽃 농부'의 전화는 그로부터 몇 차례 더 이어졌다. 물론 그때마다 나무를 찾아간 건

---

2 그때만 해도 휴대전화기의 연락처 저장 기능이 지금처럼 편리하지 않던 시절이어서, 필요한 전화번호는 조그마한 수첩을 따로 마련해 적어두곤 했다.

아니었지만, 나는 덕분에 내가 아는 우리나라에서 가장 아름다운 이팝나무인 **순천 평중리 이팝나무**가 보여주는 최고의 풍경을 놓치지 않고 볼 수 있었다.

농부의 전화가 끊어진 뒤로 다시 몇 년이 지난 어느 봄, 가까이 지내던 시인과 함께 순천 지역을 찾은 적이 있다. 순천이 고향인 그는 앞에서 이야기한 나의 다른 책 『나무가 말하였네 - 시가 된 나무, 나무가 된 시』의 편집자이기도 했다. 그는 자신의 고향인 순천에 있는 그 이팝나무를 보러 가자고 했다. 고향의 나무이지만, 제대로 본 적이 없어서 함께 가고 싶다는 것이다. 그래서 그와 함께 **순천 평중리 이팝나무**가 서 있는 평지마을을 찾아갔다. 거기에서 그 시인이 갑자기 내 책의 글을 떠올리며 그 농부 어른을 찾아뵙자고 했다. 자신에게는 '고향 어른'이라 할 수 있으니 인사드리고 싶다는 것이었다. 그러나 방도가 없었다. 전화를 드려 찾아뵐 수 있겠지만, 미리 준비한 게 아니어서 그 농부의 전화번호를 찾을 수 없었다. 아쉬워하며 나무 앞에서 그 친구와 꽤 긴 시간을 보냈다. 그러던 중에 마을 안쪽에서 '딸딸'거리는 경운기 소리가 들려왔다. 경운기가 우리 곁을 스쳐 지나가는데, 앗! 경운기를 운전하는 농부가 바로 그분이었다. 경운기를 놓칠세라 뒤를 바짝 쫓으며 "아저씨" 하며 소리를 질렀지만, 경운기의 시끄러운 엔진 소음은 내 목소리를 삼켰고, 농부는 그대로 앞만 보고 나아갔다. 경운기 속도를 따라잡을 만큼 숨차게 앞질러 뛰어가서 손짓으로 경운기를 세우는 건 어렵지 않았다.

멈춰 선 경운기의 운전자는 분명 이팝나무 꽃 소식을 전해주던 그 농부였다. 반갑게 인사 올렸다. 하지만 늙은 농부의 오래된 기억에 나는 들어 있지 않았다. 옛 사연을 들려드린 뒤에야 겨우 기억을 떠올리며 경운기에서 내려 반갑게 인사를 나눠주셨다. 몇 해만의 만남이었지만 반가웠다. 이날의 반가움을 나는 그즈음에 연재하던 어느 신문의 칼럼 뒷부분에 다음과 같이 썼다.

"시인의 날숨과 나무의 들숨이 하나 되는 풍경을 행복한 마음으로 바라보는데, 마을 안쪽에서 털털거리는 경운기 엔진 소리가 다가왔다. 순간 나무와 시인이 고요하게 나누던 낮은 숨결이 흐트러지고, 농촌의 정겨운 일상이 나무 곁으로 스며들었다. 경운기를 이끌고 나오는 농부의 얼굴에는 이팝나무 꽃 빛깔을 닮은 순백의 빛이 찬란하게 반짝였다. 바로 내게 봄마다 꽃 소식을 전해주는 농부였다. 농부의 경운기가 살짝 멈춘 이팝나무 아래로 달려가 반가움의 인사를 나누었다. 활짝 피어난 이팝나무 꽃 아래에서 환하게 반기는 농부의 밝은 표정에서 이팝나무 꽃 향기가 살풋 배어 나왔다."
- 《서울신문》 칼럼 〈고규홍의 나무와 사람〉 2011년 5월 26일 자에서

이 칼럼에는 그 농부의 실명이 그대로 실려 있다. 여기에는 그의 실명만 빼고 신문에 실린 원문을 그대로 옮겼다. 오래도록 안부 인사를 올리지 못한 지금 그분의 성함을 여기에 다시 쓰는 게 죄송한 까닭이다. 심지어 그때 이미 여든에 가까우셨던 그분의 생존 여부도 나는 지금 모른다. 오로지 28년의 나무 답사 길에서 뵈었던 모든 분들을 통틀어 가장 고마웠던 한 분으로 꼽을 뿐

이다. 특히 세상의 모든 생명들이 '촌수'를 이루고 함께 더불어 살아가는 생태계의 신비, 나무의 경이로움을 이야기한 이 책을 쓰는 동안 사람과 사람이, 그리고 사람과 사람 사이에 나무가 어떤 자리에 놓여야 하는지를 짚어보게 한 고마운 분이다. '나무는 살아 있다'고 이야기하는 이 책을 쓰는 내내 떠올릴 수밖에 없었다. 독특하게도 그분의 성함은 우리나라에서 여자에게 흔하게 쓰는 이름이어서 시간이 오래 지나도 잊지 않을 것이고, '나무와 더불어 산다는 것'이라는 화두를 내려놓지 않을 내 인생의 끝 날까지 영원히 내 마음속에 '가장 고마운 사람'으로 살아 있을 것이다.

모든 생명이 분명한 관계를 맺고 살아가는 이 생태계 안에서 나무가 긴 세월 동안 보여준 생명의 경이로움을 1,300쪽 가량 풀어 쓴 이 책의 마무리에서 '세상에서 가장 아름다운 농부'로 순천 평지마을의 한 농부 이야기를 남길 수 있다는 것이 내게 큰 기쁨이 됐다.

되풀이해 이야기하지만, 이 한 권의 책을 쓰는 동안 도움 주신 분들은 헤아릴 수 없이 많다. 앞의 농부 이야기만으로도 몇 쪽이 넘어갔다. 다른 분들의 이야기까지 여기에 담는 건 무리다. 그래서 고마움의 인사를 전해야 할 모든 분들의 이야기는 다음 기회로 미루고 여기에서는 그냥 모두에게 감사 인사를 전한다.

"고맙습니다!"

사진 출처
참고 문헌
찾아보기

사진 출처

01	©고규홍
02	©강원일보
03	©고규홍
04	©고규홍
05	©Wikimedia Commons
06	1. Editions du Beffroi / 2. Hachette Livre - BNF / 3. Carrot Sky Press
07	Penguin
08	©Wikimedia Commons
09	Cosmos Studios
10	©Wikimedia Commons
11	①◎Paul Harrison, Wikimedia Commons
12	국가유산청, 공공누리 4유형
13	①◎Elsa Dorfman, Wikimedia Commons
14	Dr. Ana Hidalgo-Simon
15	Ecological Society of America
16	©고규홍
17	©U.S. Forest Service
18	©고규홍
19	©고규홍
20	©Wikimedia Commons
21	①Wikimedia Commons
22	셔터스톡
23	Matt Roth
24	©고규홍
25	©고규홍
26	©Wikimedia Commons
27	©고규홍
28	©Wikimedia Commons
29	©Wikimedia Commons
30	©고규홍
31	©고규홍
32	『선사시대 - DK 비주얼로 보는 생명의 역사』(501버전, 195p)
33	©고규홍
34	©고규홍
35	Hiroshima Peace Tourism
36	©Wikimedia Commons
37	©고규홍
38	©고규홍
39	National Portrait Gallery
40	①Florian Fuchs, Wikimedia Commons
41	Felicia Chang
42	W. Jean Mather, Springer Nature
43	산림청
44	Shenywell
45	©고규홍
46	©Wikimedia Commons
47	©고규홍
48	©Wikimedia Commons
49	셔터스톡
50	©Wikimedia Commons
51	①Wikimedia Commons

52	ⓔWikimedia Commons
53	ⓔWikimedia Commons
54	©고규홍
55	©고규홍
56	1. 셔터스톡, 2. 픽사베이
57	Forest Service U.S. Department of Agriculture
58	andrea ugarte, Flickr Creative Commons
59	Árboles con Historia
60	ⓔWikimedia Commons
61	©고규홍
62	ⓔWikimedia Commons
63	①ⓞAndrew Shiva, Wikimedia Commons
64	MARCOS SCHONHOLZ
65	①ⓞDASonnenfeld, Wikimedia Commons
66	S. Yashina et al. Proc. Natl Acad. Sci. USA
67	진성 스님
68	Fossil Museum, 『선사시대 – DK 비주얼로 보는 생명의 역사』
69	Frank Ross
70	©고규홍
71	©고규홍
72	©고규홍
73	ⓔWikimedia Commons
74	©고규홍
75	ⓔWikimedia Commons
76	©고규홍
77	ⓔWikimedia Commons
78	ⓔWikimedia Commons
79	kqedquest, flickr
80	©고규홍
81	©고규홍
82	©고규홍
83	©고규홍
84	Fernando Turmo, Jane Goodall Institute
85	"Wild: Michael Nichols." 3200-Year-Old Giant Sequoia, California, 2012 by Michael Nichols (Courtesy of the artist) ©Michael Nichols/National Geographic
86	①ⓞTuxyso, Wikimedia Commons
87	①ⓞW. Barthlott, Bot. Gard. Bonn, Wikimedia Commons
88	ⓔWikimedia Commons
89	셔터스톡
90	ⓔWikimedia Commons
91	AnthuanetYanina, Adobe Stock
92	ⓔWikimedia Commons
93	①ⓞTon Rulkens from Mozambique, Wikimedia Commons
94	ⓔWikimedia Commons
95	ⓔWikimedia Commons
96	ⓔWikimedia Commons
97	©고규홍
98	연합뉴스
99	① Wikimedia Commons
100	Lucy Smith
101	©고규홍
102	① arthistoryreference
103	Mariner Books Classics
104	에코리브르
105	①ⓞBailey614, Wikimedia Commons
106	Harpercollins

169 ⓔWikimedia Commons

170 JAMES A. FINLEY, The Associated Press

171 ⓒ고규홍

172 ⓒ고규홍

173 ⓒ고규홍

174 ⓒ고규홍

175 ⓒ고규홍

176 ⓒ고규홍

177 ⓒ고규홍

178 ⓔ

179 ⓒ고규홍

180 ⓒ고규홍

181 산림복지진흥원

182 ⓒ고규홍

183 ⓒ고규홍

184 ⓒ고규홍

185 ⓒ고규홍

186 ⓒ고규홍

187 ⓒ고규홍

188 국가유산청

189 ⓒ고규홍

190 ⓞ Wikimedia Commons

191 ⓒ고규홍

192 ⓒ고규홍

193 Sudio Ghibli

194 ⓒ고규홍

195 ⓒ고규홍

196 ⓒ고규홍

197 ⓒ고규홍

198 ⓒ고규홍

199 ⓒ고규홍

200 ⓒ고규홍

201 Jacob Freeze, Flickr

202 Yann Gamblin/Paris Match via Getty Images

203 National Film Board of Canada (NFB), Passion Pictures, Sasha Snow Film Production

204 National Film Board of Canada (NFB), Passion Pictures, Sasha Snow Film Production

205 ⓔWikimedia Commons

206 Vintage

207 ⓒ고규홍

208 ⓒ고규홍

209 ⓒ고규홍

210 ⓒ고규홍

211 ⓒ고규홍

212 Guinness World Records Limited

213 ⓒ고규홍

214 ⓒ고규홍

215 ⓒ고규홍

216 ⓒ고규홍

217 ⓒ고규홍

218 ⓒ고규홍

219 ⓒ고규홍

220 ⓒ고규홍

221 ⓒ고규홍

222 ⓒ고규홍

223 ⓒ고규홍

224 ⓒ고규홍

225 ⓒ고규홍

226 ⓒ고규홍

227 ⓒ박진선

228 ⓕⓞ G3krishna, Wikimedia Commons

229 ⓒ고규홍

230 ⓒ고규홍

231 ⓒ고규홍

사진 출처

232	전통문화포털	266	©고규홍
233	©고규홍	267	한국국학진흥원 고도서 페이지
234	©고규홍	268	《옛 종가를 찾아서 – 진성이씨 대종가 기증유물 특별전》(도록)
235	©고규홍	269	《옛 종가를 찾아서 – 진성이씨 대종가 기증유물 특별전》(도록)
236	©고규홍	270	©고규홍
237	©고규홍	271	©고규홍
238	©고규홍	272	©고규홍
239	ⓔWikimedia Commons	273	©고규홍
240	©고규홍	274	ⓔWikimedia Commons
241	©고규홍	275	©고규홍
242	©고규홍	276	©고규홍
243	전통문화포털	277	©고규홍
244	©고규홍	278	©고규홍
245	©고규홍	279	전통문화포털
246	©고규홍	280	©고규홍
247	©고규홍	281	©고규홍
248	©고규홍	282	©고규홍
249	보은군청	283	©고규홍
250	©고규홍	284	©김정민
251	©고규홍	285	©김정민
252	©고규홍	286	©고규홍
253	©고규홍	287	©고규홍
254	©고규홍	288	©강희혁
255	©고규홍	289	©강희혁
256	©고규홍	290	©고규홍
257	©고규홍	291	©고규홍
258	©고규홍	292	©고규홍
259	ⓔWikimedia Commons	293	국립세종수목원
260	보호수인 '서울 문정동 느티나무' 앞에 세워둔 안내판	294	©고규홍
261	©고규홍	295	©고규홍
262	©고규홍	296	©고규홍
263	©고규홍	297	©고규홍
264	©고규홍	298	©고규홍
265	함안군청		

299	©고규홍			Arboretum, The President and
300	©고규홍			Fellows of Harvard College
301	©고규홍		331	©고규홍
302	©고규홍		332	©고규홍
303	©고규홍		333	©고규홍
304	©고규홍		334	ⓘ◎Kenneth Zirkel, Wikimedia Commons
305	©고규홍		335	©고규홍
306	©고규홍		336	©고규홍
307	나무위키, 출처 불명		337	©고규홍
308	©고규홍		338	©고규홍
309	©고규홍		339	©고규홍
310	©고규홍		340	셔터스톡
311	©고규홍		341	©고규홍
312	©고규홍		342	©고규홍
313	©고규홍		343	ⓘ◎Karl Withakay, Wikimedia Commons
314	©고규홍		344	ⓘ◎Amrei-Marie, Wikimedia Commons
315	©고규홍		345	Participant Media, Imagenation Abu Dhabi, Double Feature Films
316	©고규홍			
317	©고규홍		346	©고규홍
318	©고규홍		347	©고규홍
319	©고규홍		348	ⓘ◎Teofrasto_Orto_botanico_PA, derivative work: Singinglemon, Wikimedia Commons
320	©고규홍			
321	자료: 기상청, 그래픽: 그린피스 한국 지부		349	한국학중앙연구원
322	©고규홍		350	◎Wikimedia Commons
323	©고규홍		351	◎Wikimedia Commons
324	수원시청		352	©고규홍
325	©고규홍		353	©고규홍
326	©고규홍			
327	The University of Texas at Austin			
328	David M. Hillis, Derrick Zwickl, and Robin Gutell, University of Texas			
329	◎Wikimedia Commons			
330	Archives of the Arnold			

참고 문헌

Prologue & Epilogue

김영식, 2005. 『주희의 자연철학』. 예문서원.

김윤성, 2015. 『그림으로 이해하는 생태사상』. 개마고원.

김웅빈, 2023. 『생물학의 쓸모』. 더퀘스트.

김태영·김진석, 2018. 『한국의 나무: 우리 땅에 사는 나무들의 모든 것(개정신판)』. 돌베개.

박희채, 2013. 『장자의 생명적 사유』. 책과나무.

안동림(역주), 2010. 『다시읽는 원전 장자』. 현암사.

영남대학교출판부(엮음), 2008. 『나무의 이해』. 영남대학교출판부.

이한우, 2021. 『간신열전』. 홍익출판미디어그룹.

장회익, 2014. 『생명을 어떻게 이해할까?: 생명의 바른 모습, 물리학의 눈으로 보다』. 한울(한울아카데미).

정철현, 2018. 『존재하는 것은 무엇이든 옳다: 11개의 키워드로 읽는 스티븐 제이 굴드의 생명이야기』. 북드라망.

정화숙·박신영·박강은·임영진, 2005. 『그림으로 배우는 생명과학』. 라이프사이언스.

홍대용, 2011. 『의산문답』(김태준·김효민 역). 지식을만드는지식(지만지).

게리 스나이더(Gary Snyder), 1990. *The Practice of the Wild*. North Point Press.; 2015 한국어판 『야생의 실천』(이상화 역). 문학동네.

데이비드 쾀멘(David Quammen), 2006. *The Reluctant Mr. Darwin: An Intimate Portrait of Charles Darwin and the Making of His Theory of Evolution*. W. W. Norton & Company.; 2008 한국어판 『신중한 다윈씨: 찰스 다윈의 진면목

과 진화론의 형성 과정』(이한음 역). 승산.

랠프 왈도 에머슨(Ralph Waldo Emerson), 1841－1844. *Essays: First and Second Series*. James Munroe & Company.; 2009 한국어판『에머슨 수상록』(이창배 역). 서문당.

리처드 도킨스(Richard Dawkins), 2021. *Flights of Fancy: Defying Gravity by Design and Evolution*. Head of Zeus(Apollo).; 2022 한국어판『마법의 비행』(이한음 역). 을유문화사.

리처드 도킨스(Richard Dawkins) 외·클리포드 A. 피코버(Clifford A. Pickover, 엮음), 2018. *The Science Book: From Darwin to Dark Energy, 250 Milestones in the History of Science*. Union Square & Co.; 2002 한국어판『사이언스 북』(김희봉 역). 사이언스북스.

리처드 도킨스(Richard Dawkins), 2017. *Science in the Soul: Selected Writings of a Passionate Rationalist*. Bantam Press.; 2021 한국어판『리처드 도킨스의 영혼이 숨 쉬는 과학: 열정적인 합리주의자의 이성 예찬』(김명주 역). 김영사.

리처드 도킨스(Richard Dawkins), 1998. *Unweaving the Rainbow: Science, Delusion and the Appetite for Wonder*. Allen Lane.; 2015 한국어판『무지개를 풀며: 리처드 도킨스가 선사하는 세상 모든 과학의 경이로움』(최재천·김산하 역). 바다출판사.

리처드 요크(Richard York)·브렛 클라크(Brett Clark), 2011. *The Science and Humanism of Stephen Jay Gould*. Monthly Review Press.; 2016 한국어판『과학과 휴머니즘: 스티븐 제이 굴드의 학문과 생애』(김동광 역). 현암사.

마르 장송(Marc Jeanson)·샤를로트 포브(Charlotte Fauve), 2019. *Botaniste*. Grasset.; 2021 한국어판『보따니스트: 모험하는 식물학자들』(박태신 역). 도서출판 가지.

마르틴 아우어(Martin Auer), 1995. *Ich aber erforsche das Leben: Die Lebensgeschichte des Jean-Henri Fabre*. Beltz & Gelberg.; 2003 한국어판『파브르 평전: 나는 살아 있는 것을 연구한다』(인성기 역). 청년사.

메릴 윈 데이비스(Merryl Wyn Davies), 2000. *Darwin and Fundamentalism*. Icon Books.; 2003 한국어판『다윈과 근본주의』(이한음 역). 이제이북스.

참고 문헌

빌 브라이슨(Bill Bryson), 2003. *A Short History of Nearly Everything*. Doubleday.; 2003 한국어판 『거의 모든 것의 역사』(이덕환 역). 까치.

션 캐럴(Sean Carroll), 2016. *The Big Picture: On the Origins of Life, Meaning, and the Universe Itself*. Dutton.; 2019 한국어판 『빅 픽처: 양자와 시공간, 생명의 기원까지 모든 것의 우주적 의미에 관하여』(최가영 역). 글루온.

션 B. 캐럴(Sean B. Carroll), 2009. *Remarkable Creatures: Epic Adventures in the Search for the Origins of Species*. Houghton Mifflin Harcourt.; 2012 한국어판 『진화론 산책: 소설보다 재미있는 진화의 역사』(구세희 역). 살림Biz.

션 B. 캐럴(Sean B. Carroll), 2006. *The Making of the Fittest: DNA and the Ultimate Forensic Record of Evolution*. W.W.Norton & Company.; 2008 한국어판 『한 치의 의심도 없는 진화 이야기: DNA와 진화의 확고한 증거들』(김명주 역). 지호.

스티븐 제이 굴드(Stephen Jay Gould), 1977. *Ever Since Darwin: Reflections in Natural History*. W. W. Norton.; 2009 한국어판 『다윈 이후: 다윈주의에 대한 오해와 이해를 말하다』(홍욱희·홍동선 역). 사이언스북스.

스티븐 제이 굴드(Stephen Jay Gould), 1989. *Wonderful Life: The Burgess Shale and the Nature of History*. W. W. Norton & Company.; 2004 한국어판 『생명, 그 경이로움에 대하여』(김동광 역). 경문사.

스티븐 제이 굴드(Stephen Jay Gould), 1996. *Full House: The Spread of Excellence from Plato to Darwin*. Harmony.; 2002 한국어판 『풀하우스: 진화는 진보가 아니라 다양성의 증가다』(이명희 역). 사이언스북스.

앨프리드 러셀 월리스(Alfred Russel Wallace), 1869. *The Malay Archipelago*. Macmillan.; 2017 한국어판 『말레이 제도』(노승영 역). 지오북.

에드워드 애비(Edward Abbey), 1982. *Down the River*. E. P. Dutton.; 2004 한국어판 『소로와 함께 강을 따라서』(신소희 역). 문예출판사.

에드워드 오스본 윌슨(Edward O. Wilson), 2017. *The Origins of Creativity*. Liveright.; 2020 한국어판 『창의성의 기원: 인간을 인간이게 하는 것』(이한음 역). 사이언스북스.

에드워드 오스본 윌슨(Edward O. Wilson), 1998. *Consilience: The Unity of Knowledge*. Alfred A. Knopf.; 2005 한국어판 『통섭: 지식의 대통합』(장대익·최

재천 역). 사이언스북스.

에른스트 마이어(Ernst Mayr), 2004. *What Makes Biology Unique?: Considerations on the Autonomy of a Scientific Discipline*. Cambridge University Press.; 2005 한국어판『생물학의 고유성은 어디에 있는가?』(박정희 역). 철학과현실사.

워렌 D. 올먼(Warren D. Allmon) 외, 2007.『스티븐 제이 굴드: 다윈을 뛰어 넘는 굴드의 생각 뒤집기』(강주헌 역). 휘슬러(동아사이언스·휘슬러 공동표기).

유진 번(Eugene Byrne)·사이먼 거(Simon Gurr), 2009. *Darwin: A Graphic Biography*. Icon Books.; 2014 한국어판『찰스 다윈: 그래픽 평전』(김소정 역). 푸른지식.

이브 파칼레(Yves Paccalet), 2009. *Le grand roman de la vie*. JC Lattès.; 2012 한국어판『신은 아무것도 쓰지 않았다: 자연학자 이브 파칼레의 생명에 관한 철학 에세이』(이세진 역). 해나무.

장 마르크 드루앵(Jean-Marc Drouin), 2008. *L'Herbier des philosophes*. Éditions du Seuil.; 2011 한국어판『철학자들의 식물도감』(김성희 역). 알마.

장 자크 루소(Jean-Jacques Rousseau), 1782. *Les Rêveries du promeneur solitaire*.; 2016 한국어판『고독한 산책자의 몽상』(문경자 역). 문학동네.

조민제·최동기·최성호·심미영·지용주·이웅(엮음), 2021.『한국 식물 이름의 유래: 조선식물향명집 주해서』. 심플라이프.

조지프 캠벨(Joseph Campbell), 2001. *Thou Art That: Transforming Religious Metaphor*. New World Library.; 2004 한국어판『네가 바로 그것이다』(박경미 역). 해바라기.

찰스 다윈(Charles Darwin)·프레더릭 버크하르트(Frederick Burkhardt, 엮음), 2008. *Origins: Selected Letters of Charles Darwin, 1822–1859*. Cambridge University Press.; 2011 한국어판『찰스 다윈 서간집 기원: 진화론을 낳은 위대한 지적 모험 1822 – 1859』(김학영 역; 최재천 감수). 살림.

찰스 로버트 다윈(Charles Robert Darwin), 1859. *On the Origin of Species*. John Murray.; 2019 한국어판『종의 기원』(장대익 역). 사이언스북스.

칼 세이건(Carl Sagan), 1977. *The Dragons of Eden: Speculations on the Evolution of Human Intelligence*. Random House.; 2006(종이책, 재출간) / 2017(전자

책) 한국어판 『에덴의 용: 인간 지성의 기원을 찾아서』(임지원 역). 사이언스북스.

칼 세이건(Carl Sagan), 2006. *Conversations with Carl Sagan*. University Press of Mississippi.; 2016 한국어판 『칼 세이건의 말: 우주 그리고 그 너머에 관한 인터 뷰』(김명남 역). 마음산책.

칼 세이건(Carl Sagan), 1980. *Cosmos*. Random House.; 2006 한국어판 『코스모스』 (홍승수 역). 사이언스북스.

칼 세이건(Carl Sagan)·앤 드루얀(Ann Druyan), 1992. *Shadows of Forgotten Ancestors*. Random House.; 2008 한국어판 『잊혀진 조상의 그림자: 인류의 본 질과 기원에 대하여』(김동광 역). 사이언스북스.

칼 짐머(Carl Zimmer), 2001. *Evolution: The Triumph of an Idea*. HarperCollins.; 2002 한국어판 『진화: 모든 것을 설명하는 생명의 언어』(김명남 역). 웅진지식하 우스.

캐롤린 머천트(Carolyn Merchant), 1992. *Radical Ecology: The Search for a Livable World*. Routledge.; 2007 한국어판 『래디컬 에콜로지: 잿빛 지구에 푸른 빛을 찾 아 주는 방법』(허남혁 역). 이후.

클로드 레비-스트로스(Claude Lévi-Strauss), 1955. *Tristes Tropiques*. Plon.; 1998 한 국어판 『슬픈 열대』(박옥줄 역). 한길사.

토머스 베리(Thomas Berry), 2006. *Evening Thoughts: Reflecting on Earth as Sacred Community*. Counterpoint.; 2015 한국어판 『황혼의 사색: 성스러운 공 동체인 지구에 대한 성찰』(박만 역). 한국기독교연구소.

폴 너스(Paul Nurse), 2020. *What Is Life?: Five Great Ideas in Biology*. W. W. Norton / Profile Books.; 2021 한국어판 『생명이란 무엇인가: 5단계로 이해하는 생물학』 (이한음 역). 까치.

프리초프 카프라(Fritjof Capra), 1996. *The Web of Life*. Anchor Books.; 1999 한국어 판 『생명의 그물: 살아 있는 시스템들에 대한 새로운 과학적 이해』(김동광·김용 정 역). 범양사.

하워드 L. 케이(Howard L. Kaye), 1986. *The Social Meaning of Modern Biology: From Social Darwinism to Sociobiology*. Yale University Press.; 2008 한국 어판 『현대 생물학의 사회적 의미: 사회다원주의에서 사회생물학까지』(생물학의

고규홍의 나무

역사와 철학 연구 모임 역). 뿌리와이파리.

한나 홈스(Hannah Holmes), 2005. *Suburban Safari: A Year on the Lawn*. Bloomsbury.; 2008 한국어판『풀 위의 생명들』(안소연 역). 지호.

헨리 데이비드 소로(Henry David Thoreau), 1843. *A Winter Walk*.; 2019 한국어판 『겨울 산책』(유정화 역). 반니.

헨리 데이비드 소로(Henry David Thoreau), 1849. *A Week on the Concord and Merrimack Rivers*. James Munroe and Company.; 2012 한국어판『소로우의 강』(윤규상 역). 갈라파고스.

헨리 데이비드 소로(Henry David Thoreau)·지오프 위스너(Geoff Wisner, 엮음), 2016. *Thoreau's Wildflowers*. Yale University Press.; 2017 한국어판『소로의 야생화 일기: 월든을 만든 모든 순간의 기록들』(김잔디 역; 이유미 감수; 배리 모저 그림). 위즈덤하우스.

헨리 데이비드 소로(Henry David Thoreau), 1854. *Walden; or, Life in the Woods*. Ticknor and Fields.; 2017 한국어판『월든: 우주의 건축가와 함께 나란이 걷고 싶다』(김석희 역). 열림원.

헨리 데이비드 소로(Henry David Thoreau), 2004. *Letters to a Spiritual Seeker*. W. W. Norton.; 2005 한국어판『구도자에게 보낸 편지』(류시화 역). 오래된미래.

헨리 데이비드 소로(Henry David Thoreau), 1862. *Walking*.; 2005 한국어판『산책』 (박윤정 역). 양문.

헨리 데이비드 소로(Henry David Thoreau), 1906 – 1958(초간 기준). *The Journal of Henry David Thoreau*. Houghton Mifflin / Princeton.; 2003 한국어판『소로 우의 일기』(윤규상 역). 도솔.

헨리 데이비드 소로(Henry David Thoreau), 1993. *Faith in a Seed*. Island Press.; 2004 한국어판『씨앗의 희망』(이한중 역). 갈라파고스.

헬렌 맥도널드(Helen Macdonald), 2020. *Vesper Flights*. Jonathan Cape / Grove Press.; 2021 한국어판『저녁의 비행』(주민아 역). 판미동.

호프 자런(Hope Jahren), 2020. *The Story of More*. Vintage.; 2020 한국어판『나는 풍 요로웠고, 지구는 달라졌다』(김은령 역). 김영사.

휴 래플스(Hugh Raffles), 2010. *Insectopedia*. Pantheon Books.; 2011 한국어판『인

섹토피디아: 인간과 곤충의 아름답고 위험한 공존 이야기』(우진하 역). 21세기
북스.

제1장. 나무 이전의 세계

김소희, 1999. 『생명시대: 지구생태 이야기』. 학고재.

박문호, 2019. 『생명은 어떻게 작동하는가: 박문호 박사의 생명 현상 특강』. 김영사.

이정모, 2015. 『공생 멸종 진화: 생명 탄생의 24가지 결정적 장면』. 나무나무.

닉 레인(Nick Lane), 2015. *The Vital Question: Energy, Evolution, and the Origins of Complex Life*. Profile Books.; 2016 한국어판 『바이털 퀘스천: 생명은 어떻게 탄생했는가』(김정은 역). 까치.

닐 슈빈(Neil Shubin), 2013. *The Universe Within: Discovering the Common History of Rocks, Planets, and People*. Pantheon.; 2015 한국어판 『DNA에서 우주를 만나다: 생물학과 천문학을 오가는 137억 년의 경이로운 여정』(이한음 역). 위즈덤하우스.

데이비드 애튼버러(David Attenborough), 1979; 2018(rev.). *Life on Earth*. Collins.; 2019 한국어판 『생명의 위대한 역사』(고호관 역). 까치.

로버트 M. 헤이즌(Robert M. Hazen), 2012. *The Story of Earth: The First 4.5 Billion Years, from Stardust to Living Planet*. Viking.; 2014 한국어판 『지구 이야기: 광물과 생물의 공진화로 푸는 지구의 역사』(김미선 역). 뿌리와이파리.

루이스 다트넬(Lewis Dartnell), 2019. *Origins: How the Earth Shaped Human History*. The Bodley Head.; 2020 한국어판 『오리진: 지구는 어떻게 우리를 만들었는가』(이충호 역). 흐름출판.

리처드 포티(Richard Fortey), 2004. *Earth: An Intimate History*. Knopf.; 2005 한국어판 『살아 있는 지구의 역사』(이한음 역). 까치; 2018 개정증보 재간.

리처드 포티(Richard Fortey), 1997. *Life: An Unauthorised Biography*. HarperCollins.; 2007 한국어판 『생명: 40억 년의 비밀』(이한음 역). 까치.

린 마굴리스(Lynn Margulis), 1998. *Symbiotic Planet: A New Look at Evolution*. Basic Books.; 2007 한국어판 『공생자 행성: 린 마굴리스가 들려주는 공생 진화

의 비밀』(이한음 역). 사이언스북스.

린 마굴리스(Lynn Margulis)·도리언 세이건(Dorion Sagan), 1995. *What Is Life?*.
Simon & Schuster.; 2016 개정 한국어판 『생명이란 무엇인가』(김영 역). 리수.

마틴 J. S. 러드윅(Martin J. S. Rudwick), 2014. *Earth's Deep History: How It Was
Discovered and Why It Matters*. University of Chicago Press.; 2021 한국어판
『지구의 깊은 역사: 지구의 기원을 찾아가는 장대한 모험』(김준수 역). 동아시아.

브라이언 콕스(Brian Cox)·앤드루 코헨(Andrew Cohen), 2013. *Wonders of Life:
Exploring the Most Extraordinary Phenomenon in the Universe*. Collins.;
2018 한국어판 『경이로운 생명: BBC 다큐멘터리를 책으로 만나다』(양병찬 역).
지오북.

브라이언 콕스(Brian Cox)·앤드루 코헨(Andrew Cohen), 2011. *Wonders of the
Universe*. Collins.; 2019 한국어판 『경이로운 우주: 낭만적이면서도 과학적인 시
선으로 본 우리의 우주』(박병철 역). 해나무.

앤드루 H. 놀(Andrew H. Knoll), 2003; 2015(rev.). *Life on a Young Planet: The
First Three Billion Years of Evolution on Earth*. Princeton University Press.;
2007 한국어판 『생명 최초의 30억 년: 지구에 새겨진 진화의 발자취』(김명주
역). 뿌리와이파리.

앤드루 H. 놀(Andrew H. Knoll), 2021. *A Brief History of Earth: Four Billion Years
in Eight Chapters*. Custom House.; 2021 한국어판 『지구의 짧은 역사: 한 권으
로 읽는 하버드 자연사 강의』(이한음 역). 다산사이언스(다산북스).

에그버트 자일스 리(Egbert Giles Leigh Jr.), 2019. *Nature: Strange and Beautiful:
How Living Beings Evolved and Made the Earth a Home*. Yale University
Press.; 2023 한국어판 『생명의 아름다움: 진화의 렌즈로 본』(전상학·박기석·심
현표·안주현·유금복 역). 북스힐.

이언 플리머(Ian Plimer), 2004. *A Short History of Planet Earth*. ABC Books.; 2008
한국어판 『지구의 기억: 행성 지구 46억 년의 역사』(김소정 역). 삼인.

피터 D. 워드(Peter D. Ward)·도널드 E. 브라운리(Donald E. Brownlee), 2003.
*The Life and Death of Planet Earth: How the New Science of Astrobiology
Charts the Ultimate Fate of Our World*. Times Books.; 2006 한국어판 『지구

의 삶과 죽음: 지구와 인류의 미래로 떠나는 흥미진진한 탐험』(이창희 역). 지식
의숲(넥서스).

피터 D. 워드(Peter D. Ward)·조 커슈빙크(Joe Kirschvink), 2015. *A New History of
Life: The Radical New Discoveries about the Origins and Evolution of Life
on Earth*. Bloomsbury Press.; 2015 한국어판 『새로운 생명의 역사: 지구 생명
의 기원과 진화를 밝히는 새로운 근본적인 발견들』(이한음 역). 까치.

헨리 지(Henry Gee), 2021. *A (Very) Short History of Life on Earth: 4.6 Billion
Years in 12 Pithy Chapters*. St. Martin's Press.; 2022 한국어판 『지구 생명의(아
주) 짧은 역사』(홍주연 역). 까치.

DK, 2010; 2021 (rev.). *The Natural History Book: The Ultimate Visual Guide to
Everything on Earth*. Dorling Kindersley.; 2012 한국어판 『자연사: 지구 생명
의 모든 것을 담은 자연사 대백과사전』(김동희·이상준·장현주·황연아 공역). 사
이언스북스.

제2장. 나무 이전의 육지 생명체

김완기·최원자, 2019. 『아름다운 미생물 이야기: 작아서 더 아름다운 미생물학 강좌』.
사이언스북스.

박재용, 2017. 『모든 진화는 공진화다: 경이로운 생명의 나비효과』. MID.

가시와다니 히로유키(柏谷博之), 2009. 『地衣類のふしぎ: コケでないコケとはどういう
こと? 道ばたで見かけるあの"植物"の正体とは?』. ソフトバンククリエイティブ.;
2012 한국어판 『지의류는 무엇일까?: 적응과 진화에 뛰어나고 신비한 매력을 지
닌 미개척 생물』(문광희 역). 지오북.

닉 레인(Nick Lane), 2005. *Power, Sex, Suicide: Mitochondria and the Meaning of
Life*. Oxford University Press.; 2009 한국어판 『미토콘드리아: 박테리아에서 인
간으로, 진화의 숨은 지배자』(김정은 역). 뿌리와이파리.

닐 슈빈(Neil Shubin), 2020. *Some Assembly Required: Decoding Four Billion
Years of Life, from Ancient Fossils to DNA*. Pantheon.; 2022 한국어판 『자연
은 어떻게 발명하는가: 시행착오, 표절, 도용으로 가득한 생명 40억 년의 진화사』
(김명주 역). 부키.

로베르트 호프리히터(Robert Hofrichter), 2017. *Das geheimnisvolle Leben der Pilze: Die faszinierenden Wunder einer verborgenen Welt*. Gütersloher Verlagshaus.; 2023 한국어판 『세상의 모든 균류: 신비한 버섯의 삶』(장혜경 역). 생각의집.

린 마굴리스(Lynn Margulis)·도리언 세이건(Dorion Sagan), 1986; 1997 (rev.). *Microcosmos: Four Billion Years of Microbial Evolution*. University of California Press.; 2011 한국어판 『마이크로 코스모스: 40억 년에 걸친 미생물의 진화사』(홍욱희 역). 김영사.

마르크 앙드레 슬로스(Marc-André Selosse), 2017. *Jamais seul: Ces microbes qui construisent les plantes, les animaux et les civilisations*. Actes Sud.; 2019 한국어판 『혼자가 아니야: 식물·동물을 넘어 문명까지 만들어내는 미생물의 모든 것』(양영란 역). 갈라파고스.

멀린 셸드레이크(Merlin Sheldrake), 2020. *Entangled Life: How Fungi Make Our Worlds, Change Our Minds & Shape Our Futures*. Random House.; 2021 한국어판 『작은 것들이 만든 거대한 세계: 균이 만드는 지구 생태계의 경이로움』(김은영 역; 홍승범 감수). 아날로그(글담).

윌리엄 퍼비스(William Purvis), 2000. *Lichens*. Smithsonian Institution Press(공동 발행: Natural History Museum, London).; 2016 한국어판 『지의류의 자연사: 매혹적인 생명체 지의류의 생태·다양성·가치』(문광희 역). 지오북.

톰 웨이크퍼드(Tom Wakeford), 2001. *Liaisons of Life: From Hornworts to Hippos—How the Unassuming Microbe Has Driven Evolution*. John Wiley & Sons.; 2004 한국어판 『공생, 그 아름다운 공존』(전방욱 역). 해나무.

제3장. 나무 이전의 식물

김홍표, 2020. 『작고 거대한 것들의 과학: 생명의 역사를 읽는 넓고 깊은 시선』. 궁리.

박현숙, 2022. 『마이코스피어: 우리 옆의 보이지 않는 거대한 이웃, 곰팡이 세상』. 계단.

신현동, 2019. 『곰팡이 문답노트』. 월드사이언스.

신현동, 2015. 『곰팡이가 없으면 지구도 없다: 곰팡이는 어떻게 지구에서 가장 가치 있는 생물이 되었을까?』. 지오북.

이영록, 1996. 『생명의 기원과 진화』. 고려대학교출판부.

이창숙·이강협, 2015. 『한국의 양치식물: 한국산 양치식물 287분류군의 생태와 분류』. 지오북.

가와바타 구니후미(川端國文), 2012. 『いのちの旅に終わりなし: 生き物の不思議探究から子どもの育つ環境づくりへ』. 文芸社.; 2014 한국어판 『생명의 교실: 어느 생물학자의 생명탐구 여행기』(염혜은 역). 목수책방.

데이비드 쿼먼(David Quammen), 2018. *The Tangled Tree: A Radical New History of Life*. Simon & Schuster.; 2020 한국어판 『진화를 묻다: 다윈 이후, 생명의 역사를 새롭게 밝혀낸 과학자들의 여정』(이미경·김태완 역). 프리렉.

로빈 C. 모란(Robbin C. Moran), 2004. *A Natural History of Ferns*. Timber Press.; 2010 한국어판 『양치식물의 자연사』(김태영 역; 이상태 감수). 지오북.

로빈 월 키머러(Robin Wall Kimmerer), 2003. *Gathering Moss: A Natural and Cultural History of Mosses*. Oregon State University Press.; 2020 한국어판 『이끼와 함께: 작지만 우아한 식물, 이끼가 전하는 지혜』(하인해 역). 눌와.

에밀리 모노선(Emily Monosson), 2023. *Blight: Fungi and the Coming Pandemic*. W. W. Norton.; 2024 한국어판 『곰팡이, 가장 작고 은밀한 파괴자들: 조용히 숙주를 멸종시키는 미생물에 관하여』(김희봉 역). 반니.

올리버 색스(Oliver Sacks), 2002. *Oaxaca Journal*. National Geographic.; 2013 한국어판 『올리버 색스의 오악사카 저널』(김승욱 역). 알마.

프랑시스 마르탱(Francis Martin), 2019. *Sous la forêt: Pour survivre il faut des alliés*. Humensciences.; 2022 한국어판 『숲 아래서: 나무와 버섯의 조용한 동맹이 시작되는 곳』(박유형 역; 주은정 감수). 돌배나무.

국립생물자원관, 2014. 『선태식물 관찰도감』. 지오북.

산림청 국립수목원, 2008. 『한국식물도해도감 2: 양치식물』. 산림청·국립수목원.

제4장. 나무의 탄생

공우석, 2023. 『침엽수의 자연사』. 지오북.

권성환, 2001(제2판; 초판 1999).『식물의 세계』. 아카데미서적.

성은숙, 2018.「나자식물의 바른 한국어(韓國語) 용어 사용에 대한 제언」.《한국산림과
학회지》107(2): 126–139.

성은숙, 2024.『겉씨식물 바르게 알기: 앗! 은행이 열매가 아니라고?!』. 전북대학교출판
문화원.

이상태, 2010.『식물의 역사: 식물의 탄생과 진화 그리고 생존전략』. 지오북.

이영록, 1996.『생물의 역사』. 법문사.

닐 A. 캠벨(Neil A. Campbell) 외, 2013. *Campbell Biology (10th ed.)*.; 2021 한국어
판『캠벨 생명과학: 개념과 현상의 이해, 제10판』. 라이프사이언스.

더글라스 파머(Douglas Palmer), 2009. *Prehistoric Life: The Definitive Visual
History of Life on Earth*. Dorling Kindersley.; 2011 한국어판『선사시대: DK
비주얼로 보는 생명의 역사』(이주혜 역). 21세기북스.

데이비드 크리스천(David Christian)·신시아 스톡스 브라운(Cynthia Stokes Brown)·
크레이그 벤저민(Craig Benjamin), 2013. *Big History: Between Nothing and
Everything*. McGraw-Hill Education.; 2022 한국어판『빅 히스토리: 우주와 지
구, 인간을 하나로 잇는 새로운 역사』(이한음 역). 웅진지식하우스.

도널드 C. 조핸슨(Donald C. Johanson), 1981. *Lucy: The Beginnings of
Humankind*. Simon and Schuster.; 2011 한국어판『루시, 최초의 인류』(이충
호 역). 김영사.

도널드 R. 프로세로(Donald R. Prothero), 2015. *The Story of Life in 25 Fossils:
Tales of Intrepid Fossil Hunters and the Wonders of Evolution*. Columbia
University Press.; 2018 한국어판『진화의 산증인 화석 25: 잃어버린 고리? 경계,
전이, 다양성을 보여주는 화석의 매혹』(김정은 역). 뿌리와이파리.

도리스 라우데르트(Doris Laudert), 1998. *Mythos Baum: Was Bäume uns
Menschen bedeuten. Geschichte, BRauchtum, 30 Baumporträts*. BLV
Verlagsgesellschaft.; 2021 한국어판『나무 신화: 나무로 본 유럽 민속의 기원과
효능』(이선 역). 수류산방·중심.

리처드 도킨스(Richard Dawkins)·옌 웡(Yan Wong), 2016(rev. 2nd ed.). *The
Ancestor's Tale: A Pilgrimage to the Dawn of Evolution*. Houghton Mifflin

Harcourt.; 2018 한국어판 『조상 이야기: 생명의 기원을 찾아서』(이한음 역).
까치.

리처드 도킨스(Richard Dawkins), 2009. *The Greatest Show on Earth: The Evidence
for Evolution*. Bantam Press.; 2009 한국어판 『지상 최대의 쇼: 진화가 펼쳐낸
경이롭고 찬란한 생명의 역사』(김명남 역). 김영사.

사라시나 이사오(更科功), 2018. 『絶滅の人類史: なぜ「私たち」が生き延びたのか』. NHK
出版.; 2020 한국어판 『절멸의 인류사: 우리는 어떻게 살아남았는가』. 부키.

션 B. 캐럴(Sean B. Carroll), 2016. *The Serengeti Rules: The Quest to Discover How
Life Works and Why It Matters*. Princeton University Press.; 2016 한국어판
『세렝게티 법칙: 생명에 관한 대담하고 우아한 통찰』(조은영 역). 곰출판.

요제프 H. 라이히홀프(Josef H. Reichholf), 2016. *Evolution: Eine kurze Geschichte*.
Carl Hanser Verlag.; 2018 한국어판 『거의 완벽한 진화: 세상을 바꾼 36가지 생
명 진화의 비밀』(안인희 역). 온다.

이본 배스킨(Yvonne Baskin), 1997. *The Work of Nature: How the Diversity of Life
Sustains Us*. Island Press.; 2003 한국어판 『아름다운 생명의 그물: 생물 다양성
은 어떻게 우리를 지탱하는가』(이한음 역). 돌베개.

자크 브로스(Jacques Brosse), 1989. *Mythologie des arbres*. Plon.; 2005 한국어
판 『식물의 역사와 신화』(양영란 역). 갈라파고스.제임스 N. 가드너(James N.
Gardner), 2003. *Biocosm: The New Scientific Theory of Evolution*.; 한국어판
『생명 우주: 새로운 과학적 진화론』. 까치.

토머스 할리데이(Thomas Halliday), 2022. *Otherlands: A World in the Making*.
Allen Lane.; 2023 한국어판 『아더랜드: 5억 5,000만 년 전 지구에서 온 편지』(김
보영 역). 쌤앤파커스.

마이클 G. 심프슨(Michael G. Simpson), 2019(3판). *Plant Systematics*. Academic
Press/Elsevier.; 2022 한국어판 『식물계통학 (제3판)』(김영동·신현철 역). 월드
사이언스.

제5장. 숲의 형성

김기원, 2004.『숲이 들려준 이야기: 신화와 예술로 만나는 숲의 세계』. 효형출판.

김산해, 2005.『최초의 신화 길가메쉬 서사시』. 휴머니스트.

김외정, 2015.『천년도서관 숲』. 메디치미디어.

신원섭·임경빈 외, 1997.『숲속의 문화 문화 속의 숲』. 열화당.

이성부·윤후명 외, 2004.『숲을 걷다』. 수문출판사.

이영숙·최배영, 2024.『식물의 사회생활』. 동아시아.

데이비드 스즈키(David Suzuki)·웨인 그레이디(Wayne Grady), 2004. *Tree: A Life Story*. Greystone Books.; 2005 한국어판『나무와 숲의 연대기』(이한중 역). 김영사.

로저 디킨(Roger Deakin), 2007. *Wildwood: A Journey Through Trees*. Hamish Hamilton.; 2011 한국어판『나무가 숲으로 가는 길』(박중서 역). 까치.

마들렌 치게(Madlen Ziege), 2020. *Kein Schweigen im Walde*. Piper.; 2021 한국어판『숲은 고요하지 않다: 식물, 동물, 그리고 미생물 경이로운 생명의 노래』(배명자 역; 최재천 감수). 흐름출판.

수잔 시마드(Suzanne Simard), 2021. *Finding the Mother Tree: Discovering the Wisdom of the Forest*. Knopf.; 2023 한국어판『어머니 나무를 찾아서: 숲속의 우드 와이드 웹』(김다히 역). 사이언스북스.

안네 스베르드루프-튀게손(Anne Sverdrup-Thygeson), 2020. *På naturens skuldre*. Kagge Forlag.; 2022 한국어판『생명의 태피스트리: 생명을 구하는 자연계의 비밀』(조은영 역). 단추.

에두아르도 콘(Eduardo Kohn), 2013. *How Forests Think: Toward an Anthropology Beyond the Human*. University of California Press.; 2018 한국어판『숲은 생각한다: 숲의 눈으로 인간을 보다』(차은정 역). 사월의책.

요아힘 라트카우(Joachim Radkau), 2011. *Wood: A History*. Polity.; 2013 한국어판『나무시대: 숲과 나무의 문화사』(서정일 역). 자연과생태.

이나가키 히데히로(稲垣栄洋), 2019.『敗者の生命史』. PHP研究所.; 2022 한국어판『패자

의 생명사: 38억 년 생명의 역사에서 살아남은 것은 항상 패자였다』(박유미 역; 장수철 감수). 더숲.

자부리 가줄(Jaboury Ghazoul), 2015. *Forests: A Very Short Introduction*. Oxford University Press.; 2019 한국어판 『숲』(김명주 역). 교유서가.

존 G. T. 앤더슨(John G. T. Anderson), 2012. *Deep Things Out of Darkness: A Natural History of Natural History*. University of California Press.; 2016 한국어판 『내추럴 히스토리: 자연을 탐구한 인간의 역사』(최파일 역). 삼천리.

페터 볼레벤(Peter Wohlleben), 2017. *Das geheime Netzwerk der Natur*. Ludwig.; 2018 한국어판 『자연의 비밀 네트워크: 나무가 구름을 만들고 지렁이가 멧돼지를 조종하는 방법』(강영옥 역). 더숲.

페터 볼레벤(Peter Wohlleben), 2021. 『숲, 다시 보기를 권함』. 더숲.

제6장. 사람의 마을

김영래, 2002. 『편도나무야, 나에게 신에 대해 이야기해다오』. 도요새.

안인희, 2007 – 2011. 『안인희의 북유럽 신화 1·2·3』. 웅진지식하우스.

최순욱, 2012. 『북유럽 신화 여행: 인간보다 더 인간적인 신들의 이야기』. 서해문집.

니나 버튼(Nina Burton), 2020. *Livets tunna väggar*. Albert Bonniers Förlag.; 2024 한국어판 『살아 있는 모든 것에 안부를 묻다: 시인이 관찰한 대자연의 경이로운 일상』(김희정 역). 열린책들.

닉 레인(Nick Lane), 2002. *Oxygen: The Molecule that Made the World*. Oxford University Press.; 2016 한국어판 『산소, 세상을 만든 분자』(양은주 역). 뿌리와 이파리.

닉 레인(Nick Lane), 2009. *Life Ascending: The Ten Great Inventions of Evolution*. Profile Books.; 2011 한국어판 『생명의 도약: 진화의 10대 발명』(김정은 역). 글항아리.

닐 게이먼(Neil Gaiman), 2017. *Norse Mythology*. W. W. Norton.; 2017 한국어판 『북유럽 신화』(박선령 역). 나무의철학.

라파엘 조빈(Raffael G. Jovine), 2021/2022. *Light to Life / How Light Makes Life:*

The Hidden Wonders and World-Saving Science of Photosynthesis. Short Books / The Experiment.; 2024 한국어판『생명을 이어온 빛: 광합성의 신비』(이현숙 역; 안태석 감수). 북스힐.

애덤 러더퍼드(Adam Rutherford), 2016. *A Brief History of Everyone Who Ever Lived*. Weidenfeld & Nicolson.; 2018 한국어판『사피엔스 DNA 역사』(한정훈 역). 살림.

대니얼 E. 리버먼(Daniel E. Lieberman), 2013. *The Story of the Human Body: Evolution, Health, and Disease*. Pantheon.; 2019 한국어판『우리는 어떻게 지금의 인간이 되었나: 불, 요리, 폭력, 패션 그리고 섹스를 통해 본 인류 진화』(김성훈 역). 반니.

앤 드루얀(Ann Druyan), 2020. *Cosmos: Possible Worlds*. National Geographic.; 2020 한국어판『코스모스: 가능한 세계들』(김명남 역). 사이언스북스.

올리버 몰턴(Oliver Morton), 2007. *Eating the Sun: How Plants Power the Planet*. Fourth Estate.; 2023 한국어판『태양을 먹다: 생명의 고리를 잇는 광합성 서사시』(김홍표 역). 동아시아.

이와나미 요조(岩波洋造), 1970.『光合成の世界: 地球上の生命を支える秘密』. 講談社(ブルーバックス).; 2005 한국어판『광합성의 세계: 지구상의 생명을 지지하는 비밀』(심상칠 역). 전파과학사.

쟈크 브로스(Jacques Brosse), 1993. *Mythologie des arbres*. Payot.; 2007 한국어판『나무의 신화』(주향은 역). 이학사.

제레미 드실바(Jeremy DeSilva), 2021. *First Steps: How Upright Walking Made Us Human*. Harper.; 2022 한국어판『퍼스트 스텝: 직립보행은 어떻게 인간을 인간답게 만들었는가?』(노신영 역). 브론스테인.

피터 D. 워드(Peter D. Ward), 2006. *Out of Thin Air: Dinosaurs, Birds, and Earth's Ancient Atmosphere*. Joseph Henry Press.; 2012 한국어판『진화의 키, 산소 농도: 공룡, 새, 그리고 지구의 고대 대기』(김미선 역). 뿌리와이파리.

데이비드 M. 힐리스(David M. Hillis) 외, 2010. *Principles of Life*. W. H. Freeman/Macmillan.; 2021 한국어판(3판)『생명의 원리』(김원 역). 라이프사이언스.

엘던 D. 앵거(Eldon D. Enger) 외, 2013(14th ed.). *Concepts in Biology*.

McGraw-Hill.; 2013 한국어판(제14판)『Enger 생명과학 – 제14판』(생명과학 개론 편찬위원회 역). 드림플러스.

H. A. 거버(H. A. Guerber), 1909. *Myths of the Norsemen: From the Eddas and Sagas.* George G. Harrap.; 2015(초간) / 2021(전자판) 한국어판『북유럽 신화, 재밌고도 멋진 이야기』(김혜연 역). 책읽는귀족.

낸시 L. 프루잇(Nancy L. Pruitt) 외, 2005. *BioInquiry: Making Connections in Biology (3rd ed.).* Wiley.; 2006 한국어판『생명의 탐구』(서계홍 역). 교보문고 (교재).

제7장. 세상에서 가장 오래된 나무

소웅영·윤실, 2011.『은행나무의 과학·문화·신비: 세계의 자연유산』. 전파과학사.

고다 아야(幸田文), 1992. 〇. 新潮社.; 2017 한국어판『나무』(차주연 역). 달팽이출판.

레이첼 서스만(Rachel Sussman), 2014. *The Oldest Living Things in the World.* University of Chicago Press.; 2020 한국어판『나무의 말: 2,000살 넘은 나무가 알려준 지혜』(김승진 역). 윌북.

제8장. 속씨식물의 출현

로렌 아이슬리(Loren Eiseley), 1957. *The Immense Journey: An Anthropologist Looks at Man.* Random House.; 2005 한국어판『광대한 여행: 생명의 여정과 꿈꾸는 동물의 탄생』(김현구 역). 강.

요한 볼프강 폰 괴테(Johann Wolfgang von Goethe), 1790. *Versuch die Metamorphose der Pflanzen zu erklären.* Carl Wilhelm Ettinger.; 2023 한국어판『괴테의 식물변형론』(이선 역). 이유출판.

요한 볼프강 폰 괴테(Johann Wolfgang von Goethe), 1810. *Zur Farbenlehre.* Cotta.; 2003 한국어판『색채론』(장희창 역). 민음사.

윌리엄 C. 버거(William C. Burger), 2006. *Flowers: How They Changed the World.* Prometheus Books.; 2022 한국어판『꽃은 어떻게 세상을 바꾸었을까』(채수문

역). 바이북스.

제9장. 생명의 진화

신현철, 2023. 『다윈의 식물들: ‘종의 기원’에서는 못다 밝힌 다윈의 식물 진화론』. 지
오북.

리처드 도킨스(Richard Dawkins), 1996. *Climbing Mount Improbable*. W. W.
Norton.; 2022 한국어판 『리처드 도킨스의 진화론 강의: 생명의 역사, 그 모든 의
문에 답하다』(김정은 역). 옥당.

마들렌 치게(Madlen Ziege), 2021. *Nature Is Never Silent*. Scribe Publications.;
2024 한국어판 『숨 쉬는 것들은 어떻게든 진화한다: 변화 가득한 오늘을 살아내
는 자연 생태의 힘』. 흐름출판.

요시카와 히로미쓰(吉川浩満), 2014. 『理不盡な進化: 遺傳子と運のあいだ』. 朝日出版社.;
2016 한국어판 『어이없는 진화: 유전자와 운 사이』(양지연 역). 목수책방.

제10장. 세상에서 가장 큰 나무

레이철 서스만(Rachel Sussman), 2014. *The Oldest Living Things in the World*.
University of Chicago Press.; 2015. 한국어판 『위대한 생존: 세상에서 가장 오
래 살아남은 나무 이야기』(김승진 역). 월북.

리처드 포티(Richard Fortey), 2011. *Survivors: The Animals and Plants That Time
Forgot*. HarperCollins.; 2012 한국어판 『위대한 생존자들』(이한음 역). 까치.

데이비드 쾀먼(David Quammen), 2012. “The World’s Largest Trees.” 《National
Geographic》(December 2012).

제11장. 사람과 나무

레이철 카슨(Rachel Carson), 1965. *The Sense of Wonder*. Harper & Row.; 2012 한
국어판 『센스 오브 원더』(표정훈 역). 에코리브르.

레이철 카슨(Rachel Carson), 1962. *Silent Spring*. Houghton Mifflin.; 2011 (rev.) 한
　국어판『침묵의 봄』(김은령 역). 에코리브르.

레이철 카슨(Rachel Carson); 린다 리어(Linda Lear, 엮음), 1998. *Lost Woods: The
　Discovered Writing of Rachel Carson*. Beacon Press.; 2018 한국어판『잃어버
　린 숲: 레이철 카슨 유고집』(김홍옥 역). 에코리브르.

린다 리어(Linda Lear), 1997. *Rachel Carson: Witness for Nature*. Henry Holt.; 2004
　한국어판『레이철 카슨 평전: 시인의 마음으로 자연의 경이를 증언한 과학자』.
　샨티.

마리아 포포바(Maria Popova), 2019. *Figuring*. Pantheon.; 2020 한국어판『진리의
　발견: 앞서 나간 자들』. 다른.

요아힘 라트카우(Joachim Radkau), 2011. *Die Ära der Ökologie*. C.H. Beck.; 2022
　한국어판『생태의 시대: 다시 쓰는 환경 운동의 세계사』(김희상 역). 열린책들.

제12 장. 나무 숭배

이지용, 2011.『우리 곁의 노거수』. 아이컴.

임경빈, 1976 – 2002.『나무백과 1 – 6』. 일지사.

제임스 조지 프레이저(James George Frazer), 1890 – 1915(3판); 1922 요약본. *The
　Golden Bough*. Macmillan.; 2021 한국어판『황금가지 1·2』(맥밀런판 요약본
　기반, 전면개정판). (박규태 역). 을유문화사.

제임스 조지 프레이저(James George Frazer), 1922 요약본. *The Golden Bough*.
　Oxford University Press(후속판 포함).; 2003 한국어판『황금가지』(전2권). (이
　용대 역). 한겨레출판.

고규홍, 2012.『고규홍의 한국의 나무 특강』. 휴머니스트.

고규홍, 2020.『나무를 심은 사람들』. 휴머니스트.

고규홍, 2007.『옛집의 향기, 나무』. 들녘.

강연실 외, 2021.《식물의 과학: 과학잡지 에피Epi 17호》. 이음.

권오길, 2007.『신비한 식물 이야기』. 애플비.

권태문·박은숙·손일순(공편), 2003.『식물의 신비를 찾아서』. 예문당.

김병소, 2003.『식물은 알고 있다』. 경문사.

김용범, 2022.『식물의 전쟁: 견디고, 펼치고, 나누기까지 식물생리학자가 일상에서 포착한 식물의 생존 전략』. 지성사.

손승우, 2017.『녹색동물: 짝짓기, 번식, 굶주림까지 우리가 몰랐던 식물들의 거대한 지성과 욕망』. 위즈덤하우스.

신현철, 2019.『종의 기원 톺아보기』. 소명출판.

신혜우, 2021.『식물학자의 노트: 식물이 내게 들려준 이야기』. 김영사.

유기억, 2012.『솟은땅 너른땅의 푸나무: 식물분류학자가 들려주는 우리 곁 식물 이야기』. 지성사.

이남숙, 2017.『당신이 알고 싶은 식물의 모든 것』. 이화여자대학교출판문화원.

이선, 2006.『우리와 함께 살아온 나무와 꽃』. 수류산방·중심.

이유, 2022.『식물의 죽살이: 식물을 이해하고 싶다면 꼭 읽어야 할 식물생리학, 개정증보판』. 지성사.

이유미, 2004.『광릉 숲에서 보내는 편지: 생명의 온기 가득한 우리 숲 풀과 나무 이야기』. 지오북.

이유미, 2003.『한국의 야생화: 이유미의 우리 꽃 사랑』. 다른세상.

이일하, 2014.『이일하 교수의 생물학 산책: 21세기에 다시 쓰는 생명이란 무엇인가?』. 궁리.

이일하, 2022.『이일하 교수의 식물학 산책: 사계절을 따라 읽는 식물이란 무엇인가?』. 궁리.

황대권, 2002.『야생초 편지』. 도솔.

까트린느 바동(Catherine Vadon), 2005. *Le monde mystérieux des plantes*. Actes

Sud junior.; 2007 한국어판『식물의 힘: 우리가 모르는 놀라운 식물 이야기』(김동찬 역). 푸른나무.

대니얼 샤모비츠(Daniel Chamovitz), 2012. *What a Plant Knows: A Field Guide to the Senses*. Scientific American / Farrar, Straus and Giroux.; 2019 한국어판『은밀하고 위대한 식물의 감각법: 식물은 어떻게 세상을 느끼고 기억할까?』(권예리 역). 다른.

대니얼 샤모비츠(Daniel Chamovitz), 2017. *What a Plant Knows: A Field Guide to the Senses (Updated and Expanded Edition)*. Scientific American / Farrar, Straus and Giroux.; 2013 한국어판『식물은 알고 있다』(이지윤 역). 다른.

데이비드 조지 해스컬(David George Haskell), 2012. *The Forest Unseen: A Year's Watch in Nature*. Viking.; 2014 한국어판『숲에서 우주를 보다』(노승영 역). 에이도스.

디디에 반 코뷀라르트(Didier van Cauwelaert), 2018. *Les émotions cachées des plantes*. Plon.; 2022 한국어판『식물의 은밀한 감정』(백선희 역). 연금술사.

리처드 메이비(Richard Mabey), 2010. *Weeds: In Defense of Nature's Most Unloved Plants*. Profile Books.; 2022 한국어판『처음 읽는 식물의 세계사: 인간의 문명을 정복한 식물이야기』(김영정 역). 탐나는책.

마이클 조던(Michael Jordan), 2001. *The Green Mantle: Our Lost Knowledge of Plants*. Cassell & Co.; 2004 한국어판『초록 덮개: 식물에 대해 우리가 잃어버린 지식들』(이한음 역). 지호.

마티 크럼프(Marty Crump), 2005. *Headless Males Make Great Lovers and Other Unusual Natural Histories*. University of Chicago Press.; 2010 한국어판『감춰진 생물들의 치명적 사생활』(유자화 역). 타임북스.

맷 칸데이아스(Matt Candeias), 2021. *In Defense of Plants*. TMA Press.; 2022 한국어판『식물을 위한 변론: 무자비하고 매력적이며 경이로운 식물 본성에 대한 탐구』(조은영 역). 타인의사유(대원씨아이).

모리스 마테를링크(Maurice Maeterlinck), 1907. *L'Intelligence des Fleurs*. Bibliothèque-Charpentier (Eugène Fasquelle).; 2008 한국어판『꽃의 지혜: 꽃에서 펼쳐지는 탄생과 소멸의 위대한 생존 드라마』(성귀수 역). 아르테.

고규홍의 나무

베론다 L. 몽고메리(Beronda L. Montgomery), 2021. *Lessons from Plants*. Harvard University Press.; 2022 한국어판『식물의 방식: 서로 기여하고 번영하는 삶에 관하여』(정서진 역). 이상북스.

샤먼 앱트 러셀(Sharman Apt Russell), 2001. *Anatomy of a Rose: Exploring the Secret Life of Flowers*. Perseus Publishing.; 2003 한국어판『꽃의 유혹』(석기용 역). 이제이북스.

스테파노 만쿠소(Stefano Mancuso), 2017. *Plant Revolution: Le piante hanno già inventato il nostro futuro*. Giunti Editore.; 2019 한국어판『식물 혁명: 인류의 미래, 식물이 답이다』(김현주 역). 동아엠앤비.

스테파노 만쿠소(Stefano Mancuso), 2020. *The Incredible Journey of Plants*. Other Press.; 2020 한국어판『식물, 세계를 모험하다: 혁신적이고 독창적인 전략으로 지구를 누빈 식물의 놀라운 모험담』(임희연 역; 그리샤 피셔 그림; 신혜우 감수). 더숲.

스티븐 해로드 뷔흐너(Stephen Harrod Buhner), 2002. *The Lost Language of Plants*. Chelsea Green Publishing.; 2005 한국어판『식물의 잃어버린 언어』(박윤정 역; 오영주 감수). 나무심는사람(이레).

스티븐 해로드 뷔흐너(Stephen Harrod Buhner), 2013 (rev.). *The Lost Language of Plants (Revised Edition)*. Chelsea Green Publishing.; 2013 한국어판『식물은 위대한 화학자: 잃어버린 식물의 언어 속에 숨어 있는 생태적 의미』(박윤정 역). 양문.

싯다르타 무케르지(Siddhartha Mukherjee), 2022. *The Song of the Cell*. Scribner.; 2024 한국어판『세포의 노래』(이한음 역). 까치.

안드레아스 바를라게(Andreas Barlage), 2022. *Woher wissen Wurzeln, wo unten ist?: Wissenswertes und Kurioses rund um den Garten*. Jan Thorbecke Verlag.; 2022 한국어판『실은 나도 식물이 알고 싶었어: 정원과 화분을 가꾸는 우리가 꼭 알아야 할 식물 이야기』(류동수 역). 애플북스.

예른 비움달(Jørn Viumdal), 2018. *Skogluft-effekten*. Panta Forlag.; 2019 한국어판『식물 예찬』(정훈직·서효령 역). 더난출판사.

요제프 H. 라이히홀프(Josef H. Reichholf)·요한 브란트슈테터(Johann Brandstetter),

2017. *Symbiosen: Das erstaunliche Miteinander in der Natur*. Matthes & Seitz Berlin.; 2018 한국어판『공생, 생명은 서로 돕는다: 인간과 자연, 생명의 아름다운 공존』(박병화 역). 이랑.

월드사이언스 편집부(김선형·김승일·김수정 역), 2019.『식물 형태형성학: 형태형성과 환경반응』. 월드사이언스.

제임스 T. 코스타(James T. Costa)·바비 앙겔(Bobbi Angell), 2023. *Darwin and the Art of Botany: Observations on the Curious World of Plants*. Timber Press.; 2024 한국어판『다윈이 사랑한 식물: 정원에서 발견한 진화론의 비밀』(이경 역; 최재천 감수). 다산북스.

제프(지오프) 호지(Geoff Hodge), 2014. *Practical Botany for Gardeners: Over 3,000 Botanical Terms Explained and Explored*. University of Chicago Press.; 2021 한국어판『가드닝을 위한 식물학: 정원을 가꾸는 이들과 숲을 산책하는 이들이 궁금해하는 식물의 모든 것』(김정은 역). 따비.

존 도슨(John Dawson)·롭 루카스(Rob Lucas), 2005. *The Nature of Plants: Habitats, Challenges, and Adaptations*. Timber Press.; 2014 한국어판『식물의 본성: 한계를 뛰어넘는 식물들의 생존 드라마』(홍석표 역). 지오북.

제14 장. 생명의 느낌

강건일, 2004.『생물학과 생물학자 이야기 1 − 2』. 참과학.

이순우, 2022.『자연을 사랑하는 법: 어느 아마추어 자연주의자의 내밀한 관찰과 사색의 기록』. 목수책방.

D. H. 로렌스(David Herbert Lawrence), 1988. *Reflection on the Death of a Porcupine: And Other Essays*.; 2006 한국어판『생명의 불꽃, 사랑의 불꽃』(허상문 역). 동인.

나타니엘 C. 컴포트(Nathaniel C. Comfort), 2003. *The Tangled Field: Barbara McClintock's Search for the Patterns of Genetic Control*. Harvard University Press.; 2005 한국어판『옥수수밭의 처녀 맥클린토크: 유전학 최초의 여성 노벨상 수상자』(한국유전학회 역). 전파과학사.

달린 R. 스틸(Darlene R. Stille), 1995. *Extraordinary Women Scientists: Extraordinary People*. Childrens Pr.; 2008 한국어판『시대를 뛰어넘은 여성과 학자들: 새로운 세계를 개척한 50명의 여성과학자 이야기』(김형근 역). 양문.

데이비드 조지 해스클(David George Haskell), 2021. *Thirteen Ways to Smell a Tree: Scent in Nature and Perfume*. Gaia Books(Octopus Publishing Group).; 2024 한국어판『나무 내음을 맡는 열세 가지 방법: 냄새의 언어로 나무를 알아가기』(노승영 역). 에이도스.

랄프 왈도 에머슨(Ralph Waldo Emerson), 1836. *Nature*. James Munroe and Company.; 2014 한국어판『랄프 왈도 에머슨: 자연』(서동석 역). 은행나무.

마거릿 D. 로먼(Margaret D. Lowman), 1999. *Life in the Treetops: Adventures of a Woman in Field Biology*. Yale University Press.; 2002 한국어판『나무 위 나의 인생』(유시주 역). 눌와.

마거릿 D. 로먼(Margaret D. Lowman), 2021. *The Arbornaut: A Life Discovering the Eighth Continent in the Trees Above Us*. Farrar, Straus and Giroux.; 2022 한국어판『우리가 초록을 내일이라 부를 때: 40년 동안 숲우듬지에 오른 여성 과학자 이야기』(김주희 역). 흐름출판.

마이클 앨러비(Michael Allaby)·데릭 예르트센(Derek Gjertsen), 2002. *Makers of Science*. Oxford University Press.; 2011 한국어판『세상을 바꾼 위대한 과학자』(이충호 역). 한승.

마크 M. 스미스(Mark M. Smith), 2008. *Sensing the Past: Seeing, Hearing, Smelling, Tasting, and Touching in History*. University of California Press.; 2010 한국어판『감각의 역사』(김상훈 역). 수북.

벤 스탠거(Ben Stanger), 2023. *From One Cell: A Journey into Life's Origins and the Future of Medicine*. W. W. Norton & Company.; 2024 한국어판『하나의 세포로부터: 우리 안의 우주를 탐험하는 생명과학 오디세이』(양병찬 역). 웅진지식하우스.

슈테판 에레르트(Stefan Ehlert), 2004. *Wangari Maathai – Mutter der Bäume*. Herder Verlag.; 2005 한국어판『나무들의 어머니, 왕가리 마타이』(김영옥 역). 열림원.

알베르트 수스만(Albert Soesman), 1998. *Our Twelve Senses*. Hawthorn Press.; 2007 한국어판 『영혼을 깨우는 12감각: 루돌프 슈타이너의 인지학 입문서』(서영숙 역). 섬돌.

애니 딜라드(Annie Dillard), 1982. *Teaching a Stone to Talk: Expeditions and Encounters*. Harper & Row.; 2004 한국어판 『돌에게 말하는 법 가르치기: 대지의 성자 애니 딜라드의 자연과 인간에 대한 명상』(김선형 역). 민음사.

앤드루 로빈슨(Andrew Robinson, ed.), 2012. *The Scientists: An Epic of Discovery*. Thames & Hudson.; 2012 한국어판 『위대한 과학자들: 발견과 창조로 인류의 오늘을 만든 43인의 거인』(이창우 역). 지식갤러리.

앨런 라이트먼(Alan Lightman), 2005. *The Discoveries: Great Breakthroughs in 20th-Century Science, Including the Original Papers*. Pantheon Books.; 2012 한국어판 『과학의 천재들: 과학사를 송두리째 바꾼 혁명적 발견 22가지』(임경순·김창규·박미용·이성열 역). 다산초당(다산북스).

이블린 폭스 켈러(Evelyn Fox Keller), 1983. *A Feeling for the Organism: The Life and Work of Barbara McClintock*. W. H. Freeman.; 2001 한국어판 『생명의 느낌: 유전학자 바바라 매클린톡의 전기』(김재희 역). 양문.

존 브록만(John Brockman, ed.), 2004. *Curious Minds: How a Child Becomes a Scientist*. Pantheon Books.; 2004 한국어판 『우리는 어떻게 과학자가 되었는가: 천재 과학자 27명의 호기심 많은 어린 시절』(이한음 역). 사이언스북스.

제15장. 씨앗 저장

시드볼트운영센터·산림생물자원보전실 생물자원조사팀·야생식물종자연구실(이상용 외 공저), 2022. 『시드볼트: 지구의 재앙을 대비하는 공간과 사람들』. 시월.

KBS 스페셜 〈종자, 세계를 지배하다〉 제작팀(장경호 엮음·정현덕 기획), 2014. 『종자, 세계를 지배하다: 종자는 누가 소유하는가』. 시대의창.

홍성씨앗도서관, 2019. 『우리 동네 씨앗 도서관』. 들녘.

소어 핸슨(Thor Hanson), 2015. *The Triumph of Seeds: How Grains, Nuts, Kernels, Pulses, and Pips Conquered the Plant Kingdom and Shaped Human*

History. Basic Books.; 2016 한국어판『씨앗의 승리: 씨앗은 어떻게 식물의 왕국을 정복하고 인류 역사를 바꿔왔는가?』(하윤숙 역). 에이도스.

조너선 실버타운(Jonathan Silvertown), 2009. *An Orchard Invisible: A Natural History of Seeds*. University of Chicago Press.; 2010 한국어판『씨앗의 자연사』(진선미 역). 양문.

캐리 파울러(Cary Fowler), 2016. *Seeds on Ice: Svalbard and the Global Seed Vault*. Prospecta Press(Easton Studio Press imprint).; 2021 한국어판『세계의 끝 씨앗 창고』(하형은 역; 마리 테프레 사진). 마농지.

피터 프링글(Peter Pringle), 2008. *The Murder of Nikolai Vavilov: The Story of Stalin's Persecution of One of the Great Scientists of the Twentieth Century*. Simon & Schuster.; 2011 한국어판『20세기 최고의 식량학자, 바빌로프: 인류의 미래에 위대한 유산을 남기다』(서순승 역). 아카이브.

제16장. 나무 활용

강희진, 2017.『신이 된 나무: 목신, 신목, 그리고 인간』. 이화문화출판사.

김은경, 2016.『정조, 나무를 심다』. 북촌.

민병현, 1998.『숲과 돌과 물의 문화』. 예경.

박상진, 2004.『나무 살아서 천년을 말하다』. 랜덤하우스코리아.

박상진, 2011.『문화와 역사로 만나는 우리 나무의 세계 1』. 김영사; 2011.『… 2』. 김영사.

배상원(엮음), 2004.『우리 겨레의 삶과 소나무』. 수문출판사.

서정호 외, 2010.『지리산권의 큰 나무』. 흐름(디자인흐름).

손광성, 1996.『나의 꽃 문화산책』. 을유문화사.

오병훈, 2010.『살아 숨 쉬는 식물 교과서: 봄·여름·가을·겨울 생태공부』. 마음의숲.

이어령(책임편찬), 2005.『소나무: 한·중·일 문화코드 읽기—비교문화상징사전』. 종이나라.

전영우, 2005.『숲과 문화』. 북스힐.

전영우, 2004. 『우리가 정말 알아야 할 우리 소나무』. 현암사.

전영우, 2022. 『조선의 숲은 왜 사라졌는가』. 조계종출판사.

최낙성, 1998. 『은행나무 이야기: 인류의 영원한 유산』. 세손(하늘마루).

최병택, 2022. 『한국 근대 임업사』. 푸른역사.

최완수, 1994. 『명찰순례 1·2·3』. 대원사.

빌 로스(Bill Laws), 2010. *Fifty Plants That Changed the Course of History*. David & Charles.; 2011 한국어판 『식물, 역사를 뒤집다: 문명을 이끈 50가지 식물』(서종기 역). 예경.

문화재청, 2009. 「문화재대관: 천연기념물·명승(식물 편)」.

문화재청, 2011. 「문화유산을 만나는 9가지 특별한 방법」.

문화재청, 2018. 「천연기념물(식물) 유형별 우수 잠재자원 발굴조사 연구」.

문화재청, 2015. 「문화유산 활용을 위한 이야기자원(천연기념물) 발굴 연구」.

문화재청, 2019. 「문화재이야기 여행 천연기념물 100선」.

산림청, 2023. 「국가산림문화자산 87선 안내서」.

산림청, 2013. 『우리 숲 큰나무: 종합편』. 녹색사업단.

서울특별시, 2014. 「사연있는 나무 이야기」.

고규홍 외, 2016. 『소나무 인문사전』. Human & Books.

제17장. 농경의 시작과 품종 선발

강혜순, 2002. 『꽃의 제국』. 다른세상.

고정희, 2012. 『식물, 세상의 은밀한 지배자: 식물에 새겨져 있는 문화 바코드 읽기』. 나무도시.

김서형, 2015. 『빅 히스토리 12—농경은 인간의 삶을 어떻게 변화시켰을까?』. 와이스쿨.

김장훈, 2017. 『겨울정원: 겨울에 아름다운 정원이 사계절 아름답다』. 도서출판 가지.

최낙언, 2018. 『GMO 논란의 암호를 풀다: 언제까지 지나간 GMO 이슈에 붙잡혀 있을 것인가?』. 예문당.

까렐 차페크(Karel Čapek), 1957. *Zahradníkův Rok*. SNKLHU.; 2019 한국어판『정원가의 열두 달』(배경린 역). 펜연필독약.

나카오 사스케(中尾佐助), 1966.『栽培植物と農耕の起源』. 岩波新書.; 2020 한국어판『농경은 어떻게 시작되었는가』(김효진 역). AK(에이케이)커뮤니케이션즈.

니나 픽(Nina Pick, 엮음), 2019. *The Gardener Says: Quotes, Quips, and Words of Wisdom*. Princeton Architectural Press.; 2020 한국어판『정원을 가꾼다는 것』(오경아 역). 지노.

다나카 마사타케(田中正武), 1989.『植物遺伝資源入門』. 技報堂出版.; 2020 한국어판『재배식물의 기원』. 전파과학사.

데릭 젠슨(Derrick Jensen)·조지 드래펀(George Draffan), 2003. *Strangely Like War: The Global Assault on Forests*. Chelsea Green Publishing.; 2007 한국어판『약탈자들: 숲을 향한 전방위적 공격』(김시현 역). 실천문학사.

데이먼 영(Damon Young), 2012. *Philosophy in the Garden*. Melbourne University Publishing.; 2016 한국어판『정원에서 철학을 만나다』(서정아 역). 이론과실천.

로버트 포그 해리슨(Robert Pogue Harrison), 2008. *Gardens: An Essay on the Human Condition*. University of Chicago Press.; 2012 한국어판『정원을 말하다: 인간의 조건에 대한 탐구』(조경진·황주영·김정은 역). 나무도시.

리처드 메이비(Richard Mabey), 2015. *The Cabaret of Plants: Forty Thousand Years of Plant Life and the Human Imagination*. Profile Books.; 2018 한국어판『춤추는 식물: 시인, 과학자, 사상가를 유혹한 식물 이야기』(김윤경 역). 글항아리.

마리-모니크 로뱅(Marie-Monique Robin), 2008. *Le monde selon Monsanto*. La Découverte.; 2009 한국어판『몬산토—죽음을 생산하는 기업』(이선혜 역). 이레.

마리온 퀴스텐마허(Marion Küstenmacher), 2004. *Vom Zauber der Blumen und einfachen Dinge*. Pattloch.; 2006 한국어판『영혼의 정원: 정원에서 얻은 깨달음』(장혜경 역). 책씨.

마이크 대시(Mike Dash), 2001. *Tulipomania*. Broadway Books.; 2002 한국어판『튤립: 그 아름다움과 투기의 역사』(정주연 역). 지호.

마이크 몬더(Mike Maunder), 2022. *The Natural History of Houseplants*. Reaktion Books.; 2023 한국어판『실내 식물의 문화사』(신봉아 역). 교유서가.

바실리우스 베슬러(Basilius Besler), 1613. *Hortus Eystettensis*. Apud Aegidium Senguerd.; 2020 한국어판『아이히슈테트의 정원』. 그림씨.

사이먼 몰리(Simon Morley), 2021. *By Any Other Name: A Cultural History of the Rose*. Oneworld Publications.; 2023 한국어판『장미의 문화사: 장미가 인류사에 남긴 놀라운 역사에 관하여』(노윤기 역; 김욱균 감수). 안그라픽스.

스펜서 웰스(Spencer Wells), 2010. *Pandora's Seed: The Unforeseen Cost of Civilization*. Random House.; 2012 한국어판『판도라의 씨앗』(김한영 역). 을유문화사.

재키 베넷(Jackie Bennett), 2014. *The Writer's Garden: How Gardens Inspired Our Best-Loved Authors*. Frances Lincoln.; 2015 한국어판『작가들의 정원: 시가 되고 이야기가 된 19개의 시크릿 가든』(김명신 역; 사진 리처드 핸슨). 샘터사.

제임스 B. 나르디(James B. Nardi), 2018. *Discoveries in the Garden*. University of Chicago Press.; 2021 한국어판『정원의 세계: 관찰과 실험으로 엿보는 식물의 사생활』(오경아 역; 주은정 감수). 돌베나무.

케이 힐셔(Kej Hielscher)·레나테 휘킹(Renate Hücking), 2003. *Pflanzenjäger: In fernen Welten auf der Suche nach dem Paradies*. Piper Verlag.; 2004 한국어판『식물 사냥꾼: 낙원을 찾아 헤매는 머나먼 세계에서』(김숙희 역; 현진오 감수). 자음과모음(이룸).

콜린 터지(Colin Tudge), 1998. *Neanderthals, Bandits and Farmers: How Agriculture Really Began*. Weidenfeld & Nicolson.; 2011 한국어판『에덴의 종말: 왜 인간은 농부가 되었는가?』(김상인 역). 이음.

크리스 베어드쇼(Chris Beardshaw), 2013. *100 Plants that (Almost) Changed the World*. Papadakis.; 2014 한국어판『세상을 바꾼 식물 이야기 100』. 아주좋은날.

톰 스탠디지(Tom Standage), 2009. *An Edible History of Humanity*. Walker & Company.; 2012 한국어판『식량의 세계사: 수렵채집부터 GMO까지, 문명을 읽는 새로운 코드』(박중서 역). 웅진지식하우스.

폴 뇌플러(Paul Knoepfler), 2015. *GMO Sapiens: The Life-Changing Science of*

Designer Babies. World Scientific.; 2016 한국어판 『GMO사피엔스의 시대』(김보은 역). 반니.

헨리 데이비드 소로(Henry David Thoreau), 1862. *Wild Apples*. The Atlantic Monthly.; 1994 한국어판 『야생사과』(강승영 역). 이레.

제18장. 치유의 나무

경향신문사, 2005. 『대한민국 대표숲 33』. 경향신문사 편집부.

김민식, 2019. 『나무의 시간: 내촌목공소 김민식의 나무 인문학』. 브레드(b.read).

김현·송미장, 2008. 『민족전통식물학』. 월드사이언스.

신원섭, 2005. 『치유의 숲: 신원섭 교수의 숲의 건강학』. 지성사.

신준환, 2014. 『다시, 나무를 보다: 전 국립수목원장 신준환이 우리 시대에 던지는 화두』. 알에이치코리아.

최문형, 2020. 『식물에서 길을 찾다』. 넥센미디어.

나카무라 고이치(中村 公一), 2002. 『中國のあいの花言葉 中村公一』. 草思社.; 2004 한국어판 『한시와 일화로 보는 꽃의 중국문화사』. 뿌리와이파리.

데이비드 클라인(David Kline), 1990. *Great Possessions: An Amish Farmer's Journal*. North Point Press.; 2022 한국어판 『위대한 소유: 어느 아미쉬 농부의 자연 기록』(김한규 역). 소나무.

로빈 월 키머러(Robin Wall Kimmerer), 2013. *Braiding Sweetgrass*. Milkweed Editions.; 2020 한국어판 『향모를 땋으며: 토박이 지혜와 과학 그리고 식물이 가르쳐준 것들』(노승영 역). 에이도스.

버니 크라우스(Bernie Krause), 2012. *The Great Animal Orchestra*. Little, Brown and Company.; 2013 한국어판 『자연의 노래를 들어라: 지구와 생물 그리고 인간의 소리풍경에 대하여』(장호연 역). 에이도스.

베른트 하인리히(Bernd Heinrich), 1994. *A Year in the Maine Woods*. Da Capo Press.; 2016 한국어판 『베른트 하인리히, 홀로 숲으로 가다』(정은석 역). 더숲.

베른트 하인리히(Bernd Heinrich), 2012. *Life Everlasting: The Animal Way of*

Death. Houghton Mifflin Harcourt.; 2015 한국어판『생명에서 생명으로: 인간과 자연, 생명 존재의 순환을 관찰한 생물학자의 기록』(김명남 역). 궁리.

베른트 하인리히(Bernd Heinrich), 1991. *In a Patch of Fireweed: A Biologist's Life in the Field*. Harvard University Press.; 2005 한국어판『숲에 사는 즐거움: 한 생물학자가 그려 낸 숲 속 생명의 세계』(김원중·안소연 역). 사이언스북스.

제인 빌링허스트(Jane Billinghurst), 1999. *Grey Owl*. Roundhouse Publishing Group.; 2004 한국어판『숲에서 생을 마치다: 자연을 그 무엇보다 사랑한 백인 인디언 그레이 올의 이야기』(이순영 역). 꿈꾸는돌.

케빈 홉스(Kevin Hobbs)·데이비드 웨스트(David West), 2020. *The Story of Trees: And How They Changed the World*. Laurence King Publishing.; 2020 한국어판『나무 이야기: 나무는 어떻게 우리의 삶을 바꾸었는가』(김효정 역). 한즈미디어.

패트리스 부샤르동(Patrice Bouchardon), 1999. *L'énergie des arbres*. Le Courrier du Livre.; 2003 한국어판『나무의 치유력』(박재영 역). 이채.

포리스트 카터(Forrest Carter), 1976. *The Education of Little Tree*. University of New Mexico Press.; 2003 한국어판『내 영혼이 따뜻했던 날들』(조경숙 역). 아름드리미디어.

산림청, 2010.「2010 산림에 대한 국민 의식조사」. 산림청.

산림청, 2011.「수목원및생태숲의 효율적인 조성과 운영관리에 관한 연구」. 산림청.

산림청·한국갤럽, 2015.「산림에 대한 국민의식조사 보고서」. 산림청.

고규홍, 2008.『나무가 말하였네 1: 시가 된 나무, 나무가 된 시』. 마음산책.

제19장. 도시의 나무

고창택, 2005.『환경철학에서 생태정책까지』. 이학사.

콜린 벨크(Colleen Belk)·버지니아 보든 마이어(Virginia Borden Maier), 2003. *Biology: Science for Life*. Prentice Hall.; 2005 한국어판『생활 속의 생명과학』(김재근·안정선·안태인 역). 라이프사이언스.

김진옥·소지현, 2022.『극한 식물의 세계: 끝내 진화하여 살아남고 마는 식물 이야기』.

다른.

이동근 외, 2004. 『경관생태학』. 보문당.

임상훈·이시웅·최율, 2003. 『생태 마을론: 생태건축시리즈 4, 선진 생태 건축 및 국내 전통마을 사례』. 고원.

장회익, 1998. 『삶과 온생명』. 솔출판사.

장회익, 2008. 『온생명과 환경, 공동체적 삶』. 생각의나무.

가라타니 고진(柄谷行人), 2011. 『「世界史の構造」を讀む』. インスクリプト.; 2013 한국어판 『자연과 인간: 세계사의 구조 보유』(조영일 역). 비(도서출판b).

다카기 진자부로(高木仁三郎), 1985. 『いま自然をどうみるか』. 白水社.; 2006 한국어판 『지금 자연을 어떻게 볼 것인가』(김원식 역). 녹색평론사.

데이비드 W. 울프(David W. Wolfe), 2001. *Tales from the Underground: A Natural History of Subterranean Life*. Perseus/Basic Books.; 2004 한국어판 『흙 한 자밤의 우주: 땅속 생물이 다시 그린 생명의 갈래나무』(염영록 역). 뿌리와이파리.

로버트 M. 헤이즌(Robert M. Hazen), 2019. *Symphony in C*. W.W. Norton.; 2022 한국어판 『탄소 교향곡: 탄소와 거의 모든 것의 진화』(김홍표 역). 뿌리와이파리.

루스 이리가레(Luce Irigaray)·마이클 마더(Michael Marder), 2016. *Through Vegetal Being*. Columbia University Press.; 2020 한국어판 『식물의 사유』. 알렙.

벤 윌슨(Ben Wilson), 2023. *Urban Jungle*. Jonathan Cape.; 2023 한국어판 『어반 정글: 도시와 야생이 공존하는 균형과 변화의 역사』(박선령 역). 매일경제신문사.

스테판 하딩(Stephan Harding), 2006. *Animate Earth*. Green Books.; 2011 한국어판 『지구의 노래: 생태주의 세계관이 찾은 새로운 과학 문명 패러다임』(박혜숙 역). 현암사.

안드레아스 바를라게(Andreas Barlage), 2022. *Wie kommt die Laus aufs Blatt?: Wissenswertes und Kurioses rund um die Tiere in unseren Gärten*. Thorbecke.; 2022 한국어판 『선량한 이웃들: 우리 주변 동식물의 비밀스러운 관계』(류동수 역). 애플북스.

앨런 와이즈먼(Alan Weisman), 1998. *Gaviotas: A Village to Reinvent the World*. Chelsea Green Publishing.; 2008 한국어판 『가비오따쓰: 세상을 다시 창조하

는 마을』(황대권 역). 랜덤하우스코리아.

오카야마 미즈호(岡山瑞穂), 2011. 『樹を診る女のつぶやき』. 熊本日日新聞社(熊日出版).; 2013 한국어판 『나무를 진찰하는 여자의 속삭임』(염혜은 역). 디자인하우스.

유네스코아시아문화센터, 1998. 『나무 이야기』. 일지사.

이나가키 히데히로(稲垣栄洋), 2015. 『戦う植物』. 筑摩書房.; 2018 한국어판 『싸우는 식물: 속이고 이용하고 동맹을 통해 생존하는 식물들의 놀라운 투쟁기』. 더숲.

이나가키 히데히로(稲垣栄洋), 2003. 『身近な雑草のゆかいな生き方』. 草思社.; 2006 한국어판 『풀들의 전략』(최성현 역). 도솔.

페터 볼레벤(Peter Wohlleben), 2017. *Das geheime Netzwerk der Natur*. Ludwig Verlag.; 2020 한국어판 『인간과 자연의 비밀 연대』(강영옥 역). 더숲.

헤르만 헤세(Hermann Hesse), 1984. *Bäume: Betrachtungen und Gedichte*. Insel Verlag.; 2000 한국어판 『나무들』(송지연 역). 민음사.

산림청, 2010. 「2010년도 도시숲 녹색도시 우수사례」. 산림청.

산림청, 2011. 「2010년도 도시숲 정책보고서」. 산림청.

산림청, 2021. 「2020 전국 도시림 현황 통계」. 산림청.

산림청, 2012. 「생물다양성과 산림」. 산림청.

산림청, 2013. 「한국의 가로수」. 산림청.

고규홍, 2015. 『도시의 나무 산책기』. 마음산책.

제20장. 숲 지키기

공우석, 2019. 『우리 나무와 숲의 이력서』. 청아출판사.

공우석, 2007. 『우리식물의 지리와 생태』. 지오북.

공우석, 2003. 『한반도 식생사』. 아카넷.

김동진, 2017. 『조선의 생태환경사』. 푸른역사.

박영하, 2004. 『우리나라 나무 이야기』. 이비락.

송홍만, 2000. 『큰나무 한 그루』. 한누리미디어.

이경준, 2006.『山에 미래를 심다』. 서울대학교출판부.

알도 레오폴드(Aldo Leopold), 1949. *A Sand County Almanac and Sketches Here and There*. Oxford University Press.; 2000 한국어판『모래 군의 열두 달: 그리고 이곳저곳의 스케치』(송명규 역). 따님.

요코가와 세쓰코(橫川節子), 2001.『イギリスナショナル・トラストを旅する』. 千早書房.; 2000 한국어판『토토로의 숲을 찾다: 내셔널트러스트의 여행』(전홍규 역). 이후.

유네스코 아시아태평양 국제이해교육원, 2011.『나무를 껴안아 숲을 지킨 사람들: 유네스코와 함께 만나는 아시아의 자연과 문화』. 웅진주니어.

존 뮤어(John Muir), 1911. *My First Summer in the Sierra*. Houghton Mifflin.; 2008 한국어판『나의 첫 여름: 요세미티에서 보낸 1869년 여름의 기록』(김원중·이영현 역). 사이언스북스.

존 뮤어(John Muir), 2007 한국어판『자연과 함께한 인생: 국립공원의 아버지 존 뮤어 단편집』(장상원·장상욱 역). 느낌표.

존 뮤어(John Muir), 2005 한국어판『존 뮤어가 들려주는 녹색의 신비』(김용호 역). 현대문화센터.

헨리 데이비드 소로(Henry David Thoreau), 1864. *The Maine Woods*. Ticknor and Fields.; 2017 한국어판『소로의 메인 숲: 순수한 자연으로의 여행』(김혜연 역). 책읽는귀족.

산림청, 2012.「2011 백두대간 조사 최종보고서」. 산림청.

산림청 국립수목원, 2017-2024.「한반도 수목지 1-5」. 국립수목원.

제21장. 나무 지키기

니컬러스 머니(Nicholas P. Money), 2019. *The Selfish Ape: Human Nature and Our Path to Extinction*. Reaktion Books.; 2020 한국어판『이기적 유인원: 끝없는 진화를 향한 인간의 욕심, 그 종착지는 소멸이다』(김주희 역). 한빛비즈.

리처드 파워스(Richard Powers), 2018. *The Overstory: A Novel*. W. W. Norton & Company.; 2019 한국어판『오버스토리』(김지원 역). 은행나무.

리처드 히긴스(Richard Higgins), 2017. *Thoreau and the Language of Trees*.
University of California Press.; 2018 한국어판『소로의 나무 일기』(정미현 역).
황소걸음.

머레이 북친(Murray Bookchin), 1995. *Re-enchanting Humanity: A Defense of
the Human Spirit Against Antihumanism, Misanthropy, and Primitivism*.
Cassell.; 2002 한국어판『휴머니즘의 옹호』(구승회 역). 민음사.

제임스 캔턴(James Canton), 2020. *The Oak Papers*. Canongate Books.; 2021 한국
어판『상수리나무와 함께한 시간』(서준환 역; 리모 그림). 한길사.

존 베일런트(John Vaillant), 2005. *The Golden Spruce: A True Story of Myth,
Madness, and Greed*. W. W. Norton & Company.; 2008 한국어판『황금가문
비나무』(박현주 역). 검둥소.

줄리아 버터플라이 힐(Julia Butterfly Hill), 2000. *The Legacy of Luna: The Story of
a Tree, a Woman, and the Struggle to Save the Redwoods*. HarperSanFranc
isco(=HarperOne).; 2003 한국어판『나무 위의 여자: 함께 살아가는 삶으로의
길』(강미경 역). 가야북스.

클라이브 폰팅(Clive Ponting), 1991. *A Green History of the World*.
Sinclair-Stevenson.; 2003 한국어판『녹색세계사』(이진아 역). 그물코.

피오나 스태퍼드(Fiona Stafford), 2016. *The Long, Long Life of Trees*. Yale
University Press.; 2019 한국어판『길고 긴 나무의 삶: 문학, 신화, 예술로 읽는
나무 이야기』(강경이 역). 클.

고규홍, 2012.『고규홍의 한국의 나무 특강』. 휴머니스트.

제22 장. 종교와 나무

김규원, 2015.『이천 년의 꽃: 삼국시대의 107가지 식물 이야기』. 한티재.

D.K. Publishing, 2018. *Flora: Inside the Secret World of Plants*. DK Publishing.;
2020 한국어판『식물 대백과사전』(박원순 역). 사이언스북스.

디안느 코스타 드 보르가르(Diane Costa de Beauregard), 1997. *Des forêts et des
arbres*. Gallimard.; 2003 한국어판『나무와 숲』(최영희 역). 마루벌.

스테파노 만쿠소(Stefano Mancuso), 2019. *La nazione delle piante*. Laterza.; 2023 한국어판『식물, 국가를 선언하다: 식물이 쓴 지구의 생명체를 위한 최초의 권리 장전』(임희연 역). 더숲.

지두 크리슈나무르티(Jiddu Krishnamurti), 2009 한국어판『자연과 환경에 대하여』(정채현 역). 고요아침.

고규홍, 2012.『고규홍의 한국의 나무 특강』. 휴머니스트.

고규홍, 2008·2012·2018.『나무가 말하였네 1·2·옛시』. 마음산책.

고규홍, 2014·2015.『천리포수목원의 사계: 봄·여름 편; 가을·겨울 편』. 휴머니스트.

제23장. 문화와 나무

김남덕, 2020.『큰 나무: 강원인의 삶과 역사를 찾아가는 여행』. 문화통신.

김동욱, 2001.『조선시대 건축의 이해』. 서울대학교출판부.

김시현·신근영·이진숙·조성덕·최승은, 2024.『꽃과 나무, 어휘 속에 담긴 역사와 문화』. 따비.

서유구, 2017 – 2024.『임원경제지』(임원경제연구소 역). 풍석문화재단.

양광희, 2021.『600년 팽나무를 통해 본 하제마을 이야기』. 하움출판사.

오주석, 2003.『오주석의 한국의 美 특강』. 솔출판사.

이도원(엮음), 2004.『한국의 전통생태학 1: 생태학은 옛사람의 삶 안에 있었다』. 사이언스북스.

팽철호, 2018.『우리가 잘못 알고 있는 중국문학 속의 동식물』. 사회평론아카데미.

노엄 촘스키(Noam Chomsky)·에드워드 윌슨(Edward O. Wilson)·스티븐 핑커(Steven Pinker) 외, 2010. *Science Is Culture: Conversations at the New Intersection of Science + Society*. Harper Perennial.; 2012 한국어판『사이언스 이즈 컬처: 인문학과 과학의 새로운 르네상스』(이창희 역). 동아시아.

로베르 뒤마(Robert Dumas), 2002. *Traité de l'arbre: essai d'une philosophie occidentale*. Actes Sud.; 2004 한국어판『나무의 철학』. 동문선.

마이클 J. 라이언(Michael J. Ryan), 2018. *A Taste for the Beautiful: The Evolution of*

Attraction. Princeton University Press.; 2020 한국어판 『뇌는 왜 아름다움에 끌리는가: 뇌과학과 성선택으로 풀어본 성적 미학의 탄생』(박단비 역). 빈티지하우스.

마이클 폴란(Michael Pollan), 2001. *The Botany of Desire: A Plant's-Eye View of the World*. Random House.; 2007 한국어판 『욕망하는 식물: 세상을 보는 식물의 시선』(이경식 역). 황소자리.

맥스 애덤스(Max Adams), 2014. *The Wisdom of Trees*. Head of Zeus.; 2019 한국어판 『나무의 모험: 인간과 나무가 걸어온 지적이고 아름다운 여정』(김희정 역). 웅진지식하우스.

브라이언 헤어(Brian Hare)·버네사 우즈(Vanessa Woods), 2020. *Survival of the Friendliest*. Random House.; 2021 한국어판 『다정한 것이 살아남는다: 친화력으로 세상을 바꾸는 인류의 진화에 관하여』(이민아 역; 박한선 감수). 디플롯.

사이먼 몰리(Simon Morley), 2021. *By Any Other Name: A Cultural History of the Rose*. Oneworld Publications.; 2023 한국어판 『장미의 문화사: 장미가 인류사에 남긴 놀라운 역사에 관하여』(노윤기 역; 김욱균 감수). 안그라픽스.

세라 로즈(Sarah Rose), 2009. *For All the Tea in China*. Hutchinson.; 2015 한국어판 『초목전쟁: 영국은 왜 중국 홍차를 훔쳤나』. 산처럼.

자크 타상(Jacques Tassin), 2018. *Penser comme un arbre*. Odile Jacob.; 2019 한국어판 『나무처럼 생각하기: 나무처럼 자연의 질서 속에서 다시 살아가는 방법에 대하여』(구영옥 역). 더숲.

장 피에르 카르티에(Jean-Pierre Cartier)·라셀 카르티에(Rachel Cartier), 2002. *Pierre Rabhi: Le Chant de la Terre*. La Table ronde.; 2007 한국어판 『농부 철학자 피에르 라비』(길잡이늑대 역). 조화로운삶.

제레드 다이아몬드(Jared Diamond), 1998. *Guns, Germs and Steel A short history of everybody for the last 13,000 years*. Vintage Books.; 2013 한국어판 『총, 균, 쇠: 무기·병균·금속은 인류의 운명을 어떻게 바꿨는가』(김진준 역). 문학사상.

캐빈 랠런드(Kevin N. Laland), 2018. *Darwin's Unfinished Symphony: How Culture Made the Human Mind*. Princeton University Press.; 2023 한국어판 『다윈의 미완성 교향곡: 문화는 어떻게 인간의 마음을 만드는가』. 동아시아.

고규홍의 나무

케이트 콜린스(Kate Collins), 2022. *Philosophy for Gardeners*. Frances Lincoln.; 2023 한국어판 『정원의 철학자: 자라난 잡초를 뽑으며 인생을 발견한 순간들』(이현 역). 다산초당.

크리스티나 비외르크(Christina Björk), 1985. *Linnea in Monet's Garden*.; 2000 한국어판 『모네의 정원에서』(김석희 역; 레나 안데르손 그림). 미래사.

헬레나 노르베리-호지(Helena Norberg-Hodge), 2000. *Ancient Futures: Learning from Ladakh*. Rider.; 2015 한국어판 『오래된 미래: 라다크로부터 배우다』(양희승 역). 중앙books.

제24장. 나무 심기

이우철, 2005. 『한국 식물명의 유래』. 일조각.

이우철, 2008. 『한국식물의 고향』. 일조각.

조민제·최동기·최성호·심미영·지용주·이웅(엮음), 2021. 『한국 식물 이름의 유래: 조선식물향명집 주해서』. 심플라이프.

문화재청, 2006. 「우리 고유 유실수 자원 조사」. 문화재청.

산림청·국립수목원, 2017. 『한국수목생태지 I : 침엽수』. 산림청·국립수목원.

산림청·국립수목원, 2016. 『한국의 민속식물 전통지식과 이용』. 국립수목원.

서울역사박물관, 2005. 『옛 宗家를 찾아서(진성이씨 기증유물특별전)』(도록). 서울역사박물관.

제25장. 인공의 숲

김선미, 2024. 『정원의 위로: 삶의 균형을 찾아주는 나만의 시크릿가든 24곳』. 민음사.

이숭겸 외, 2013. 『세계의 식물원 산책 1』. 신구문화사.; 2016. 『세계의 식물원 산책 2』. 신구문화사.; 2023. 『세계의 식물원 산책 3』. 신구문화사.

이숭겸, 2009. 『꼭 가봐야 할 세계의 식물원』. 신구문화사.

정기호·최종희·김도훈·이준규·윤호병, 2013. 『유럽, 정원을 거닐다』. 글항아리.

정기호, 2016.『세상에서 가장 아름다운 정원』. 사람의무늬.

로버트 포그 해리슨(Robert Pogue Harrison), 2008. *Gardens: An Essay on the Human Condition*. University of Chicago Press.; 2012 한국어판『정원을 말하다: 인간의 조건에 대한 탐구』(조경진·황주영·김정은 역). 나무도시.

마이크 몬더(Mike Maunder), 2022. *House Plants*. Reaktion Books.; 2023 한국어판『실내식물의 문화사』(신봉아 역). 교유서가.

마이클 폴란(Michael Pollan), 1991. *Second Nature: A Gardener's Education*. Atlantic Monthly Press.; 2009 한국어판『세컨드 네이처』(이순우 역). 황소자리.

케여 힐셔(Käthe Hilscher) & 레나테 휘킹(Renate Hücking), 2002. *Pflanzenjäger*.; 2004 한국어판『식물 사냥꾼: 낙원을 찾아 헤매는 머나먼 세계에서』(김숙희 역; 현진오 감수). 자음과모음(이룸).

제 26 장. 생로병사

강하영, 2003.『피톤치드의 비밀』. 역사넷.

김남덕, 2020.『큰나무: 강원인의 삶과 역사를 찾아가는 여행』. 도서출판 문화통신.

김성호, 2011.『나의 생명 수업: 자연의 벗들에게 배우는 소박하고 진실한 삶의 진리』. 웅진지식하우스.

김성환, 2020.『꽃 해부 도감: 꽃의 구조로 읽는 꽃의 생각』. 자연과생태.

김용범, 2022.『식물의 전쟁』. 지성사.

김우영·김은경·이달호·이용창, 2021.『水原, 역사 속의 나무』. 수원시 수원문화원.

김준민, 2006.『들풀에서 줍는 과학: 한 세기를 걸어온 생물학자 김준민, 생명과 자연을 관(觀)하다』. 지성사.

만경강사랑지킴이, 2022.『나무가 들려주는 마을이야기』. 겨리.

신승철, 2013.『갈라파고스로 간 철학자: 데카르트에서 들뢰즈·가타리까지, 철학 속 생태 읽기』. 서해문집.

심진숙(글)·김정한(사진), 2023.『일년살이 골목길』. 스토리북.

안희경, 2021.『식물이라는 우주: 씨앗에서 씨앗까지, 식물학자가 들려주는 푸릇한 생명체의 여정』. 시공사.

이우성, 2004.『생명과의 대화』. 성균관대학교출판부.

이우성, 2010.『생명과학 강의노트』. 성균관대학교출판부.

이재원, 2020.『포항의 숲과 나무: 포항지역학연구총서 2』. 도서출판 나루.

이정환·김종갑·강미정·에코비전21연구소, 2022.『경남 보호수 300選: 보호수가 품고 있는 우리들의 이야기』. 경상남도.

이천문화원, 2017.「이천의 나무도감: 마을을 지켜 온 노거수 이야기」. 이천문화원.

장은재·김종원, 2007.『노거수 생태와 문화: 노거수 100선 생태기행』. 월드사이언스.

전남산림자원연구소(정보미·김광일·오찬진), 2017.『우리가 지켜야 할 남도의 노거수』. 전라남도산림자원연구소.

김광수, 2024. "김천 문화의 뿌리를 찾아 떠난 여행「시끌벅적 어린이 인문학 놀이터」성료".《김천인터넷뉴스》, 2024-11-04.

한중교류문화연구소, 2022.『대전문화유산향기, 보호수』. 대전광역시.

데이비드 조지 해스컬(David George Haskell), 2017. *The Songs of Trees: Stories from Nature's Great Connectors*. Viking/Penguin.; 2018 한국어판『나무의 노래: 자연의 위대한 연결망에 대하여』(노승영 역). 에이도스.

디디에 반 코뷜라르트(Didier van Cauwelaert), 2011. *Journal intime d'un arbre*. MICHEL LAFON.; 2012 한국어판『어느 나무의 일기』(이재형 역). 다산책방.

리처드 도킨스(Richard Dawkins), 1976. *The Selfish Gene*. Oxford University Press.; 2018 한국어판(40주년 기념판)『이기적 유전자』(홍영남·이상임 역). 을유문화사.

리처드 도킨스(Richard Dawkins), 1982. *The Extended Phenotype*. Oxford University Press.; 2022 한국어판(개정)『확장된 표현형: 이기적 유전자, 그다음 이야기』(홍영남·장대익·권오현 역). 을유문화사.

리처드 오. 프럼(Richard O. Prum), 2017. *The Evolution of Beauty: How Darwin's Forgotten Theory of Mate Choice Shapes the Animal World—and Us*. Doubleday.; 2019 한국어판『아름다움의 진화: 연애의 주도권을 둘러싼 성 갈등의 자연사』(양병찬 역). 동아시아.

마가렛 쇼(Margaret Shaw), 2002. *A Countrywoman's Journal: The Sketchbooks of a Passionate Naturalist*.; 2004 한국어판 『세상에서 가장 아름다운 자연일기』 (이혜경 역; 이유미·이동규 감수). 해바라기.

애니 딜라드(Annie Dillard), 1974. *Pilgrim at Tinker Creek*. Harper's Magazine Press.; 2007 한국어판 『자연의 지혜: 대지의 순례자 애니 딜라드가 전하는』(김영미 역). 민음사.

에드 섹스턴(Ed Sexton), 2001. *Dawkins and the selfish gene*. Icon Books.; 2002 한국어판 『도킨스와 이기적인 유전자』(이용철 역). 이제이북스.

엔리코 코엔(Enrico Coen), 2012. *Cells to Civilizations: The Principles of Change That Shape Life*. Princeton University Press.; 2015 한국어판 『세포에서 문명까지: 생명의 진화가 우리에게 알려 주는 놀라운 사실들』(이유 역). 청아출판사.

요제프 H. 라이히홀프(Josef H. Reichholf), 2008. *Eine kurze Naturgeschichte des letzten Jahrtausends*. FISCHER Taschenbuch.; 2012 한국어판 『자연은 왜 이런 선택을 했을까: 51개의 질문 속에 담긴 인간 본성의 탐구, 동식물의 생태, 진화의 비밀』(박병화 역). 이랑.

윌 벤슨(Will Benson), 2012. *Kingdom of Plants*. HarperCollins.; 2013 한국어판 『식물의 왕국』(이한음 역). 까치(까치글방).

이와나미 요오조오(岩波洋造), 1982. 『植物のSEX—知られざる性の世界』. 講談社(ブルーバックス).; 1986 한국어판 『식물의 섹스: 알려지지 않은 성의 세계』(반옥 역). 전파과학사.

장 자크 루소(Jean-Jacques Rousseau), 1785. *Letters on the Elements of Botany*. B. White.; 2008 한국어판 『루소의 식물 사랑』(진형준 역). 살림.

존 버로스(John Burroughs), 1905. *Ways of Nature*.; 2018 한국어판. 『자연의 방식』. 꾸리에.

퍼트리샤 윌트셔(Patricia Wiltshire), 2019. *The Nature of Life and Death: Every Body Leaves a Trace*. G.P. Putnam's Sons.; 2019 한국어판 『꽃은 알고 있다: 꽃가루로 진실을 밝히는 여성 식물학자의 사건 일지』(김아림 역). 웅진지식하우스.

페터 볼레벤(Peter Wohlleben), 2011. *Bäume verstehen*. Pala-Verlag GmbH.; 2019 한국어판 『나무 다시 보기를 권함: 페터 볼레벤이 전하는, 나무의 언어로 자연을

이해하는 법』(강영옥 역). 더숲.

페터 볼레벤(Peter Wohlleben), 2015. *Das geheime Leben der Bäume*. Ludwig.; 2016 한국어판『나무 수업: 따로 또 같이 살기를 배우다』(장혜경 역). 위즈덤하우스.

Michael G. Barbour·Jack H. Burk·Wanna D. Pitts·Frank S. Gilliam·Mark W. Schwartz, 1998. *Terrestrial Plant Ecology (3rd ed.)*. Addison-Wesley/Benjamin-Cummings.; 2015 한국어판(3판)『식물생태학』(문형태·정연숙·유영한 역/공주대 CK사업단 참여). 도서출판 홍릉(홍릉과학출판사).

R. G. 콜링우드(R. G. Collingwood), 1945. *The Idea of Nature*. Oxford University Press.; 2004 한국어판『자연이라는 개념』(유원기 역). EJB(이제이북스).

Stanley I. Dodson 외, 1998. *Ecology*. Oxford University Press.; 2000 한국어판(개정 전자 2006 등)『생태학: 인간과 자연』(노태호 외 역). 아카데미서적.

고규홍·이원규·하응백·한국지역인문자원연구소, 2021.『나무와 사람, 이야기 동행: 경북의 보호수』. 경상북도.

제27장. 기후 변화

김한민, 2023.『탈인간 선언: 기후위기를 넘는 '새로운 우리'의 발명』. 한겨레출판.

박정재, 2021.『기후의 힘: 기후는 어떻게 인류와 한반도 문명을 만들었는가?』. 바다출판사.

유네스코한국위원회 기획, 2022.『아주 구체적인 위협 – 유네스코가 말하는 기후위기 시대의 달라진 일상』. 동아시아.

이송희일, 2024.『기후위기 시대에 춤을 추어라: 기후·생태 위기에 대한 비판과 전망』. 삼인.

조천호, 2019.『파란하늘 빨간지구: 기후변화와 인류세, 지구시스템에 관한 통합적 논의』. 동아시아.

가이아 빈스(Gaia Vince), 2022. *Nomad Century: How to Survive the Climate Upheaval*. Allen Lane.; 2023 한국어판『인류세, 엑소더스: 기후격변이 몰고 올 전 지구적 생존 르포르타주』(김명주 역). 곰출판.

그레타 툰베리(Greta Thunberg, ed.), 2022. *The Climate Book*. Penguin Press.;
   2023 한국어판 『기후 책: 그레타 툰베리가 세계 지성들과 함께 쓴 기후위기 교과
   서』(이순희 역, 기후변화행동연구소 감수). 김영사.

뉴턴프레스, 2023. 『지구 온난화 교과서: 우리가 직면한 자연 재해를 한 번에 해설』. 아
   이뉴턴(뉴턴코리아).

다르 자마일(Dahr Jamail), 2019. *The End of Ice: Bearing Witness and Finding
   Meaning in the Path of Climate Disruption*. The New Press.; 2022 한국어판
   『지구를 위한 비가: 전세계 기후변화의 현장을 찾아가다』(최재봉 역). 경희대학
   교출판문화원.

디르크 막사이너(Dirk Maxeiner)·미하엘/엘 미에르쉬(Michael Miersch), 1998.
   Lexikon der Oko-Irrtumer. Eichborn.; 2006 한국어판 『오해와 오류의 환경 신
   화』(박계수·황선애 역). 랜덤하우스코리아.

디페시 차크라바르티(Dipesh Chakrabarty), 2021. *The Climate of History in a
   Planetary Age*. University of Chicago Press.; 2023 한국어판 『행성 시대 역사
   의 기후』(이신철 외 역). 에코리브르.

롭 닉슨(Rob Nixon), 2011. *Slow Violence and the Environmentalism of the Poor*.
   Harvard University Press.; 2020 한국어판 『느린 폭력과 빈자의 환경주의』(김홍
   옥 역). 에코리브르.

마크 마슬린(Mark Maslin), 2008. *Global Warming: A Very Short Introduction (2nd
   ed.)*. Oxford University Press.; 2010 한국어판 『기후 변화의 정치경제학: 지구
   온난화를 둘러싼 진실들』(조홍섭 역). 한겨레출판.

마크 매슬린(Mark Maslin), 2021(4th ed.). *Climate Change: A Very Short
   Introduction*. Oxford University Press.; 2023 한국어판 『기후변화』(신봉아 역).
   교유서가.

매슈 E. 칸(Matthew E. Kahn), 2021. *Adapting to Climate Change: Markets and
   the Management of an Uncertain Future*. Yale University Press.; 2021 한
   국어판 『우리는 기후 변화에도 적응할 것이다: 환경경제학의 관점에서』(김홍옥
   역). 에코리브르.

벤 롤런스(Ben Rawlence), 2022. *The Treeline: The Last Forest and the Future of*

고규홍의 나무

Life on Earth. St. Martin's Publishing Group.; 2023 한국어판『지구의 마지막 숲을 걷다: 수목한계선과 지구 생명의 미래』(노승영 역). 엘리.

브뤼노 라투르(Bruno Latour), 2018. *Down to Earth: Politics in the New Climatic Regime*. Polity.; 2021 한국어판『지구와 충돌하지 않고 착륙하는 방법: 신기후체제의 정치』(박범순 역). 이음.

빌 맥과이어(Bill McGuire), 2022. *Hothouse Earth: An Inhabitant's Guide*. Icon Books.; 2023 한국어판『기후변화, 그게 좀 심각합니다: 지구인을 위한 안내서』(이민희 역). 양철북.

아미타브 고시(Amitav Ghosh), 2016. *The Great Derangement: Climate Change and the Unthinkable*. University of Chicago Press.; 2021 한국어판『대혼란의 시대: 기후 위기는 문화의 위기이자 상상력의 위기다』(김홍옥 역). 현대문학.

아미타브 고시(Amitav Ghosh), 2021. *The Nutmeg's Curse: Parables for a Planet in Crisis*. University of Chicago Press.; 2022 한국어판『육두구의 저주: 지구 위기와 서구 제국주의』(김홍옥 역). 에코리브르.

아이우통 크레나키(Ailton Krenak), 2019. *Ideias para adiar o fim do mundo*. Companhia das Letras.; 2024 한국어판『세계의 종말을 늦추기 위한 아마존의 목소리』(박이대승·박수경 역). 오월의봄.

애니 프루(Annie Proulx), 2022. *Fen, Bog & Swamp: A Short History of Peatland Destruction and Its Role in the Climate Crisis*. Scribner.; 2024 한국어판『습지에서 지구의 안부를 묻다: 기후위기 시대 펜·보그·스웜프에서 찾는 조용한 희망』(김승욱 역). 문학수첩.

오웬 가프니(Owen Gaffney)·요한 록스트룀(Johan Rockström), 2021. *Breaking Boundaries: The Science of Our Planet*. DK.; 2022 한국어판『브레이킹 바운더리스: 기후 위기를 극복하기 위한 담대한 과학』(전병옥 역). 사이언스북스.

요한 록스트룀(Johan Rockström)·마티아스 클룸(Mattias Klum), 2015. *Big World, Small Planet: Abundance within Planetary Boundaries*. Yale University Press.; 2017 한국어판『지구 한계의 경계에서: 환경보호와 인류 번영을 함께 도모하다』(김홍옥 역). 에코리브르.

제프 구델(Jeff Goodell), 2023. *The Heat Will Kill You First: Life and Death on a*

Scorched Planet. Little, Brown and Company.; 2024 한국어판 『폭염 살인: 폭주하는 더위는 어떻게 우리 삶을 파괴하는가』(왕수민 역). 웅진지식하우스.

존 벨라미 포스터(John Bellamy Foster), 2009. *The Ecological Revolution: Making Peace with the Planet*. Monthly Review Press.; 2010 한국어판 『생태혁명: 지구와 평화롭게 지내기』(박종일 역). 인간사랑.

캐럴린 머천트(Carolyn Merchant), 2020. *The Anthropocene and the Humanities: From Climate Change to a New Age of Sustainability*. Yale University Press; 『인류세의 인문학: 기후변화 시대에서 지속가능성의 시대로』(우석영 역). 동아시아.

트로이 베티세(Troy Vettese)·드류 펜더그라스(Drew Pendergrass), 2022. *Half-Earth Socialism: A Plan to Save the Future from Extinction, Climate Change and Pandemics*. Verso.; 2023 한국어판 『지구의 절반을 넘어서: 기후정치로 가는 길』(정소영 역). 이콘.

페터 볼레벤(Peter Wohlleben), 2021. *Der lange Atem der Bäume*. Ludwig.; 2022 한국어판 『나무의 긴 숨결: 나무와 기후 변화 그리고 우리』(이미옥 역). 에코리브르.

폴 먹가(Paul McGarr), 2000. 'Why Green is Red: Marxism and the Threat to the Environment'. *International Socialism*, no. 88.; 2002 한국어판(초판) 『녹색은 적색이다: 지구온난화, 유전자 변형 농산물 그리고 마르크스주의』(조성만 역). 북막스.; 2007 한국어판(재간) 『녹색은 적색이다: 지구온난화, 유전자 변형 농산물 그리고 마르크스주의』(조성만 역). 책갈피.

폴 호컨(Paul Hawken), 2021. *Regeneration: Ending the Climate Crisis in One Generation*. Penguin Random House/DK.; 2022 한국어판 『한 세대 안에 기후위기 끝내기: 재생의 시대를 위하여』(박우정 역). 글항아리사이언스.

문화재청, 2014. 「기후환경 변화에 대응한 천연기념물 보전 연구」. 문화재청.

제28장. 멸종

루리, 2021. 『긴긴밤』. 문학동네.

길버트 월드바우어(Gilbert Waldbauer), 2005. *Insights From Insects: What Bad Bugs Can Teach Us*. Prometheus.; 2017 한국어판 『곤충의 통찰력: 해충이 우리에게 가르쳐주는 것들』(김홍옥 역). 에코리브르.

다케우치 가오루(竹内薫)·마루야마 아쓰시(丸山篤志), 2014. 『まだ誰も解けていない科学の未解決問題』. KADOKAWA/中経出版.; 2015 한국어판 『과학의 미해결문제들: 대멸종의 원인에서 블랙홀 관찰까지, 과학사의 12가지 미제』(홍성민 역). 반니.

더글러스 애덤스(Douglas Adams)·마크 카워다인(Mark Carwardine), 1990. *Last Chance to See*. William Heinemann.; 2010 한국어판 『마지막 기회라니?: 더글러스 애덤스와 마크 카워다인 두 남자의 멸종위기 동물 추적』(강수정 역). 홍시커뮤니케이션.

데이브 굴슨(Dave Goulson), 2021. *Silent Earth: Averting the Insect Apocalypse*.; 2022 한국어판 『침묵의 지구: 당신의 눈앞에서 펼쳐지는 가장 작은 종말들』(이한음 역). 까치.

데이비드 쾀멘(David Quammen), 1996. *The Song of the Dodo: Island Biogeography in an Age of Extinctions*.; 2012 한국어판 『도도의 노래: 사라진 새 도도가 들려주는 진화와 멸종 이야기』(이충호 역). 김영사.

데이비드 M. 라우프(David M. Raup), 1991. *Extinction: Bad Genes or Bad Luck?*.; 2003 한국어판 『멸종: 불량 유전자 탓인가, 불운 때문인가?』(장대익·정재은 역). 문학과지성사.

마이클 J. 벤턴(Michael J. Benton), 2003. *When Life Nearly Died: The Greatest Mass Extinction of All Time*.; 2007 한국어판 『대멸종: 페름기 말을 뒤흔든 진화사 최대의 도전』(류운 역). 뿌리와이파리.

마크 라이너스(Mark Lynas), 2007. *Six Degrees: Our Future on a Hotter Planet*.; 2022 한국어판 『최종 경고: 6도의 멸종』(김아림 역). 세종서적.

안네 스베르드루프-튀게손(Anne Sverdrup-Thygeson), 2020. *Tapestries of Life: Uncovering Nature's Patterns*.; 2022 한국어판 『생명의 태피스트리: 생명을 구하는 자연계의 비밀』(조은영 역). 단추.

앤드루 비티(Andrew Beattie)·폴 R. 에얼릭(Paul R. Ehrlich), 2001. *Wild Solutions:*

How Biodiversity is Money in the Bank.; 2005 한국어판 『자연은 알고 있다: 생물다양성과 자연의 재발견』(이주영 역). 궁리.

에드워드 O. 윌슨(Edward O. Wilson), 2002. *The Future of Life*. Alfred A. Knopf.; 2005 한국어판 『생명의 미래』(전방욱 역). 사이언스북스.

에드워드 O. 윌슨(Edward O. Wilson), 2006. *The Creation: An Appeal to Save Life on Earth*. W. W. Norton & Company.; 2007 한국어판 『생명의 편지』(권기호 역). 사이언스북스.

에드워드 O. 윌슨(Edward O. Wilson), 2016. *Half-Earth: Our Planet's Fight for Life*. Liveright.; 2017 한국어판 『지구의 절반: 생명의 터전을 지키기 위한 제안』(이한음 역). 사이언스북스.

엘리자베스 콜버트(Elizabeth Kolbert), 2014. *The Sixth Extinction: An Unnatural History.*; 2022 한국어판 『여섯 번째 대멸종』(김보영 역). 쌤앤파커스.

엘리자베스 콜버트(Elizabeth Kolbert), 2021. *Under a White Sky: The Nature of the Future.*; 2022 한국어판 『화이트 스카이』(김보영 역). 쌤앤파커스.

올리버 밀먼(Oliver Milman), 2022. *The Insect Crisis: The Fall of the Tiny Empires That Run the World.*; 2022 한국어판 『인섹타겟돈: 곤충이 사라진 세계, 지구의 미래는 어디로 향할까』(황선영 역). 블랙피쉬.

제러미 리프킨(Jeremy Rifkin), 2024. *Planet Aqua: Rethinking Our Home in the Universe*. Polity Press.; 2024 한국어판 『플래닛 아쿠아: 우주 속 우리 지구를 다시 생각하다』(안진환 역). 민음사.

프란츠 브로스위머(Franz Broswimmer), 2002. *Ecocide: A Short History of the Mass Extinction of Species.*; 2006 한국어판 『문명과 대량멸종의 역사』(김승욱 역). 에코리브르.

피터 브래넌(Peter Brannen), 2017. *The Ends of the World: Volcanic Apocalypses, Lethal Oceans, and Our Quest to Understand Earth's Past Mass Extinctions*. Ecco.; 2019 한국어판 『대멸종 연대기: 멸종의 비밀을 파헤친 지구 부검 프로젝트』(김미선 역). 흐름출판.

산림청 국립수목원, 2022. 「한국의 희귀식물: 한국 관속식물 적색목록」. 산림청·국립수목원.

국립생물자원관(환경부), 2021. 「국가생물적색자료집 제5권: 관속식물」. 국립생물자원관.

제 29 장. 포스트팬데믹

기초과학연구원 기획, 2020. 『코로나 사이언스: 팬데믹에서 엔데믹으로』. 동아시아

데이비드 쾌먼(David Quammen), 2012. *Spillover: Animal Infections and the Next Human Pandemic*. W. W. Norton & Company.; 2017 한국어판 『인수공통 모든 전염병의 열쇠』(강병철 역). 꿈꿀자유.

로베르토 에스포지토(Roberto Esposito), 2022. *Immunità comune. Biopolitica nell'epoca della pandemia*. Einaudi.; 2023 한국어판 『사회면역: 팬데믹 시대의 생명정치—팬데믹을 돌아보며 팬데믹을 대비하며』(윤병언 역). 크리티카.

메릴린 J. 루싱크(Marilyn J. Roossinck), 2016. *Virus: An Illustrated Guide to 101 Incredible Microbes*.; 2019 한국어판 『바이러스: 우리가 알아야 할 지구의 숨은 권력자—101가지 바이러스에 관한 모든 것』(강영옥 역; 최강석 감수). 더숲.

브뤼노 라투르(Bruno Latour), 2021. *Où suis-je ?*. La Découverte.; 2021 한국어판 『나는 어디에 있는가?: 코로나 사태와 격리가 지구생활자들에게 주는 교훈』(김예령 역). 이음.

스켑틱 협회 편집부, 2020. 《코로나19와 질병X의 시대(스켑틱 21호)》. 바다출판사.

슬라보예 지젝(Slavoj Žižek), 2020. *Pandemic!: COVID-19 Shakes the World*. OR Books.; 2020 한국어판 『팬데믹 패닉: 코로나19는 세계를 어떻게 뒤흔들었는가』(강우성 역). 북하우스.

칼 짐머(Carl Zimmer), 2011. *A Planet of Viruses*.; 2013 한국어판 『바이러스 행성』(이한음 역). 위즈덤하우스.

칼 짐머(Carl Zimmer), 2021. *Life's Edge: The Search for What It Means to Be Alive*.; 2022 한국어판 『생명의 경계: 살아 있음의 의미를 찾아 떠나는 과학적 여정』(김성훈 역). 브론스테인.

김재근, 2012. 『분류학개론(Taxonomy)』. 라이프사이언스.

남효창, 2008. 『나무와 숲: 숲 해설가를 위한 숲의 이해와 나무 식별』. 계명사.

박상진, 2019. 『우리 나무 이름 사전』. 눌와.

이상태, 1997. 『한국식물검색집』. 아카데미서적.

이상태, 2013. 『한국의 식물 가족들』. 성균관대학교출판부.

이영노, 1996. 『원색 한국식물도감』. 교학사.

이유성, 2002. 『현대 식물분류학』. 도서출판우성.

이주희, 2011. 『내 이름은 왜?: 우리 동식물 이름에 담긴 뜻과 어휘 변천사』. 자연과
　　생태.

홍성천 외, 2002. 『원색한국수목도감』. 계명사.

홍순관, 2002. 『식물의 구조와 기능』. 진솔.

황신영, 2010. 『린네가 들려주는 분류 이야기』. 자음과모음.

룰루 밀러(Lulu Miller), 2020. *Why Fish Don't Exist: A Story of Loss, Love, and the
　　Hidden Order of Life*. Simon & Schuster.; 2021 한국어판 『물고기는 존재하지
　　않는다: 상실, 사랑 그리고 숨어 있는 삶의 질서에 관한 이야기』(정지인 역). 곰
　　출판.

리처드 버드(Richard Bird), 1999. *A Gardener's Latin*. Hearst Books.; 2019 한국어
　　판 『정원사를 위한 라틴어 수업: 식물의 이름을 이해하는 법』(이선 역). 궁리.

수잔 K. 펠(Susan K. Pell)·바비 앙겔(Bobbi Angell), 2016. *A Botanist's Vocabulary:
　　1300 Terms Explained and Illustrated*. Timber Press.; 2022 한국어판 『식물
　　학자의 사전』(이용순 역; 장창기 감수). 이비락.

스테파노 만쿠소(Stefano Mancuso), 2014. *Uomini che amano le piante: Storie di
　　scienziati del mondo vegetale*. Giunti.; 2016 한국어판 『식물을 미치도록 사랑
　　한 남자들』(김현주 역; 류충민 감수). 푸른지식.

스티븐 허드(Stephen B. Heard), 2020. *Charles Darwin's Barnacle and David
　　Bowie's Spider: How Scientific Names Celebrate Adventurers, Heroes, and*

Even a Few Scoundrels. Yale University Press.; 2021 한국어판 『생물의 이름에는 이야기가 있다: 생각보다 인간적인 학명의 세계』(조은영 역). 김영사.

애너 파보르드(Anna Pavord), 2005. *The Naming of Names: The Search for Order in the World of Plants*. Bloomsbury.; 2011 한국어판 『2천년 식물 탐구의 역사: 고대 희귀 필사본에서 근대 식물도감까지 식물 인문학의 모든 것』(구계원 역). 글항아리.

에르베르 기야데르(Hervé Le Guyader), 2003. *Classification et évolution*. (원서 프랑스어); 2013 한국어판 『분류와 진화』(김성희 역). 알마.

울프 닐손(Ulf Nilsson), 2022. *Allt ska växa: en berättelse om den lille Carl Linnaeus*. Lilla Piratförlaget.; 2024 한국어판 『세상의 모든 것은 자라고 있어: 식물학자 칼 폰 린네의 어린 시절 이야기』(전은선 역; 세실리아 헤이낄레 그림). 우리나비.

캐럴 계숙 윤(Carol Kaesuk Yoon), 2009. *Naming Nature: The Clash Between Instinct and Science*. W. W. Norton & Company.; 2022 한국어판 『자연에 이름 붙이기: 보이지 않던 세계가 보이기 시작할 때』. 월북.

크리스토퍼 브리켈(Christopher Brickell, 엮음), 2008(3rd ed.). *The Royal Horticultural Society A–Z Encyclopedia of Garden Plants*. Dorling Kindersley(DK).

브라이언 G. 보우스(Bryan G. Bowes)·제임스 D. 마우세스(James D. Mauseth), 2008(2nd edi.). *Plant Structure: A Colour Guide*. CRC Press.; 2011 한국어판 『식물구조학: 컬러 안내서』(김경식·이융빈 역). 월드사이언스.

산림청 국립수목원, 2015. 「한반도 자생식물 영어이름 목록집」; 2022 「한반도 자생식물 영어이름 목록집(개정판)」. 산림청·국립수목원.

고규홍의 나무

고규홍의 나무

ㅇ

고규홍의 나무

경이로운 생명의 4억 년 빅 히스토리

초판 1쇄 찍은날　　2026년 3월 4일
초판 1쇄 펴낸날　　2026년 3월 30일
지은이　　고규홍
펴낸이　　한성봉
편집　　최창문·이종석·오시경
콘텐츠제작　　안상준
디자인　　최세정
마케팅　　오주형·박민지·이예지·정효인
경영지원　　국지연·송인경
펴낸곳　　도서출판 동아시아
등록　　1998년 3월 5일 제1998-000243호
주소　　서울 중구 필동로8길 73 [예장동 1-42] 동아시아빌딩
페이스북　　www.facebook.com/dongasiabooks
전자우편　　dongasiabook@naver.com
블로그　　blog.naver.com/dongasiabook
인스타그램　　www.instagram.com/dongasiabook
전화　　02) 757-9724, 5
팩스　　02) 757-9726

ISBN　　978-89-6262-699-5 93400

※ 잘못된 책은 구입하신 서점에서 바꿔드립니다.

만든 사람들
편집　　김선형·전인수·이동현
크로스 교열　　안상준
디자인　　페이퍼컷 장상호
본문 조판　　인텍스타